Grundsätzliches zur Benutzung dieses Buches

Dieses Unterrichtswerk ist für die berufliche Grund- und Fachbildung metallgewerblicher Berufe geschrieben worden. Es erschließt rechnerisch die vorgegebenen Lerngebiete der Technologien.

Das Buch ist als Lernbuch gestaltet. Im Vordergrund stand das Bemühen, die verwirrende Vielfalt der Formeln überschaubarer und dadurch für den Schüler einprägsamer darzustellen.

Der Lehrteil (linke Buchseite) vermittelt die nötigen Sachinformationen, die sich möglichst kurz und auf das Wesentliche beschränken, ohne die Klarheit der Aussagen zu beeinträchtigen.

Der Aufgabenteil (rechte Buchseite) bringt Text- und Bildaufgaben. Die Verschiedenartigkeit der anwendungsbezogenen Aufgaben ermöglicht die Vertiefung rechnerischer Fähigkeiten und die Entwicklung des technisch-funktionalen Denkens. Es schließen sich über 800 **didaktische Schwerpunktfragen** „Wissen – Erkennen – Werten" an. Durch die technologischen und mathematischen Verknüpfungsfragen nach jedem Kapitel sollen die beruflichen Sachverhalte in ihren vielfältigen Zusammenhängen und Wirkungen erschlossen und durch lernbereichsübergreifendes Wissen gefestigt werden.

Diese Konzeption der abgeschlossenen Lehreinheiten ermöglicht es, je nach Ausbildungsberuf den unterschiedlichen Zielen der Rahmenlehrpläne Rechnung zu tragen. Durch die möglichen Querverbindungen wird einerseits das Allgemeine am Besonderen deutlich, andererseits aber auch das Fachspezifische an den zu ihm gehörenden Bezugsrahmen gestellt.

Der methodische Weg des Unterrichtswerkes ist durch überschaubare Lerneinheiten gekennzeichnet. Dabei bilden Lehrblatt- und Aufgabenseite eine in sich geschlossene Unterrichtseinheit. Großer Wert ist auf eine klare Stoffgliederung und Übersichtlichkeit im Aufbau gelegt.

Die Bildaufgaben sind ein wesentlicher Teil der methodischen Konzeption dieses Buches. Durch Fehlen klarer Anweisungen erhalten die Schüler einen gedanklichen Freiraum, in dem sie das komplexe Beziehungsgeflecht durchdringen müssen, um die Problemlösung zu finden. Die bildlichen Sachverhalte können die Ausdrucksfähigkeit durch Formulieren und Diskutieren schulen.

Durch den methodischen Einsatz der zeichnerischen Problemstellungen soll
- der Neigung zum reinen Formelrechnen entgegengewirkt,
- problemlösendes Denken geschult,
- die Fähigkeit zum Transfer gestärkt werden.

Das Thema Qualitätsmanagement wurde neu konzipiert und erweitert. Jeder Erklärung folgt ein dazugehöriges Leitbeispiel (Stifte), welches durch das ganze Kapitel führt. Außerdem gibt es nacheinander dazugehörige Teile einer Gesamtaufgabe (Druckfeder). Zusätzlich werden entsprechende Aufgaben gestellt. Zum Schluss des Kapitels wurde ein Gesamtprojekt, welches alle Teile der Lernabschnitte der Qualitätsprüfung umfasst, formuliert. Am Ende des Buches befindet sich ein logarithmisches Auswertungsblatt, in dem die Lernenden ein Wahrscheinlichkeitsnetz zur Gesamtaufgabe zeichnen können.

Für Lehrkräfte stehen ausführliche Lösungen zur Verfügung, Bestellnummer 80149.

Anregungen und Kritik, die zur Verbesserung des Buches beitragen, nehmen Verfasser und Verlag gern entgegen.

Siegbert Höllger/Volker von der Heide

Inhaltsverzeichnis

Inhaltsverzeichnis

Bedeutung	Formelzeichen	SI-Einheit
1. Längen, Flächen, Volumen		
Anfangsquerschnitt	S_0	m^2
Anlauf	l_a	mm[1]
Anschnitt	l_s	mm
Blechdicke	t	mm
Bogenlänge	l_B	mm
Breite	b	m
Durchmesser	d, D	m
ebener Winkel	α, β, γ	°
Eckmaß	e	mm
Fläche	A	m^2
Gewindesteigung	P	mm
Höhe	h	m
Koordinaten	x, y, z	mm
Länge	l	m
Längendifferenz	Δl	mm
Mantelfläche	A_M	m^2
Nahtdicke	a	mm
Oberfläche	A_O	m^2
Querschnittsfläche	S	m^2
Radius	r, R	m
Schlüsselweite	s	mm
Schnitttiefe	a_p	mm
Spannungsquerschnitt	A_s	mm^2
Spanungsquerschnitt	A	mm^2
Überlauf	l_u	mm
Umfang	U	m
Volumen	V	m^3
Volumendifferenz	ΔV	m^3
Weglänge	s	m
2. Bewegung		
Doppelhubzahl	n	min^{-1}
Geschwindigkeit	v	m/s
Hauptnutzungszeit	t_h	min[2]
mittlere Geschwindigkeit	v_m	m/min
örtliche Fallbeschleunigung	g	m/s^2
Schnittgeschwindigkeit	v_c	m/min
Umdrehungsfrequenz	n	min^{-1}
Volumenstrom	$\dot{V}$	m^3/s
Vorschubgeschwindigkeit	v_f	mm/min
Vorschub	f	mm
Zeit	t	s
3. Mechanik		
absoluter Druck	p_{abs}	Pa, bar[2]
Achsabstand	a	mm
Anzahl der Schnitte	i	
Arbeit, mechanisch	W	J
atmosphärischer Druck	p_{amb}	Pa, hPa
Auflagerkräfte	F_A, F_B	N
Biegemoment	M_b	N · m

[1] Die Wahl des Vorsatzes ist eine Frage der Zweckmäßigkeit.
[2] Weitere Einheit außerhalb des SI.

Bedeutung	Formelzeichen	SI-Einheit
Dehnung	ε	%
Dichte	ϱ	kg/dm^3
Drehmoment	M	Nm
Druck	p	Pa
Elastizitätsmodul	E	N/mm^2
Federrate	R	N/mm
flächenbezogene Masse	m''	kg/m^2
Kraft	F	N
Kraftmoment	M	Nm
Kurbelumdrehungen	n_k	
längenbezogene Masse	m'	kg/m
Leistung, mechanisch	P	W
Leistungsverlust	P_V	W
Masse	m	kg
Modul	m	mm
Neigung	$C/2$	
Normalkraft	F_N	N
Reibungskraft	F_R	N
Reibungsmoment	M_R	Nm
Reibungszahl	μ	
Schubspannung	τ	N/mm^2
Sicherheitszahl	ν	
Streckgrenze	R_e	N/mm^2
Teilkreisdurchmesser	d	mm
Teilung	p	mm
Teilzahl	T	
Überdruck	p_e	Pa, bar[2]
Übersetzungsverhältnis	i	
Verdichtungsverhältnis	ε	
Verjüngung	C	
Widerstandsmoment, axiales	W	cm^3
Wirkungsgrad	η	
Zähnezahl	z	
Zahnhöhe	h	mm
Zugfestigkeit	R_m	N/mm^2
4. Elektrotechnik		
Arbeit	W	Wh
Leistung	P	W
Leitfähigkeit	γ	$m/(\Omega \cdot mm^2)$
Spannung	U	V
spez. Widerstand	ϱ	$\Omega \cdot mm^2/m$
Stromstärke	I	A
Widerstand	R	Ω
5. Thermodynamik und Wärmeübertragung		
Celsius-Temperatur	t	°C
Längenausdehnungskoeffizient	α	1/K
spezifische Wärmekapazität	c	kJ/(kg · K)
spezifischer Heizwert	H_u	kJ/kg, kJ/m^3
Temperaturdifferenz	ΔT	K, °C
thermodynamische Temperatur	T	K
Wärmedurchgangskoeffizient	U	$W/(m^2 \cdot K)$
Wärmemenge	Q	J
Wärmestrom	Φ	W

1. Allgemeine Hinweise

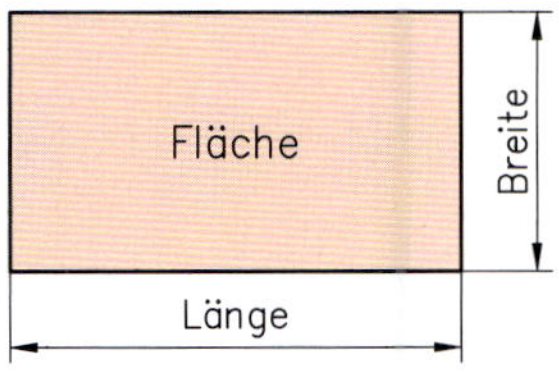

Jeder Wert einer physikalischen Größe kann als Produkt aus Zahlenwert und Einheit dargestellt werden:

Größenwert = **Zahlenwert** × **Einheit**

Länge l = 310 mm
Fläche A = 248 cm^2

Hinweis
Zwischen Zahlenwert und Einheit wird kein Multiplikationszeichen gesetzt. Zahlenwert und Einheit sind als selbstständige Faktoren zu behandeln. Wenn sich die Einheit ändert, so ändert sich auch der Zahlenwert.

2. Aufgabenstellung

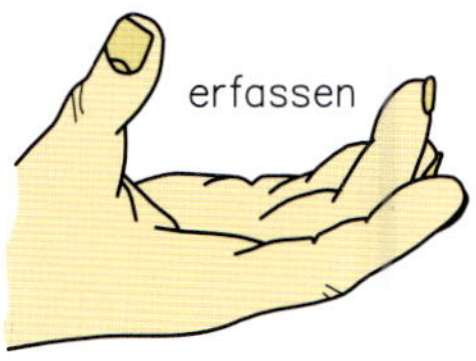

Für ein dreieckiges Knotenblech wird eine Fläche von 248 cm^2 benötigt. Berechnen Sie für 310 mm Seitenlänge die erforderliche Breite in cm.

Lesen Sie den Aufgabentext langsam mit Überlegung und stellen Sie sich den Sachverhalt deutlich vor! Halten Sie dabei möglichst die Zusammenhänge skizzenhaft fest!

Schreiben Sie die gesuchten und gegebenen Größen sauber mit Formelzeichen und Einheit heraus:

Gesucht b in cm

Gegeben $A = 248\ cm^2$
$l = 310\ mm$

3. Grundgleichung

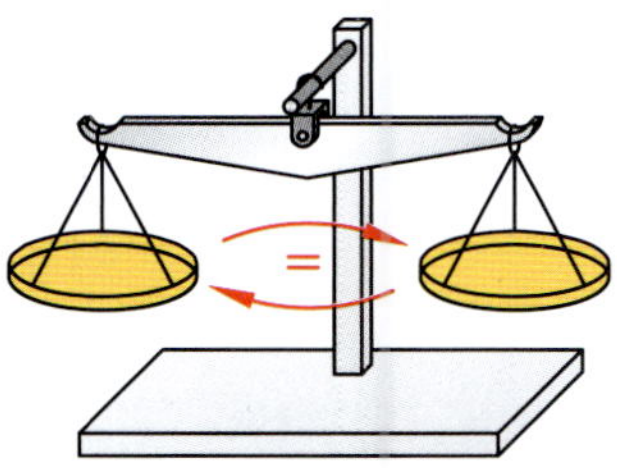

Bringen Sie die erkannten Zusammenhänge auf die jeweilige Grundgleichung, hier:

$$A = \frac{l \cdot b}{2}$$

Erst dann ist nach der gesuchten Größe aufzulösen:

$$b = \frac{2 \cdot A}{l}$$

4. Lösungsgang

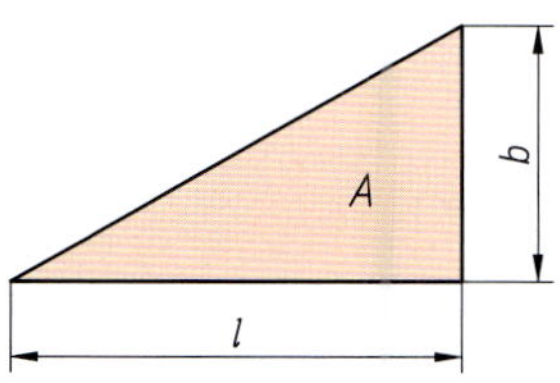

Gesucht b in cm

Gegeben $A = 248\ cm^2$
$l = 310\ mm = 31\ cm$

Vorüberlegung
Grundgleichung in Worten

Lösung

$$A = \frac{l \cdot b}{2}$$

$$b = \frac{2 \cdot A}{l}$$

$$= \frac{2 \cdot 248\ cm^2}{31\ cm}$$

$$b = \underline{16\ cm}$$

Nebenrechnung

$$\begin{array}{r} 496 : 31 = 16 \\ -31 \\ \hline 186 \\ -186 \\ \hline 0 \end{array}$$

5. Zusammenfassung

Die Problemdurchdringung erfolgt in drei Stufen:
Lesen Sie bewusst – **erfassen Sie** mit Einsicht – **überprüfen Sie** mit Verständnis.
Bringen Sie die Zusammenfassung der Problemlage auf die Grundgleichung.

Hinweis
Achten Sie auf die schrittweise Ausführung der Rechnung. Es empfiehlt sich, vor der Ausrechnung eine Überschlagsrechnung vorzunehmen.
Führen Sie ferner durch das Mitnehmen und Kürzen der eingesetzten Einheiten den Nachweis der Einheitenkontrolle durch.

= gleich
− minus (subtrahieren)
+ plus (addieren)
· mal (multiplizieren)
: geteilt (dividieren)

1. Gleichheitsbegriff

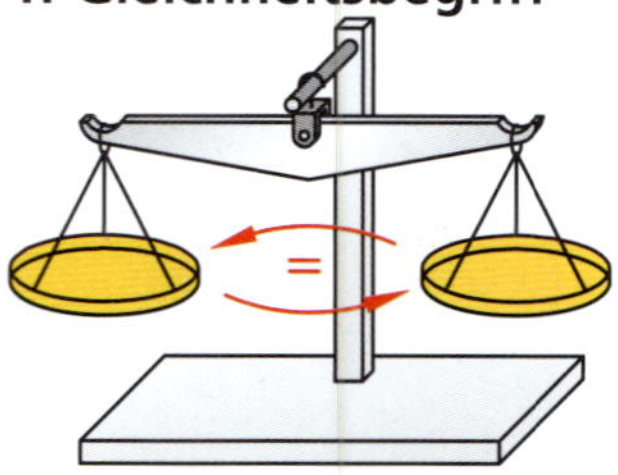

Eine Gleichung ist mit einer Waage vergleichbar. Wir dürfen deshalb beide Seiten vertauschen, folglich:

$9 = 5 + x$	$20 = 4 \cdot x$
$5 + x = 9$	$4 \cdot x = 20$

Hinweis
Das Vertauschungsgesetz (Kommutativgesetz) kann angewandt werden.

2. Veränderungen

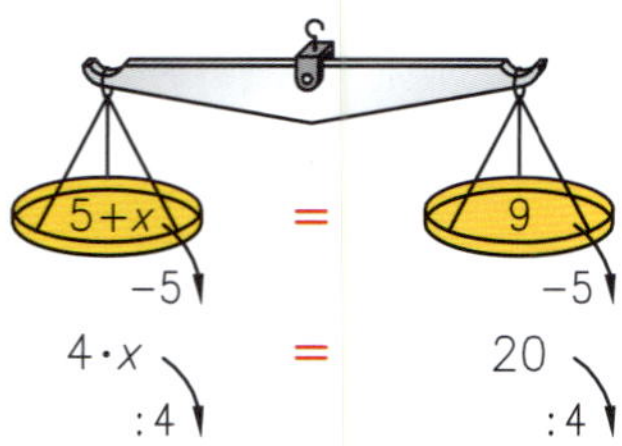

Um das Gleichgewicht zu erhalten, müssen wir auf beiden Seiten stets das Gleiche vornehmen.

Merke
Gleiches auf beiden Seiten *addieren* oder *subtrahieren*
Gleiches auf beiden Seiten *multiplizieren* oder *dividieren*

3. Grundregel

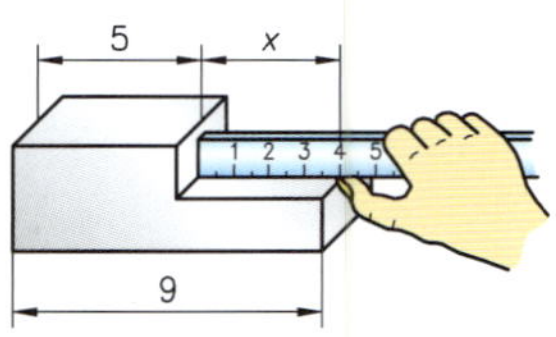

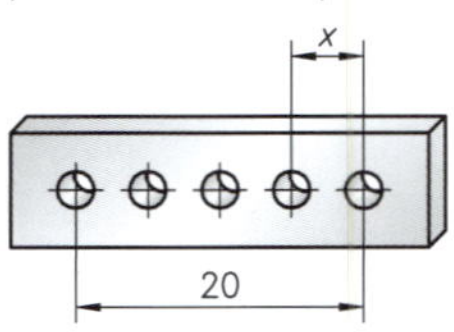

Aus nebenstehenden Darstellungen leiten wir folgende Beziehungen her:

$5 + x = 9$	$4 \cdot x = 20$
$x = 9 - 5$	$x = \frac{20}{4} = 5$
$x = 4$	

Erkenntnis
Beim Seitentausch einer Größe ändert sich das Rechenzeichen nach der Seitenwechselregel

aus + wird −	aus · wird :
aus − wird +	aus : wird ·

4. Zusammenfassung

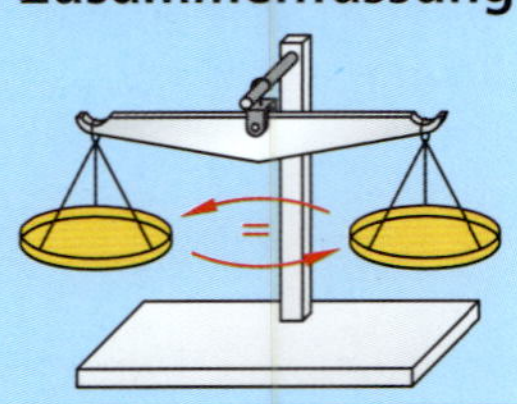

Wir *müssen* beide Seiten gleich behandeln.
Wir *dürfen* beide Seiten vertauschen.
Wir *sollen* die gesuchte Größe auf der linken Seite isolieren – nach der Seitenwechselregel

aus + wird −	aus · wird :
aus − wird +	aus : wird ·

5. Beispiel

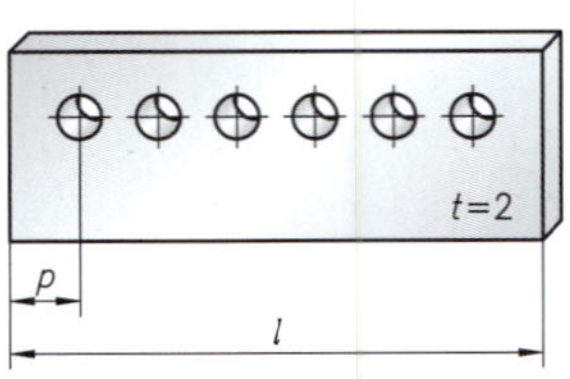

Eine 385 mm lange Flachstahlschiene soll 6 Bohrungen mit gleichem Mitten- und Randabstand erhalten. Bestimmen Sie die Lochteilung in mm.

Gesucht p in mm
Gegeben $l = 385$ mm, $n = 6$

Vorüberlegung
Klärungsskizze zur Veranschaulichung

Lösung
$$l = (n + 1) \cdot p$$
$$p = \frac{l}{n+1} = \frac{385 \text{ mm}}{6+1} = \underline{55 \text{ mm}}$$

Beachte
Ein unterschiedlicher Randabstand beeinflusst die Teilungsgleichung.

1. Lösen Sie nach allen Buchstaben auf:

a) $a + b = c$	b) $k - d = v$	c) $1 + m = -d$
d) $l_1 + l_2 = L$	e) $g_1 - g_2 = G$	f) $F_1 - F_2 = F_3$
g) $R_1 = R - R_2$	h) $C_2 = C - C_1$	i) $t = t_1 + t_2$

2. Lösen Sie nach allen Größen auf:

a) $A = l \cdot b$	b) $m = V \cdot \varrho$	c) $V = A \cdot h$	d) $A = \frac{l_B \cdot r}{2}$
e) $V = \frac{A \cdot h}{3}$	f) $A = \frac{l \cdot b}{2}$	g) $F_1 = \frac{F_2 \cdot l_2}{l_1}$	h) $i = \frac{n_1}{n_2}$

3.

a) $F_1 = \frac{F_2 \cdot P}{2 \cdot R \cdot \pi}$	b) $P = \frac{M_t \cdot n}{9\,550}$	c) $v = \frac{d \cdot \pi \cdot n}{60}$	d) $P = \frac{F \cdot s}{t}$
e) $t_h = \frac{L \cdot i}{f \cdot n}$	f) $C = \frac{D - d}{l}$	g) $P = F \cdot v$	h) $t_h = \frac{L \cdot i}{v_f}$

4. Die Summe der Dreieckseiten beträgt 318 mm. Berechnen Sie die Grundseite, wenn für die anderen beiden Seiten 114 mm und 62 mm gemessen wurden.

5. Von einem I-Träger wird nur 3/4 seiner Länge benötigt. Als Rest bleiben noch 1,60 m übrig. Bestimmen Sie die ursprüngliche Trägerlänge.

6. Ein Flachstahl mit der Länge 1,85 m soll im Verhältnis 2 : 3 durchgesägt werden. Berechnen Sie die Teillängen.

7. Erstellen Sie für die Lochplatte eine Grundgleichung und berechnen Sie die Teillängen.

8. Das Sechsfache eines Drucks vermindert um 2 bar ergibt einen Druck von 16 bar. Wie groß ist der Druck?

9. Addiert man zum Zweifachen eines Drucks noch 12 bar und vervielfacht die Summe mit 3, so erhält man einen Druck von 162 bar. Wie groß ist der Druck?

▶ Wissen – Erkennen – Werten

a) Erläutern Sie, warum man beide Seiten einer Gleichung vertauschen darf.
b) Erklären Sie das Umstellen einer Gleichung in Teilschritten.
c) Begründen Sie die Regel: Seitenwechsel bedingt Zeichenwechsel.
d) Beweisen Sie mit einer Lösungsprobe die Richtigkeit einer Gleichung.

Arbeitsauftrag

Entnehmen Sie dem Tabellenbuch unterschiedliche Formeln und üben Sie das Umstellen von Gleichungen mit
- Additions- und Subtraktionsgrößen,
- Multiplikations- und Divisionsgrößen,
- gemischten Grundrechenarten.

1
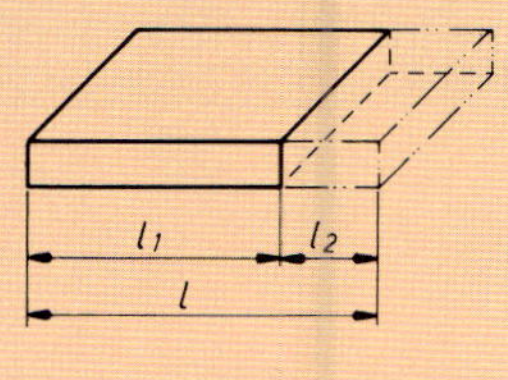

4
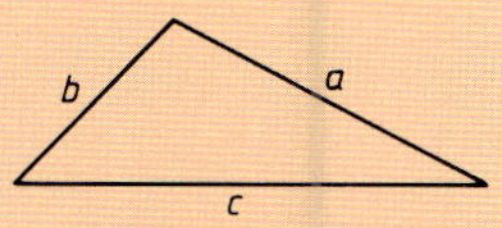

5
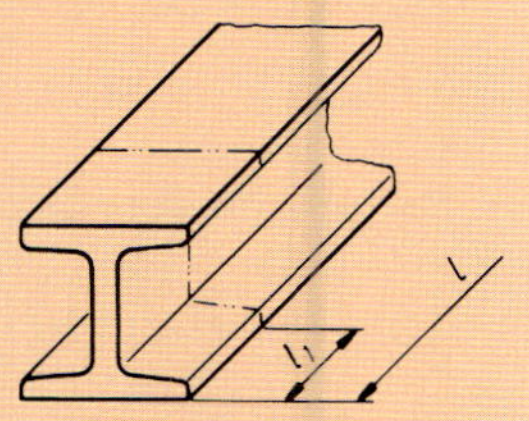

6
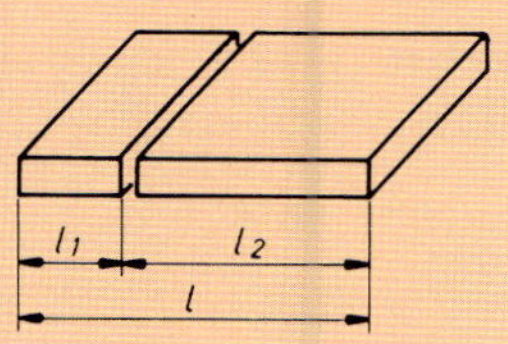

7
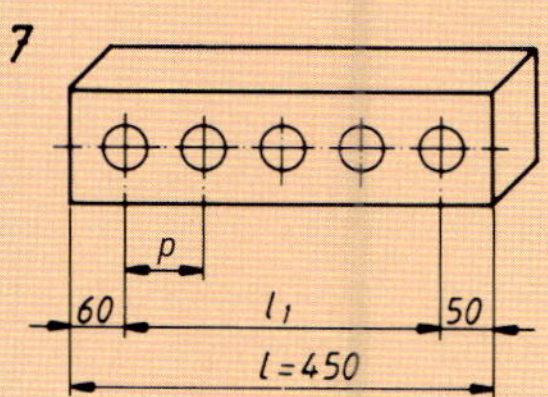

8
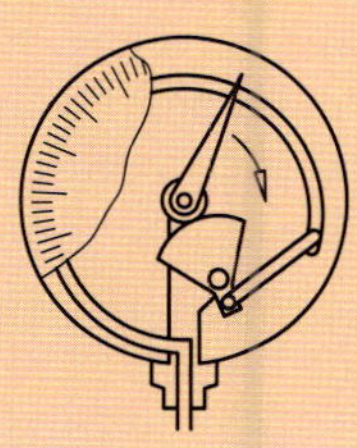

B1 Fügen
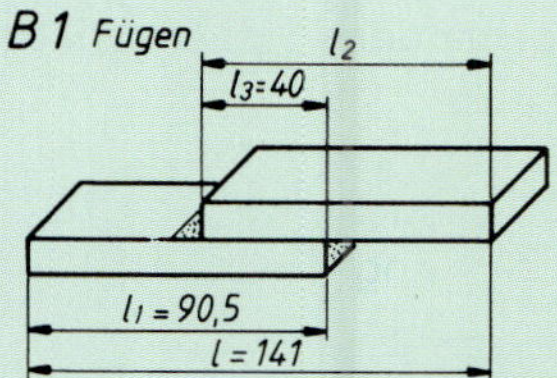

Teillänge

B2 Umformen
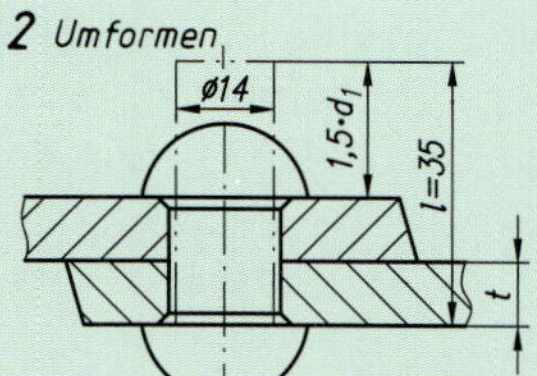

Blechdicke

B3 Teilung
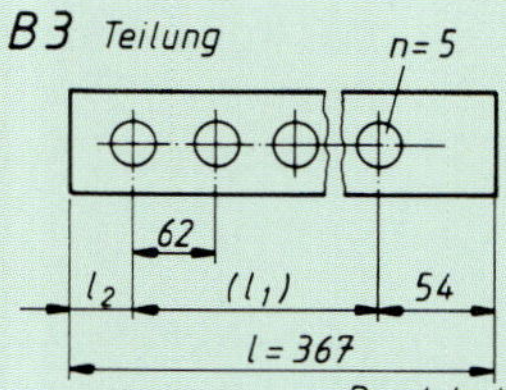

Randabstand

B4 Zusammengesetzter Körper
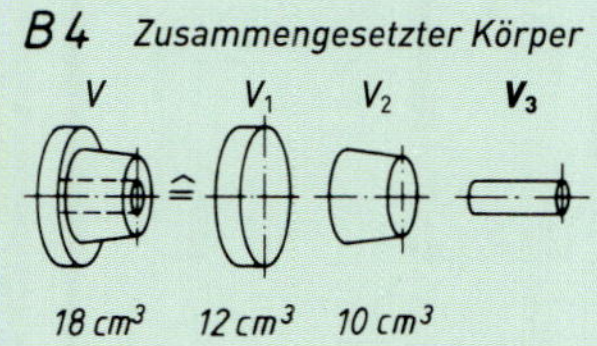

Teilvolumen

B5 Absägen
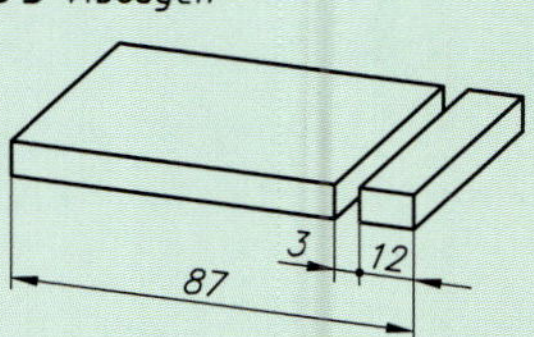

Teile

B6 Rohr
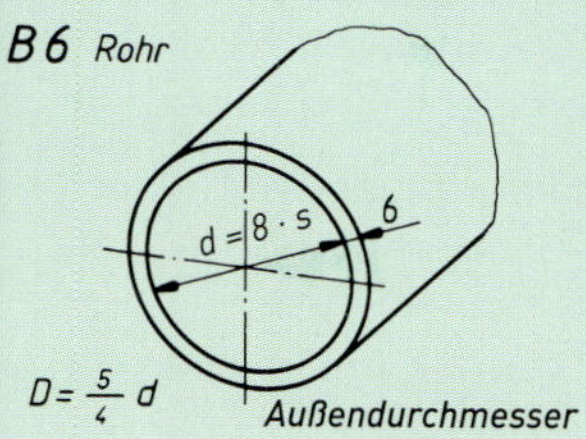

Außendurchmesser

B7 Ausschneiden
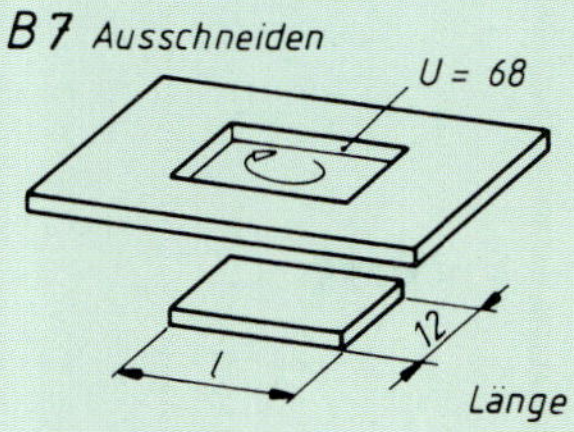

Länge

B8 Randabstand und Teilung
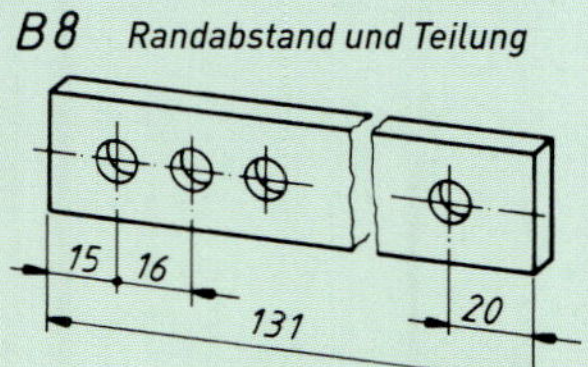

Anzahl der Bohrungen

C Gesamtlöschung
CE Einzellöschung, Korrektur

C/CE 1 × Tasten = Einzellöschung
2 × Tasten = Gesamtlöschung

1. Die Tastenfelder

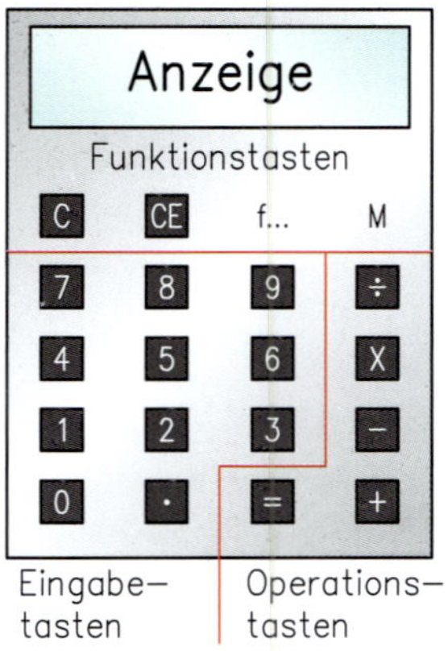

Die Gesamttastatur ist in drei leicht erkennbare und übersichtliche Feldgruppen eingeteilt:

Erstes Feld für Eingabetasten

→ Zahlen von [0] ... [9] u. Dezimalpunkt [·]

Zweites Feld für Operationstasten →

Grundrechnungsarten [+] [−] [×] [:]

Drittes Feld für Funktionstasten → [C] [CE] [M] [π] [√] [%] u. dg.

Hinweis
Die Feldanordnung kann je nach Fabrikat unterschiedlich sein.
Die Zahleneingabe erfolgt über eine international festgelegte Zehnertastatur in der Reihenfolge, wie man schreibt.
Beim Rechnen mit Dezimalstellen muss die Punkt-Taste [·] entsprechend dem Sitz des Kommas gedrückt werden.
Eine Null vor dem Komma braucht nicht getastet zu werden.

2. Die Grundrechnungsarten

Addition a [+] b [=]
Subtraktion a [−] b [=]
Multiplikation a [×] b [=]
Division a [÷] b [=]
a [×] b [÷] c [+] d [−] e [=]

In allen vier Grundrechnungsarten arbeitet der Rechner i. Allg. algebraisch. Eine algebraische Verknüpfung wird durch die Ergebnistaste erzielt.

Die [+] Taste hat die gleiche Funktion wie die [=] [+] Taste.
Die [−] Taste hat die gleiche Funktion wie die [=] [−] Taste.
Die [×] Taste hat die gleiche Funktion wie die [=] [×] Taste.
Die [:] Taste hat die gleiche Funktion wie die [=] [:] Taste.

Hinweis
Durch Drücken der [=] Taste wird ein Rechengang beendet.
Bei der algebraischen Verknüpfung gilt „Punkt- vor Strichrechnung".
Die vier Grundrechnungsarten können beliebig kombiniert werden.
Ein Abrufen der Zwischenergebnisse ist nicht erforderlich.

3. Die Löschautomatik

[C] [CE] oder [C/CE]

Bei Löschung ist zwischen Einzel- und Gesamtlöschung zu unterscheiden.
Eine Einzellöschung löscht den letzten noch sichtbaren Eintippfehler.
Eine Gesamtlöschung löscht alle Rechenvorgänge (ohne Speicher).

Hinweis
Beim Abschalten des Gerätes wird alles Eingegebene automatisch gelöscht.

4. Kapazitätsüberschreitung

Bei Überschreitung der angegebenen Kapazität (Stellenzahl) des Rechners leuchtet ein Symbol auf, z. B. „E".

Hinweis
Das Komma in der Wertanzeige ist dann um die vorhandene Stellenzahl des Rechners nach rechts (vom Punkt aus) zu verschieben, z. B. für **8 Stellen**: Anzeige E 6,1234567 → das **Ergebnis** lautet 612345670

5. Beispiel

12 [−] 18 [=] - 6
-3 [+] 1.6 [=] - 1.4
18 [+̸] [−] 2 [=] 16
24 [+̸] [÷] 2 [=] 12
16 [×] 2 [÷] 4 [+] 6 [=] 14
14 [+] 2 ... [=] 16 [=] 18
15 × 2 - 3 × 4 [=] 18
15 [×] 2 [M+] 3 [×] 4 [M−] [M]

Eine negative Zahl wird durch ein Minuszeichen angezeigt.
Alle Ergebnisse sind komma- und vorzeichenrichtig.
Ein falsch eingegebenes Operationszeichen wird durch nachfolgendes Drücken des richtigen Operationszeichens automatisch korrigiert.
Kettenrechnungen können ohne Abruf von Zwischenergebnissen erfolgen.

Ein wiederholtes Bedienen der [=] Taste führt – bei vorhandener Konstantenautomatik – zur Wiederholung der vorangegangenen Grundrechnungsart.
Zwischenergebnisse können im Speicher eingegeben werden.

Aufgaben

Addition

1. a) 12 [+] 14 [=] b) 5 + 12 + 14 c) 1 014 + 125 d) 1 245 + 34 560 + 4,52
2. a) 15 + 1,54 b) 3,45 + 4,5 c) 5,23 + 45,56 d) 2,15 + 3,5 + 5,6 + 89

Subtraktion

3. a) 18 [−] 12 [=] b) 45 − 16 − 8 c) 1 210 − 43 − 4 d) (−124) − (−56)
4. a) 37 − 4,52 b) 12 − 4,5 − 3,2 c) 55,75 − 34,5 d) (−3,65) − (−6,1)

Addition und Subtraktion

5. a) 39 [+] 14 [−] 16 [=] b) 7 + 9 + 6 − 4 − 3 c) 753 − 245 + 89 − 345 + 560
6. a) 123 + 45,6 − 5 b) 12,5 − 34,6 + 4 c) 2,5 + 6,4564 − (−12,3) + (−24,5)

Multiplikation

7. a) 18 [×] 14 [=] b) 12 × 14 × 16 c) 15,4 × 13,75 d) 24,675 × 1,754 × 3,1
8. a) 3,4 × (−2,5) b) (−3,8) × 7,5 c) (−19) × (−45) d) 0,85 × (−2,145)

Division

9. a) 168 [:] 14 [=] b) 660 : 0,015 c) 3,142 : 4,562 d) 0,00456 : 6,12 : (−3,8)
10. a) 24,56 : 0,64 b) 16 : 2,5 : 1,6 c) 12 : (−3,5456) d) (12 : 5) : (−45)

Multiplikation und Division

11. a) 8 [×] 3 [:] 2 [·] 4 [=] b) (−1,2) × 3,1 : 2 c) (−45) : 4,1 × (−12,5) : 4,542
12. a) $\dfrac{12{,}5 \times 0{,}004}{3{,}14}$ b) $\dfrac{0{,}045 \times 3{,}14}{1\,200}$ c) $\dfrac{45{,}12 \times 4{,}18 \times (-12{,}45) \times 45 \times (2{,}145)}{0{,}00032 \times (-45{,}32) \times (-12{,}5)}$

Multiplikation von Summen

13. a) (2,6 + 8,4) × 4 b) (45,2 − 12) × 6 c) (−456 + 12 − 34,5) × (−0,0065)
14. a) $(8-6)^2 \times 12$ b) $(10+6)^2 \times 1{,}5$ c) (3 + 5) × (7 + 2) d) (8 − 3) × (6 + 2)

Wiederholungsrechnungen

15. a) 5 + 3 + 3 + 3 + 3 b) 450 − 10 − 10 − 10 c) 12,5 − 4 − 4 d) 3,1 + 3,1 + 3,1
16. a) 0,4 + 1,1 + 1,1 b) 120 : 2 : 2 : 2 : 2 c) 150 : 5 : 5 : 5 : 5 d) 8 : 8 : 8

Kettenrechnungen

17. a) 2 × 3 + 3 × 4 − 5 × 2 b) (3 + 2) × 4 : 6 c) (124 + 45,5 − 78,4) × (−34,5)
18. a) $\dfrac{92 - 8{,}456}{15{,}2}$ b) $\dfrac{3 \times 4{,}125}{6{,}1} - 3$ c) $\dfrac{2 + 6 \times 3{,}5 - 5}{1{,}6}$ d) $\dfrac{(3+4) \times 4 - 6}{3}$

Potenzrechnung

19. a) 3^2, 4^4, 5^3, $45{,}6^2$, $5{,}31^2$ b) $0{,}0045^2$, $0{,}03^3$, $0{,}054^4$ c) $3{,}2^4 \cdot 3{,}6^4$

► Wissen – Erkennen – Werten

a) Zeigen Sie auf, was beim Umgang mit dem Taschenrechner zu beachten ist.
b) Nennen Sie den Grundsatz für das Arbeiten mit dem Taschenrechner.
c) Wie können Stellenfehler beim Ausrechnen vermieden werden?
d) Erläutern Sie, wie Ergebnisse nach dem Komma gerundet werden.
e) Was ist beim Verwenden der Funktionstaste $\sqrt{x}$ zu beachten?

Anmerkung zu B1–B14: Erforderliche Formeln sind dem Tabellenbuch zu entnehmen.

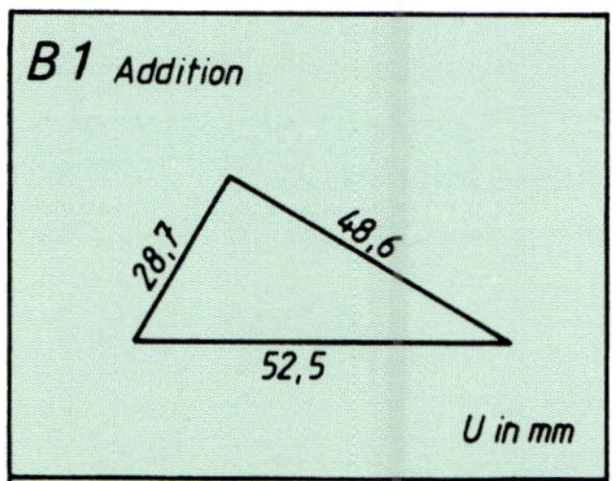

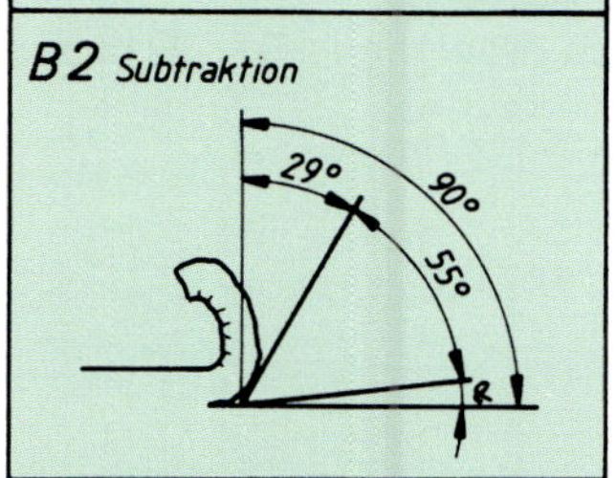

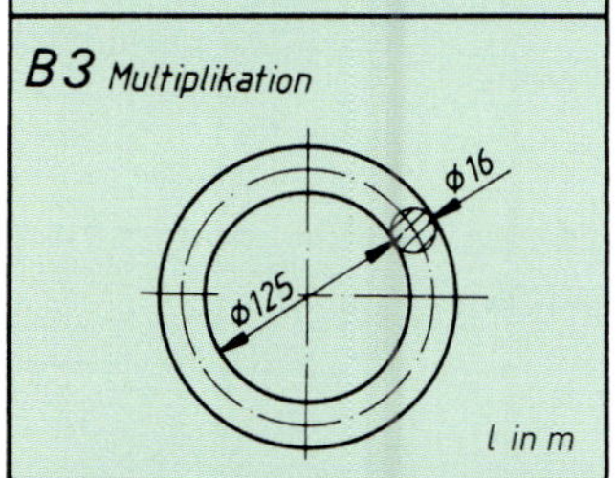

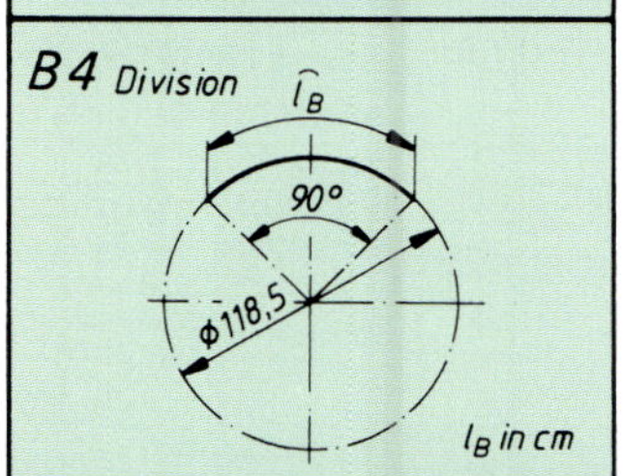

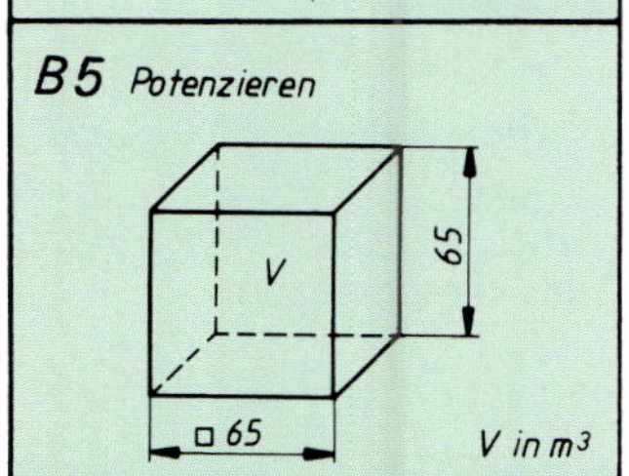

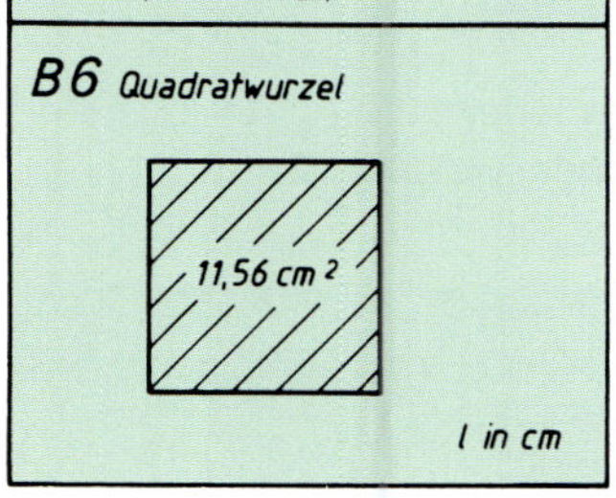

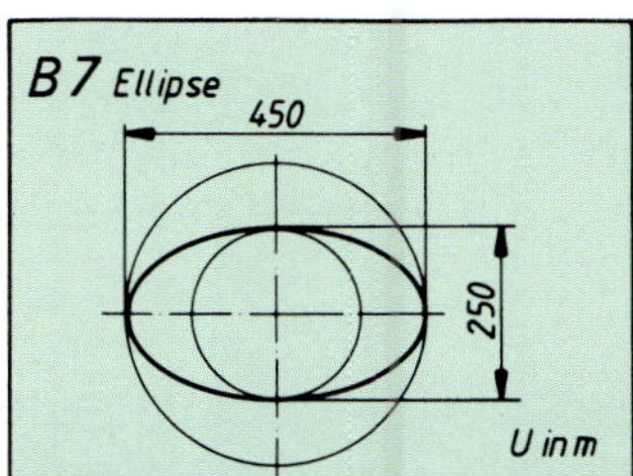

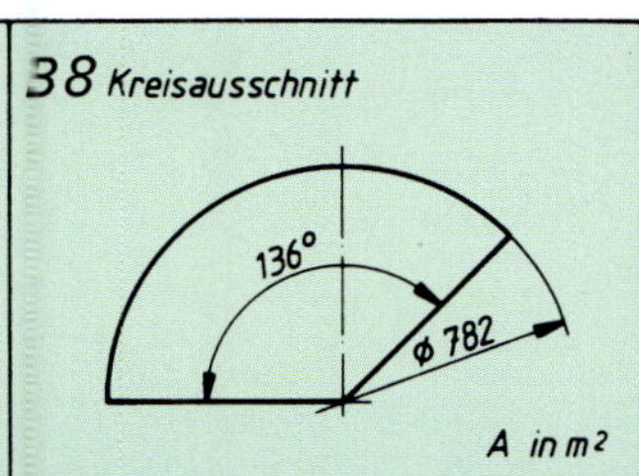

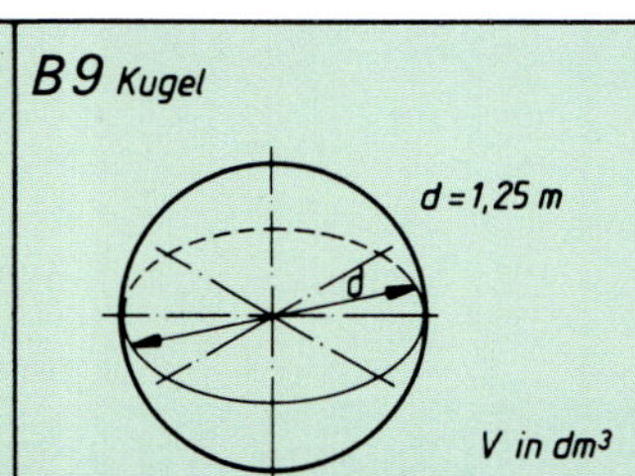

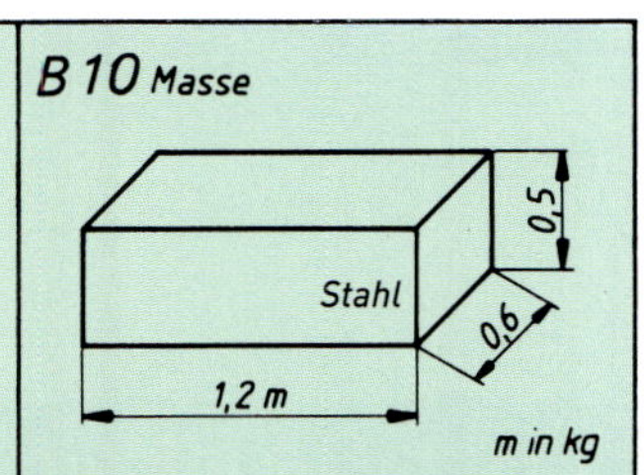

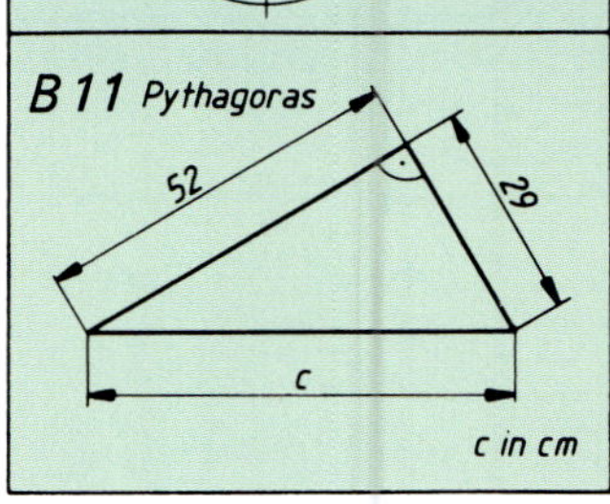

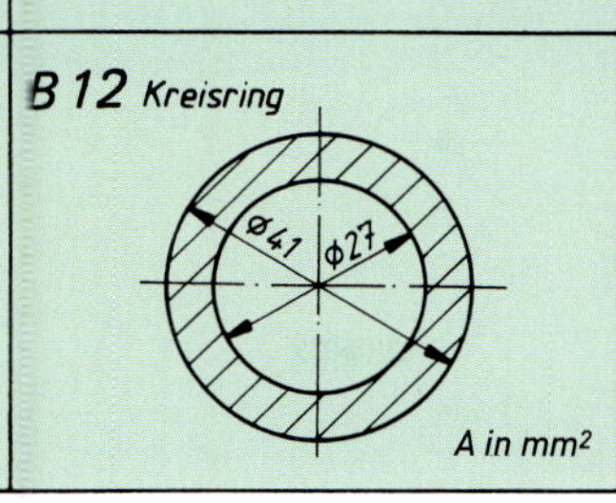

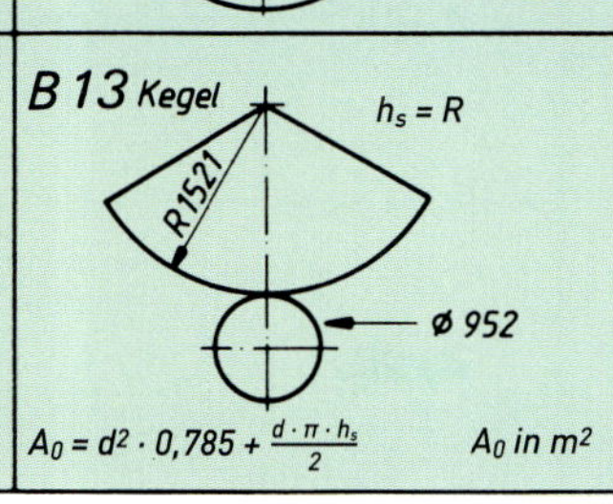

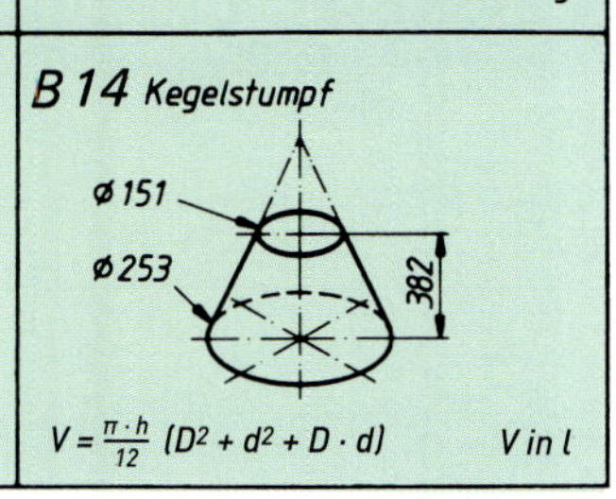

Verhältnis = Quotient zweier Größen
Verhältnisgleichung = Proportion

1. Verhältnisse

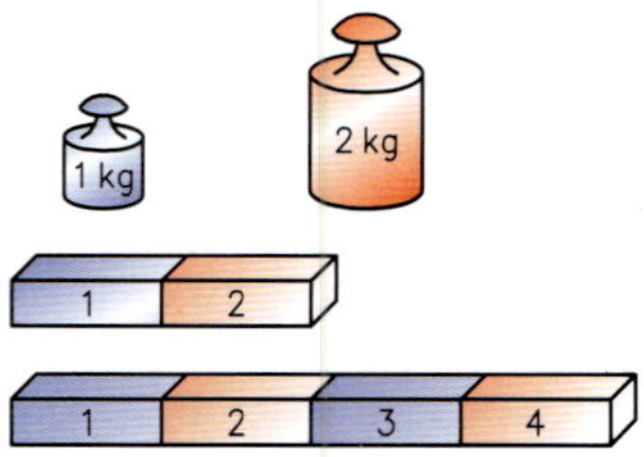

Durch ein Verhältnis werden Zahlen oder Größen miteinander verglichen. Das Verhältnis ist auf möglichst kleine Zahlen zu kürzen.

Schreibweise

Teilungsform oder Bruchform, z. B. $1 : 2 = \frac{1}{2}$

Merke
Verhältnisse werden wie Brüche gekürzt oder erweitert.

2. Gleiche Verhältnisse

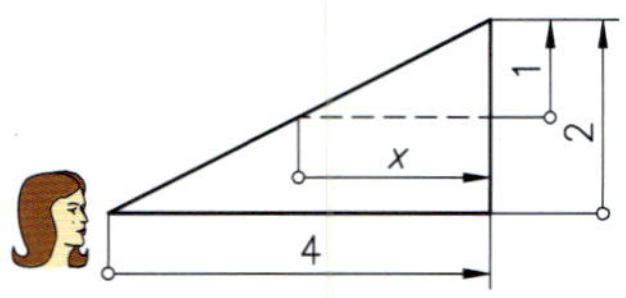

Wir erhalten gleiche Verhältnisse, wenn sich gleiche Größen im gleichen Verhältnis ändern, z. B. Arbeitszeit zum Lohn, Längenvergleich.

Merke
Je mehr – desto mehr **oder** *je weniger – desto weniger*

3. Ungleiche Verhältnisse

Wir erhalten ungleiche Verhältnisse, wenn sich gleiche Größen im umgekehrten Verhältnis ändern, z. B. Geschwindigkeit zur Zeit.

Merke
Je mehr – desto weniger **oder** *je weniger – desto mehr*
Ein Hinterfragen durch den Folgerungssatz (Je … – desto …) erleichtert die Schlussfolgerung!

4. Verhältnisgleichung

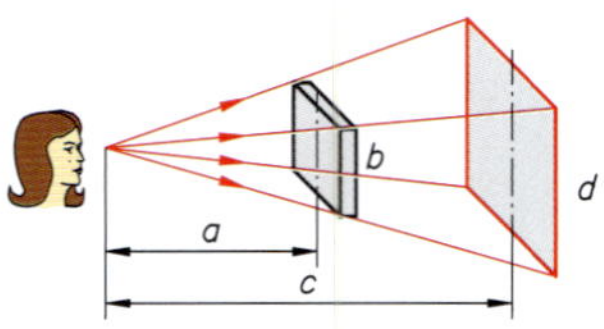

Nach Klären und Bilden der Verhältnisse erfolgt das Gleichsetzen.

Hinweis
Verhältnisgleichungen sind Proportionen, z. B. $1 : 2 = 2 : 4$
Produkt der Innenglieder = Produkt der Außenglieder $2 \cdot 2 = 1 \cdot 4$
Eine Verhältnisgleichung besteht aus zwei gleichen Verhältnissen.

5. Zusammenfassung

Kläre die Verhältnisart, bilde das Verhältnis:
Je mehr – desto mehr ⇒ gleiche Verhältnisse
Je mehr – desto weniger ⇒ ungleiche Verhältnisse

6. Beispiel

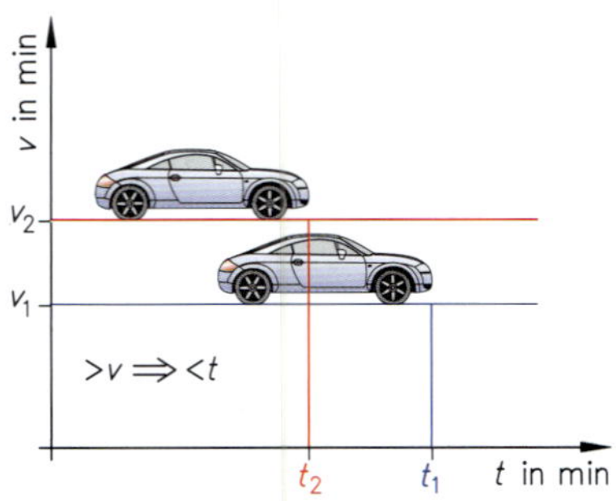

Die Höchstgeschwindigkeiten von Pkw 1 und Pkw 2 verhalten sich wie 2 : 3. Welche Fahrzeit benötigt der Pkw 2, wenn der Pkw 1 die gleiche Strecke in 21 min zurücklegt?

Gesucht t_2 in min

Gegeben $v_1 : v_2 = 2 : 3$

Vorüberlegung
Je schneller … desto geringer:
ungleiches Verhältnis

Lösung

$v_1 : v_2 = t_2 : t_1$

$2 : 3 = t_2 : 21 \text{ min}$

$t_2 = \frac{21 \text{ min} \cdot 2}{3} = \underline{14 \text{ min}}$

Beachte
Nur gleiche Größen lassen sich vergleichen.

1

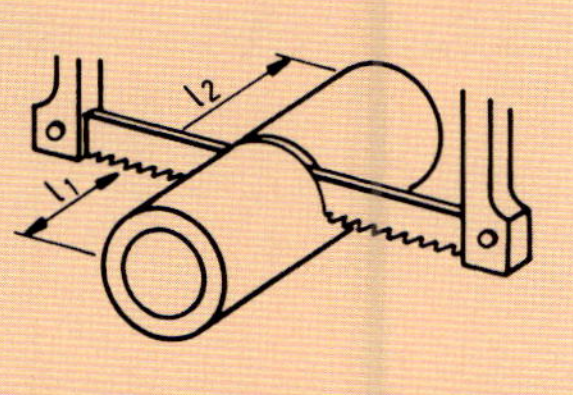

5

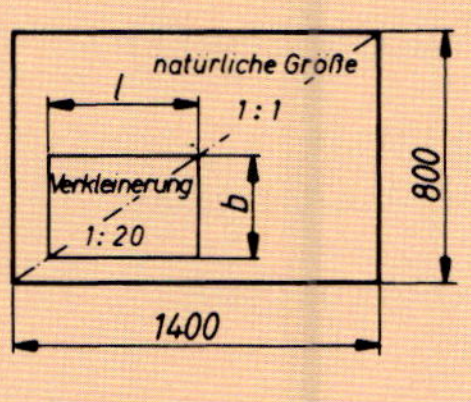

8

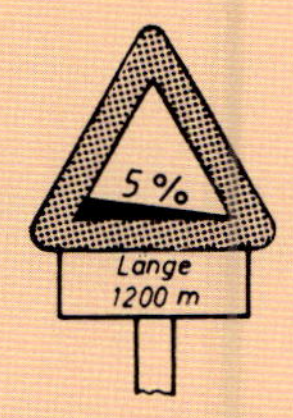

9

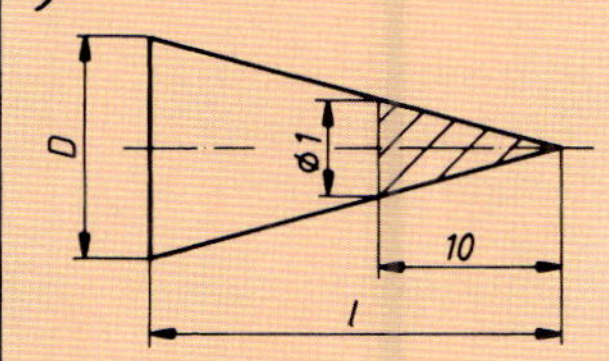

10

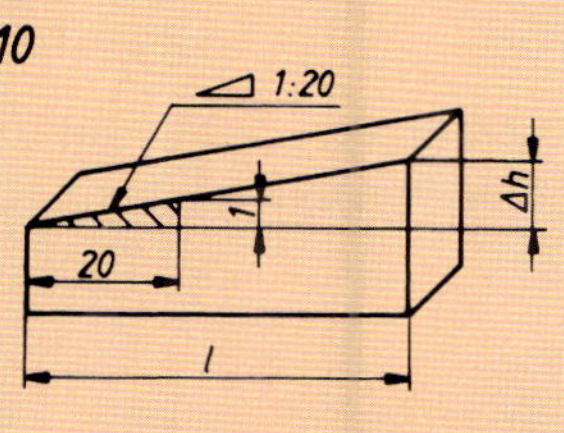

12

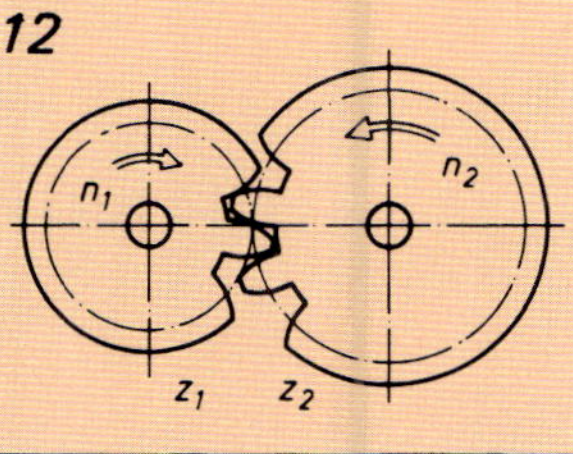

Berechnen Sie die fehlenden Werte:

1. Aufgabe	a	b	c
Länge l_1 in m	1,8	2,1	?
Länge l_2 in m	2,7	?	1,2
Verhältnis $l_1 : l_2$	?	7 : 5	3 : 4

2. Aufgabe	a	b	c
Zeichn. Maß in mm	24	120	?
Wirkl. Maß in mm	120	?	100
Maßstab	?	2 : 1	1 : 5

3. Ein Stahlrohr von 2,75 m Länge soll im Verhältnis 2 : 3 geteilt werden. Ermitteln Sie die Teillängen.

4. Wie groß sind die Teillängen eines 1,75 m langen Hebels, wenn sie sich wie 3 : 7 verhalten?

5. Ein Stahlblech mit den Abmessungen 800 mm × 1 400 mm soll im Maßstab 1 : 20 dargestellt werden. Wie groß werden die Zeichnungslängen?

6. Auf einer Autokarte ist der Maßstab 1 : 500 000 angegeben. Welche natürliche Länge hat eine gemessene Strecke von 4,5 cm?

7. Eine 2,875 km lange Strecke ist auf der Karte mit 11,5 cm dargestellt. Bestimmen Sie den Kartenmaßstab.

8. Ein Hinweisschild enthält die Angaben „5 % Steigung auf 1 200 m Länge". Welche Steigungshöhe muss dabei überwunden werden?

9. Durchmesser und Länge eines Spitzkegels verhalten sich wie 1 : 10. Berechnen Sie für 150 mm Kegellänge den Durchmesser.

10. Ein Keil hat einen Anzug von 1 : 20. Welche Anzugshöhe ist für 140 mm Keillänge erforderlich?

11. Berechnen Sie für eine CuZn-Legierung der Masse 42 kg die Cu- und Zn-Anteile, wenn sie im Verhältnis 3 : 2 stehen.

12. Zwei Zahnräder greifen ineinander. Das eine hat 24 und das andere 85 Zähne. Berechnen Sie die Umdrehungsfrequenz des großen Rades, wenn das kleinere 640 Umdrehungen pro Minute ausführt.

► Wissen – Erkennen – Werten

a) Erläutern Sie, was ein Verhältnis ist und wie es geschrieben werden kann.
b) Geben Sie Beispiele für gleiche und ungleiche Verhältnisse an.
c) Zeigen Sie den Zusammenhang zwischen Verhältnisgleichung und Proportion auf.
d) Stellen Sie proportionale Zuordnungen grafisch dar.
e) Welche Verhältnisse können aus $n_1 : n_2 = d_2 : d_1$ gebildet werden?

B 1 Längenverhältnis

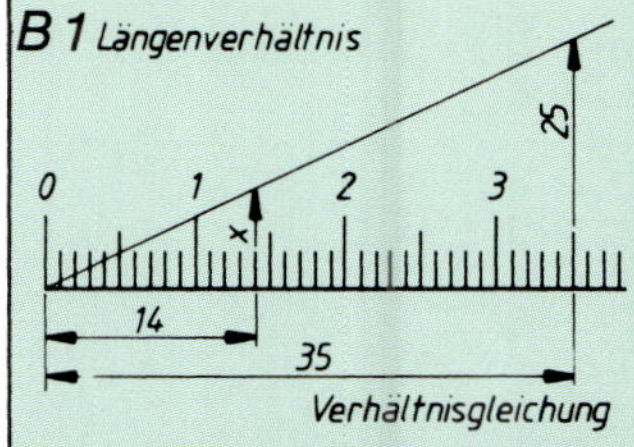

B 2 Durchmesserverhältnis

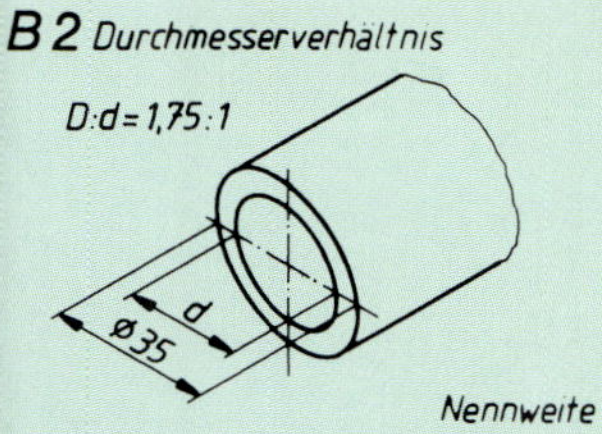

B 3 Seitenverhältnis

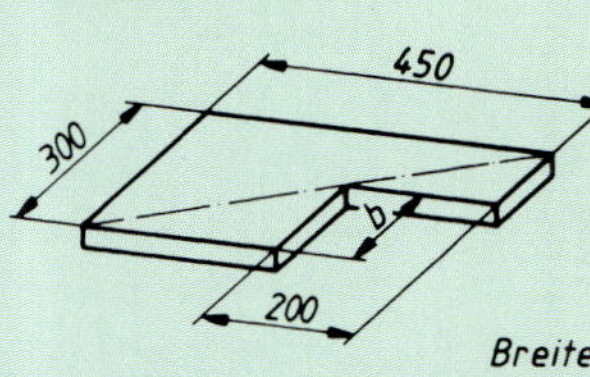

B 4 Geschwindigkeitsverhältnis

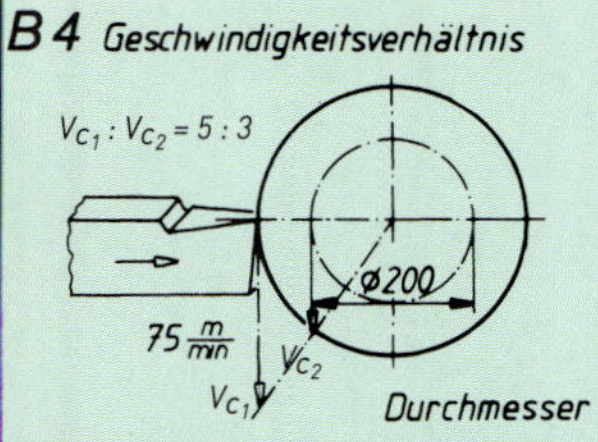

B 5 Übersetzungsverhältnis

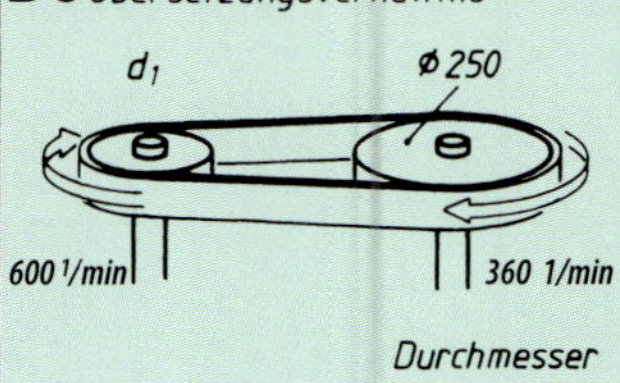

B 6 Zustellverhältnis

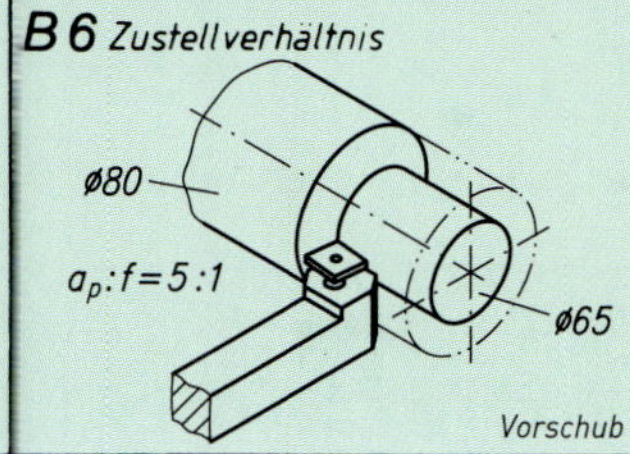

B 7 Zahnezahlverhältnis

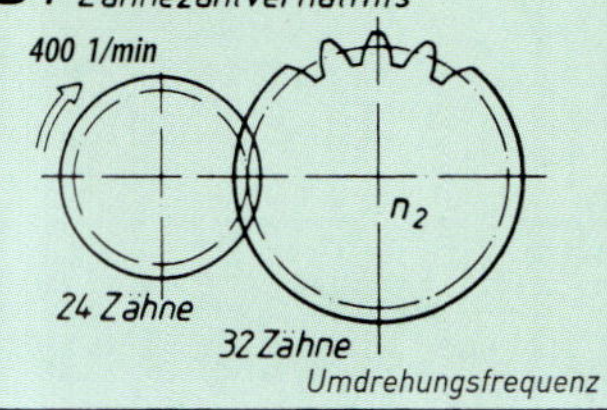

B 8 Steigungsverhältnis

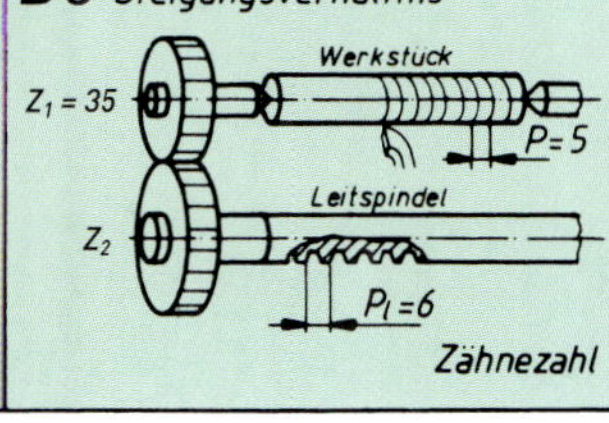

Dreisatz ≙ Dreischrittrechnung
gleiches Verhältnis ≙ Je mehr – desto mehr
ungleiches Verhältnis ≙ Je mehr – desto weniger

1. Gleiches Verhältnis

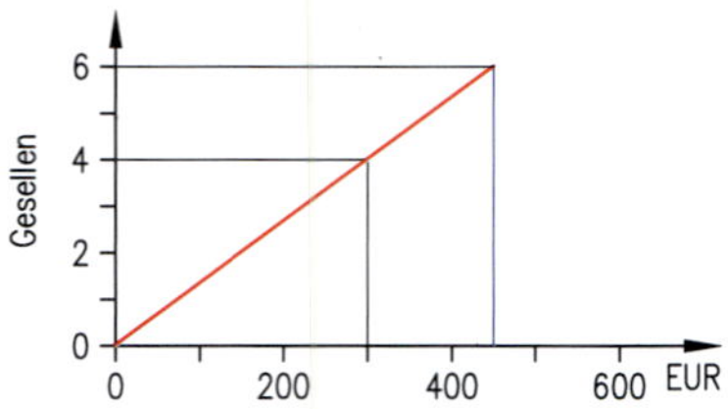

Beispiel
4 Gesellen verdienen 300 EUR. Wie viel verdienen dann 6 Gesellen?

Lösungsgang in 3 Schritten				Hinweis
Aussage:	4 Gesellen	≙	300 EUR	Behauptungssatz
Einheit:	1 Geselle	≙	$\frac{300\text{ EUR}}{4}$	Folgerungssatz
Mehrheit:	6 Gesellen	≙	$\frac{300\text{ EUR} \cdot 6}{4}$	Schlusssatz
		=	$\underline{450\text{ EUR}}$	

Hinweis
Im Behauptungssatz steht die gesuchte Größe am Ende.

2. Umgekehrtes Verhältnis

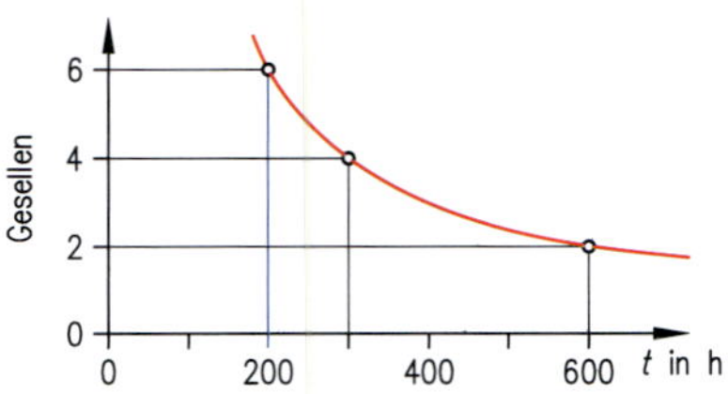

Beispiel
4 Gesellen schaffen eine Arbeit in 300 Stunden. Wie viel Stunden benötigen 6 Gesellen?

Lösungsgang in 3 Schritten				Hinweis
Aussage:	4 Gesellen	≙	300 h	Behauptungssatz
Einheit:	1 Geselle	≙	$300\text{ h} \cdot 4$	Folgerungssatz
Mehrheit:	6 Gesellen	≙	$\frac{300\text{ h} \cdot 4}{6}$	Schlusssatz
		=	$\underline{200\text{ h}}$	

3. Doppelter Dreisatz

Beispiel
2 Gesellen benötigen für die Herstellung von 20 Drehteilen 3 Tage. In welcher Zeit können 6 Gesellen 30 gleichartige Drehteile herstellen?

Ansatz
2 Gesellen für 20 Drehteile ≙ 3 Tage
6 Gesellen für 30 Drehteile ≙ x Tage

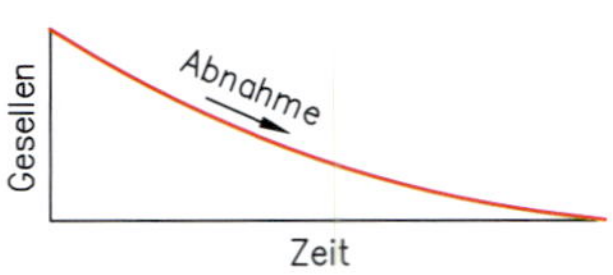

1. Rechnungsschritt
Aussage: 2 Gesellen für 20 Drehteile ≙ 3 Tage
Einheit: 1 Geselle für 20 Drehteile ≙ $3 \cdot 2$ Tage
Mehrheit: 6 Gesellen für 20 Drehteile ≙ $\frac{3 \cdot 2}{6}$ Tage

Beachte
Ungleiche Verhältnisse: je mehr – desto weniger

2. Rechnungsschritt
Aussage: 6 Gesellen für 20 Drehteile ≙ $\frac{3 \cdot 2}{6}$ Tage
Einheit: 6 Gesellen für 1 Drehteil ≙ $\frac{3 \cdot 2}{6 \cdot 20}$ Tage
Mehrheit: 6 Gesellen für 30 Drehteile ≙ $\frac{3 \cdot 2 \cdot 30}{6 \cdot 20}$ Tage
= $\underline{1{,}5\text{ Tage}}$

Beachte
Gleiche Verhältnisse: je mehr – desto mehr

4. Zusammenfassung

Schließen Sie von der Aussage über die Einheit auf die Mehrheit.
Beachten Sie bei jeder Schlussfolgerung die Verhältnisart.

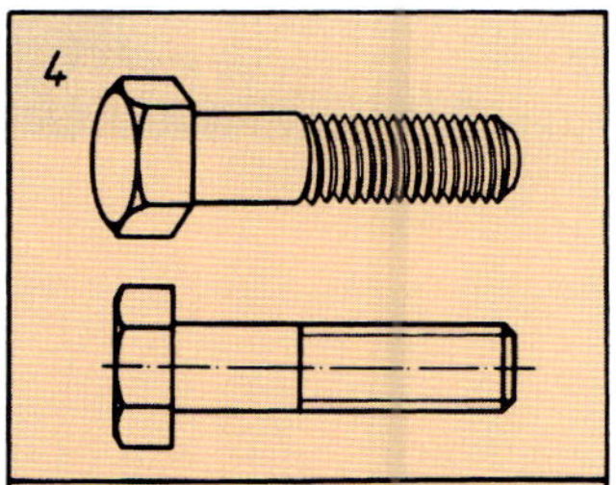

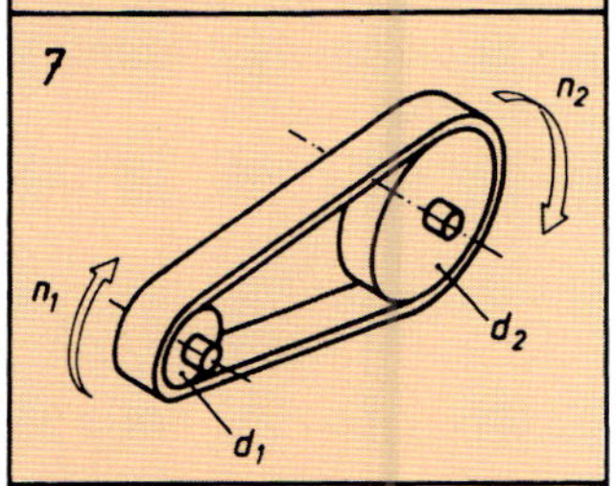

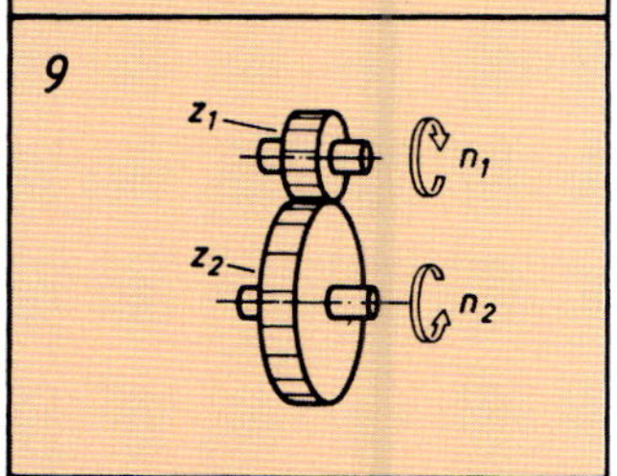

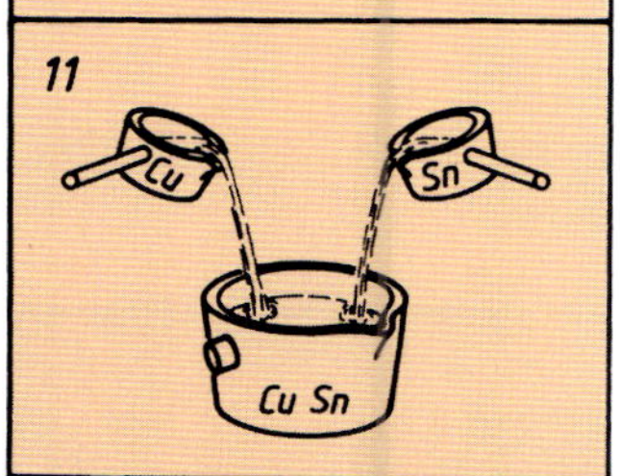

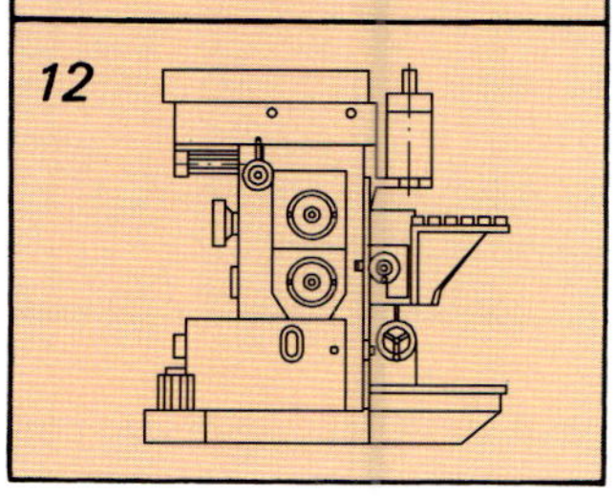

Berechnen Sie die fehlenden Werte:

1.

Aufgabe	a	b	c	d
Teil I	45	36	8	?
Lohn in EUR	60	48	?	4
Teil II	9	?	24	12
Lohn in EUR	?	12	15	8

2.

Aufgabe	a	b	c	d
Arbeiter	45	36	8	?
Tage I	60	48	?	4
Arbeiter	9	?	24	12
Tage II	?	12	15	8

3. Ein Geselle verdient in 38 Stunden 570,00 EUR. Wie hoch ist sein Stundenlohn?

4 18 Sechskantschrauben werden für 3,20 EUR angeboten. Wie viel EUR kosten 5 Schrauben?

5. Drei Auszubildende erledigen eine Arbeit in 2 1/2 Tagen. Wie viel Tage würden zwei Auszubildende benötigen?

6. Zwei Blechtafeln aus Stahl wiegen 31,2 kg. Wie groß ist die flächenbezogene Masse von fünf Tafeln bei gleichen Abmessungen?

7. Eine Riemenscheibe mit einem Durchmesser von 120 mm macht 1 200 1/min. Wie groß ist die Zahl der Umdrehungen der getriebenen Scheibe in einer Minute bei einem Durchmesser von 720 mm?

8. Ein Pkw verbraucht auf 100 km 8,4 Liter Benzin. Welche Strecke kann er mit einer Tankfüllung von 40 Liter zurücklegen?

9. Ein treibendes Zahnrad mit 42 Zähnen macht 96 1/min. Mit wie viel Zähnen muss das getriebene Rad bei 224 1/min hergestellt werden?

10. Eine Pumpe fördert in 2 Stunden 1 200 l Wasser. In welcher Zeit wird ein überschwemmter Keller mit den Maßen 2 × 1,5 × 3 m leer gepumpt?

11. Für eine CuSn-Legierung mit der Masse 40 kg braucht man 2,4 kg Zinn. Wie viel kg Zinn benötigt man zur Herstellung einer Legierung von 122 kg?

12. Mit 6 Fräsmaschinen werden in 8 Stunden 180 Werkstücke gefertigt. Wie viel Stunden werden benötigt, um mit 4 Maschinen 240 Stücke anzufertigen?

▶ Wissen – Erkennen – Werten

a) Zeigen Sie Beispiele auf: Je mehr, desto mehr. Je weniger, desto weniger.
b) Zeigen Sie Beispiele auf: Je mehr, desto weniger. Je weniger, desto mehr.
c) Nennen Sie Schritte für die Lösung von Dreisatzaufgaben.
d) Was ist bei der Formulierung des Behauptungssatzes zu beachten?
e) Für welche Aufgaben sind zur Lösung zwei Schlussfolgerungen erforderlich?

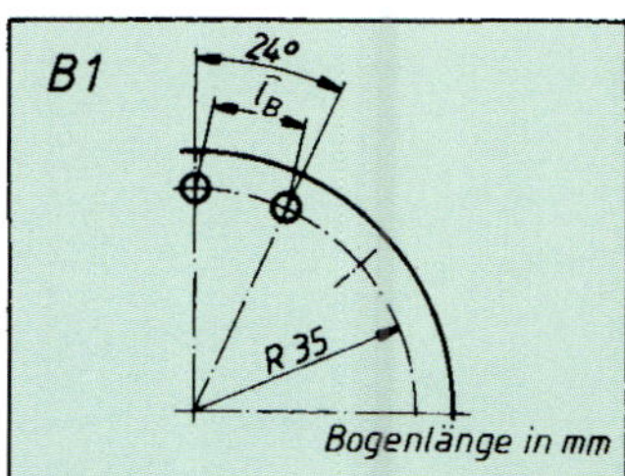

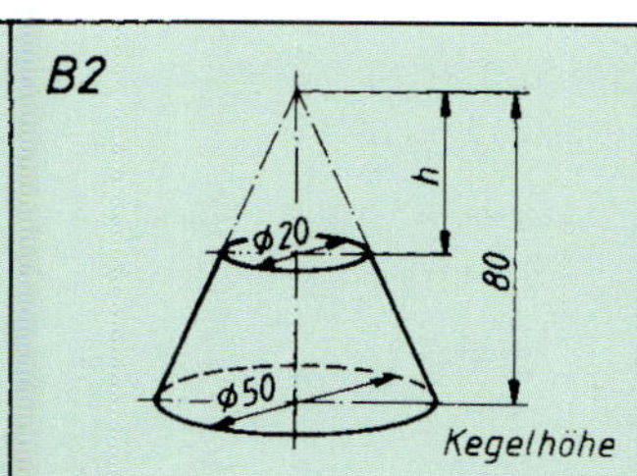

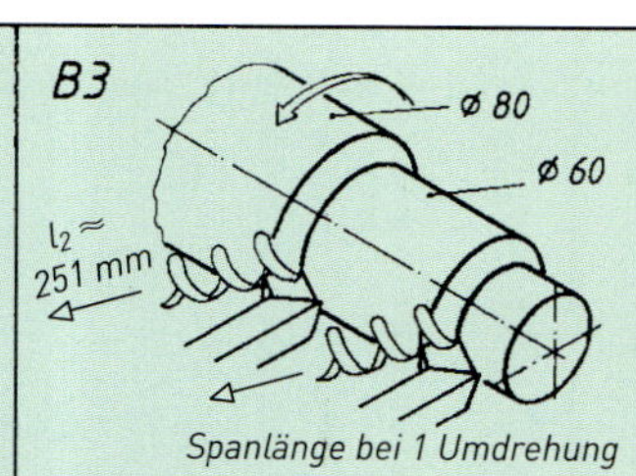

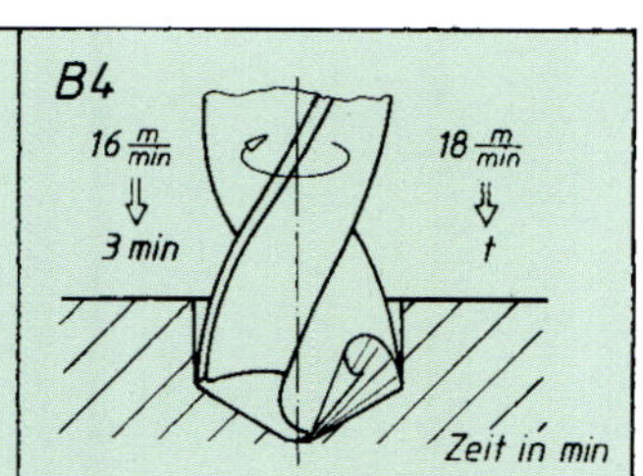

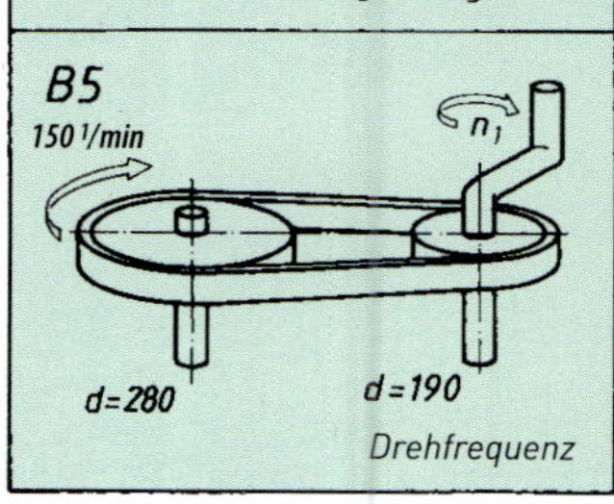

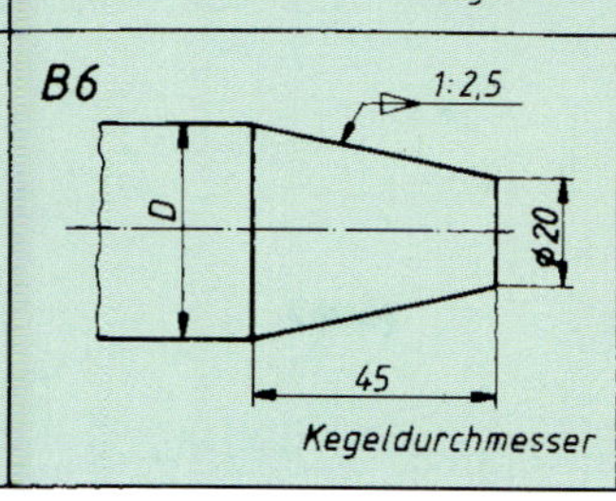

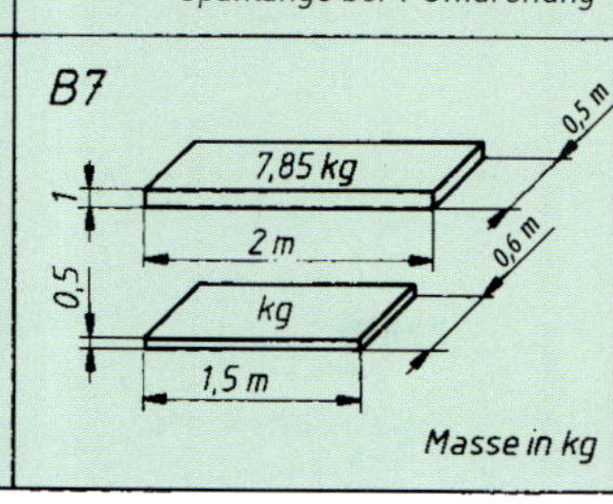

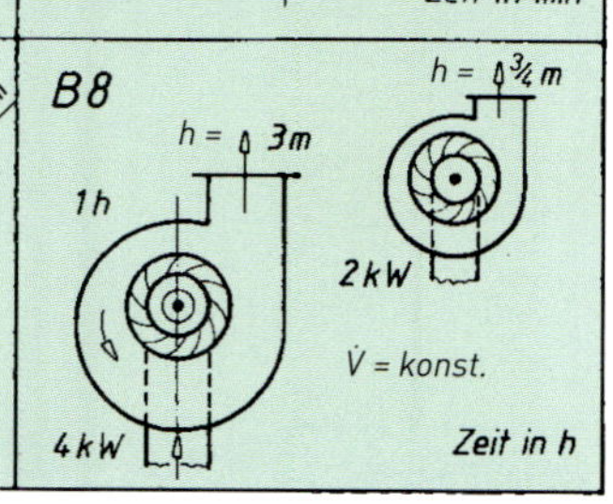

Prozentsatz p	ist die Teilmenge des Grundwerts als Hundertstel in % (Zahl vor dem „%"-Zeichen).
Grundwert G	entspricht 100 % und ist die Bezugsgröße in EUR, kg usw.
Prozentwert z	ist die Teilmenge des Grundwerts in EUR, kg usw.

1. Prozentsatz *p*

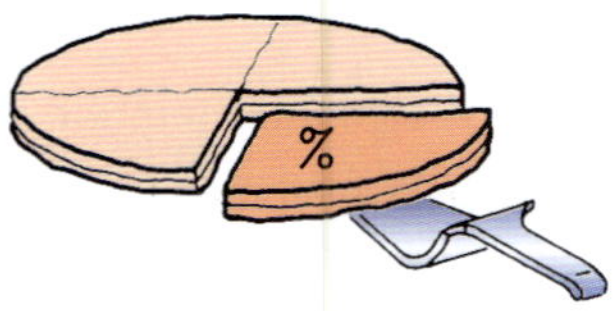

Bei der Prozentrechnung gibt man Bruchteile vom Ganzen in Hundertstel an. Diese Brüche mit dem Nenner 100 erhalten die Bezeichnung Prozent. Die Prozente als Teil vom Ganzen bezeichnet man als Prozentsatz p

25/100 vom Ganzen = 25 %
1/100 vom Ganzen = 1 %

Hinweis
Der Prozentsatz p gibt an, wie viele Prozente als Abzüge oder Zuschläge zu berücksichtigen sind.

2. Grundwert

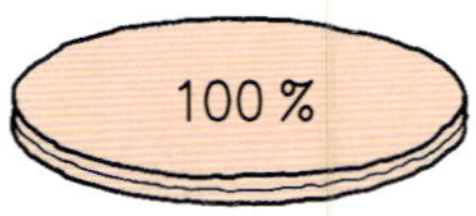

Bei der Prozentrechnung setzt man den ganzen Wert einer Größe gleich 100 % und bezeichnet diesen Wert als Grundwert G.
Der Grundwert ist immer ein Größenwert = Zahlenwert × Einheit.
beispiel: 20 EUR, 40 m^2, 500 kg usw.

Hinweis
Vom Grundwert G werden die Prozente berechnet.

3. Prozentwert

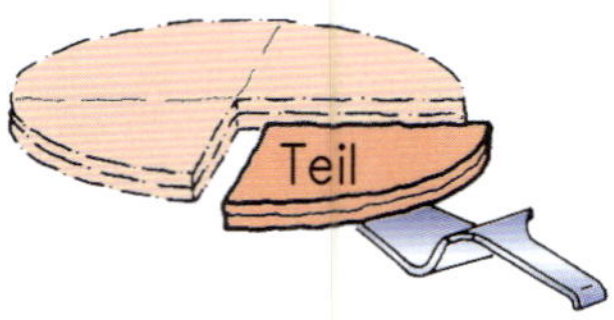

Der Prozentwert z ist ein Teil des Grundwerts G und zwar in der Höhe des Prozentsatzes p.

	Prozentsatz p		Grundwert G		Prozentwert z
	⇓		⇓		⇓
z. B.	25 %	von	200 cm^2	=	50 cm^2

Hinweis
Der Prozentwert z ist der Prozentsatz p vom Grundwert G.

$$\text{Prozentwert} = \frac{\text{Prozentsatz} \times \text{Grundwert}}{100\,\%} \qquad z = \frac{p \cdot G}{100\,\%}$$

4. Zusammenfassung

Lösungsvarianten:

1. Formel	Eine Formel gilt für alle Aufgaben
2. Verhältnisgleichung	ohne Formel, einfache Umstellung wenn gesuchte Größe x im Zähler der linken Seite der Gleichung steht.
3. Dreisatz	ohne Formel, einfacher Dreisatz als Gleichungskette.

5. Beispiel

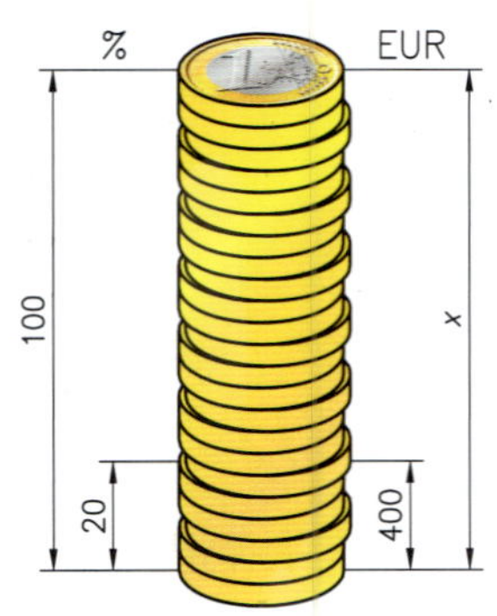

Ein Facharbeiter erhält auf seinen Lohn nachträglich einen Zuschlag von 20 % in Höhe von 400 EUR. Wie hoch ist sein Bruttolohn?
Gesucht: Bruttolohn
Gegeben: Zuschlag = 400 EUR = 20 %

Lösung mit

Formel

$$z = \frac{p \cdot G}{100\,\%} \Rightarrow$$
$$G = \frac{z \cdot 100\,\%}{p}$$
$$G = \frac{400\text{ EUR} \cdot 100\,\%}{20\,\%}$$
$$G = \underline{2000\text{ EUR}}$$

Verhältnisgleichung

$$\frac{x}{400\text{ EUR}} = \frac{100\,\%}{20\,\%}$$
$$x = \frac{400\text{ EUR} \cdot 100\,\%}{20\,\%}$$
$$x = \underline{2000\text{ EUR}}$$

Dreisatz

$$20\,\% = 400\text{ EUR}$$
$$1\,\% = \frac{400\text{ EUR}}{20\,\%}$$
$$100\,\% = \frac{400\text{ EUR} \cdot 100\,\%}{20\,\%}$$
$$= \underline{2000\text{ EUR}}$$

Anmerkung
Auf dem Bruchstrich steht immer eine Zahl mit der gesuchten Einheit.

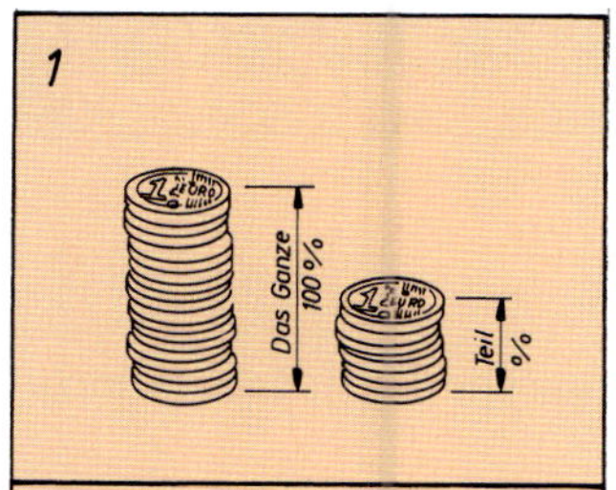

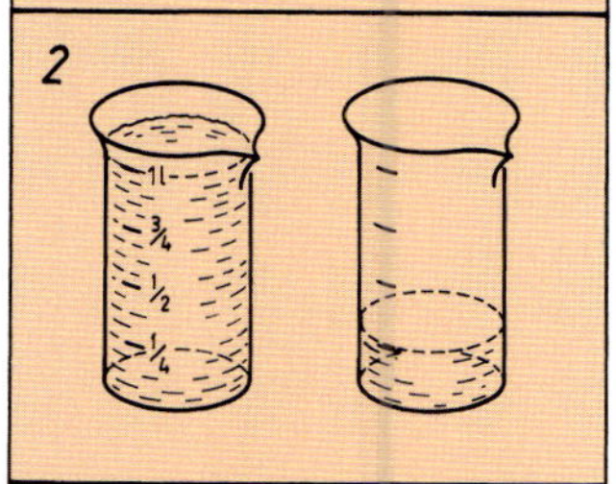

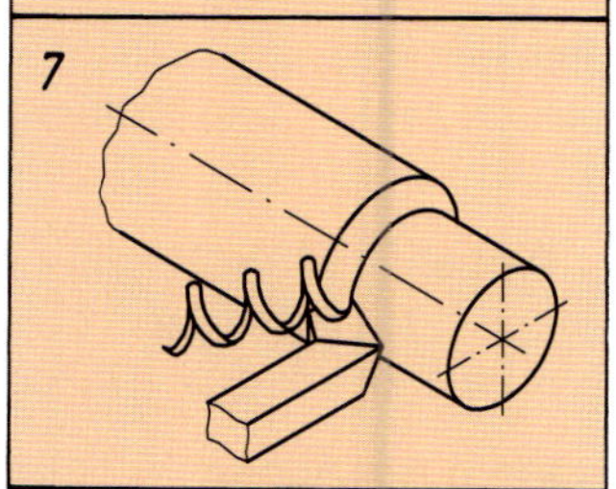

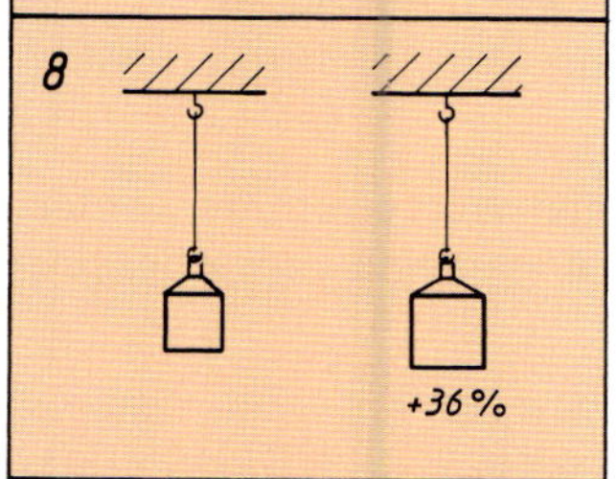

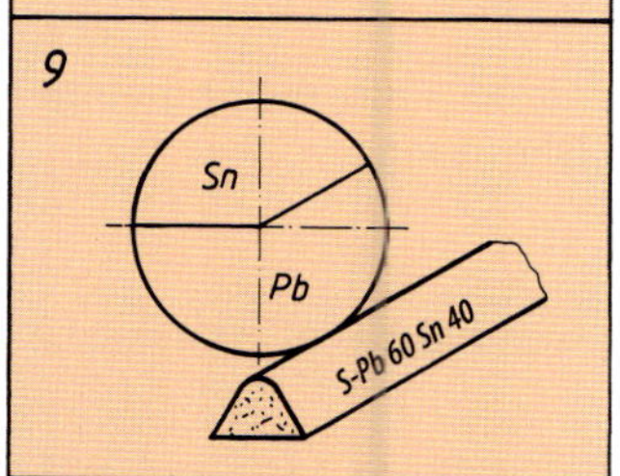

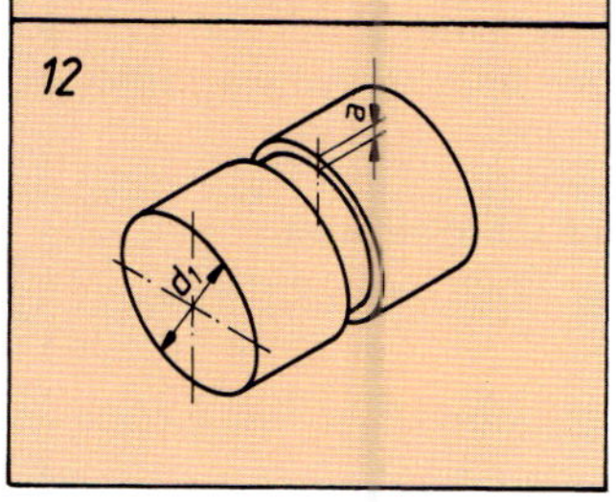

Berechnen Sie die fehlenden Werte:

1.

Aufgabe	a	b	c
Das Ganze	400 EUR	42 m	? h
Teil vom Ganzen	20 EUR	? m	3 h
Anzahl pro 100	? %	5 %	20 %

2.

Aufgabe	a	b
Grundwert	12 l	30 kg
Prozentwert	3 l	? kg
Prozentsatz	? %	12 %

3. Ein Facharbeiter arbeitet im Akkord für 16 EUR pro Stunde. Um wie viel % liegt sein Akkordlohn über seinem Normallohn von 12 EUR?

4. Eine gebrauchte Bohrmaschine wurde mit 16 % Nachlass verkauft. Der Käufer bezahlte 410 EUR. Was hätte die Maschine ohne Nachlass gekostet?

5. Ein Werkstück hat ein Rohgewicht von 45,4 kg, das durch die Bearbeitung um 14 % verringert wird. Ermitteln Sie das Fertiggewicht.

6. Die monatliche Miete für eine Werkstatt betrug 186 EUR; sie wurde auf 316 EUR erhöht. Berechnen Sie die prozentuale Mieterhöhung.

7. Ein Bolzen wurde mit einem Drehmeißel aus Schnellarbeitsstahl in 25 min bearbeitet und anschließend mit einem Klemmhalter mit Wendeschneidplatte in 6,25 min bearbeitet. Wie groß ist die Zeitersparnis in %?

8. Durch Vergüten wurde die Zugfestigkeit eines Stahles um 36 % gesteigert. Dabei erhöhte sich der Wert auf 11,2 N/mm². Welche Zugfestigkeit hatte der Stahl vor dem Vergüten?

9. In einer Werkstatt haben sich 140 kg Lot mit der Bezeichnung S-Pb60Sn40 angesammelt. Errechnen Sie die Anteile von Sn und Pb.

10. In 60 kg CuSnPb sind 51,6 kg Cu, 5,4 kg Sn und 0,6 kg Pb enthalten. Der Rest ist Zink. Berechnen Sie die Anteile in %.

11. Ein Werkstück, welches früher aus Stahl hergestellt wurde, soll aus Gründen der Gewichtsersparnis aus Aluminium gefertigt werden. Errechnen Sie die Gewichtsersparnis in %.

12. Eine Welle von 26 mm Durchmesser erhält einen 2,4 mm tiefen Einstich. Um wie viel % wird der Querschnitt dadurch kleiner?

▶ Wissen – Erkennen – Werten

a) Erläutern Sie die Begriffe: Grundwert, Prozentwert und Prozentsatz.
b) Schreiben Sie den Prozentsatz von 20 % als Bruch.
c) Zeigen Sie für die Prozentrechnung verschiedene Lösungsmöglichkeiten auf.
d) Was besagt bei einer U-Scheibe DIN 434-24 eine Neigungsangabe von 8 %?
e) Nennen Sie berufstypische Anwendungsbereiche der Prozentrechnung.

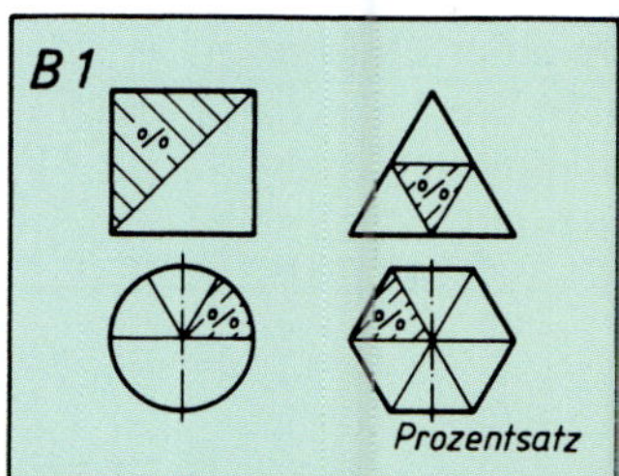

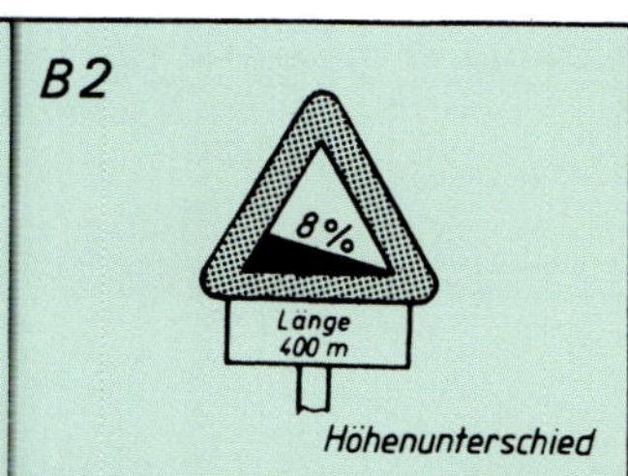

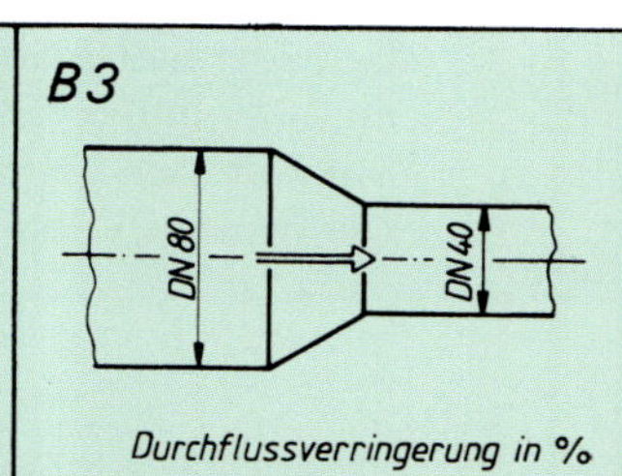

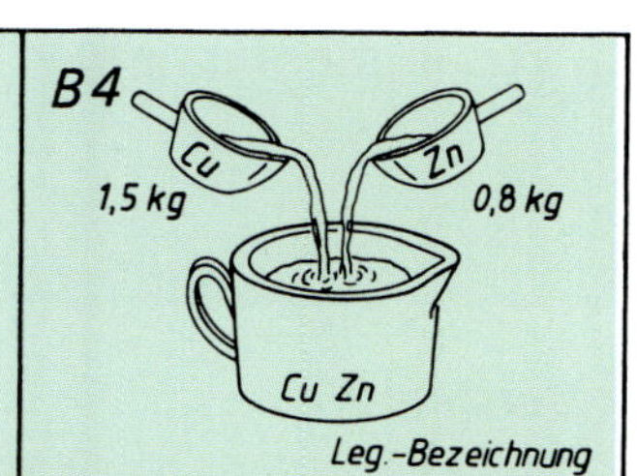

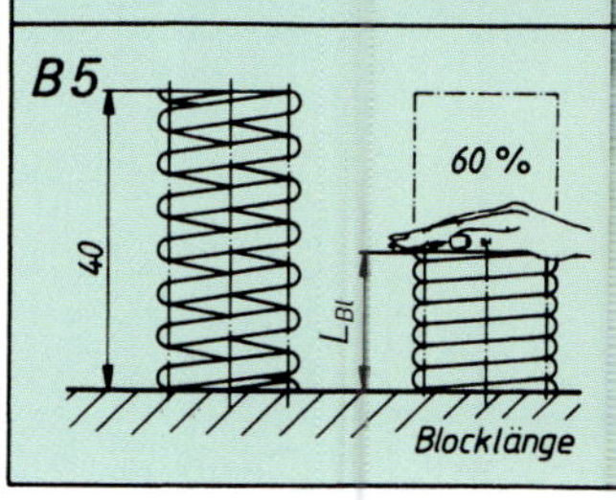

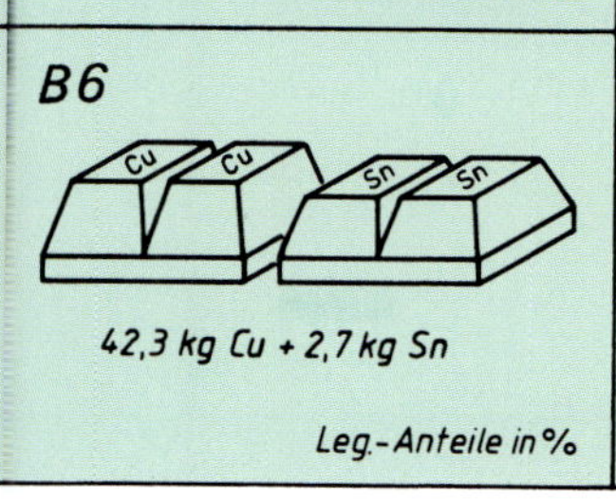

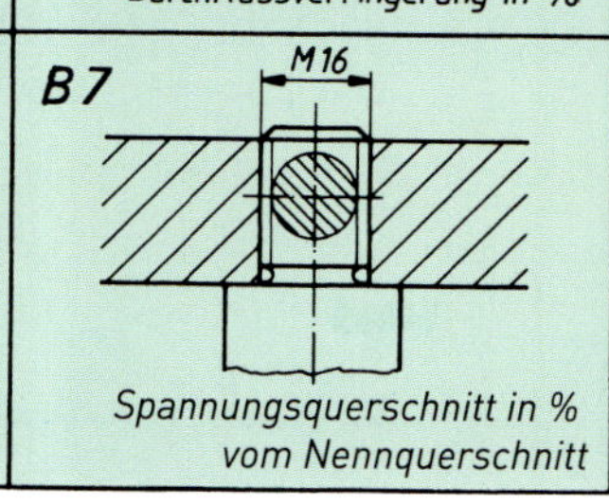

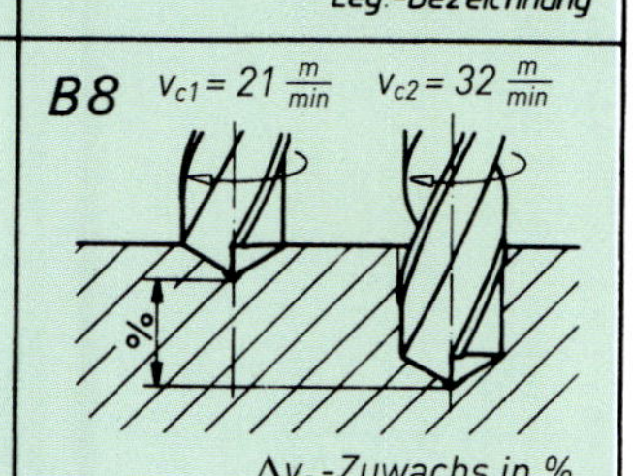

$\equiv$ identisch gleich $=$ gleich $\neq$ nicht gleich

1. Gleichungsgesetze

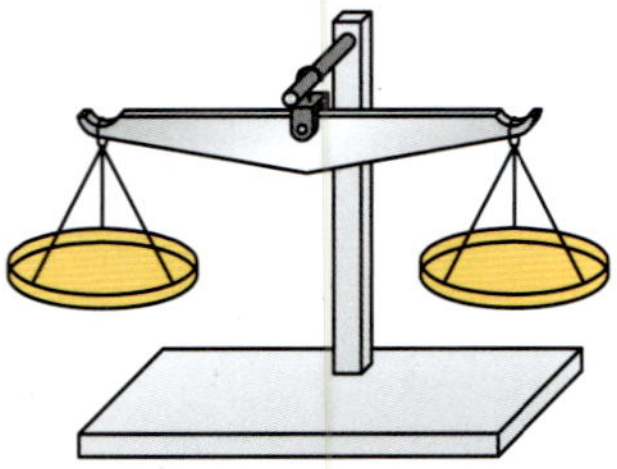

Auf beiden Seiten einer Gleichung sind stets gleiche Rechenoperationen vorzunehmen.

Beispiel	Gleichung	$a + b$	$= c$
	Gleiches addieren	$a + b + \mathbf{z}$	$= c + \mathbf{z}$
	Gleiches subtrahieren	$a + b - \mathbf{z}$	$= c - \mathbf{z}$
	mit Gleichem multiplizieren	$(a + b) \cdot \mathbf{z}$	$= c \cdot \mathbf{z}$
	durch Gleiches dividieren	$(a + b) : \mathbf{z}$	$= c : \mathbf{z}$
	mit Gleichem potenzieren	$(a + b)^2$	$= c^2$
	mit Gleichem radizieren	$\sqrt{a + b}$	$= \sqrt{c}$

2. Identische Gleichungen

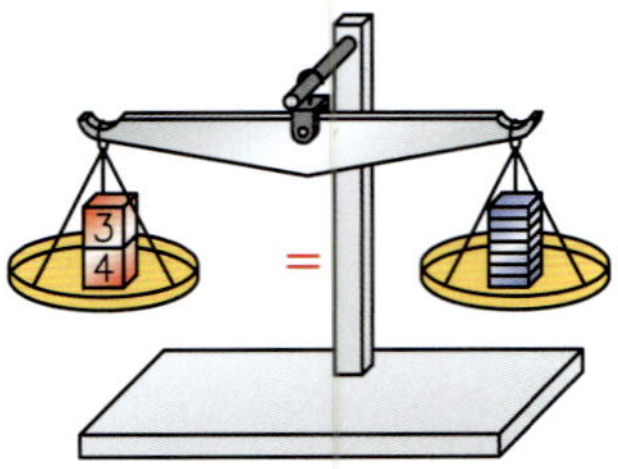

Identische Gleichungen sind allgemein gültige Gleichungen.
Auf beiden Seiten der Gleichung stehen gleichwertige Zahlen oder Größen, die sich aufgrund der Rechengesetze ergeben.

Beispiele

$3 + 4 = 7$ **Probe** $7 \equiv 7$

$5g - 2g = 3g$ $3g \equiv 3g$

$a + b - c = b - c + a$ $a + b - c \equiv a + b - c$

Erkenntnis Identische Gleichungen führen zu wahren Aussagen.

3. Bestimmungsgleichungen

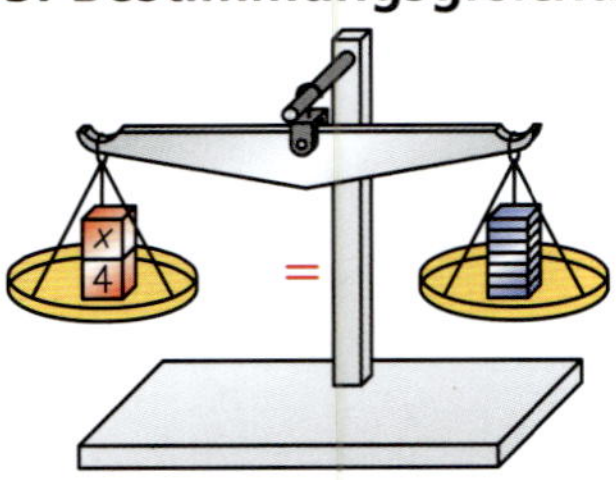

In Bestimmungsgleichungen soll nur ein bestimmter Wert errechnet werden. Es ist die Variable oder die Unbekannte, die im Allgemeinen mit x bezeichnet wird.

Beispiel $x + 4 = 7$, $x = 3$ **Probe** $3 + 4 = 7$, $7 = 7$

Erkenntnis Wird der errechnete Wert in die Bestimmungsgleichung eingesetzt, so ergibt sich eine identische Gleichung.

4. Textgleichungen

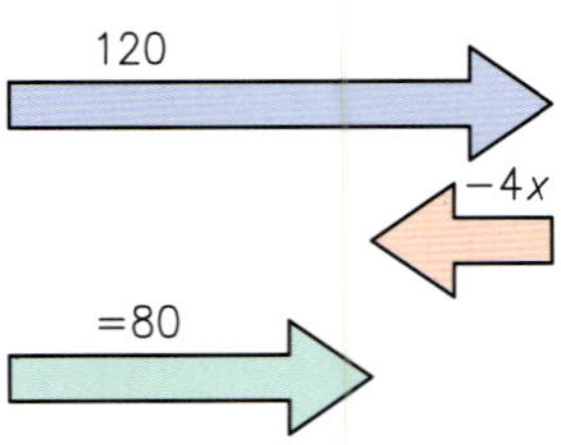

Die sprachlichen Zusammenhänge des Textes müssen hierbei in eine mathematische Schreibweise übersetzt werden.

Beispiel Subtrahiert man das Vierfache einer Zahl von 120, so erhält man den Wert 80. Um welche Zahl handelt es sich?

Lösungsgang
1. Die gesuchte Zahl wird mit x bezeichnet
2. Aufstellung der Gleichung $120 - 4x = 80$
3. Auflösung der Gleichung $x = 10$
4. Ausführung der Probe $120 - 4 \cdot 10 = 80$

5. Zusammenfassung

Eine identische Gleichung ist die einfachste Form einer Gleichung.
Eine Bestimmungsgleichung hat einen bestimmten Wert.
Das Auflösen von Gleichungen erfolgt nach bestimmten Regeln.
Die Lösungsprobe führt auf eine identische Gleichung.

6. Beispiele

$a = b \Rightarrow b = a$ — Die Seiten einer Gleichung sind vertauschbar (Vertauschungsgesetz).

$12 + 10 - x = 14$, $x = 8$ — Die Unbekannte x erhält bei ihrer Bestimmung einen positiven Wert.

$U = 2a + 2b \Rightarrow b = \frac{U - 2a}{2}$, $b = \frac{U}{2} - a$ — In einer Formel ist jede Variable bestimmbar.

$2(x + 4) - (x - 6) = 15$, $x = 1$ — Produkte in Zahlengleichungen sind zuerst auszurechnen.

$a = x$, $b = x$ folgl. $\Rightarrow a = b$ — Sind zwei Größen einer dritten gleich, so sind sie auch einander gleich.

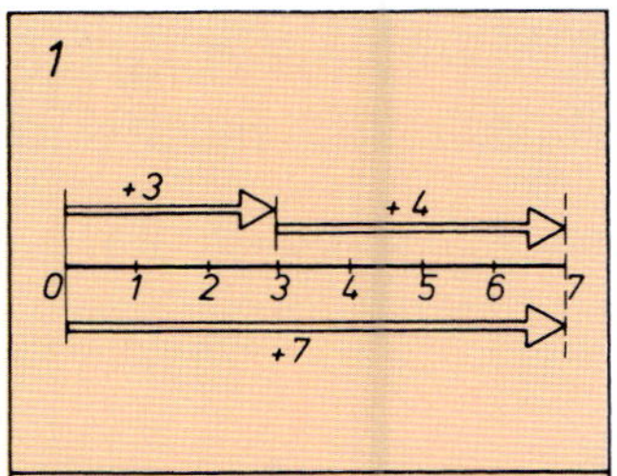

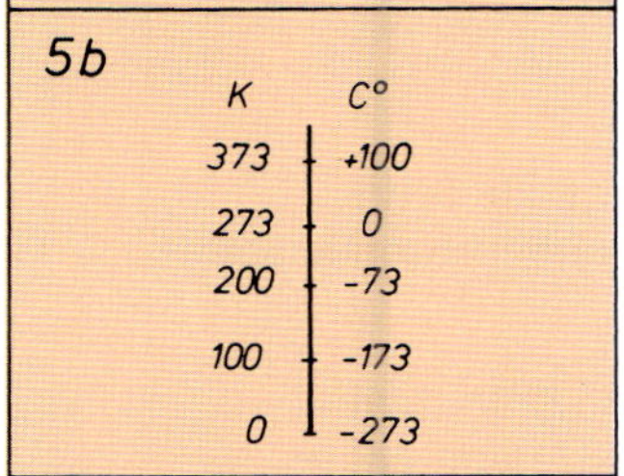

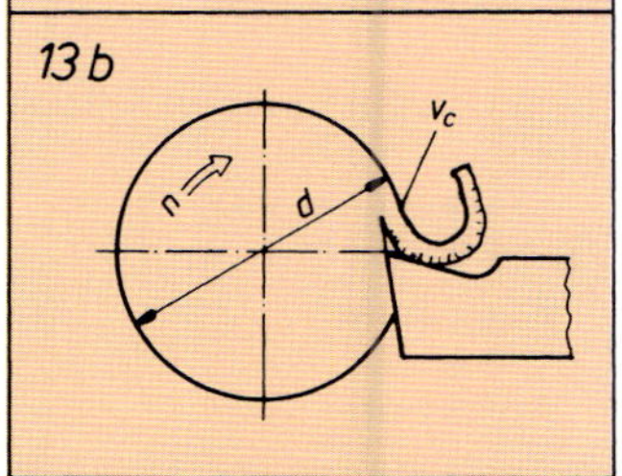

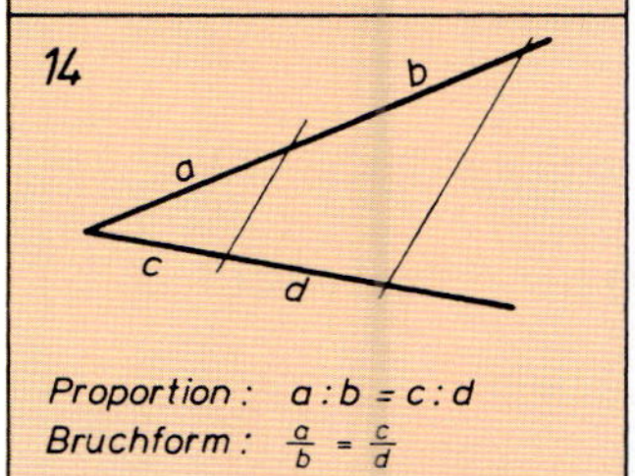

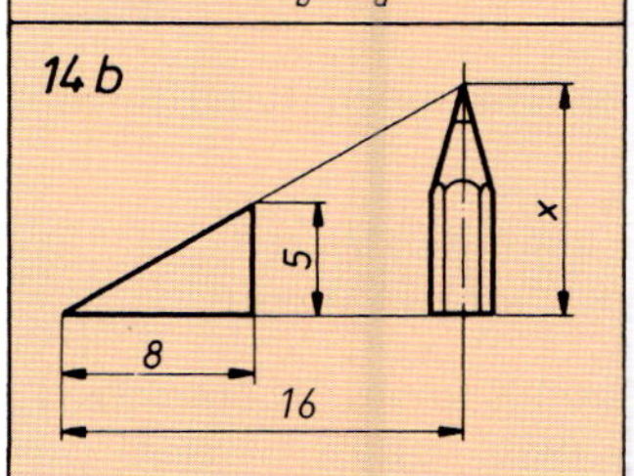

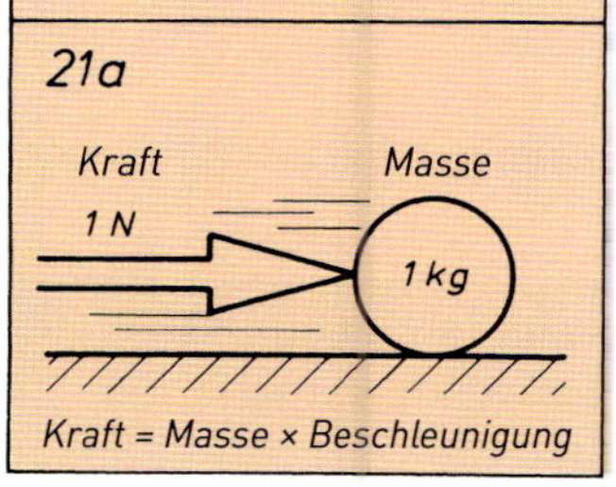

Aufgaben

Rechnen mit Gleichungen

Zahlengleichungen

1. a) $3\text{ cm} \cdot x = 12\text{ cm}^2$ b) $4x = 48$ c) $0{,}6 = 2x$ d) $5x = \frac{2}{3}$ e) $2x + 12 = 18 - x$

Gleichungen mit Summen

2. a) $5\text{ kg} + x = 12\text{ kg}$ b) $x + 3 = 12$ c) $8 + 3x = 11$ d) $5x + 8 = 3x + 12$
3. a) $l_1 + l_2 = l_3 + \boldsymbol{l_4}$ b) $T = \boldsymbol{t} + 273$ c) $U = U_1 + U_2 + \boldsymbol{U_3}$ d) $I \cdot R = I \cdot R_1 + \boldsymbol{U_2}$

Gleichungen mit Differenzen

4. a) $8\text{m} - x = 3\text{m}$ b) $x - 5 = 12$ c) $8 = 12 - (6 - x)$ d) $bx - b = dx - d$
5. a) $V_1 - \boldsymbol{V_2} = V$ b) $t = \boldsymbol{T} - 273$ c) $v = v_a - a \cdot \boldsymbol{t}$ d) $A = \frac{D^2 \cdot \pi}{4} - \frac{\boldsymbol{d}^2 \cdot \pi}{4}$

Gleichungen mit Klammern

6. a) $5 + (3 + x) = 15$ b) $9 + (4 - x) = 8$ c) $6 - (4 - x) = 8$ d) $6 = 4 - (-x + 5)$
7. a) $6x - (3x - 14) = 35 + (15 - 6x)$ b) $(14 - 5x) - (36 - 12x) = -(3x - 6)$
8. a) $R_v = (\boldsymbol{n} - 1)\, R_1$ b) $L = l \cdot \alpha\, (t_2 - \boldsymbol{t_1})$ c) $2RF = G\,(R - \boldsymbol{r})$ d) $A = 0{,}785\,(D^2 - \boldsymbol{d}^2)$

Gleichungen mit Produkten

9. a) $x \cdot 4 = 3 \cdot 24$ b) $4 \cdot (6 + x) = 32$ c) $5 \cdot (3x - 1) = 55$ d) $2b + ax = bx + 2a$
10. a) $s = v \cdot \boldsymbol{t}$ b) $F \cdot a = \boldsymbol{G} \cdot b$ c) $p_1 \cdot V_1 = p_2 \cdot \boldsymbol{V_2}$ d) $P = \boldsymbol{I}^2 \cdot R$ e) $P = U^2 : \boldsymbol{R}$

Gleichungen mit Brüchen

11. a) $t = \frac{s}{\boldsymbol{v}}$ b) $\frac{5}{6}x = 15$ c) $\frac{x}{5} - 20 = 40$ d) $\frac{36}{x} + 6 = 24$ e) $3x - 120 = \frac{x}{2} + 30$
12. a) $7\frac{1}{2} = 3 + \frac{3x}{2}$ b) $12 = \frac{3x}{2} + 9$ c) $45 - \frac{4x}{5} = 5 - 4x$ d) $7 = \frac{3x}{5} - \frac{x}{4}$
13. a) $A = \frac{\boldsymbol{d}^2 \cdot 3{,}14}{4}$ b) $\boldsymbol{v} = \frac{d \cdot 3{,}14 \cdot \boldsymbol{n}}{60}$ c) $\frac{p_1 \cdot V_1}{T_1} = \frac{\boldsymbol{p_2} \cdot V_2}{T_2}$ d) $W = \frac{\boldsymbol{m} \cdot v^2}{2}$

Gleichungen mit Verhältnissen

14. a) $4 : 5 = 16 : x$ b) $5 : 8 = x : 16$ c) $x : 35 = 15 : 25$ d) $10 : x = 4 : 5$
15. a) $16 : x = 8 : b$ b) $2ac : 4c = 4 : x$ c) $3b : 5cd = 6x : 2$ d) $(x - 1) : 2 = 3 : 6$
16. a) $(x - 1) : 3 = 4 : 3$ b) $(a + x) : x = a : b$ c) $2 : 3 = (3 + x) : 4$ d) $a : b : c = x : y : z$
17. a) $d_1 : d_2 = n_2 : \boldsymbol{n_1}$ b) $R_1 : \boldsymbol{R_2} = l_2 : l_1$ c) $a : b = y : \frac{1}{\boldsymbol{x}}$ d) $a : b = \frac{1}{\boldsymbol{x}} : \frac{1}{y}$

Bestimmungsgleichungen

18. a) $x + 4\text{ kg} = 12\text{ kg}$ b) $12\text{ m} - x = 28\text{ m}$ c) $4 + 5x = 3 + 6x$ d) $3\,(4x - 2) = 4x + 6$
19. a) $15x - [4x - (-6 - 4x)] = 6x + 12$ b) $\frac{7x}{5} - \frac{2}{3} + \frac{3}{5} - (-3x + 3) = \frac{35x}{21} + 3x - \frac{2x}{5}$

Einheitengleichungen

20. a) $1\text{ m} = x\text{ cm}$ b) $1\text{ kg} = x\text{ g}$ c) $1\,000\text{ W} = x\text{ kW}$ d) $1\text{ bar} = x\text{ Pa}$ e) $1\text{ bar} = x\,\frac{\text{N}}{\text{cm}^2}$
21. a) $1\text{ N} = 1\text{ kg} \cdot x$ b) $1\text{ J} = 1\text{ N} \cdot x\text{ m}$ c) $1\text{ J} = 1\text{ W} \cdot 1\,x$ d) $1\text{ J} = 1\,x \cdot 1\text{ m}$

▶ Wissen – Erkennen – Werten

a) Wann verwendet am das Gleichheitszeichen?
b) Erklären Sie die Begriffe: Unbekannte, fehlende Größe, Lösungsvariable.
c) Unterscheiden Sie Einheitengleichung und Größengleichung.
d) Begründen Sie, warum bevorzugt mit Größengleichungen gerechnet wird.
e) Unterscheiden Sie identische Gleichung und Bestimmungsgleichung.
f) Vollziehen Sie den Lösungsweg für eine Bestimmungsgleichung nach.
g) Beweisen Sie, dass eine Lösungsprobe zur wahren Aussage führt.

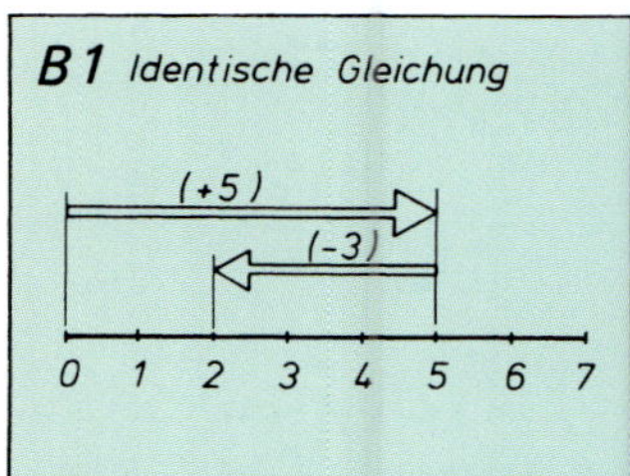

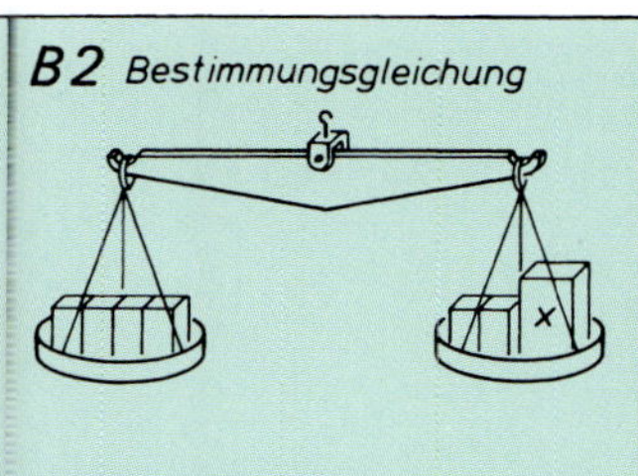

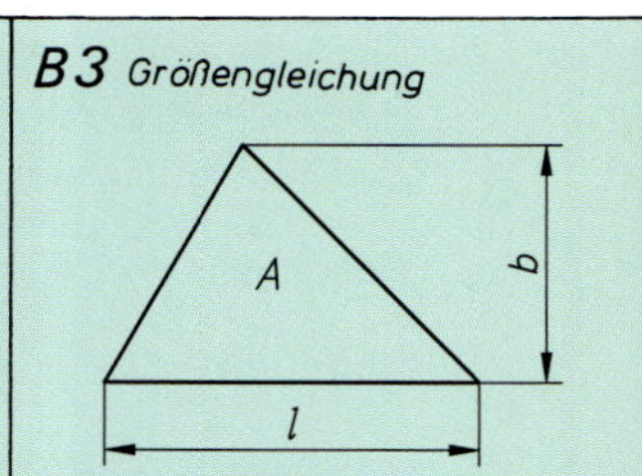

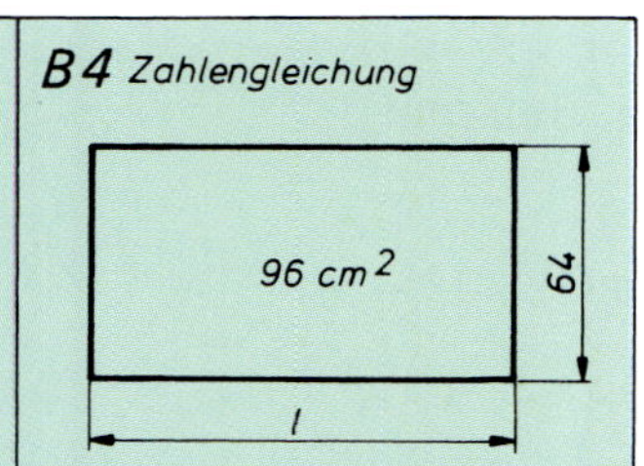

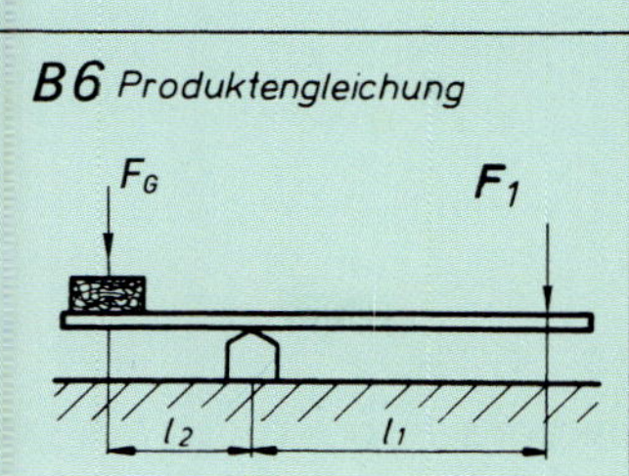

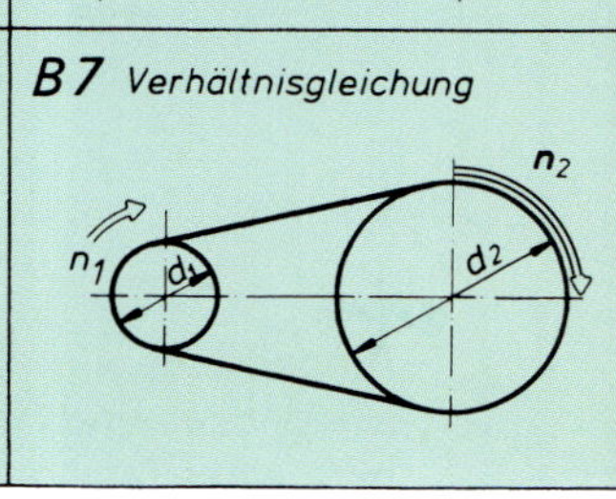

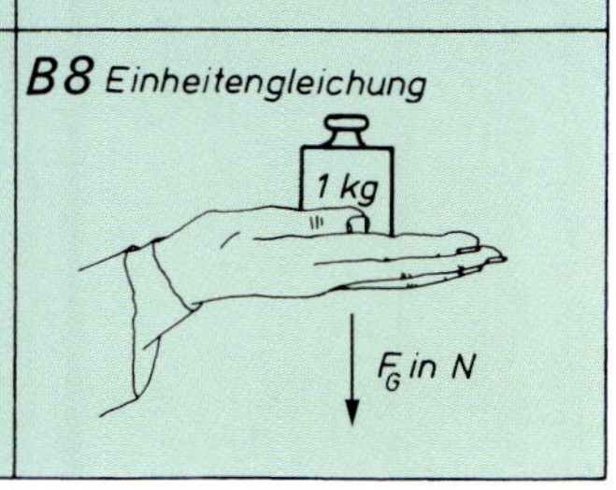

sin Sinus cos Cosinus tan Tangens cot Cotangens

Hinweis
Funktion ⇒ Abhängigkeit, Zuordnung

1. Rechtwinkliges Dreieck

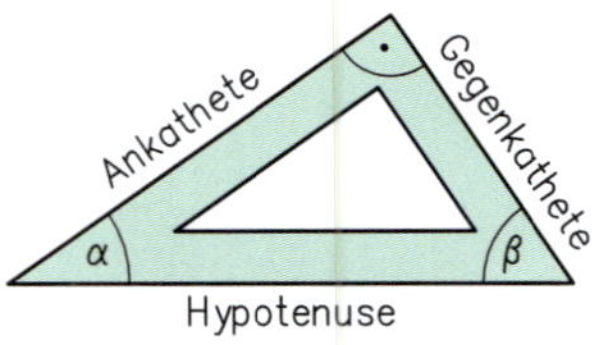

Die Winkelfunktionen beziehen sich nur auf rechtwinklige Dreiecke mit den Bezeichnungen:

Ankathete – die am Winkel anliegende Seite
Gegenkathete – die dem Winkel gegenüberliegende Seite
Hypotenuse – die dem rechten Winkel gegenüberliegende Seite

Hinweis
Die den rechten Winkel bildenden Seiten heißen Katheten.
Die längste Seite im rechtwinkligen Dreieck heißt Hypotenuse.

2. Winkelfunktionen

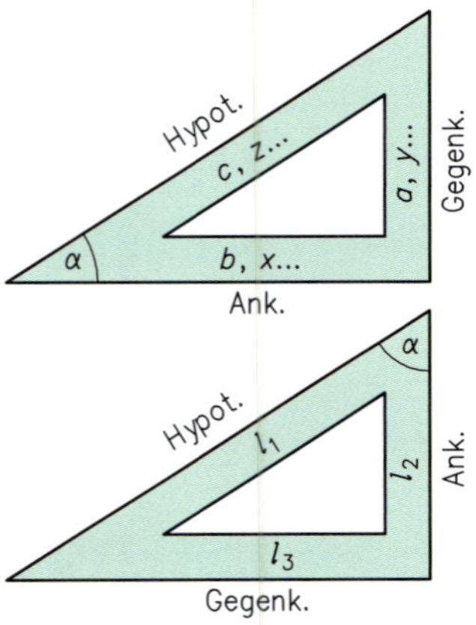

Setzt man die Seiten eines rechtwinkligen Dreiecks zueinander in Beziehung, so ergeben sich folgende Winkelfunktionen:

$$\sin\alpha = \frac{\text{Gegenkathete}}{\text{Hypotenuse}} \qquad \tan\alpha = \frac{\text{Gegenkathete}}{\text{Ankathete}}$$

$$\cos\alpha = \frac{\text{Ankathete}}{\text{Hypotenuse}} \qquad \cot\alpha = \frac{\text{Ankathete}}{\text{Gegenkathete}}$$

Hinweis
Gedankliche Kurzformen „Ank.“, „Gegenk.“ und „Hypo“ oder „Ak.“, „Gk.“ und „Hyp“ erleichtern den Ansatz.
Die Seitenbezeichnungen richten sich stets nach der Aufgabenstellung.

3. Beziehungen

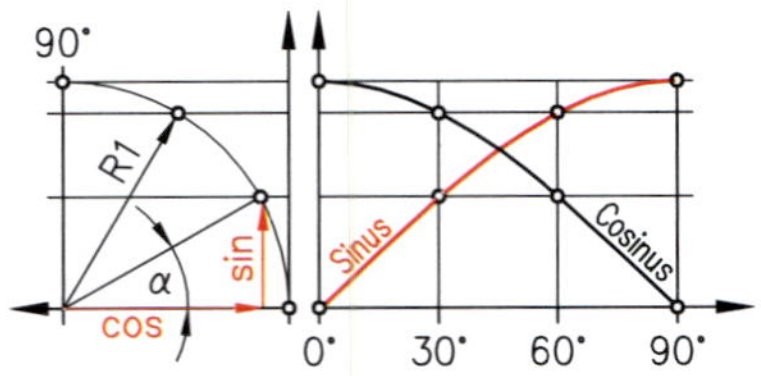

Im Einheitskreis mit R 1 lassen sich die vier Winkelfunktionen durch Zahlenwerte der Dreieckseiten darstellen.

Erkenntnis Die Sinusfunktion steigt vom Wert 0 auf den Wert 1.
Die Cosinusfunktion fällt vom Wert 1 auf den Wert 0.

Folgerung Der Sinus eines ∢ ist gleich dem Cosinus seines Ergänzungs-∢,
z. B. $\sin 60° = \cos 30° \Rightarrow \sin\alpha = \cos(90° - \alpha)$

Hinweis
Auf den Cotangens, den Kehrwert des Tangens, kann bei den Berechnungen verzichtet werden.

4. Zusammenfassung

Die Abhängigkeit von einem Winkel nennt man Winkelfunktion.
Winkelfunktionen sind Verhältnisse und somit unbenannte Zahlen.
Mit Winkelfunktionen lassen sich im rechtwinkligen Dreieck Winkel und Seiten berechnen.

5. Beispiel

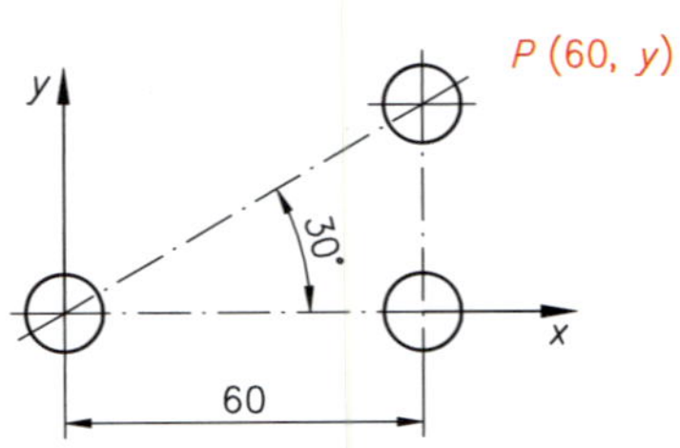

In eine Platte sollen 3 Löcher gebohrt werden (siehe Skizze).
Bestimmen Sie das Maß der Koordinate y.

Gesucht y in mm

Gegeben $x = 60$ mm
$\alpha = 30°$

Vorüberlegung
Gedanklicher Ansatz vom „Standort“ des Betrachters ⇒
$\tan\alpha = \frac{\text{Gegenkathete}}{\text{Ankathete}}$

Lösung $\tan\alpha = \frac{\text{Gegenk.}}{\text{Ank.}} = \frac{y}{x}$

$y = x \cdot \tan\alpha =$
$= 60\text{ mm} \cdot \tan 30° = 60\text{ mm} \cdot 0{,}5774 = \underline{34{,}64\text{ mm}}$

Anmerkung
Die Winkel- und Funktionswerte können aus Tabellen entnommen oder mithilfe eines Taschenrechners ermittelt werden.

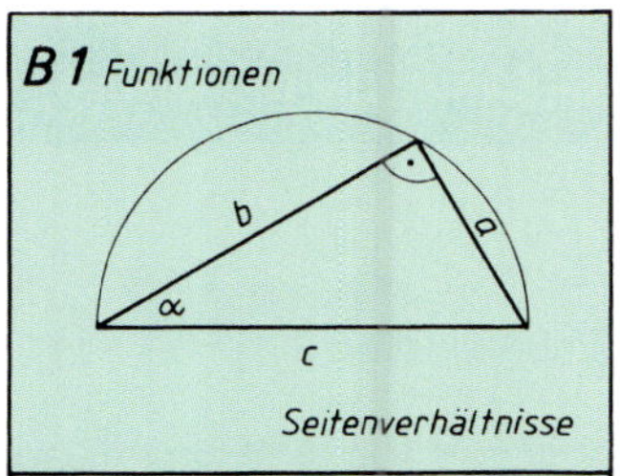

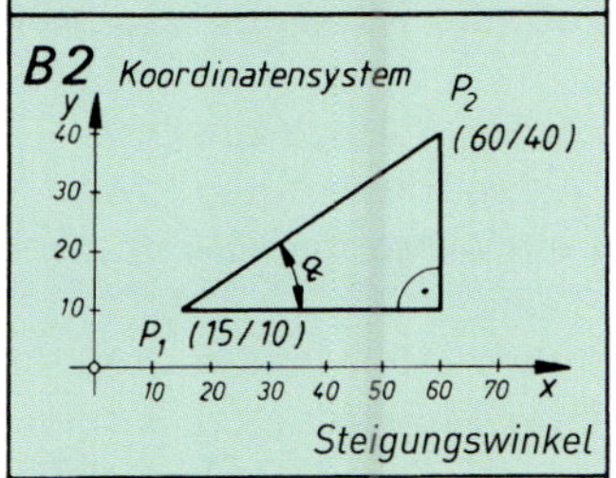

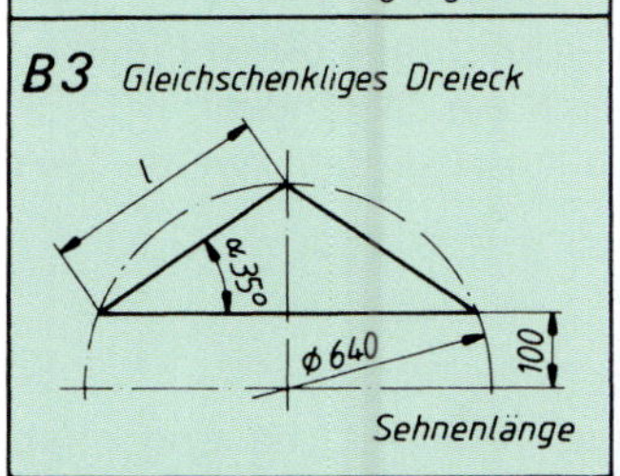

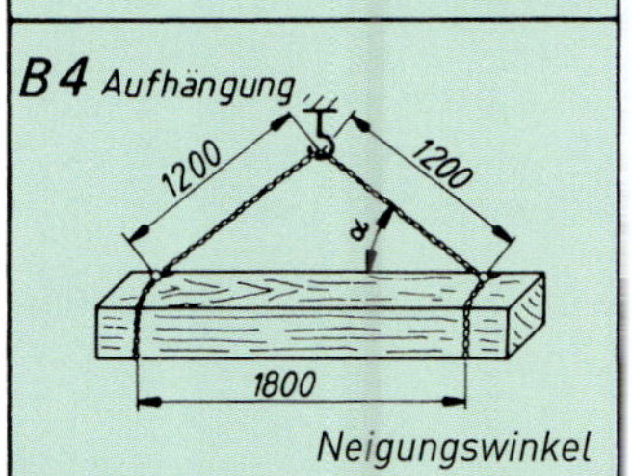

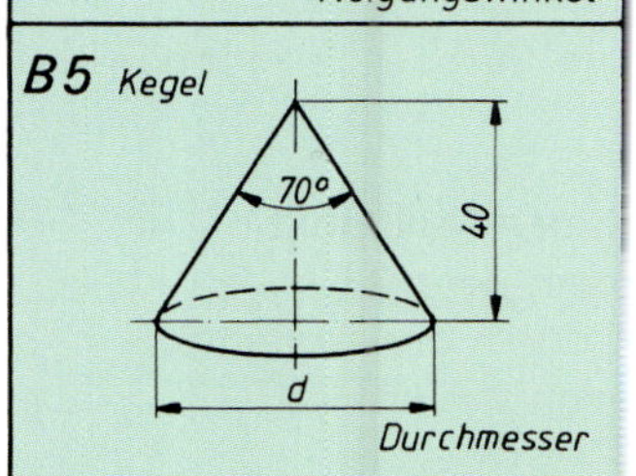

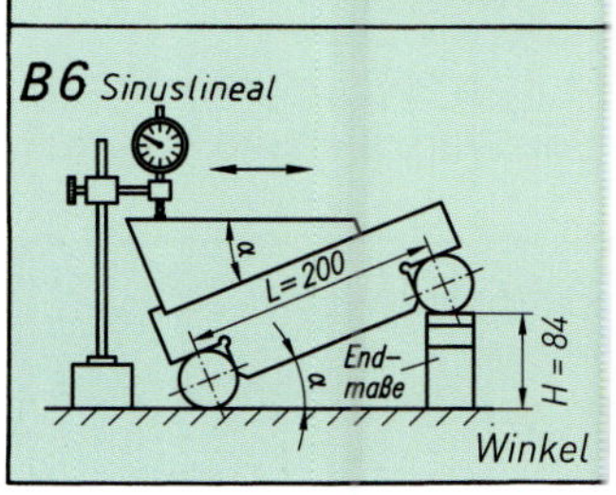

1. Tragen Sie im Einheitskreis mit $R = 100$ mm folgende Winkel ein:
   a) $\alpha = 30°$ b) $\alpha = 45°$ c) $\alpha = 60°$
   Wie groß sind die Zahlenwerte für sin, cos, tan der jeweiligen Winkel? Vergleichen Sie die Ergebnisse mit den Tabellenwerten.

2. Bestimmen Sie für folgende Winkel die Funktionswerte:
   a) sin 30° b) sin 55°20′ c) cos 42° d) cos 65°30′
   e) tan 25° f) tan 57°45′ g) cot 37° h) cot 74°55′

3. Welcher Winkel gehört zu folgenden Winkelfunktionen?
   a) $\sin\alpha = 0{,}515$ b) $\sin\alpha = 0{,}848$ c) $\cos\alpha = 0{,}866$ d) $\cos\alpha = 0{,}256$
   e) $\tan\alpha = 0{,}364$ f) $\tan\alpha = 1{,}921$ g) $\cot\alpha = 1{,}3514$ h) $\cot\alpha = 0{,}5774$

4. Ermitteln Sie die Winkelfunktionen Sinus, Cosinus und Tangens für:
   a) 18°20′ b) 56°45′ c) 24°30′45″ d) 35,45° e) 21,545°

5. Ermitteln Sie die fehlenden Werte der rechtwinkligen Dreiecke:

Aufgabe	a	b	c	d	e	f
Ankathete	400 mm	?	2,45 m	350 cm	?	?
Gegenkathete	280 mm	257 cm	?	?	223 cm	?
Hypotenuse	?	?	6,35 m	?	456 cm	0,5 m
Winkel	α	$\alpha = 32°$	β	$\beta = 60°$	β	$\alpha = 36°$

6. In einem rechtwinkligen Deckblech ist die dem Winkel $\alpha = 35°\,35'$ anliegende Kathete 320 mm lang. Ermitteln Sie die fehlenden Dreiecksseiten.

7. Ein rechteckiger Fundamentrahmen 650 × 332 mm soll eine diagonale Versteifung erhalten. Berechnen Sie die Winkel der Verstrebung.

8. Ein Abflussrohr von 2,5 m Länge soll mit 6° Gefälle verlegt werden. Welcher Höhenunterschied in cm entsteht?

9. An einer Welle soll ein Kegel angedreht werden. In der Fertigungszeichnung stehen folgende Angaben:
   Großer Kegeldurchmesser $D = 42$ mm, Kegellänge $l = 106$ mm,
   Kegelerzeugungswinkel $\frac{\alpha}{2} = 1°30'26''$.
   Wie groß ist der kleine Durchmesser?

▶ Wissen – Erkennen – Werten

a) Unter welchen Voraussetzungen sind Winkelfunktionen anwendbar?
b) Erläutern Sie die Begriffe Ankathete, Gegenkathete, Hypotenuse.
c) Warum ist ein Seitenverhältnis eine Funktion eines Winkels?
d) Erläutern Sie die Funktionen Sinus, Cosinus und Tangens.
e) Begründen Sie, warum Winkelverhältnisse unbenannte Zahlen sind.
f) Zeigen Sie den Unterschied zwischen Winkel- und Funktionswert auf.
g) In welchen Teilschritten sollte die Lösung einer Aufgabe erfolgen?
h) Nennen Sie Anwendungsbereiche für das Rechnen mit Winkelfunktionen.

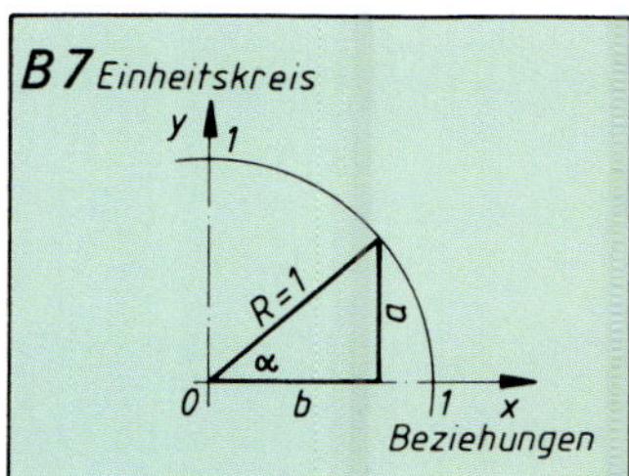

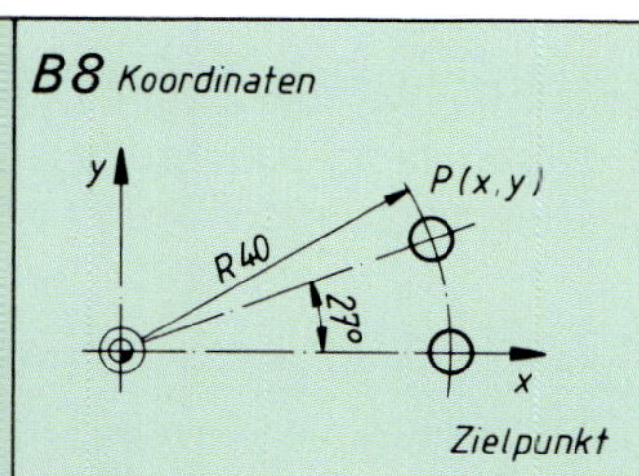

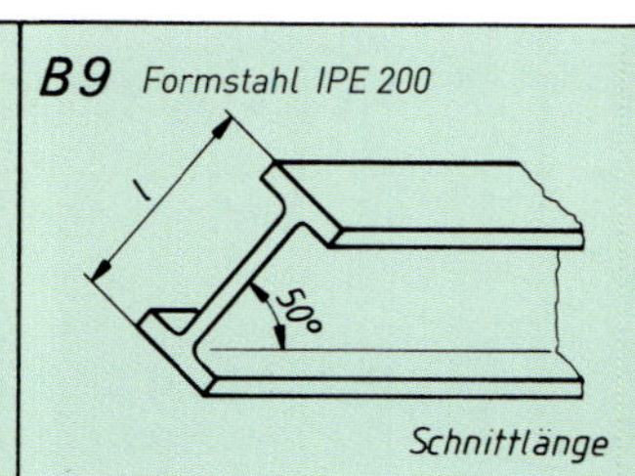

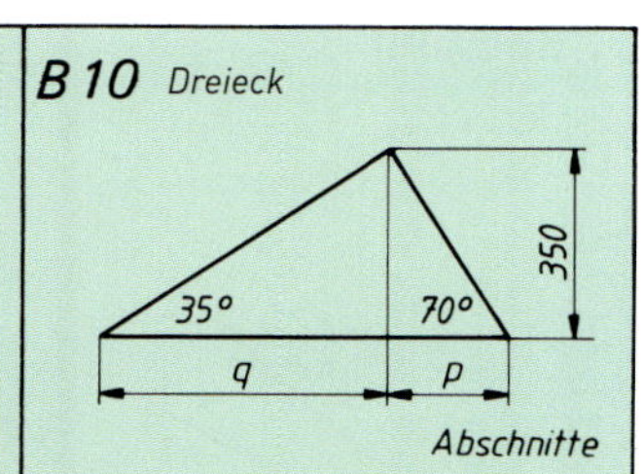

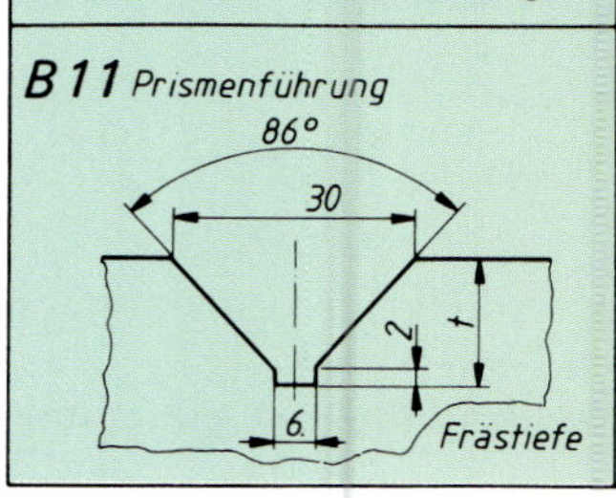

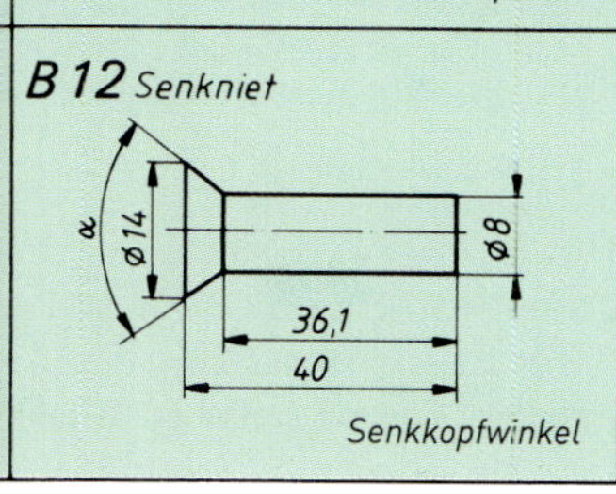

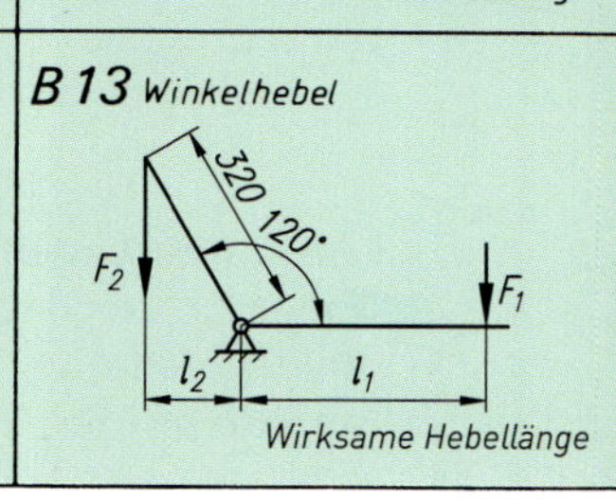

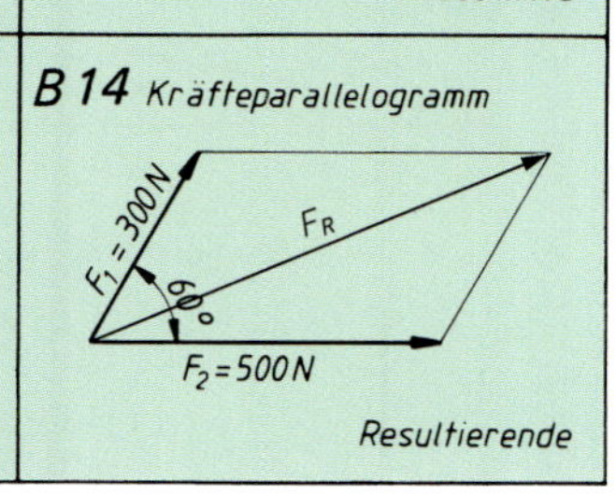

x unabhängige Veränderliche
y abhängige Veränderliche
m Steigungs- oder Richtungsfaktor

1. Koordinatensystem

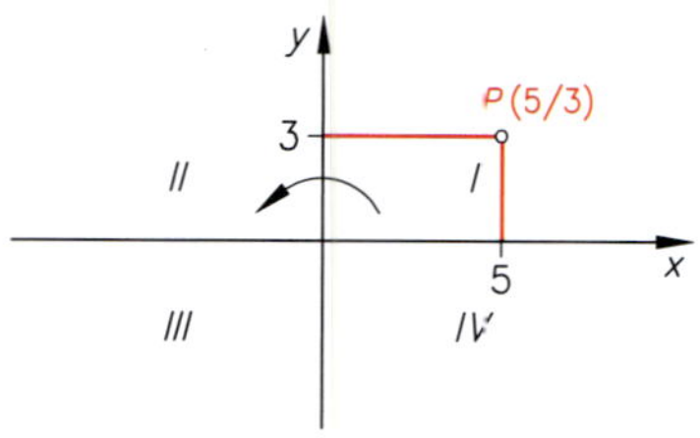

Quadrant	I	II	III	IV
Abszisse x	+	−	−	+
Ordinate y	+	−	−	+

Zur grafischen Darstellung einer Funktion bedient man sich eines Koordinatensystems. Es enthält folgende Bezeichnungen.

Zahlenpaar = Koordinaten x-Achse = Abszissenachse
Felder = Quadranten y-Achse = Ordinatenachse

Im Allgemeinen wählt man für die Darstellung ein Achsenkreuz, mit zwei zueinander senkrecht stehenden Bezugsachsen x und y.
Die Bezugsachsen erhalten die Bezeichnungen ihrer zugeordneten Größen.
Die Bezugsachsen erhalten die Bezeichnungen ihrer zugeordneten Größen.

Erkenntnis Die + Richtung der Achsen kennzeichnet man durch Pfeile.
Eine Punktbestimmung erfolgt durch ein Zahlenpaar.
Der erste Wert bedeutet stets die Abszisse, der zweite Wert die Ordinate.

2. Funktionsbegriff

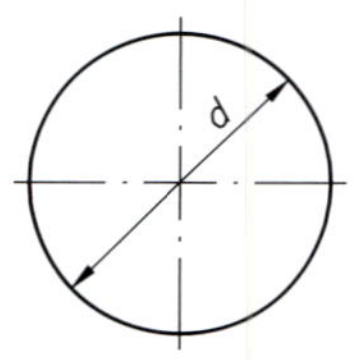

$y = f(x)$

Eine Funktion ist die Zuordnung zweier veränderlicher Größen.
In einer Funktionsgleichung werden abhängige Veränderliche und unabhängige Veränderliche erfasst, z. B.

Kreisumfang = Funktion vom Durchmesser
U = f(d)
y = f(x), gelesen y = f von x

Erkenntnis Die unabhängige Veränderliche x ist frei wählbar, die abhängige Veränderliche y ist dann bestimmbar.

3. Lineare Funktionen

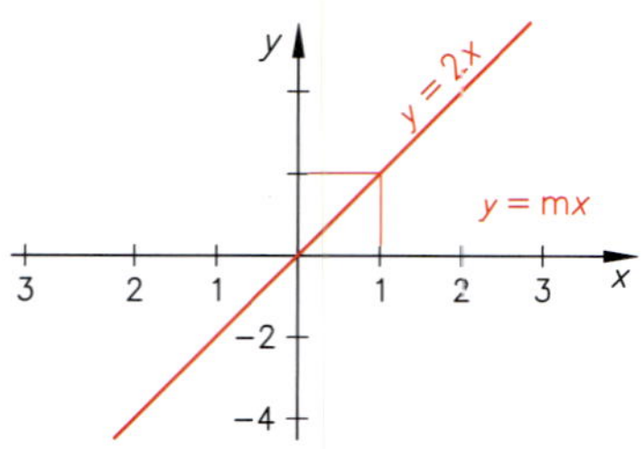

Die Kurve einer Funktion 1. Grades ist stets eine Gerade. Es ergeben sich hierbei zwei verschiedene Gleichungen:

1. Die lineare Funktion geht durch den Nullpunkt
$y = 2x$ allgemein $y = mx$
2. Die lineare Funktion geht nicht durch den Nullpunkt
$y = 2x + 3$ allgemein $y = mx + b$

Erkenntnis Die Vorzahl bestimmt die Steigung der Geraden.
Das Verhältnis $\Delta y/\Delta x = \tan \alpha$ nennt man Steigungsfaktor.
Der absolute Wert b kennzeichnet die Verschiebung von Null.

4. Zusammenfassung

Eine Größe, die verschiedene Werte annehmen kann, nennt man Variable.
Jedem Wert von x enspricht ein bestimmter Wert von y.
Eine Größe y bezeichnet man als Funktion von x, geschrieben $y = f(x)$.

5. Beispiel

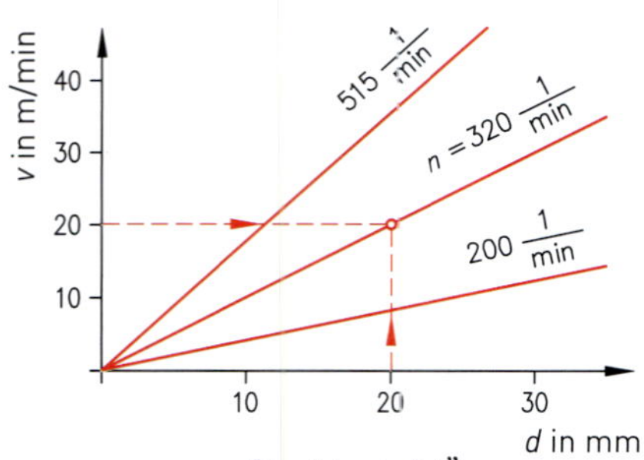

„Strahlentafel"

Aufbau
Für die Darstellungsgrößen werden zwei Bezugsachsen festgelegt.
Die Messwerte werden einander zugeordnet.
Ein Punkt ist durch seine Koordinaten x und y bestimmt.

Darstellung
Die gewählte Schaubildform muss klare Information bieten, d. h. leicht verständlich sein.
Die Maßstäbe auf den Bezugsachsen können verschieden sein.

Lesen und Deuten
Die gesuchte Umdrehungsfrequenz liegt im Schnittpunkt der Durchmessersenkrechten d und der Geschwindigkeitswaagerechten v.
Mithilfe solcher Graphen können die einander korrespondierenden Werte abgelesen werden.

1. Zeichnen Sie ein **Koordinatenkreuz** und tragen Sie die Punkte ein:
   $P_1(x = 3, y = 4)$ $P_2(-3|4)$ $P_3(-3|-4)$ $P_4(3|-4)$ $P_5(-1\frac{1}{2}|-2\frac{2}{3})$

2. Im Koordinatensystem liegen folgende **Punkte**: $P_1(1|3)$, $P_2(2|5)$, $P_3(-1|1)$ und $P_4(5|2)$. Welcher dieser Punkte liegt auf der Geraden der Funktionsgleichung $y = 2x + 1$?

3. Der Werkstückschlitten einer CNC-Fräsmaschine durchfährt einen programmierten Weg mit 0,5 m/s. Zeichnen Sie den Funktionsgraphen nach 10 s, 20 s, 30 s, 40 s und 50 s.

4. Zeichnen Sie in ein Koordinatensystem die Abhängigkeit des Kraftarms von der Kraft ein. Wählen Sie die senkrechte Achse für die Kraft.

Kraft in N	1	2	3	4	5	6	8	10	12
Kraftarm in cm	120	60	40	30	24	20	15	12	10

5. In mehreren Zerreißversuchen ergab sich folgende Wertetabelle:

C-Gehalt in %	0,12	0,2	0,4	0,6	0,8	1,1	1,3
Zugfestigkeit in N/mm^2	300	390	530	640	730	740	660

   Stellen Sie die Abhängigkeiten grafisch dar.

6. Stellen Sie die Abhängigkeiten der Stromstärke von R bei konst. Spannung dar:

Widerstand R in Ω	10	15	20	30	40	50	60 (x-Achse)
Stromstärke I in A	12	8	6	4	3	2,4	2

   Wie verhält sich die Stromstärke zum Widerstand?

7. Welche Werte durchläuft y in der Funktion $y = 2x$, wenn x nacheinander die Werte 1, 2, 3 und 4 annimmt?

8. Die längenbezogene Masse für einen 16 mm Vierkantstab aus Stahl beträgt 2 kg/m.
   a) Errechnen Sie für 1, 2, 3 und 4 m Länge die jeweiligen Massen.
   b) Geben Sie die Funktion in der üblichen Schreibweise an.

9. Ein Werkzeugschlitten legt in 1 Sekunde einen Weg von 5 mm zurück. Ermitteln Sie die Funktionsgleichung des Wegs, zeichnen Sie den Funktionsgraphen.

▶ Wissen – Erkennen – Werten

a) Erläutern Sie die Vorteile von grafischen Darstellungen.
b) Begründen Sie die Wahl der grafischen Darstellungsform.
c) Erläutern Sie, wie sich Beziehungen zwischen zwei Größen darstellen lassen.
d) Zeigen Sie auf, wo im beruflichen Umfeld Schaubilder auftreten.
e) Erläutern Sie anhand eines Beispiels den Begriff lineare Funktion.
f) Unterscheiden Sie abhängige und unabhängige Veränderliche.
g) Erläutern Sie anhand einer Funktion das Aufstellen einer Wertetabelle.
h) Nennen und erläutern Sie wichtige technische lineare Funktionen.

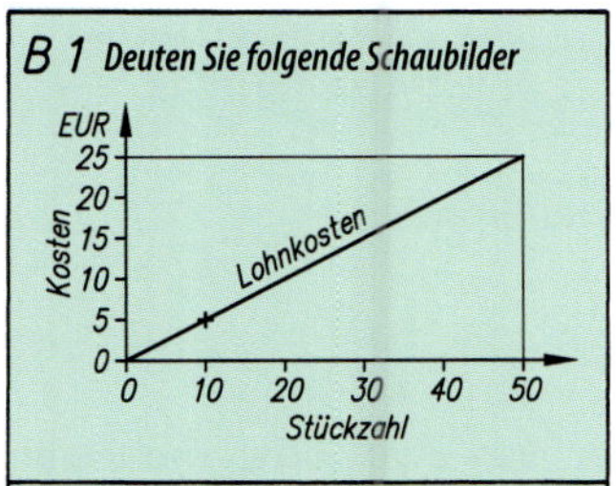

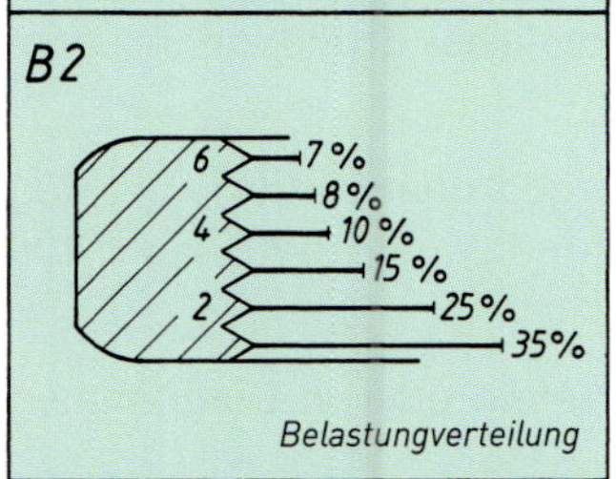

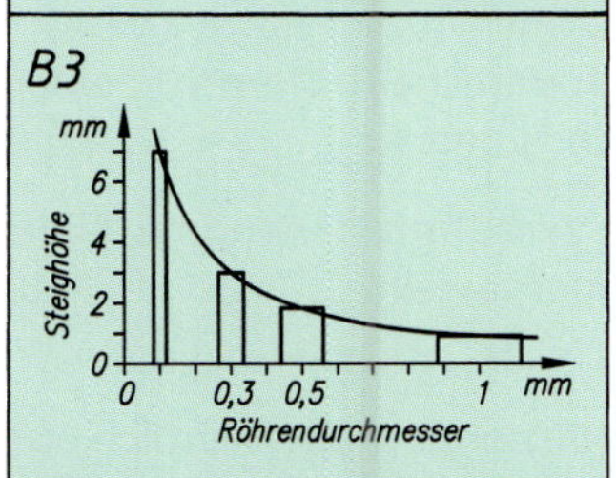

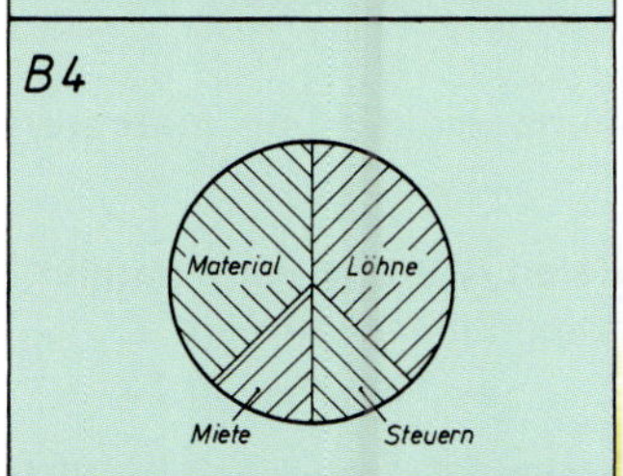

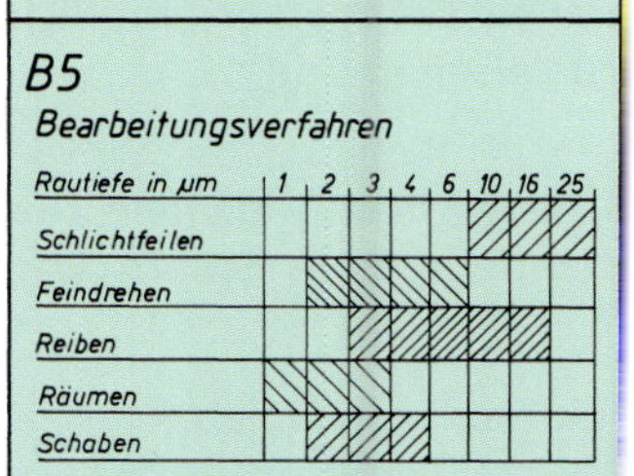

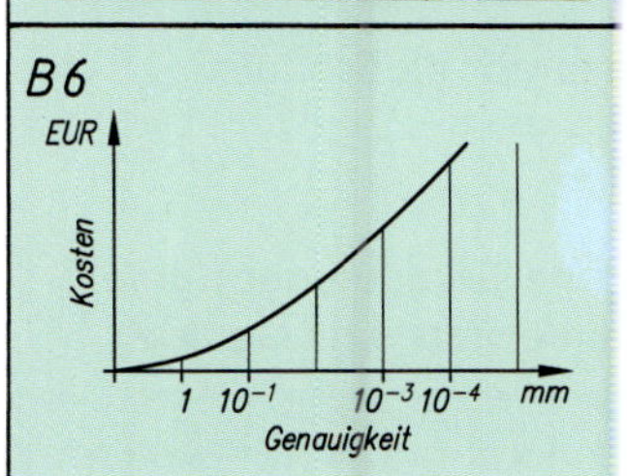

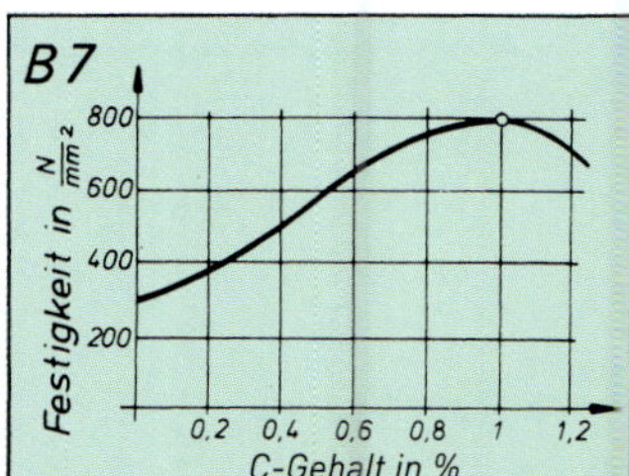

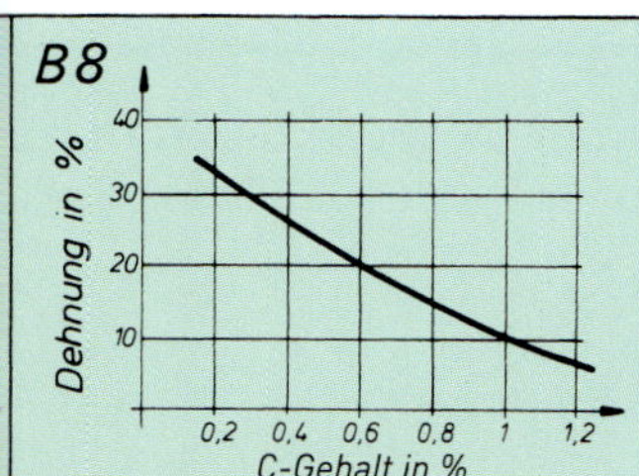

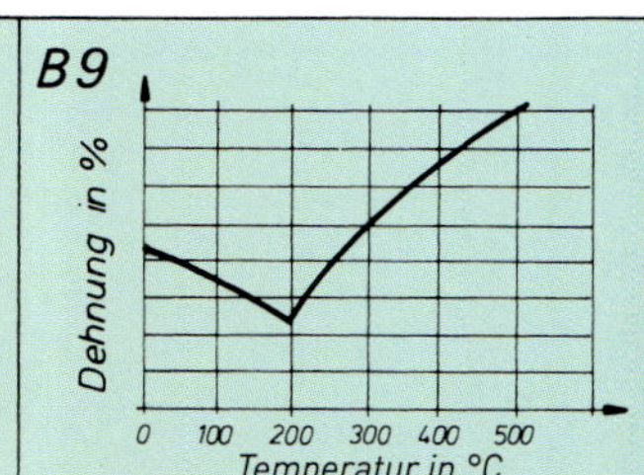

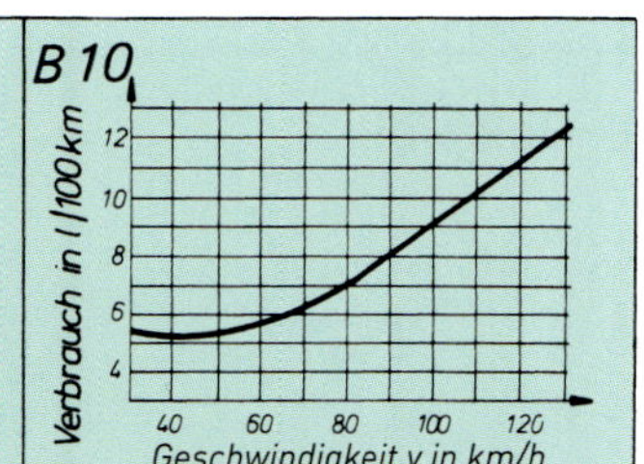

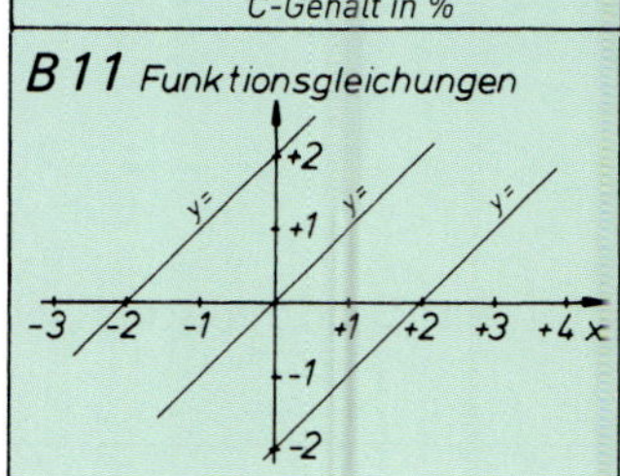

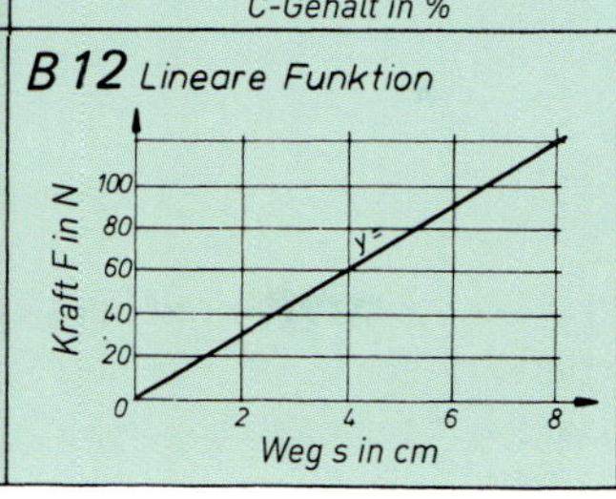

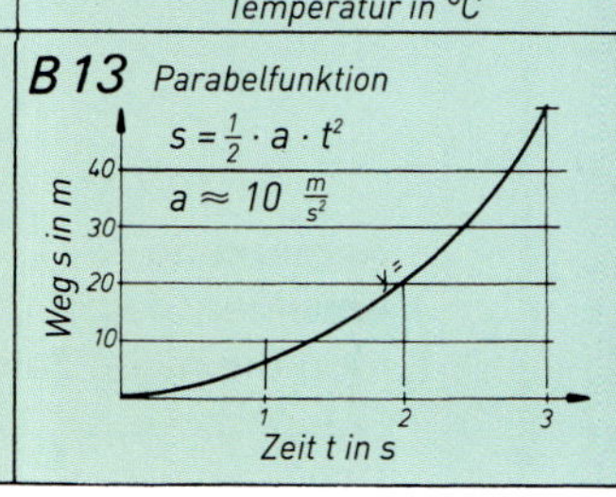

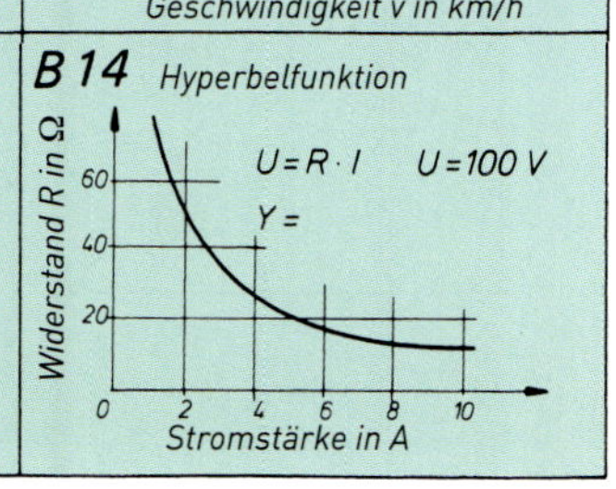

a, *b* vorhandene Größen — *x* gesuchte Größe — *ZE* Zeicheneinheit

Hinweis
Größe = Zahlenwert × Einheit

1. Beziehungen

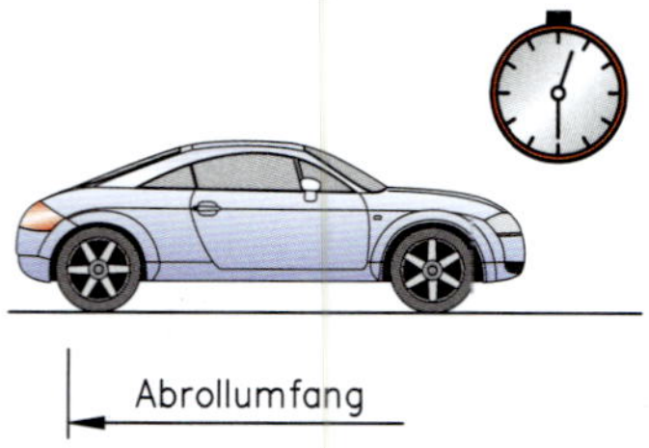

Jede Aufgabe lässt sich auf eine Abhängigkeit von zwei oder mehreren Größen zurückführen. Die abhängige, veränderliche Größe nennt man Funktion.

Größen: Dem Kreisumfang ist der Durchmesser zugeordnet $U = f(d) \Rightarrow y = f(x)$
Der Geschwindigkeit ist die Zeit zugeordnet $v = f(t) \Rightarrow y = f(x)$

Hinweis
Zuordnungen können mit Zahlenleitern, Leitertafeln oder in Diagrammen (Netztafeln, Schaubildern) verdeutlicht werden.

2. Zahlenleiter

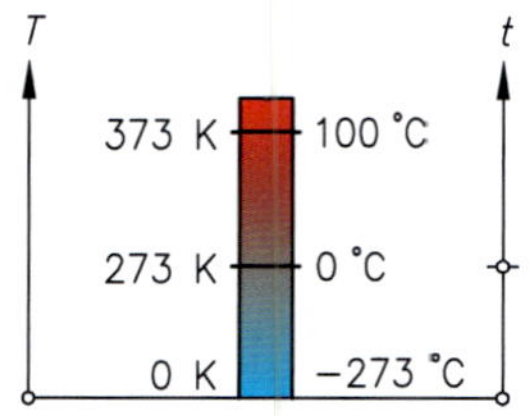

Zahlenleiter werden eingesetzt, wenn zwei veränderliche Größen von einer Konstanten abhängen, z. B. Temperaturvergleich °C mit K.

Aufbau: Zwei zueinander in einem bestimmten Verhältnis stehende Größen werden auf einer Zahlenleiter gegenübergestellt.

Hinweis
Durch eine Zahlenleiter kann eine funktionelle Beziehung übersichtlich auf kleinstem Raum dargestellt werden.

3. Leitertafel

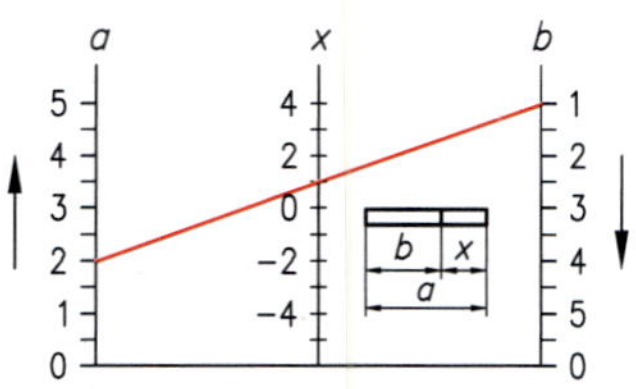

Mit Leitertafeln wird die gesuchte Größe in Abhängigkeit von mehreren bekannten Größen grafisch ermittelt.

Aufbau: Die drei Leitern haben gleichen, parallelen Abstand voneinander. Die mittlere Leiter hat bei $x = a \pm b$ halbe Zeicheneinheit.

Hinweis
Für eine Gleichung mit drei Größen sind drei parallele Geraden erforderlich, die im gewünschten Ablesebereich mit Zahlen zu versehen sind.

4. Diagramm

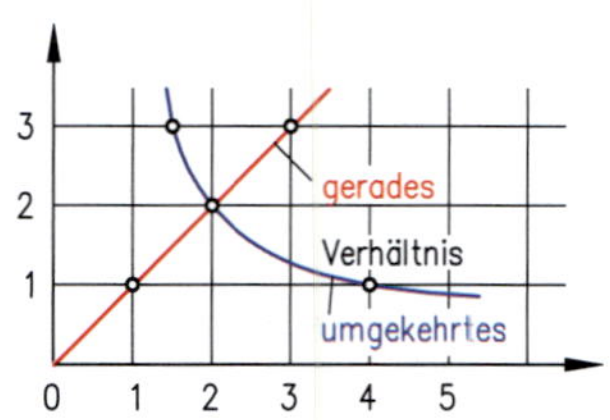

Grafische Darstellungen im Koordinatensystem nennt man allgemein Diagramme, die durch die Punktverbindung entstandene Linie Graph oder Schaulinie.

Graph: Gleicher Zuwachs der Zuordnungen ergibt als Schaulinie eine Gerade.
Ungleicher Zuwachs der Zuordnungen ergibt als Schaulinie eine Kurve.

Hinweis
Bei metrischer Achsenteilung ist die Schaulinie eine Gerade oder Kurve.
Bei logarithmischer Achsenteilung ist die Schaulinie stets eine Gerade.

5. Zusammenfassung

Zahlenleitern, Leitertafeln und Diagramme sind nomografische[1)] Rechenhilfen, mit denen die gesuchte Größe grafisch ermittelt wird.

6. Beispiel

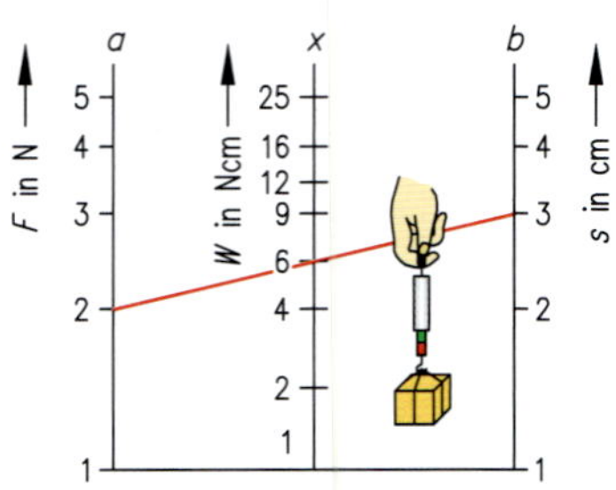

Die mechanische Arbeit *W* eines Körpers ist von dem Weg *s* und der Kraft *F* abhängig. Überprüfen Sie den Zusammenhang mit nebenstehender Leitertafel.

Lösung Schnittpunkt *F*-*W*-*s*
Wertetabelle

F in N	1	2	3	4	5
s in cm	1	2	3	4	5
W in Ncm	1	4	9	16	25

Vorüberlegung
Arbeit = Kraft × Weg

Anmerkung
Bei einer Gleichung $y = a \cdot b$ hat die mittlere Leiter mit logarithmischer Teilung die halbe Zeicheneinheit.

1) nomos (griechisch) = Gesetz, Regel

Interpretieren von Darstellungen

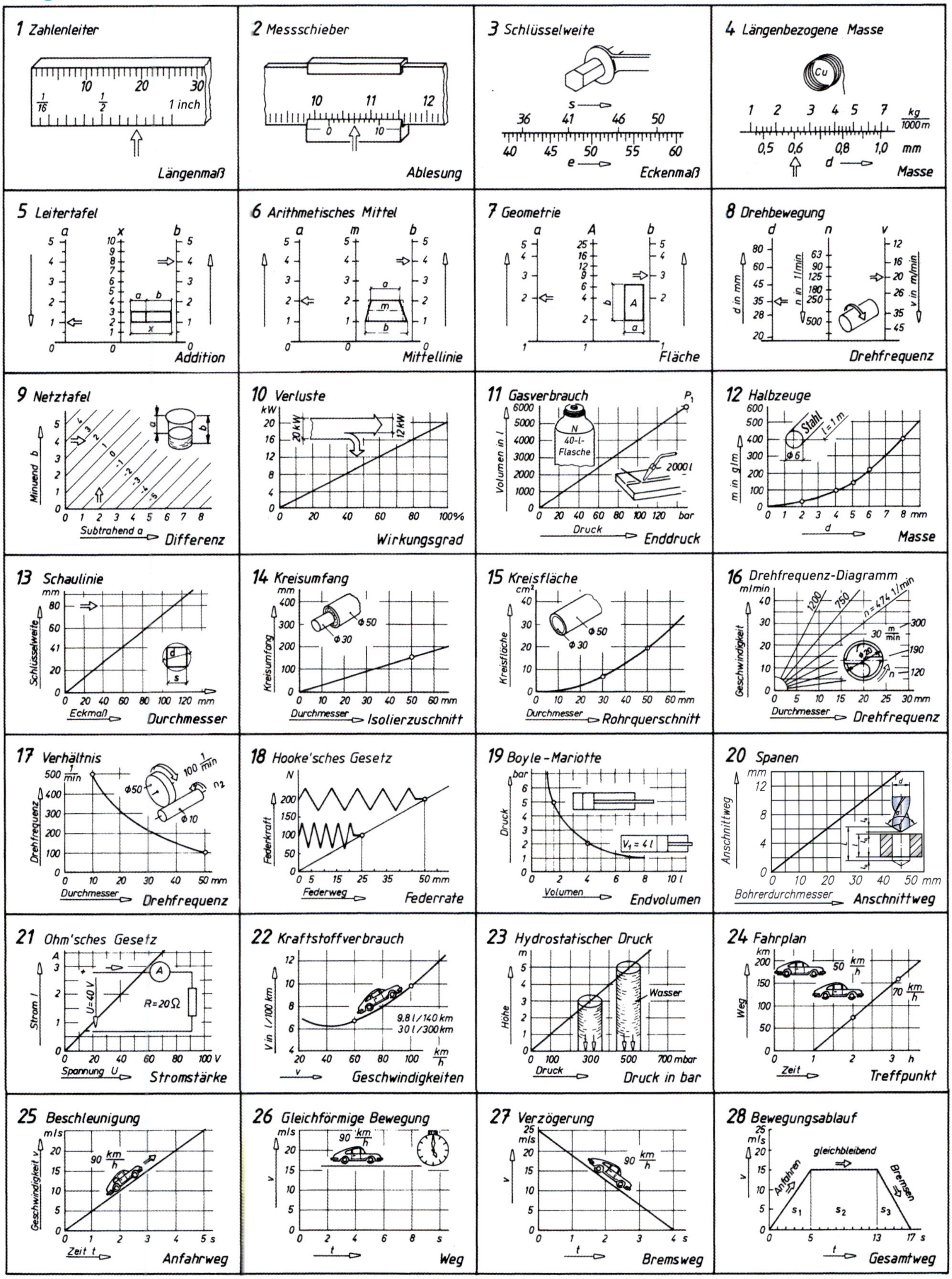

▶ Wissen – Erkennen – Werten

a) Wie wird ein arithmetisches Verhältnis gebildet?
b) Nennen Sie Beispiele für arithmetische Mittelwerte.
c) Wie wird ein geometrisches Verhältnis gebildet?
d) Nennen Sie Beispiele für geometrische Mittelwerte.
e) Erklären Sie bei einer Subtraktions-Leiter-tafel den Aufbau.
f) Zeigen Sie die Vorteile der graf. Darstellung auf.
g) Entwerfen Sie für das Ohm'sche Gesetz eine Leitertafel.
h) Warum ist der Wirkungsgrad stets kleiner als 100 %?
i) Berechnen Sie den Steigungsfaktor in Aufgabe 14.
j) Berechnen Sie für Aufgabe 18 die Federrate.

Bedeutung	Formelzeichen	SI-Einheit[2]	Einheitenzeichen
Länge, Weglänge	l, s[1]	Meter	m
Zeit	t	Sekunde	s
Geschwindigkeit	v	Meter/Sekunde	m/s

Hinweis
Die Formelzeichen sind durch Normung, die Einheiten durch Gesetz festgelegt.

1. Größen

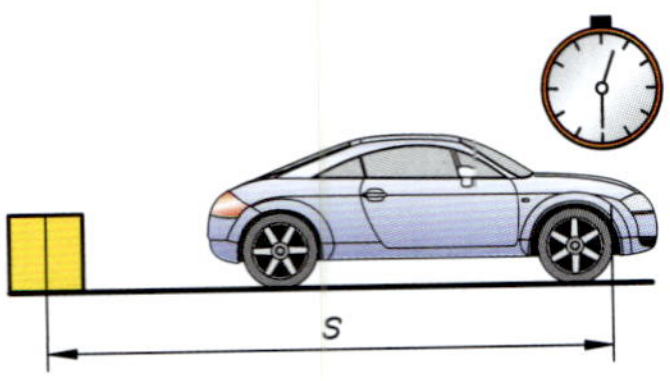

Eine physikalische Größe, kurz „Größe" genannt, dient zur Beschreibung physikalischer Vorgänge. Die Größe kann durch Messen, Zählen oder Rechnen ermittelt werden.
Um die Größe angeben zu können, muss sie im Bereich der Messtechnik mit der entsprechenden Einheit versehen werden, z. B.:

Weglänge = 150 m oder Zeit = 30 s

Zur vereinfachten Kennzeichnung der Größen werden genormte Kurzzeichen (DIN-Formelzeichen, ISO-Symbole) verwendet, z. B.:

s = 150 m oder t = 30 s

Merke
Eine Größe ist das Produkt aus Zahlenwert und Einheit.

Größe = Zahlenwert · Einheit
s = 150 · m
t = 30 · s

Hinweis
Zwischen Zahlenwert und Einheit wird kein Malzeichen gesetzt.

2. Größengleichung

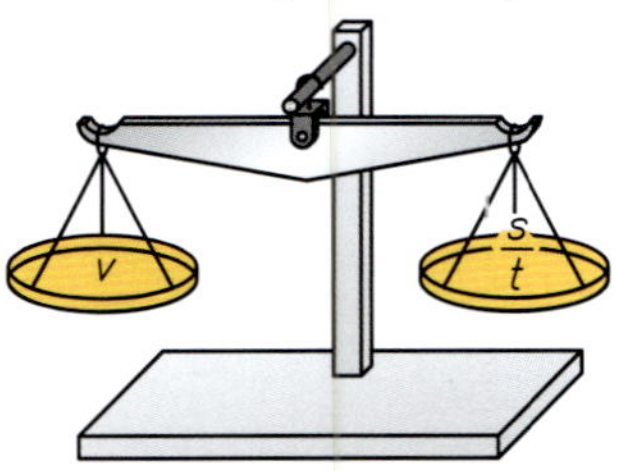

In einer Größengleichung (Formel) wird die Beziehung zwischen Größen dargestellt.

Beispiel
Der Quotient aus dem zurückgelegten Weg s und der dazu benötigten Zeit t ergibt die Größengleichung für die Geschwindigkeit v.

$$v = \frac{s}{t} = \frac{150\ \text{m}}{30\ \text{s}} = 5\ \frac{\text{m}}{\text{s}}$$

Hinweis
Eine Formel ist die kürzeste Schreibweise für die Abhängigkeit von Größen.

3. Einheitengleichung

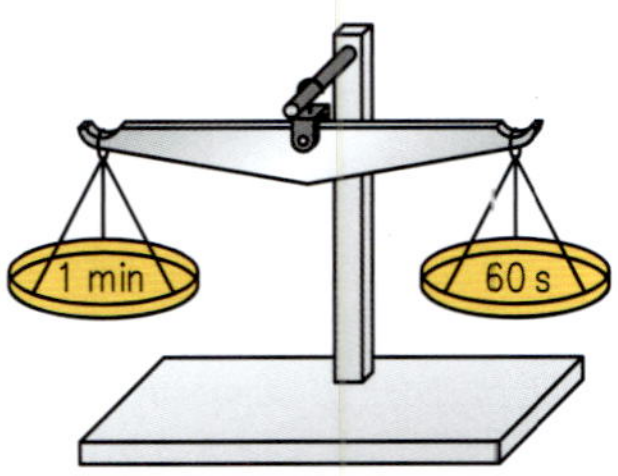

Mit der Einheitenkontrolle kann die Richtigkeit einer Formel überprüft werden.

Beispiel

$$\frac{150\ \text{m}}{30\ \text{s}} = 5\ \frac{\text{m}}{\text{s}} \Rightarrow \quad \text{Geschwindigkeit} = \frac{\text{Weg}}{\text{Zeit}} \qquad v = \frac{s}{t}$$

Eine Einheitengleichung gibt die zahlenmäßige Beziehung der Einheiten an.

Beispiel

$$300\ \frac{\text{m}}{\text{min}} = 5\ \frac{\text{m}}{\text{s}} \Rightarrow\ 1\ \text{min} = 60\ \text{s}$$

Hinweis
Einheitengleichungen liefern für einen Vorgang immer gleichwertige Ergebnisse.

4. Zusammenfassung

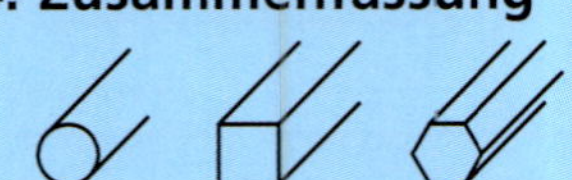

Jeder Wert einer Größe kann als Produkt dargestellt werden.
In Größengleichungen bedeuten Formelzeichen Größen.
In Einheitengleichungen treten nur Zahlenwerte und Einheiten auf.

5. Beispiel

Messwert 150 …?
150 m = 150 · m
(150 m − 1 m = 149 m)
Geg.: s = 150 m t = 30 s
Lösung:

$$v = \frac{s}{t} = \frac{150\ \text{m}}{0{,}5\ \text{min}} = 300\ \frac{\text{m}}{\text{min}} = 5\ \frac{\text{m}}{\text{s}}$$

Umrechnung der Einheiten
1 min = 60 s

$$\frac{150\ \text{m}}{0{,}5\ \text{min}} = 300\ \frac{\text{m}}{\text{min}}$$

Beim Arbeiten mit Größen sind die Einheiten stets anzugeben.
Zahlenwert und Einheit sind selbstständige Faktoren.
Nur gleiche Größen können addiert oder subtrahiert werden.
Die Formelzeichen verwendet man zur Abkürzung von Größen.

Eine Größengleichung gilt unabhängig von der Wahl der Einheiten.

Mithilfe von Einheiten lassen sich quantitative Aussagen machen.

Bei der Einheitenkontrolle sind die Einheiten auf beiden Seiten kürzbar.

[1] Nach DIN 1304 steht das Formelzeichen l für Länge und s für Weglänge.
[2] SI = Système International d'Unités (franz.), d. h. Internationales Einheitensystem

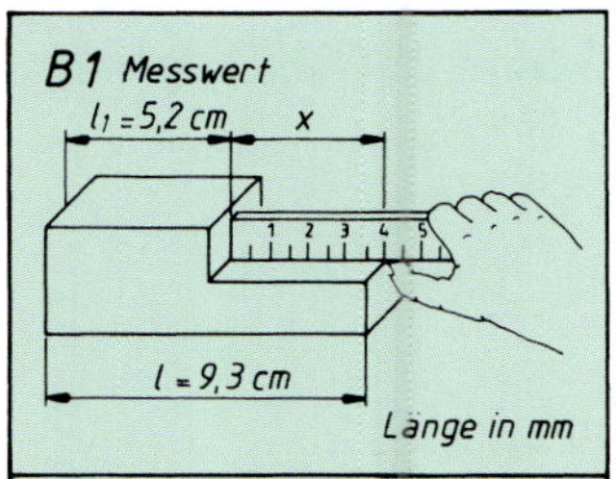

B1 Messwert

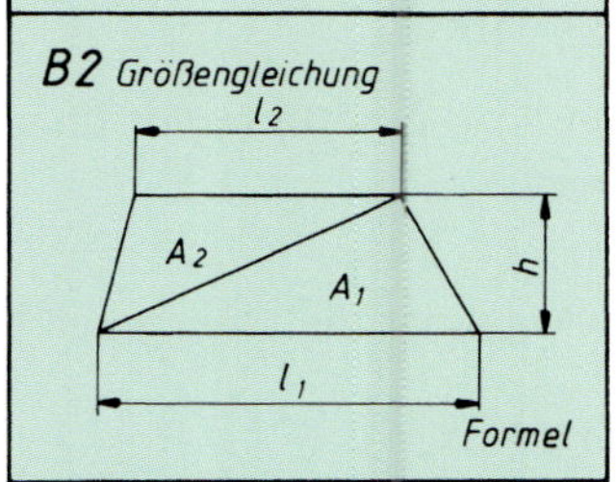

B2 Größengleichung

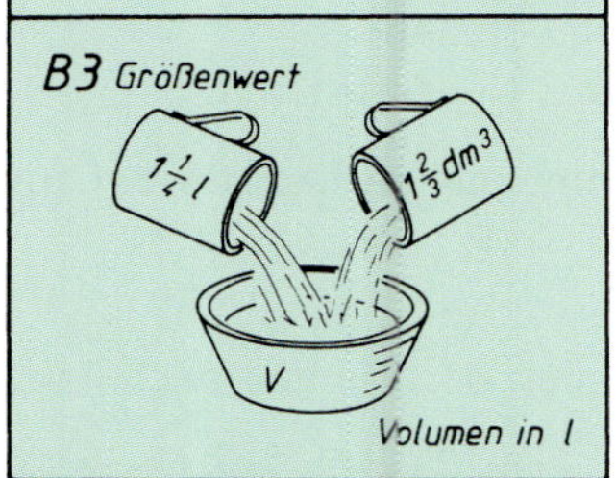

B3 Größenwert

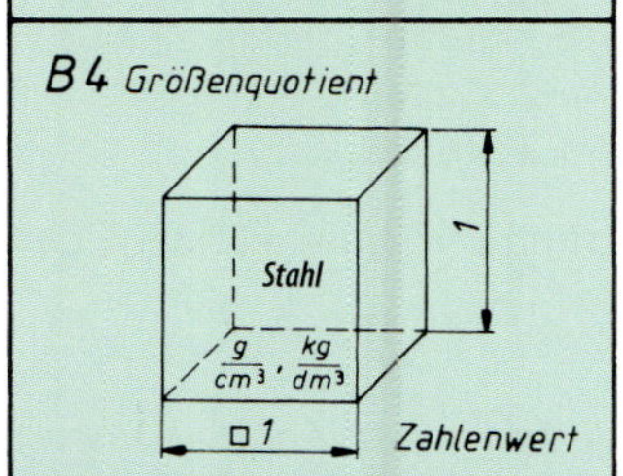

B4 Größenquotient

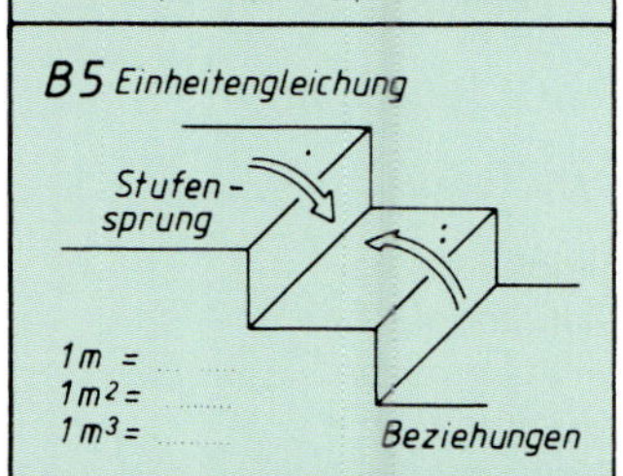

B5 Einheitengleichung

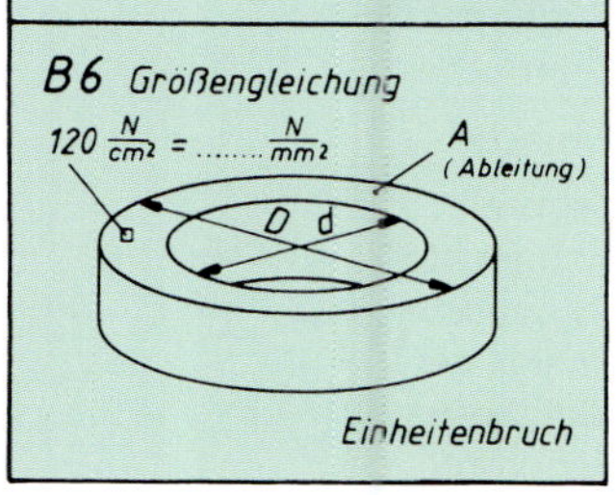

B6 Größengleichung

Die fehlenden Angaben sind mithilfe des Tabellenbuchs zu bestimmen:

1. Aufgabe	a	b	c	d	e	f
Größe	Länge	Fläche	Volumen	Zeit	Masse	Dichte
Formelzeichen	l	?	V	?	m	?
Einheitenzeichen	?	m²	?	s	?	kg/dm³

2 Schreiben Sie die Angaben in Kurzform:
a) Länge 6 m b) Fläche 36 m² c) Volumen 216 m³ d) Zeit 16 s
e) Masse 65 kg f) Dichte 7,85 kg/dm³ g) Kraft 120 N

3. Bestimmen Sie die Formel, kontrollieren Sie die Einheiten, ermitteln Sie den Größenwert:

a) $l_B = \frac{\pi \cdot 420\ \text{mm} \cdot 120°}{360°}$ b) $A = \frac{\pi \cdot (35\ \text{cm})^2}{4} - \frac{\pi \cdot (5\ \text{cm})^2}{4}$

c) $V = \frac{\pi \cdot (5{,}6\ \text{cm})^2 \cdot 6\ \text{cm}}{4}$ d) $F_1 = \frac{82\ \text{N} \cdot (1{,}6\ \text{m} - 0{,}4\ \text{m})}{1\,500\ \text{mm}}$

4. Schreiben Sie in Form einer Einheitengleichung: a) 1 m und dm b) 1 m² und dm² c) 1 m³ und dm³ d) 1 kg und g e) 1 kN und N f) 1 h und min g) 1° und '.

5. Wie lautet die zahlenmäßige Beziehung zwischen den Einheiten:
a) Kilometer und Meter b) Stunde und Sekunde c) km/h und m/s?

6. Die Größen sind in die gesuchte Einheit umzurechnen und zu benennen:

a) $7{,}85\ \frac{\text{kg}}{\text{dm}^3}$ in $\frac{\text{g}}{\text{cm}^3}$ b) $20\ \frac{\text{m}}{\text{s}}$ in $\frac{\text{m}}{\text{min}}$ c) $12\ \frac{\text{N}}{\text{cm}^2}$ in $\frac{\text{N}}{\text{mm}^2}$ d) $300\ \frac{1}{\text{min}}$ in $\frac{1}{\text{s}}$.

7. Rechnen Sie folgende Geschwindigkeiten in die verlangte Einheit um:

a) $5\ \frac{\text{cm}}{\text{s}}$ in $\frac{\text{m}}{\text{s}}$ b) $300\ \frac{\text{mm}}{\text{min}}$ in $\frac{\text{cm}}{\text{s}}$ c) $36\ \frac{\text{km}}{\text{h}}$ in $\frac{\text{m}}{\text{s}}$ d) $54\ \frac{\text{mm}}{\text{min}}$ in $\frac{\text{m}}{\text{s}}$.

8. Vereinfachen Sie die Rechnung, kürzen Sie die Einheiten, ermitteln Sie den Größenwert:

a) $1\,500\ \text{kg} \cdot \frac{31\ \frac{\text{m}}{\text{s}} - 28\ \frac{\text{m}}{\text{s}}}{6\ \text{s}}$ b) $\frac{385\ \frac{\text{kJ}}{\text{kg}} \cdot 200\ \text{g}}{4{,}2\ \frac{\text{kJ}}{\text{kg} \cdot °\text{C}} \cdot 80\ °\text{C}}$ c) $\frac{2{,}18\ \frac{\text{W}}{\text{m} \cdot °\text{C}} \cdot 2{,}2\ \text{m}^2 \cdot 14\ °\text{C}}{160\ \text{mm}}$

9. Ermitteln Sie jeweils den Größenwert und geben Sie Einheitennamen und -zeichen an:

a) $\frac{900\ \text{N} \cdot 2\ \text{cm}}{45\ \frac{\text{N}}{\text{mm}^2}}$ b) $\frac{20\ \text{kN}}{7{,}85\ \frac{\text{kg}}{\text{dm}^3} \cdot 9{,}81\ \frac{\text{m}}{\text{s}^2}}$ c) $10\ \text{m} \cdot 1\,000\ \frac{\text{kg}}{\text{m}^3} \cdot 10\ \frac{\text{m}}{\text{s}^2}$

▶ Wissen – Erkennen – Werten

a) Wie werden Größenwerte …
1. addiert oder subtrahiert,
2. multipliziert oder dividiert?

b) Nennen Sie die Schreibweise für …
1. Formelzeichen,
2. Einheitenzeichen.

c) Nennen Sie Gesetzmäßigkeiten für …
1. Längeneinheiten,
2. Flächeneinheiten,
3. Volumeneinheiten.

d) Erläutern Sie die Rechnung mit …
1. Größengleichungen,
2. Einheitengleichungen,
3. Einheitenkontrollen.

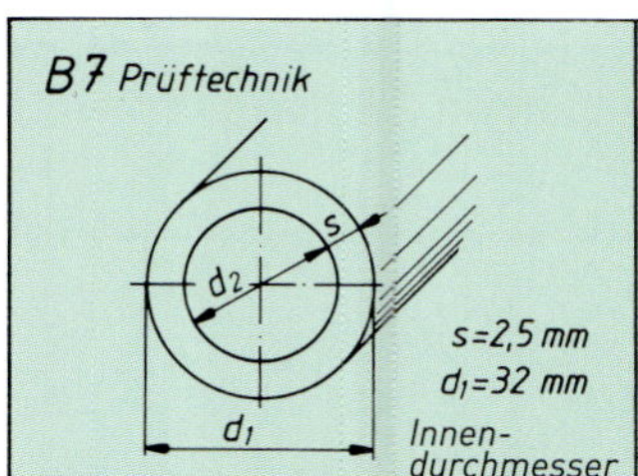

B7 Prüftechnik

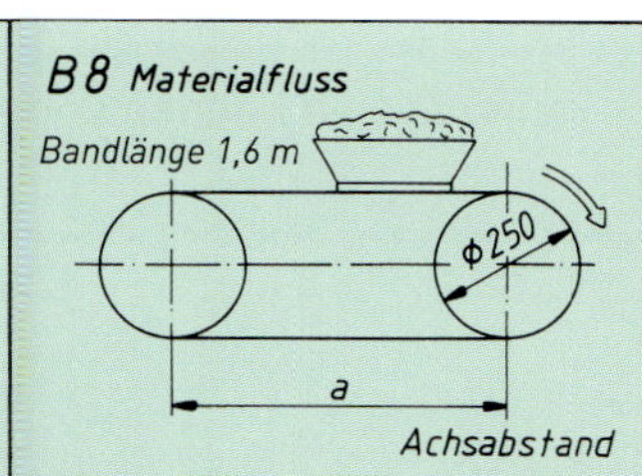

B8 Materialfluss

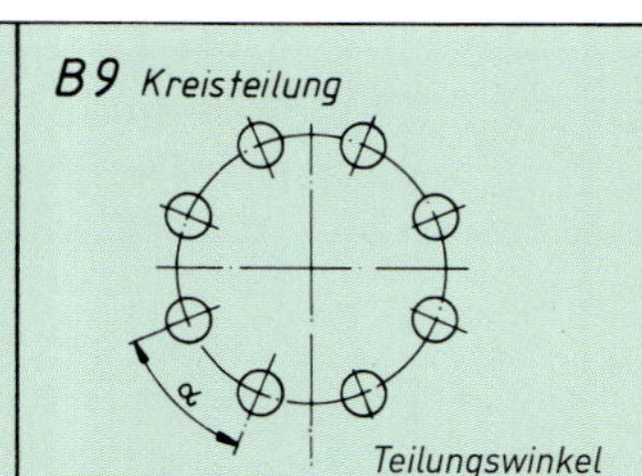

B9 Kreisteilung

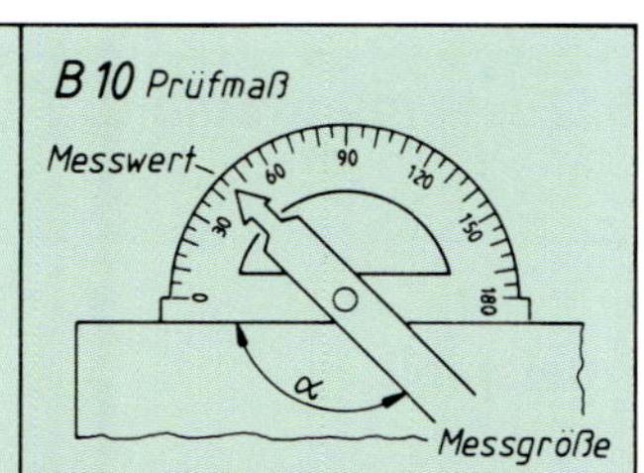

B10 Prüfmaß

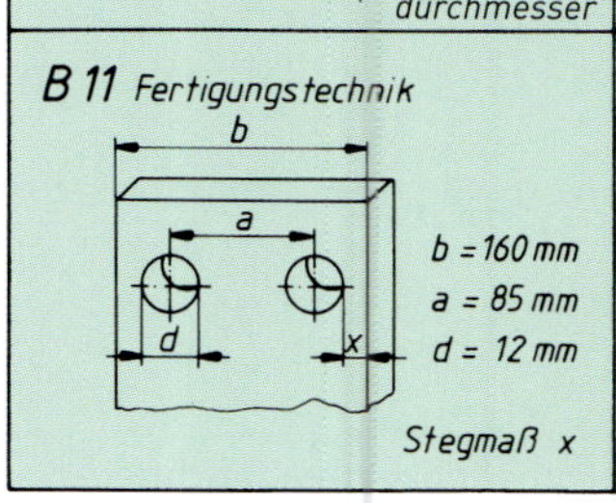

B11 Fertigungstechnik

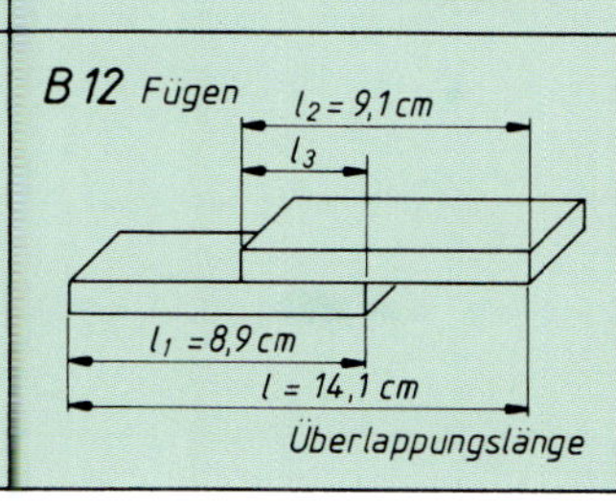

B12 Fügen

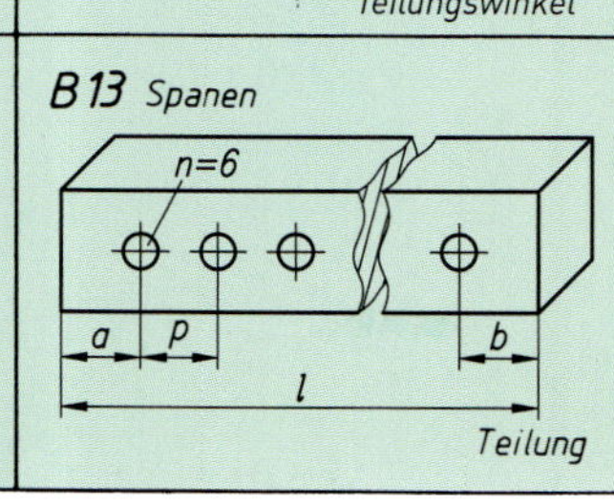

B13 Spanen

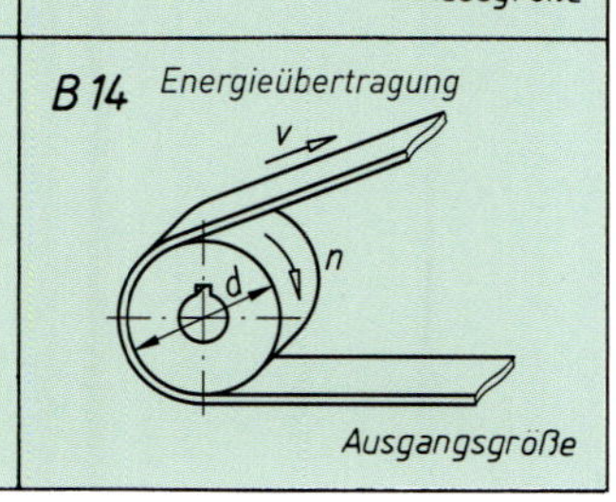

B14 Energieübertragung

f = Faktor vor der Zehnerpotenz
n = natürliche Zahl

$\neq$ nicht gleich, ungleich (z. B. $a \neq 0$)

1. Begriff

$\underbrace{10 \cdot 10 \ldots}_{\text{Produkt}} = \underbrace{10^n}_{\text{Potenz}}$ (n → Exponent, 10 → Basis)

Zehnerpotenzen sind Potenzen mit der Basis 10:

$1000 = 10 \cdot 10 \cdot 10 = 10^3$
$2500 = 2{,}5 \cdot 1000 = 2{,}5 \cdot 10^3$

Erkenntnis Die Schreibweise in Zehnerpotenzen ($1 < f < 10$) ergibt übersichtliche und einprägsame Zahlenwerte.

2. positiver Exponent

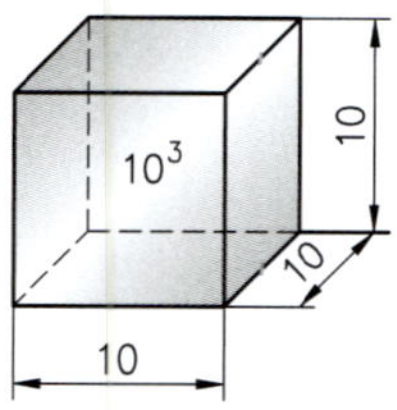

Der positive Exponent zur Basis 10 gibt an, wievielmal die Null gesetzt werden soll:

$10 = \quad = 10^1$ mit 1 Null
$100 = 10 \cdot 10 = 10^2$ mit 2 Nullen
$1000 = 10 \cdot 10 \cdot 10 = 10^3$ mit 3 Nullen usf.

Erkenntnis Der Wert des Plus-Exponenten stimmt mit der Anzahl der folgenden Nullen überein.

3. negativer Exponent

$$a^{-n} = \frac{1}{a^n}$$

Der negative Exponent gibt an, um wie viel Stellen das Komma nach links gesetzt werden soll:

$0{,}1 = 1/10 = 10^{-1}$ um 1 Stelle
$0{,}01 = 1/100 = 10^{-2}$ um 2 Stellen
$0{,}001 = 1/1000 = 10^{-3}$ um 3 Stellen

Erkenntnis Der Wert des Minus-Exponenten stimmt mit der Anzahl der davorstehenden Nullen überein.

4. Vorsätze zur Bezeichnung

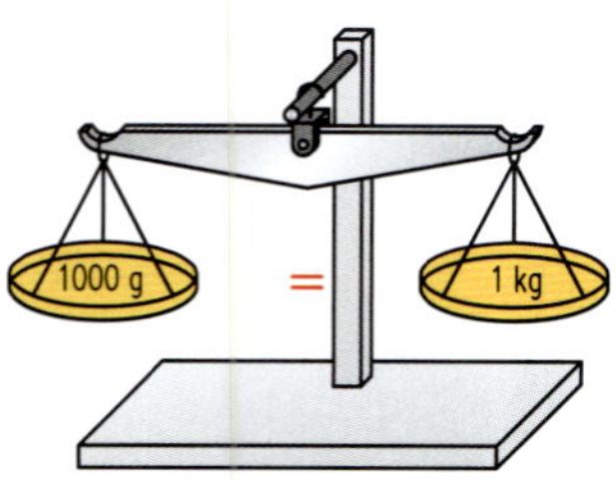

Dezimale Teile und Vielfache von Einheiten werden mit folgenden Vorsätzen und Vorsatzzeichen dargestellt:
Beispiel: $125\ cm^3 = (5\ cm)^3$, $10\ mm \cdot 10\ mm \cdot 10\ mm = 1\,000\ mm^3$

Zehnerpotenzen		Vorsätze	Vorsatz[1]	steht für das
10^{12}	Vielfache ↑	Tera	T	Billionenfache
10^{9}		Giga	G	Milliardenfache
10^{6}		Mega	M	Millionenfache
10^{3}		Kilo	k	Tausendfache
10^{2}		Hekto	h	Hundertfache
10^{1}		Deka	da	Zehnfache
$10^{0} = 1$		Basis		Einfache
10^{-1}	Teile ↓	Dezi	d	Zehntel
10^{-2}		Zenti	c	Hundertstel
10^{-3}		Milli	m	Tausendstel
10^{-6}		Mikro	µ	Millionstel
10^{-9}		Nano	n	Milliardstel
10^{-12}		Piko	p	Billionstel

5. Zusammenfassung

Sehr große und sehr kleine Zahlen können vorteilhaft als Zehnerpotenzen dargestellt werden.

6. Beispiel

$0{,}48 \cdot 12$ (Überschlag $0{,}5 \cdot 10$) — Überschlagsrechnungen erleichtern das Finden der richtigen Stellenzahl.

$1\,500\,000 = 1{,}5 \cdot 10^6$ — Zehnerpotenzen mit +Exponenten benutzt man, um große Zahlen zu vereinfachen.

$0{,}000\,002 = 2 \cdot 10^{-6}$ — Zehnerpotenzen mit −Exponenten benutzt man, um kleine Zahlen zu vereinfachen.

$1/10^3 = 10^{-3}$ — Erhält der Exponent einen Minus-Wert, so entfällt der Bruchstrich.
$0{,}001\ m = 1 \cdot 10^{-3}\ m = 1\ mm$

[1] Vorsatzzeichen werden ohne Zwischenraum vor das Einheitenzeichen geschrieben.

Aufgaben

Vielfache und Teile von Einheiten

1,2

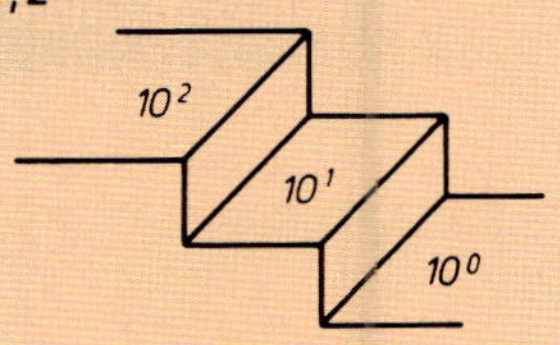

11

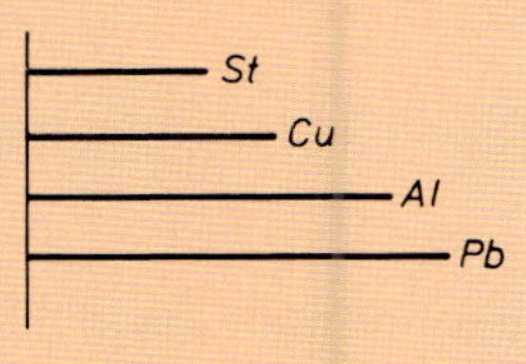

13 a,b

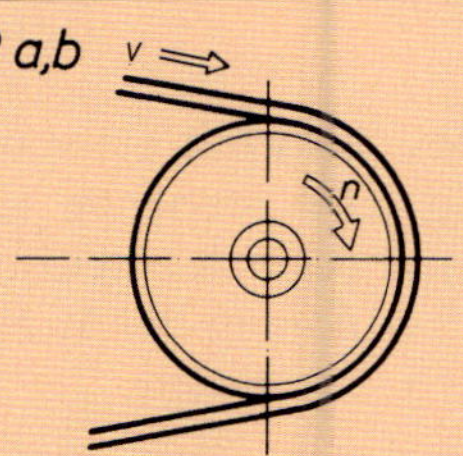

13 c

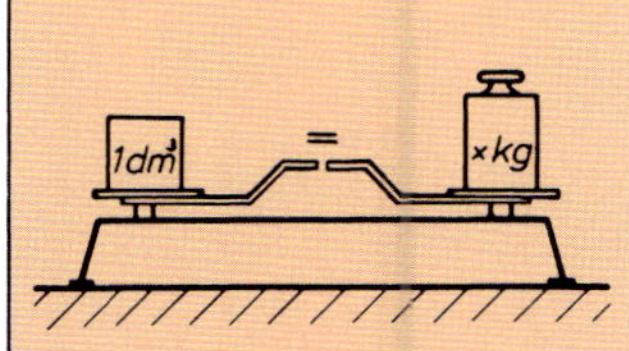

16

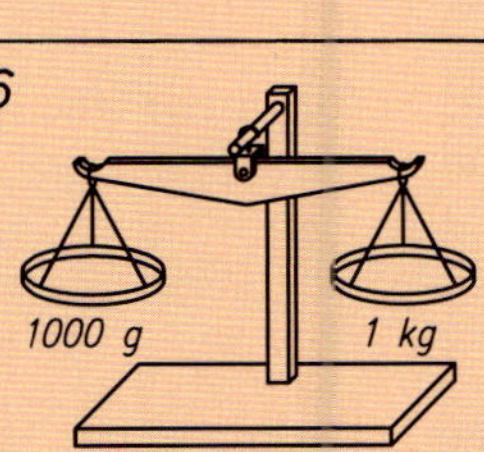

16

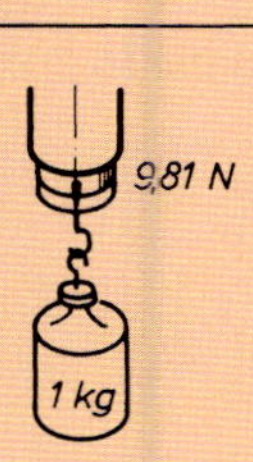

1. Schreiben Sie in der Potenzform mit der Grundzahl 10:
   a) $10 \cdot 10 \cdot 10 \cdot 10$ b) 100 000 c) 0,00001 d) 0,0001 e) 0,0000001
2. Rechnen Sie aus:
   a) 10^2 b) 10^5 c) 10^7 d) 10^{-3} e) $1 : 10^3 \cdot 10^0$ f) $0{,}001 \cdot 10^5 : 10^2$
3. a) $10^4 + 10^6$ b) $10^6 - 10^4$ c) $10^3 \cdot 10^2 \cdot 10^1$ d) $2 \cdot 10^{-4} \cdot 3 \cdot 10^2$
4. a) $5 \cdot 6 \cdot 10^3 \cdot 10$ b) $3 \cdot 6 \cdot 10^{-5}$ c) $10^2 + 3 \cdot 10^2 - 10$ d) $10^{-6} \cdot 3 \cdot 10^4$
5. Vereinfachen Sie die Zahlenwerte mithilfe von Zehnerpotenzen:
   a) 84 000 b) 360 000 c) $650 \cdot 120$ d) $600 \cdot 400$ e) 0,013 f) 0,000062
6. Rechnen Sie mit Zehnerpotenzen und vermeiden Sie Brüche:
   a) $\frac{5}{1\,000}$ b) $\frac{1}{100}$ c) $\frac{1}{10 \cdot 10 \cdot 10}$ d) $\left(\frac{1}{10}\right)^3$ e) $\frac{1}{10^4}$ f) $\frac{1}{250\,000\ \text{mm}^2}$
7. a) $\frac{75}{1\,000}$ b) $\frac{0{,}6}{300}$ c) $\frac{10^2 \cdot 10^{-4}}{0{,}001 \cdot 10^{-2}}$ d) $\frac{10^4}{0{,}01}$ e) $\frac{1}{273}$ f) 0,000036 kg
8. Vereinfachen Sie folgende Werte mithilfe von Zehnerpotenzen:
   1. Länge in m: a) 0,00356 mm b) 285,56 km c) 0,0000456 dm
   2. Fläche in cm²: a) 35 000 dm² b) 0,000025 m² c) 0,0003555 dm²
9. Überschlagsrechnung mithilfe von Zehnerpotenzen:
   a) $500 \cdot 0{,}0012$ b) $0{,}05 \cdot 35$ c) $0{,}008 \cdot 0{,}055$ d) $300 \cdot 70 \cdot 0{,}005$
10. a) $\frac{0{,}00168}{0{,}0008}$ b) $\frac{0{,}082 \cdot 0{,}05}{0{,}004}$ c) $\frac{0{,}5 \cdot 3{,}6 \cdot 0{,}04}{0{,}005 \cdot 400}$ d) $\frac{7{,}9 \cdot 8{,}83 \cdot 120}{89{,}6 \cdot 0{,}008}$
11. Schreiben Sie die Längenausdehnungskoeffizienten α_l in $\frac{1}{\text{K}}$ in Potenzform:
    a) Al = 0,000024 b) Pb = 0,000028 c) Cu = 0,000017 d) St = 0,000012
12. Errechnen Sie mit Rechenvorteilen:
    a) $3\,000 \cdot 0{,}000024$ b) $40\,000 \cdot 0{,}000012$ c) $655 \cdot 0{,}02 \cdot 0{,}000024$
13. Geben Sie die dazugehörende Größe an (Tabellenbuch):
    a) m/s b) min^{-1} c) kg/dm³ d) Nm/s e) K^{-1}
14. Rechnen Sie auf die Einheit 1 µm:
    Längenmaße: a) $1\ \text{m} \cdot 10^{-1}$ b) $1\ \text{m} \cdot 10^{-2}$ c) $1\ \text{m} \cdot 10^{-3}$ d) $1\ \text{m} \cdot 10^3$
15. Bilden Sie zweckmäßige Vorsätze:
    a) $l = 0{,}000011$ m b) $m = 2\,000\,000$ g
    c) $I = 0{,}0000165$ mA d) $C = 0{,}0000005$ µF
16. Schreiben Sie mit Vorsatzzeichen:
    Länge: a) 1,2 m in cm b) 0,8 m in mm c) 4 500 m in km
    Masse: d) 650 g in kg e) 12 cg in mg f) 350 mg in dg

► Wissen – Erkennen – Werten

a) Was wird durch den Exponenten der Zehnerpotenz angegeben?
b) Nennen Sie die besonderen Regeln für das Rechnen mit Zehnerpotenzen.
c) Erläutern Sie eine Zahlenumwandlung mithilfe der Zehnerpotenzen.
d) Zeigen Sie Vorteile für das Rechnen mit Zehnerpotenzen auf.
e) Erklären Sie, wie eine Überschlagsrechnung mit Zehnerpotenzen erfolgt.
f) Welche besondere Bedeutung haben Zehnerpotenzen für die Technik?

B1

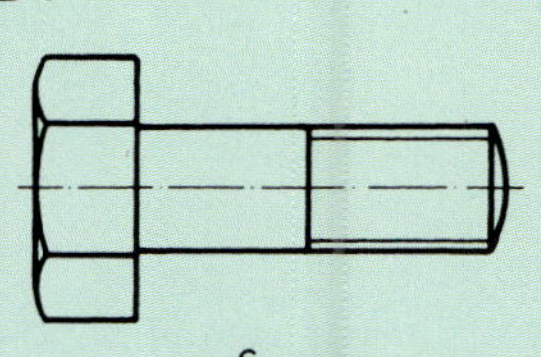

10^6 Stück = 1 ....

B2

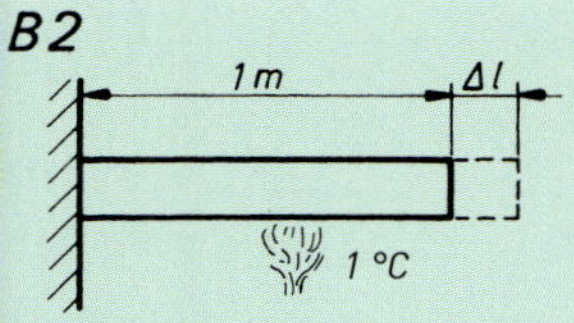

Stahl $\Delta l = 0{,}000011\ \text{m} = 11 \cdot 10^x$
Aluminum $\Delta l = 0{,}000024\ \text{m} = 24 \cdot 10^x$

B3

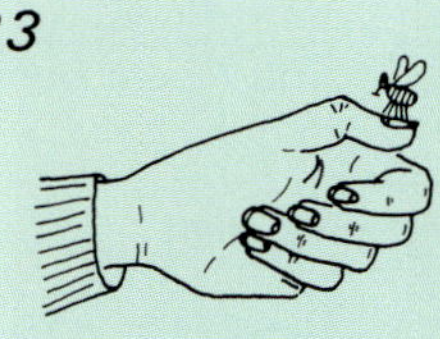

$1\ \text{Pa} = 10^{-6}\ \frac{\text{N}}{\text{mm}^2} = \ldots\ \frac{\text{N}}{\text{m}^2}$

B4

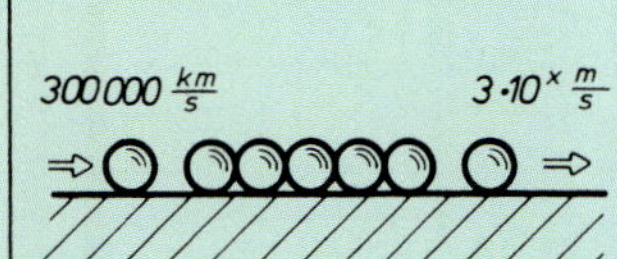

B5

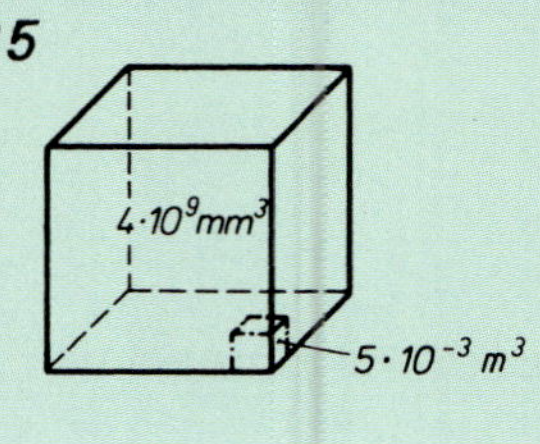

B6

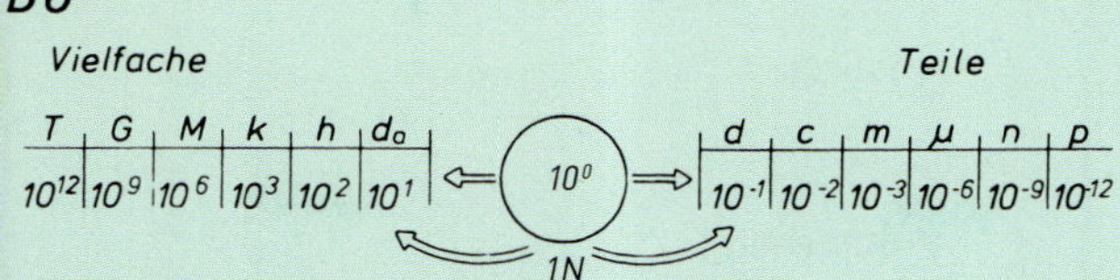

$10\ \text{N} = 10^1\ \text{N} = \ldots\ \text{da N} = \ldots\ \text{h N}$ $0{,}1\ \text{N} = 10^{-1}\ \text{N} = \ldots\ \text{dN} = \ldots\ \text{cN}$

B7

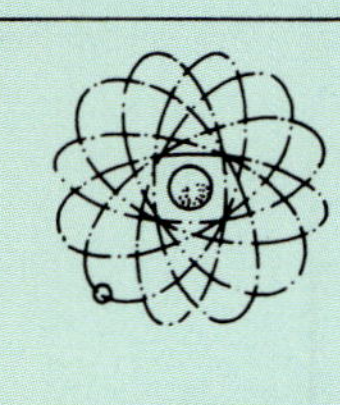

1H-Atom = $1{,}67 \cdot 10^{-24}$ g = ... pg

$l_1, l_2, l_3 \ldots$	Teillänge in mm, m
l	Gesamtlänge in mm, m
p	Teilung
n	Anzahl der Schnitte, Bohrungen
s	Sägeschnittbreite in mm

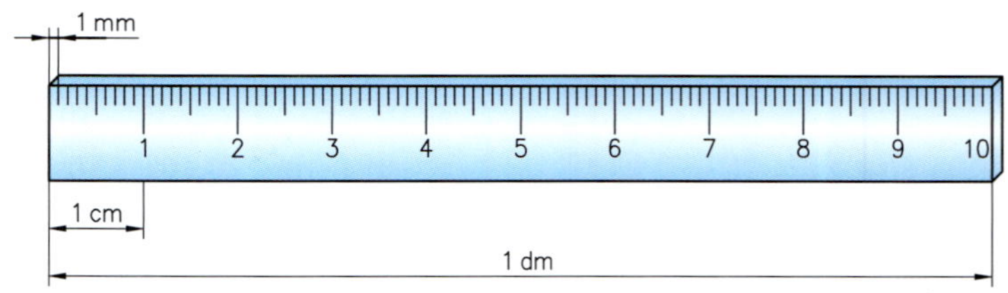

1. Metrisches Maßsystem

Definition des Meters

Das Meter ist die Länge der Strecke, die Licht im Vakuum während der Dauer von 1/299 792 458 Sekunden durchläuft.[1)]

Messverfahren

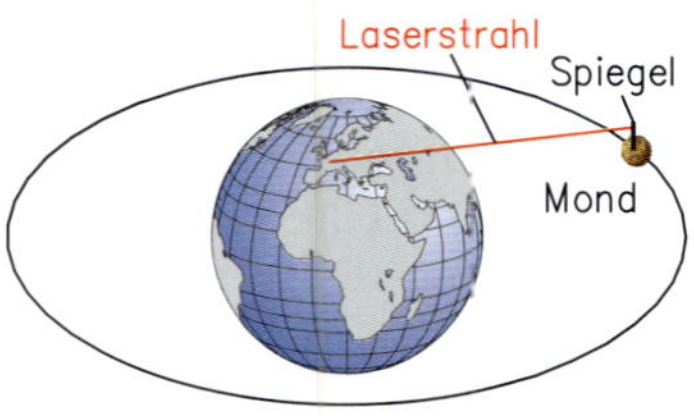

Laufzeitmessung
Messung der Laufzeit einer Lichtwelle und anschließende Multiplikation mit der Lichtgeschwindigkeit

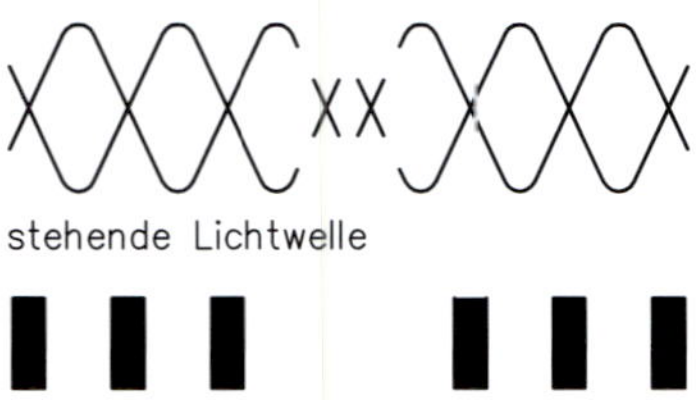

Interferentielle Längenmessung
Die zu messende kleine Länge, z.B. eines Endmaßes, wird mit einer oder mehreren bekannten Lichtwellenlängen verglichen. Eine stehende Lichtwelle zeigt ein Interferenzmuster, bei dem im Abstand der halben Lichtwellenlänge helle und dunkle Streifen auftreten. Durch Abzählen der Streifen kann eine Länge präzise bestimmt werden.

1 m = 10 **dm** = 100 **cm** = 1 000 **mm**
1 dm = 10 **cm** = 100 **mm**
1 cm = 10 **mm**

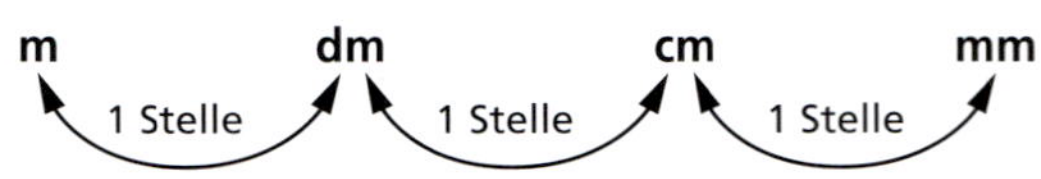

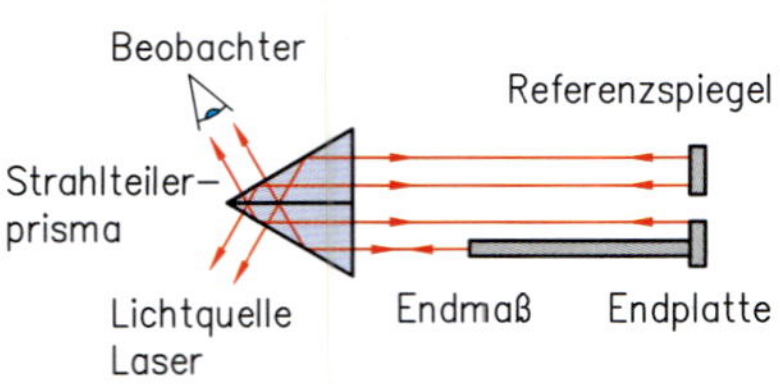

Die Längenumrechnung von Einheit zu Einheit ist 10, das bedeutet, das Komma wandert von Einheit zu Einheit um eine Stelle.

2. Inch-Maßsystem

Die Längeneinheit *inch* ist in einigen Ländern der EU zulässig.
inch ist die englische Bezeichnung für Zoll.
Bei Rohrnennweiten und bei Rohrgewinde ist die Angabe in Zoll üblich.
Umrechnung für inch: 1 in = 25,4 mm

3. Teilung von Längen

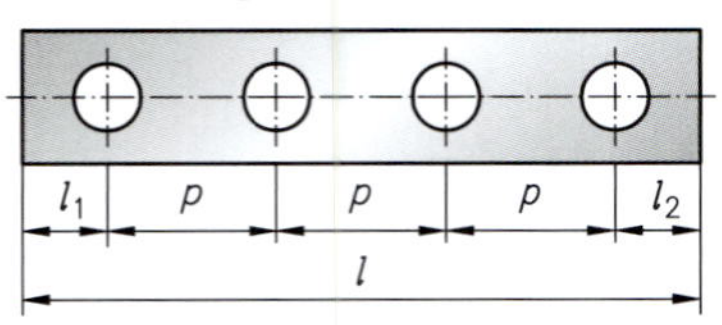

$$p = \frac{l - (l_1 + l_2)}{n - 1} \qquad l = p(n - 1) + (l_1 + l_2)$$

4. Beispiel

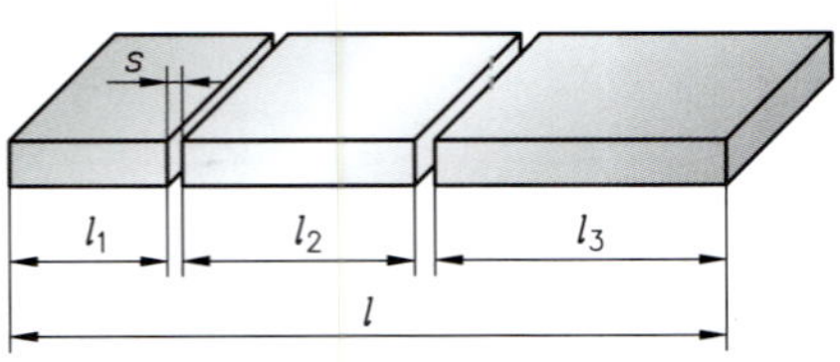

Von einem 1,5 m langem Flachstahl werden zwei Teillängen von 420 mm und 62 cm benötigt. Berechnen Sie bei 1,5 mm Schnittbreite die Restlänge in mm.

Gesucht l_3 in mm

Gegeben
$l = 1{,}5$ m
$l_1 = 420$ mm
$l_2 = 62$ cm
$s = 1{,}5$ mm

Vorüberlegung
Gesamtlänge = Summe der Teillängen

Lösung
$l = l_1 + l_2 + n \cdot s + l_3$
$1\,500 \text{ mm} = 420 \text{ mm} + 620 \text{ mm} + 2 \cdot 1{,}5 \text{ mm} + l_3$
$l_3 = \underline{457 \text{ mm}}$

Anmerkung
Die gegebenen Teilstrecken können durch die gesuchte ergänzt werden, da die Gesamtlänge bekannt ist.

[1)] c_0 Lichtgeschwindigkeit im Vakuum = 299 792 458 m/s

Aufgaben

Maßsysteme, Teilung von Längen

1 *SI-Basiseinheit Meter m*

nichtgesetzliche Einheiten

		in einigen Ländern	
Astronom. Einheit	AE	inch	in
Lichtjahr	Lj	foot	ft
im Druckgewerbe typograph. Punkt	p	yard	yd
Internat. Seemeile	sm	mile	mile
Parsec	pc		
Ångström	Å		

5

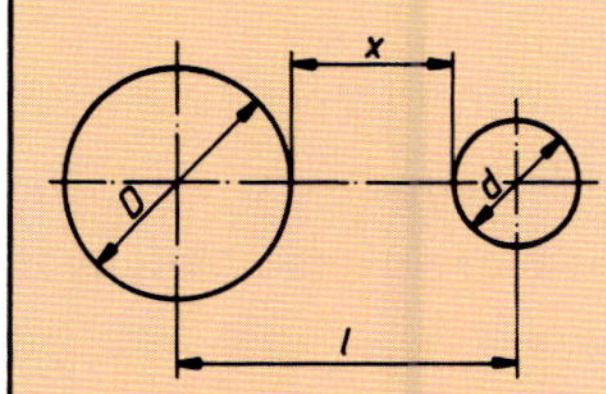

7

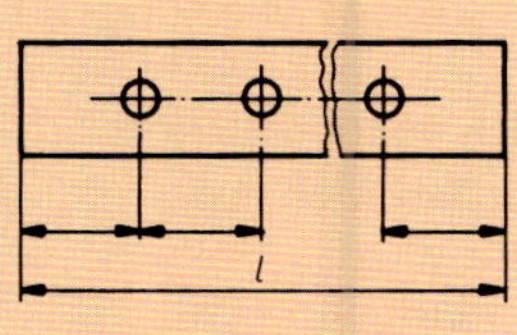

9

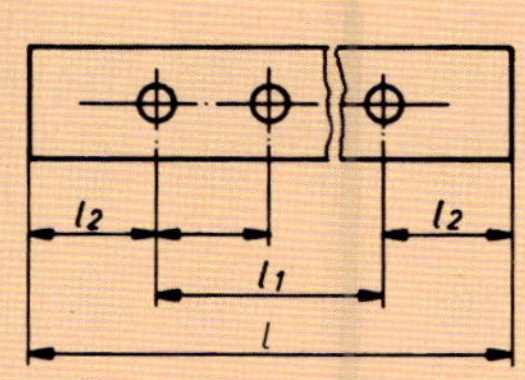

11

1. Verwandeln Sie in die angegebene Einheit:
   a) mm: 1,43 cm, 6,82 m, 5,8 dm, 0,3 m, 6,76 cm, 0,685 m, 0,045 dm
   b) m: 2,84 dm, 7 621 cm, 0,5 mm, 7,8 cm, 3,41 cm, 482,5 mm, 0,85 cm
   c) cm: 0,36 dm, 312 mm, 0,8 m, 3,7 dm, 0,01 m, 62,8 mm, 0,68 dm
   d) dm: 3,21 m, 0,48 m, 3,4 mm, 8,6 cm, 7,88 mm, 32,08 m, 7,85 cm

2. Verwandeln Sie in die angegebene Einheit und addieren Sie:
   a) mm: 3,42 m + 34 cm + 68,1 cm + 34,1 mm + 0,085 m + 3,485 cm + 0,05 dm
   b) cm: 3,42 m + 38 cm + 0,12 mm + 0,03 dm + 0,045 m + 0,085 dm + 22,2 cm

3. Verwandeln Sie in die angegebene Einheit und subtrahieren Sie:
   a) m : 86,4 m − 8,2 cm − 3,45 cm − 0,87 dm − 0,034 m − 0,082 dm − 3,45 m
   b) dm: 45,6 m − 5,4 cm − 2,34 m − 0,05 m − 0,78 cm − 3,455 cm − 0,34 m

4. Zwei Rohrenden von 420 mm und 38,2 cm Länge werden stumpf voreinander geschweißt. Berechnen Sie die geschweißte Rohrlänge in m.

5. Der Mittenabstand zweier Bohrungen mit den Durchmessern 44 und 23 mm beträgt 318,5 mm. Welche Materialdicke bleibt zwischen den Bohrungen stehen?

6. Von einem Stahlrohr mit 4,25 m Länge werden die Teillängen 1,4 m, 85 mm, 165,5 cm und 4,12 dm abgeschnitten. Die Schnittbreite des Sägeblattes beträgt 1,5 mm. Berechnen Sie die Restlänge in m.

7. In einen Flachstahl von 5,81 m Länge sind 6 Löcher zu bohren, die vom Ende und auch untereinander den gleichen Abstand haben. Ermitteln Sie die festzulegende Teilung in mm.

8. Von einem 5,4 m langen Flachstahl werden 165 mm lange Teillängen abgeschnitten. Die Breite des Sägeblattes beträgt 1,5 mm. Berechnen Sie die Stückzahl der Teillängen und die Restlänge in m.

9. In einen Flachstahl von 520 mm Länge werden 8 Löcher in gleichen Abständen gebohrt. Berechnen Sie bei 50 mm Randabstand die Teilung.

10. Stellen Sie die Gleichungen für die Teilung von Längen auf: a) mit gleichen Endlängen, b) mit ungleichen Endlängen.

▶ Wissen – Erkennen – Werten

a) Erklären Sie die Basiseinheit Meter, nennen Sie gebräuchliche Unterteilungen.
b) Zeigen Sie den Unterschied zwischen metrischem und inch-Maßsystem auf.
c) Erläutern Sie den Noniuswert eines Messschiebers von 1/10 mm (Skizze 11).
d) Wie erreicht man mit dem Messschieber eine Messgenauigkeit von 1/20 mm?
e) Erläutern Sie die Begriffe: Bezugstemperatur, Messgröße, Messwert, Istmaß.

B1

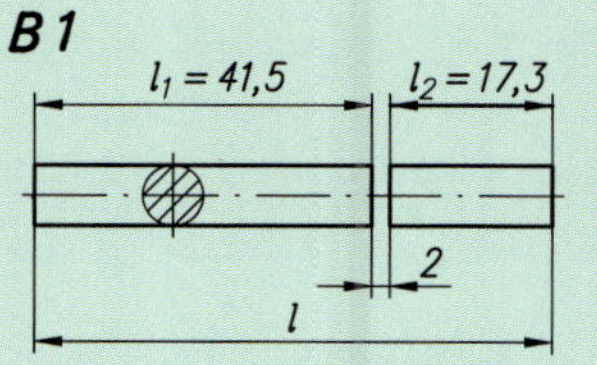

Rd 20x ......

B2

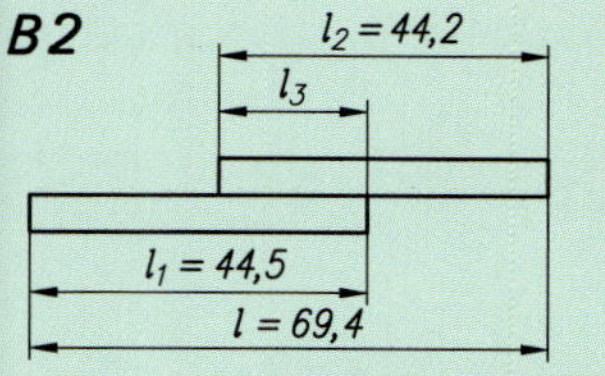

Überlappungslänge

B3

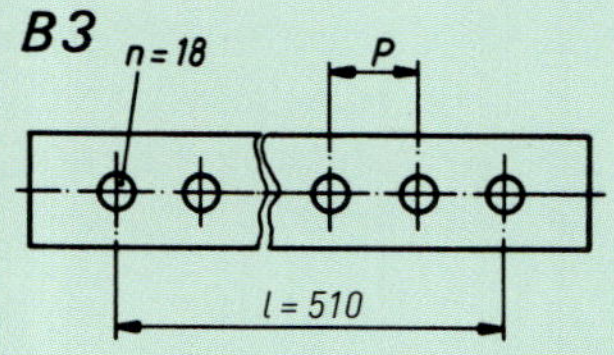

Teilung

B4

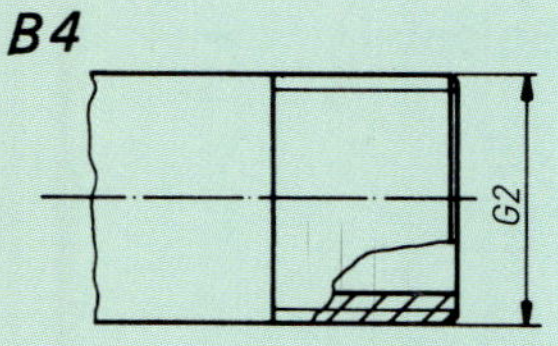

Steigung

B5

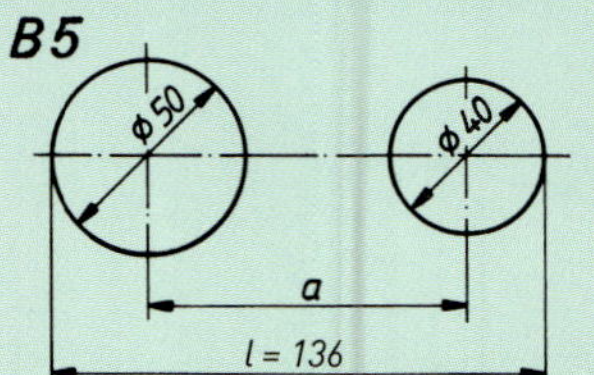

Achsabstand

B6

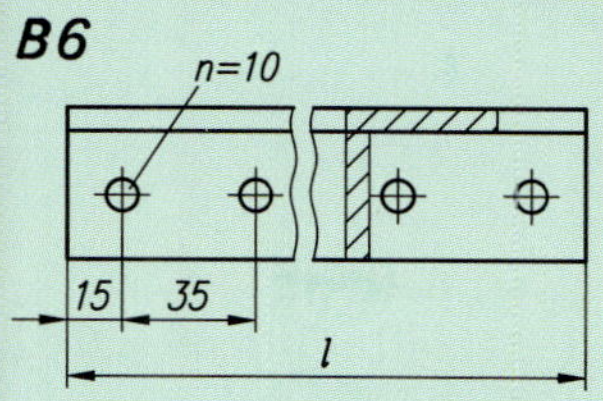

LS 50 x 5 x ... S235 JR

B7

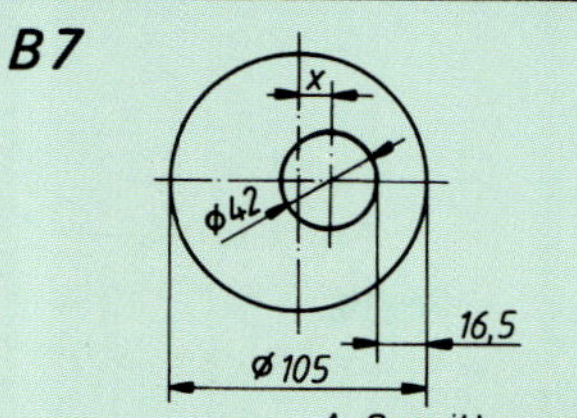

Außermittenmaß

B8

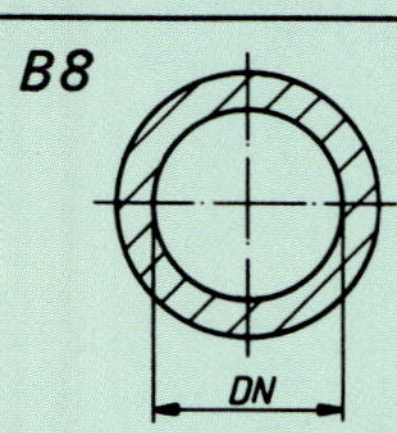

$\frac{1}{4}$ in

$\frac{1}{2}$ in

$1\frac{1}{4}$ in

Nennweite

S Sollmaß, in der Zeichnung angegebenes Maß in mm F Fehler, Messabweichung
I Istmaß, am Werkstück gemessenes Maß in mm

Hinweis
Die Messabweichung hat das Vorzeichen + oder −.

1. Prüfen

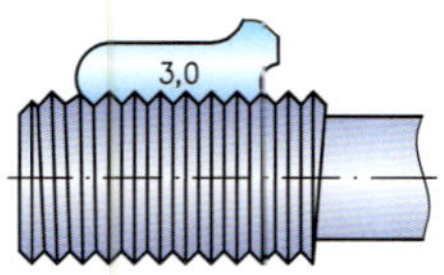

Beim Prüfen wird festgestellt, ob der Prüfgegenstand den Anforderungen entspricht.
Die Begriffe des objektiven Prüfens sind in der Fertigung festgelegt:
Sollzustand ⇒ wird während der Fertigung angestrebt,
Istzustand ⇒ wird während der Fertigung erreicht.

Merke
Das Prüfen ist ein Vergleich mit vorgegebenen Bedingungen.

2. Messen

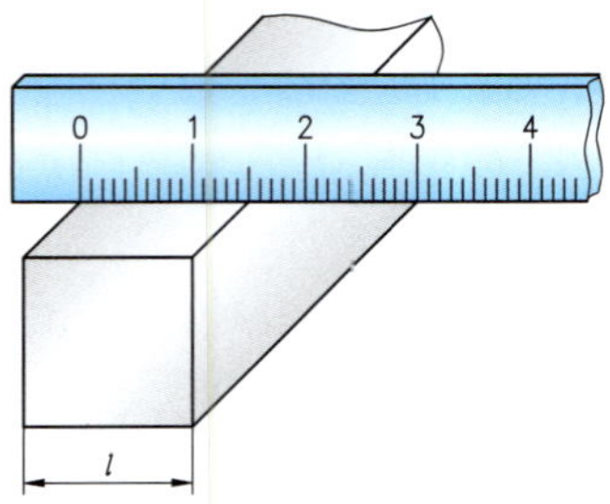

Beim Messen wird die zu messende Größe mit einem geeigneten Messgerät verglichen, das Ergebnis ist der Messwert:

Messwert = Zahlenwert · Einheit
l = 15 · mm ⇒ (geschrieben: l = 15 mm)

Merke
Beim Messen wird das Istmaß ermittelt.
Jeder Messwert wird durch zufällige und systematische Abweichungen verfälscht.
Die erfassbare systematische Abweichung ergibt sich vorzeichenrichtig:

Fehler = abgelesenes Maß (falsch) − tatsächliches Maß (richtig)
Fehler = Istmaß − Sollmaß

Hinweis
Aus der Abweichbestimmung ergibt sich das Vorzeichen des Fehlers.

3. Allgemeintoleranzen

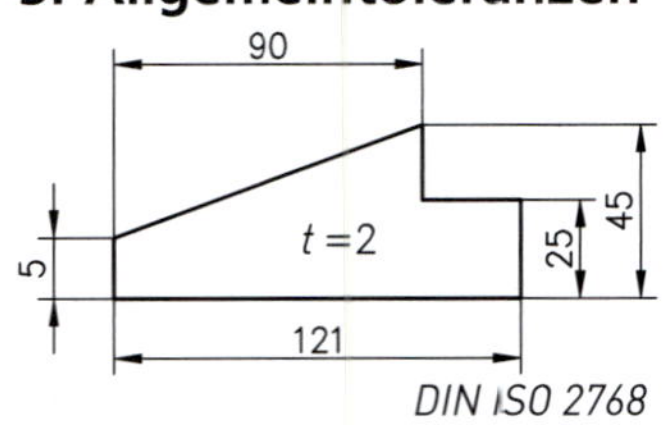

Die Allgemeintoleranzen sind in vier Toleranzklassen (f, m, c, v) unterteilt.
Die Wahl der Toleranzklasse richtet sich nach werkstattüblicher Genauigkeit, z. B.: Zeichnungseintragung für die Toleranzklasse grob ⇒ DIN ISO 2768-c

Hinweis
Die Abmaße sind den Tabellen zu entnehmen.

4. Lehren

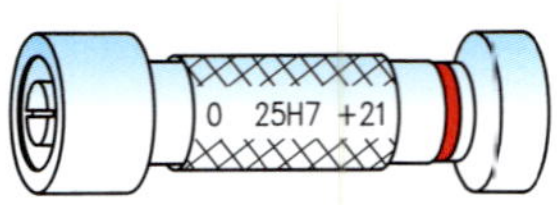

Durch Lehren wird festgestellt, ob bestimmte Längen, Winkel oder Profile eines Werkstücks eingehalten worden sind, z. B.:
Maßlehren zum Prüfen von Längen ⇒ Fühlerlehren, Grenzlehren …
Formlehren zum Prüfen von Formen ⇒ Radienlehren, Gewindelehren …

Merke
Das Lehren zeigt an, ob eine Abweichung vom Sollzustand vorliegt.

5. Zusammenfassung

Objektives Prüfen kann Messen oder Lehren sein.
Beim Messen erhält man einen Zahlenwert.
Beim Prüfen erhält man keinen Zahlenwert.

6. Beispiel

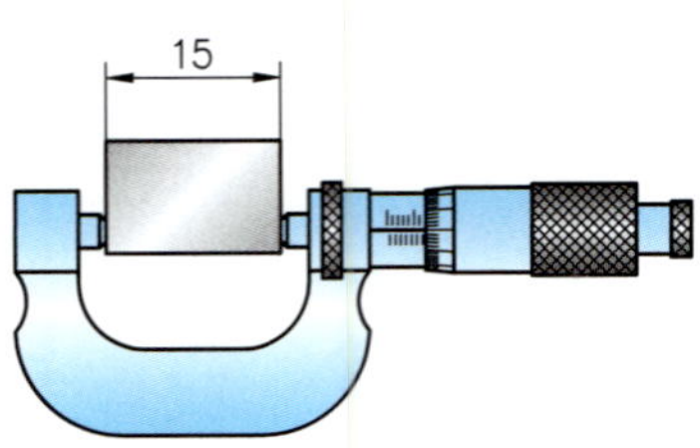

Zum Prüfen einer Messschraube wird ein 15 mm Parallelendmaß mit der Toleranzklasse 0 (Fehler vernachlässigbar klein) verwendet. Das Istmaß der Messung beträgt 14,98 mm. Ermitteln Sie die systematische Abweichung in µm.

Gesucht Fehler in µm
Gegeben Sollmaß = 15 mm
Istmaß = 14,98 mm

Vorüberlegung
Fehler = falsch − richtig

Lösung Fehler = Istmaß − Sollmaß
= 14,98 mm − 15 mm
Fehler = <u>−0,02 mm</u>

Anmerkung
Der berichtigte Messwert beträgt:
Sollmaß = Istmaß − (−Fehler) = Istmaß + 0,02 mm[1]

[1] Der berichtigte Messwert hat somit das entgegengesetzte Vorzeichen.

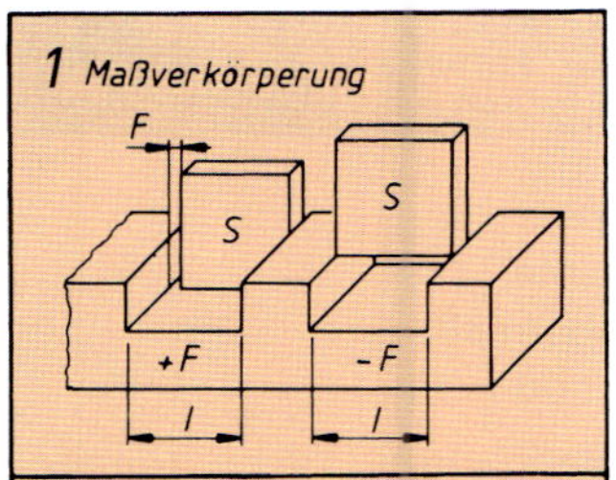

1 Maßverkörperung

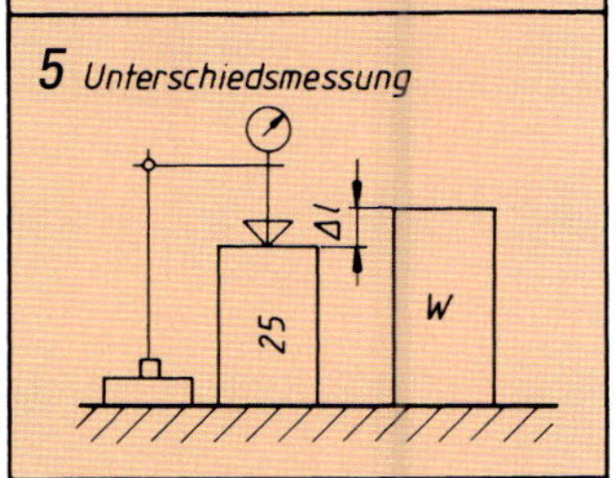

5 Unterschiedsmessung

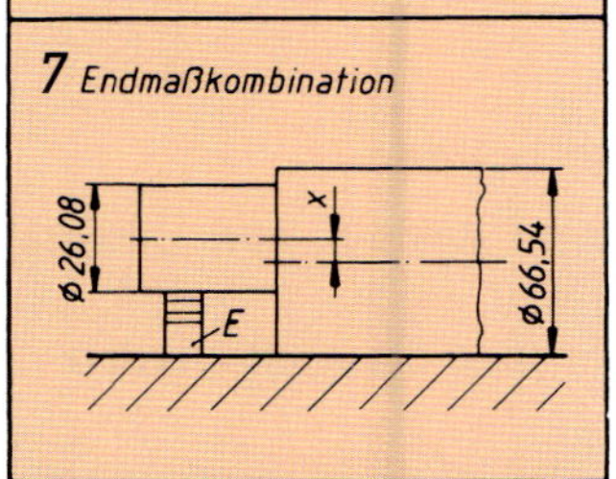

7 Endmaßkombination

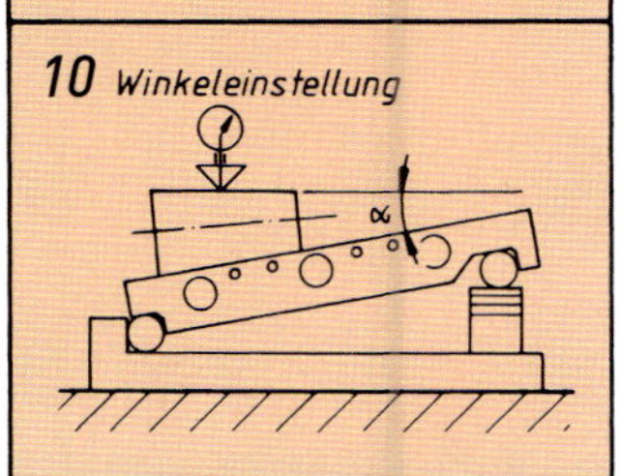

10 Winkeleinstellung

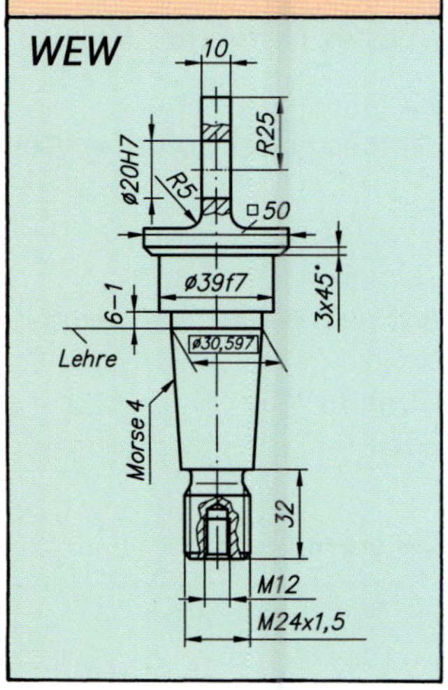

Aufgaben

Prüfung von Längen: Messen, Lehren

1. Berechnen Sie die fehlenden Werte:

	a	b	c	d	e	f
Sollmaß in mm	15	15	?	27,2	100	36
Istmaß in mm	15,001	?	24,995	?	99,932	36,023
Fehler	?	$-1\ \mu m$	$-5\ \mu m$	$-0{,}016$ mm	?	?

2. Während der Fertigung wurde an einer Stahlwelle ein Maß von 118,2 mm festgestellt. Ermitteln Sie das tatsächliche Maß, wenn bei einer Abkühlung auf 20 °C eine Abweichung von 0,028 mm auftrat.
3. Bei einer Messschraube wurde ein Messwert von 28,07 mm abgelesen. Der tatsächliche Messwert beträgt 28,08 mm. Ermitteln Sie die Maßabweichung in µm.
4. Für einen Feinzeiger mit der Soll-Anzeige 20 mm beträgt die Maßabweichung $-3\ \mu m$. Ermitteln Sie den berichtigten Messwert.
5. Eine Messuhr mit 0,01 mm Skaleneinteilungswert ist bei 25 mm Endmaßkombination auf Null justiert. Beim Unterschiedsmessen am Werkstück steht der Zeiger auf dem Wert 12 der Strichskala. Ermitteln Sie den Messwert.
6. Das Maß 16,973 mm soll durch Endmaße eines Normalsatzes zusammengestellt werden. Ermitteln Sie die einzelnen Endmaße. Welche Regeln sollen beachtet werden?
7. Für eine exzentrisch gefertigte Welle (Skizze) beträgt das genaue Außermittenmaß 5,582 mm. Ermitteln Sie die Zusammenstellung der Endmaße.
8. Die Zeichnungseintragung für ein Winkelmaß von 25° lautet: DIN ISO 2768-m. Bestimmen Sie für das tolerierte Maß das Höchst- und Mindestmaß, wenn der kürzere Winkelschenkel 48 mm lang ist.
9. Die Winkelmaße a) 12°45′20″ und b) 5°50′10″ sollen durch Winkelendmaße mit einem Normal-Satz verkörpert werden. Bestimmen Sie die Endmaßkombinationen.
10. Ein Sinuslineal von 200 mm Länge ist auf einen Kegelwinkel von 32°45′ einzustellen. Ermitteln Sie das Höhenmaß für die Parallelendmaße und geben sie die Endmaßkombination an.

► Wissen – Erkennen – Werten

a) Ermitteln Sie für die Passungsangaben Höchst- und Mindestmaße.
b) Nennen Sie für die Prüfung des Gabelkopfs alle erforderlichen Prüfmittel.
c) Ordnen Sie die Prüfmittel:
   1. anzeigende Messgeräte, 2. Maßverkörperungen, 3. Lehren und Hilfsmittel
d) Mit welchen Prüfmitteln lassen sich die eingetragenen Maße überprüfen? Geben Sie ihre Messgenauigkeit und Handhabe an.
e) Zeigen Sie eventuelle Prüffehler auf.
f) Bestimmen Sie die Messgenauigkeit folgender Prüfgeräte:
   1. Messschieber, 2. Bügelmessschraube, 3. Universalwinkelmesser.
g) Geben Sie für die nicht tolerierten Maße die Grenzmaße nach DIN ISO 2768-m an.
h) Überlegen Sie, welche der eingetragenen Maße des Gabelkopfs funktions-, fertigungs- und prüfbezogene Maße sind.

B 1 Indirektes Messen
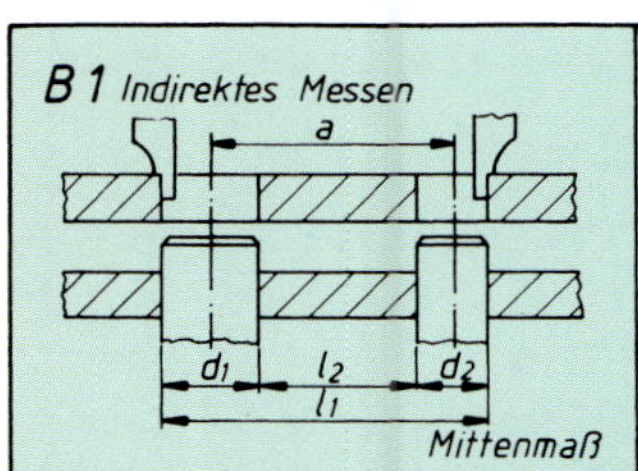

Mittenmaß

B 2 Direktes Messen
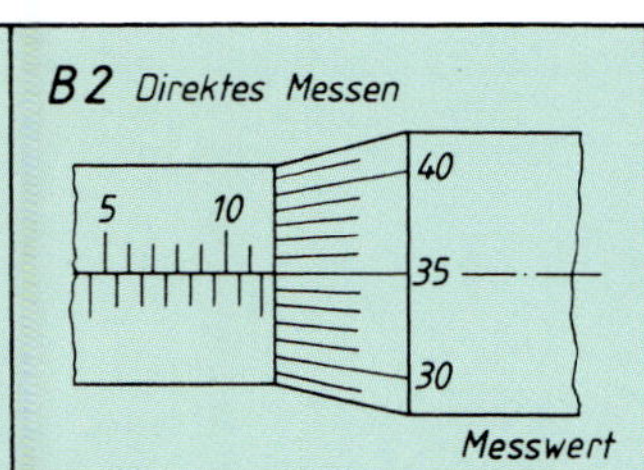

Messwert

B 3 Grenzlehrdorn
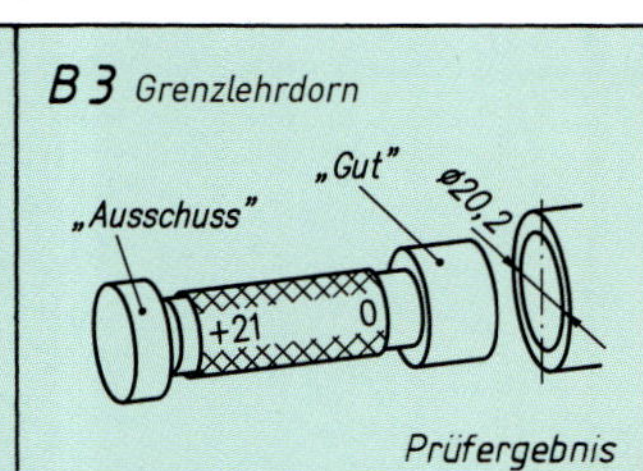

Prüfergebnis

B 4 Winkelendmaße
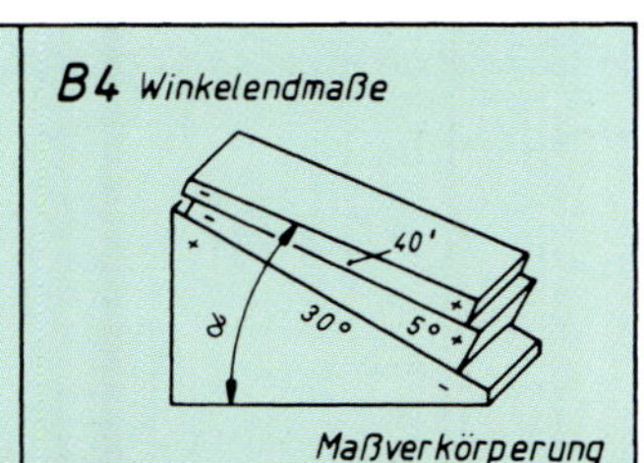

Maßverkörperung

B 5 Messreihe
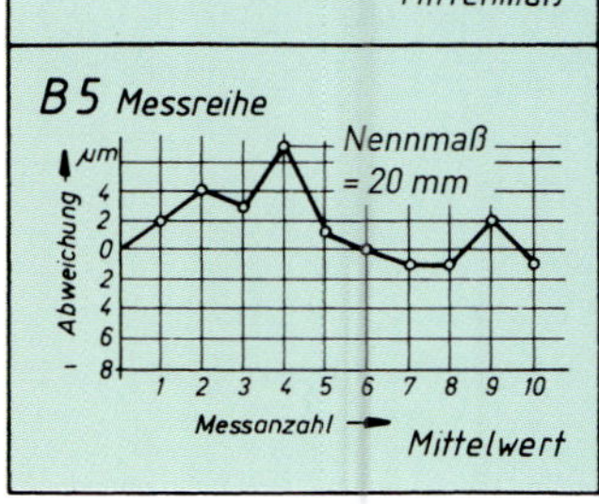

Mittelwert

B 6 Parallelendmaße
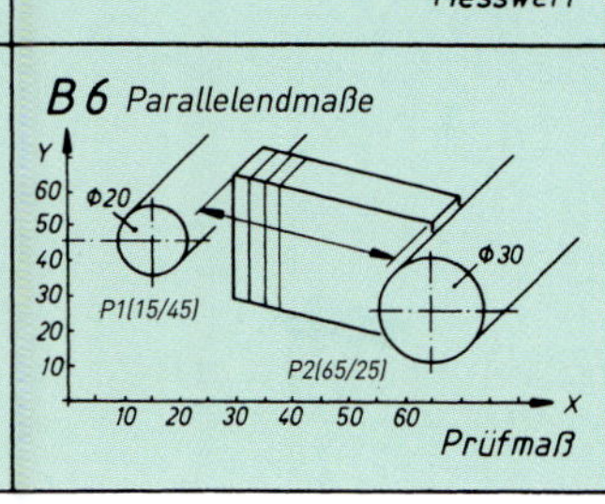

Prüfmaß

B 7 Außenkegel
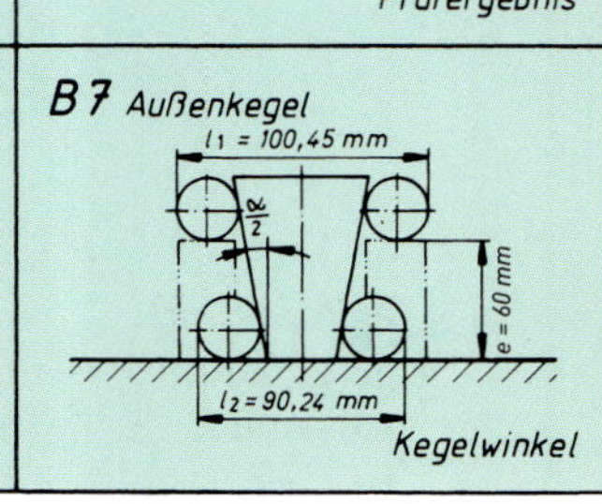

Kegelwinkel

B 8 Sinuslineal
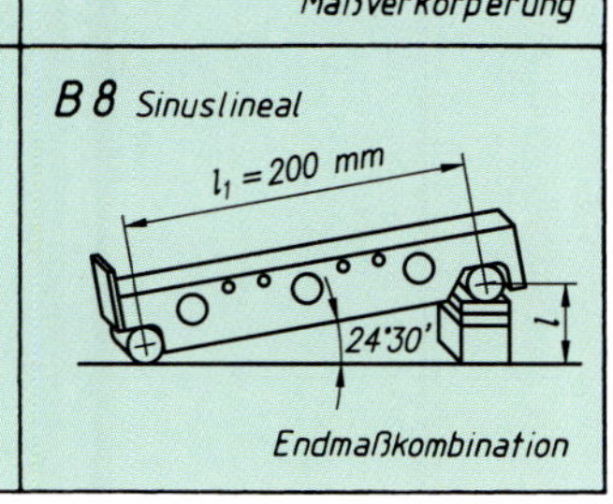

Endmaßkombination

N	Nennmaß	T	Toleranz	P_{SH}	Höchstspiel
G_{oB}	Höchstmaß Bohrung	G_{oW}	Höchstmaß Welle	P_{SM}	Mindestspiel
G_{uB}	Mindestmaß Bohrung	G_{uW}	Mindestmaß Welle	$P_{ÜH}$	Höchstübermaß
ES	oberes Abmaß Bohrung	es	oberes Abmaß Welle	$P_{ÜM}$	Mindestübermaß
EI	unteres Abmaß Bohrung	ei	unteres Abmaß Welle		alle Maße in mm

1. Grenzmaße

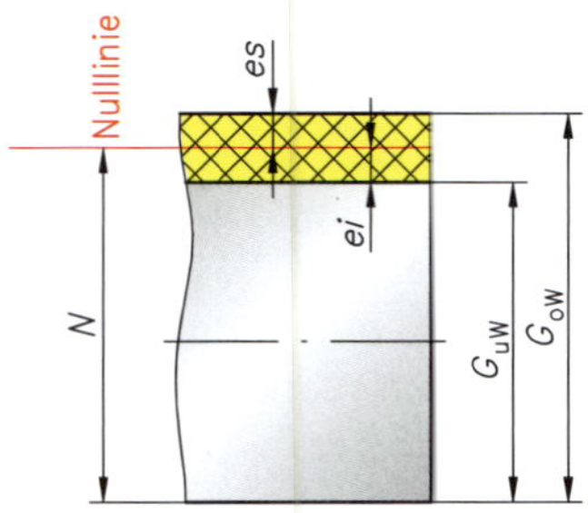

Eine Passung besteht aus Bohrung und Welle. Mit Welle sind Außenmaße, mit Bohrung alle Innenmaße gemeint.
Die Fertigung einer Welle erfolgt zwischen den Grenzmaßen:

Höchstmaß = Nennmaß + oberes Abmaß
$G_{oW} = N + es$
Mindestmaß = Nennmaß + unteres Abmaß
$G_{uW} = N + ei$

Hinweis
Ein negatives Abmaß ist stets mit Vorzeichen einzusetzen.

2. Toleranz

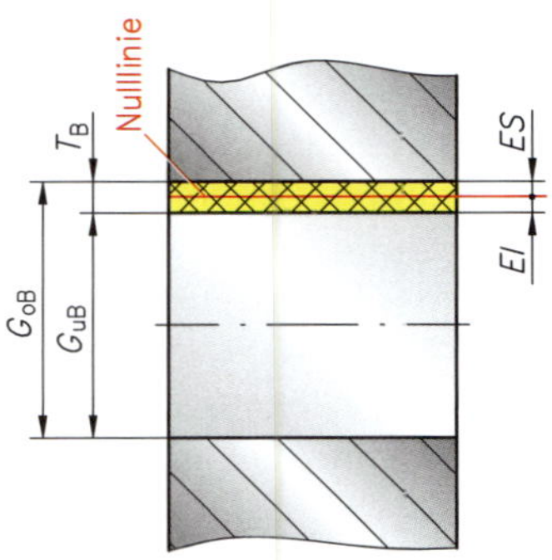

Das Nennmaß kann bei der Fertigung nie erreicht werden, eine gewisse Abweichung ist zu tolerieren.
Die Toleranz einer Bohrung kann aus den Grenzmaßen ermittelt werden.

Toleranz = Höchstmaß − Mindestmaß
$T_B = G_{oB} - G_{uB}$

Die Toleranz kann außerdem aus den Abmaßen ermittelt werden.

Toleranz = oberes Abmaß − unteres Abmaß
$T_B = ES - EI$

Hinweis
Die Toleranz ist stets ein positives Ergebnis.

3. Passung

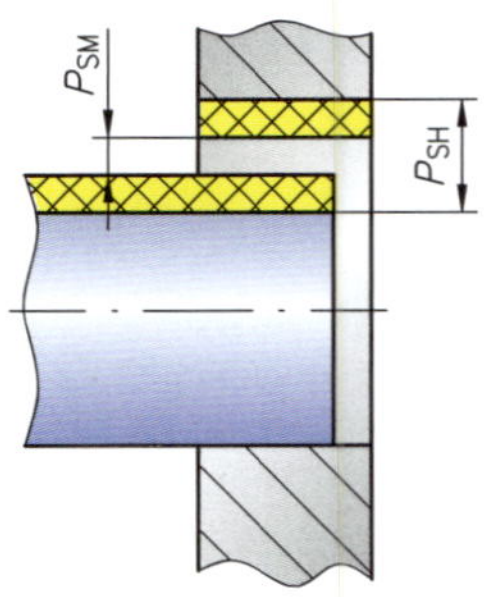

Durch die Lage der Toleranzfelder wird die Passungsart bestimmt:

Beispiel Spielpassung
Spiel ist immer vorhanden, wenn der kleinste Durchmesser der Bohrung größer ist als der größte Durchmesser der Welle.

Bei der Paarung von Passteilen ergibt sich:

Höchstspiel = Höchstmaß Bohrung − Mindestmaß Welle
$P_{SH} = G_{oB} - G_{uW}$
Mindestspiel = Mindestmaß Bohrung − Höchstmaß Welle
$P_{SM} = G_{uB} - G_{oW}$

Hinweis
Ergibt sich ein negativer Spielwert, so ist Übermaß vorhanden.

4. Zusammenfassung

Toleranz = Höchstmaß − Mindestmaß $T = G_o - G_u$
Höchstspiel = Höchstmaß Bohrung − Mindestmaß Welle $P_{SH} = G_{oB} - G_{uW}$
Mindestspiel = Mindestmaß Bohrung − Höchstmaß Welle $P_{SM} = G_{uB} - G_{oW}$

5. Beispiel

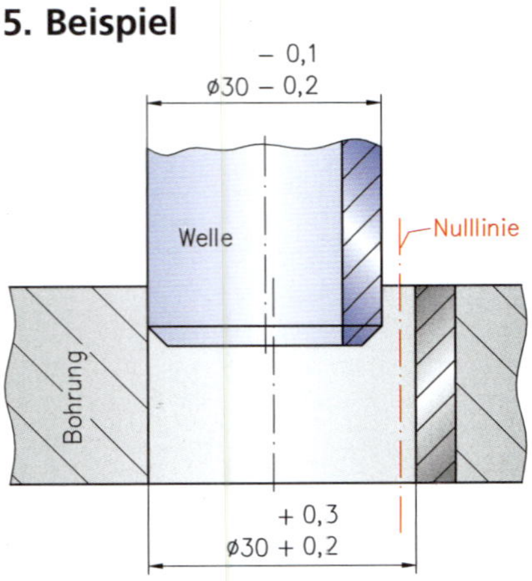

In einer Zeichnung sind für ein Lager nebenstehende Angaben eingetragen worden.
Ermitteln Sie die Grenz- und Passungsmaße.

Lösung

$G_{oB} = N + ES = 30\text{ mm} + 0{,}3\text{ mm} = 30{,}3\text{ mm}$
$G_{uB} = N + EJ = 30\text{ mm} + 0{,}2\text{ mm} = 30{,}2\text{ mm}$
$G_{oW} = N + es = 30\text{ mm} + (-0{,}1\text{ mm}) = 29{,}9\text{ mm}$
$G_{uW} = N + ei = 30\text{ mm} + (-0{,}2\text{ mm}) = 29{,}8\text{ mm}$
$P_{SH} = G_{oB} - G_{uW} = 30{,}3\text{ mm} - 29{,}8\text{ mm} = 0{,}5\text{ mm}$
$P_{SM} = G_{uB} - G_{oW} = 30{,}2\text{ mm} - 29{,}9\text{ mm} = 0{,}3\text{ mm}$

Anmerkung
Erst bei der Paarung von Passteilen erfolgt die Berechnung auf Spiel oder Übermaß.
Nur die Bezeichnungen *ES*, *EI* und *es*, *ei* sind genormt.

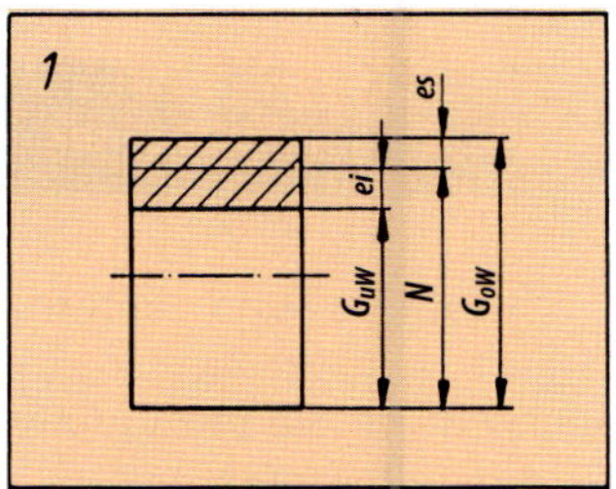

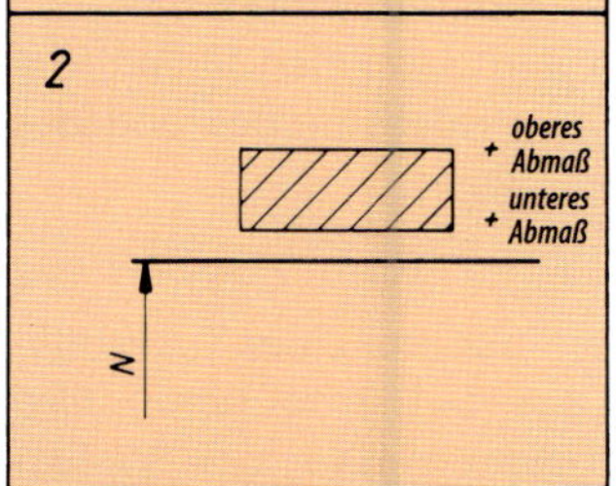

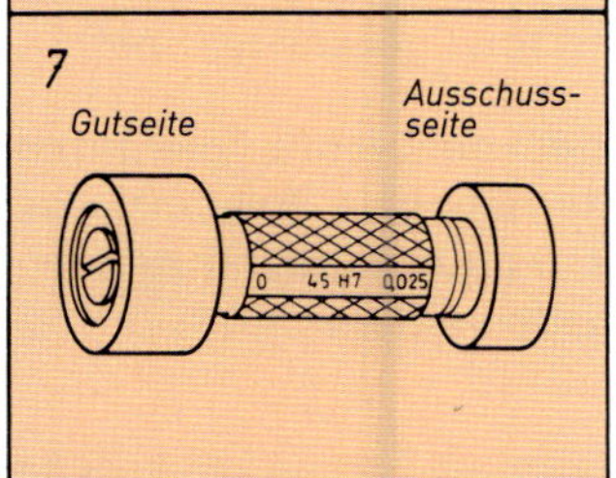

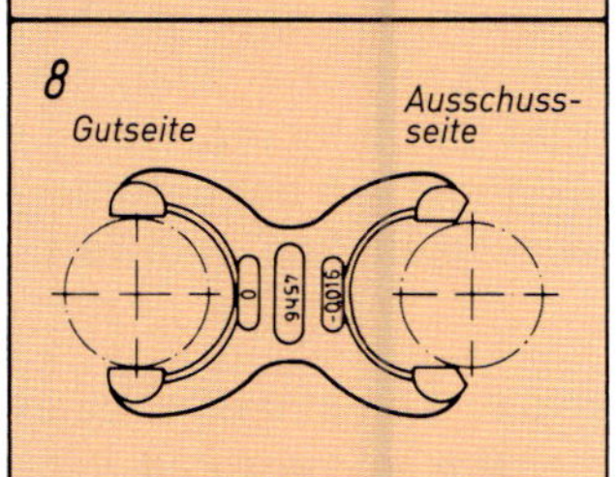

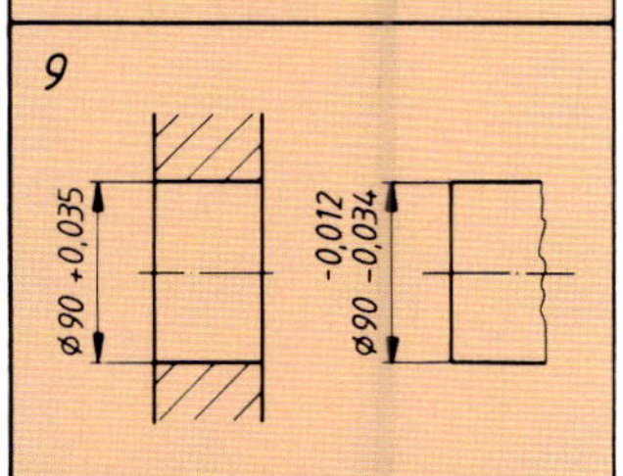

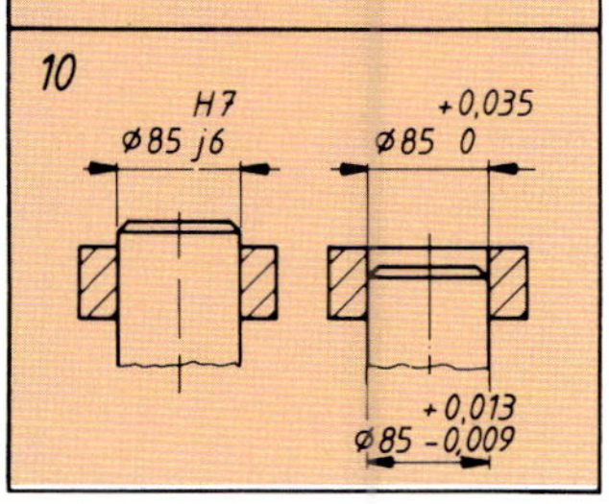

1. Die fehlenden Werte sind zu berechnen:

Aufgabe	a	b	c
es in mm	+0,04	+0,08	?
ei in mm	−0,02	?	−0,09
T_W in mm	?	0,05	0,03

Aufgabe	d	e	f
G_{oW} in mm	20,04	30,08	?
G_{uW} in mm	19,98	?	39,991
T_W in mm	?	0,05	0,03

2. Zeichnen Sie die Toleranzfelder für folgende tolerierte Maße:
a) $35^{+0,15}_{0}$ b) $35^{+0,25}_{+0,15}$ c) $35^{+0,15}_{-0,15}$ d) $35^{-0,15}_{-0,25}$ e) $35^{+0,15}_{0}$ f) $35^{0}_{-0,15}$

3. Ermitteln Sie aus den folgenden tolerierten Maßen jeweils Höchst- und Mindestmaß und Toleranz:
a) $25^{+0,025}_{+0,015}$ b) $48^{-0,08}_{-0,12}$ c) $65^{+0,15}_{-0,12}$ d) $82^{+0,03}_{0}$

4. Der Mindestabstand zweier Bohrungen soll zwischen den Grenzmaßen 85,05 mm und 84,94 mm liegen. Ermitteln Sie das tolerierte Maß.

5. Die Allgemeintoleranz nach DIN ISO 2768-1 beträgt für das 65-mm-Längenmaß ±0,15 mm. Bestimmen Sie das Höchst- und Mindestmaß.

6. Für eine Welle mit 60 mm Nennmaß sind die Abmaße mit −30 µm und −60 µm festgelegt. Ermitteln Sie Höchst- und Mindestmaß der Welle.

7. Ein Grenzlehrdorn mit der Bezeichnung 45 H7 hat die Aufschriften +0,025 und 0. Ermitteln Sie die Grenzmaße für die zu prüfende Bohrung.

8. Eine Grenzrachenlehre mit der Bezeichnung 45 h6 hat die Aufschriften 0 und −0,016. Ermitteln Sie die Grenzmaße für die zu prüfende Welle.

9. Die Paarung für eine Fügeverbindung enthält die eingetragenen tolerierten Maße (siehe Skizze). Ermitteln Sie die Passung sowie die Höchst- und Mindestmaße.

10. Für eine Passung (siehe Skizze) sind die Abmaße für Bohrung und Welle folgendermaßen eingetragen. Bestimmen Sie die Passungsart.

11. Eine Passung mit dem Außenteil 40 +0,025 hat ein Mindestspiel von 25 µm und ein Höchstspiel von 75 µm. Bestimmen Sie das tolerierte Maß des Innenteils.

► Wissen – Erkennen – Werten

a) Erläutern Sie die Begriffe: Nulllinie, Nennmaß, Abmaße und Maßtoleranz.
b) Skizzieren Sie die möglichen Lagen eines Toleranzfeldes zur Nulllinie.
c) Zeigen Sie die Kriterien für die Festlegung einer Toleranz auf.
d) Begründen Sie die Festlegung der Toleranzfelder in Aufgabe B 5 und B 6.
e) Erläutern Sie mithilfe des Tabellenbuchs die Zeichnungseintragung: DIN ISO 2768-m.
f) Begründen Sie die Bedeutung von Toleranz- und Passungsangaben.

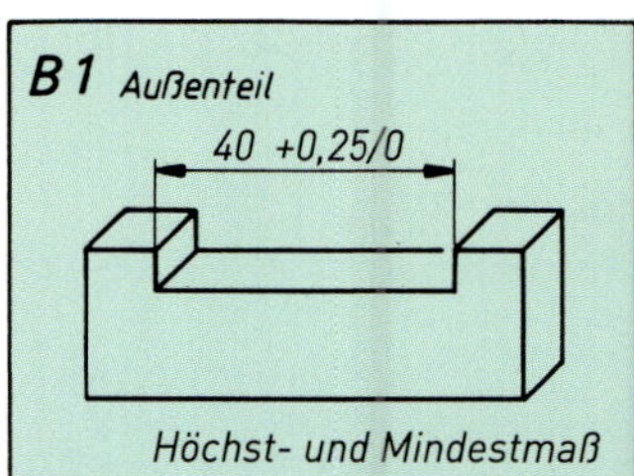

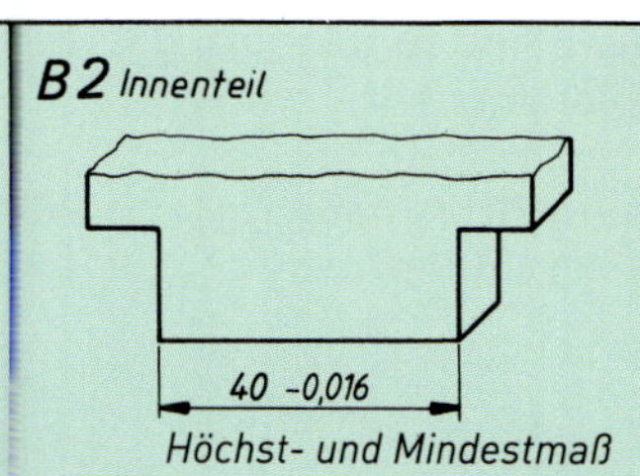

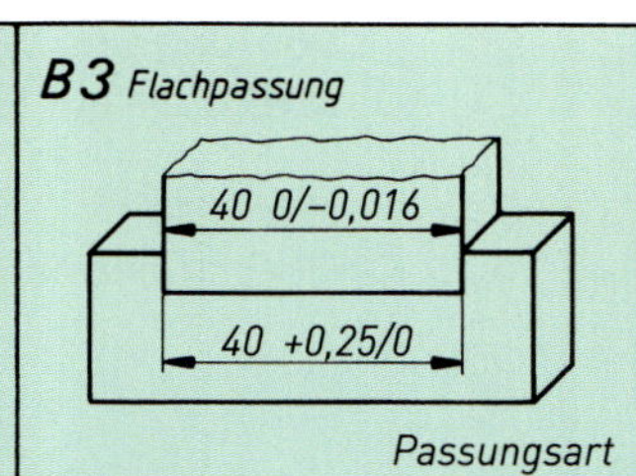

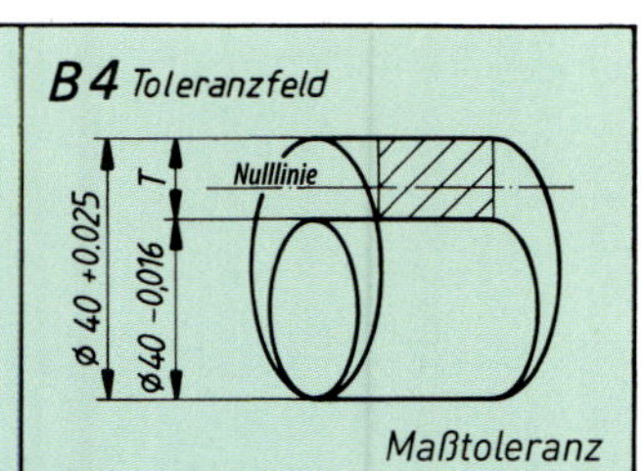

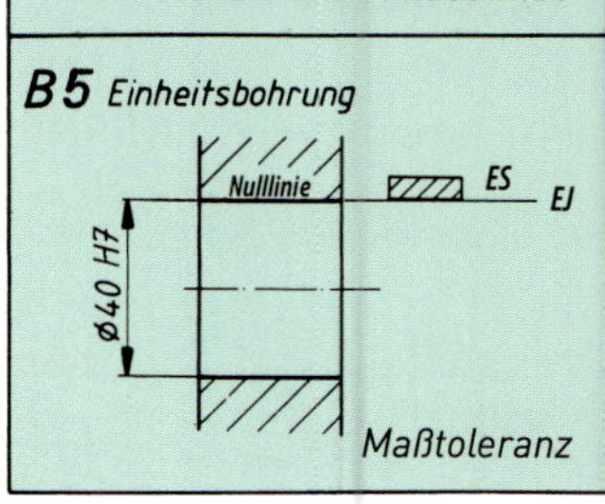

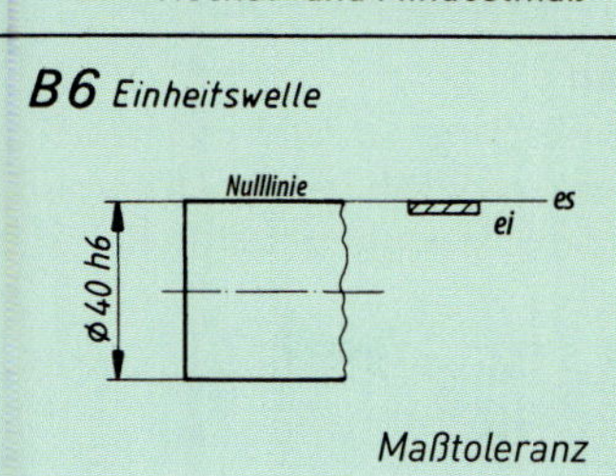

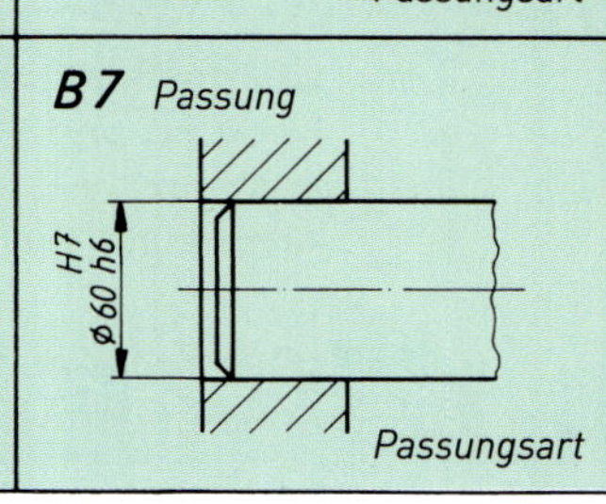

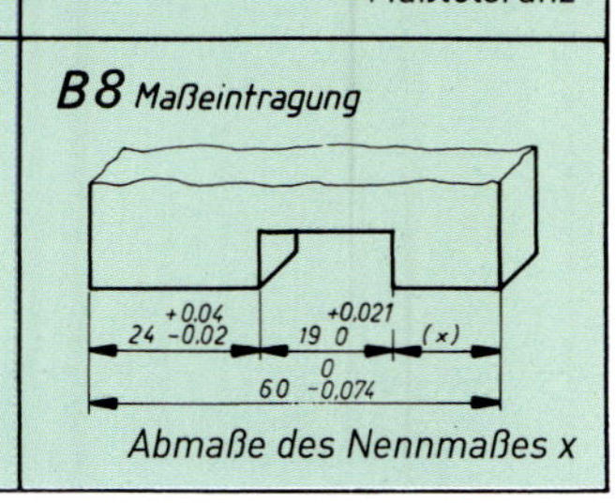

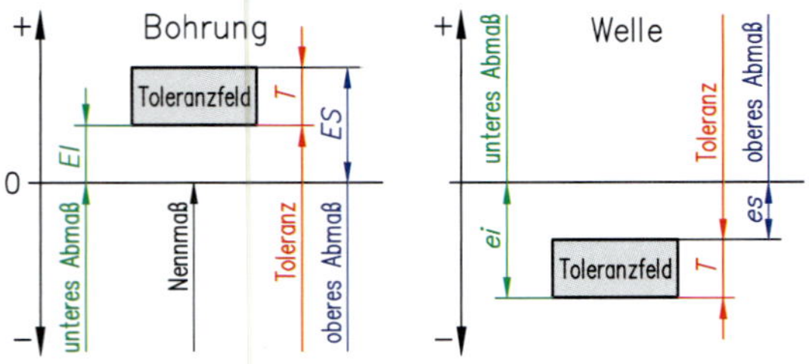

Abmaße und Toleranzen

Nennmaß	ist das Maß, auf das sich oberes und unteres Abmaß beziehen.
Nulllinie	In einer bildlichen Darstellung ist sie die Bezugslinie für alle Maße und entspricht dem Nennmaß.
Toleranzfeld	ist der Abstand zwischen den parallelen Linien, die sich durch das Zeichnen des Höchstmaßes und des Mindestmaßes ergeben.

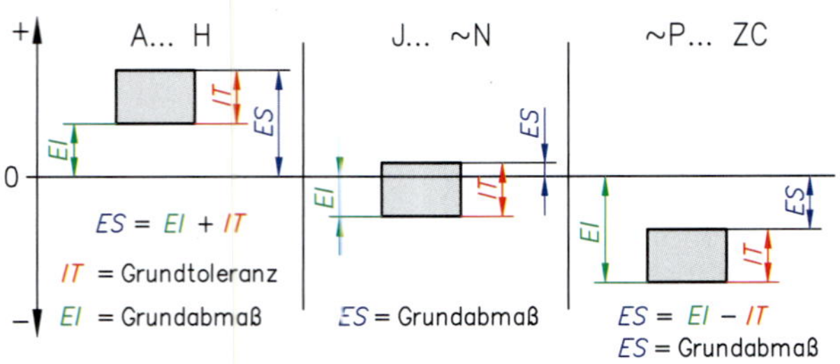

Grenzabmaße für Bohrungen

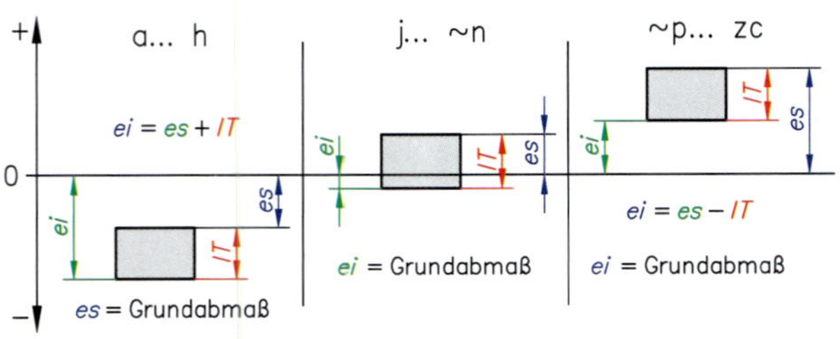

Grenzabmaße für Wellen

Grundabmaß	legt die Lage des Toleranzfeldes zur Nulllinie fest. Die Lage bei Bohrungen wird durch Großbuchstaben und bei Wellen durch Kleinbuchstaben gekennzeichnet.
Grundtoleranz IT	alle zum ISO-System gehörende Toleranzen (IT bedeutet Internationale Toleranz). Sie sind zugeordnet den Grundtoleranzgraden und den Nennmaßbereichen.
Grundtoleranzgrad	Gruppe von Toleranzen, die dem gleichen Genauigkeitsniveau zugeordnet sind, z. B. IT 7. (Die Zahl 7 gibt den Toleranzgrad an.) Die Grade sind abhängig von der geforderten Werkstückgenauigkeit bzw. vom Fertigungsverfahren.
Toleranzklasse	Benennung für die Kombination eines Grundmaßes mit einem Toleranzgrad.

Passungsarten

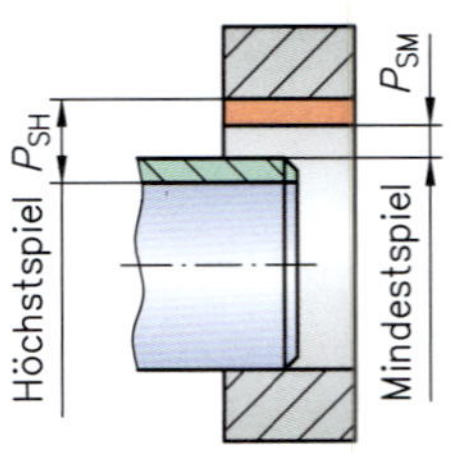

$P_{SH} = G_{oB} - G_{uW}$
$P_{SM} = G_{uB} - G_{oW}$

Spielpassung

Bohrung und Welle sind so toleriert, dass beim Fügen Spiel entsteht. Im Grenzfall ist das Spiel gleich 0.

Höchstspiel = Höchstmaß$_{Bohrung}$ − Mindestmaß$_{Welle}$
Mindestspiel = Mindestmaß$_{Bohrung}$ − Höchstmaß$_{Welle}$

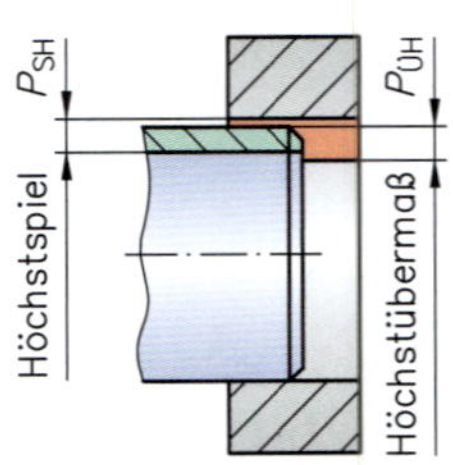

$P_{SH} = G_{oB} - G_{uW}$
$P_{ÜH} = G_{uB} - G_{oW}$

Übergangspassung

Bohrung und Welle sind so toleriert, dass beim Fügen entweder ein Übermaß oder ein Spiel entsteht.

Höchstspiel = Höchstmaß$_{Bohrung}$ − Mindestmaß$_{Welle}$
Höchstübermaß = Mindestmaß$_{Bohrung}$ − Höchstmaß$_{Welle}$

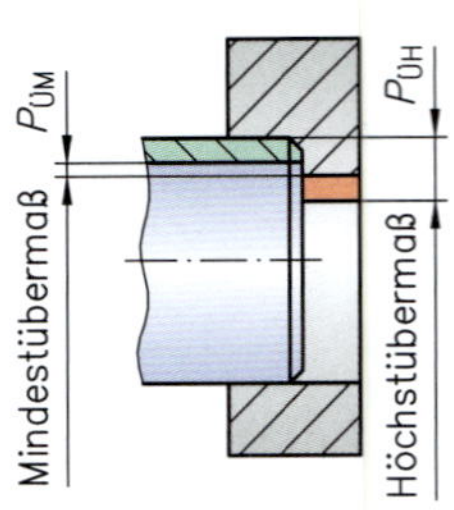

$P_{ÜH} = G_{uB} - G_{oW}$
$P_{ÜM} = G_{oB} - G_{uW}$

Übermaßpassung

Bohrung und Welle sind so toleriert, dass beim Fügen immer ein Übermaß entsteht. Im Grenzfall ist das Übermaß 0.
Anmerkung: Die Berechnungsergebnisse haben ein negatives Vorzeichen.

Höchstübermaß = Mindestmaß$_{Bohrung}$ − Höchstmaß$_{Welle}$
Mindesübermaß = Höchstmaß$_{Bohrung}$ − Mindestmaß$_{Welle}$

Aufgaben — Toleranzen, Abmaße und Passungsarten

4 *Skizze*

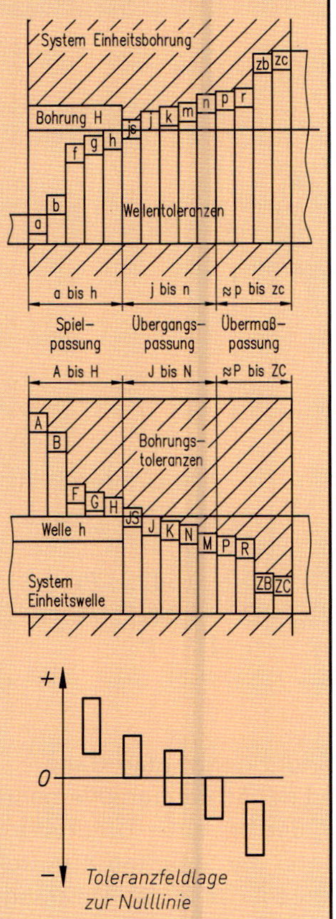

4

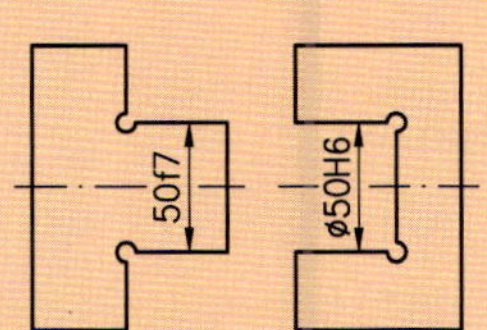

6

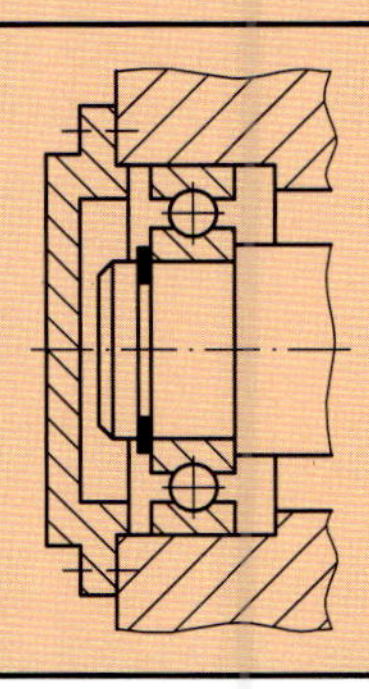

1. Ermitteln Sie für folgende Aufgaben die fehlenden Werte:

	a	b	c	d	e	f	g	h
IT	7	?	?	?	9	6	?	5
N in mm	80	420	45	100	?	?	100	30
GT in µm	?		100		130	22	54	?
in mm		9,7		1,4				

2. a) Wie groß sind für folgende Angaben die fehlenden Werte?

	a	b	c	d	e	g
	50H7	50h7	36F8	40r6	52JS9	80j6
Nennmaß *N* Abmaß *ES/es* Abmaß *EI/ei* Höchstmaß G_o Mindestmaß G_u Toleranz *T*						

   b) Zeichnen Sie für oben gefundene Werte die Toleranzfelder in Bezug zur Nulllinie. Maßstab: 1 µm Toleranz = 1 mm Zeichnung.

3. Bestimmen Sie für die folgenden Angaben die Grundabmaße in µm:
   a) 40H6 b) 55F8 c) 200P9 d) 200p9 e) 40h6 f) 30e8 g) 150d9 h) 120x8

4. Ergänzen Sie die unten stehende Tabelle für die Passungsangabe 50H6/f7.

∅ 50H6/f7	Bohrung ∅ 50H6	Welle ∅ 50f7	Skizze für die Lage der Toleranzfelder zur Nulllinie
N *ES/es* *EI/ei* G_o G_u *T*			+ / 0 / –
Passungssystem Passungsart			
Höchstspiel/-übermaß Mindestspiel/-übermaß			

5. Vergleichen Sie die Maße der Passungsangaben: a) ∅ 80H6/x8 mit ∅ 80H8/x8
   b) ∅ 65H7/x6 mit ∅ 65 H7/r6 (x6: es = 0,165; ei = 0,146)

6. Ein Rillenkugellager mit einem Innendurchmesser von ∅ 65 0/−15 und Außendurchmesser von ∅ 120 0/−25 soll auf einer Welle mit höchstens 7 µm Übermaß und mit höchstens 19 µm Spiel im Gehäuse eingebaut werden. Der Toleranzgrad 6 ist festgelegt worden. Bestimmen Sie die Passungen.

► Wissen – Erkennen – Werten

a) Erklären Sie durch Berechnung, dass die Passungsauswahl 20 H7/p6 sinnvoller ist als die Auswahl 20 H8/p6 (p6: *ei* = +22; *es* = +35)

b) In einer technischen Zeichnung steht an einer Welle d = 40 mm die Rautiefenangabe Rz = 6,3 und die Passungsangabe h5. Sind die Angaben sinnvoll?

B1 *Passfederverbindung*

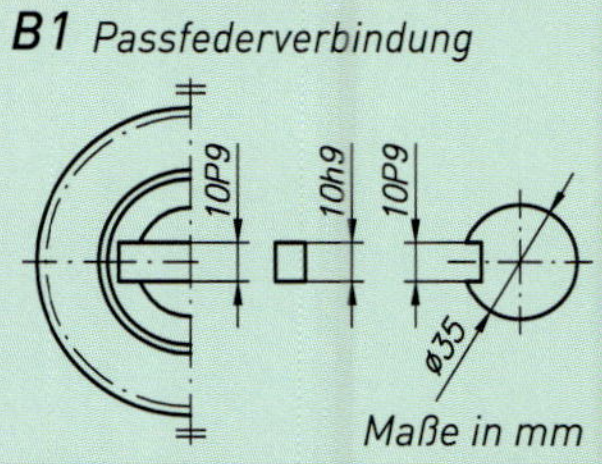

B2 *Führung*

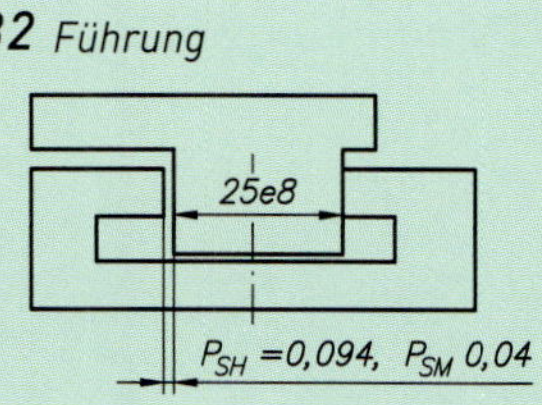

B3 *Grenzrachenlehre*

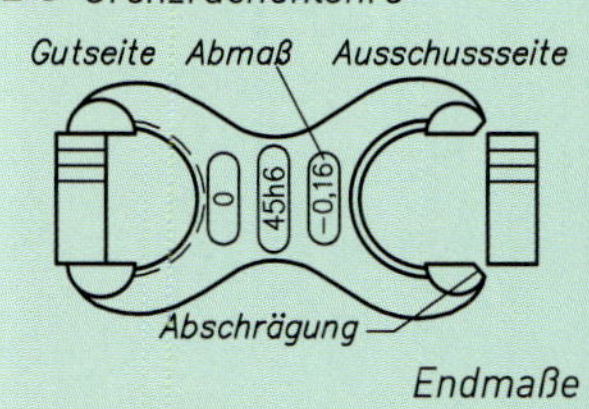

B4 *Welle*

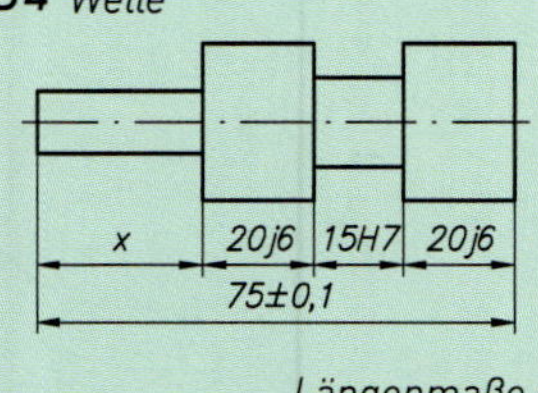

B5 *Bolzen*

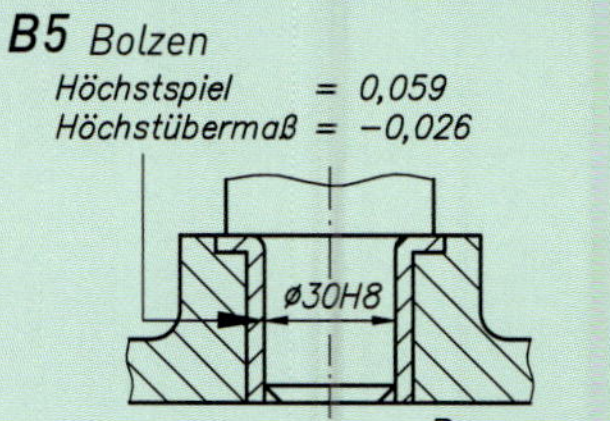

B6 *Zylinderstift*

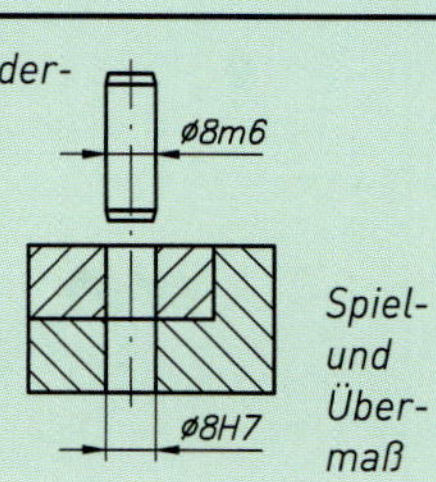

B7 *Gabelkopf*

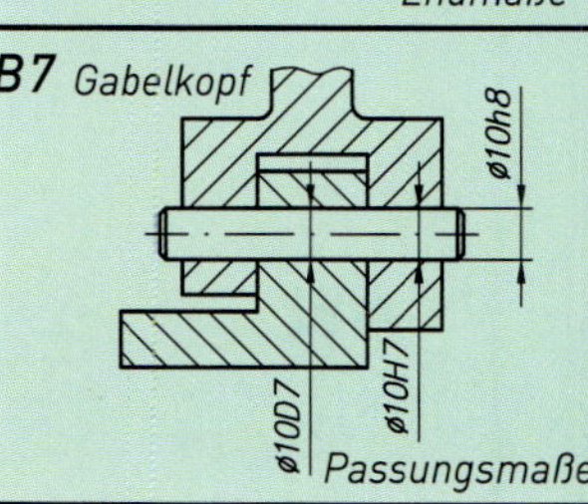

B8

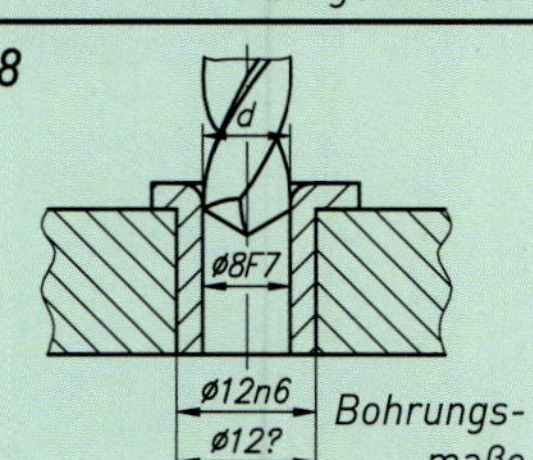

1. Metrisches Gewinde

Außengewinde
Bolzen

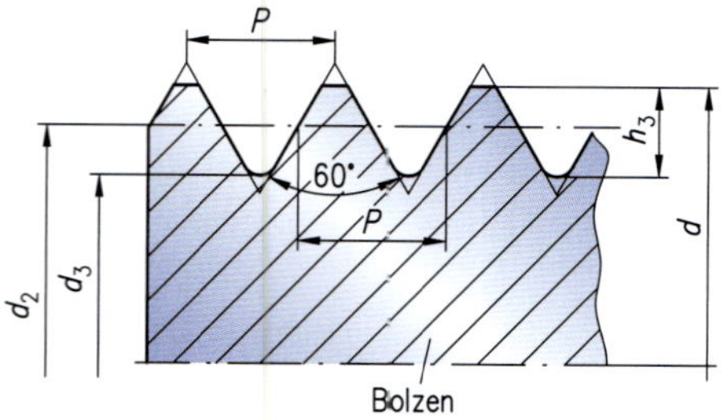

Innengewinde
Mutter

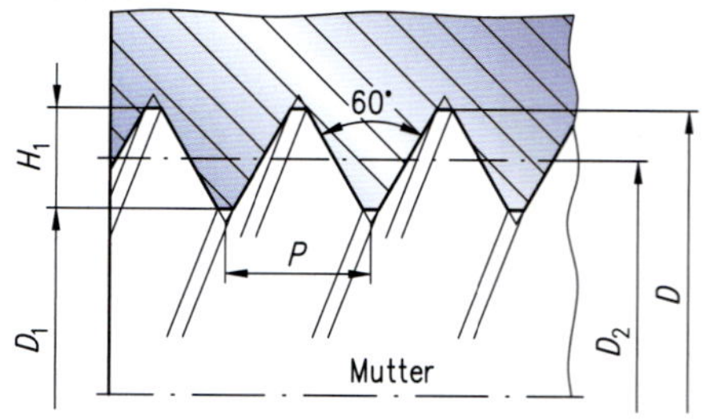

alle Größen in mm

d	Nenndurchmesser	
P	Steigung	
d_2	Flankendurchmesser	$(d_2 = d - 0{,}6495 \cdot P)$
d_3	Kerndurchmesser	$(d_3 = d - 1{,}2269 \cdot P)$
h_3	Gewindetiefe	$(h_3 = 0{,}6134 \cdot P)$

D	Nenndurchmesser	
P	Steigung	
D_2	Flankendurchmesser	$(D_2 = D - 0{,}6495 \cdot P)$
D_1	Kerndurchmesser	$(D_1 = D - 1{,}0825 \cdot P)$
H_1	Gewindetiefe	$(H_1 = 0{,}5413 \cdot P)$

Hinweis
Bohrerdurchmesser für das Gewindekernloch = Nenndurchmesser − Steigung

2. Steigung

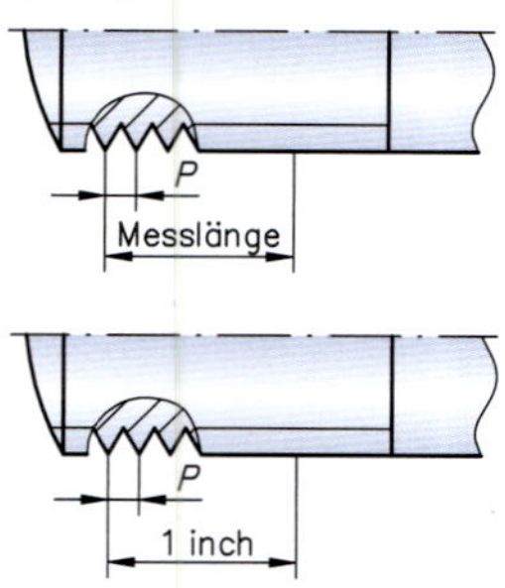

Die Windung einer Schraubenlinie um einen Zylinder nennt man Gang. Den parallel zur Mittelachse gemessenen Abstand der Schraubenlinie nennt man Steigung. Sie ist der Weg in Längsrichtung, der bei einer Umdrehung zurückgelegt wird. Beim metrischen Gewinde kann die Steigung ermittelt werden, indem man eine Messlänge durch die Anzahl der in der Messlänge vorhandenen Gewindespitzen dividiert.

$$\textbf{Steigung} = \frac{\textbf{Messlänge}}{\textbf{Anzahl der Gewindespitzen}}$$

3. Gangzahl

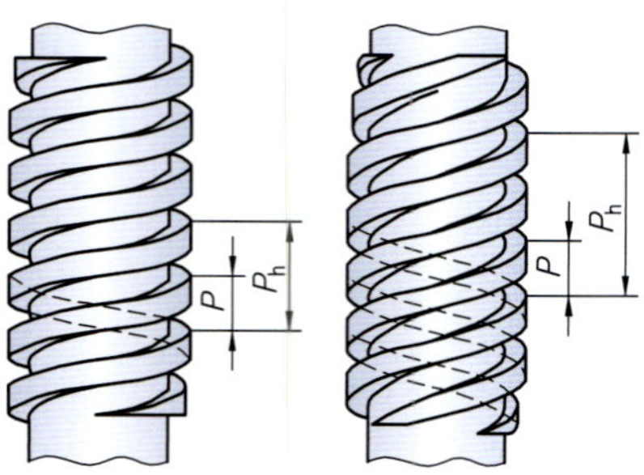

Nach Anzahl der Gewindegänge entsteht ein- oder mehrgängiges Gewinde. Ist zwischen einem weit auseinanderliegenden Gang (große Steigung P_h) ein zweiter Gewindegang (Abstand zwischen den übereinanderliegenden Gewindegängen = Teilung P), so entsteht ein Gewinde mit zwei Gewindeeingängen, also ein zweigängiges Gewinde.

$$\textbf{Gangzahl} = \frac{\textbf{Steigung } P_h}{\textbf{Teilung } P}$$

Bezeichnungen: Tr 60 × P_h 10 P 5, M 16 × P_h 3 P 1,5

4. Beispiel

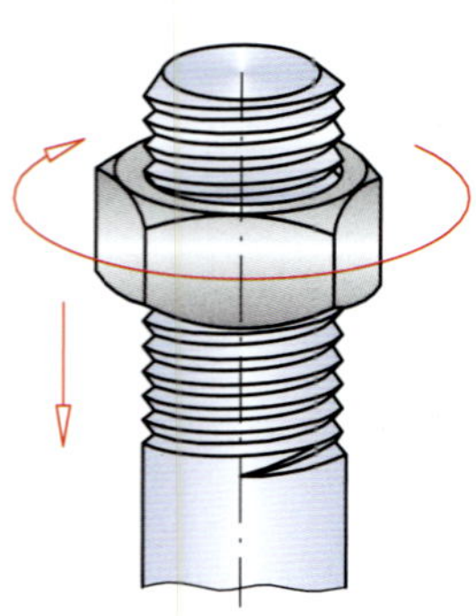

Berechnen Sie für ein Gewinde M 12 den Flankendurchmesser und die Anzahl der Umdrehungen bei 35 mm Einschraubtiefe.

Gesucht d_2, n (Umdrehungen)

Gegeben $d = 12$ mm
$l = 35$ mm

Vorüberlegung
Jedem Gewinde ist eine bestimmte Steigung zugeordnet.

Lösung
$d_2 = d - 0{,}6495 \cdot P$
$= 12\text{ mm} - 0{,}6495 \cdot 1{,}75\text{ mm}$
$d_2 = \underline{10{,}863\text{ mm}}$

1,75 mm bei 1 Umdrehung
35 mm bei n Umdrehungen

$$n = \frac{35\text{ mm} \cdot 1\text{ Umdr.}}{1{,}75\text{ mm}}$$

$n = \underline{20\text{ Umdrehungen}}$

Beachte
Die Gewindegrößen sind in Gewindetabellen ausgewiesen.

Aufgaben

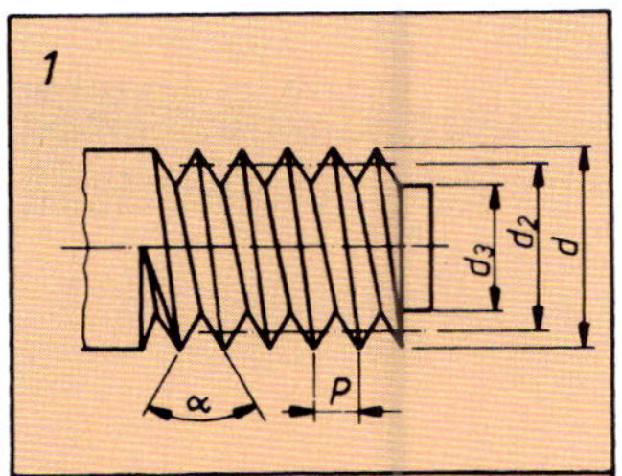

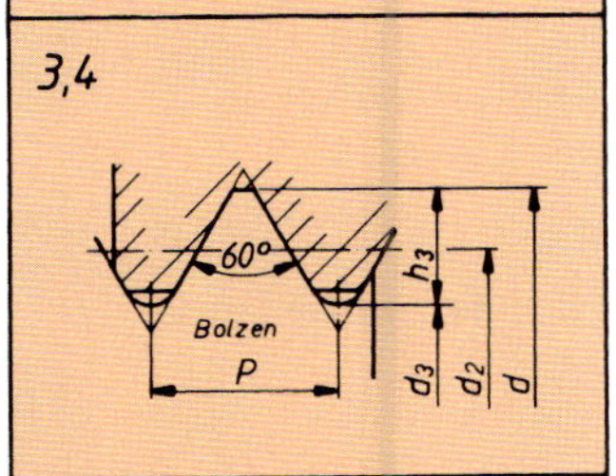

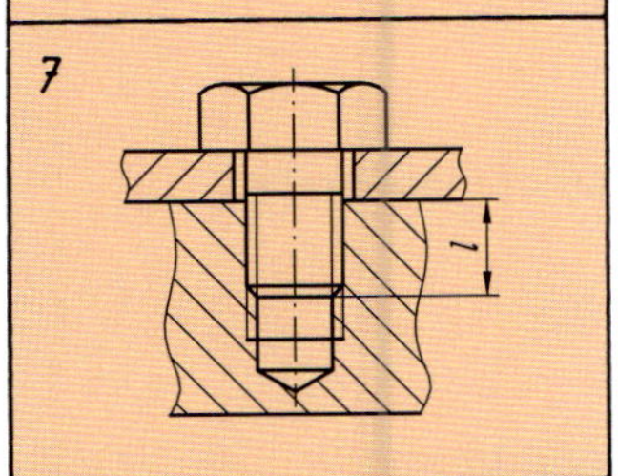

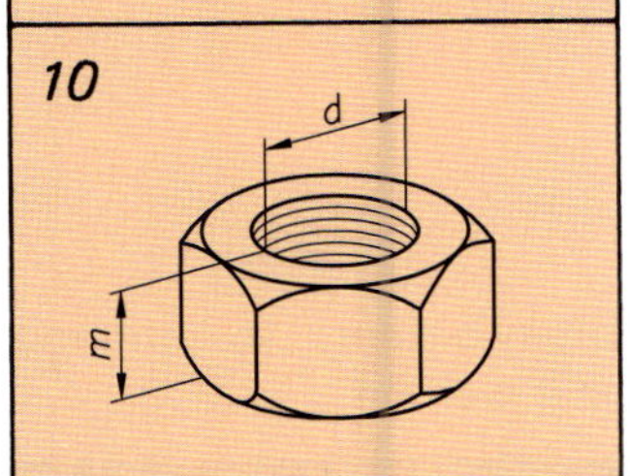

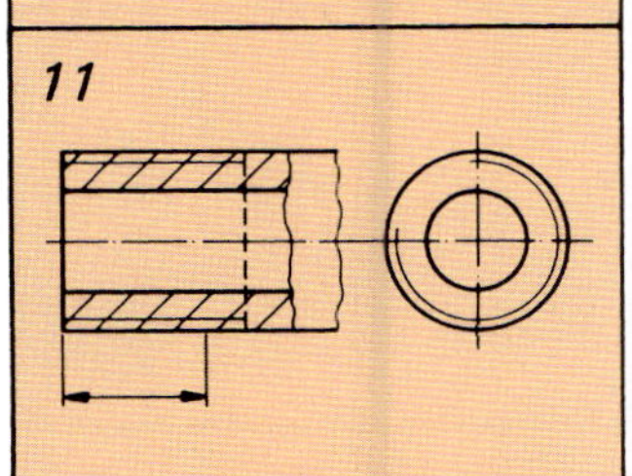

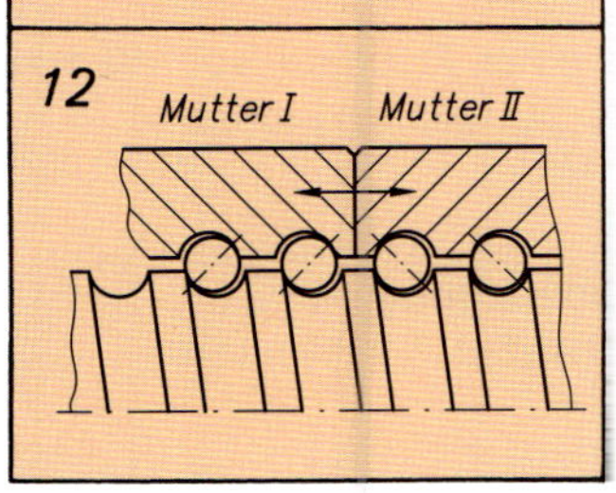

Bestimmen Sie mithilfe einer Tabelle fehlende Werte:

1.

Aufgabe	a	b	c
Kurzbezeichnung	M10	?	?
Steigung in mm	?	2,5	?
Kernloch-∅ in mm	?	17,5	26,5

2.

Aufgabe	a	b
Kurzbezeichnung	G1/8	G1/2
Teilung auf 25,4 mm	?	14
Steigung in mm	?	?

3. Ermitteln Sie nach Tabelle die Gewindetiefe für folgende Außengewinde: a) M12, b) M16, c) M20, d) M24, e) M30

4. Ein Wellenende erhält ein Gewinde M36. Ermitteln Sie Steigung, Gewindetiefe und Flankendurchmesser.

5. An einem Gewinde M20 wurden auf 10 mm Messlänge 4 Gewindegänge gezählt. Welche Steigung ist vorhanden?

6. Mit der Steigungslehre ist für eine Sechskantschraube M10 × 30 eine Steigung von 1,5 mm ermittelt worden. Wie viele Gewindegänge sind auf der Schraube nach DIN EN ISO 4014 vorhanden?

7. Die Einschraubtiefe einer Schraube M16 soll 36 mm betragen. Berechnen Sie die notwendigen Umdrehungen.

8. Die Spindel einer Druckpresse hat das Trapezgewinde Tr 32 × 6. Berechnen Sie den axialen Spindelweg bei 12 Umdrehungen.

9. Für ein Gewinde M12 beträgt der Kerndurchmesser 9,853 mm. Berechnen Sie die Gewindetiefe.

10. Wie viele Gewindegänge enthält eine Mutter M10 bei $m = 0{,}8 \times d$?

11. Bei einem Rohrgewinde (nicht im Gewinde dichtend nach DIN ISO 228–1) beträgt die Steigung 2,31 mm. Ermitteln Sie die Anzahl der Teilungen bei einer Messstrecke von $l = 25{,}4$ mm.

12. Eine Kugelumlaufspindel mit einer Steigung von $P = 18$ mm wird mit einer Drehfrequenz von $n = 2\,220$ 1/min angetrieben. Welche Eilganggeschwindigkeit erreicht die Maschine in m/min?

► Wissen – Erkennen – Werten

a) Nennen und erklären Sie die Hauptabmessungen eines Gewindes.
b) Nennen und begründen Sie für ein Gewinde die drei Passgrößen.
c) Welcher Zusammenhang besteht zwischen Gewindesteigung und Gewindetiefe?
d) Erläutern Sie den Zusammenhang zwischen Außen- und Bohrungsdurchmesser.
e) Zeigen Sie die Unterschiede zwischen einem M- und G-Gewinde auf.
f) Wie erreicht man mit einer Messschraube eine Messgenauigkeit in 1/100 mm?

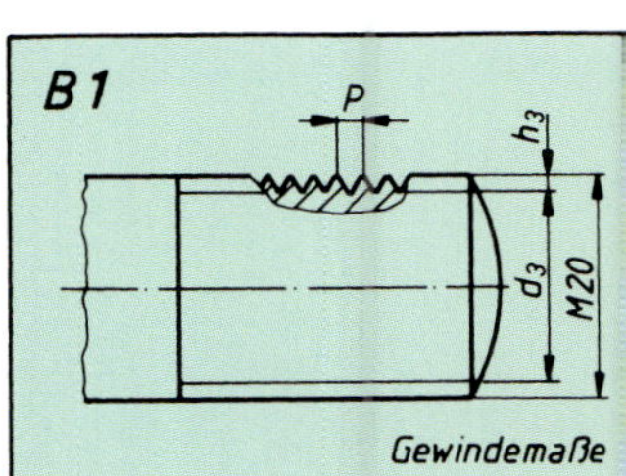

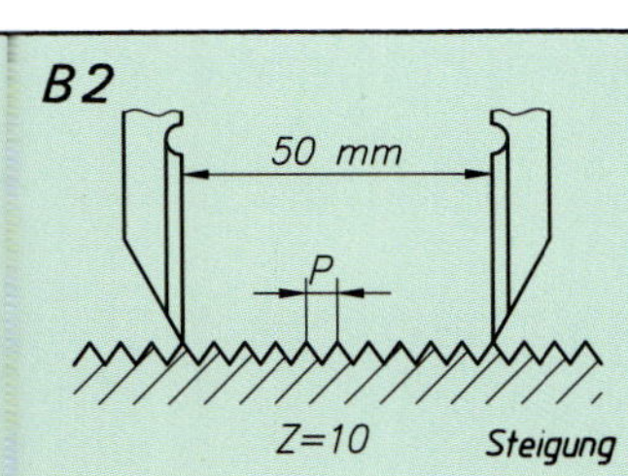

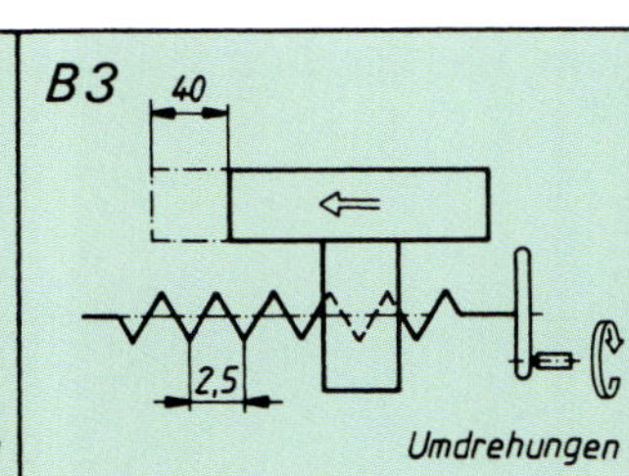

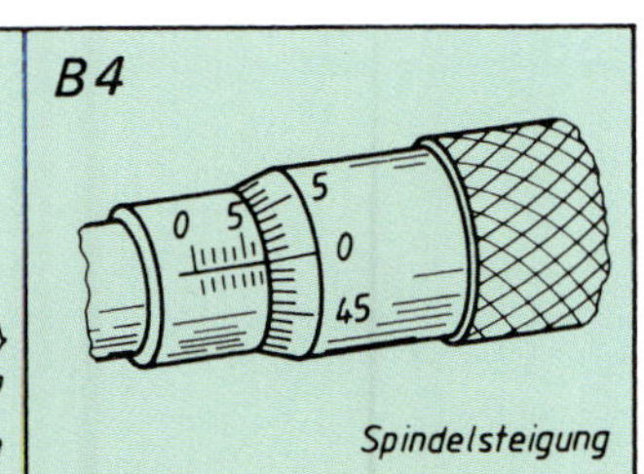

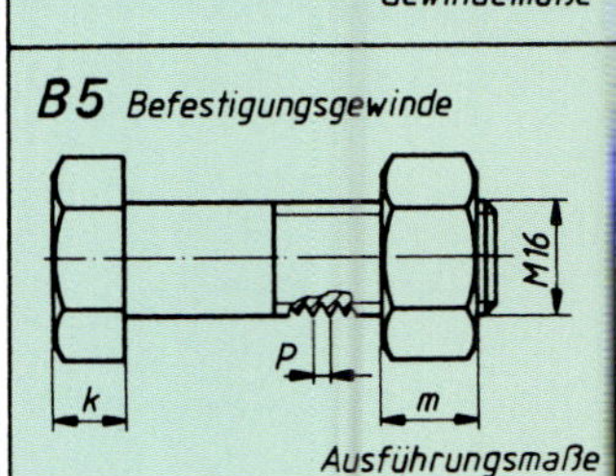

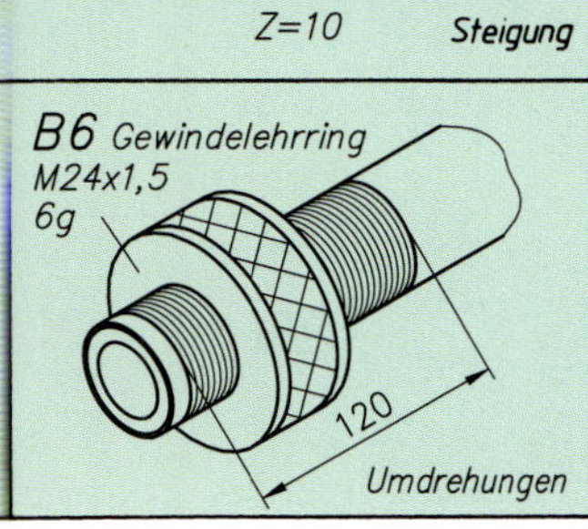

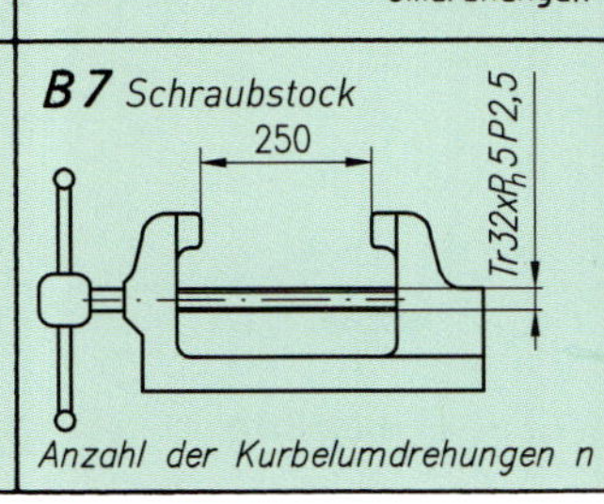

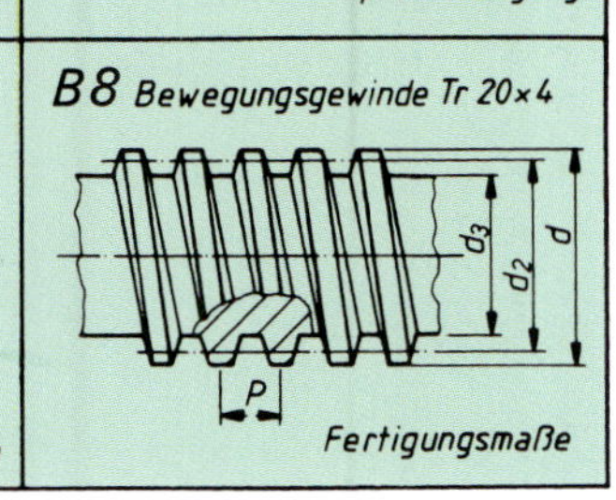

a, b Katheten in m, dm, cm, mm $\qquad$ c Hypotenuse in m, dm, cm, mm

Merke
Hypotenuse = längste Seite im rechtwinkligen Dreieck

1. Bezeichnungen

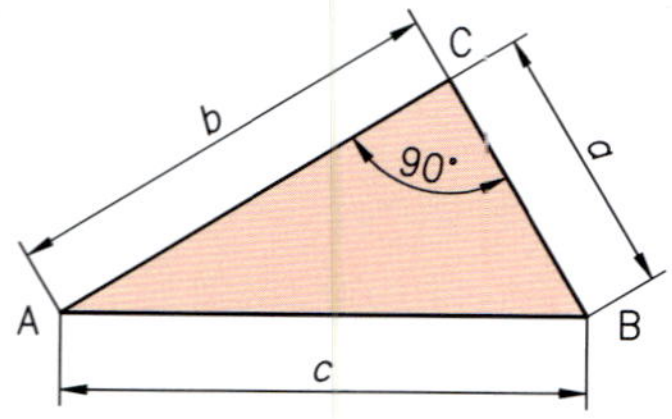

In einem rechtwinkligen Dreieck bezeichnet man die dem rechten Winkel gegenüberliegende Seite als Hypotenuse, die den rechten Winkel einschließenden Seiten als Katheten.

Hinweis
Die Kathetenbezeichnung geht vom Blickpunkt des Betrachters aus:
Ankathete ⇒ am Betrachter
Gegenkathete ⇒ gegenüber dem Betrachter

2. Pythagoras

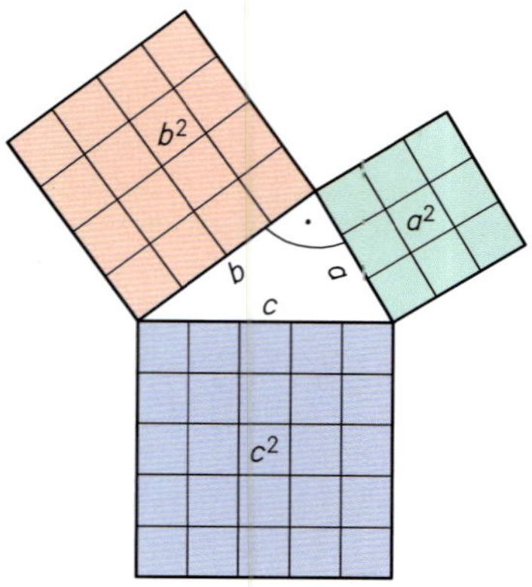

Lehrsatz
Im rechtwinkligen Dreieck ist das Hypotenusenquadrat gleich der Summe der Kathetenquadrate.

$$c^2 = a^2 + b^2$$

Beweis
z. B. mit den gegebenen Größen

Quadrat über c	=	Quadrat über a	+	Quadrat über b
5^2	=	3^2	+	4^2
25	=	9	+	16
25	=		25	

Hinweis
Sind von einem rechtwinkligen Dreieck zwei Seiten bekannt, so kann mit dem Satz des Pythagoras die dritte Seite berechnet werden.

3. Zusammenfassung

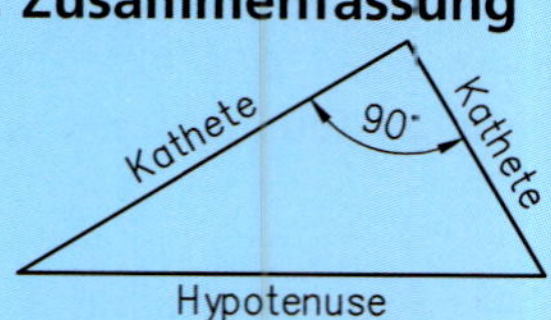

Die Lösung dieser Aufgaben erfolgt in drei Teilschritten:
- Bestimmung des rechtwinkligen Dreiecks
- Übernahme der jeweiligen Seitenbezeichnung
- Anwendung des Lehrsatzes

Hypotenusenquadrat = Summe der Kathetenquadrate

4. Beispiel

Der Durchmesser einer 60 mm Welle soll mit einer Frästiefe von 10 mm abgeflacht werden. Berechnen Sie die Länge der Abflachung in mm.

Gesucht l in mm

Gegeben $d = 60$ mm, $b = 10$ mm

Vorüberlegung
„Pythagoras" in Worten

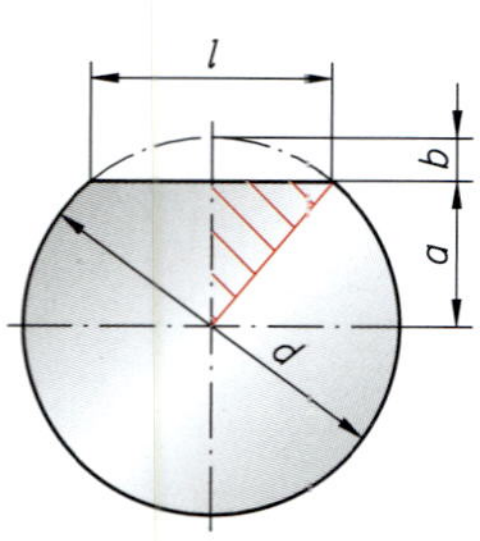

Lösung

$$\left(\frac{d}{2}\right)^2 = a^2 + \left(\frac{l}{2}\right)^2$$

$$\left(\frac{l}{2}\right)^2 = \left(\frac{d}{2}\right)^2 - a^2$$

$$\sqrt{\left(\frac{l}{2}\right)^2} = \sqrt{\left(\frac{d}{2}\right)^2 - a^2}$$

$$\frac{l}{2} = \sqrt{\left(\frac{d}{2}\right)^2 - a^2}$$

$$l = 2 \cdot \sqrt{\left(\frac{d}{2}\right)^2 - a^2}$$

$$l = 2 \cdot \sqrt{\left(\frac{60}{2}\right)^2 \text{mm}^2 - 20^2\,\text{mm}^2}$$

$$l = \underline{44{,}72\ \text{mm}}$$

Beachte
Eine Skizze mit eingesetzten Zahlenwerten führt oft sicherer zum Ziel.

Aufgaben

Lehrsatz des Pythagoras

Berechnen Sie die fehlenden Werte:

1.

Aufgabe	a	b	c
Kathete *a* in cm	80	24	?
Kathete *b* in cm	60	?	15
Hypotenuse *c* in cm	?	30	25

2.

Aufgabe	a	b	c
a in mm	600	360	?
b in mm	400	?	622
c in mm	?	780	855

3. Eine Blechtür von 2,1 × 1,2 m soll diagonal versteift werden. Berechnen Sie die Strebenlänge.

4. Der 3 m lange Auslegerhaken soll durch eine 3,5 m lange Druckstrebe gestützt werden. In welcher Höhe muss die Strebe abgefangen werden?

5. Bei einem 5 m hohen Leitungsmast soll in 1,5 m Bodenentfernung ein Seil die auftretenden Seitenkräfte auffangen. Bestimmen Sie die Seillänge.

6. In einer Bauschlosserei soll eine Abfallkiste mit einem 4-strängigen Kettengehänge angehoben werden. Der Abstand l = 1,414 m liegt zwischen den Anschlagpunkten, die einzelne Kettenstranglänge beträgt 2 m. In welcher Höhe h (über den Anschlagmittelpunkten) befindet sich nach dem Anheben der Aufhängering?

7. Die Spannweite einer Lampenaufhängung beträgt 4,2 m. Wie lang muss das Aufhängeseil bei 1,2 m Durchhängung sein?

8. Der Fußpunkt einer 3 m langen Leiter ist 1,25 m von der Wand entfernt. Welche Höhe wird mit der Leiter erreicht?

9. Eine Last soll auf einer 2,2 m langen Gleitbahn befördert werden. Der Höhenunterschied beträgt 1,5 m. Berechnen Sie die Länge der Waagerechten.

10. Ein Dachbinder besitzt 4,5 m Spannweite. Die Giebelhöhe beträgt 2,10 m. Wie groß ist die äußere Strebenlänge?

11. Die Höhe eines gleichseitigen Knotenblechs beträgt 270 mm. Wie lang ist eine Seite?

12. Für die Bohrerspitzenhöhe gilt die Beziehung 0,3 × d. Wie lang ist die Schneidekante für einen Wendelbohrer mit 25 mm Durchmesser?

13. Eine Welle mit 80 mm Durchmesser soll einseitig um 5 mm abgeflacht werden. Berechnen Sie die Länge der Abflachung.

▶ **Wissen – Erkennen – Werten**

a) Erläutern Sie die Bezeichnungen Kathete und Hypotenuse.
b) Nennen Sie die Beziehung zwischen den Katheten und der Hypotenuse.
c) Nennen Sie die Berechnungen, die mithilfe des Lehrsatzes möglich sind.
d) Zeigen Sie zweckmäßige Teilschritte zur Lösung der Aufgaben auf.
e) Zeigen Sie auf, wo im beruflichen Umfeld der Lehrsatz Anwendung findet.

4
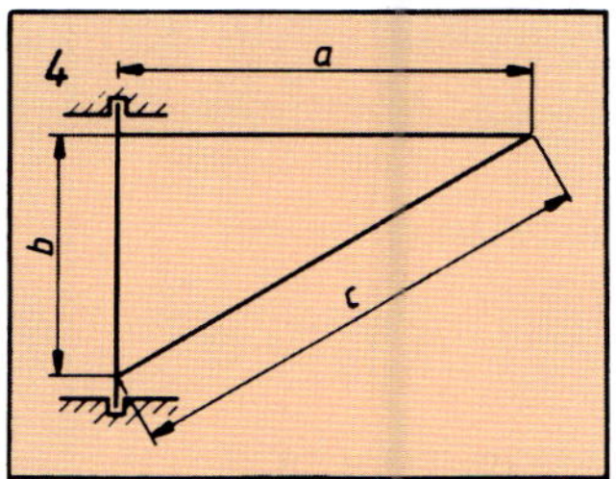

6
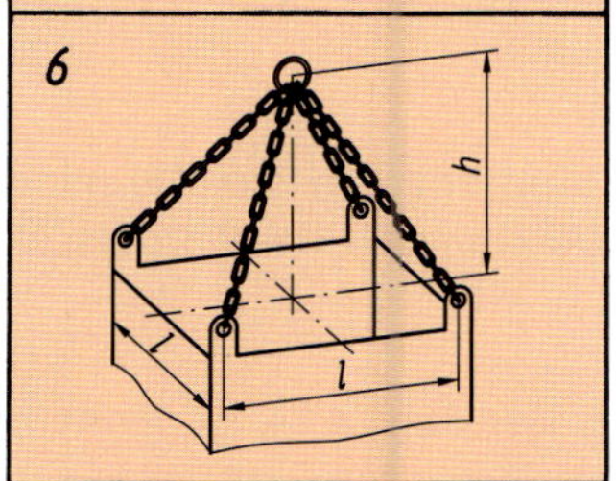

7
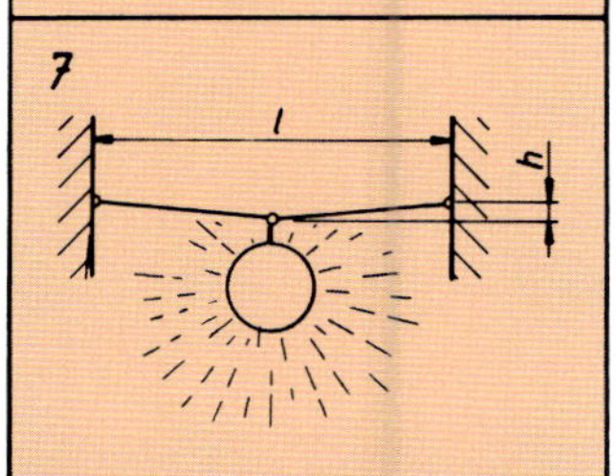

10
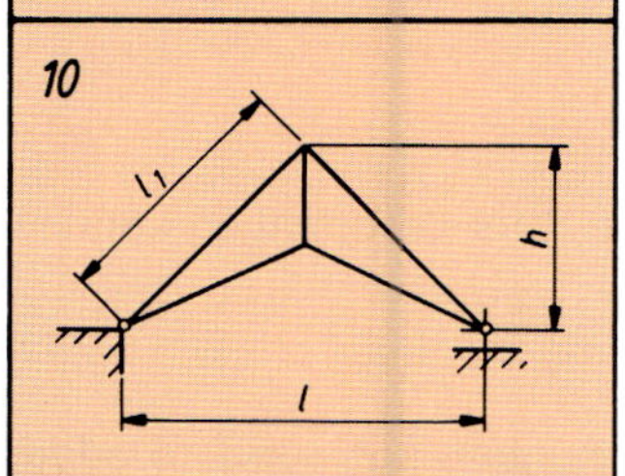

12
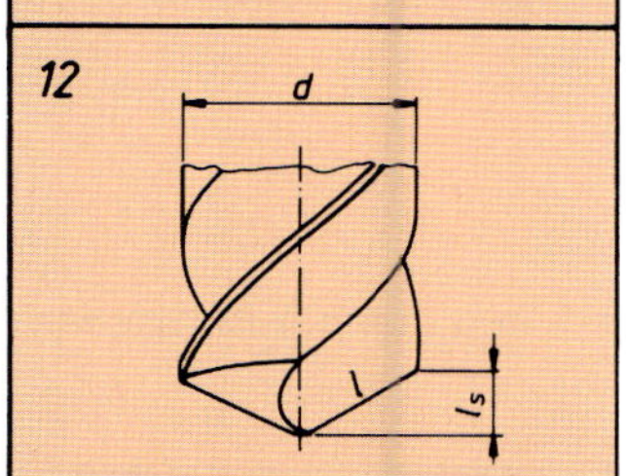

13
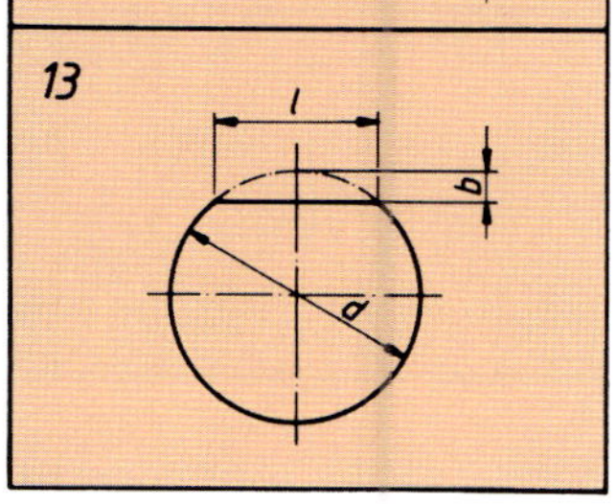

B1
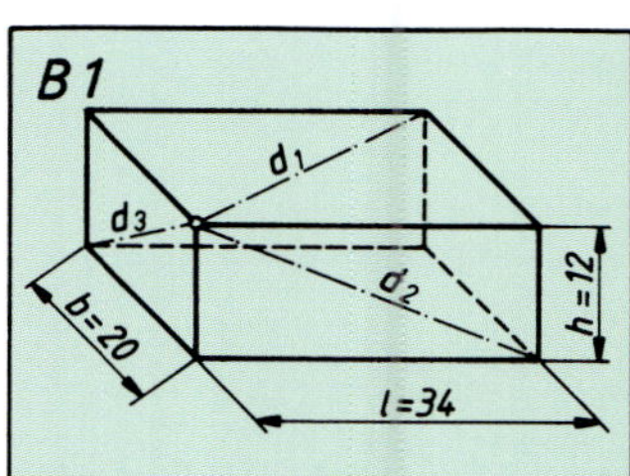

B2
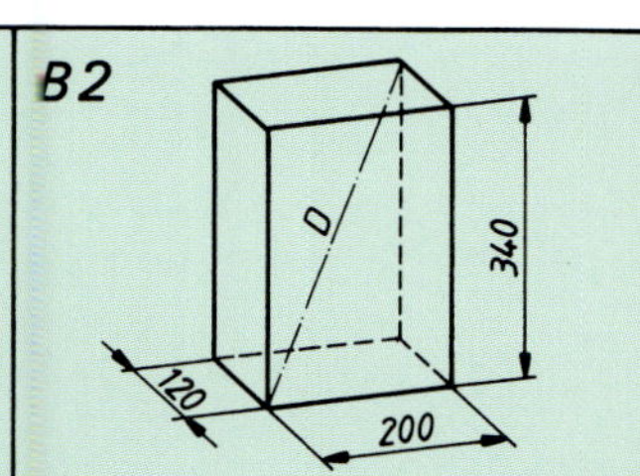

B3
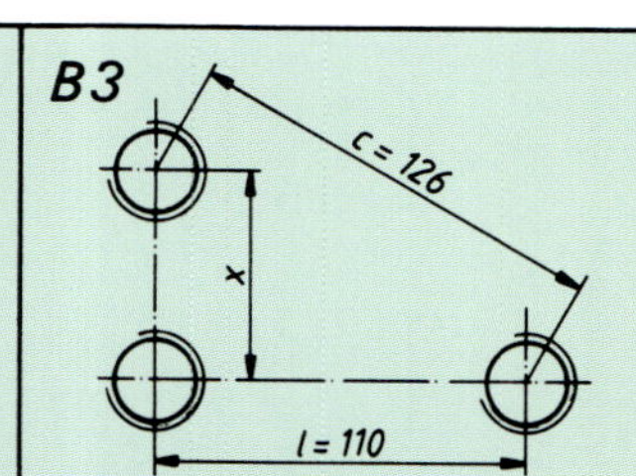

B4
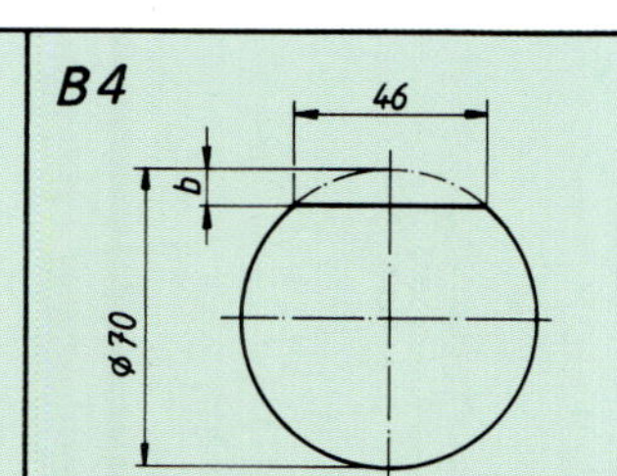

B5
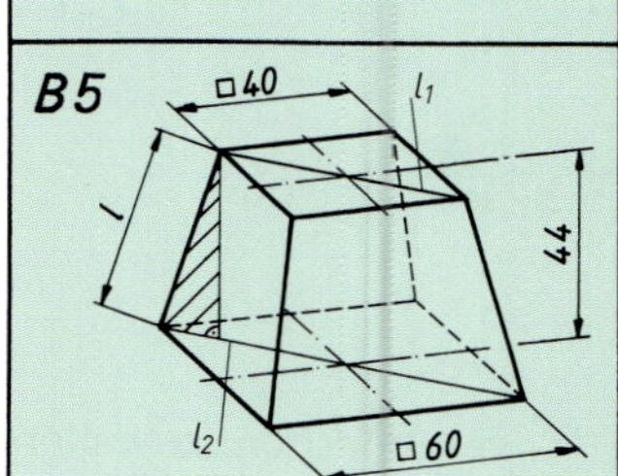

B6
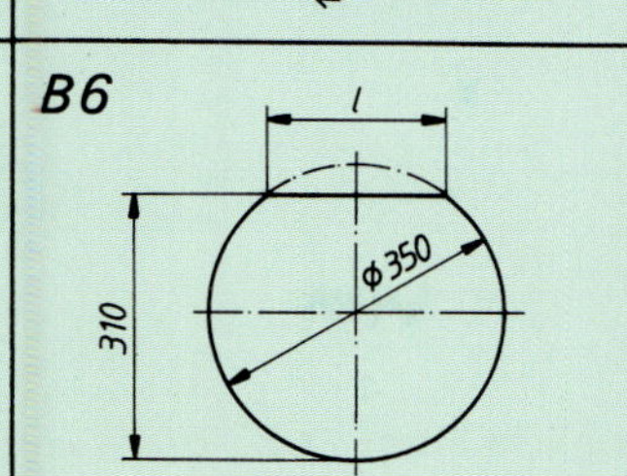

B7
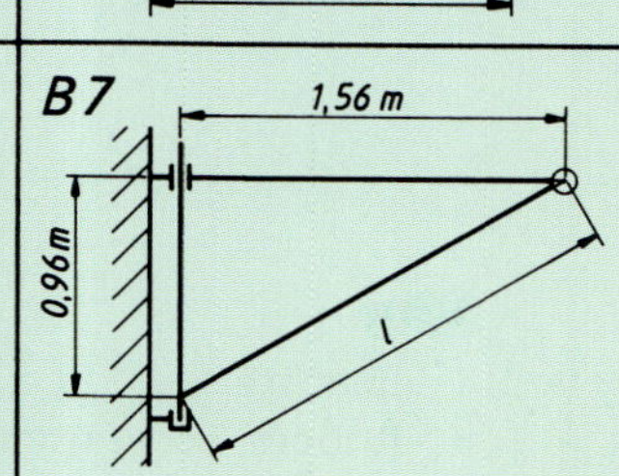

B8
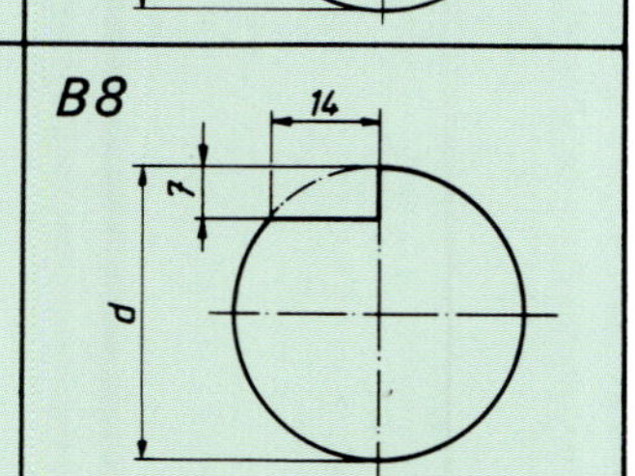

Umfangsberechnung: Kreis, Vieleck

U Umfang in mm
d Durchmesser in mm
l_B Bogenlänge in mm
α Zentriwinkel in °
l_1, l_2 Einzellängen in mm

Hinweis
π = unbekannte Zahl ca. 22/7 genauer 3,141592653589793238462643383279502384197169399375105820...
π = 3,14... ist die Kreiskonstante

1. Kreisumfang

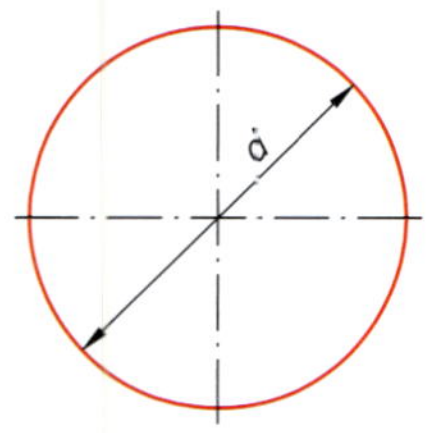

Legen Sie um einen kreisförmigen Körper einen Bindfaden, messen Sie seine Länge und setzen Sie sie in Beziehung zu dem Durchmesser des Körpers.

Erkenntnis
Umfang und Durchmesser stehen im Verhältnis der Zahl 3,14, genannt π, somit wird

$$U = d \cdot \pi$$

2. Kreisbogen

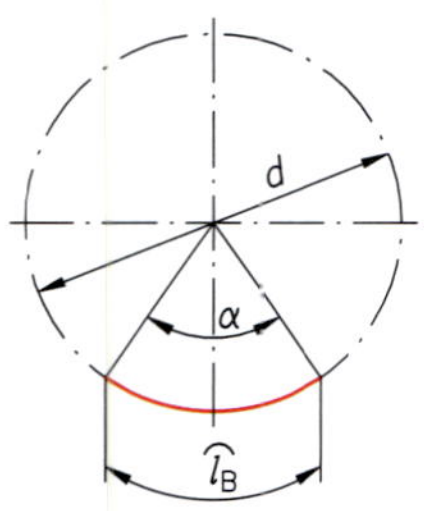

Bei 360° Vollumfang beträgt die Umfangslänge $d \cdot \pi$
bei α Teilumfang wird die Bogenlänge

$$l_B = d \cdot \pi \cdot \frac{\alpha}{360°}$$

Erkenntnis
Die Bogenlänge ist ein Teil des Kreisumfangs. Bei ihrer Bestimmung können Tabellen verwendet werden.

3. Vieleck

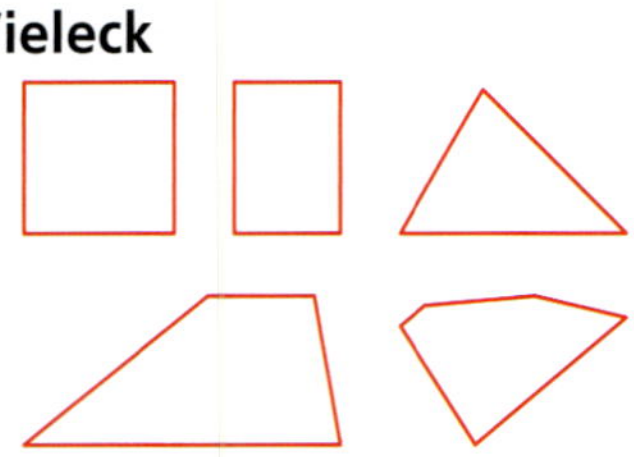

Bei Vielecken stellen Sie keine unnötigen Gleichungen auf, sondern addieren Sie einfach alle Seiten.

U = Summe der Seiten

Hinweis
Bei regelmäßigen Vielecken kann die Summe der Seiten durch Ausklammern vereinfacht werden.

4. Zusammenfassung

Kreisumfang $U = d \cdot \pi$

Bogenlänge $l_B = d \cdot \pi \cdot \frac{\alpha}{360°}$

Vielecke U = Summe aller Seiten

5. Beispiel

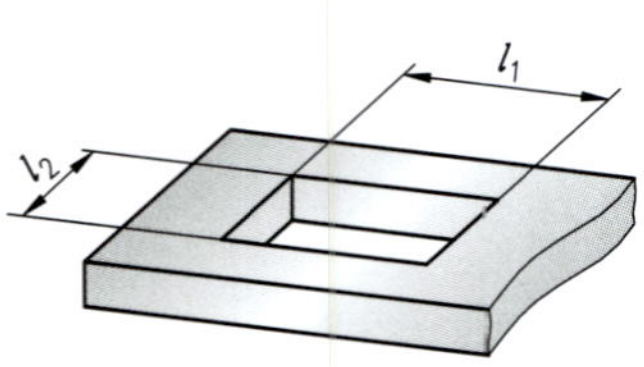

Die gesamte Schnittkantenlänge U beträgt 432 mm, wobei die kleinere Seite l_2 81 mm misst. Ermitteln Sie die Länge der Längsseite in mm.

Gesucht l_1 in mm

Gegeben U = 432 mm
l_2 = 81 mm

Vorüberlegung
Schnittkanten = Summe aller Seiten

Lösung
$U = 2 \cdot l_1 + 2 \cdot l_2$
$2l_1 = U - 2 \cdot l_2$
$l_1 = \frac{U - 2 \cdot l_2}{2}$
$l_1 = \frac{432\ \text{mm} - 2 \cdot 81\ \text{mm}}{2}$
$l_1 = 135\ \text{mm}$

Beachte
Andere Lösungsmöglichkeiten, z.B. $U/2 = l_1 + l_2$, vereinfachen zuweilen den Lösungsgang.

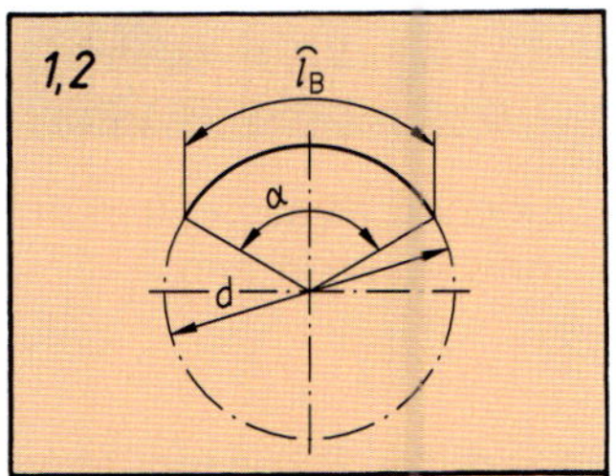

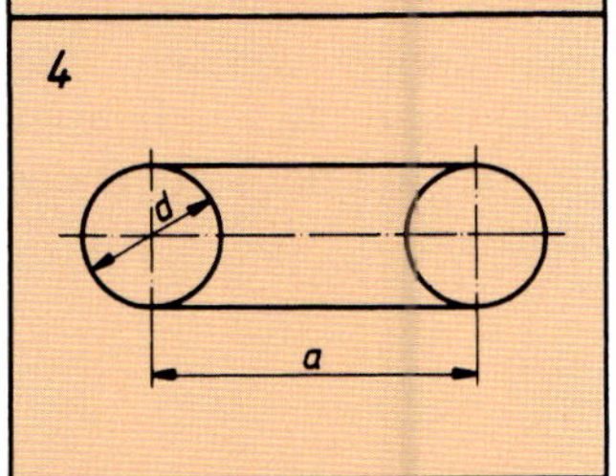

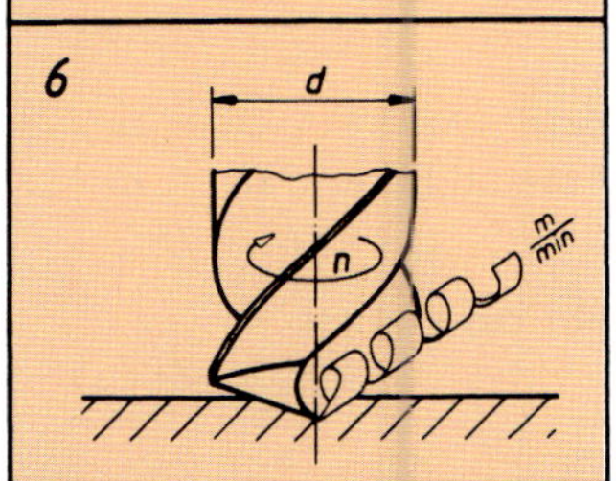

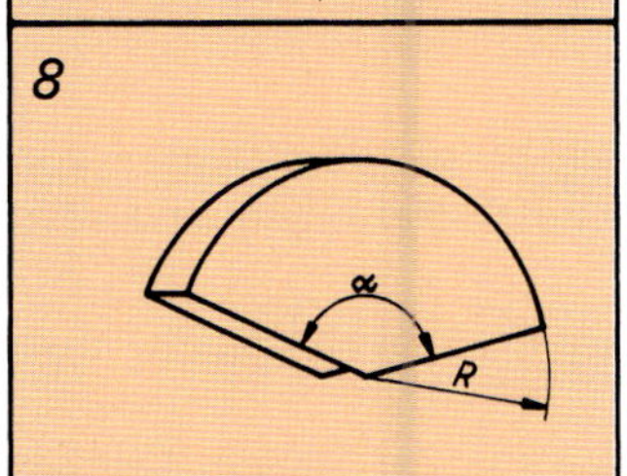

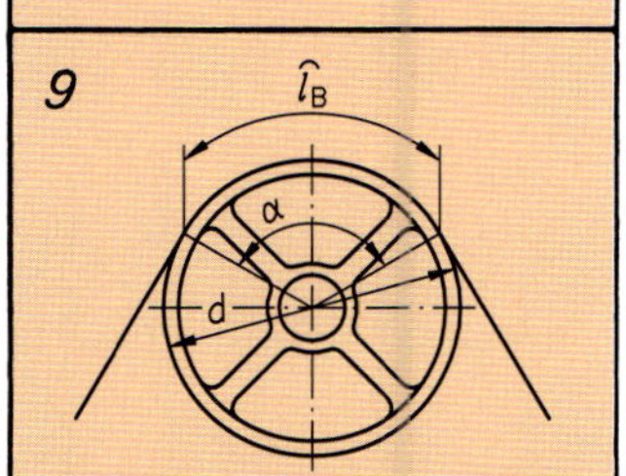

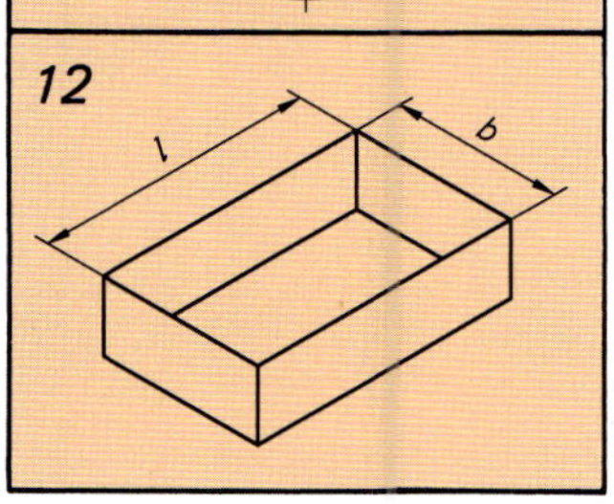

Berechnen Sie die fehlenden Werte:

1.

Aufgabe	a	b	c
Durchmesser in mm	240	120	?
Zentriwinkel in °	180	?	90
Bogenlänge in mm	?	125	47

2.

Aufgabe	a	b	c
r in cm	12	24	?
α in °	30	?	120
l_B in cm	?	25	100

3. Ein Förderrad hat einen Durchmesser von 450 mm. Wie viel Umdrehungen führt es auf einer Strecke von [illegible] km aus?

4. Welche Riemenlänge ist für zwei Riemenscheiben von 350 mm Durchmesser bei 1,5 m Achsabstand erforderlich?

5. Welchen Durchmesser muss ein rundes Fenster erhalten, wenn es den gleichen Umfang wie ein quadratisches Fenster von 620 mm Seitenlänge erhalten soll?

6. Welche Schnittgeschwindigkeit besitzt ein Wendelbohrer von 20 mm Durchmesser, wenn der Bohrer 520 1/min ausführt?

7. Für eine Blechschablone beträgt die Bogenlänge 312 mm, der Zentriwinkel 106°. Wie groß ist der Durchmesser?

8. Eine Schutzhaube soll mit einer Bogenlänge von 818 mm und einem Radius von 310 mm hergestellt werden. Ermitteln Sie den Zentriwinkel.

9. Die Bogenlänge einer kreisförmigen Steuerscheibe soll 420 mm betragen, die Umsteuerung nach 120° erfolgen. Ermitteln Sie den Durchmesser.

10. Auf einer Riemenscheibe mit 450 mm Durchmesser liegt der Flachriemen mit 520 mm Bogenlänge auf. Errechnen Sie den Umschlingungswinkel.

11. Ein rechteckiger Kasten hat die Umfangslänge 3 168 mm, die Seiten verhalten sich wie 3 : 5. Wie lang sind sie?

12. Bei einer rechteckigen Wanne mit 600 cm Umfang ist die eine Seite um 6 dm länger als die andere. Ermitteln Sie die Längen.

► Wissen – Erkennen – Werten

a) Begründen Sie das Verhältnis vom Kreisumfang zum Durchmesser.
b) Wie groß ist der Fehler in %, wenn man für π mit der Zahl 3,14 rechnet?
c) Für welche Anwendungsbereiche ist die Umfangsberechnung von Bedeutung?
d) Wie groß ist der Fehler in %, wenn für π der Näherungswert 22/7 beträgt?
e) Schreiben Sie den Ellipsenumfang als Funktion eines mittleren Durchmessers.

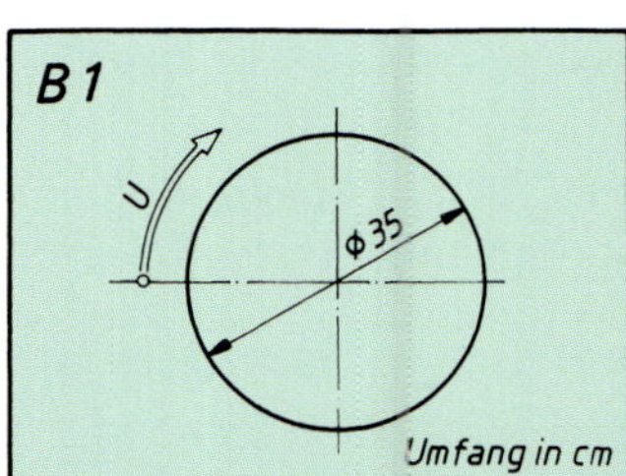

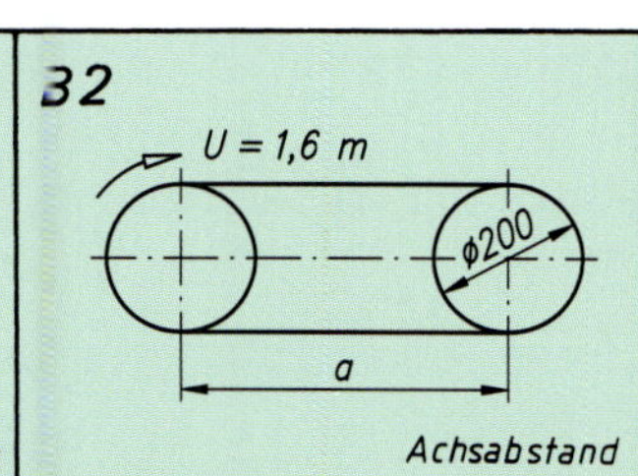

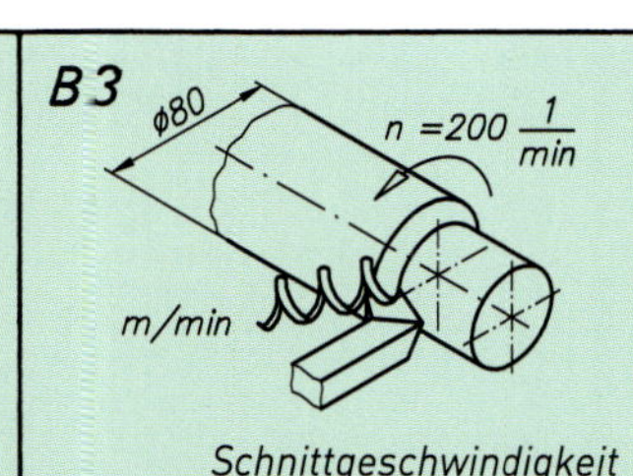

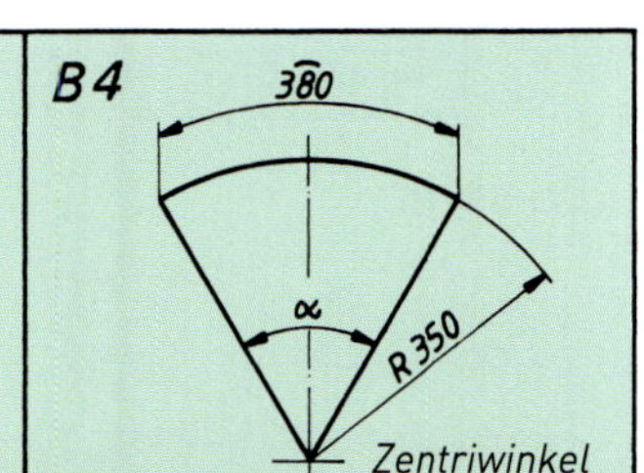

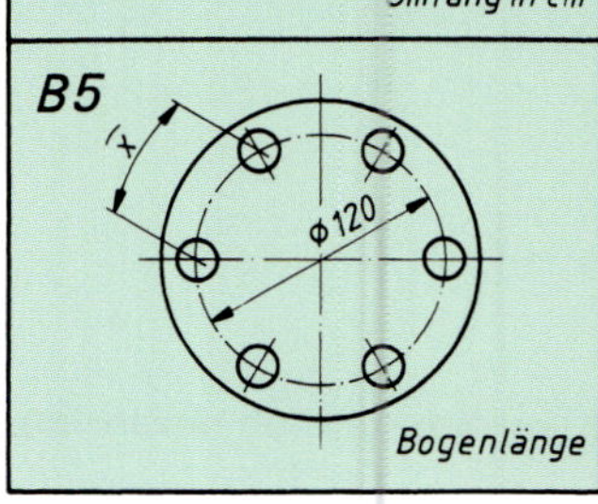

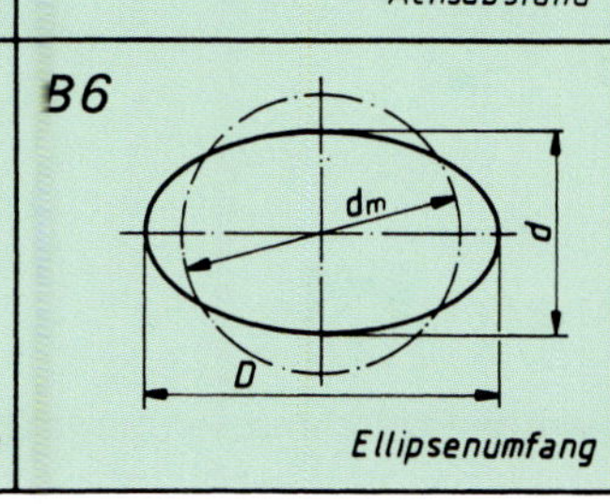

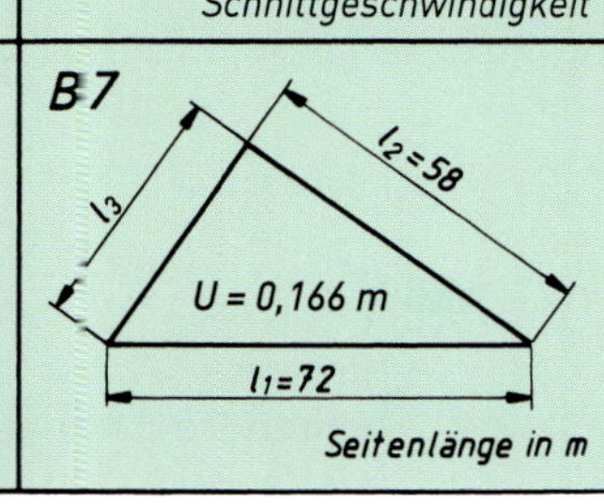

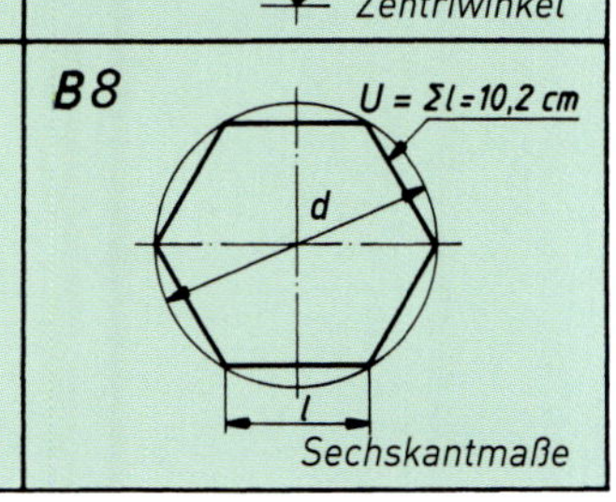

L	gestreckte Länge in mm	d_1	Außendurchmesser in mm	d_3	Innendurchmesser in mm
d_m	Durchmesser der Schwerpunktlinie, hier mittlerer Durchmesser	l	Teillängen in mm	l_3, l_4	Innenmaße in mm
s	Werkstückdicke in mm	l_1, l_2	Außenmaße in mm		
		n	Anzahl der Biegekanten		

Biegelänge

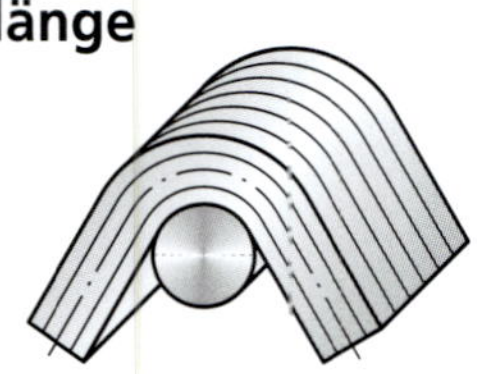

Beim Biegen werden die äußeren Werkstofffasern durch Zugspannungen gestreckt, die inneren Fasern durch Druckspannungen verkürzt. Die gestreckte Länge wird anhand der sogenannten neutralen Faser ermittelt. Diese Faser weist keine Spannungen auf. Sie ergibt sich aus der Summe der ungebogenen Werkstücklängen und den Bogenstücken.

1. Vollring

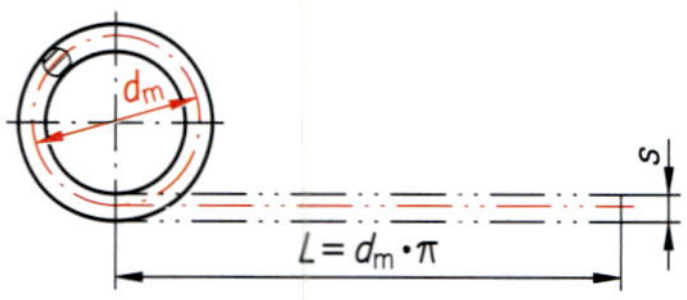

Länge vor dem Biegen = mittl. Durchmesser × π

$L = d_m \cdot \pi$

Hinweis

mittl. Durchmesser = Außendurchmesser − Materialdicke $d_m = d_1 - s$

mittl. Durchmesser = Innendurchmesser + Materialdicke $d_m = d_1 - s$

2. Zusammengesetzte Länge

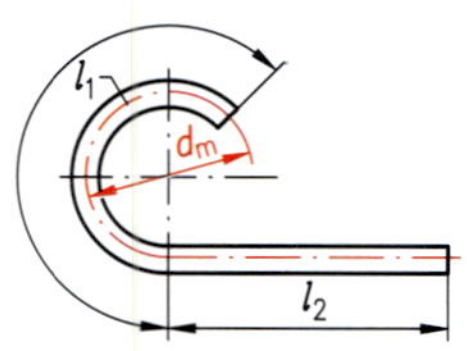

Die gestreckte Länge setzt sich aus den Teillängen zusammen.

$$L = l_1 + l_2 + \ldots + l_n$$

$$L = d_m \cdot \pi \cdot \frac{\alpha}{360^\circ} + l_2 + \ldots$$

Hinweis

Richtwerte für die Wahl von Biegeradien sowie Schwerpunktslagen von Werkstückprofilen und unterschiedlichen Werkstofflegierungen sind dem Tabellenbuch zu entnehmen.

3. Ecke gestaucht scharfkantig gebogen

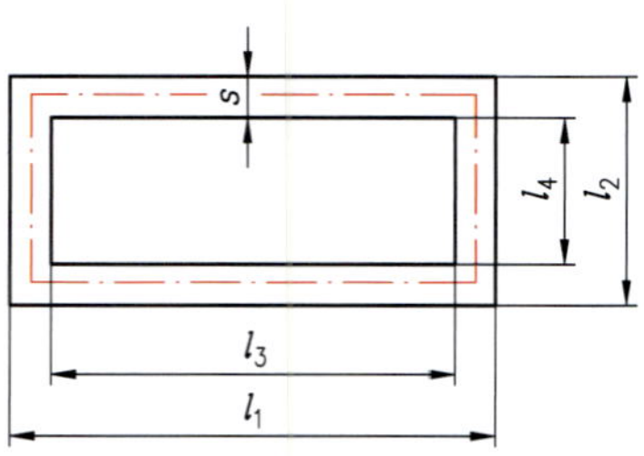

Länge vor dem Biegen

$$L = 2 \cdot l_1 + 2 \cdot l_2 - n \cdot s$$
$$L = 2 \cdot l_3 + 2 \cdot l_4 - n \cdot s$$

4. Ecke gerundet scharfkantig gebogen

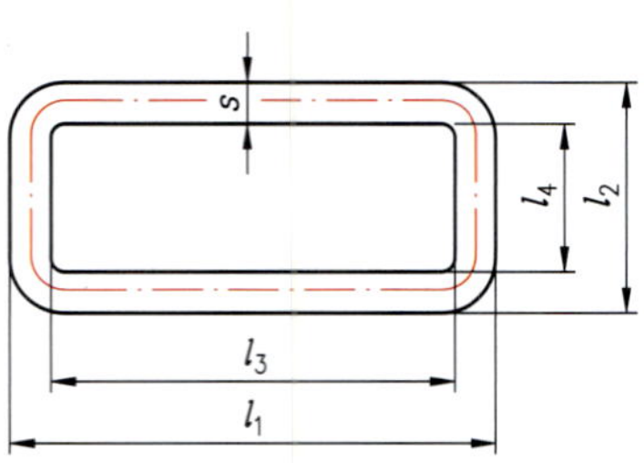

Länge vor dem Biegen

$$L = 2 \cdot l_1 + 2 \cdot l_2 + s \cdot \pi - 8 \cdot s$$
$$L = 2 \cdot l_3 + 2 \cdot l_4 + s \cdot \pi$$

5. Beispiel

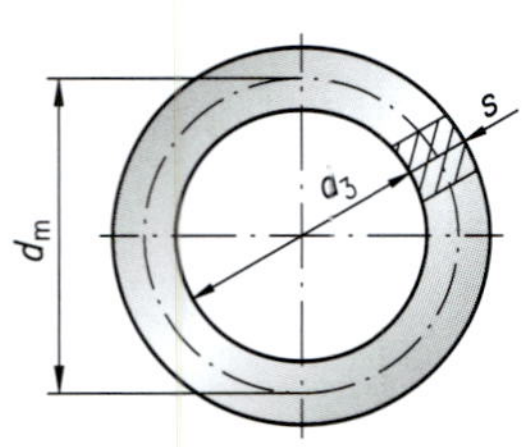

Aus einem Vierkantstahl mit der Abmessung 30 × 30 mm ist ein Ring mit 200 mm Innendurchmesser herzustellen. Welche Stablänge in mm ist erforderlich?

Gesucht L in mm

Gegeben d_3 = 200 mm; s = 30 mm

Vorüberlegung

Gestr. Länge = Länge der Mittellinie

$d_m = d_3 + s$

d_m = 200 mm + 30 mm

d_m = 230 mm

Lösung

$L = d_m \cdot \pi$

L = 230 mm · π

L = <u>722,6 mm</u>

Hinweis

Achten Sie darauf, wie die Durchmesser bemaßt worden sind, ob der innere oder äußere Durchmesser angegeben wurde.

5
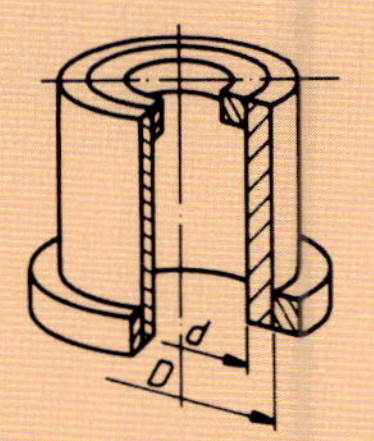

7
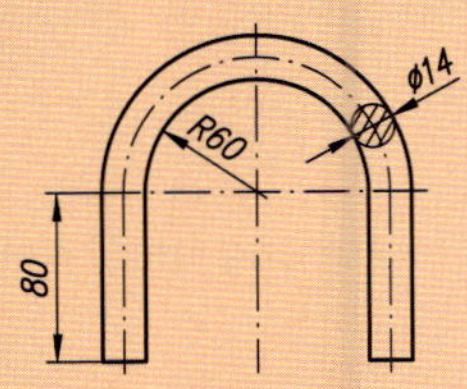

8
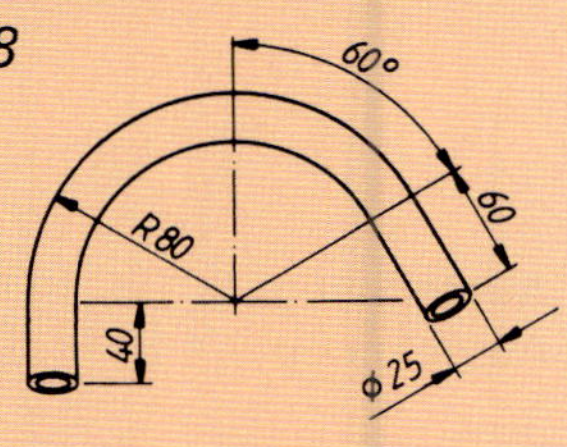

9
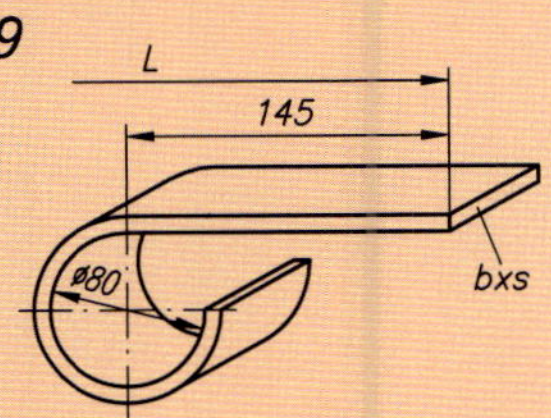

10
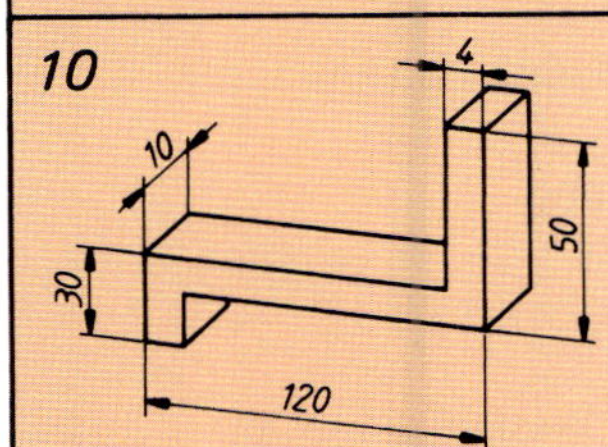

11
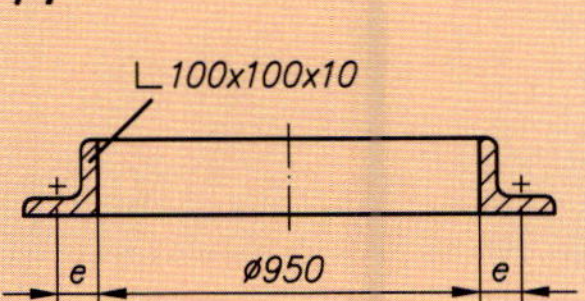

Berechnen Sie die fehlenden Werte:

1. Aufgabe	a	b	c
Außen-∅ in mm	120	240	?
Innen-∅ in mm	90	?	360
Mittlerer ∅ in mm	?	210	420

2. Aufgabe	a	b	c
d_1 in mm	520	260	?
d_3 in mm	440	?	110
L in m	?	0,754	0,377

3. Aus 30 mm Rundstahl ist ein Spannring mit einem Außendurchmesser von 400 mm zu fertigen. Errechnen Sie die gestreckte Länge in m.

4. Ein Flachstahl mit Abmessungen 20 × 5 mm soll flachkant zu einem Ring von 450 mm Innendurchmesser gebogen werden. Wie viel Meter Flachstahl sind erforderlich?

5. Eine Hohlsäule mit 650/550 mm Durchmesser erhält zwei Versteifungsringe aus 50 mm Vierkantstahl (siehe Skizze). Ermitteln Sie die erforderliche Stablänge in m.

6. Um ein Rohr von 160 mm Außendurchmesser soll flachkant ein 80 × 10 mm Flachstahl gebogen und verschweißt werden. Welche Flachstahllänge in m ist erforderlich?

7. Wie viel Meter Rundstahl sind erforderlich, um 16 Bügel nach Skizze herzustellen?

8. Es sollen 12 Rohrbögen nach Skizze angefertigt werden. Wie viel Meter Rohr sind erforderlich?

9. Wie viel Schellen lassen sich aus einem Flachstahl von 30 × 5 mm und 3 Meter Länge nach Skizze herstellen?

10. Wie viel Meter Flachstahl sind für 25 Z-Haltestützen nach Skizze erforderlich?

11. Aus gleichschenkligem Winkelstahl von 100 × 100 × 10 mm sollen drei Versteifungsringe nach Abb. von 950 mm Innendurchmesser gebogen werden. Wie viel Meter Profilstahl sind hierzu erforderlich?

▶ Wissen – Erkennen – Werten

a) Erläutern Sie, von welchen Größen der Biegewiderstand abhängig ist.
b) Unterscheiden Sie Werkstoffbeanspruchung und Querschnittsveränderung.
c) Begründen Sie, warum ein Mindestbiegeradius eingehalten werden muss.
d) Erläutern Sie das Biegen von Blechen und geschweißten Rohren.
e) Ermitteln Sie die Schwerpunktslage: L-Profil EN 10056-50×5-S235JR.
f) Worauf ist bei der Ermittlung gestreckter Längen von Federn zu achten?

B1
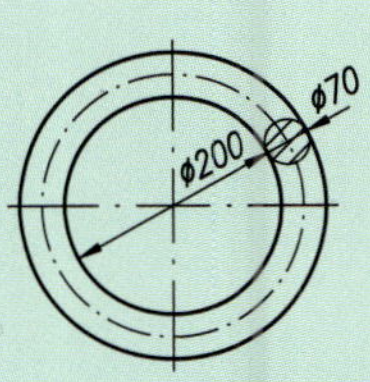

Gestr. Länge in m

B2
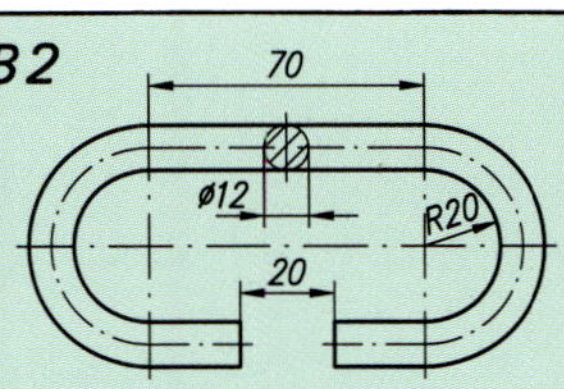

Biegelänge in cm

B3
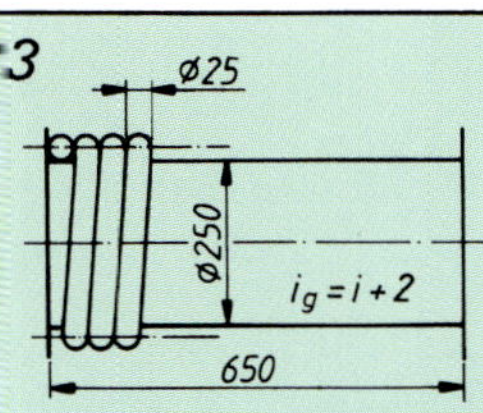

Drahtlänge in m

B4
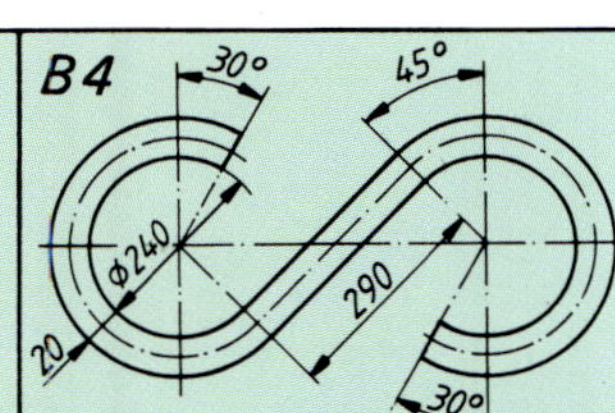

Rohlänge in cm

B5
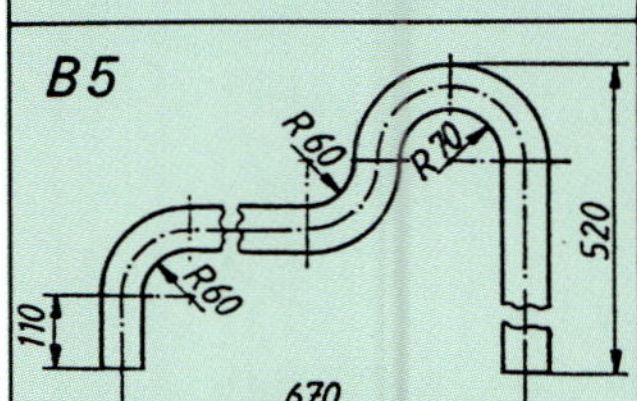

Rd 70 x l

B6
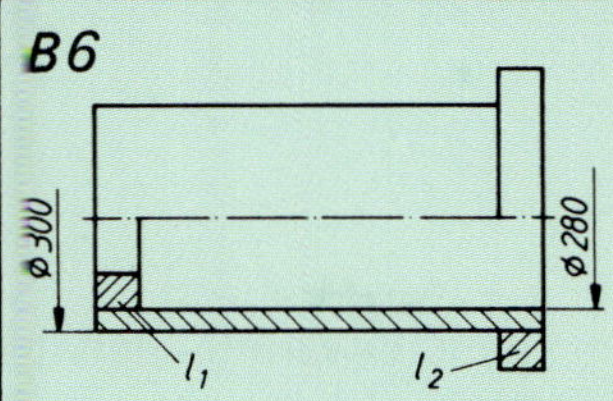

Vierkantstahl 20 x l

B7
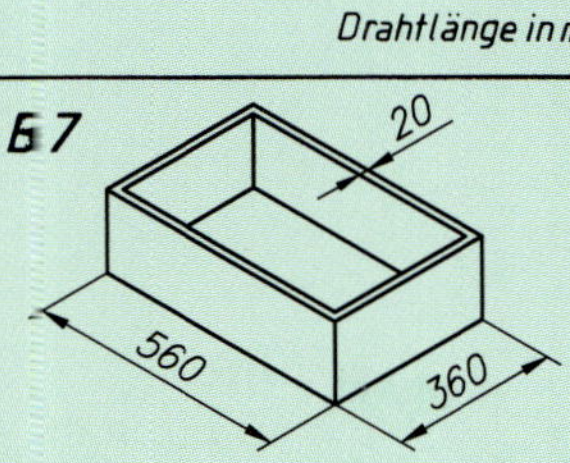

▭ 80x20xl

B8
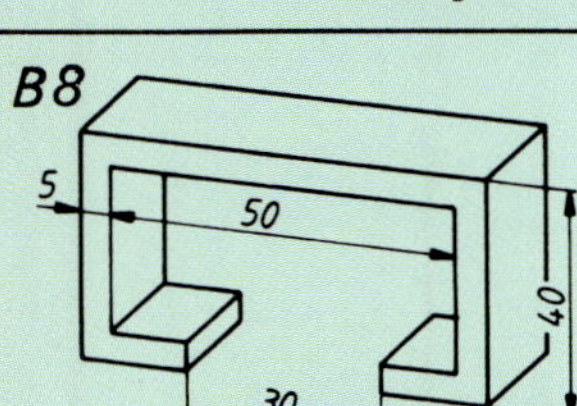

Ausgangslänge in cm

Längenänderung durch Wärme

Δl Längenänderung in mm
l_1 Anfangslänge in mm
l_2 Endlänge in mm

Δt Temperaturdifferenz $(t_2 - t_1)$ in K[1)]
t_1 Temperatur vor der Erwärmung in °C, K
t_2 Temperatur nach der Erwärmung in °C, K
α_l Längenausdehnungskoeffizient in 1/°C, 1/K

1. Längenausdehnungskoeffizient

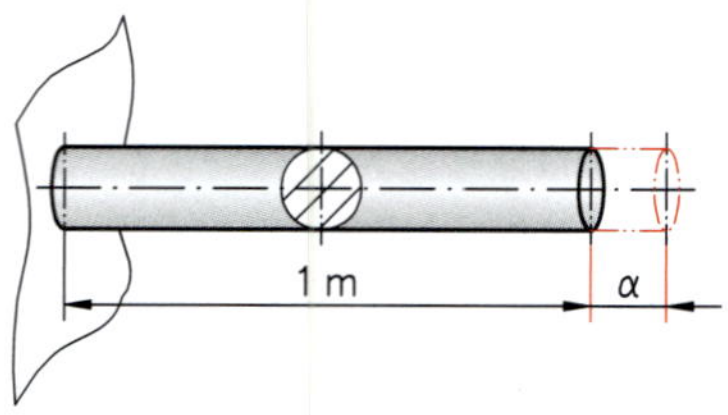

Durch Versuche ermittelt man den Ausdehnungskoeffizienten als Funktion von Werkstoff, Temperatur und Länge.

Merke
Die Zahl, die die Ausdehnung der Länge bei der Erwärmung um 1 Kelvin angibt, wird mit α_l bezeichnet.

Zuordnung der Maßeinheiten

$$\frac{\text{m}}{\text{m}\cdot\text{K}} \text{ oder } \frac{\text{mm}}{\text{mm}\cdot\text{K}} \text{ ergibt } \frac{1}{\text{K}}$$

2. Längenänderung

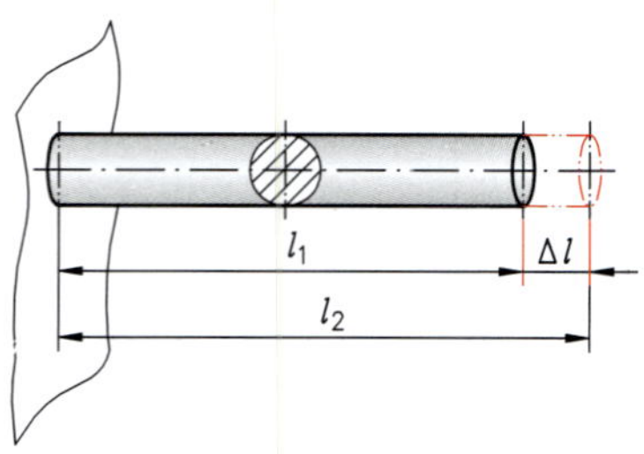

Für Stahl ist α_l = 0,00 00 12 1/K:
1 m Stahl um 1 K erwärmt = 0,00 00 12 m Ausdehnung
1 mm Stahl um 1 K erwärmt = 0,00 00 12 mm Ausdehnung

Folgerung
Längeneinheit um 1 K erwärmt = α_l
Anfängslänge um 1 K erwärmt = $l_1 \cdot \alpha_l$
Anfangslänge um Δt K erwärmt = $l_1 \cdot \alpha_l \cdot \Delta t$

somit wird

$$\Delta l = l_1 \cdot \alpha_l \cdot \Delta t$$

Merke
Eingesetzte Maßeinheit (mm, m) = Änderungs-Maßeinheit (mm, m)

3. Endlänge

Endlänge = Anfangslänge ± Längenänderung
$l_2 = l_1 \pm \Delta l$

Hinweis
Bei einer Temperaturverringerung schrumpft die Endlänge um Δl.

4. Zusammenfassung

Längenänderung = Anfangslänge × Längenausdehnungskoeffizient × Temperaturdifferenz

$$\Delta l = l_1 \cdot \alpha_l \cdot \Delta t$$

5. Beispiel

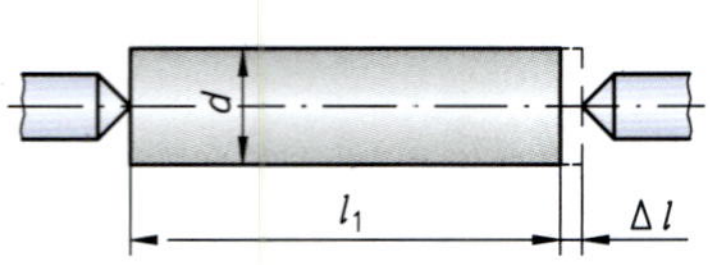

Während des Schuppens und Schlichtens einer 850 mm langen Welle aus Stahl steigt die Werkstücktemperatur von 20 °C auf 85 °C an. Berechnen Sie die Längenänderung in mm.

Gesucht Δl in mm

Gegeben
l_1 = 850 mm
Δt = 85 °C − 20 °C = 65 K
$\alpha_l = 0{,}00\,00\,12\ \frac{1}{\text{K}}$

Vorüberlegung
α_l gilt für 1 K pro Längeneinheit.

Lösung
$\Delta l = l_1 \cdot \alpha_l \cdot \Delta t$
$\Delta l = 850\text{ mm} \cdot 0{,}000012\ \frac{1}{\text{K}} \cdot 65\text{ K}$
$\Delta l = \underline{0{,}663\text{ mm}}$

Beachte
Ein Meter Stahl – um 100 °C erwärmt – dehnt sich um 1,2 mm aus.

1) Temperaturdifferenzen sind in der Einheit Kelvin anzugeben, hierbei ist 1 °C = 1 K.

Berechnen Sie die fehlenden Werte für einen Profilstahl:

1.

Aufgabe	a	b	c
Anfangslänge in mm	1 000	1 000	?
Temperaturdifferenz in K	1	?	200
Längenänderung in mm	?	1,2	2,4

2.

Aufgabe	a	b	c
l_1 in m	1	2	?
Δt in °C	100	?	100
Δl in mm	?	4,8	1,8

3. Das Ausdehnungsmaximum einer 20 m langen Eisenbahnschiene ist bei 14 °C 9,36 mm. Welche Ausgangstemperatur wurde zugrunde gelegt?

4. Ein 14 m langer Brückensteg wurde bei 18 °C montiert. Im Sommer erwärmte sich die Brücke auf 48 °C. Um welches Maß verlängert sie sich?

5. Eine 755 mm lange Stahlwelle musste beim Drehen zwischen Stirnseitenmitnehmer und Körnerspitze um 1 mm gelockert werden. Die Werkstatttemperatur betrug 20 °C. Wie hoch war die Erwärmung?

6. Eine Stahlbrücke hat bei 20 °C eine Länge von 80 m. Man rechnet im Sommer mit einer Erwärmung bis auf 65 °C. Wie viel mm Spalt müssen aufgrund der Temperaturschwankung frei bleiben?

7. Eine 3 m lange Profilleiste verlängerte sich bei Erwärmung von 15 °C auf 85 °C um 5,05 mm. Aus welchem Werkstoff besteht das Profil?

8. Eine Cu-Freileitung hat bei 20 °C eine Länge von 52 m. Im Sommer steigt die Temperatur auf 48 °C. Wie groß ist die Längenzunahme?

9. Eine 14 m lange Aluminiumschiene hat sich – bei 18 °C gemessen – im Betrieb auf 14,04 m verlängert. Wie groß war die Erwärmung?

10. Ein Wälzlager von 60 mm Durchmesser wird zum Aufziehen in Öl von 20 °C auf 80 °C erwärmt. Um wie viel µm vergrößert sich der Innendurchmesser?

11. Ein Stahlring mit 79,95 mm Innenbohrung soll auf eine 80 mm dicke Welle aufgeschrumpft werden. Messtemperatur ist 20 °C. Auf welche Temperatur muss der Ring mindestens erwärmt werden?

▶ Wissen – Erkennen – Werten

a) Begründen Sie, warum bei Temperaturdifferenzen für 1 °C = 1 K gesetzt wird.
b) Beweisen Sie die Ausdehnungsgleichung: $l_2 = l_1 \cdot (1 + \alpha_l \cdot \Delta t)$.
c) Zeigen Sie den Zusammenhang zwischen Längen- und Volumenausdehnung auf.
d) Was geschieht, wenn ein erwärmter Körper sich nicht frei ausdehnen kann?
e) Nennen Sie Fälle, bei denen die Wärmeausdehnung berücksichtigt werden muss.
f) Wann können Bauteile aus verschiedenen Werkstoffen gepaart werden?
g) Unterscheiden Sie die Begriffe „Dehnen" und „Schrumpfen".

2
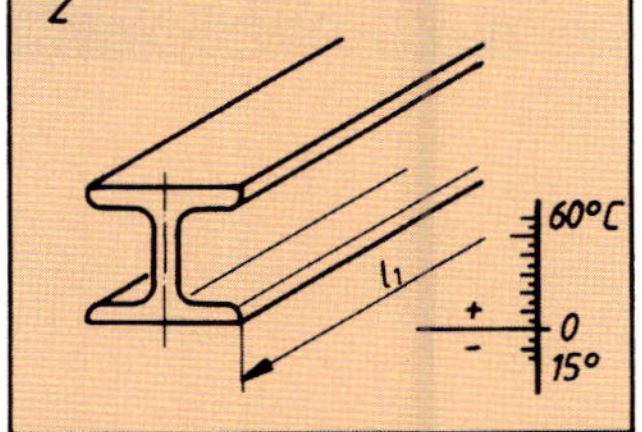

4
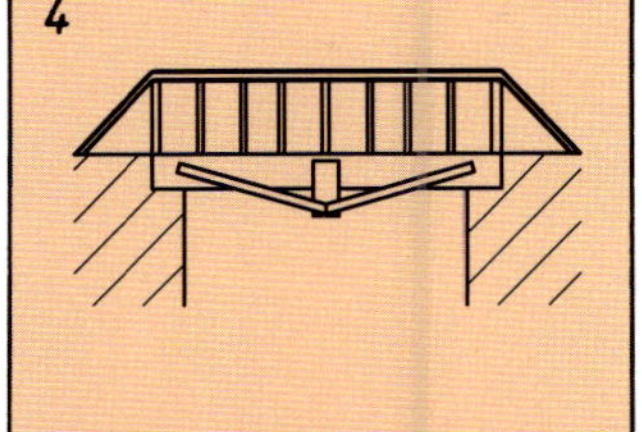

5
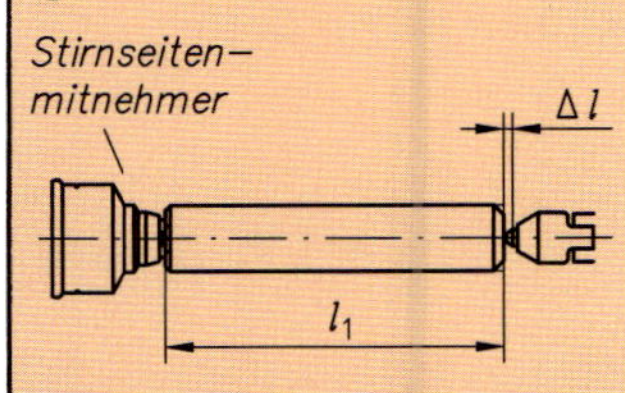

8

10
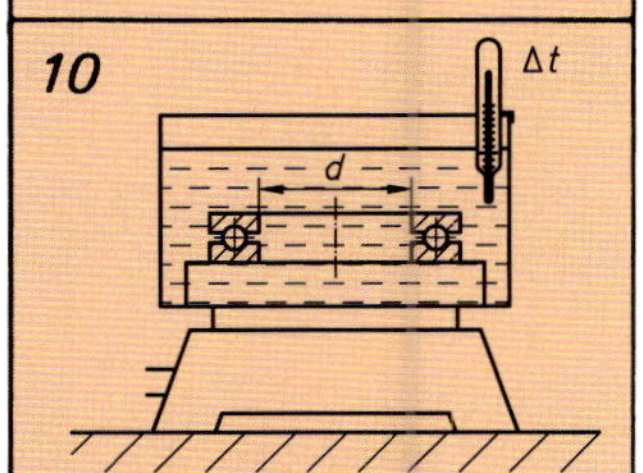

11
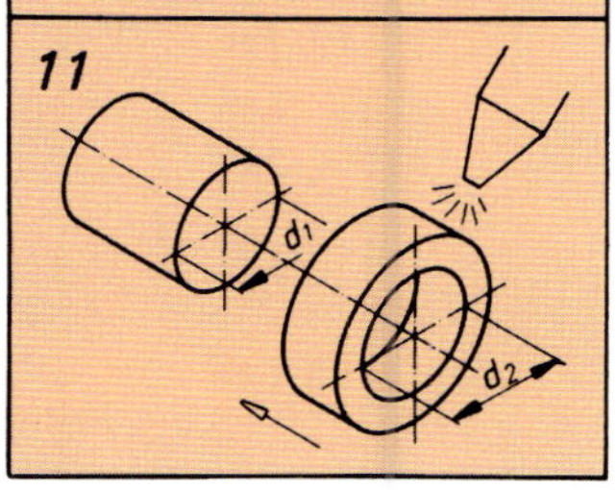

B1
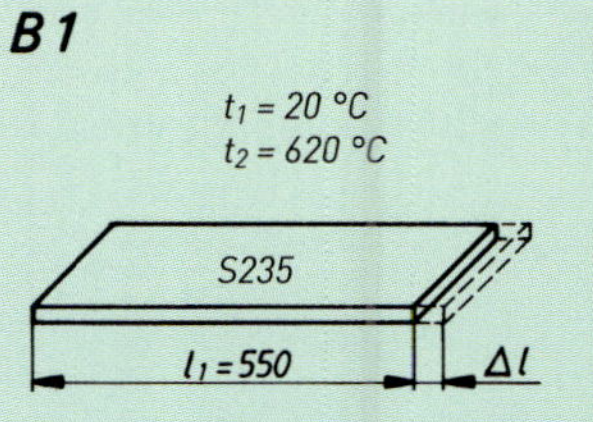

B2
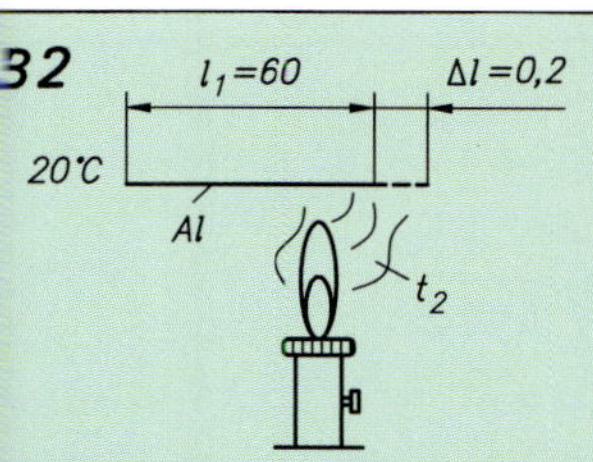

B3
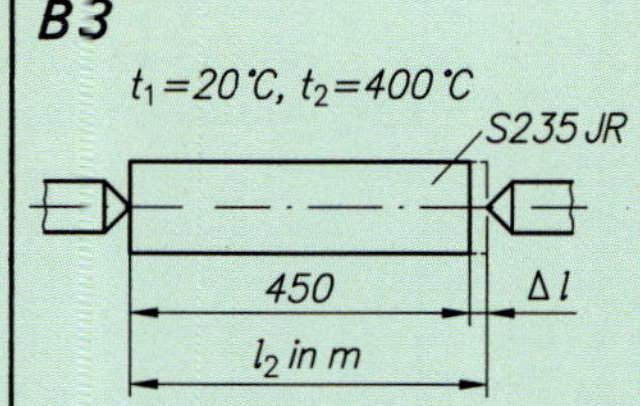

B4
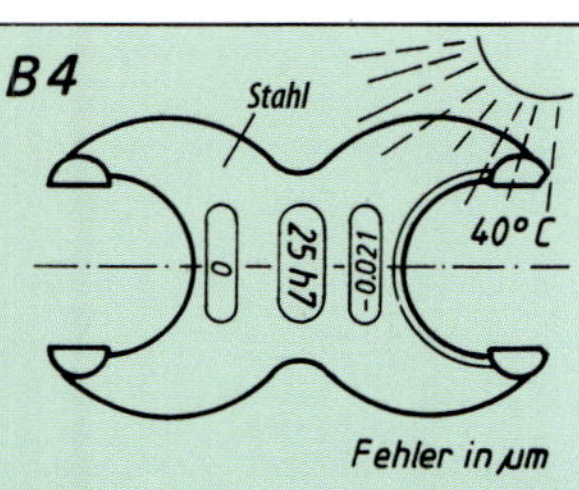

B5
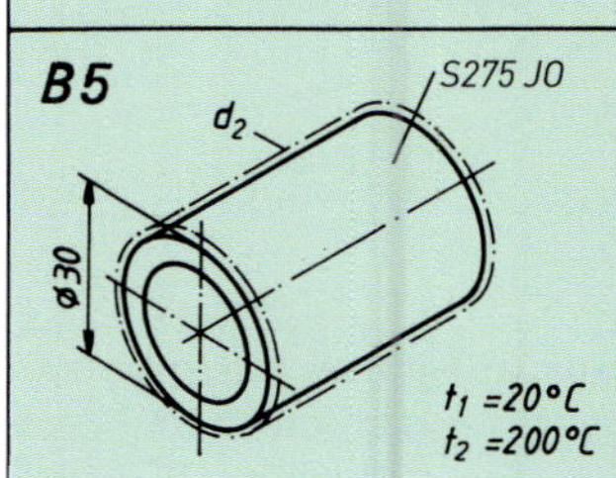

B6
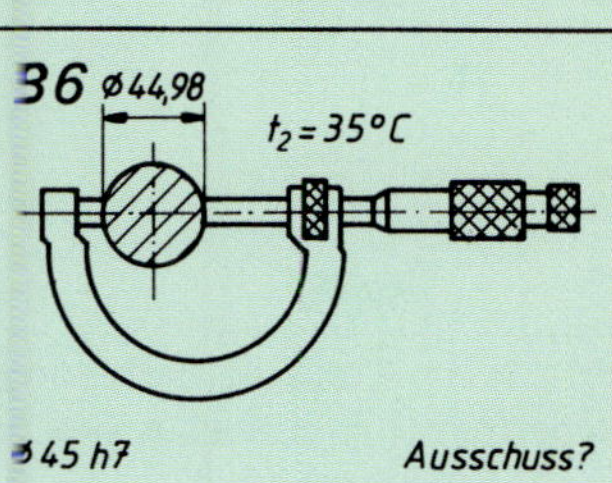

B7
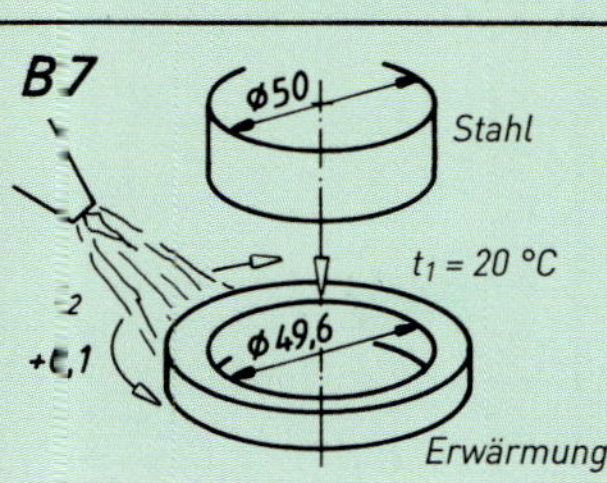

B8
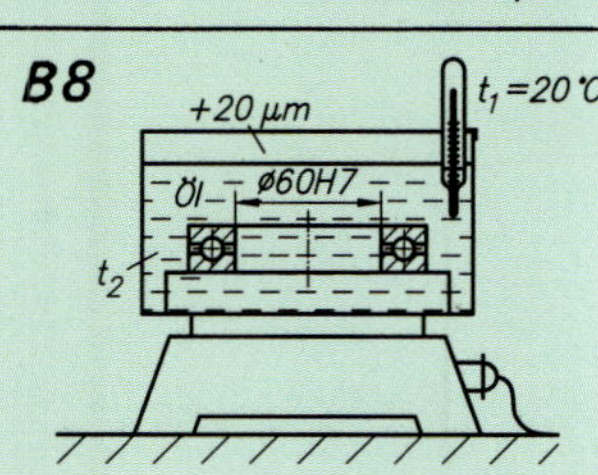

Zeit:	Einheit	Größe	Ebener Winkel:	Einheit	Größe
	h	Stunde[1]		°	Grad
	min	Minute		′	Minute
	s	Sekunde		″	Sekunde

1. Zeitmaße

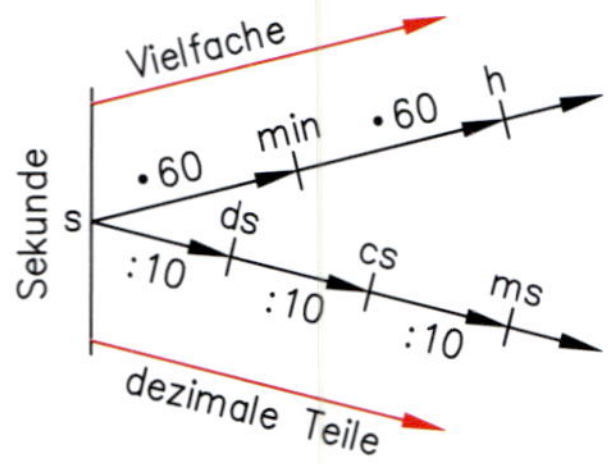

Die Basiseinheit der Zeit ist eine Sekunde.

1 h = 60 min
1 min = 60 s
1 h = 60 · 60 = 3 600 s

Schreibweise: 1 h 36 min 20 s, 2,45 h oder 65 min

2. Winkelmaße

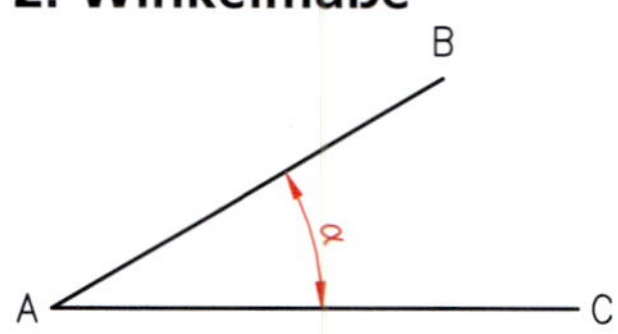

Der Vollwinkel (Kreis) hat 360°. Die abgeleitete Einheit ist ein Grad. Dieser ist also der 360ste Teil des Kreises.
Ein Grad besteht aus 60 Winkelminuten.

1° = 60′
1′ = 60″
1° = 60 · 60″ = 3 600″

3. Umwandlung

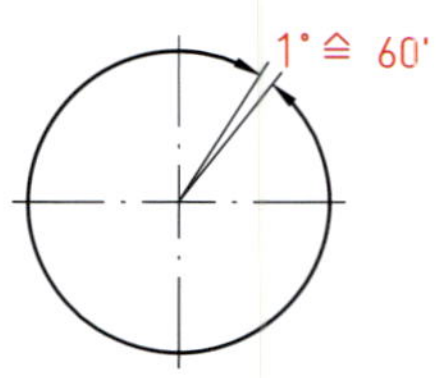

Beispiele:

a) α = 78,328° in das 60er-System
α = 78,328° = 78°
0,328° = 0,328 · 60′ = 19,68′
0,68′ = 0,68 · 60″ = ≈ 41″
α = 78°19′41″

b) β = 43°42′17″ in die Dezimalschreibweise
β = 43°42′17″
β = 43°
β = 43° + 0,7° + 0,0047°
β = 43,7047°

c) $55{,}25° = 55° + \frac{25}{100} \cdot 60'$
= 55°15′

d) $23°45' = 23° + \frac{45°}{60}$
= 23° + 0,75° = 23,75°

4. Grundrechenarten

Addition	Subtraktion	Multiplikation	Division
12° 20′ 18″	16° 8′ 20″	6° 25′ 20″ · 4	12° 25′ 12″ : 3
+ 2° 52′ 56″	− 4° 12′ 30″	= 24° 100′ 80″	= 12° 24′ 72″
= 14° 72′ 74″	16° 8′ 20″	= 24° 101′ 20″	12° 24′ 72″ : 3
= 14° 73′ 14″	= 15° 68′ 20″	= 25° 41′ 20″	= 4° 8′ 24″
= 15° 13′ 14″	= 15° 67′ 80″		
	− 4° 12′ 30″		
	= 11° 55′ 50″		

5. Zusammenfassung

Die Umrechnungszahl 60 ist für Zeit- und Winkelmaße gleich.

6. Beispiel

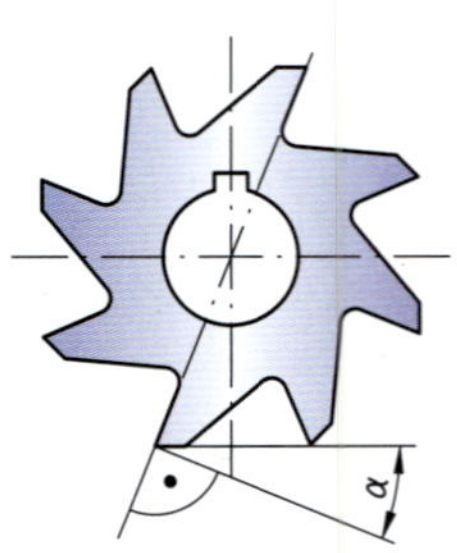

Zum Anschliff einiger Walzenfräser wurden 1,48 h benötigt. Bestimmen Sie die Zeit t in h, min, s.

Gesucht t in h, min, s

Gegeben t = 1,48 h

Vorüberlegung
1 h = 60′ = 3 600″

Lösung
1,48 h ⇒ 1 h +
0,48 h = 0,48 · 60 = 28,8 min ⇒ 28 min +
0,8 min = 0,8 · 60 ⇒ 48 s
1 h 28 min 48 s

[1] Die Sekunde ist das 9 192 631 770-Fache der Periodendauer der dem Übergang zwischen den beiden Hyperfeinstrukturniveaus des Grundzustandes von Atomen des Nukleids ^{133}Cs entsprechenden Strahlung.

5

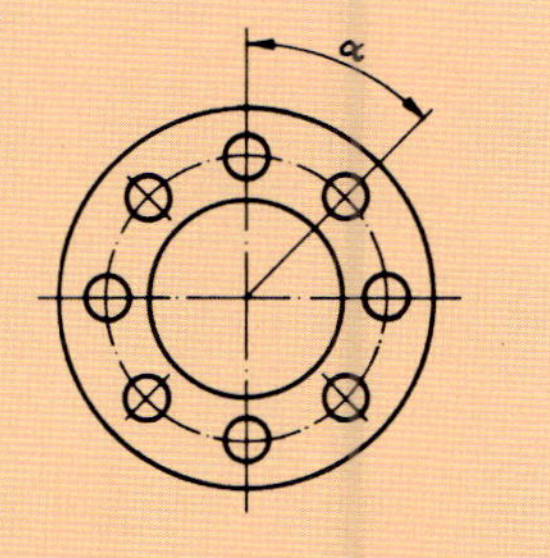

6

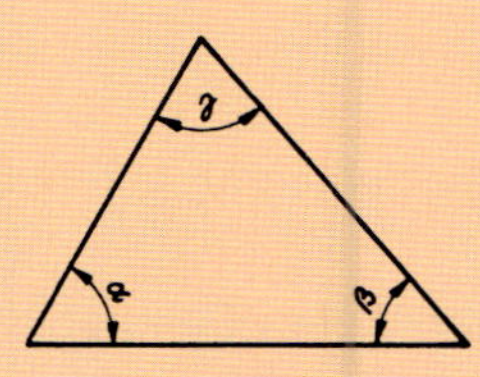

7

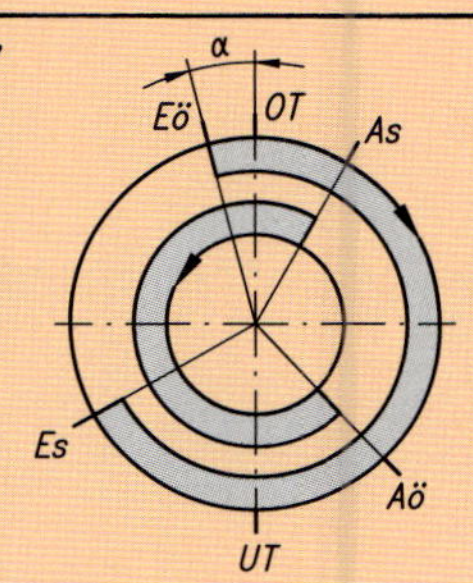

8

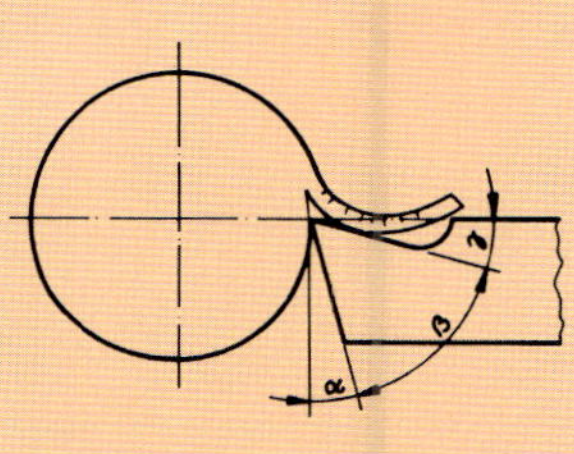

10

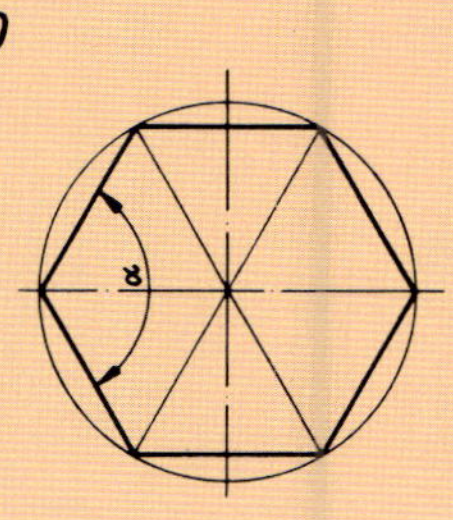

1. Berechnen Sie die Zeitwerte:
   a) Addieren Sie: 3 h 12 min 18 s + 2 h 49 min 52 s + 12 h 24 min + 8 h
   b) Subtrahieren Sie: 46 h 28 min 16 s – 18 h 42 min 18 s – 24 h 36 s – 2 h
   c) Multiplizieren Sie: 4 mal 3 h 16 min 18 s, 0,8 mal 15 h 25 min 45 s
   d) Dividieren Sie: 8 h 18 min 36 s durch 4, 14 h 38 min 45 s durch 3
   e) Dezimalzahl bilden: 6 h 36 min, 12 h 34 min, 16 h 48 min 56 s, 46 min 48 s
   f) h, min, s: 12,34 h, 2,4 h, 46,86 h, 0,866 h, 18,48 h, 0,38 h

2. Berechnen Sie die Winkelwerte:
   a) Addieren Sie: 25°51′16″ + 11°22′48″, 14°46′ + 181°34″ + 9°22′32″
   b) Subtrahieren Sie: 12°16′3″ – 10°18′18″, 143°36′18″ – 45°39′26″ – 45″
   c) Multiplizieren Sie: 6 mal 5°18′32″, 8 mal 14°25′45″, 0,6 mal 5°34′15″
   d) Dividieren Sie: 14°34′36″ durch 6, 145°45′44″ durch 8, 32°36″ durch 3
   e) Dezimalzahl: 6°4′, 2°8″, 126°27′42″, 36°38′18″, 42°12′48″
   f) °, ′, ″: 14,38°, 6,3°, 12,7°, 0,36°, 18,075°, 4,26°

3. Die Arbeitszeit einer Maschine wurde mit 1 h 13 min 19 s gestoppt. Verwandeln Sie diese Zeit in eine Dezimalzahl.

4. In 32 h 38 min 42 s werden 4 gleiche Werkstücke hergestellt. Berechnen Sie die Zeit für ein Werkstück.

5. Ein Zylinderdeckel wird mit 8 Schrauben gehalten. Berechnen Sie den Abstand der Schrauben im Winkelmaß.

6. Die Summe zweier Dreieckswinkel beträgt 139°37′4″. Wie groß ist der dritte Winkel?

7. Ein Einlassventil öffnet Eö 17,43° vor dem oberen Totpunkt OT. Bestimmen Sie diesen Öffnungswinkel in Grad, Minuten und Sekunden.

8. An einem Drehmeißel wurden folgende Winkel gemessen: Freiwinkel = 7°32′, Spanwinkel = 14°58′. Welche Größe hat der Keilwinkel?

9. Bestimmen Sie für den Winkel 78°41′28″ den Ergänzungswinkel zum rechten und gestrecken Winkel.

10. Errechnen Sie für ein regelmäßiges a) Fünfeck, b) Sechseck, c) Achteck die Winkelsumme und die Größe eines Winkels.

► Wissen – Erkennen – Werten

a) Wie groß ist die Summe von Freiwinkel, Keilwinkel und Spanwinkel?
b) Wodurch wird die Wirkung eines Schneidkeils beeinflusst?
c) Zeigen Sie den Zusammenhang zwischen Freiwinkel und zerspanendem Werkstoff auf.
d) Vergleichen Sie die Spanwirkung beim positiven und negativen Spanwinkel.
e) Wie ändern sich die Winkel, wenn der Drehmeißel unter oder über Mitte steht?

B1

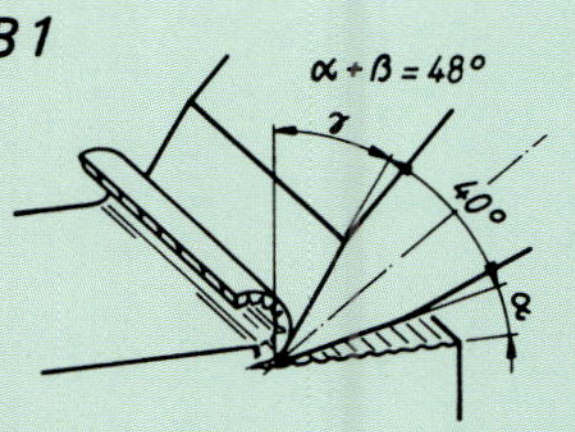

B2

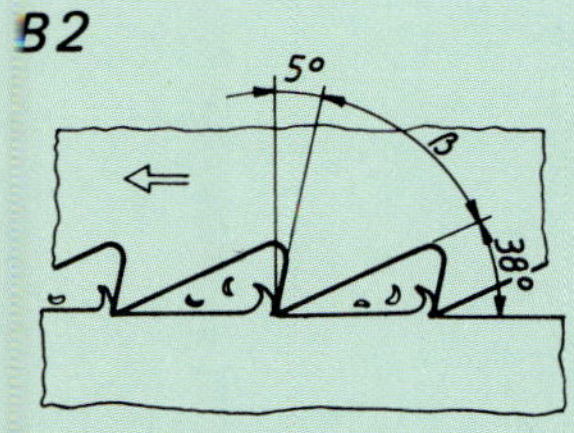

B3

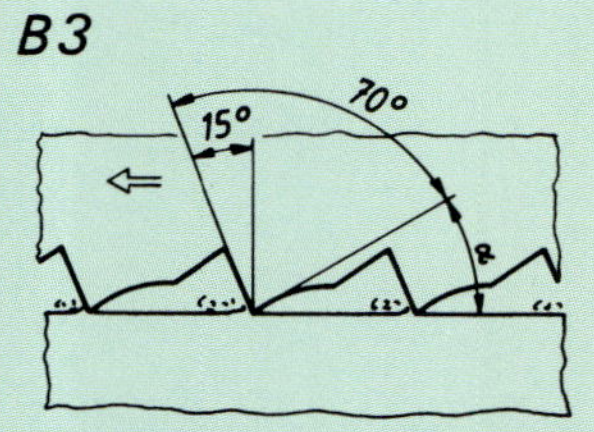

B4

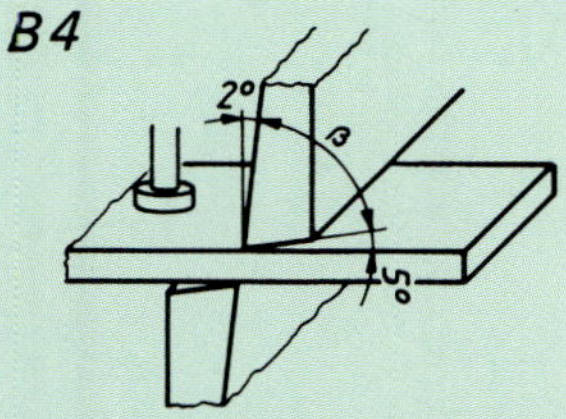

B5

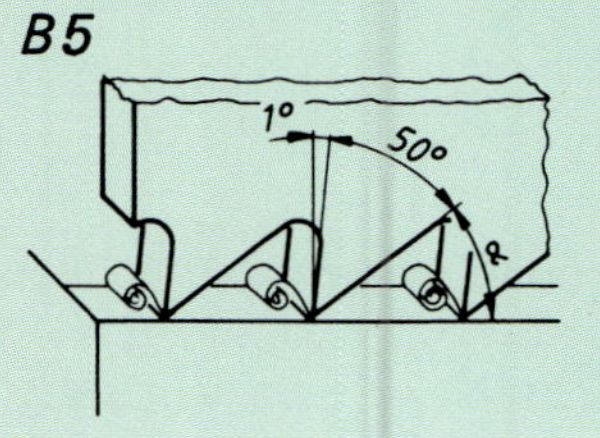

B6

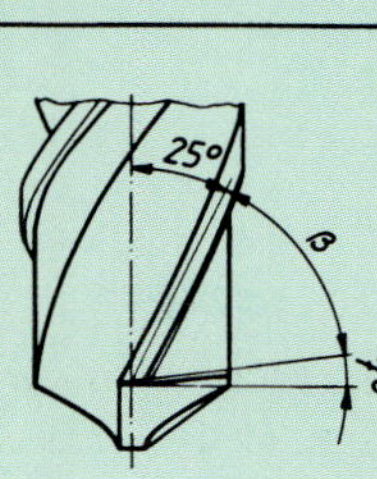

B7

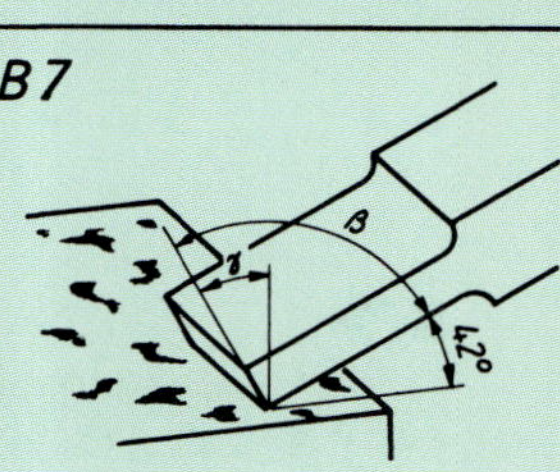

B8

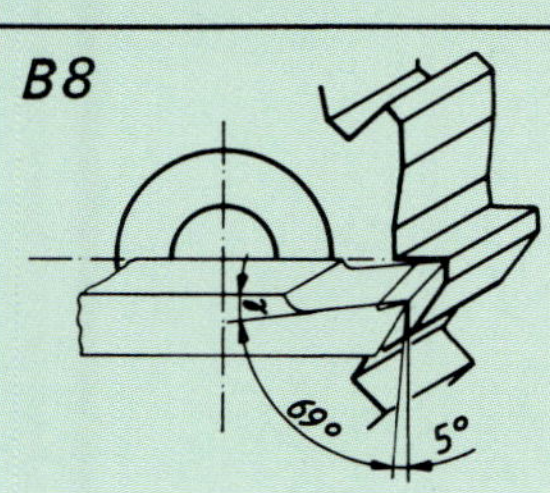

Regelmäßige Vierecke

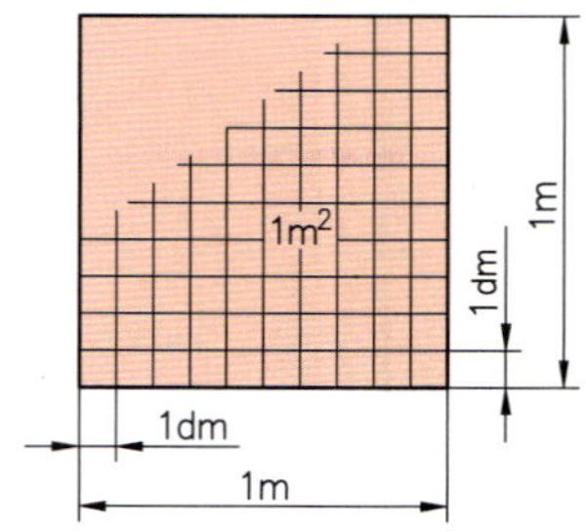

A[1] Fläche in mm²
l Länge in mm
b Breite in mm
h Höhe in mm

Merke
Bei regelmäßigen Vierecken sind die gegenüberliegenden Seiten parallel.

1. Quadrat

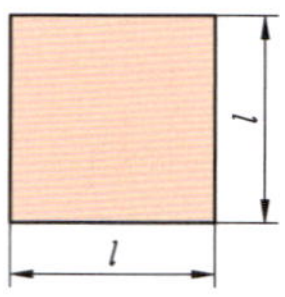

Das Quadrat ist ein Viereck mit vier gleichen Seiten und vier rechten Winkeln.

Fläche = Länge × Breite
$A = l \cdot l \Rightarrow A = l^2$

Merke
Eine Fläche hat zwei geometrische Dimensionen (Ausdehnung), erkennbar an der Hochzahl 2.

2. Rhombus (Raute)

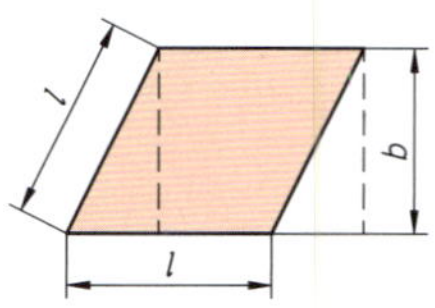

Ein Rhombus, oder auch Raute genannt, ist ein verschobenes Quadrat. Alle Seiten sind gleich lang.

Fläche = Länge × Breite
$A = l \cdot b$

3. Rechteck

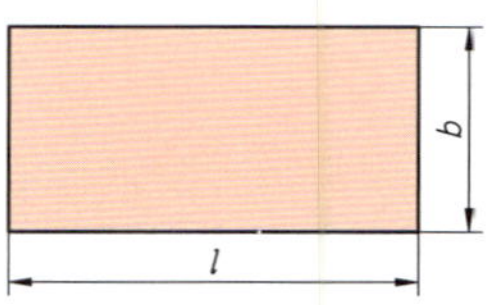

Das Rechteck ist ein Viereck mit je zwei gleich langen gegenüberliegenden Seiten und vier rechten Winkeln.

Fläche = Länge × Breite
$A = l \cdot b$

4. Rhomboid (Parallelogramm)

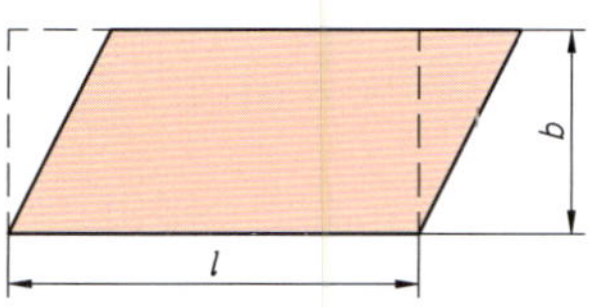

Ein Rhomboid ist ein verschobenes Rechteck. Die gegenüberliegenden Seiten sind gleich lang.

Fläche = Länge × Breite
$A = l \cdot b$

5. Zusammenfassung

Für die Flächenberechnung regelmäßiger Vierecke (Parallelogramme) gilt:
Fläche = Länge × Breite
$A = l \cdot b$

m² ← 2 Stellen → dm² ← 2 Stellen → cm² ← 2 Stellen → mm²

Beachte
Als Breite bzw. Höhe gilt stets die Senkrechte zur Grundseite.

6. Beispiel

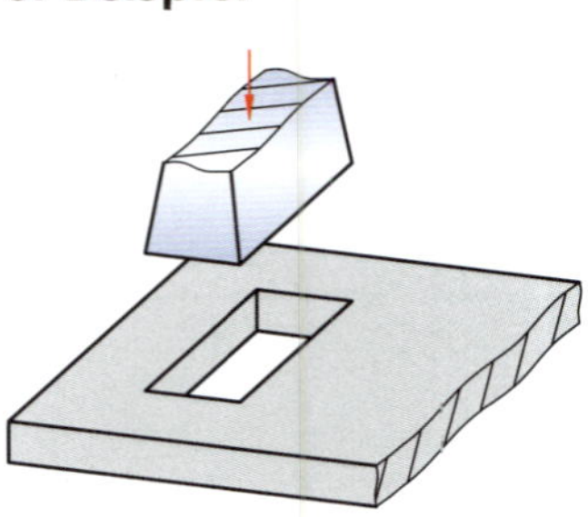

Die Druckfläche eines rechteckigen Stempels von 18 mm Breite beträgt 630 mm². Berechnen Sie die Längsseite in mm.

Gesucht l in mm

Gegeben $A = 630\ \text{mm}^2$
$b = 18\ \text{mm}$

Vorüberlegung
Eine Fläche hat zwei Dimensionen.

Lösung
$A = l \cdot b$
$l = \frac{A}{b}$
$l = \frac{630\ \text{mm}^2}{18\ \text{mm}}$
$l = 35\ \text{mm}$

Beachte
Teile und Vielfache von Einheiten in einer Gleichung müssen den Größen der jeweiligen Aufgabenstellung entsprechen.

[1] A von lateinisch arealis

1
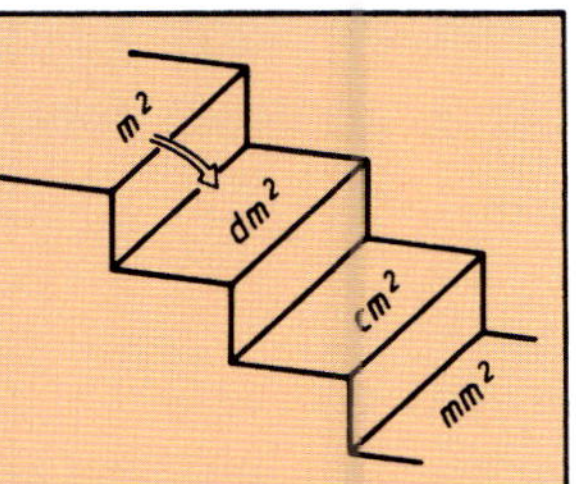

2
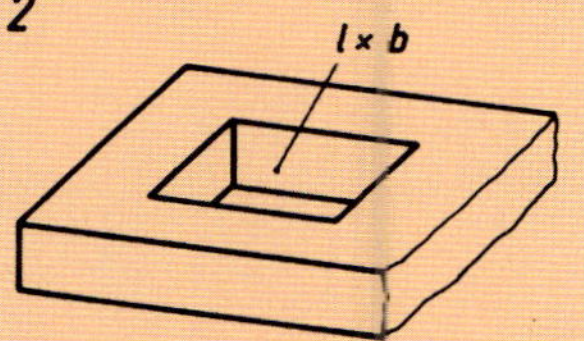

6-8
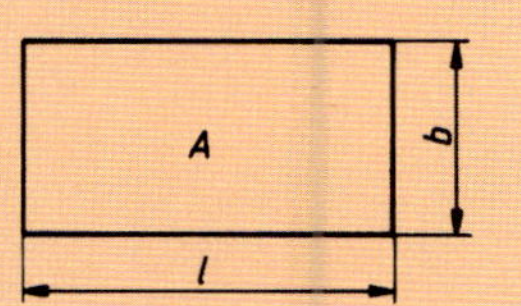

9
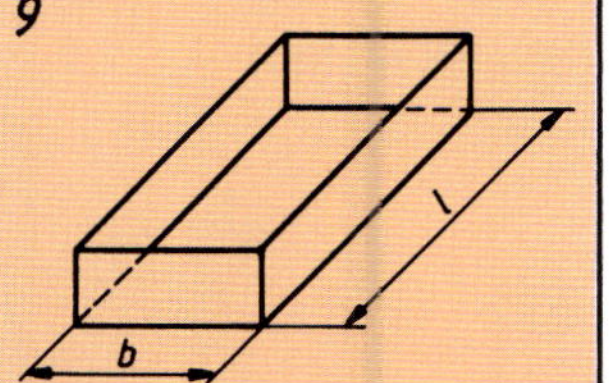

10
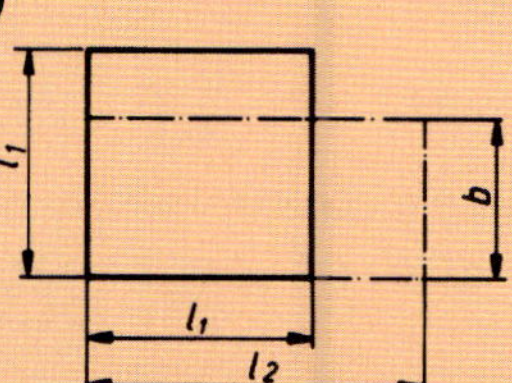

11
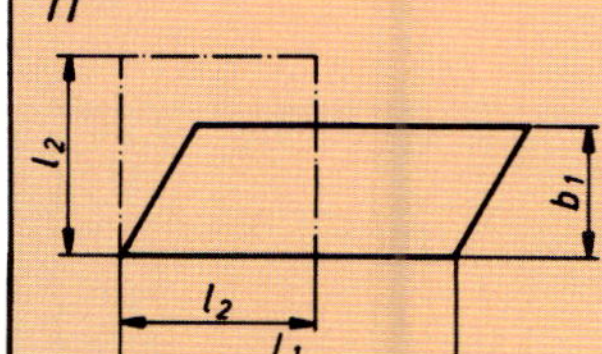

1. Verwandeln Sie in:

a) m^2:	3,8 dm^2,	0,78 cm^2,	3 140 mm^2,	0,04 cm^2,	31,4 dm^2,	3,8 mm^2
b) cm^2:	6,3 m^2,	0,66 dm^2,	2 130 mm^2,	0,03 dm^2,	86,4 m^2,	2,4 mm^2
c) dm^2:	9,8 cm^2,	0,31 m^2,	6 186 mm^2,	0,23 m^2,	22,2 cm^2,	0,2 mm^2
d) mm^2:	4,3 dm^2,	0,04 m^2,	7 281 cm^2,	2,12 cm^2,	0,21 dm^2,	0,003 m^2

Die fehlenden Werte sind zu berechnen:

2.

Rechteck	a	b	c
Länge in cm	40	50	?
Breite in cm	25	?	4,5
Fläche in cm^2	?	180	270

3.

Rhomboid	a	b	c
l in m	0,2	0,3	?
b in dm	1,5	?	3,5
A in cm^2	?	750	1 400

4. Es wird eine Abdeckplatte mit den Maßen 760 × 760 mm benötigt. Berechnen Sie den notwendigen Blechbedarf in m^2.

5. Für eine Träger-Versteifung wird ein Blech in Rhombusform benötigt. Die Grundseite wird mit 182 mm und die Senkrechte dazu mit 153 mm gemessen. Ermitteln Sie den Flächenbedarf in cm^2.

6. Eine Blechtafel ist 1 200 mm lang und 580 mm breit. Berechnen Sie den Flächeninhalt in m^2.

7. Für ein Nummernschild werden 5,72 dm^2 Blech verarbeitet. Ermitteln Sie bei bekannter Grundseite von 52 cm die Breite in mm.

8. Für eine Blechtür werden 1,89 m^2 Blech benötigt. Die Tür ist 0,9 m breit. Berechnen Sie die Türhöhe in mm.

9. Die Grundseiten einer rechteckigen Ölwanne verhalten sich wie 2 : 5 bei einem Flächeninhalt von 0,162 m^2. Der Flächeninhalt soll um 3,4 dm^2 vergrößert werden. Bestimmen Sie die neuen Seiten in cm.

10. Ein Quadrat von 120 mm Seitenlänge soll in ein flächengleiches Rechteck von 85 mm Breite verwandelt werden. Wie lang wird die Grundseite?

11. Ein Rhomboid von 140 mm Länge und 60 mm Breite soll in ein flächengleiches a) Rechteck von 110 mm Länge, b) Quadrat, c) in einen flächengleichen Rhombus von 80 mm Breite verwandelt werden.

► Wissen – Erkennen – Werten

a) Erläutern Sie, wie viele Dimensionen (Koordinaten) eine Fläche besitzt.
b) Worauf ist beim Umrechnen von Flächeneinheiten zu achten?
c) Vergleichen Sie die Bezeichnungen Parallelogramm und regelmäßige Vierecke.

B1 Quadrat
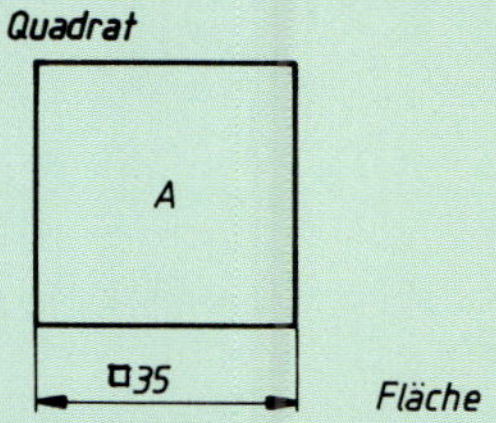

B2 Rhombus
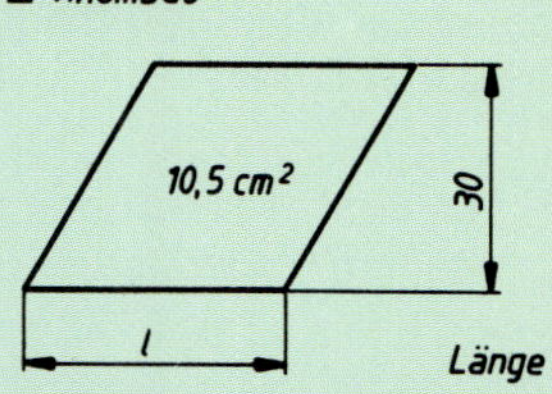

B3 Rechteck
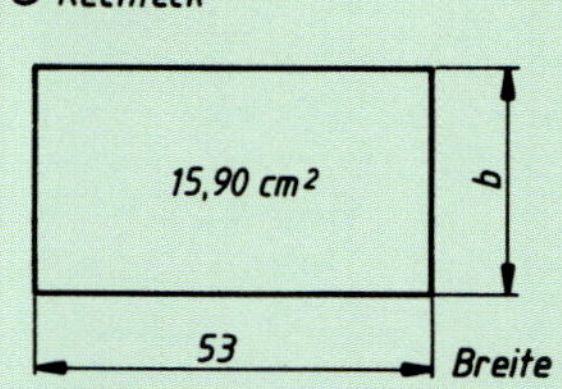

B4 Rhomboid (Parallelogramm)
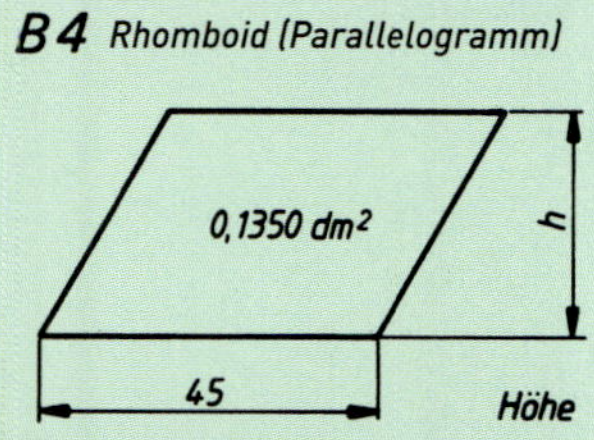

B5
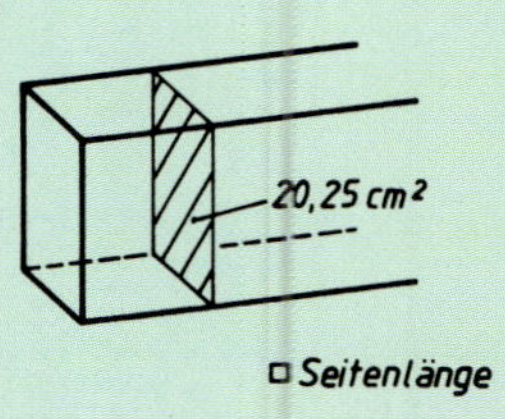

B6
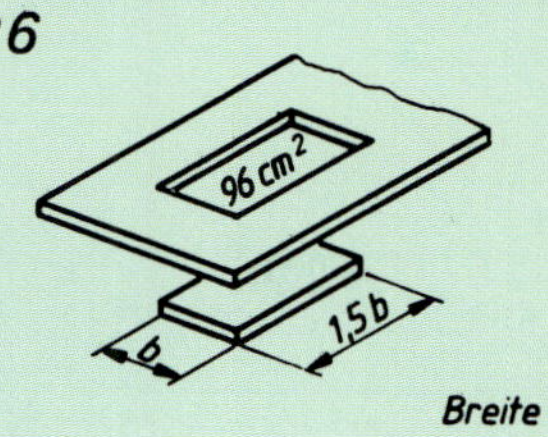

B7
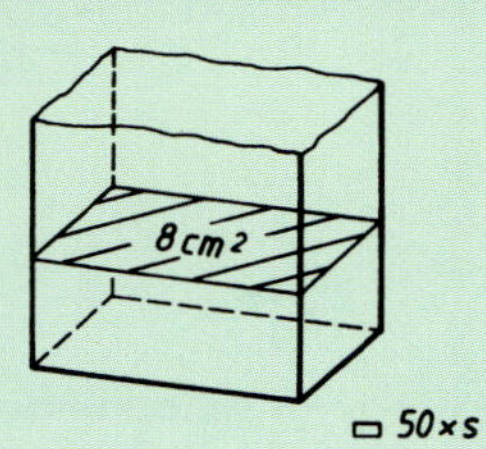

B8
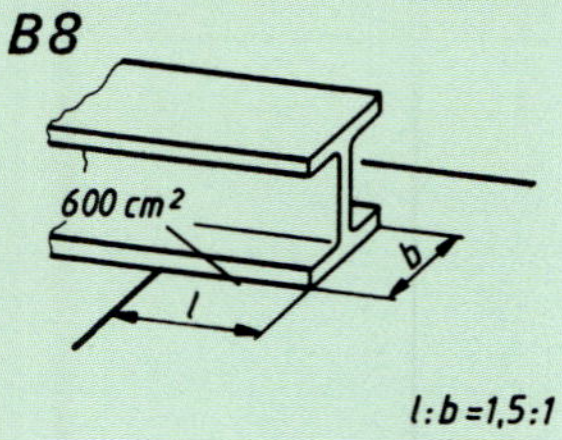

A Fläche in mm^2
l Länge, Seite in mm
l_m mittlere Länge in mm
h Höhe in mm
b Breite in mm

1. Dreieck

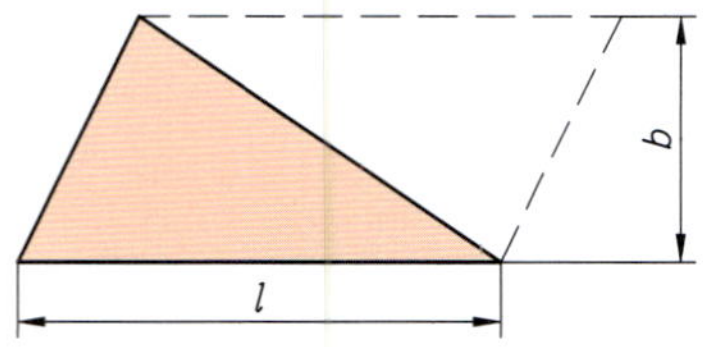

Ergänzt man ein Dreieck zu einem regelmäßigen Viereck, so wird:
Länge × Breite = 2 × A

Folgerung

$$A = \frac{l \cdot b}{2}$$

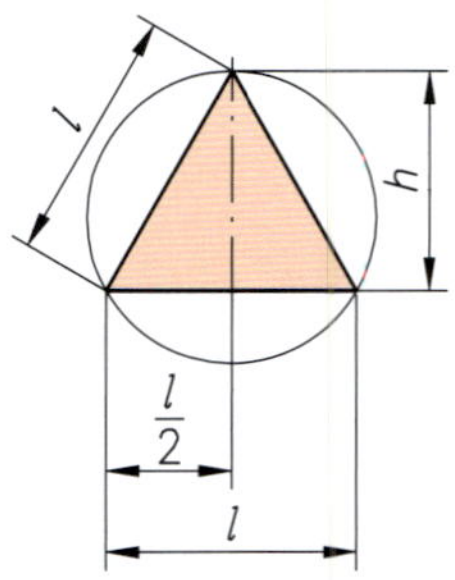

Beachte
Im gleichseitigen Dreieck ergibt sich nach dem Satz des Pythagoras für die Höhe:

$$l^2 = h^2 + \left(\frac{l}{2}\right)^2$$
$$h^2 = l^2 - \left(\frac{l}{2}\right)^2 = \frac{3}{4} \cdot l^2$$
$$h = \sqrt{\frac{3}{4} l^2} = \sqrt{\frac{l^2}{4} \cdot 3} = \frac{l}{2} \cdot \sqrt{3}$$
$$h = 0{,}866 \cdot l \quad \text{(anzuwendende Formel)}$$

2. Trapez

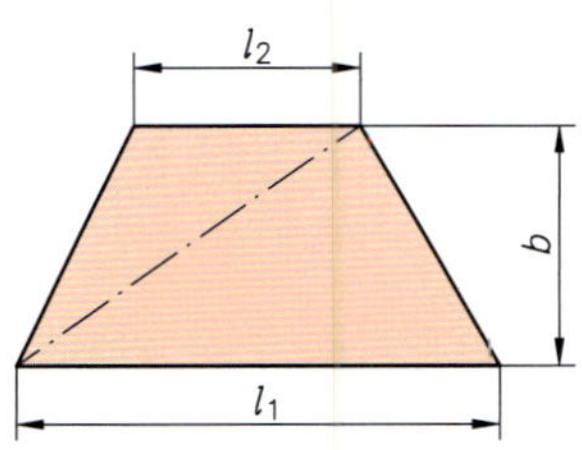

Jedes Trapez kann in zwei Dreiecke zerlegt werden, somit wird:

$$A = \frac{l_1 \cdot b}{2} + \frac{l_2 \cdot b}{2}$$
$$= \frac{l_1 + l_2}{2} \cdot b$$
$$A = l_m \cdot b$$

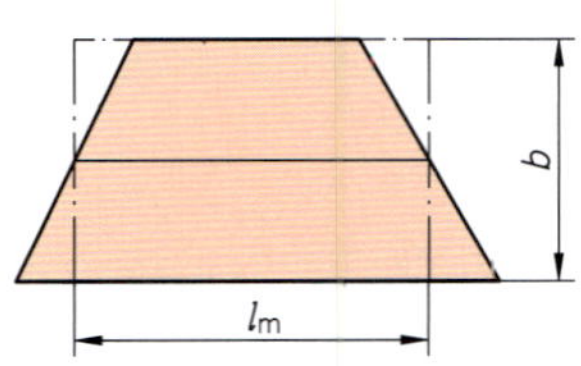

Erkenntnis
Die Mittellinie eines Trapezes ist halb so lang wie die parallelen Seitenlängen zusammen (arithmetisches Mittel).

$$l_m = \frac{l_1 + l_2}{2}$$

3. Zusammenfassung

Dreieck: $A = \frac{l \cdot b}{2}$

Trapez: $A = \frac{l_1 + l_2}{2} \cdot b \qquad A = l_m \cdot b$

4. Beispiel

Ein Stempel mit einer dreieckigen Druckfläche von 1 015 mm^2 hat 35 mm Stempelbreite. Berechnen Sie die Kantenlänge in mm.

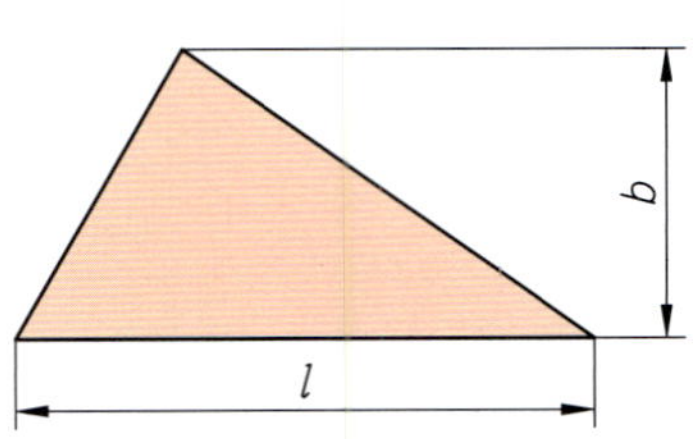

Gesucht l in mm

Gegeben $A = 1\,015\ mm^2$, $b = 35$ mm

Vorüberlegung
Dreiecksfläche = Hälfte einer regelmäßigen Vierecksfläche.

Lösung

$$A = \frac{l \cdot b}{2}$$
$$l = \frac{2 \cdot A}{b}$$
$$l = \frac{2 \cdot 1\,015\ mm^2}{35\ mm}$$
$$l = \underline{58\ mm}$$

Anmerkung
Die Diagonale teilt ein regelmäßiges Viereck in zwei gleiche Dreiecke.

Aufgaben

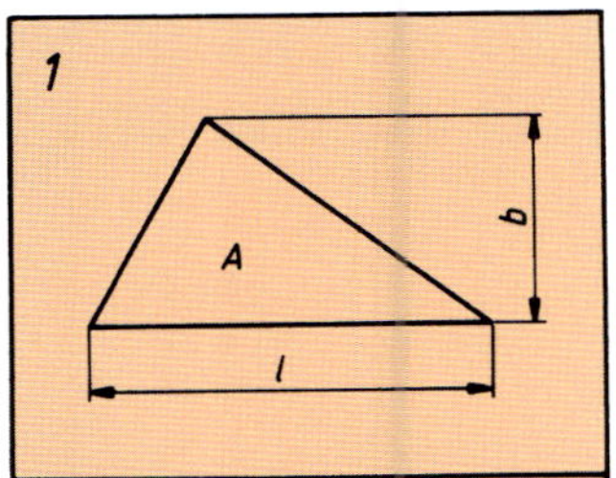

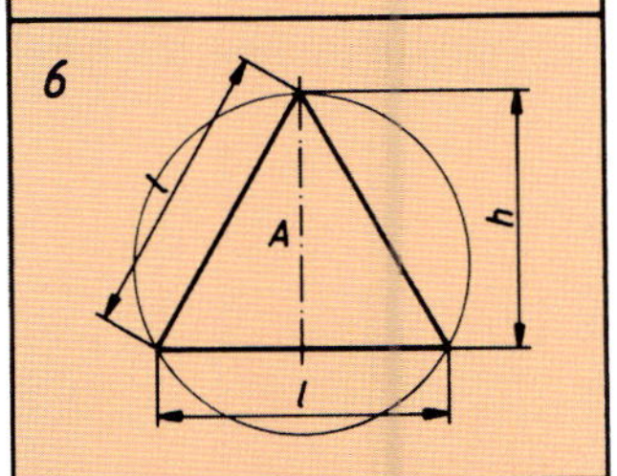

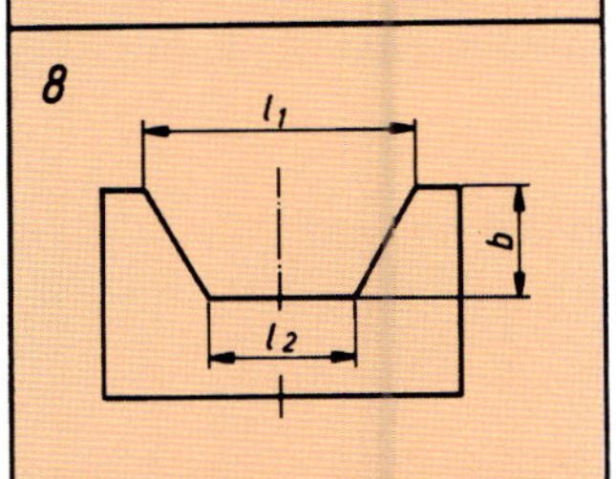

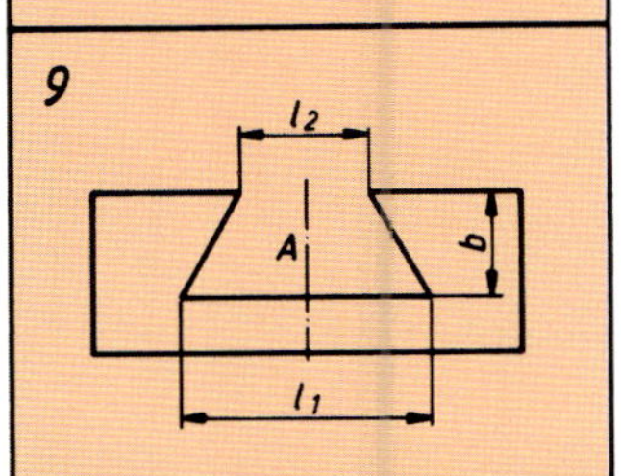

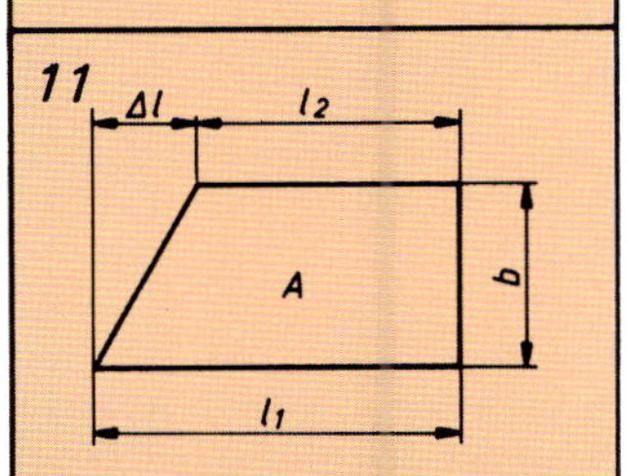

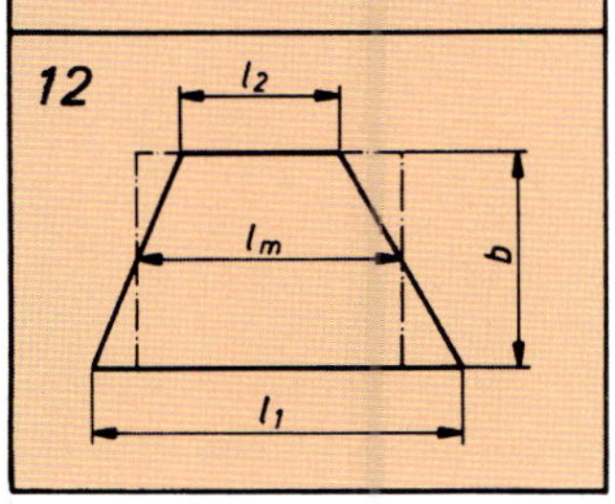

Die fehlenden Werte sind zu berechnen:

1.

Dreieck	a	b	c	d
Länge in cm	30	40	?	35
Breite in cm	30	?	8	?
Flächen in cm^2	?	200	600	105

2.

Trapez	a	b	c	d
l_m in m	1,2	0,8	?	1,4
b in cm	1,5	?	16	?
A in dm^2	?	16	9,6	2,52

3. Eine dreieckige Matrize mit 688 mm^2 Querschnitt hat eine Breite von 35 mm. Berechnen Sie die Länge der Grundseite.

4. Von einem dreieckigen Durchbruch mit 1450 mm^2 Fläche und 35,5 mm Grundseite wird die Breite gesucht.

5. Ein dreieckiger Stempel von 8500 mm^2 Querschnitt soll um 1 500 mm^2 bei gleich bleibender Breite von 85 mm verringert werden. Wie groß wird dann die Grundseite?

6. Ein gleichseitiges Lüftungsfenster hat eine Seitenlänge von 450 mm. Wie groß wird der Lüftungsquerschnitt in cm^2?

7. Eine Traverse soll durch zwei trapezförmige Bleche verstärkt werden. Die Grundseiten sind 320 mm und 730 mm lang, die Breite beträgt 160 mm. Berechnen Sie den Querschnittsbedarf in m^2.

8. Von einer trapezförmigen Führungsleiste mit 220 cm^2 Querschnitt sind die Grundlängen mit 140 und 300 mm bekannt. Die Breite wird gesucht.

9. Eine Schwalbenschwanzführung mit 2 250 mm^2 Führungsfläche hat eine Breite von 45 mm. Berechnen Sie die lange Grundseite, wenn die kürzere mit 35 mm gemessen wird.

10. Die parallelen Seiten eines Trapezes sollen im Verhältnis 3 : 5 aufgeteilt werden. Die Fläche beträgt 371,84 cm^2 und die Breite 112 mm. Ermitteln Sie die parallelen Seiten.

11. Ermitteln Sie die parallelen Seiten eines Trapezes, wenn deren Differenz 2 cm, der Flächeninhalt 735 mm^2 und die Breite 21 mm betragen.

12. Ein Trapez mit den parallelen Seiten 85 und 115 mm hat 6,5 cm Breite. Es soll in ein flächengleiches Rechteck bei gleicher Breite umgewandelt werden. Bestimmen Sie die fehlende Seite in cm.

► Wissen – Erkennen – Werten

a) Erklären Sie die Beziehung zwischen der Fläche eines regelmäßigen Vierecks und der des Dreiecks.

b) Was ergibt sich beim Halbieren einer Parallelogrammfläche (Rhomboid) mit den Längen l_1 und l_2?

c) Zeigen Sie für die Berechnung einer Trapezfläche die unterschiedlichen Möglichkeiten auf.

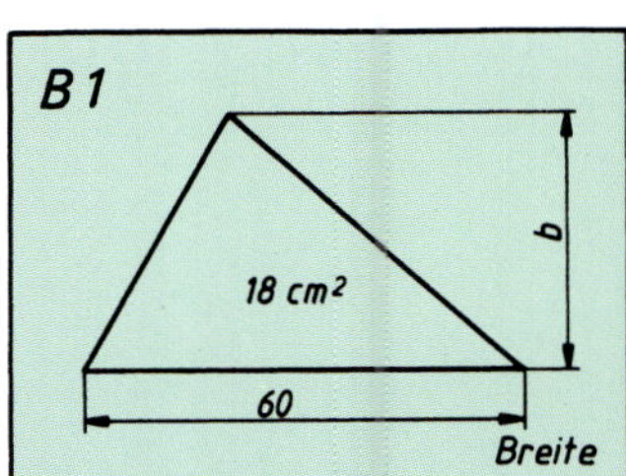

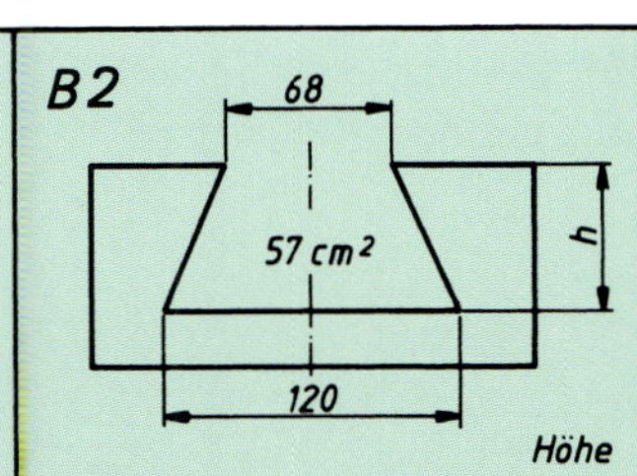

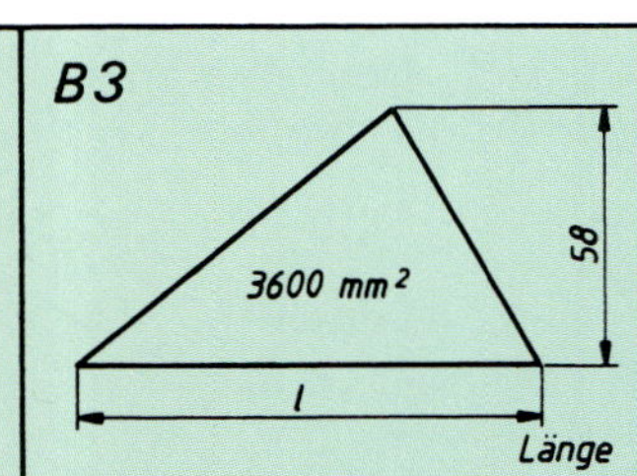

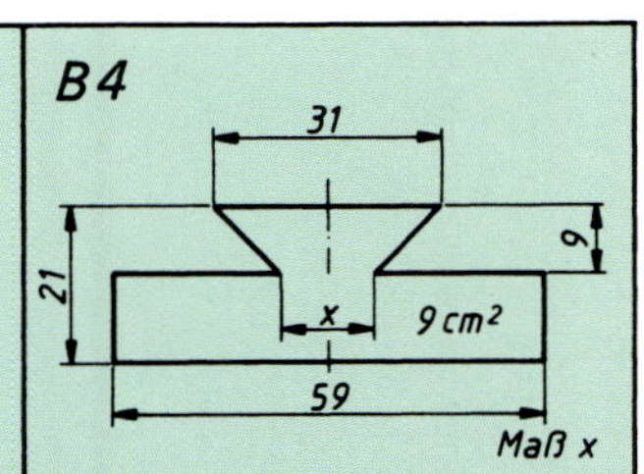

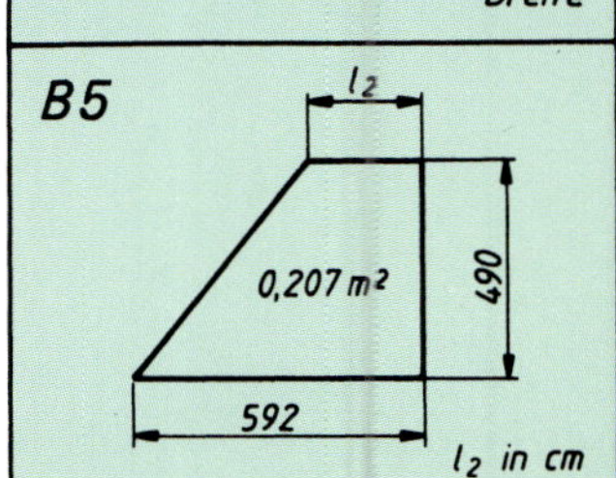

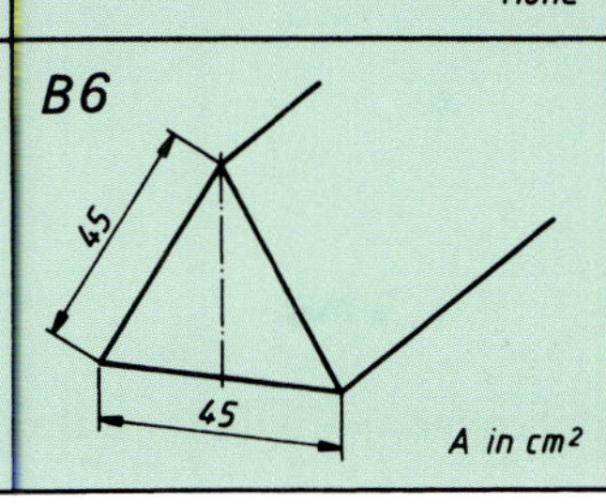

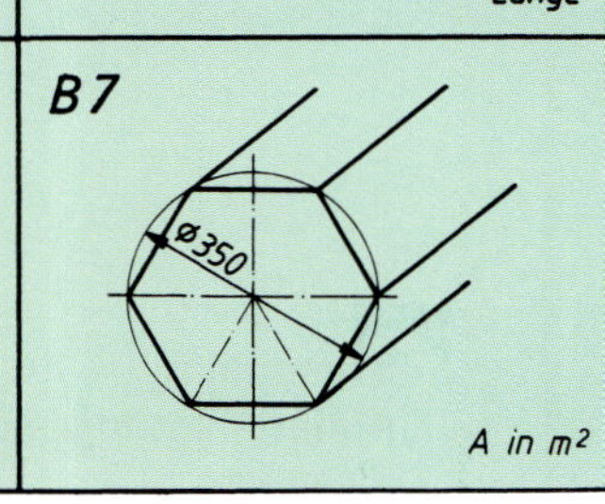

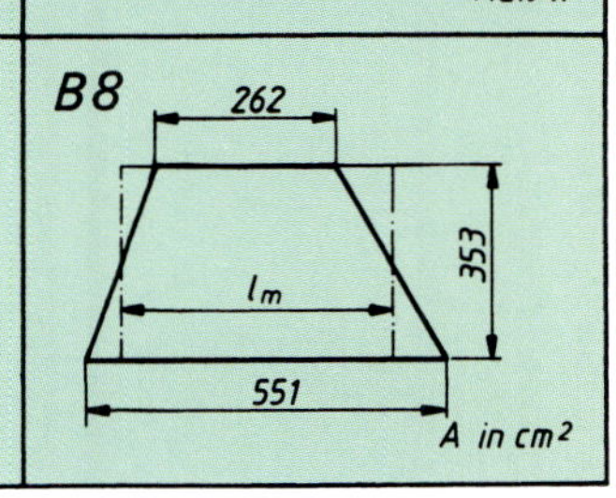

A Fläche in mm^2, cm^2
D Außendurchmesser in mm, cm
d Innendurchmesser in mm, cm
α Zentriwinkel (Mittelpunktswinkel) in °
$\pi \approx 3{,}1415$
$\frac{\pi}{4} \approx 0{,}785$

1. Kreis

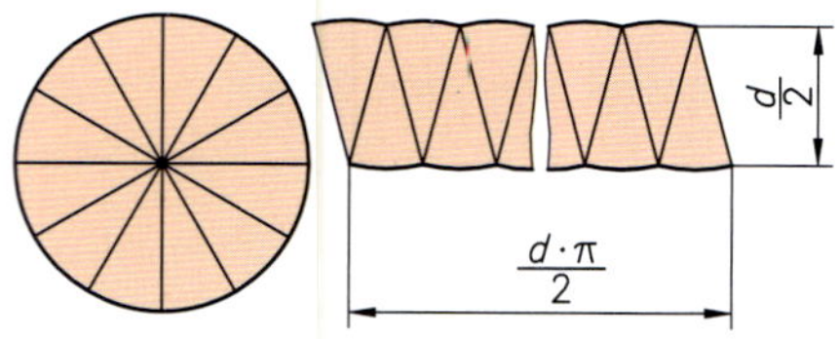

Wird ein Kreis in Sektoren aufgeteilt, so ergibt sich ein angenähertes Parallelogramm mit der

$$\text{Fläche} = \text{Länge} \times \text{Breite}$$
$$A = \frac{d \cdot \pi}{2} \cdot \frac{d}{2} = \frac{d^2 \cdot \pi}{4}$$

Hinweis
Für die Berechnung von Kreisfläche bzw. -durchmesser wird die Benutzung einer Zahlentafel empfohlen.

2. Kreisausschnitt

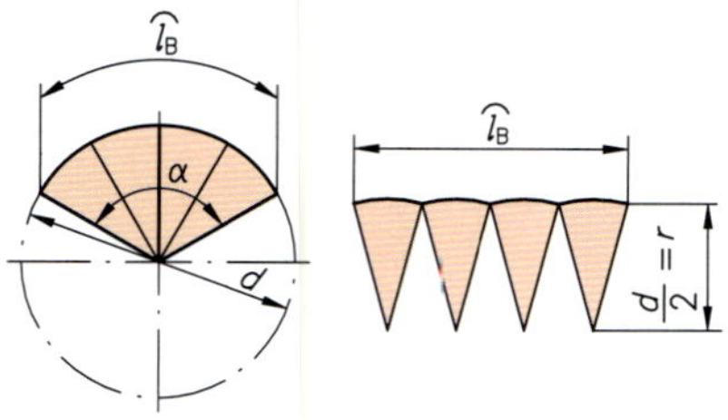

Teilt man den Kreisausschnitt wieder in Sektoren auf, so wird

$$A = \frac{l_B \cdot r}{2} \qquad \frac{d}{2} = r$$

Bei einem Vollkreis von 360° ist $A = d^2 \cdot \frac{\pi}{4}$

bei einem Teilkreis von α ist $A = d^2 \cdot \frac{\pi}{4} \cdot \frac{\alpha}{360°}$

3. Kreisring

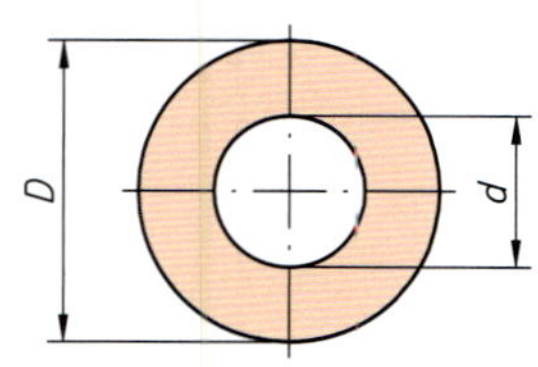

Die Differenz zweier Kreisflächen ergibt eine Kreisringfläche

$$A = A_1 - A_2$$
$$A = \frac{D^2 \cdot \pi}{4} - \frac{d^2 \cdot \pi}{4}$$
$$A = \frac{\pi}{4} \cdot (D^2 - d^2)$$
$$A \approx 0{,}785 \cdot (D^2 - d^2)$$

4. Zusammenfassung

Kreis $A = d^2 \cdot \frac{\pi}{4}$

Kreisausschnitt $A = d^2 \cdot \frac{\pi}{4} \cdot \frac{\alpha}{360°}$

Kreisring $A = \frac{\pi}{4} \cdot (D^2 - d^2)$

5. Beispiel

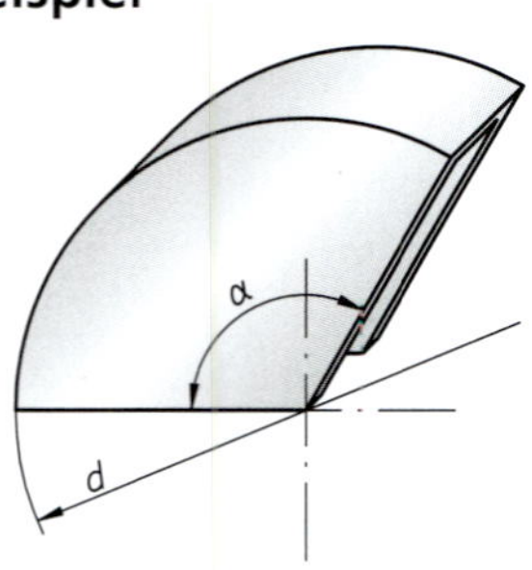

Für eine Schleifvorrichtung wird ein seitliches Abdeckblech von 400 mm Durchmesser mit 120° Zentriwinkel benötigt.
Bestimmen Sie den Blechbedarf in cm^2.

Gesucht A in cm^2

Gegeben $d = 400$ mm, $\alpha = 120°$

Vorüberlegung
Kreisausschnitt = Teil der Kreisfläche

Lösung

$$A = d^2 \cdot \frac{\pi}{4} \cdot \frac{\alpha}{360°}$$
$$A = (40\text{ cm})^2 \cdot \frac{\pi}{4} \cdot \frac{120°}{360°}$$
$$A = \underline{418{,}88\text{ cm}^2}$$

Anmerkung
Andere Lösungsmöglichkeit mithilfe des Dreisatzes oder der Verhältnisgleichung.

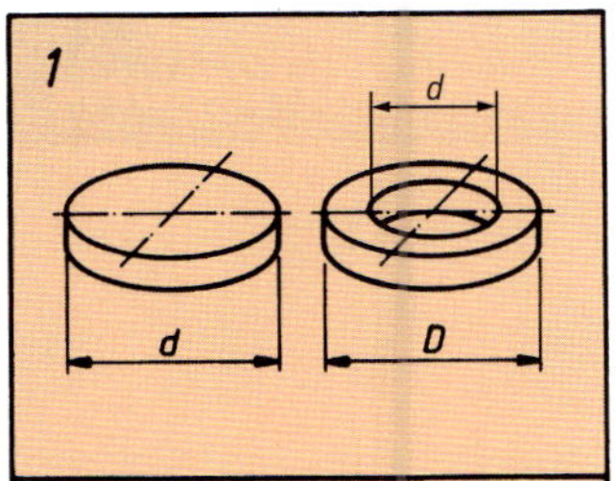

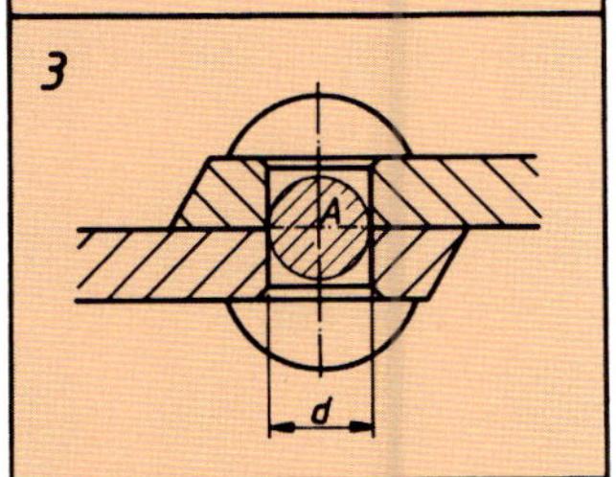

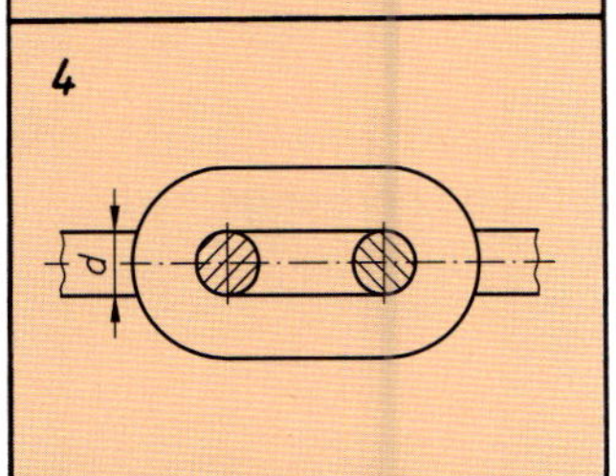

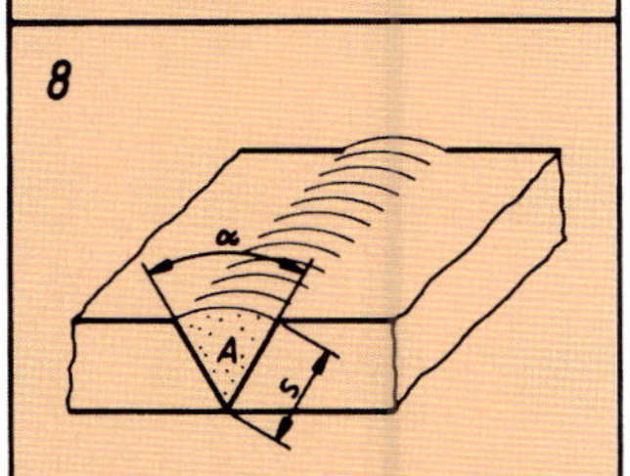

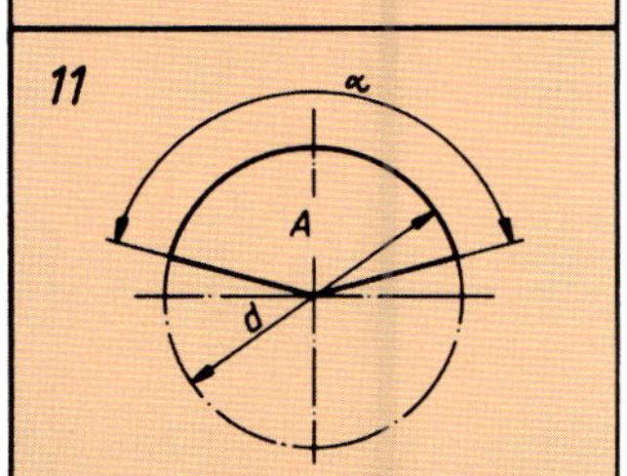

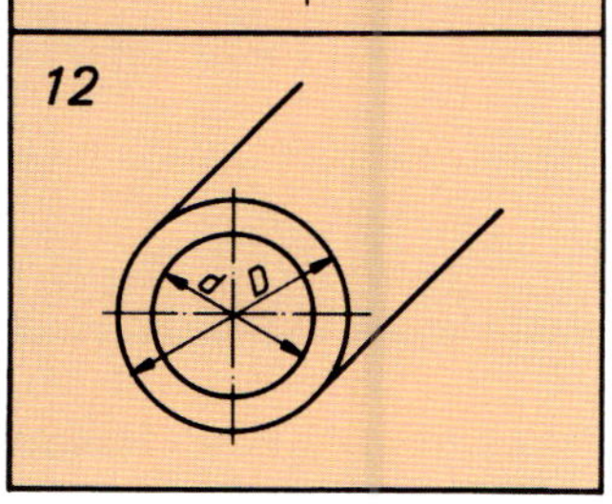

Berechnen Sie die fehlenden Werte:

1. Kreisausschnitt

	a	b	c
Durchmesser in cm	20	30	?
Zentriwinkel in °	360	?	90
Fläche in cm²	?	353	314

2. Kreisring

	a	b	c
D in cm	80	50	?
d in cm	60	?	39
A in dm²	?	7	4

3. Der geschlagene Nietdurchmesser beträgt 21 mm. Berechnen Sie den geschlagenen Nietquerschnitt.

4. Ein Kettenglied hat 981,6 mm² Gesamtquerschnitt. Bestimmen Sie den Kettendurchmesser.

5. Eine Welle wird auf 220 mm Durchmesser abgedreht. Wie groß ist der Querschnitt in cm²?

6. Bei einer Kegelabwicklung wurde bei 180 mm Radius ein Winkel von 120° gemessen. Wie groß wird die Mantelfläche in cm²?

7. Bei einem Entlüftungsschlitz wurde bei 240 mm Radius ein 320 mm langer Bogen gemessen. Wie groß ist der Entlüftungsquerschnitt in cm²?

8. Zwei Bleche werden durch eine 60°-V-Naht verbunden. Berechnen Sie den Querschnitt der V-Naht, wenn die Schrägungskante mit 9,2 mm gemessen wurde.

9. Als Querschnitt einer Anschlussleiste werden 78,5 mm² gefordert. Berechnen Sie das Bogenmaß, wenn der Radius mit 15 mm gegeben ist.

10. Aus einer Kreisfläche wird ein Kreissektor von 140 mm² herausgeschnitten. Bestimmen Sie den Zentriwinkel bei einem Durchmesser von 30 mm.

11. Für die Herstellung eines Trichtermantels wird 0,893 m² Blech benötigt. Wie groß ist dann der Radius bei einem Zentriwinkel von 160°?

12. Bei einem Stahlrohr beträgt die Summe der Durchmesser 16,8 cm, ihre Differenz 8 mm. Errechnen Sie die Durchmesser in mm.

► Wissen – Erkennen – Werten

a) Nennen Sie aus Ihrem beruflichen Umfeld Beispiele für Kreis und Kreisring.
b) Zeigen Sie für die Berechnung einer Kreisringfläche die unterschiedlichen Möglichkeiten auf.
c) Vergleichen Sie die Formel für Kreisfläche und Ellipsenfläche.
d) Begründen Sie den Einsatz von berufsspezifischen Flächentabellen.

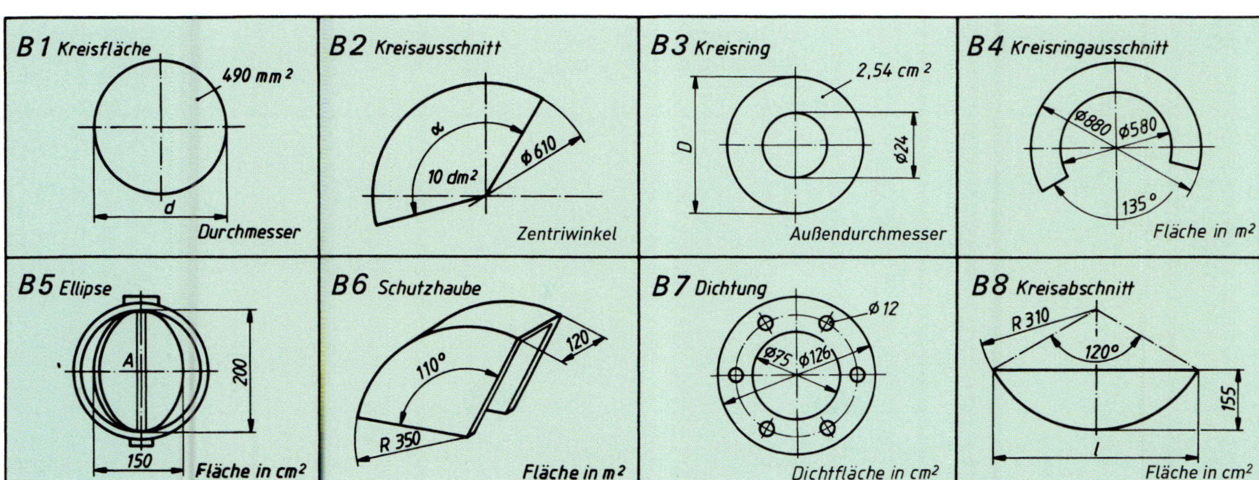

A_B Fläche des Rohblechs, Bruttofläche in mm^2
A_V Fläche des Verschnitts in mm^2
A_N Fläche des genutzten Blechs, Werkstückfläche, Nettofläche in mm^2

1. Aufteilung

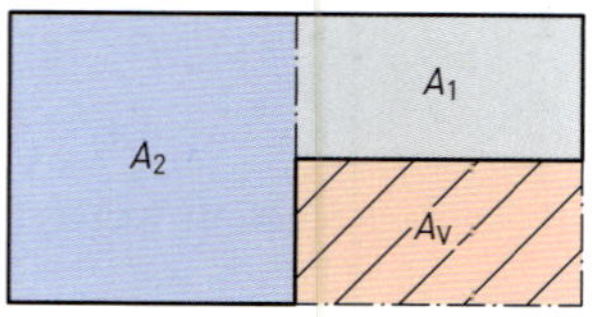

Die Gesamtfläche ist in vorteilhafte Teilflächen zu zerlegen:

$$A_N = A_1 + A_2 + \ldots$$
$$A_N = A_B - A_V$$

Hinweis
Tragen Sie die Benennung der Teilflächen in die Zeichnung ein.
Rechnen Sie möglichst mit günstigen (kleinen) Maßeinheiten.
Berechnen Sie die Teilflächen einzeln. Achten Sie dabei auf Übersichtlichkeit.

2. Verschnitt

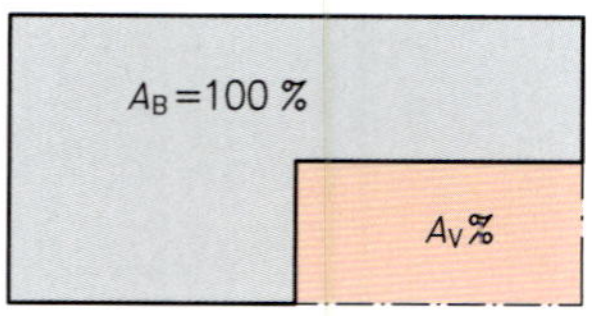

Um eine bestimmte Flächenform auszuschneiden, wird eine Bruttofläche von 100 % benötigt. Der Flächenbedarf wird als Grundwert angesetzt.

Folgerung Bruttofläche = 100 %
Verschnitt = x %

$$x = \frac{100\ \% \cdot A_V}{A_B}$$

Hinweis
Verschnittaufgaben lassen sich mit der Dreisatzrechnung oder der Verhältnisrechnung lösen.

Dreisatzrechnung

A_B als Aussage $= 100\ \%$

Schluss auf die Einheit $= \frac{100\ \%}{A_B}$

Schluss auf die Mehrheit $= \frac{A_V \cdot 100\ \%}{A_B}$

Verhältnisrechnung

$100\ \%$ zu $x = A_B$ zu A_V

$100\ \% : x = A_B : A_V$

$x = \frac{A_V}{A_B} \cdot 100\ \%$

3. Zusammenfassung

Fläche des genutzten Blechs = Addition oder Subtraktion der Teilflächen

$A_N = A_1 + A_2 \pm \ldots$

Werkstückfläche = Fläche des Rohblechs − Verschnitt

$A_N = A_B - A_V$

4. Beispiel

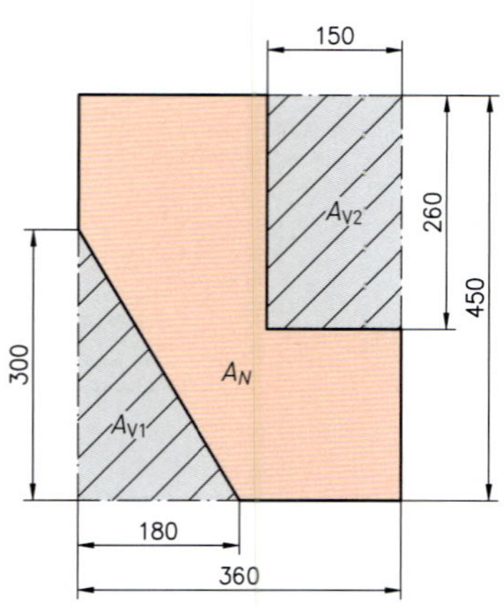

Für die Seitenverkleidung einer Vorrichtung wird die Fläche A_N (nach Skizze) benötigt. Berechnen Sie den Verschnitt in %.

Vorüberlegung
Teilflächen-Gleichungen in Worten.

Lösung

$A_N = A_B - A_V = 1\,620\ cm^2 - 660\ cm^2 = 960\ cm^2$

$A_B = l \cdot b = 36\ cm \cdot 45\ cm = 1\,620\ cm^2$

$A_{V1} = \frac{l \cdot b}{2} = \frac{18\ cm \cdot 40\ cm}{2} = 270\ cm^2$

$A_{V2} = l \cdot b = 15\ cm \cdot 26\ cm = 390\ cm^2$

$A_V = A_{V1} + A_{V2} = 270\ cm^2 + 390\ cm^2 = 660\ cm^2$

$A_B = 100\ \%$

$A_V = x\ \%$

$x = \frac{A_V}{A_B} \cdot 100\ \% = \frac{660\ cm^2}{1\,620\ cm^2} \cdot 100\ \% \approx \underline{41\ \%}$

Beachte
Die errechneten Teilgrößen werden in die Ausgangsgleichung eingesetzt.

A. Berechnen Sie die Werkstückfläche in cm² (Die Darstellungen sind nicht maßstäblich):

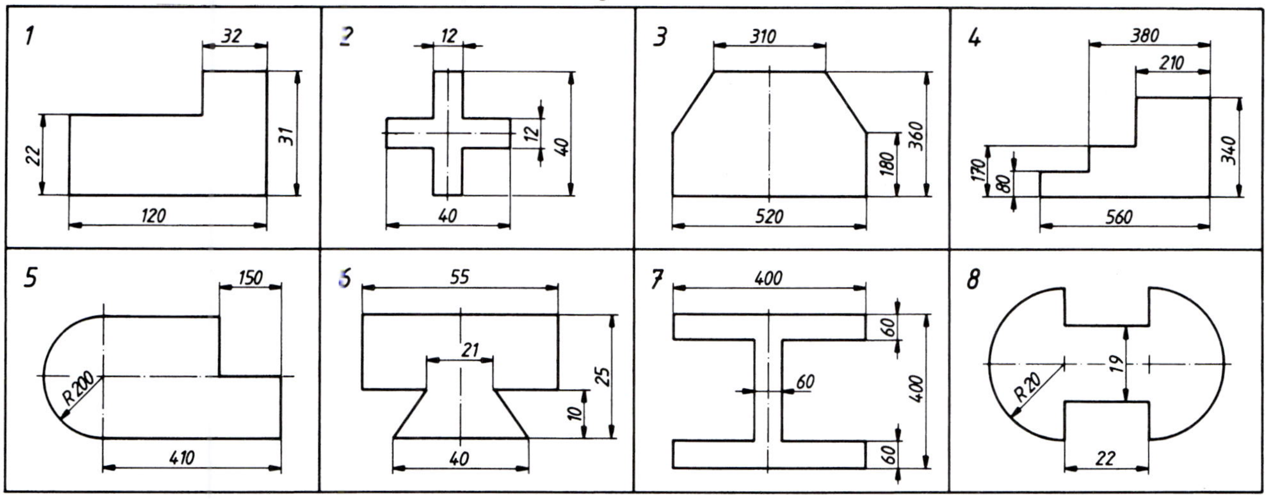

B. Berechnen Sie den Flächeninhalt in dm²:

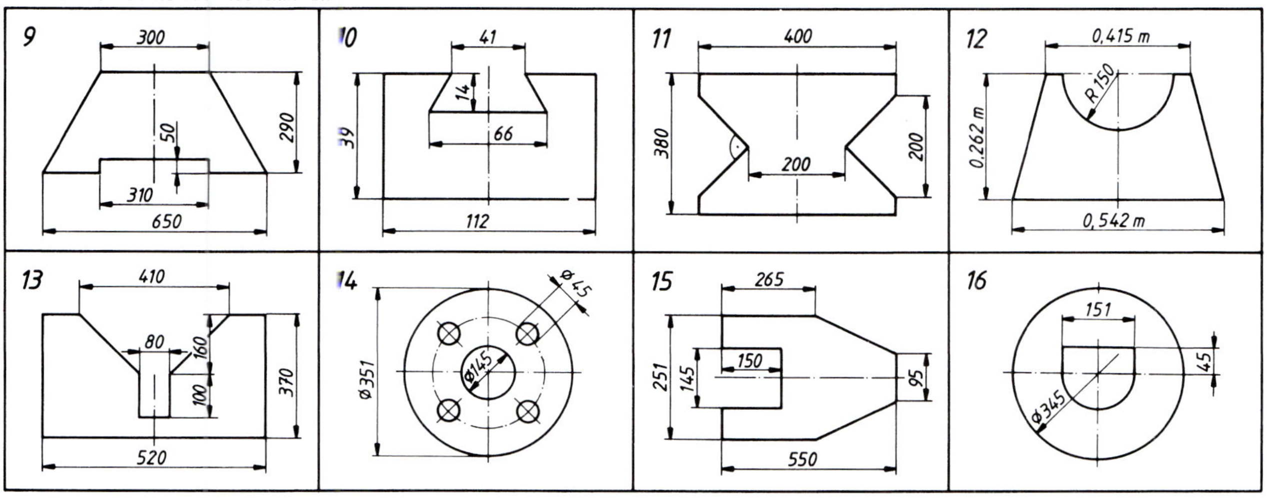

C. Berechnen Sie den Blechbedarf, die Werkstückfläche und den Verschnitt in %:

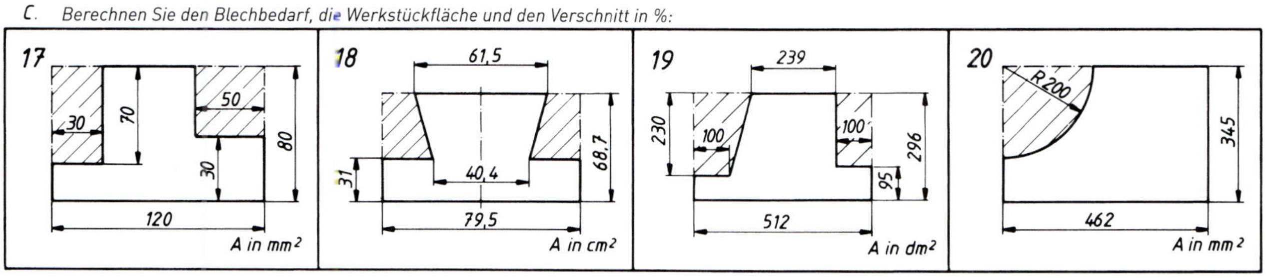

D. Berechnen Sie den Verschnitt in % mit d = 1:

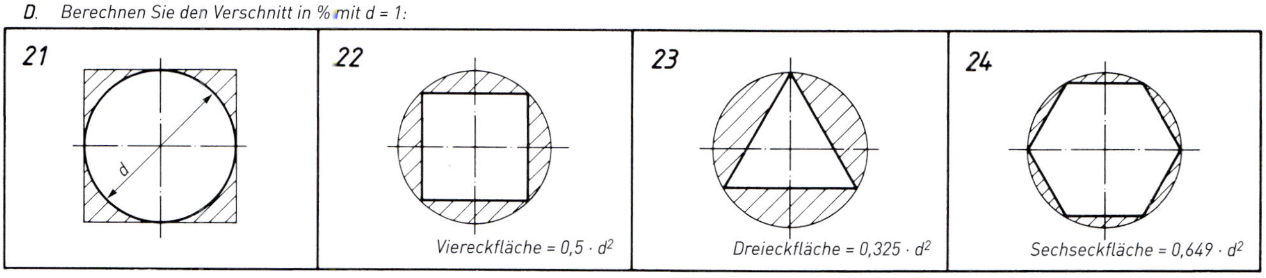

► **Wissen – Erkennen – Werten**

a) Nennen Sie Beispiele für zusammengesetzte Flächen aus Ihrem beruflichen Umfeld.
b) Zeigen Sie die Möglichkeiten auf, wie zusammengesetzte Flächen berechnet werden können.
c) Worauf sollte bei der Aufteilung von zusammengesetzten Flächen geachtet werden?
d) Unterscheiden Sie Bruttofläche und Nettofläche.
e) Erläutern Sie die Bezeichnung Verschnitt.
f) Nennen Sie die Bezugsgröße für die Berechnung des Verschnitts.
g) Wie kann ein minimaler Verschnitt erreicht werden?

Körper gleicher Dicke

V Volumen in mm³, cm³, dm³, m³
A Grundfläche in mm², cm², dm², m²
h Höhe in mm, cm, dm, m

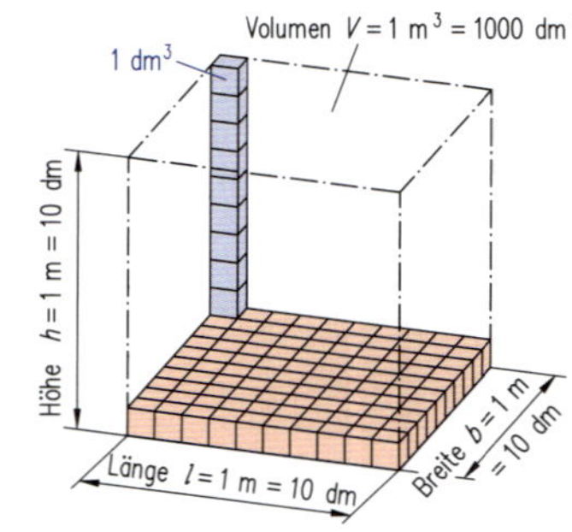

Merke
Bei gleich dicken Körpern steht die Mantelfläche senkrecht zu den parallelen Grund- und Deckflächen.

1. Würfel

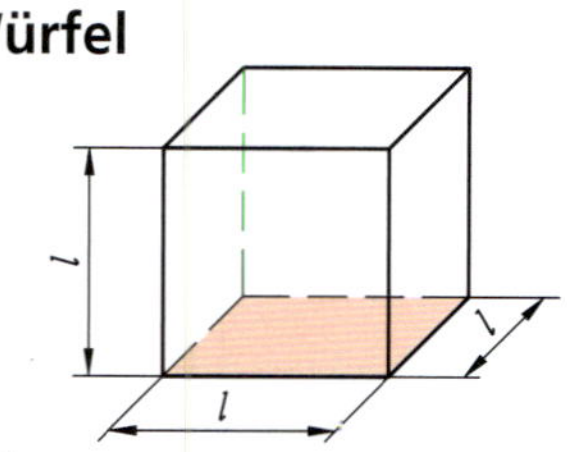

Volumen = Grundfläche × Höhe
$V = A \cdot h \Rightarrow V = l^3$

Merke
Ein Körper hat drei geometrische Dimensionen Höhe, Länge und Breite.

2. Prisma

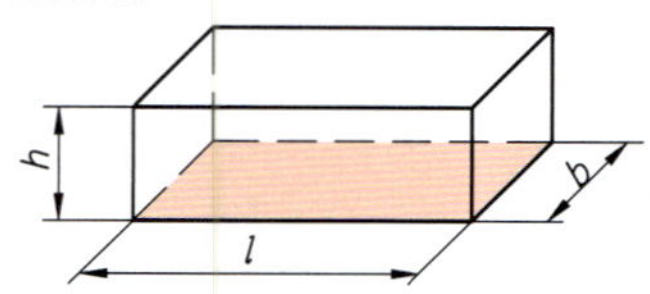

Volumen = Grundfläche × Höhe
$V = A \cdot h$

Hinweis
Die Grundfläche bei einem Prisma kann jede beliebige Form haben.

3. Zylinder

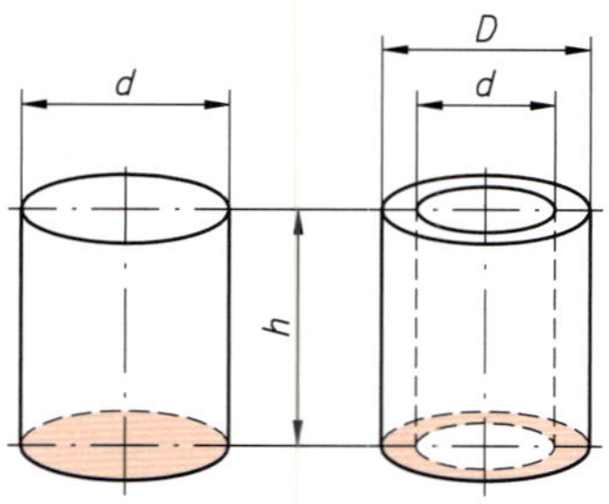

Volumen = Grundfläche × Höhe
$V = A \cdot h$

Zylinder
$V = A \cdot h$

$$A_{\bigcirc} = \frac{d^2 \cdot \pi}{4}$$

$$V = \frac{d^2 \cdot \pi}{4} \cdot h$$

Hohlzylinder
$V = A \cdot h$

$$A_{\circledcirc} = \frac{\pi}{4}(D^2 - d^2)$$

$$V = \frac{\pi}{4}(D^2 - d^2) \cdot h$$

4. Zusammenfassung

Für die Volumenberechnung gerader, gleich dicker Körper (Prismen) gilt:

Volumen = Grundfläche × Höhe
$V = A \cdot h$

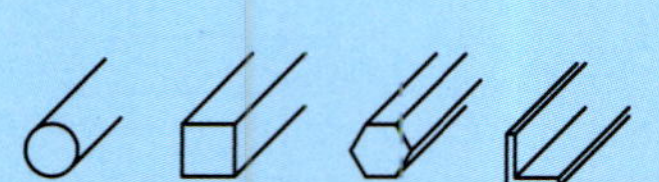

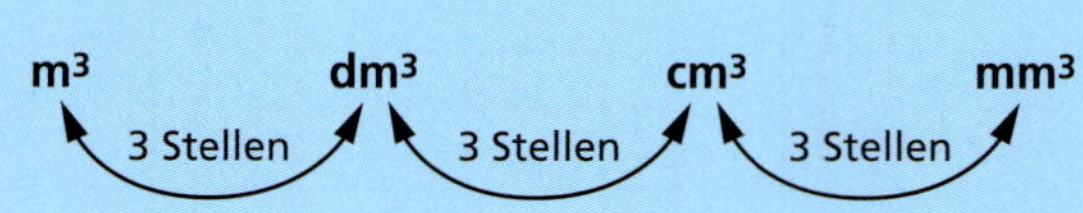

5. Beispiel

Für einen zylindrischen Wasserbehälter mit 350 mm Durchmesser und 750 mm Höhe soll das Füllvolumen in Liter ermittelt werden.

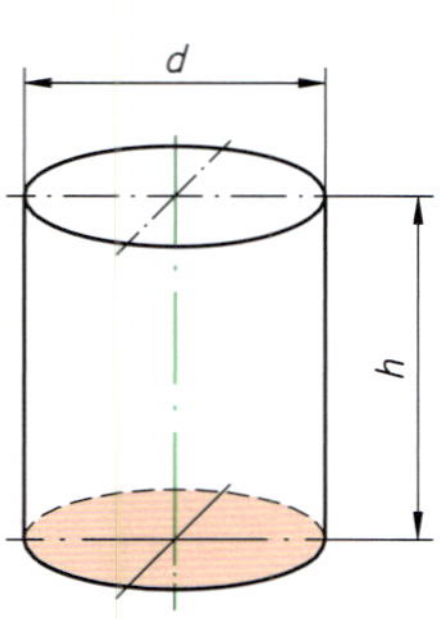

Gesucht V in l

Gegeben d = 350 mm
h = 750 mm

Vorüberlegung
Volumen = Grundfläche × Höhe

Lösung
$V = A \cdot h$
$V = 9{,}62\ dm^2 \cdot 7{,}5\ dm$
$V \approx 72\ dm^3 = \underline{72\ l}$

$A = d^2 \cdot \frac{\pi}{4}$
$A = 3{,}5^2\ dm^2 \cdot \frac{\pi}{4}$
$A = 9{,}62\ dm^2$

Beachte
Den Rauminhalt von Behältern misst man in Litern (1 l = 1 dm³).

4
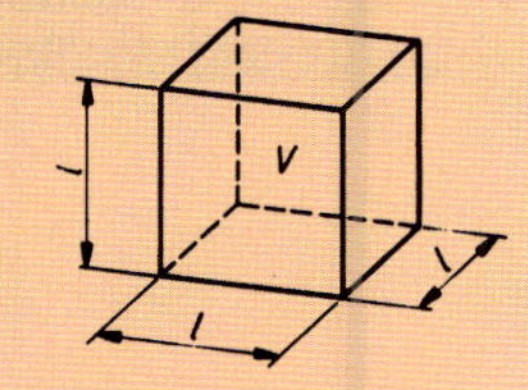

5
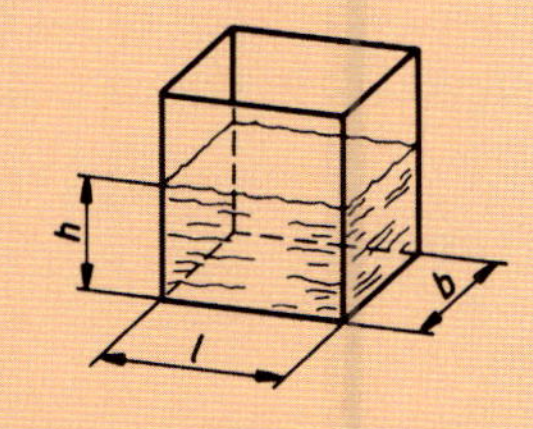

7
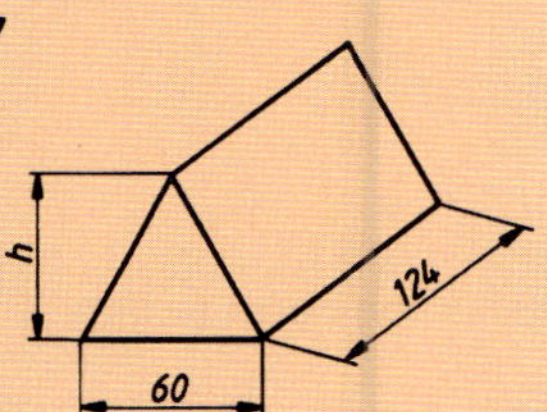

9
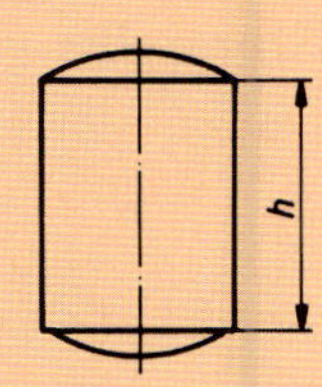

10
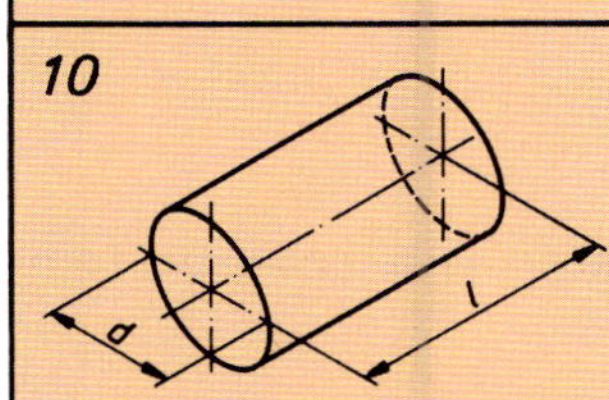

11
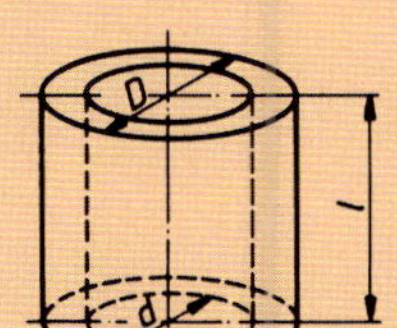

1. Verwandeln Sie in:

a) m^3:	4,8 dm^3,	0,65 cm^3,	314 mm^3,	8 345 cm^3,	42,85 dm^3
b) cm^3:	3,41 m^3	0,78 dm^3,	620 mm^3,	0,084 dm^3,	0,035 m^3
c) dm^3:	6,3 cm^3,	3,41 m^3,	731 mm^3,	0,451 cm^3,	0,005 m^3
d) mm^3:	9,4 dm^3,	9,08 m^3,	694 cm^3,	0,081 dm^3,	0,012 m^3

Berechnen Sie die fehlenden Werte:

2.

Vierkantstahl	a	b	c
Seitenlänge	45	60	?
Höhe in mm	270	?	450
Volumen in dm^3	?	1,3	2,53

3.

Rundstahl	a	b	c
d in mm	25	36	?
h in mm	125	?	230
V in cm^3	?	180	380

4. Das Volumen eines Würfels beträgt 5,832 cm^3. Wie lang ist eine Kantenlänge?

5. Ein rechteckiger Wasserbehälter mit den Maßen $0{,}8 \times 0{,}45 \times 1{,}5$ m soll mit Wasser gefüllt werden. Wie viel Liter kann er fassen?

6. Ein Ölbehälter mit der Grundfläche 60×40 cm ist mit 140 dm^3 Öl gefüllt. Welche Höhe hat der Ölspiegel in cm?

7. Ein gleichseitiges dreieckiges Prisma mit 60 mm Seitenlänge ist 124 mm lang. Berechnen Sie das Volumen in cm^3.

8. Ein Stahlblock mit 1 800 cm^3 Volumen soll auf 1 500 mm Länge ausgewalzt werden. Als Profilquerschnitt wird das Verhältnis $l : b = 3 : 1$ verlangt. Bestimmen Sie die Querschnittsmaße in mm.

9. Ein zylindrisches Ausdehnungsgefäß hat einen Durchmesser von 35 cm und eine Höhe von 450 mm. Wie viel Liter fasst das Gefäß?

10. Das Volumen einer 1,6 m langen Walze wird mit 1017 mm^3 angegeben. Wie groß ist der Durchmesser in mm?

11. Von einer dickwandigen Hohlsäule mit 175 mm Außendurchmesser, 115 mm Innendurchmesser und 420 mm Höhe wird das Volumen in dm^3 gesucht.

▶ Wissen – Erkennen – Werten

a) Erläutern Sie, wie viele geometrische Dimensionen ein Körper besitzt.
b) Erklären Sie, was Körper gleicher Dicke gemeinsam haben.
c) Worauf ist beim Umrechnen von Volumeneinheiten zu achten?
d) Begründen Sie den Einsatz von Flächentabellen.
e) Nennen Sie technische Beispiele für die Volumenberechnung.
f) Vergleichen Sie die Volumengleichung $V = A \cdot h$ mit den üblichen Formeln der Tabellenbücher.

B 1 Würfel
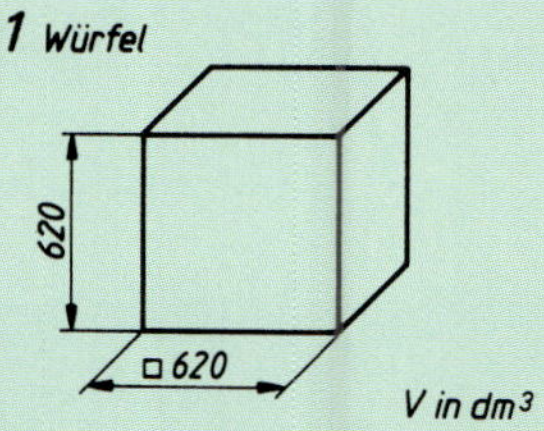

V in dm^3

B 2 Zylinder
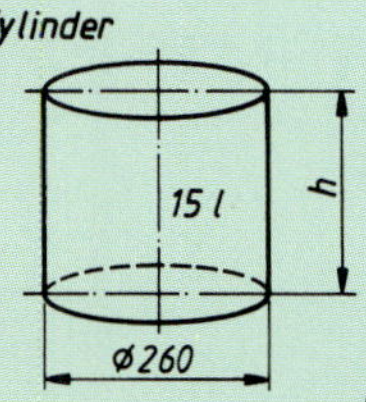

h in mm

B 3 Prisma
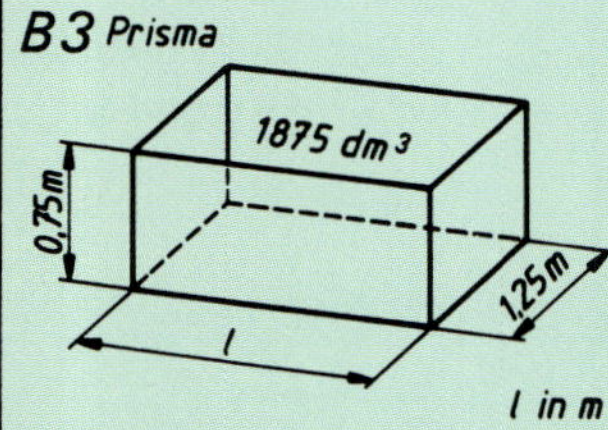

l in m

B 4 Hohlzylinder
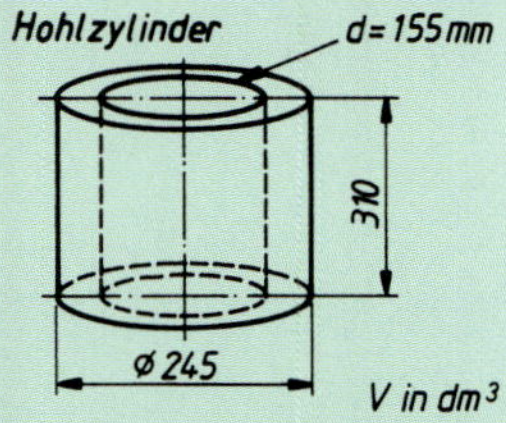

V in dm^3

B 5
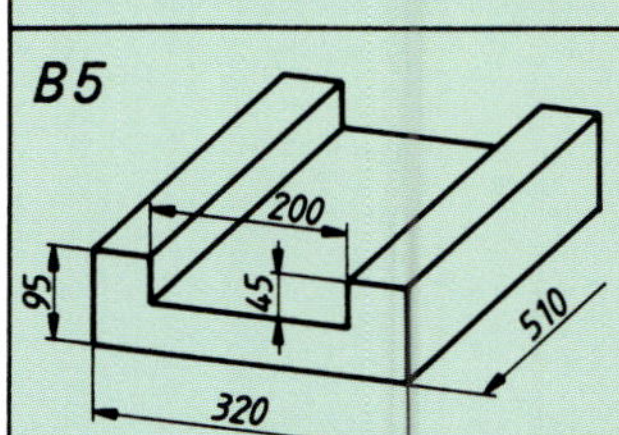

V in dm^3

B 6
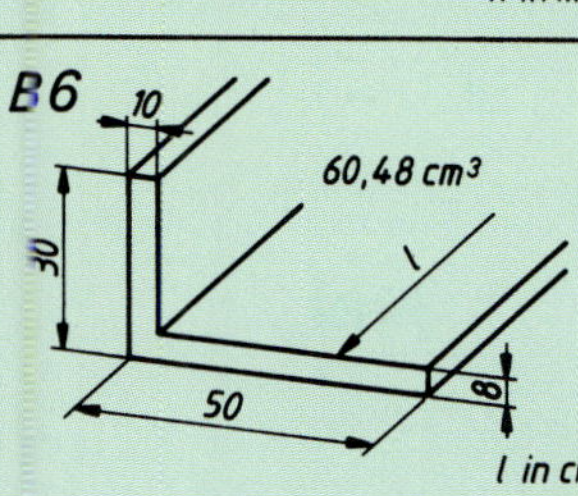

l in cm

B 7
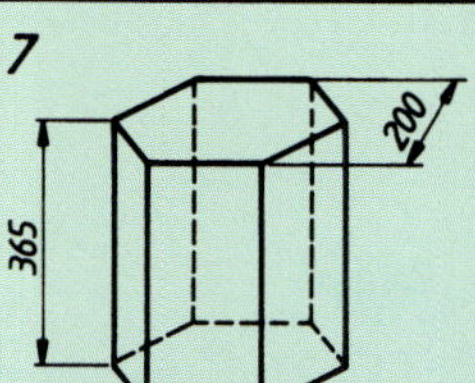

V in dm^3

B 8
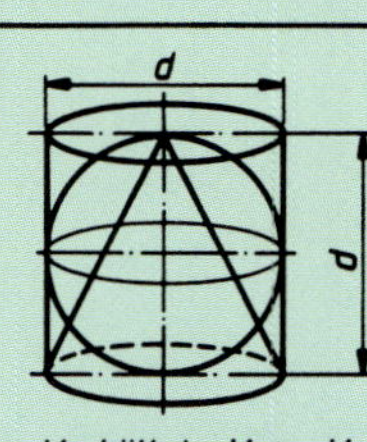

Verhältnis V : V : V

Spitze und abgestumpfte Körper

V Volumen in mm^3, cm^3
A Fläche in mm^2, cm^2
h Höhe in mm, cm

A_m mittlere Fläche in mm^2, cm^2
d_m mittlerer Durchmesser in mm, cm
l_m mittlere Seitenlänge in mm, cm

1. Kegel/Pyramide

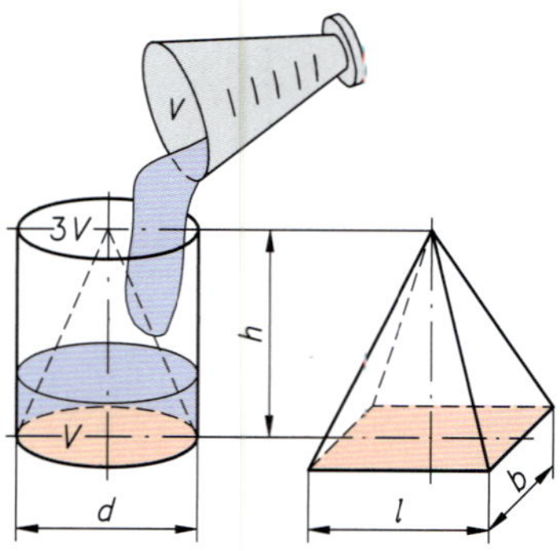

Bei *spitzen Körpern* laufen die Mantellinien geradlinig in eine Spitze aus. Bei gleich bleibender Grundfläche und Höhe beinhaltet ein Prisma 3 Spitzkörper.

Folgerung V-spitz = 1/3 vom Volumen des Prismas

$$\text{Volumen} = \frac{\text{Grundfläche} \times \text{Höhe}}{3}$$

$$V = \frac{A \cdot h}{3}$$

Hinweis
Die Grundfläche bei spitzen Körpern kann jede beliebige Form haben.

2. Kegel/Pyramide abgestumpft

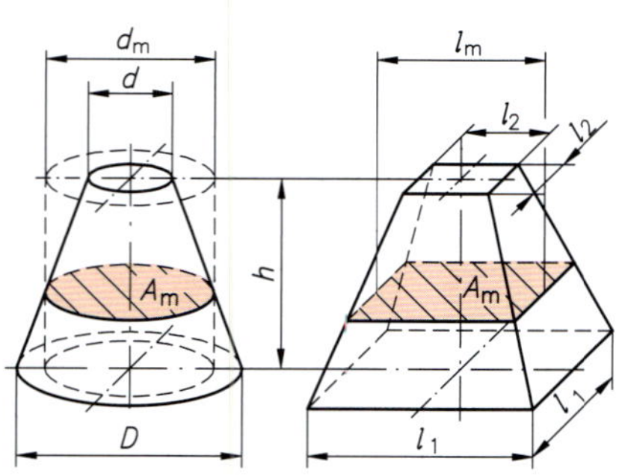

Bei *abgestumpften Körpern* ist der obere Teil eines spitzen Körpers parallel zur Grundfläche abgeschnitten. Aus den Grund- und Deckmaßen wird der Mittelwert gebildet:

$$d_m = \frac{D + d}{2} \text{ bzw. } \quad l_m = \frac{l_1 + l_2}{2} \Rightarrow A_m$$

somit wird

$$\text{Volumen} \approx \text{mittl. Fläche} \times \text{Höhe}$$

$$V \approx A_m \cdot h$$

Hinweis
Die Grundfläche bei abgestumpften Körpern kann jede beliebige Form haben.

3. Zusammenfassung

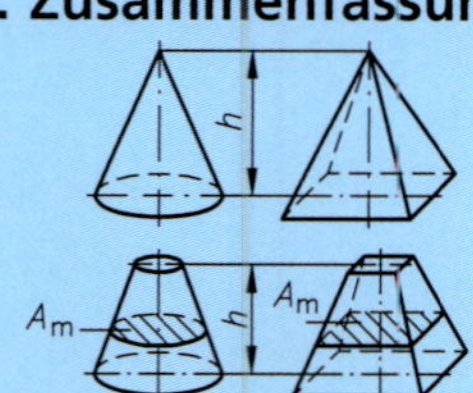

Spitze Körper

$$V = \frac{\text{Grundfläche} \times \text{Höhe}}{3} = \frac{A \cdot h}{3}$$

Abgestumpfte Körper

$$V \approx \text{mittl. Fläche} \times \text{Höhe} \approx A_m \cdot h$$

4. Beispiel

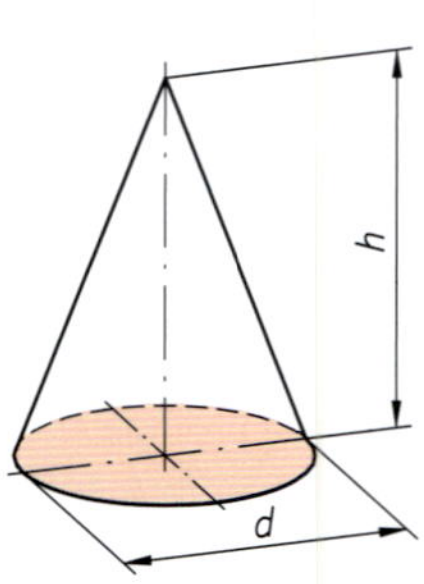

Ein Kegel mit 210 mm Durchmesser hat ein Volumen von 3 056 cm^3. Berechnen Sie die Höhe in cm.

Gesucht h in cm

Gegeben V = 3 056 cm^3
d = 210 mm

Vorüberlegung
Kegelvolumen = 1/3 Zylindervolumen

Lösung

$$V = \frac{A \cdot h}{3}$$

$$h = \frac{3 \cdot V}{A} = \frac{3 \cdot 3\,056 \text{ cm}^3}{346{,}36 \text{ cm}^2} = 26{,}47 \text{ cm}$$

$$A = d^2 \cdot \frac{\pi}{4}$$

$$A = 21^2 \text{ cm}^2 \cdot \frac{\pi}{4}$$

$$A = 346{,}36 \text{ cm}^2$$

Beachte
Rechnen Sie mit der Maßeinheit, die Rechenvorteile bringt.

1,2
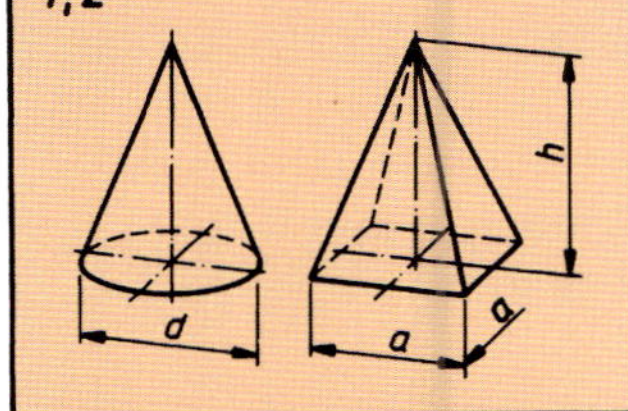

3,4
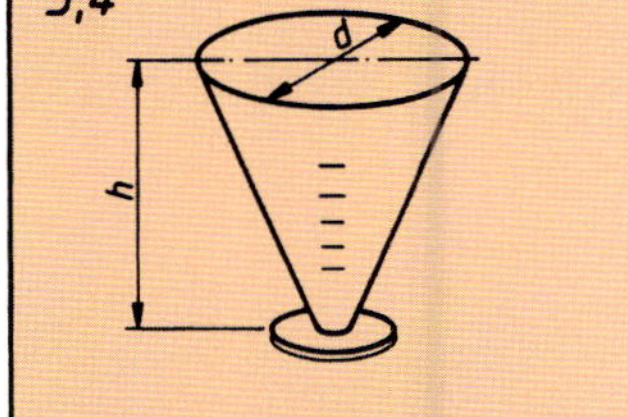

5-7
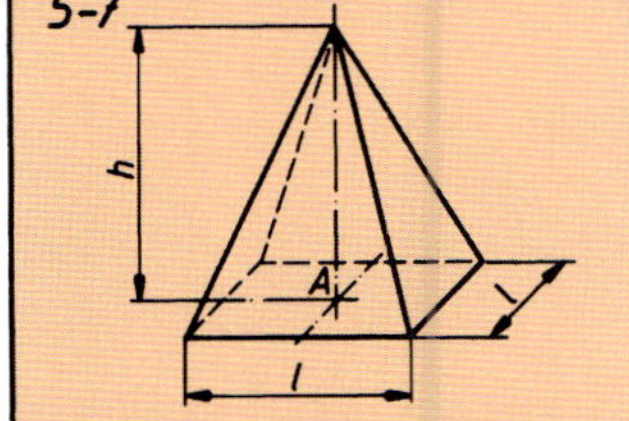

8
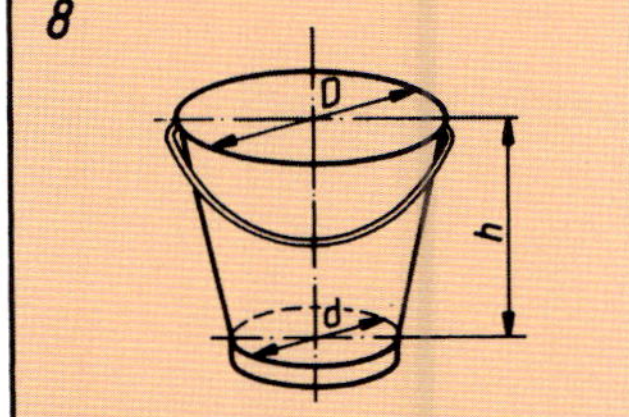

10
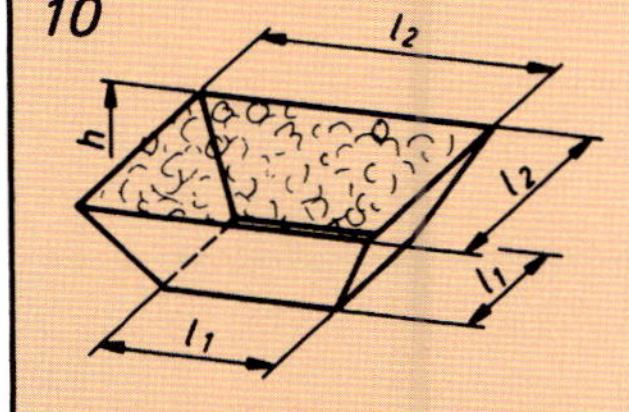

11
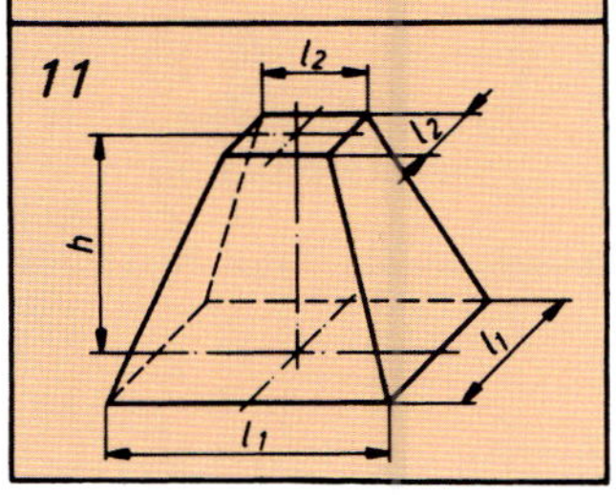

Berechnen Sie die fehlenden Werte:

1. Kegel	a	b	c
Durchmesser in dm	10	2,5	?
Höhe in dm	20	?	6
Volumen in dm³	?	7,4	17

2. Pyramide	a	b	c
Seitenlänge in cm	15	30	?
Höhe in mm	30	?	90
Volumen in dm³	?	18	60

3. Das Fassungsvolumen eines trichterförmigen Behälters beträgt 444 cm³. Welche Höhe in mm hat der Trichter bei 120 mm Durchmesser?

4. Für einen kegeligen Ölfilter lautet die Firmenangabe 0,3 Liter bei 100 mm Höhe. Berechnen Sie den Durchmesser in mm.

5. Eine paramidenförmige Rauchabzugshaube besitzt die Maße 45 × 45 cm bei 600 mm Höhe. Berechnen Sie das Fassungsvermögen in dm³.

6. Eine quadratische Vierkantspitze 30 × 30 mm hat ein Volumen von 135 cm³. Wie groß ist die Spitzenhöhe in cm?

7. Ein quadratischer Gitterstab soll pyramidenförmig auf 120 mm Länge ausgeschmiedet werden. Wie groß ist bei einem Volumen von 15,2 cm³ die Kantenlänge in mm?

8. Der obere Durchmesser eines Wassereimers misst 290 mm, der untere Durchmesser 180 mm, die Höhe 320 mm. Wie viel Liter fasst der Eimer?

9. Der Dichtungskegel eines Absperrhahns hat ein Volumen von 3 808 mm³. Berechnen Sie die Höhe, wenn der große Durchmesser mit 22 mm und der kleine Durchmesser mit 18 mm gemessen werden.

10. Ein 285 mm hoher pyramidenstumpfförmiger Spänekasten hat 425 mm Grundkantenlänge und eine 625 × 625 mm große Öffnung. Berechnen Sie das Fassungsvolumen in dm³.

11. Ein Fundament in Form einer abgeflachten Pyramide hat ein Volumen von 143 dm³. Die Grundlänge beträgt 650 mm, die Abflachung ist 450 mm lang. Wie groß ist die Fundamenthöhe in mm?

► Wissen – Erkennen – Werten

a) Welche Bedingungen müssen spitze und abgestumpfte Körper erfüllen, damit man ihr Volumen nach nebenstehenden Gleichungen berechnen kann?
b) Begründen Sie, warum bei abgestumpften Körpern die mittlere Fläche aus den mittleren Längenmaßen berechnet werden muss.
c) Erstellen Sie für das pyramidenförmige Werkstück aus Aufgabe B 8 eine Fertigungsbeschreibung.
d) Zeigen Sie an Beispielen Möglichkeiten für die Volumenbestimmung zusammengesetzter Körper auf.

B 1 Kegel
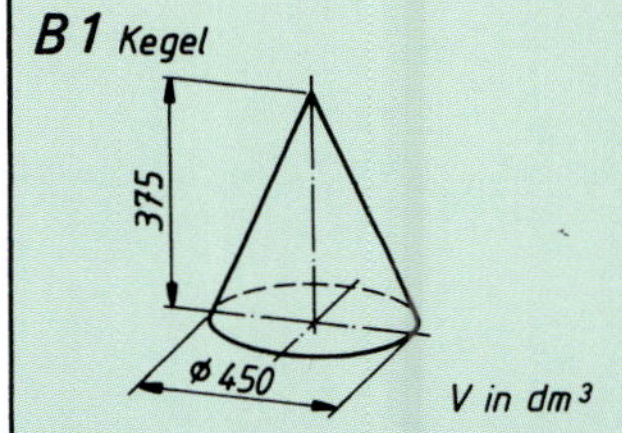

B 2 Pyramide
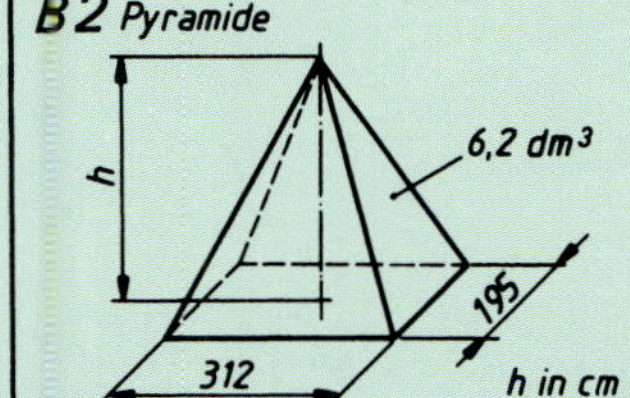

B 3 Kegelstumpf
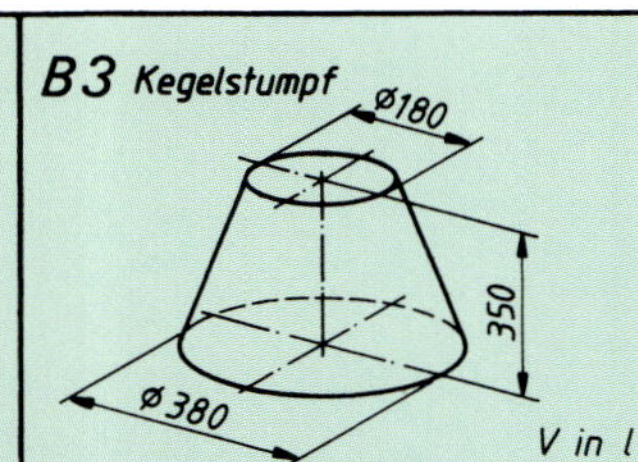

B 4 Pyramidenstumpf
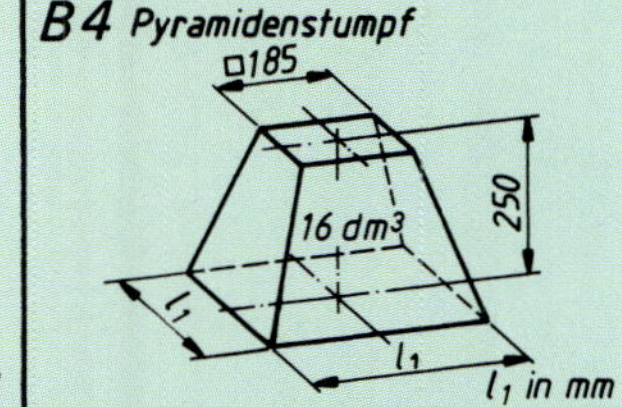

B 5
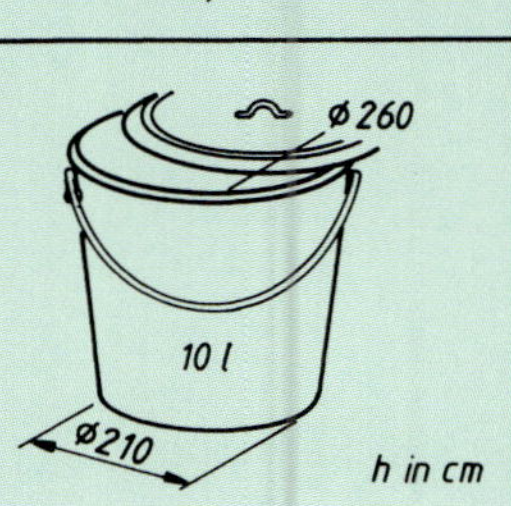

B 6
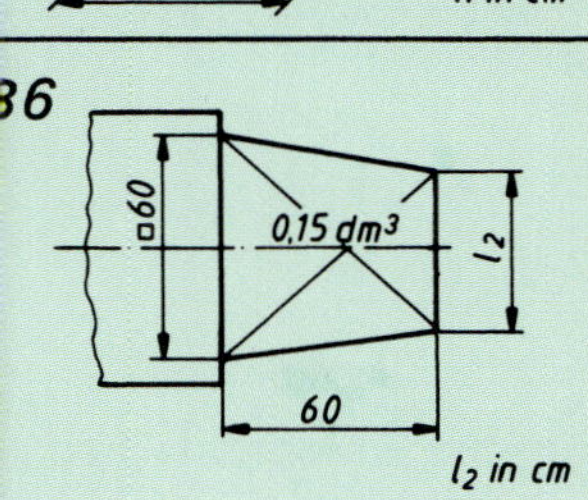

B 7
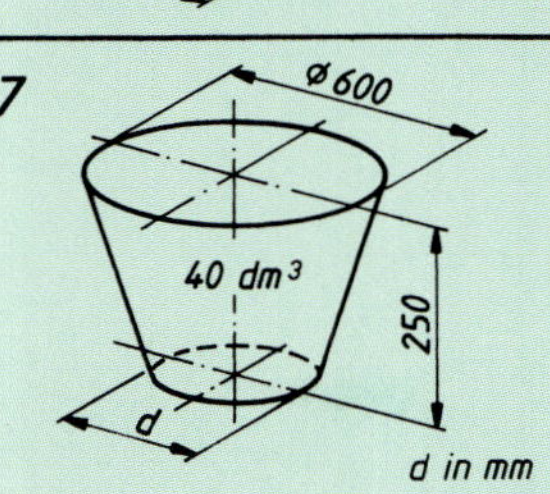

B 8
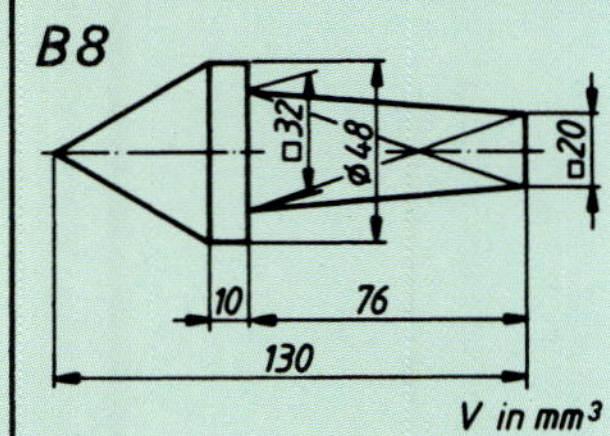

Ringförmige Körper, Guldin'sche Regel

V Volumen in mm³
A Fläche, Querschnitt in mm²
A_M Mantelfläche in mm²
A_O Oberfläche in mm²
l Linie, Länge in mm
d_s Schwerpunktsdurchmesser in mm
s Schwerpunktsweg in mm
U Umfangslänge in mm

1. Mantelfläche

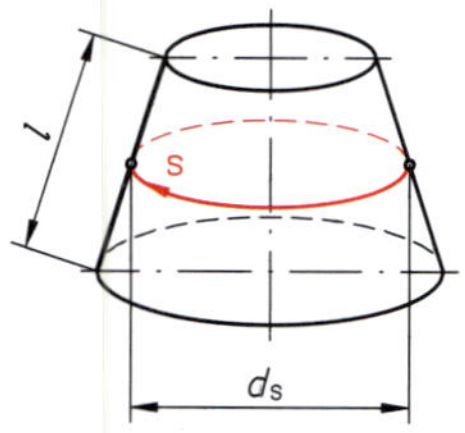

Eine um eine Achse rotierende Linie erzeugt eine Mantelfläche, somit wird:

Mantelfläche = rotierende Linie × Schwerpunktsweg

$A_M = l \cdot s$

$A_M = l \cdot d_s \cdot \pi$

2. Oberfläche

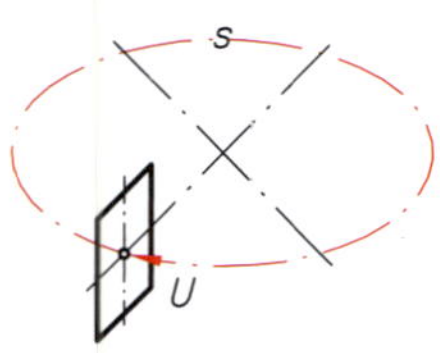

Ein um eine Achse rotierender Umfang erzeugt eine Oberfläche, somit wird:

Oberfläche = rotierender Umfang × Schwerpunktsweg

$A_O = U \cdot s$

$A_O = U \cdot d_s \cdot \pi$

3. Volumen

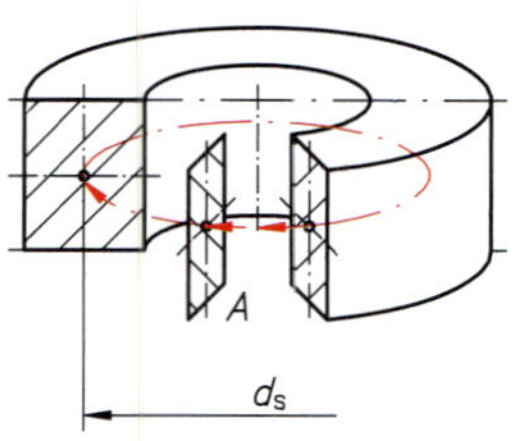

Eine um eine Achse rotierende Querschnittsfläche erzeugt ein Volumen, somit wird:

Volumen = rotierende Fläche × Schwerpunktsweg

$V = A \cdot s$

$V = A \cdot d_s \cdot \pi$

Hinweis

d_s = Innendurchmesser + Wanddicke

d_s = Außendurchmesser − Wanddicke

$$d_s = \frac{\text{Außendurchmesser} + \text{Innendurchmesser}}{2}$$

4. Zusammenfassung

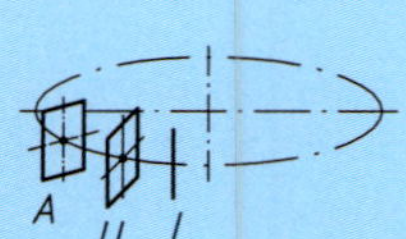

Mithilfe der Guldin'schen Regel lassen sich bei Rotationskörpern Umdrehungsflächen und Volumen bestimmen.

Mantelfläche A_M = rotierende Linie l × Schwerpunktsweg s
Oberfläche A_O = rotierender Umfang U × Schwerpunktsweg s
Volumen V = rotierende Fläche A × Schwerpunktsweg s

5. Beispiel

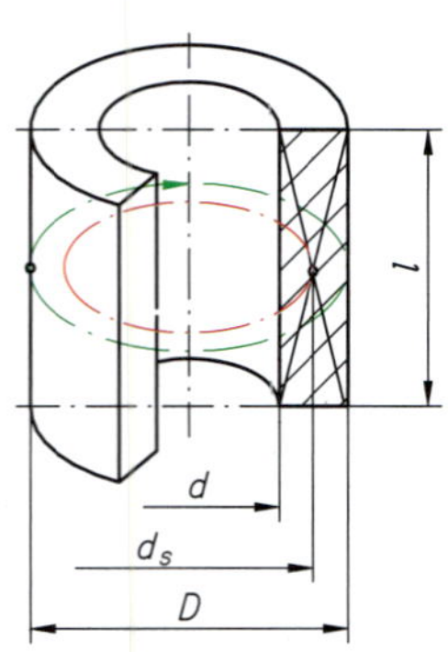

Eine 70 mm lange Buchse hat die Durchmesser 30 und 50 mm. Berechnen Sie die äußere Mantelfläche in cm² und das Volumen in cm³.

Gesucht A_M in cm², V in cm³

Gegeben $l = 70$ mm; $d = 30$ mm; $D = 50$ mm

Vorüberlegung
rotierendes l, U oder A · Schwerpunktweg s

Lösung

$A_M = l \cdot D \cdot \pi$

$A_M = 7\ \text{cm} \cdot 5\ \text{cm} \cdot \pi$

$A_M = \underline{109{,}9\ \text{cm}^2}$

$V = A \cdot d_s \cdot \pi$

$V = 7\ \text{cm}^2 \cdot 4\ \text{cm} \cdot \pi$

$V = \underline{87{,}92\ \text{cm}^3}$

$A = \frac{D - d}{2} \cdot l$

$A = \frac{5\ \text{cm} - 3\ \text{cm}}{2} \cdot 7\ \text{cm}$

$A = 7\ \text{cm}^2$

Anmerkung
Oberfläche = Grundfläche + Mantelflächen + Deckfläche *oder* Umfangslänge × Schwerpunktsweg

Aufgaben

Ringförmige Körper, Guldin'sche Regel

1

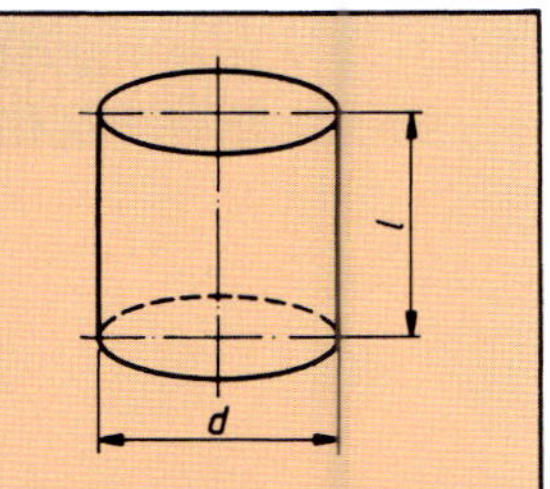

5-7

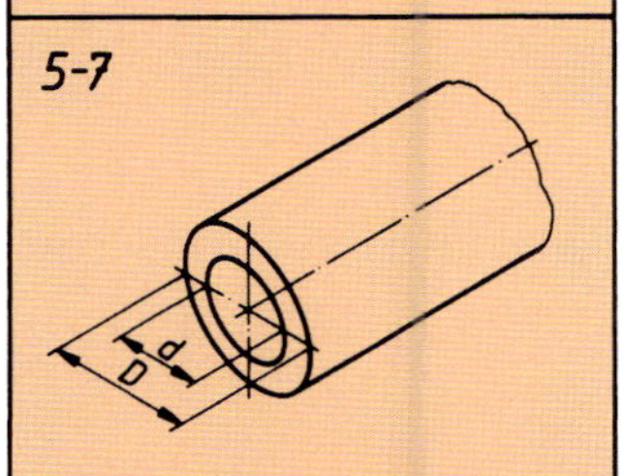

8

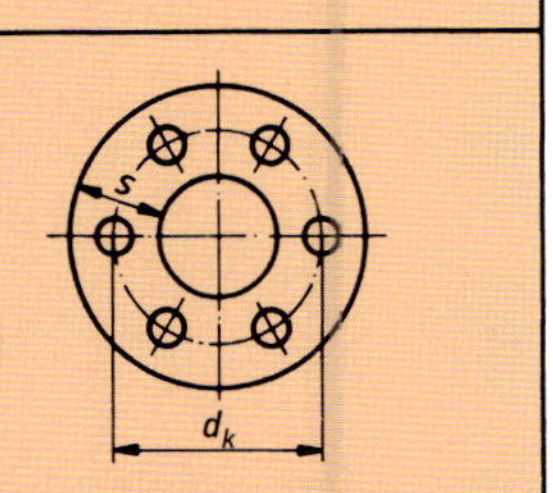

10

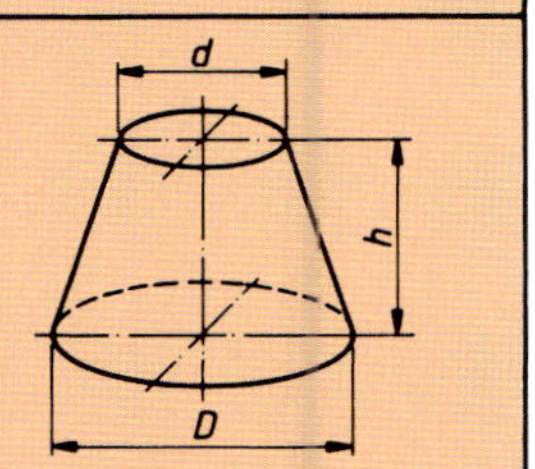

11

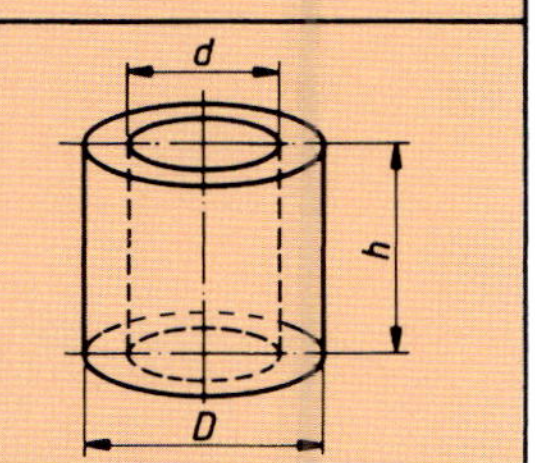

12

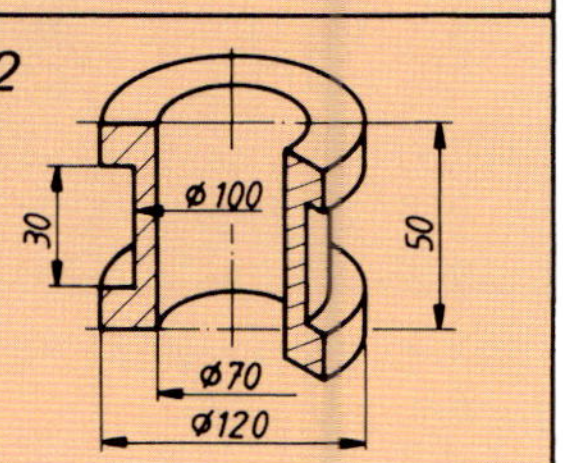

Berechnen Sie die fehlenden Werte:

1. Zylinder

Zylinder	a	b	c
l in cm	300	75	?
d_s in cm	200	?	400
A_M in m²	?	9,4	18,8

2. Vierkantringe

Vierkantringe	a	b	c
l in mm	50	150	?
d_s in cm	300	?	250
A_O in m²	?	0,94	1,88

3. Es soll ein zylindrischer Behälter mit 600 mm Innendurchmesser und 955 mm Höhe aus 3 mm dickem Blech gefertigt werden. Ermitteln Sie den Blechbedarf in m².

4. Eine 800 mm dicke Säule soll aus 20 mm Vierkantstab einen Versteifungsring erhalten. Wie viel Meter Vierkantstahl sind erforderlich?

5. Ermitteln Sie für ein nahtloses Stahlrohr mit 68 mm mittlerem Durchmesser und einem Querschnitt von 17,1 cm² die Wanddicke.

6. Ein nahtloses Rohr aus nichtrostendem Stahl nach DIN EN ISO 1127 hat eine Wanddicke von 3,2 mm bei einem Außendurchmesser von 114,3 mm. Wie groß ist die Querschnittsfläche?

7. Ein Aluminiumrohr mit einem Außendurchmesser von 70 mm und einer Wanddicke von 5 mm ist durchzusägen. Berechnen Sie die durchzusägende Fläche.

8. Für einen Flansch, bei dem der Lochkreisdurchmesser 120 mm beträgt, soll eine 25 mm breite Dichtung hergestellt werden. Berechnen Sie die Dichtungsfläche in cm², die durch 6 Schraubenlöcher von 11 mm Durchmesser geschwächt wird.

9. Ein Stahlring aus 16 mm Rundstahl hat einen äußeren Durchmesser von 444 mm. Wie groß ist a) die Mantelfläche in cm², b) das Volumen in cm³?

10. Ein Trichter hat die Durchmesser 160 und 240 mm sowie die senkrechte Höhe von 420 mm. Errechnen Sie den Blechbedarf in dm².

11. Ein gusseisernes Rohr mit 320 mm und 440 mm Durchmesser ist 650 mm lang. Wie groß ist das Volumen in cm³?

12. Für einen 50 mm breiten Klemmring mit einer 70 mm großen Innenbohrung ist nach Abb. 12 das Volumen in cm³ zu ermitteln.

▶ Wissen – Erkennen – Werten

a) Erläutern Sie anhand eines Beispiels die Bezeichnung Schwerpunktsweg.
b) Zeigen Sie den Unterschied zwischen Oberfläche und Mantelfläche auf.
c) Nennen Sie die Vorteile der Guldin'schen Regel für Rotationskörper.
d) Stellen Sie für einen Spitzkegel die Formel für die Mantelfläche auf. Vergleichen Sie das Ergebnis mit einer Formelsammlung.

B1 Kreisring

B2 Zylinder

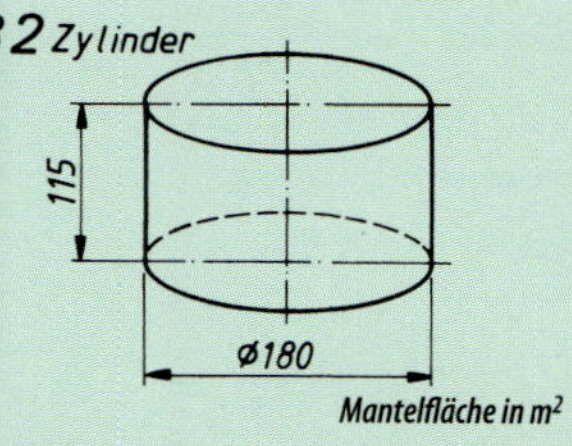

B3 Hohlzylinder

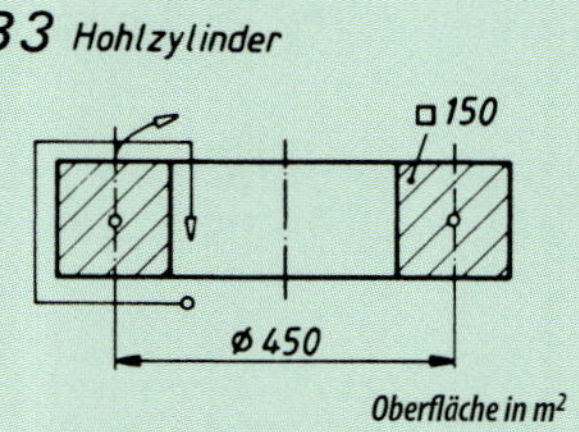

B4 Hülse

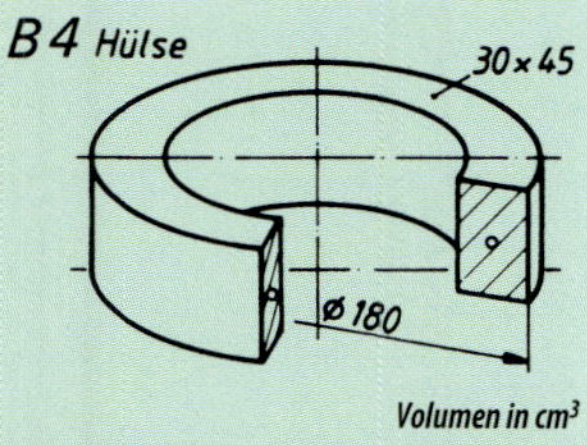

B5 Kegel

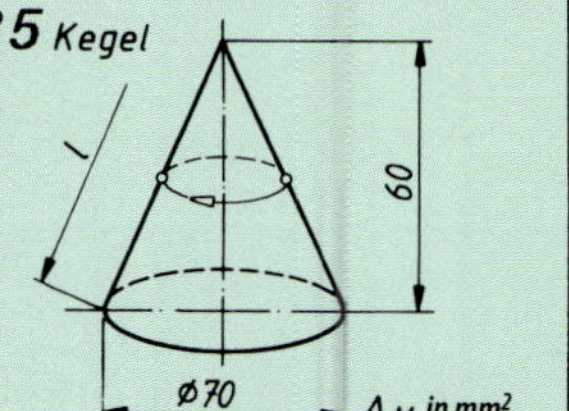

B6 Dichtring

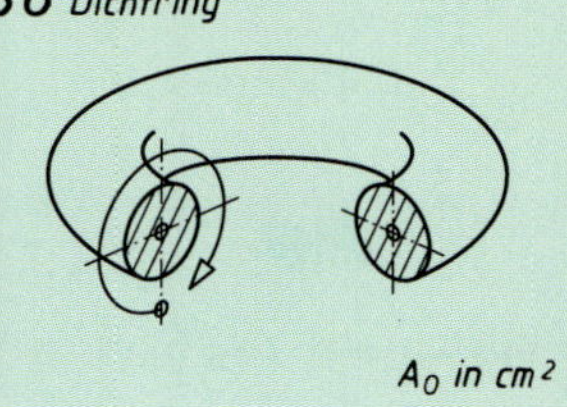

B7 Kegelstumpf

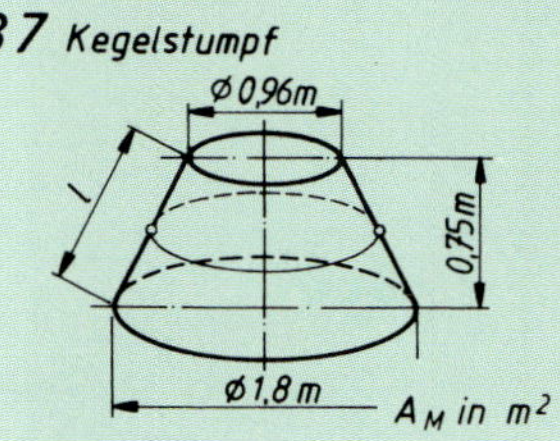

B8 Drehkörper

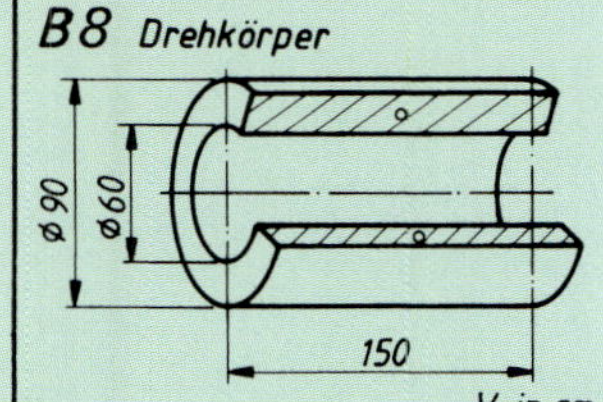

l_R, l_1	Ausgangslänge, Rohlänge in mm	l_2	Länge des neu geschmiedeten Teils in mm
A_R, A_1	Ausgangsquerschnitt, Rohlingsquerschnitt in mm²	A_2	Querschnittsfläche des fertigen Teils in mm²
V_R, V_1	Ausgangsvolumen, Volumen des Rohlings in mm³	V_w, V_2	Volumen des fertigen Werkstücks in mm³
		q	Zuschlagsfaktor

Grundsatz

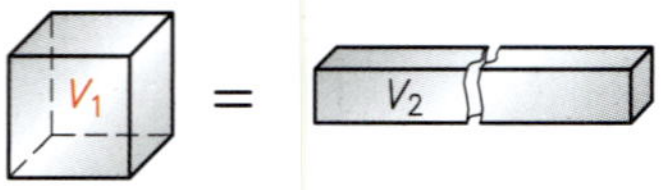

Ausgangsvolumen = Fertigvolumen

$$V_1 = V_2$$

1. Ermittlung von $l_1 = l_R$

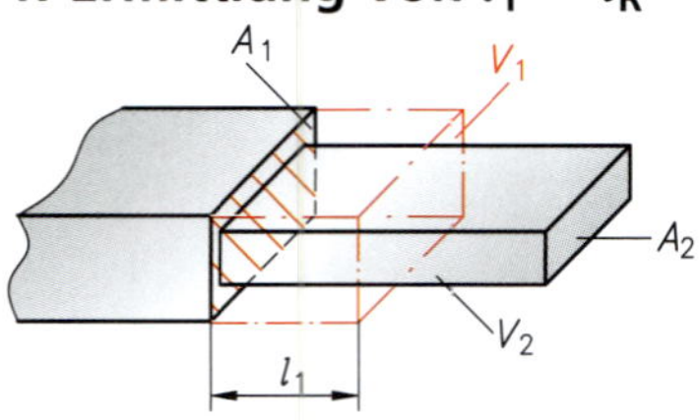

Hierbei wird nur das verformte Material berücksichtigt.

$$V_1 = V_2$$
$$A_1 \cdot l_1 = A_2 \cdot l_2$$
$$l_1 = \frac{A_2 \cdot l_2}{A_1}$$
$$l_1 = l_R = \frac{\text{Fertigvolumen}}{\text{Ausgangsquerschnitt}} = \frac{V_2}{A_1} = \frac{V_W}{A_R}$$

2. $l_1 = l_R$ beim Keil

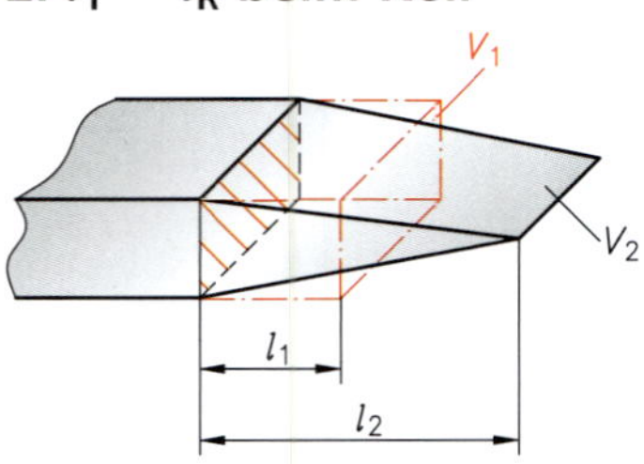

$$V_1 = V_2$$
$$A_1 \cdot l_1 = \frac{A_2 \cdot l_2}{2}, \quad \text{da} \quad A_1 = A_2$$
$$l_1 = l_R = \frac{l_2}{2}$$

3. $l_1 = l_R$ bei Spitzen

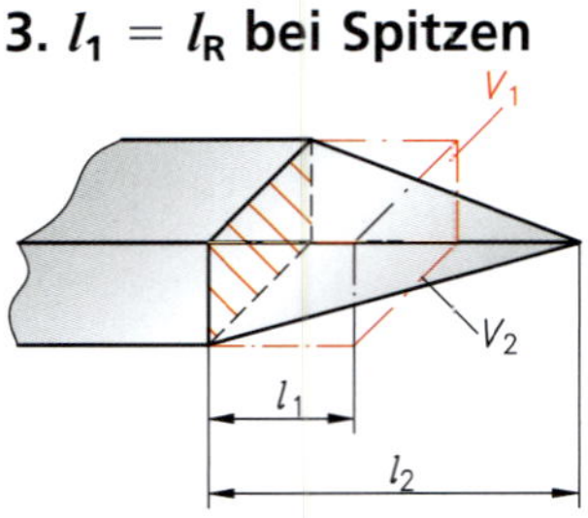

Pyramidenspitzen oder Kegelspitzen

$$V_1 = V_2$$
$$A_1 \cdot l_1 = \frac{A_2 \cdot l_2}{3}, \quad \text{da} \quad A_1 = A_2$$
$$l_1 = l_R = \frac{l_2}{3}$$

4. Zusammenfassung

Für die Rohlängenberechnung gestreckter oder gestauchter Körper gilt

Ausgangsvolumen	=	Fertigvolumen
Keil-Rohlänge	=	1/2 der Fertiglänge
Spitzen-Rohlänge	=	1/3 der Fertiglänge

5. Beispiel

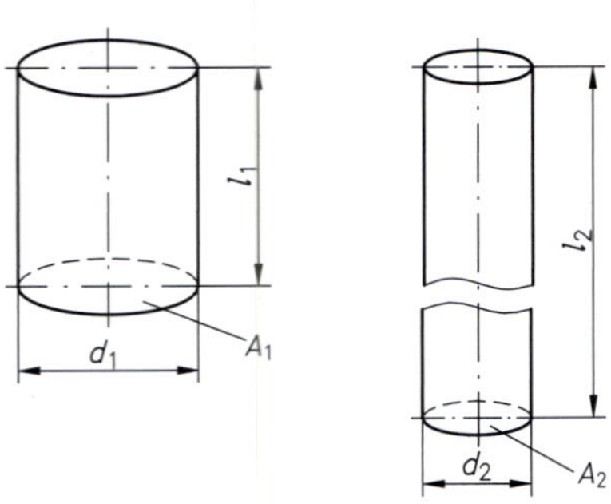

Aus einem Stab von 90 mm Durchmesser soll ein 40-mm-Bolzen von 125 mm Länge ausgeschmiedet werden. Berechnen Sie die Rohlänge in mm.

Gesucht l_1 in mm

Gegeben d_1 = 90 mm; d_2 = 40 mm; l_2 = 125 mm

Vorüberlegung
Rohvolumen = Fertigvolumen

Lösung

$$V_1 = V_2$$
$$A_1 \cdot l_1 = A_2 \cdot l_2$$
$$d_1^2 \cdot \frac{\pi}{4} \cdot l_1 = d_2^2 \cdot \frac{\pi}{4} \cdot l_2$$
$$l_1 = \frac{d_2^2 \cdot \pi \cdot 4}{d_1^2 \cdot 4 \cdot \pi} \cdot l_2$$
$$l_1 = \frac{40^2\ \text{mm}^2}{90^2\ \text{mm}^2} \cdot 125\ \text{mm}$$
$$l_1 = \underline{24{,}69\ \text{mm}}$$

Beachte
Je nach Art der Arbeit ist ein Zuschlagsfaktor für Abbrand oder Gratverlust erforderlich.

Aufgaben — Rohlänge für Schmiede- und Pressteile

1.2

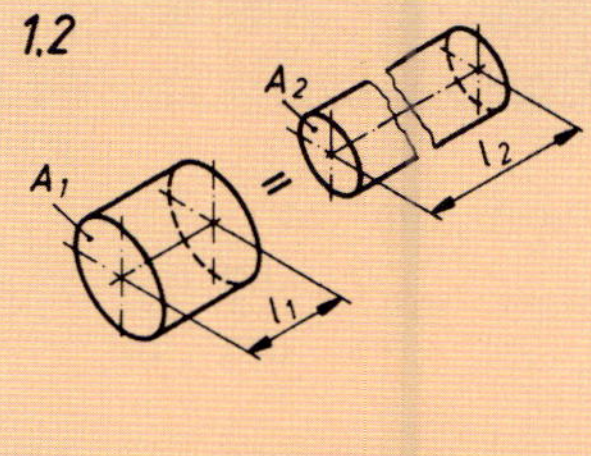

Berechnen Sie die fehlenden Werte:

1.

Ausgangsteil	a	b	c
Roh-∅ in cm	40	50	?
Rohlänge in cm	40	?	68
Rohvol. in dm^3	?	90	48

2.

Fertigteil	a	b	c
Fertig-∅ in cm	32	42	?
Fertiglänge in cm	62,5	?	98
Fertigvol. in dm^3	?	90	48

4

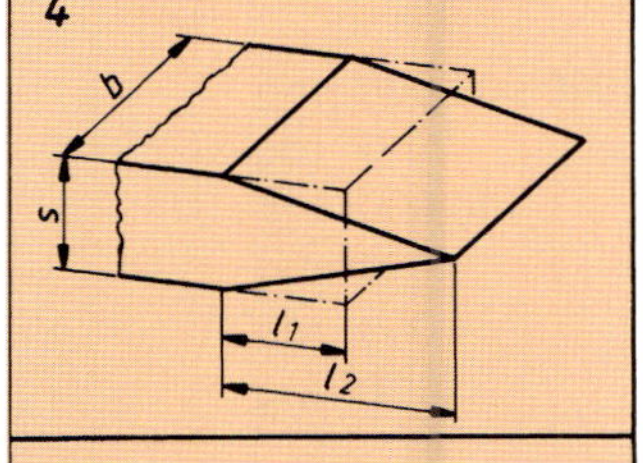

3. Durch Fließpressen soll eine 200 mm lange Welle mit einem Durchmesser von 60 mm hergestellt werden. Zur Verfügung steht ein Rohling mit 80 mm Durchmesser. Berechnen Sie die Rohlänge.

4. An einen Flachstahl mit dem Querschnitt 60 × 30 mm wird ein 120 mm langer Keil angeschmiedet. Wie groß ist die Rohlänge?

5. Ein Wellenende mit 45 mm Durchmesser erhält eine 135 mm lange Kegelspitze. Berechnen Sie die verformte Länge.

8

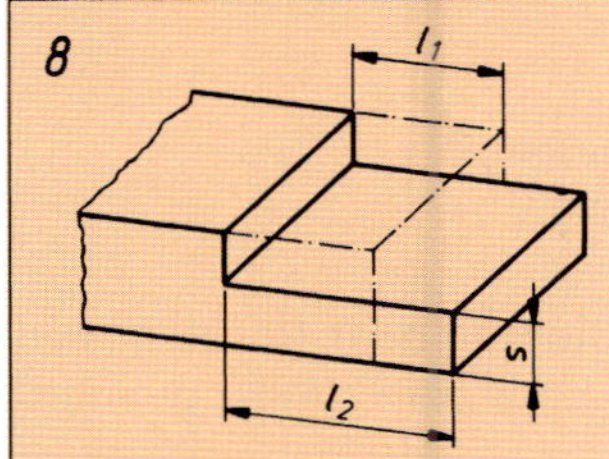

6. Das Ende eines Ziergitterstabs (Vierkantstab 25 × 25) wird pyramidenförmig auf 65 mm Länge ausgeschmiedet. Ermitteln Sie die Ausgangslänge.

7. Ein quadratisches Stangenende von 45 × 45 mm soll auf 12 × 45 × 60 mm abgesetzt werden. Wie groß ist die Rohlänge bei 8 % Abbrand?

9

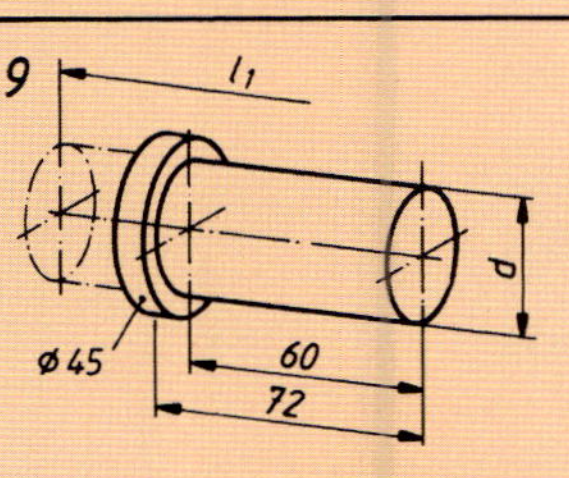

8. Ein Flachstahl von 30 × 15 mm wird mit dem Schlichthammer auf 26 mm Länge abgesetzt. Wie dick wird die Abflachung, wenn eine Fertiglänge von 37 mm gemessen wurde?

9. Aus 25 mm Rundstahl wird durch Stauchen ein Bolzen nach Abb. 9 hergestellt. Berechnen Sie die Rohlänge bei 7 % Abbrand.

10

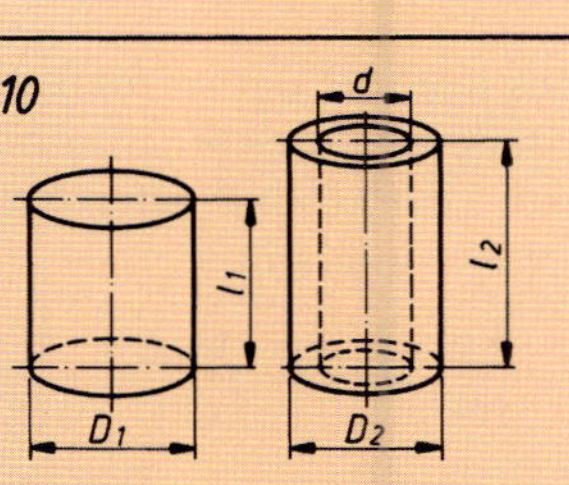

10. Durch Fließpressen soll eine 138 mm lange Hülse mit den Durchmessern 20 und 44 mm hergestellt werden. Welche Länge muss der Wellenrohling haben ($D_1 = D_2$)?

11. Mit einer Strangpresse von 350 mm Kolbendurchmesser und 600 mm Hublänge wurde 400 m Draht pro Hub gefertigt. Errechnen Sie den Drahtdurchmesser in mm.

11

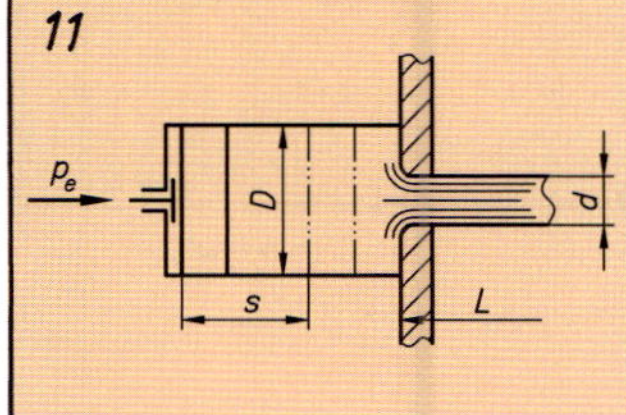

▶ **Wissen – Erkennen – Werten**

a) Begründen Sie, unter welchen Voraussetzungen Metalle schmiedbar sind.
b) Zeigen Sie den Zusammenhang zwischen C-Gehalt und Schmiedbarkeit auf.
c) Erläutern Sie den Zusammenhang zwischen Festigkeit und Temperaturzustand.
d) Begründen Sie, warum Ausgangsvolumen gleich Fertigvolumen gesetzt wird.
e) Unterscheiden Sie die Schmiedearbeiten: Strecken, Stauchen und Absetzen.
f) Nennen Sie berufstypische Anwendungsbereiche für Ur- und Umformarbeiten.

B 1 Walzen

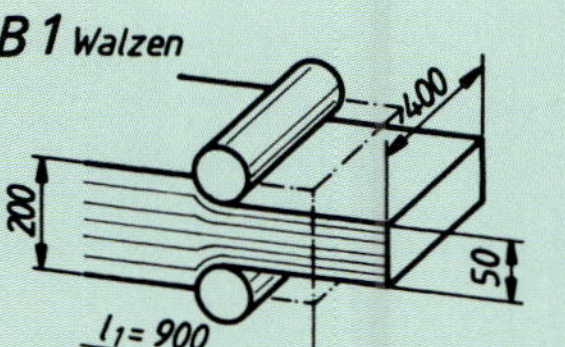

Fertiglänge in m

E 2 Umformen

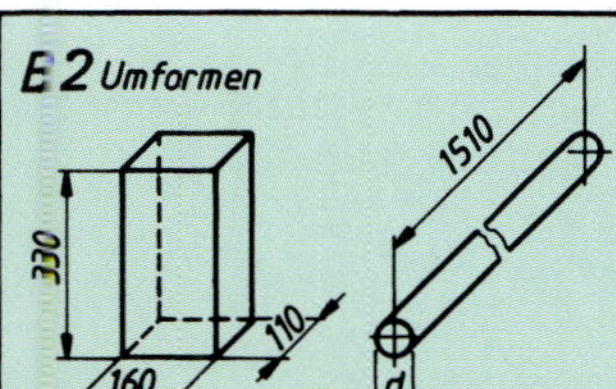

Durchmesser

B 3 Strecken

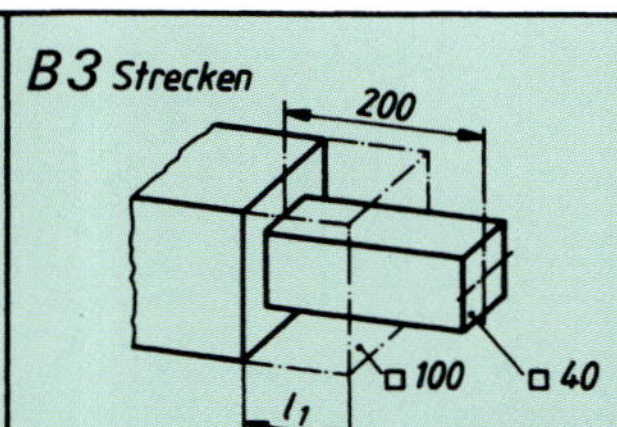

Rohlänge

B 4 Stauchen

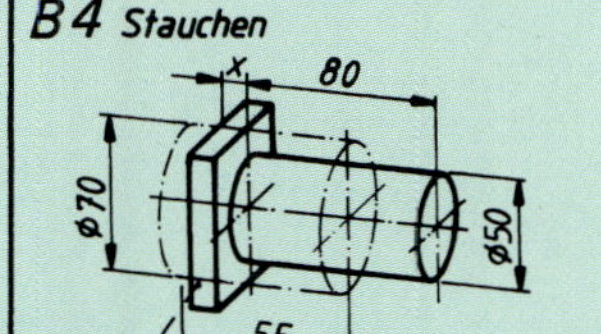

Kopflänge

B 5 Absetzen

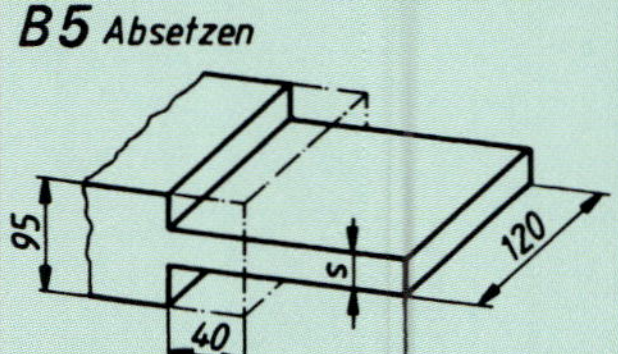

Dicke in mm

B 6 Vierkantspitze

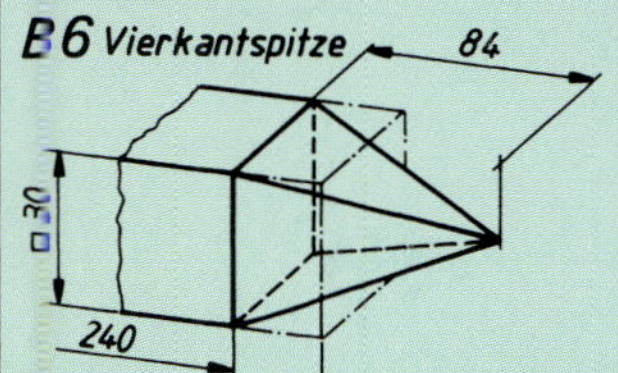

Gesamtlänge

B 7 Zapfen

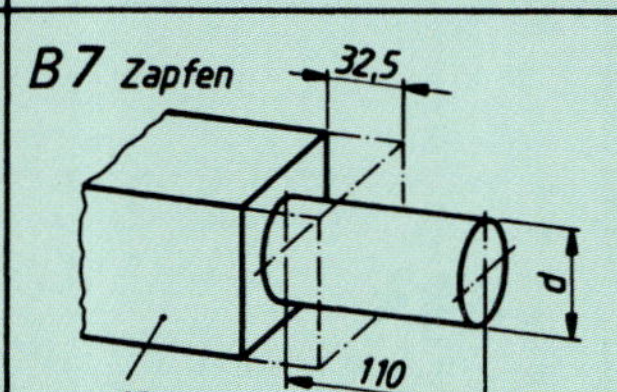

Durchmesser

B 8 Fließpressen

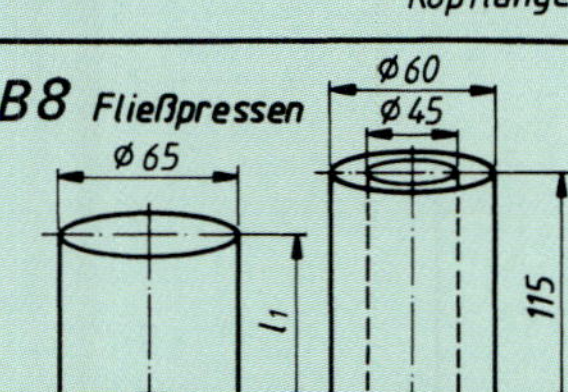

Ausgangslänge

m Masse in g, kg
m' längenbezogene Masse in kg/m
m'' flächenbezogene Masse in kg/m²
l Länge in m
A Fläche in m²
V Volumen in cm³, dm³, m³
ϱ (ϱ = rho) Dichte in $\frac{g}{m^2}, \frac{kg}{dm^3}, \frac{t}{m^3}$

1. Masse

Die Basiseinheit für Masse ist das Kilogramm.
Dezimale Teile und Vielfache:

1 t = 1 000 kg = 1 000 000 g = 1 000 000 000 mg
1 t = 10^3 kg = 10^6 g = 10^9 mg
1 kg = 1 000 g = 100 000 mg
1 kg = 10^3 g = 10^6 mg
1 g = 1 000 mg
1 g = 10^3 mg

Längenbezogene Masse

Für die Berechnung der Masse von Profilstäben, Rohren oder Drähten wird die Masse je Meter aus Tabellen entnommen und mit der Profillänge multipliziert.

Masse = längenbezogene Masse × Werkstücklänge
$m = m' \cdot l$

Flächenbezogene Masse

Für die Massenbestimmung von Blechen gilt:
Masse = flächenbezogene Masse × Werkstückfläche
$m = m'' \cdot A$

2. Dichte

Das Verhältnis der Masse m zum Volumen V eines Körpers nennt man die Dichte ϱ (rho). Man wiegt die Masse eines Körpers, der gleichmäßig aus einem Material bestehen muss, mit dem Volumen 1 cm³, 1 dm³ oder 1 m³ und bezieht die erhaltenen Ergebnisse auf die Volumeneinheit.

$$\text{Dichte} = \frac{\text{Masse}}{\text{Volumen}} \qquad \varrho = \frac{m}{V} \quad \text{in} \quad \frac{g}{cm^3}, \frac{kg}{dm^3} \text{ oder } \frac{t}{m^3}$$

3. Zusammenfassung

Grundgleichung: Masse = Volumen × Dichte
$m = V \cdot \varrho$

4. Beispiel

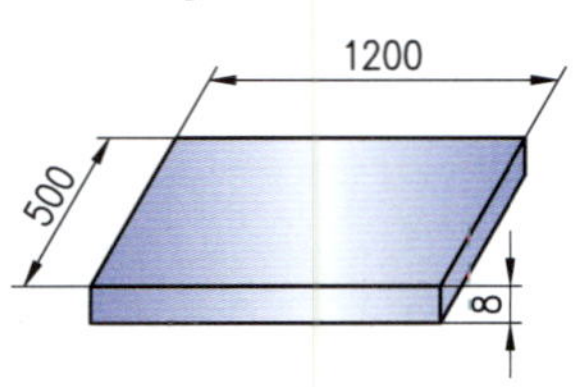

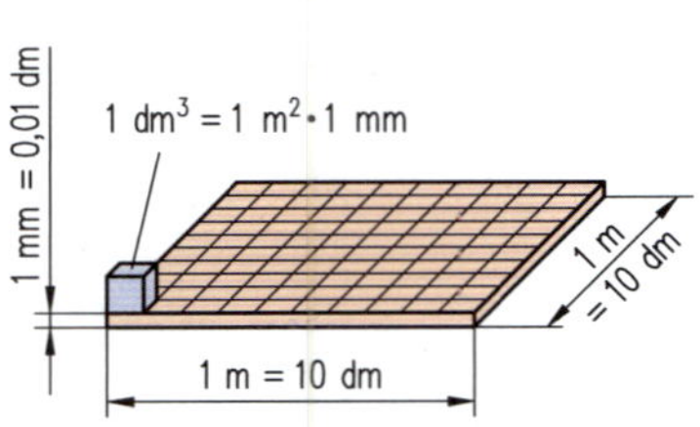

Berechnen Sie für eine rechteckige Stahlplatte von 220 mm × 330 mm und einer Dicke von 15 mm die Masse in kg.

Gesucht m in kg

Gegeben
$A = 5\text{ dm} \cdot 12\text{ dm} = 60\text{ dm}^2 = 0{,}6\text{ m}^2$
$s = 8\text{ mm} = 0{,}08\text{ dm}$
$\varrho = 7{,}85 \frac{kg}{dm^3}$

Vorüberlegung
kg und dm³ stehen in Beziehung zueinander.

Lösung I
$m = V \cdot \varrho$
$V = A \cdot s = 60\text{ dm}^2 \cdot 0{,}08\text{ dm} = 4{,}8\text{ dm}^3$
$m = 4{,}8\text{ dm}^3 \cdot 7{,}85 \frac{kg}{dm^3} = \underline{37{,}68\text{ kg}}$

Lösung II
$m = m'' \cdot A$
$m = 62{,}8 \frac{kg}{dm^3} \cdot 0{,}6\text{ m}^2 = \underline{37{,}68\text{ kg}}$

Lösung III
1 m² Blech bei 1 mm Dicke = 7,85 kg Masse
0,6 m² Blech bei 1 mm Dicke = 0,6 · 7,85 kg Masse
0,6 m² Blech bei 1 mm Dicke = 0,6 · 8 · 7,85 kg Masse = $\underline{37{,}68\text{ kg}}$

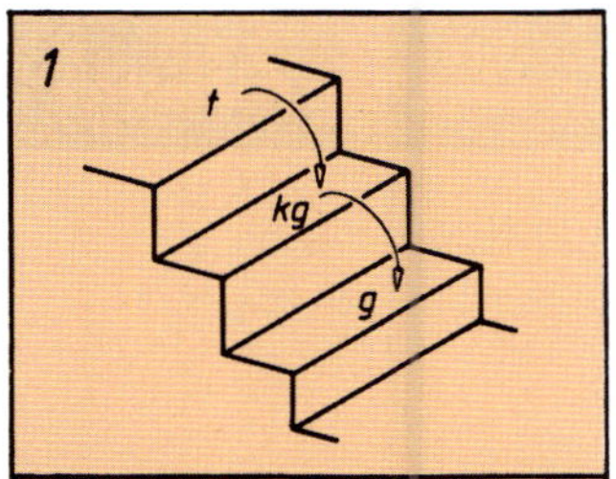

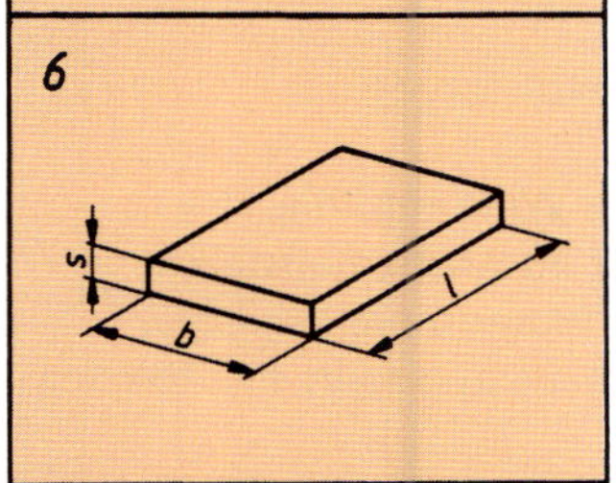

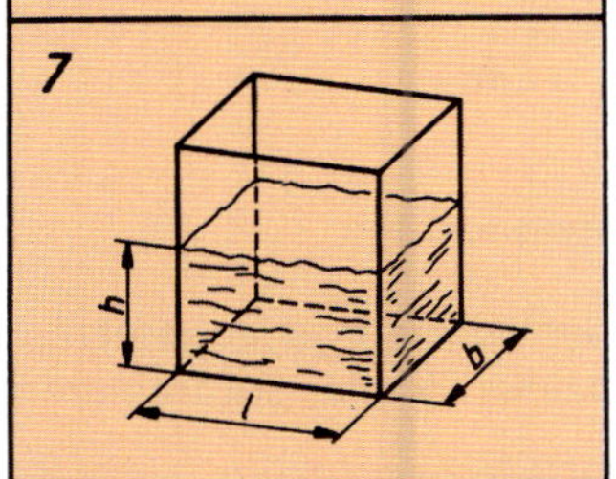

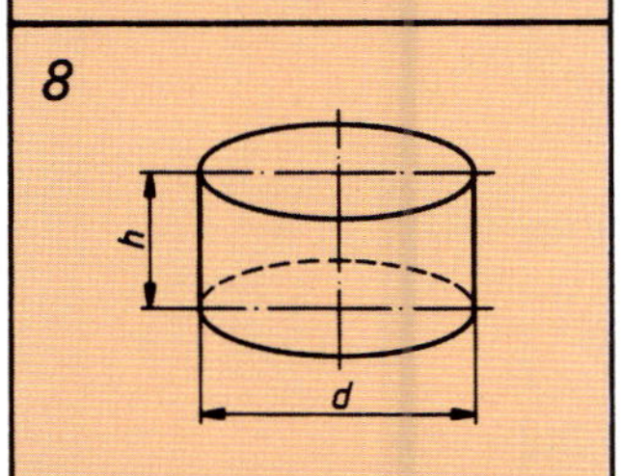

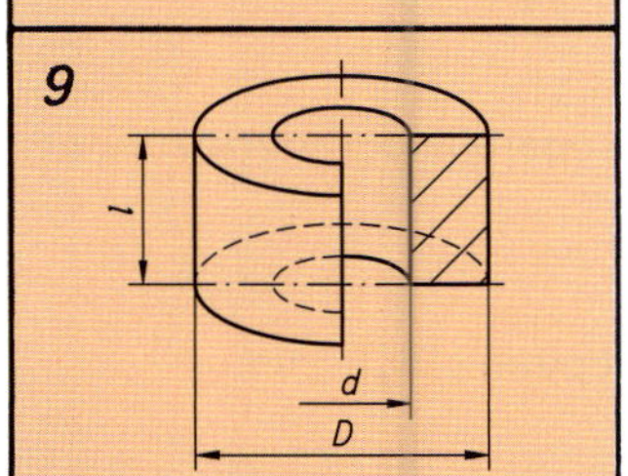

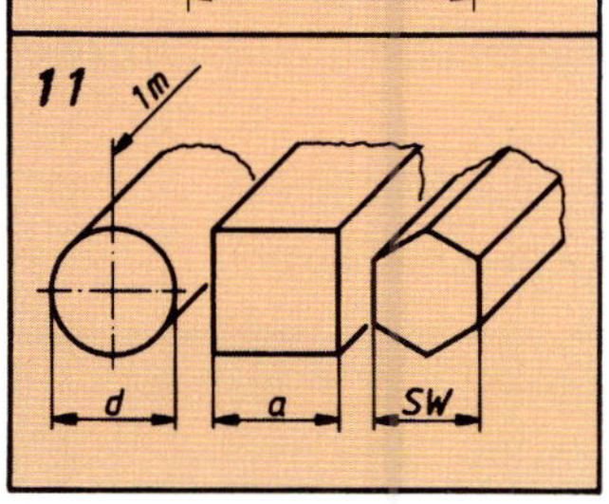

1. Verwandeln Sie in
   a) kg: 3,8 t, 783 g, 0,06 t, 38,4 g, 684 g, 37,5 t, 485 g
   b) t: 684 kg, 94,3 g, 6,34 kg, 0,047 kg, 3 250 g, 843 874 kg
   c) g: 384 kg, 0,03 t, 7,54 kg, 0,07 t, 7,834 kg, 6 427 t

Berechnen Sie die fehlenden Werte für Stahlprofile:

2.

Aufgabe	a	b	c
Rundstab	20	40	?
Länge in m	1	?	3
Masse in kg	?	20	67

3.

Aufgabe	a	b	c	d
Vierkantstab	20	40	?	160
l in m	1	?	3	4
m in kg	?	25	150	?

4. Eine Flachstahlschiene mit 65 × 12 mm Querschnitt ist 1 800 mm lang. Wie groß ist die Masse in kg?

5. Ein 1,2 m langer Vierkantstahl wurde mit 76,3 kg ausgewogen. Berechnen Sie die Kantenlänge.

6. Eine 1,2 × 2,2 m große Stahlblechtafel ist 2,5 mm dick.
   a) Wie groß ist die flächenbezogene Masse?
   b) Welche Masse hat das Stahlblech?

7. In einem Ölbehälter mit den Abmessungen 500 × 300 × 250 mm ist 25 kg Öl vorhanden (Dichte 0,9 kg/dm³). Welche Höhe in mm hat der Ölspiegel?

8. Ein zylindrisches Ausdehnungsgefäß fasst 36 Liter Wasser. Der Durchmesser beträgt 32 cm. Errechnen Sie die Höhe des Gefäßes.

9. Eine Buchse aus CuSn10 mit der Dichte 8,6 g/cm³ hat 68/74 mm Durchmesser und ist 115 mm lang. Berechnen Sie die Masse in g.

10. Eine Drahtrolle aus 0,5 mm Stahldraht wiegt 3,6 kg. Wie viel Meter sind auf der Rolle?

11. Berechnen Sie die längenbezogene Masse m' in kg/m für folgende Profilstähle: a) Rundstahl von 25 mm Durchmesser, b) Vierkantstahl von 32 mm Kantenlänge, c) Sechskantstahl von 32 mm Schlüsselweite (Überprüfen Sie das Ergebnis anhand einer Gewichtstabelle.)

12. Eine Abdeckung aus Stahl von der Größe 1,2 m × 1,8 m und einer Dicke von 4 mm soll durch ein gleiches Blech aus Aluminium (AlMg1) ersetzt werden.
    a) Ermitteln Sie m'' für das Stahl- und Aluminiumblech.
    b) Welche Masse haben die beiden Bleche?

▶ Wissen – Erkennen – Werten

a) Warum haben 1 kg Stahl und 1 kg Kupfer unterschiedliche Volumen?
b) Nennen Sie den Unterschied zwischen längen- und flächenbezogener Masse.
c) Nennen Sie Anwendungsbeispiele für den Einsatz berufstypischer Tabellen.
d) Erläutern Sie: Rundstab EN 10 060-20x202 Stahl E295C + A
   Flachstab EN 10 058-50x10x6000-Stahl EN 10 087-11SMn30 + U

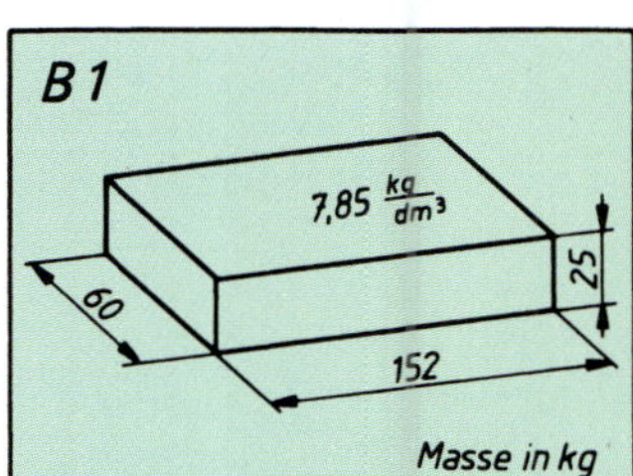

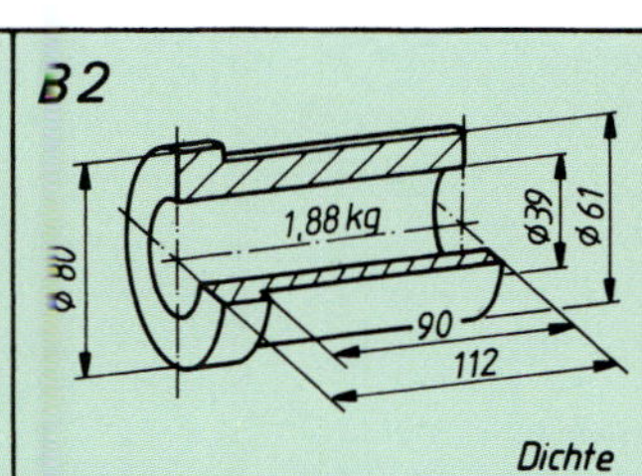

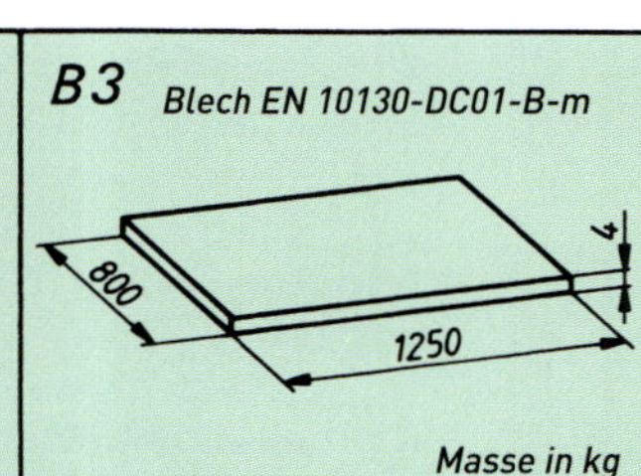

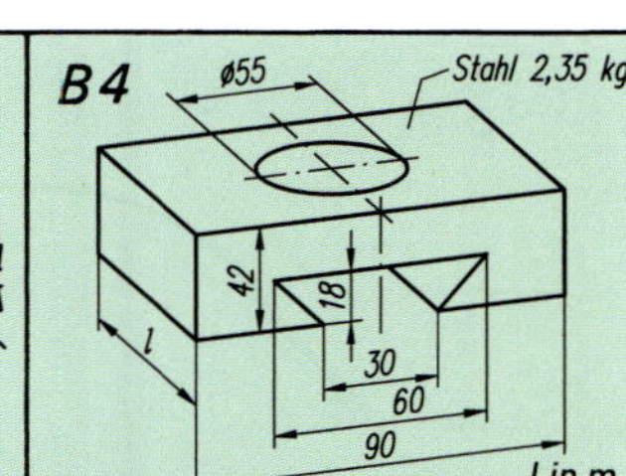

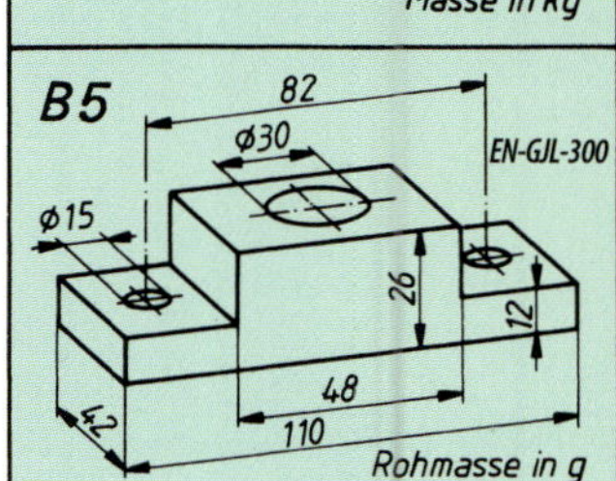

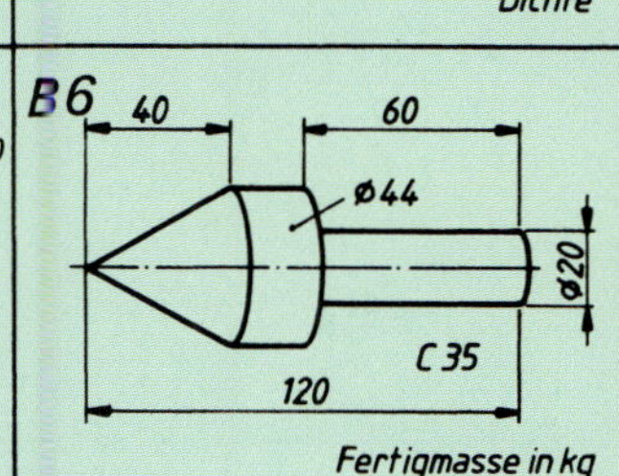

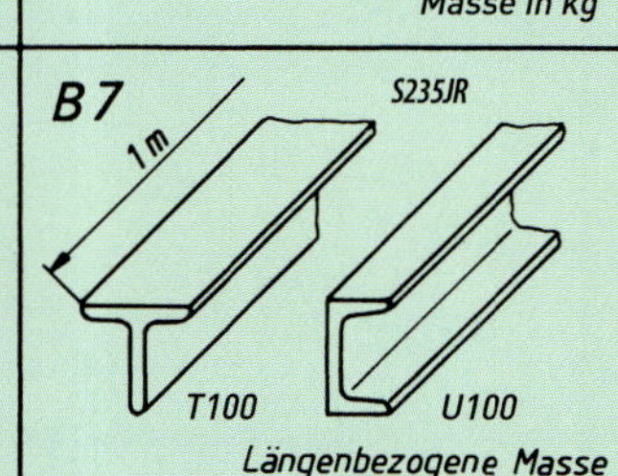

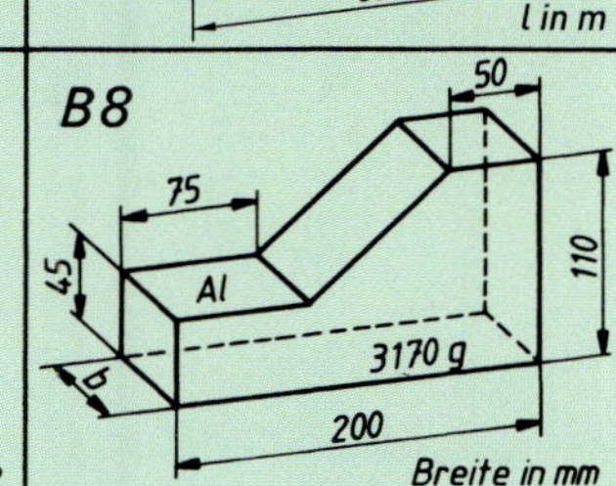

F_1, F_2 Einzelkräfte in N
l_1, l_2 Länge der gezeichneten Kraft in mm
F_R Resultierende Kraft, Ersatzkraft in N
M_k Kräftemaßstab in N/mm

Hinweis
Ersatzkraft = Resultierende

1. Kräftedarstellung

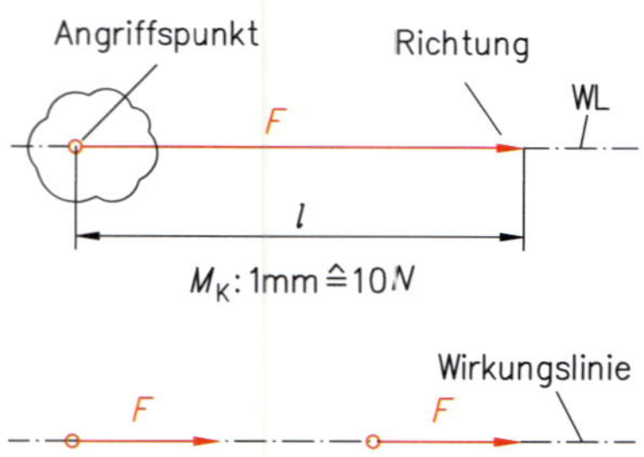

Kräfte werden zeichnerisch durch Vektoren (Pfeile) dargestellt.
Bei der grafischen Darstellung bedeutet:
Angriffspunkt = Anfang der Pfeillänge auf der Wirkungslinie
Pfeillänge = Größe der dargestellten Kraft im Kräftemaßstab
Pfeilrichtung = Richtung der Kraft auf der Wirkungslinie
Aus der Beziehung Kraft = Pfeillänge × Kräftemaßstab ergibt sich folglich

$$\text{Pfeillänge} = \frac{\text{Kraft}}{\text{Kräftemaßstab}} \Rightarrow l = \frac{F}{M_k}$$

Hinweis
Jede Kraft kann auf ihrer Wirkungslinie verschoben werden.

2. Kräfte auf einer Linie

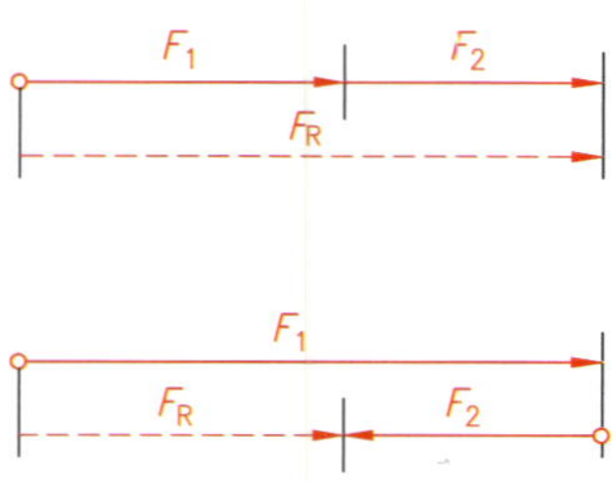

Wirken Kräfte auf einer Wirkungslinie in gleicher oder entgegengesetzter Richtung, so erhält man die Ersatzkraft durch Addieren oder Subtrahieren der Teilkräfte.

Addition: Ersatzkraft = Summe der Einzelkräfte
$F_R = F_1 + F_2 + \dots$

Subtraktion: Ersatzkraft = Differenz der Einzelkräfte
$F_R = F_1 - F_2 - \dots$

Hinweis
Die Ersatzkraft hat die gleiche Wirkung wie die Teilkräfte.

3. Kräfte unter einem Winkel

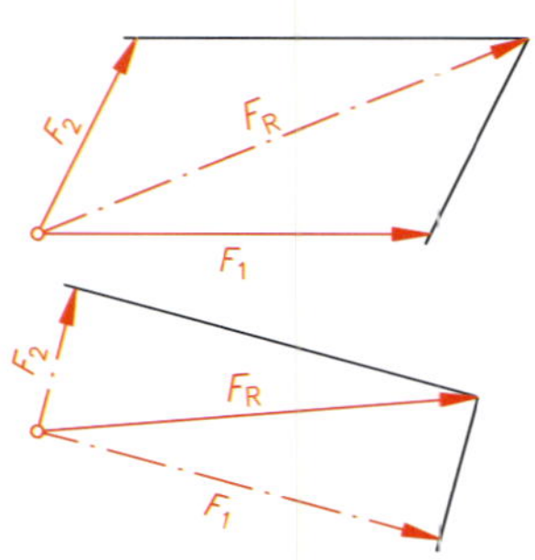

Kräftezusammensetzung
Die Kräfte F_1 und F_2 werden mithilfe des Kräfteparallelogramms zu einer Ersatzkraft zusammengefasst.

Merke
Die Ersatzkraft ist die Diagonale in einem Kräfteparallelogramm.

Kräftezerlegung
Umgekehrt kann eine Kraft mithilfe eines Kräfteparallelogramms in zwei Teilkräfte zerlegt werden.

Merke
Die Teilkräfte haben die gleiche Wirkung wie die Resultierende.

4. Zusammenfassung

Teilkräfte oder Ersatzkraft haben die gleiche Wirkung.
Teilkräfte und Ersatzkraft wirken niemals gleichzeitig.
Teilkräfte sind zusammensetzbar, eine Ersatzkraft ist zerlegbar.

5. Beispiel

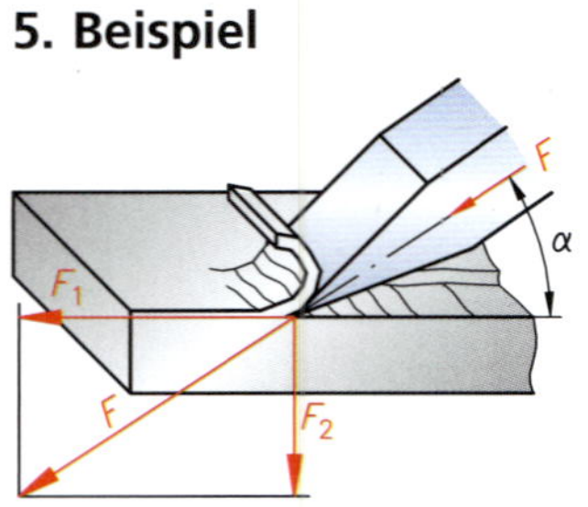

Eine Kraft von 350 N wirkt unter einem Winkel von 35° zur Waagerechten. Bestimmen Sie zeichnerisch die waagerechte und die senkrechte Teilkraft.

Lösungsschritte
1. Kräftemaßstab wählen ⇒ M_k : 1 mm ≙ 10 N
2. Pfeillänge bestimmen ⇒ $l = \frac{F}{M_k} = \frac{350\ \text{N}}{10\ \text{N/mm}} = 35\ \text{mm}$
3. Kräfteparallelogramm ⇒ zeichnen durch Parallelverschiebung
4. Teilkräfte bestimmen ⇒ $F_1 = l_1 \cdot M_k = 30\ \text{mm} \cdot 10\ \frac{\text{N}}{\text{mm}} = \underline{300\ \text{N}}$

$F_2 = l_2 \cdot M_k = 20\ \text{mm} \cdot 10\ \frac{\text{N}}{\text{mm}} = \underline{200\ \text{N}}$

Anmerkung
Die zeichnerische Lösung sollte der rechnerischen vorangestellt werden.

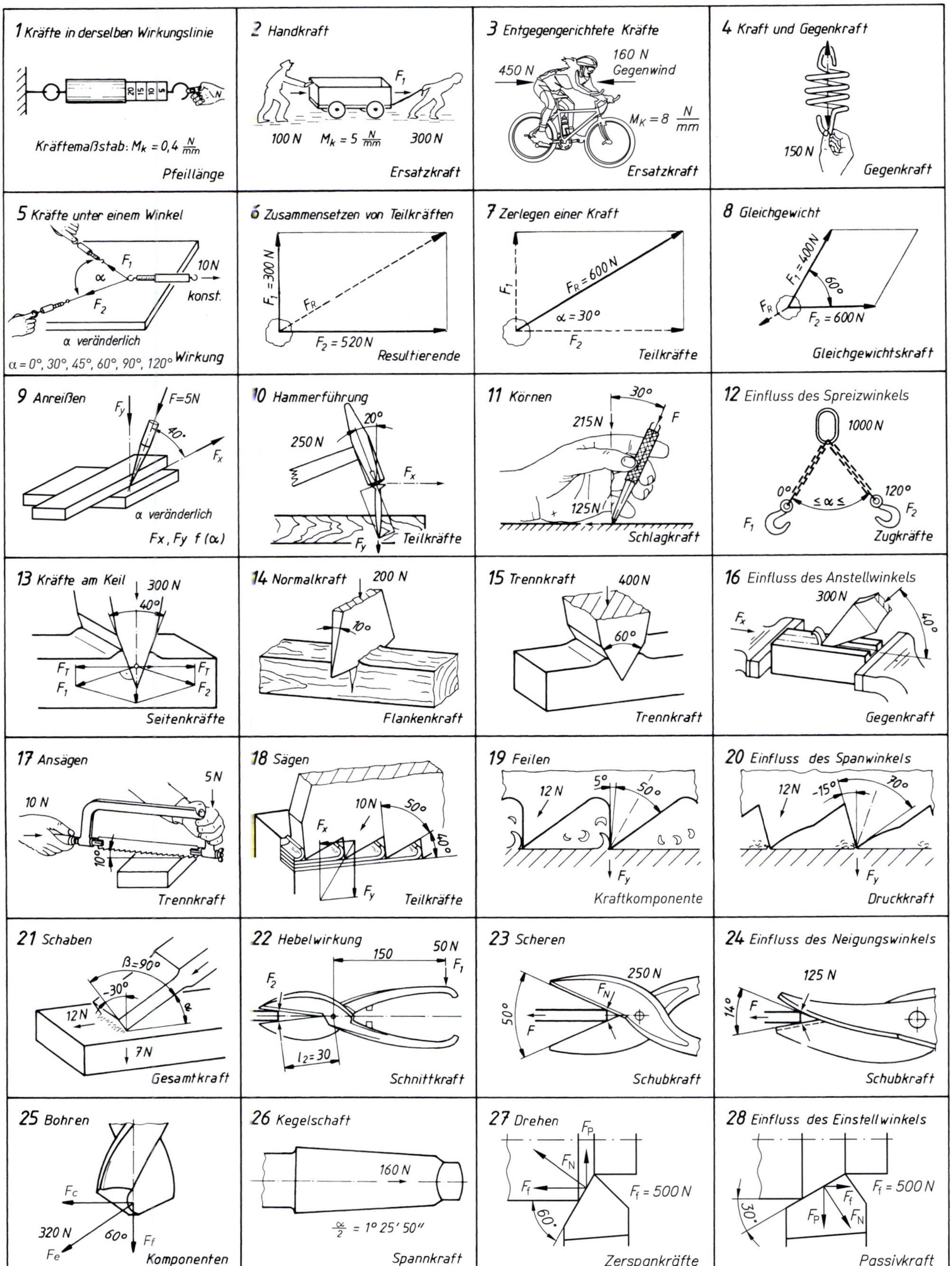

► **Wissen – Erkennen – Werten**

a) Zeigen Sie auf, woran eine Kraft erkennbar ist.
b) Durch welche Angaben ist eine Kraft bestimmbar?
c) Wie werden Kräfte zeichnerisch dargestellt?
d) Wozu wird das Kräfteparallelogramm verwendet?
e) Wann ist eine Kraft in zwei Teilkräfte zerlegbar?
f) Wann wirkt eine Keilschneide zerteilend, wann spanend?
g) Aus welchen Teilkräften besteht die Zerspankraft beim Drehen?
h) Nennen Sie Einflussgrößen für die Trennkraft.
i) Welche Faktoren beeinflussen die Schnittkraft?

F Kraft in N
A Fläche in mm²
p Druck, Flächenpressung in N/mm²
F_G Gewichtskraft in N
F_N Normalkraft in N
F_R Reibungskraft in N
μ_H Haftreibungszahl
μ_G Gleitreibungszahl
μ Reibungszahl, allgemein

1. Druck und Kraft

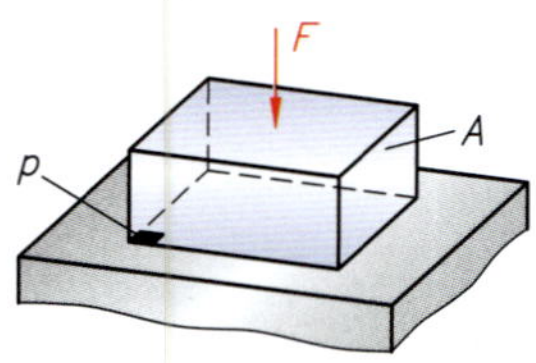

Die Einwirkung von Kraft je Flächeneinheit bezeichnet man als Druck. Der Druck ist zur Kraft proportional und zur Fläche umgekehrt proportional.

$$p \sim F \text{ und } p \sim \frac{1}{A} \quad \text{folglich:}$$

Druck ist der Quotient aus Kraft und Fläche.

$$\text{Druck} = \frac{\text{Kraft}}{\text{Fläche}} \Rightarrow p = \frac{F}{A} \quad \Rightarrow \quad \boldsymbol{F = A \cdot p}$$

Hinweis
Für den Flächendruck zwischen festen Körpern ist die Bezeichnung Flächenpressung (Lochleibungsdruck) üblich.

2. Normalkraft

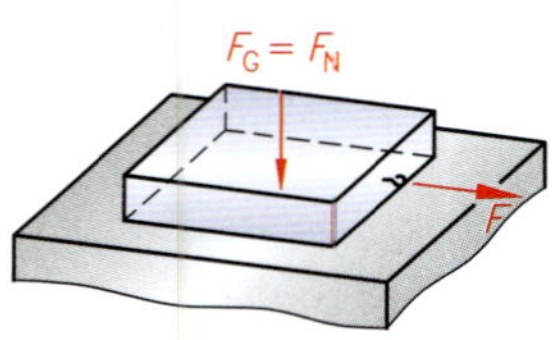

Die senkrechte Belastung zur beanspruchten Fläche wird als Normalkraft bezeichnet. Die Normalkraft drückt den Körper auf die Berührungsfläche,

folglich: $F_N \perp A$ F_N senkrecht zur Fläche A

In der waagerechten Ebene ist die Normalkraft gleich der Gewichtskraft.

$$F_N = F_G$$

Hinweis
Ursache jeder Flächenpressung ist die vorhandene Normalkraft.
Berührungsfläche ist die projizierte Fläche rechtwinklig zur Kraftrichtung.

3. Reibungskraft

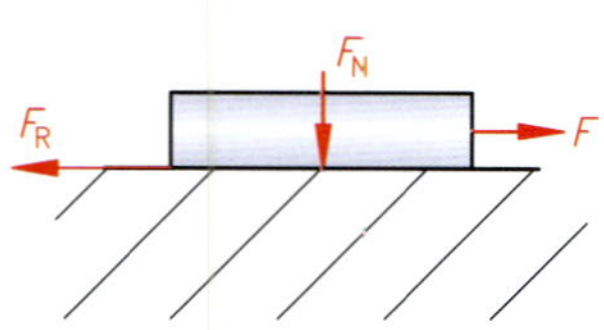

Die Reibungskraft tritt auf, wenn zwei Körperflächen gegeneinander bewegt werden. Durch Versuche wird die Reibungszahl ermittelt:
Die Reibungszahl ist zur Reibungskraft proportional und zur Normalkraft umgekehrt proportional.

$$\mu \sim F_R \quad \text{und} \quad \mu \sim \frac{1}{F_N} \quad \Rightarrow \quad \text{folglich:}$$

Die Reibungszahl ist der Quotient aus Reibungskraft und Normalkraft.

$$\text{Reibungszahl} = \frac{\text{Reibungskraft}}{\text{Normalkraft}} \quad \Rightarrow \quad \mu = \frac{F_R}{F_N} \quad \Rightarrow \quad \boldsymbol{F_R = \mu \cdot F_N}$$

Hinweis
Bei der Reibungszahl ist zwischen Haft-, Gleit- und Rollreibung zu unterscheiden. Die Reibungszahlen sind in Tabellen ausgewiesen.

4. Zusammenfassung

Kraft = Fläche × Druck Reibungskraft = Reibungszahl × Normalkraft
$F = A \cdot p$ $F_R = \mu \cdot F_N$

5. Beispiel

Für einen Flachstahl DIN EN 10058 – 70 × 10 × 400 beträgt die Gewichtskraft 22 N. Ermitteln Sie die Flächenpressung in N/m² und die Reibungskraft für eine Werkstoffpaarung Stahl auf Stahl mit einer Reibungszahl von 0,15.

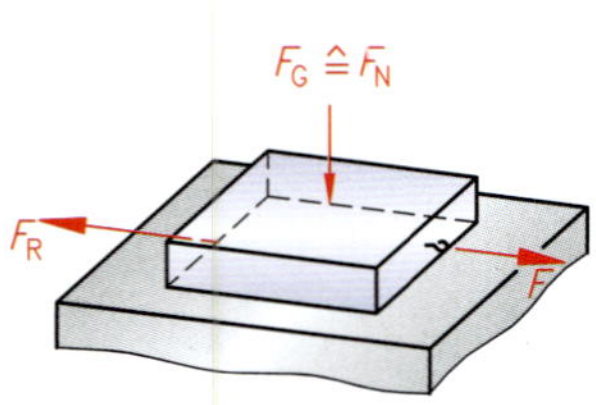

Gesucht p in N/m², F_R in N

Gegeben $F_G = 22$ N
$\mu = 0{,}15$

Vorüberlegung
Die Gewichtskraft wirkt als Normalkraft.

Lösung
$F = A \cdot p$
$p = \frac{F}{A} = \frac{22\ \text{N}}{0{,}07\ \text{m} \cdot 0{,}4\ \text{m}}$
$p \approx \underline{786\ \frac{\text{N}}{\text{m}^2}}$

$F_R = \mu \cdot F_N$
$F_R = 0{,}15 \cdot 22$ N
$F_R = \underline{3{,}3\ \text{N}}$

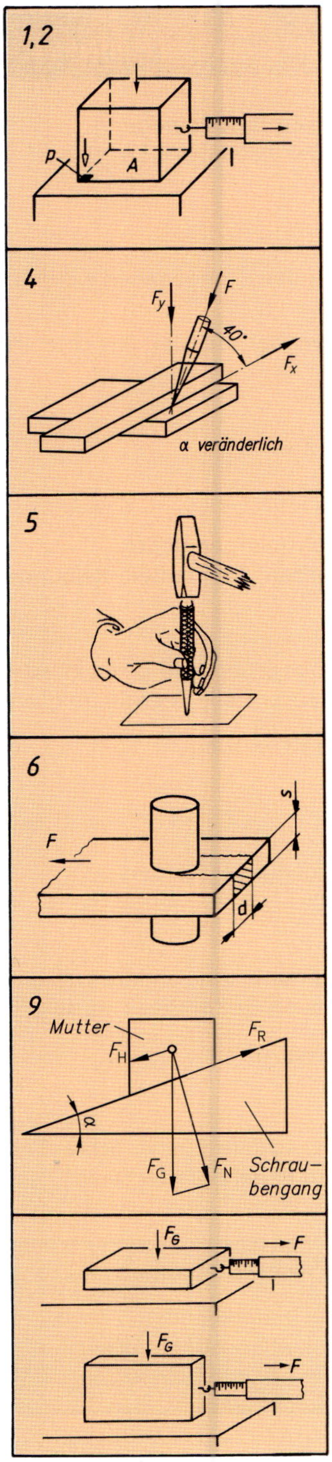

Aufgaben

Berechnen Sie die fehlenden Werte:

1.

Aufgabe	a	b	c
Fläche in mm²	25	50	?
Druck in N/mm²	2	?	4
Kraft in N	?	200	100

2.

Aufgabe	a	b	c
Normalkraft in N	20	30	?
Reibungszahl	0,15	?	0,15
Reibungskraft in N	?	4,5	6

3. Für eine 1 m lange, senkrecht auf dem Boden stehende Stange ist die Flächenpressung in N/cm² zu ermitteln: a) Rund DIN EN 10060-100-S235JR
b) Gewinderohr DIN EN 10255 S-Rohr – 114,3 × 4,5

4. Auf eine Reißnadel wirkt eine Anreißkraft von 12 N. Wie groß ist bei einem Spitzendurchmesser von 0,15 mm der Anreißdruck in N/mm²?

5. Auf eine Körnerspitze von 0,04 mm² Fläche wirkt eine senkrechte Schlagkraft von 20 N. Berechnen Sie den Druck in N/mm², N/cm², N/m², Pa und MPa.

6. In einer Stiftverbindung mit 14,4 kN Zugkraft wirkt eine Lochleibungsspannung von 150 N/mm². Berechnen Sie Stift-∅ und Blechdicke, wenn $d : s = 3 : 2$ betragen soll.

7. Ein Stahlkörper mit der Masse 1 kg wird auf einer Stahlplatte bewegt. Die gemessene Zugkraft vor dem Gleiten beträgt 2 N, während des Gleitens 1,5 N. Bestimmen Sie die Haftreibungszahl und die Gleitreibungszahl.

8. Ein Stahlkörper mit der Masse 2 kg gleitet auf einer Stahlfläche: a) trocken mit $\mu = 0{,}18$, b) geschmiert mit $\mu = 0{,}1$. Ermitteln Sie die Reibungskräfte.

9. Welche Normalkraft muss bei einer kraftschlüssigen Verbindung wirksam werden, wenn die Reibungszahl 0,3 und die Reibungskraft 270 N betragen sollen?

10. Ein doppelt wirkender Zylinder (Kolbendurchmesser $d = 63$ mm) wird beim Ausfahren mit einem Druck $p_e = 6{,}5$ bar beaufschlagt. Die Reibungsverluste betragen 10 %. Wie groß ist die zur Verfügung stehende Kraft?

11. Ziehen Sie mit einer Federwaage einen Körper mit konstanter Geschwindigkeit über eine waagerechte Unterlage bei folgenden Versuchsbedingungen:
    a) Belasten Sie den Körper mit verschiedenen Gewichtsstücken.
    b) Verändern Sie die Reibungsfläche (Körper flach oder hochkant legen).
    c) Verändern Sie die Oberflächenbeschaffenheit durch Schmierung.
    d) Beobachten Sie bei der Bewegung des Körpers die angezeigte Zugkraft. Schreiben Sie ein Ergebnisprotokoll mit kurzen Merksätzen.

► Wissen – Erkennen – Werten

a) Erläutern Sie den Unterschied zwischen Druck und Kraft.
b) Zeigen Sie die Kriterien für die Festlegung der zul. Flächenpressung auf.
c) Erläutern Sie den Unterschied zwischen Haftreibung und Gleitreibung.
d) Nennen Sie Kriterien für die Abhängigkeit der Reibungszahl.
e) Begründen Sie, warum die Reibungskraft nicht von der Fläche abhängig ist.
f) Zeigen Sie die Ursachen für den Reibungswiderstand auf.
g) Nennen Sie berufstypische Anwendungsbereiche für die Reibung.
h) Erläutern Sie den Begriff Selbsthemmung bei einer Schraubenverbindung.

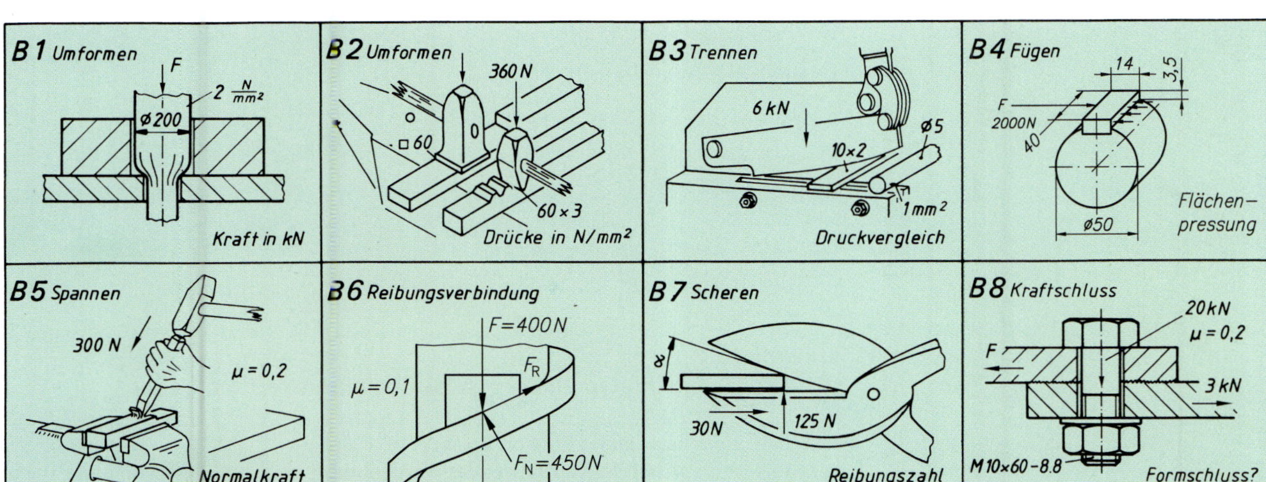

F	Kraft in N	W	mechanische Arbeit in J	g	Fall-, Erdbeschleunigung
s	Weg in m	W_p	potenzielle Energie in J		Größe: 9,80665 m/s² ≈ 10 m/s²
F_G, G	Gewichtskraft in N	W_k	kinetische Energie in J		

Beziehungen
Die Größen Arbeit, Energie und Wärmemenge können in der abgeleiteten SI-Einheit Nm oder J[1)] angegeben werden.

1. Mechanische Arbeit

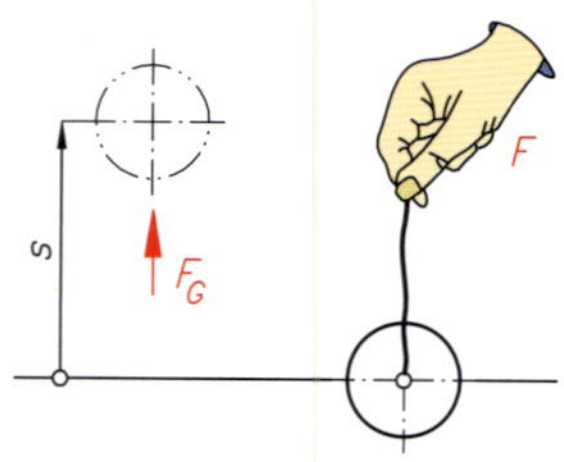

Beim Heben eines Körpers wird Arbeit aufgewendet. Bei der verrichteten Arbeit wirkt die Kraft längs des Weges, folglich

$$\text{Arbeit} = \text{Kraft} \times \text{Weg}$$
$$W = F \cdot s \Rightarrow 1\,\text{N} \cdot 1\,\text{m} = 1\,\text{J}$$

Hinweis
Je nach Art der Kraft sind folgende Arbeitsbezeichnungen üblich: Hubarbeit, Zugarbeit, Schlagarbeit, Kerbschlagarbeit, Trennarbeit, Reibungsarbeit, Verformungsarbeit, Spannarbeit usw.

2. Potenzielle Energie

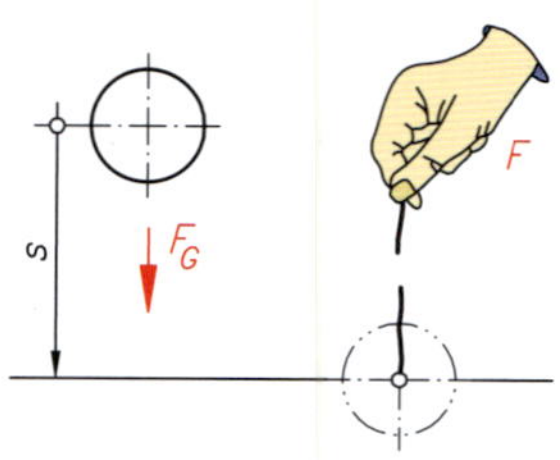

Beim Fallenlassen eines Körpers wird Arbeit abgegeben. Die gespeicherte Arbeit wirkt aus der Ruhe oder Lage heraus als potenzielle Energie, folglich

$$\text{potenzielle Energie} = \text{Gewichtskraft} \times \text{Weg}$$
$$W_p = F_G \cdot s$$

Hinweis
Energie ist gespeicherte Arbeit ⇒ Arbeitsvermögen eines Körpers.
Ruheenergie = Lageenergie = potenzielle Energie

3. Energiesatz der Mechanik

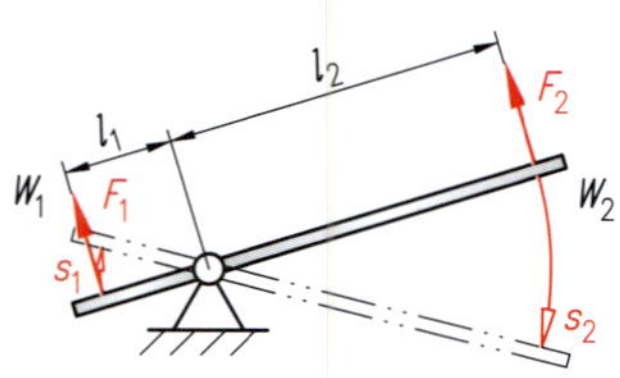

Bei allen mechanischen Vorgängen wird Energie nur in eine andere Energieart umgewandelt. Da Arbeit und Energie gleichwertige Größen sind, folgt:

$$\text{aufgewendete Arbeit} = \text{abgegebene Arbeit}$$

Hinweis
Alle einfachen Maschinen (Hebel, Rolle, Winde, schiefe Ebene, Schraube) sind Kraftwandler und unterliegen der Goldenen Regel der Mechanik.

4. Zusammenfassung

Mechanische Arbeit und potenzielle Energie sind gleichwertige Größen.

Mechanische Arbeit = Kraft × Weg ⇒ aufgewendete Arbeit
Potenzielle Energie = Gewichtskraft × Weg ⇒ abgegebene Arbeit
Goldene Regel der Mechanik: aufgewendete Arbeit = abgegebene Arbeit

5. Beispiel

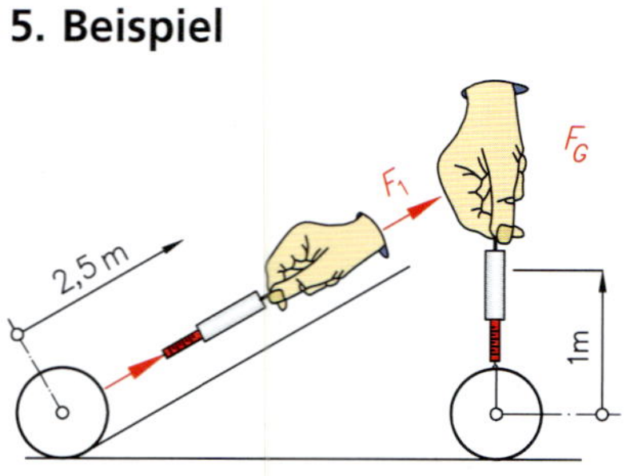

Ein Körper der Masse 5 kg wird mit 20 N Zugkraft (siehe Skizze) gezogen. Ermitteln Sie die Zug- und Hubarbeit in J, vergleichen Sie die Arbeiten.

Gesucht W_1 und W_2 in J

Gegeben
$m = 5\,\text{kg} \Rightarrow F_G \approx 50\,\text{N}$
$F_1 = 20\,\text{N}$
$s_1 = 2{,}5\,\text{m}$
$s_2 = 1\,\text{m}$

Vorüberlegung
Arbeit = Kraft × Weg

Lösung
$W_1 = F_1 \cdot s_1 = 20\,\text{N} \cdot 2{,}5\,\text{m} = \underline{50\,\text{J}}$
$W_2 = F_G \cdot s_2 = 50\,\text{N} \cdot 1\,\text{m} = \underline{50\,\text{J}}$

Erkenntnis
Arbeit auf der schiefen Ebene = Arbeit beim senkrechten Heben

1) Einheit Joule nach James Prescott Joule 1818–1889
1 Joule ist die Arbeit, die aufgewendet werden muss, um eine Masse von etwa 100 g mit der Kraft von 1 N 1 m weit zu verschieben.

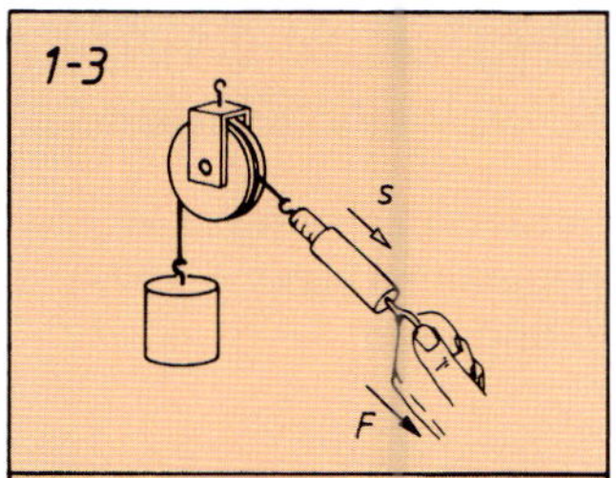

1. Die fehlenden Werte sind zu berechnen:

Aufgabe	a	b	c
Kraft in N	50	100	?
Weg in m	4	?	20
Arbeit in J	?	200	400

Aufgabe	d	e	f
F in N	400	600	?
s in m	12	?	25
W in J	?	800	120

2. Eine Masse von 40 kg soll um 1,2 m gehoben werden. Ermitteln Sie die verrichtete Hubarbeit in Nm und J.

3. Auf welche Höhe kann ein Körper von 40 kg Masse mit einer Arbeit von 60 J gehoben werden?

4. Um ein Werkstück von 1,25 m Länge zu heben, verrichtet ein Hubstapler eine Arbeit von 2,6 kJ. Wie groß ist die erforderliche Hebekraft in N?

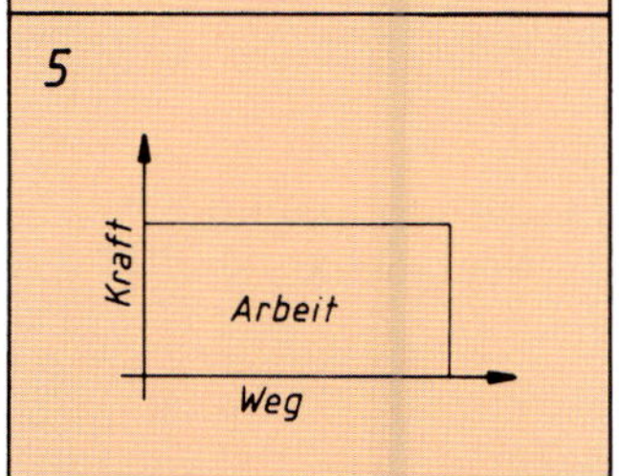

5. Stellen Sie die folgenden Werte in einem Diagramm zeichnerisch dar:
a) $W = 6\,000$ Nm, $s = 15$ m b) $W = 8\,000$ J, $F = 200$ N

6. In einem Regal liegt in 1,4 m Höhe eine Stahlplatte der Masse von 180 kg. Wie groß ist die Energie der Ruhe?

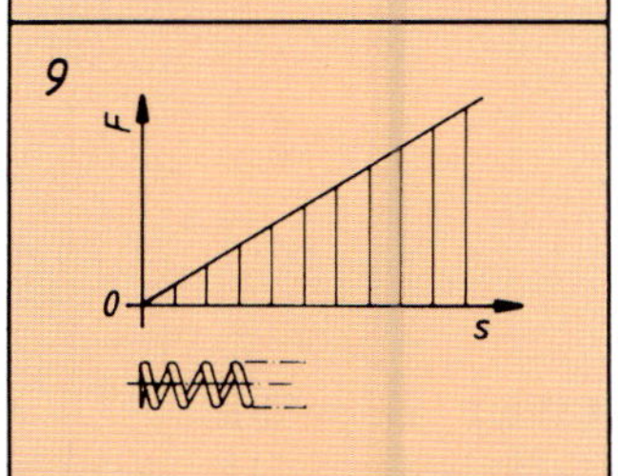

7. Ein Schmiedehammer speichert bei 0,6 m Fallhöhe 0,24 kJ Arbeitsvermögen. Wie groß ist das Fallgewicht des Schmiedehammers?

8. Die gespeicherte Energie eines Wasserbehälters beträgt $12 \cdot 10^{12}$ J, die Wassermenge $2 \cdot 10^7$ m³. Welche Fallhöhe steht zur Verfügung?

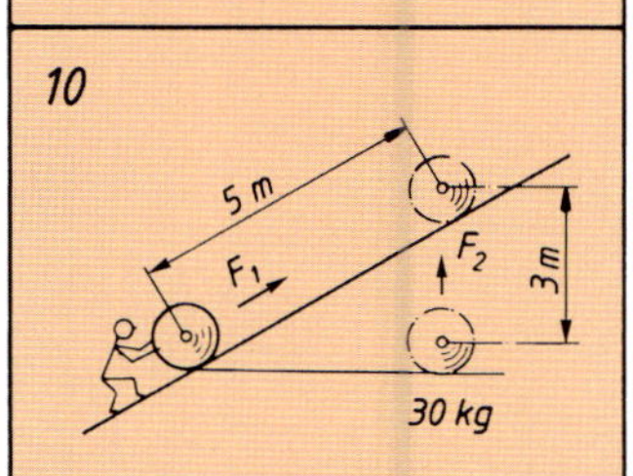

9. Eine Zugfeder wird bei 60 N Spannkraft um 40 mm gedehnt. Ermitteln Sie die aufgewendete Arbeit und die gespeicherte Energie in J.

10. Ein Fass mit der Masse 30 kg kann mit senkrechter Hubhöhe oder mit einer geneigten Ebene (siehe Skizze) verladen werden. Ermitteln Sie die Arbeiten.

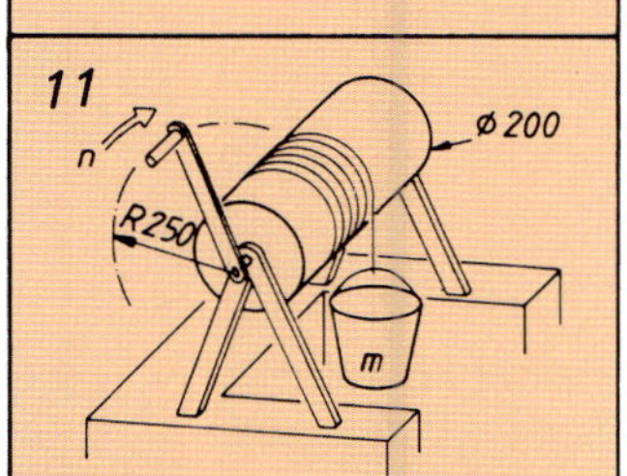

11. Mit einer Seilwinde soll eine Masse von 15 kg mit 6 Kurbelumdrehungen gehoben werden. Ermitteln Sie die Hubarbeit in Nm (siehe Skizze).

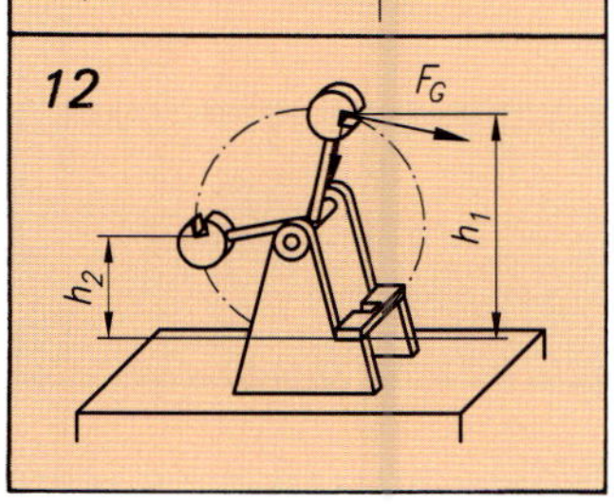

12. Der Hammer eines Pendelschlagwerks hat eine Masse von 25 kg. Er fällt aus 1,6 m Höhe und schwingt bei der Schlagarbeit bis auf 140 mm durch. Ermitteln Sie die verbrauchte Schlagarbeit in Nm.

▶ Wissen – Erkennen – Werten

a) Begründen Sie, warum Arbeit und Energie gleichwertige Größen sind.
b) Zeigen Sie auf, unter welcher Voraussetzung Arbeit verrichtet wird.
c) Wie lässt sich die Arbeit zeichnerisch in einem Diagramm darstellen?
d) Nennen Sie berufstypische Anwendungen für die mechanische Arbeit.

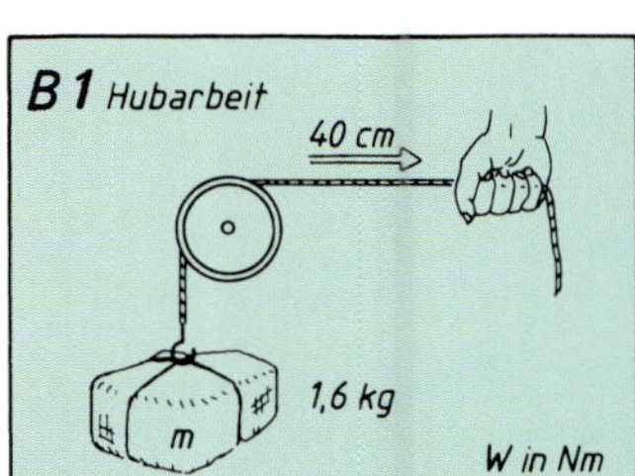

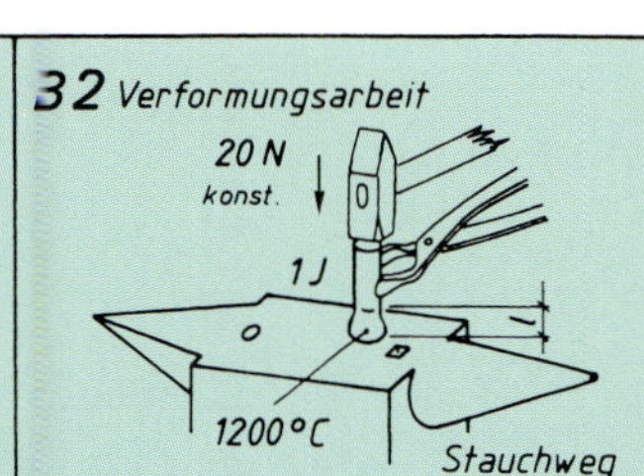

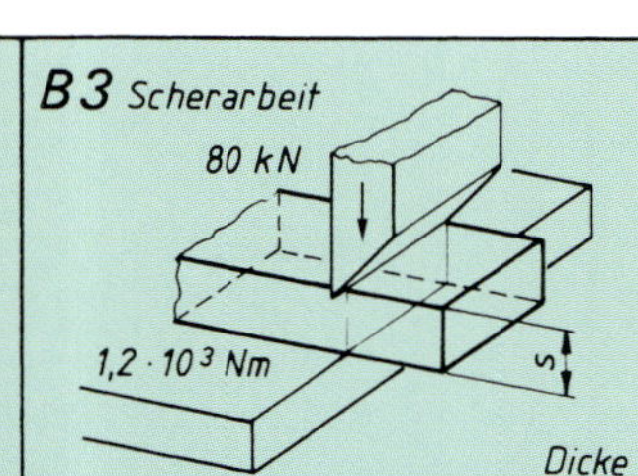

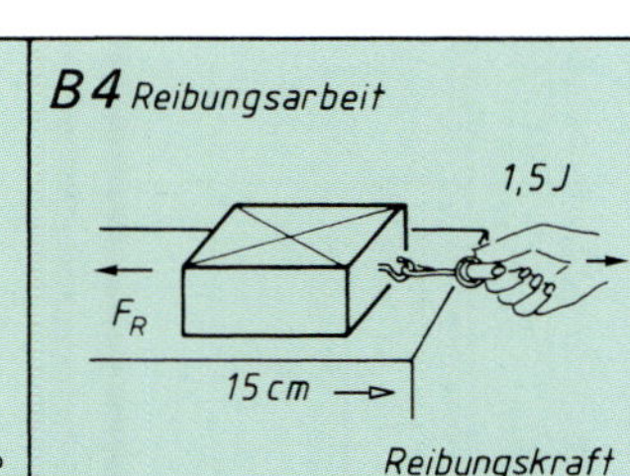

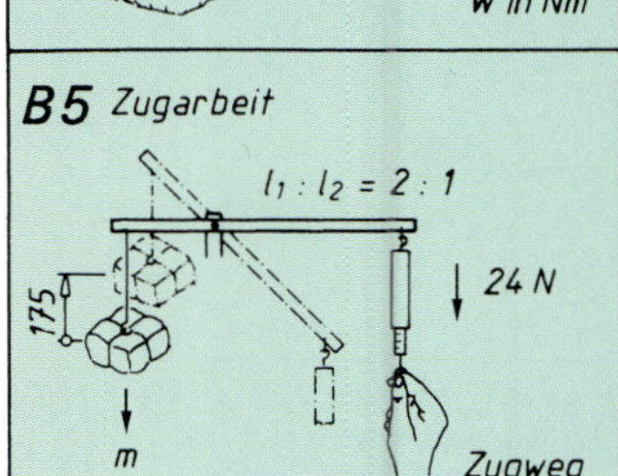

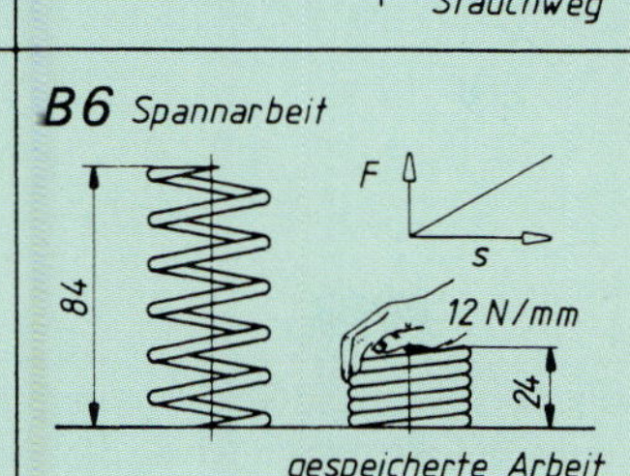

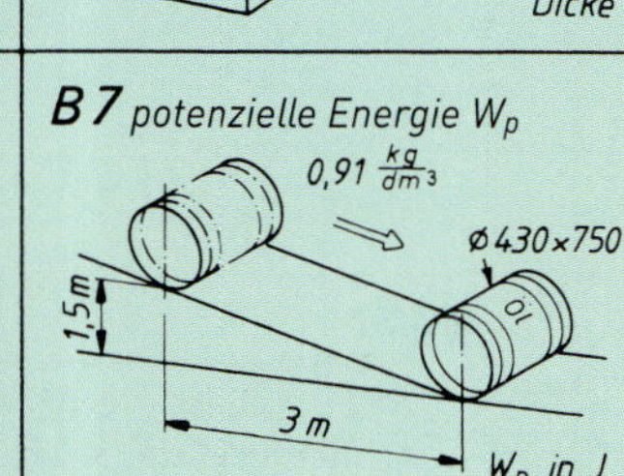

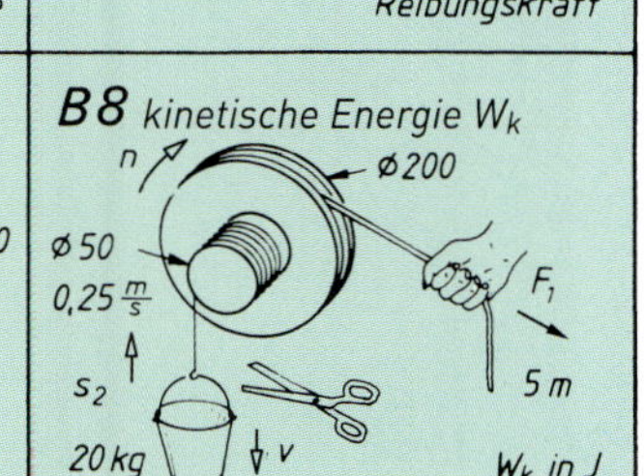

Arbeit, Leistung und Wirkungsgrad

W	Arbeit im Nm, Ws, J	P	Leistung in W, kW	P_1	zugeführte Leistung in W
F	Kraft in N	t	Zeit in min, h	P_2	abgegebene Leistung in W
s	Kraftweg in m, mm	v	Geschwindigkeit in m/min	η	Wirkungsgrad

1. Arbeit

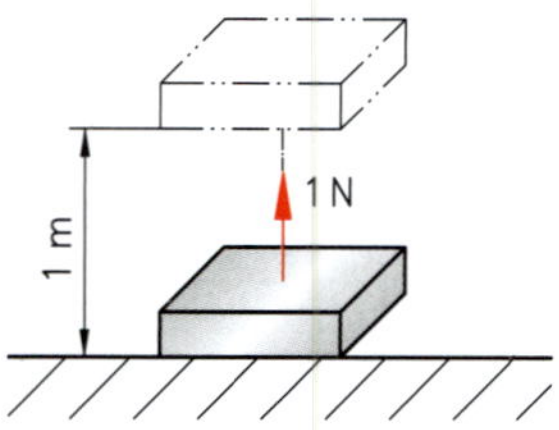

Arbeit = Kraft × Kraftweg

$W = F \cdot s \Rightarrow 1\,N \cdot 1\,m = 1\,Nm = 1\,J$

Merke
Für die abgeleitete Arbeit Nm wurde der Name Joule[1] eingeführt.
Arbeit wird verrichtet, wenn eine Kraft längs des Weges wirkt.

2. Leistung

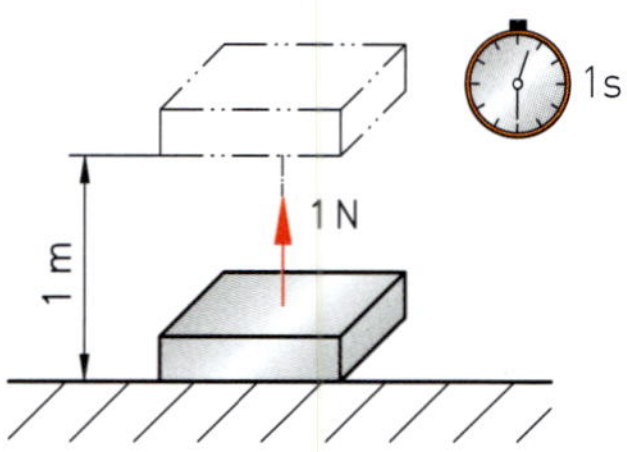

$$\text{Leistung} = \frac{\text{Arbeit}}{\text{Zeit}}$$

$$P = \frac{W}{t} \Rightarrow \frac{Nm}{s} = \frac{J}{s}$$

Merke
Für die abgeleitete Einheit J/s wurde die Einheit Watt[2] eingeführt.

Folgerung

$$1\,\frac{Nm}{s} = 1\,\frac{J}{s} = 1\,W$$

$$P = \frac{W}{t} = \frac{F \cdot s}{t} = F \cdot v$$

3. Wirkungsgrad

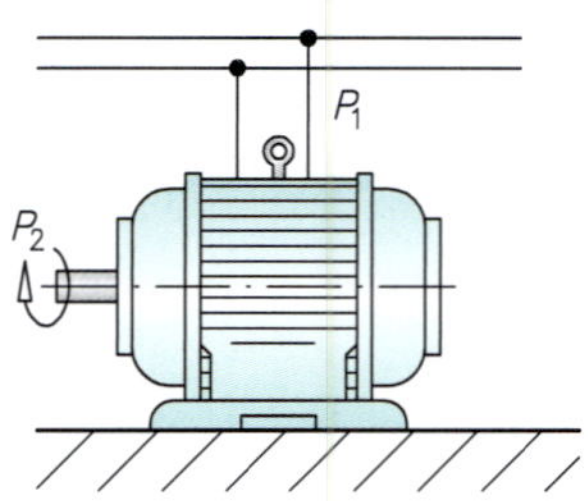

$$\text{Wirkungsgrad} = \frac{\text{abgegebene Leistung}}{\text{zugeführte Leistung}}$$

$$\eta = \frac{P_2}{P_1}$$

Merke
Der Wirkungsgrad ist immer kleiner als 1 bzw. kleiner als 100 %.
Der Gesamtwirkungsgrad ist das Produkt der Einzelwirkungsgrade.

$$\eta = \eta_1 \cdot \eta_2 \cdot \eta_3 \cdot \ldots$$

4. Zusammenfassung

Arbeit = Kraft × Kraftweg $W = F \cdot S$

$$\text{Leistung} = \frac{\text{Arbeit}}{\text{Zeit}}\; P = \frac{W}{t} = \frac{F \cdot S}{t}$$

5. Beispiel

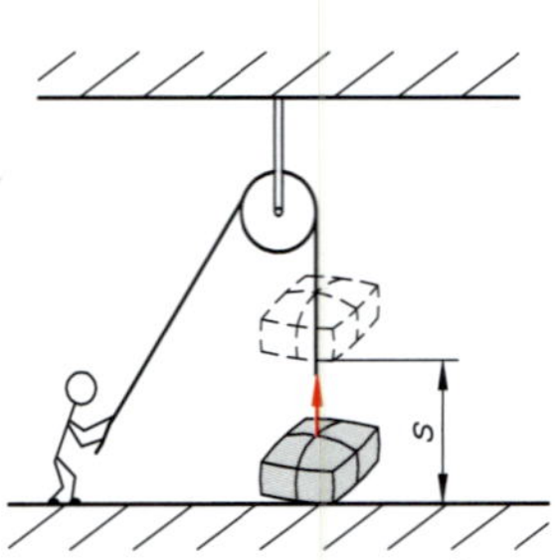

Eine Masse wird über eine Umlenkrolle mit 900 N Gewichtskraft in 2 min um 10 m gehoben. Ermitteln Sie die notwendige Arbeit in J und die Leistung in W.

Gesucht W in J, P in W

Gegeben
$F = 900\,N$
$t = 120\,s$
$s = 10\,m$

Vorüberlegung
Arbeit = N · m ⇒ ergibt Joule
Leistung = $\frac{N \cdot m}{s}$ ⇒ ergibt Watt

Lösung

$W = F \cdot s$

$W = 900\,N \cdot 10\,m$

$W = 9\,000\,Nm = \underline{9\,000\,J}$

$$P = \frac{W}{t} = \frac{9\,000\,Nm}{120\,s} = 75\,\frac{Nm}{s} = 75\,\frac{J}{s} = \underline{75\,W}$$

---

[1] 1 Joule ist die Arbeit, die verrichtet wird, wenn der Angriffspunkt der Kraft 1 N in Richtung der Kraft um 1 m verschoben wird.
[2] 1 Watt ist die Leistung, bei der in 1 Sekunde die Arbeit 1 Joule umgesetzt wird.

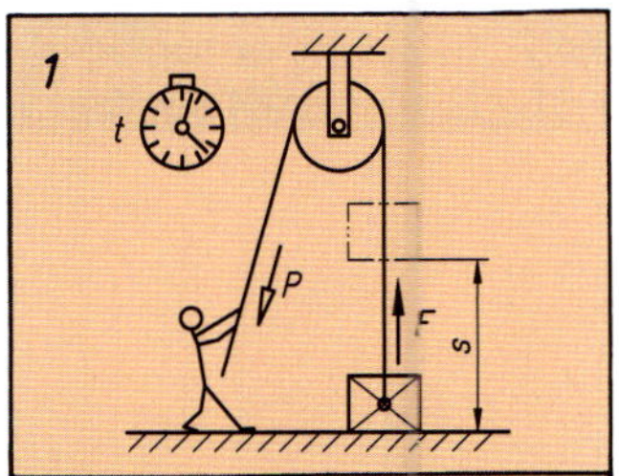

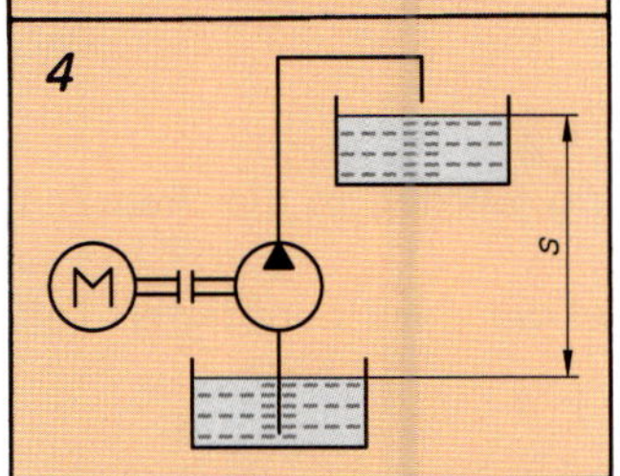

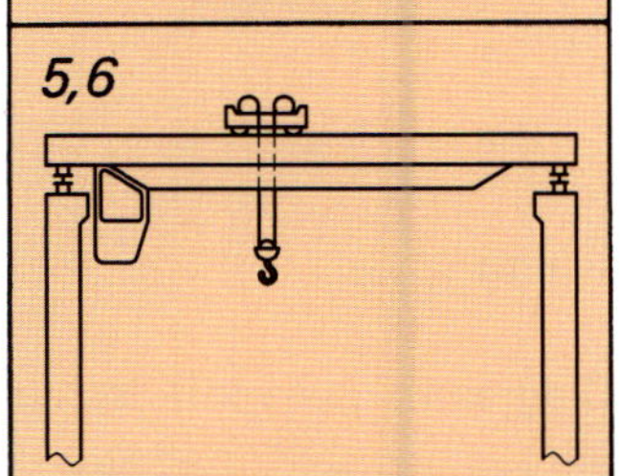

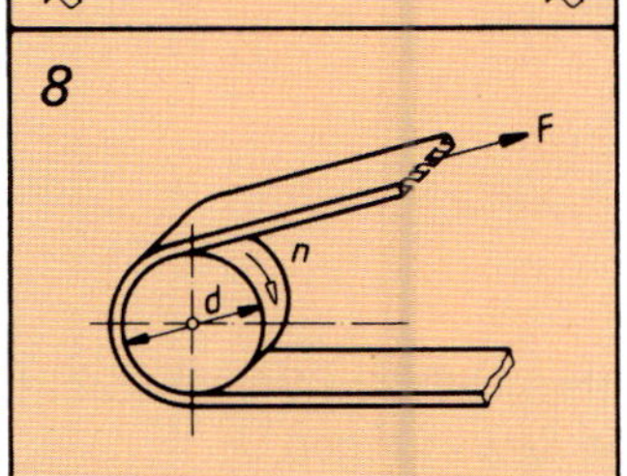

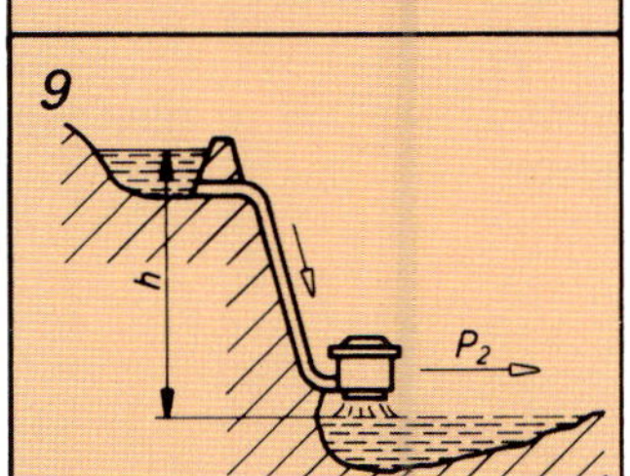

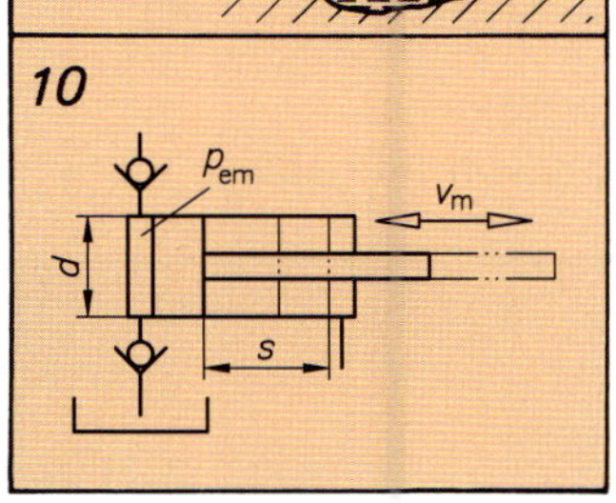

Berechnen Sie die fehlenden Werte:

1.

Aufgabe	a	b	c
Kraft in N	100	200	?
Weg in m	2,5	?	2,5
Arbeit in J	?	500	750

2.

Aufgabe	a	b	c	d
Kraft in N	200	400	?	160
Geschw. in m/s	1,5	?	1,5	?
Leistung in W	?	600	900	400

3. Zum Heben eines 350 kg schweren T-Trägers war eine Arbeit von 1 312,5 J erforderlich. Um welche Höhe wurde der Träger gehoben?

4. Eine Pumpe fördert in einer Stunde 40 m^3 Wasser. Dabei wird eine Förderhöhe von 8 m überwunden. Wie groß ist die Leistung der Pumpe in kW?

5. Welche Masse kann von dem Hubmotor eines Krans $P = 12$ kW in 20 Sekunden auf 4 m Höhe gehoben werden?

6. In welcher Zeit hebt ein Werkstattkran $P = 3$ kW eine Masse von 1 850 kg um 2,3 m an?

7. Ein zylindrischer Wasserbehälter von 3 m Durchmesser und 2 m Höhe soll in 20 min gefüllt werden. Welche Pumpenleistung in kW ist bei 6 m Förderhöhe aufzubringen?

8. Welche Leistung in kW überträgt ein Flachriemen, wenn er bei einem Riemenscheiben-Durchmesser von 200 mm und 750 1/min mit 700 N Zugkraft beansprucht wird?

9. Wie groß ist die Leistungsabgabe in kW einer Turbine, der bei einem Wirkungsgrad von 70 % 10 m^3 Wasser bei einem Gefälle von 18 m in 20 Sekunden zufließen?

10. Eine Kolbenpumpe mit dem Durchmesser $d = 225$ mm und 450 mm Hub arbeitet mit einem mittleren Kolbendruck von 4,5 bar und einer mittleren Kolbengeschwindigkeit von 2,5 m/s. Der Wirkungsgrad der Anlage beträgt 70 %. Welche Motorenleistung in kW ist erforderlich?

► Wissen – Erkennen – Werten

a) Welche Bedeutung haben die Begriffe Energie, Arbeit, Leistung?
b) Nennen Sie Beispiele für verschiedene Arten der Arbeit.
c) Ist mit einfachen Maschinen die Größe der Arbeit beeinflussbar?
d) In welchem Verhältnis steht die Leistung zur Arbeit bzw. zur Zeit?
e) Erläutern Sie den Begriff Wirkungsgrad.
f) Warum ist der Wirkungsgrad stets kleiner als 1 bzw. 100 %?
g) Welche Faktoren beeinflussen den Wirkungsgrad eines Getriebes?
h) Welcher Unterschied besteht zwischen Kraft- und Arbeitsmaschinen?

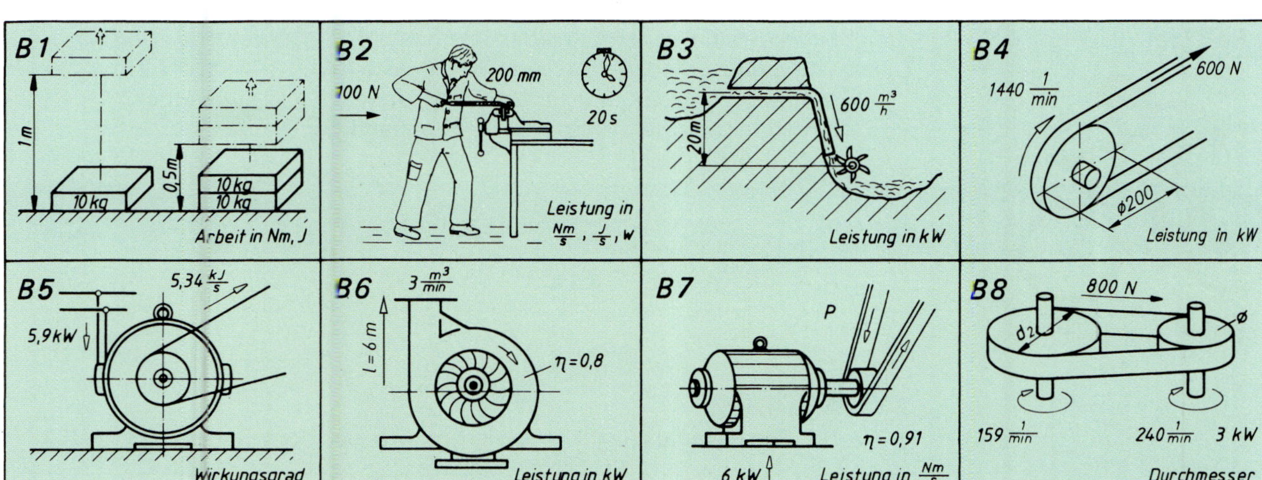

v Geschwindigkeit in m/s, m/min, km/h
s Weg in mm, m, km
t Zeit in s, min, h

Hinweis
v_f Vorschubgeschwindigkeit in mm/min, v_c Schnittgeschwindigkeit in m/min oder m/s

1. Geschwindigkeit

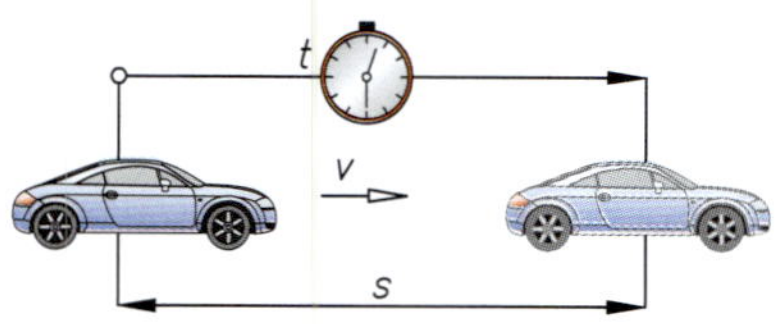

Bei einer gleichförmigen geradlinigen Bewegung werden in gleichen Zeitabschnitten gleiche Entfernungen zurückgelegt.
Der Quotient aus dem zurückgelegten Weg und der dazu benötigten Zeit heißt Geschwindigkeit.

$$\text{Geschwindigkeit} = \frac{\text{Weg}}{\text{Zeit}} \Rightarrow v = \frac{s^{1)}}{t}$$

Hinweis
Die Einheiten richten sich nach der Aufgabenstellung.

2. Geschwindigkeit-Zeit-Diagramm

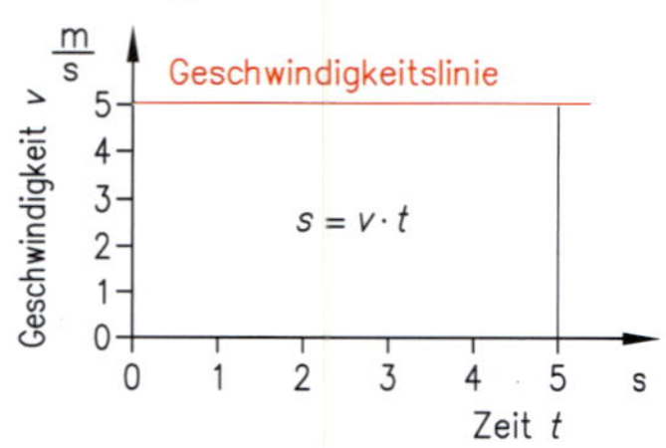

Im Geschwindigkeit-Zeit-Diagramm (kurz v-t-Diagramm genannt) ist zu jedem Zeitpunkt die Geschwindigkeit gleich groß.

Graph waagerechte Achse ≙ Zeit-Achse
senkrechte Achse ≙ Geschwindigkeits-Achse
Parallele ≙ Geschwindigkeits-Linie

Hinweis
Die Fläche unter der Geschwindigkeits-Linie entspricht dem Wegabschnitt.
Ein v-t-Schaubild veranschaulicht den Ablauf von Bewegungen.

3. Weg-Zeit-Diagramm

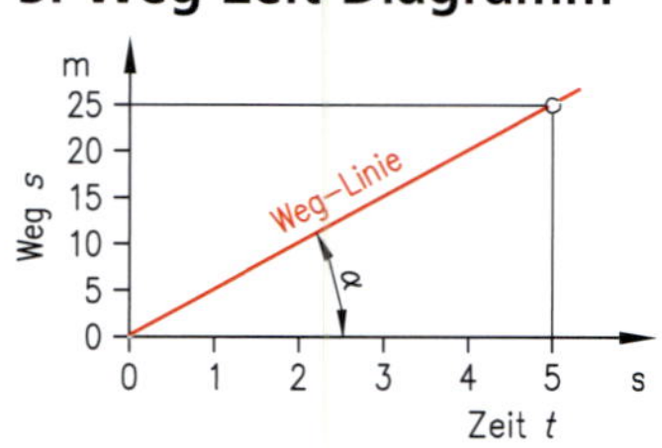

Im Weg-Zeit-Diagramm (kurz s-t-Diagramm genannt) werden in gleichen Zeitabschnitten gleiche Wegabschnitte zurückgelegt.

Graph waagerechte Achse ≙ Zeit-Achse
senkrechte Achse ≙ Weg-Achse
Gerade ≙ Weg-Linie

Hinweis
Je steiler die Weg-Linie, umso größer die Geschwindigkeit.
Ein s-t-Diagramm vereinfacht die grafische Lösung von Aufgaben.

4. Zusammenfassung

Die Geschwindigkeit ist der Weg in einer Zeiteinheit.
Das v-t-Diagramm veranschaulicht Wegabschnitte.
Das s-t-Diagramm veranschaulicht Geschwindigkeiten.

5. Beispiel

Ein Fahrradfahrer legt in jeder Sekunde einen Weg von 5 m zurück.
Wie groß ist die zurückgelegte Wegstrecke nach 5 s Fahrzeit?
a) Welche Fahrzeit wird für eine Wegstrecke von 15 m benötigt?
b) Vergleichen Sie die Lösungswerte anhand der Diagramme.

Lösung

a) $v = \frac{s}{t} \Rightarrow s = v \cdot t = 5\,\frac{\text{m}}{\text{s}} \cdot 5\,\text{s} = \underline{25\,\text{m}}$

b) $v = \frac{s}{t} \Rightarrow t = \frac{s}{v} = \frac{15\,\text{m}}{5\,\frac{\text{m}}{\text{s}}} = \underline{3\,\text{s}}$

Vorüberlegung
v-t-Diagramm ⇒ Fläche ≙ s
s-t-Diagramm ⇒ $\tan\alpha$ ≙ v

Anmerkung
Die Geschwindigkeitsgleichung ergibt sich aus ihren Einheiten.

1) v von lat. velocitas, s von lat. spatium, t von lat. tempus

Aufgaben

Gleichförmige geradlinige Bewegung

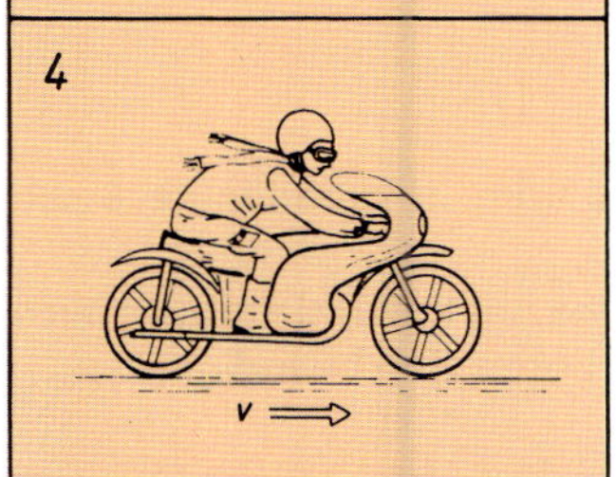

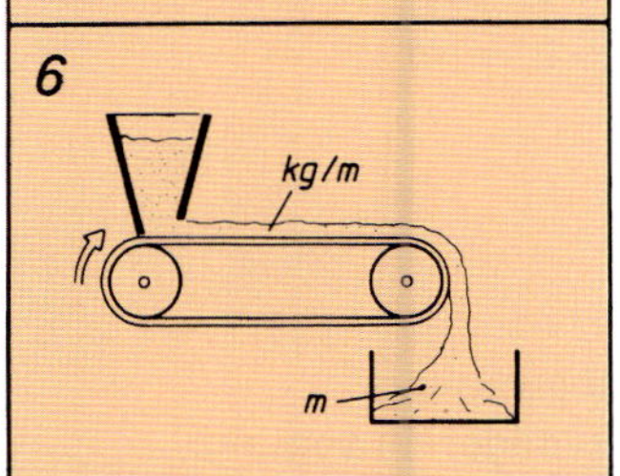

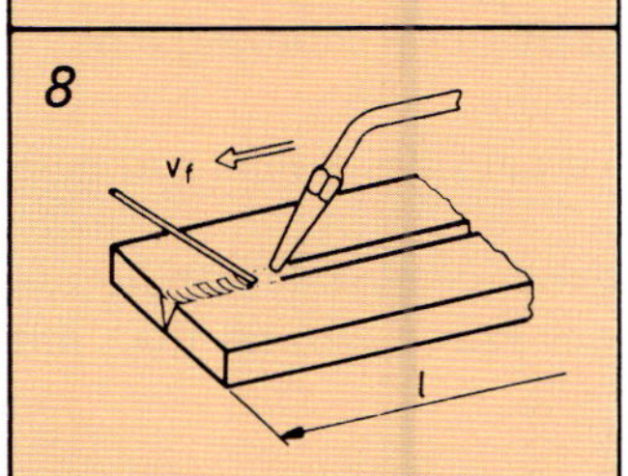

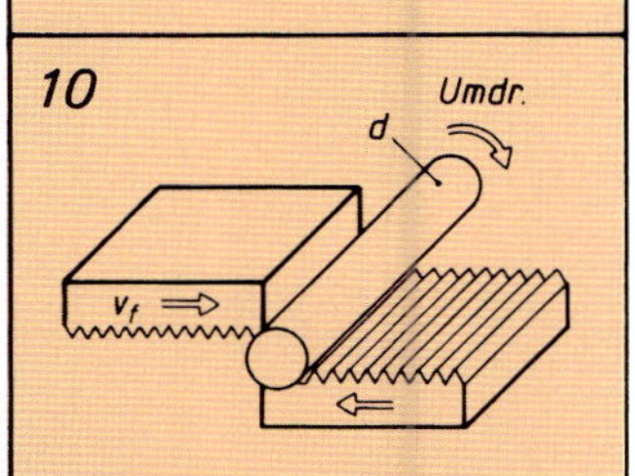

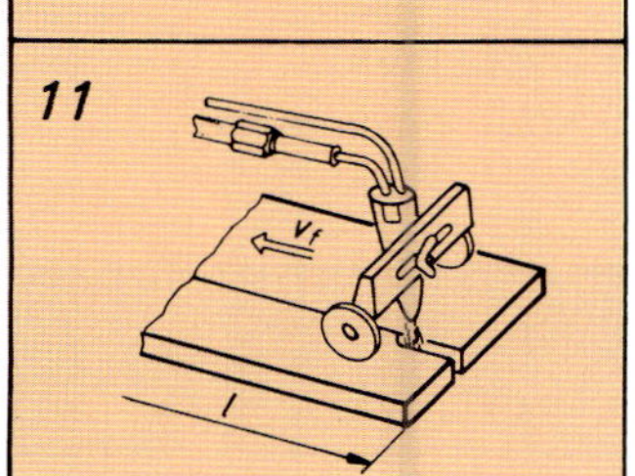

1. Die fehlenden Werte sind zu berechnen:

Aufgabe	a	b	c
Weg in m	26	50	?
Zeit in s	4	?	12
v in m/s	?	10	15

Aufgabe	d	e	f
s in m	20	84	?
t in min	4	?	180
v in m/min	?	12	54 km/h

2. Rechnen Sie folgende Geschwindigkeiten in die gesuchten Einheiten um:
a) $24\,\frac{m}{s}$ in $\frac{m}{min}$ b) $320\,\frac{m}{min}$ in $\frac{m}{s}$ c) $54\,\frac{km}{h}$ in $\frac{m}{s}$ d) $3\,\frac{m}{s}$ in $\frac{km}{h}$

3. Für einen Wanderweg von 12 km wurden 2 h 36 min benötigt. Errechnen Sie die durchschnittliche Geschwindigkeit in m/s, m/min und km/h.

4. Ein Motorradfahrer durchfährt eine 15 km lange Strecke mit 234 km/h Durchschnittsgeschwindigkeit. Berechnen Sie die Fahrzeit in min.

5. Ein Laufkran benötigt für eine 86 m lange Strecke eine Fahrzeit von 120 s. Berechnen Sie die Laufgeschwindigkeit in m/s und m/min.

6. Ein Band fördert pro Meter 80 kg Sand mit einer Geschwindigkeit von 1,2 m/s. Wie viel Tonnen werden in 1,2 h transportiert?

7. Eine CNC-Fräsmaschine durchfährt den programmierten Verfahrweg in 5,6 s mit einer Geschwindigkeit von 0,45 m/s.
Bestimmen Sie die Verfahrstrecke in mm.

8. Zum Schweißen einer 1 m langen Naht werden 15 min benötigt. Berechnen Sie: a) Schweißgeschwindigkeit in mm/min, b) Schweißzeit für 2,75 m Naht.

9. Ein Werkzeugschlitten legt in 25 Sekunden einen Weg von 120 mm zurück. Berechnen Sie seine Vorschubgeschwindigkeit in mm/min.

10. Das Kaltwalzen einer Zahnwelle d = 75 mm geschieht mit gegenläufigen Walzstangen, die eine Walzgeschwindigkeit von v = 380 mm/min haben. Ermitteln Sie die Fertigungszeit in min.

11. Die Vorschubgeschwindigkeit eines Schneidbrenners beträgt 840 mm/min, die Schneidzeit 1/20 h. Ermitteln Sie die Schneidlänge in m.

12. Ein Förderband durchläuft mit gleichförmiger Geschwindigkeit von 1,8 m/s einen Weg von 5,4 m. Stellen Sie den Zusammenhang grafisch dar.

► Wissen – Erkennen – Werten

a) Erläutern Sie die Geschwindigkeit anhand eines Beispiels.
b) Nennen Sie wichtige Einheiten der Geschwindigkeit und ihre Anwendung.
c) Führen Sie Geschwindigkeitsumrechnungen von km/h in m/min und m/s aus.
d) Erklären Sie den Unterschied zwischen einem v-t- und s-t-Diagramm.
e) Zeigen Sie Anwendungsbeispiele für die Vorschubgeschwindigkeit auf.

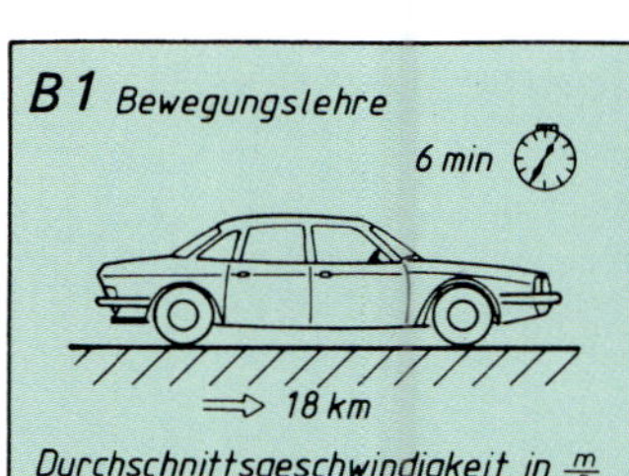

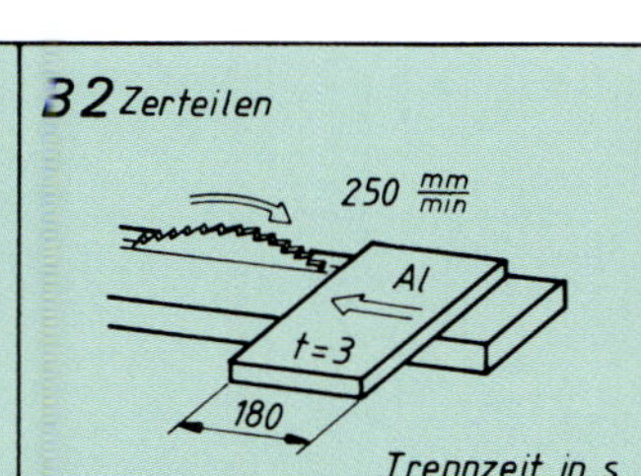

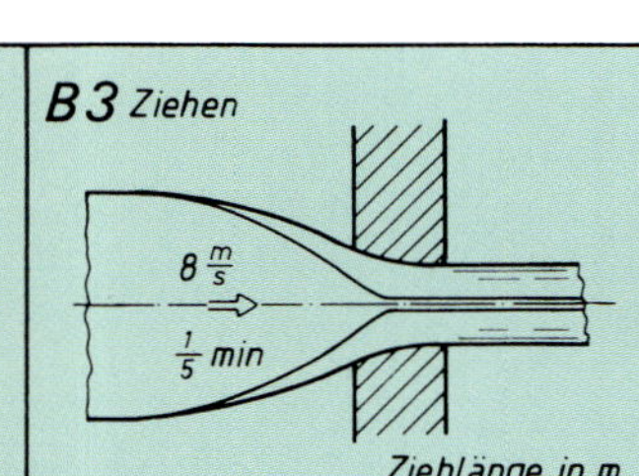

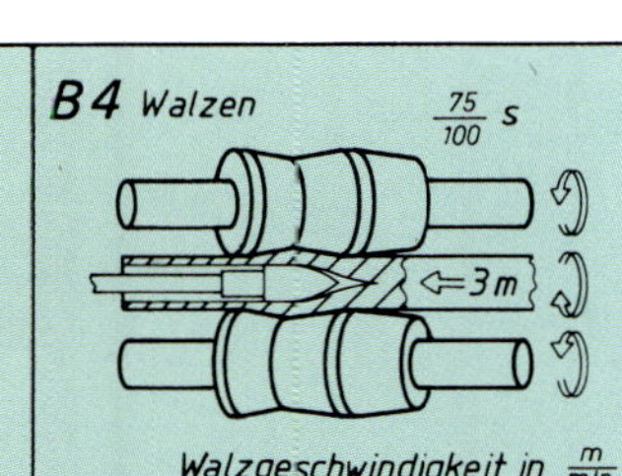

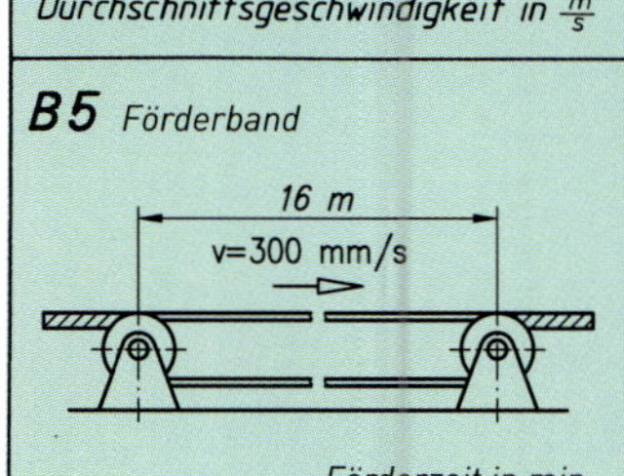

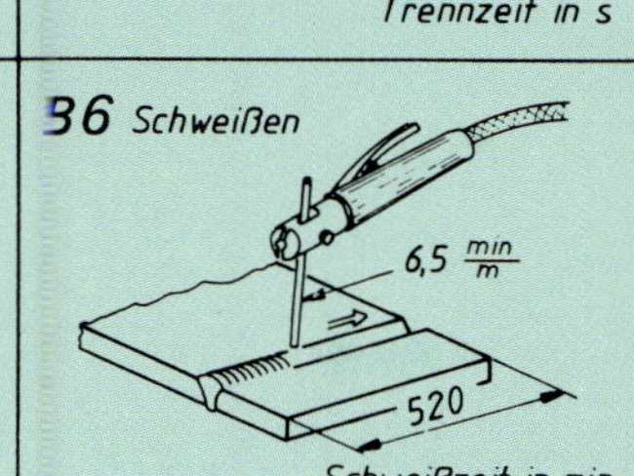

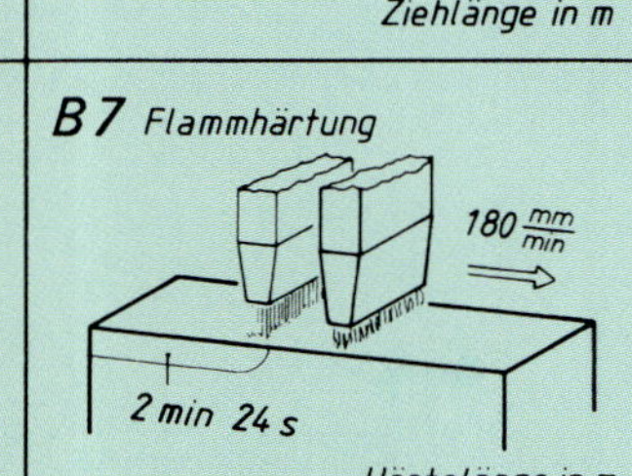

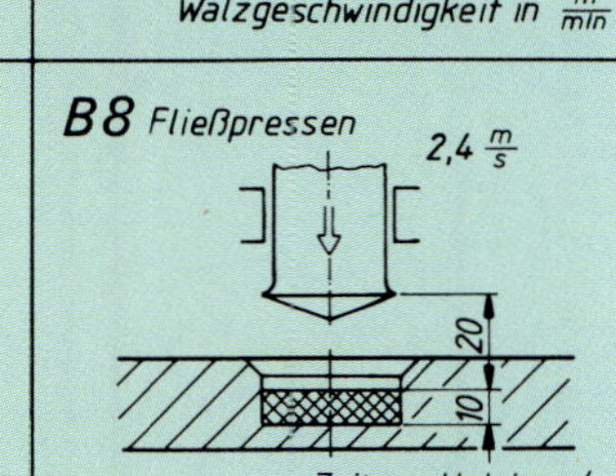

v_m mittlere Geschwindigkeit in m/min, m/s
n Drehzahl, Anzahl der Doppelhübe je Minute in 1/min
s Hublänge, Kolbenhub in mm, m

Hinweis
L Hublänge beim Hobeln und Stoßen

1. Kurbeltriebe

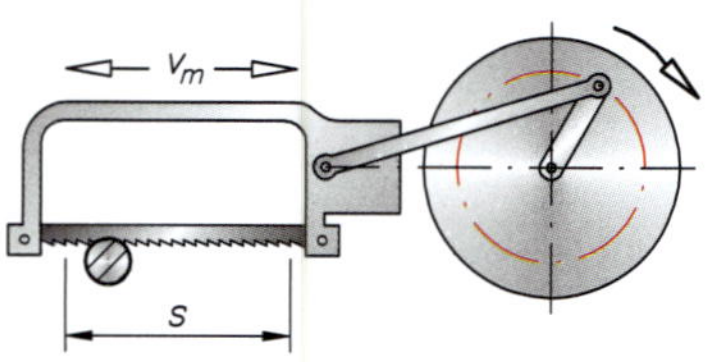

Durch Kurbeltriebe werden drehende Bewegungen in geradlinige Bewegungen umgewandelt.
Da die Geschwindigkeit sich ständig ändert, bezeichnet man sie als ungleichförmig. In der Praxis rechnet man mit einer mittleren Geschwindigkeit v_m.

Bei 1 Umdrehung der Kurbel beträgt der Weg $= 2 \cdot s$
bei n Umdrehungen je Zeiteinheit $= 2 \cdot s \cdot n$

folglich

$$v_m = 2 \cdot s \cdot n$$

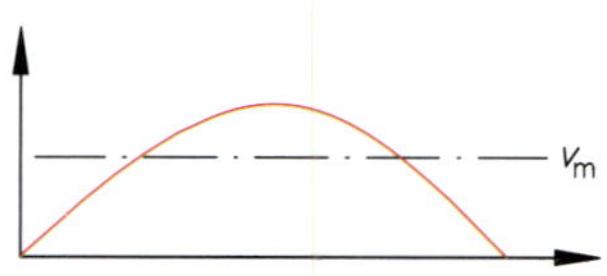

Hinweis
Der Kurbelweg erfolgt mit gleichförmiger Drehbewegung.
Der Hubweg erfolgt mit ungleichförmiger geradliniger Bewegung.
Drehfrequenz der Drehbewegung = Doppelhubzahl der Hubbewegung

2. Schubkurbelgetriebe

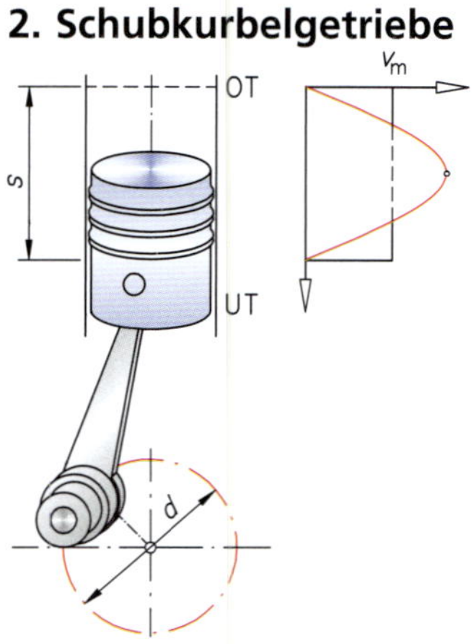

Mit Kolbenmaschinen wird die geradlinige Bewegung des Kolbens in eine drehende Bewegung umgewandelt.
Der hin- und hergehende Kolben ändert seine Geschwindigkeit ständig zwischen dem oberen und unteren Totpunkt. In der Praxis rechnet man mit einer mittleren Geschwindigkeit v_m.

Kolbenweg bei 1 Umdrehung der Kurbel $= 2 \cdot s$
Kolbenweg in 1 Minute $= 2 \cdot s \cdot n$
Kolbenweg in 1 Sekunde $= 2 \cdot s \cdot n \cdot \frac{1\ \text{min}}{60\ \text{s}}$

folglich $\quad v_m = 2 \cdot s \cdot n \quad \frac{1\ \text{min}}{60\ \text{s}}$

Hinweis
Die Angabe 2 × Hublänge ($2 \cdot s$) steht für einen Doppelhub.
Ein Doppelhub setzt sich aus Arbeitshub und Rückhub zusammen.
Länge des Hubes = Durchmesser des Kurbelkreises.

3. Zusammenfassung

Mittlere Geschwindigkeit = 2 × Hublänge × Doppelhubzahl

$$v_m = 2 \cdot s \cdot n$$

4. Beispiel

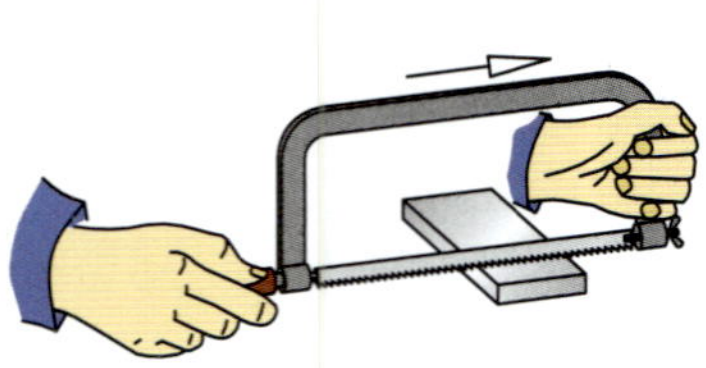

Eine Handsäge wird mit 60 Doppelhüben in der Minute auf 240 mm Hublänge geführt. Ermitteln Sie die mittlere Schnittgeschwindigkeit in m/min.

Gesucht v_m in $\frac{\text{m}}{\text{min}}$

Gegeben $n = 60\ \frac{1}{\text{min}}$
$s = 240\ \text{mm}$

Vorüberlegung
Doppelhub = Arbeitshub + Rückhub

Lösung $v_m = 2 \cdot s \cdot n$

$v_m = 2 \cdot 0{,}24\ \text{m} \cdot 60\ \frac{1}{\text{min}}$

$v_m = 28{,}8\ \frac{\text{m}}{\text{min}}$

Anmerkung
Das Sägeblatt führt in einer Minute einen Schnittweg von 28,8 m aus.

2

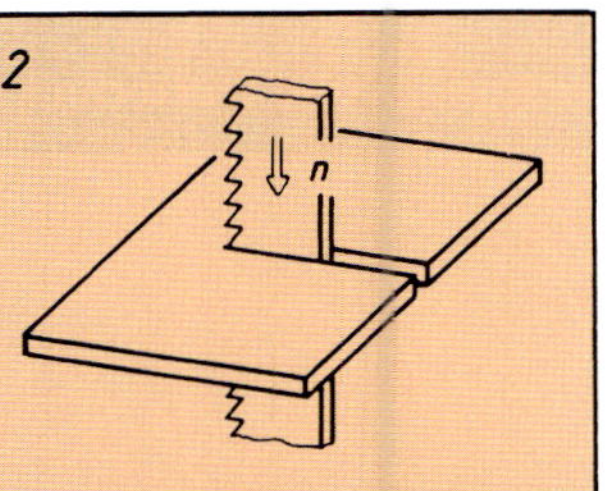

3,4

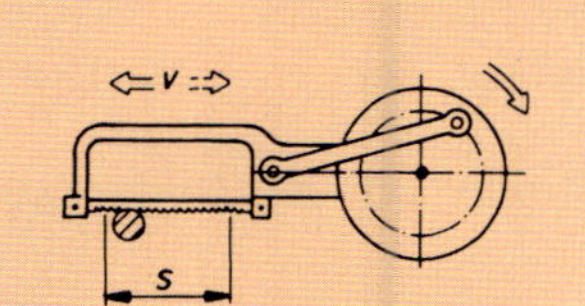

5

6

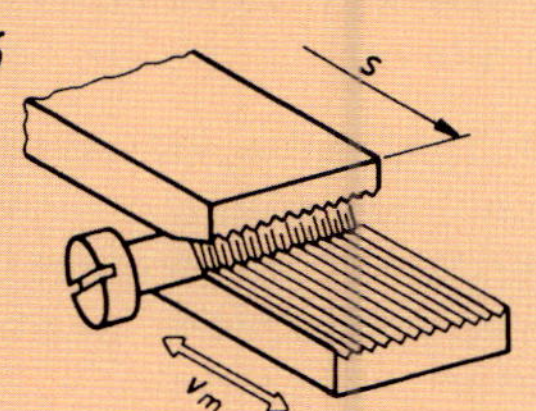

9

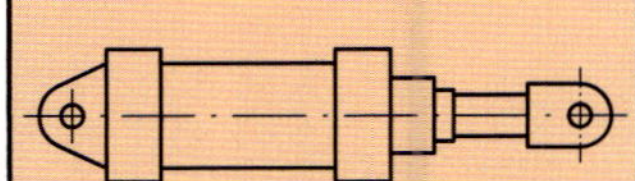

11

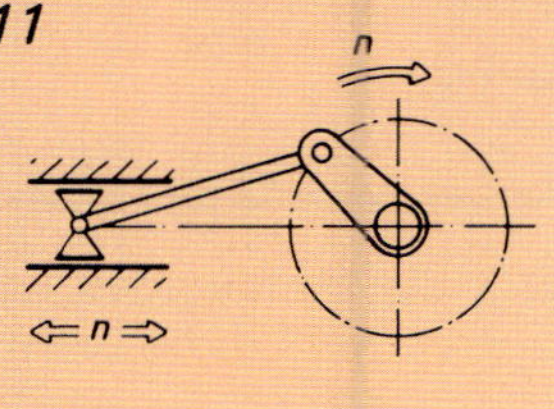

1. Die fehlenden Werte sind zu berechnen:

Aufgabe	a	b	c
s in mm	200	400	?
n in 1/min	50	?	60
v_m in m/min	?	20	30

Aufgabe	d	e	f
s in mm	80	85	?
n in min^{-1}	4 200	?	2 800
v_m in m/s	?	7	7,84

2. Eine Pendelstichsäge mit 18 mm Hublänge führt 800 Doppelhübe je Minute aus. Berechnen Sie die mittlere Geschwindigkeit in m/min.

3. Eine Hubsäge hat bei 250 mm Hublänge eine mittlere Sägegeschwindigkeit von 27,5 m/min. Ermitteln Sie die Drehfrequenz der Kurbel.

4. Bei 30 Arbeitshüben beträgt die mittlere Geschwindigkeit einer Hubsäge 24 m/min. Welcher Kurbeldurchmesser ist eingestellt?

5. Der Stempel einer Presse arbeitet bei 250 mm Hub mit einer mittleren Geschwindigkeit von 40 m/min. Bestimmen Sie die Stückzahl je Minute.

6. Die mittlere Geschwindigkeit der Gewindewalzen beträgt 28 m/min, ihre Doppelhubzahl 140 1/min. Ermitteln Sie die Hublänge in mm.

7. Der Hub einer Feile beträgt 250 mm, die mittlere Geschwindigkeit 30 m/min. Bestimmen Sie die Anzahl der Doppelhübe je Minute.

8. Welche mittlere Geschwindigkeit hat eine Feilmaschine mit 25 Arbeitshüben je Minute bei 380 mm ausgenutzter Feillänge?

9. Ein doppelt wirkender Zylinder ∅ 63/20 × 200 erreicht eine mittlere Geschwindigkeit von 0,8 m/s. Wie viele Kolbenhübe führt der Zylinder in 1/min aus?

10. Wie groß ist die mittlere Kolbengeschwindigkeit eines Mopeds bei 42 mm Kolbenhub und 7 400 Kurbelumdrehungen je Minute?

11. Die mittlere Geschwindigkeit des Kreuzkopfes beträgt 8,4 m/s, der Kurbeldurchmesser 560 mm. Berechnen Sie die Drehfrequenz der Kurbel.

▶ Wissen – Erkennen – Werten

a) Erläutern Sie den Begriff ungleichförmige Bewegung.
b) Aus welchen Hüben setzt sich ein Doppelhub zusammen?
c) Besteht zwischen Drehfrequenz und Doppelhubzahl ein Zusammenhang?
d) Welchen Einfluss haben Hublänge und Doppelhubzahl auf v_m?
e) Erläutern Sie die mittlere Schnittgeschwindigkeit $v_m = 20$ m/min.
f) Warum wird bei Hubsägen das Sägeblatt im Leerhub nicht belastet?
g) Nennen Sie weitere Möglichkeiten für Bewegungsumwandlungen.

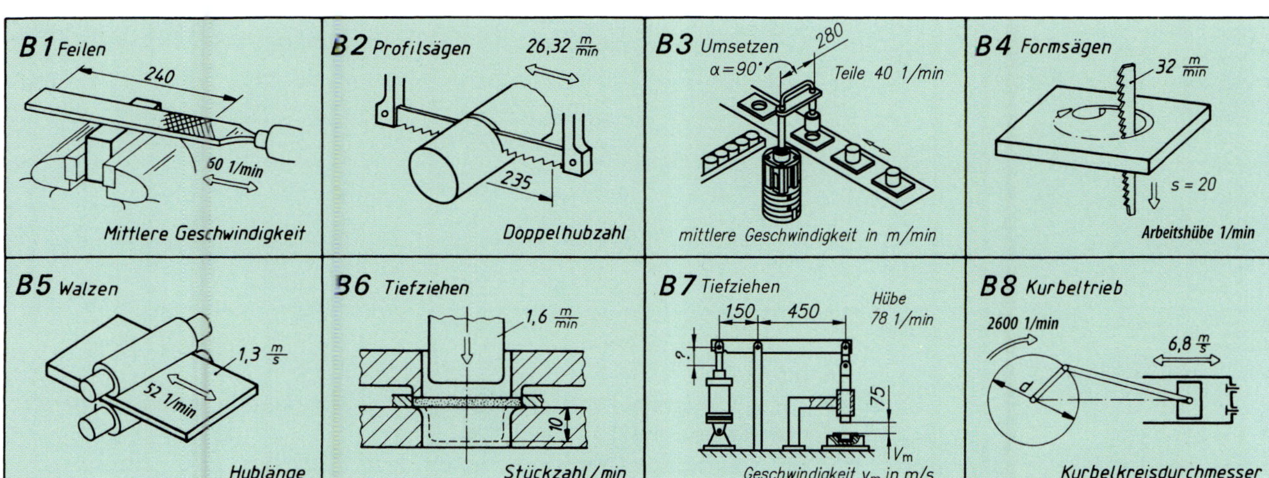

v Geschwindigkeit in m/s, m/min
v_c Schnittgeschwindigkeit in m/min
d Durchmesser in mm, m
n Drehfrequenz in 1/min
t Zeit in s, min

Hinweis
Drehfrequenz = Umdrehung je Zeiteinheit

1. Umfangsgeschwindigkeit

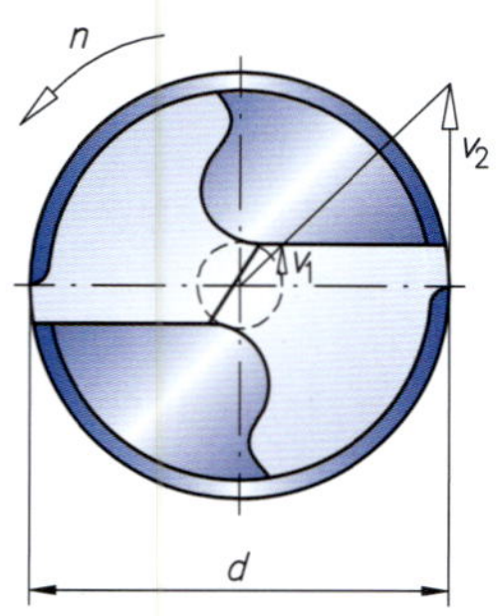

Wird ein Körper mit gleichförmiger Drehbewegung um seine Achse gedreht, so beschreibt jeder Punkt des Körpers eine Kreisbahn.
Zu diesen Körpern zählen Werkzeuge (z. B. Bohrer, Senker, Fräser) und Maschinenteile (z. B. Wellen, Scheiben, Räder).
Aus dem Weg des Punktes pro Zeitabschnitt ergibt sich die Umfangsgeschwindigkeit:

Weg des Punktes bei 1 Umdrehung $= d \cdot \pi$
Weg des Punktes bei z Umdrehung $= d \cdot \pi \cdot z$
Weg des Punktes pro Zeitabschnitt $= \dfrac{d \cdot \pi \cdot z}{t}$

Der Quotient $\dfrac{z}{t}$ ist die Drehfrequenz n

folglich $v = d \cdot \pi \cdot n$

Hinweis
Umfangsgeschwindigkeit ist zurückgelegter Weg in einer Zeiteinheit.
Die Umfangsgeschwindigkeit von Schleifscheiben gibt man in m/s an.

2. Schnittgeschwindigkeit

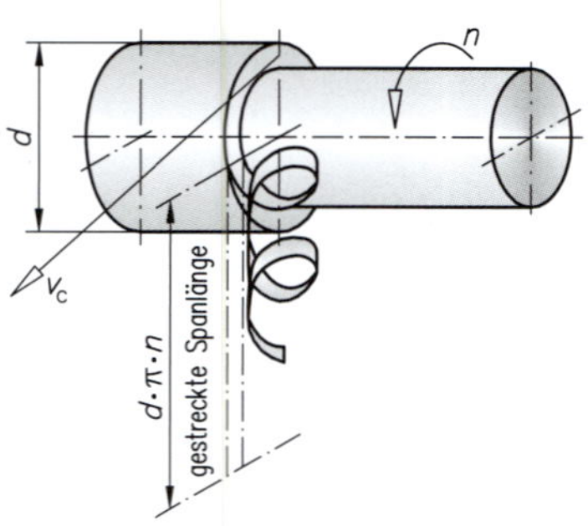

Die Schnittbewegung wird vom Werkzeug (z. B. Bohrer, Senker, Fräser) oder vom Werkstück (z. B. Drehteile wie Wellen, Scheiben) ausgeführt.
Wird bei der gleichförmigen Kreisbewegung der Werkstoff zerspant, so bezeichnet man die Umfangsgeschwindigkeit als Schnittgeschwindigkeit.
Aus der Spanlänge in m/min ergibt sich die Schnittgeschwindigkeit:

Spanlänge bei 1 Umdrehung $= d \cdot \pi$
Spanlänge in 1 Minute $= d \cdot \pi \cdot n$
folglich $v_c = d \cdot \pi \cdot n$[1)]

Hinweis
Schnittgeschwindigkeit ist gedachte Spanlänge in einer Zeiteinheit.
Die Einheit der Schnittgeschwindigkeit ist m/min, nur beim Schleifen wird sie in m/s angegeben.

3. Zusammenfassung

Umfangsgeschwindigkeit = Schnittgeschwindigkeit
Umfangsgeschwindigkeit = Umfang × Drehfrequenz
$v = d \cdot \pi \cdot n$

4. Beispiel

Bei einem HSS-Bohrer Durchmesser 16 mm beträgt die Umfangsgeschwindigkeit der Schneidenecke 30 m/min. Ermitteln Sie die erforderliche Drehfrequenz.

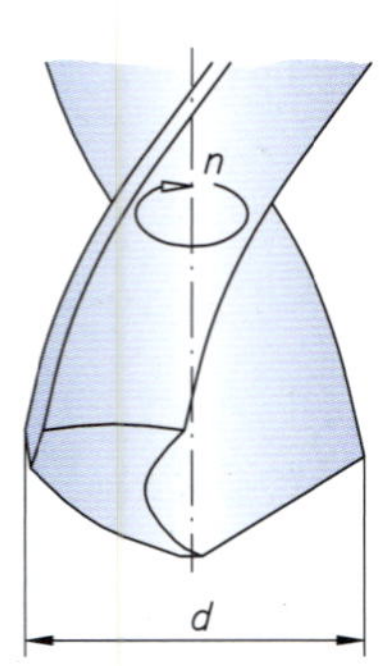

Vorüberlegung
Geschwindigkeit $= \dfrac{\text{Weg}}{\text{Zeit}}$

Gesucht n in $\dfrac{1}{\text{min}}$

Gegeben $d = 16\ \text{mm}$
$v = 30\ \dfrac{\text{m}}{\text{min}}$

Lösung $v = d \cdot \pi \cdot n$

$$n = \frac{v}{d \cdot \pi} = \frac{30\ \frac{\text{m}}{\text{min}}}{0{,}016\ \text{m} \cdot 3{,}14} = 597\ \frac{1}{\text{min}}$$

Anmerkung
Die einzustellende Drehzahl richtet sich nach dem Drehfrequenzbereich der Maschine.

1) Die Schnittgeschwindigkeit erhält den Index c (engl. *cutting* = schneiden).

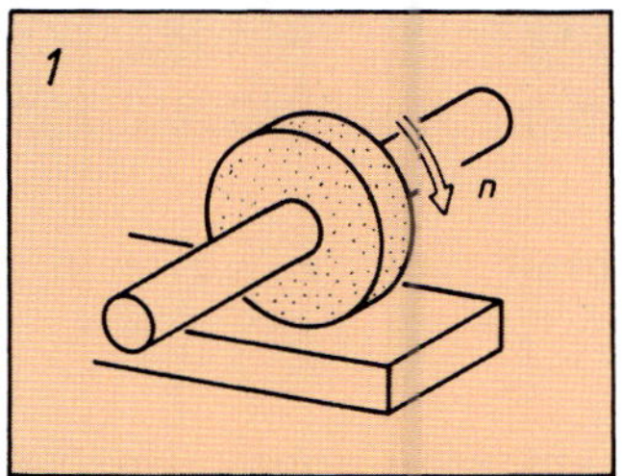

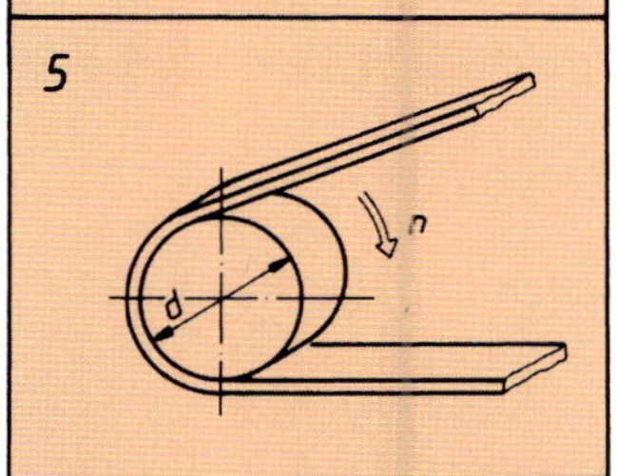

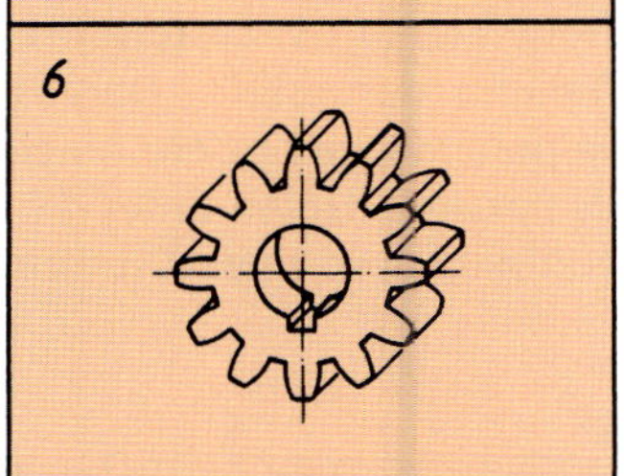

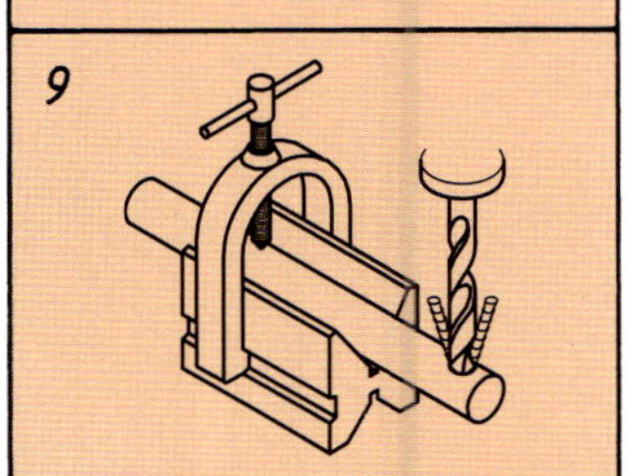

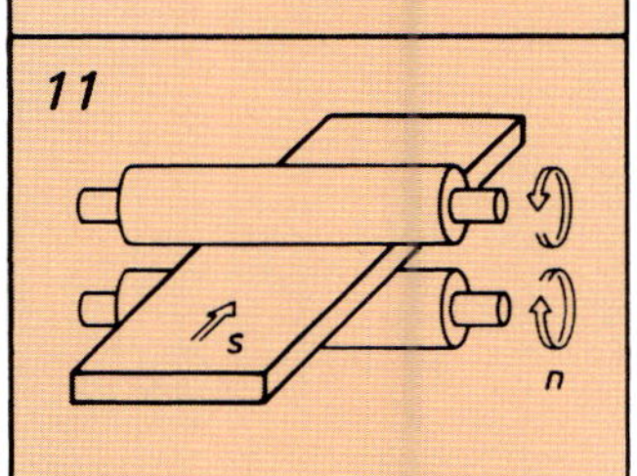

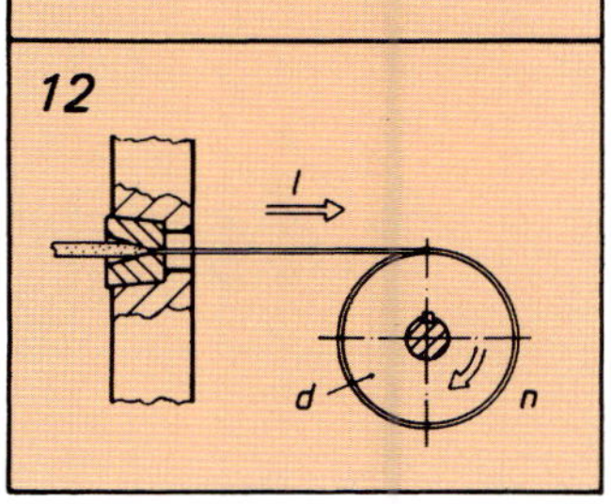

1. Die fehlenden Werte sind zu berechnen:

Aufgabe	a	b	c
d in mm	100	150	?
n in 1/min	5 725	?	5 732
v_c in m/s	?	45	60

Aufgabe	d	e	f
d in mm	20	15	?
n in min^{-1}	160	?	318
v_c in m/min	?	30	60

2. Ein Rad von 600 mm Durchmesser führt 850 Umdrehungen in der Minute aus. Welche Geschwindigkeit in m/s hat ein Punkt auf dem Radumfang?

3. Wie groß darf die Drehfrequenz einer Schleifscheibe von 250 mm Durchmesser sein, wenn die Umfangsgeschwindigkeit 30 m/s betragen soll?

4. Die Umfangsgeschwindigkeit einer Walze beträgt 5 m/s, ihre Drehfrequenz 597 1/min. Bestimmen Sie den Durchmesser der Walze.

5. Der Durchmesser einer Riemenscheibe beträgt 250 mm, ihre Umdrehungsfrequenz 680 1/min. Ermitteln Sie die Riemengeschwindigkeit in m/s.

6. Wie viel Umdrehungen pro Minute führt ein Zahnrad von 72 mm Teilkreisdurchmesser bei 2,4 m/s Umfangsgeschwindigkeit aus?

7. Die Drehfrequenz eines Reifens beträgt 900 1/min, die Fahrgeschwindigkeit 90 km/h. Wie groß ist der Durchmesser der Bereifung?

8. Welche Umfangs- und Schnittgeschwindigkeit in m/s hat eine Schleifscheibe von 400 mm Durchmesser bei 1 430 Umdrehungen je Minute?

9. Ein Bohrer von 15 mm Durchmesser soll mit 30 m/min Schnittgeschwindigkeit zerspanen. Welche Drehfrequenz muss eingestellt werden?

10. Mit wie viel Umdrehungen pro Minute läuft ein Rad von 26 Inch Durchmesser, wenn es eine Fahrstrecke von 1,5 km in 1/10 Stunde zurücklegt?

11. Ein Duowalzwerk mit 200 mm Walzdurchmesser läuft mit der Drehfrequenz 955 1/min. In welcher Zeit werden 25 m Bandlänge kaltverformt?

12. Wie viel Meter Draht werden in 3 Minuten auf einer Ziehtrommel von 360 mm Durchmesser bei 38 Umdrehungen je Minute aufgerollt?

► **Wissen – Erkennen – Werten**

a) Unterscheiden Sie Umfangsgeschwindigkeit und Schnittgeschwindigkeit.
b) Begründen Sie, warum v_c in der Bohrer-Längsachse gleich Null ist.
c) Erstellen Sie einen Arbeitsplan für das Ausreiben einer Bohrung.
d) Erklären Sie die hohe Unfallgefahr bei Schleifarbeiten.

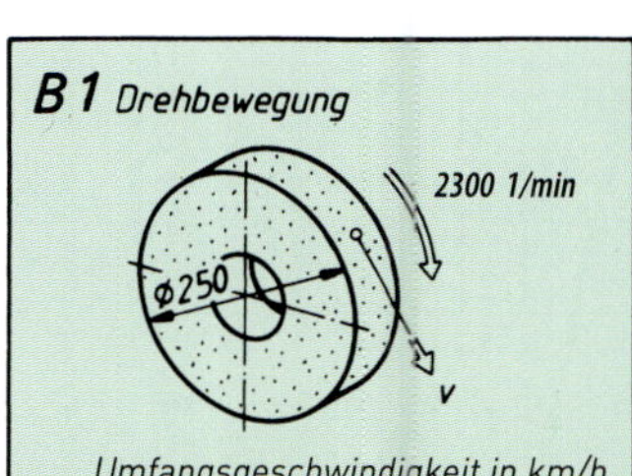

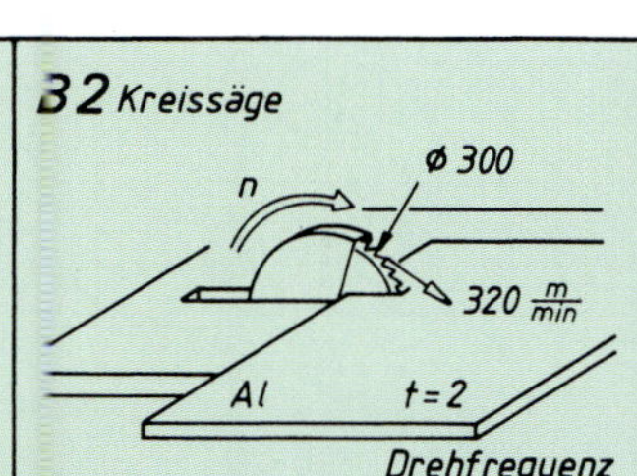

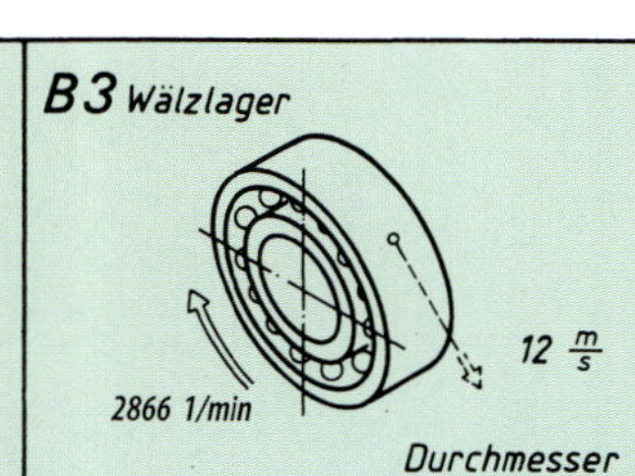

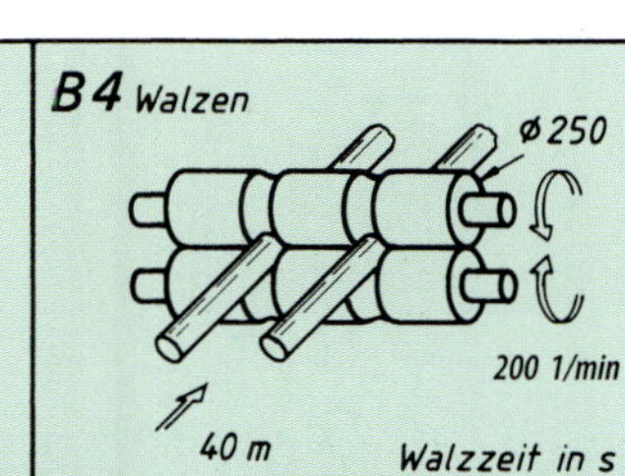

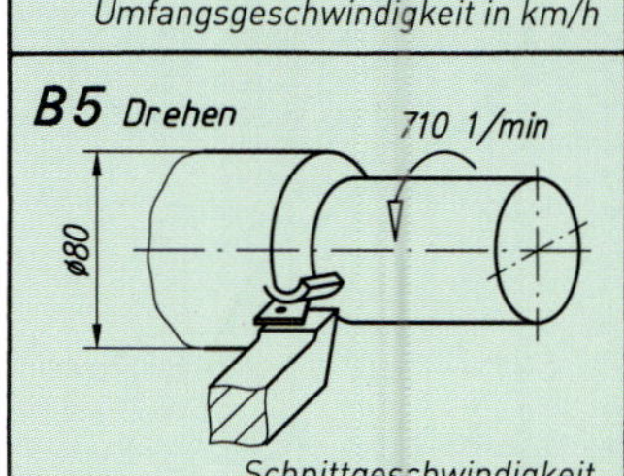

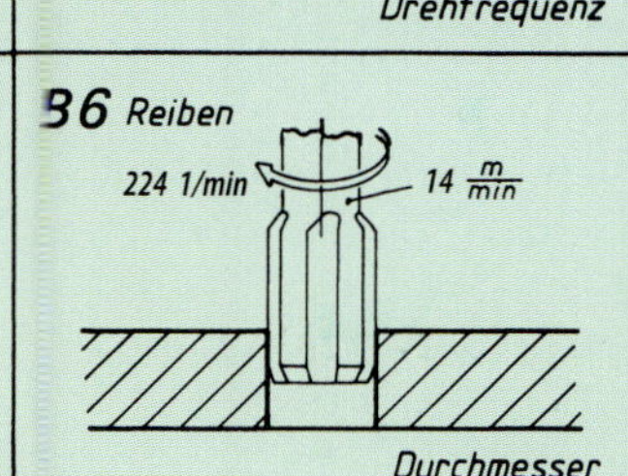

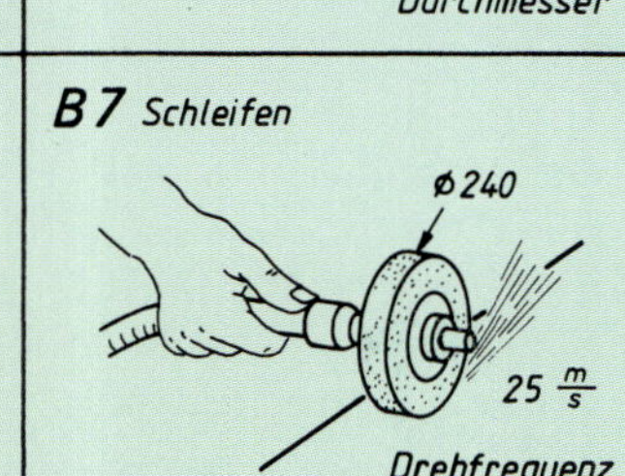

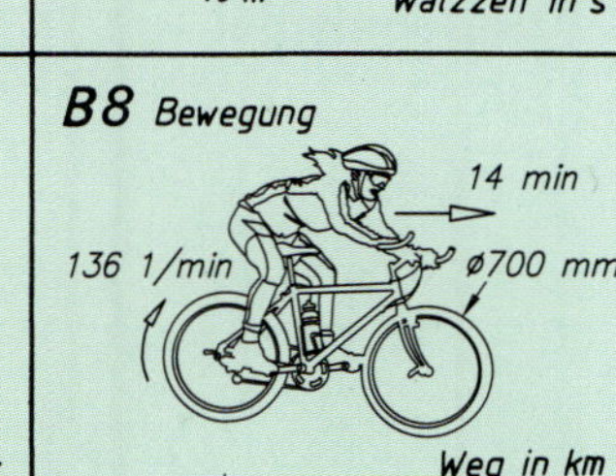

v_c Schnittgeschwindigkeit in m/min
d Durchmesser in mm
n Drehfrequenz in 1/min

Umfangsgeschwindigkeit = Schnittgeschwindigkeit $\Rightarrow$ $v_c = d \cdot \pi \cdot n$

1. Richtwerttabelle

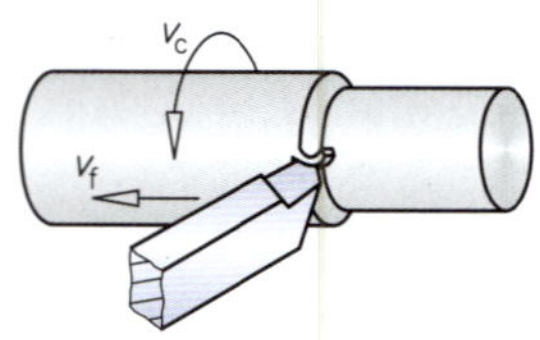

Richtwerttabellen sind aus praxisnahen Versuchsreihen entstanden. Sie ermöglichen die Wahl der zulässigen Schnittgeschwindigkeit v_c. Sie ist abhängig z. B. von
- dem Werkstoff des Werkstücks bzw. des Werkzeugs,
- der Größe des Vorschubs und der Schnitttiefe,
- der Schneidengeometrie, den Schnittbedingungen und der Standzeit.

2. Umdrehungsfrequenz-Schaubild

Im Diagramm werden die Stufen der vom Getriebe erzeugten Lastdrehfrequenzen aufgezeigt und in logarithmischer Teilung dargestellt. Daraus ergibt sich in der Nähe des Koordinatenursprungspunkts eine bessere Ablesbarkeit. Die Lastdrehfrequenzen verlaufen so als parallele Linien unter 45°. Die Drehfrequenzfolge ergibt sich aus der Multiplikation einer Drehfrequenz mit dem Stufensprung φ (Phi), z. B. = 1,25

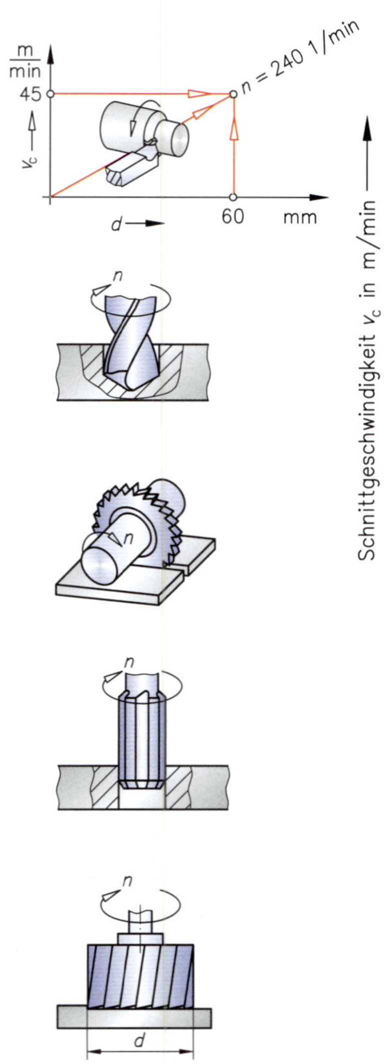

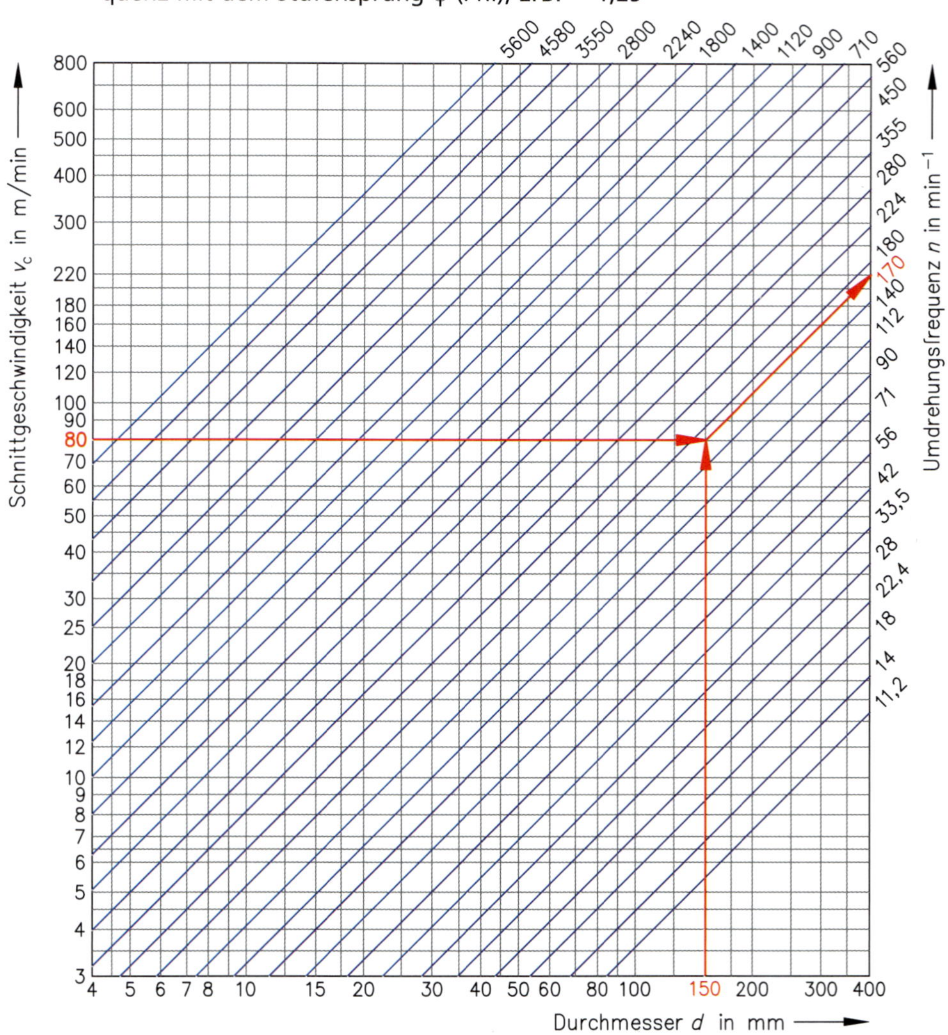

3. Ablesebeispiel

Gesucht n in 1/min
Gegeben $v_c = 80$ m/min
$d = 150$ mm

Lösung durch Ablesen

Der Schnittpunkt der Linien $v_c = 80$ m/min mit $d = 150$ mm liegt zwischen den Umdrehungsfrequenzen $n = 140$ 1/min und $n = 180$ 1/min. An der Maschine wird die niedrigere Umdrehungsfrequenz von 140 1/min eingestellt.

Lösung durch Berechnen

$$n = \frac{v_c}{d \cdot \pi}$$

$$n = \frac{80\ \text{m} \cdot 1\,000\ \text{mm}}{150\ \text{mm} \cdot \pi \cdot \text{min} \cdot \text{m}}$$

$$n = 169{,}7\ \frac{1}{\text{min}}$$

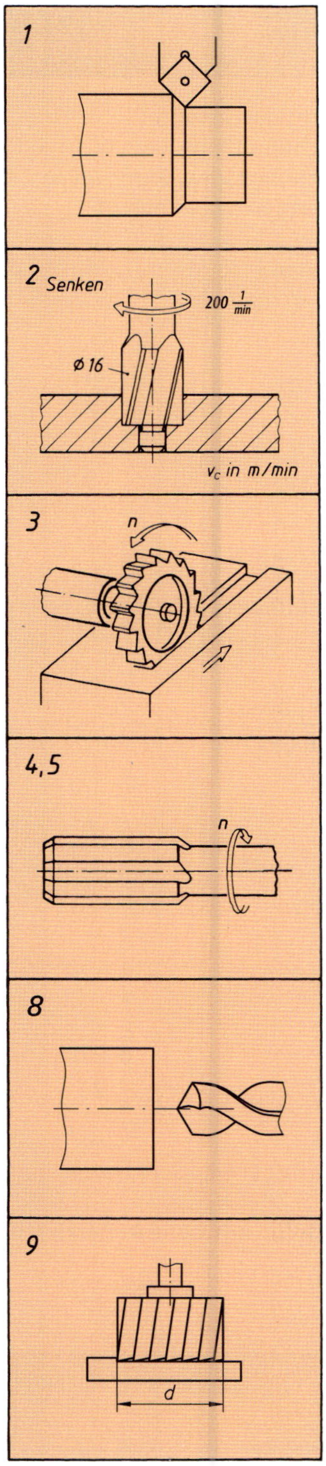

Aufgaben — Umdrehungsfrequenz (Drehzahl)

1. Ermitteln Sie mit dem Umdrehungsfrequenz-Schaubild die fehlenden Werte:

	a	b	c	d	e	f	g	h	i	j	k
v_c in m/min	30	30	?	200	60	?	300	70	?	45	?
d in mm	70	?	70	120	?	18	35	?	30	60	40
n in 1/min	?	560	140	?	1 400	1 800	?	180	224	?	4 500

2. Ein Flachsenker mit Führungszapfen (Außendurchmesser 18 mm) arbeitet mit einer Drehfrequenz von 600 1/min. Wie groß ist die Schnittgeschwindigkeit?
3. Welchen Durchmesser hat ein Scheibenfräser, wenn bei einer Umdrehungsfrequenz von 320 1/min eine Schnittgeschwindigkeit von 40 m/min erreicht werden soll?
4. Welcher Richtwert (aus dem Tabellenbuch) ist für die Schnittgeschwindigkeit v_c zu wählen, wenn eine Bohrung in einem Werkstück, welches eine Zugfestigkeit von R_m = 500 N/mm² besitzt, mit einer HSS-Reibahle aufgerieben werden soll?
5. Eine Bohrung soll auf einen Durchmesser von 25 mm in einem Werkstück (Werkstoff S235) mit einer Hartmetallreibahle aufgerieben werden. Ermitteln Sie:
   a) rechnerisch die Umdrehungsfrequenz,
   b) mithilfe des Umdrehungsfrequenz-Diagramms die einzustellende Umdrehungsfrequenz.
6. Eine stufenlos regelbare Bohrmaschine arbeitet mit einer Umdrehungsfrequenz von 365 1/min. Welcher maximale Bohrerdurchmesser ist zulässig, wenn eine Schnittgeschwindigkeit von 30 m/min nicht überschritten werden darf?
7. Welche Umdrehungsfrequenz muss für die Spindel einer Bohrmaschine mit dem Frequenzbereich von 224 – 280 – 355 – 450 … 1/min eingestellt werden, wenn mit einem HSS-Bohrer von 17 mm Durchmesser die Schnittgeschwindigkeit von 20 m/min nicht überschritten werden darf?
8. Mithilfe einer stufenlos regelbaren Drehmaschine soll ein Werkstück aus S235 gebohrt werden. Welche Schnittgeschwindigkeiten sind zu wählen, wenn 1. mit einem HSS-Bohrer und 2. mit einem Vollhartmetallbohrer gearbeitet wird? In welchem Verhältnis stehen die beiden Schnittgeschwindigkeiten zueinander (betrachten Sie jeweils die mittleren Schnittgeschwindigkeiten)?
9. Mit einem Walzenstirnfräser (HSS-Fräser), Durchmesser d = 70 mm soll ein Werkstück aus E295 geschlichtet werden. Ermitteln Sie: a) den Richtwert für v_c (mittlerer Wert) b) rechnerisch und grafisch die einzustellende Drehfrequenz, c) die tatsächliche Schnittgeschwindigkeit.

► Wissen – Erkennen – Werten

a) Was versteht man unter Schnittgeschwindigkeit und Umdrehungsfrequenz?
b) Nennen Sie Kriterien für die Auswahl der Schnittgeschwindigkeit.
c) Vergleichen Sie Vor- und Nachteile, wenn v_c zu klein bzw. zu groß ist.
d) Erklären sie anhand eines v_c-d-Diagramms die Ermittlung von n.
e) Begründen Sie für ein Stufengetriebe die Einstellung der nächstkleineren Umdrehungsfrequenz.
f) Welche Drehzahl ist zu wählen für einen HSS-Bohrer ∅ 10 mm, wenn der Werkstoff des Werkstücks E295 ist?

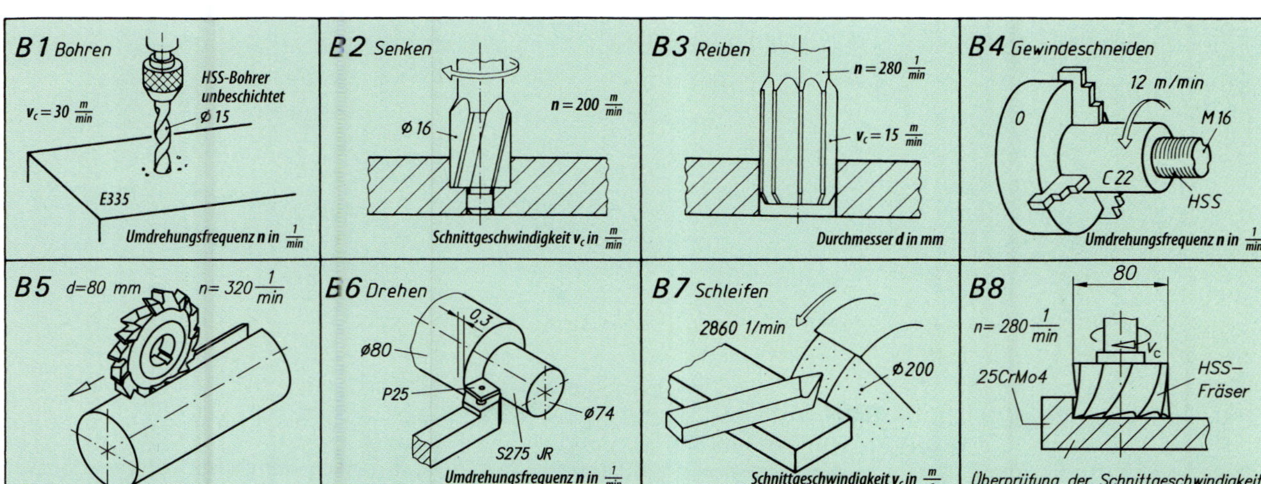

Drehen – Hauptnutzungszeit mit konstanter Drehfrequenz

t_h Hauptnutzungszeit in min	L Vorschubweg in mm	i Anzahl der Schnitte
l Werkstücklänge in mm	d Außendurchmesser in mm	f Vorschub in mm
l_a Anlauf in mm	d_1 Innendurchmesser in mm	v_f Vorschubgeschw. in mm/min
l_u Überlauf in mm	n Drehfrequenz in 1/min	v_c Schnittgeschw. in m/min

1. Vorschubgeschwindigkeit v_f

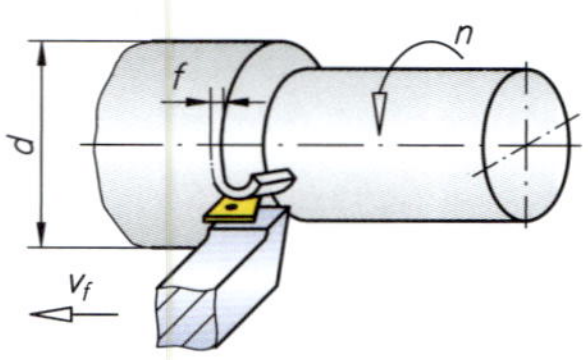

Vorschub für eine Werkstückumdrehung $= f$ in mm
Vorschub für n-Umdrehungen $= f \cdot n$ in mm/min

Folgerung
Vorschubgeschwindigkeit $v_f = f \cdot n$

2. Hauptnutzungszeit t_h

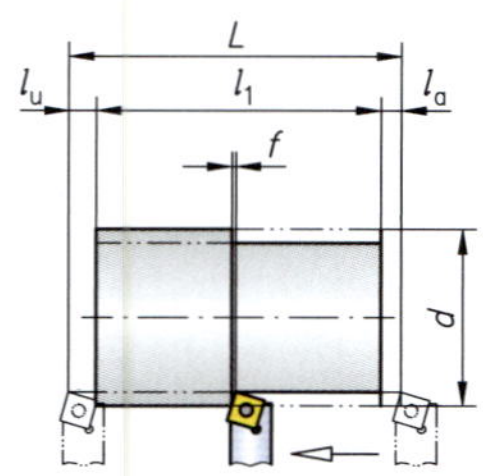

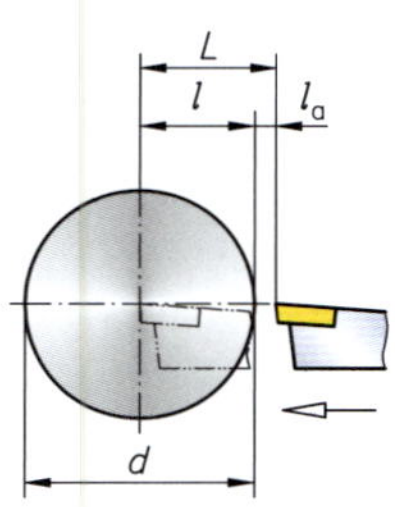

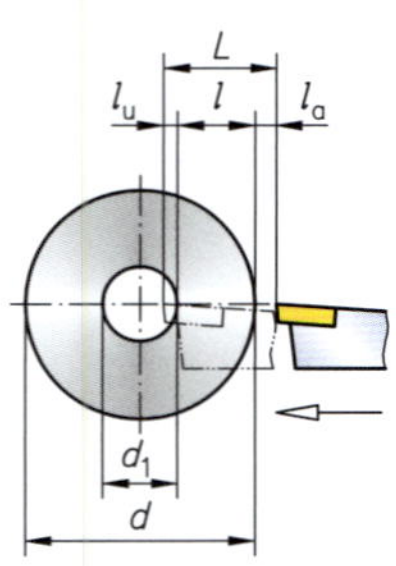

Allgemein: Geschwindigkeit $= \frac{\text{Weg}}{\text{Zeit}}$ $v = \frac{s}{t}$

hier: Vorschubgeschwindigkeit $= \frac{\text{Vorschubweg}}{\text{Hauptnutzungszeit}}$ $v_f = \frac{L}{t_h}$

umgestellt: Hauptnutzungszeit $= \frac{\text{Vorschubweg}}{\text{Vorschubgeschw.}}$ $t_h = \frac{L}{v_f} = \frac{L}{f \cdot n}$

Somit gilt für eine Anzahl der Arbeitsschritte i: $t_h = \frac{L \cdot i}{f \cdot n}$

Beachte
Bei fehlenden Angaben für An- und Überlauf gilt:
Vorschubweg = Werkstücklänge $L = l$
Bei gegebenem An- und Überlauf gilt: $L = l + l_a + l_u$
Beim Querplandrehen eines Vollzylinders $l = \frac{d}{2}$
Beim Querplandrehen eines Hohlzylinders $l = \frac{d - d_1}{2}$

Hinweis
Längsrunddrehen: Die Drehzahlberechnung erfolgt mit dem jeweiligen Außendurchmesser.
Querplandrehen: Die Drehzahlberechnung erfolgt mit dem Außendurchmesser.

3. Zusammenfassung

Für die Hauptnutzungszeit gilt: $t_h = \frac{L \cdot i}{f \cdot n}$

4. Beispiel

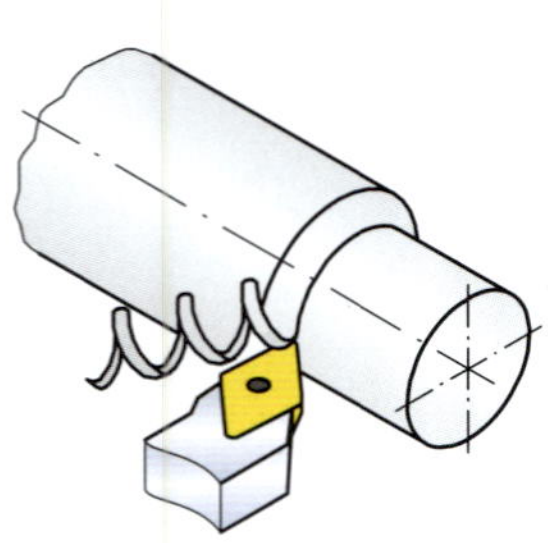

Ein 148 mm langer Bolzen wird mit einem Vorschub $f = 0{,}12$ mm und einer Drehfrequenz $n = 1400$ 1/min einmal überdreht. An- und Überlauf betragen 2 mm. Berechnen Sie die Hauptnutzungszeit t_h in min.

Gesucht t_h in min

Gegeben
$L = 150$ mm
$i = 1$
$n = 1400$ 1/min
$f = 0{,}12$ mm

Vorüberlegung
$\text{Zeit} = \frac{\text{Vorschubweg}}{\text{Vorschubgeschwindigkeit}}$

Lösung
$t_h = \frac{L \cdot i}{f \cdot n}$
$t_h = \frac{150\ \text{mm} \cdot 1\ \text{min}}{0{,}12\ \text{mm} \cdot 1400}$
$t_h = \underline{0{,}893\ \text{min}}$

Anmerkung
Die einzustellende Drehzahl n richtet sich nach dem Drehfrequenzbereich der Maschine.

Aufgaben

Drehen – Hauptnutzungszeit mit konstanter Drehfrequenz

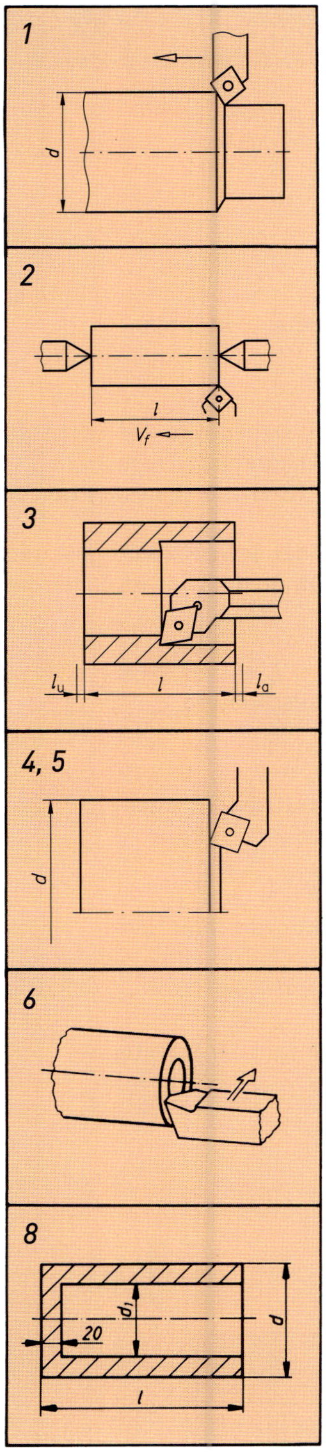

1. Eine 624 mm lange Welle (l_a = 1 mm) wird mit 330 1/min und 1,5 mm Vorschub in einem Schnitt überdreht. Ermitteln Sie die Hauptnutzungszeit.

2. Wie viel Zeit benötigt man, um eine 818 mm lange Welle (l_a = l_u = 1 mm) bei einer Vorschubgeschwindigkeit von 124 mm/min zu schlichten?

3. Eine Bohrung von 110 mm Durchmesser und 178 mm Länge soll in zwei Schnitten mit einer Schnittgeschwindigkeit v_c = 140 m/min und einem Vorschub f = 0,8 mm ausgedreht werden. An- und Überlauf betragen je 1 mm. Berechnen Sie die Hauptnutzungszeit (n-Bereich ... 315 – 450 – 630 ... 1/min).

4. Ein Deckel aus EN-GJL-200 mit einem Durchmesser von 260 mm soll in einem Schnitt mit 2 mm Vorschub und einer Drehfrequenz von 170 1/min geplant werden (l_a = 1 mm). Berechnen Sie die Hauptnutzungszeit.

5. Die Stirnfläche eines 96 mm dicken Zapfens soll in 0,24 min bei einem Vorschub von 0,8 mm in 2 Schnitten überdreht werden (l_a = 1 mm). Berechnen Sie die Drehfrequenz der Arbeitsspindel.

6. In welcher Zeit kann die Stirnfläche eines Hohlzylinders (d = 160 mm und d_1 = 48 mm) überdreht werden? Die Drehzahl beträgt 180 1/min, der Vorschub 0,4 mm und An- und Überlauf je 1 mm.

7. Ein Ring aus S235 hat die Durchmesser d = 180 mm und d_1 = 124 mm. Er soll mit v_c = 300 m/min und f = 0,15 mm, l_a = l_u = 1 mm bearbeitet werden. Berechnen Sie die Hauptnutzungszeit, wenn:
   a) die Drehfrequenz n = konstant ist (n-Bereich ... 350 – 500 – 700 ... 1/min),
   b) die Schnittgeschwindigkeit v_c = konstant ist (stufenlos regelbare Drehzahl). Nachfolgende Seite beachten.

8. Welche Hauptnutzungszeit ist erforderlich, um 18 Buchsen einmal allseitig zu schlichten?
   Werkstückmaße: l = 298 mm, d = 200 mm, d_1 = 160 mm
   Schnittdaten: v_c = 200 m/min, f = 0,25 mm, l_a = l_u = 1 mm (n-Bereich ... 320 – 400 – 500 – 630 – 800 ... 1/min).

► Wissen – Erkennen – Werten

a) Aus welchen Teillängen setzt sich der Vorschubweg zusammen?
b) Welche Werte sind zum Einstellen der Drehfrequenz erforderlich?
c) Warum ist beim Ablesen eines Drehfrequenz-Schaubilds die nächstkleinere Drehzahl zu wählen?
d) Wie verändert sich v_c beim Querplandrehen, wenn die Drehfrequenz konstant bleibt?
e) Erklären Sie für die Hartmetalle P20, M20 und K20 die Bezeichnungen und ihre Einsatzgebiete.
f) Nach welchen Kriterien wird ein Drehmeißel eingespannt?
g) Welche Unfallverhütungsmaßnahmen müssen beim Drehen beachtet werden?

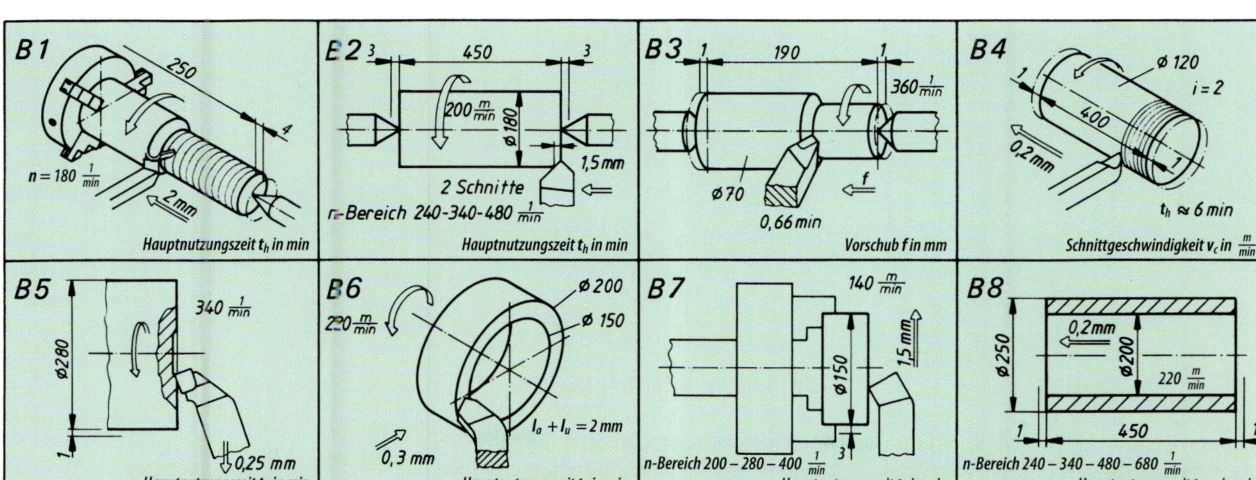

Drehen – Hauptnutzungszeit mit konstanter Schnittgeschwindigkeit

t_h	Hauptnutzungszeit in min	v_c	Schnittgeschwindigkeit in m/min
l	Werkstücklänge in mm	v_f	Vorschubgeschwindigkeit in mm/min
l_a	Anlauf in mm	a_p	Schnitttiefe in mm
l_u	Überlauf in mm	f	Vorschub in mm
L	Vorschubweg in mm	i	Anzahl der Schnitte
d	Anfangsdurchmesser des Werkstücks in mm	n	Drehfrequenz in 1/min
d_1	Enddurchmesser des Werkstücks in mm	n_g	Umdrehungsfrequenz des Grenzdurchmessers in 1/min
d_e	Ersatzdurchmesser in mm	n_{gmax}	maximale Umdrehungsfrequenz in 1/min
d_g	Grenzdurchmesser in mm		

Bei modernen Drehmaschinen lässt sich die Umdrehungsfrequenz stufenlos einstellen. Daher wird die Schnittgeschwindigkeit als Konstante gewählt. Aus Sicherheitsgründen wird eine maximale Umdrehungsfrequenz n_{gmax} bestimmt und festgelegt. Die Bearbeitung erfolgt ab dem dazugehörigen Durchmesser (Grenzdurchmesser) bis zur Mittelachse des Werkstücks mit der konstanten Drehzahl n_{gmax}.
Je näher der Drehmeißel den Grenzdurchmesser erreicht, umso kürzer wird die Zeit für den jeweils zurückgelegten Vorschubweg, da die Umdrehungsfrequenz größer wird. Für die Berechnung der Hauptnutzungszeit ist daher der Ersatzdurchmesser d_e zu bestimmen.

Hauptnutzungszeit $t_h = \dfrac{d_e \cdot \pi \cdot L \cdot i}{v_c \cdot f}$

$L = l_a + l + l_u$[1]
Vorschubweg

Längs-Runddrehen

$d_e = d \pm a_p(i + 1)$[2]
Ersatzdurchmesser

$d_g = \dfrac{v_c}{\pi \cdot n_{gmax}}$
Grenzdurchmesser

$i = \dfrac{d - d_1}{2 \cdot a_p}$
Anzahl der Schnitte

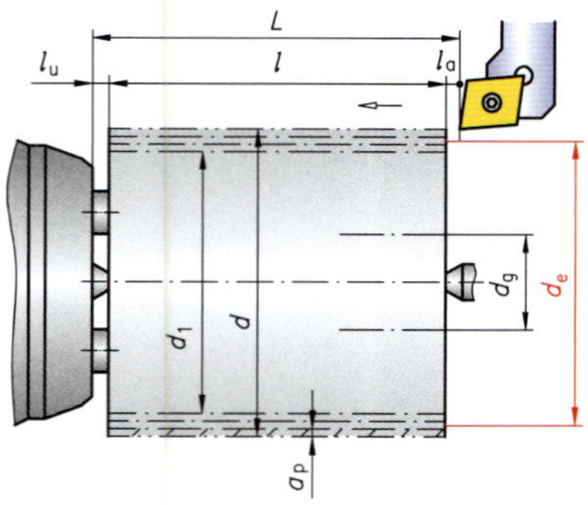

Vollzylinder

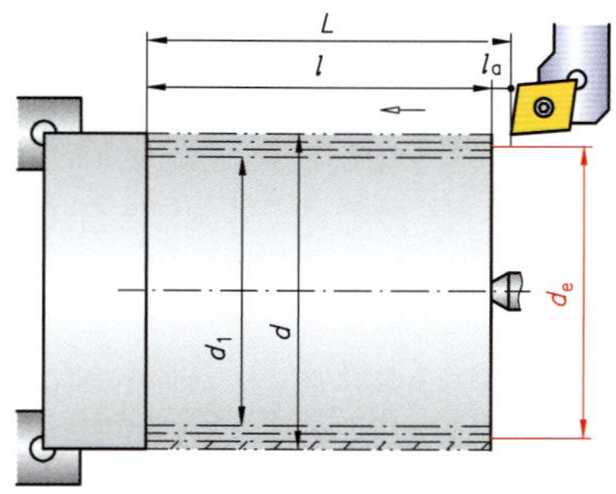

Vollzylinder mit Zapfen (Ansatz)

Quer-Plandrehen

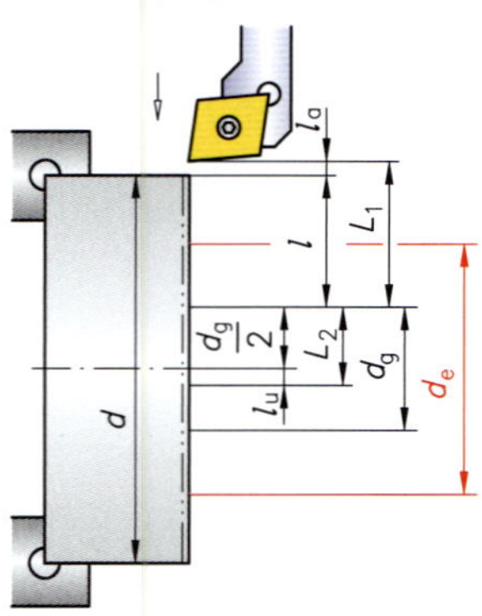

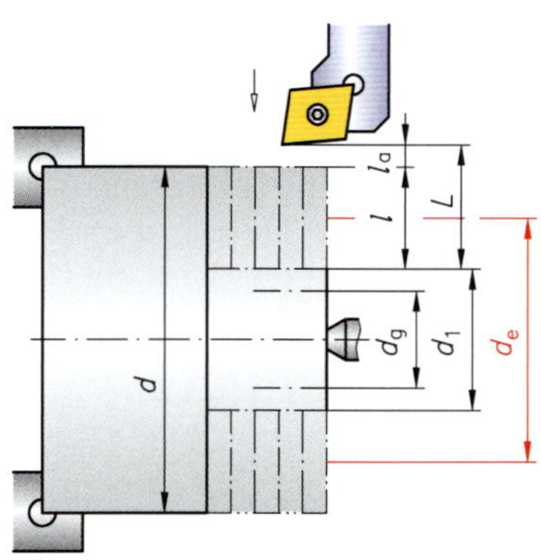

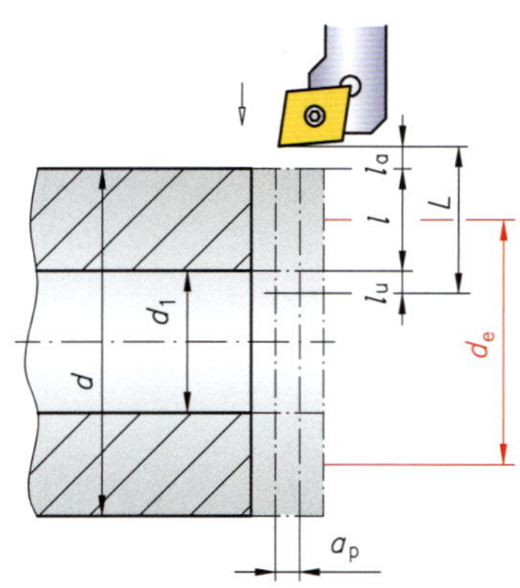

	Planfläche	Zylinder mit Zapfen (Ansatz)	Hohlzylinder	
$L = L_1 + L_2$	$L_1 = l_a + l$; $l = \dfrac{d - d_g}{2}$; $L_2 = \dfrac{d_g}{2} + l_u$	$L = l_a + \dfrac{d - d_1}{2}$	$L = l_a + \dfrac{d - d_1}{2} + l_u$	Vorschubweg
	$d_e = l_a + \dfrac{d - d_g}{2}$	$d_e = l_a + \dfrac{d + d_1}{2}$	$d_e = l_a + \dfrac{d + d_1}{2} - l_u$	Ersatzdurchmesser

[1] Der Überlaufweg l_u entfällt, wenn das Werkstück einen Zapfen (Ansatz) besitzt.
[2] Die Berechnung des Ersatzdurchmessers d_e beim Außen-Längs-Runddrehen eines Zylinders erfolgt mit einer Subtraktion (minus).
Die Berechnung des Ersatzdurchmessers d_e beim Innen-Längs-Runddrehen eines Hohlzylinders erfolgt mit einer Addition (plus).

Aufgaben

Drehen – Hauptnutzungszeit mit konstanter Schnittgeschwindigkeit

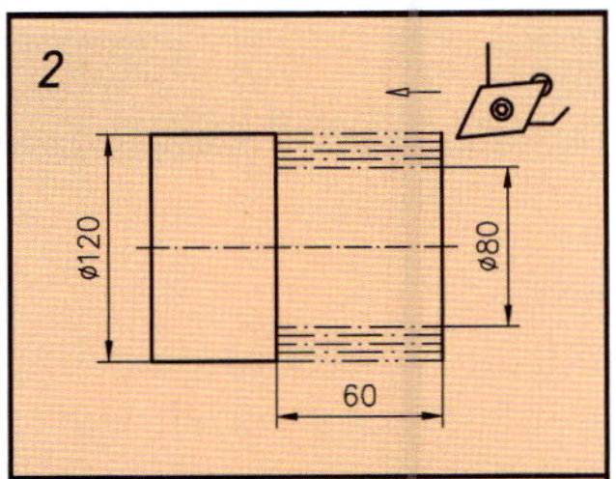

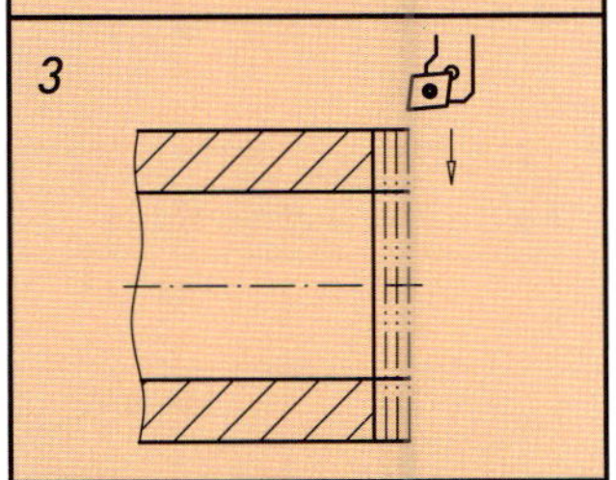

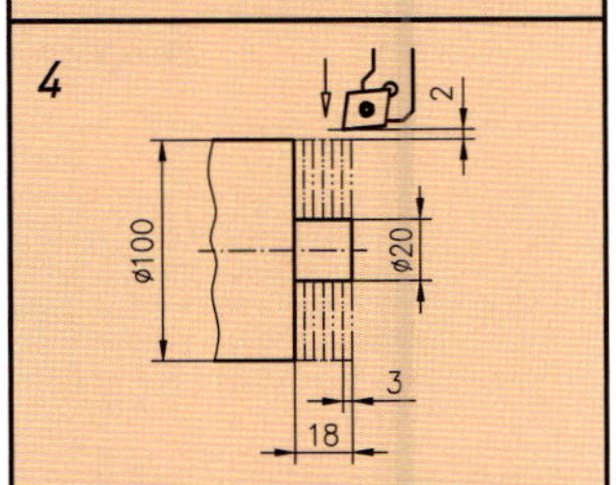

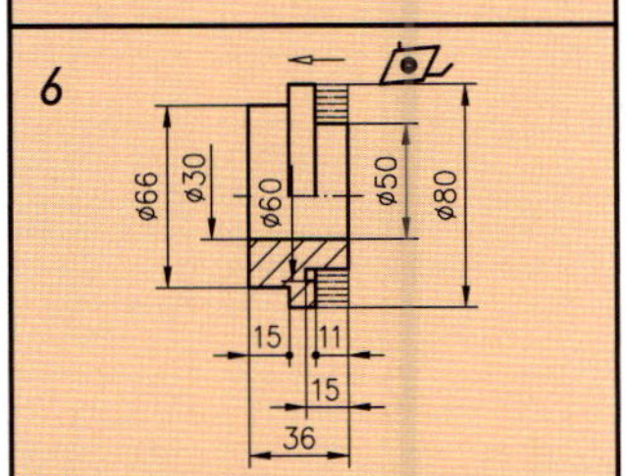

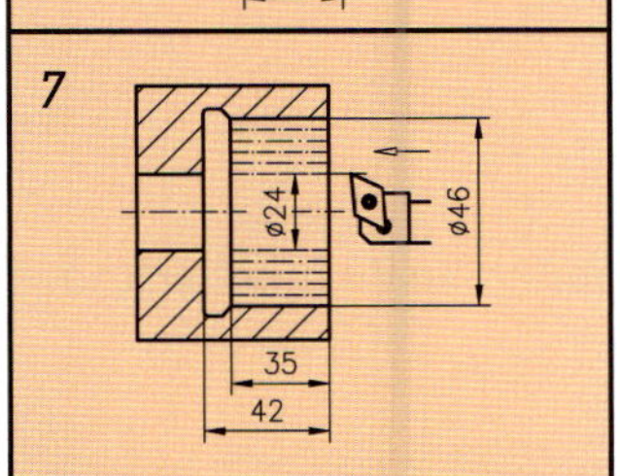

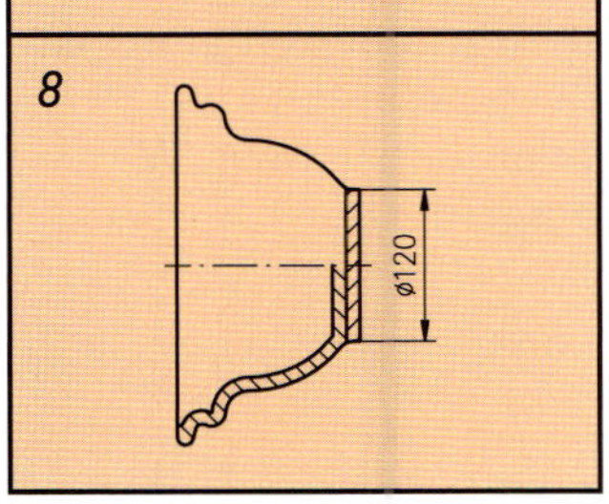

1. Ein Werkstück aus dem Werkstoff C45 wird mit Hartmetalldrehmeißeln für Außen-Längs-Rund geschruppt und geschlichtet. Welche Schnittgeschwindigkeiten in m/min sind zu wählen?

2. Ein Zapfen (Ansatz) mit einem Durchmesser von 80 mm und einer Länge von 60 mm soll aus einem Rohteil mit einem Durchmesser $d = 120$ mm vorgedreht werden. Die maximale Drehfrequenz der Drehmaschine beträgt $n_{gmax} = 3\,500$ 1/min. Der Anlaufweg ist $l_a = 2$ mm groß. Folgende Schnittdaten wurden gewählt: Schnittgeschwindigkeit $v_c = 200$ m/min, Vorschub $f = 0{,}3$ mm und Schnitttiefe $a_p = 2$ mm. Berechnen Sie die Hauptnutzungszeit in min.

3. Ein Stahlrohr 80 × 16 aus dem Werkstoff E355 +AR soll mithilfe von 3 Schnitten auf Länge geschruppt werden. Der An- und Überlaufweg beträgt je 2 mm. Für den Vorschub wurde $f = 0{,}25$ mm und für die Zustellung $a_p = 2{,}5$ mm gewählt. Bestimmen Sie die Schnittgeschwindigkeit $v_{cschrupp}$ in m/min und berechnen Sie die Hauptnutzungszeit t_h in min.

4. Ein Zapfen (Ansatz) soll durch Quer-Plandrehen gefertigt werden. Folgende Daten sind bekannt: Werkstoff 15SMn13, $f = 0{,}3$ mm, $a_p = 3$ mm, $v_c = 150$ m/min, $l_a = 2$ mm, $n_{gmax} = 3\,000$ 1/min. Ermitteln Sie den Grenzdurchmesser d_g in mm und die Hauptnutzungszeit t_h in min.

5. Für die Herstellung einer Hülse sind folgende Daten gegeben: Werkstoff S235JR, $d = 80$ mm, $d_1 = 38$ mm, $n_{gmax} = 3\,000$ 1/min. Wählen Sie die Schnittdaten aus und berechnen Sie den Grenzdurchmesser d_g und Ersatzdurchmesser d_e in mm.

6. Ein Deckel aus dem Werkstoff X20Cr13 (martensitisch) soll gefertigt werden. Als Vorschub wurden $f = 0{,}25$ mm und als Zustellung $a_p = 2{,}5$ mm gewählt. Der Anlaufweg beträgt $l_a = 2$ mm. Ermitteln Sie die Hauptnutzungszeit in min.

7. Eine Buchse muss ausgedreht werden. Folgende Daten sind bekannt: $l_a = 1$ mm, $l_u = 3$ mm, $a_p = 2{,}2$ mm, $f = 0{,}2$ mm, $v_c = 125$ m/min. Berechnen Sie die Hauptnutzungszeit in min.

8. Der Boden eines Kochtopfes für Elektroherde muss plangedreht werden. Folgende Angaben wurden vorgewählt: Schnittgeschwindigkeit $v_c = 180$ m/min, Vorschub $f = 0{,}1$ mm und Schnitttiefe $a_p = 0{,}3$ mm, maximale Drehfrequenz $n_{gmax} = 2\,000$ 1/min, Anzahl der Schnitte $i = 1$, Anlaufweg $l_a = 2$ mm und Überlaufweg $l_u = 1$ mm. Berechnen Sie die Hauptnutzungszeit in min.

► Wissen – Erkennen – Werten

a) Welchen Vorteil hat das Drehen mit konstanter Schnittgeschwindigkeit?
b) Welche Arbeiten auf einer Drehmaschine dürfen nicht mit einer konstanten Schnittgeschwindigkeit durchgeführt werden?
c) Warum wird die Umdrehungsfrequenz beim Drehen mit konstanter Schnittgeschwindigkeit begrenzt?

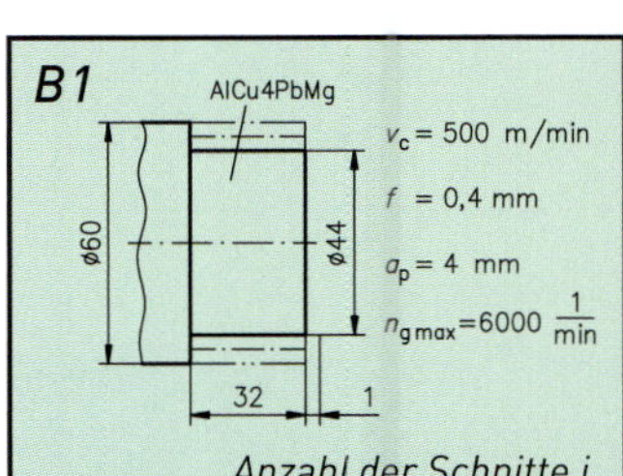

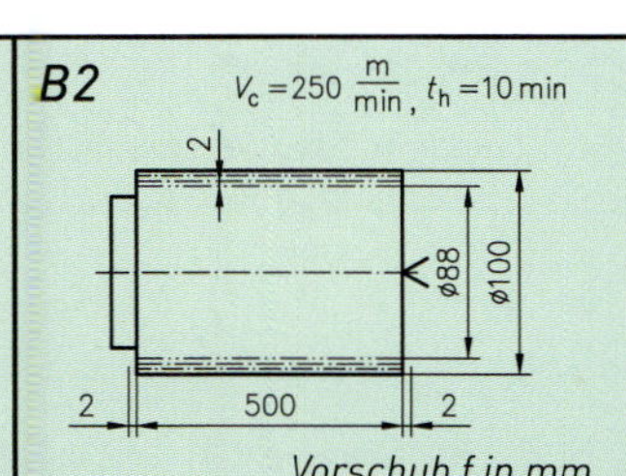

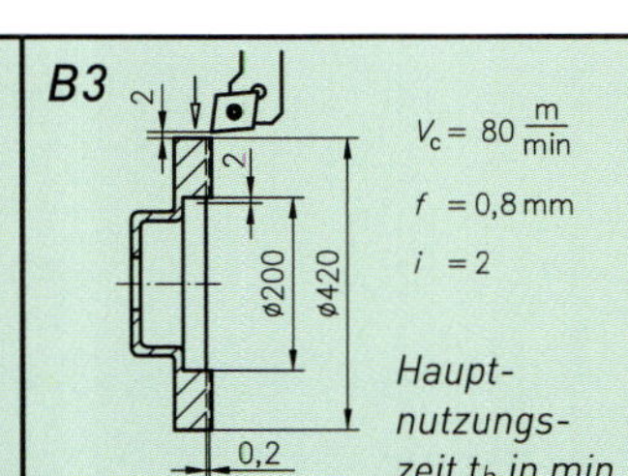

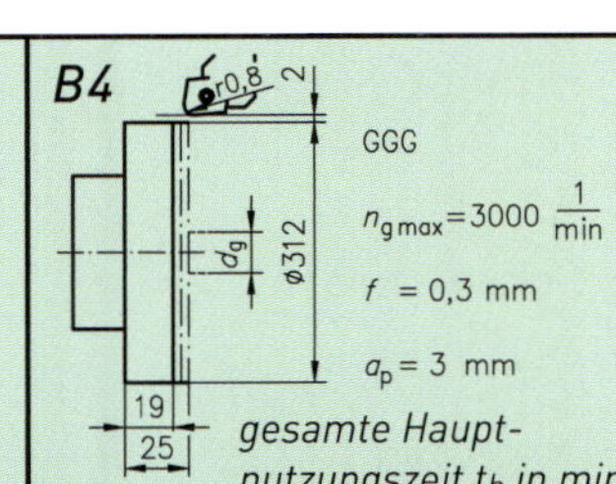

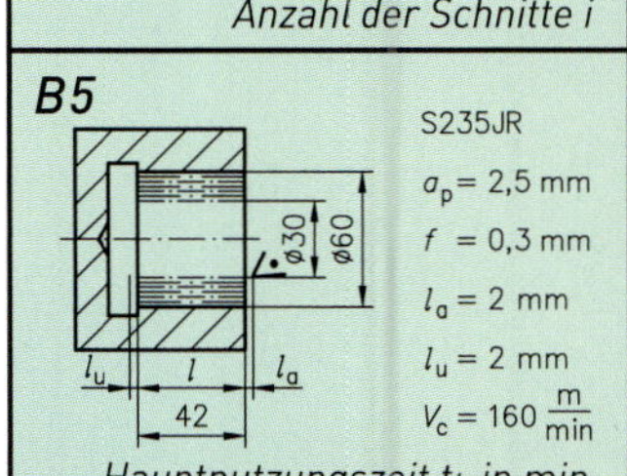

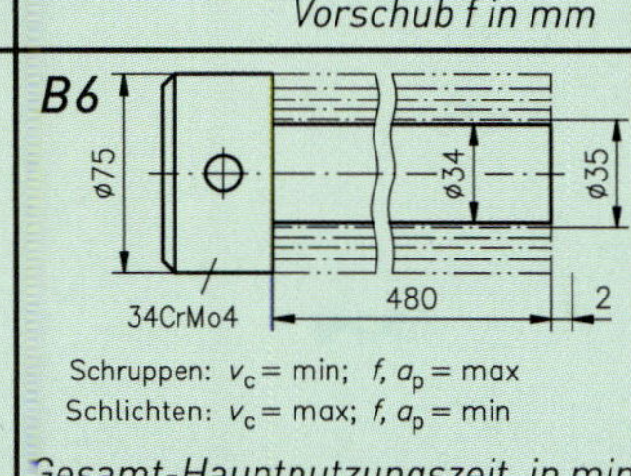

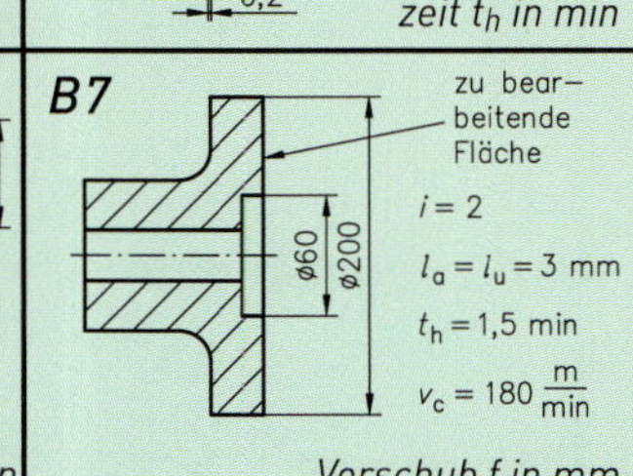

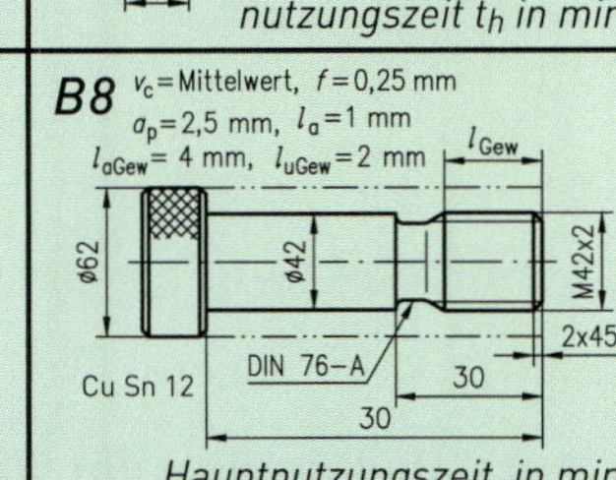

k_c spezifische Schnittkraft in N/mm²
k spezifische Schnittkraft in N/mm² abhängig von der Spanungsdicke und dem Werkstoff
$k_{c1.1}$ spezifische Schnittkraft für den Spanungsquerschnitt von 1 mm², werkstoffbezogener Wert auf die Spanungsbreite $b = 1$ mm und die Spanungsdicke $h = 1$ mm in N/mm²
m_c Werkstoffkonstante
h Spanungsdicke in mm
C_1 Korrekturfaktor für die Schnittgeschwindigkeit
C_2 Korrekturfaktor für das Fertigungsverfahren
C_3 Korrekturfaktor für die Kühlschmierung

Werkstoff-gruppe	Werkstoff-kurzname	$k_{c1.1}$	m_c	Spezifische Schnittkraft k in N/mm² in Abhängigkeit von der Spanungsdicke h in mm								
				0,05	0,1	0,16	0,3	0,4	0,5	0,8	1,6	2,5
Allgemeiner Baustahl	S235JR	1 780	0,17	2 960	2 630	2 430	2 250	2 080	2 000	1 850	1 640	1 520
	E295	1 990	0,26	4 340	3 620	3 200	2 850	2 530	2 380	2 110	1 760	1 570
	E335	2 110	0,17	3 510	3 120	2 880	2 670	2 470	2 370	2 190	1 950	1 810
	E360	2 260	0,30	5 560	4 510	3 920	3 440	2 980	2 780	2 420	1 960	1 720
Automatenstahl	11SMn30	1 290	0,18	1 990	1 775	1 640	1 470	1 400	1 350	1 245	1 110	1 030
	11SMnPb30	1 200	0,18	2 000	1 780	1 660	1 490	1 430	1 390	1 270	1 150	1 070
Unlegierter Vergütungsstahl	C22	1 800	0,16	2 910	2 600	2 410	2 250	2 080	2 010	1 870	1 670	1 560
	C35	1 516	0,27	3 400	2 820	2 490	2 200	1 940	1 830	1 610	1 340	1 180
	Ck45E	1 680	0,26	3 380	3 060	2 870	2 700	2 520	2 450	2 290	2 080	1 950
	Ck60E	2 130	0,18	3 650	3 220	2 960	2 730	2 510	2 710	2 220	1 960	1 810
Legierter Vergütungsstahl	25CrMo4	2 070	0,25	4 380	3 680	3 270	2 930	2 600	2 460	2 190	1 840	1 650
	42CrMo4	2 500	0,26	5 450	4 550	4 030	3 590	3 170	2 990	2 650	2 210	1 970
Einsatzstahl	C15E	1 820	0,22	3 520	2 020	2 720	2 470	2 230	2 120	1 910	1 640	1 490
Legierter Einsatzstahl	16CrMo5	2 100	0,26	4 580	3 820	2 380	3 010	2 670	2 520	2 230	1 860	1 660
	15MnCr5	2 290	0,17	3 810	3 390	3 130	2 900	2 680	2 580	2 380	2 110	1 960
	20MnCr5	2 140	0,25	4 530	3 810	3 380	3 030	2 690	2 550	2 260	1 900	1 700
Rostfreier Stahl	X5CrNi18-10	2 350	0,21	2 410	3 810	3 450	3 140	2 850	2 720	2 460	2 130	1 940
	X46Cr13	1 820	0,26	3 970	3 310	2 930	2 610	2 310	2 180	1 930	1 610	1 430
Gusseisen	EN-GJL-200	1 020	0,25	2 160	1 810	1 610	1 440	1 280	1 210	1 080	910	810
	EN-GJL-350	1 470	0,26	3 200	2 680	2 370	2 110	1 870	1 760	1 560	1 300	1 160

Korrekturfaktor C_1 Schnittgeschwindigkeit	
20–70 v_c in m/min	1,25–1,05
71–220 v_c in m/min	1,06–0,95
221–550 v_c in m/min	0,96–0,85

Korrekturfaktor C_2 Fertigungsverfahren	
Drehen	1,0
Fräsen	0,85
Bohren ins Volle	1,15

Korrekturfaktor C_3 Kühlschmierung	
trockene Zerspanung	1,0
Kühlschmierstoff	0,9
synthetischer KSS	0,85

Spezifische Schnittkraft in N/mm² $k_c = k \cdot C_1 \cdot C_2 \cdot C_3$ $\quad k_c = \frac{k_{c1.1}}{h^{m_c}} \cdot C_1 \cdot C_2 \cdot C_3$

Hinweis
Die spezifische Schnittkraft k_c gibt an, welche Kraft erforderlich ist, um einen bestimmten Spanungsquerschnitt abzutrennen.

Schnittkraft und Schnittleistung

A Spanungsquerschnitt in mm²
b Spanungsbreite in mm
h Spanungsdicke in mm
a_p Schnitttiefe in mm
f Vorschub in mm
F_c Schnittkraft in N
k_c spez. Schnittkraft in N/mm²
κ_r Einstellwinkel
v_c Schnittgeschwindigkeit in m/min
P_c Schnittleistung in Nm/s, W
P_{zu} Antriebsleistung in Nm/s, W
η Wirkungsgrad

1. Spanungsquerschnitt

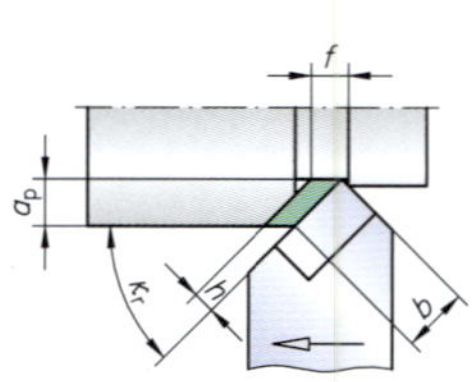

$A = b \cdot h$ $\quad b = \frac{a_p}{\sin \kappa_r}$ $\quad h = f \cdot \sin \kappa_r$

$A = a_p \cdot f$

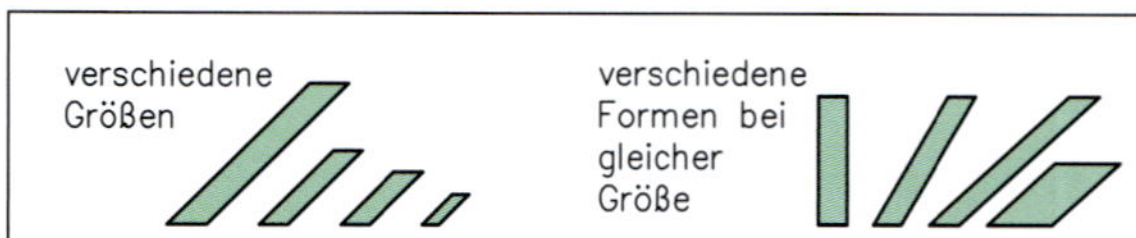

Verschiedene Spanungsquerschnitte

2. Schnittkraft

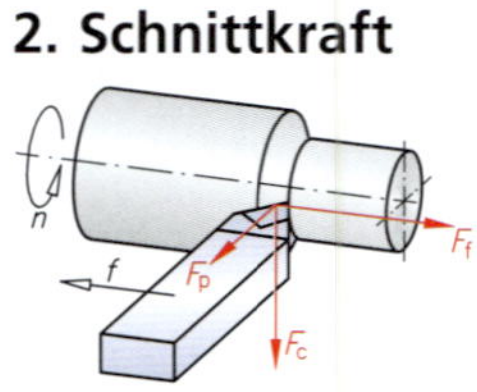

$F_c = A \cdot k_c = a_p \cdot f \cdot k_c$

3. Schnittleistung an der Werkzeugschneide

$P_c = F_c \cdot v_c = A \cdot k_c \cdot v_c$

4. Antriebsleistung für die Maschine

$$P_{zu} = \frac{P_c}{\eta} = \frac{F_c \cdot v_c}{\eta} = \frac{a_p \cdot f \cdot k_c \cdot v_c}{\eta}$$

Aufgaben

Schnittkraft und Schnittleistung – Drehen

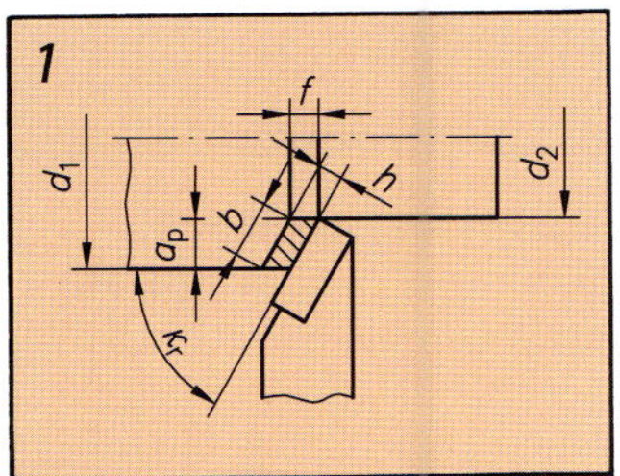

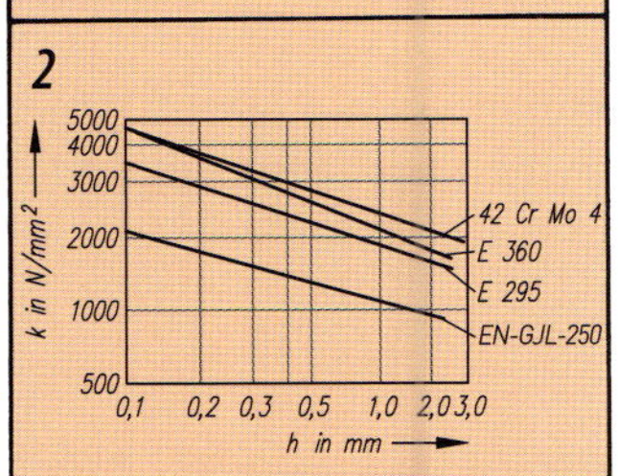

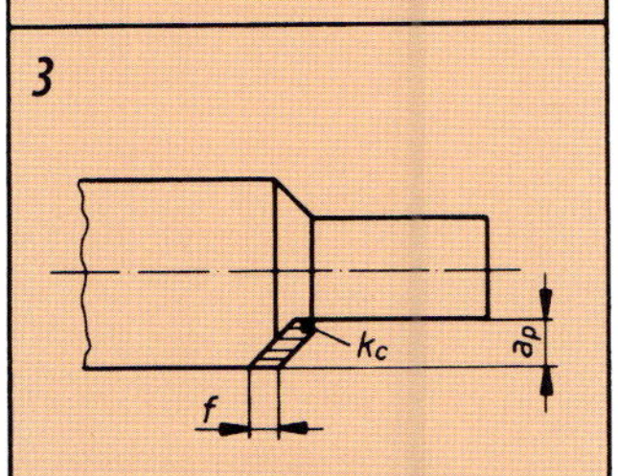

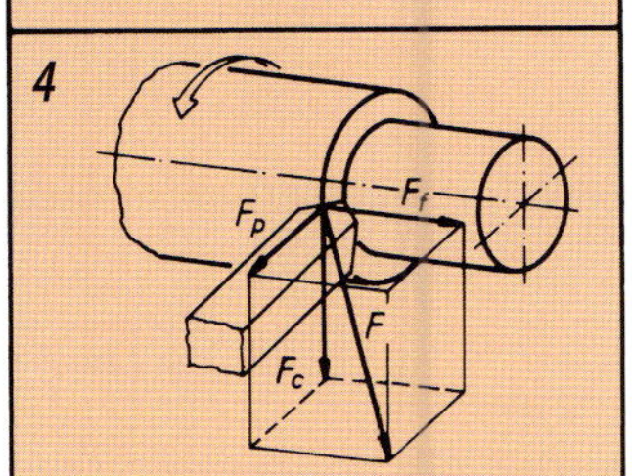

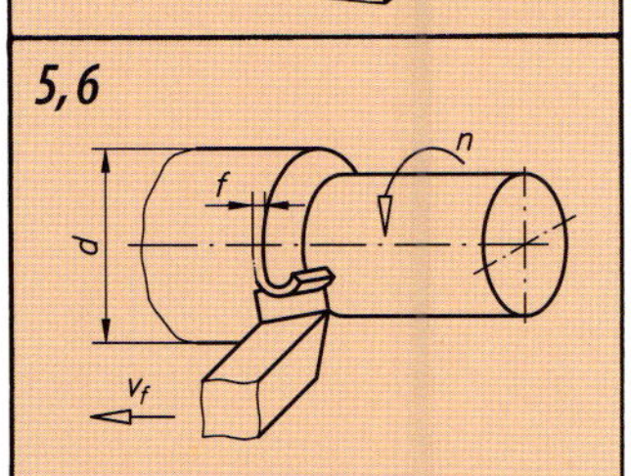

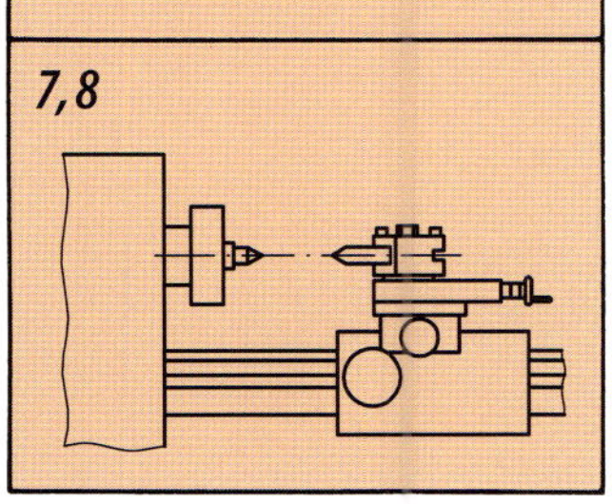

1. Die fehlenden Werte sind zu berechnen:

	a	b	c	d	e	f	g
f in mm	0,25	?	0,3	?	0,5	0,4	0,1
a_p in mm	3	?	?	5	?	6	0,5
b in mm	?	3	4	?	4	?	?
h in mm	?	0,5	?	0,8	?	?	?
κ_r	45°	45°	40°	40°	55°	50°	35°

2. Die fehlenden Werte sind zu berechnen:

	a	b	c
Werkstoff	E360	EN-GJL-250	11SMn30
k in N/mm²	?	?	?
k_c in N/mm²	?	?	?
$k_{c1.1}$ in N/mm²	?	?	–
h in mm	0,5	?	0,13
f in mm	–	?	0,4
κ_r	–	45°	–
v_c in m/min	180	150	80
C_2 Bearbeitungsfaktor	Drehen	Drehen	Bohren
C_3 Kühlschmierung	mit KSS	trocken	mit KSS

3. Eine Welle aus C45 wird mit einer Schnittgeschwindigkeit v_c = 210 m/min überdreht (Vorschub 0,8 mm, Schnitttiefe 6 mm, Einstellwinkel 45°). Es wird mit Kühlschmierstoff gearbeitet. Berechnen Sie die spezifische Schnittkraft k_c.
4. Eine Welle aus S275 wird mit 6 mm Schnitttiefe und 0,6 mm Vorschub zerspant. Dabei tritt eine spezifische Schnittkraft k_c von 2 260 N/mm² auf. Berechnen Sie die Größe der Schnittkraft.
5. Eine Welle aus E335 wird mit 2 mm Schnitttiefe überdreht. Die gemessene Schnittkraft beträgt 2 056 N. Die spezifische Schnittkraft k beträgt 2 570 N/mm². Wie groß ist der Vorschub?
6. Eine Welle aus dem Werkstoff S235JR soll mit 5 mm Schnitttiefe, 0,5 mm Vorschub und einer Schnittgeschwindigkeit von 150 m/min überdreht werden. Der Einstellwinkel beträgt 45° und es wird mit Kühlschmierstoff bearbeitet. Berechnen Sie die Schnittkraft F_c.
7. Eine Drehmaschine hat eine Schnittleistung von 22 kW. Wie groß darf die maximale Schnitttiefe in mm sein, wenn eine Welle aus S235JR längsrundgedreht wird (f = 1 mm, v_c = 210 m/min, spezifische Schnittkraft k_c = 1 520 N/mm²)?
8. Wie groß ist die Schnittleistung am Drehmeißel, wenn eine Welle aus X5CrNi18-10 überdreht wird (d = 120 mm, a_p = 5 mm, f = 0,5, v_c = 80 m/min, synthetischer Kühlschmierstoff, Einstellwinkel κ_r = 45°)?

► **Wissen – Erkennen – Werten**

a) Welche Größen bestimmen den Spanungsquerschnitt beim Drehen?
b) Welche Faktoren beeinflussen die spezifische Schnittkraft?
c) Durch welche Faktoren wird die spezifische Schnittkraft größer bzw. geringer?
d) Welche Faktoren beeinflussen die Schnittkraft?
e) Welchen Einfluss hat der Einstellwinkel κ_r auf den Span?
f) Nennen Sie Kriterien, die Einfluss auf die Schnittleistungen haben.
g) Welche Folgen ergeben sich durch das Vergrößern der Vorschubkraft?
h) Warum müssen stumpfe Werkzeugschneiden rechtzeitig nachgeschliffen bzw. ausgetauscht werden?

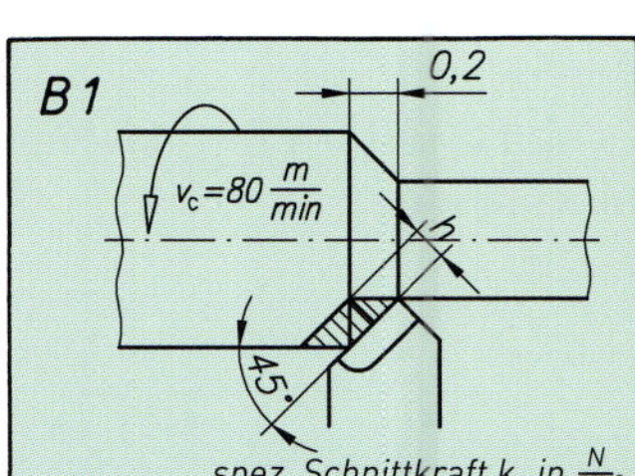

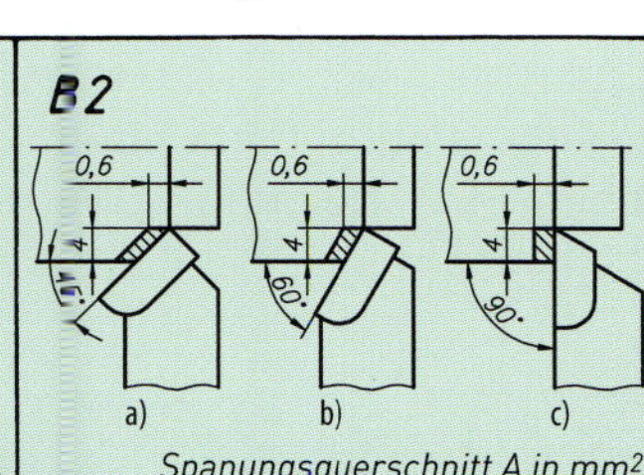

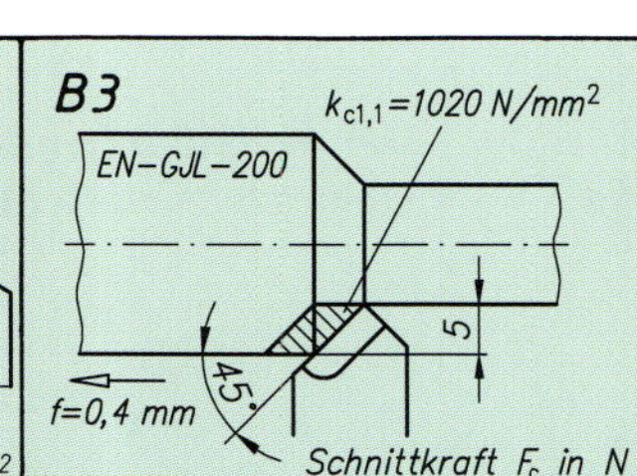

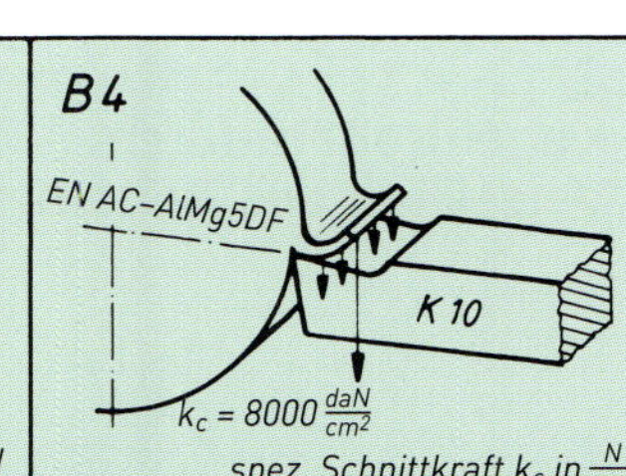

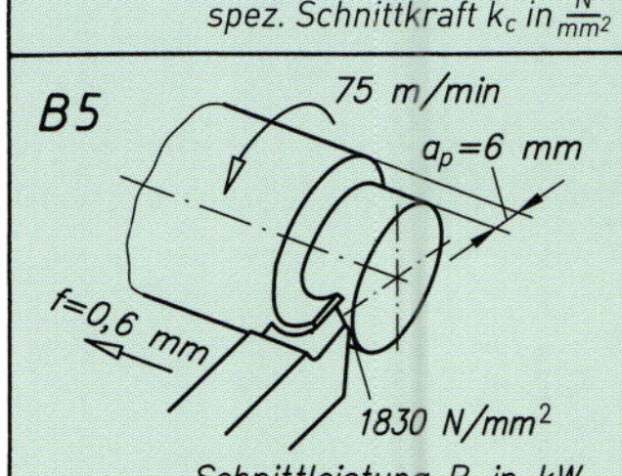

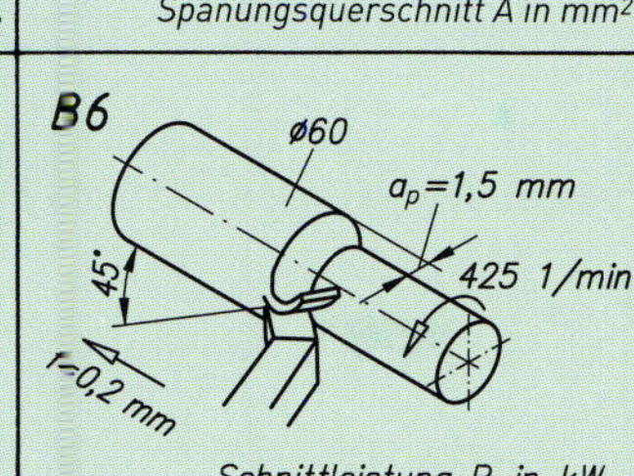

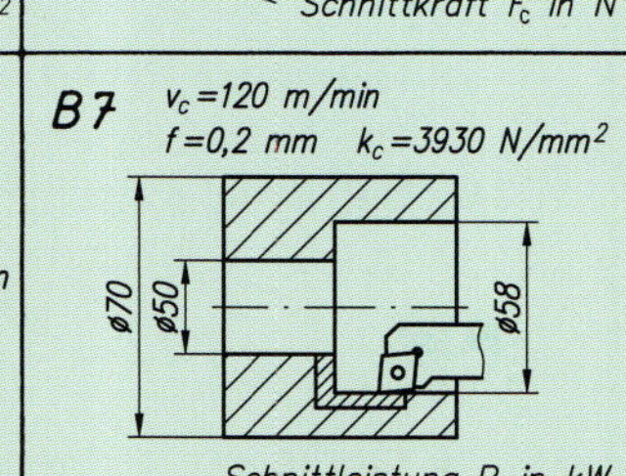

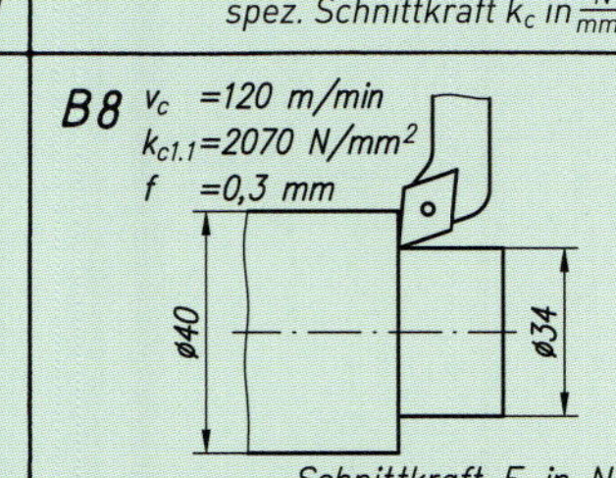

D großer Durchmesser in mm
d kleiner Durchmesser in mm
L Kegel(stumpf)länge in mm
L_W Werkstücklänge in mm

C Kegelverjüngung
$C/2$ Neigung
V_R Reitstockverstellung in mm

α Kegelwinkel in ° (Grad)
$\alpha/2$ Neigungswinkel in ° (Grad)
$\alpha/2$ Einstellwinkel in ° (Grad)

1. Verjüngung C

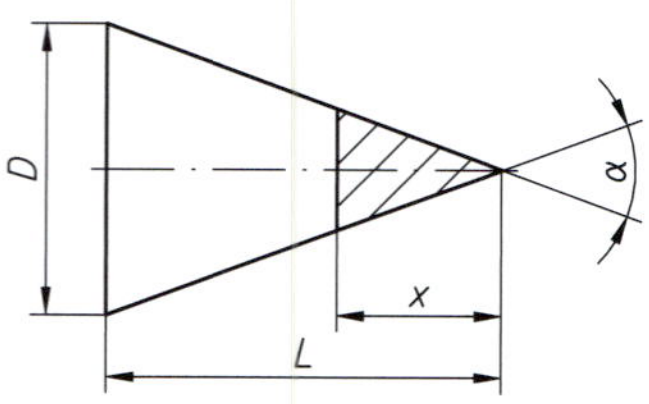

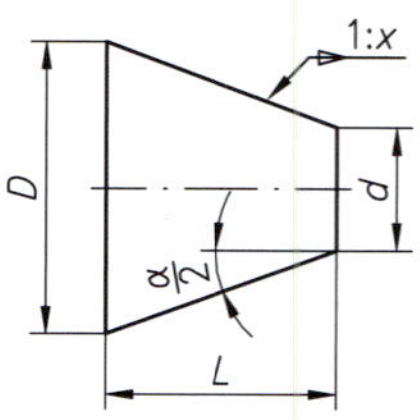

Kegelverjüngung 1 : x
Die Verjüngung ist ein Durchmesser-Längen-Verhältnis. Auf einen Kegeldurchmesserunterschied von 1 mm verändert sich die Kegellänge um x mm.

Für die Kegelverjüngung gilt: $C = 1 : x \qquad C = \frac{1}{x}$

Für den Kegel gilt: $C = \frac{D}{L}$

Für den Kegelstumpf gilt: $C = \frac{D - d}{L}$

2. Neigung $\frac{C}{2}$

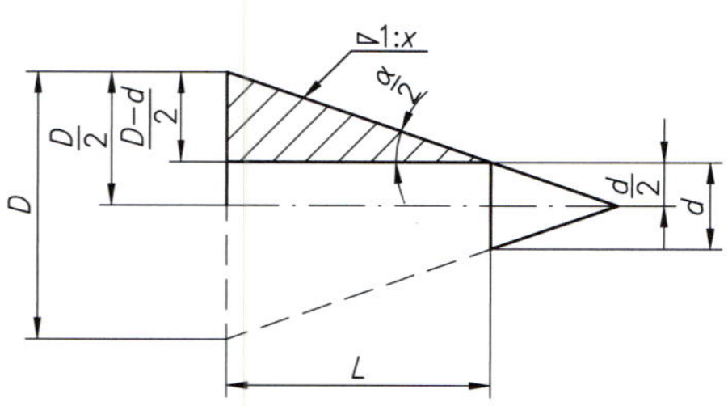

Die Neigung beschreibt das Verhältnis vom halben Durchmesserunterschied zur Kegellänge L.

$$\frac{C}{2} = \frac{1}{2} : x$$

Für die Neigung des Kegelstumpfmantels gilt:

$$\frac{C}{2} = \frac{D - d}{2} : L \quad \Rightarrow \quad \frac{C}{2} = \frac{D - d}{2\,L}$$

3. Kegeldrehen durch Verstellen des Oberschlittens

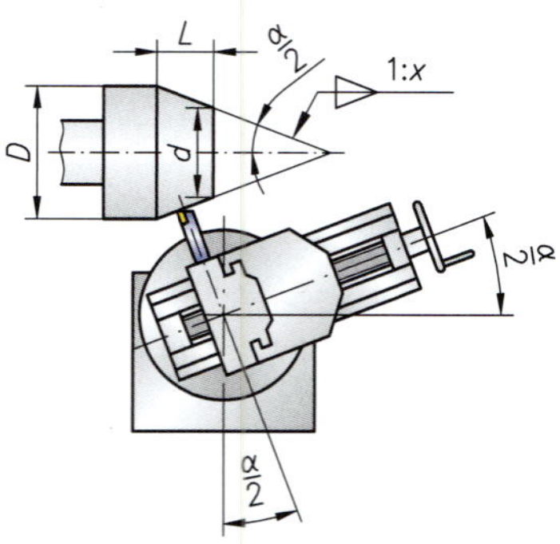

Der Oberschlitten muss parallel zur Mantellinie des fertigen Kegels eingestellt werden. Er wird um den Einstellwinkel gleich Kegelerzeugungswinkel $\alpha/2$ verstellt.

$$\tan\frac{\alpha}{2} = \frac{C}{2}$$

$$\tan\frac{\alpha}{2} = \frac{D - d}{2\,L}$$

Merke:
$\frac{\alpha}{2}$ = Neigungswinkel = Einstellwinkel

4. Kegeldrehen durch Verstellen des Reitstocks

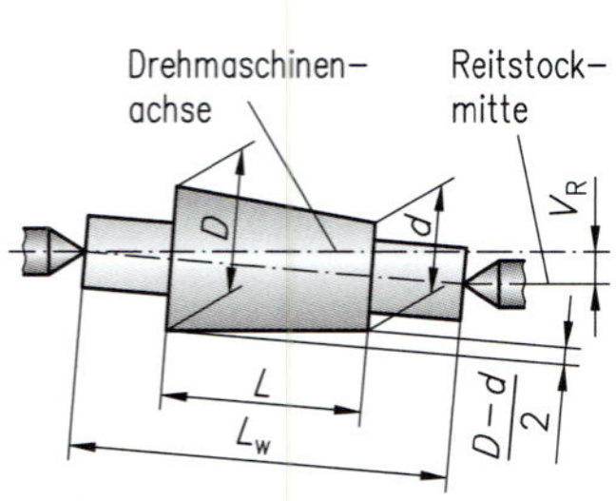

Der Reitstock wird gelöst und mithilfe einer Schraube seitlich um das Verstellmaß V_R verschoben. V_R = Neigung × Werkstücklänge

$$V_R = \frac{C}{2} \cdot L_W$$

$$V_R = \frac{D - d}{2} \cdot \frac{L_W}{L}$$

Hinweis
Die Reitstockverstellung V_R darf höchstens 1/50 der Werkstücklänge L_W betragen, sonst kann das Werkstück nicht sicher zwischen den Körnerspitzen gespannt werden.

$$C = \frac{2 \cdot V_R}{L_W} \qquad C = \frac{1}{x} \quad \text{maximal } C = \frac{1}{50} \cdot L_W$$

Merke:
Maximale Reitstockverstellung = 2 % der Werkstücklänge

1

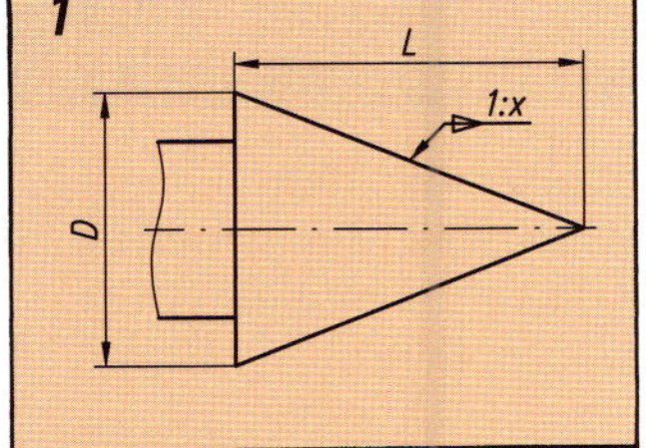

4

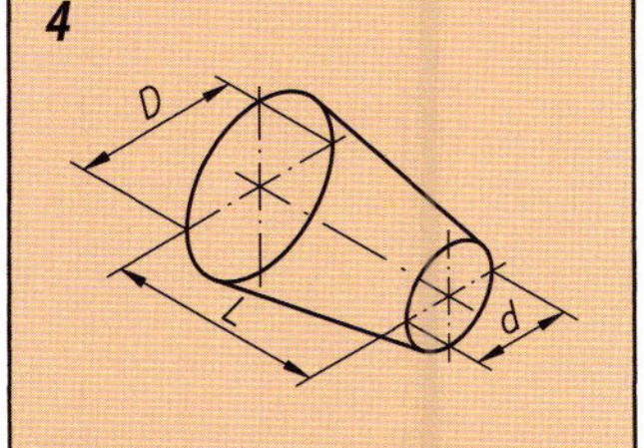

6

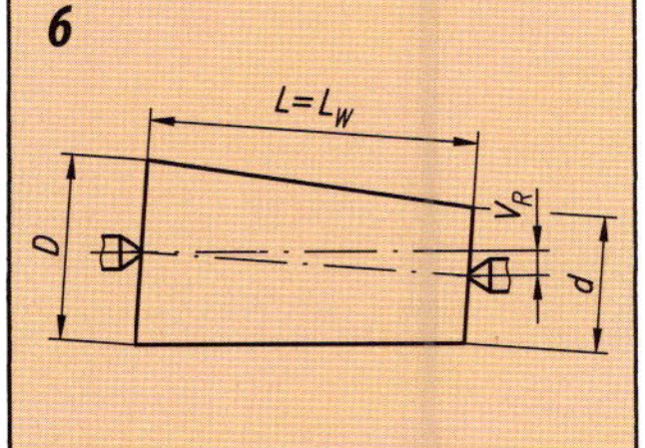

7

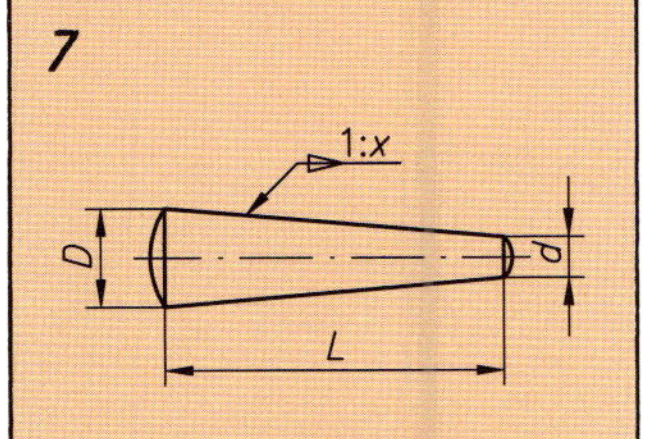

9

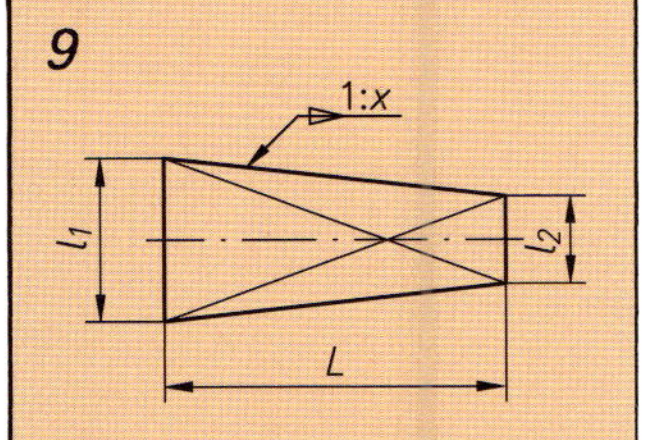

11

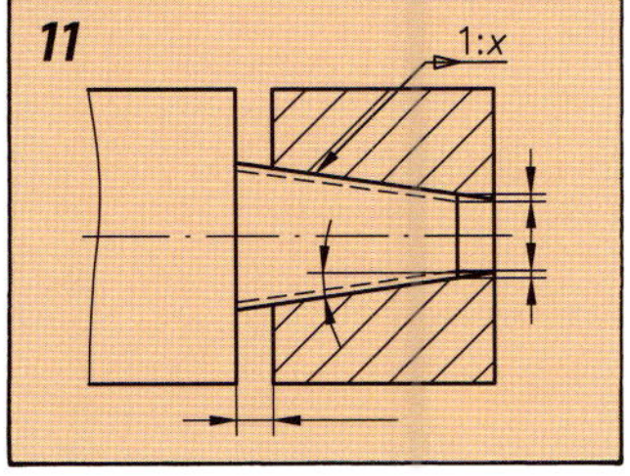

1. Die fehlenden Werte sind zu berechnen:

	a	b	c	d	e
Kegeldurchmesser D in mm	15	30	?	–	–
Kegellänge L in mm	300	?	300	81	210
Verjüngung $C = 1 : x$	?	1 : 10	1 : 5	1 : 19,922	1 : 19,180
Einstellwinkel $\alpha/2$ in ° (Grad)	?	?	?	?	?

2. Für einen 60 mm langen Verschlusskegel ist eine Verjüngung von $C = 1 : 5$ vorgeschrieben. Wie groß ist der Durchmesser D in mm?

3. Ein Wellenende mit 60 mm Durchmesser erhält einen Spitzkegel mit einer Verjüngung von 1 : 1,5. Welche Länge hat die Kegelspitze?

4. Die Verjüngung eines 120 mm langen Aufspanndorns ist 1 : 80, der große Durchmesser beträgt 65 mm. Berechnen Sie den kleinen Durchmesser.

5. Ein Verschlusskegel mit der Verjüngung 1 : 6 hat die Durchmesser $D = 75$ mm und $d = 70$ mm.
Berechnen Sie die Kegellänge, die Neigung und den Einstellwinkel.

6. Ein 300 mm langer Bolzen wird kegelförmig von 60 mm auf 50 mm Durchmesser verkleinert. Berechnen Sie das Verstellmaß des Reitstocks und kontrollieren Sie, ob der Kegel durch Reitstockverstellung hergestellt werden kann.

7. Die genormte Verjüngung für Kegelstifte beträgt 1 : 50. Berechnen Sie für einen Kegelstift mit den Maßen 8 × 60 mm den großen Durchmesser.

8. Wie groß muss der Einstellwinkel $\alpha/2$ sein, wenn der Durchmesser $D = 32$ mm, die Kegellänge 120 mm und die Verjüngung 1 : 20 betragen?

9. Ein Quadratstahl von 75 × 75 mm ist auf 90 mm Länge im Verhältnis 1 : 15 verjüngt. Berechnen Sie die kleine Quadratseite und die Neigung.

10. Die genormte Neigung eines Keils Form B (Treibkeil) nach DIN 6886 beträgt 1 : 100. Berechnen Sie für einen Keilquerschnitt von 16 × 10 (Breite × Höhe) und einer Keillänge von 60 mm die Anzugshöhe h.

11. Die Kegellehrhülse MK 4 befindet sich bei der Überprüfung eines Kegelstumpfs 7 mm von einer Planfläche entfernt. In der Zeichnung ist das Prüfmaß von 5 mm angegeben, wobei eine Toleranz von −0,5 mm erlaubt ist. Wie viel mm müssen von der Kegelmantelfläche abgedreht werden, damit das Prüfmaß erreicht wird?

▶ Wissen – Erkennen – Werten

a) Erläutern Sie den Unterschied zwischen Kegelverjüngung und Neigung.
b) Begründen Sie, warum der Einstellwinkel stets der halbe Kegelwinkel ist.
c) Welche Maße sind für die Festlegung eines Kegels erforderlich?
d) Warum muss der Drehmeißel beim Kegeldrehen auf „Mitte" stehen?
e) Erläutern Sie, auf welche unterschiedliche Arten Kegel gedreht werden können.
f) Zeigen Sie Vor- und Nachteile der Kegelherstellung durch Reitstock- und Oberschlittenverstellung auf.
g) Wodurch unterscheiden sich Morsekegel von Steilkegeln?

B1

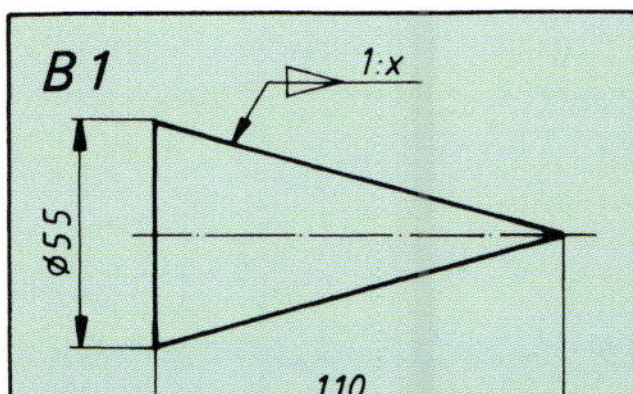

Kegelverjüngung C

B2

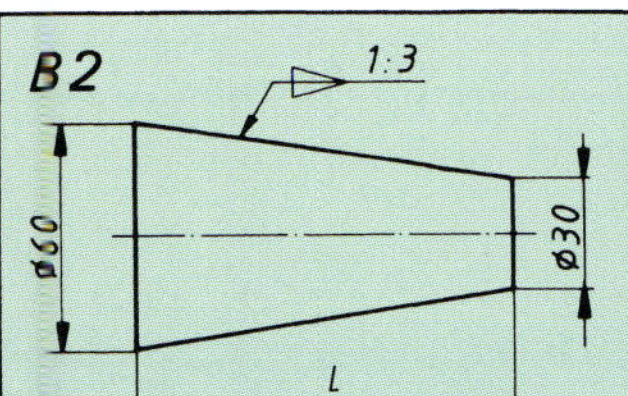

Kegellänge L in mm

B3

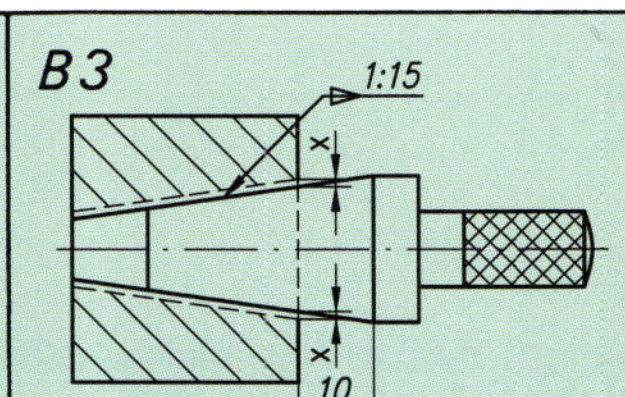

Aufbohrmaß x in mm

B4

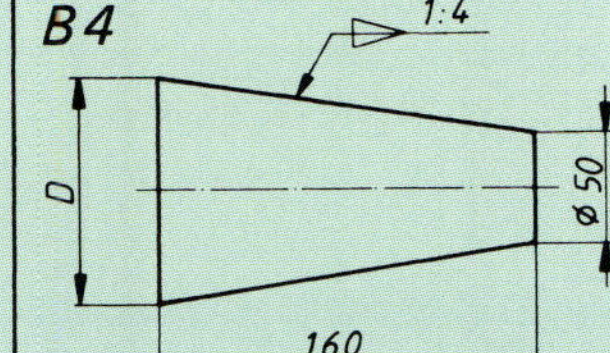

großer Kegeldurchmesser D in mm

B5

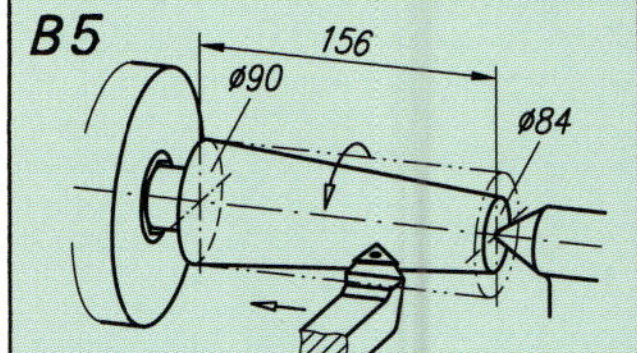

Herstellung durch Reitstrockverstellung möglich?

B6

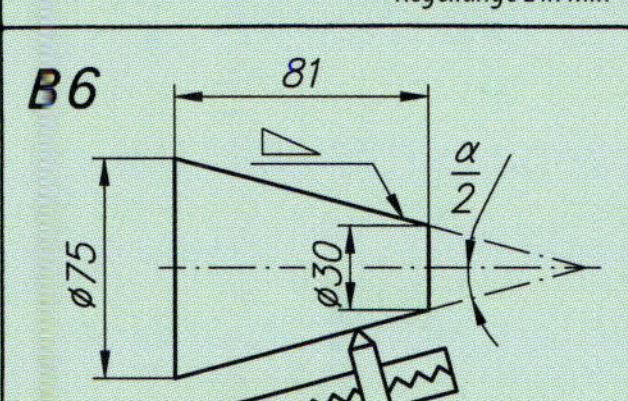

Einstellwinkel $\frac{a}{2}$

B7

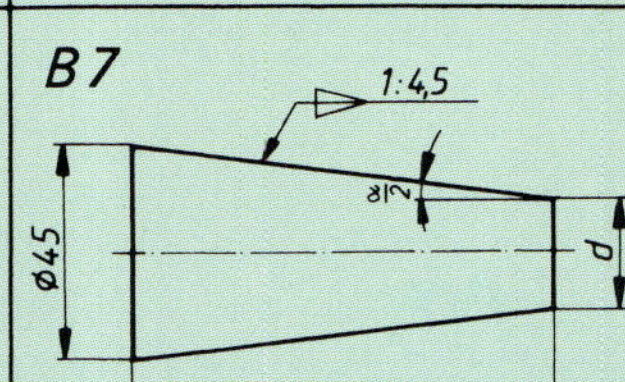

Kleiner Kegeldurchmesser d in mm, Einstellwinkel $\frac{a}{2}$

B8

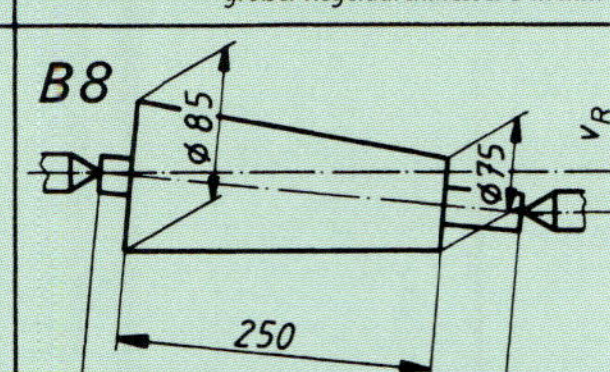

Reitstockverstellung V_R in mm
$V_{R\,max} = ?$

Bohren – Hauptnutzungszeit

l Bohrungstiefe in mm
l_a Anlauf in mm
l_u Überlauf in mm
l_s Anschnitt in mm
L Vorschubweg in mm
d Bohrerdurchmesser in mm
n Drehfrequenz in 1/min
i Anzahl der Bohrungen
f Vorschub je Umdrehung in mm
v_f Vorschubgeschwindigkeit in mm/min
v_c Schnittgeschwindigkeit in m/min
t_h Hauptnutzungszeit in min

1. Vorschubgeschwindigkeit v_f

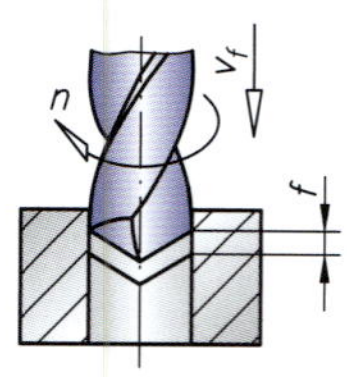

Vorschub für 1 Umdrehung = f in mm

Vorschub für n Umdrehungen = $f \cdot n$ in mm/min

Vorschubgeschwindigkeit v_f = $f \cdot n$ in mm/min

2. Hauptnutzungszeit t_h

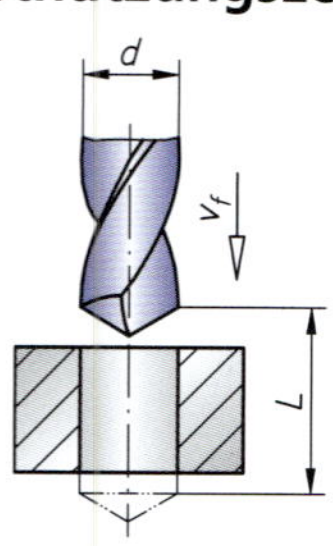

$$\text{Vorschubgeschwindigkeit} = \frac{\text{Vorschubweg}}{\text{Hauptnutzungszeit}}$$

$$\text{Hauptnutzungszeit} = \frac{\text{Vorschubweg}}{\text{Vorschubgeschwindigkeit}}$$

$$t_h = \frac{L}{v_f} = \frac{L}{f \cdot n}$$

Für eine bestimmte Anzahl zu fertigender Bohrungen i gilt:

$$t_h = \frac{L \cdot i}{f \cdot n}$$

3. Vorschubweg L

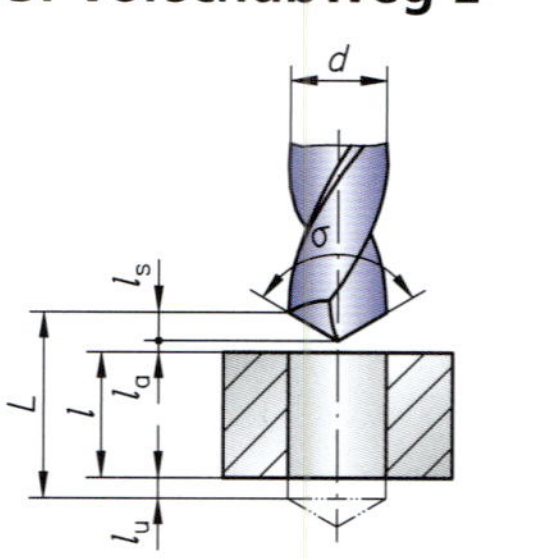

Vorschubweg = Bohrungstiefe + Anschnitt + Anlauf + Überlauf

$$L = l + l_s + l_a + l_u$$

Beachte: Bei Grundlochbohrungen gibt es keinen Überlauf.
Als Richtwerte gelten $l_a = l_u = 1$ mm

4. Anschnitt l_s

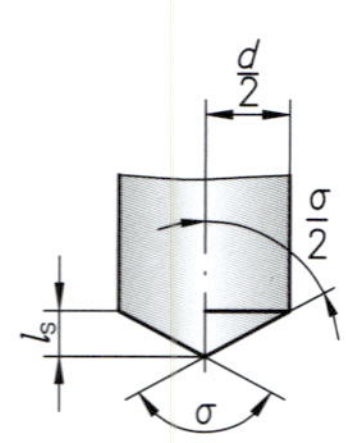

Anschnitt l_s	
σ	l_s
80°	0,6 · d
118°	0,3 · d
130°	0,23 · d
140°	0,18 · d

Beispiel
Bohrerdurchmesser d = 24 mm
Spitzenwinkel für Stahl σ = 118°

$$\tan\frac{\sigma}{2} = \frac{d/2}{l_s}$$

$$l_s = \frac{d/2}{\tan\frac{\sigma}{2}} = \frac{24/2\ \text{mm}}{\tan\frac{118°}{2}} = 7{,}2\ \text{mm}$$

$\Rightarrow 0{,}3 \cdot 24\ \text{mm} = 7{,}2\ \text{mm}$

5. Zusammenfassung

Für die Berechnung der Hauptnutzungszeit beim Bohren gilt:

$$t_h = \frac{L \cdot i}{f \cdot n}$$

6. Beispiel

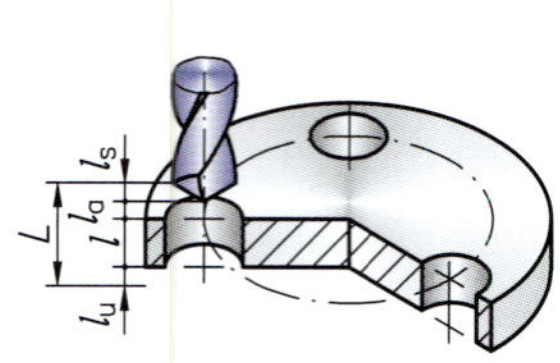

In eine 43 mm dicke Stahlplatte sind drei Löcher mit einem Durchmesser von 18 mm zu bohren. Der Vorschub beträgt 0,3 mm, die Drehfrequenz 530 1/min und $l_a = l_u = 1$ mm. Berechnen Sie die Hauptnutzungszeit.

Gesucht t_h in min

Voruberlegung
Zeit = Vorschubweg: Vorschubgeschwindigkeit

Gegeben
d = 18 mm
l = 43 mm
i = 3
f = 0,3 mm
n = 530 1/min

Lösung

$L = l + l_s + l_a + l_u$

L = 43 mm + 0,3 · 18 mm + 1 mm + 1 mm = 50,4 mm

$$t_h = \frac{L \cdot i}{f \cdot n} = \frac{50{,}4\ \text{mm} \cdot 3\ \text{min}}{0{,}3\ \text{mm} \cdot 530} = 0{,}95\ \text{min}$$

Aufgaben

Bohren – Hauptnutzungszeit

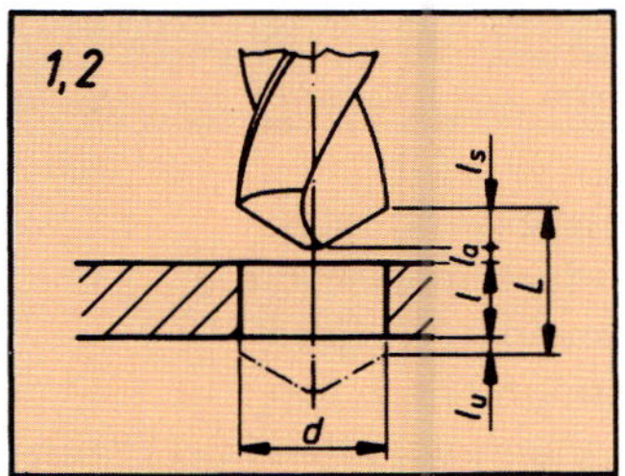

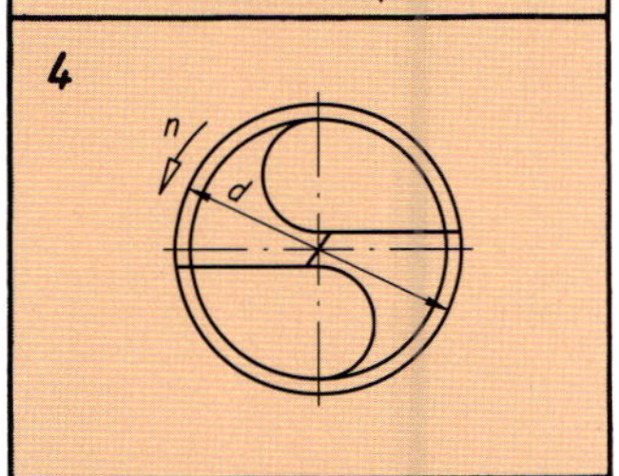

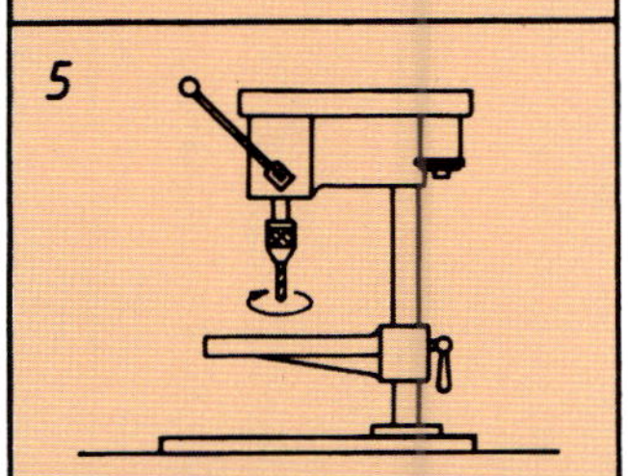

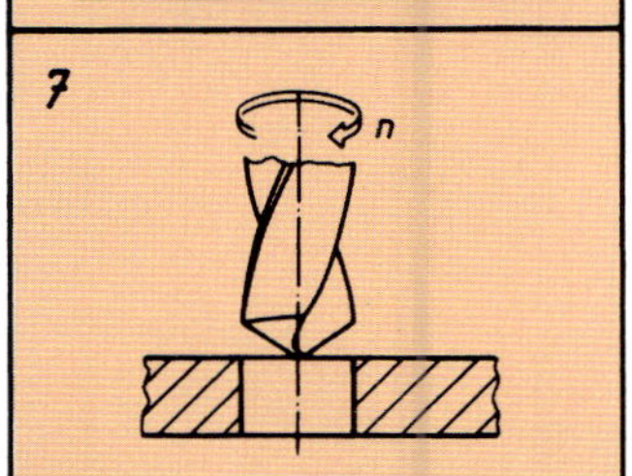

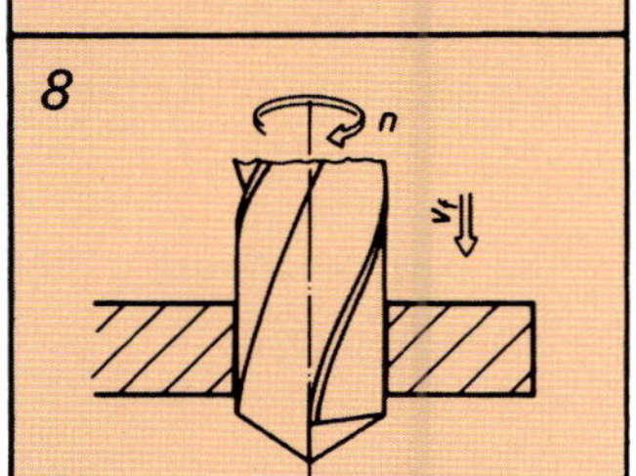

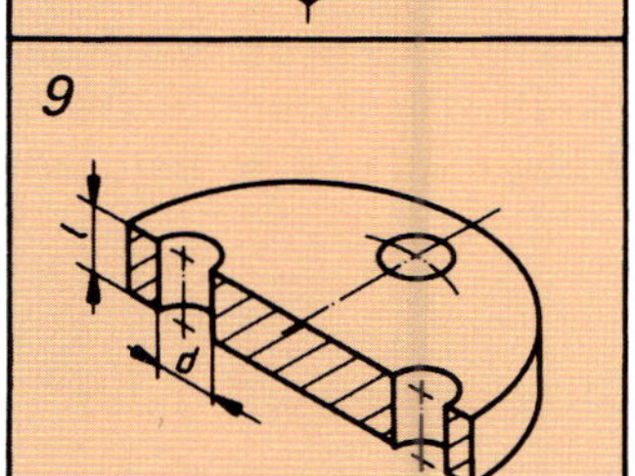

1. Berechnen Sie die Anschnittlänge für folgende Bohrer:
   a) d = 12 mm und σ = 118°
   b) d = 16 mm und σ = 140°
   c) d = 18 mm und σ = 80°
   d) d = 24 mm und σ = 118°

2. Eine 26 mm dicke Stahlplatte erhält eine Bohrung mit einem Durchmesser von 32 mm ($l_a = l_u$ = 1 mm).
   Ermitteln Sie den Vorschubweg (Bohrerweg).

3. Ein 14 mm dicker Graugussflansch erhält sechs Bohrungen mit einem Durchmesser von 15 mm. An der Bohrmaschine ist ein Vorschub von 0,15 mm und eine Drehfrequenz von 320 1/min eingestellt ($l_a = l_u$ = 1 mm).
   Berechnen Sie die Hauptnutzungszeit.

4. Für einen Bohrer mit einem Durchmesser von 18 mm soll die Schnittgeschwindigkeit 16 m/min betragen.
   Wie groß ist die einzustellende Drehfrequenz?

5. Eine Bohrmaschine hat die Drehfrequenzen ... 355 – 450 – 500 – 710 – 900 – 1 120 – 1 400 ... 1/min.
   Bestimmen Sie die einzustellenden Drehfrequenzen für die Bohrer mit den Durchmessern 10, 15 und 24 mm. Die Schnittgeschwindigkeit beträgt 40 m/min.

6. Ein 12 mm dickes Stahlblech erhält zwölf Bohrungen (Durchmesser 16 mm).
   Berechnen Sie die Hauptnutzungszeit, wenn mit v_c = 30 m/min und f = 0,1 mm bei $l_a = l_u$ = 1 mm gebohrt wird. Die einstellbaren Drehfrequenzen betragen ... 450 – 560 – 710 ... 1/min.

7. Ein Bohrer arbeitet mit einer Drehfrequenz von 125 1/min. In zwei Minuten wird ein Vorschubweg (Bohrerweg) von 62,5 mm zurückgelegt. Wie groß ist der eingestellte Vorschub f?

8. Ein Bohrer läuft mit einer Drehfrequenz von 560 1/min und einem Vorschub von 0,2 mm.
   Berechnen Sie die Vorschubgeschwindigkeit in mm/min.

9. In einen Zylinderdeckel aus Stahl von 23 mm Dicke werden in einer Minute vier Bohrungen gefertigt.
   Mit welcher Schnittgeschwindigkeit wurde gebohrt, wenn der Vorschub 0,3 mm und die Vorschubgeschwindigkeit 120 mm/min betragen ($l_a = l_u$ = 1 mm)?

► Wissen – Erkennen – Werten

a) Aus welchen Teillängen setzt sich der Vorschubweg zusammen?
b) Wonach richtet sich die Größe des Spitzenwinkels σ am Bohrer.
c) Welchen Einfluss hat der Spitzenwinkel δ auf die Länge des Anschnitts l_s?
d) Warum werden große Bohrer ausgespitzt?
e) Unter welchen Vorraussetzungen wird wirtschaftlich gebohrt?
f) Erläutern Sie die Einsatzgebiete für die Bohrertypen N, W und H.
g) Was muss beim Einspannen eines Bohrers beachtet werden?
h) Nennen Sie die Unfallverhütungsvorschriften für das Bohren.

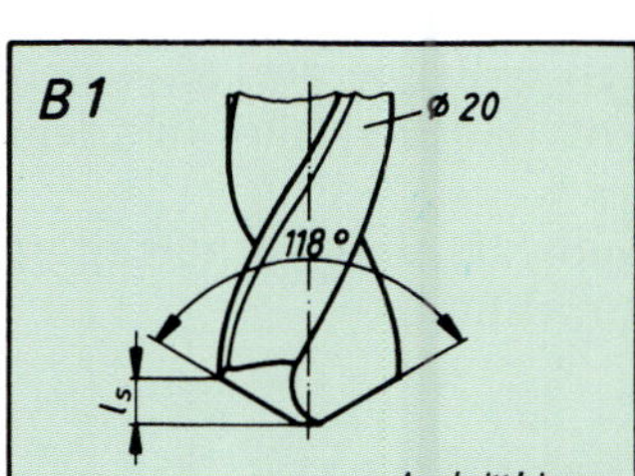

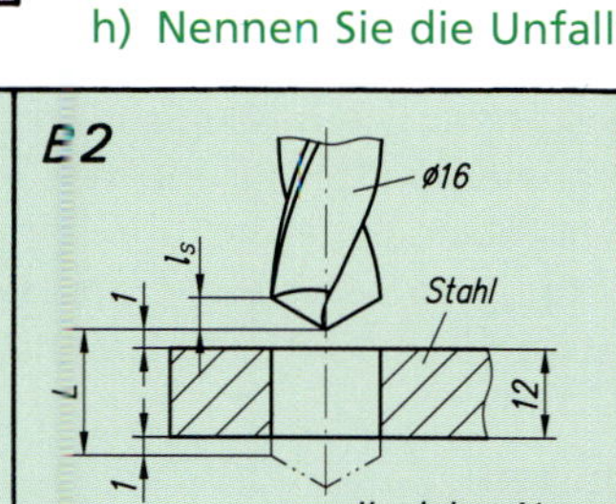

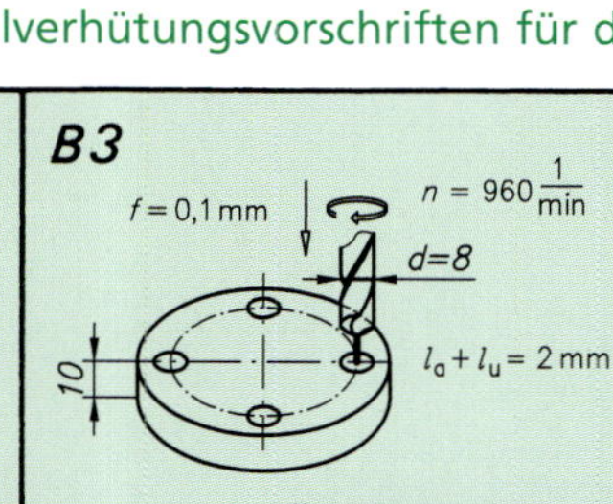

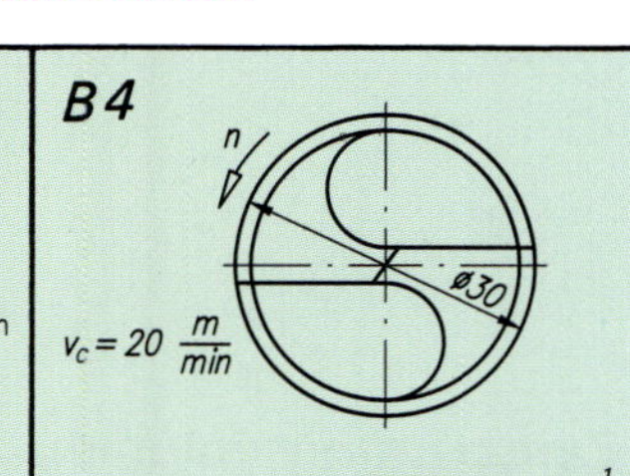

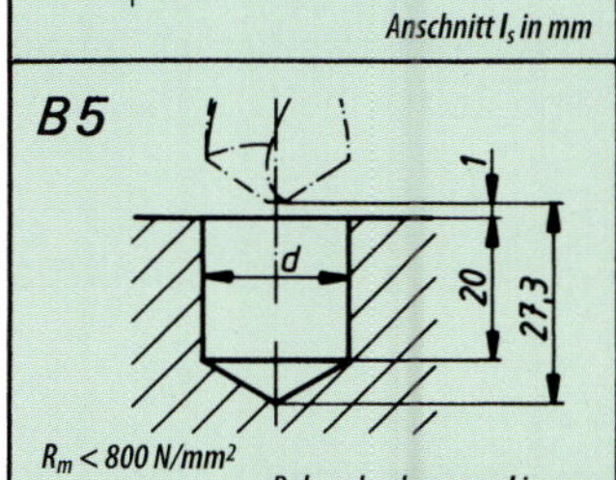

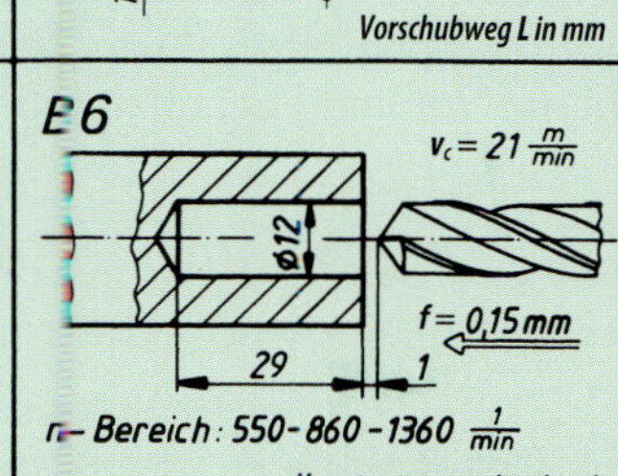

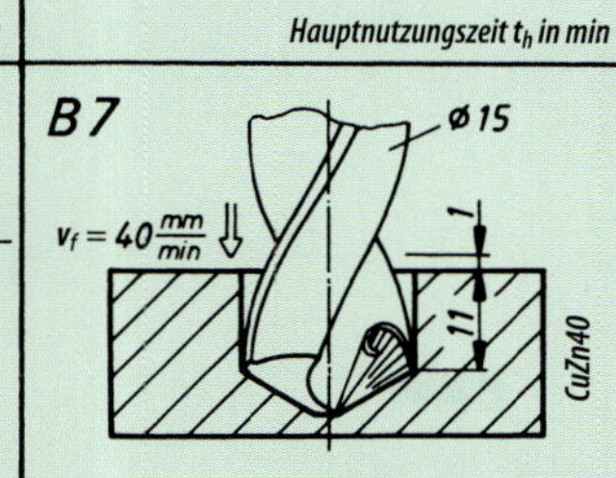

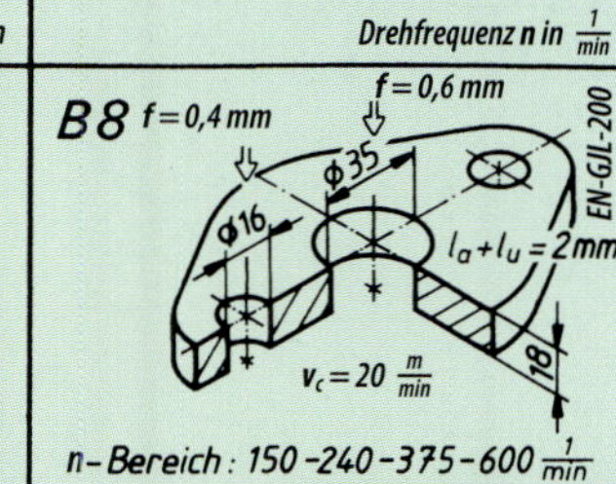

A_z Spanungsquerschnitt in mm² (eine Schneide)
A Spanungsquerschnitt in mm² (zwei Schneiden)
b Spanungsbreite in mm
h Spanungsdicke in mm
f Vorschub in mm
f_z Vorschub je Schneide in mm
a_p Schnitttiefe in mm
F_c Schnittkraft in N
k_c spezifische Schnittkraft in N/mm²
P_c Schnittleistung in W
P_{zu} Antriebsleistung in W
d Bohrerdurchmesser in mm
σ Spitzenwinkel in Grad
M_c Schnittmoment in Nm
Q Zeitspanungsvolumen in cm³/min

1. Spanungsquerschnitt Spanungsgrößen

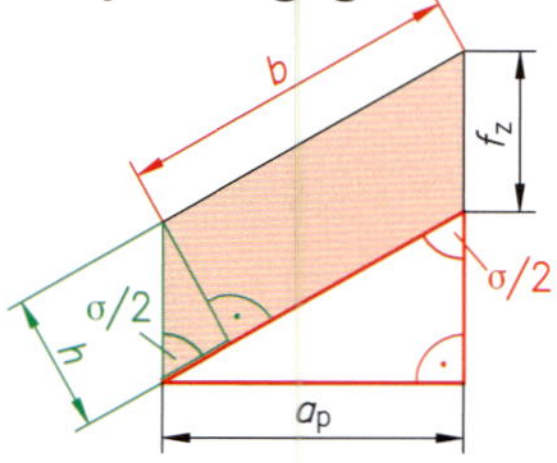

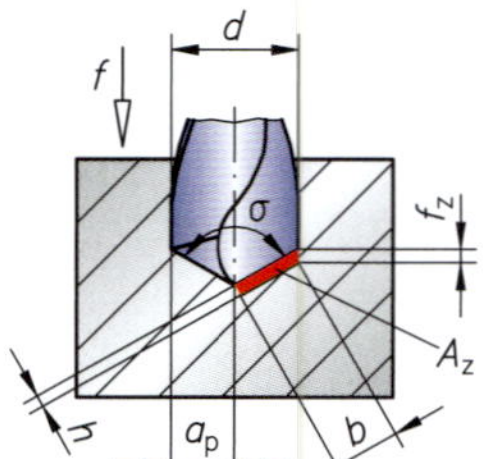

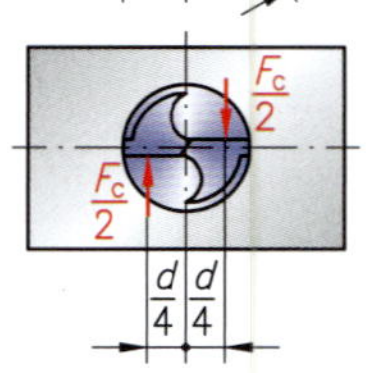

Vorschub

$f = f_z \cdot z$ (Bohren $z = 2$)

$f = f_z \cdot 2 \qquad f_z = \frac{f}{2}$

Spanungsdicke

$\sin\frac{\sigma}{2} = \frac{h}{f_z} \qquad h = \sin\frac{\sigma}{2} \cdot f_z \qquad h = \sin\frac{\sigma}{2} \cdot \frac{f}{2}$

Spanungsbreite

$\sin\frac{\sigma}{2} = \frac{a_p}{b} \qquad b = \frac{a_p}{\sin\frac{\sigma}{2}} = \frac{d}{2\sin\frac{\sigma}{2}} \qquad a_p = \frac{d}{2}$

Spanungsquerschnitt (eine Hauptschneide)

$A_z = h \cdot b$

$A_z = f_z \cdot \sin\frac{\sigma}{2} \cdot \frac{d}{2\sin\frac{\sigma}{2}} = \frac{d \cdot f_z}{2}$

Spanungsquerschnitt (zwei Hauptschneiden)

$A = 2 \cdot A_z = 2 \cdot \frac{d}{2} \cdot f_z = 2 \cdot \frac{d}{2} \cdot \frac{f}{2} = \frac{d \cdot f}{2}$

Hinweis Die Schnitttiefe a_p = halber Bohrerdurchmesser $d/2$
Wird ein Bohrloch aufgebohrt, so ist die Schnitttiefe a_p = Fertigdurchmesser (Bohrerdurchmesser) minus vorgebohrtem Durchmesser, geteilt durch zwei.

2. Schnittkraft (zwei Hauptschneiden)

$F_c = A \cdot k_c$

$F_c = \frac{d}{2} \cdot f \cdot k_c$

k_c-Ermittlung siehe Seite 98 unter Berücksichtigung der Korrekturfaktoren.

3. Schnittleistung (zwei Hauptschneiden)

$P_c = \frac{F_c \cdot v_c}{2}$

$P_c = \frac{d}{2} \cdot f \cdot k_c \cdot \frac{v_c}{2}$

Die Schnittleistung wird ermittelt für eine in der Mitte der Schneide angreifende Schnittkraft. Die Schnittgeschwindigkeit wird deshalb auch auf den mittleren Bohrerdurchmesser bezogen.

4. Antriebsleistung

$P_{zu} = \frac{P_c}{\eta}$

Der Wirkungsgrad η beträgt bei Maschinen 0,75 ... 0,9.

5. Schnittmoment (zwei Hauptschneiden)

$M_c = 2 \cdot \frac{F_c}{2} \cdot \frac{d}{4}$

$M_c = \frac{F_c \cdot d}{4}$

$M_c = \frac{d^2}{8} \cdot f \cdot k_c$

Das Schnittmoment wird durch die Kräfte am Bohrer bestimmt. Die halbe Schnittkraft greift an der jeweiligen Schneidenmitte an und versucht, das Werkstück mit dem Schraubstock herumzudrehen.
Entgegengesetzt wirkt die Handkraft eines Facharbeiters (etwa 50 N) oder eine Spannvorrichtung.

6. Zeitspanungsvolumen

$Q = A \cdot v_c$

Drehen
Das Zeitspanungvolumen ist das vom Werkstück abgespante Volumen bezogen auf eine Zeiteinheit.

$Q = \frac{A \cdot v_c}{2}$

Bohren
$v_c/2$ wird gewählt, weil mit dem Mittelwert der Schnittgeschwindigkeit gerechnet wird.

$Q = \frac{P_c}{k_c}$

Diese Formel gilt für das Drehen, Fräsen und Bohren.

Aufgaben

Schnittkraft und Schnittleistung – Bohren

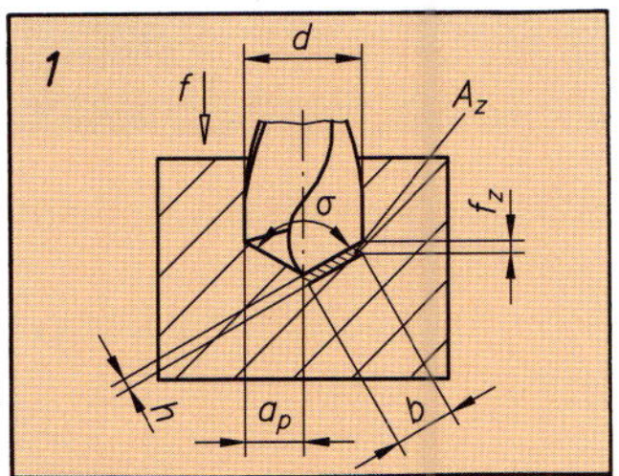

1. Die fehlenden Werte sind zu berechnen:

	a	b	c	d	e	f
f_z in mm	?	0,04	?	?	?	?
f in mm	0,3	?	?	?	?	0,6
d in mm	18	8	20	8,5	30	32
a_p in mm	?	?	?	?	?	?
b in mm	?	?	?	?	?	?
h in mm	?	?	?	0,1	?	?
A_z in mm²	?	?	1,5	?	6	?
σ	118°	118°	140°	130°	130°	118°

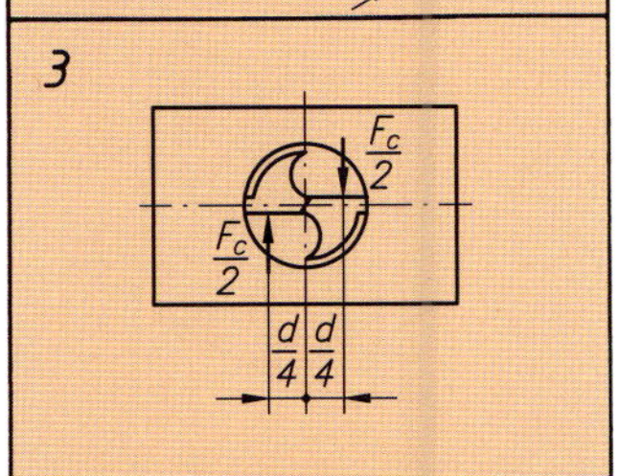

2. In ein Werkstück 11SMn37 soll ein 21 mm großes Loch gebohrt werden. Der Spitzenwinkel des Bohrers beträgt 118°. Der Vorschub f ist 0,2 mm groß (mit Kühlschmierstoff). Berechnen Sie die Schnittkraft F_c.

3. Ermitteln Sie das Schnittmoment in Nm. Folgende Daten sind gegeben: Werkstoff des Werkstücks E335, Bohrerdurchmesser 14 mm, Vorschub $f = 0{,}25$ mm, Schnittgeschwindigkeit $v_c = 28$ m/min, kein Kühlschmierstoff.

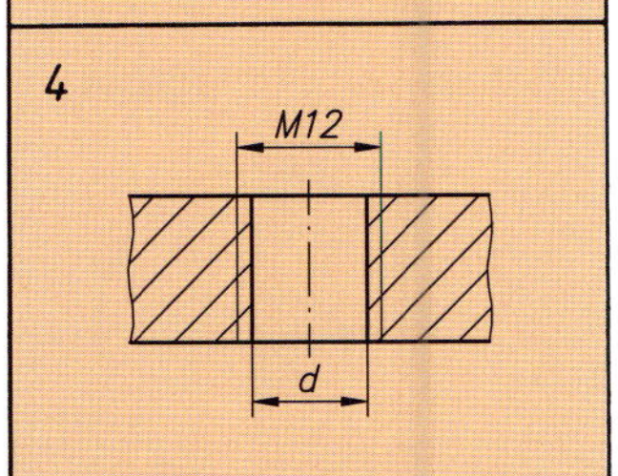

4. In ein Werkstück aus 20MnCr5 soll das Gewindekernloch für M 12 gebohrt werden. Laut Tabellenbuch beträgt $v_c = 15$ m/min und $f = 0{,}08$ mm. Es wird mit Kühlschmierstoff gebohrt. Ermitteln Sie die Schnittleistung und die Antriebsleistung (die Bohrmaschine besitzt einen Wirkungsgrad von 0,85).

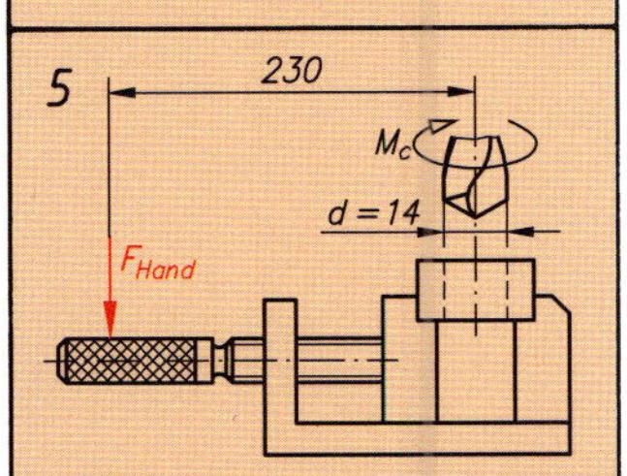

5. In einem Schraubstock ist ein Werkstück aus C45E gespannt. Für den Vollhartmetallbohrer 14 mm Durchmesser ist $v_c = 60$ m/min und $f_z = 0{,}05$ mm gewählt worden. Der Bohrvorgang geschieht mit Kühlschmierstoff. Kann der Facharbeiter den Schraubstock halten, wenn seine Handkraft 50 N beträgt und er ihn 230 mm von der Bohrermitte entfernt festhält?

6. Die Antriebsleistung einer Bohrmaschine beträgt 2,2 kW (Wirkungsgrad $\eta = 65\,\%$). Der Bohrerdurchmesser beträgt 16 mm, die Schnittgeschwindigkeit wurde mit 30 m/min gewählt. Die spezifische Schnittkraft k_c beträgt 2 730 N/mm². Mit welchem maximalen Vorschub kann gebohrt werden?

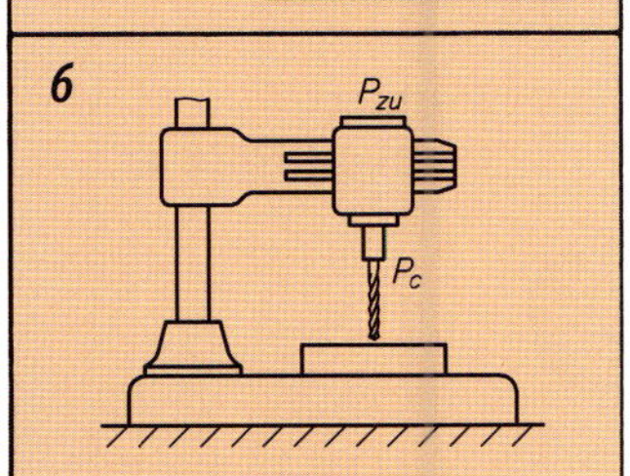

7. Ein Vollbohrer $d = 32$ mm, mit zwei Wendeschneidplatten bestückt, soll in ein Werkstück aus 11SMn30 bohren. Ermitteln Sie mithilfe Ihres Tabellenbuchs die Schnittgeschwindigkeit v_c und den Vorschub f. Berechnen Sie das Zeitspanungsvolumen Q in cm³/min.

8. Ein 6 mm vorgebohrtes Bohrloch soll auf 32 mm aufgebohrt werden. Das Werkstück besteht aus E360 ($v_c = 25$ m/min und f = 0,3 mm). Der Korrekturfaktor C_2 ist mit 1,1 festgelegt. Es wird mit Kühlschmierstoff gearbeitet. Ermitteln Sie die notwendige Schnittleistung in kW.

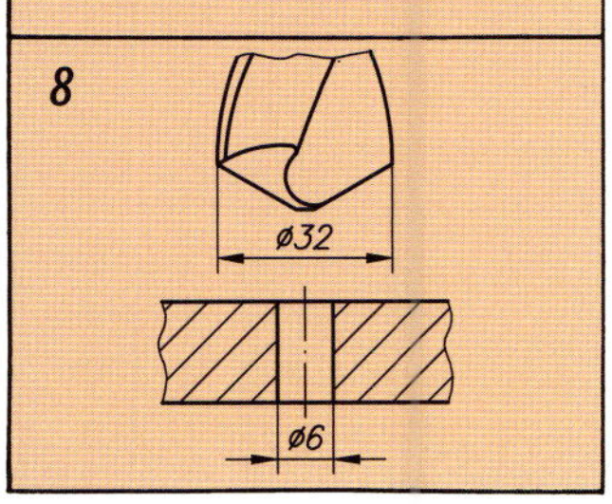

▶ **Wissen – Erkennen – Werten**

a) Aus welchen Größen wird der Spanungsquerschnitt beim Bohrvorgang gebildet?
b) Welche Leistungen muss der Antriebsmotor einer Bohrmaschine erzeugen?
c) Wie lässt sich beim Bohren das Zeitspanungsvolumen erhöhen?
d) Beschreiben Sie den Aufbau eines Vollbohrers mit Wendeschneidplatten.
e) Warum wird bei der Berechnung der Schnittleistung beim Bohren mit der halben Schnittgeschwindigkeit gerechnet?
f) Gibt es beim Drehen auch ein Schnittmoment?
g) Warum heißt es Zeitspanungsvolumen und nicht Zeitspanvolumen?

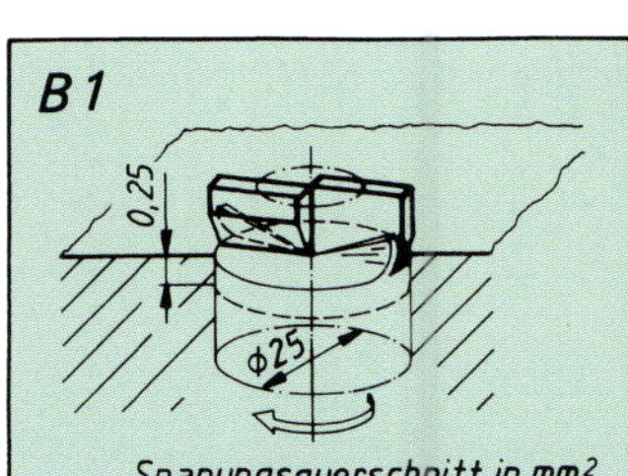

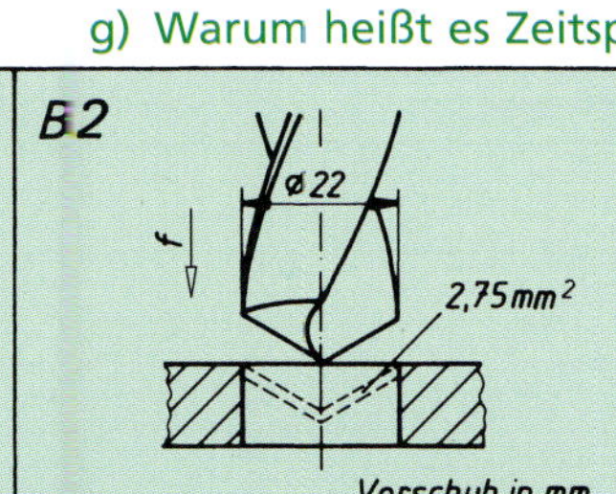

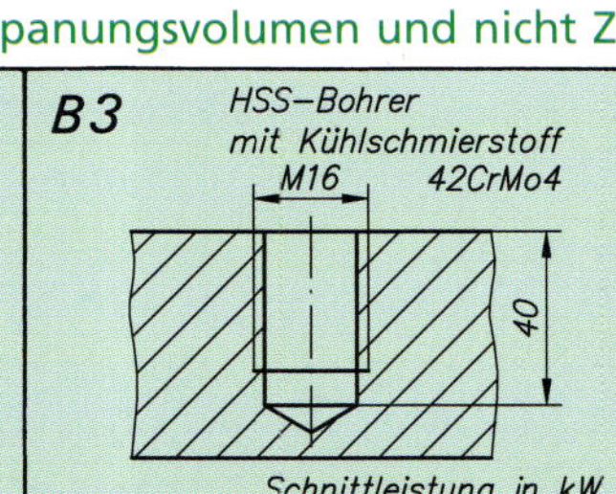

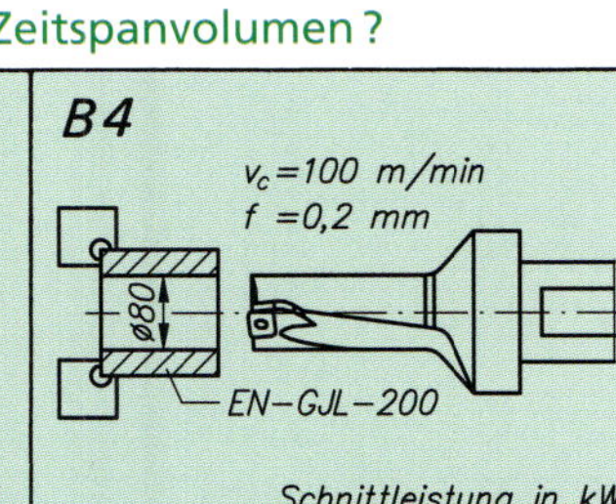

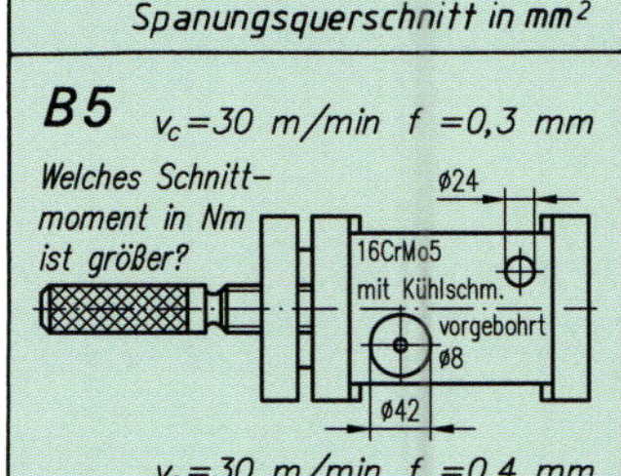

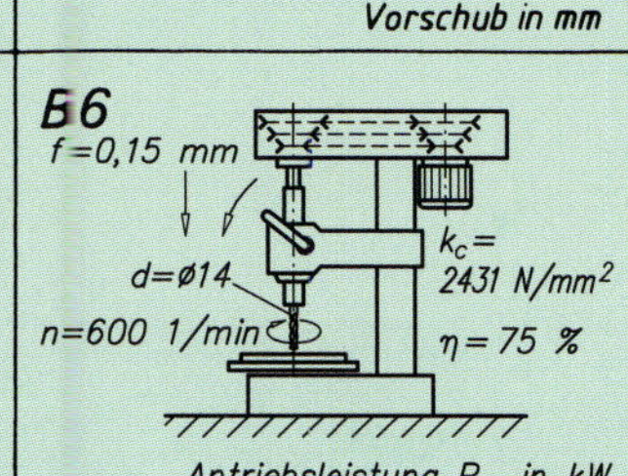

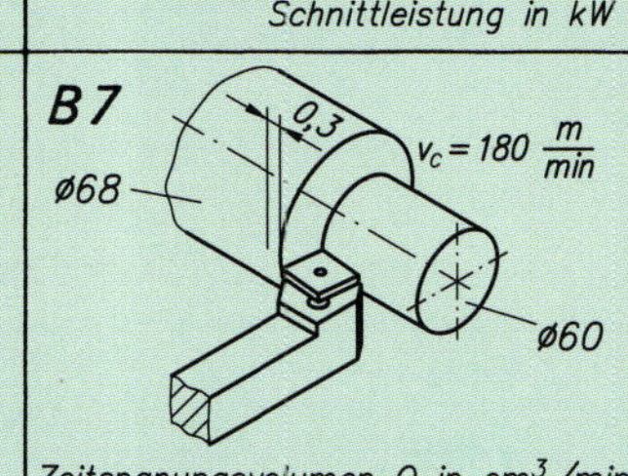

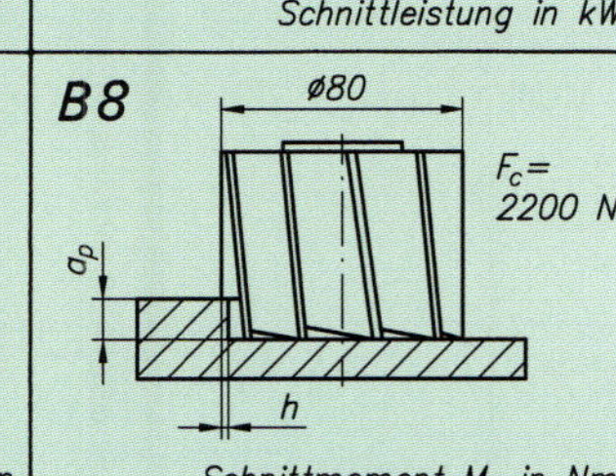

1. Schnitttiefe a_p und Arbeitseingriff a_e

Schnitttiefe a_p: Sie ist das Maß senkrecht zur Arbeitsebene. Sie entspricht beim Umfangsfräsen der Schnittbreite.

Arbeitseingriff a_e: Das Maß hängt von der Größe der in Schnittrichtung projezierten Fläche ab, über der die Schneiden im Eingriff sind.

Stirnfräsen

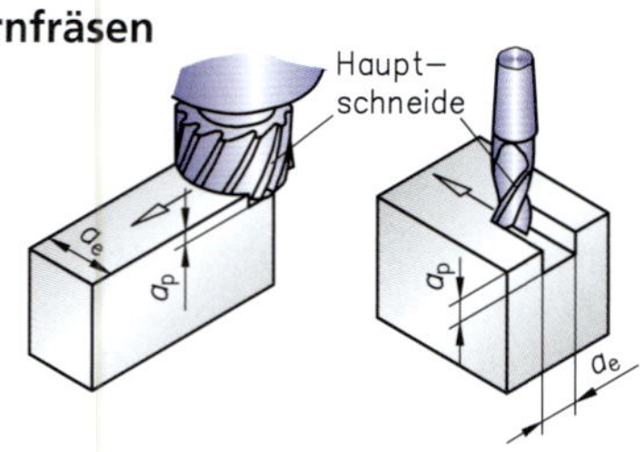

Umfangsfräsen

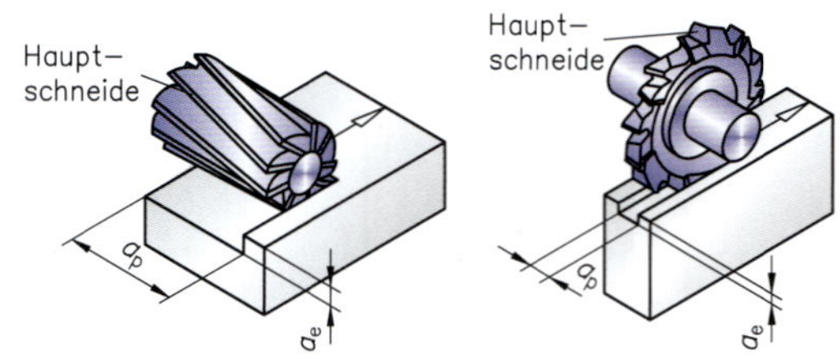

2. Vorschubweg L

2.1 Umfangs-Planfräsen

Fräserart: Walzenfräser

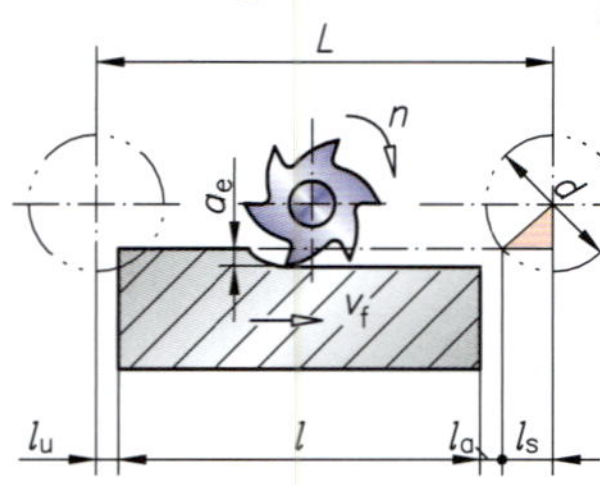

Schruppen oder Schlichten
$L = l + l_s + l_a + l_u$

Der Anschnittweg l_s kann mithilfe des Satzes von Pythagoras errechnet werden:

$$l_s^2 = \left(\frac{d}{2}\right)^2 - \left(\frac{d}{2} - a_e\right)^2$$

$$l_s^2 = \frac{d^2}{4} - \left(\frac{d^2}{4} - 2 \cdot \frac{d}{2} \cdot a_e + a_e^2\right)$$

$$l_s^2 = d \cdot a_e - a_e^2$$

$$l_s = \sqrt{d \cdot a_e - a_e^2}$$

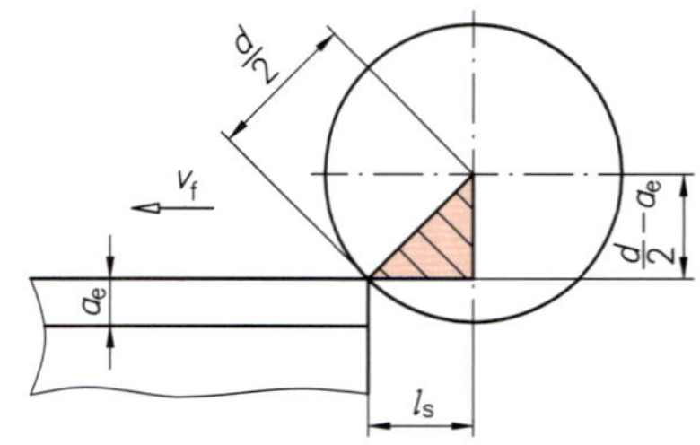

2.2 Stirn-Umfangs-Planfräsen

Fräserart: Walzenstirnfräser, Scheibenfräser

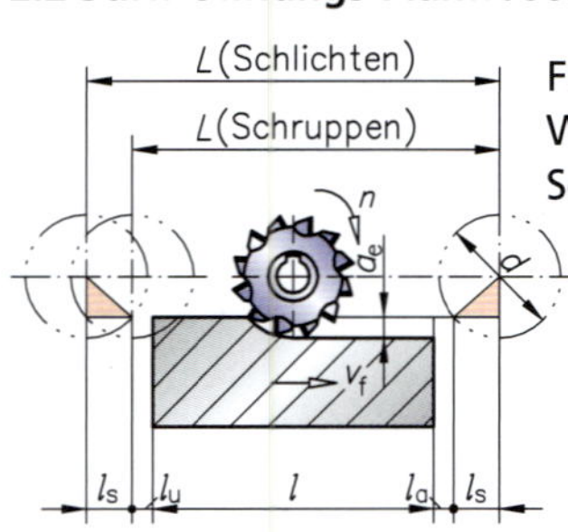

Schruppen	Schlichten
$L = l + l_s + l_a + l_u$	$L = l + 2 \cdot l_s + l_a + l_u$

2.3 Stirn-Planfräsen

Fräserart: Walzenstirnfräser

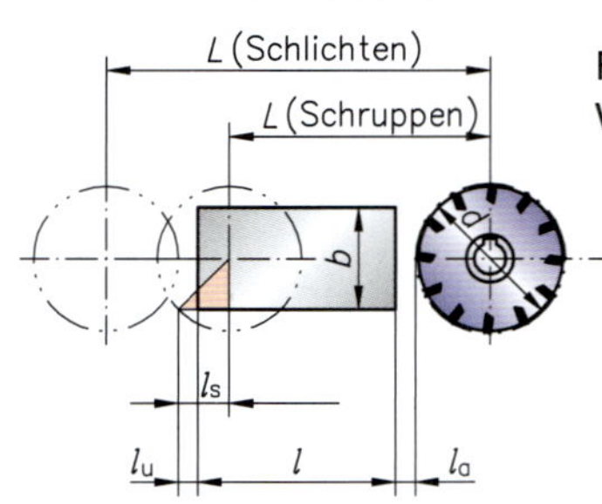

Schruppen	Schlichten
$L = l + \frac{d}{2} - l_s + l_a + l_u$	$L = l + d + l_a + l_u$
$l_s = \frac{1}{2} \cdot \sqrt{d^2 - b^2}$	–
$l_a = l_u = 1{,}5$ mm	

2.4 Nutenfräsen

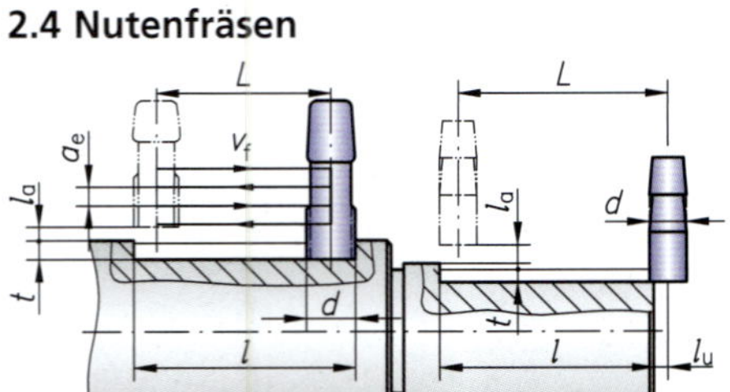

Geschlossene Nut	Einseitig offene Nut
$L = l - d$	$L = l - \frac{d}{2} + l_u$
$i = \frac{t + l_a}{a_e}$	
$l_u = l_a \approx 1{,}5$ mm	

3. Vorschubgeschwindigkeit v_f

Vorschub für 1 Zahn		f_z in mm
Vorschub für 1 Umdrehung	f	$= f_z \cdot z$ in mm
Vorschub für n Umdrehungen	v_f	$= f_z \cdot z \cdot n$ in mm/min

4. Zusammenfassung

Hauptnutzungszeit t_h $\quad t_h = \frac{L \cdot i}{f \cdot n} = \frac{L \cdot i}{f_z \cdot z \cdot n}$

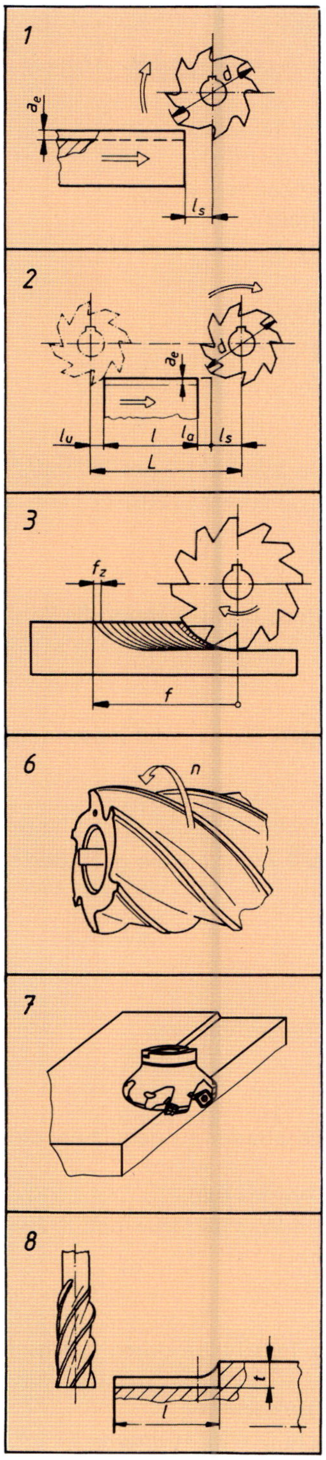

1. Berechnen Sie den Anschnitt für einen Walzenfräser von 60 mm Durchmesser bei 4 mm Schnitttiefe.

2. Ein 449 mm langes Werkstück wird mit einem Walzenfräser von 75 mm Durchmesser überfräst. An- und Überlauf betragen 3 mm und der Arbeitseingriff 3 mm. Ermitteln Sie den Vorschubweg L.

3. Wie groß ist der Vorschub je Umdrehung eines Fräsers, wenn dieser 14 Zähne und einen Vorschub von 0,06 mm je Fräserzahn hat?

4. Mit welcher Vorschubgeschwindigkeit in mm/min arbeitet ein Schaftfräser, wenn er in zehn Minuten einen 300 mm langen Vorschubweg zurücklegt?

5. Das einmalige Schruppen einer Stahlplatte von 80 × 349 mm aus S235JR geschieht mittig mit einem Walzenstirnfräser DIN 1880 – 100 N – HSS. Er hat 14 Zähne, der Vorschub beträgt 0,15 mm je Zahn, die Schnittgeschwindigkeit v_c liegt bei 80 m/min, An- und Überlauf betragen zusammen 3 mm (Stirn-Planfräsen). Berechnen Sie den Vorschubweg und die Hauptnutzungszeit.

6. Wie groß ist die Drehfrequenz für einen Walzenfräser von 60 mm Durchmesser bei 14 m/min Schnittgeschwindigkeit?

7. Mithilfe einer CNC-Fräsmaschine wird ein Fräskopf, der mit beschichteten Hartmetallen bestückt ist, angetrieben. Er soll bei Reparaturarbeiten die Führungsbahn eines Werkzeugschlittens aus EN-GJL-150 nachfräsen. Die Führungsbahn ist 1100 mm lang und soll in einem Schnitt überfräst werden, An- und Überlauf betragen je 1,5 mm.
   Bestimmen Sie die Schnittgeschwindigkeit, den Vorschub je Zahn (der Fräser mit einem Durchmesser von 100 mm hat 8 Schneidplatten). Berechnen Sie den Vorschubweg und die Hauptnutzungszeit.

8. Mit einem Langlochfräser soll in das Wellenende eine Nut von 250 mm Länge und 11 mm Tiefe gefräst werden. Wie groß ist die Hauptnutzungszeit, wenn die Schnitttiefe 4 mm, die Vorschubgeschwindigkeit 50 mm/min, der Überlauf 1,5 mm und der Sicherheitsabstand 1 mm betragen?

▶ Wissen – Erkennen – Werten

a) Aus welchen Teillängen setzt sich beim Fräsen der Vorschubweg zusammen?
b) Welche Kriterien sind für die Auswahl eines Fräsers von Bedeutung?
c) Unterscheiden Sie zwischen Gleichlauf- und Gegenlauffräsen.
d) Vergleichen Sie drallverzahnte und geradverzahnte Fräser.
e) Unter welchen Vorraussetzungen wird wirtschaftlich gefräst?
f) Warum ist Stirnfräsen wirtschaftlicher als Umfangsfräsen?
g) Erläutern Sie die Einsatzgebiete für die Frästertypen N, W und H.
h) Nennen Sie Unfallverhütungsvorschriften für das Fräsen.

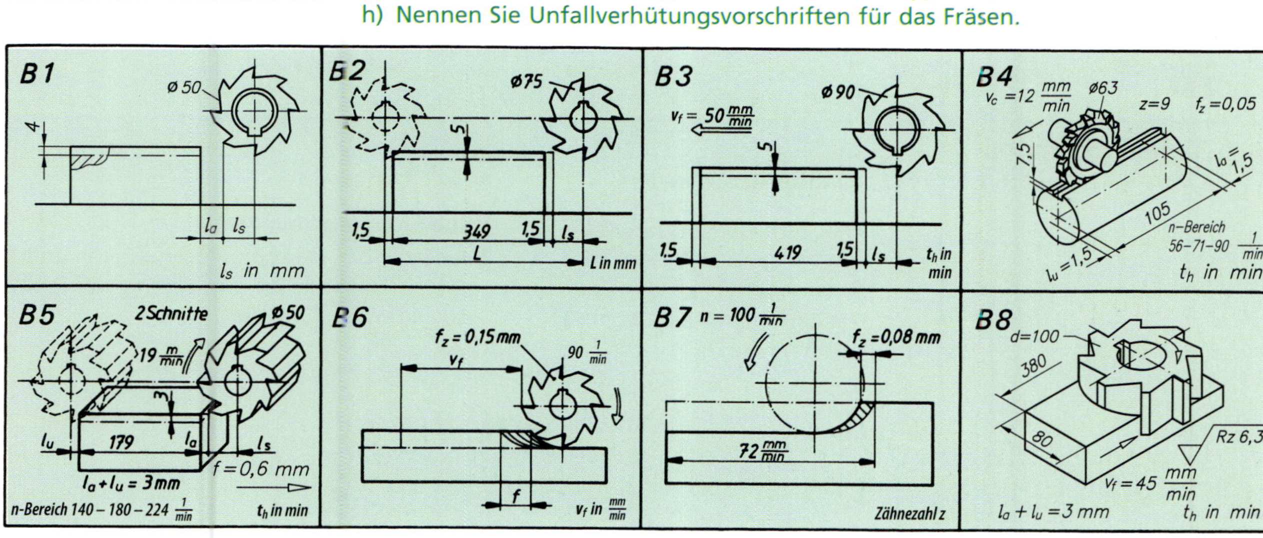

T Teilzahl
T' Hilfsteilzahl
n_k Anzahl der Teilkurbelumdrehungen für einen Teilschritt
z_t Zähnezahl der treibenden Räder z_1 und z_3
i Übersetzungsverhältnis des Teilkopfs
$i = 40 : 1$ beim üblichen Teilkopf, Schneckenrad 40 Zähne, Schnecke eingängig
z_g Zähnezahl der getriebenen Räder z_2 und z_4

Übliche Lochzahlen der Teilscheiben

I	15	16	17	18	19	20
II	21	23	27	29	31	33
III	37	39	41	43	47	49

Übliche Zähnezahlen der Wechselräder

24	24	28	32	36	40	44
48	56	64	72	86	96	100

1. Indirektes Teilen

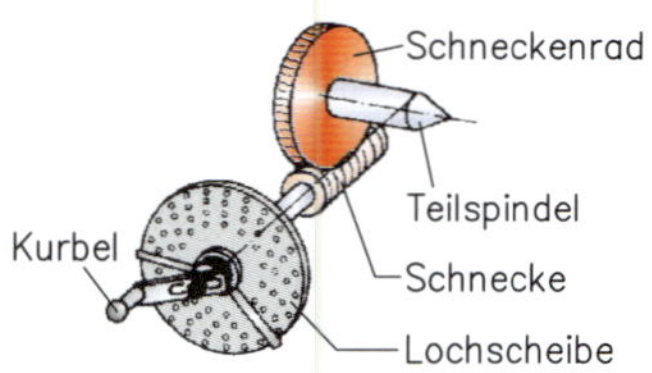

$$\text{Anzahl der Teilkurbelumdrehungen} = \frac{\text{Übersetzungsverhältnis des Teilkopfs}}{\text{Teilzahl des Werkstücks}}$$

$$n_k = \frac{i}{T} = \frac{40}{T}$$

Der ermittelte Bruch wird so gekürzt und erweitert, bis im Nenner die Zahl eines Lochkreises erscheint.

2. Ausgleichsteilen

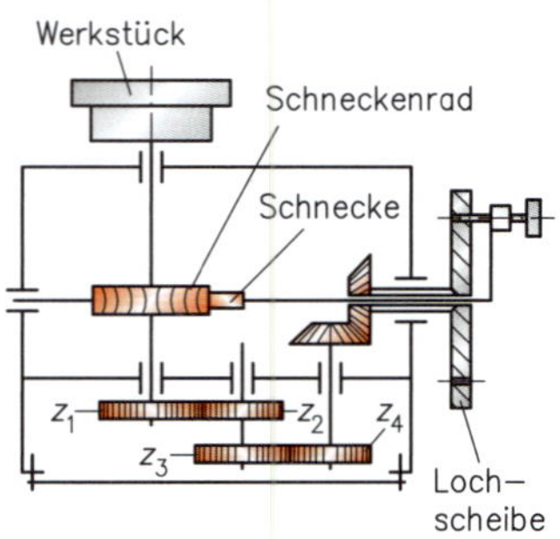

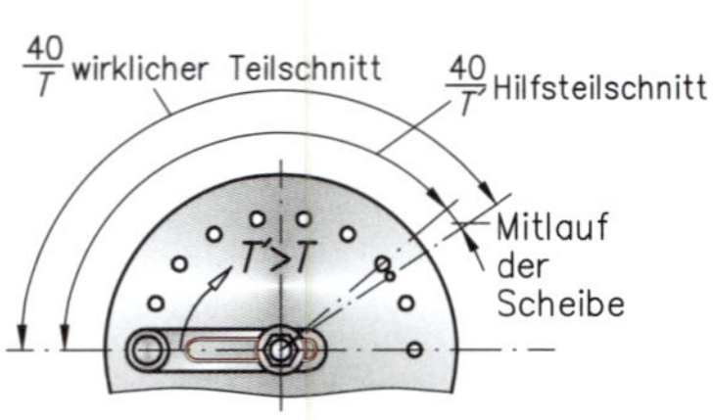

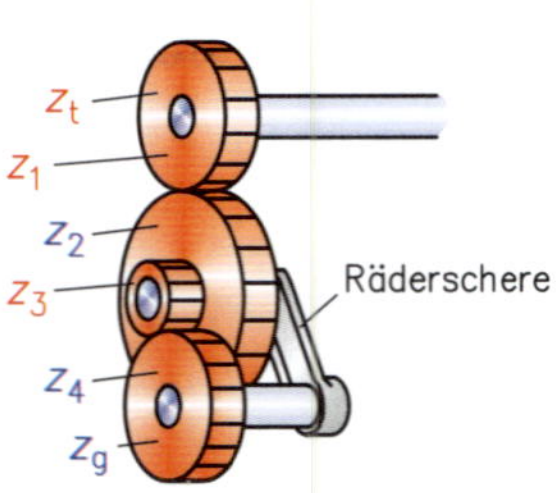

2.1 Universalteilkopf

Mithilfe des Universalteilkopfs lassen sich Teilungen über $T = 50$ (besonders größere Primzahlen) herstellen.

2.2 Hilfsteilzahl T'

Man wählt eine Hilfsteilzahl T', die größer oder kleiner als die geforderte Teilzahl T ist.

$$n_k = \frac{i}{T'} = \frac{40}{T'}$$

Hinweis

Die Hilfsteilzahl T' muss durch indirektes Teilen herstellbar sein.

2.3 Ausgleichsbewegung

Die Differenz zwischen T' und T wird durch Wechselräder ausgeglichen, die Drehrichtung durch Zwischenräder beeinflusst.
T' größer als T ergibt einen positiven Wert = 4 Wechselräder.
T' kleiner als T ergibt einen negativen Wert = 4 Wechselräder und 1 Zwischenrad.

2.4 Zähnezahl der Wechselräder

Beim Drehen der Teilkurbel wird zusätzlich die Teilscheibe durch Wechselräder angetrieben.
Positives Ergebnis = beide haben die gleiche Drehrichtung.
Negatives Ergebnis = sie haben entgegengesetzte Drehrichtungen.

$$\frac{z_t}{z_g} = \frac{i}{T'}(T' - T) \qquad \frac{z_t}{z_g} = \frac{z_1 \cdot z_3}{z_2 \cdot z_4}$$

3. Zusammenfassung

Indirektes Teilen

Anzahl der Kurbelumdrehungen und Anzahl der Löcher für den gewählten Lochkreis bestimmen.

$$n_k = \frac{L}{T} = \frac{40}{T}$$

Ausgleichsteilen

1. Hilfsteilzahl T' wählen.
2. Anzahl der Kurbelumdrehungen und Anzahl der Löcher für den gewählten Lochkreis bestimmen.

$$n_k = \frac{L}{T'} = \frac{40}{T'}$$

3. Zähnezahl der Wechselräder bestimmen.

$$\frac{z_t}{z_g} = \frac{L}{T'}(T' - T)$$

1
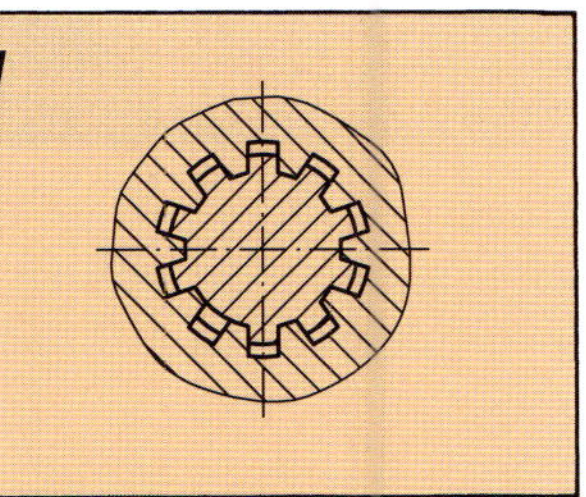

2
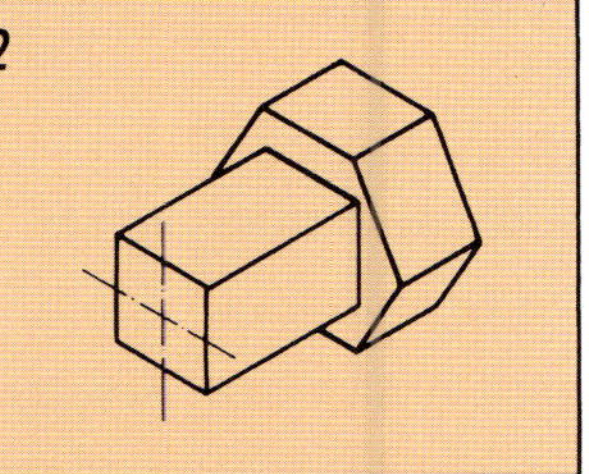

3

6
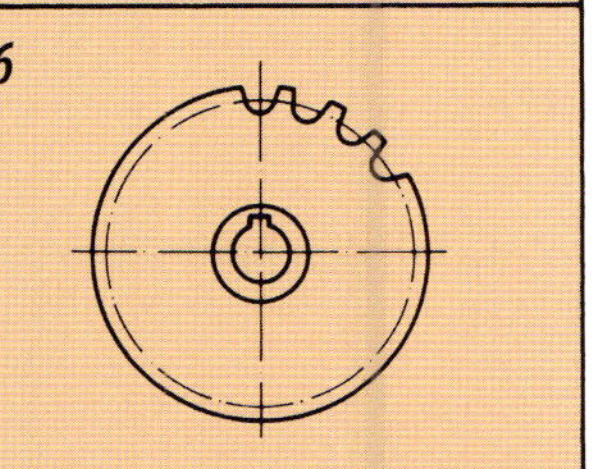

4,7,8
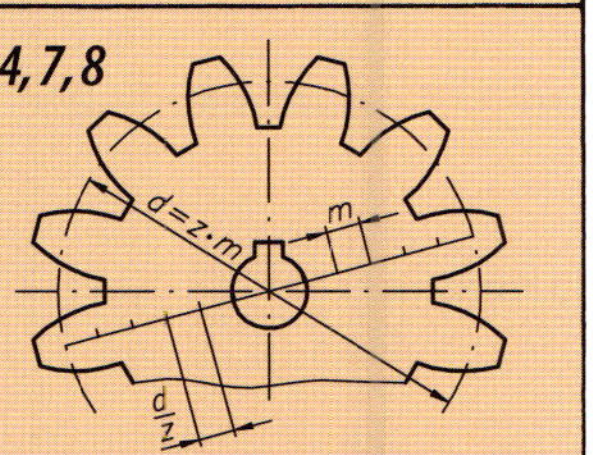

9
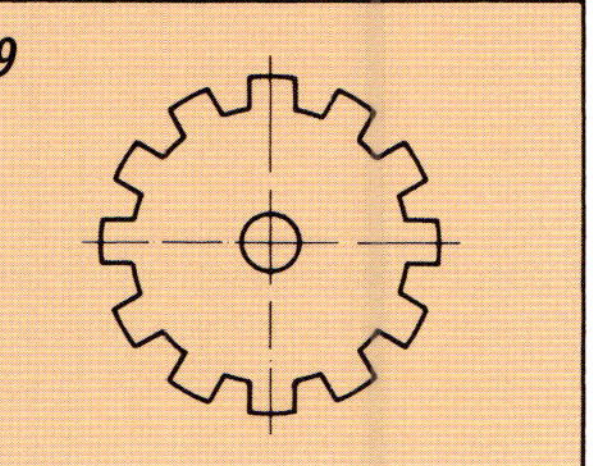

1. Verschiedene Keilwellen erhalten die Teilungen a) 6, b) 7, c) 9, d) 16, e) 18, f) 24. Welche Lochkreise sind verwendbar?

2. Bestimmen Sie die Umdrehungen der Teilkurbel, um einen a) Vierkant, b) Sechskant, c) Achtkant, d) Zwölfkant zu fräsen. Wählen Sie für den Teilschritt jeweils den größtmöglichen Lochkreis.

3. Es sollen Zahnräder bzw. Keilwellen mit a) 18, b) 22, c) 28, d) 32, e) 35, f) 36 Zähnen gefräst werden. Bestimmen Sie den Teilschritt.

4. Ein Zahnrad mit dem Teilkreisdurchmesser von 72 mm und dem Modul 4 mm ist zu fräsen (verwendeter Lochkreis 27). Bestimmen Sie die Anzahl der Teilkurbelumdrehungen.

5. Ermitteln Sie für eine Skalenhülse mit der Teilung 96 die Kurbelumdrehungen und die Wechselräder ($T' = 100$).

6. Bestimmen Sie für ein Kettenrad mit 53 Zähnen den Teilschritt und die Wechselräder. Hilfsteilzahl $T' = 60$.

7. Bestimmen Sie die Lochscheibe, die Wechselräder und die Drehrichtung der Scheibe, wenn für ein Zahnrad mit $z = 63$ a) $T' = 60$, b) $T' = 70$ gewählt wurde.

8. Es soll ein Zahnrad mit 237 Zähnen gefräst werden. Ermitteln Sie die Teilkurbelschritte und Wechselräder, wenn die Hilfsteilzahl 240 beträgt.

9. Welche Teilschritte und Wechselräder sind erforderlich, um ein Rad mit 97 Nuten herzustellen?
   a) $T' > T$, b) $T' < T$

10. Ein Zahnrad mit 36 Zähnen soll gefräst werden. Berechnen Sie die einzustellenden Größen.

► Wissen – Erkennen – Werten

a) Warum schließt die Teilschere am Teilkopf stets ein Loch zusätzlich ein?
b) Nennen Sie Arbeitsregeln für das Teilen mit dem Teilkopf.
c) Beschreiben Sie Aufbau und Funktion eines Universalteilkopfs.
d) Erläutern Sie das indirekte Teilen mit dem Universalteilkopf.
e) Unterscheiden Sie das indirekte Teilen vom Ausgleichsteilen.
f) Begründen Sie die Notwendigkeit einer Hilfsteilzahl.
g) Wie kommt es zur Ausgleichsbewegung beim Ausgleichsteilen?
h) Welche Arbeiten können durch das Ausgleichsteilen ausgeführt werden?

B1
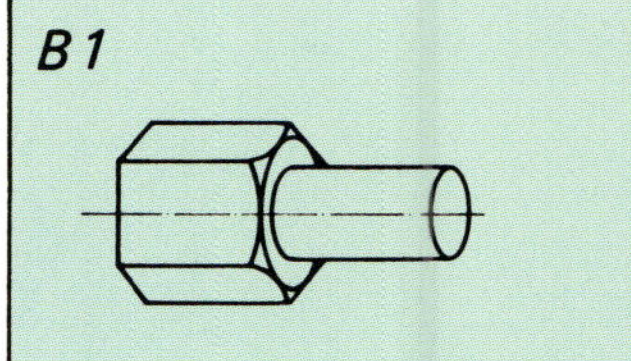
n_k für Lochkreis 27

B2
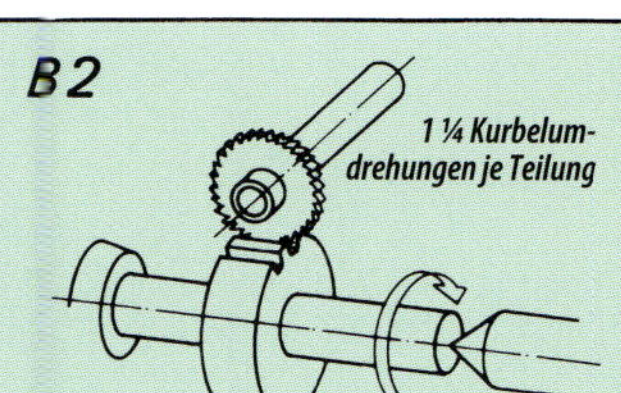

Anzahl der Teilung T

B3
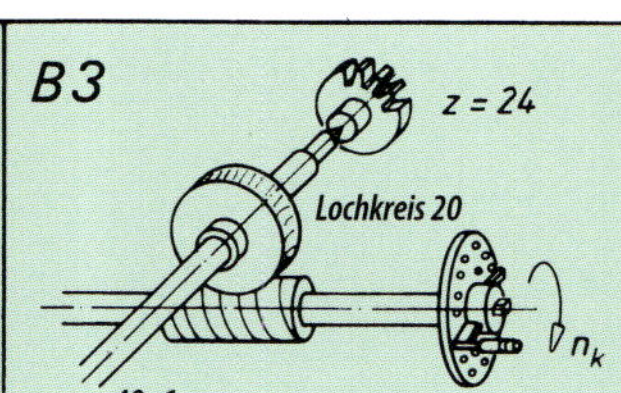

Teilkurbelumdrehung n_k

B4
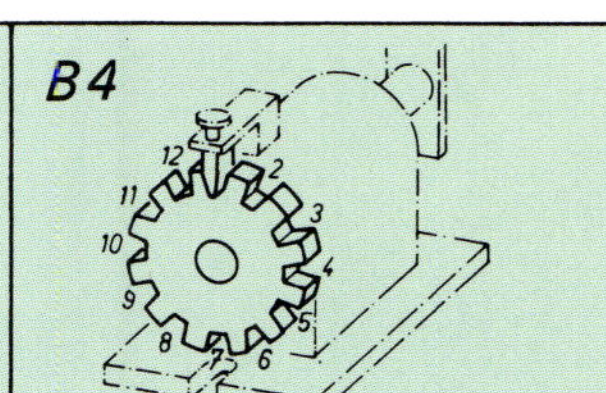

Mögliche Teilungen

B5
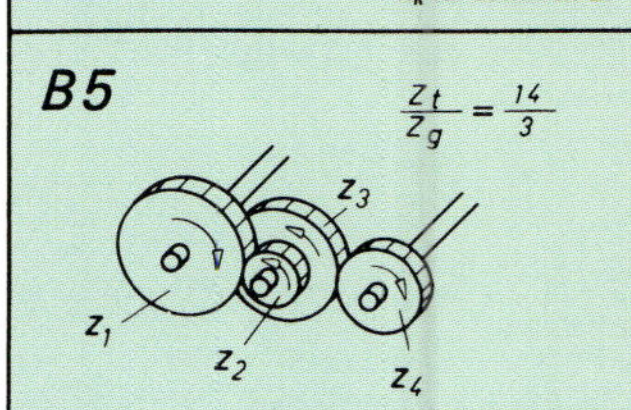

Mögliche Wechselräder $z_1 \dots z_4$

B6
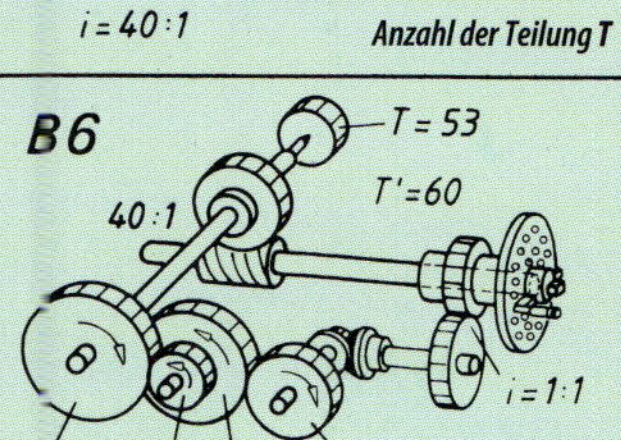

Wechselräder

B7
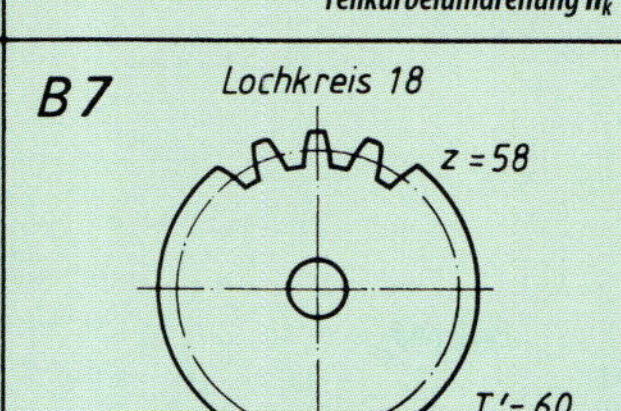

Wechselräder $z_1 \dots z_4$

B8
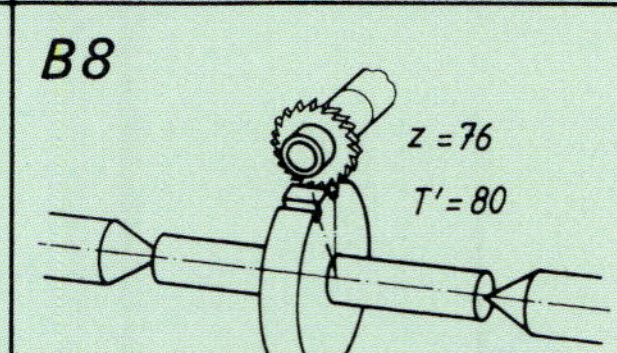

Teilkopf 40 : 1

Schleifen – Hauptnutzungszeit

t_h Hauptnutzungszeit in min
l Werkstücklänge in mm
l_a Anlauf in mm
l_u Überlauf in mm
L Schleiflänge, Vorschub
v_c Schnittgeschwindigkeit der Schleifscheibe in m/s
b_s Schleifscheibenbreite in mm
d_s Schleifscheibendurchmesser in mm
n_s Umdrehungsfrequenz der Schleifscheibe in 1/min
i Anzahl der Schnitte
t Schleifzugabe in mm
a_e Arbeitseingriff (Zustelltiefe) in mm

1. Längs-Umfangs-Außenrundschleifen

v_f Vorschubgeschwindigkeit in m/min
v_w Umfangsgeschwindigkeit des Werkstücks in m/min
n_w Umdrehungsfrequenz des Werkstücks in 1/min
d_w Durchmesser des Werkstücks in mm
f Vorschub je Umdrehung des Werkstücks in mm

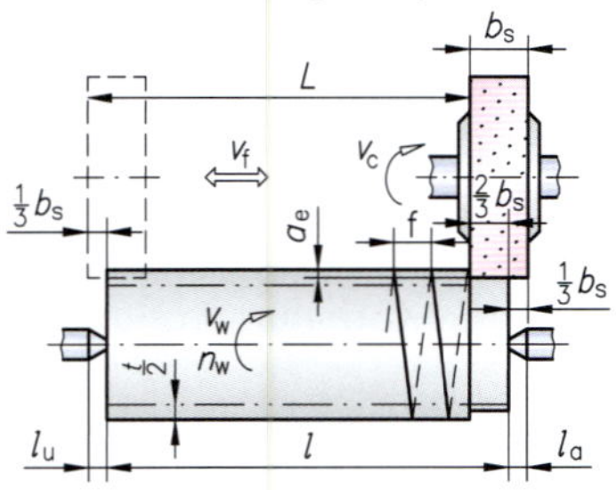

$$t_h = \frac{L \cdot i}{v_f}$$

$$t_h = \frac{L \cdot i}{f \cdot n_w}$$

$$t_h = \frac{L \cdot i \cdot d_w \cdot \pi}{f \cdot v_w}$$

$L = l - \frac{1}{3} b_s$ (Welle ohne Ansatz bzw. Absatz)

$v_f = f \cdot n_w$

$v_w = d_w \cdot \pi \cdot n_w$

$i = \frac{t}{2a_e} + z$ (z = Anzahl der Ausfunkschnitte)[1]

2. Längs-Umfangs-Planschleifen

B Schleifbreite in mm
L Hublänge in mm
b Werkstückbreite in mm
f_q Quervorschub je Hub in mm[1]
v_f Vorschubgeschwindigkeit des Tisches in m/min
n_H Hubzahl des Tisches in 1/min

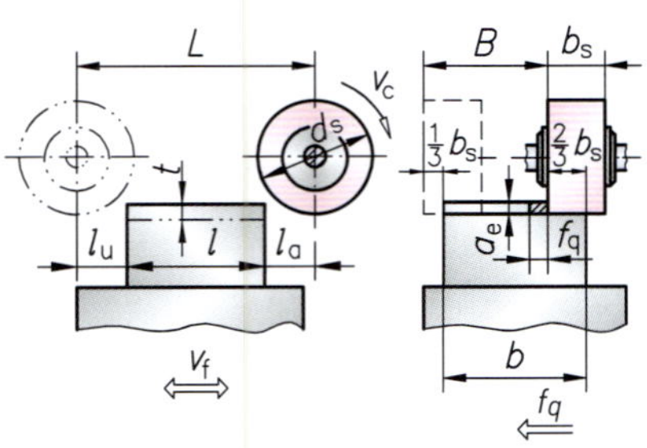

$$t_h = \frac{L \cdot i}{v_f} \cdot \left(\frac{B}{f_q} + 1\right)$$

$$t_h = \frac{L \cdot i}{L \cdot n_H} \left(\frac{B}{f_q} + 1\right)$$

$$t_h = \frac{i}{n_H} \left(\frac{B}{f_q} + 1\right)$$

$B = b - \frac{1}{3} b_s$ (Fläche ohne Ansatz bzw. Absatz)

$L = l + l_a + l_u = l + 2 \cdot l_a$

$v_f = L \cdot n_H$

$i = \frac{t}{a_e} + z$ (z = Anzahl der Ausfunkschnitte)[2]

3. Geschwindigkeitsverhältnis

ist abhängig:
- vom zu schleifenden Werkstoff
- vom Schleifverfahren
- vom Eingriffswinkel
- vom Schruppen oder Schlichten
- von der Körnung, Härte und Gefüge der Schleifscheibe

Schleifverfahren

Rund	Plan $[v_w = v_f]$
$q = \frac{v_c}{v_w}$	$q = \frac{v_c}{v_f}$
$q = \frac{d_s \cdot n_s}{d_w \cdot n_w}$	$q = \frac{d_s \cdot \pi \cdot n_s}{L \cdot n_H}$

4. Beispiel

Eine vorgedrehte Stahlwelle $l = 610$ mm und $d = 50{,}8$ mm soll auf einen Durchmesser von 50 mm geschliffen werden: Drehfrequenz des Werkstücks 90 1/min, Vorschub 20 mm, Zustellung je Schnitt 0,02 mm, Schleifscheibenbreite 30 mm. Ermitteln Sie die Hauptnutzungszeit in min und die Umfangsgeschwindigkeit der Welle während des Schleifens in m/min.

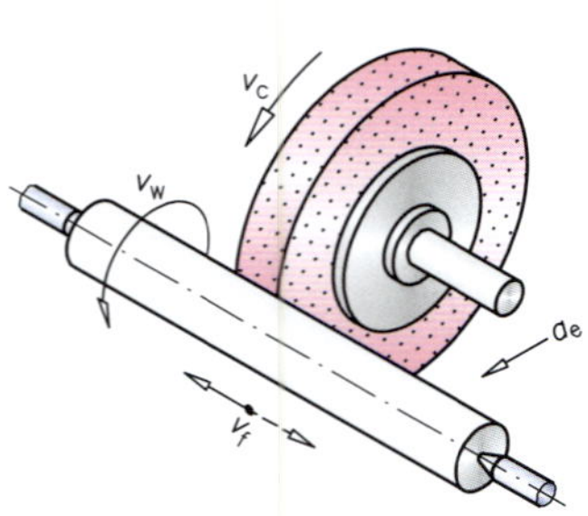

Gesucht t_h in min, v_w in m/min mithilfe q aus Tabelle

Gegeben $l = 610$ mm, $f = 20$ mm, $n_w = 90$ 1/min, $b_s = 30$ mm
$D = 50{,}8$ mm, $d = 50$ mm, $a_e = 0{,}02$ mm, $z = 4$

Lösung

$L = l - \frac{1}{3} \cdot b_s$

$L = 610\ \text{mm} - \frac{1}{3} \cdot 30\ \text{mm}$

$L = 600$ mm

$t_n = \frac{L \cdot i}{f \cdot n_w}$

$t_n = \frac{600\ \text{mm} \cdot 24\ \text{min}}{20\ \text{mm} \cdot 90} = \underline{8\ \text{min}}$

$i = \frac{t}{2a_e} + z$

$i = \frac{0{,}8\ \text{mm}}{2 \cdot 0{,}02\ \text{mm}} + 4 = 24$

$q = \frac{v_c}{v_w}$ v_c aus Tabelle $30 \frac{\text{m}}{\text{s}}$

$v_w = \frac{v_c}{q}$ q aus Tabelle 125

$v_w = \frac{30\ \text{m} \cdot 60\ \text{s}}{5\ \text{min} \cdot 125} = \underline{14{,}4 \frac{\text{m}}{\text{min}}}$

[1] Der Quervorschub f_q erfolgt schrittweise und ist so groß zu wählen, dass das Ergebnis der Division $B : f_q$ eine ganze Zahl ergibt.
[2] Die Anzahl der Ausfeuer- bzw. Ausfunkschnitte richtet sich u.a. nach der IT-Grundtoleranz und ist ein Erfahrungswert.

Aufgaben

Schleifen – Hauptnutzungszeit

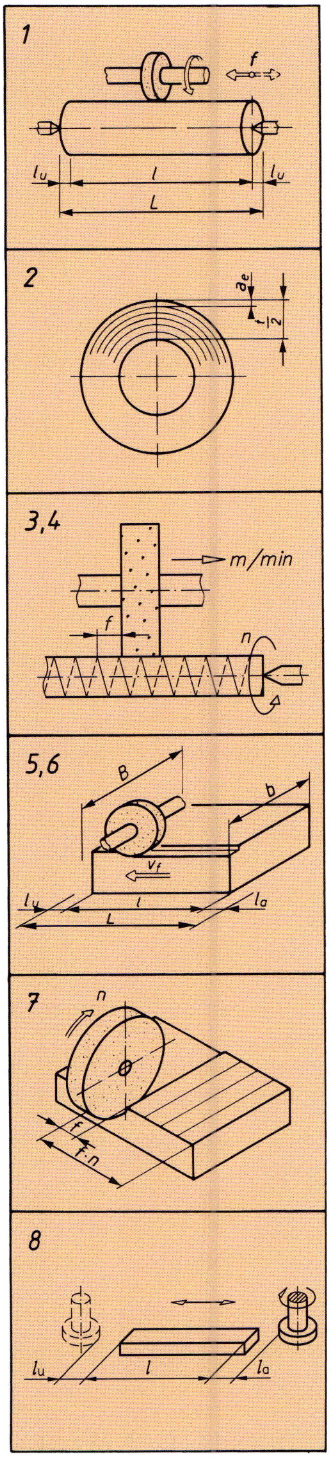

1. Eine 800 mm lange Welle wird mit einer 60 mm breiten Schleifscheibe geschliffen. Wie groß ist die Schleiflänge?

2. Eine Welle mit 80,6 mm Ausgangsdurchmesser soll auf 80 mm Fertigdurchmesser geschliffen werden. Berechnen Sie die Anzahl der Schnitte, wenn die Zustellung je Schnitt 0,05 mm betragen soll.

3. Eine 540 mm lange Welle von 50,4 mm Ausgangsdurchmesser soll auf 50 mm Durchmesser geschliffen werden (b_s = 120 mm). Berechnen Sie:
   a) Drehfrequenz des Werkstückes bei 12 m/min Umfangsgeschwindigkeit
   b) einzustellende Drehfrequenz (n-Bereich ... 48 – 68 – 96 ... 1/min)
   c) Anzahl der Schnitte bei 0,04 mm Zustellung je Schnitt + 8 für das Ausfunken
   d) Hauptnutzungszeit bei 15 mm Vorschub je Umdrehung

4. Wie groß ist der Vorschub je Minute einer 40 mm breiten Schleifscheibe bei einem Vorschub $f = 3/4 \cdot b_s$ und einer Werkstückdrehfrequenz n_w von 70 1/min?

5. Ein Flachstahl 225 × 25 × 380 mm soll auf eine Dicke von 24,8 mm plangeschliffen werden. Zustellung 0,04 mm, Vorschubgeschwindigkeit 10 m/min, seitlicher Quervorschub je Hub 30 mm, $l_a = l_u$ = 10 mm, b_s = 45 mm, Anzahl der Ausfunkschnitte z = 8.
   Ermitteln Sie: a) Anzahl der Schnitte, b) Hubzahl, c) Hauptnutzungszeit.

6. Eine Grundplatte 147 × 12 × 500 mm soll bei 20 mm Anlauf mit 18 Hüben je Minute plangeschliffen werden. Der Quervorschub beträgt 3/4 der 36 mm breiten Schleifscheibe.
   Berechnen Sie: a) t_h mit Hubzahl, b) t_h mit der Vorschubgeschwindigkeit.

7. Für eine Führungsleiste von 600 mm Länge beträgt der Anlauf l_a = 20 mm und die Vorschubgeschwindigkeit 12 m/min. Ermitteln Sie Hubzahl n_H.

8. Eine Führungsschiene von 1 260 mm Länge ist durch Stirnschleifen mit einem Schleifscheibendurchmesser von 140 mm planzuschleifen. Gegebene Werte: Schleifzugabe t = 0,45 mm, Zustelltiefe a_e = 0,15 mm, Vorschubgeschwindigkeit v_f = 8 m/min und Anlauf l_a + Überlauf l_u = 40 mm, 5 Ausfunkschnitte.
   Ermitteln Sie die Hauptnutzungszeit.

▶ Wissen – Erkennen – Werten

a) Erläutern Sie: Schleiflänge = Werkstücklänge − 1/3 · Schleifscheibenbreite.
b) Unter welchen Voraussetzungen kann wirtschaftlich geschliffen werden?
c) Welche Faktoren beeinflussen die Auswahl der Schleifscheibe?
d) Erläutern Sie: DIN ISO 603-1 1 F 300 × 80 × 120 – A/F 80 M.
   DIN ISO 603-1 1 A 300 × 80 × 120 – A/F 80 M4V-30.
e) Was ist beim Aufspannen einer Schleifscheibe zu beachten?
f) Zeigen Sie den Zusammenhang zwischen Zustellung und „Ausfunken" auf.
g) Warum ist Innenrundschleifen ungünstiger als Außenrundschleifen?
h) Nennen Sie Unfallverhütungsvorschriften für das Schleifen.

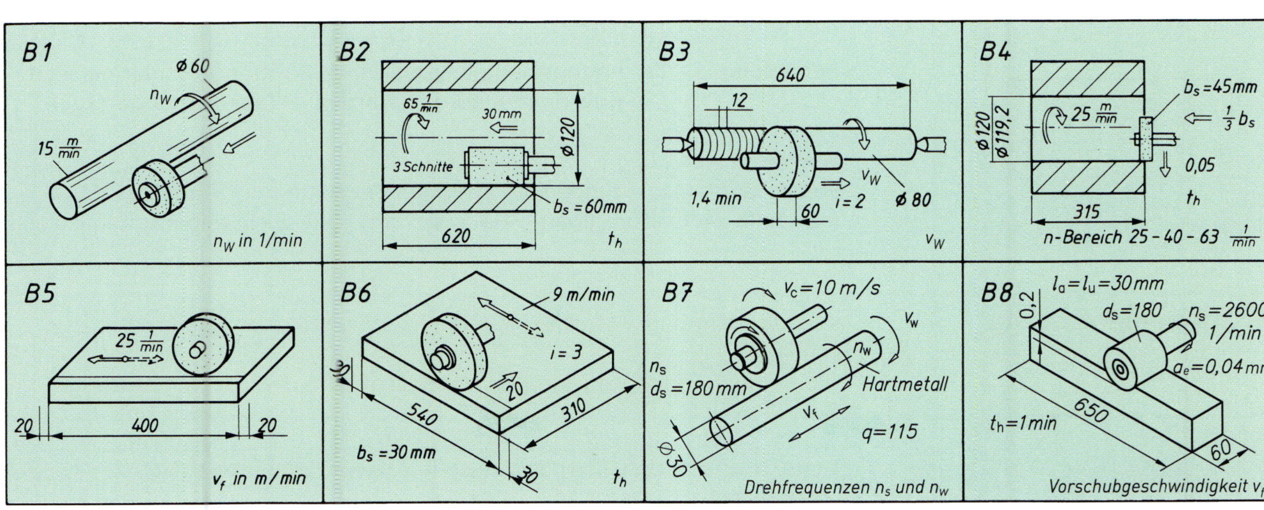

x Maß in *X*-Richtung *y* Maß in *Y*-Richtung *z* Maß in *Z*-Richtung

Hinweis
Indizes kennzeichnen die Lage des Punktes.

1. Koordinatensystem

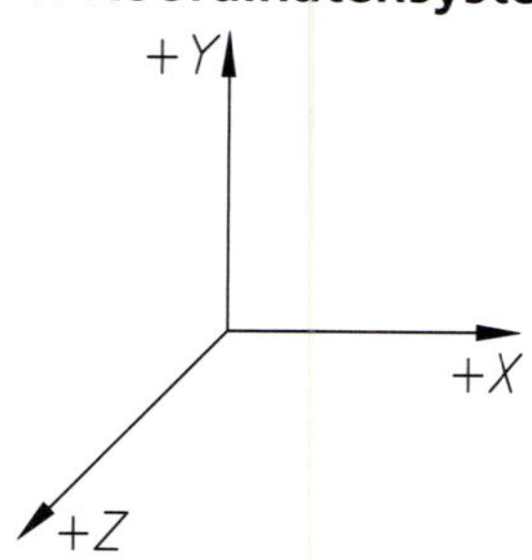

Voraussetzung für die Fertigung mit Werkzeugmaschinen ist die Festlegung der Maschinenachsen im Koordinatensystem.
Das Koordinatensystem hat rechtwinklig zueinander stehende Achsen *X*, *Y* und *Z*.
Der Koordinatennullpunkt kann sich auf Symmetrieachsen, Flächen oder Bohrungen beziehen, er ergibt sich aus der Festlegung des Bezugspunktes.

Hinweis
Die *X*-Achse liegt parallel zur Werkstück-Aufspannfläche.
Die *Z*-Achse liegt in Richtung der Arbeitsspindel der Maschine.
Die *Y*-Achse ergibt sich aus Lage und Richtung der *Z*- und *X*-Achse.

2. Bezugsbemaßung
(Absolutbemaßung)

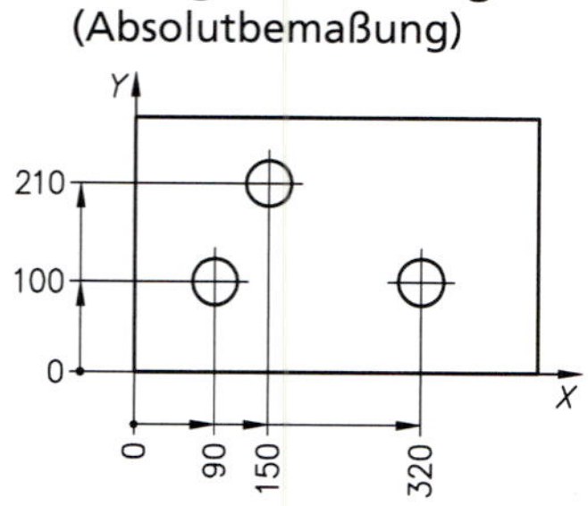

Bei der Bezugsbemaßung gehen alle Maße von der gemeinsamen Bezugsebene aus. Diese Bemaßung vom Nullpunkt aus nennt man deshalb absolute Bemaßung, bei der jeder Punkt aus den Koordinaten direkt ersichtlich ist. Deshalb werden in der Regel bei CNC-Maschinen[1] Bezugsmaße eingegeben.

Bemaßung – mit steigender Bemaßung ⇒ Punkt – Pfeil – Pfeil
– mit vereinfachter Bemaßung ⇒ mit einem Pfeil

Hinweis
Bezugsmaße sind absolute Maße, die sich auf den Nullpunkt beziehen.
Absolut (lat.) ⇒ in sich abgeschlossen.

3. Zuwachsbemaßung
(Inkrementalbemaßung)

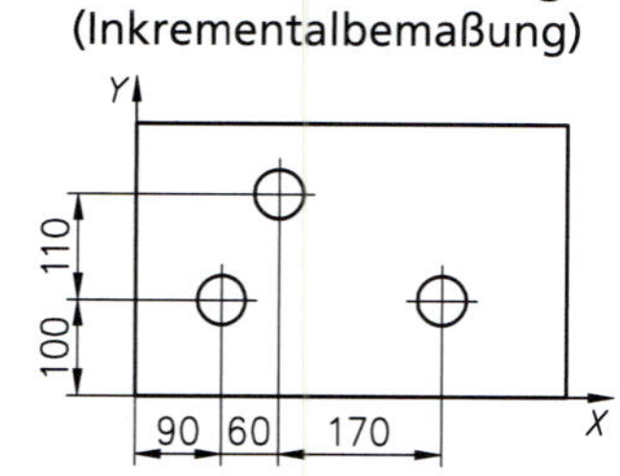

Bei der Zuwachsbemaßung ergibt sich aus dem Endpunkt des vorhergehenden Maßes der Bezugspunkt des folgenden Maßes.
Diese Bemaßung nennt man deshalb Kettenbemaßung oder Relativbemaßung. Eine Kontrolle der augenblicklichen Position ist sehr schwierig.

Bemaßung – Jedes Maß ergibt auf einer Maßlinie einen Zuwachs.
– Die jeweilige Richtung ist anzugeben.

Hinweis
Bei der Zuwachsbemaßung sind die Zuwächse auf den Vorpunkt bezogen.
Relativ (lat.) ⇒ auf einen Standpunkt bezogen.

4. Tabellenbemaßung

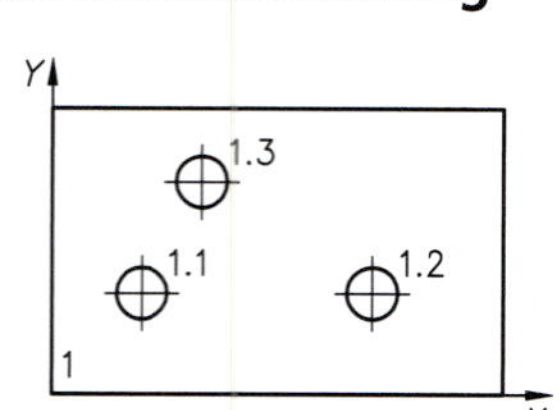

Pos. Nr.	X	Y	Z	Bohr-Ø
1	0	0	–	–
1.1	90	100	–	40

Bei der Bemaßung mithilfe von Tabellen erhält die Zeichnung Positionsnummern, die vom Koordinaten-Nullpunkt abhängig sind.
Die Positionsnummer eines Koordinatenpunktes setzt sich aus dem Koordinaten-Nullpunkt und der Zählnummer des Koordinaten-Nullpunktes zusammen, hierbei kann eine Positionsnummer mit dem Koordinaten-Nullpunkt zusammenfallen.

Bemaßung – Zeichnungsmaße werden durch Positionsnummern ersetzt.
– Die Koordinatenpunkte werden in Tabellen eingetragen.

Hinweis
Positionsnummer = Bindeglied zwischen Zeichnung und Tabelle.
Innerhalb eines Koordinaten-Hauptsystems sind auch Nebensysteme zulässig.

5. Zusammenfassung

Koordinatennullpunkt = festgelegter Schnittpunkt der Koordinatenachsen.
Die Bemaßung mit Koordinaten ermöglicht eine präzise Wegmessung.

[1] CNC, d. h. C = Computer (Rechner), N = Numerical (zahlenmäßig), C = Control (Steuerung)

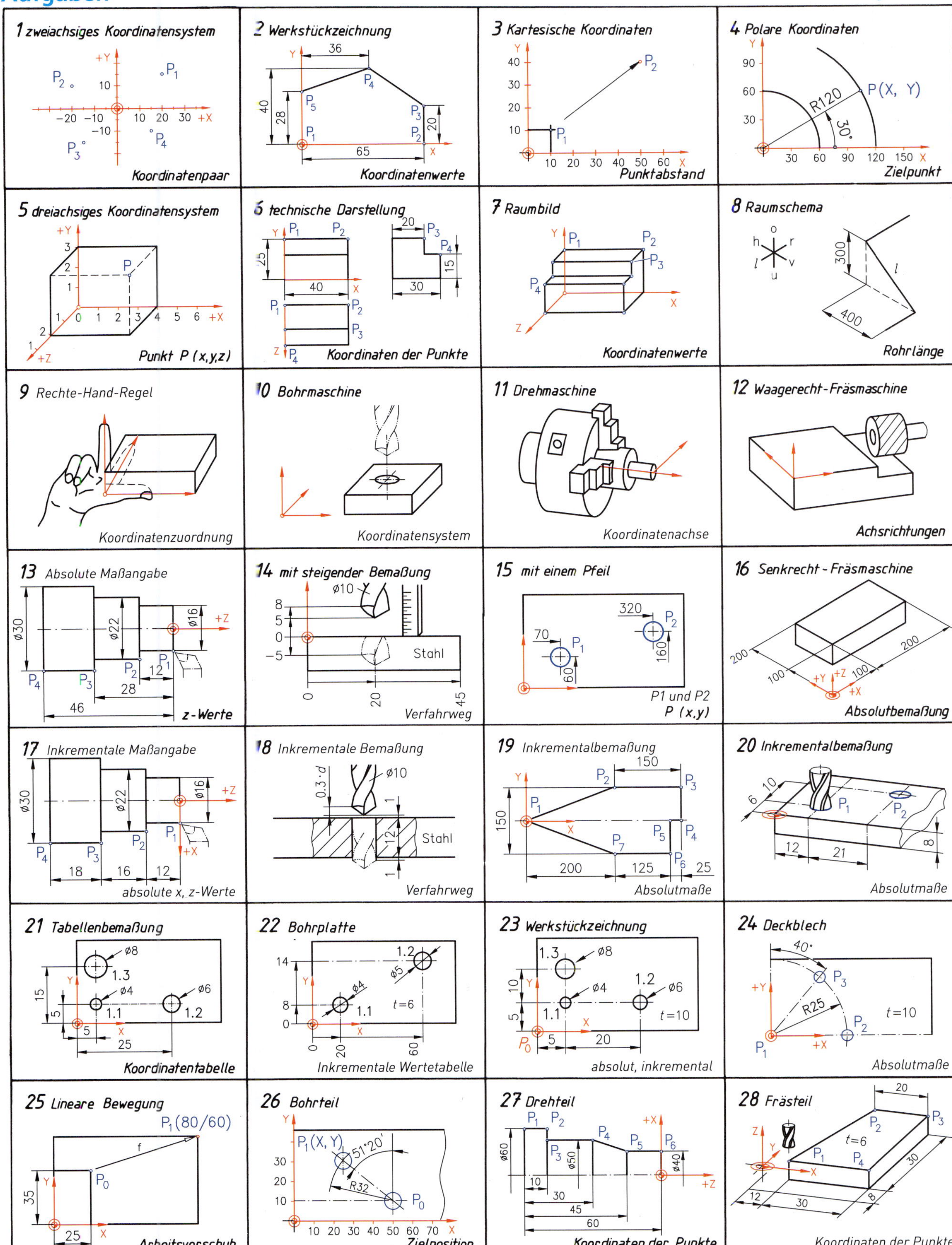

► **Wissen – Erkennen – Werten**

a) Erläutern Sie die Anordnung der Koordinatenachsen.
b) Wie werden Punkte im Koordinatensystem angegeben?
c) Wie erfolgt die Zuordnung der Koordinatenachsen?
d) Erläutern Sie Koordinatensysteme mit zwei Achsen.
e) Erläutern Sie Koordinatensysteme mit drei Achsen.
f) Erläutern Sie die Festlegung der Achsrichtungen.
g) Unterscheiden Sie 1. Koordinaten- und Werkstücknullpunkt sowie 2. Werkstück- und Maschinennullpunkt.
h) Worauf beziehen sich absolute Maßangaben?
i) Worauf beziehen sich inkrementale Maßangaben?

X Bewegung in Richtung *X*-Achse
Y Bewegung in Richtung *Y*-Achse
Z Bewegung in Richtung *Z*-Achse

A Drehbewegung um *X*-Achse
B Drehbewegung um *Y*-Achse
C Drehbewegung um *Z*-Achse

1. Koordinatensystem

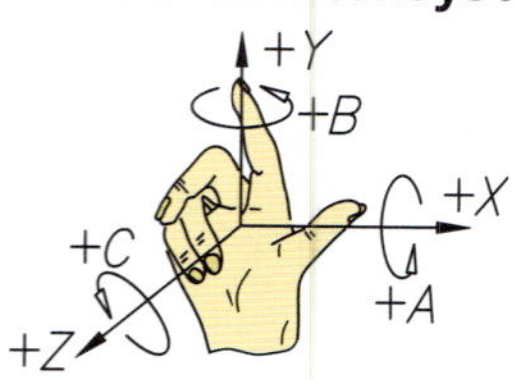

Die für die Werkstückabmessungen erforderlichen Informationen werden in einem räumlichen rechtshändigen Koordinatensystem festgelegt. Das Koordinatensystem hat rechtwinklig zueinander angeordnete Achsen *X*, *Y* und *Z*. Für die Drehung stehen die Befehle *A*, *B* und *C* zur Verfügung.
Die positive *Z*-Richtung zeigt **meist** in Richtung der Arbeitsspindel.

2. Bezugspunkte

Für die Programmierung sind nach DIN besondere Bezugspunkte festgelegt:

Der Maschinennullpunkt ist der Ursprung des Maschinen-Koordinatensystems und wird vom Hersteller festgelegt.

Der Referenzpunkt ist der Ursprung des inkrementalen Wegmesssystems. Er dient zur Eichung. Seine Lage wird vom Hersteller festgelegt.

Der Werkstücknullpunkt ist der Ursprung der Werkstückkoordinaten. Seine Lage wird vom Programmersteller nach fertigungstechnischen Gesichtspunkten frei gewählt. Er ist durch Nullpunktverschiebung im Programm veränderbar.

Der Programmnullpunkt gibt die Koordinaten an, an welchen sich das Werkzeug zu Beginn des Programmstarts befindet.

Am Werkzeugwechselpunkt werden die Werkzeuge gefahrlos gewechselt.

3. Maßeintragung

Absolute Maßangabe: Alle Maße eines Werkstücks gehen von einem festen Punkt oder einer Linie aus.

Inkrementale Maßangabe: Die Bemaßung erfolgt durch Maßzuwächse (Inkremente), die aneinandergereiht werden.

4. Steuerungsarten

Punktsteuerung: Bei der Punktsteuerung erfolgt das Verfahren vom Ausgangspunkt zum Zielpunkt im Eilgang. Im Zielpunkt erfolgt die Bearbeitung im Vorschub.

Streckensteuerung: Bei der Streckensteuerung erfolgt die Bearbeitung immer nur in einer achsparallelen Richtung zur Maschine.

Bahnsteuerung: Bei der Bahnsteuerung können mehrere Achsen, die in der Ebene oder im Raum Geraden und Kurven erzeugen, gleichzeitig gesteuert werden.

2-D-Bahnsteuerung: Der Verfahrweg erfolgt in zwei vom Hersteller festgelegten Achsen, die gleichzeitig oder unabhängig voneinander angesteuert werden können.

$2^1/_2$-D-Bahnsteuerung: Der Bediener kann auswählen, in welchen zwei Achsen von drei möglichen gleichzeitig verfahren werden soll.

3-D-Bahnsteuerung: Die Steuerung ermöglicht das gleichzeitige Verfahren aller drei Achsen.

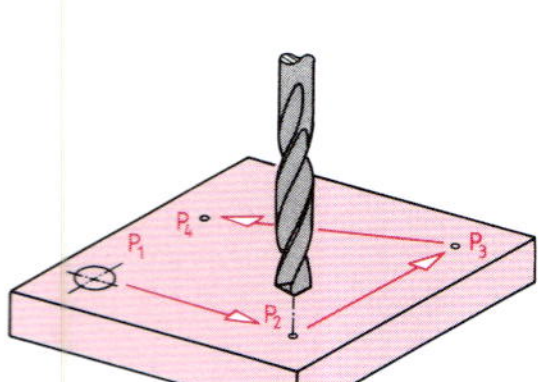

Punktsteuerung

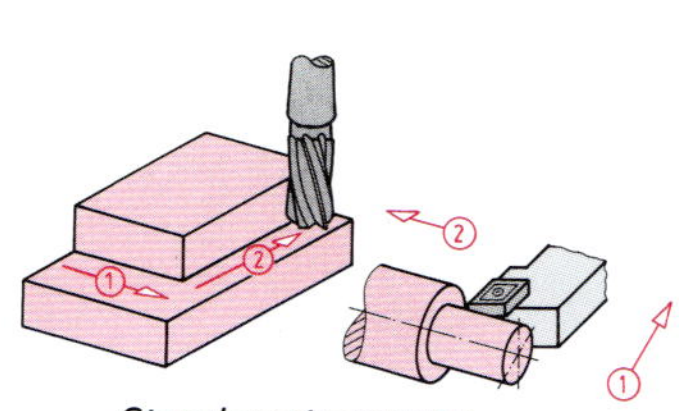

Streckensteuerung

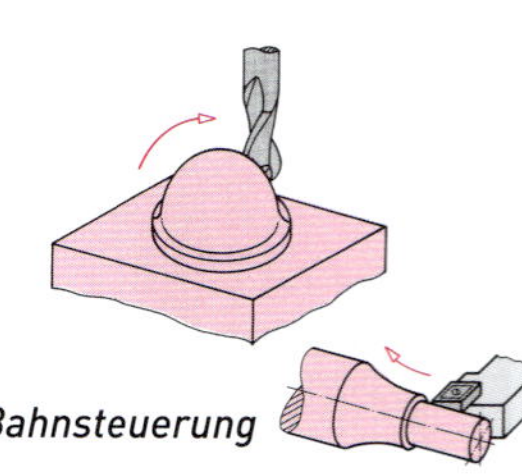

Bahnsteuerung

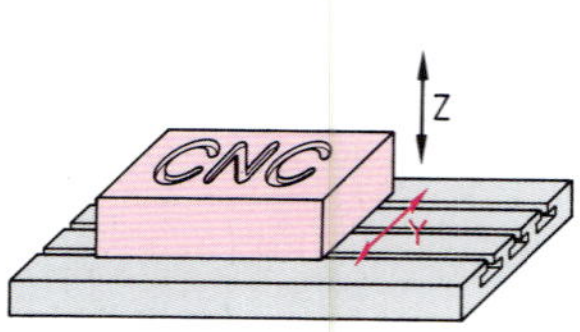

2D-Bahnsteuerung

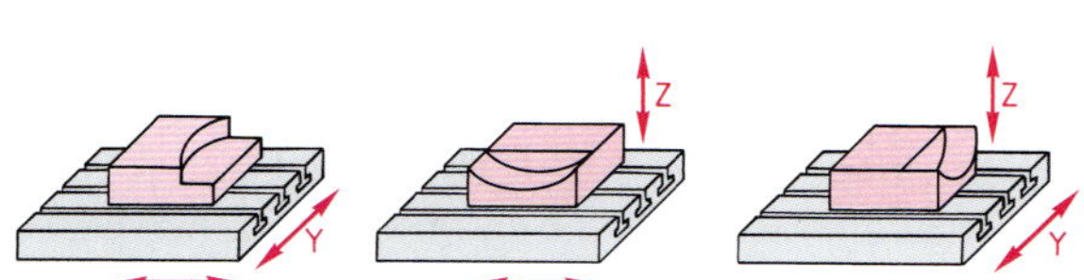

2 ½ D-Bahnsteuerung

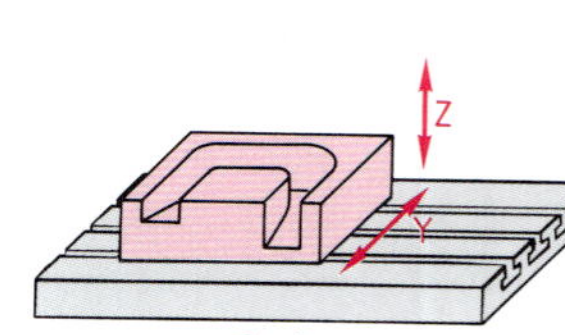

3D-Bahnsteuerung

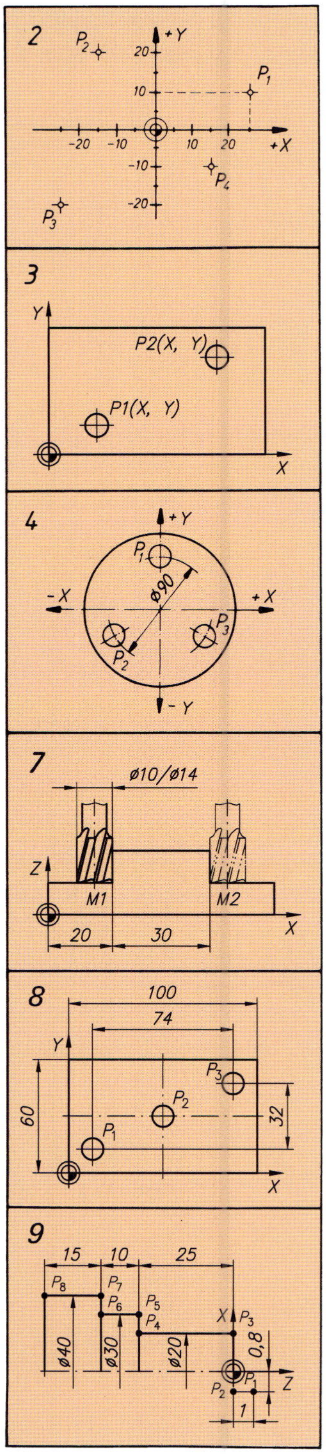

1. Wie ist die Lage der Achsenbezeichnung bei den folgenden CNC-Werkzeugmaschinen: a) Drehmaschine, b) Senkrechtfräsmaschine, c) Waagerechtfräsmaschine?

2. Im vorhandenen Koordinatensystem sind die Koordinaten für die Punkte P1 bis P4 mit Vorzeichen abzulesen.

3. Eine Distanzplatte soll mithilfe einer Senkrechtfräsmaschine gebohrt werden. Die Maschine besitzt eine Punktsteuerung. Ermitteln Sie den kürzesten Verfahrweg vom Bohrloch P1 (20/15) zum Bohrloch P2 (45/25). Welche Koordinaten sind in die Steuerung einzugeben?

4. Ein Flansch mit einem Lochkreisdurchmesser von 90 mm soll drei Bohrungen erhalten. Als Bezugspunkt für die Koordinaten ist der Kreismittelpunkt festgelegt worden. Bestimmen Sie für die Programmierung die Bohrungs-Mittelpunkt-Koordinaten.

5. Bei einer CNC-Drehmaschine ist der Drehmeißel 140 mm in *Z*-Richtung von dem Werkstücknullpunkt W, der auf der vorderen rechten Planseite liegt, entfernt. Er wird bis auf 60 mm Entfernung von W angefahren. Wie lautet der Wegbefehl für a) die absolute Maßangabe und b) die inkrementale Maßangabe?

6. In einer Senkrechtfräsmaschine befindet sich ein Schaftfräser. Der Mittelpunkt des Fräsers hat die Position *X* −20. Er soll auf die Position *X* +40 fahren. Welcher *X*-Wert muss bei der Wegbedingung G90 bzw. G91 in die Steuerung eingegeben werden?

7. Ermitteln Sie die beiden Mittelpunktskoordinaten in *X*-Richtung für die Schaftfräser mit den Durchmessern a) 10 mm und b) 14 mm.

8. Die Führungsplatte soll auf einer CNC-Fräsmaschine gefertigt werden.
   a) Zeichnen Sie die Platte mit einer NC-gerechten absoluten Bemaßung (Werkstücknullpunkt unten links).
   b) Geben Sie die Koordinaten der Punkte P1, P2 und P3 an.

9. Bestimmen Sie für das Schlichtprogramm des Bolzens die absoluten Maßangaben für die Punkte P1 bis P8.

► Wissen – Erkennen – Werten

a) Wodurch unterscheidet sich die Punkt- von der Streckensteuerung?
b) Nennen Sie Organisationsmittel für die CNC-Programmierung.
c) Wodurch unterscheiden sich Weginformationen von Schaltinformationen?
d) Mit welchen Buchstaben werden Weginformationen verschlüsselt?
e) Erläutern Sie die Angabe: N06 G95 G96 G00 X30 Y20 Z-5 F0,2 S180 T02 M04.
f) Zeigen Sie die Vorteile der Programmierung mit Arbeitszyklen auf.
g) Unterscheiden Sie die Wegbedingungen G90 von G91 und G02 von G03.
h) Geben Sie an, wie die konstante Schnittgeschwindigkeit von 120 m/min programmiert wird.

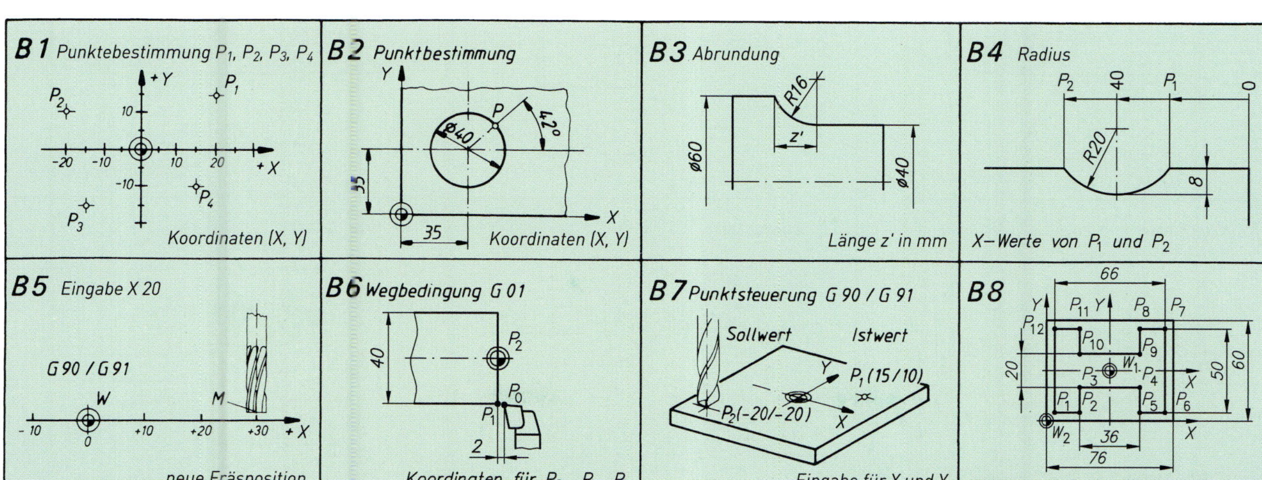

Bestimmen Sie die fehlenden Programmierwerte.

1 *Geometrische Grundlagen*

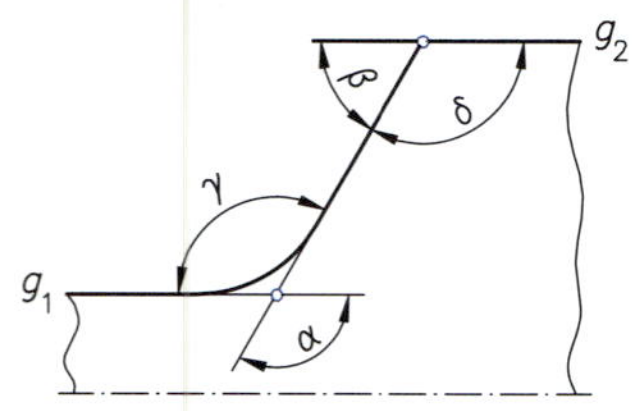

Beziehungen

2 *Drehteil*

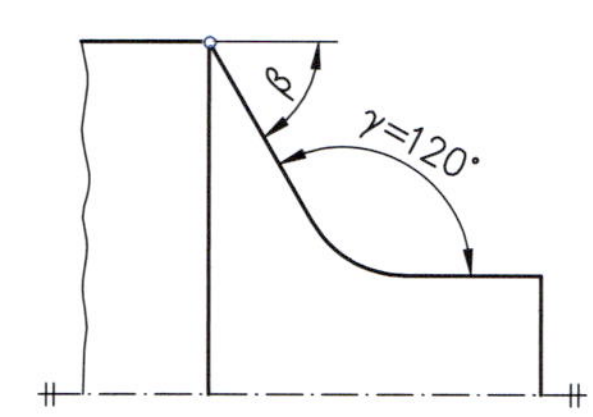

Nebenwinkel

3 *Frästeil*

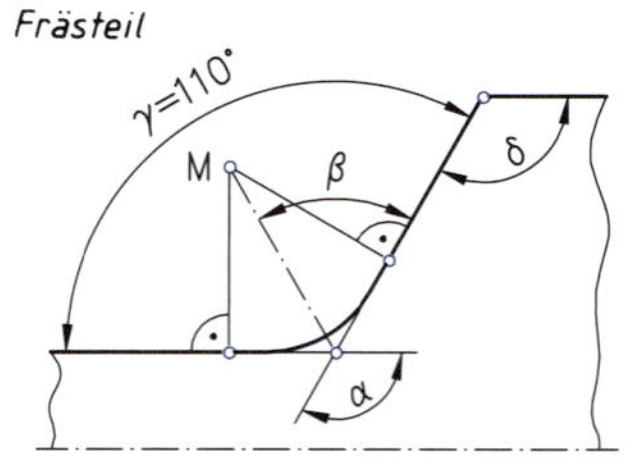

Stufen-, Scheitelwinkel

4 *Strahlensatz*

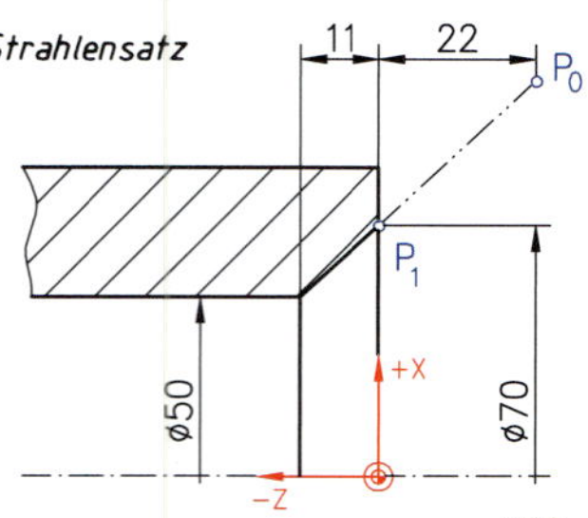

Hilfspunkt

5 *Schruppgang*

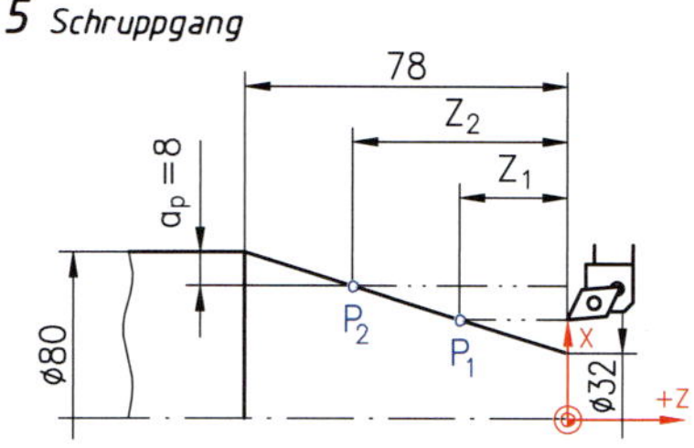

Zwischenpunkte

6 *Bahnpunkt*

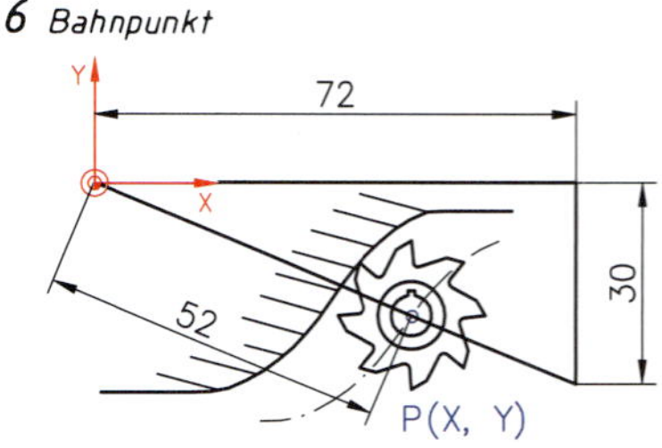

Koordinaten von P

7 *Pythagoras*

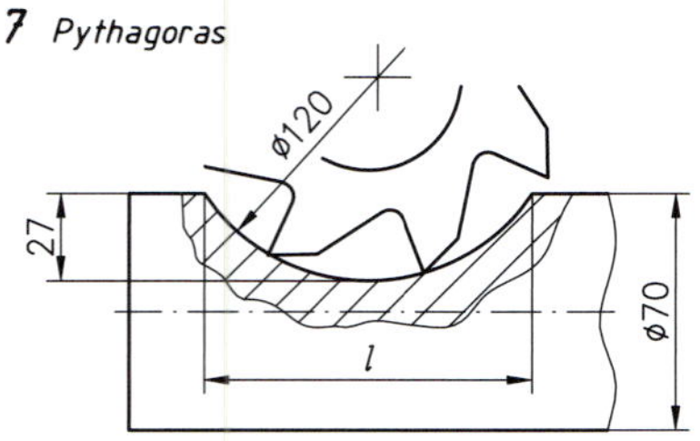

Nutlänge

8 *Gewindezapfen*

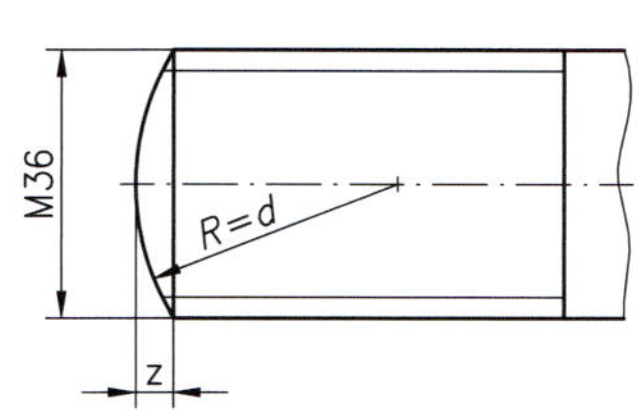

Koordinate z

9 *Schablone*

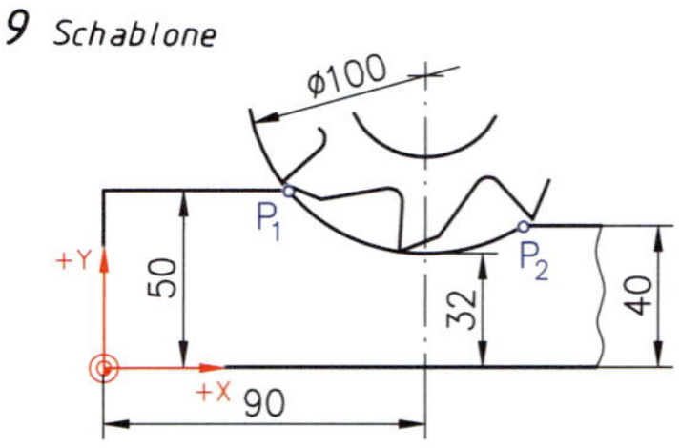

Koordinaten P_1, P_2

10 *Winkelfunktionen*

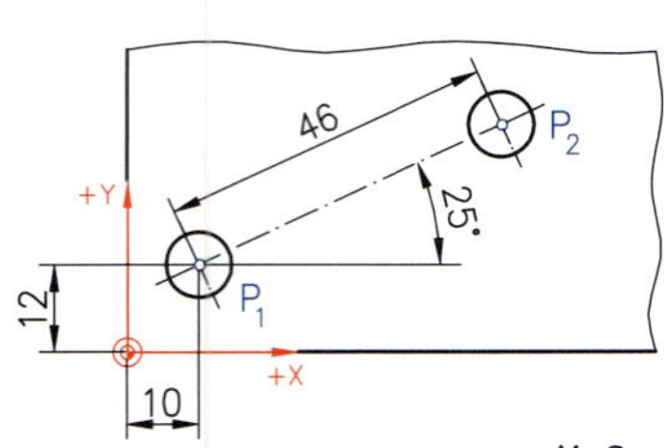

Maße x, y

11 *Freistich*

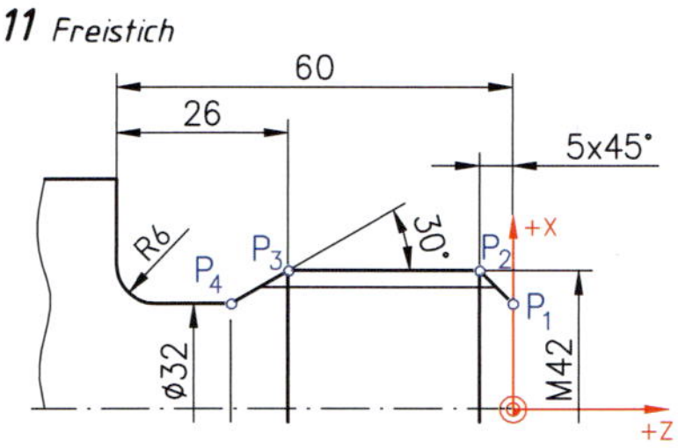

Koordinaten von P_1, P_4

12 *Bahnpunkt*

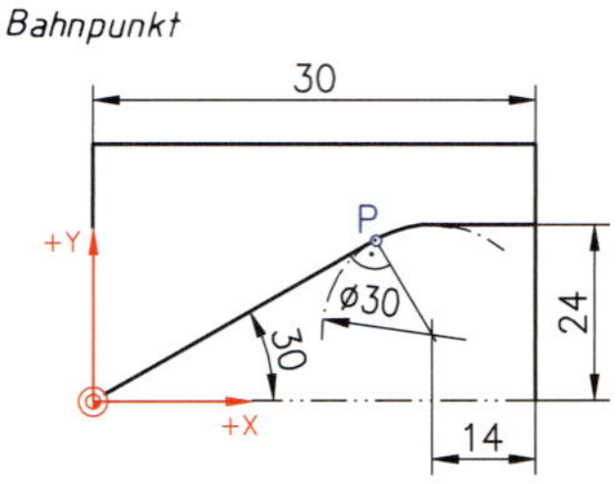

Absolutmaße für P

13 *Geradenelement*

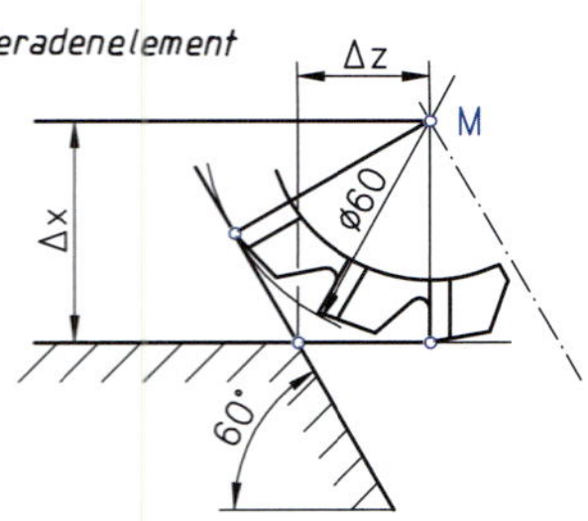

Abstandsmaße

14 *abgesetzter Bolzen*

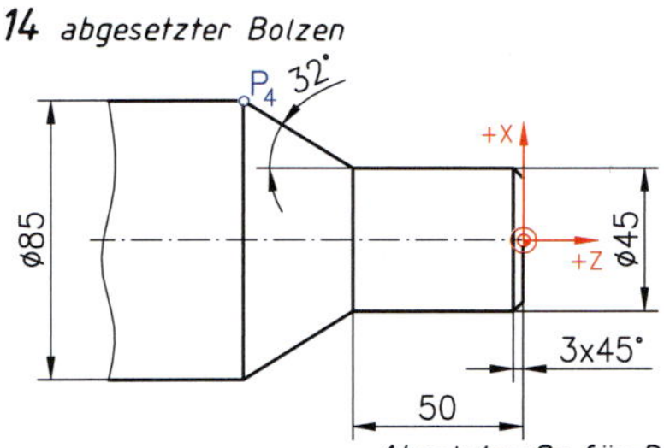

Absolutmaße für P_4

15 *Führungsplatte*

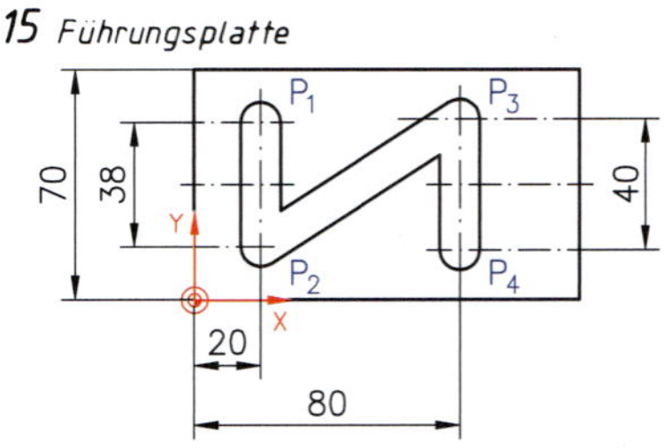

Koordinatentabelle

16 *Kreiselement*

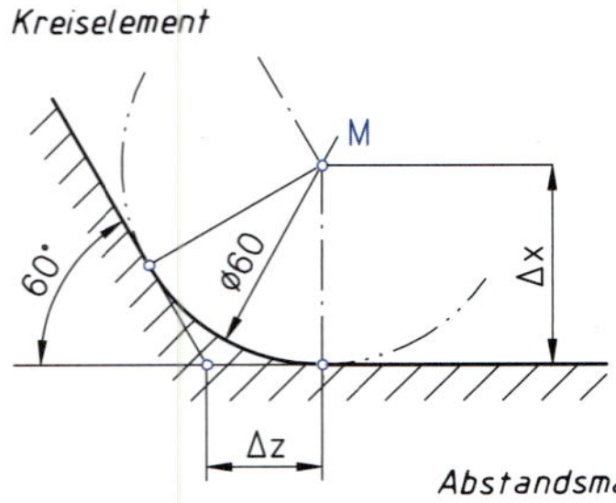

Abstandsmaße

17 *Lagerbolzen*

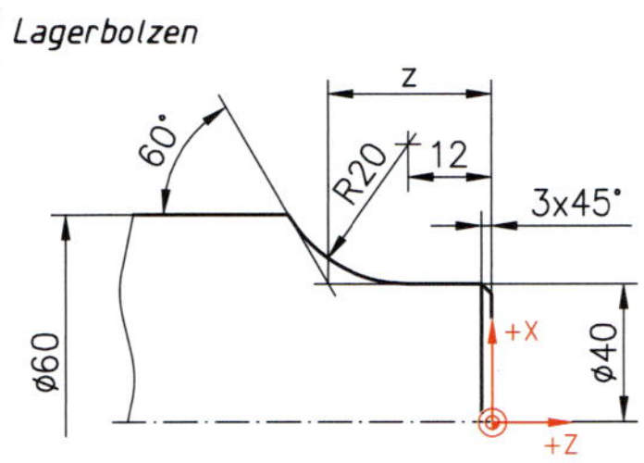

Koordinate Z

18 *Grundplatte*

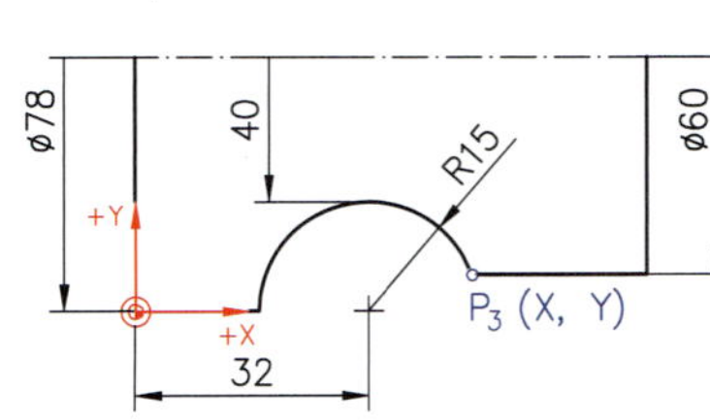

Absolutmaße für P_3

Ermitteln Sie die Koordinatenmaße: a) absolute Maßangaben, b) inkrementale Maßangaben.

1 *Wellenende*

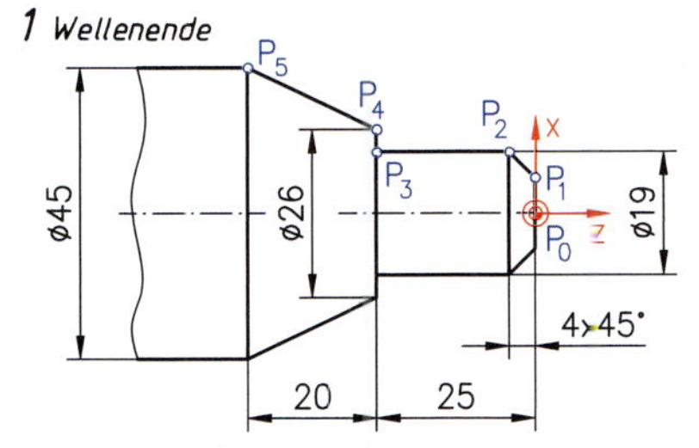

Koordinatenmaße $P_1 \ldots P_5$

2 *Muffe*

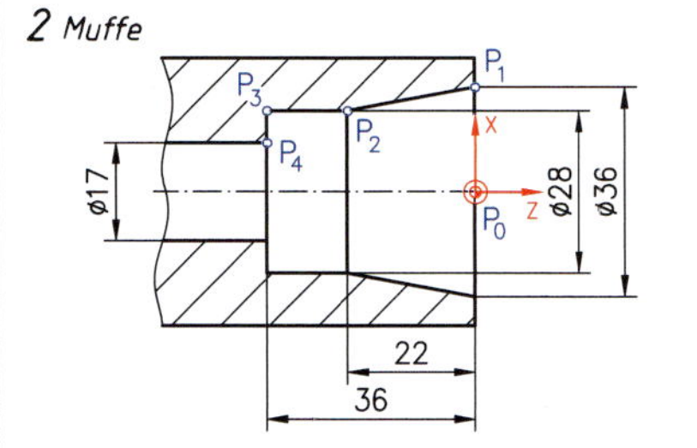

Koordinatenmaße $P_1 \ldots P_4$

3 *Seitenblech*

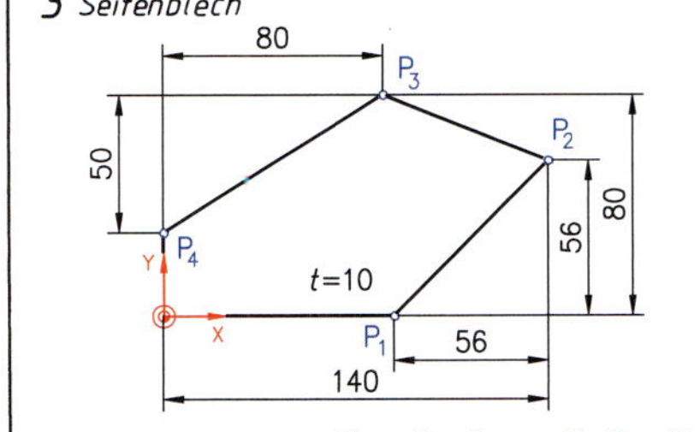

Koordinatenmaße $P_1 \ldots P_4$

4 *Bolzen mit Bund*

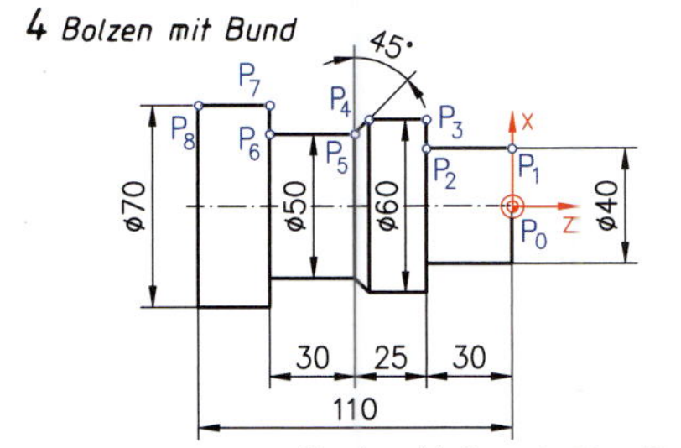

Absolute Maßangabe $P_1 \ldots P_8$

5 *Zentrierstück*

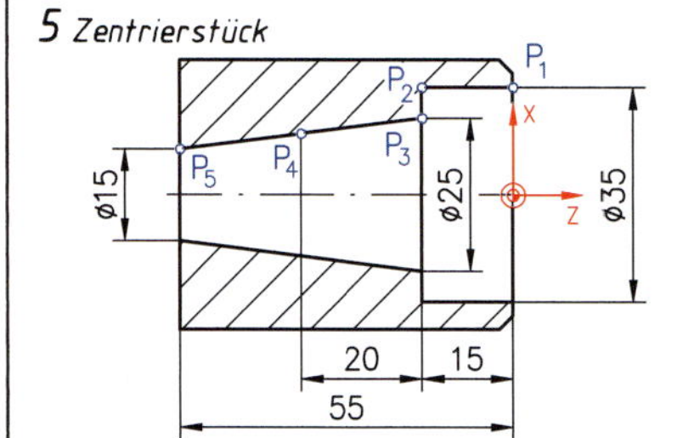

Absolute Maßangabe $P_1 \ldots P_5$

6 *Knotenblech*

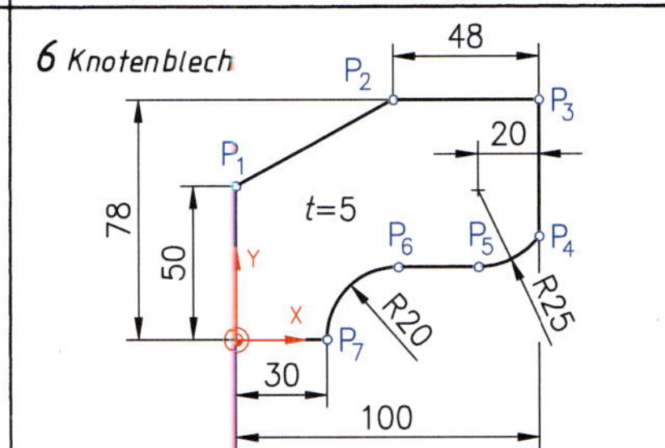

Absolute Maßangabe $P_1 \ldots P_7$

7 *Kupplungsbolzen*

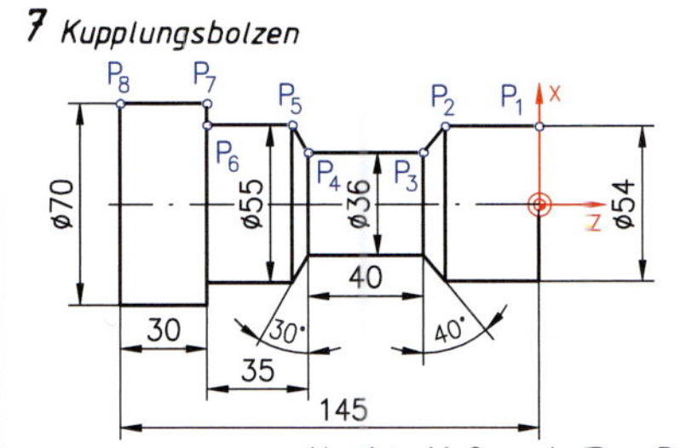

Absolute Maßangabe $P_1 \ldots P_8$

8 *Laufbuchse*

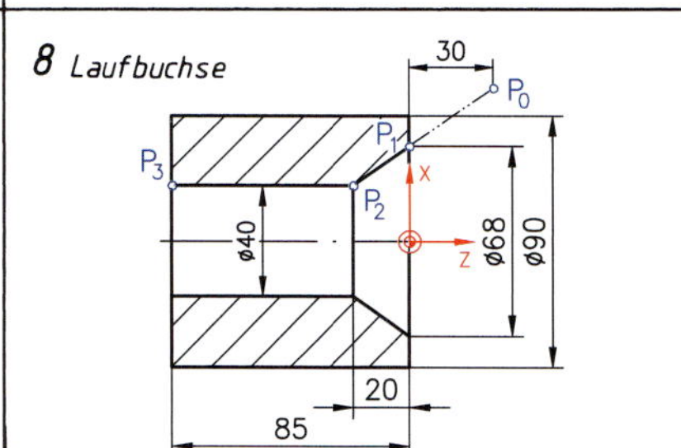

Absolute Maßangabe $P_0 \ldots P_8$

9 *Deckblech*

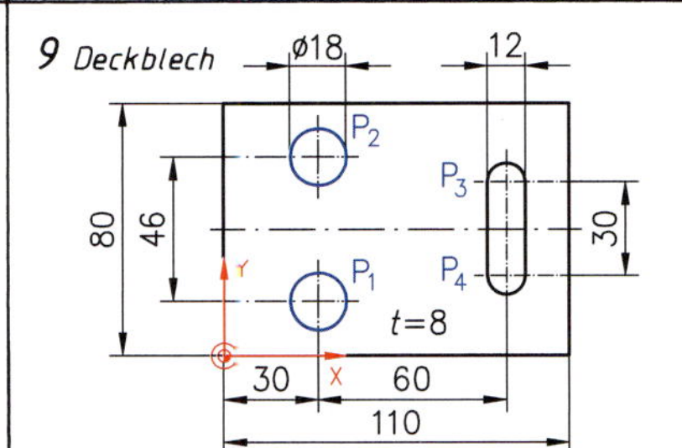

Koordinatenmaße $P_1 \ldots P_4$

10 *Rundzapfen*

Schneidenradius = 0,8 mm

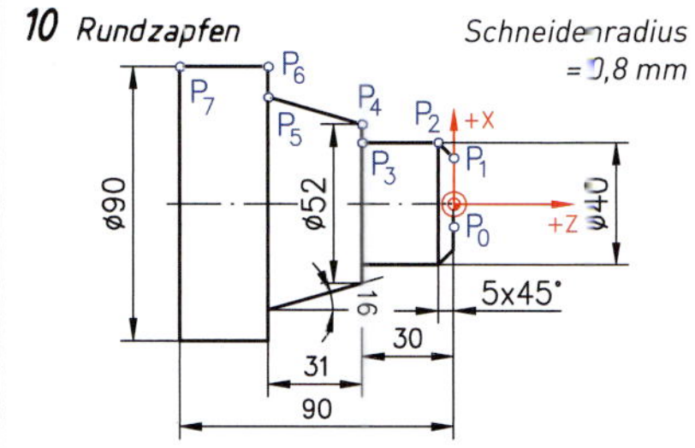

Koordinatenmaße $P_0 \ldots P_7$

11 *Ventilstutzen*

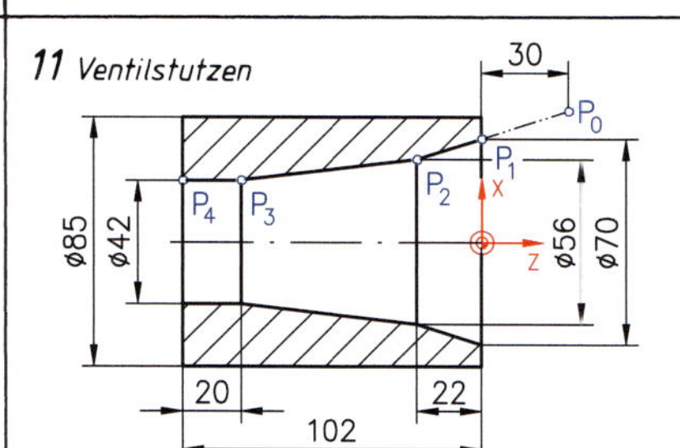

Punkte $P_0 \ldots P_4$

12 *Lehre*

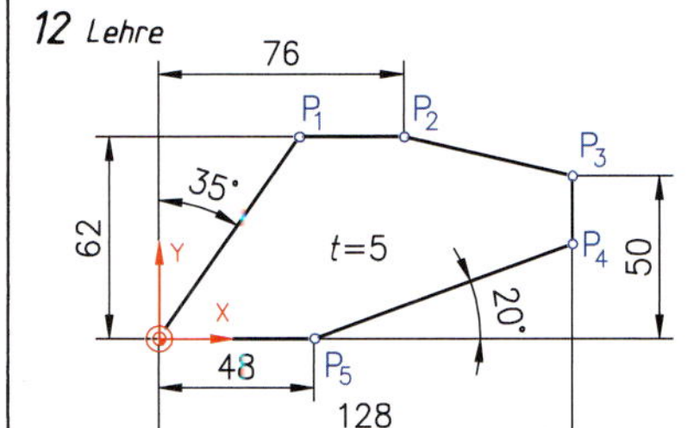

Koordinaten der Punkte $P_1 \ldots P_5$

13 *Gewindebolzen*

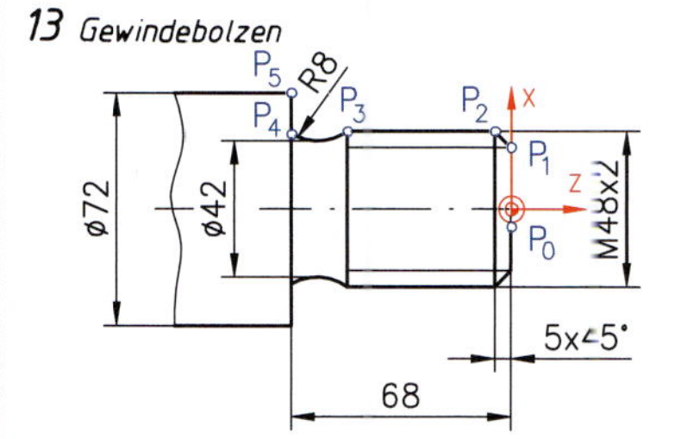

Koordinatenmaße P_1–P_5

14 *Grundplatte*

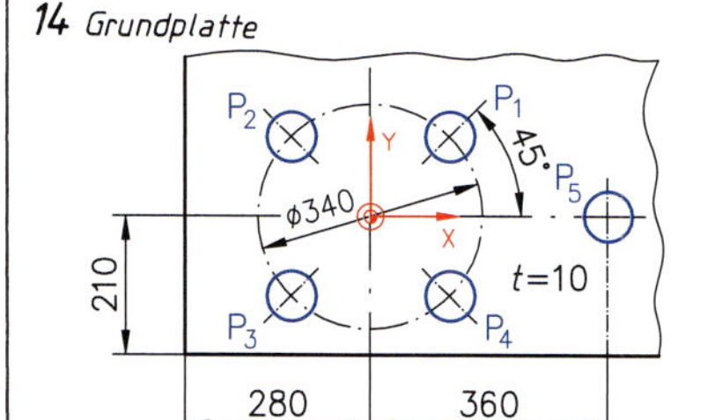

Koordinatenmaße $P_1 \ldots P_5$

15 *Leiste*

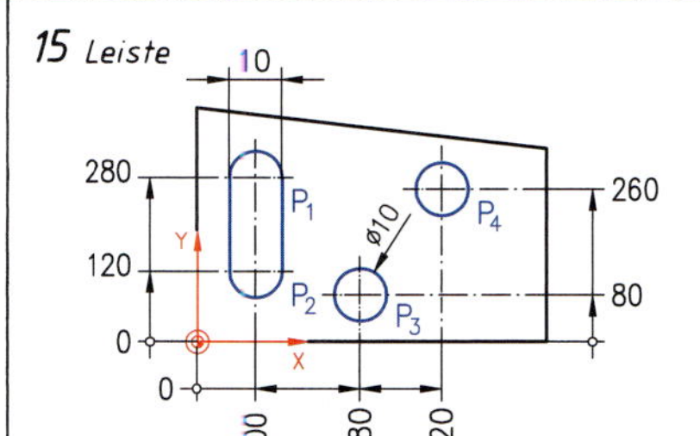

Koordinatenmaße $P_1 \ldots P_4$

16 *Rändelschraube*

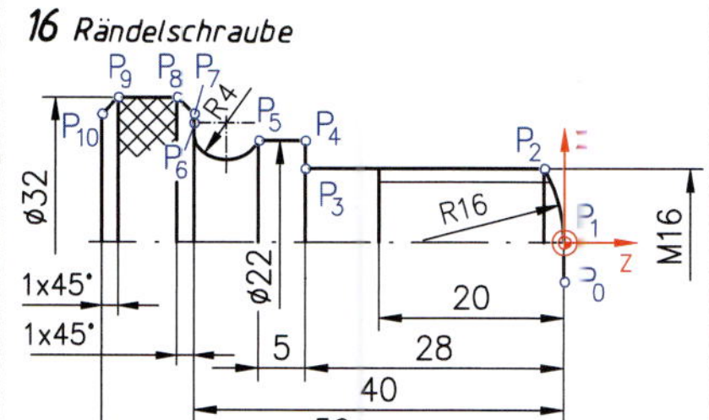

Programmierpunkte $P_1 \ldots P_{10}$

17 *Zentrierplatte*

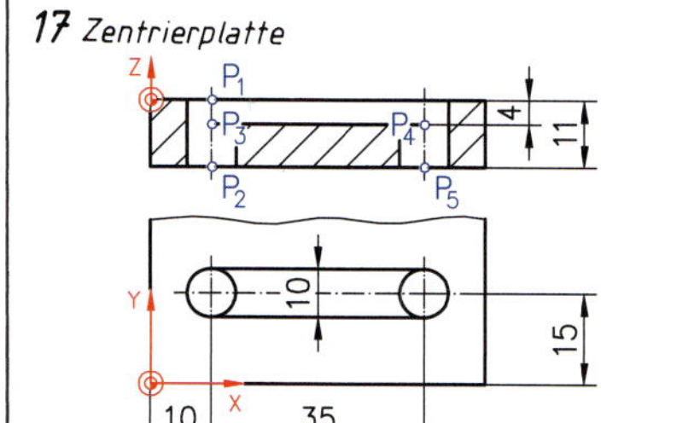

Fräspunkte $P_1 \ldots P_4$

18 *Seitenblech*

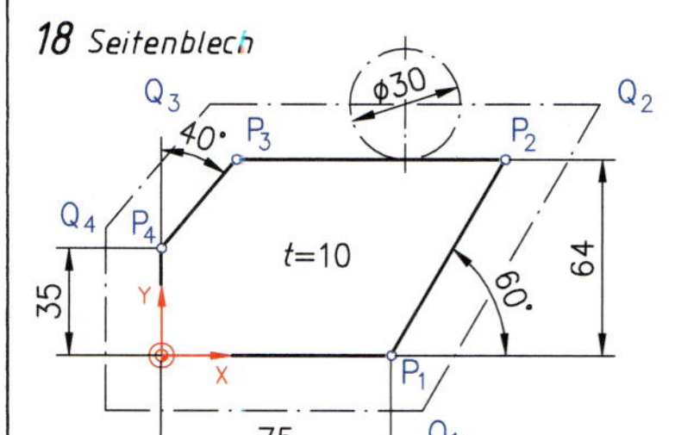

Stützpunkte $Q_1 \ldots Q_4$

Gasverbrauch beim Schweißen

V	Volumen in l	V_L	Volumen des Lösungsmittels in l
V_{amb}	Volumen bei Luftdruck in l	p_{amb}	atmosphärischer Druck, Luftdruck in bar
V_{Fl}	Flaschenvolumen in l	p_e	Überdruck in bar
V_1	Inhalt vor Gasentnahme in l	p_{e1}	Überdruck vor Gasentnahme in bar
V_2	Inhalt nach Gasentnahme in l	p_{e2}	Überdruck nach Gasentnahme in bar
ΔV	Gasverbrauch in l	Δp_e	Druckunterschied in bar
V_F	Füllvolumen in l	p_F	Flaschenfülldruck in bar

1. Gasvolumen

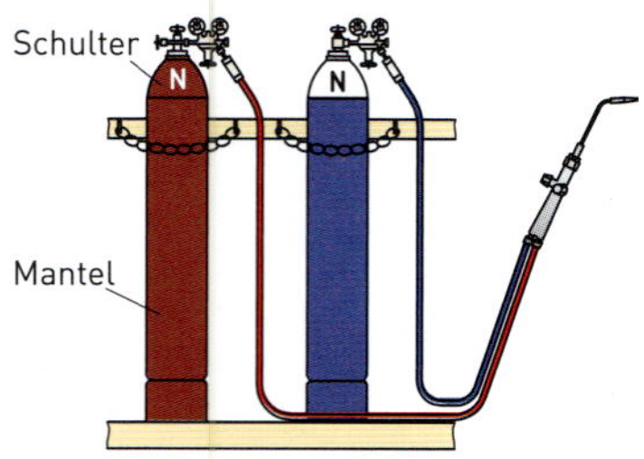

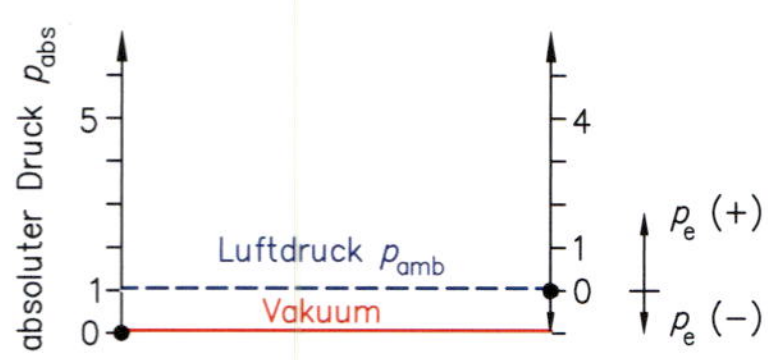

Nach dem Öffnen der Flaschenventile stellt sich nach einiger Zeit ein Gleichgewicht ein:

$$p_{abs} \cdot V = \text{konstant}$$

Für den Sauerstoff gilt also:

Flaschendruck × Flaschenvolumen = atmosphärischer Druck · Gasvolumen

$$p_e \cdot V_{Fl} = p_{amb} \cdot V_{amb}$$

$$V_{amb} = \frac{p_e \cdot V_{Fl}}{p_{amb}} \quad \text{in Einheiten} \quad \frac{\text{bar} \cdot \text{l}}{\text{bar}} = \text{l}$$

Merke

Für eine 50-l- bzw. 40-l-Sauerstoffflasche gilt:
Sie enthält bei Luftdruck (atmosphärischer Druck von 1 bar) 50 l bzw. 40 l Sauerstoff.

2. Sauerstoffverbrauch (ungelöste Gase)

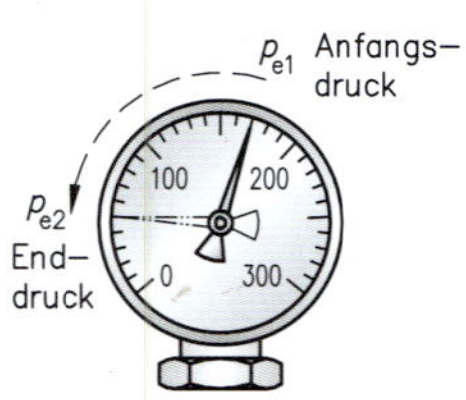

Bei Schweiß- bzw. Brennschneidarbeiten fällt der Druck in der Sauerstoffflasche von p_{e1} auf p_{e2}.
Die Druckdifferenz beträgt:

$$\Delta p_e = p_{e1} - p_{e2}$$

Der Gasverbrauch ΔV ist gleich dem Gasvolumen vor dem Schweißen V_1 abzüglich des Gasvolumens V_2, welches nach dem Schweißen noch in der Flasche vorhanden ist.

$$\Delta V = V_1 - V_2$$

Der Gasverbrauch für alle ungelösten Gase ist also:

$$\Delta V = \frac{V_{Fl} \cdot (p_{e1} - p_{e2})}{p_{amb}}$$

3. Acetylenverbrauch (gelöste Gase)

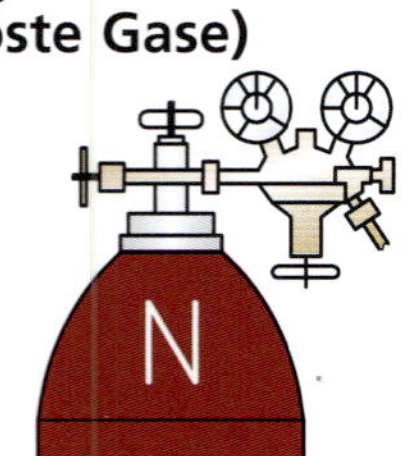

In einer 40-l-Acetylenflasche befinden sich 13 l Aceton. 1 l Aceton kann 25 l Acetylen lösen.
Das Acetylen wird mit einem Fülldruck p_F von 18 bar in die Flasche gepresst.

Füllvolumen $V_F = V_L \cdot 25 \cdot p_e$ $\qquad V_F = \dfrac{25\ \text{l Acetylen} \cdot 13\ \text{l Aceton} \cdot 18\ \text{bar}}{1\ \text{l Aceton} \cdot 1\ \text{bar}}$

Gasverbrauch für gelöste Gase:

$$\Delta V = \frac{V_F \cdot (p_{e1} - p_{e2})}{p_F}$$

für Acetylen:

$$\Delta V = (p_{e1} - p_{e2}) \cdot \frac{325\ \text{l}}{\text{bar}}$$

4. Beispiel

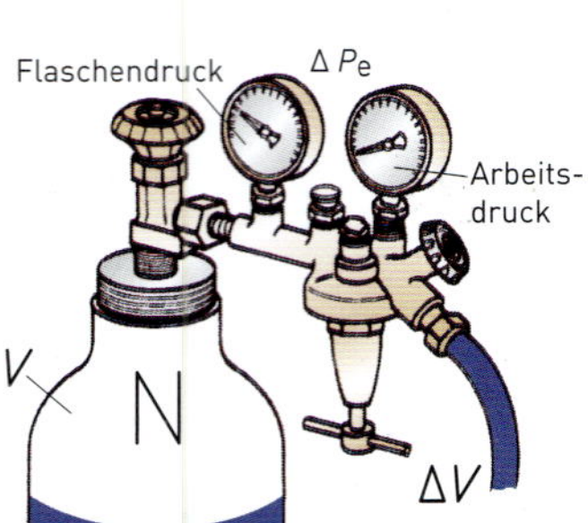

Während des Schweißens sank der Flaschendruck einer 40-l-Flasche von 110 bar auf 70 bar. Wie viel Liter Sauerstoff wurden verbraucht?

Gesucht: ΔV in l

Gegeben: $p_{e1} = 110$ bar, $p_{e2} = 70$ bar, $V_{Fl} = 40$ l

Lösung:

$$\Delta V = \frac{V_{Fl} \cdot (p_{e1} - p_{e2})}{p_{amb}}$$

$$\Delta V = \frac{40\ \text{l}\ (110\ \text{bar} - 70\ \text{bar})}{1\ \text{bar}}$$

$$\Delta V = \underline{1600\ \text{l}}$$

Anmerkung

Großbuchstabe N bedeutet Farbkennzeichnung nach neuer Norm.

Aufgaben

Gasverbrauch beim Schweißen

1,2

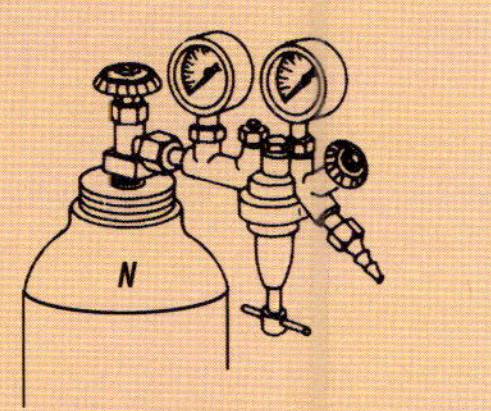

4

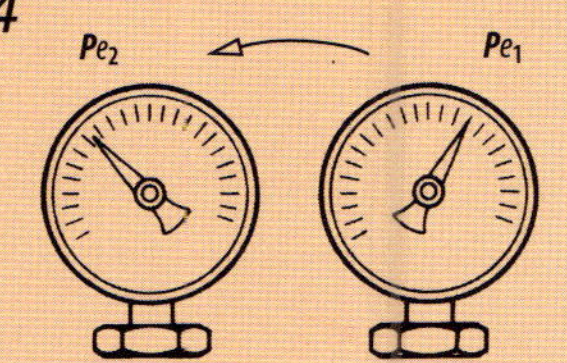

5

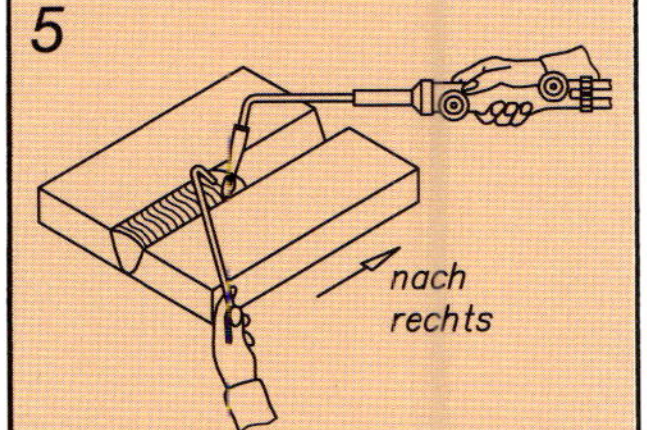

6

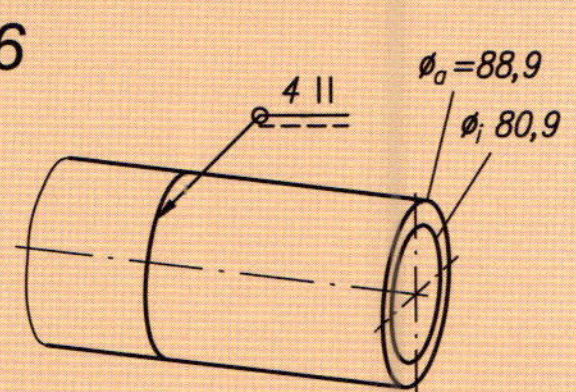

8

9

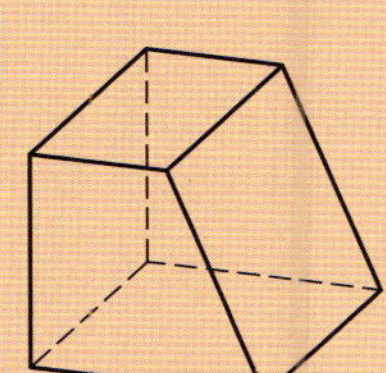

1. Die Dichte von Sauerstoff beträgt 1,43 kg/m³. Berechnen Sie die Füllmasse einer vollen 50-l-Flasche, wenn der Fülldruck 200 bar beträgt.
2. Eine leere Sauerstoffflasche wiegt 75 kg, eine gefüllte 80,72 kg. Wie viel m³ Sauerstoff befinden sich in der Flasche?
3. Wie viel Liter Sauerstoff können entnommen werden, wenn das Manometer einen Überdruck von 125 bar anzeigt (V_{Fl} = 50 l)?
4. Während einer Schweißarbeit sank der Sauerstoffüberdruck von 135 auf 85 bar. Berechnen Sie den Sauerstoffverbrauch in Liter (V_{Fl} = 50 l).
5. Beim Schweißen wurden 2640 l Sauerstoff verbraucht. Dadurch sank der Überdruck auf 74 bar. Errechnen Sie den Anfangsdruck (V_{Fl} = 40 l).
6. Während einer Schweißarbeit fiel der angezeigte Überdruck am Manometer von 135 bar auf 20 bar.
   Berechnen Sie die Kosten für den Sauerstoff, wenn für eine volle Gasfüllung 55,10 EUR gezahlt wurden (V_{Fl} = 50 l, p_F = 200 bar).
7. Bei Arbeitsbeginn zeigt das Manometer 140 bar an. Entnommen werden 2400 l. Wie viel Liter Sauerstoff sind noch in der 50-l-Flasche?
8. Das Manometer einer Acetylenflasche sank während der Schweißarbeiten von 10,8 auf 5,6 bar.
   Wie viel Liter Acetylen wurden verbraucht (V_F = 5850 l)?
9. Während einer Schweißarbeit sank der Druck in einer Acetylenflasche innerhalb von 1,5 h von 12,5 bar auf 8 bar. Überprüfen Sie, ob die zulässige Entnahmemenge von 500 l/h überschritten wurde.
10. An einer Blechkonstruktion sind 4 m Naht zu schweißen. Der Schweißbrenner verbraucht je Stunde 300 l Acetylen und 300 l Sauerstoff bei einer Schweißgeschwindigkeit von 6 m/h.
    Berechnen Sie die Schweißzeit in min, den Verbrauch von Acetylen und Sauerstoff in l und den Druck, den die Manometer nach Beendigung der Arbeit an der Acetylenflasche (p_{e1} = 15 bar) und an der 50-l-Sauerstoffflasche (p_{e1} = 120 bar, p_F = 200 bar) anzeigen.
11. Wie viel Liter Acetylen können bei einem anfänglichen Arbeitsdruck von p_e = 0,4 bar noch entnommen werden?

► Wissen – Erkennen – Werten

a) Warum sind die Arbeitsdrücke für Sauerstoffzufuhr höher als für Acetylen?
b) Erläutern Sie die Aufgabe eines Druckreduzierventils.
c) Begründen Sie, wieso eine Acetylenflasche 5850 l Acetylen liefert.
d) Warum darf der Acetylenverbrauch 1000 l/h nicht überschreiten?
e) Für welche Arbeiten ist das Nachrechtsschweißen vorteilhaft?
f) Unter welchen Voraussetzungen lässt sich ein Metall brennschneiden?
g) Wodurch erreicht man saubere und maßhaltige Brennschnitten?
h) Durch welche Maßnahmen verhindert man Unfälle beim Schweißen?

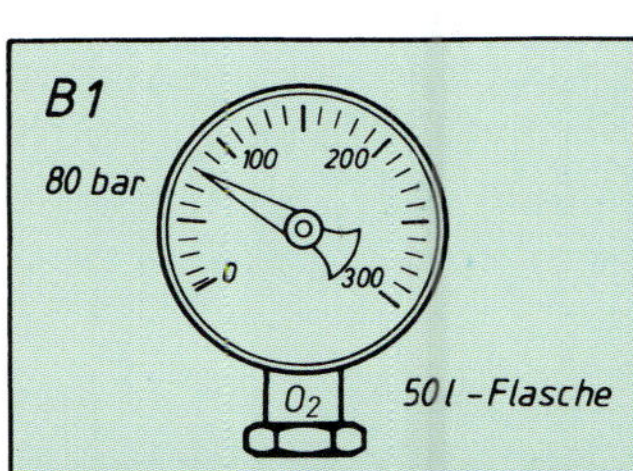

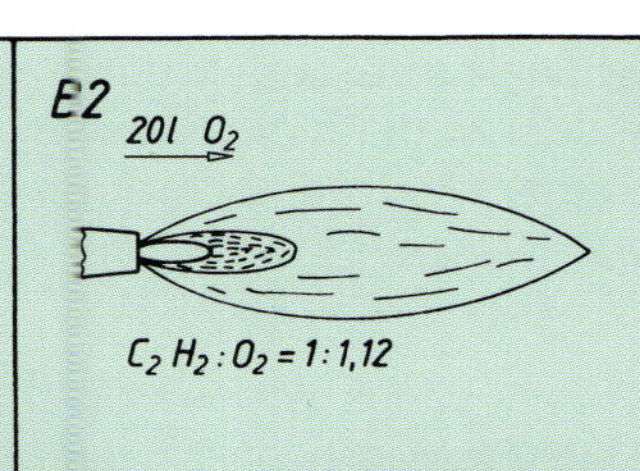

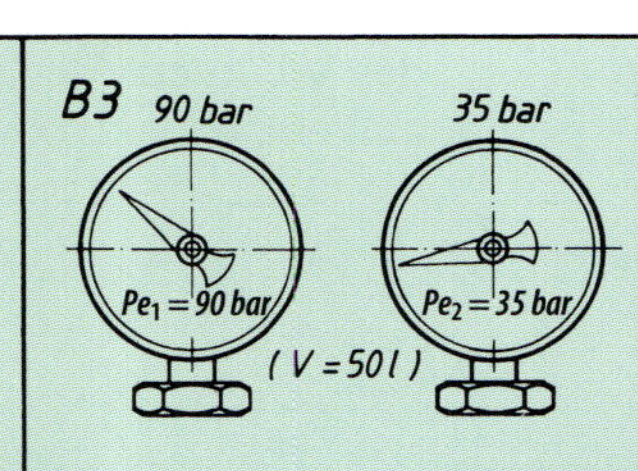

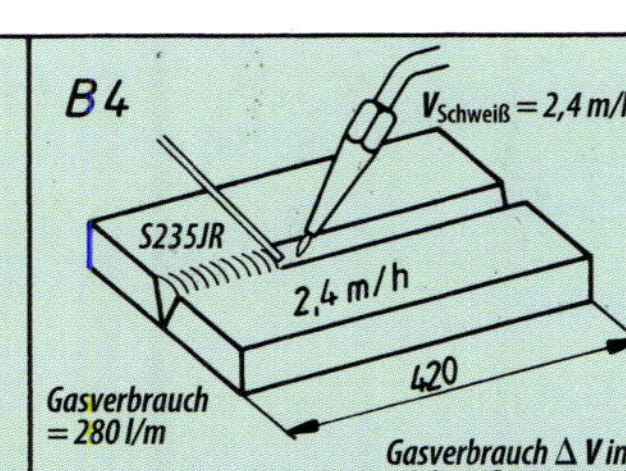

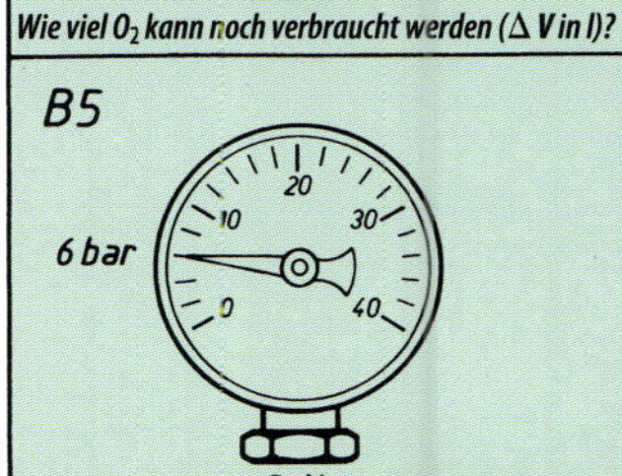

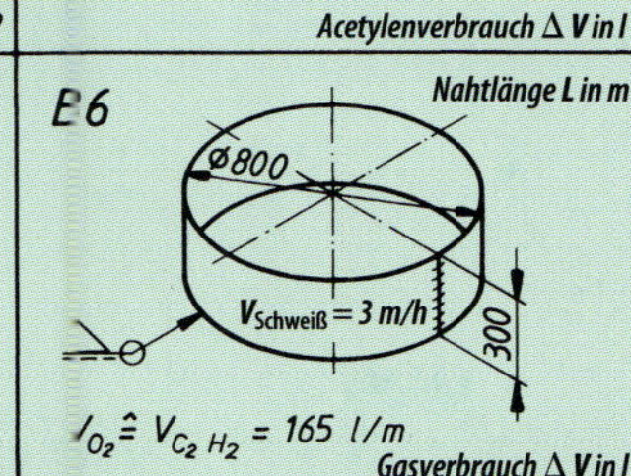

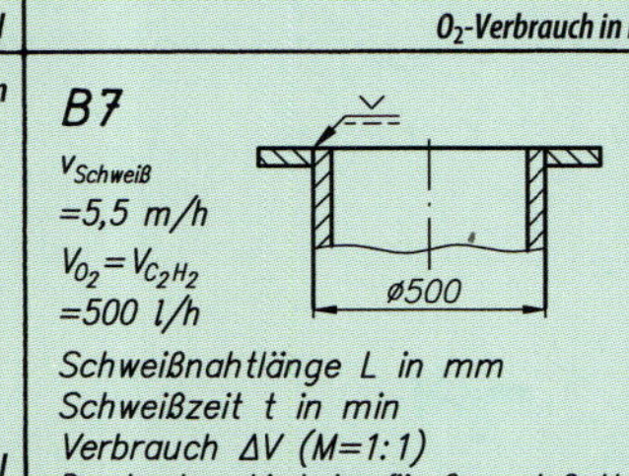

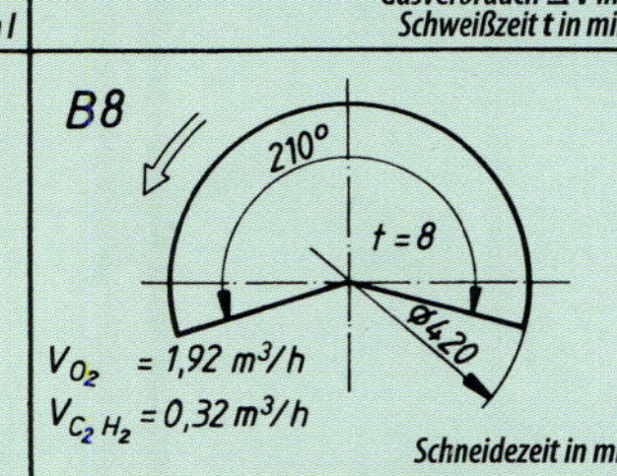

a Schweißnahtdicke in mm
b Nahtspaltbreite in mm
t Werkstückdicke in mm
α Schweißnahtwinkel in °
L Schweißnahtlänge in mm
A Schweißnahtquerschnitt in mm²
V Schweißnahtvolumen in mm³
m Schweißnahtmasse in g
V_E Schweißelektrodenvolumen in mm³
ϱ Dichte des Elektrodenkerndrahts in g/cm³
m_E Elektrodenabschmelzmasse in g
x Zuschlagsfaktor für Nahtüberhöhung
k_E Ausbringungsfaktor
l_E nutzbare Länge der Elektrode in mm
l Elektrodenstablänge in mm
d_E Elektrodenkerndurchmesser in mm
A_E Elektrodenkernquerschnitt in mm²
i_E Elektrodenanzahl

1. Nahtquerschnitte
Kehlnaht

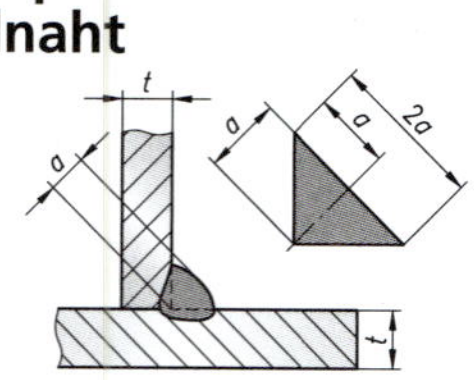

bei 90° Winkeln: $A = \frac{2a \cdot a}{2} = a^2$

bei beliebigen Winkeln: $A = a^2 \cdot \tan\frac{\alpha}{2}$

V-Naht

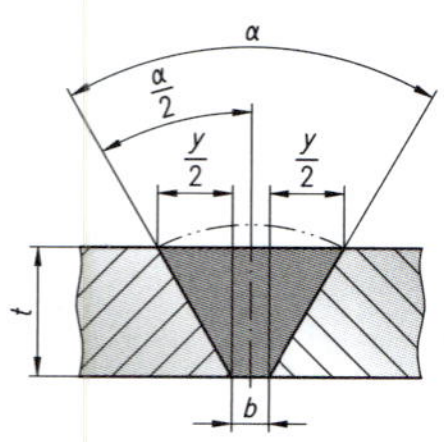

$y = \tan\frac{\alpha}{2} \cdot t \cdot 2$

$A = t^2 \cdot \tan\frac{\alpha}{2} + b \cdot t$ (α = beliebig, oft 60°)

2. Nahtvolumen
a) Schweißnahtvolumen

$V = A \cdot L \cdot (1 + x)$

b) Elektrodenvolumen

$V_E = A_E \cdot l_E \cdot k_E$ $A_E = d_E^2 \cdot \frac{\pi}{4}$

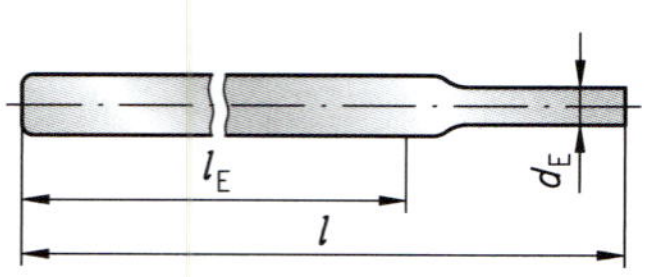

Effektive Ausbringung

Bei Standardelektroden beträgt die Ausbringung etwa 90–95 %. Durch zusätzliches Metallpulver in der Umhüllung kann sie auf über 100 % gesteigert werden.

$$k_E = \frac{\text{Masse des aufgebrachten Schweißguts}}{\text{Masse des abgeschmolzenen Kernstabs}} \cdot 100\,\% = \frac{m}{m_E} \cdot 100\,\%$$

c) Volumenvergleich

Die Fugenform der Naht muss mit einem Zusatzdraht aufgefüllt werden.

Schweißnahtvolumen = Schweißelektrodenvolumen

$V = i_E \cdot V_E$

$A \cdot L \cdot (1 + x) = i_E \cdot A_E \cdot l_E \cdot k_E$

nutzbare Elektrodenlänge = Stablänge minus Stummellänge

$l_E = l - (30 \text{ bis } 50 \text{ mm})$

3. Nahtmassen

Schweißnahtmasse = Schweißelektrodenmasse

$m = i_E \cdot m_E$

$A \cdot L \cdot \varrho \cdot (1 + x) = i_E \cdot d_E^2 \cdot \frac{\varrho}{4} \cdot i_E \cdot \varrho \cdot k_E$

4. Elektrodenverbrauch

Die Anzahl der zu verbrauchenden Stabelektroden kann entweder mithilfe des Volumens der Schweißnaht geteilt durch das nutzbare Volumen einer einzelnen Elektrode oder mithilfe der Masse der Schweißnaht geteilt durch die nutzbare Masse einer Elektrode berechnet werden.

$$i_E = \frac{V}{V_E} = \frac{m}{m_E}$$

5. Beispiel

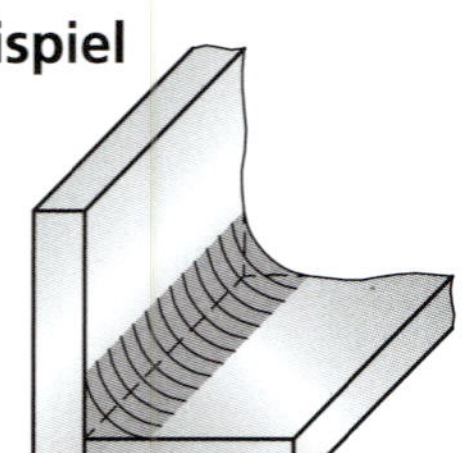

Zwei Flachstähle von 1 m Länge werden durch eine Kehlnaht von 3,5 mm Nahtdicke verschweißt. Die verschweißte Länge der 3,25 mm-Stabelektrode beträgt 290 mm. Wie viel Elektroden werden benötigt?

Gesucht i_E

Gegeben $L = 1000$ mm; $a = 3{,}5$ mm; $d_E = 3{,}25$ mm; $l_E = 290$ mm

Vorüberlegung Nahtvolumen = Drahtzusatzvolumen

Lösung $A \cdot L = A_1 \cdot l_E \cdot i$

$$i_E = \frac{A \cdot L}{A_1 \cdot l_E} = \frac{3{,}5^2\ \text{mm}^2 \cdot 1\,000\ \text{mm}}{3{,}25^2\ \text{mm}^2 \cdot 290\ \text{mm}} \approx 6 \text{ Elektroden}$$

Aufgaben

Schweißarbeiten – Nahtvolumen

5,6

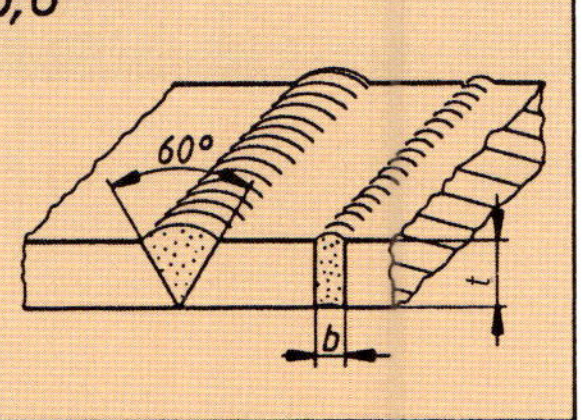

7

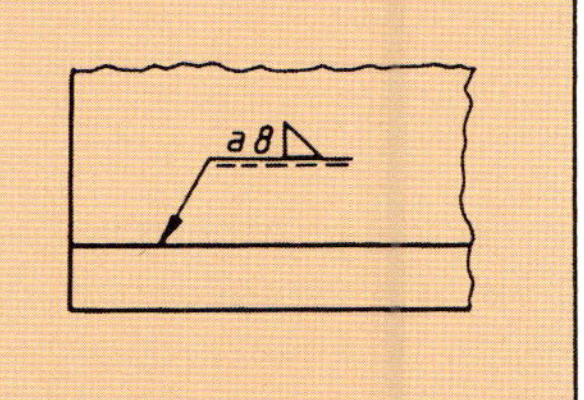

8

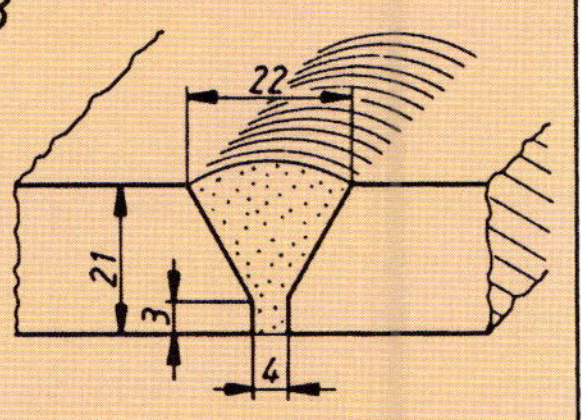

9

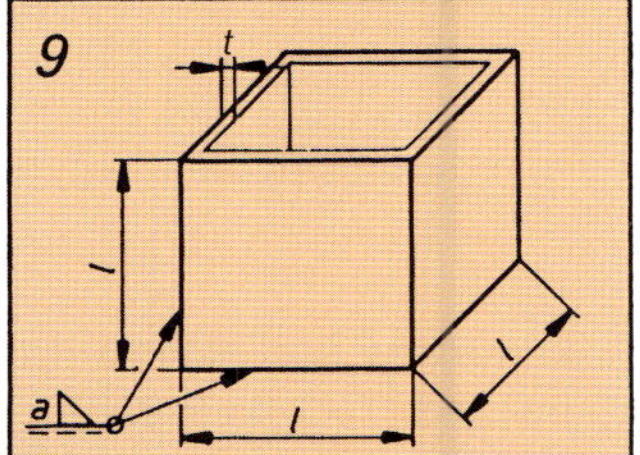

10

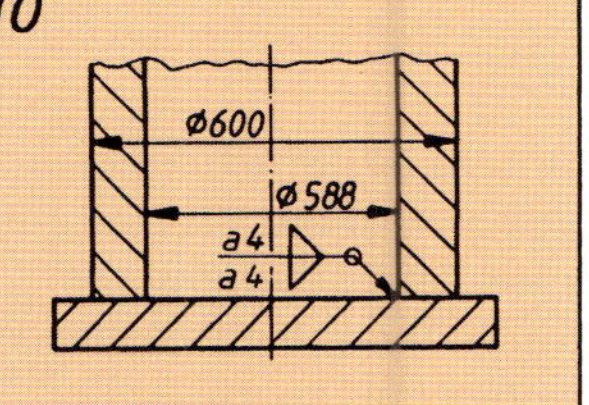

11

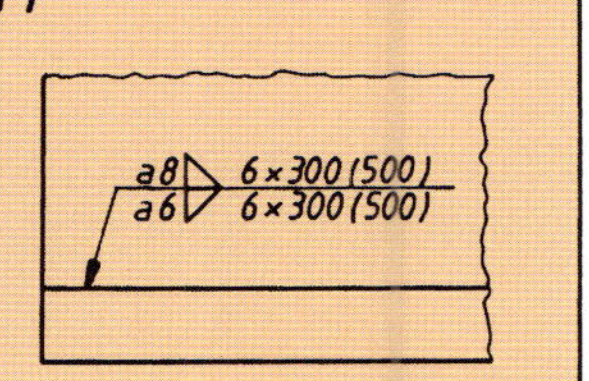

1. Für eine Kehlnahtdicke *a* gilt der Richtwert 0,7 × Werkstückdicke. Berechnen Sie die Schweißnahtdicke bei 6 mm Werkstückdicke.

2. Berechnen Sie den Kehlnaht-Querschnitt für die Nahtdicken: a) 4 mm, b) 5 mm, c) 6 mm, d) 8 mm.

3. Welche Nahtdicke gehört zu den Kehlnaht-Querschnitten: a) 12,25 mm², b) 20,25 mm², c) 30,25 mm², d) 36 mm²?

4. Berechnen Sie den V-Nahtquerschnitt mit $\alpha = 60°$ für folgende Größe a) $t = 4$ mm, $b = 1$ mm b) $t = 5$ mm, $b = 1$ mm c) $t = 6$ mm, $b = 1$ mm d) $t = 8$ mm, $b = 1{,}5$ mm.

5. Zwei 6-mm-Bleche von 1,5 m Länge sollen mit 6 mm Spaltbreite in *I*-Naht ausgeführt werden. Welche Drahtlänge ist bei 3 mm Drahtdurchmesser erforderlich?

6. Wie viel m Nahtlänge sind mit 60 Elektroden von 4 mm Durchmesser und 350 mm Länge aufzufüllen, wenn ein 2 × 4 mm-I-Nahtquerschnitt verschweißt wird? An Elektrodenresten fallen 12 % an.

7. Errechnen Sie für die sinnbildliche angegebene Schweißordnung das Schweißvolumen in cm³. Die Schweißlänge beträgt 1 400 mm.

8. Wie viel kg Schweißmasse sind für 1,5 m Nahtlänge bei 20 % Nahtüberhöhung (nach Skizze) erforderlich?

9. Wie viele Stabelektroden ∅ 3,25 mm von 290 mm verschweißter Länge sind erforderlich, um einen offenen Behälter von 500 × 500 × 4 mm mit einer Kehlnahtdicke 0,7 × *s* zu verschweißen (Elektrodenzuschlag 15 %)?

10. Der Boden eines Behälters ist zweiseitig mit einer 4 mm Kehlnaht zu verschweißen. Berechnen Sie die Elektrodenzahl, wenn die 4-mm-Stabelektroden zu je 290 mm Länge mit 10 % Zuschlag verschweißt werden.

11. Berechnen Sie die Anzahl der 4-mm-Elektroden für die sinnbildlich angegebene Schweißanordnung, Abbrandverluste 8 % (verschweißte Stücklänge 300 mm).

▶ Wissen – Erkennen – Werten

a) Erläutern Sie die Begriffe Schweißnahtarten und Schweißposition.
b) Wie ändert sich das Volumen, wenn die Kehlnahtdicke verdoppelt wird?
c) Erläutern Sie: Stabelektrode DIN EN ISO 2560-A-E-42 4 2Ni B 34 H 5 ∅3,25 × 350.
d) Von welchen Faktoren ist die Auswahl einer Elektrode abhängig?
e) Beschreiben Sie Schweißfehler, nennen Sie Maßnahmen zur Vermeidung.
f) Nennen Sie Richtlinien für die Gestaltung von Schweißverbindungen.
g) Begründen Sie die Anordnung unterbrochener Schweißnähte (B 7).
h) Welche Faktoren haben Einfluss auf die Kosten einer Schweißarbeit?

B1

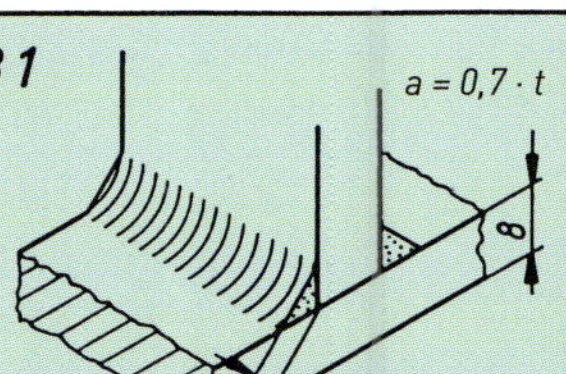

Nahtquerschnitt

B2

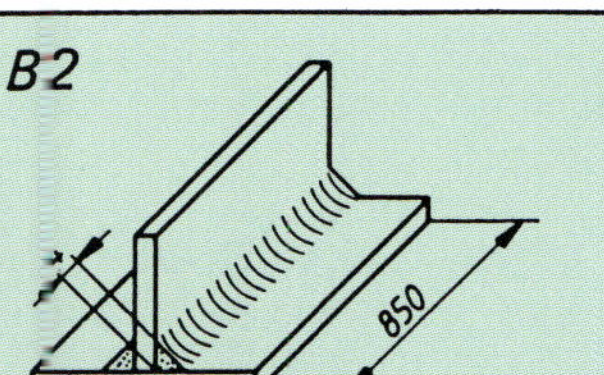

Nahtvolumen in cm³

B3

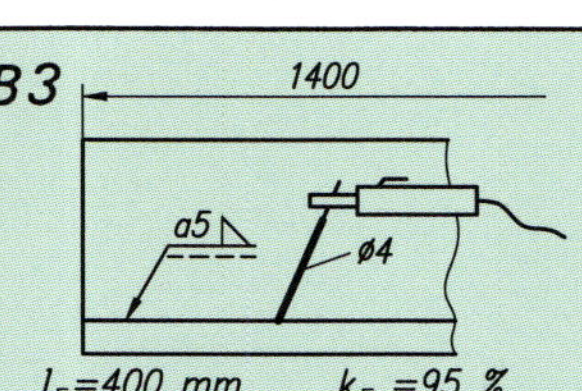

Elektrodenzahl

B4

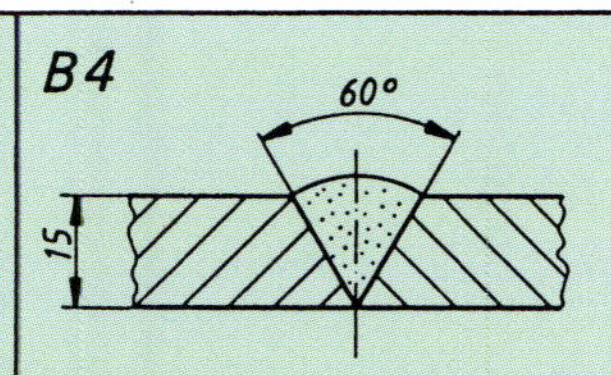

Nahtquerschnitt in cm²

B5

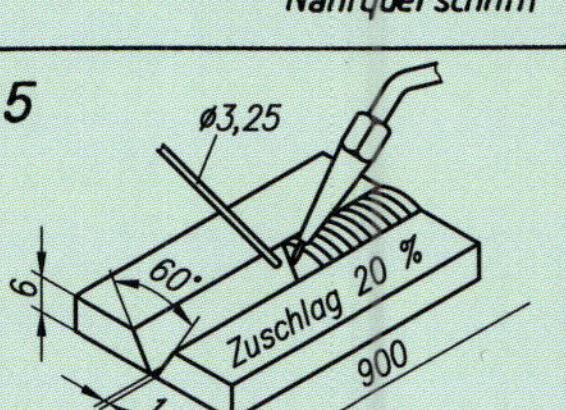

Drahtlänge in m

B6

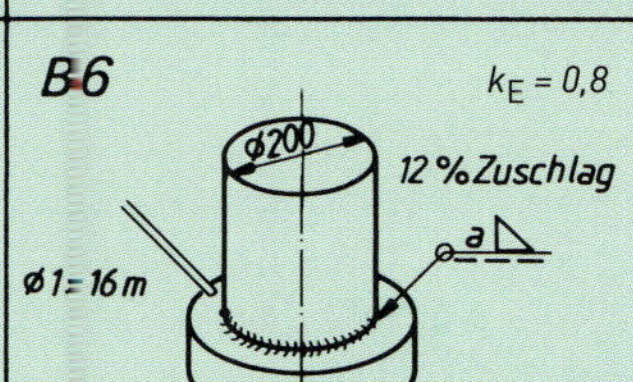

Nahtdicke

B7

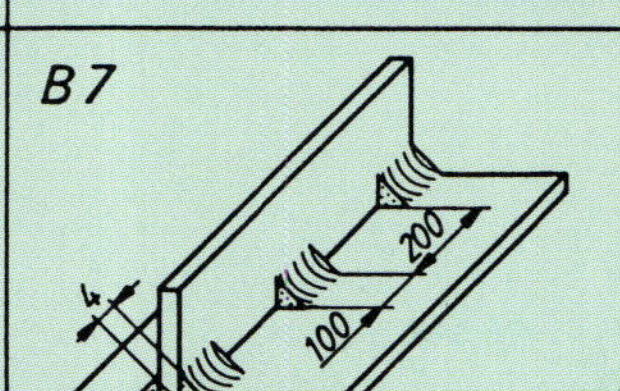

Nahtmasse in g

B8

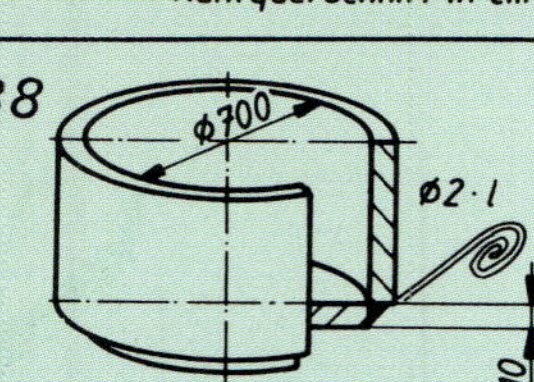

Länge in m

1. Bruttolohn

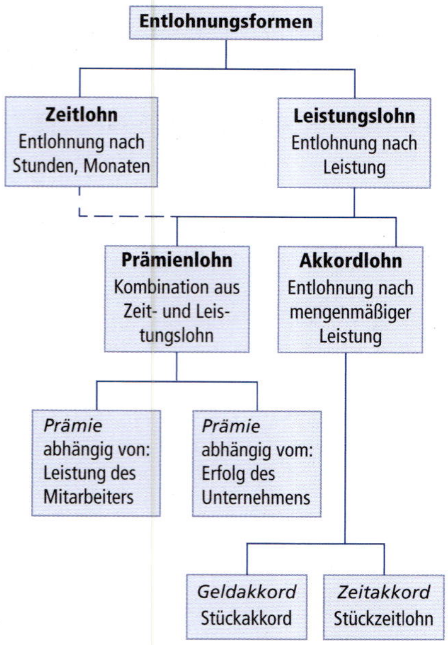

Unter dem Bruttolohn versteht man die Gesamtvergütung vor Abzug der Steuern und Sozialversicherungsbeiträge.

Zeitlohn
Beim Zeitlohn wird die dem Unternehmen vom Arbeitnehmer zur Verfügung gestellte Zeit vergütet.
Zeitlohn = Stundenzahl × Stundenlohn

Zeitakkord
Beim Akkordlohn richtet sich die Bezahlung nach der Arbeitsleistung. Vorgabezeiten werden für einen Auftrag oder ein Stück vorgegeben. Das monatliche Entgelt setzt sich aus Grundentgelt und Akkordzuschlag zusammen.
Zeitakkordlohn = Zeitlohn + Leistungszuschlag

Geldakkord
Hierbei gibt es kein Grundentgelt. Das Entgelt ist nur von der geleisteten Menge (Stückzahl) und dem Geldsatz je Mengeneinheit abhängig.
Geldakkordlohn = Stückgeldsatz × geleiste Stückzahl
Stückgeldsatz = Akkordrichtsatz : Normalleistung

2. Lohnabzüge

Die Lohnabzüge setzten sich aus Steuern und Sozialversicherungsbeiträgen zusammen.

Steuer

Lohnsteuer – abhängig von der Höhe des Einkommens aus nichtselbstständiger Arbeit und dem Familienstand (Tabelle S. 228)
Solid.-Zuschlag – 5,5 % der Lohnsteuer
Kirchensteuer – 8 bis 9 % der Lohnsteuer (abhängig vom Bundesland)

Sozialversicherung

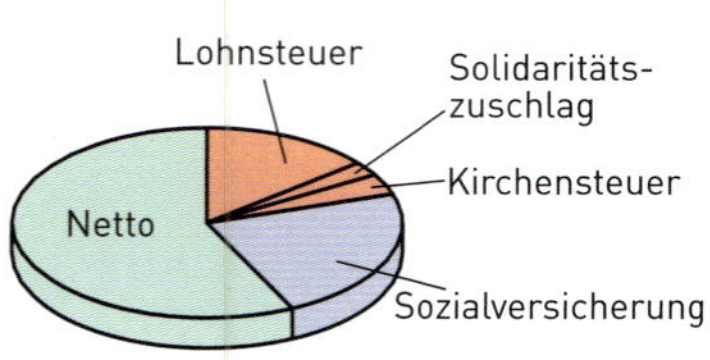

Krankenversicherung – 8,2 % (Arbeitnehmeranteil) des Bruttolohns
Pflegeversicherung – 0,975 % (Arbeitnehmerbeitrag) des Bruttolohns + Zuschläge für Kinderlose ab 23. Lebensjahr
Rentenversicherung – 9,95 % (Arbeitnehmeranteil) des Bruttolohns
Arbeitslosenversicherung – 1,5 % (Arbeitnehmeranteil) des Bruttolohns

3. Nettolohn

Vom Bruttolohn (Zeit- und Leistungslohn) werden dem Arbeitnehmer Lohnabzüge einbehalten. Der Arbeitnehmer erhält den Nettolohn ausbezahlt.
Nettolohn = Bruttolohn − Lohnabzüge

4. Beispiel

Ein kinderloser Facharbeiter mit Steuerklasse I erhält einen Stundenlohn von 13,10 EUR. Von 170 Arbeitsstunden sind 49 Stunden mit 15 % Zuschlag zu vergüten.

Gesucht Nettolohn bei monatlicher Auszahlung in EUR

Lösung

Zeitlohn	170 h × 13,10 EUR/h	= 2 227,00 EUR
Zuschlag	49 h × (15 % von 13,10 EUR)	= 96,53 EUR
Bruttolohn		= 2 323,53 EUR
Lohnsteuer	= Steuerklasse I, keine Kinder	= 345,00 EUR
Kirchensteuer	= 9 % der Lohnsteuer (3,45 EUR × 9)	= 31,05 EUR
Solid.-Zuschlag	= 5,5 % der Lohnsteuer (3,45 × 5,5)	= 18,97 EUR
Sozialvers.	= 20,63 % von 2 323,53 EUR	= 479,34 EUR
Lohnabzüge		= 874,36 EUR
Nettolohn		= 1 449,17 EUR

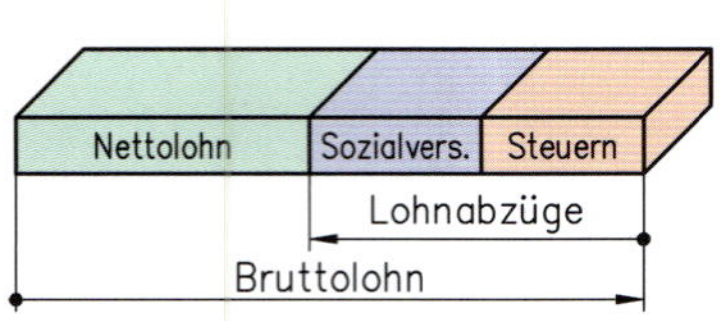

alle Angaben Stand Frühjahr 2012

B1 Bruttolohn
Zeitlohn

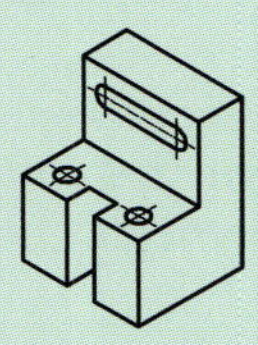

150 h · 12,5 EUR/h = ________

Zeitakkordlohn

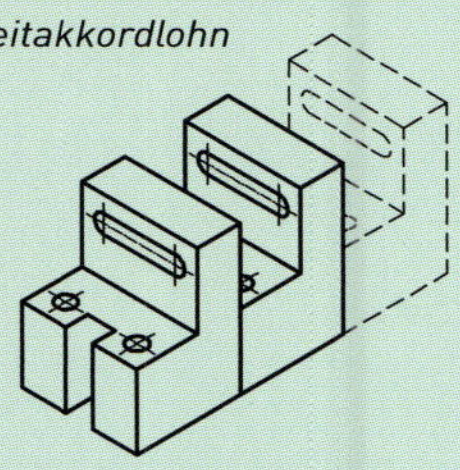

Akkordzuschlag 23% = ______

Abzüge
Steuern
(Steuerklasse I keine Kinder)

Lohnsteuer = ________
Solidaritätszuschlag = ______
Kirchensteuer = ________
Summe der Steuern = ______

Sozialversicherungen

Krankenversicherung = ______
Pflegeversicherung = ______
Rentenversicherung = ______
Arbeitslosenversicherung = ___
Summe Versicherungen = ____
Summe Abzüge = ________

Nettolohn

Nettolohn = ________
Gesamtabzüge in % = ______

1. Berechnen Sie die fehlenden Werte der Lohnberechnung:

Aufgabe	a	b	c
Stundenlohn in EUR/h	13,10	12,50	?
Stundenzahl	39	?	44
Zeitlohn in EUR	?	525	506

Aufgabe	d	e
Zeitlohn in EUR	524	525
Zuschläge in %	20	?
Leistungslohn in EUR	?	598,5

2. Der Stundenlohn für eine Reparaturarbeit ist mit 24,50 EUR angegeben. Benötigt werden am Arbeitsplatz 45 min. Wie hoch sind die direkten Lohnkosten?

3. Ein Monteur erhielt für eine Arbeitszeit von 24 Stunden bei 20 % Leistungszuschlag 331,20 EUR Leistungslohn. Ermitteln Sie den Stundenlohn.

4. Der Stundenlohn beträgt 13,50 EUR, die Arbeitszeit 40 h. Wie hoch ist bei vollem Lohnausgleich der neue Stundenlohn bei einer Arbeitszeit von 37,5 h?

5. Der Stundenlohn eines Gesellen beträgt 11,50 EUR. Wie hoch ist der Leistungslohn bei einer wöchentlichen Arbeitszeit von 40 h bei 15 % Zuschlag?

6. Für ein Werkstück beträgt die Vorgabezeit 18 h, benötigt werden aber nur 15 h. Der Stundenlohn beträgt 13,20 EUR. Berechnen Sie den Akkordzuschlag in %.

7. Wie hoch ist für die folgenden Arbeitnehmer die Lohnsteuer in EUR und %, wenn beide den gleichen Bruttolohn von 2335 EUR verdienen? (Steuertabelle)
a) ledig, Steuerklasse I, kein Kind b) verheiratet, Steuerklasse III, kein Kind

8. Ein Arbeitnehmer, Vater eines Kindes, erhält einen Bruttolohn von 2317,00 EUR. Lohn- und Kirchensteuer und SolZ betragen zusammen 4,25 %, die Beiträge für die Sozialversicherung 22 %. Welchen Nettolohn bekommt er ausgezahlt?

9. Ein 25-jähriger kinderloser Facharbeiter mit der Steuerklasse I verdient monatlich 2329 EUR brutto. Ermitteln Sie die Summe der Abzüge und den auszuzahlenden Nettolohn.

10. Der Akkordlohn für eine Montagearbeit beträgt 759,00 EUR. Beteiligt sind die Gesellen A mit 11,50 EUR/h bei 18 h, B mit 12,60 EUR/h bei 20 h und C mit 13,40 EUR/h bei 15 h Arbeitszeit. Wie hoch ist der jeweilige Brutto-Akkordlohn?

► Wissen – Erkennen – Werten

a) Unterscheiden Sie zwischen Zeit- und Leistungslohn.
b) Durch welche Kriterien wird die Vorgabezeit festgelegt?
c) Nennen Sie die Abzüge für die Sozialversicherungen.
d) Wie teilen sich Arbeitgeber und Arbeitnehmer die Sozialabzüge?
e) Welche Abzüge gehen ganz zu Lasten des Arbeitnehmers?
f) Nach welchen Gesichtspunkten sind Steuerklassen eingeteilt?
g) Wie beeinflusst der Freibetrag das steuerpflichtige Einkommen?
h) Vergleichen Sie die Angaben: Zuschlag 15 % und Zuschlagsfaktor 1,15.

B2 *Zeitlohn*

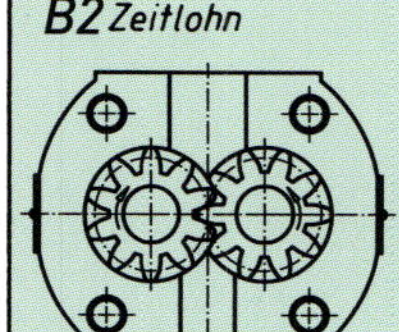

350 Stück
24 min/Stck
11,50 EUR/h
Bruttolohn

B3 *Leistungslohn*

10 min/Fuge
15 % Zuschlag
8,50 EUR/h
120 Stück
Lohnsumme

B4 *Lohnsteuertabelle*

Steuerklasse III
Brutto 2324,– EUR
Lohnabzüge

B5 *Lohnsteuerklasse III / 1 Kind*
Monatslohn +25 % = 1753,41 EUR

Brutto – Abzüge = Netto
Sozialabgaben in %

B6 *Arbeitnehmer*

494,–EUR Brutto
$3\frac{1}{4}$ *h/Träger*
16 Stück
Stundenlohn

B7 *Akkordlohn*

11,40 EUR/h
200 Stück
Vorgabezeit 6 min/Stck
Verdienst 262,20 EUR
Zuschlag in %

B8 *Steuern*

Monatslohn (Brutto)	Lohnsteuerklasse I/0 Kind	III/1 Kind
2330,– EUR		

Lohnsteuer-Prozentsatz

B9 *Verdienst*
Steuerklasse III / 1 Kind

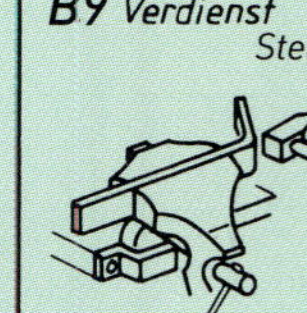

168 Arbeitsstd.
12,80 EUR/h
10 Überstunden
zu 25 %
Nettolohn

Die bei der Herstellung eines Werkstücks entstehenden Kosten werden ermittelt und mit den jeweiligen Gemeinkostenzuschlagsätzen in Prozent beaufschlagt. Dieses vereinfacht die Kalkulation des Angebots- sowie des Endpreises. Die Höhe der Kostenzuschlagsätze ergibt sich aus der Kostensituation des Betriebes. Man unterscheidet ein- und mehrstufige Zuschlagskalkulationen (ein-, zwei-, drei- und erweiterte mehrstufige).

1. Mehrstufige Zuschlagskalkulation

Werkstoffkosten =	Werkstoffkosten
Werkstoffeinzelkosten	Verschnitt, Beschaffungskosten
+ Werkstoffgemeinkosten	Einkaufskosten, Lagerkosten, Lagerverwaltungskosten (Prozentsatz der Werkstoffkosten)
Fertigungskosten = Fertigungslohnkosten	Fertigungslöhne
+ Fertigungsgemeinkosten	Hilfsstoffe, Energie, Werkzeuge, Räume, Abschreibung, Zinsen Versicherungen, Urlaubs- und Weihnachtsgeld, Sozialkosten Beiträge, gewinnunabhängige Steuern (Prozentsatz der Fertigungslöhne)
Sondereinzelkosten = Sonderkosten der Fertigung	Konstruktionskosten, Vorrichtungskosten, Sonderwerkzeugkosten Patent- und Lizenzgebühren, auswärtige Bearbeitung (z. B. Verzinken)
= **Herstellkosten**	= (Materialkosten + Fertigungslohnkosten + Sonderkosten der Fertigung)
+ Verwaltungs- und Vertriebskosten	Kaufmännische Verwaltung, Werbungskosten (Prozentsatz der Herstellkosten)
= **Selbstkosten**	Alle bei der Herstellung eines Werkstücks entstandenen Kosten nennt man Selbstkosten.
+ Gewinnzuschlag	Prozentsatz der Selbstkosten
= **Barverkaufspreis** auch Rohpreis genannt + Skonto + Rabatte + Vertreterprovision	(Diese Prozentsätze werden auf den Nettoverkaufspreis bezogen, da der Käufer die vorherigen Kosten nicht kennt. Prozentsätze für Skonto sowie Rabatt werden vom Rechnungsbetrag, dem Netto- bzw. Zielverkaufspreis, berechnet und von ihm subtrahiert.)
= **Nettoverkaufspreis**	= Zielverkaufspreis[1] (ohne Mehrwertsteuer)
+ Mehrwertsteuer	(beträgt zurzeit 7 % bzw. 19 % vom Nettoverkaufspreis)
= **Verkaufspreis**	= **Bruttopreis**

2. Beispiel

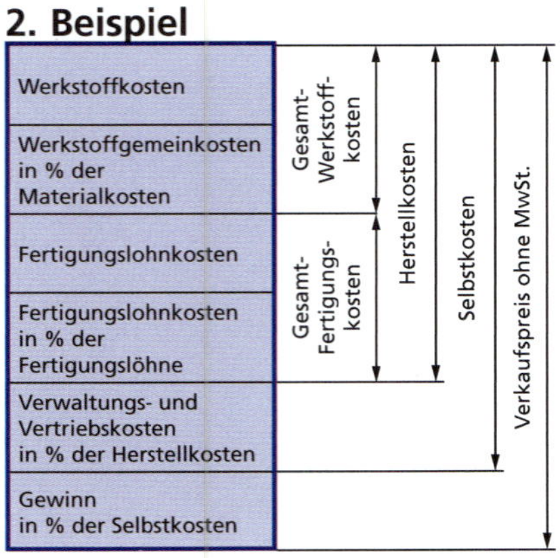

Berechnen Sie den Verkaufspreis mit MwSt. für eine Kaffeemaschine, wenn die Werkstoffkosten incl. Gemeinkosten 95,00 EUR, die Fertigungskosten 185,00 EUR und der Fertigungsgemeinkostenzuschlag 140 %, die Vertriebskosten 20 % und der Gewinn 4,5 % betragen soll.

Lösung

Werkstoffkosten		= 95,00 EUR
Fertigungskosten	= 185,00 EUR · (1 + 1,4)	= 444,00 EUR
Herstellkosten	= 95,00 EUR + 444,00 EUR	= 539,00 EUR
Selbstkosten	= 539,00 EUR · 1,2	= 646,80 EUR
Verkaufspreis ohne MwSt.	= 646,80 EUR · 1,045	= 675,90 EUR
Verkaufspreis mit MwSt.	= 675,90 EUR · 1,19	= 804,33 EUR

[1] Der Zielverkaufspreis ist der Preis, der zu bezahlen ist, wenn die Skontofrist abgelaufen ist. Der Zielkauf ist ein Kauf, bei dem die Rechnung erst nach Lieferung der Ware zu einem bestimmten Zeitpunkt (Zahlungsziel) zur Zahlung fällig wird.

Beispiel

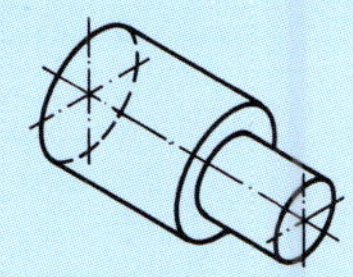

Werkstoffeinzelkosten	= 40,00 EUR
+ Werkstoff-GK 10 %	= 4,00 EUR
= Gesamtwerkstoffkosten	= 44,00 EUR

Fertigungslohnkosten	= 21,60 EUR
+ Fertigungs-GK 250 %	= 54,00 EUR
= Gesamtfertigungskosten	= 75,60 EUR

Werkstoffkosten	= 44,00 EUR
+ Fertigungskosten	= 75,60 EUR
= Herstellkosten	= 119,60 EUR

Herstellkosten	= 119,60 EUR
+ Verwaltung und Vertiebskosten 10 %	= 11,96 EUR
= Selbskosten	= 131,56 EUR

Selbstkosten	= 131,56 EUR
+ Gewinnzuschlag 25 %	= 32,89 EUR
= Nettopreis	= 164,45 EUR

Nettopreis	= 164,45 EUR
+ MwSt. 19 %	= 31,25 EUR
= Verkaufspreis Bruttopreis	= 195,70 EUR

1. Die fehlenden Werte für eine Kalkulation sind zu ermitteln:

Aufgabe	a	b	c	(MwSt. = 19 %)	d	e
Werkstoffkosten in EUR	80	95,6	?	Selbstkosten in EUR	18	25
Fertigungskosten in EUR	14,2	13,6	14,6	Gewinn in %	15	?
Fert.-Gemeinkosten in %	130	?	140	Nettopreis in EUR	?	?
Selbstkosten in EUR	?	128,92	61,5	Bruttopreis in EUR	?	34,2

2. Der Fertigungsgemeinkostenzuschlag beträgt 135 %. Die errechneten Fertigungskosten betragen 65,40 EUR. Wie hoch sind die Fertigungsgemeinkosten?

3. Eine Reparatur wird in 18 Stunden bei einem Fertigungslohn von 48,40 EUR je Stunde durchgeführt. Mit welchen Selbstkosten muss gerechnet werden, wenn der Fertigungsgemeinkostenzuschlag 145 % beträgt?

4. Für eine Schweißarbeit betragen die Fertigungslohnkosten 35,40 EUR. Der Betrieb arbeitet mit einem Fertigungsgemeinkostenzuschlag von 125 % und einem Verwaltungsgemeinkostenzuschlag von 135 %. Wie hoch sind die gesamten Gemeinkosten?

5. Der Zuschlag in Höhe von 20 % für den Gewinn ergibt 4,60 EUR. Wie hoch sind die Selbstkosten und der Nettoverkaufspreis?

6. Bei der Kalkulation für ein gefrästes Werkstück betragen die Werkstoffkosten 35,60 EUR. Für die Bearbeitung werden 8 Stunden zu einem Stundenlohn von 27,20 EUR veranschlagt. Gerechnet wird mit einem Fertigungsgemeinkostenzuschlag von 135 %, einem Gewinn von 20 % und einem Mehrwertsteuersatz von 19 %. Zu welchem Verkaufspreis wird das Werkstück angeboten?

7. Ermitteln Sie den Verkaufspreis für eine Welle: Materialkosten 0,50 EUR, Fertigungsstückzeit 15 min, Stundenlohn 27,00 EUR, Fertigungsgemeinkostenzuschlag 155 %, Gewinn 15 % und MwSt. 19 %.

8. In der Vorkalkulation wurde ein Gewinn von 20 % veranschlagt. Die Nachkalkulation ergab jedoch bei Selbstkosten von 850,00 EUR nur einen Gewinn von 16 %. Um welchen Geldbetrag verringerte sich der Gewinn?

► Wissen – Erkennen – Werten

a) Nennen Sie die Teilbereiche für eine Arbeitsplanung.
b) Zeigen Sie auf, wie Kosten erfasst und gegliedert werden können.
c) Erläutern Sie an einem Beispiel eine einfache Kalkulation.
d) Begründen Sie die Notwendigkeit einer erweiterten Kalkulation.
e) Welche Kosten werden den Fertigungskosten zugeschlagen?
f) Zeigen Sie beeinflussbare Kosten in der Fertigung auf.
g) Wie wirkt sich die Genauigkeit auf die Fertigungskosten aus?
h) Welche Vorteile werden beim Arbeiten mit Vorrichtungen erzielt?

B1 *Drehen*

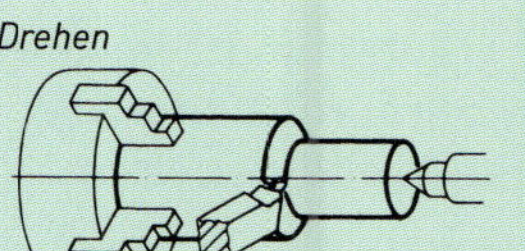

Fertigungslohnkosten = 21,60 EUR
Fertigungsgemeinkosten = 69,96 EUR
Gemeinkostenzuschlag in %

B2 *Längsrunddrehen*

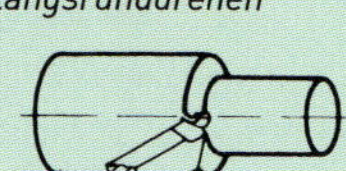

Fertigungslohnkosten 21,60 EUR, MwSt. 19 %
GK-Zuschlag 323,8 %, Gewinn 25 %
Werkstoffkosten 40 EUR
Bruttopreis

B3 *Aufsenken*

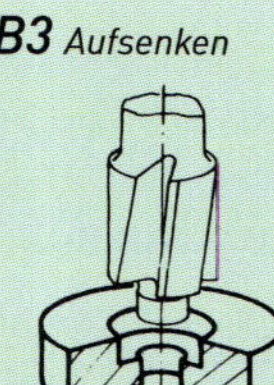

WK 1,50 EUR
GK 150 %
LK 12 EUR/h
0,8 min/Stck
50 Stück
Selbstkosten

B4 *Schleifen*

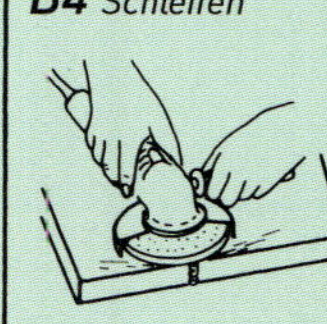

14,20 EUR/h
15 min/Stck
GK 240 %
10 Stück
Fertigungskosten

B5 *Fräsen*

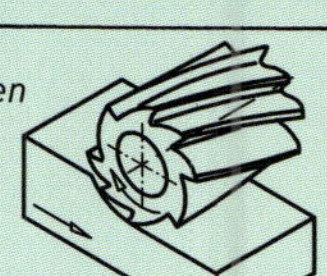

Fertigungszeit/Stück = 48 min
Minutenfaktor = 0,5 EUR/min
Fertigungsgesamtkosten = 60,00 EUR
Fertigungsgemeinkostenzuschlag in %

B6 *Schweißen*

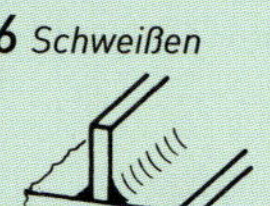

0,9 kg
¼ h
1,6 EUR/kg
14 EUR/h
Gemeinkosten 110 %
Gewinn 10 %
MwSt. 19 %
Verkaufspreis

B7 *Aufziehen*

Lohn 18 EUR
Gewinn 25 %
MwSt. 19 %
Unkosten 150 %
Verkaufspreis 178,50 EUR
Materialkosten

B8 *Vorrichtung*

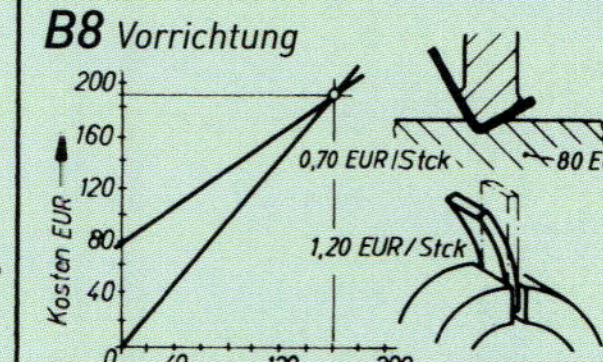

Grenzstückzahl

n	Anzahl der Einzelmesswerte einer Stichprobe	R	Spannweite
m	Anzahl der Stichproben in bestimmten Zeitabständen	w	Klassenweite
x_i	Messwert in einer Stichprobe $1 \leq i \leq n$	k	Anzahl der Klassen
$\sum x_i$	Summe aller x_i-Werte	$\overline{\overline{x}}$	Mittelwert aller Stichprobenmittelwerte[2)]
$\overline{x}$	arithmetischer Mittelwert[1)]		

Kennwerte

	Kennwert einer Stichprobe	Kennwert mehrerer Stichproben	Kennwerte des Gesamtprozesses
Mittelwert	$\overline{x}$	$\overline{\overline{x}}$	$\hat{\mu}$
Standardabweichung	s	$\overline{s}$	$\hat{\sigma}$[3)]
Spannweite	R	$\overline{R}$	—
Anzahl der Stichproben	Einzelwerte n	Stichprobenanzahl m	—

1. Messprotokoll
Erstellung einer Urliste

	1	2
x_1	51,6	51,5
x_2	51,5	
x_3	51,3	
x_4	51,3	
x_5	51,4	

Der Fertigungsprozess, besonders die Serienfertigung, muss überwacht werden. Die Prüfung von Stichproben und die anschließende statistische Auswertung bilden die Grundlagen für die Vermeidung von Fehlern.
Der Stichprobenumfang beträgt häufig 50, oft auch 100 Stück aus einer festgelegten Anzahl gefertigter Stücke, d. h., es werden z. B. je 5 Werkstücke in 10 nacheinander liegenden Zeitabständen entnommen.
Das Ergebnis der Stichprobenprüfungen wird in eine Urliste in der Reihenfolge, in der sie ermittelt wurden, eingetragen.

2. Arithmetischer Mittelwert $\overline{x}$

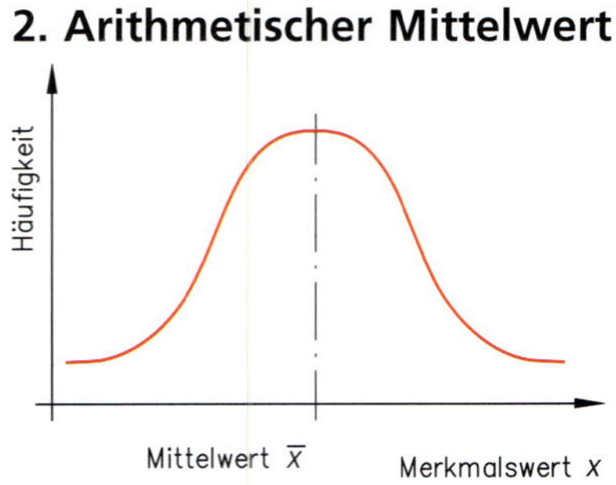

Der arithmetische Mittelwert $\overline{x}$ liegt in der Mitte der Normalverteilungskurve. Er sollte mit der Mitte der Toleranz eines Prüfgegenstands übereinstimmen.

$$\overline{x} = \frac{x_1 + x_2 + x_3 + \ldots + x_n}{n}$$

Beispiel: Mittelwert für einen Stichprobenumfang von 5 Stück

$$\overline{x} = \frac{x_1 + x_2 + x_3 + x_4 + x_5}{5}$$

Mittelwert mehrere Stichproben

$$\overline{\overline{x}} = \frac{\overline{x}_1 + \overline{x}_2 + \overline{x}_3 + \ldots + \overline{x}_m}{m}$$

3. Spannweite R

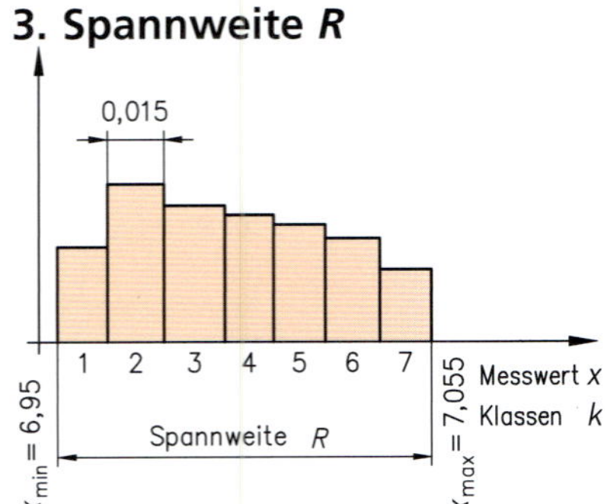

Die Spannweite ist die Differenz zwischen dem größten und dem kleinsten Messwert. Die Spannweite kann alle Werte einer Stichprobe oder aller Stichproben umfassen, außerdem zeigt sie die größte Breite der Normalverteilungskurve auf.

$$R = x_{max} - x_{min}$$

Mittlere Spannweite einer Probe

$$\overline{x} = \frac{x_1 + x_2 + x_3 + \ldots + x_n}{n}$$

Mittlere Spannweite aller Stichproben

$$\overline{R} = \frac{R_1 + R_2 + R_3 + \ldots + R_n}{n}$$

1) $\overline{x}$ = gesprochen: x quer 2) $\overline{\overline{x}}$ = gesprochen: x doppelquer 3) $\hat{\sigma}$ = gesprochen: sigma Dach

Leitbeispiel

Stifte 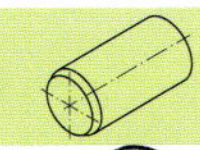

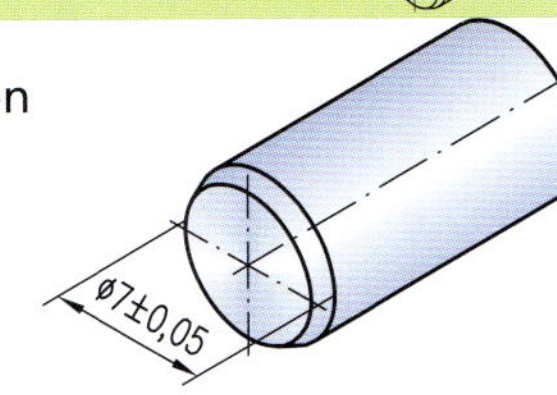

Stichprobenumfang: 50 Stifte (Prüfung von 5 Werkstücken an 10 nacheinander folgenden Zeitpunkten) Prüfmerkmal: Außendurchmesser $d = 7 \pm 0{,}05$ mm

Urliste

Einzelmess-wert x	Anzahl der Stichproben 1–10									
	1	2	3	4	5	6	7	8	9	10
x_1	6,97	6,95	6,99	7,01	7,03	6,97	7,03	6,98	6,99	7,0
x_2	6,97	6,99	7,0	7,02	7,01	6,99	7,02	7,01	7,0	7,0
x_3	6,98	7,05	7,055	7,0	7,03	6,99	6,98	6,99	7,01	7,02
x_4	7,03	7,01	7,0	6,97	7,0	7,0	7,01	7,02	7,0	7,01
x_5	7,0	7,03	7,0	6,97	7,0	6,95	7,03	7,0	7,0	6,96

aus Urliste $x_{max} = 7{,}055$ mm, $x_{min} = 6{,}95$ mm

Mittelwert der einzelnen Stichprobe hier der 1. Stichprobe

$$\bar{x} = \frac{x_1 + x_2 + x_3 + \ldots + x_n}{n} = \frac{6{,}97 \text{ mm} + 6{,}97 \text{ mm} + 6{,}98 \text{ mm} + 7{,}03 \text{ mm} + 7 \text{ mm}}{5} = \underline{6{,}99 \text{ mm}}$$

Gesamtmittelwert aller Stichproben

$$\bar{\bar{x}} = \frac{\bar{x}_1 + \bar{x}_2 + \ldots + \bar{x}_{10}}{10} = \frac{(6{,}99 + 7{,}006 + 7{,}009 + \ldots + 7{,}014 + 7{,}0 + 7{,}0 + 6{,}998) \text{ mm}}{10} = \underline{7{,}0005 \text{ mm}}$$

Spannweite

$R = x_{max} - x_{min} = 7{,}005 \text{ mm} - 6{,}95 \text{ mm} = 0{,}105 \text{ mm} = \underline{0{,}11 \text{ mm (gerundet)}}$

$R_1 = x_{max} - x_{min} = 7{,}03 \text{ mm} - 6{,}97 \text{ mm} = \underline{0{,}06 \text{ mm}}$

Aufgaben

Nettolohntabelle Beträge in EUR

1 250	1 320	1 180	1 300	1 280	1 20[illegible]
1 500	1 403	1 370	1 420	1 310	1 38[illegible]
1 275	1 305	1 280	1 300	1 260	1 22[illegible]

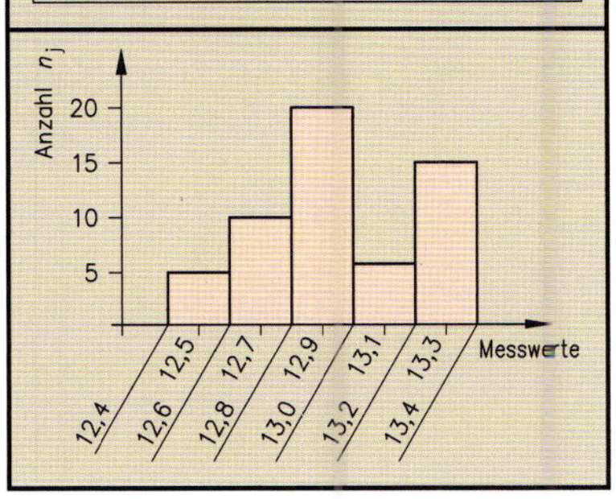

1. In einer Firma mit 18 Mitarbeitern werden monatlich folgende Nettolöhne ausgezahlt. Die Löhnen schwanken durch Montage-, Akkord- und Schichtzulagen sowie persönliche Gegebenheiten, wie verheiratet oder Kinderzahl. Berechnen Sie den Mittelwert $\bar{x}$ der ausgezahlten Beträge.
2. Ermitteln Sie aus den Daten des Balkendiagramms, das aus mehreren Stichproben erstellt wurde, den arithmetischen Mittelwert $\bar{\bar{x}}$.

Gesamtaufgabe

Druckfeder 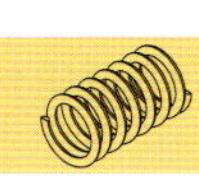

Druckfeder

In einer Federfabrik werden zylindrische Schrauben-Druckfedern aus Stahldraht EN 10270-1 DM 3,0 ph hergestellt.
Das Nennmaß des Drahts beträgt $d = 3$ mm und die Toleranz $T = \pm 0{,}02$ mm.
Das Maß wird mit 8 Stichproben aus 5 verschiedenen Drahtrollen geprüft.
Die Messwerte werden in ein Messprotokoll (Urliste) eingetragen.

Folgende ermittelte Messwerte des Federdrahtdurchmessers sind in einer Urliste eingetragen worden.

Urliste

	1	2	3	4	5	6	7	8
x_1	2,99	2,98	3,00	**2,97**	3,00	2,99	2,99	3,00
x_2	3,00	3,00	3,00	2,98	2,98	3,00	3,01	3,01
x_3	3,01	2,99	3,01	3,00	3,01	3,02	3,00	2,99
x_4	3,00	3,01	3,02	2,99	3,02	2,99	3,02	3,00
x_5	3,02	3,00	3,03	3,01	3,01	3,03	3,00	3,01

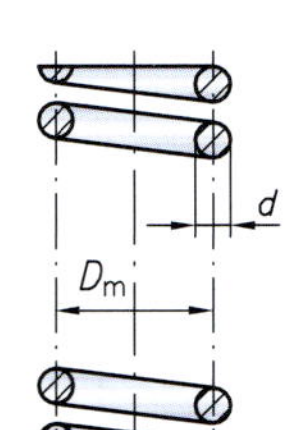

a) Berechnen Sie den arithmetischen Mittelwert $\bar{x}$ der Stichproben 1, 2, 3 bis 8.
b) Berechnen Sie den Mittelwert $\bar{\bar{x}}$ und Spannweite $\bar{R}$ aller 8 Stichproben.

Strichliste – Histogramm

Qualitätsprüfung

k	Anzahl der Klassen	x_{max}	größter Merkmalswert (Meßwert)	n_j	absolute Häufigkeit
n	Stichprobenumfang	x_{min}	kleinster Merkmalswert (Meßwert)	h_j	relative Häufigkeit
m	Anzahl der Stichproben	R	Spannweite	F_j	relative Summenhäufigkeit
w	Klassenweite				

4. Klassenanzahl k

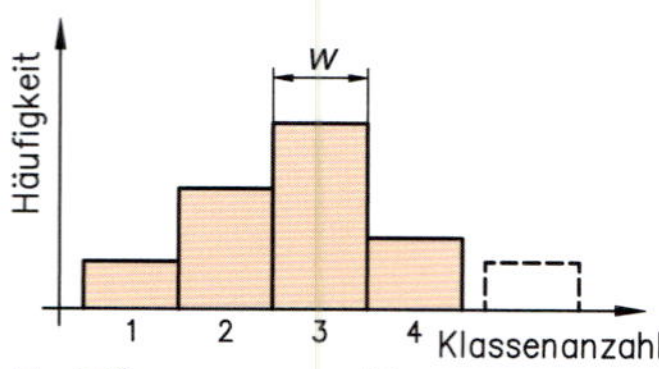

Aus den am weitestesten auseinander liegenden Messwerten bildet man aus Übersichtsgründen Klassen.
Man bildet die Anzahl der Klassen mithilfe unten stehender Gleichungen.

$k = \sqrt{n} \qquad n = x_n \cdot m$

$k = \sqrt{n}$ für die Stückzahl $30 < n \leq 400$

$k = 20$ für die Stückzahl $n \geq 400$

5. Klassenweite w

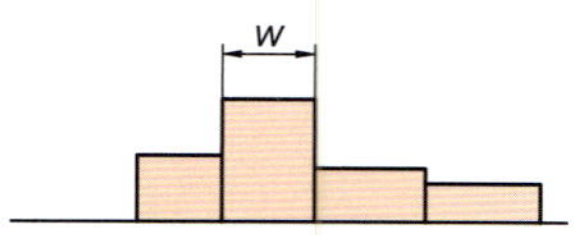

Die Klassenweite entspricht der Breite der Balken in einem Histogramm (Balkendiagramm).

$$w = \frac{x_{max} - x_{min}}{k} = \frac{R}{k}$$

6. Strichliste

Klasse					
Nr.	von (über)	bis (einschließlich)	Anzahl der Messwerte	Häufigkeit n_j	h_j
1	17,5	17,4	𝍸 //		

Die Strichliste ist eine übersichtliche Darstellung der Messwerte aus der Urliste.

Erstellen einer Strichliste

1. Bestimmen der Anzahl der Messwerte
2. Bestimmen der Spannweite R
3. Berechnen der Anzahl der Klassen k
4. Berechnen der Klassenweite w
5. Berechnen der Klassengrenzen durch Addition der Klassenweiten w
6. Zuordnen der Messwerte aus der Urliste zu den jeweiligen Klassen

7. Häufigkeit n_j

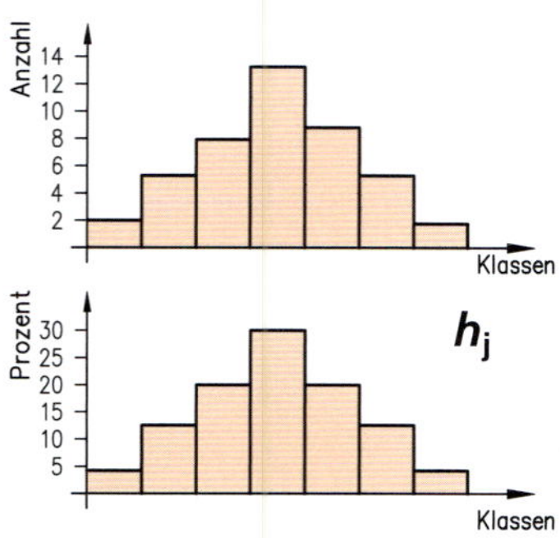

n_j absolute Häufigkeit
Sie gibt die Gesamtzahl der Messwerte einer Klasse an. (Ablesen aus der Stichliste)

h_j relative Häufigkeit
Sie zeigt die Gesamtzahl der Messwerte in Prozent auf. Begonnen wird bei dem kleinsten Messwert x_{min}.

$$h_j = \frac{n_j}{n} \cdot 100\,\%$$

F_j relative Summenhäufigkeit in Prozent
Sie ergibt sich aus der fortlaufenden Addition der Ergebnisse von h_j, beginnend bei dem Wert x_{min}.

8. Histogramm F_j

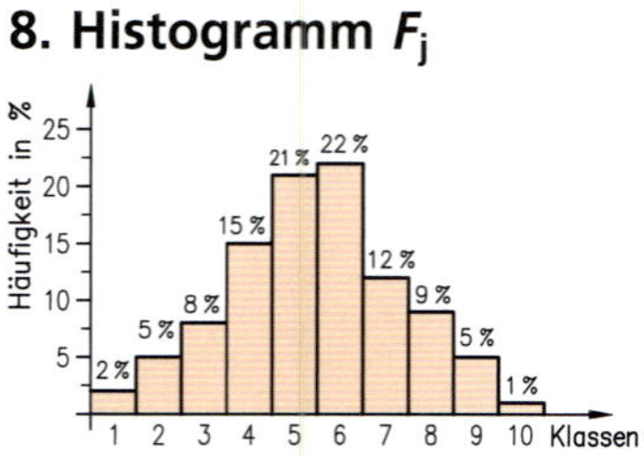

Das Histogramm ist die grafische Darstellung einer Strichliste. Die Messwerte werden in Balkenform in einzelnen Klassen aufgezeigt. Die Messwerte können als absolute Werte oder als relative Werte in Prozent aufgetragen werden.

Leitbeispiel

Stifte

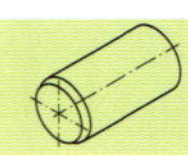

Anzahl der Klassen

$k = \sqrt{n} = \sqrt{50} = 7{,}07 = \underline{7\ \text{(gewählt)}} \qquad n = x \cdot m = 5 \cdot 10 = \underline{50}$

Klassenweite

$$w = \frac{x_{max} - x_{min}}{k} = \frac{7{,}055\ \text{mm} - 6{,}95\ \text{mm}}{7} = \frac{0{,}105\ \text{mm}}{7} = \underline{0{,}015\ \text{mm}}$$

Häufigkeit

absolute Häufigkeit n_j = Gesamtzahl der Messwerte

relative Häufigkeit h_j = Gesamtzahl der Messwerte einer Klasse in Prozent

$$h_j = \frac{n_j}{n} \cdot 100\,\% = \frac{15}{50} \cdot 100\,\% = \underline{30\,\%}$$

Leitbeispiel

Stifte

Einzelmesswert x	Anzahl der Stichproben 1–10									
	1	2	3	4	5	6	7	8	9	10
x_1	6,97	6,95	6,99	7,01	7,03	6,97	7,03	6,98	6,99	7,0
x_2	6,97	6,99	7,0	7,02	7,01	6,99	7,02	7,01	7,0	7,0
x_3	6,98	7,05	7,055	7,0	7,03	6,99	6,98	6,99	7,01	7,02
x_4	7,03	7,01	7,0	6,97	7,0	7,0	7,01	7,02	7,0	7,01
x_5	7,0	7,03	7,0	6,97	7,0	6,95	7,03	7,0	7,0	6,9
$\sum x$	34,95	35,03	35,045	34,97	35,07	34,9	35,07	35,0	35,0	34,99
$\bar{x}$	6,99	7,006	7,009	6,994	7,014	6,98	7,014	7,0	7,0	6,998
R	0,06	0,1	0,065	0,05	0,03	0,05	0,05	0,04	0,02	0,06

Klasse Nr.	von (über)	bis (einschließlich)	Anzahl der Messwerte	Häufigkeit absolute n_j	Häufigkeit relative h_j in %
1	6,95	6,965	II	2	4
2	6,965	6,98	卌 I	6	12
3	6,98	6,995	卌 卌	9	18
4	6,995	7,01	卌 卌 卌	15	30
5	7,01	7,025	卌 卌	10	20
6	7,025	7,04	卌 I	6	12
7	7,04	7,055	II	2	4
			$\sum = 50$	$\sum n_j = 50$	$\sum h_j = 100\,\%$

Aufgaben

1

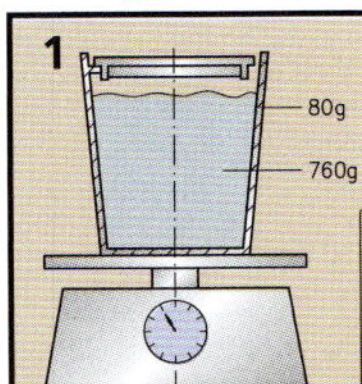

Urliste

x_1	860	850	830
x_2	830	830	850
x_3	820	870	842
x_4	840	850	840
x_5	846	862	840

2

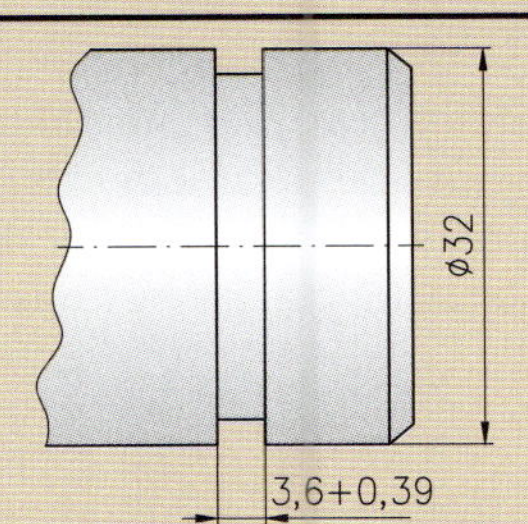

3 Strichliste

über	bis	
49,85	49,9	卌 I
49,9	49,95	III
49,95	50,0	卌 卌 卌
50,0	50,05	卌 卌 卌 卌
50,05	51,1	卌

4

Tag	Mo	Di	Mi	Do	Fr	Sa	So
Autos	290	410	580	630	480	320	2?6

Tabelle: verkehrsberuhigte Zone

1. Bei der Eingangskontrolle einer Firma werden Dosen, gefüllt mit Leim, kontrolliert. Dazu soll eine Strichliste erstellt werden. Auf der Dose befindet sich eine Angabe „Inhalt 760 g". Der Kontrolleur ermittelt die Masse der leeren Dose mit 80 g. Die Stichproben werden durchgeführt und die Ergebnisse in die Urliste eingetragen.
   a) Berechnen Sie die Spannweite R.
   b) Bestimmen Sie die Anzahl der Klassen k.
   c) Ermitteln Sie die Klassenweite w.
   d) Erstellen Sie eine Strichliste.
2. Die Breite einer Nut beträgt 3,6 + 0,39/0 mm. Bei der Überprüfung der Nutbreite mit Endmaßen werden Maße von 3,50 mm bis 4,10 mm bei 50 Proben festgestellt.
   a) Berechnen Sie die Spannweite R.
   b) Bilden Sie Klassen k.
   c) Ermitteln Sie die Klassenweite w.
   d) Bestimmen Sie die Klassengrenzen.
   e) Bereiten Sie eine Strichliste vor.
   f) Tragen Sie die Toleranzgrenzen der Nut ein.
3. Erstellen Sie aus der Strichliste ein Histogramm und tragen Sie die absoluten Häufigkeit n_j sowie die relativen Häufigkeitswerte h_j auf.
4. In einem Neubaugebiet soll eine verkehrsberuhigte Zone eingerichtet werden, sonst sei die Verkehrssicherheit nicht mehr gewährleistet. Um eine Entscheidungshilfe zu erhalten, werden die Autos in der Zeit von Montag bis Sonntag gezählt.
   a) Wie groß ist der arithmetische Mittelwert der Autos je Tag?
   b) Wie groß ist die relative Häufigkeit h_j in %?
   c) Bestimmen Sie die Summenhäufigkeit F_j in %.

Gesamtaufgabe

Druckfeder

Histogramm

a) Ermitteln Sie die Klassen k von (über) … bis (einschließlich).
b) Erstellen Sie eine Strichliste.
c) Zeichnen Sie das Balkendiagramm mit absoluter und relativer Häufigkeit (n_j und h_j).
d) Fertigen Sie eine Tabelle an, aus der folgende Angaben sichtbar werden: die Messwerte mit absoluter Häufigkeit n_j, die relativer Häufigkeit h_j in % und die Summenhäufigkeit F_j in %.

x_i	Wert des messbaren Merkmals (z. B. x_1, x_2 …)	R	Spannweite einer Stichprobe
n	Anzahl der Messwerte pro Stichprobe	$\overline{R}$	Mittelwert der Spannweiten aller Stichproben
m	Anzahl der Stichproben	s	Standardabweichung

1. Normalverteilung (Gauß'sche Glockenkurve)

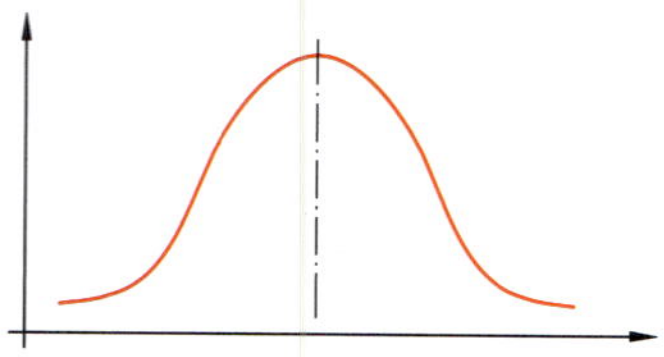

Mithilfe der Normalverteilung, nach ihrem Entdecker auch Gauß'sche Verteilung oder nach ihrer Form Glockenkurve genannt, kann die Häufigkeitsverteilung verschiedener Messreihen miteinander verglichen werden. Zufällige Messfehler oder zufällige Abweichungen vom Nennmaß lassen sich sichtbar machen. Außerdem lassen sich Rückschlüsse auf die weitere Fertigung ziehen. Die Gauß'sche Normalverteilung wird so zur Erstellung einer Prognose für die nachfolgende Fertigung genutzt.

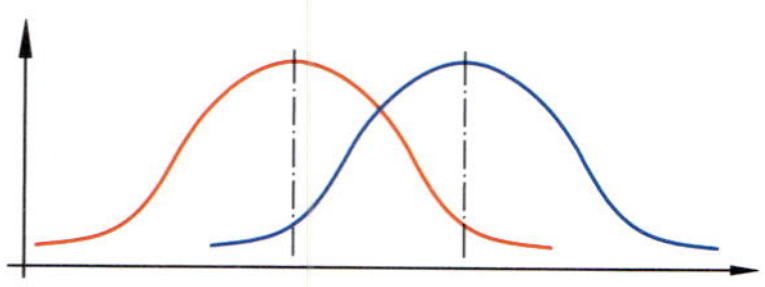

Unterschiedliche Mittelwerte der Proben z. B. durch verschiedene Werkstoff-Chargen.

Darstellung einer Normalverteilung aus Stichproben

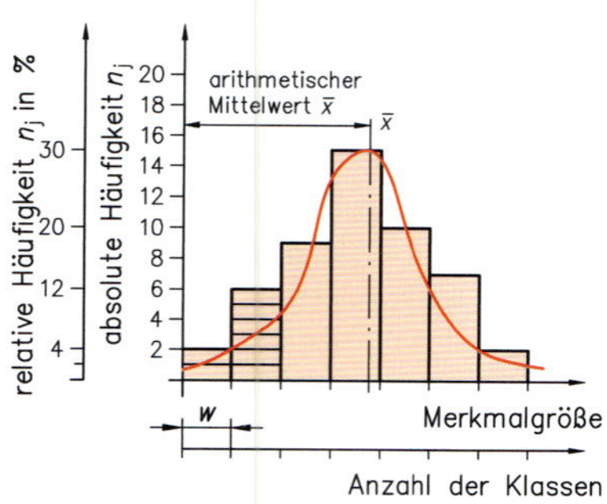

1. Auswertung von möglichst vielen Messwerten aus Stichproben
2. Ermittlung der Häufigkeitsverteilung der Messwerte
3. Berechnung des arithmetischen Mittelwertes $\overline{x}$ und der Standardabweichung s

2. Standardabweichung *s*

Die Normalverteilungskurve besitzt zwei Wendepunkte. Der Abstand der Wendepunkte zum arithmetischen Mittelwert heißt Standardabweichung s. Je größer dieser Wert ist, umso breiter ist die Kurve und umso größer ist die Streuung der Messwerte. Die Fläche unter der Verteilungskurve ist das Maß für die Gesamtheit aller Stichprobenwerte.

Berechnung

$$s = \sqrt{\frac{(\text{Messwert}_1 - \text{Mittelwert})^2 + (\text{Messwert}_2 - \text{Mittelwert})^2 + \ldots + (\text{Messwert}_n - \text{Mittelwert})^2}{\text{Anzahl der Messwerte } n - 1}}$$

$$s = \sqrt{\frac{(x_1 - \overline{x})^2 + (x_2 - \overline{x})^2 + \ldots + (x_n - \overline{x})^2}{n - 1}} = \sqrt{\frac{\sum (x_i - \overline{x})^2}{n - 1}}$$

Probenmittelwert $\overline{x} = \dfrac{x_1 + x_2 + x_3 + \ldots + x_n}{n}$

Gesamtmittelwert $\overline{\overline{x}} = \dfrac{x_1 + x_2 + x_3 + \ldots + x_m}{m}$

Näherungsweise Berechnung $s = 0{,}4 \cdot \overline{R}$ mittlere Spannweite $\overline{R} = \dfrac{R_1 + R_2 + R_3 + \ldots + R_m}{m}$

3. Prozentsätze für Teilmengen

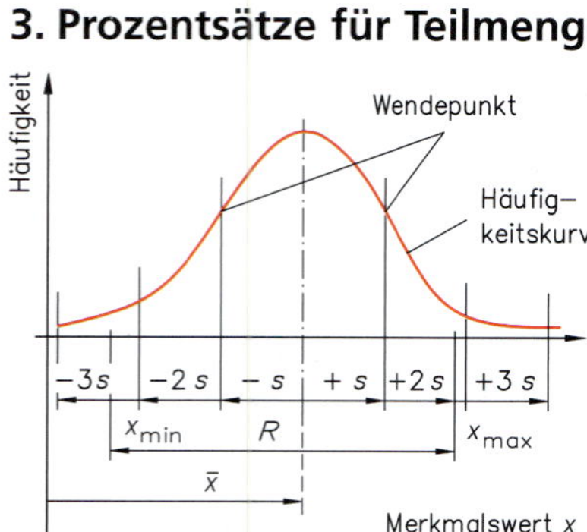

In der Fläche unter der Normalverteilungskurve zwischen den Grenzen $+1 \cdot s$ und $-1 \cdot s$ liegen etwa 68 % aller ermittelten Stichprobenwerte.

Flächenbreite b	Prozentwert
$b = 2 \cdot s$	68,26 % der Stichprobenwerte
$b = 4 \cdot s$	95,44 % der Stichprobenwerte
$b = 6 \cdot s$	99,73 % der Stichprobenwerte
$b = 8 \cdot s$	99,994 % der Stichprobenwerte

Leitbeispiel

Stifte

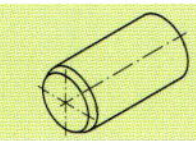

Toleranzgröße $T = G_{oW} - G_{uW} = 7{,}05\ \text{mm} - 6{,}95\ \text{mm} = \underline{0{,}1\ \text{mm}}$

Mittelwert $\overline{R} = \dfrac{R_1 + R_2 + \ldots + R_m}{10}$

$$\overline{R} = \frac{(0{,}06 + 0{,}1 + 0{,}065 + 0{,}05 + 0{,}03 + 0{,}05 + 0{,}05 + 0{,}04 + 0{,}02 + 0{,}06)\ \text{mm}}{10} = \underline{0{,}0525\ \text{mm}}$$

Geschätzte Standardabweichung

$$\hat{\sigma} = \frac{\overline{R}}{d_2} = \frac{0{,}0525\ \text{mm}}{2{,}326} = \underline{0{,}02257\ \text{mm}}$$

Stichprobenumfang	2	3	4	5	6	7
Faktor d_2	1,128	1,693	2,059	2,326	2,543	2,704

Aufgaben

1

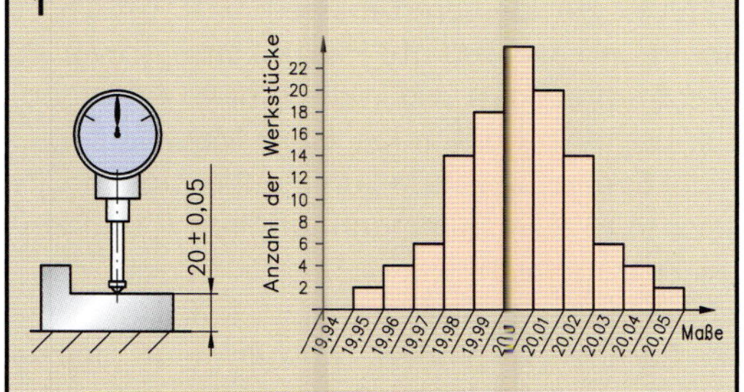

1. Die Dicke 20 ± 0,05 mm eines Werkstücks wird mit einer Messuhr überprüft. Nach der Umrechnung der Unterschiedsmaße wurde das nebenstehende Balkendiagramm erstellt.
   a) Ermitteln Sie den arithmetischen Mittelwert $\overline{x}$,
   b) die Spannweite R und
   c) die Standardabweichung s.
   d) Berechnen Sie die relative Häufigkeit h_j.

2

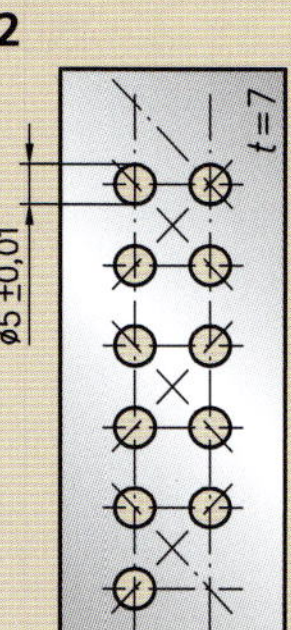

Messwert in mm	Häufigkeit n_j
4,995	2
4,997	3
4,999	5
5,001	9
5,003	6
5,005	4
5,007	1

2. Die Stichprobenmessung der Durchmesser einer Bohrlehre mit dem Maß $d = 5 \pm 0{,}01$ ergaben die in der Tabelle aufgeführten Werte.
   a) Wie groß ist der arithmetische Mittelwert $\overline{x}$?
   b) Berechnen Sie die Häufigkeit $h_{j1} \ldots h_{j7}$ in %.
   c) Zeichnen Sie das dazugehörende Balkendiagramm mit den absoluten und relativen Häufigkeitswerten.
   d) Zeichnen Sie den Mittelwert $\overline{x}$ in das Balkendiagramm ein.
   e) Wie groß ist die Standardabweichung s?
   f) Wie groß sind die Grenzen der Standardabweichung $\overline{x} + s$ und $\overline{x} - s$?

3

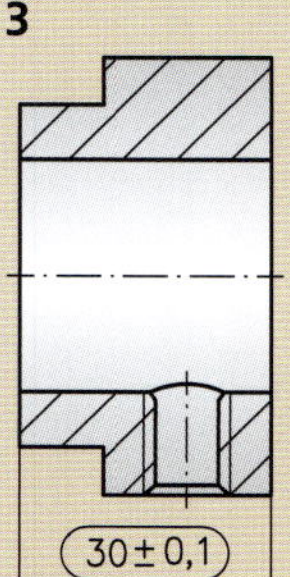

Prüfmaß in mm	Häufigkeit n_j
29,94	8
29,96	21
29,98	30
30,00	47
30,02	23
30,04	14
30,06	7

3. Im Messlabor der Kunststoffabteilung werden 150 Stück Sicherungsringe vermessen, bevor sie eingebaut werden. Das Prüfmaß beträgt 30 ± 0,1 mm. Diese Messwerte wurden in einer Tabelle festgehalten.
   a) Wie groß ist der Mittelwert $\overline{x}$?
   b) Wie groß ist die Spannweite R?
   c) Berechnen Sie die Häufigkeit h_j.
   d) Zeichnen Sie das Histogramm für die absoluten und prozentualen Häufigkeitswerte. Tragen Sie den Mittelwert $\overline{x}$ ein.
   e) Wie groß ist die relative Summenhäufigkeit F_j in %?
   f) Tragen Sie die Häufigkeit h_j und die relative Summenhäufigkeit F_j in % zusammen mit den Prüfmaßen und der Häufigkeit n_j in eine Tabelle ein.

Gesamtaufgabe

Druckfeder

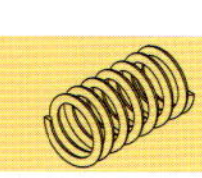

Normalverteilungskurve/Standardabweichung

a) Bestimmen Sie den Mittelwert $\overline{x}$.
b) Wie groß ist die Standardabweichung s, wenn Sie diese mit der Näherungsformel $s = 0{,}4 \cdot R$ berechnen?
c) Berechnen Sie die Standardabweichungen s_1 bis s_8.
d) Berechnen Sie den Mittelwert der Standardabweichungen $\overline{s}$.
e) Berechnen Sie $\overline{\overline{x}} + \overline{s}$ sowie $\overline{\overline{x}} - \overline{s}$.
f) Konstruieren Sie die Normalverteilungskurve und tragen Sie die Werte $\overline{\overline{x}}$ sowie $+\overline{s}$ und $-\overline{s}$ ein. Bestimmen Sie außerdem die Wendepunkte und kennzeichnen Sie diese in der Kurve.
g) Ermitteln Sie den Prozentanteil der Messwerte, die zwischen $+s$ und $-s$ liegen. Ermitteln Sie den Anteil der Messwerte, die außerhalb der Toleranz liegen.
h) Vergleichen Sie die Berechnungsergebnisse der Standardabweichung s, ermittelt mit der Näherungsformel und mit der ausführlichen Berechnung.

Wahrscheinlichkeitsnetz

Durch Übertragen der Werte einer Strichliste oder eines Histogramms in ein Diagramm mit verzerrter Häufigkeitsachse ergeben die Summen der relativen Häufigkeiten F_j eine Gerade. Liegt die Gerade zwischen den Toleranzgrenzen OGW und UGW, so geht man davon aus, dass die Merkmalswerte der Probe normalverteilt sind.

Erstellung

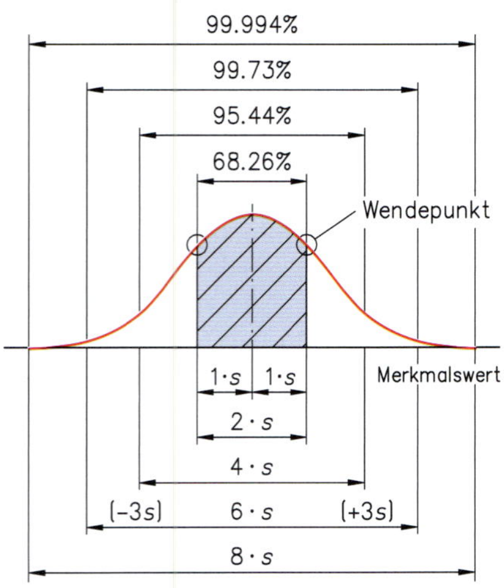

Normalverteilung nach Gauß

1. Stichproben m mit einer Anzahl von Messwerten n ermitteln.
2. Kleinsten und größten x-Wert bestimmen.
3. Klassenweite w berechnen und Klassen bilden. Maße von (über) … bis (einschließlich)
4. Anzahl der Werte der einzelnen Klassen ermitteln. (Liegt der Wert genau auf der Klassengrenze, so zählt er zur kleineren Klasse.)
5. Die Werte der Klassen addieren und als absolute Häufigkeit n_j sowie als relative Häufigkeit h_j in Prozent umrechnen und in die Tabelle eintragen.
6. Addition der Häufigkeiten n_j beginnend beim kleinsten Messwert x_{min}. Eintragen der Ergebnisse in die Spalte „absolute Summenhäufigkeit G_j". Umrechnung der Ergebnisse G_j in relative Summenhäufigkeit F_j und Eintragung in die Spalte $\sum F_j$ als Prozentwerte.
7. Prozentwerte ins Wahrscheinlichkeitsnetz übertragen.
8. Gefundene Punkte mit einer Geraden verbinden. (Es sollte eine gleiche Anzahl von Punkten jeweils links und rechts der Geraden liegen.)
9. Einzeichnen der oberen und unteren Toleranzgrenzen bzw. Grenzwerte (OGW und UGW).
10. Berechnung der $+3s$-Linie und der $-3s$-Linie.
11. Einzeichnen der $3s$-Linien bei 99,73 % bzw. bei 0,27 % und Verlängern der Geraden bis zu den $\pm 3s$-Linien bzw. $\pm 4s$-Linien (= 8s).

Erklärung – Deutung

Klasse Nr.	Merkmal von (über)	bis (einschließlich)	Anzahl der Messwerte	relative Häufigkeit n_j	relative Häufigkeit h_j in %	absolute Summenhäufigkeit G_j	relative Summenhäufigkeit F_j in %
1	18,971	18,969	/	1	2	49+1=50	100
2	18,969	18,967	///	3	6	46+3=49	98
3	18,967	18,965	~~////~~ //	7	14	39+7=46	92
4	18,965	18,963	~~////~~ ~~////~~ ~~////~~ ~~////~~ ////	19	38	20+19=39	78
5	18,963	18,961	~~////~~ ~~////~~ /	11	22	9+11=20	40
6	18,961	18,959	~~////~~ /	6	12	3+6=9	18
7	18,959	18,957	///	3	6	3	6
			Σ = 50	Σ n_j = 50	Σ h_j = 100 %		

Häufigkeitsverteilung

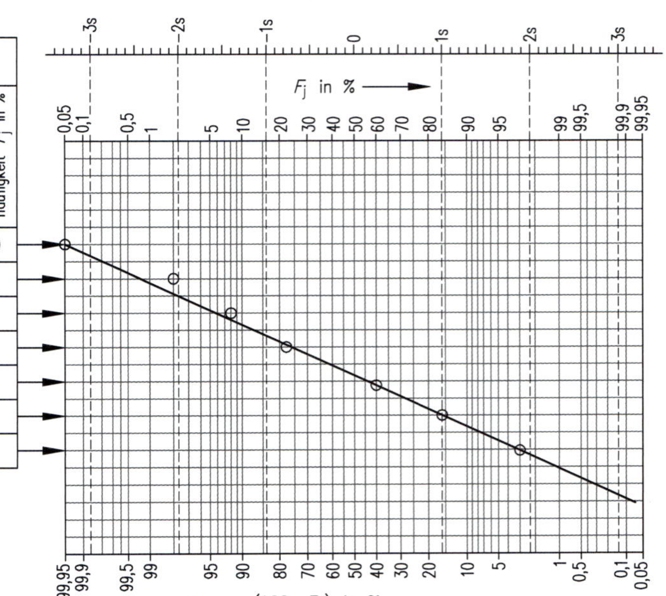

Wahrscheinlichkeitsnetz

1. Die Wahrscheinlichkeit von 50 % entspricht dem Mittelwert $\bar{x}$ und kann dort abgelesen werden (Schnittpunkt der 50 %-Linie mit der Wahrscheinlichkeitsgeraden). Dieser Wert entspricht auch dem Scheitelwert der Normalverteilung.
2. Zwischen 15,87 % und 84,13 % kann die doppelte Standardabweichung abgelesen werden. (s = 68,26 % : 2)
3. Die zu erwartenden Überschreitungen der Losgrößen liegen unter oder über den Toleranzgrenzen.
4. Ablesen der Maschinen- bzw. Prozessfähigkeit. Sie ist gegeben, wenn die Wahrscheinlichkeitsgerade zwischen der $+4s$-Linie und der $-4s$-Linie die Toleranzgrenzen nicht schneidet.
5. Ergibt sich kein eindeutiger Geradenverlauf, so liegt keine Normalverteilung vor.

Leitbeispiel

Stifte

Wahrscheinlichkeitsnetz

Klassen von... bis	Strich-liste	absolute Häufigkeit n_j	ΣF_j	ΣF_j in %
6,905 ... 6,92				
6,92 ... 6,935				
6,935 ... 6,95				
6,95 ... 6,965	//	2	2	4
6,965 ... 6,98	~~////~~ /	6	2+6=8	16
6,98 ... 6,995	~~////~~ ////	9	8+9=17	34
6,995 ... 7,01	~~////~~ ~~////~~ ~~////~~	15	17+15=32	64
7,01 ... 7,025	~~////~~ ~~////~~	10	32+10=42	84
7,025 ... 7,04	~~////~~ /	6	42+6=48	96
7,04 ... 7,055	//	2	48+2=50	100
7,055 ... 7,07				
7,07 ... 7,085				

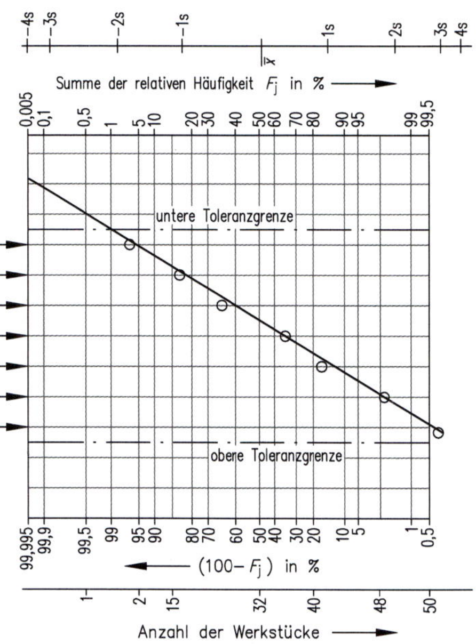

Normalverteilung

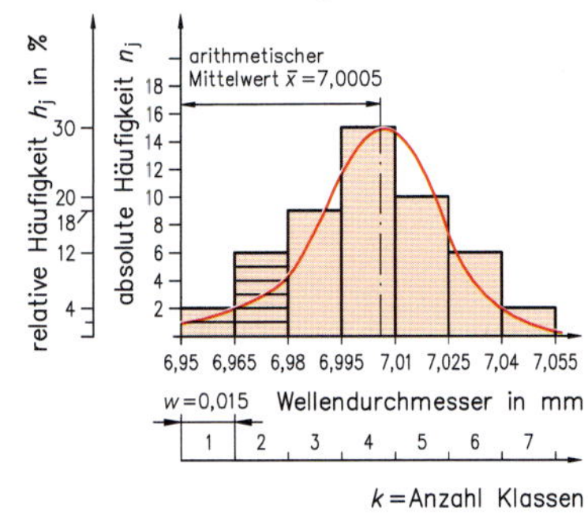

Aufgaben

1. In ein Getriebegehäuse sollen Wälzlager eingebaut werden. Dazu wurde die Bohrung mit dem Durchmesser d = 68 G7 im Gehäuse gefertigt. Zur Überprüfung der Bohrungen wurden 40 Proben (5 Stück zu 8 verschiedenen Zeiten) entnommen und überprüft. Als Prüfgerät diente ein Dreipunkt-Innen-Messgerät. Die Messergebnisse wurden in eine Messbereichsliste eingetragen.
   Überprüfen Sie mithilfe des Wahrscheinlichkeitsnetzes, ob eine Normalverteilung vorliegt.

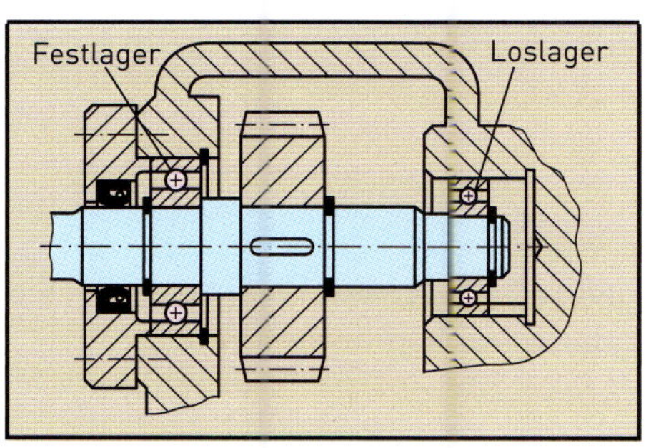

von ...	bis	absolute Häufigkeit n_j	absolute Summenhäufigkeit ΣG_j	relative Summenhäufigkeit ΣF_j in %
68,044	68,04			
68,04	68,036	1		
68,036	68,032	3		
68,032	68,028	5		
68,028	68,024	8		
68,024	68,02	10		
68,02	68,016	9		
68,016	68,012	4		
68,012	68,008			

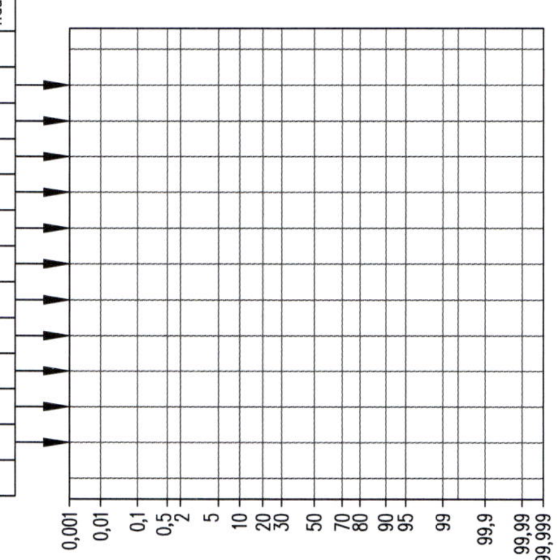

Gesamtaufgabe

Druckfeder

Wahrscheinlichkeitsnetz

a) Konstruieren Sie mit den von Ihnen vorher ermittelten Werten das Wahrscheinlichkeitsnetz. Zeichnen Sie die Wahrscheinlichkeitsgerade, Mittel- und Grenzwerte in das logarithmische Auswertungsblatt ein (Anlage am Ende des Buches).

b) Ermitteln Sie aus dem vorgegebenen Wahrscheinlichkeitsnetz den arithmetischen Gesamtmittelwert $\bar{\bar{x}}$, sowie die Standardabweichungen $+s$ und $-s$.
Lesen Sie die Werte für die obere Eingriffsgrenze OEG und die untere Eingriffsgrenze UEG ab. Mit wie viel Prozent Ausschuss ist zu rechnen?

c) Überprüfen Sie rechnerisch, ob alle abgelesenen Werte richtig sind.

d) Berechnen Sie die obere und untere Eingriffsgrenze (OEG und UEG).

Maschinenfähigkeitsprüfung

m	Anzahl der Stichproben	T	Toleranz	$\overline{R}$	mittlere Spannweite
n	Stichprobenumfang	$\overline{\overline{x}}$	Gesamtmittelwert	c_m	Maschinenfähigkeitsindex
UGW	unterer Grenzwert (Mindestmaß)	s	Standardabweichung	c_{mk}	kritischer Maschinenfähigkeitsindex
OGW	oberer Grenzwert (Höchstmaß)	$\hat{\sigma}$	geschätzte Standardabweichung[1]		

1. Maschinenfähigkeitsprüfung

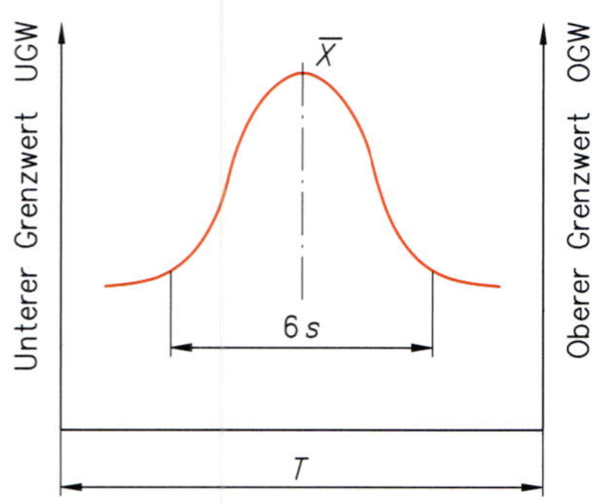

Streuung des Maschinenfähigkeitsindex

Die Maschinenfähigkeitsuntersuchung (Kurzzeitaufnahme) liefert eine Aussage über die Eignung der Fertigungsanlage. Zur Auswertung werden meist 50 Proben entnommen.

Vorbedingung:
- Ein einziger erfahrener Mitarbeiter bedient die Maschine.
- Eine Fertigungsstufe an der funktionsfähigen Maschine wird betrachtet.
- Umwelteinflüsse auf die Maschine dürfen sich nicht ändern, z. B. Betriebstemperatur.
- Material darf nur aus einer Charge stammen.
- Werkzeuge und Prüfmittel dürfen während der Untersuchung nicht gewechselt werden.
- Das Prüfmittel muss an die zu prüfende Aufgabe angepasst sein.
- Nummerierung der geprüften Teile zwecks Zurückverfolgung des Fertigungsablaufs.

2. Maschinenfähigkeitsindex c_m

Stichprobenumfang	Faktor d_2
2	1,128
3	1,693
4	2,059
5	**2,326**
6	2,543
7	2,704

Faktoren zur Abschätzung der Standardabweichung

$$c_m = \frac{\text{Toleranz}}{6 \cdot \text{Standardabweichung}}$$

$$c_m = \frac{T}{6 \cdot s} = \frac{\text{OGW} - \text{UGW}}{6 \cdot s}$$

Da die Standardabweichung schwierig zu berechnen ist, wird meist mit einer geschätzten Standardabweichung $\hat{\sigma}$ gerechnet.

$$\hat{\sigma} = \frac{R}{d_2}$$

$$c_m = \frac{T}{6 \cdot \hat{\sigma}} \quad \text{oder wenn } s \text{ bekannt} \quad c_m = \frac{T}{6 \cdot s}$$

Der Index für die Maschinenfähigkeit c_m wird vom firmeneigenen Qualitätsmanagement, vom Kunden oder durch Normen festgelegt.
Meist liegt der Wert c_m bei $\geq 1{,}33$ bis $\geq 1{,}67$ und bei höchsten Anforderungen bei $\geq 2{,}0$.

3. Kritischer Maschinenfähigkeitsindex c_{mk}

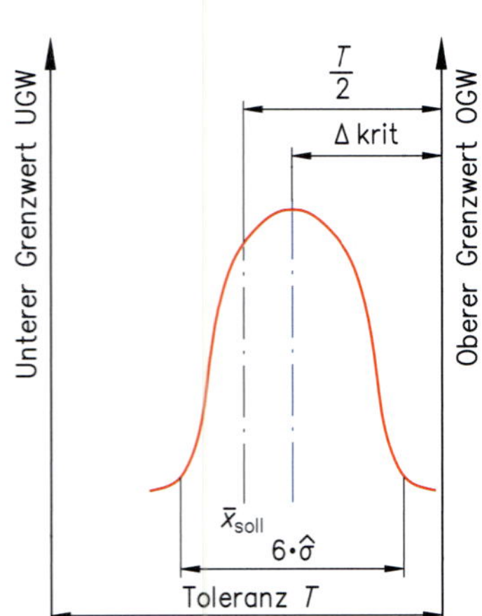

Lage und Streuung der C_{mk}-Werte

Der kritische Maschinenfähigkeitsindex gibt die Lage der Toleranzmitte zu den Streuungen an. Dazu wird der kleinste Abstand zwischen der dreifachen Standardabweichung ($3s$) und dem Mittelwert zu den unteren bzw. den oberen Grenzwerten verglichen.

$$c_{mk} = \frac{\text{kleiner Abstand von } \overline{\overline{x}} \text{ zur Toleranzgrenze}}{3 \cdot \text{Standardabweichung}}$$

Berechnung des kleinsten Abstands Δkrit:

$\Delta\text{krit} = \text{OGW} - \overline{\overline{x}}$ oder $\Delta\text{krit} = \overline{\overline{x}} - \text{UGW}$

$c_{mk} = \frac{\Delta\text{krit}}{3 \cdot \hat{\sigma}}$ oder $c_{mk} = \frac{\Delta\text{krit}}{3 \cdot s}$

Empfehlung $c_{mk} \geq 1{,}0$ bis $\geq 1{,}33$

[1] $\hat{\sigma}$ = gesprochen: sigma Dach

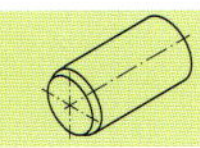

Maschinenfähigkeitindex

$$c_m = \frac{T}{6 \cdot \hat{\sigma}} = \frac{0{,}1}{6 \cdot 0{,}02257} = \underline{0{,}738} = 0{,}738 < 1{,}33$$

Die Maschinenfähigkeit ist nicht gegeben.

Kritischer Maschinenfähigkeitsindex

Mittelwert der Stichproben

$$\bar{\bar{x}} = \frac{\bar{x}_1 + \bar{x}_2 + \bar{x}_3 + \ldots + \bar{x}_m}{m}$$

$$\bar{\bar{x}} = \frac{(6{,}99 + 7{,}006 + 7{,}009 + 6{,}994 + 7{,}014 + 6{,}98 + 7{,}014 + 7{,}0 + 7{,}0 + 6{,}998)\ \text{mm}}{10} = \underline{7{,}0005\ \text{mm}}$$

$\Delta krit = OGW - \bar{\bar{x}}$ oder $\Delta krit = \bar{\bar{x}} - UGW$

$\Delta krit = 7{,}05\ \text{mm} - 7{,}0005\ \text{mm}$ — $\Delta krit = 7{,}0005\ \text{mm} - 6{,}95\ \text{mm}$

$\Delta krit = \underline{0{,}0495\ \text{mm}}$ — $\Delta krit = \underline{0{,}0505\ \text{mm}}$

mit kleinstem Wert weiter gerechnet

$$c_{mk} = \frac{\Delta krit_{min}}{3 \cdot \hat{\sigma}} = \frac{0{,}0495\ \text{mm}}{3 \cdot 0{,}02257\ \text{mm}} = \underline{0{,}731}$$

$c_{mk} = 0{,}731 < 1{,}33$

Die Maschinenfähigkeit und die kritische Maschinenfähigkeit sind nicht gegeben.
Sie sollten $> 1{,}0$ oder $> 1{,}33$ sein.

Aufgaben

1

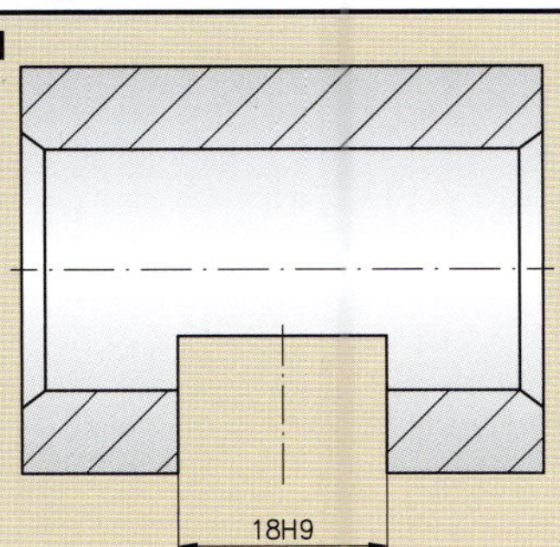

2

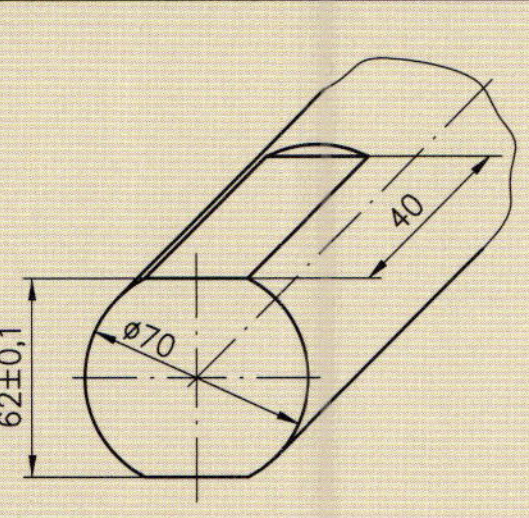

3

Proben-Nummer	Messwerte 1	2	3	4	5
1	36,1	36,0	36,1	36,2	36,3
2	35,9	36,0	36,3	36,2	35,9
3	36,4	36,3	36,2	36,1	36,4
4	36,2	36,3	36,0	35,9	36,3
5	36,7	36,3	36,4	35,9	36,1
6	36,1	36,4	36,2	36,1	36,3
7	36,4	36,3	36,7	36,0	36,4
8	36,3	36,4	35,9	36,0	36,2
9	36,3	36,2	36,1	36,0	36,4
10	36,2	36,0	36,5	36,3	36,2

1. In einer Serie von Drehteilen soll eine Nut mit der Breite 18H9 gefräst werden. Im Vorfeld soll eine Maschinenfähigkeitsprüfung vorgenommen werden. Dazu wurden 50 Werkstücke hintereinander gefräst und geprüft. Der arithmetische Mittelwert $\bar{x}$ wurde mit 18,0075 und die Standardabweichung s mit 0,0034 mm berechnet.
   a) Ermitteln Sie für das Maß 18H9 das Höchst- und das Mindestmaß sowie die Toleranz.
   b) Berechnen Sie den Maschinenkennwert c_m und den kritischen Maschinenkennwert c_{mk}.
   c) Überlegen Sie, ob die Maschinenfähigkeit gegeben ist.
2. Eine Welle mit dem Durchmesser $d = 70$ mm wird auf eine Länge von 40 mm beidseitig auf das Maß $62 \pm 0{,}1$ mm abgeflacht. Um festzustellen, ob die Maschine geeignet ist, wurden die ersten 40 Werkstücke geprüft und ein arithmetischer Mittelwert $\bar{x} = 62{,}004$ mm und eine Standardabweichung $s = 0{,}0159$ mm ermittelt.
   Beurteilen Sie, ob die Maschine geeignet ist.
3. Auf einer älteren Fräsmaschine sollen Bohrungen mit dem Durchmesser 36 $\pm$ 1 in Rohrleitungsflansche gefertigt werden. Um die Maschinenfähigkeit zu überprüfen, werden bei 10 Stichproben jeweils 5 Durchmesser geprüft und die Messergebnisse in einem Protokoll festgehalten.Ermitteln Sie, ob die Maschine in der Lage ist, die Bohrungen mit der vorgegebenen Toleranz von 2 mm zu fertigen und beurteilen Sie die Maschinenfähigkeit. Dazu sind folgende Berechnungen durchzuführen:
   a) Mittelvert der einzelnen Probe $\bar{x}$,
   b) Mittelwert aller Proben $\bar{\bar{x}}$,
   c) Spannweite der Probe R,
   d) mittlere Spannweite $\bar{R}$,
   e) geschätzte Standardabweichung $\hat{\sigma}$,
   f) Maschinenfähigkeitsindex c_m,
   g) kleinster Abstand von $\bar{\bar{x}}$ zur Toleranzgrenze $\Delta krit$,
   h) kritischer Maschinenfähigkeitsindex c_{mk}

U Messunsicherheit
c_g Messmittelfähigkeitsindex
c_{gk} kritischer Messmittelfähigkeitsindex
T Toleranz
s Standardabweichung der Messreihe eines Prüfmittels
$\overline{x}$ Mittelwert der Messreihe
x_{Normal} bekanntes Maß der Normalen
ES, EI, es, ei Abmaße

1. Messmittelfähigkeit

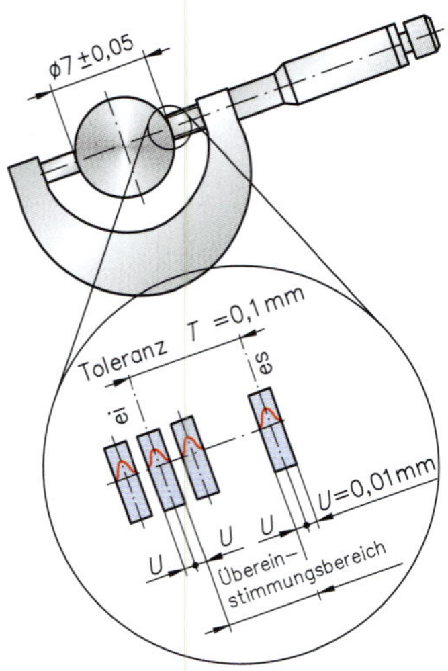

Die Beurteilung der Messmittelfähigkeit ist annähernd möglich, wenn die Größe der Messunsicherheit in etwa bekannt ist.

An kalibrierten Normalen, z. B. Endmaße und Bügelmessschrauben, werden Wiederholungsmessungen (50-mal und mehr) durchgeführt und ausgewertet.
Mittelwert $\overline{x}$ und Standardabweichung s werden aus diesen Messwerten ermittelt. Die zulässige Toleranzgrenze des Messmittels wird als Bruchteil der Toleranz des Prüfgegenstands festgelegt und die Streuung der Messergebnisse sollte 20 % dieser Toleranz nicht überschreiten.
Die Messunsicherheit ist die Entscheidungsgrundlage für die Auswahl eines Messmittels.

Messunsicherheit

$U_{zul} \leq 0{,}1 \cdot T$ bis $0{,}2 \cdot T$

$T = ES - EI$ bzw. $es - ei$

d. h.: 10 bis 20 % der Toleranz des Prüfgegenstands

2. Messmittelfähigkeitsindex c_g

$$c_g = \frac{0{,}2 \cdot T}{6 \cdot s}$$

3. Kritischer Messmittelfähigkeitsindex c_{gk}

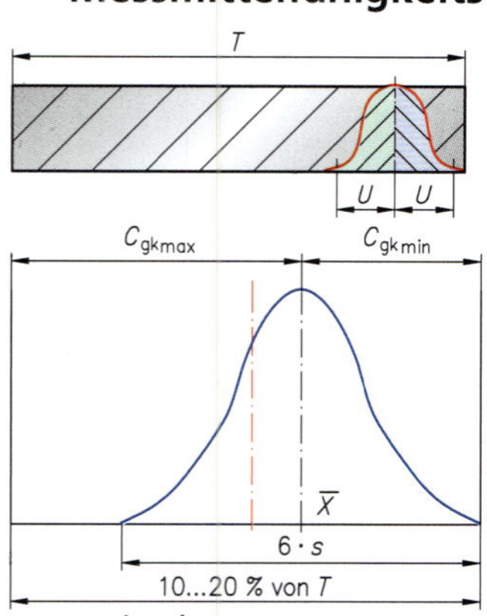

Messmittelstreuung

Der c_{gk}-Wert wird als Unterschied vom Mittelwert der Messergebnisse zum x_{Normal} (z. B. Endmaß) ermittelt und ins Verhältnis zur halben Messmittelstreuung gesetzt.

$$c_{gk} = \frac{(x_{Normal} + 0{,}1 \cdot T) - x}{3 \cdot s} \qquad c_{gk} = \frac{x - (x_{Normal} - 0{,}1 \cdot T)}{3 \cdot s}$$

Es werden beide c_{gk}-Werte berechnet. Der kleinere Wert ist der kritische Messmittelfähigkeitsindex.

$c_g \geq 1$ oft $\geq 1{,}33$; $\geq 1{,}66$; $= 2{,}0$ (vorbildlich)
$c_g = c_{gk}$

Aufgaben

1

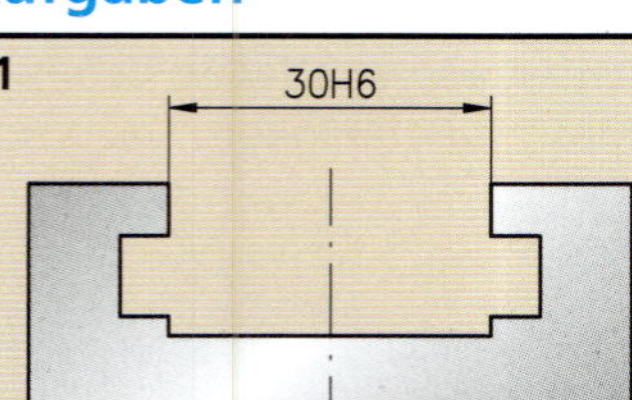

2

Dreipunkt-Innen-Messschraube	Messmittelfähigkeit c_g	kritische Messmittelfähigkeit c_{gk}
Nr. 1	1,62	1,15
Nr. 2	1,5	1,35
Nr. 3	1,86	1,2

1. Mit einer Innenmessschraube wird das Maß des Werkstücks 30H6 überprüft. Der Mittelwert $\overline{x}$ beträgt 30,0077 mm und die Standardabweichung s ist 0,00473 mm groß. Die Messschraube wurde mit einer kalibrierten Endmaßnormalen von 30,000 mm überprüft.
   a) Ermitteln Sie den Prüfmittelfähigkeitsindex c_g und den kritischen Prüfmittelfähigkeitsindex c_{gk}.
   b) Erfüllt die Messschraube die Messmittelfähigkeit?
2. Drei unterschiedliche Dreipunkt-Innen-Messschrauben wurden an 50 verschiedenen Werkstücken darauf untersucht, ob ihre Prüfmittelfähigkeit vorhanden ist.
   a) Was muss bei der Auswahl eines Messgeräts beachtet werden?
   b) Welches der drei Messgeräte ist für die Überprüfung der Bohrung geeignet?

Prozessfähigkeitsprüfung

Die Prozessfähigkeitsprüfung beschreibt, ob der Prozess die an ihn gestellten Anforderungen in der laufenden Produktion erfüllt. Dazu muss während des gesamten Fertigungsprozesses innerhalb der Toleranzgrenzen gefertigt werden.
Um eine Prozessfähigkeitsprüfung durchführen zu können, sind folgende Voraussetzungen notwendig:
Die Prüfmerkmale müssen normal verteilt und der Prozess muss beherrschbar sein.
Es kann sein, dass systematische Einflüsse auf das Prozessverhalten vorhanden sind. Dann sind Fähigkeitsuntersuchungen in der Testphase erforderlich.

Prozessergebnis	c_p c_{pk}	Beschreibung	beherrscht	qualitätsfähig
Fall A 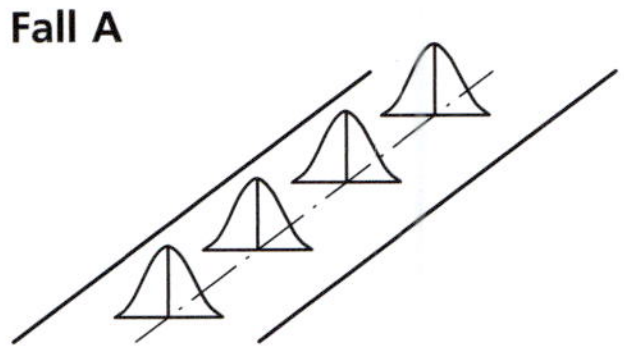	$c_p > 1{,}33$ $c_{pk} > 1{,}33$	Der Prozess ist zentriert.	ja	ja
Fall B 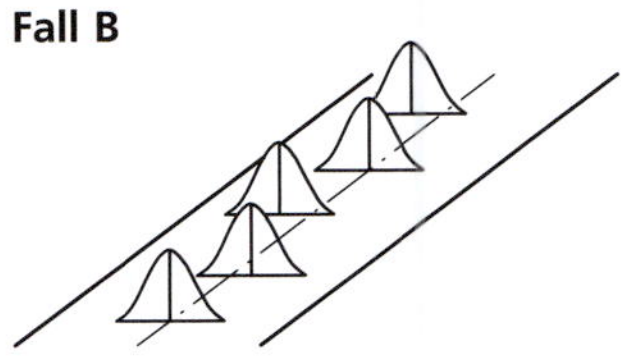	$c_p > 1{,}33$ $c_{pk} > 1{,}33$	Der Prozess muss auf Toleranzmitte zentriert werden.	ja wenn systematische Einflüsse vorhersagbar sind	ja
Fall C 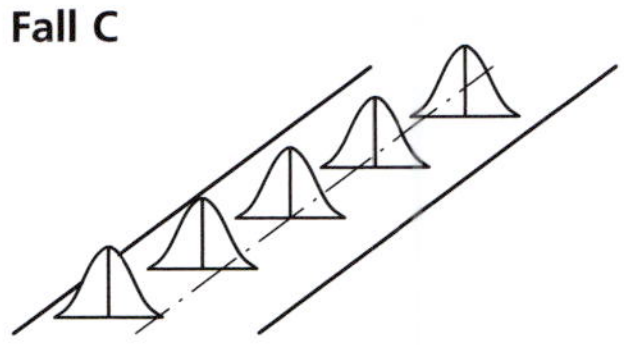	$c_p > 1{,}33$ $c_{pk} > 1{,}33$	Der Prozess muss auf Toleranzmitte zentriert werden.	ja wenn systematische Einflüsse vorhersagbar sind	ja
Fall D 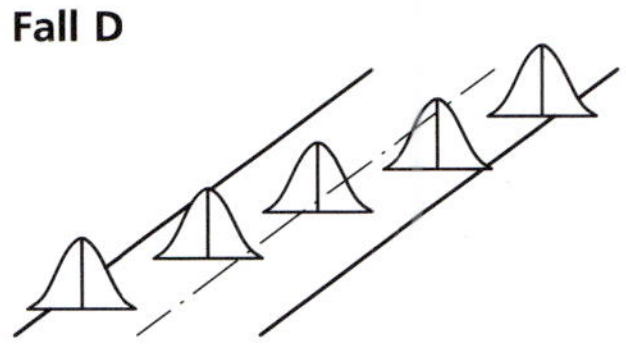	$c_p = 1{,}33$ $c_{pk} = 0$	Der Prozess muss zentriert werden.	ja wenn systematische Einflüsse vorhersagbar sind	nein
Fall E 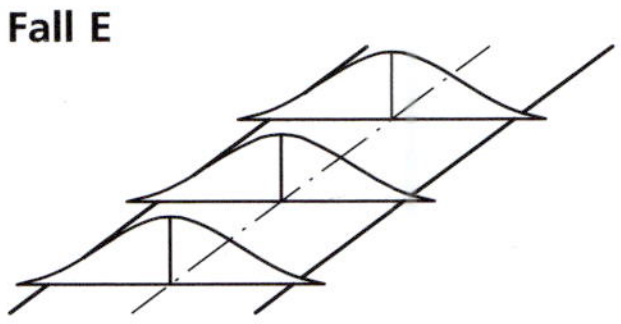	$c_p < 1{,}33$ $c_{pk} = 0{,}8$	Die Prozessstreuung muss verkleinert werden.	ja	nein
Fall F 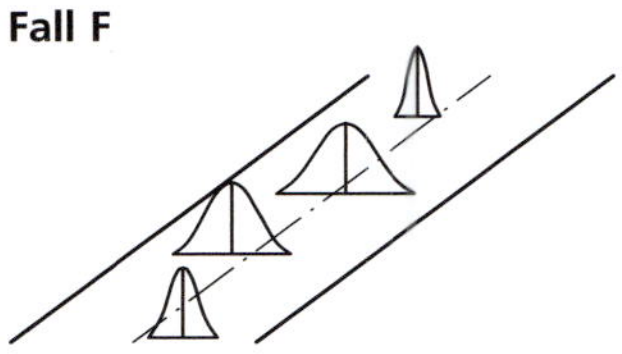	$c_p = 1{,}33$ bis $3{,}0$ $c_{pk} \gtrsim 1{,}33$	Große Prozessstreuung	nein	keine Aussage möglich
Fall G 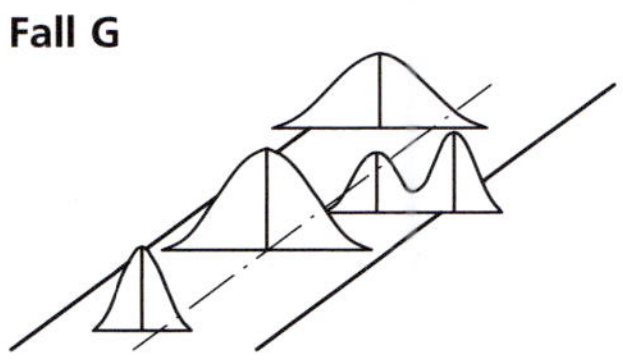	$c_p <$ und $> 1{,}33$ $c_{pk} \gtrsim 1{,}33$	Große Streubereiche, z.B. Werkzeug- oder Materialwechsel	nein	nein

Einordnung verschiedener Prozessergebnisse

Durchführung der Prozessfähigkeit

1. Langzeituntersuchung:
   z.B. 100 Teile aus Einzelstichproben vom Umfang $n \geq 3$ oder 125 Teile aus Einzelstichproben vom Umfang $n = 5$
2. Wahl der Prüfeinrichtung:
   Das Messgerät soll eine Messgenauigkeit von 1/10 der Toleranz besitzen und der Messunsicherheit entsprechen. So ist der angezeigte Messwert gleich dem Messergebnis.
3. Berechnung der Prozesskennwerte c_p und c_{pk}
4. Bestimmung der oberen und unteren Grenzwerte (OGW und UGW)
5. Interpretation der Ergebnisse und Einleitung eventueller notwendiger Veränderungen

T vorgegebene Toleranz
c_p, c_{pk} Prozessfähigkeitsindex[1]
$\bar{x}$ arithmetischer Mittelwert
$\hat{\mu}$ geschätzter, arithmetischer
R Prozessmittelwert
Spannweite

n Anzahl der Einzelwerte der Stichproben
m Anzahl der Stichproben
$\hat{\sigma}$ geschätzte Prozessstandardabweichung[2]
Δ_{krit} kleinster Abstand von μ zur Toleranzgrenze
OGW oberer Grenzwert
UGW unterer Grenzwert
$\bar{R}$ mittlere Spannweite

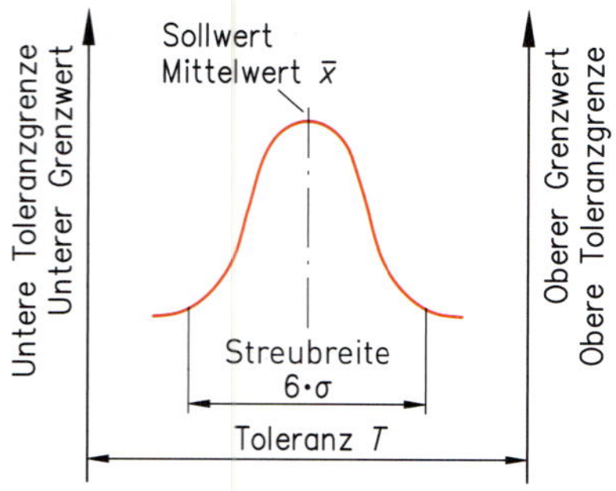

Streuung der c_p-Werte

1. Erläuterung

Der Prozessfähigkeitsindex c_p beschreibt, wie viel Abweichung die Normalverteilungskurve mit der Breite $6 \cdot \sigma$ (99,7 % aller Messwerte) von den Toleranzgrenzen hat. Ergibt sich ein Index 1, so grenzt die Kurve an die Toleranzgrenze. Liegt ein Index von 1,33 vor, so ist sicher, dass die Kurve zu beiden Toleranzgrenzen einen ausreichenden Abstand besitzt.
Je größer der c_p-Wert, desto schlanker ist die Normalverteilungskurve und desto mehr Platz gibt es für Mittelwertschwankungen.

Der kritische Prozessfähigkeitsindex c_{pk} soll immer gleich oder kleiner als der Prozessfähigkeitsindex c_p sein.

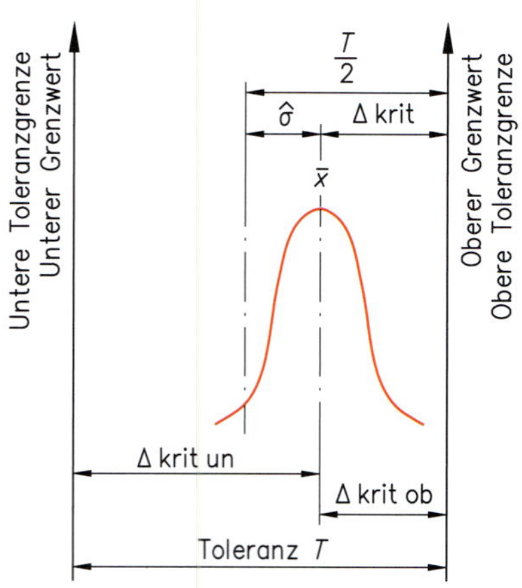

Streuung und Lage der c_{pk}-Werte

Je größer der Prozessfähigkeitsindex c_p ist, desto kleiner ist die Standardabweichung.

Ist der c_{pk}-Index gleich dem c_p-Index, so liegt der Mittelwert $\bar{x}$ genau in der Toleranzmitte.

Je kleiner der c_{pk}-Index gegenüber dem c_p-Index ist, desto weiter entfernt liegt die Normalverteilungskurve von der Toleranzmitte.

2. Berechnung des Prozessfähigkeitsindexes c_p

$$c_p = \frac{T}{6 \cdot \sigma}$$

$$c_p = \frac{OGW - UGW}{6 \cdot \sigma}$$

$$\hat{\sigma} = \frac{\bar{R}}{d_2}$$

$$\bar{R} = \frac{R_1 + R_2 + \ldots + R_m}{m}$$

Faktoren zur Berechnung der geschätzten Prozessabweichung.

Stichprobenumfang	Faktor d_2
2	1,128
3	1,693
4	2,059
5	**2,326**
6	2,543
7	2,704

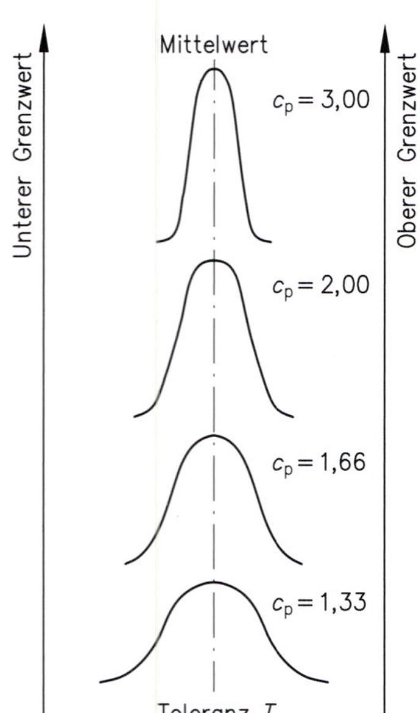

Fertigung mit unterschiedlichen c_p-Werten

3. Berechnung des kritischen Prozessfähigkeitsindexes c_{pk}

Die weitere Berechnung erfolgt mit dem kleinsten der beiden Werte:

$$\Delta krit = OGW - \bar{\bar{x}} \quad \text{oder} \quad \Delta krit = \bar{\bar{x}} - UGW$$

$$\bar{x} = \frac{x_1 + x_2 + \ldots + x_n}{n}$$

$$\bar{\bar{x}} = \frac{\bar{x}_1 + \bar{x}_2 + \ldots + \bar{x}_m}{m}$$

$$c_{pk} = \frac{\Delta krit}{3 \cdot \hat{\sigma}}$$

Es wird ein c_p- und c_{pk}-Wert von größer als 1,33 angestrebt.

---

[1] c_{pk} = critical process capability [2] $\hat{\sigma}$ = gesprochen: sigma Dach

Leitbeispiel

Stifte

Prozessfähigkeitsuntersuchung

Prozessfähigkeitsindex

$$c_p = \frac{T}{6 \cdot \hat{\sigma}} = \frac{0,1}{6 \cdot 0,02257} = \underline{0,738}$$

T = OGW − UGW
Werte für d_2, $\hat{\sigma}$, R und $\bar{\bar{x}}$ siehe Seite Maschinenfähigkeitsprüfung und Seite Normalverteilung.

$c_p = 0,738 < 1,33$ Die Prozessfähigkeit ist nicht gegeben.

Kritischer Prozessfähigkeitsindex

Mittelwert der Stichproben siehe Maschinenfähigkeitsindex $\bar{\bar{x}} = 7,0005$ mm.

Δkrit = OGW − $\bar{\bar{x}}$ oder Δkrit = $\bar{\bar{x}}$ − UGW
Δkrit = 7,05 mm − 7,0005 mm — Δkrit = 7,0005 mm − 6,95 mm
Δkrit = 0,0495 mm — Δkrit = 0,0505 mm

Mit kleinstem Wert weiter gerechnet:

$$c_{pk} = \frac{\Delta krit_{min}}{3 \cdot \hat{\sigma}} = \frac{0,0495 \text{ mm}}{3 \cdot 0,02257 \text{ mm}} = \underline{0,731}$$

$c_{pk} = 0,731 < 1,33$

Die Prozessfähigkeit und die kritische Prozessfähigkeit sind nicht gegeben. Die Werte sollten > 1,0 oder > 1,33 sein.

Die Ergebnisse der Maschinen- und Prozessfähigkeitsindices sind gleich, da die Anzahl und die Messwerte der Stichproben gleich sind. In der Praxis würde der fortlaufende Prozess überwacht.

Aufgaben

1

2
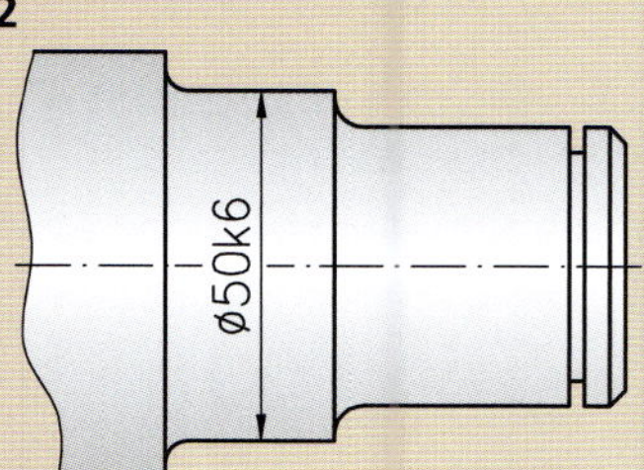

3

1. Während der Produktion von einzelnen Drähten für ein Drahtseil werden Messproben durchgeführt. Der Draht soll ein Höchstmaß von 2 mm und ein Mindestmaß von 1,91 mm nicht über- bzw. unterschreiten. Die Untersuchung erfolgt mit einer geschätzten Standardabweichung $\hat{\sigma} = 9,8\ \mu$m und einem geschätzten Mittelwert $\hat{\mu} = 1,945$ mm.
   a) Ermitteln Sie den Prozessfähigkeitsindex c_p.
   b) Ermitteln Sie den kritischen Prozessfähigkeitsindex c_{pk}.
   c) Beurteilen Sie, ob der Prozess beherrschbar ist.
2. Die Welle eines Automobilgetriebes soll in Serienfertigung produziert werden. Dazu wird eine Prozessfähigkeitsprüfung durchgeführt. Die Auswertung ergab eine geschätzte Standardabweichung für die Gesamtheit der Stichproben $\hat{\sigma} = 0,003$ mm und einen Gesamtmittelwert $\hat{\mu}$ von 50,011 mm.
   a) Ermitteln Sie den Prozessfähigkeitsindex c_p.
   b) Bestimmen Sie den kritischen Prozessfähigkeitsindex c_{pk}.
   c) Beurteilen Sie die Prozessfähigkeit.
3. Mithilfe einer Außenrundschleifmaschine werden Zylinderstifte nach DIN EN ISO 8734 gefertigt. Die Abweichungen zum Mittelwert lassen sich durch eine Normalverteilung beschreiben. Ein Neukunde für Zylinderstifte mit dem Durchmesser 8m6 bittet um Auskunft, ob eine 6s-Fertigung vorliegt. Die Schleiferei gibt Auskunft, dass die Standardabweichung $\hat{\sigma}$ 0,001 mm beträgt und der Gesamtmittelwert μ bei 8,01 mm liegt.
   a) Ermitteln Sie den Prozessfähigkeitsindex c_p und den kritischen Prozessfähigkeitsindex c_{pk}.
   b) Kann die Frage des Kunden positiv beantwortet werden?

Gesamtaufgabe

Druckfeder

Überprüfen Sie, ob die Prozessfähigkeit bzw. die kritische Prozessfähigkeit bei der Fertigung des Federdrahts gegeben ist.

$\overline{x}$	arithmetischer Mittelwert	s	Standardabweichung
$\overline{\overline{x}}$	Mittelwert der Stichprobenmittelwerte	$\overline{s}$	Mittelwert der Standardabweichungen
$A_2, \ldots D_4$	Faktoren zur Berechnung der Eingriffsgrenzen	R	Spannweite
		$\overline{R}$	mittlere Spannweite
OEG	obere Eingriffsgrenze	OWG	obere Warngrenze
UEG	untere Eingriffsgrenze	UWG	untere Warngrenze
m	Anzahl der Stichproben	ES, EI, es, ei	obere bzw. untere Abmaße
n	Stichprobenumfang	T	Toleranz

Qualitätsregelkarte (QRK) Shewhart-Qualitätsregelkarte

Zweck der Qualitätsregelkarte ist:
- die ständige Prozessüberwachung,
- den aktuellen Stand der Fertigung durch regelmäßige Stichproben aufzuzeigen,
- die Streuungsursachen zur Fertigungsänderung bei Fehlern zu erkennen,
- die Notwendigkeit des Eingreifens in den Fertigungsprozesses zwecks Qualitätsverbesserung zu erkennen,
- die Dokumentation der Fertigung.

1. Mittelwertverlauf

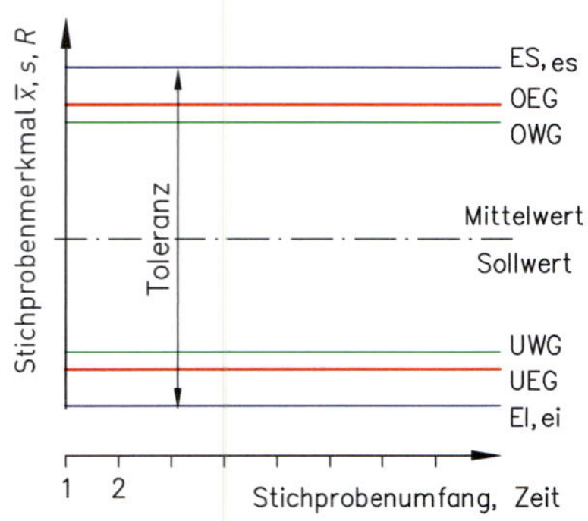

Schema Qualitätsregelkarte

Die Messwertverteilung kann sich während der Fertigung hinsichtlich der Lage und der Streuung verändern. Die Lage des Mittelwerts $\overline{\overline{x}}$ kann sich verschieben. Verändert sich die Streuung, so wird die Spannweite R oder die Standardabweichung s größer bzw. kleiner.
Um beide Trends aufzuzeigen, wird der Mittelwertverlauf auf einer $\overline{x}$-R-Karte (Mittelwert-Spannweiten-Karte) oder auf einer $\overline{x}$-s-Karte (Mittelwert-Standardabweichungs-Karte) dargestellt.

Erstellung einer Qualitätsregelkarte
1. In regelmäßigen Zeitabständen Stichproben entnehmen,
2. Stichproben auswerten,
3. Mittelwert und Streuung ermitteln,
4. Prozessfähigkeit $c_p \geq 1{,}33$ feststellen und $\overline{x}$ sowie s ermitteln,
5. Mittellinie (Sollwert) festlegen, z.B. durch Vorgabemaß, Nennmaß, Mittelwert usw.
6. obere und untere Eingriffsgrenzen mit den entsprechenden Faktoren aus der Tabelle am Ende des Kapitels berechnen.

2. $\overline{x}$-R-Karte

$\overline{x}$-Karte

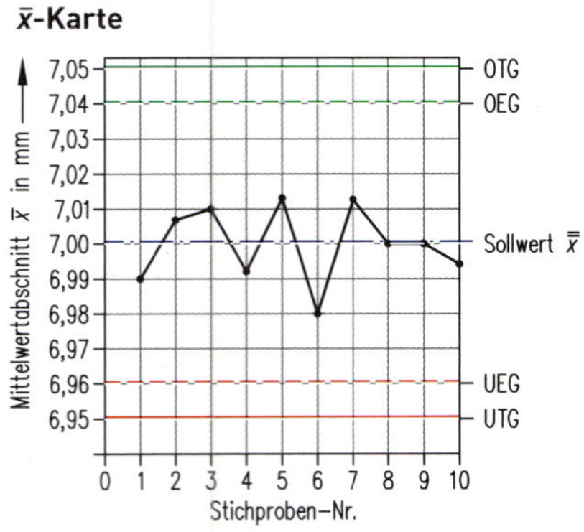

R-Karte

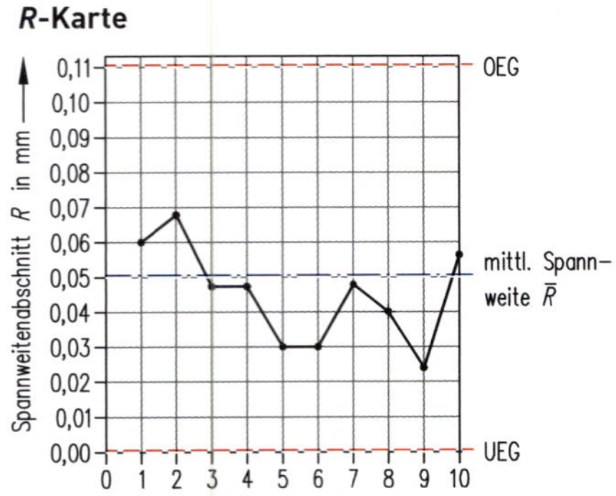

Datum:	01.08.									
Zeit:	8	9	10	11	12	13	14	15	16	17

Berechnungen zur Darstellung einer Mittelwert-Spannweiten-Karte

Mittelwert für $\overline{x}$-Karte

$$\overline{\overline{x}} = \frac{\overline{x}_1 + \overline{x}_2 + \ldots + \overline{x}_m}{m}$$

Eingriffsgrenze für x-Karte (Mittelwert)

$OEG_x = \overline{\overline{x}} + A_2 \cdot \overline{R}$ obere Eingriffsgrenze für die Mittelwerte
$UEG_x = \overline{\overline{x}} - A_2 \cdot \overline{R}$ untere Eingriffsgrenze für die Mittelwerte

Spannweite für R-Karte

$$\overline{R} = \frac{R_1 + R_2 + R_3 + \ldots + R_m}{m}$$

Eingriffsgrenze für R-Karte (Spannweiten)

$OEG_R = D_4 \cdot \overline{R}$ obere Eingriffsgrenze für die Spannweiten
$UEG_R = D_3 \cdot \overline{R}$ untere Eingriffsgrenze für die Spannweiten

OEG bis UEG entspricht etwa 99,7 % der Messwerte ($x \pm 3\hat{\sigma}$).

OWG bis UWG entspricht etwa 95,5 % der Messwerte ($x \pm 2\hat{\sigma}$).

Anmerkung
Faktoren A_2, D_3, D_4: siehe Seite 132

Leitbeispiel

Stifte

$\bar{x}$-R-Karte

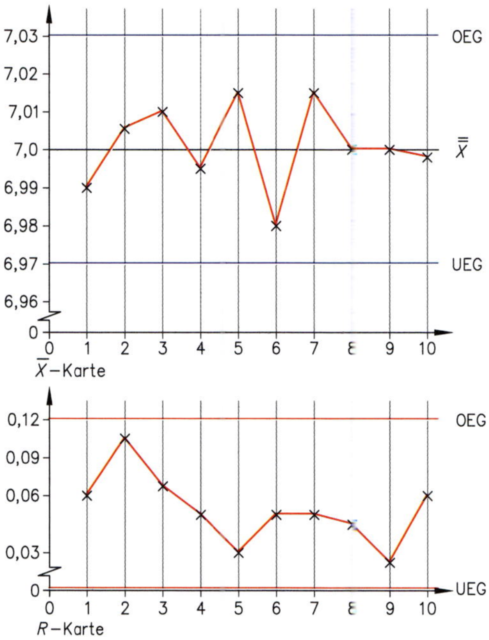

Eingriffsgrenze für $\bar{x}$-Karte

obere Eingriffsgrenze für die Mittelwerte

$OEG_x = \bar{\bar{x}} + A_2 \cdot \bar{R}$

$= 7{,}0005\ mm + 0{,}577 \cdot 0{,}0525\ mm$

$= \underline{7{,}03079\ mm}$

untere Eingriffsgrenze für die Mittelwerte

$UEG_x = \bar{\bar{x}} - A_2 \cdot \bar{R}$

$= 7{,}0005\ mm - 0{,}577 \cdot 0{,}0525\ mm$

$= \underline{6{,}9702\ mm}$

Eingriffsgrenze für R-Karte

obere Eingriffsgrenze für die Spannweiten

$OEG_R = D_4 \cdot \bar{R}$

$= 2{,}114 \cdot 0{,}0525\ mm$

$= \underline{0{,}11098\ mm}$

untere Eingriffsgrenze für die Spannweiten

$UEG_R = D_3 \cdot \bar{R}$

$= 0 \cdot 0{,}0525\ mm$

$= \underline{0}$

Aufgaben

1

	1	2	3	4	5
$\bar{x}$	59,94	60,0	59,99	59,96	60,03
R	0,17	0,26	0,18	0,17	0,14

	6	7	8	9	10
$\bar{x}$	58,88	59,99	59,94	60,0	60,08
R	0,18	0,19	0,27	0,32	0,24

2 Mittelwert-Karte

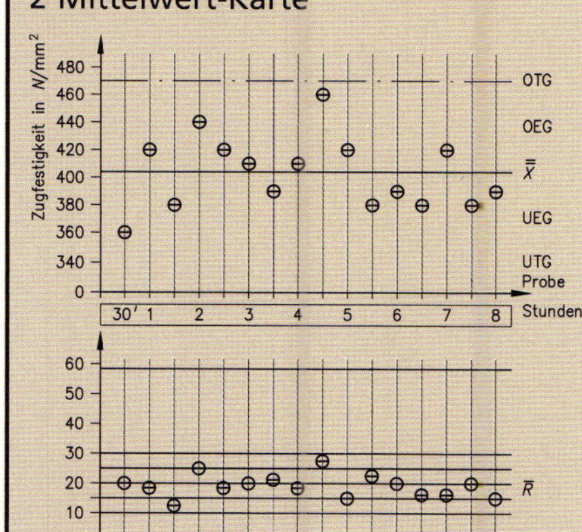

1. Erstellen Sie eine $\bar{x}$-R-Qualitätsregelkarte für 10 Stichproben mit einem Probenumfang von je 5 Werkstücken. Bekannt ist der Mittelwert $\bar{x}$ und die Spannweite R jeder Probe.
   a) Berechnen Sie den Mittelwert $\bar{\bar{x}}$ und die Spannweite R der 10 Proben.
   b) Berechnen Sie die Eingriffsgrenzen OEG und UEG für die $\bar{x}$-Karte und R-Karte.
   c) Zeichnen Sie die Mittelwert- und die Spannweiten-Karte.
   d) Tragen Sie die Mittelwerte $\bar{x}$ sowie die Spannweiten R der 10 Stichproben in die Karten ein und verbinden Sie die gefundenen Punkte miteinander.

2. Über einen Zeitraum von 8 Stunden wurde die Zugfestigkeit von Drähten aus Baustahl S235 überprüft, indem man von den 12 m langen Stangen alle 30 Minuten je eine Probe am oberen und am unteren Ende entnahm. Die beiden Prüfergebnisse wurden gemittelt und in nebenstehende Karte eingetragen.
   Die festgelegten Toleranzgrenzen liegen bei 340 N/mm² und 470 N/mm².
   a) Ermitteln Sie für die $\bar{x}$-Karte den Mittelwert sowie die obere und die untere Eingriffsgrenze (OEG und UEG).
   b) Ermitteln Sie die mittlere Spannweite $\bar{R}$.

Gesamtaufgabe

Druckfeder

Ermitteln Sie:

a) für die Mittelwert-Karte ($\bar{x}$-Karte) die obere und die untere Eingriffsgrenze (OEG und UEG), den Mittelwert $\bar{\bar{x}}$ und zeichnen Sie ihn in die Mittelwert-Karte ein.

b) für die Spannweiten-Karte (R-Karte) die obere und untere Eingriffsgrenze (OEG und UEG), den Spannweiten-Mittelwert $\bar{R}$ und zeichnen Sie ihn in die Karte ein.

$\overline{x}$	arithmetischer Mittelwert	s	Standardabweichung
$\overline{\overline{x}}$	Mittelwert der Stichprobenmittelwerte	$\overline{s}$	Mittelwert der Standardabweichungen
OEG	obere Eingriffsgrenze	m	Anzahl der Stichproben
UEG	untere Eingriffsgrenze	$A_2, \dots D_4$	Faktoren zur Berechnung der Eingriffsgrenzen
R	Spannweite		

3. $\overline{x}$-s-Karte

$\overline{x}$-Karte

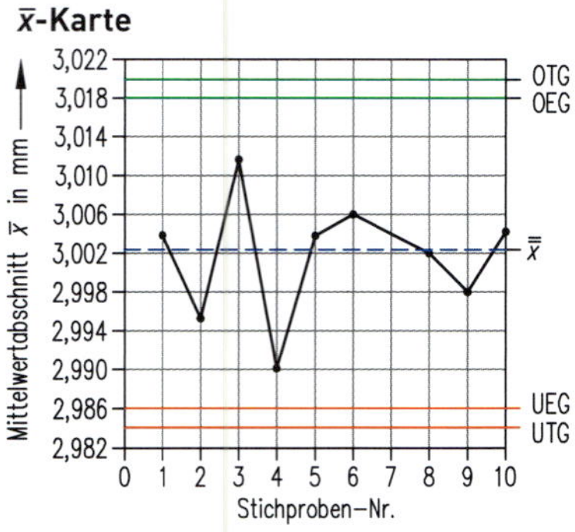

Berechnungen zur Darstellung einer Mittelwert-Standardabweichungs-Karte

Diese Karte zeigt Veränderungen und sehr kleine Abweichungen im Produktionsprozess über einen längeren Zeitraum auf. Sie werden meist mit Rechnerunterstützung erstellt.

Mittelwert für $\overline{x}$-Karte

$$\overline{\overline{x}} = \frac{\overline{x}_1 + \overline{x}_2 + \dots + \overline{x}_m}{m}$$

Eingriffsgrenze für x-Karte (Mittelwert-Karte)

$OEG_x = \overline{\overline{x}} + A_3 \cdot \overline{s}$ obere Eingriffsgrenze für die Mittelwerte
$UEG_x = \overline{\overline{x}} - A_3 \cdot \overline{s}$ untere Eingriffsgrenze für die Mittelwerte

s-Karte

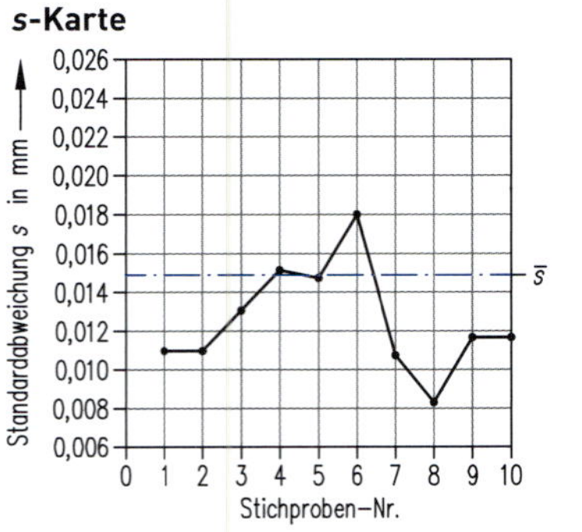

Standardabweichung für s-Karte (Standardabweichungs-Karte)

$$\overline{s} = \frac{s_1 + s_2 + s_3 + \dots + s_m}{m}$$

Eingriffsgrenze für s-Karte

$OEG_s = B_4 \cdot \overline{s}$ obere Eingriffsgrenze für die Standardabweichung
$UEG_s = B_3 \cdot \overline{s}$ untere Eingriffsgrenze für die Standardabweichung

4. Tabelle zur Berechnung der Eingriffsgrenzen

Stichproben-umfang n	Faktoren A_2	A_3	B_3	B_4	D_3	D_4
2	1,880	2,659	0	3,267	0	3,267
3	1,023	1,954	0	2,568	0	2,574
4	0,729	1,628	0	2,266	0	2,282
5	0,577	1,427	0	2,089	0	2,114
6	0,483	1,287	0,030	1,970	0	2,004
7	0,419	1,182	0,118	1,882	0,076	1,924
8	0,373	1,099	0,185	1,815	0,136	1,864
9	0,337	1,032	0,239	1,761	0,184	1,816
10	0,308	0,975	0,284	1,716	0,223	1,777

Anmerkung

- Die Tabellenwerte A_2, A_3, B_3, B_4, D_3 und D_4 dienen zur einfacheren Berechnung der Eingriffsgrenzen.
- Die Lage der Mittellinie in der Spannweiten- und in der Standardabweichungskarte kann unsymmetrisch sein.

Leitbeispiel

Stifte

$\bar{x}$-s-Karte

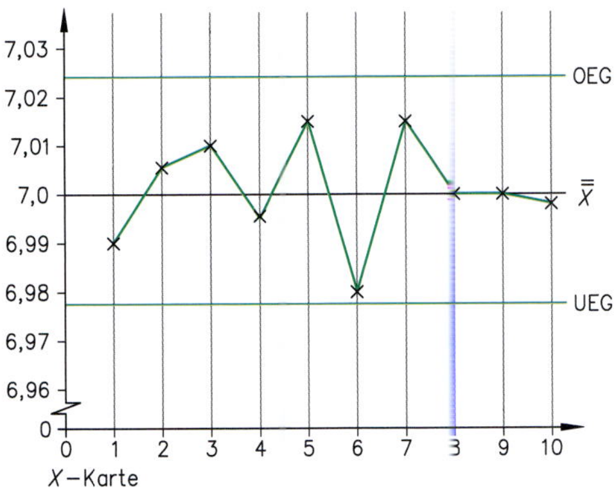

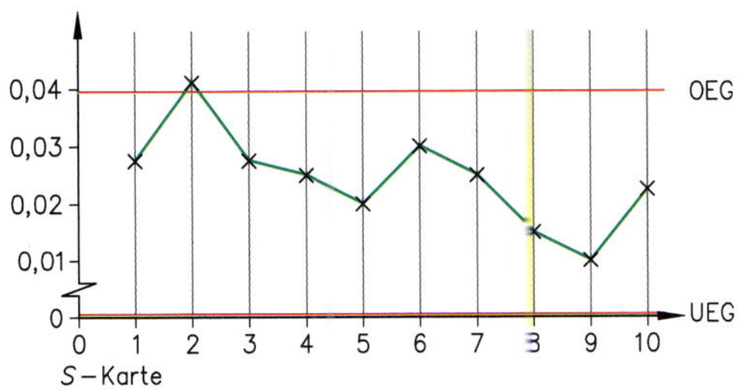

Eingriffsgrenze für $\bar{x}$-Karte

obere Eingriffsgrenze für die Mittelwerte

$OEG_x = \bar{\bar{x}} + A_3 \cdot s$

$= 7{,}0005\ \text{mm} + 1{,}427 \cdot 0{,}01624\ \text{mm} = \underline{7{,}0237\ \text{mm}}$

untere Eingriffsgrenze für die Mittelwerte

$UEG_x = \bar{\bar{x}} - A_3 \cdot s$

$= 7{,}0005\ \text{mm} - 1{,}427 \cdot 0{,}01624\ \text{mm} = \underline{6{,}977\ \text{mm}}$

Eingriffsgrenze für s-Karte

obere Eingriffsgrenze für die Standardabweichung

$OEG_s = B_4 \cdot s$

$= 2{,}089 \cdot 0{,}01624\ \text{mm}$

$= \underline{0{,}0339\ \text{mm}}$

näherungsweise

$= 2{,}089 \cdot 0{,}021\ \text{mm}$

$= \underline{0{,}0438\ \text{mm}}$

untere Eingriffsgrenze für die Standardabweichung

$UEG_s = B_3 \cdot s$

$= 0 \cdot 0{,}01624\ \text{mm}$

$= \underline{0}$

Aufgabe

1. Ermitteln Sie die obere und die untere Eingriffsgrenze (OEG und UEG) von der zu erstellenden $\bar{x}$-s-Regelkarte (Mittelwert-Standardabweichungs-Karte). Der Stichprobenumfang beträgt 10 Stück, der Mittelwert der Stichprobenmittelwerte $\bar{\bar{x}}$ beträgt 89,98 mm und der Mittelwert der Standardabweichungen s ist 0,071 mm groß.

Gesamtaufgabe

Druckfeder

Ermitteln Sie:

a) für die Standardabweichungs-Karte (s-Karte) die obere und untere Eingriffsgrenze (OEG und UEG), den Mittelwert s und zeichnen Sie ihn in die Karte ein.

b) Tragen Sie die Stichprobenmerkmale $\bar{x}$, R und s in die jeweilige Karte ein und verbinden Sie die gefundenen Punkte.

c) Beschreiben und bewerten Sie den Fertigungsprozess nach den Kriterien „trend", „run" oder „middel third".

Projektaufgabe: CNC-Drehmaschine

Mithilfe einer CNC-Drehmaschine werden 600 Scheiben aus Tantal, die für Heizelemente in der Chemieindustrie benötigt werden, gefertigt. Ein wichtiger zu prüfender Durchmesser hat das Maß 40f7.

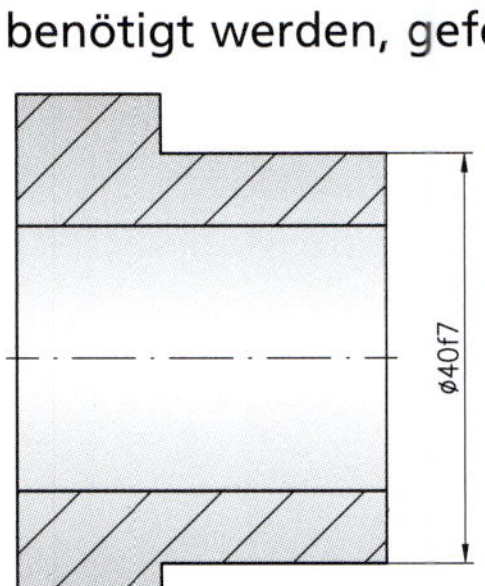

a) Ermitteln Sie die Klassenweite und die Anzahl der Klassen.

b) Erstellen Sie eine Strichliste und ein Balkendiagramm, ermitteln die absolute und die relative Häufigkeit (n_j und h_j).

c) Berechnen Sie die Summe der Messprobenwerte $\sum x$, den Mittelwert der Messprobe x, den gesamten Mittelwert $\bar{x}$ sowie die Spannweite der einzelnen Messproben R und die Spannweite aller Messproben $\bar{R}$.

d) Bestimmen Sie die geschätze Spannweite σ. Ermitteln Sie weiterhin, ob die Maschine fähig ist, den Prozess durchzuführen (c_m, c_{mk}, OEG und UEG).

e) Berechnen Sie die Standardabweichungen s_1 bis s_8 und den Mittelwert der Standardabweichungen $\bar{s}$.

f) Zeichnen Sie für die $\bar{x}$-s-Karte die $\bar{x}$-Karte und die s-Karte. Tragen Sie den Mittelwert der Messproben $\bar{\bar{x}}$ und den Mittelwert der Standardabweichung der Stichproben s ein. Berechnen Sie die obere und untere Eingriffsgrenze. Zeichnen Sie diese in die Karten ein. Übertragen Sie die Abschnitte der Mittelwerte $\bar{x}$ und der Standardabweichung s ebenfalls.

g) Prüfmerkmal d = 40f7; Stichproben 8; Stichprobenumfang 5

	1	2	3	4	5	6	7	8
x_1	39,967	39,962	39,963	39,953	39,964	39,965	39,966	39,959
x_2	39,952	39,955	39,954	39,947	39,967	39,968	39,949	39,959
x_3	39,956	39,956	39,961	39,961	39,960	39,970	39,971	39,966
x_4	39,963	39,957	39,958	39,959	39,963	39,964	39,961	39,964
x_5	39,968	39,976	39,962	39,963	39,970	39,976	39,965	39,969

Zeichnen Sie für die $\bar{x}$-R-Karte die $\bar{x}$-Karte und die R-Karte. Tragen Sie den Mittelwert der Messproben $\bar{\bar{x}}$ und den Mittelwert der Spannweiten der Stichproben $\bar{R}$ ein. Berechnen Sie die obere und untere Eingriffsgrenze. Zeichnen Sie diese in die Karten ein. Übertragen Sie die Abschnitte der Mittelwerte $\bar{x}$ und der Spannweiten R ebenfalls.

F	Zugkraft in N	L	Messlänge in mm	σ_z	Zugspannung in N/mm²
F_m	Höchstkraft in N	L_0	Anfangsmesslänge in mm	R_{eL}	untere Streckgrenze in N/mm²
S_0	Anfangsquerschnitt in mm²	L_u	Messlänge nach Bruch in mm	R_{eH}	obere Streckgrenze in N/mm²
ε	Dehnung in %	A	Bruchdehnung in %	R_m	Zugfestigkeit in N/mm²

1. Spannungs-Dehnungs-Diagramm

ausgeprägte Streckgrenze
(z. B. unlegierter Stahl)

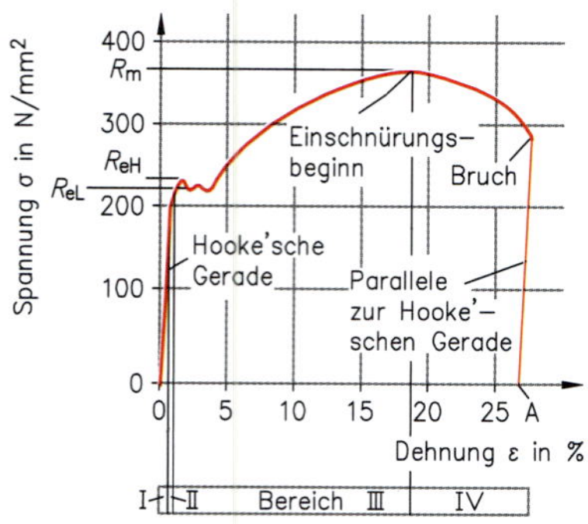

Bereiche im Spannungs-Dehnungs-Diagramm

I Linear-elastischer Bereich, auch proportionaler Bereich mit der „Hooke'-schen Geraden" genannt. In ihm wächst die Dehnung proportional zur Spannung.

II Nicht-linear elastischer Bereich. In ihm bleibt die Verlängerung erhalten, die Spannung ist nicht mehr proportional.

III Plastischer Bereich. In ihm kommt es zu einer bleibenden Längenzunahme.

IV Bruch-Bereich. In ihm fällt die Spannung ab, bis es zum Bruch kommt (Einschnürungsbereich).

Spannung

Spannung ist der Quotient aus Zugkraft und dem Anfangsquerschnitt.

$$\text{Spannung} = \frac{\text{wirkende Zugkraft}}{\text{Anfangsquerschnitt}} \qquad \sigma_z = \frac{F}{S_0}$$

2. Spannungs-Dehnungs-Diagramm

ohne ausgeprägte Streckgrenze
(z. B. Vergütungsstahl)

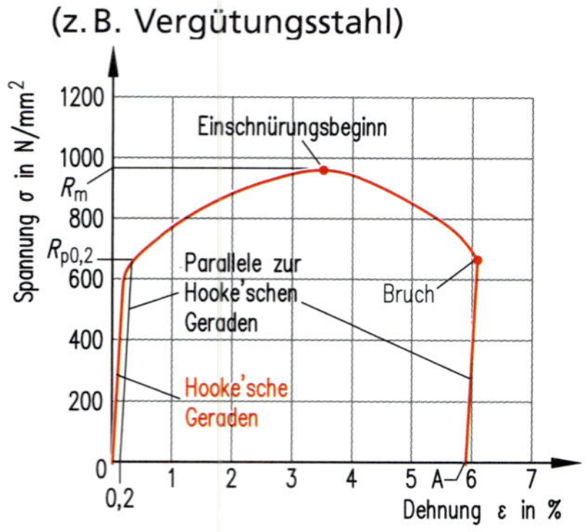

Dehnung

Die Dehnung ist eine Längenänderung, bezogen auf die Anfangslänge. Sie ist eine dimensionslose Größe und meist in Prozent angegeben, z. B. 0,2 %-Dehngrenze.

$$\text{Dehnung} = \frac{\text{Verlängerung}}{\text{Anfangsmesslänge}} \cdot 100\,\% \qquad \varepsilon = \frac{L - L_0}{L_0} \cdot 100\,\%$$

Streckgrenze

Die Grenze, bei der erstmals eine plastische Verformung bei geringem Spannungsabfall auftritt, wird als obere Streckgrenze R_{eH} bzw. als untere Streckgrenze R_{eL} bei unlegierten Stählen bezeichnet. Bei legierten Stählen nennt man sie $R_{p0,2}$-Grenze, dies bedeutet eine bleibende Verlängerung von 0,2 %.

$$R_{eL} = \frac{F_{eL}}{S_0} \qquad R_{eH} = \frac{F_{eH}}{S_0} \qquad R_{p0,2} = \frac{F_{0,2}}{S_0}$$

3. Zugfestigkeit

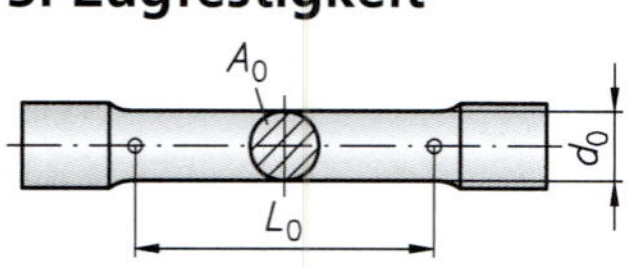

Zugfestigkeit

Die Zugfestigkeit R_m ist der Quotient aus der Höchstkraft F_m bezogen auf den Anfangsquerschnitt S_0.

$$\text{Zugfestigkeit} = \frac{\text{Höchstkraft}}{\text{Anfangsquerschnitt}} \qquad R_m = \frac{F_m}{S_0}$$

4. Bruchdehnung

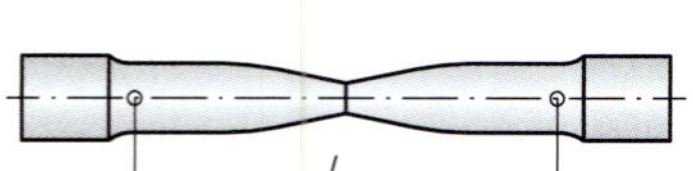

Bruchdehnung

Die Bruchdehnung A ist die bleibende Längenänderung nach dem Bruch (Messlängenermittlung durch Zusammenlegung der Probe-Stabhälften) bezogen auf die Anfangslänge.

$$\text{Bruchdehnung} = \frac{\text{Längenzunahme}}{\text{Anfangslänge}} \cdot 100\,\% \qquad A = \frac{L_u - L_0}{L_0} \cdot 100\,\%$$

5. Beispiel

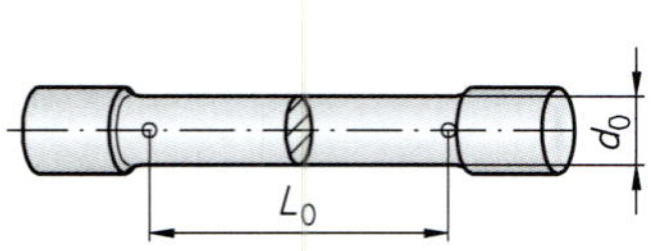

Bei einem Proportionalstab ($L_0 = 5 \cdot d_0$) mit 25 mm Anfangsdurchmesser wird bei einer Höchstkraft von 190 kN eine Bruchlänge von 156 mm gemessen. Ermitteln Sie die Zugfestigkeit und die Bruchdehnung des Probestabs.

Gesucht R_m in N/mm², A in %

Gegeben $d_0 = 25$ mm; $F_m = 190$ kN; $L_u = 156$ mm

Vorüberlegung
Kraft = Fläche × Spannung

Lösung

$$R_m = \frac{F_m}{S_0} = \frac{190\,000\ \text{N}}{490{,}9\ \text{mm}^2} = 387\ \frac{\text{N}}{\text{mm}^2}$$

$$A = \frac{L_u - L_0}{L_0} \cdot 100\,\% = \frac{156 - 5 \cdot 25}{125} \cdot 100\,\% = \underline{24{,}8\,\%}$$

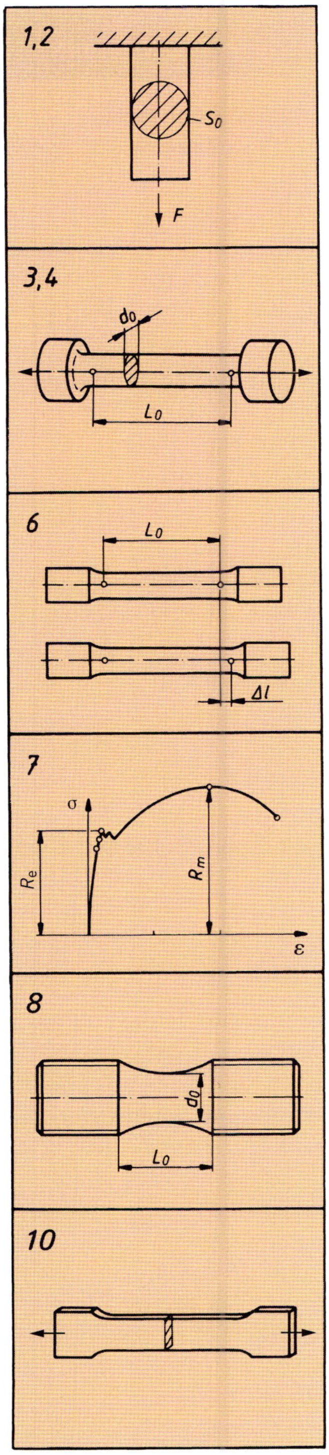

1. Berechnen Sie die fehlenden Werte der auf Zug beanspruchten Probestäbe:

Aufgabe	a	b	c
F in N	68 600	84 000	?
σ_z in N/mm²	140	?	180
S_0 in mm²	?	700	314

Aufgabe	d	e	f
L_0 in mm	60	?	80
L in mm	62	48	?
ε in %	?	20	4

2. Das Diagramm einer Zerreißmaschine zeichnet eine Spannung von 60 N/mm² auf. Bestimmen Sie für den Probestab von 30 mm Durchmesser die Zugkraft in kN.
3. In einem Probestab von 20 mm Durchmesser wirken 20 kN Zugkraft. Wie groß ist die auftretende Spannung in N/mm²?
4. Für einen Stahl mit 24 mm Durchmesser wurde die Grenze der Zugbelastung mit 260 kN ermittelt. Welche Zugfestigkeit in N/mm² hat der Stahl?
5. Ein 2 m langer Metalldraht dehnt sich unter Zugbeanspruchung auf 2 060 mm aus. Wie groß ist die Dehnung in %?
6. Um wie viel mm hat sich ein Probestab von 125 mm Länge verlängert, wenn bei der Zerreißprobe eine Dehnung von 0,16 % gemessen wurde?
7. Bei einem Probestab wurde bei einer Zugspannung von 63 N/mm² eine Dehnung von 0,03 % ermittelt. Um welchen Werkstoff handelt es sich?
8. Ein Stab von 30 mm Durchmesser und 250 mm Länge dehnt sich bei 50 kN Zugkraft um 0,135 mm. Berechnen Sie Zugspannung, Dehnung, Elastizitätsmodul.
9. Mithilfe einer Zerreißmaschine wurden für einen unbekannten Werkstoff folgende Daten ermittelt. Die Zugprobe besaß eine Anfangslänge $L_0 = 60$ mm und einen Anfangsdurchmesser $d_0 = 4$ mm.

Kurvenpunkt	1	2	3	4	5	6	7	8	9	10
Kraft F in kN	5,7	7,5	7,2	7,3	8,9	10,4	11,3	12	11,4	9,3
bleibende Verlängerung in mm	0	0,02	0,1	0,2	1,15	2,2	3,25	4,3	5,4	6,4

   a) Zeichnen Sie das Kraftverlängerungsdiagramm.
   b) Ermitteln Sie die Zugfestigkeit, die Streckgrenze und die Bruchdehnung.
10. Bei der Zugprobe eines Kupferstabs von 400 mm Länge dehnte sich der Stab um 0,2 mm. Wie groß ist die auftretende Spannung in N/mm²?

► Wissen – Erkennen – Werten

a) Welchen Vorteil hat das Spannungs-Dehnungs-Diagramm gegenüber dem Kraft-Verlängerungs-Diagramm?
b) Was wird durch die Zugfestigkeit und die Dehnung beschrieben?
c) Erklären Sie die Begriffe Dehnung und Spannung.
d) Erläutern Sie das Verhalten des Stahls im elastischen Bereich.
e) Nennen Sie das Hooke'sche Gesetz und geben Sie seine Bedeutung an.
f) Zeigen Sie die wichtige Bedeutung der Streckgrenze auf.
g) Unterscheiden Sie elastische und plastische Verformungen.
h) Mit welchen Eigenschaften ist ein Werkstoff gut kalt umformbar?

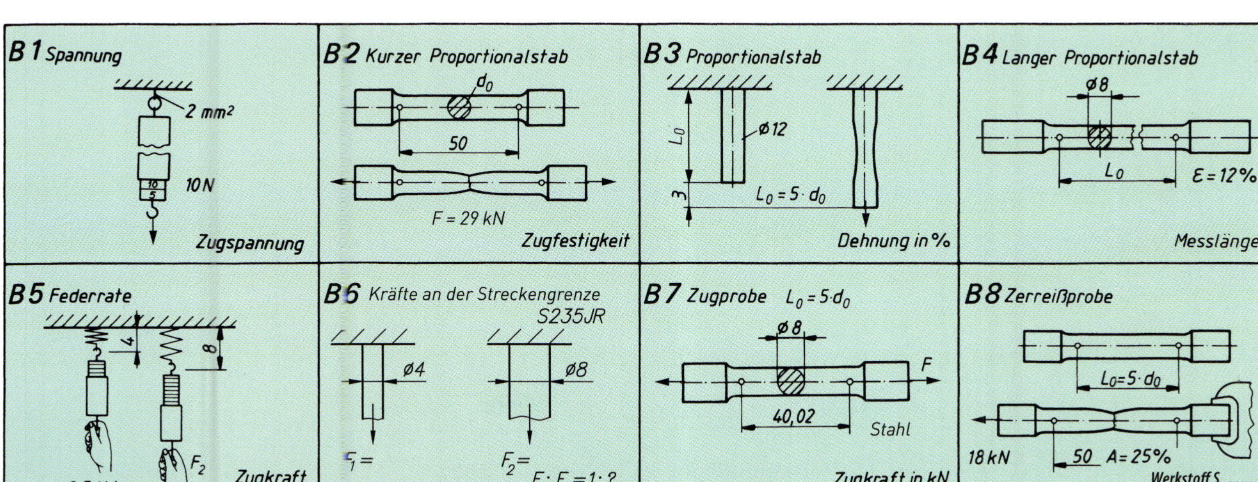

F Prüfkraft in N
D Kugeldurchmesser in mm
C Beanspruchungsgrad in N/mm²
h Eindrucktiefe in mm
d_1, d_2 Messwerte des Eindrucks in mm
d Mittelwert des Eindrucks in mm
HBW Brinellhärte
HV Vickershärte

Hinweis
Als Härte bezeichnet man den Widerstand, den ein Werkstoff dem Eindringen eines Körpers in seine Oberfläche entgegensetzt. Nach der Art des Eindringkörpers unterscheidet man die Härteprüfverfahren nach Brinell (Hartmetallkugel), Vickers (Diamantpyramide) und Rockwell (Diamantkegel bzw. Harmetallkugel). Die bleibende plastische Verformung dient als Härtemaßstab.

1. Brinellhärte
Prüfkraft
Eindrucktiefe
Eindruckoberfläche

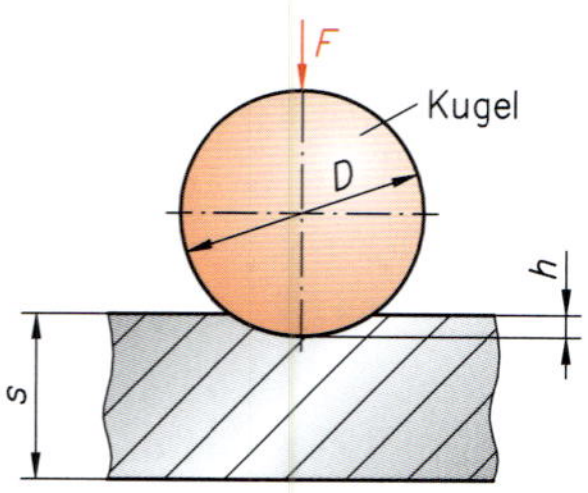

s = Mindestdicke der Probe
$s_{min} = 8 \cdot h$

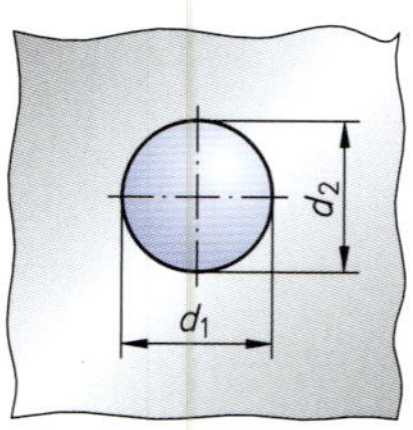

$$d = \frac{d_1 + d_2}{2}$$

Um vergleichbare Versuchswerte zu erhalten, wurde der Beanspruchungsgrad C in Abhängigkeit zum Werkstoff eingeführt.

$$\text{Prüfkraft} = \text{Beanspruchungsgrad} \times \frac{\text{Kugeldurchmesser}^2}{0{,}102^{1)}}$$

$$F = C \cdot \frac{D^2}{0{,}102}$$

Der Beanspruchungsgrad C[2] z. B. für Stahl beträgt 30 in N/mm².

Die Oberfläche des bleibenden Eindrucks ist die Mantelfläche eines Kugelabschnitts (Kugelkalotte).

$$A = D \cdot \pi \cdot h \qquad h = \frac{D - \sqrt{D^2 - d^2}}{2}$$

$$A = \frac{D \cdot \pi \cdot (D - \sqrt{D^2 - d^2})}{2}$$

Die Brinellhärte ist das Verhältnis der Prüfkraft zur Eindruckoberfläche der Prüfkugel.

$$\text{HBW} = \frac{0{,}102 \cdot 2 \cdot F}{D \cdot \pi \cdot (D - \sqrt{D^2 - d^2})}\ ^{3)}$$

Anmerkung
Bei un- und niedriglegierten Stählen kann aus der Brinellhärte die Zugfestigkeit R_m mit gewisser Toleranz abgeleitet werden ($R_m \approx 3{,}5 \cdot \text{HBW}$).

2. Vickershärte

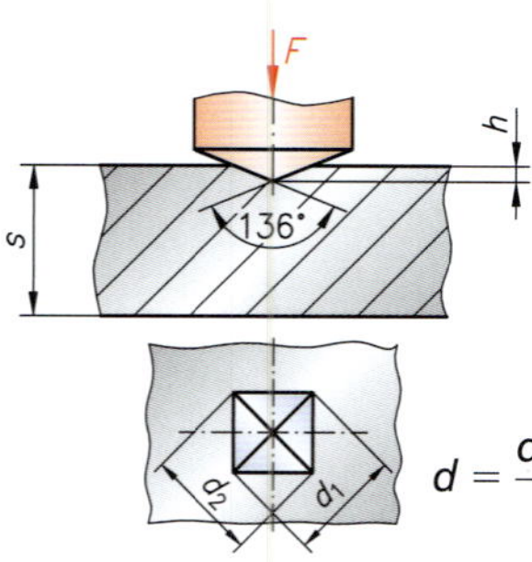

$$d = \frac{d_1 + d_2}{2}$$

Die Vickershärteprüfung dient zur Prüfung sehr harter und dünner Werkstücke sowie deren Randschichten.

$$\text{Vickershärte} = \text{Konstante} \cdot \frac{\text{Prüfkraft}}{\text{Oberfläche des Eindrucks}}$$

$$\text{HV} = 0{,}102 \cdot \frac{2F \cdot \sin\frac{136°}{2}}{d^2} \qquad A = \frac{d^2}{2 \cdot \sin\frac{\alpha}{2}} = \frac{d^2}{1{,}854}$$

$$\text{HV} \approx 0{,}1891^{4)} \cdot \frac{F}{d^2} \qquad \text{HBW} \approx 0{,}95 \cdot \text{HV}$$

3. Beispiel

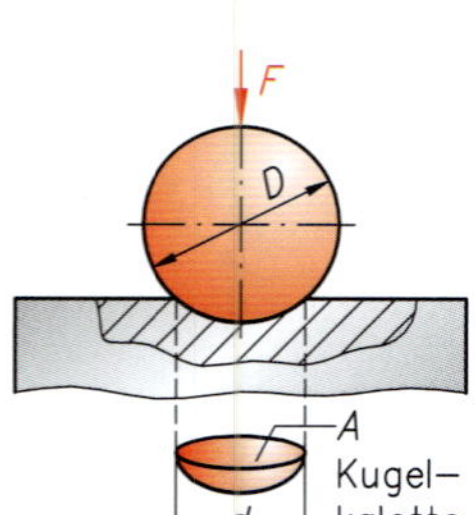

Bei einer HBW-Härteprüfung von Stahl mit einer 10-mm-Kugel wurde ein mittlerer Eindruckdurchmesser von 4,36 mm abgelesen. Bestimmen Sie die Brinellhärte.

Gesucht HBW

Gegeben $d = 4{,}36$ mm, $D = 10$ mm

Lösung **Vorüberlegung** Beanspruchsgrad siehe Tabellenbuch

$$F = \frac{C \cdot D^2}{0{,}102} = \frac{30 \cdot 10^2}{0{,}102} = 29\,420 \text{ N}$$

$$\text{HBW} = \frac{0{,}102 \cdot 2 \cdot F}{D \cdot \pi \cdot (D - \sqrt{D^2 - d^2})} = \frac{0{,}102 \cdot 2 \cdot 29\,420}{10 \cdot \pi \cdot (10 - \sqrt{10^2 - 4{,}36^2})} \approx \underline{\underline{190}}$$

---

1) $0{,}102 \approx \frac{1}{g} = \frac{1}{9{,}80665}$
4) $2 \cdot \sin\frac{136°}{2} \cdot 0{,}102 = 0{,}1891$
2) Beanspruchungsgrade siehe Tabellenbuch
3) In diese Gleichung dürfen nur Zahlen ohne Einheiten eingesetzt werden.

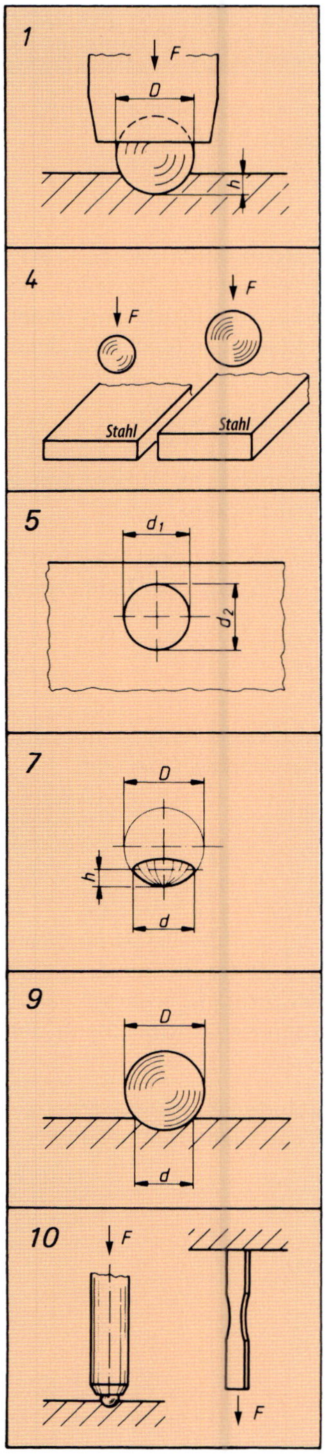

Aufgaben

Härteprüfung

1. Ermitteln Sie die fehlenden Werte der folgenden Aufgaben:

Aufgabe	a	b	c
Kugeldurchmesser in mm	2,5	5	?
Beanspruchungsgrad	30	?	5
Prüfkraft in N	?	2 452	4 903

Aufgabe	d	e	f	g
D in mm	2,5	5	?	1
h in mm	0,92	?	0,4	0,2
A in mm²	?	7,85	12,56	?

2. Welche Prüfkraft F wurde bei folgenden HBW-Bezeichnungen aufgebracht: a) 62,5; b) 30; c) 1 000?

3. Eine Zeichnung enthält folgende Härteangaben: a) 140 HBW 10/3 000/10, b) 250 HBW 1/30, c) 110 HBW 5/250/30, d) 180 HBW 2,5/62,5. Erläutern Sie die unterschiedlichen Härteangaben mithilfe eines Tabellenbuchs.

4. Welcher Zusammenhang besteht zwischen dem Eindruckdurchmesser einer Härteprobe und dem verwendeten Kugeldurchmesser?

5. Bei der Härteprüfung nach Brinell ergaben sich zwei unterschiedliche Eindruckdurchmesser, $d_1 = 4{,}12$ mm und $d_2 = 4{,}08$ mm. Berechnen Sie den Mittelwert des Eindruckdurchmessers in mm.

6. Nach Belastung einer Kugel von 5 mm Durchmesser wurde ein mittlerer Kalottendurchmesser von 1,7 mm ausgemessen. Wie groß ist die Eindrucktiefe in mm?

7. Für eine Härteprüfung nach Brinell wurde ein Kugeldurchmesser von 10 mm verwendet. Der dabei entstandene mittlere Kalottendurchmesser beträgt 3,8 mm. Bestimmen sie die Eindruckoberfläche in mm².

8. Welche Beanspruchungsgrade sind für folgende Härteprüfungen auszuwählen (siehe Tabellenbuch): a) Stahlguss, b) CuZn-Legierung (Messing), c) Aluminium, d) Blei?

9. Für eine CuZn40-Legierung ist die Brinellhärte zu bestimmen. Für einen Prüfkugeldurchmesser von 10 mm ergab sich ein mittlerer Eindruckdurchmesser von 3,7 mm. Es wurde der Beanspruchungsgrad 10 ausgewählt. Berechnen Sie den Härtegrad HBW.

10. Welche HBW-Härte hat ein Stahl mit der Bezeichnung S235JR?

► Wissen – Erkennen – Werten

a) Was versteht man unter der Härte eines Werkstoffs?
b) Welche Formen haben die Prüfkörper bei den Härteprüfverfahren?
c) Nennen Sie Bezeichnungsbeispiele für die Angabe des Härtewerts.
d) Beschreiben Sie den Vorgang einer Härteprüfung nach Brinell.
e) Welcher Zusammenhang besteht zwischen Kugeldurchmesser und Prüfkraft?
f) Was bedeutet das Kurzzeichen HBW 5/250/30?
g) Welche Beziehung besteht zwischen R_m und HBW?
h) Vergleichen Sie die Vickers- und Brinell-Härteprüfungen miteinander.

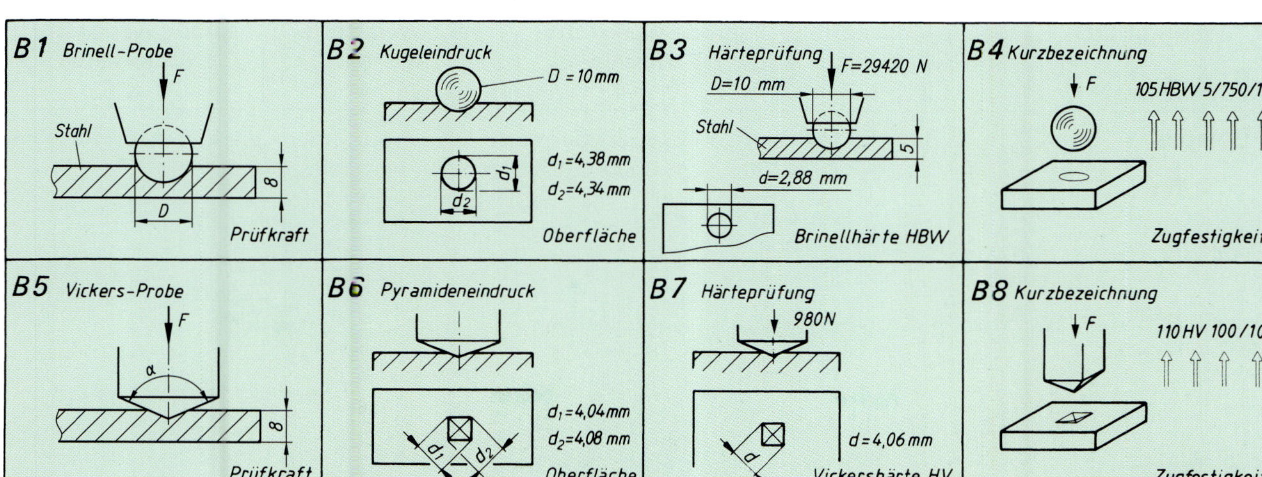

Beanspruchung von Bauteilen – Spannungen, Belastungsfälle

F Kraft in N
S_0 unbelasteter Querschnitt in mm²
R_m Zugfestigkeit in N/mm², Pa, MPa

σ_z, σ_d, σ_b Zug-, Druck-, Biegespannung in N/mm² (sprich: Sigma)
τ_a, τ_t Scher-, Torsionsspannung in N/mm² (sprich: Tau)
τ_{aB} Scherfestigkeit in N/mm²
ν Sicherheitszahl (sprich: Nü)

1. Zugspannung

Ein Stab, ein Seil, eine Kette, ein Bauteil usw. werden durch äußere Kräfte auf Zug beansprucht. Innere Kräfte im Bauteil erzeugen eine Zugspannung. Zu hohe Belastungen führen zur Verformung oder zum Bruch. Aus Sicherheitsgründen darf der Werkstoff nur bis zu einer zulässigen Spannung belastet werden.

$$\sigma_z = \frac{F}{S_0} \qquad \sigma_{z\,zul} = \frac{R_e}{\nu}$$

2. Druckspannung

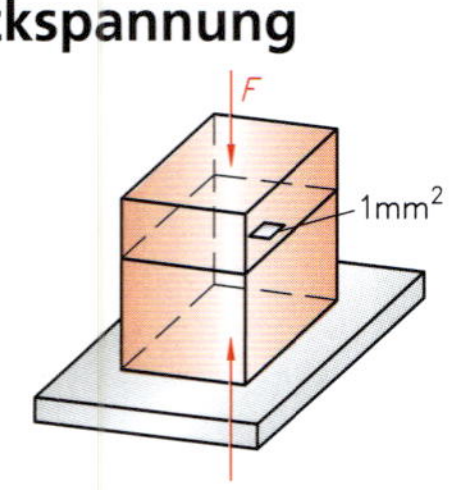

Bauteile werden entgegengesetzt der Zugkraft beansprucht. Äußere Kräfte wirken auf einen Körper und versuchen, ihn zu zerdrücken.

$$\sigma_d = \frac{F}{S_0}$$

$\sigma_{d\,zul} \approx \sigma_{z\,zul}$ bei Stahl
$\sigma_{d\,zul} \approx 1{,}2 \cdot \sigma_{z\,zul}$ bei Alu.
$\sigma_{d\,zul} \approx 2{,}5 \cdot \sigma_{z\,zul}$ bei Grauguss
$\sigma_{d\,zul} \approx 1{,}5 \cdot \sigma_{z\,zul}$ bei Temperguss

3. Abscherung

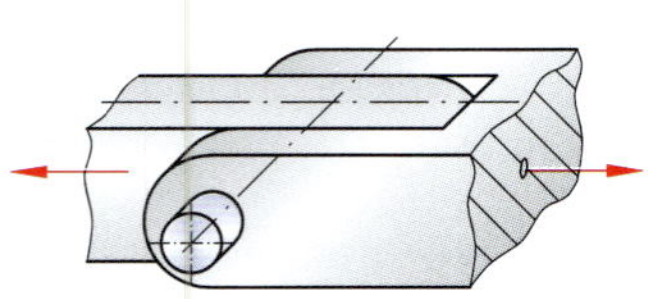

Die Abscherung ist eine Belastungsart, die entsteht, wenn Bauteile quer zur Achse beansprucht werden. Die Kraft F bezeichnet man als Querkraft.

$$\tau_a = \frac{F}{S} \qquad \tau_{a\,zul} = \frac{\tau_{aB}}{\nu}$$

Abscherfestigkeit für Stahl $\tau_{aB} \approx 0{,}8 \cdot R_m$, für Grauguss $\tau_{aB} \approx 1{,}1 \cdot R_m$

4. Belastungsfälle

Bauteile werden sehr stark durch den zeitlichen Verlauf der Belastung beansprucht. Bleibt die Belastung über einen langen Zeitraum immer gleich, wächst sie auf einen Höchstwert und geht auf Null zurück oder sie schwankt um einen Mittelwert. Zulässige Spannungen lassen sich entsprechend der Belastungsfälle aus Tabellen ablesen.

Die statische Belastung ist eine ruhende gleich bleibende Belastung.

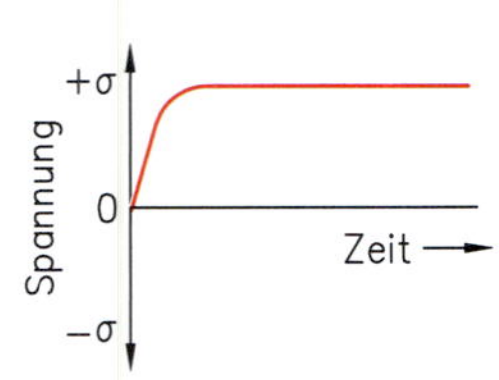

Belastung I

Die schwellende Belastung steigt an und fällt auf Null zurück.

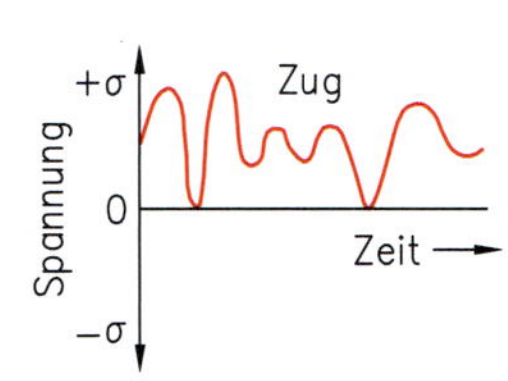

Die wechselnde Belastung wechselt zwischen positiven und negativen Werten.

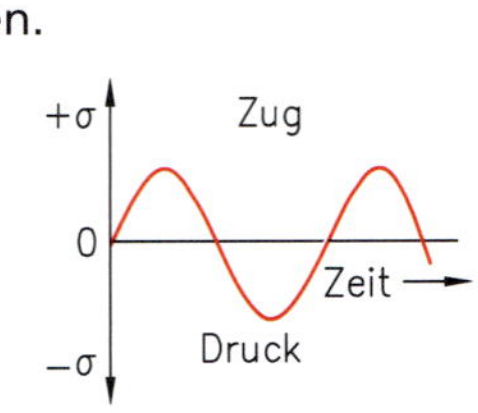

Belastung II + III

Belastungsfall	I (statisch)		II + III (dynamisch)	
Werkstoffart	zähe Werkstoffe z. B. Stahl	spröde Werkstoffe z. B. Gusseisen	zähe Werkstoffe z. B. Stahl	spröde Werkstoffe z. B. Gusseisen
Sicherheitszahl ν[1]	1,2 … 1,8	2 … 4	3 … 4	3 … 6

5. Beispiel

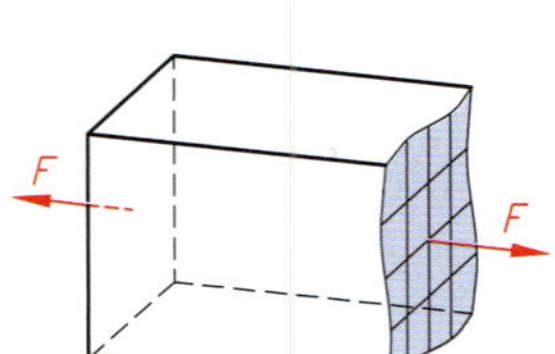

Mit welcher Zugkraft darf eine Strebe aus einem Vierkantstab EN 10059-30 × 500 – S235JR bei 2,4-facher Sicherheit belastet werden?

Gesucht F in N

Gegeben $S_0 = 30 \cdot 30\ \text{mm}^2$
$R_e = 222\ \frac{\text{N}}{\text{mm}^2}$ $\nu = 2{,}4$

Vorüberlegung
Kraft = Querschnitt × Spannung

Lösung $F = S_0 \cdot \sigma_{z\,zul} = 900\ \text{mm}^2 \cdot 92{,}5\ \frac{\text{N}}{\text{mm}^2} = \underline{\underline{83\,250\ \text{N}}}$

$$\sigma_{z\,zul} = \frac{R_e}{\nu} = \frac{222\ \frac{\text{N}}{\text{mm}^2}}{2{,}4} = 92{,}5\ \frac{\text{N}}{\text{mm}^2}$$

[1] Sicherheitszahlen zur Vordimensionierung von Maschinenbauteilen

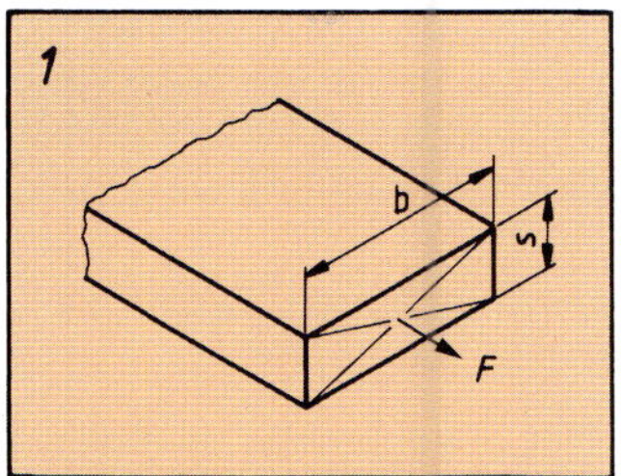

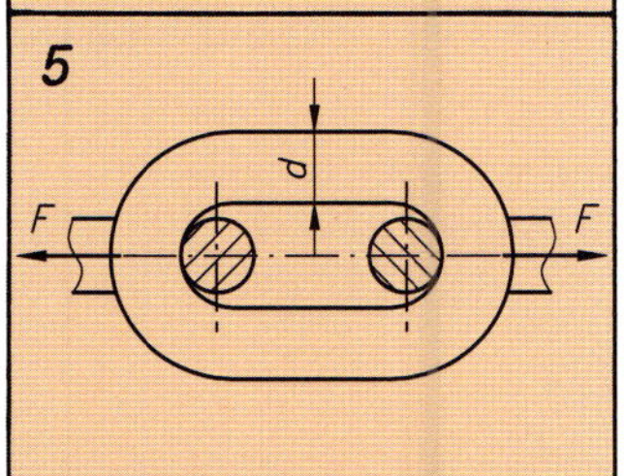

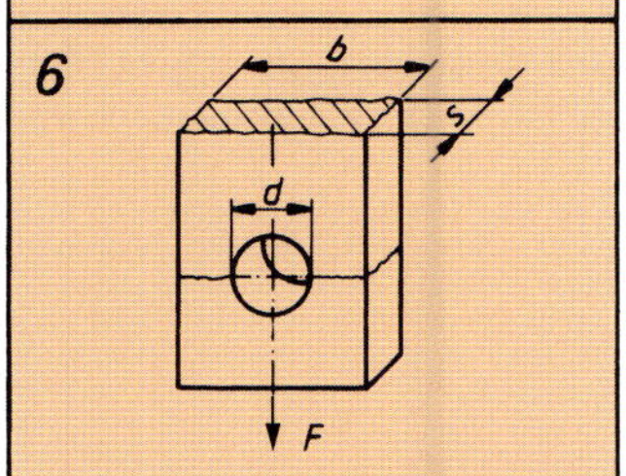

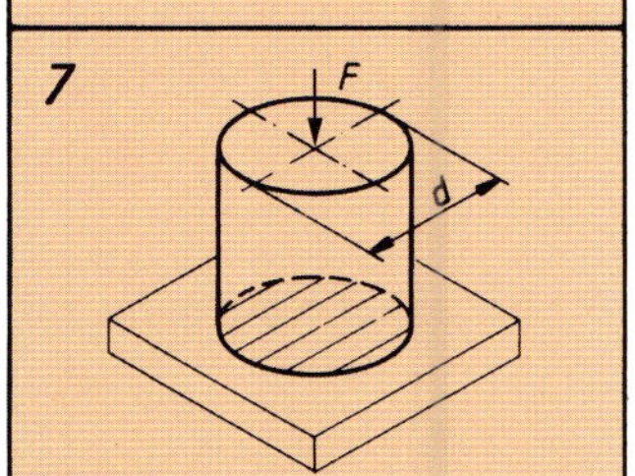

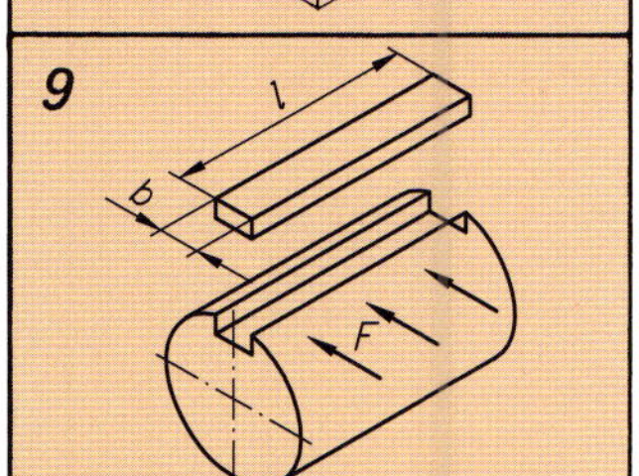

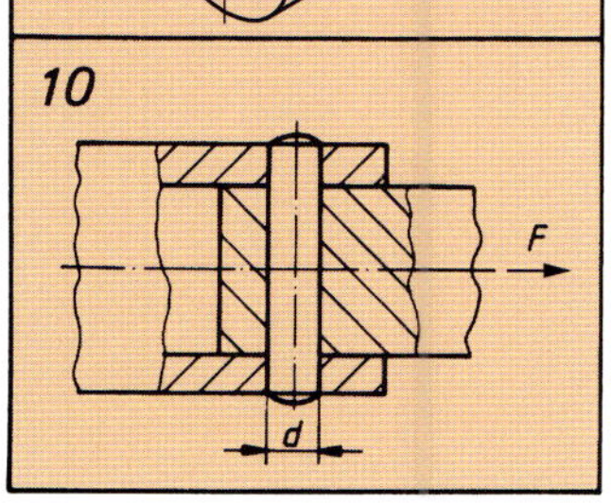

Berechnen Sie die fehlenden Werte:

1. Aufgabe	a	b	c
Querschnitt in mm^2	240	64	?
Zugspannung in N/mm^2	65	?	90
Zugkraft in N	?	5 120	8 640

2. Aufgabe	a	b
S_0 in cm^2	4,8	16
σ_d in N/mm^2	100	?
F in kN	?	192

3. Ein Flachstahl 50 × t mit R_e = 250 N/mm² wird bei 2-facher Sicherheit mit 50 kN auf Zug beansprucht. Berechnen Sie die Dicke.

4. Für S235JR mit R_e = 225 N/mm² wird die zul. Zugspannung mit 140 N/mm² angegeben. Wie groß ist die Sicherheitszahl?

5. Eine Kette aus S275JR darf bei 3-facher Sicherheit mit 19 000 N belastet werden. Wie groß ist der Kettendurchmesser?

6. Eine Lasche aus Flachstahl von 55 × 8 mm wird durch eine Bohrung d = 18 mm geschwächt. Die Belastung beträgt 40,4 kN. Wie groß ist die Zugspannung im geschwächten Querschnitt?

7. Eine runde Deckenstütze wird mit 425 kN belastet. Die zul. Druckspannung beträgt 8,5 N/mm². Wie groß ist der erforderliche Säulendurchmesser?

8. Eine Hohlsäule mit den Durchmessern 240 mm und 300 mm wird mit 2 600 kN belastet. Wie groß ist die Druckspannung in N/mm²?

9. Eine Umfangskraft von 35 000 N soll durch eine Passfeder von 10 mm Breite übertragen werden. Die zul. Scherspannung beträgt 110 N/mm². Welche Länge hat die Passfeder?

10. Der Abscherstift einer Gestängeverbindung soll bei 4 520 N Längskraft ansprechen. Wie groß muss der Stiftdurchmesser sein bei einer Scherfestigkeit von 45 N/mm²?

▶ Wissen – Erkennen – Werten

a) Was versteht man unter der Festigkeit eines Werkstoffs?
b) Unterscheiden Sie Zugfestigkeit, Streckgrenze und zulässige Spannung.
c) Weshalb ist die Streckgrenze wichtiger als die Zugfestigkeit?
d) Nach welchen Kriterien wird die zulässige Spannung festgelegt?
e) Nennen Sie die Bedeutung der Sicherheitszahl für die Praxis.
f) Nennen und beschreiben Sie die verschiedenen Belastungsfälle.
g) Welche Größen müssen für die Berechnungen eines Teils bekannt sein?
h) Was versteht man unter dem gefährdeten Querschnitt eines Bauteils?

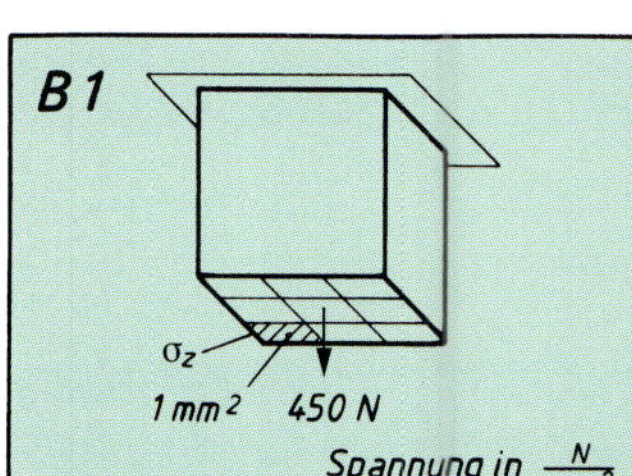

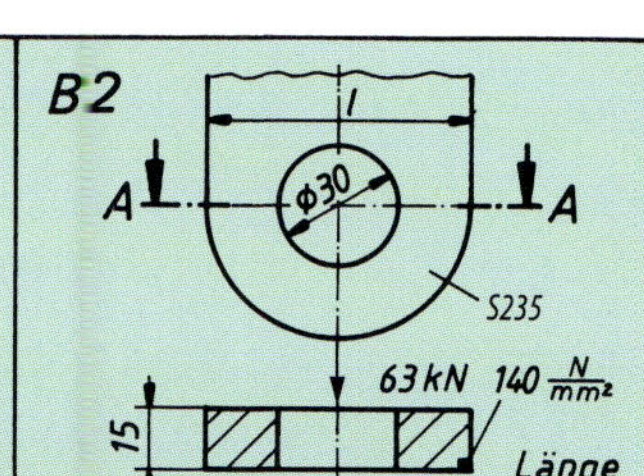

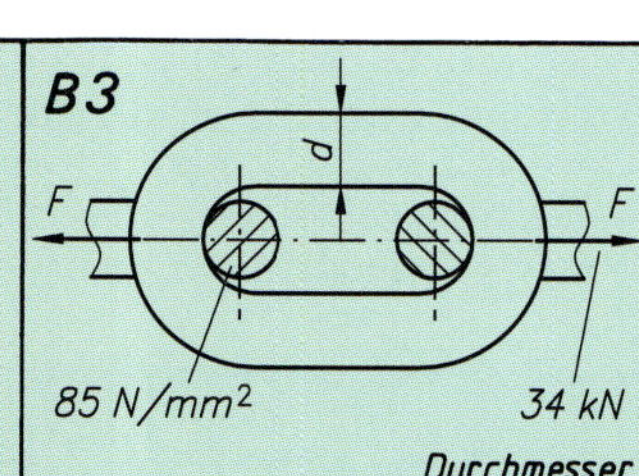

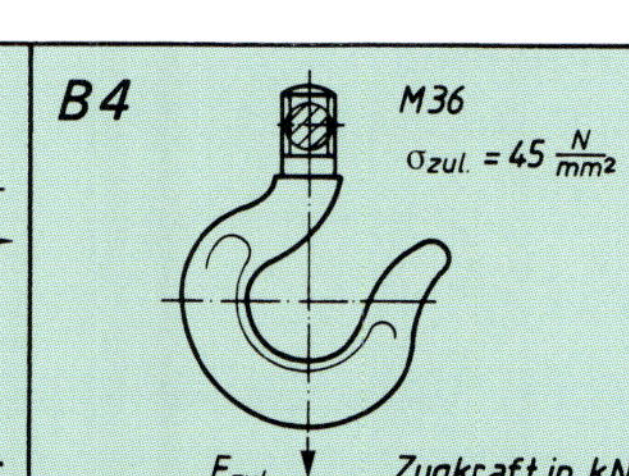

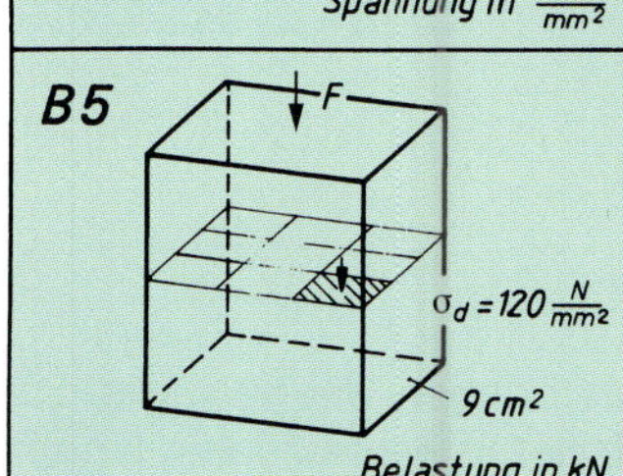

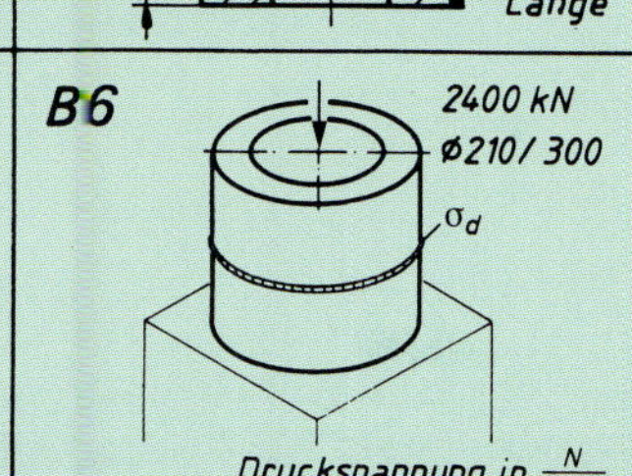

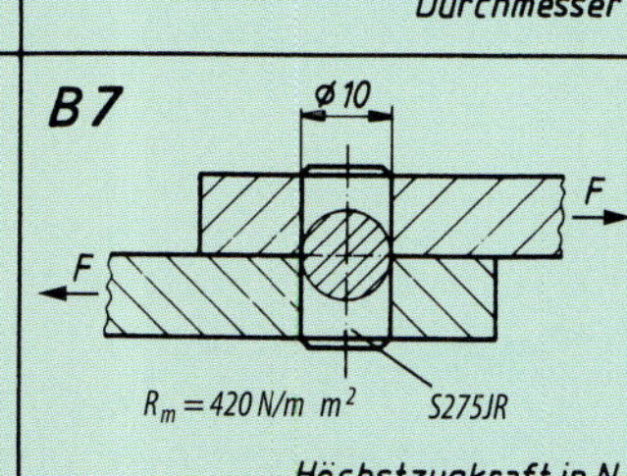

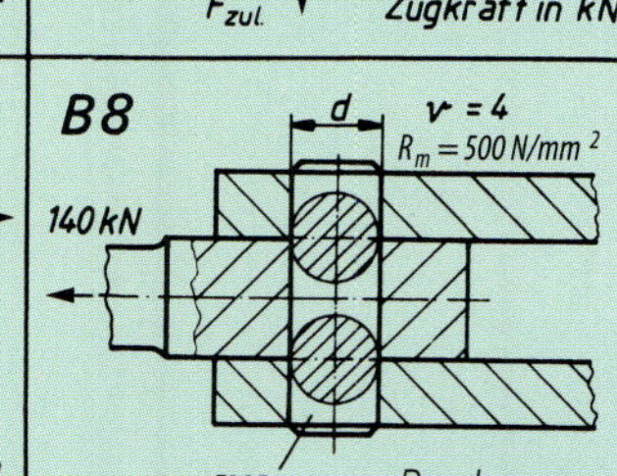

F Kraft in N
A Berührungsfläche (projizierte Fläche) in mm², cm², m²
p Druck, Flächenpressung in N/mm², N/cm², Pa
p_e Überdruck in bar, N/cm², Pa

1. Druck

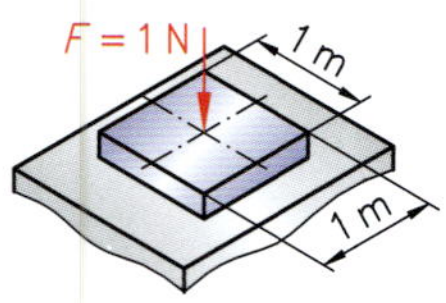

Der Druck ist der Quotient aus der Normalkraft, die senkrecht auf eine Fläche wirkt und dieser Fläche.

Umrechnung: 1 Pa = 1 N/m² 1 MPa = 1 N/mm²
1 bar = 0,1 MPa 1 bar = 100 000 Pa
1 bar = 10 N/cm²

1 bar = 10^5 Pa = 10^5 N/m² = 10 N/cm²

2. Flächenpressung

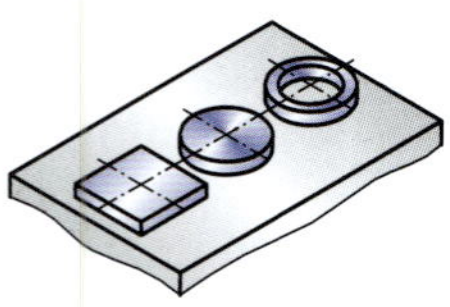

Werden zwei Körper mit einer Kraft aufeinander gedrückt, so ergibt sich zwischen den beiden Körpern ein Flächendruck, der als Flächenpressung bezeichnet wird.

Folgerung
gepresste Fläche = gedrückte Fläche
Flächenpressung = Druckspannung

Hinweis
Für die Flächenpressung gilt die Druckeinheit N/mm².

3. Projizierte Fläche

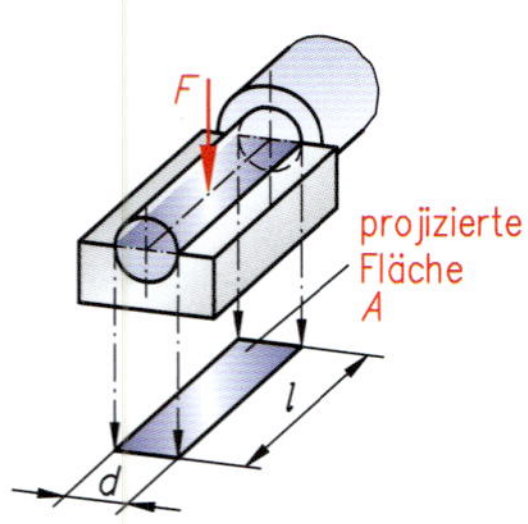

Die projizierte Fläche ist die Projektion der Berührungsfläche auf eine zur Kraft senkrecht stehende Ebene.
Für Zapfen bzw. Lagerschalen ist die Größe der gepressten Fläche gleich der senkrechten Projektion.

Folgerung:
Projektionsfläche = Durchmesser × Zapfenlänge

$$A = d \cdot l$$

4. Kraft

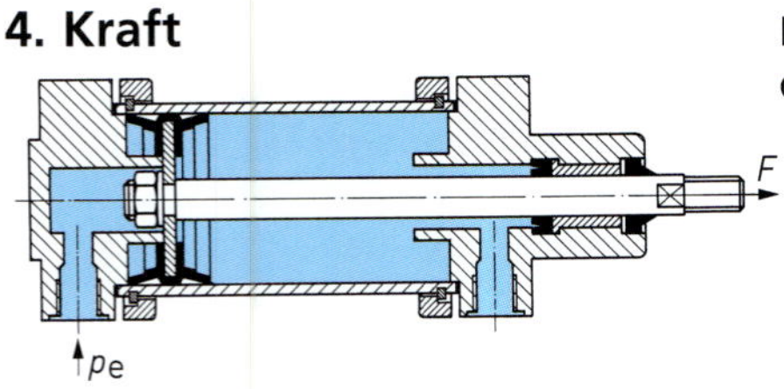

Die Kolbenkraft F ist abhängig von der Kolbenfläche A und dem Überdruck p_e.

Kraft = Fläche × Druck

$$F = A \cdot p_e$$

5. Beispiel

In einem Druckluftbehälter mit einem Innendurchmesser von 450 mm herrscht ein Druck von p_e = 8 bar. Berechnen Sie die auftretende Bodenbelastung in kN.

Gesucht F in kN

Vorüberlegung Kraft = Fläche × Druck

Gegeben p_e = 8 bar
d = 450 mm

Lösung
$F = A \cdot p_e$
$A = d^2 \cdot 0{,}785 = 45^2\ \text{cm}^2 \cdot 0{,}785 = 1\,590\ \text{cm}^2$
$F = 1\,590\ \text{cm}^2 \cdot 80\ \frac{\text{N}}{\text{cm}^2} = 127\,200\ \text{N} = \underline{127{,}2\ \text{kN}}$

Anmerkung
Groß geschrieben ist „Bar" die Einheit, klein geschrieben ist „bar" das Einheitenzeichen. Die Einheit „Bar" wird außerhalb des Internationalen Einheitensystems benutzt.

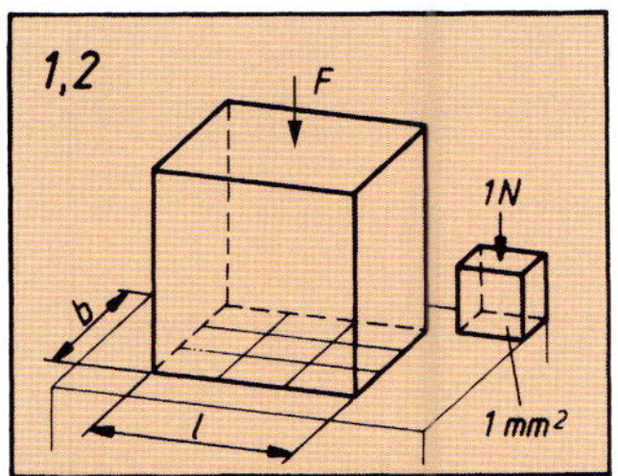

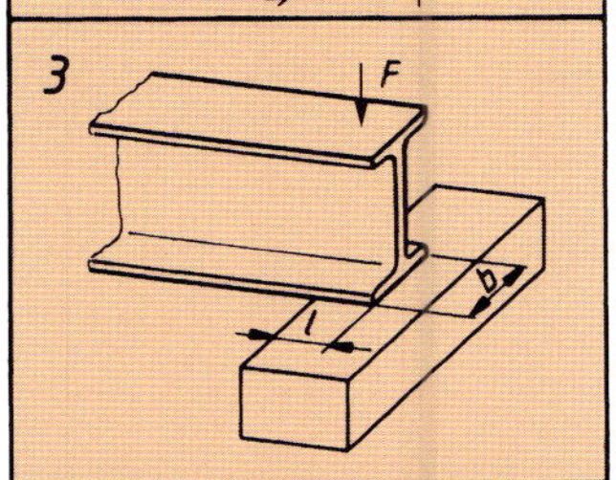

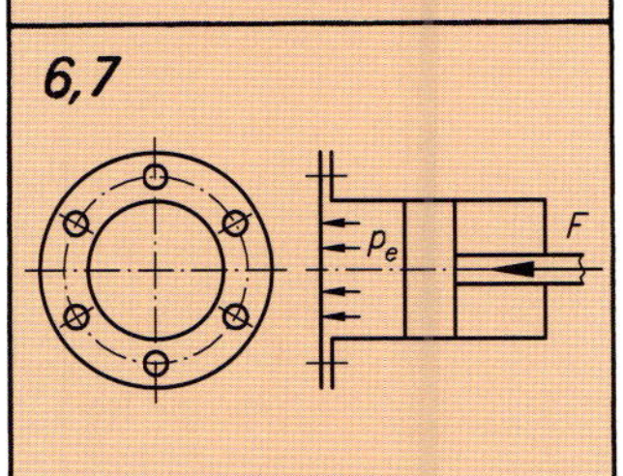

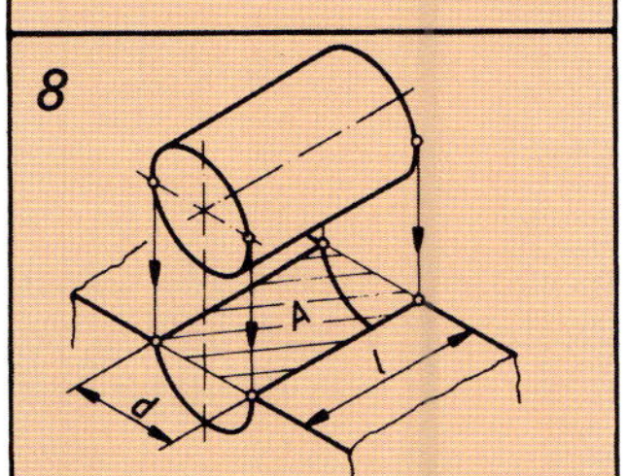

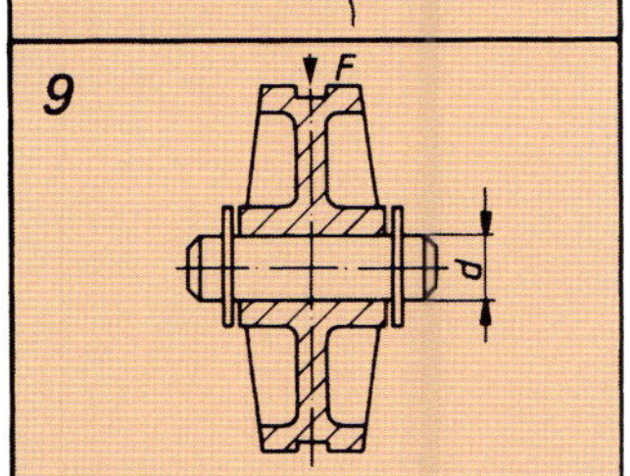

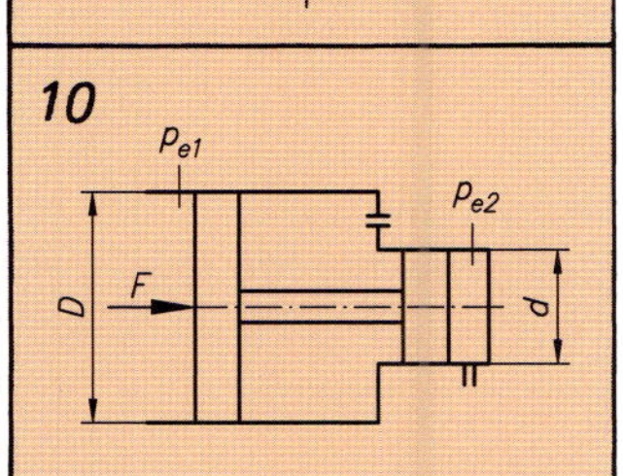

Berechnen Sie die fehlenden Werte:

1. Aufgabe	a	b	c
Fläche in mm²	650	820	?
Pressung in N/mm²	45	?	85
Kraft in N	?	49 200	6 375

2. Aufgabe	a	b	c
A in cm²	87,5	35	?
p in N/mm²	4	?	16
F in kN	?	42	64

3. Die Belastung eines Trägers IPB 240 beträgt 47,5 kN, die Flächenpressung 2,5 N/mm². Bestimmen Sie die Seitenlänge l der Unterlage.

4. Wie groß darf der Durchmesser eines Spurzapfens sein, wenn bei 45,2 kN Belastung die zul. Flächenpressung maximal 9 N/mm² betragen darf?

5. Für einen ringförmigen Spurzapfen mit 36 kN Belastung soll die zul. Flächenpressung 7,55 N/mm² betragen. Welche Durchmesser sind bei einem Durchmesserverhältnis von 1 : 2 erforderlich?

6. Welche Presskraft erzeugt ein Arbeitskolben von 180 mm Durchmesser bei p_e = 12 bar Betriebsdruck?

7. Auf einen Kolbendurchmesser von 255 mm wirkt ein Druck von p_e = 7 bar. Die zulässige Schraubenspannung beträgt 60 N/mm². Errechnen Sie die Anzahl der zu verwendenden Schrauben M12.

8. Wie groß ist die projizierte Zapfenfläche in cm² für einen Zapfen von 72 mm Durchmesser bei 1,2 × d Zapfenlänge?

9. Berechnen Sie den Durchmesser und die tragende Achslänge einer Kran-Radachse, wenn die Radbelastung 54 kN und die zul. Flächenpressung 5 N/mm² betragen. (l : d im Verhältnis 3 : 1)

10. In einem Druckübersetzer wirkt auf einen Presskolben von 240 mm Durchmesser ein Arbeitsdruck von p_{e1} = 8 bar. Der Presskolben bewegt einen kleineren Kolben d = 40 mm. Berechnen Sie den erzeugten Druck p_{e2} in N/cm².

► Wissen – Erkennen – Werten

a) Erläutern Sie den Unterschied zwischen Druck und Kraft.
b) Unterscheiden Sie die Begriffe Druck und Flächenpressung.
c) Nach welchen Gesichtspunkten werden die zulässigen Werte für die Flächenpressung festgelegt?
d) Begründen Sie die unterschiedlichen Druckeinheiten.
e) Führen Sie den Nachweis, dass 1 bar = 10 N/cm² ist.
f) Erläutern Sie den Begriff projizierte Fläche an Prismenführungen.
g) Welche Möglichkeiten bestehen, die Flächenpressung zu verringern?
h) Begründen Sie, warum Ringzapfen in der Mitte ausgedreht werden (B5).

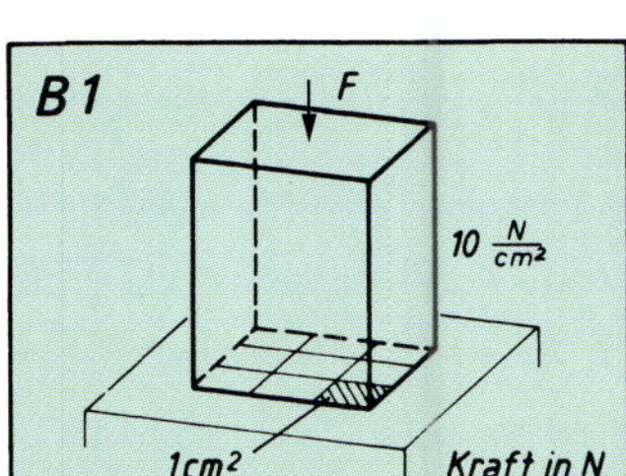

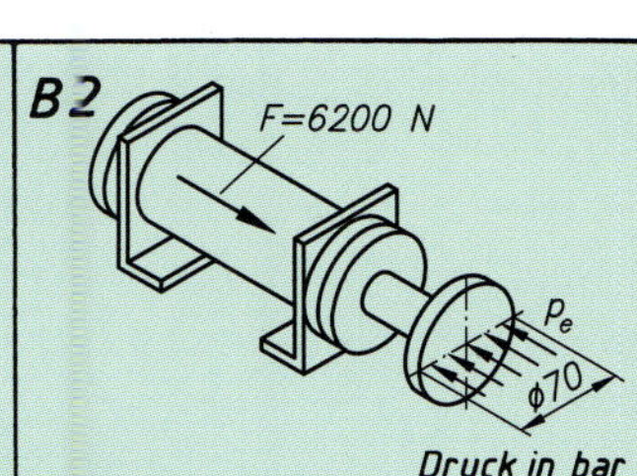

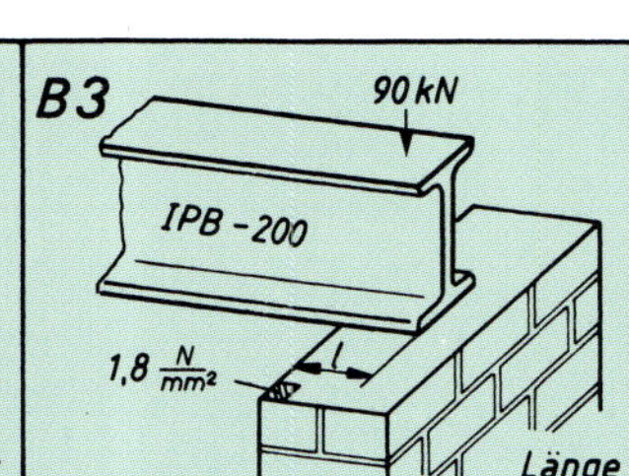

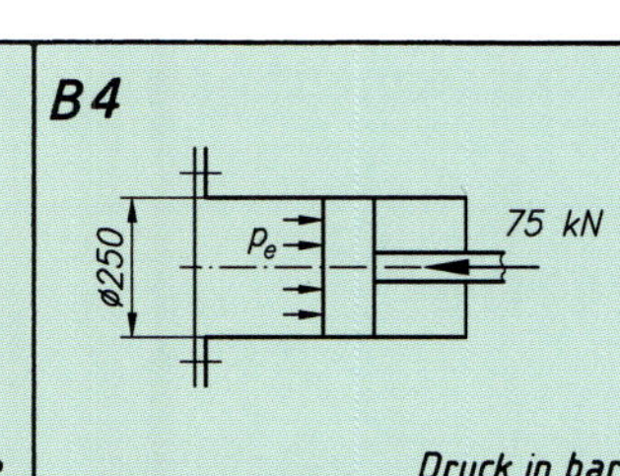

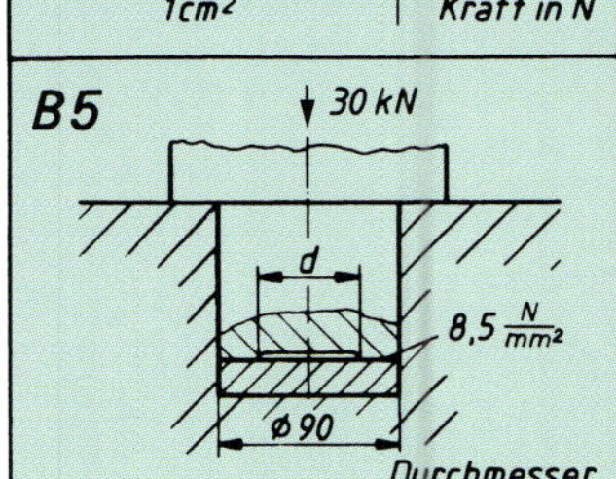

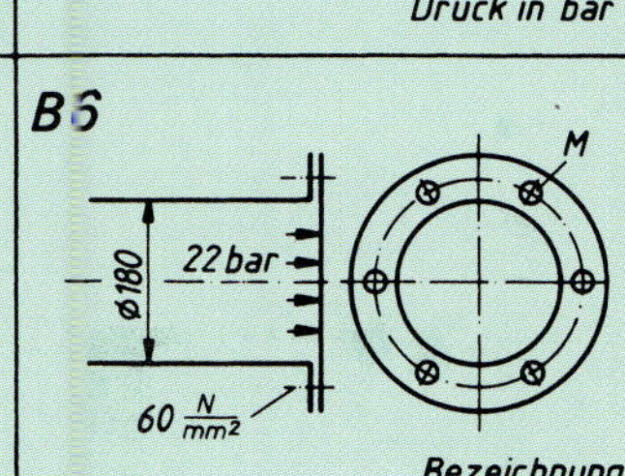

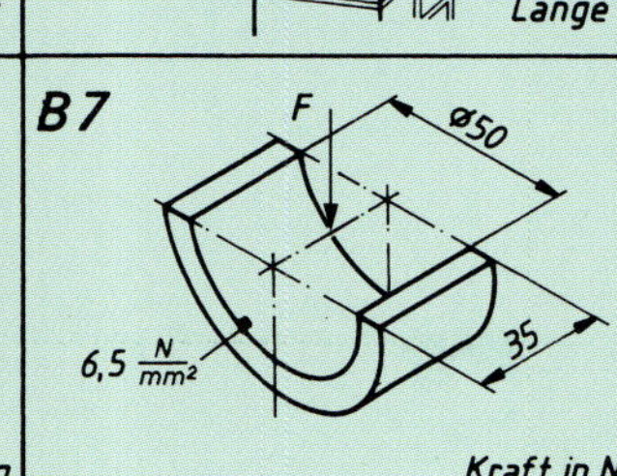

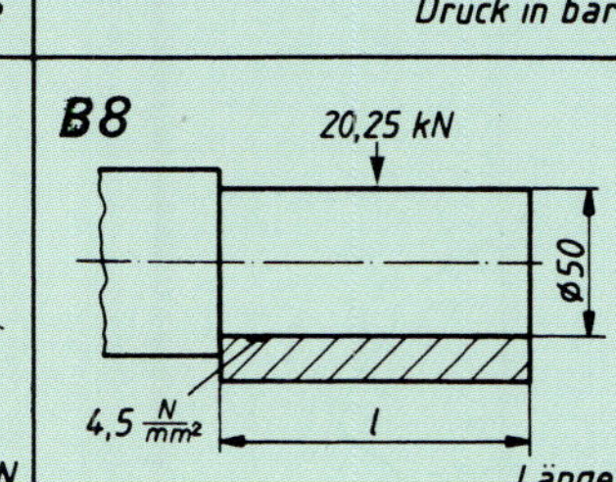

Beanspruchung von Bauteilen – Abscherung

F	Scherkraft in N	R_e	Streckgrenze in N/mm²	τ_a	Scherspannung in N/mm²
S	Scherfläche in mm²	R_m	Zugfestigkeit in N/mm²	τ_{aB}	Scherfestigkeit in N/mm²
s	Werkstückdicke in mm	$R_{m\,max}$	max. Zugfestigkeit in N/mm²	$\tau_{aB\,max}$	max. Scherfestigkeit in N/mm²
l	Schnittlänge in mm				

1. Abschneiden

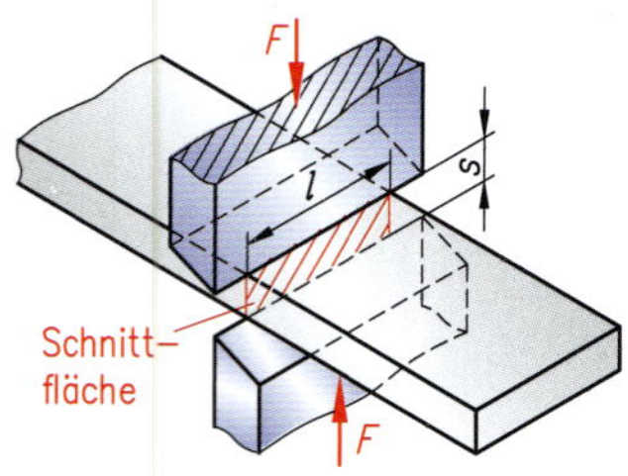

Beim Abschneiden werden Werkstücke durch Scherschneiden zerteilt. Dabei bewegen sich zwei Schneiden aneinander vorbei, bis die Werkstücke vollständig durchtrennt sind.

Scherfläche = Schnittlänge × Werkstückdicke

$$S = l \cdot s$$

2. Ausschneiden – Lochen

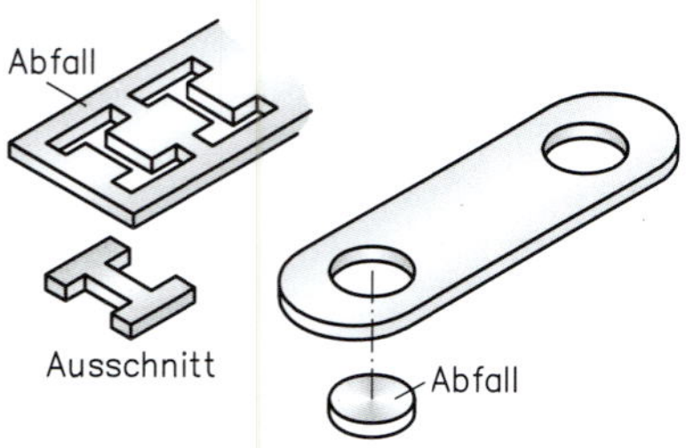

Ausschneiden
Herstellen einer Außenform am Werkstück.
Die Schnittplatte erhält das Sollmaß.

Lochen
Herstellen einer Innenform am Werkstück. Die herausgeschnittenen Innenteile sind Abfall. Der Lochstempel erhält das Sollmaß.

3. Scherfestigkeit

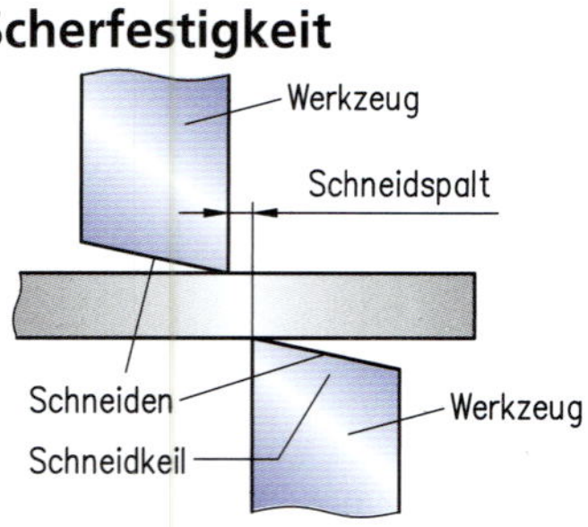

Die Scherfestigkeit gibt an, welche Kraft erforderlich ist, um ein Werkstück mit einer bestimmten Querschnittsfläche abzuscheren. Die maximale Scherfestigkeit $\tau_{aB\,max}$ wird bei verformbaren Stählen mithilfe von Ersatzwerten und der maximalen Zugfestigkeit $R_{m\,max}$ bestimmt.

hochfeste Stähle	$\tau_{aB} \approx 0{,}6 \cdot R_m$
Baustähle	$\tau_{aB} \approx 0{,}8 \cdot R_m$
niedrigfeste Stähle	$\tau_{aB} \approx 0{,}9 \cdot R_m$

4. Scherkaft

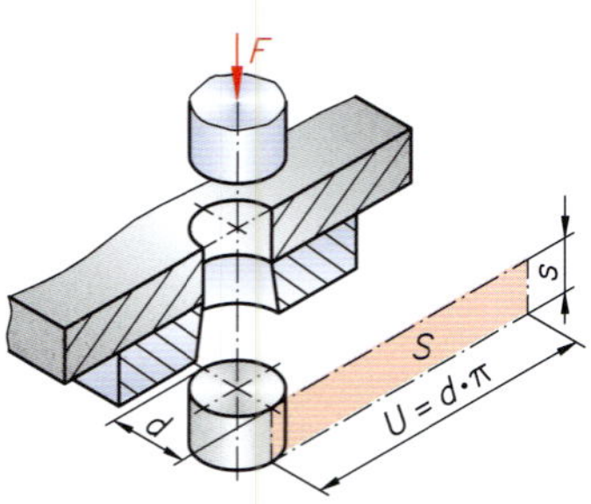

Scherkraft = Scherfläche × Scherfestigkeit

$$F = S \cdot \tau_{aB}$$

Hinweis
Der Werkstoff soll getrennt werden ⇒ schneiden mit τ_{aB}
Der Werkstoff soll nicht getrennt werden ⇒ Maschinenelemente $\tau_{a\,zul}$

5. Zusammenfassung

Scherfläche = Schnittlänge × Blechdicke
Scherkraft = Scherfläche × Scherfestigkeit

6. Beispiel

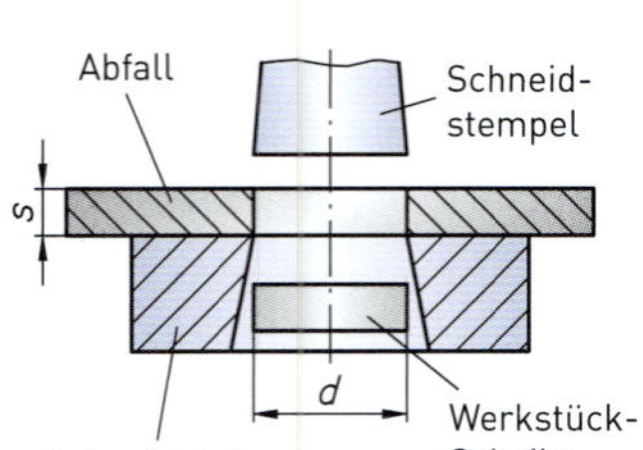

Aus 3 mm dickem Stahlblech S185 (R_m = 330 N/mm²) soll eine Scheibe mit dem Durchmesser d = 25 mm ausgeschnitten werden. Berechnen Sie die erforderliche Scherkraft.

Gesucht F in N

Vorüberlegung
Scherkraft = Scherfläche × Scherfestigkeit

Gegeben $s = 3\ \text{mm}$

$\tau_{aB} = 0{,}8 \cdot 330\ \frac{\text{N}}{\text{mm}^2}$

Lösung $F = S \cdot \tau_{aB}$

$S = d \cdot \pi \cdot s = 25\ \text{mm} \cdot 3{,}14 \cdot 3\ \text{mm} = 235{,}6\ \text{mm}^2$

$F = 235{,}6\ \text{mm}^2 \cdot 0{,}8 \cdot 330\ \frac{\text{N}}{\text{mm}^2} \approx \underline{62\,200\ \text{N}}$

Die fehlenden Werte sind zu berechnen:

1. Aufgabe	a	b	c
Scherfläche in mm^2	72	25	?
Scherfestigkeit in N/mm^2	264	?	296
Scherkraft in N	?	6 800	4 144

2. Aufgabe	a	b
S in cm^2	1,6	6,4
τ_a in N/mm^2	336	?
F in kN	?	256

3. Berechnen Sie die Scherfestigkeit folgender Baustähle: a) S185, b) S235, c) S275JR, d) E295 (kleinste Zugfestigkeit nach Tabellenbuch wählen)

4

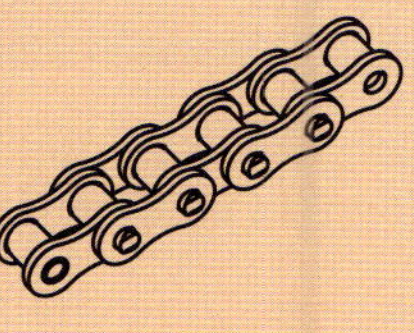

4. Die Bolzen (τ_{aB} = 330 N/mm^2) einer Fahrradkette werden auf Scherung beansprucht. Der Durchmesser des Kettenbolzens beträgt 3,5 mm. Mit welcher Zugkraft kann die Kette maximal belastet werden?

5

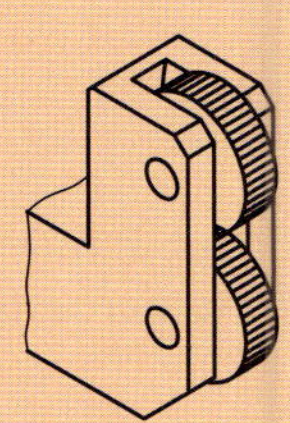

5. Ein Rändelwerkzeug, bestehend aus zwei Rändelrädern, wird mit einer Kraft von 50 kN in das Werkstück hineingepresst. Die Lagerung der Rändelräder erfolgt durch Bolzen aus C45. Welchen Durchmesser müssen die Bolzen mindestens haben?

6

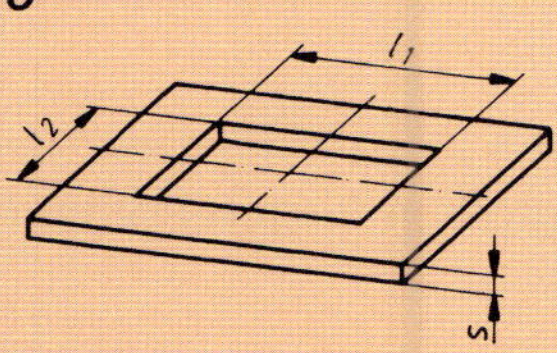

6. Eine 5 mm dicke Platte aus S275JR soll einen Durchbruch mit dem Querschnitt 15 × 35 mm erhalten. Welche Scherkraft ist erforderlich (größte Zugfestigkeit wählen)?

7

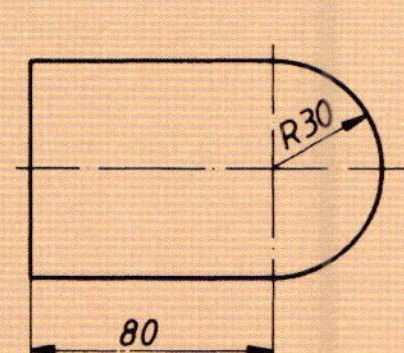

7. Bis zu welcher Blechdicke (S235JR) kann eine Maschine mit 380 kN Scherkraft ein Formblech nach Skizze abscheren (größte Zugfestigkeit wählen)?

8. Ein Lochstempel hat 16 mm Durchmesser. Welche Scherkraft ist für ein 4 mm dickes Blech aus S235JR erforderlich (größte Zugfestigkeit wählen)?

8,9

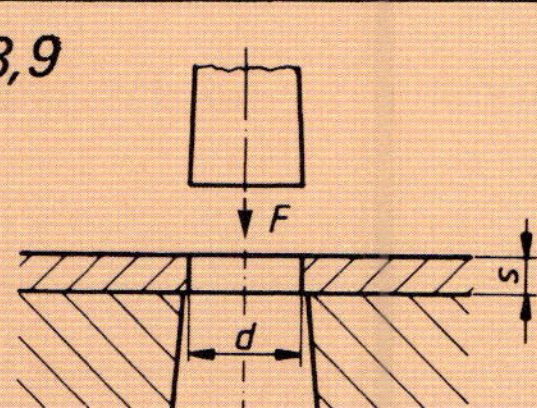

9. Berechnen Sie den größten Stempeldurchmesser einer 60-kN-Stanze, die 3-mm-Blech mit dem Kurzzeichen S185 lochen soll (größte Zugfestigkeit wählen).

10. Ein rechteckiger Lochstempel von 12 × 18 mm Querschnitt arbeitet mit 68 kN Scherkraft. Errechnen Sie die Materialdicke, wenn die Stahlsorte mit S185 angegeben wird (größte Zugfestigkeit wählen).

11

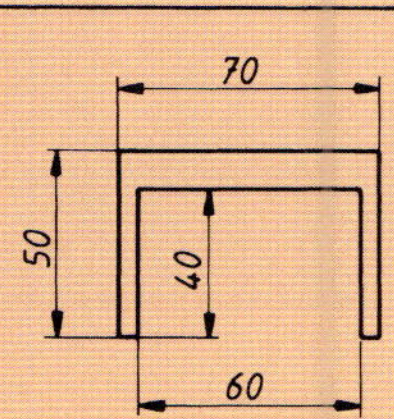

11. Bis zu welcher Blechdicke kann eine 300-kN-Stanze ein Blech aus S275JR nach Skizze ausstanzen (größte Zugfestigkeit wählen)?

► Wissen – Erkennen – Werten

a) Erläutern Sie den Zusammenhang zwischen Scherumfang und Scherfläche.
b) Was versteht man unter der Scherfestigkeit eines Werkstoffes?
c) Welcher Zusammenhang besteht zwischen Scher- und Zugfestigkeit?
d) Begründen Sie, wann mit τ_{aB} und wann mit $\tau_{a\,zul}$ gerechnet wird.
e) Erklären Sie den Unterschied zwischen Schneiden und Lochen.
f) Nennen Sie Maschinenteile, die auf Abscherung beansprucht werden.
g) Unterscheiden Sie zwischen trennendem und ziehendem Schnitt.
h) Nennen Sie Unfallverhütungsvorschriften für das Scheren.

B1

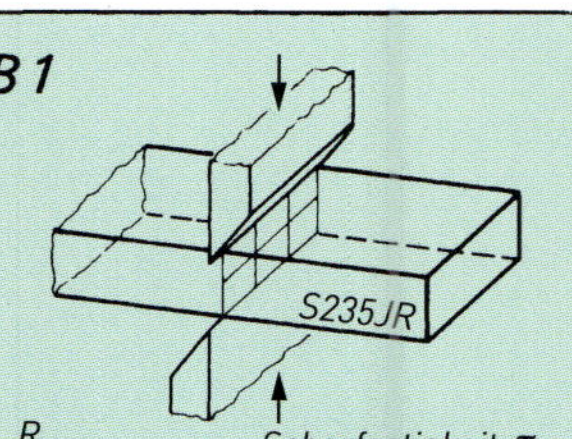

B2

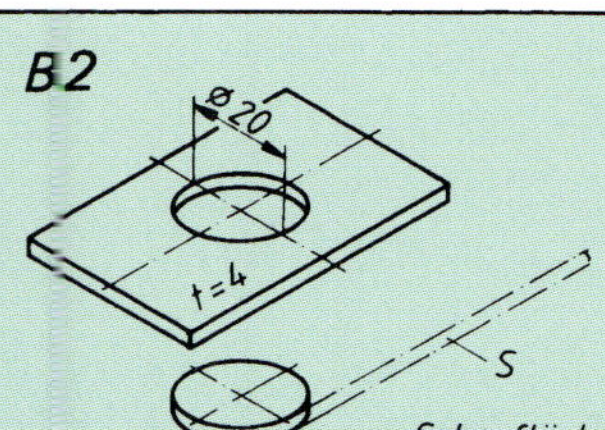

B3

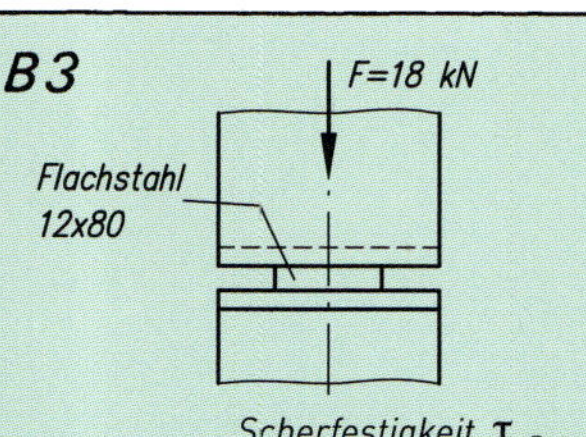

B4

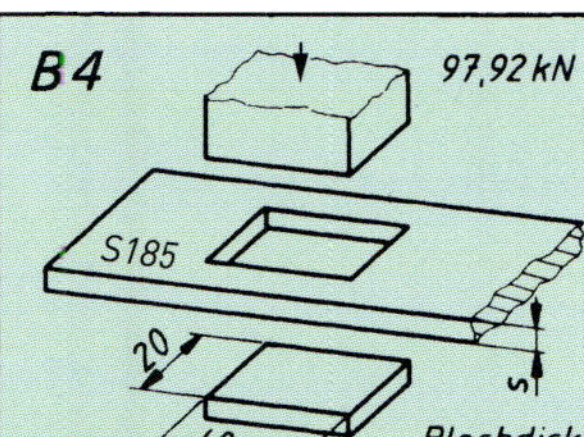

B5

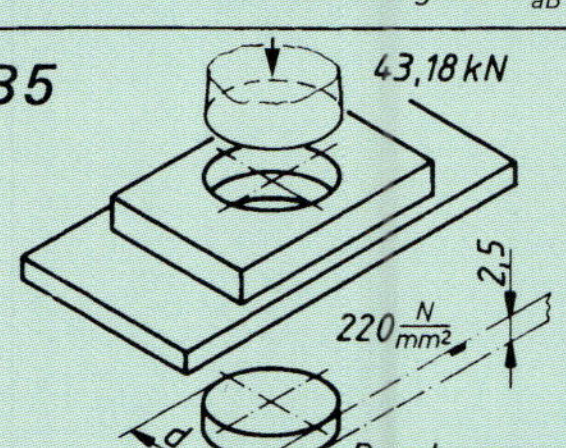

B6

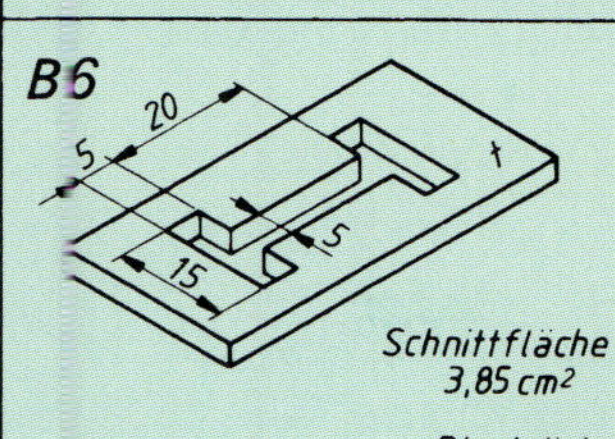

B7

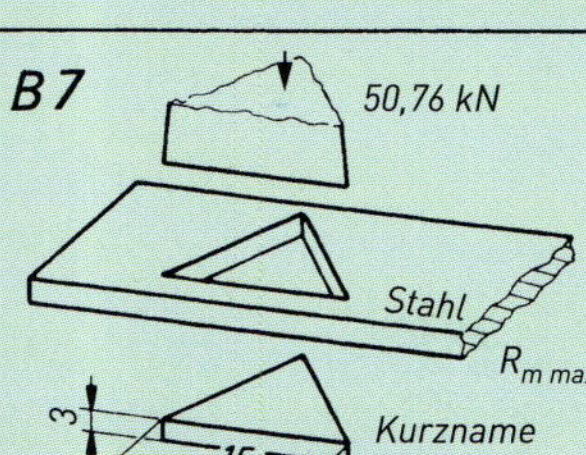

B8

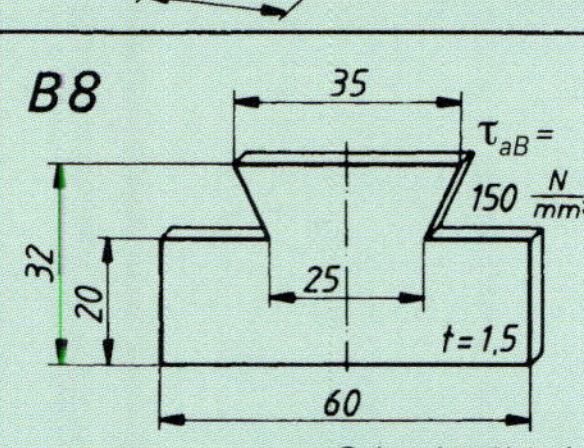

F Kraft in N
l wirksame Hebellänge in m
M_b Biegemoment in Nmm, Ncm, Nm
σ_b Biegespannung in N/mm²
W_x axiales Widerstandsmoment (Biegung) in cm³, mm³

1. Äußeres Biegemoment

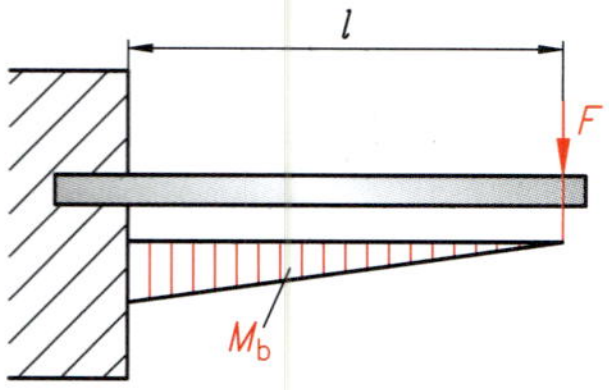

Das Produkt aus der angreifenden Kraft mal dem dazugehörigen Hebelarm erzeugt ein Biegemoment,

Biegemoment = Kraft × Hebelarm

$$M_b = F \cdot l$$

Hinweis
Bei der einfachen Biegung wirkt die Kraft stets senkrecht zur Stabachse. Die Biegebeanspruchung kann grafisch als Biegemomentfläche dargestellt werden.

2. Biegespannung

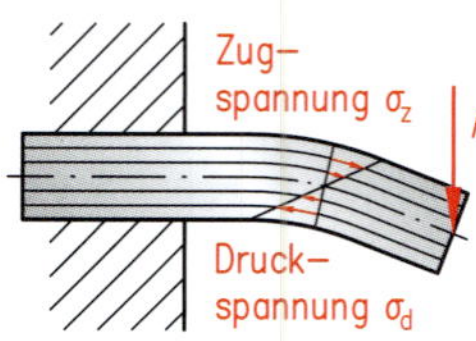

Das äußere Biegemoment ruft im Querschnitt Druck- und Zugspannungen hervor. Die Randspannung des Bauteils darf die zulässige Biegespannung nicht überschreiten.

Hinweis
Die größte Biegespannung liegt im Bereich der größten Biegeverformung, also dort, wo der Randabstand am größten ist.

3. Widerstandsmoment

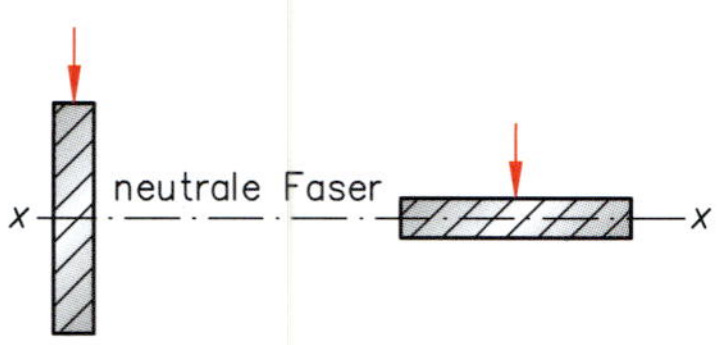

Die Beziehungen zwischen Querschnittsfläche und Abstand der Flächenteile von der neutralen Achse $x - x$ ergeben eine Aussage über die Biegebelastbarkeit. Hierfür wurde als mathematische Größe das Widerstandsmoment eingeführt. Es ist das Maß für den Widerstand der Randfaser gegen eine Biegebeanspruchung.

Hinweis
Für gängige Profile sind die Werte tabellarisch zusammengestellt, die Vergleichsgrößen für die Biegebelastbarkeit sind.

4. Inneres Biegemoment

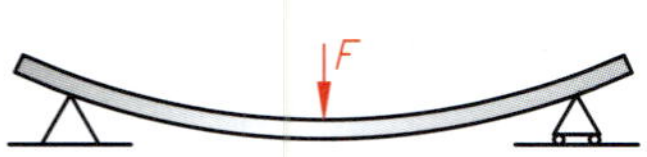

Für das innere Biegemoment sind die Biegespannung σ_b und das axiale Widerstandsmoment W_x maßgebend:

Biegemoment = axiales Widerstandsmoment × Biegespannung

$$M_b = W_x \cdot \sigma_b$$

5. Zusammenfassung

Zwischen dem äußeren Biegemoment und dem inneren Biegemoment besteht ein Gleichgewicht:

Äußeres Biegemoment = Inneres Biegemoment
Kraft × Hebelarm = axiales Biegemoment × Biegespannung

$$F \cdot l = W_x \cdot \sigma_b$$

6. Beispiel

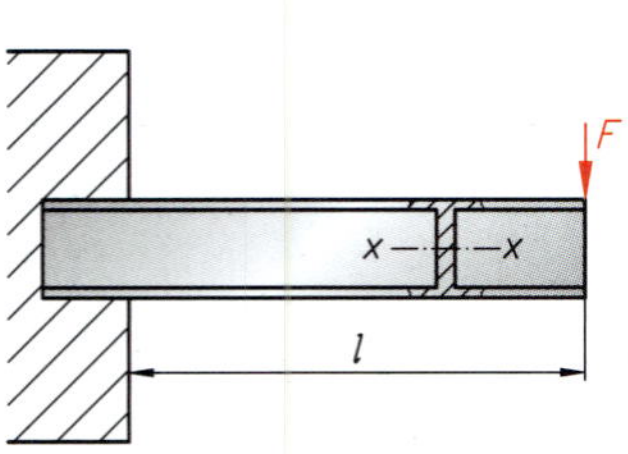

Ein einseitig eingespannter schmaler I-Träger DIN 1025 von 1,8 m Länge wird mit 2 kN belastet. Welches I-Profil ist bei einer zul. Biegespannung von 120 N/mm² zu wählen?

Gesucht I-Profil

Gegeben
$F = 2\ \text{kN}$
$l = 1{,}8\ \text{m}$
$\sigma_b = 120\ \frac{\text{N}}{\text{mm}^2}$

Vorüberlegung
äußeres $M_b \mathrel{\hat=}$ inneres M_b

Lösung
$M_b = F \cdot l$
$M_b = 2\,000\ \text{N} \cdot 180\ \text{cm}$
$M_b = 360\,000\ \text{Ncm}$

$M_b = W_x \cdot \sigma_{b\,zul}$
$W_x = \frac{M_b}{\sigma_{b\,zul}}$
$W_x = \frac{360\,000\ \text{Ncm}}{12\,000\ \frac{\text{N}}{\text{cm}^2}} = \underline{30\ \text{cm}^3}$

Ausführung: I-Profil DIN 1025-IPE 100-S 235JR

Anmerkung
Das Eigengewicht des Trägers wurde vernachlässigt.

Aufgaben

Beanspruchung auf Biegung

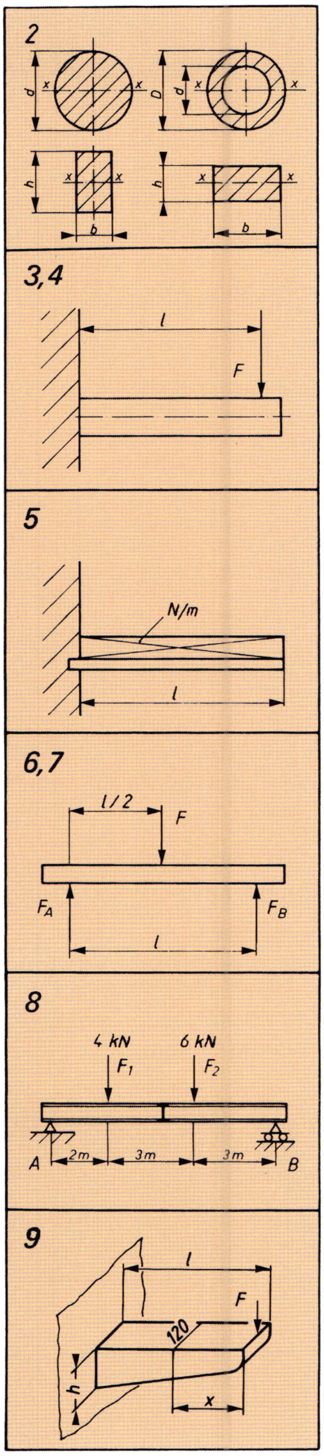

1. Ermitteln Sie für folgende Stahlprofile die axialen Widerstandsmomente W_x und W_y:

   a) DIN EN 10056-L80×40×8
   b) DIN 1026-U80
   c) DIN EN10055-T50
   d) DIN EN 1025-IPE100

2. Berechnen Sie für folgende Halbzeuge die Widerstandsmomente in cm^3:
   a) Rundstab EN 10060-40×450
   b) Rohr EN 10305-60×5×750
   c) Vierkantstab EN 10059-35×700
   d) Flachstab EN 10058-50×12×320

3. Ein einseitig eingespannter Träger ist 800 mm vom Unterstützungspunkt durch eine Einzelkraft von 2600 N belastet. Wie groß ist das auftretende Biegemoment in Nm?

4. An einem einseitig eingespannten I-Träger DIN 1025 greift ein Biegemoment von 4000 Nm an. Ermitteln Sie das Trägerprofil, wenn die zul. Biegespannung 120 N/mm² betragen soll.

5. Auf einem Freiträger von 1,5 m Länge wirken 4,2 kN/m längenbezogene Belastung. Welches U-Profil DIN 1026 ist vorzusehen, wenn die zul. Biegespannung von 120 N/mm² nicht überschritten werden soll?

6. Ein auf zwei Stützen aufliegender Träger von 800 mm Länge wird mittig durch eine Einzelkraft von 2600 N beansprucht. Ermitteln Sie das auftretende Biegemoment in Nm.

7. Auf eine zweiseitig gelagerte Achse von 1 800 mm Länge wirkt mittig eine Tragkraft von 2,5 kN. Wie groß muss der Durchmesser sein, wenn die zul. Biegespannung mit 90 N/mm² angegeben wird?

8. Ein Stützträger IPB, siehe Skizze, darf mit 80 N/mm² beansprucht werden. Welches Profil ist hierfür erforderlich?

9. Ein Freiträger gleicher Biegebeanspruchung von 400 mm Länge ist am Ende mit 4 200 N belastet, siehe Skizze. Welche Querschnittsmaße ergeben sich für 80 N/mm² zul. Biegespannung ($x = l/2$)?

▶ Wissen – Erkennen – Werten

a) Erläutern Sie die physikalische Größe des Biegemomentes.
b) Erläutern Sie die Abhängigkeit der Biegespannung vom Biegemoment und von der Form und Lage der Querschnittsfläche.
c) Wann befindet sich eine Biegebeanspruchung im Gleichgewicht?
d) Warum ist die Biegespannung in der neutralen Faser gleich Null?
e) Wie können in der Praxis kleine Biegespannungen erreicht werden?
f) Ziehen Sie Schlussfolgerungen aus den Konstruktionen B 1 und B 2.
g) Beurteilen Sie die Eignung der Profile in B 6 und B 7.
h) Weshalb sollen scharfkantige Wellenabsätze (B 5) vermieden werden?

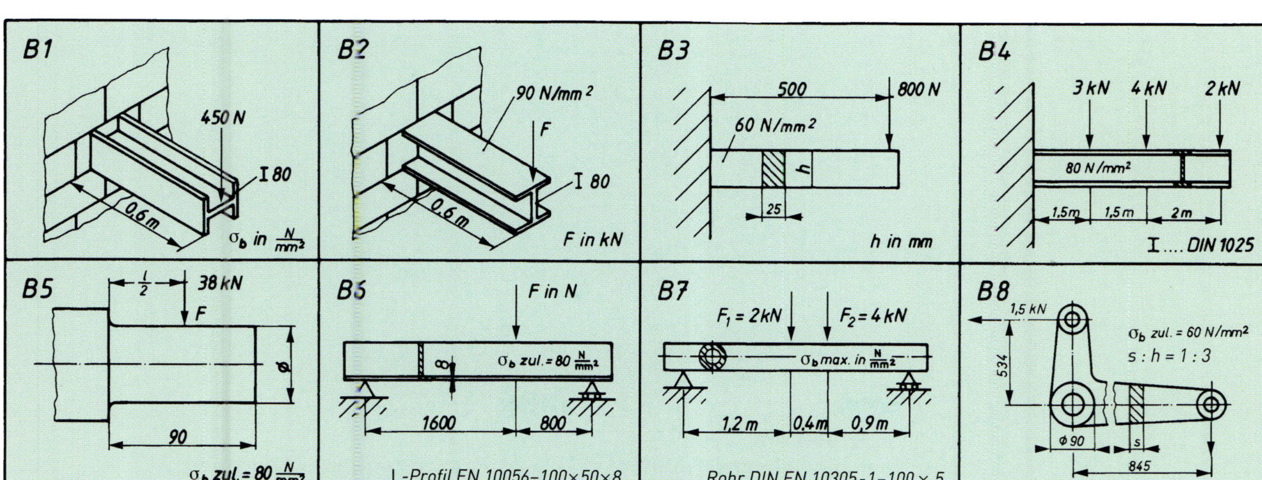

Einfacher Riementrieb

d Durchmesser in mm
n Drehfrequenz in 1/min
Index 1 Eingang, Anfangszustand (treibend)
Index 2 Ausgang, Endzustand (getrieben)
v Umfangsgeschwindigkeit in m/min, mm/min
i Übersetzungsverhältnis

1. Umfangsgeschwindigkeit

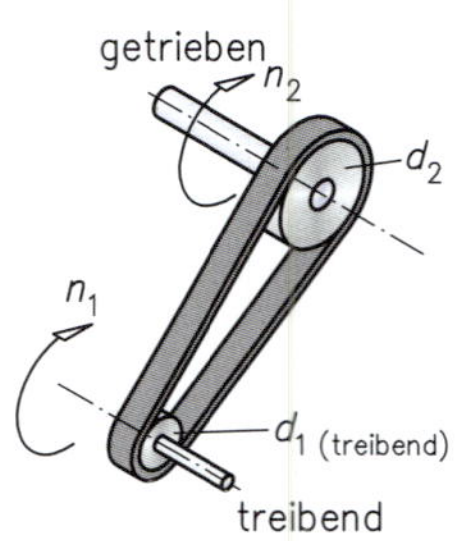

Die Umfangsgeschwindigkeit der treibenden Scheibe beträgt

$$v_1 = d_1 \cdot \pi \cdot n_1$$

Die Umfangsgeschwindigkeit der getriebenen Scheibe beträgt

$$v_2 = d_2 \cdot \pi \cdot n_2$$

Folgerung
Da der *Umfangs*-Riemen nur eine *Umfangsgeschwindigkeit* hat, wird bei Schlupffreiheit (Schlupf ⇒ Verringerung der Geschwindigkeit und der Umdrehungsfrequenz)

$$v_1 = v_2$$
$$d_1 \cdot \pi \cdot n_1 = d_2 \cdot \pi \cdot n_2$$
$$d_1 \cdot n_1 = d_2 \cdot n_2$$

2. Übersetzungsverhältnis

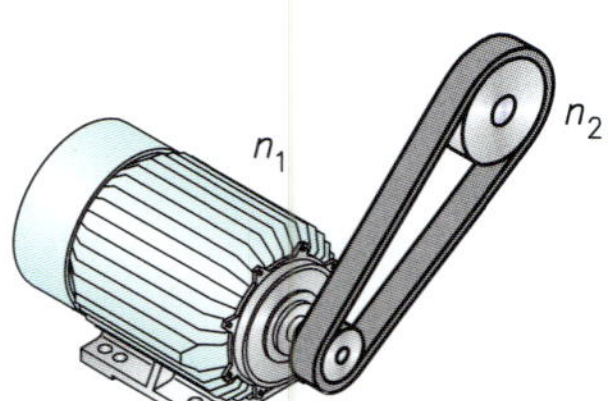

Das Übersetzungsverhältnis ergibt sich aus dem Verhältnis der Drehfrequenzen in Richtung des Kraftflusses:

$$i = \frac{\text{treibende Drehfrequenz}}{\text{getriebene Drehfrequenz}} = \frac{\text{getriebener Durchmesser}}{\text{treibender Durchmesser}}$$

$$i = \frac{n_1}{n_2} = \frac{d_2}{d_1}$$

Merke
Die Durchmesser verhalten sich umgekehrt wie ihre Drehfrequenzen. Es ist sinnvoll, die Übersetzung auf das kleinste Verhältnis zu bringen.

3. Zusammenfassung

Treibendes $d \cdot n$ = Getriebenes $d \cdot n$

$$d_1 \cdot n_1 = d_2 \cdot n_2$$
$$i = \frac{n_1}{n_2} = \frac{d_2}{d_1}$$

4. Beispiel

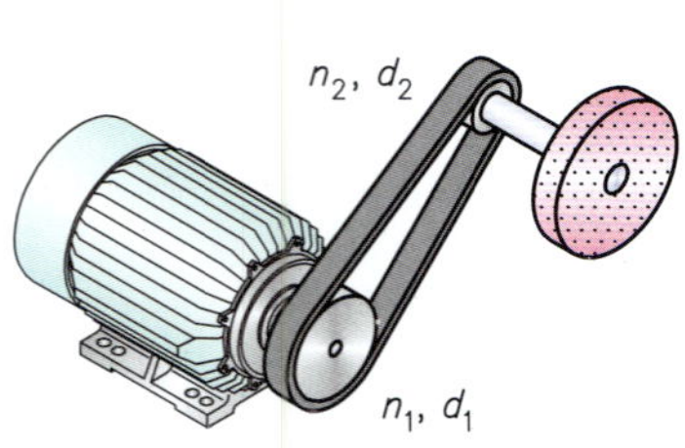

Ein Motor mit der Drehfrequenz 1 440 1/min treibt über eine Riemenscheibe von 150 mm Durchmesser eine Schleifspindel mit der Drehfrequenz 2 400 1/min. Berechnen Sie den Durchmesser der getriebenen Scheibe.

Gesucht d_2 in mm

Gegeben
$$n_1 = 1\,440 \frac{1}{\text{min}}$$
$$d_1 = 150 \text{ mm}$$
$$n_2 = 2\,400 \frac{1}{\text{min}}$$

Vorüberlegung
$d \cdot n$ bleibt konstant

Lösung
$$d_1 \cdot n_1 = d_2 \cdot n_2$$
$$d_2 = \frac{d_1 \cdot n_1}{n_2}$$
$$d_2 = \frac{150 \text{ mm} \cdot 1\,440 \frac{1}{\text{min}}}{2\,400 \frac{1}{\text{min}}} = \underline{90 \text{ mm}}$$

Beachte
Andere Lösungsmöglichkeit durch eine Verhältnisgleichung:
$n_1 : n_2 = d_2 : d_1$ (ungleiches Verhältnis)

1-3

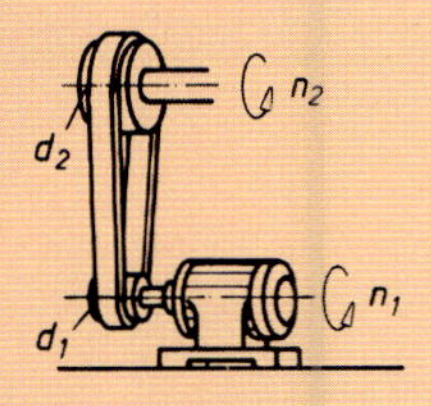

5

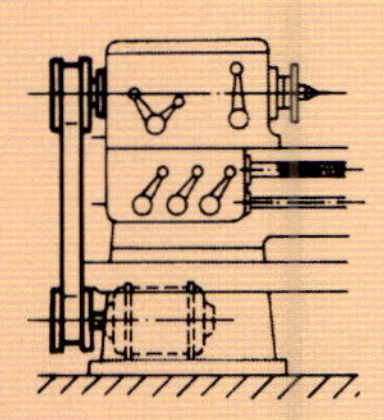

6

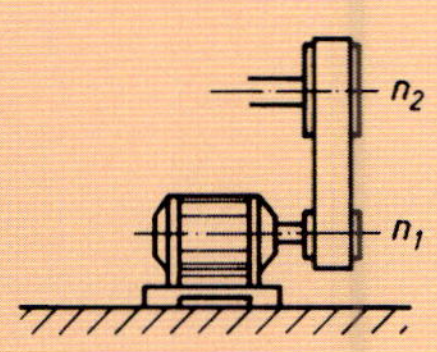

7

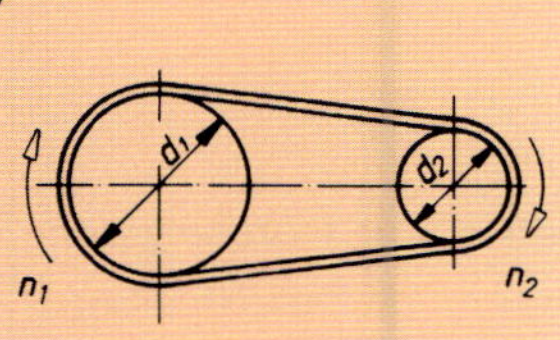

8

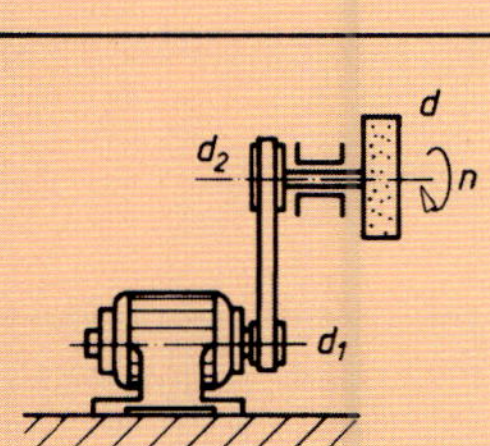

9

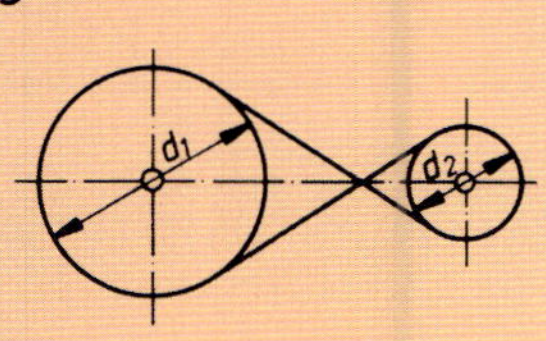

Berechnen Sie die fehlenden Werte:

1.

Aufgabe	a	b	c
n_1 in 1/min	600	480	?
n_2 in 1/min	240	?	1 680
Übersetzung	?	1 : 3	2 : 3

2.

Aufgabe	a	b	c
d_1 in mm	160	240	?
d_2 in mm	400	?	300
i	?	1 : 3	2 : 3

3. Berechnen Sie die Drehfrequenz des Motors für eine 90-mm-Riemenscheibe, wenn die getriebene Scheibe einen Durchmesser von 240 mm hat und mit 540 1/min läuft.

4. Eine Riemenscheibe mit 110 mm Durchmesser und der Drehfrequenz 720 1/min treibt über einen Flachriemen eine Riemenscheibe von 440 mm Durchmesser. Wie groß ist die Drehfrequenz der getriebenen Scheibe?

5. Bei einem Drehmaschinenmotor beträgt die Drehfrequenz 1350 1/min. Die Stufenscheibe von 450 mm Durchmesser hat die Drehfrequenz 270 1/min. Wie groß ist der Durchmesser der treibenden Scheibe?

6. Das Übersetzungsverhältnis zweier Scheiben beträgt 4 : 3. Berechnen Sie die Drehfrequenz der treibenden Scheibe, wenn die der getriebenen Scheiben mit 1 215 1/min angegeben ist.

7. Das Übersetzungsverhältnis zweier Riemenscheiben beträgt 2 : 3. Wie groß wird der Durchmesser der getriebenen Scheibe, wenn der Durchmesser der treibenden Scheibe 120 mm betragen soll?

8. Eine Schleifscheibe mit einem Durchmesser von 300 mm soll mit einer Umfangsgeschwindigkeit von 18 m/s laufen. Die 160-mm-Riemenscheibe des Motors läuft mit 1 440 1/min. Errechnen Sie den Riemenscheibendurchmesser von der Schleifwelle.

9. Für einen Riementrieb beträgt das Übersetzungsverhältnis 1 : 3, die Summe der Durchmesser 800 mm. Berechnen Sie die Durchmesser.

▶ Wissen – Erkennen – Werten

a) Erläutern Sie die Begriffe: Umschlingungswinkel, Zug- und Leertrum.
b) Zeigen Sie Möglichkeiten auf, den Umschlingungswinkel zu vergrößern.
c) Warum soll beim offenen Riementrieb der Leertrum oben liegen?
d) Vergleichen Sie die Bauarten offener und gekreuzter Riementriebe.
e) Erläutern Sie den Unterschied zwischen der Übersetzung 1 : 3 und 3 : 1.
f) Warum sind Stufenscheibenantriebe relativ selten anzutreffen?
g) Unterscheiden Sie kraftschlüssige und formschlüssige Riementriebe.
h) Beschreiben Sie die Möglichkeiten einer stufenlosen Drehzahlregelung.

B1

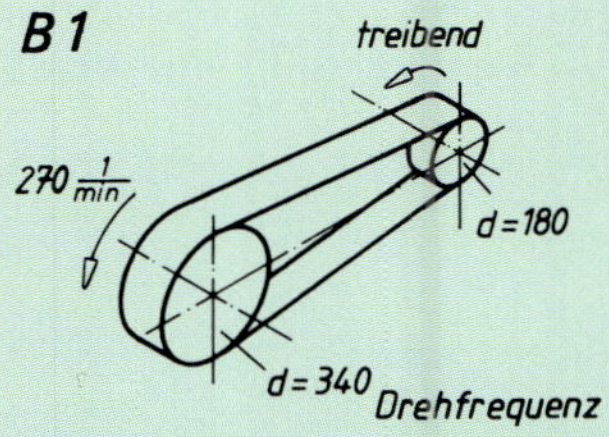

B2

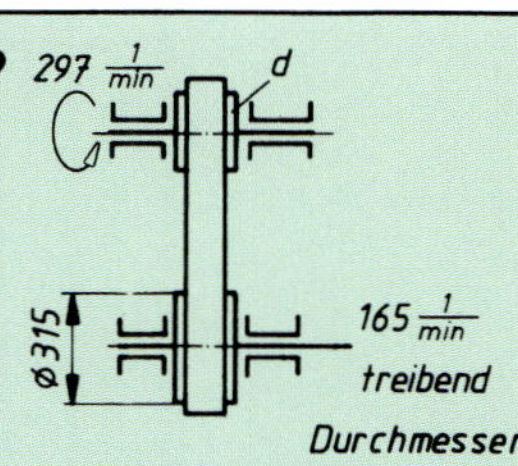

B3

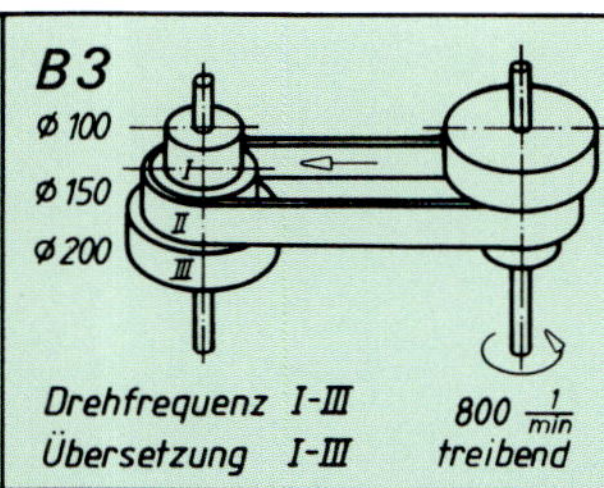

B4

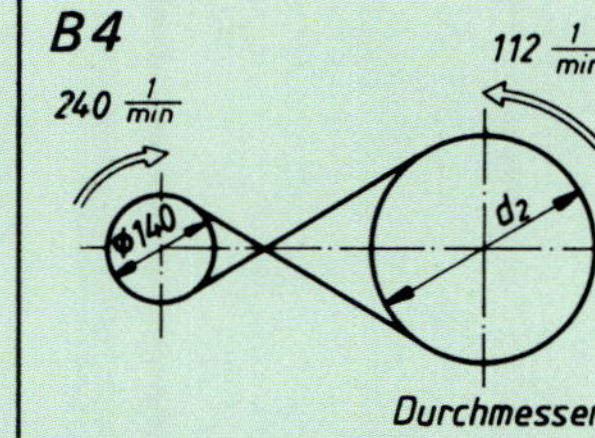

B5

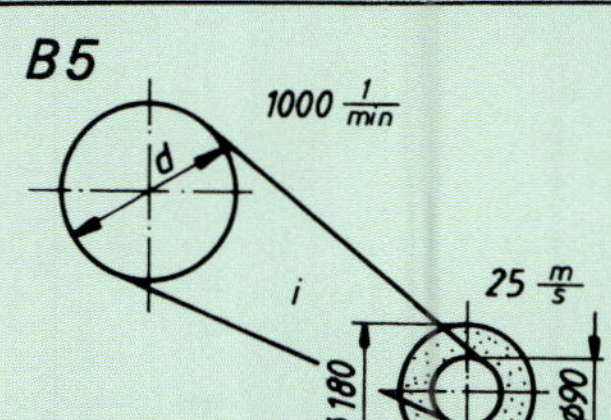

B6

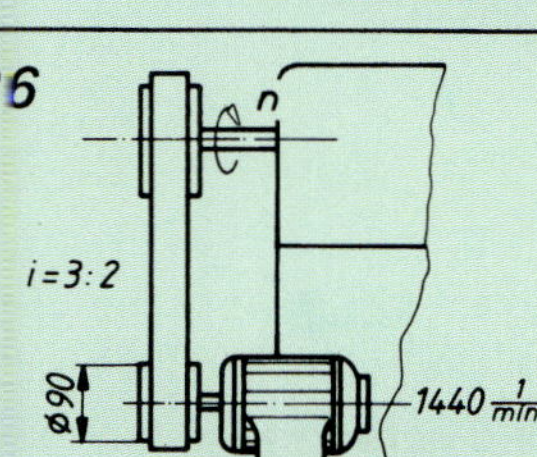

B7

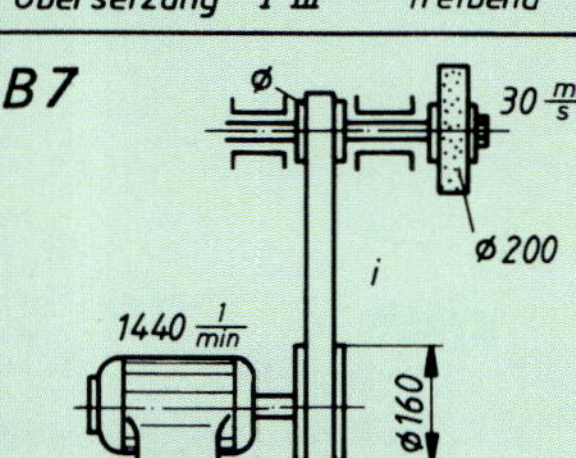

B8

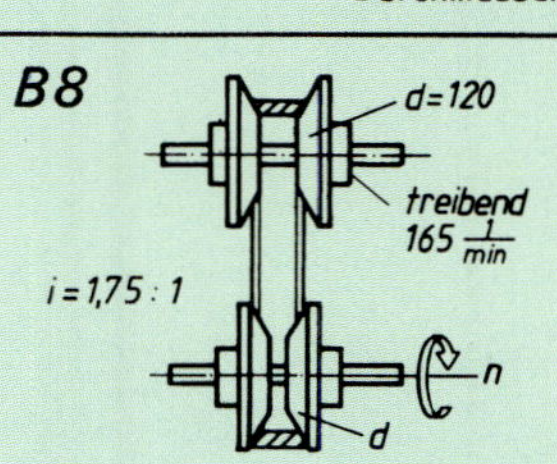

d	Durchmesser in mm	i	Gesamtübersetzung
n	Umdrehungsfrequenz in 1/min	i_1	erste Teilübersetzung, Einzelübersetzung
n_A	Anfangsdrehfrequenz in 1/min	i_2	zweite Teilübersetzung, Einzelübersetzung
n_E	Enddrehfrequenz in 1/min		

n_1, n_3, n_5 … Umdrehungsfrequenzen der treibenden Räder (ungerade Indices) in 1/min
n_2, n_4, n_6 … Umdrehungsfrequenzen der getriebenen Räder (gerade Indices) in 1/min

1. Teilübersetzungen

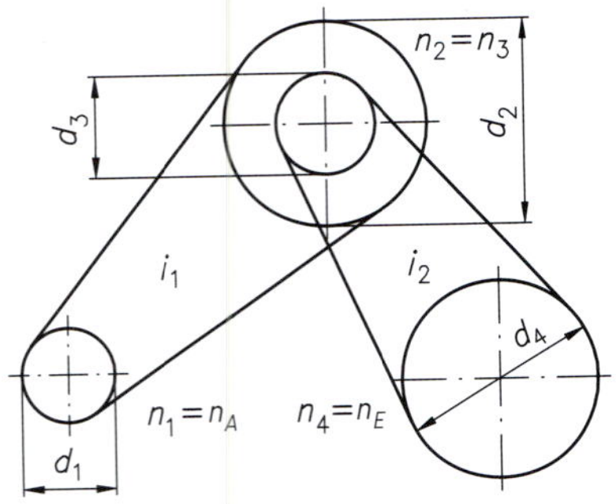

Wir zerlegen jeden zusammengesetzten Antrieb in Teiltriebe und schließen dann auf die Teilübersetzungen.

Teiltrieb I

treibendes $d \cdot n$ = getriebenes $d \cdot n$

$$d_1 \cdot n_1 = d_2 \cdot n_2 \Rightarrow i_1 = \frac{n_1}{n_2} = \frac{d_2}{d_1}$$

Teiltrieb II

treibendes $d \cdot n$ = getriebenes $d \cdot n$

$$d_3 \cdot n_3 = d_4 \cdot n_4 \Rightarrow i_2 = \frac{n_3}{n_4} = \frac{d_4}{d_3}$$

2. Gesamtübersetzung

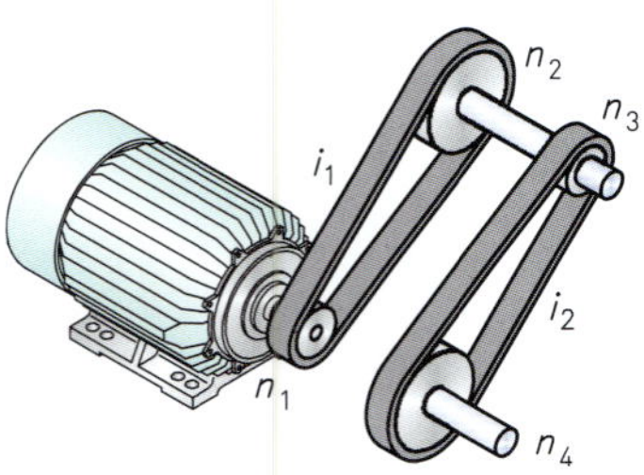

Jede Gesamtübersetzung ist das Produkt der Teilübersetzungen.

$$i = i_1 \cdot i_2$$

$$i = \frac{n_1 \cdot n_3}{n_2 \cdot n_4} \text{ oder } = \frac{d_2 \cdot d_4}{d_1 \cdot d_3}$$

$$i = \frac{n_1}{n_4} = \frac{\text{Anfangsdrehfrequenz}}{\text{Enddrehfrequenz}} = \frac{\text{getriebene Durchmesser}}{\text{treibende Durchmesser}}$$

Merke

Scheiben mit gemeinsamer Welle laufen auch mit gemeinsamer Drehfrequenz, folglich wird $n_2 = n_3$

Es ist vorteilhaft, i im Zähler oder Nenner auf 1 zu kürzen.

3. Zusammenfassung

Jeder zusammengesetzte Antrieb ist in Teiltriebe zerlegbar

$$i = i_1 \cdot i_2 \cdot \ldots$$

$$i = \frac{n_1}{n_4} = \frac{n_A}{n_E} = \frac{\text{Anfangsdrehfrequenz}}{\text{Enddrehfrequenz}}$$

4. Beispiel

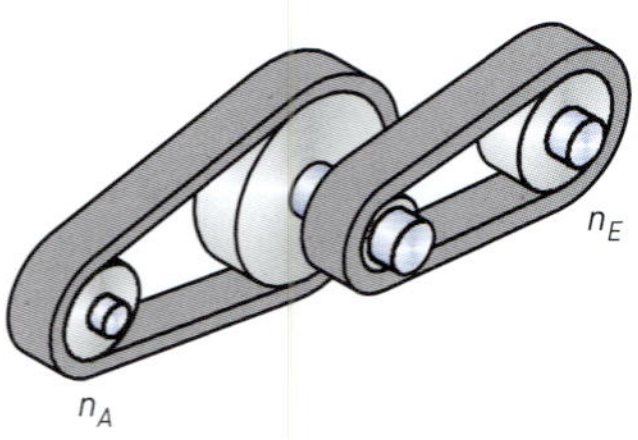

Die Anfangsdrehfrequenz von 1 440 1/min soll über die Teilübersetzungen 3 : 2 und 4 : 1 geändert werden. Bestimmen Sie die Enddrehfrequenz.

Gesucht n_E in $\frac{1}{\text{min}}$

Gegeben $i_1 = 3 : 2$

$i_2 = 4 : 1$

$n_1 = 1\,440 \frac{1}{\text{min}}$

Vorüberlegung

Übersetzungen ins Langsame verringern die Drehfrequenz.

Lösung

$$i = i_1 \cdot i_2$$

$$i = \frac{3}{2} \cdot \frac{4}{1}$$

$$i = 6 : 1 = n_A : n_E$$

$$n_E = \frac{n_A}{6} = \frac{1\,440 \frac{1}{\text{min}}}{6} = 240 \frac{1}{\text{min}}$$

Beachte

Eine logische Schlussfolgerung ist oft hilfreich, denn 6 : 1 ist eine Übersetzung ins Langsame; folglich wird die Enddrehfrequenz $n_E = n_A/6$.

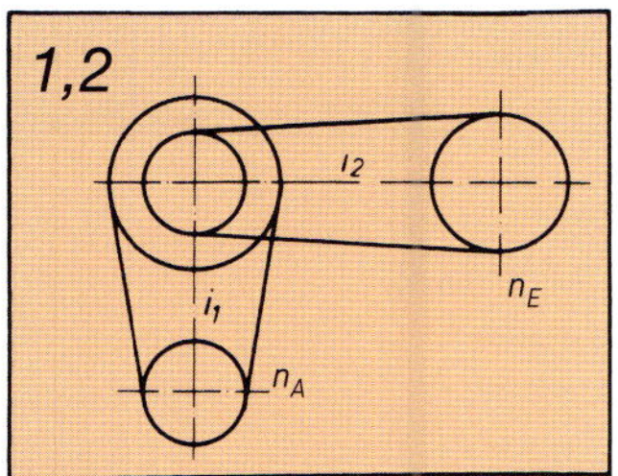

Die fehlenden Werte sind zu berechnen:

1. Aufgabe

Aufgabe	a	b	c
i_1	1 : 4	2 : 1	?
i_2	1 : 3	?	1 : 1,5
i	?	6 : 1	1 : 3,6

2. Aufgabe

Aufgabe	a	b
n_A in 1/min	120	1 440
n_E in 1/min	1 440	?
i	?	6 : 1

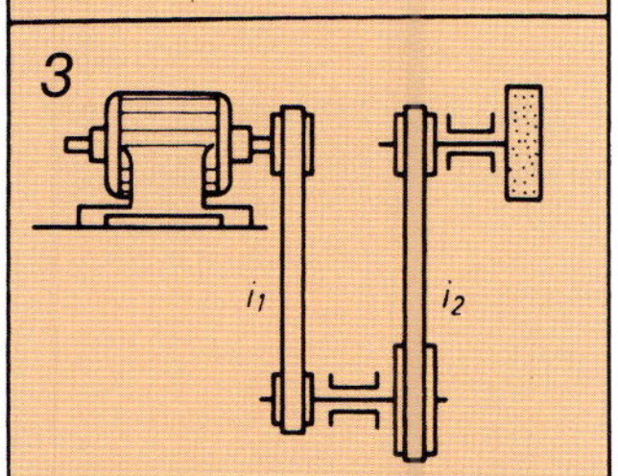

3. Der Antrieb einer Schleifscheibe soll über die Gesamtübersetzung 1 : 6 erfolgen. Die erste Teilübersetzung von 3 : 4 ist vorhanden. Wie groß ist die zweite Teilübersetzung?

4. Die Motordrehfrequenz von 1440 1/min soll mittels einer Gesamtübersetzung 2:5 verändert werden. Welche Endfrequenz wird erreicht?

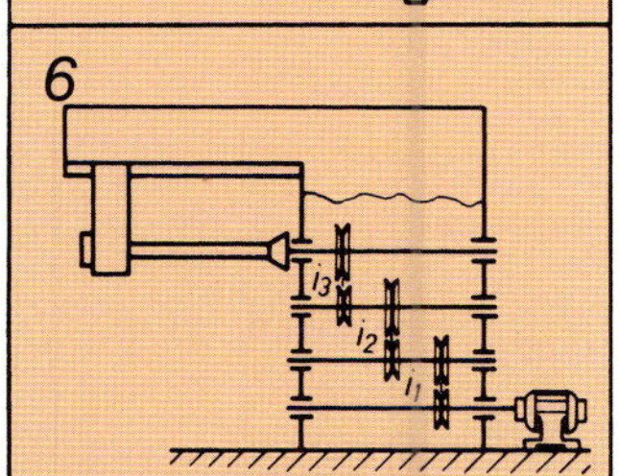

5. Eine Ständerbohrmaschine erhält die Drehfrequenz über die Teilübersetzungen 3 : 1 und 5 : 3. Berechnen Sie die Arbeitsdrehfrequenz, wenn die Drehfrequenz des Motors 1 250 1/min beträgt.

6. Die Arbeitsspindel einer Fräsmaschine erhält ihren Antrieb über die Teilübersetzungen 2 : 3, 3 : 4 und 4 : 5. Wie groß ist die Gesamtübersetzung?

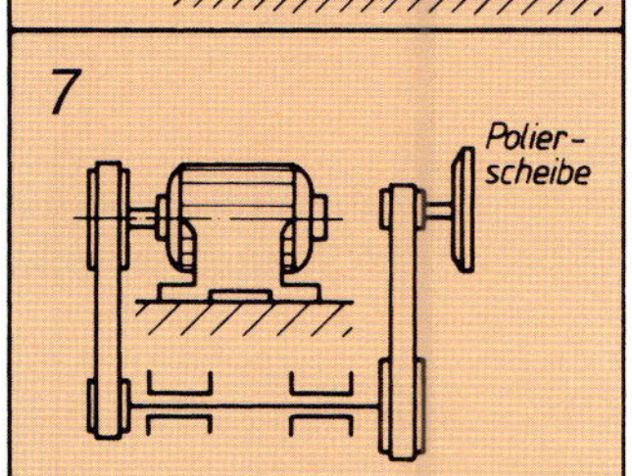

7. Welche Polierdrehfrequenz wird erreicht, wenn die Drehfrequenz des Motors 1 440/min über zwei Teilübersetzungen von 1 : 3 und 1,5 : 4 verändert wird?

8. Ein doppelt übersetzter Riementrieb hat bei zwei gleich großen Teilübersetzungen eine Gesamtübersetzung von 2,25 : 1. Ermitteln Sie die Teilübersetzungen.

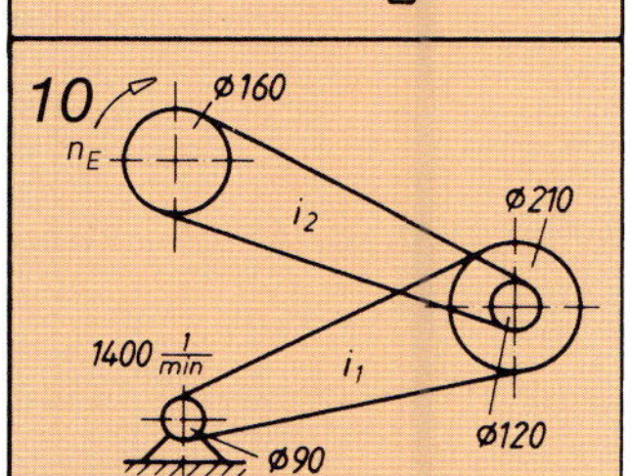

9. Die 3fache Übersetzung 1 : 3, 3 : 4 und 1 : 1,5 soll bei gleicher Gesamtübersetzung in zwei gleich große Teilübersetzungen abgeändert werden. Welche Teilübersetzungen ergeben sich?

10. Für einen doppelten Riementrieb sind die Werte in nebenstehender Skizze gegeben. Berechnen Sie die Enddrehfrequenz.

11. Das Produkt zweier Teilübersetzungen beträgt 3 1/4. Errechnen Sie die zweite Teilübersetzung, wenn die erste im Verhältnis 1,5 : 1 arbeitet.

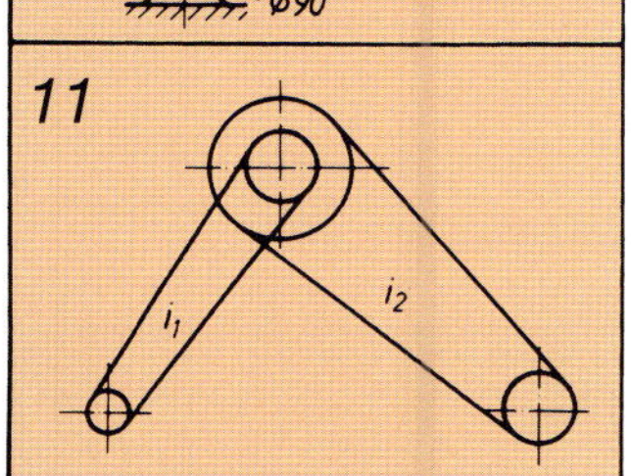

► Wissen – Erkennen – Werten

a) Nennen Sie Maßnahmen für die Beeinflussung der Riemenspannung.
b) Warum besitzen Riemenscheiben häufig eine geringe Laufbahnwölbung?
c) Welchen Einfluss hat die Lauffläche auf den Riemenverschleiß?
d) Zeigen Sie auf, wie zusammengesetzte Riemen aufgelegt werden.
e) Vergleichen Sie die Vor- und Nachteile eines Riementriebs.
f) Nennen Sie Unfallverhütungsvorschriften für Riementriebe.

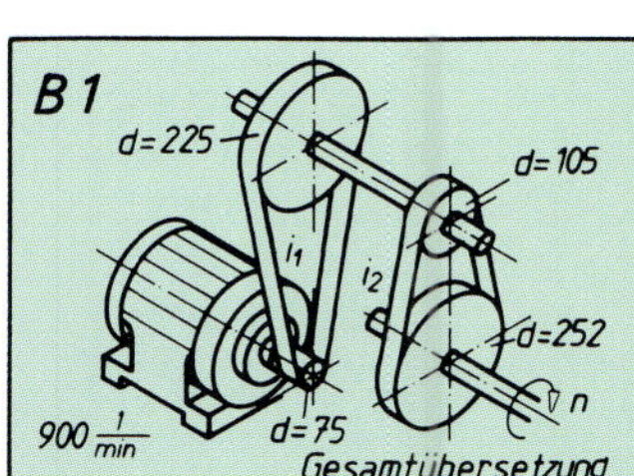

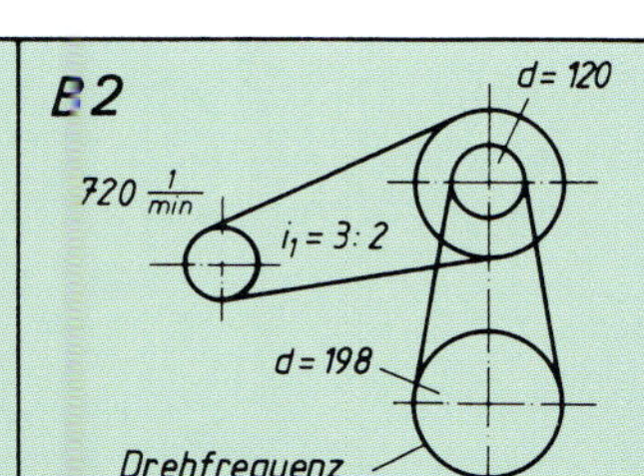

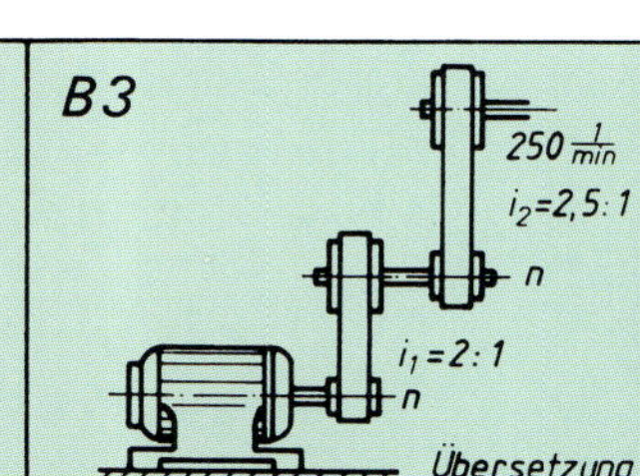

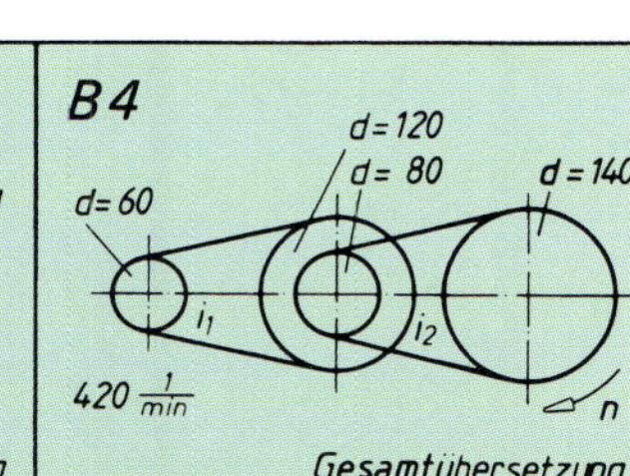

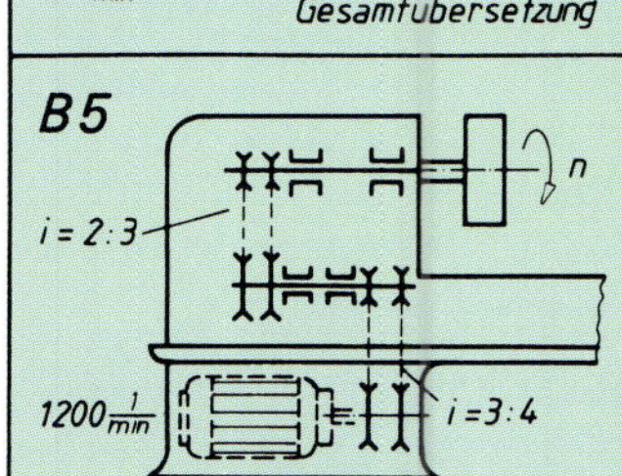

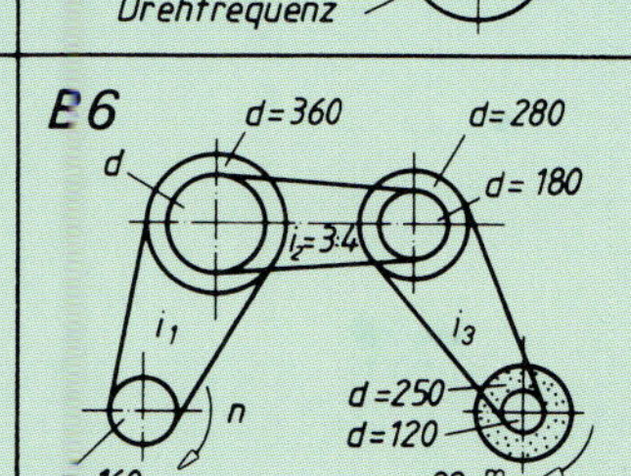

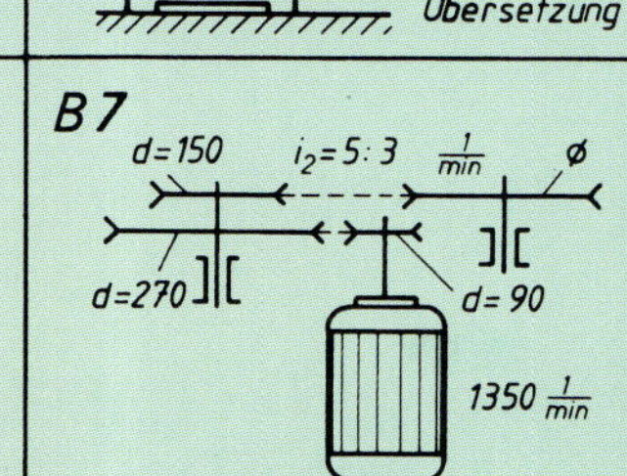

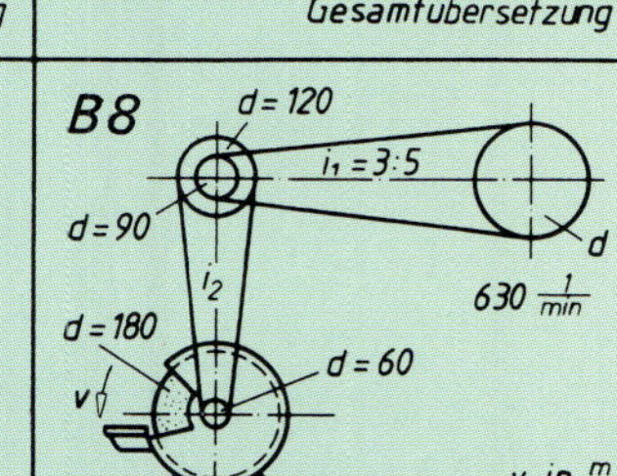

1. Abmessungen

Keilriemen

b_w Wirkbreite (Nennmaß)
b_o obere Riemenbreite
d_r Richtdurchmesser
d_w Wirkdurchmesser
h Riemenhöhe
h_w Abstand

alle Angaben in mm

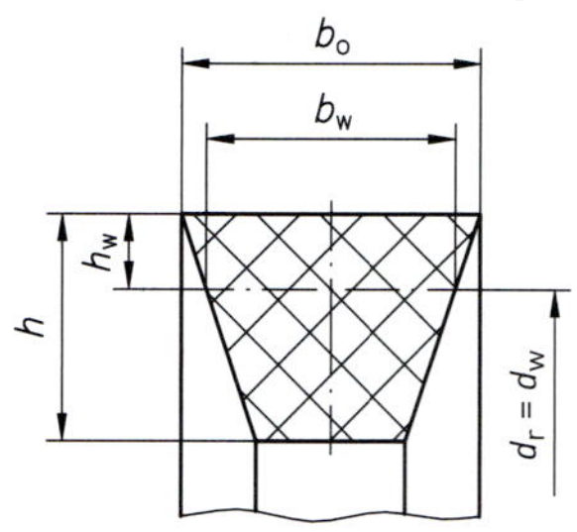

Keilriemenscheibe

b_w Wirkbreite (Nennmaß)
b_1 obere Rillenbreite
d_w Wirkdurchmesser
d_r Richtdurchmesser
t kleinstzulässige Rillentiefe
c Abstand Wirk- bis Außendurchmesser
d_a Außendurchmesser

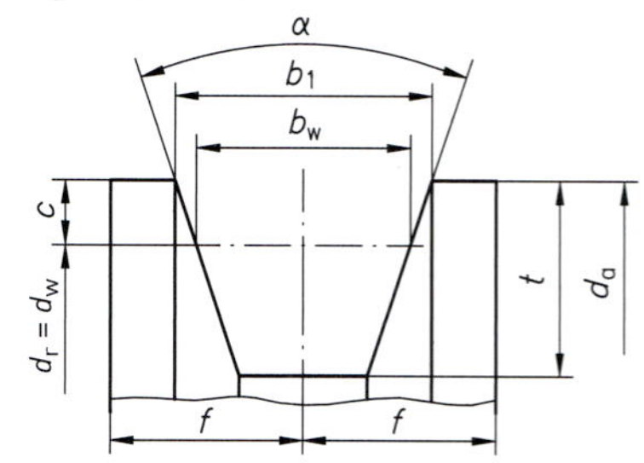

2. Wirkdurchmesser

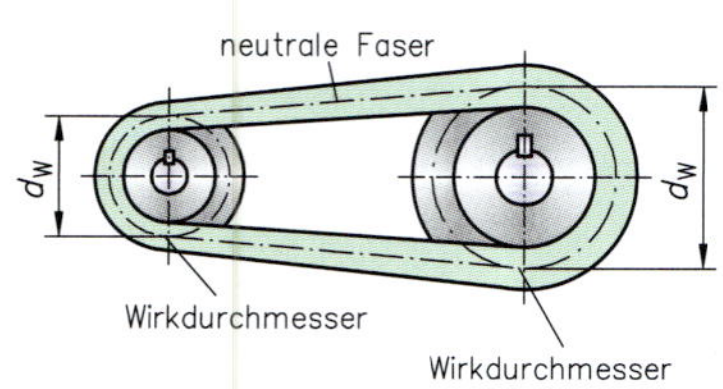

Die Berechnung eines Keilriementriebs erfolgt mit dem Wirkdurchmesser der Riemenscheibe.

Wirkdurchmesser = Außendurchmesser − 2 × Abstand

$$d_w = d_a - 2 \cdot c$$

Hinweis
Das Maß c ist der Abstand vom Wirkdurchmesser bis zum Außendurchmesser der Riemenscheibe. Es ist abhängig von der Wirkbreite der Riemenscheibe und vom Riemenprofil.

3. Drehfrequenz

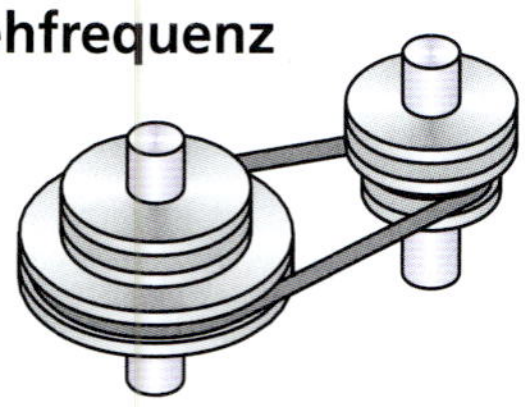

Beide Scheiben sind durch einen Riemen verbunden und haben deshalb bei Schlupffreiheit gleiche Umfangsgeschwindigkeiten.

$$v_1 = v_2$$
$$d_{w1} \cdot \pi \cdot n_1 = d_{w2} \cdot \pi \cdot n_2 \text{ folglich } d_{w1} \cdot n_1 = d_{w2} \cdot n_2$$

Wird gedanklich $d_w = d$ gesetzt, so ergibt sich die bekannte Grundgleichung vom Riementrieb ($d_1 \cdot n_1 = d_2 \cdot n_2$).

4. Übersetzung

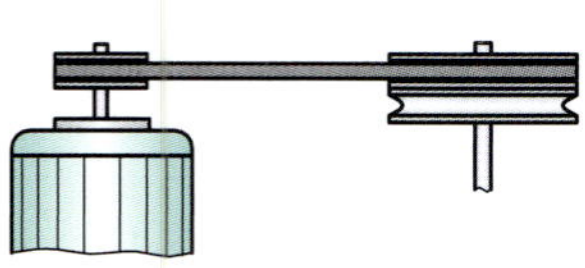

Die Übersetzung ist das Verhältnis der Drehfrequenz der treibenden Scheibe zur Drehfrequenz der getriebenen Scheibe.

$$i = \frac{n_1}{n_2} = \frac{d_{w2}}{d_{w1}}$$

Übersetzungen von 10 : 1 bzw. 1 : 10 sind ohne Spannrollen möglich.

5. Zusammenfassung

$$d_{w1} \cdot n_1 = d_{w2} \cdot n_2 \qquad i = \frac{n_1}{n_2} = \frac{d_{w2}}{d_{w1}}$$

6. Beispiel

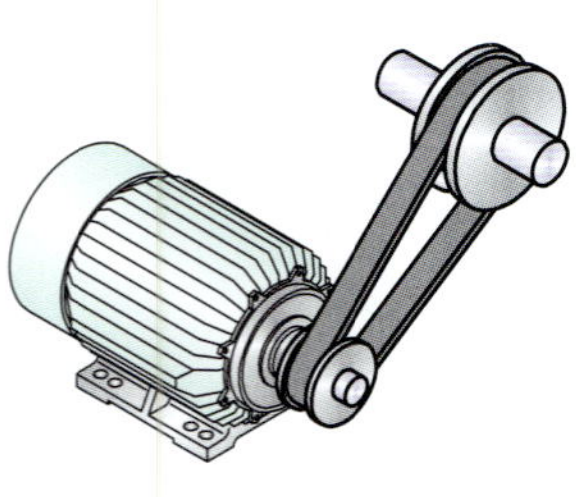

Ein Schmalkeilriemen DIN 7753-1-SPA 1600 wird von einer Riemenscheibe (DIN 2211-1), Wirkdurchmesser 120 mm mit einer Drehfrequenz von 1 200 1/min angetrieben. Auf welches Maß ist der Außendurchmesser der Abtriebsscheibe zu drehen, wenn die Drehfrequenz 800 1/min betragen soll?

Gesucht d_{a2} in mm

Gegeben d_{w1} = 120 mm, n_1 = 1 200 1/min
b_w = 11 mm, b_1 = 12,7 mm
c = 2,8 mm, n_2 = 800 1/min

Vorüberlegung
$d_w \cdot n$ = konstant

Lösung

$$d_{w1} \cdot n_1 = d_{w2} \cdot n_2$$
$$d_{w2} = \frac{d_{w1} \cdot n_1}{n_{a2}}$$
$$d_{w2} = \frac{120 \text{ mm} \cdot 1\,200 \text{ 1/min}}{800 \text{ 1/min}}$$
$$d_{w2} = 180 \text{ mm}$$

$$d_{a2} = d_{w2} + 2 \cdot c$$
$$= 180 \text{ mm} + 2 \cdot 2{,}8 \text{ mm}$$
$$d_{a2} = \underline{185{,}6 \text{ mm}}$$

Aufgaben

1-3

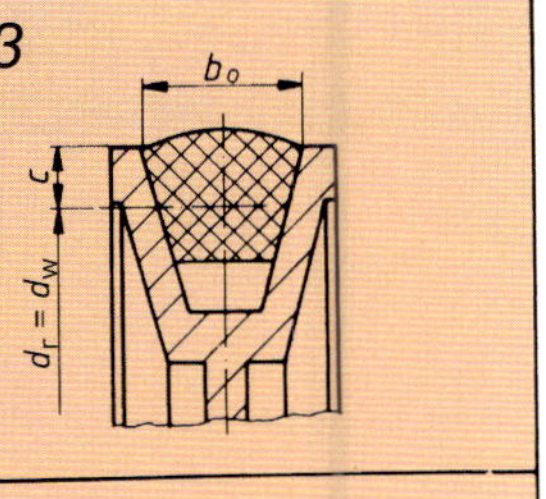

4

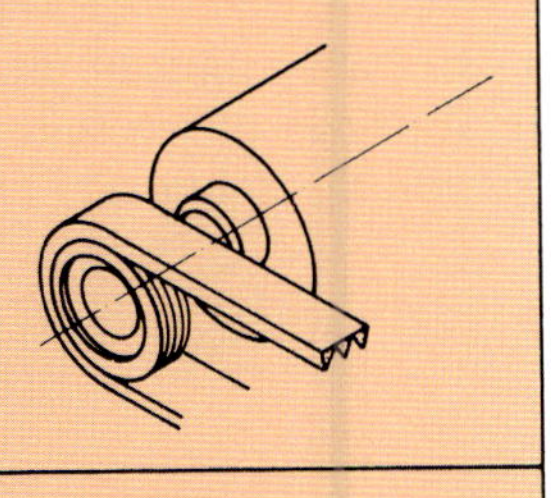

5,6

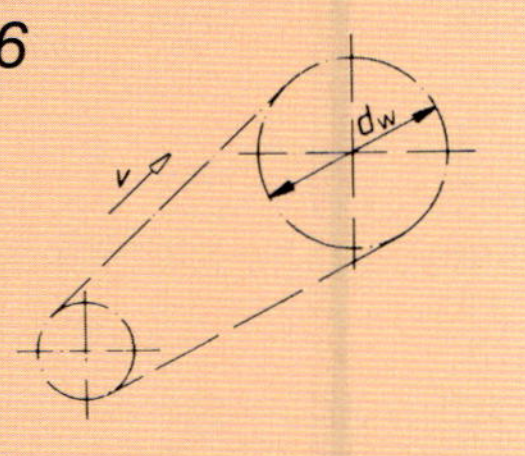

8,9

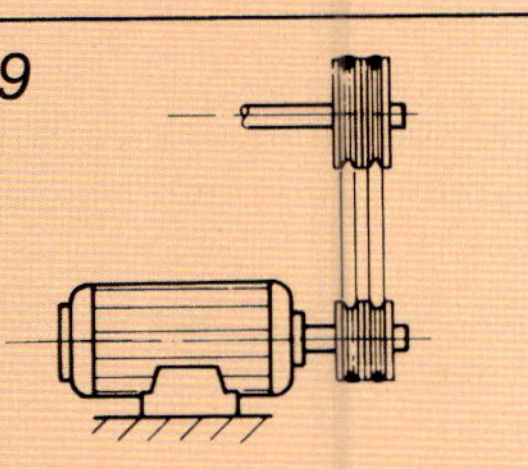

10

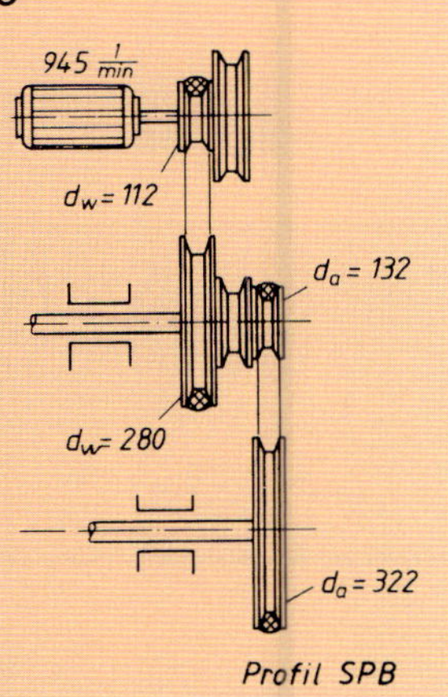

1. Wie groß ist das Maß *c* bei einer Keilriemenscheibe nach DIN 2211-1-SPC?

2. Für einen Normalkeilriemen ISO C mit 22 mm Riemenbreite beträgt der Außendurchmesser der Scheibe 149,6 mm. Mit welchem Wirkdurchmesser muss gerechnet werden?

3. Die Antriebsscheibe eines Keilriementriebes hat einen Wirkdurchmesser von 112 mm. Welcher Außendurchmesser ist bei 13 mm Riemenbreite vorzusehen?

4. Der Antrieb mit einem Hochleistungs-Keilriemen erfolgt über einen Wirkdurchmesser von 160 mm bei einer Drehfrequenz von 1 400 1/min. Berechnen Sie die Riemengeschwindigkeit in m/s.

5. Eine Keilriemenscheibe mit 204 mm Außendurchmesser treibt mit 16 m/s einen Keilriemen DIN 2215-E (obere Riemenbreite 40 mm). Ermitteln Sie die Drehfrequenz der Scheibe.

6. Eine Riemenscheibe hat einen Wirkdurchmesser d_{w1} = 112 mm und eine Drehfrequenz d_1 = 560 1/min. Die Enddrehfrequenz soll 800 1/min betragen. Gesucht werden der Wirkdurchmesser d_{w2} und das Übersetzungsverhältnis *i*.

7. Eine Bohrmaschine wird über einen 40 mm breiten Keilriemen angetrieben. Der Wirkdurchmesser der treibenden Scheibe beträgt 180 mm, der Außendurchmesser der getriebenen Scheibe 339 mm. Wie groß ist das Übersetzungsverhältnis?

8. Der Keilriementrieb einer Fräsmaschine hat das Übersetzungsverhältnis 5 : 1. Die obere Riemenbreite beträgt 22 mm, der getriebene Außendurchmesser 324,6 mm. Ermitteln Sie den Wirkdurchmesser der Antriebsscheibe.

9. Von einem Antrieb sind folgende Werte bekannt: Keilriemenbreite 10 mm, Wirkdurchmesser der treibenden Scheibe 180 mm, Drehfrequenz des Motors 750 1/min, Übersetzung 2 : 3. Berechnen Sie Außendurchmesser, Abtriebsdrehfrequenz in 1/min, Wirkdurchmesser der getriebenen Scheibe und Riemengeschwindigkeit in m/s.

10. Für den doppelten Keilriementrieb sind die Werte nach gegebener Skizze vorhanden. Berechnen Sie die eingestellte Enddrehfrequenz.

▶ Wissen – Erkennen – Werten

a) Erläutern Sie den Begriff Wirkdurchmesser.
b) Begründen Sie die Aussage: Ein Keilriementrieb ist fast schlupffrei.
c) Warum haben Keilriementriebe eine geringe Riemenvorspannung?
d) Nennen Sie die Vorteile des Keilriemens gegenüber dem Flachriemen.
e) Nennen Sie wichtige Anwendungsbereiche für den Keilriemen.
f) Woran erkennen Sie den einwandfreien Sitz von Keilriemen?
g) Vergleichen Sie Normal- und Schmalkeilriemen miteinander.

B1

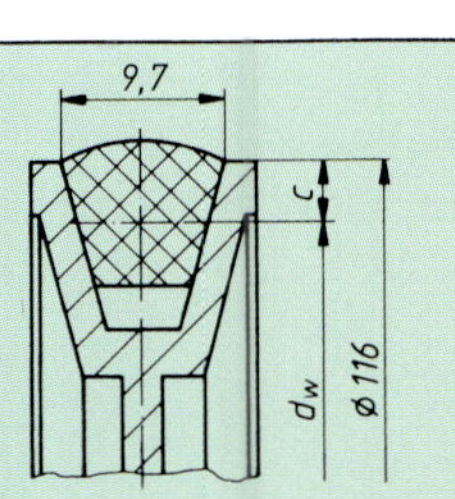

B2

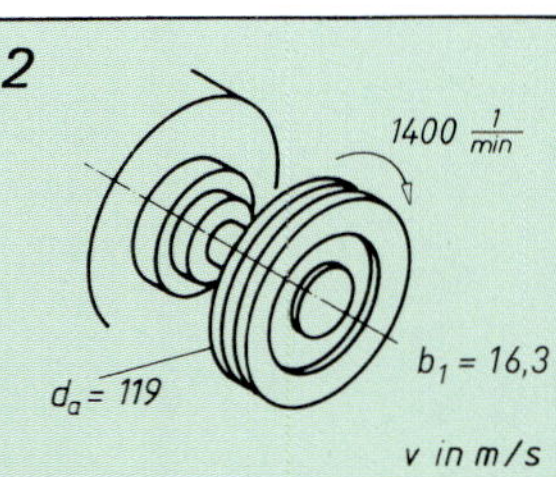

B3

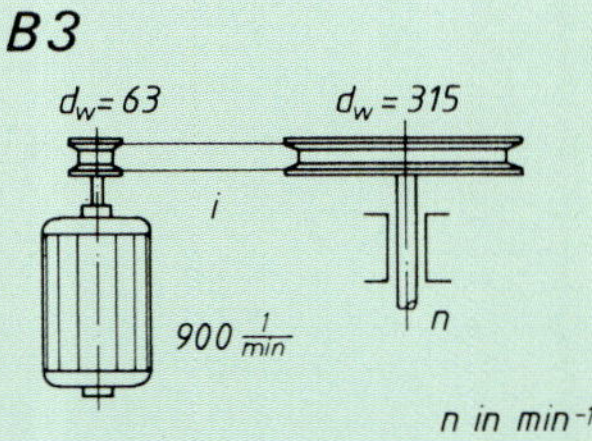

B4

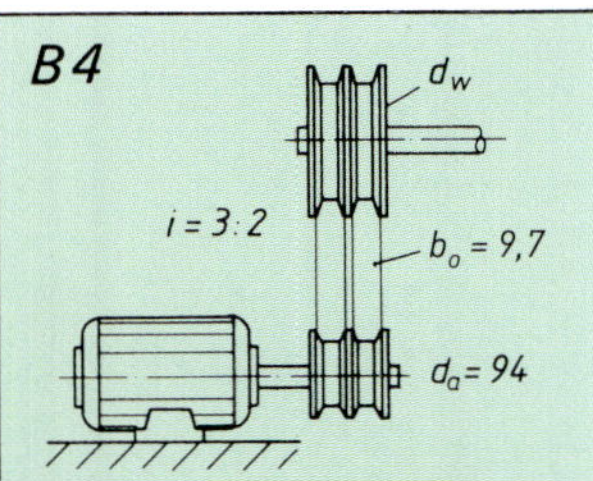

B5

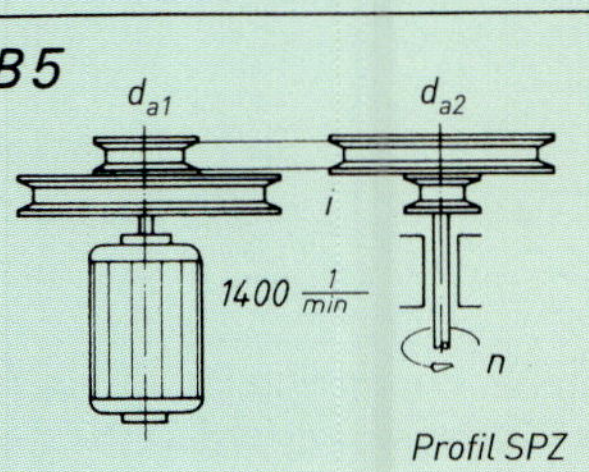

B6

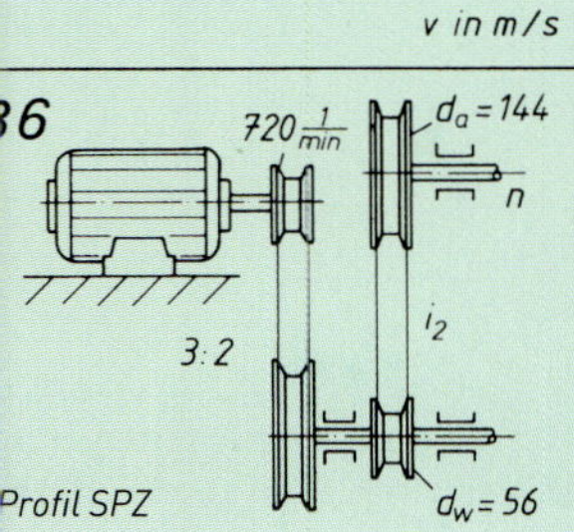

B7

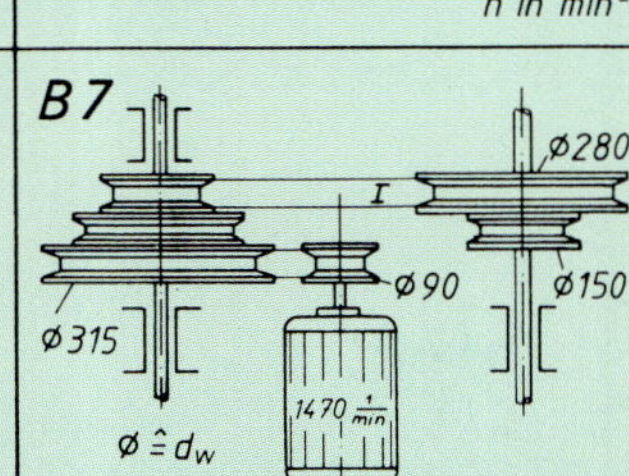

B8

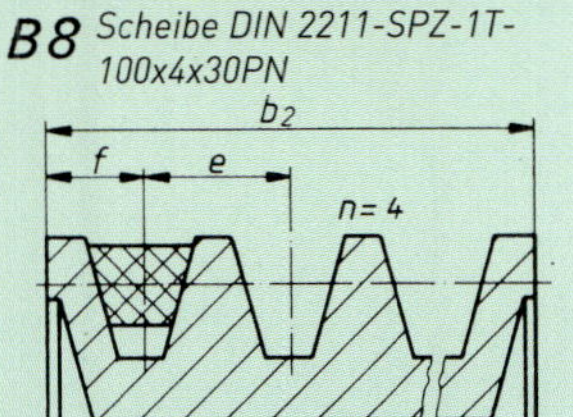

Zahnradabmessungen

d Teilkreisdurchmesser
d_a Kopfkreisdurchmesser
d_f Fußkreisdurchmesser
h Zahnhöhe
h_a Zahnkopfhöhe
h_f Zahnfußhöhe
c Kopfspiel
z Zähnezahl
p Teilung
m Modul

alle Größen außer z in mm

1. Teilung

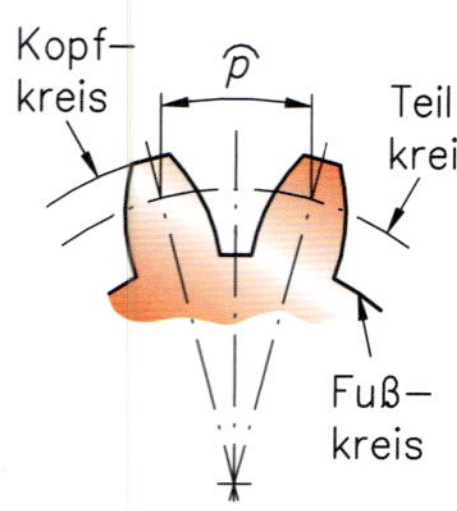

Auf den Teilkreisen wälzen sich die Zahnräder ab. Daher müssen die auf dem Teilkreis gemessenen Bogenmaße der Zahnabstände gleich sein. Aus dem Teilkreisumfang U errechnet man durch Division die Zähnezahl z und die Teilung p.

$$U = p \cdot z$$
$$U = d \cdot \pi$$
$$p \cdot z = d \cdot \pi \qquad p = \frac{d \cdot \pi}{z} \qquad p = m \cdot \pi$$

Merke
Wenn $d \cdot \pi = p \cdot z$ ist, so muss die Teilung ein Vielfaches der Zahl π sein.

2. Modul

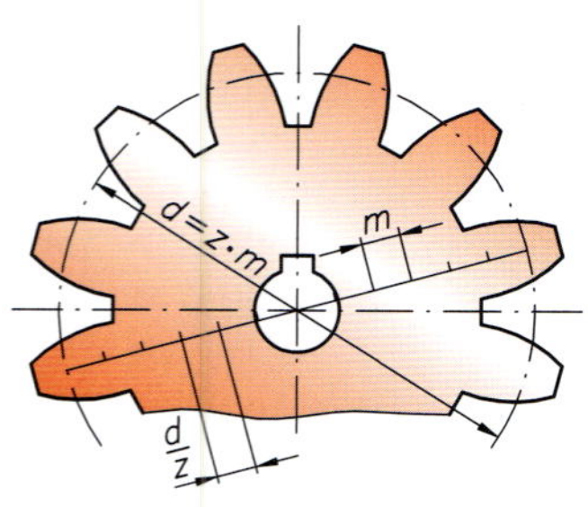

Die Voraussetzung für die Funktion eines Zahnrads ist, dass die Zähnezahl immer eine ganze Zahl ist. Dadurch ergeben sich auch ganzzahlige Werte für den Teilkreisdurchmesser.
Aus der Beziehung $d \cdot \pi = p \cdot z$ kann durch Umwandlung das Verhältnis d/z oder p/π gebildet werden. Diese Verhältnisse nennt man den Modul.
Der Modul ist das wichtigste Verzahnungsmaß.
Die Modulzahlen sind genormt. Zum Fräsen von Zahnrädern muss der Fräser nach dem Modul und der Zähnezahl ausgewählt werden.

$$m = \frac{d}{z} = \frac{p}{\pi}$$

Merke
Der Modul ist eine genormte Größe und wird in mm angegeben.

3. Zusammenfassung

$p = m \cdot \pi$
$m = \frac{p}{\pi}$
$d = z \cdot m$
$z = \frac{d}{m}$
$h_a = m$
$h_f = m + c$
c[1] $= 0{,}1 \ldots 0{,}3 \cdot m$ (im Maschinenbau oft $0{,}167 \cdot m$)
$h = 2 \cdot m + c$
$d_a = d + 2 \cdot m = m(z + 2)$
$d_f = d - 2(m + c)$

4. Beispiel

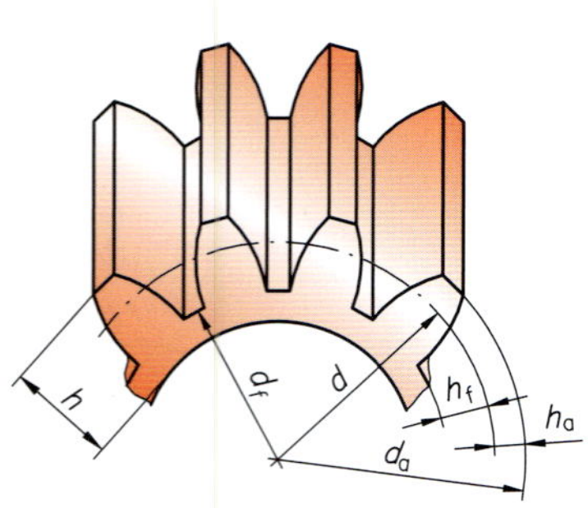

Für ein Zahnrad mit 40 Zähnen und einem Modul von 6 mm sollen die wichtigsten Herstellungsgrößen berechnet werden.

Gesucht $p, h_a, h_f, h, d, d_a, d_f$

Gegeben $z = 40$
$m = 6$ mm

Vorüberlegung
Kopf- und Fußkreisdurchmesser können mit den Grundgrößen d und m ermittelt werden.

Lösung

$p = m \cdot \pi = 6\text{ mm} \cdot \pi = 18{,}84\text{ mm}$
$h_a = m = 6\text{ mm}$
$h_f = m + c = 6\text{ mm} + (0{,}167 \cdot 6\text{ mm}) = 7\text{ mm}$
$h = h_a + h_f = 6\text{ mm} + 7\text{ mm} = 13\text{ mm}$
$d = z \cdot m = 40 \cdot 6\text{ mm} = 240\text{ mm}$
$d_a = d + 2m = 240\text{ mm} + 2 \cdot 6\text{ mm} = 252\text{ mm}$
$d_f = d - 2 \cdot h_f = 240\text{ mm} - 2 \cdot 7\text{ mm} = 226\text{ mm}$

[1] Damit eine ungestörte Bewegung zwischen den Flanken erfolgen kann, ist ein Abstand zwischen Kopfkreis eines Rads und Fußkreis des Gegenrads erforderlich. Diesen Abstand nennt man Kopfspiel.

1

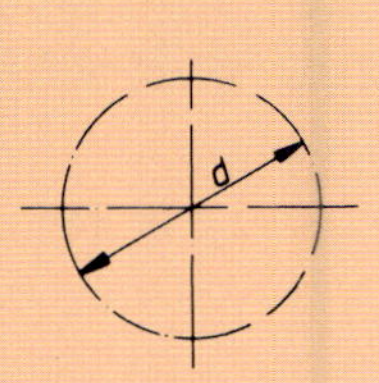

2–4

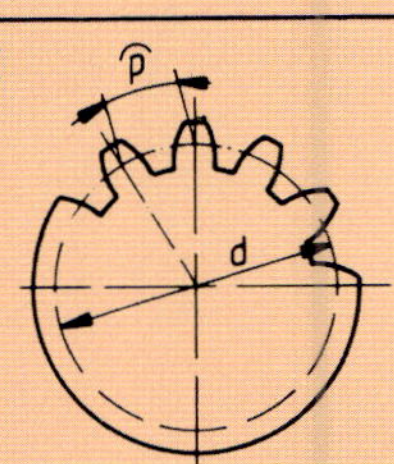

5,6

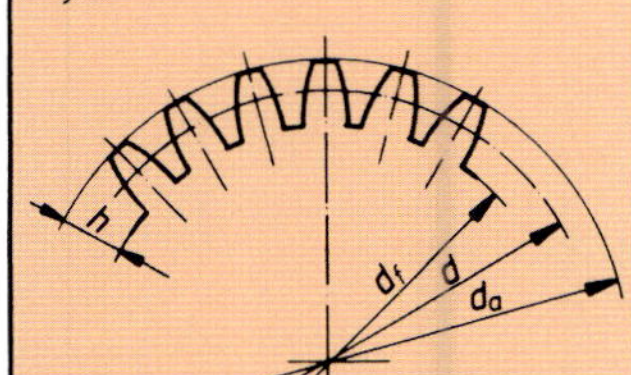

7–11

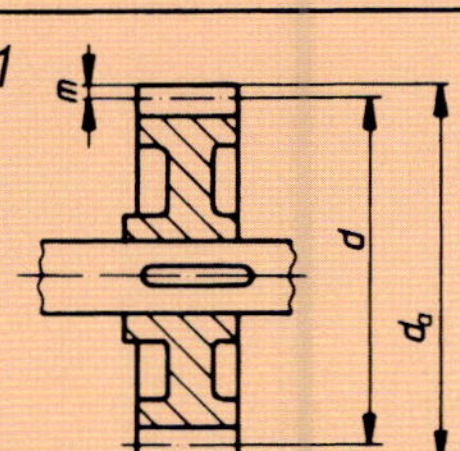

12

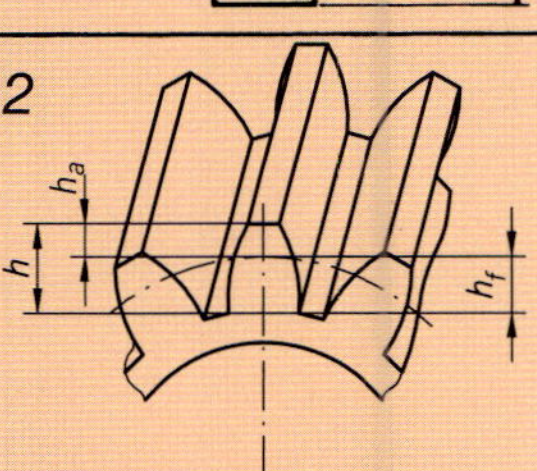

13

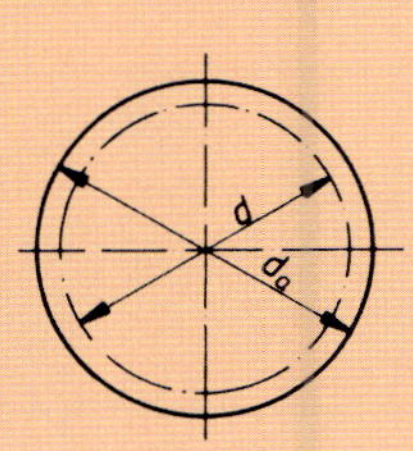

Berechnen Sie die fehlenden Werte:

1. Aufgabe	a	b	c
Zähnezahl	24	28	?
Modul in mm	3	?	5
Teilkreis-∅ in mm	?	112	175

2. Aufgabe	a	b	c
Kopfhöhe in mm	?	4	?
Modul in mm	3	?	?
Teilung in mm	?	?	15,7

3. Welche Zähnezahl hat ein Zahnrad mit Modul 3,5 mm und 168 mm Teilkreisdurchmesser?

4. Welchen Teilkreisdurchmesser hat ein Zahnrad mit Modul 4,5 mm und einem Kopfkreisdurchmesser von 171 mm?

5. Der Teilkreisdurchmesser eines Zahnrades beträgt 140 mm, der Modul 4,5 mm. Bestimmen Sie den Kopfkreisdurchmesser.

6. Ein Zahnrad mit 40 Zähnen hat einen Kopfkreisdurchmesser von 168 mm. Welche Größe hat der Modul?

7. Berechnen Sie für ein Zahnrad mit 105 mm Teilkreisdurchmesser und 110 mm Kopfkreisdurchmesser die Zähnezahl.

8. Welchen Kopfkreisdurchmesser muss ein Zahnrad-Rohling erhalten, der mit 21 Zähnen und Modul 2,75 mm hergestellt werden soll?

9. Der Kopfkreisdurchmesser eines Zahnrads beträgt 147,5 mm und der Modul 3,75 mm. Wie groß ist der Teilkreisdurchmesser?

10. Welche Zähnezahl gehört zu einem Zahnrad mit einem Kopfkreisdurchmesser von 250 mm und Modul 5 mm?

11. Berechnen Sie den Fußkreisdurchmesser für ein Rad mit 36 Zähnen und Modul 2,25 mm.

12. Welche Zahnhöhe hat ein Zahnrad mit Modul 6 mm?

13. Die Differenz von Kopfkreis- und Teilkreisdurchmesser beträgt 6 mm, das Verhältnis 13 : 12. Wie groß sind die Durchmesser?

► Wissen – Erkennen – Werten

a) Welche Verzahnungsarten unterscheidet man bei Zahnrädern?
b) Erläutern Sie den Vorteil durch Einführung des Begriffs Modul.
c) Zeigen Sie den Zusammenhang zwischen Modul und Teilung auf.
d) Begründen Sie, warum die Kopfhöhe geringer als die Fußhöhe ist.
e) Welche Maße müssen zur Herstellung eines Zahnrades bekannt sein?
f) Warum müssen Zahnräder besonders sorgfältig hergestellt werden?

B1

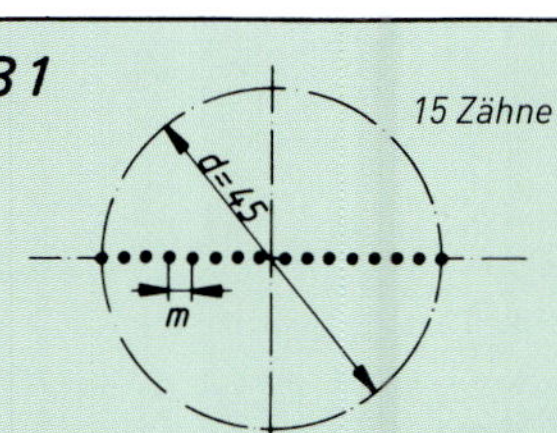

B2

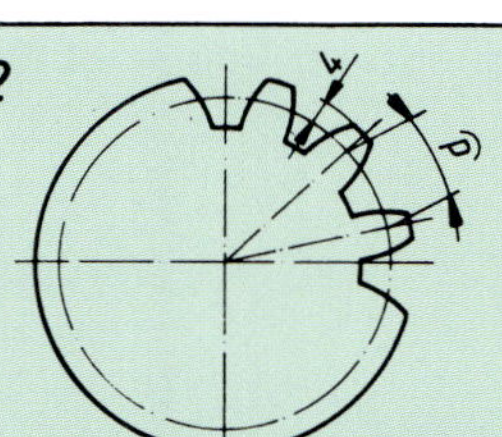

B3

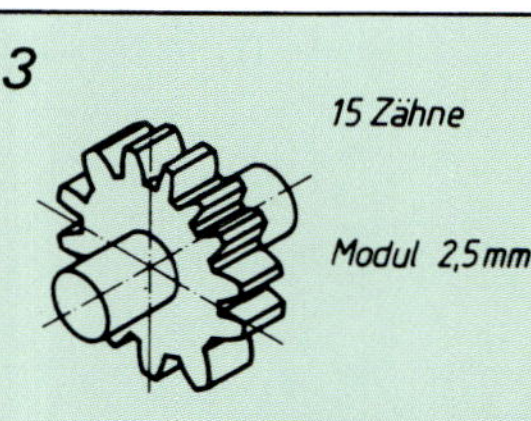

B4

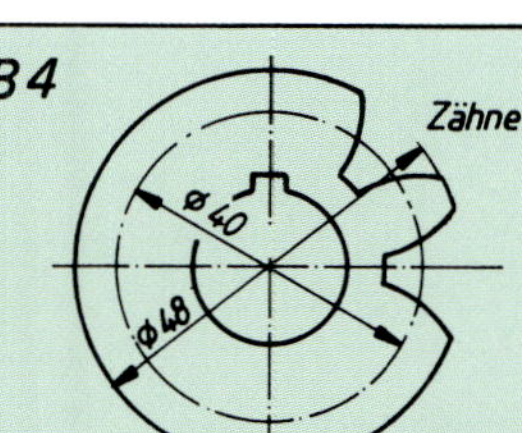

B5

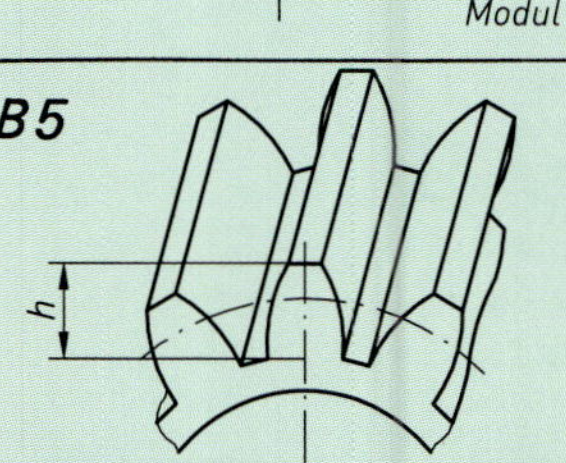

B6

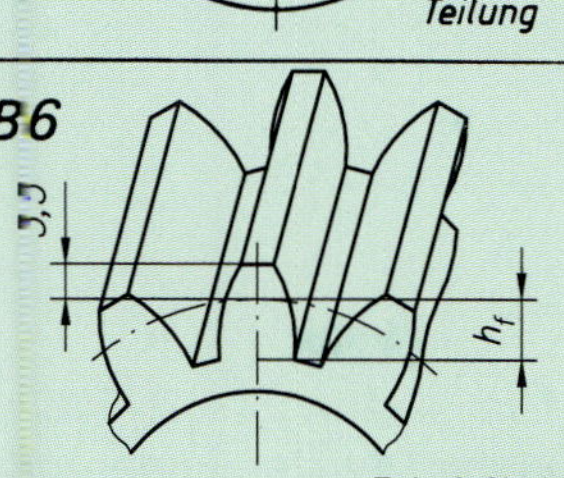

B7

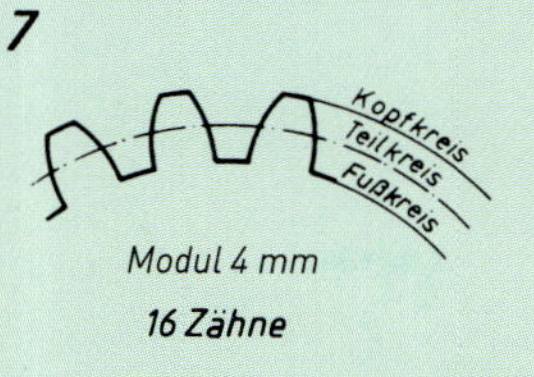

B8

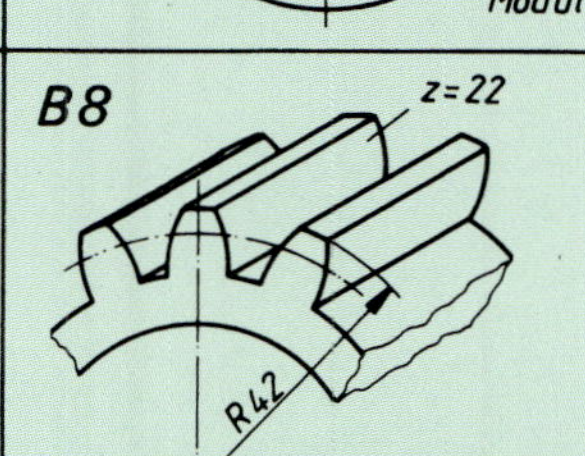

Einfacher Zahnradtrieb

z	Zähnezahl	d	Teilkreisdurchmesser in mm	m	Modul in mm
n	Umdrehungsfrequenz in 1/min	i	Übersetzungsverhältnis	a	Achsabstand in mm

Index 1 Eingang, Anfangszustand (treibend) Index 2 Ausgang, Endzustand (getrieben)

1. Abhängigkeit von d und n

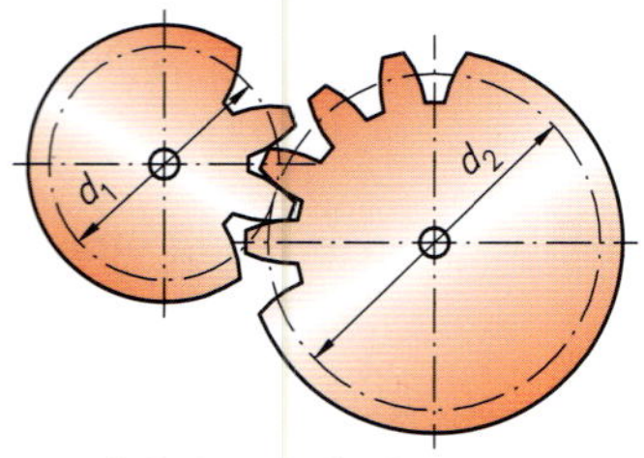

Die Zahnräder „kämmen", infolgedessen haben sie auch gleiche Umfangsgeschwindigkeit:

$$v_1 = v_2$$
$$d_1 \cdot \pi \cdot n_1 = d_2 \cdot \pi \cdot n_2$$
$$d_1 \cdot n_1 = d_2 \cdot n_2$$

Merke

treibendes $d \cdot n$ = getriebenes $d \cdot n$

2. Abhängigkeit von z und n

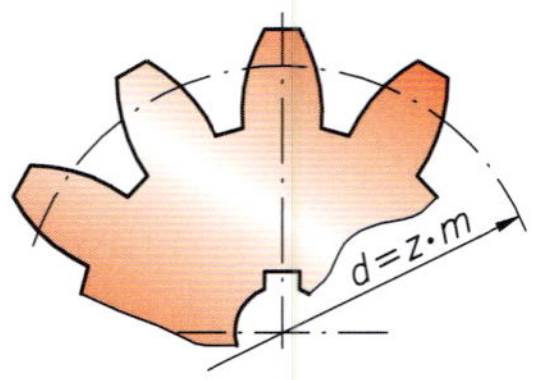

In die erhaltene Gleichung $d_1 \cdot n_1 = d_2 \cdot n_2$ setzen wir für $d = z \cdot m$ ein:

$$z_1 \cdot m \cdot n_1 = z_2 \cdot m \cdot n_2$$
$$z_1 \cdot n = z_2 \cdot n_2$$

Merke

treibendes $z \cdot n$ = getriebenes $z \cdot n$

3. Übersetzungsverhältnis

Das Übersetzungsverhältnis ergibt sich aus dem Verhältnis der Drehfrequenzen in Richtung des Kraftflusses:

$$i = \frac{\text{treibende Drehfrequenz}}{\text{getriebene Drehfrequenz}} = \frac{n_1}{n_2} = \frac{d_2}{d_1} = \frac{z_2}{z_1}$$

Hinweis

i wird als Bruch – seltener als Dezimalzahl – geschrieben.

4. Achsabstand

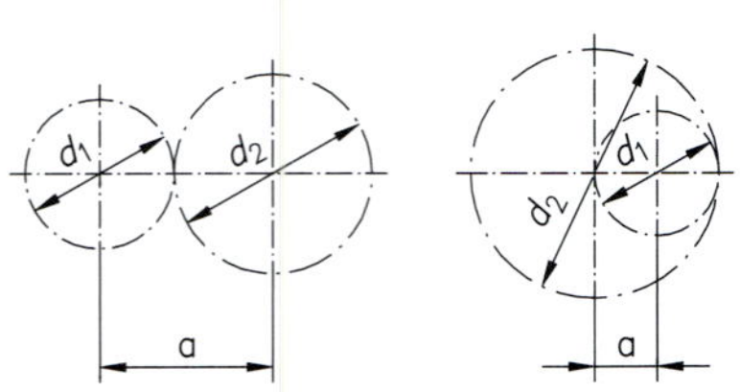

Der Achsabstand ergibt sich aus den Durchmessern d_1 und d_2.

$$a = \frac{d_2 \pm d_1}{2}$$
$$a = \frac{z_2 \cdot m \pm z_1 \cdot m}{2} = \frac{m}{2} \cdot (z_2 \pm z_1)$$

Hinweis

Bei einer Innenverzahnung gilt der Differenzwert.

5. Zusammenfassung

treibendes $d \cdot n$ = getriebenes $d \cdot n$

$$d_1 \cdot n_1 = d_2 \cdot n_2$$

treibendes $z \cdot n$ = getriebenes $z \cdot n$

$$z_1 \cdot n_1 = z_2 \cdot n_2$$

6. Beispiel

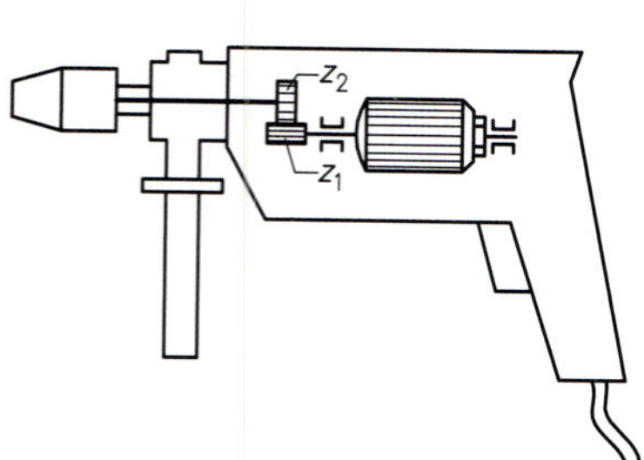

Bei einer Handbohrmaschine wird die Ankerdrehfrequenz von 3600 1/min über die Zahnräder mit 8 und 32 Zähnen zur Bohrspindel übersetzt. Berechnen Sie die Drehfrequenz der Bohrspindel.

Gesucht n_2 in $\frac{1}{\text{min}}$

Gegeben $z_1 = 8$; $z_2 = 32$; $n_1 = 3600 \frac{1}{\text{min}}$

Vorüberlegung
treibendes $z \cdot n$ = getriebenes $z \cdot n$

Lösung $z_1 \cdot n_1 = z_2 \cdot n_2$

$$n_2 = \frac{z_1 \cdot n_1}{z_2} = \frac{8 \cdot 3600 \frac{1}{\text{min}}}{32} = 900 \frac{1}{\text{min}}$$

Beachte

$i < 1$ Übersetzung ins Schnelle
$i = 1$ keine Drehzahländerung (Umdrehungsfrequenz)
$i > 1$ Übersetzung ins Langsame

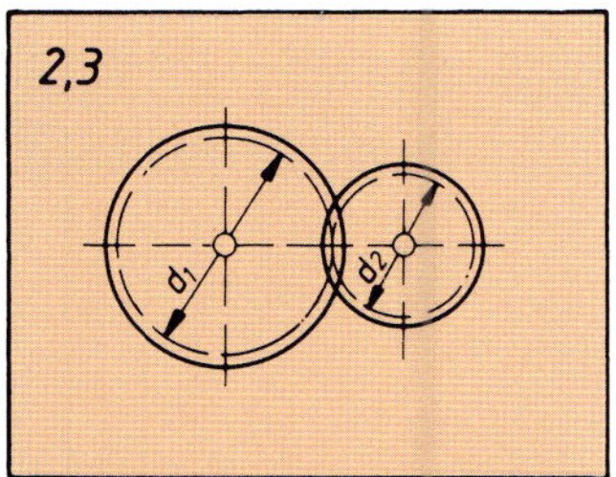

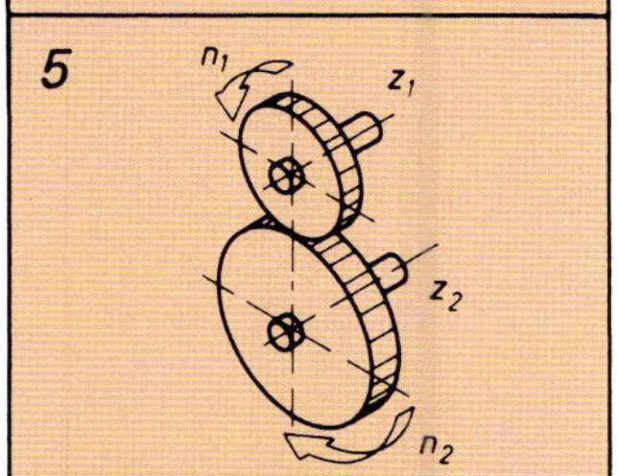

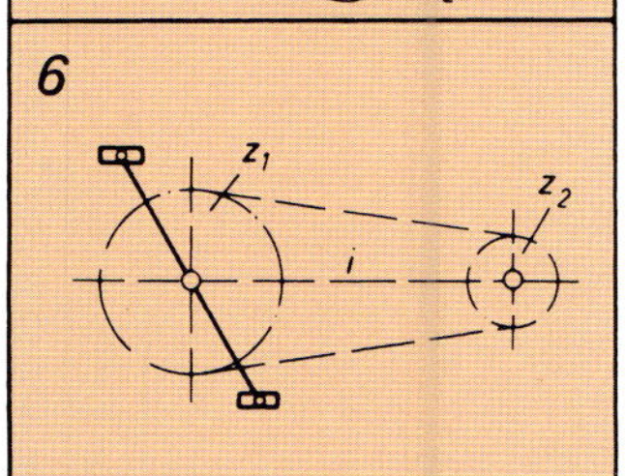

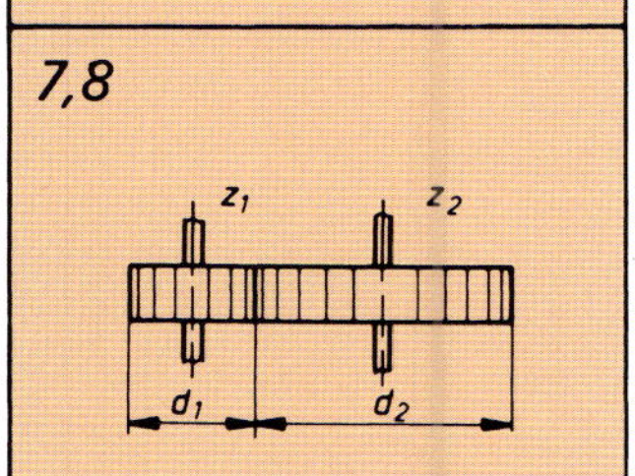

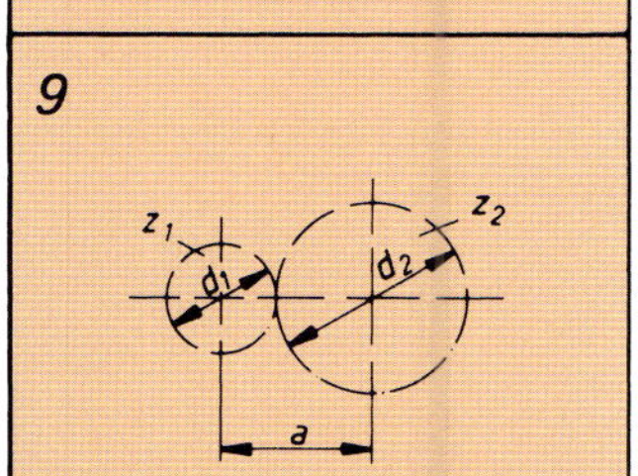

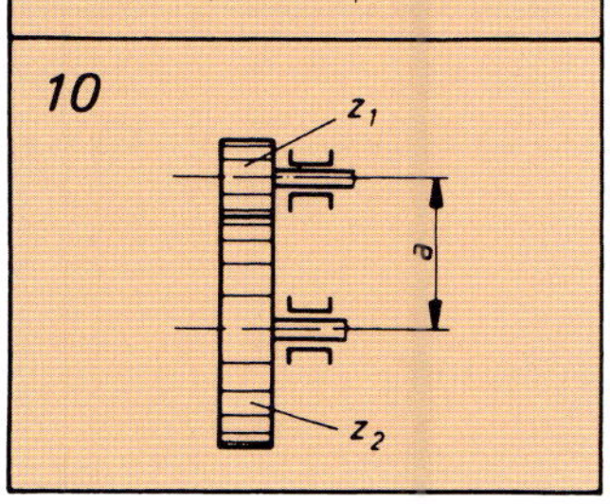

Aufgaben

Einfacher Zahnradtrieb

Die fehlenden Werte sind zu berechnen:

1.

Aufgabe	a	b	c
Zähnezahl z_1	60	18	?
Zähnezahl z_2	25	?	56
Übersetzung i	?	2 : 3	4 : 3

2.

Aufgabe	a	b
Teilkreis-∅ d_1 in mm	54	72
Teilkreis-∅ d_2 in mm	66	?
Achsabstand a in mm	?	64,5

3. Ein treibendes Zahnrad mit 64 mm Teilkreisdurchmesser hat die Drehfrequenz 125 1/min. Der getriebene Teilkreisdurchmesser beträgt 80 mm. Berechnen Sie die getriebene Drehfrequenz.

4. Das treibende Rad soll mit 195 1/min laufen. Das getriebene Rad hat einen Teilkreisdurchmesser von 65 mm und läuft mit 135 1/min. Wie groß ist der treibende Teilkreisdurchmesser?

5. Wie groß ist die Drehfrequenz des treibenden Rades mit 24 Zähnen, wenn das getriebene Rad mit 72 Zähnen 45 1/min ausführen soll?

6. Welches Übersetzungsverhältnis besteht zwischen dem Tretrad mit 48 Zähnen und dem Ritzelrad mit 15 Zähnen?

7. Wie groß ist die getriebene Drehfrequenz, wenn bei einer Übersetzung von 3 : 4 das treibende Rad eine Drehfrequenz von 642 1/min hat?

8. Das Übersetzungsverhältnis zweier Zahnräder beträgt 3 : 5, der getriebene Teilkreisdurchmesser 72 mm. Berechnen Sie den treibenden Teilkreisdurchmesser.

9. Zwei Zahnräder sind nach Modul 4 mm hergestellt. Das treibende Rad hat 35 Zähne, das getriebene Rad 65. Wie groß wird der Achsabstand?

10. Für zwei im Eingriff stehende Zahnräder von 30 und 90 Zähnen wurde ein Achsabstand von 180 mm gemessen. Errechnen Sie den Modul.

▶ Wissen – Erkennen – Werten

a) Welche Größen müssen bei einem Zahnradpaar übereinstimmen?
b) Wodurch ist die Übersetzung bei einem Zahnradpaar gegeben?
c) Welche Größen bestimmen den Achsabstand eines Zahnradpaars?
d) Nennen Sie die Aufgaben, die Zwischenräder erfüllen müssen.
e) Erläutern Sie die Funktion eines Wendeherzgetriebes.
f) Nennen Sie Unfallverhütungsvorschriften für Zahnradgetriebe.
g) Zeigen Sie die Vor- und Nachteile von Zahnradgetrieben auf.
h) Unterscheiden Sie die Getriebe nach der Lage der Wellenachsen.

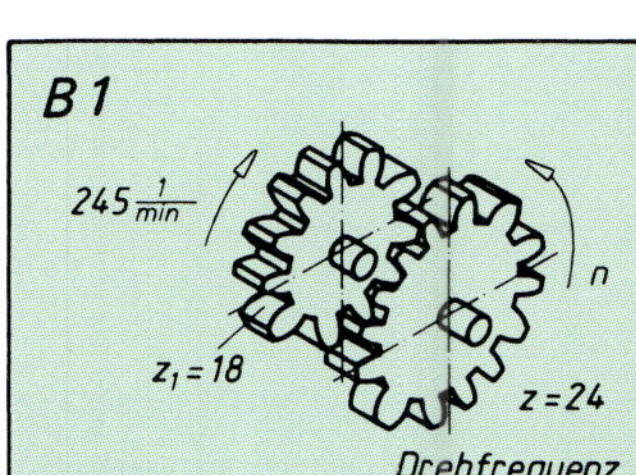

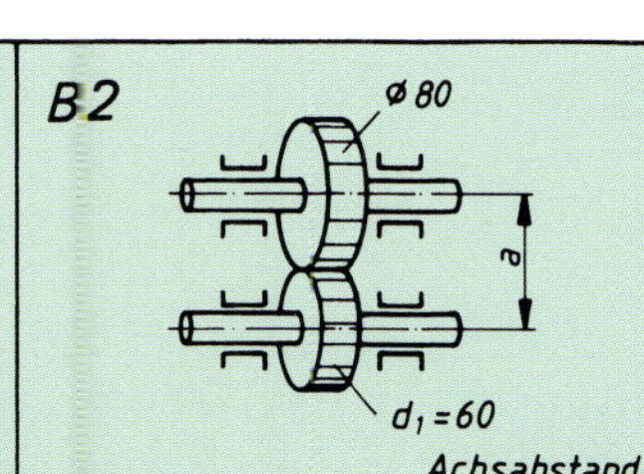

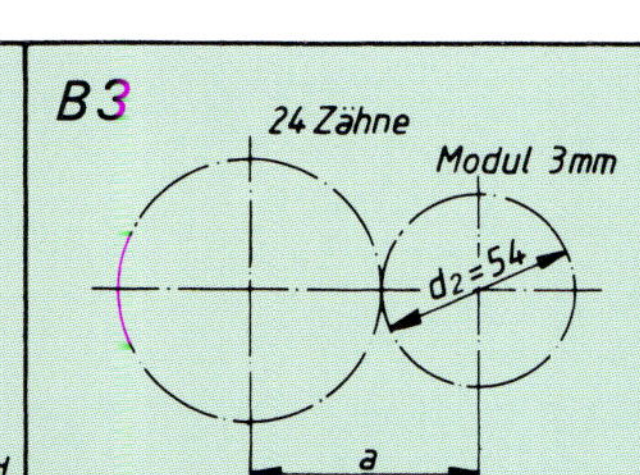

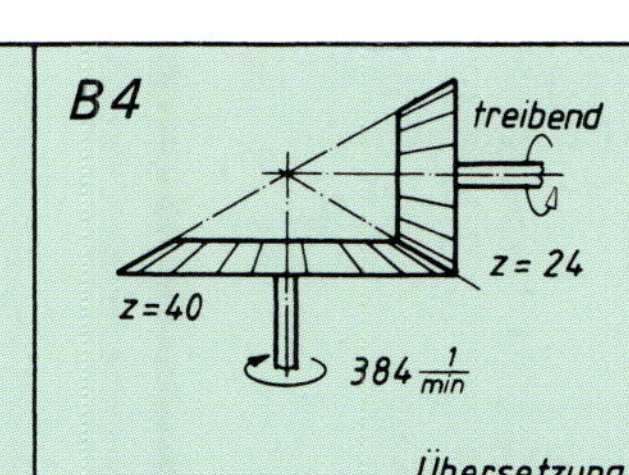

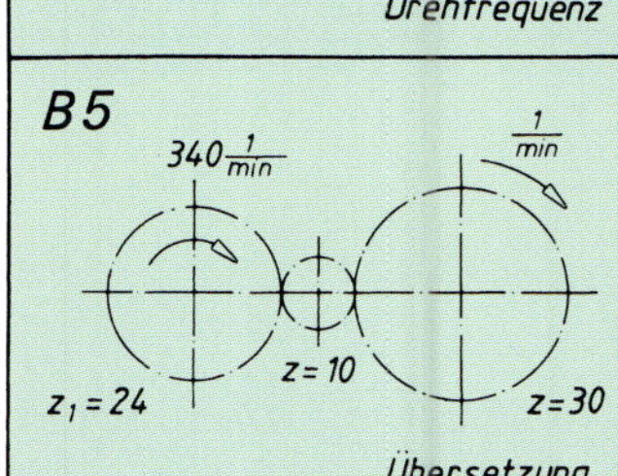

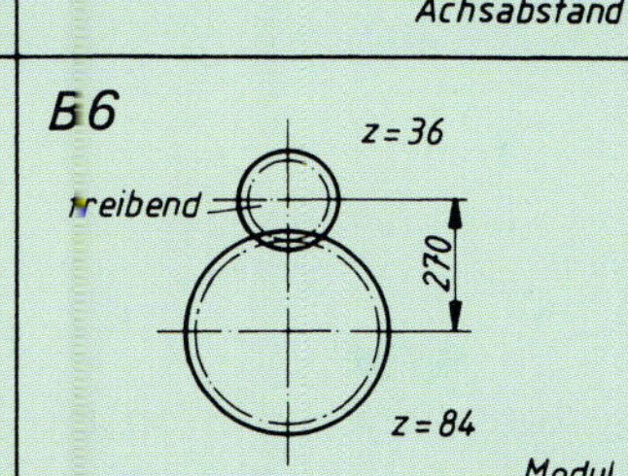

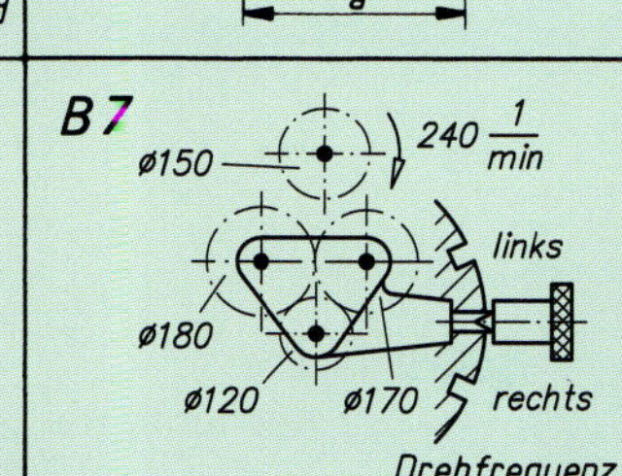

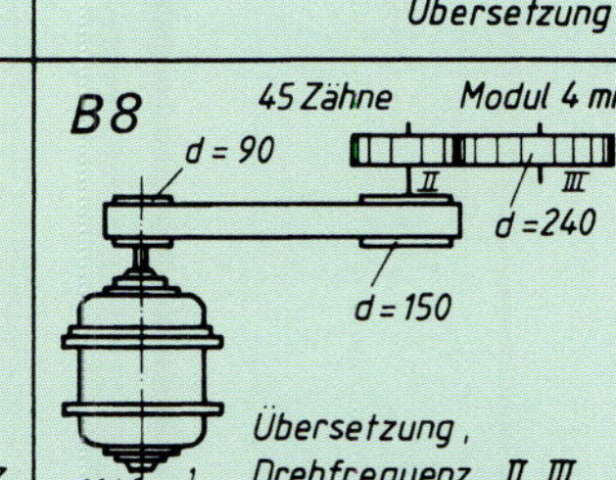

Mehrfacher Zahnradtrieb

d	Teilkreisdurchmesser in mm	z	Zähnezahl
n	Umdrehungsfrequenz in 1/min	i	Gesamtübersetzung
n_A	Anfangsdrehfrequenz in 1/min	i_1	erste Teilübersetzung, Einzelübersetzung
n_E	Enddrehfrequenz in 1/min	i_2	zweite Teilübersetzung, Einzelübersetzung

n_1, n_3, n_5 … Umdrehungsfrequenzen der treibenden Räder (ungerade Indices) in 1/min
n_2, n_4, n_6 … Umdrehungsfrequenzen der getriebenen Räder (gerade Indices) in 1/min

1. Teilübersetzungen

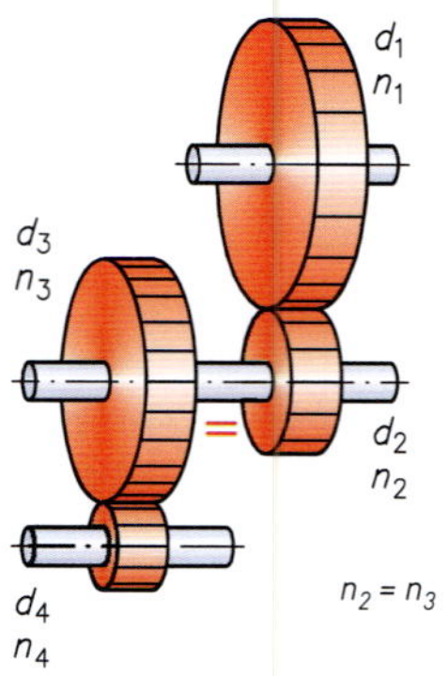

Jeder mehrfache Zahnradtrieb wird in Teiltriebe zerlegt:

treibendes $d \cdot n$ = getriebenes $d \cdot n$
treibendes $z \cdot n$ = getriebenes $z \cdot n$

Teiltrieb I

$$d_1 \cdot n_1 = d_2 \cdot n_2$$
$$z_1 \cdot n_1 = z_2 \cdot n_2$$
$$i_1 = \frac{n_1}{n_2} = \frac{d_2}{d_1} = \frac{z_2}{z_1}$$

Teiltrieb II

$$d_3 \cdot n_3 = d_4 \cdot n_4$$
$$z_3 \cdot n_3 = z_4 \cdot n_4$$
$$i_2 = \frac{n_3}{n_4} = \frac{d_4}{d_3} = \frac{z_4}{z_3}$$

2. Gesamtübersetzung

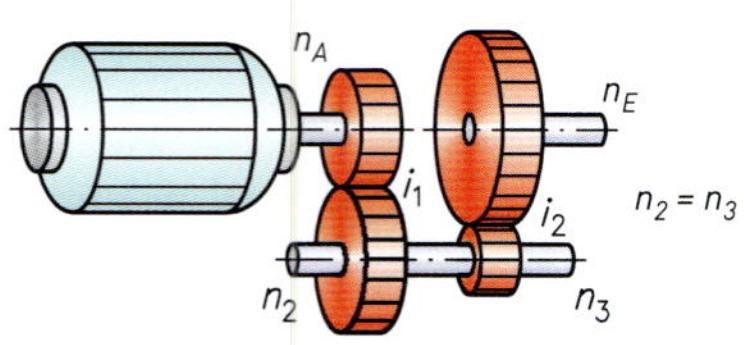

Gesamtübersetzungen ist das Produkt der Teilübersetzungen

$$i = i_1 \cdot i_2 = \frac{n_1 \cdot n_3}{n_2 \cdot n_4} = \frac{d_2 \cdot d_4}{d_1 \cdot d_3} = \frac{z_2 \cdot z_4}{z_1 \cdot z_3}$$
$$i = \frac{n_A}{n_E}$$

3. Zusammenfassung

Jeder zusammengesetzte Antrieb ist in Teiltriebe zerlegbar

$$i = i_1 \cdot i_2 \cdot \ldots$$
$$i = \frac{n_A}{n_E} = \frac{\text{Anfangsdrehfrequenz}}{\text{Enddrehfrequenz}}$$

4. Beispiel

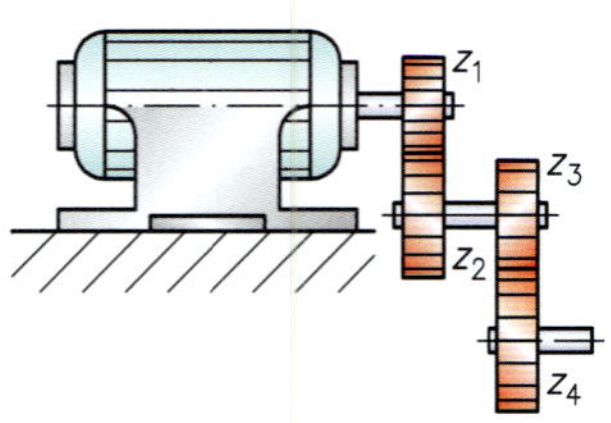

Die Drehfrequenz eines Motors von 1 440 1/min wird über ein zweistufiges Getriebe auf 320 1/min übersetzt. Die erste Teilübersetzung beträgt 3:2, ermitteln Sie die zweite Teilübersetzung.

Gesucht i_2

Gegeben

$$n_A = 1\,440 \,\frac{1}{\text{min}}$$
$$n_E = 320 \,\frac{1}{\text{min}}$$
$$i_1 = 3:2$$

Vorüberlegung
Übersetzung = Verhältnis der Drehfrequenzen $n_A : n_E$

Lösung

$$i = \frac{n_A}{n_E}$$
$$i = \frac{1\,440 \,\frac{1}{\text{min}}}{320 \,\frac{1}{\text{min}}}$$
$$i = 4{,}5 : 1$$
$$i = i_1 \cdot i_2$$
$$i_2 = \frac{i}{i_1} = \frac{4{,}5 \cdot 2}{1 \cdot 3} = \underline{3:1}$$

Beachte
Um Rechenfehler zu vermeiden, ist es oft zweckmäßiger, die Werte sofort einzusetzen, z. B. $\frac{4{,}5}{1} = \frac{3}{2} \cdot i_2$

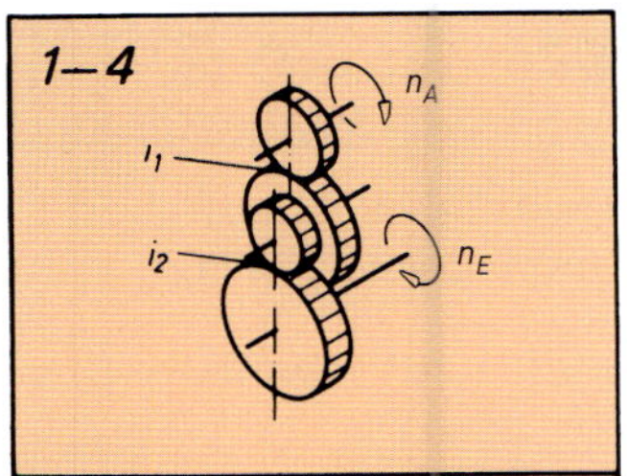

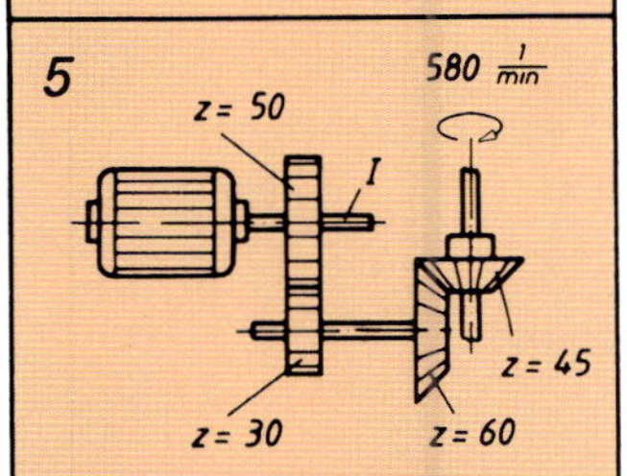

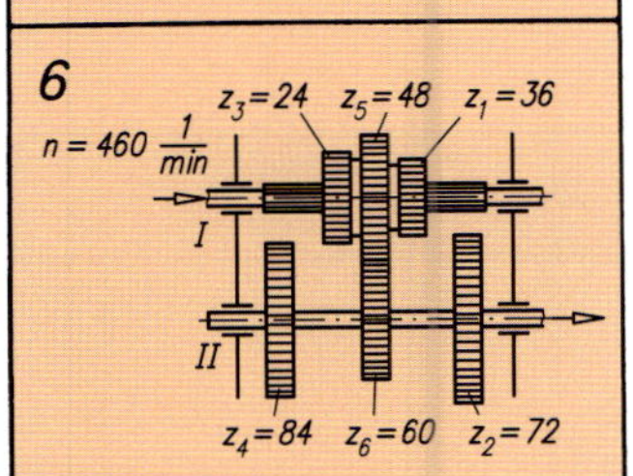

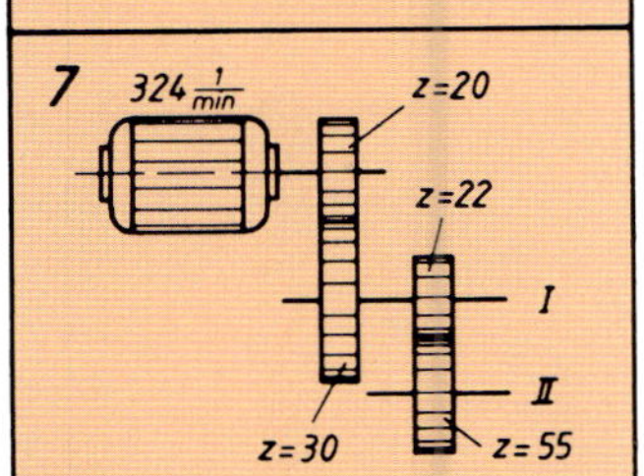

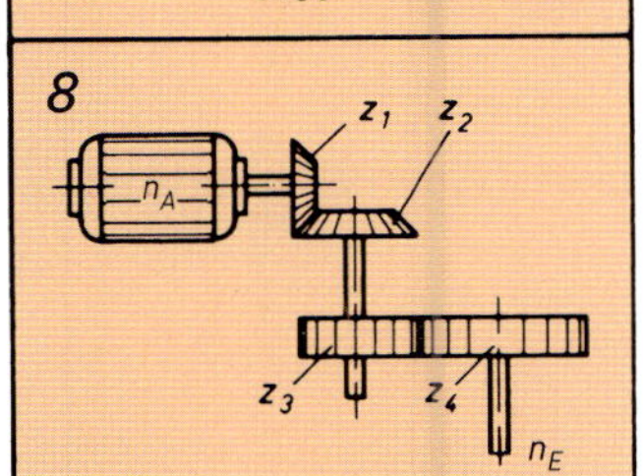

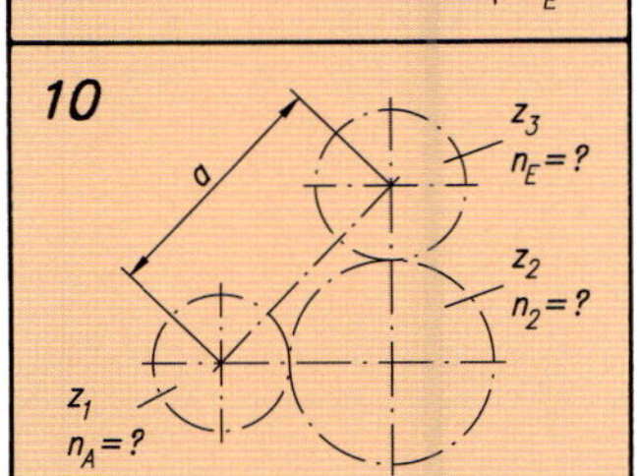

Berechnen Sie die fehlenden Werte:

1\. Aufgabe

Aufgabe	a	b	c
i_1	1:1,2	1,6:1	?
i_2	1:1,4	?	3:5
i	?	2,4:1	2:5

2\. Aufgabe

Aufgabe	a	b	c
n_A in 1/min	1176	720	?
n_E in 1/min	700	?	680
i	?	2,4:1	2:5

3. Ein Getriebe mit den Übersetzungen 1:3 und 3:4 hat die Anfangsdrehfrequenz 125 1/min. Berechnen Sie die Enddrehfrequenz.

4. Wie groß ist bei einem Getriebe die Drehfrequenz des ersten Zahnrads, wenn bei einer Gesamtübersetzung von 3:7 eine Drehfrequenz von 322 1/min abgegeben wird?

5. Berechnen Sie für ein Stirnrad-Kegelradgetriebe die Teilübersetzungen, die Gesamtübersetzung und die Drehfrequenz der Welle I (s. Skizze).

6. Berechnen Sie für das dreistufige Verschieberad-Grundgetriebe mit den gegebenen Werten (siehe Skizze) die möglichen Enddrehzahlen.

7. Berechnen Sie für den doppelten Zahnradtrieb die Drehfrequenz der Wellen I und II, die Teil- sowie die Gesamtübersetzung.

8. In einem Getriebeblock erfolgt der drehfrequenzabhängige Kraftfluss über die Zahnräder 20/26 und 39/48. Die Enddrehfrequenz beträgt 140 1/min. Wie groß ist die Anfangsdrehfrequenz?

9. Die Drehfrequenz einer Gelenkwelle beträgt 1600 1/min. Der Kraftfluss erfolgt über die Zahnräder 16/68 und 34/58. Berechnen Sie die Gesamtübersetzung und die Drehfrequenz der Abtriebswelle.

10. Berechnen Sie für den Zahnradtrieb mit einem Modul von 5 mm und den Zähnezahlen $z_1 = 36$, $z_2 = 54$ und $z_3 = 48$ die Enddrehzahl, wenn die Anfangsdrehzahl $V_A = 720 \frac{1}{\text{min}}$ beträgt. Ermitteln Sie außerdem den Abstand a.

► Wissen – Erkennen – Werten

a) Begründen Sie eine gedankliche Getriebe-Zerlegung in Teiltriebe.
b) Warum dürfen Getrieberäder nur paarweise ausgewechselt werden?
c) Warum dürfen Schieberäder nicht im Lauf geschaltet werden?
d) Vergleichen Sie Schieberäder- und Kupplungsgetriebe.
e) Worauf ist beim Zusammenbau von Stirnradgetrieben zu achten?
f) Zeigen Sie die Vorteile für Zahnräder mit Schrägverzahnung auf.
g) Erklären Sie den Kraftfluss anhand der Aufgabe B8.
h) Vergleichen Sie schaltbare und nichtschaltbare Getriebestufen.

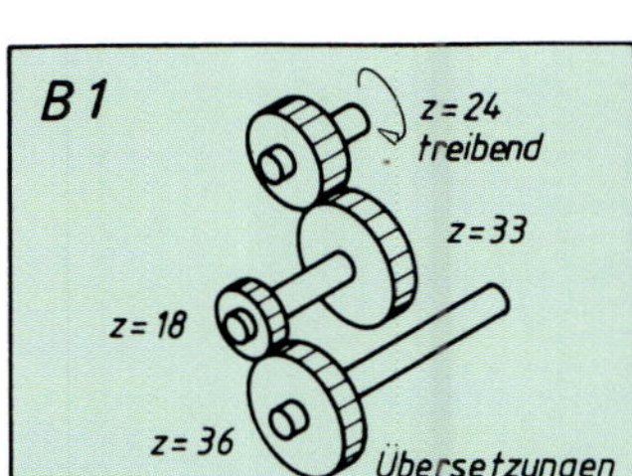

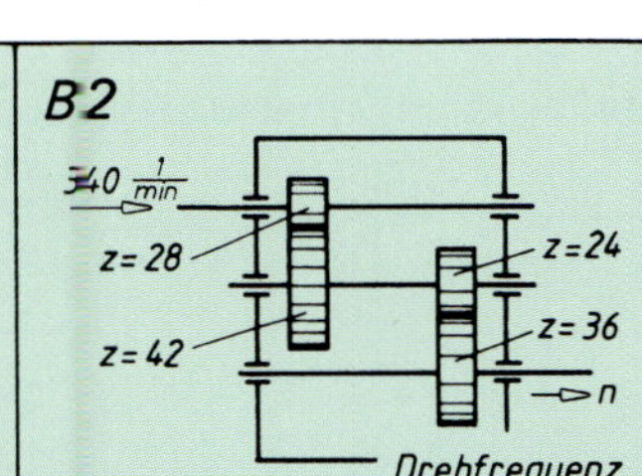

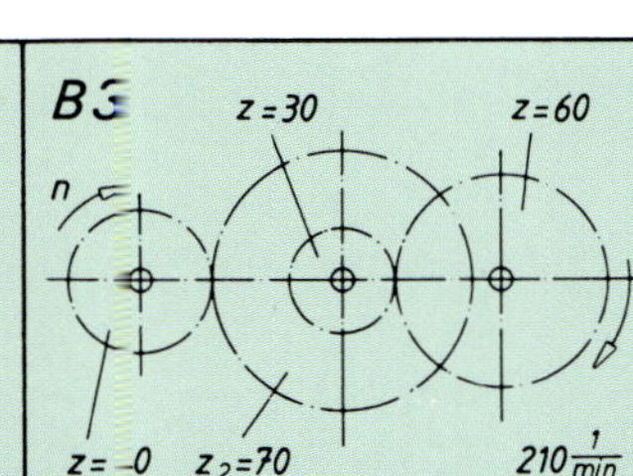

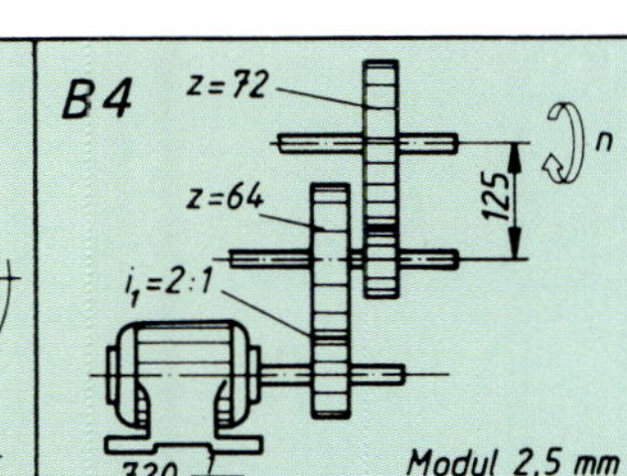

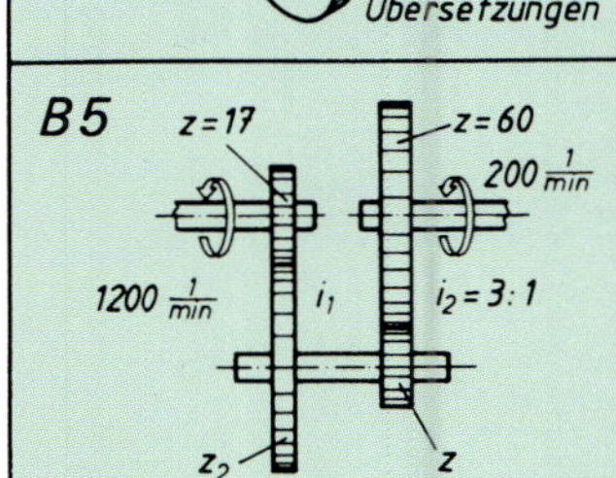

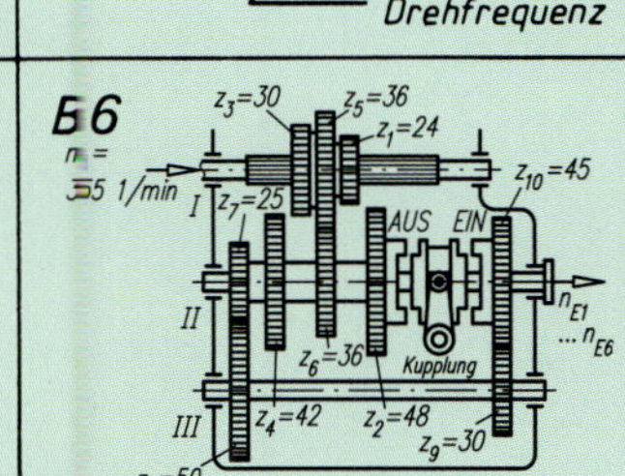

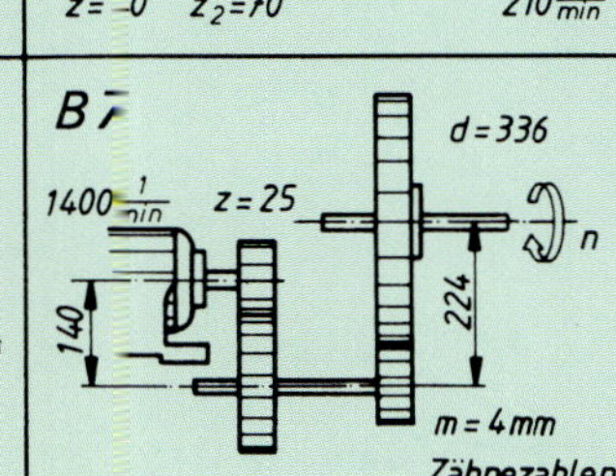

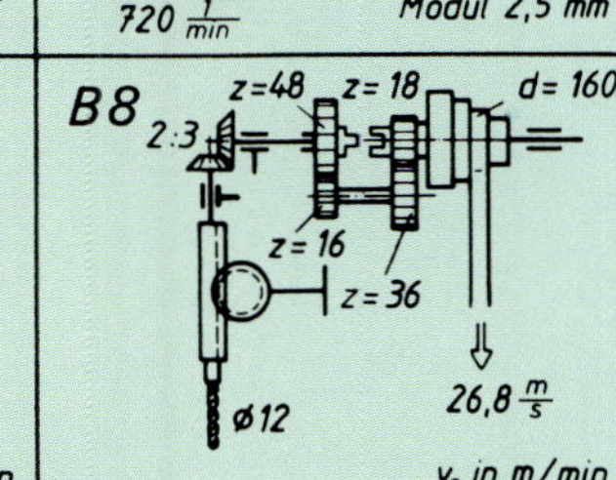

Zahnstangen- und Schneckentrieb

d Teilkreisdurchmesser in mm
z Zähnezahl
m Modul in mm
p Teilung der Zahnstange in mm
α Drehwinkel in °(Grad)
s Zahnstangenweg in mm

1. Zahnstangenweg

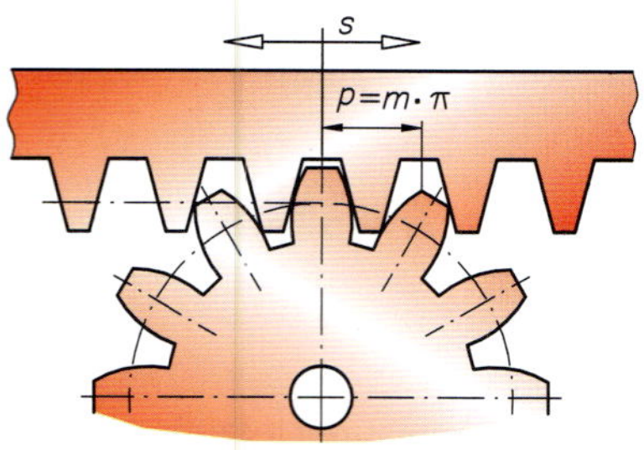

Der Zahnstangenweg bei einer Umdrehung wird durch den Teilkreisumfang begrenzt.

Folgerung

Zahnstangenweg = Teilkreisumfang × Anzahl der Umdrehungen

$s = d \cdot \pi$ für 1 Umdrehung

$s = z \cdot p$ für 1 Umdrehung

$s = z \cdot p \cdot \frac{\alpha}{360°} \Rightarrow$ 1 Teilumdrehung

Hinweis

Teilung = Modul · π ($p = m \cdot \pi$)

1.2 Zusammenfassung	Zahnstangenweg bei einer Umdrehung ≙ Teilkreisumfang

2. Schneckentrieb

z_1 Gangzahl der Schnecke (Zähnezahl)
z_2 Zähnezahl des Schneckenrads
n_1 Drehzahl der Schnecke in 1/min
n_2 Drehzahl des Schneckenrades in 1/min
i Übersetzungsverhältnis

2.1. Gangzahl der Schnecke

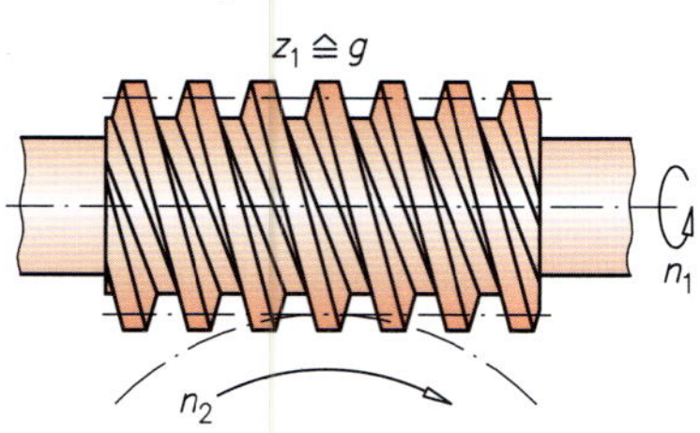

Wird eine eingängige Schnecke einmal gedreht, so rückt das Schneckenrad um einen Zahn vor.

Folgerung

Gangzahl ≙ Zähnezahl

$g \mathrel{\hat{=}} z_1$

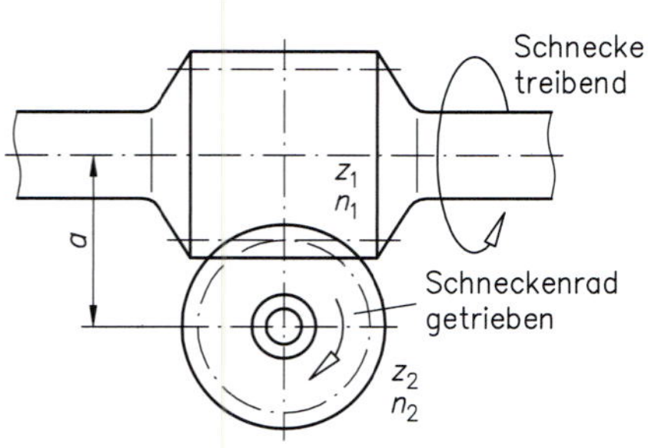

Die Zusammenhänge sind die gleichen wie beim einfachen Zahnradtrieb:

treibend = getrieben

$z_1 \cdot n_1 = z_2 \cdot n_2$

$i = \frac{n_1}{n_2} = \frac{z_2}{z_1}$

Hinweis

Steigung der Schnecke = Teilung × Gangzahl

2.2 Zusammenfassung	treibendes $z \cdot n$ = getriebenes $z \cdot n$	$z_1 \cdot n_1 = z_2 \cdot n_2$

3. Beispiel

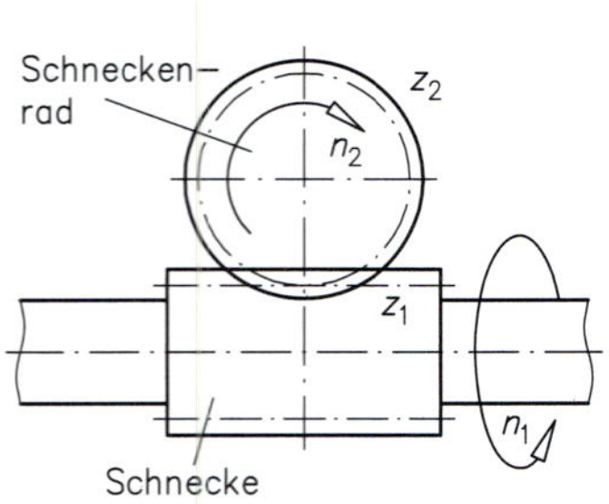

Eine dreigängige Schnecke hat die Drehfrequenz 165 1/min. Welche Zähnezahl hat das Schneckenrad bei einer Drehfrequenz von 15 1/min?

Gegeben

$z_1 = 3$

$n_1 = 165 \frac{1}{\text{min}}$

$n_2 = 15 \frac{1}{\text{min}}$

Vorüberlegung

treibendes $z \cdot n$ = getriebenes $z \cdot n$

Lösung

$z_1 \cdot n_1 = z_2 \cdot n_2$

$z_2 = \frac{z_1 \cdot n_1}{n_2} = \frac{3 \cdot 165 \frac{1}{\text{min}}}{15 \frac{1}{\text{min}}} = \underline{\underline{33}}$

Beachte

Die Schnecke ist stets treibend und wird mit dem Index 1 gekennzeichnet.

1-4

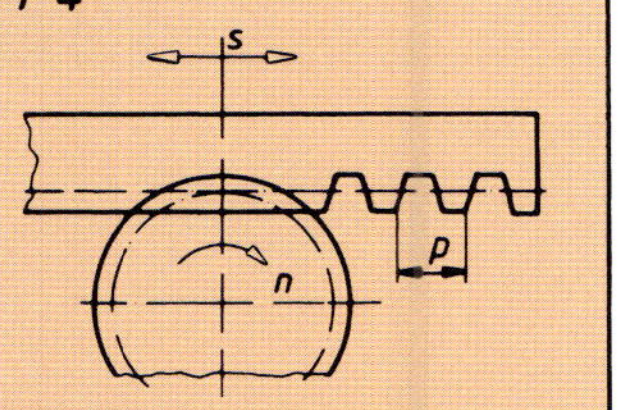

5,6

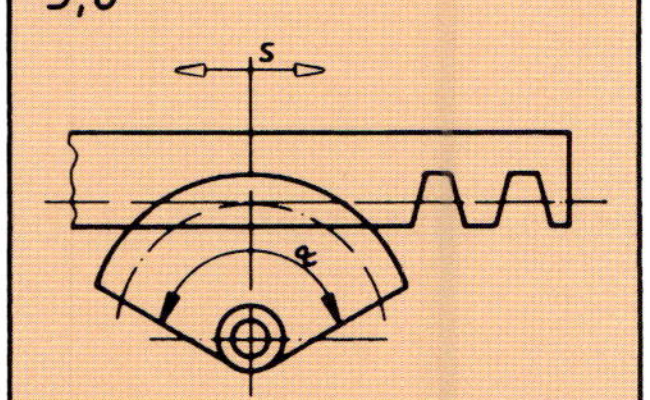

7

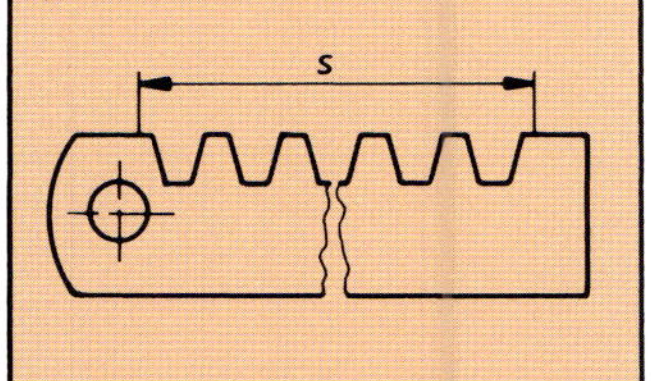

8

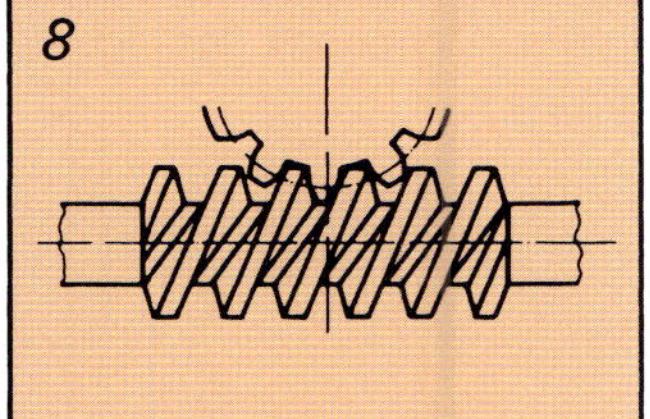

9,10

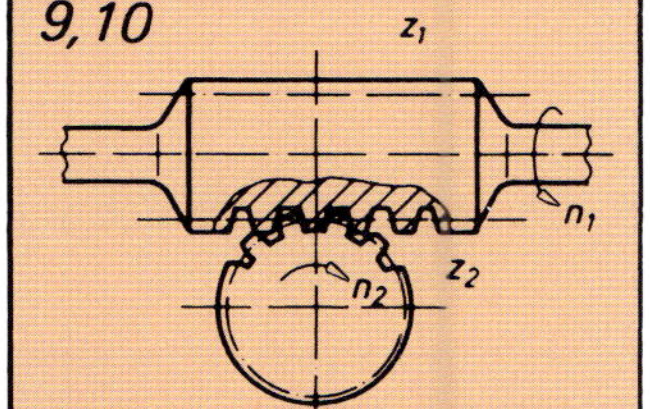

11

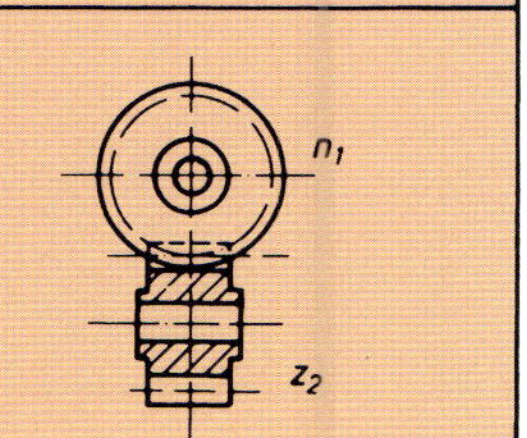

Die fehlenden Werte sind zu berechnen:

1.

Aufgabe	a	b	c
Zähnezahl	40	54	?
Teilung in mm	12,56	?	18,85
Weg in mm	?	848,34	678,6

2.

Aufgabe	a	b	c
Gangzahl	1	2	?
z_2	40	?	180
i	?	40 : 1	60 : 1

3. Errechnen Sie den Zahnstangenvorschub für eine Zahnradumdrehung, wenn das Zahnrad mit einem Modul von 4 mm und mit 48 Zähnen hergestellt ist.

4. Für die Vorschubbewegung einer Bohrspindel stehen 250 mm Zahnstangenweg zur Verfügung. Das Zahnrad hat den Modul 2 mm und 20 Zähne. Errechnen Sie die Anzahl der Zahnradumdrehungen.

5. Welche Verschiebung hat eine Zahnstange, wenn das Antriebsritzel mit 48 Zähnen und Modul 4 mm auf einen Anschlag von 60° begrenzt ist?

6. Eine Zahnstange wird um 100 mm verschoben. Wie groß ist der Anschlagswinkel, wenn das Zahnrad den Modul 3 mm und 48 Zähne hat?

7. Welche Verzahnungslänge ergibt sich für eine Zahnstange mit 36 Zähnen und dem Modul 4 mm?

8. Bestimmen Sie die Zähnezahl der Schnecke, wenn die Gangzahl: a) 1, b) 2, c) 3, d) 4 und e) 5 beträgt.

9. Ein Schneckenrad mit 60 Zähnen läuft mit der Drehfrequenz 24 1/min. Welche Gangzahl hat die Schnecke bei einer Drehfrequenz von 720 1/min?

10. Ein Schneckenrad mit 48 Zähnen soll mit der Drehfrequenz 20 1/min laufen. Welche Drehfrequenz hat die 2-gängige Schnecke?

11. Die Übersetzung eines Schneckentriebes beträgt 40 : 1. Die Schnecke ist 2-gängig und läuft mit 1 800 1/min. Wie groß ist die Drehfrequenz und die Zähnezahl des Schneckenrades?

▶ Wissen – Erkennen – Werten

a) Welche Größen müssen beim Zahnstangentrieb übereinstimmen?
b) Durch welche Größen wird die Zahnstangengeschwindigkeit bestimmt?
c) Nennen Sie Anwendungsbereiche für Zahnstangentriebe.
d) Warum sind Schneckengetriebe in der Regel selbsthemmend?
e) Nennen Sie Anwendungsbereiche für Schneckengetriebe,
f) Begründen Sie den wirtschaftlichen Vorteil eines Schneckengetriebes.
g) Beschreiben Sie den Zusammenbau eines Schneckenradsatzes.

B1

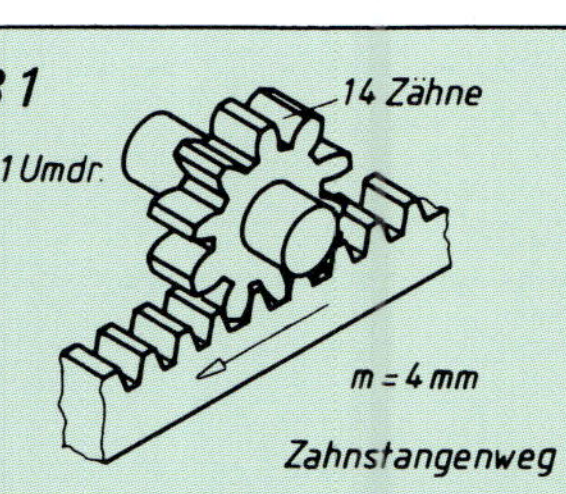

B2

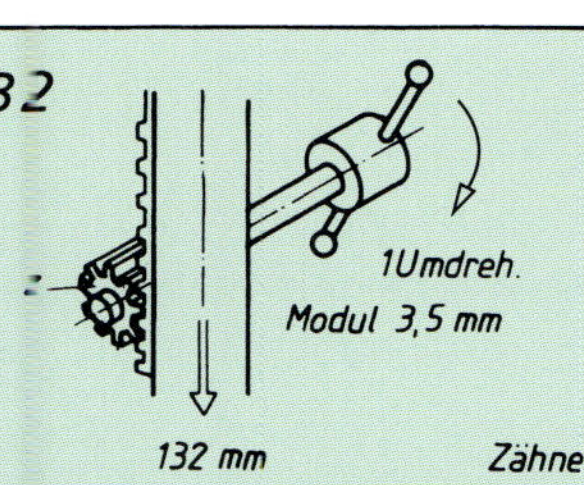

B3

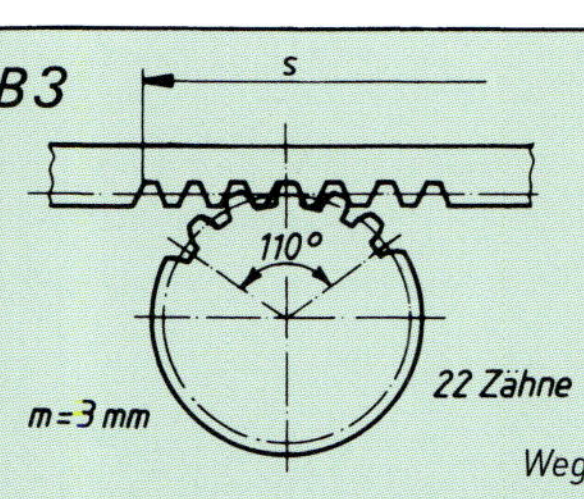

B4

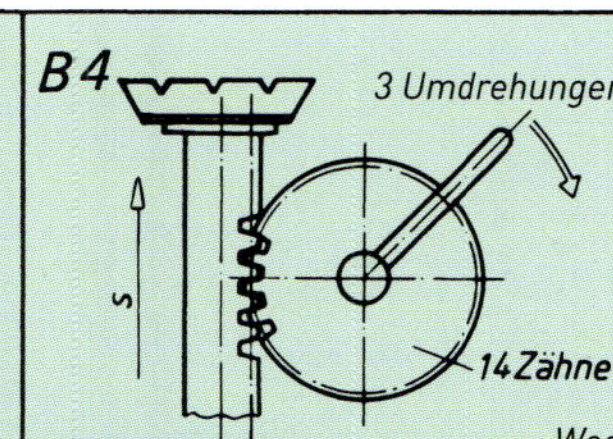

B5

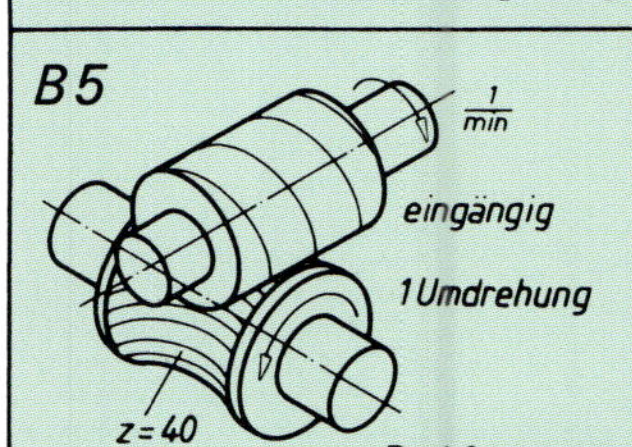

B6

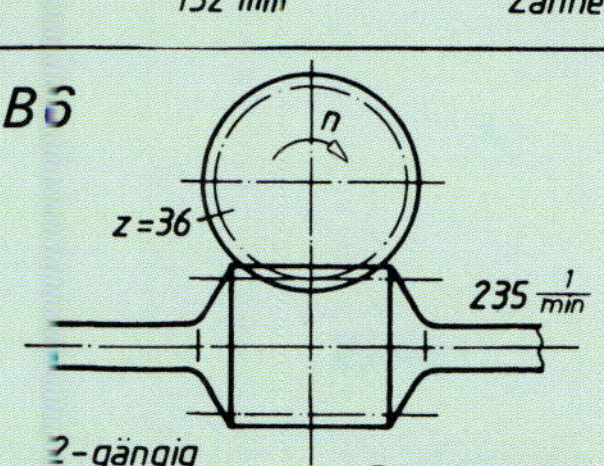

B7

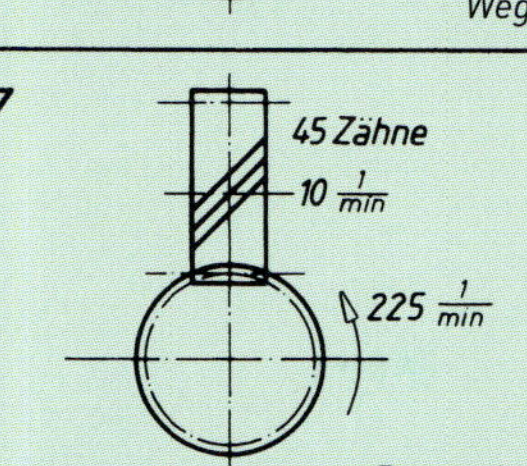

B8

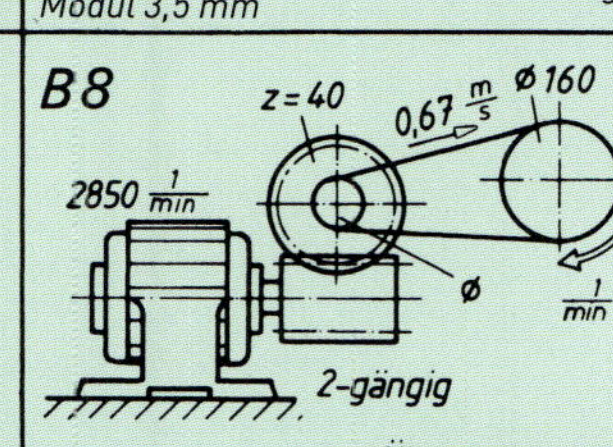

Kräfte am Hebel

F Kraft in N
l wirksame Hebellänge in mm, m
M Kraftmoment, Drehmoment in Nm
Σ Summenzeichen

1. Drehmoment

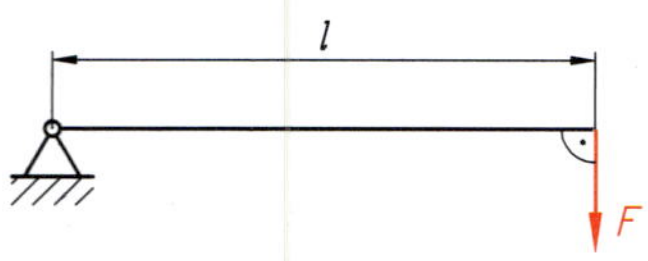

Ein Kraftmoment (Drehmoment) ist das Produkt aus

Kraft × *Hebelarm* = Drehmoment

$F \cdot l = M$

2. Einseitiger Hebel

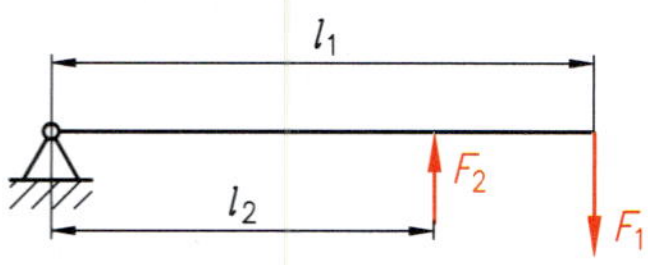

Gleichgewichtsbedingung

Am Hebel herrscht Gleichgewicht, wenn das rechtsdrehende Moment gleich dem linksdrehenden Moment ist.

3. Zweiseitiger Hebel

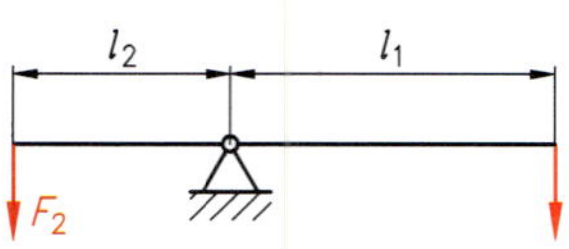

rechtsdrehendes Moment = linksdrehendes Moment

$$\overset{\curvearrowright}{M} = \overset{\curvearrowleft}{M}$$

$$F_1 \cdot l_1 = F_2 \cdot l_2$$

4. Winkelhebel

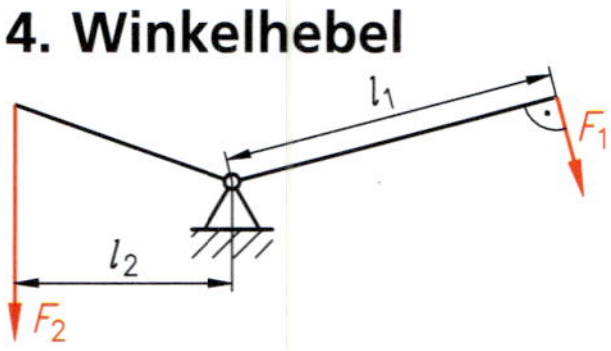

Beachte

Die wirksame Hebellänge ist die Länge des Lots vom Drehpunkt des Hebels auf die Wirkungslinie der Kraft bzw. der Gewichtskraft.

5. Mehrere Kräfte

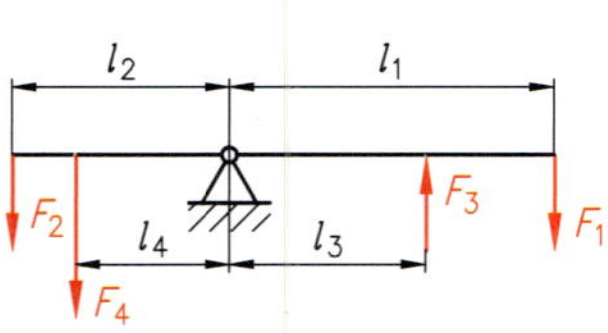

Summe aller rechtsdr. Momente = Summe aller linksdr. Momente

$$\Sigma\overset{\curvearrowright}{M} = \Sigma\overset{\curvearrowleft}{M}$$

$$F_1 \cdot l_1 = F_2 \cdot l_2 + F_3 \cdot l_3 + F_4 \cdot l_4$$

Hinweis

Je nach Aufgabenstellung ist es gedanklich oft einfacher, die Momentensumme *zuerst im Uhrzeigersinn*, d. h. rechtsdrehend zu bilden.

6. Zusammenfassung

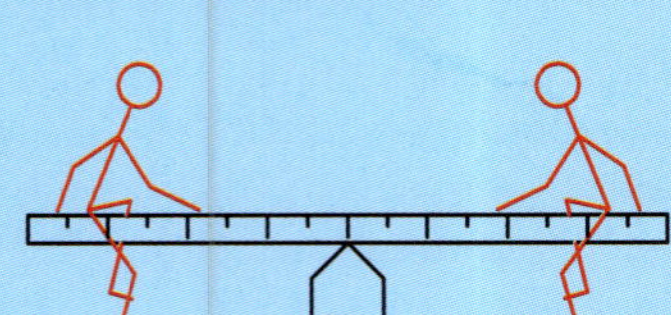

Gleichgewichtsbedingungen für

zwei Kräfte: rechtsdrehendes Moment = linksdrehendes Moment

mehrere Kräfte: Σ aller rechtsdr. Momente = Σ aller linksdr. Momente

7. Beispiel

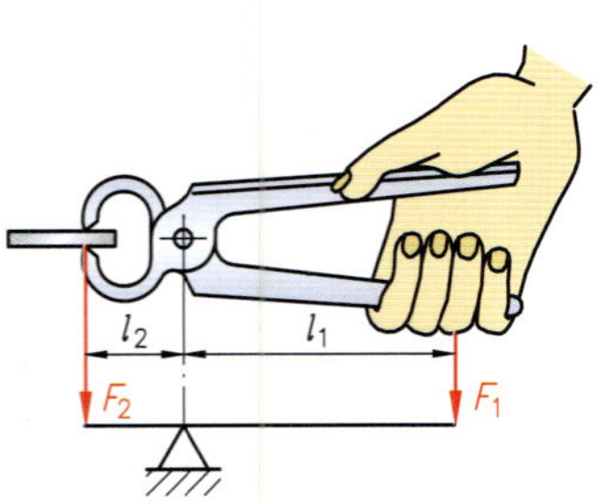

Der 156 mm lange Kraftarm einer Kneifzange wird mit einer Handkraft von 140 N gedrückt. Berechnen Sie für den 42 mm langen Lastarm die Schneidkraft in N.

Gesucht F_2 in N

Gegeben $F_1 = 140$ N; $l_1 = 156$ mm; $l_2 = 42$ mm

Vorüberlegung Moment = Kraft × wirksame Hebellänge

Lösung

$$F_1 \cdot l_1 = F_2 \cdot l_2$$

$$F_2 = \frac{F_1 \cdot l_1}{l_2}$$

$$F_2 = \frac{140\ \text{N} \cdot 156\ \text{mm}}{42\ \text{mm}}$$

$$F_2 = \underline{520\ \text{N}}$$

Beachte

Die wirksame Hebellänge ist der senkrechte Abstand von der Wirkungslinie der Kraft bis zum Drehpunkt.

Aufgaben

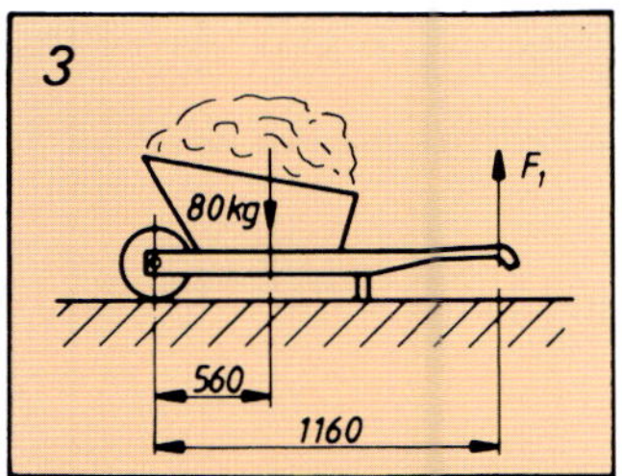

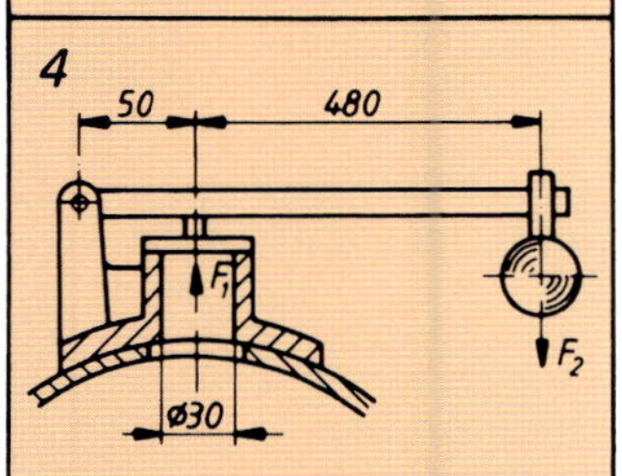

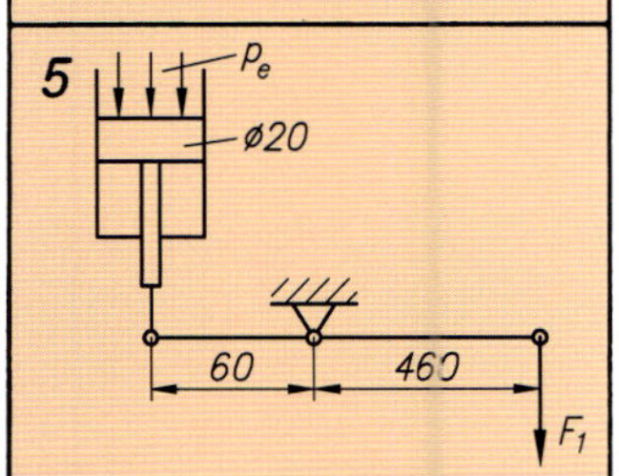

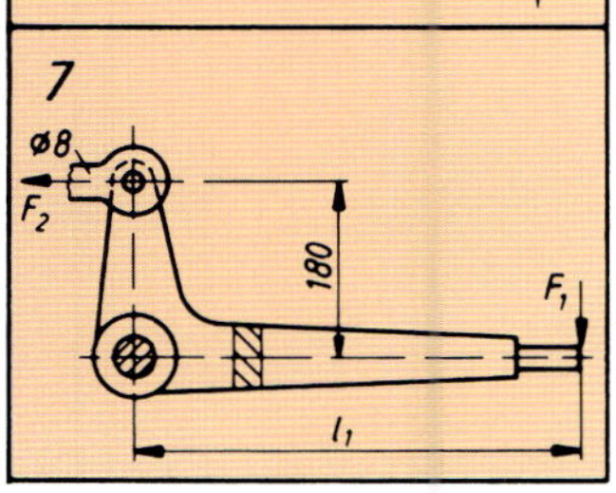

1. Am 180 mm langen Hebelarm einer Blechschere greifen 120 N an. Welche Schneidkraft wird am 20 mm langen Schneidarm wirksam?

2. An einem 1,6 m langen zweiarmigen Hebel verhalten sich Gewichtskraft und Kraft wie 3 : 5. Berechnen Sie die Hebellängen in cm.

3. Welche Handkraft ist erforderlich, um eine mit 80 kg beladene Schubkarre fortzubewegen (siehe Skizze)?

4. Ein Sicherheitsventil (siehe Skizze.) soll bei 8 bar Kesseldruck wirksam werden. Berechnen Sie die erforderliche Masse in kg (1 bar = 10 N/cm²).

5. Welcher Öldruck in bar wird im Zylinder mit einem Durchmesser von 20 mm wirksam, wenn am 460 mm langen Handhebel 180 N Handkraft angreifen (siehe Skizze)?

6. Ein zweiseitiger Hebel von 480 mm Gesamtlänge wird mit 260 N Handkraft belastet. Welche Masse kann gehoben werden, wenn sich Kraft- und Lastarm wie 5 : 3 verhalten?

7. Welche Spannung in N/mm² tritt in der Zugstange auf, wenn am 630 mm langen Winkelhebel 360 N angreifen (siehe Skizze)?

▶ Wissen – Erkennen – Werten

a) Erläutern Sie den Begriff Kraftmoment (Drehmoment).
b) Welchen Einfluss haben Kraft und Hebelarm auf das Drehmoment?
c) Erläutern Sie die Bezeichnung wirksame Hebellänge.
d) Begründen Sie, wann sich ein Hebel im Gleichgewicht befindet.
e) Nennen Sie Anwendungsbeispiele für ein- und zweiseitige Hebel.
f) Wie kann die Handkraft in Aufgabe B 12 verringert werden?
g) Erstellen Sie für Aufgabe B 16 die Gleichgewichtsbedingungen.
h) Welche Möglichkeiten bestehen in Aufgabe B 16, den Druck zu vergrößern?

Die hervorgehobenen Ausgangsgrößen in B 1–B 8 sind zu ermitteln.

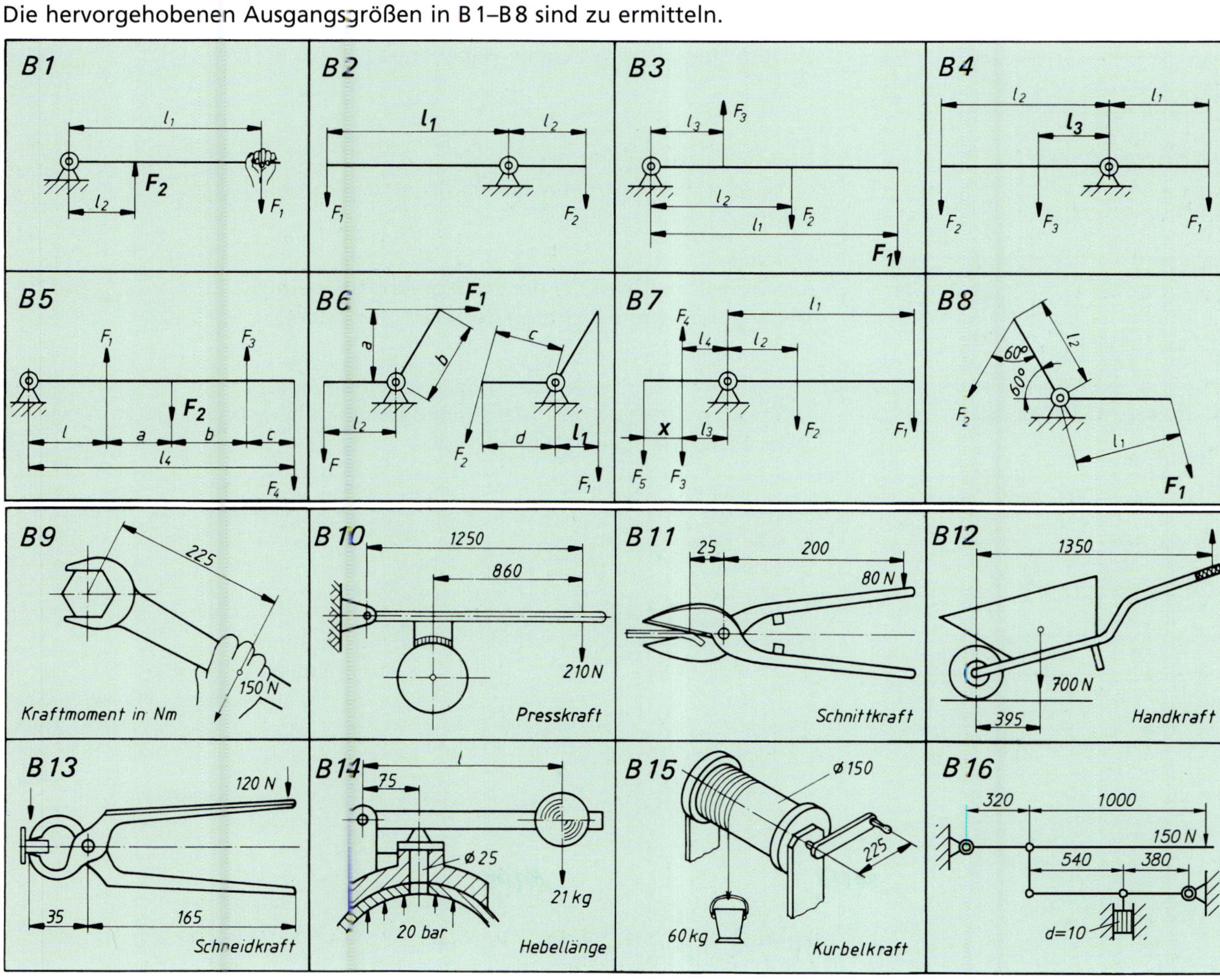

F_1, F_2	…	Kräfte in N	F_A, F_B	Auflagerkräfte in N, kN
l_1, l_2	…	wirksame Hebellänge in mm, m	M	Drehmoment, Kraftmoment in Nm

Hinweis
Die wirksame Hebellänge ist der senkrechte Abstand von der Wirkungslinie der Kraft bis zum Drehpunkt.

1. Gleichgewicht

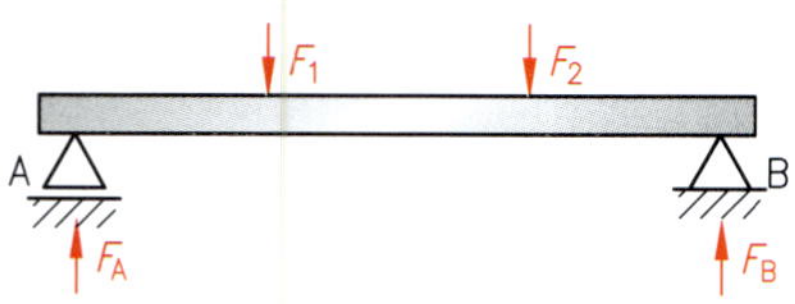

Die Kräfte F_1, F_2 … rufen Gegenkräfte hervor. Die Gegenkräfte F_A und F_B werden im Auflager durch angenommene Richtungspfeile dargestellt.

Hinweis
Als Kräfte im Auflager werden hier nur Normalkräfte, die senkrecht zur Gleitfläche gerichtet sind, berücksichtigt.

2. Lagerreaktion *A*

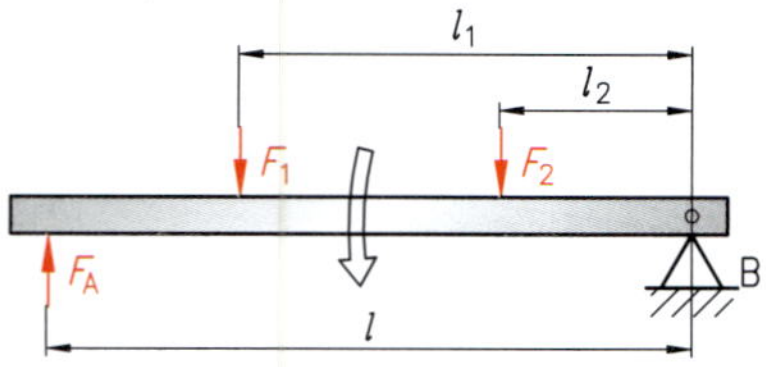

Das Auflager *B* wird als Drehpunkt gewählt. Nach dem Hebelgesetz ist die Auflagerkraft F_A zu ermitteln:

$$\Sigma \overset{\curvearrowright}{M} = \Sigma \overset{\curvearrowleft}{M}$$
$$F_A \cdot l = F_1 \cdot l_1 + F_2 \cdot l_2$$
$$F_A = \frac{F_1 \cdot l_1 + F_2 \cdot l_2}{l}$$

3. Lagerreaktion *B*

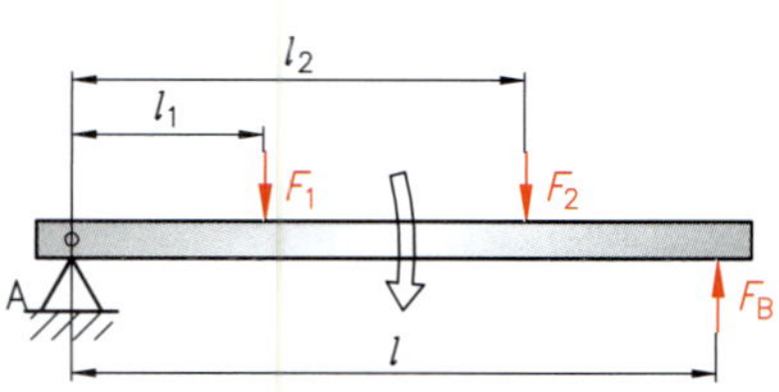

Das Auflager *A* wird nun als Drehpunkt gewählt und F_B ermittelt:

$$\Sigma \overset{\curvearrowleft}{M} = \Sigma \overset{\curvearrowright}{M}$$
$$F_B \cdot l = F_1 \cdot l_1 + F_2 \cdot l_2 \Rightarrow F_B = \frac{F_1 \cdot l_1 + F_2 \cdot l_2}{l}$$

Hinweis
Achten Sie auf die wirksame Hebellänge.

4. Kontrolle

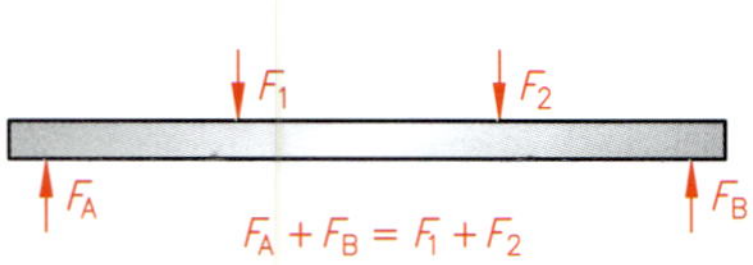

Gleichgewichtsbedingung:
Die Summe aller Kräfte ist gleich Null.

Hinweis
Ein Minusvorzeichen bei der Auflagerkraft bedeutet:
Die angenommene Richtung der Kraft ist zu ändern.

5. Zusammenfassung

Die Lagerkräfte sind nach dem Hebelgesetz zu berechnen, indem *A* oder *B* als Drehpunkt gewählt wird.

6. Beispiel

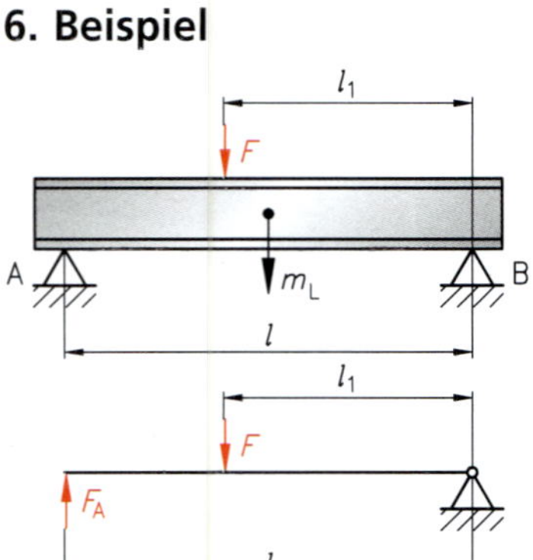

Ein 3 m langer I-Träger wird in 2 m Entfernung vom Auflager B mit 6000 N belastet. Welche Auflagerkräfte werden wirksam?

Gesucht F_A und F_B

Gegeben $F = 6000\ \text{N}$; $l = 3\ \text{m}$; $l_1 = 2\ \text{m}$

Vorüberlegung
Bei Wahl des Drehpunktes in A oder B kommt das Hebelgesetz zur Wirkung.

Lösung

$$F_A \cdot l = F \cdot l_1$$
$$F_A = \frac{F \cdot l_1}{l} = \frac{6000\ \text{N} \cdot 2\ \text{m}}{3\ \text{m}} = \underline{4000\ \text{N}}$$
$$F_B = F - F_A = 6000\ \text{N} - 4000\ \text{N} = \underline{2000\ \text{N}}$$

Beachte
Die Masse m_L des Trägers wird je zur Hälfte auf F_A und F_B aufgeteilt.

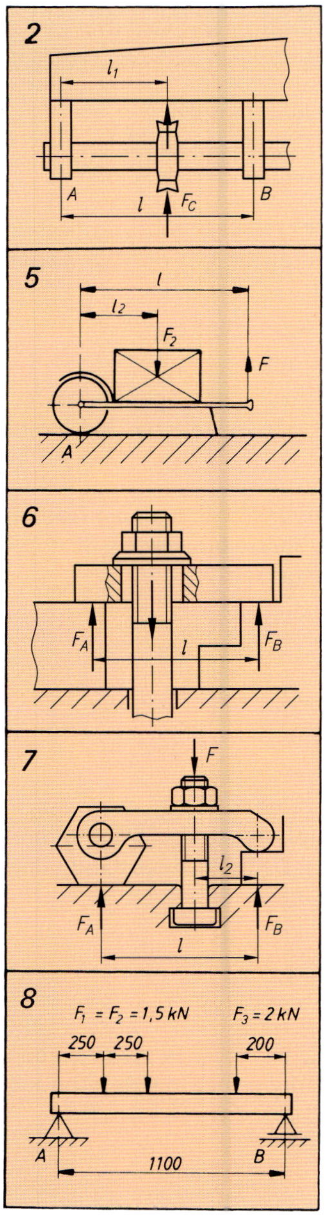

Aufgaben

1. Zwei Gießereiarbeiter tragen mit einer 2,5 m langen Stange einen Kübel mit der Masse 70 kg. Die Tragarmlängen verhalten sich wie 1,5 : 2. Welche Masse trägt jeder?

2. Für die Frässpindel einer Waagerechtfräsmaschine von 350 mm Länge sind die Auflagerkräfte zu ermitteln. Die Fräskraft von 6 kN greift in 160 mm Entfernung vom Auflager A an.

3. Eine 350 mm lange Welle ist in 150 mm Entfernung vom Auflager A mit 8000 N belastet. Errechnen Sie die Auflagerkräfte.

4. Wie groß sind die Lagerkräfte, wenn sich die Masse einer Scheibe von 600 kg auf eine 1,54 m lange Welle im Verhältnis 3 : 4 verteilt?

5. Am 1,6 m langen Hebelarm einer Schubkarre greifen 200 N Handkraft an. Die Masse ist in 260 mm Entfernung vom Drehpunkt gelagert. Bestimmen Sie die Druckkraft des Rads.

6. Ein 100 mm langes Spanneisen wird in 30 mm Entfernung von der Werkstückauflage mit 11 kN Schraubenkraft angezogen. Wie groß ist die Auflagerkraft am Werkstück?

7. Eine Spannpratze mit 200 mm Gesamthebellänge soll in 50 mm Entfernung vom Werkstück durch eine Schraube gespannt werden. Mit welcher Kraft ist die Schraube anzuziehen, wenn das Werkstück durch 9000 N Presskraft gehalten werden soll?

8. Ermitteln Sie die Auflagerkräfte für einen 1,1 m langen Träger, der nach Skizze mit drei Einzelkräften belastet wird.

▶ Wissen – Erkennen – Werten

a) Warum wird zur Bestimmung der einen Auflagerkraft das andere Auflager als Drehpunkt gewählt?
b) Begründen Sie, wann am Träger ein Kräfteausgleich besteht.
c) Nennen und begründen Sie Aufspannregeln für Werkstücke.
d) Worauf ist beim Spannen mit einem Fräsdorn zu achten?
e) Worauf ist beim Spannen schräg verzahnter Walzenfräser zu achten?
f) Worauf ist beim Spannen mit Spanneisen und -pratze zu achten?
g) Vergleichen Sie Vor- und Nachteile mechanischer Spannelemente.

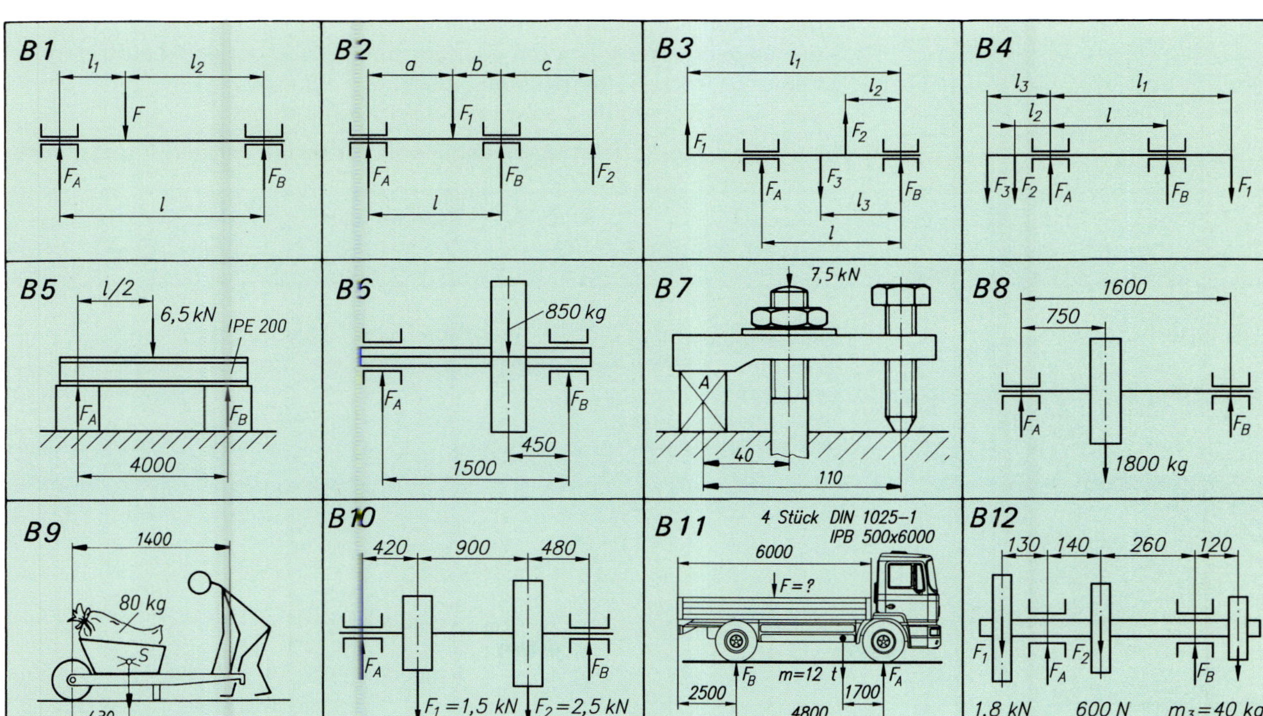

Reibungskraft und Leistungsverlust

F	Kraft in N	v	Geschwindigkeit in m/min, m/s	μ	Reibungszahl
F_N	Normalkraft in N	d	Durchmesser in m	f	Rollreibungszahl
F_R	Reibungskraft in N	n	Drehfrequenz in 1/min	P_v	Leistungsverlust in W

1. Haftreibung

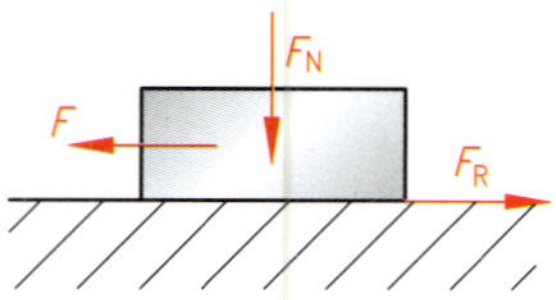

$F_R = F$ oder $F_R > F$

Beim Verschieben eines Körpers entsteht zwischen den Berührungsflächen Reibung. Ruhen die Körper aufeinander und lassen sie sich nicht bewegen, spricht man von Haftreibung oder Ruhereibung.

$$\text{Reibungskraft} = \text{Reibungszahl} \times \text{Normalkraft}$$
$$F_R = \mu \cdot F_N$$

Die Richtung der Reibkraft ist der Bewegungsrichtung entgegengesetzt. Die Normalkraft F_N steht immer senkrecht auf der Gleitfläche und ergibt sich aus der Haft- oder Gewichtskraft.

2. Gleitreibung

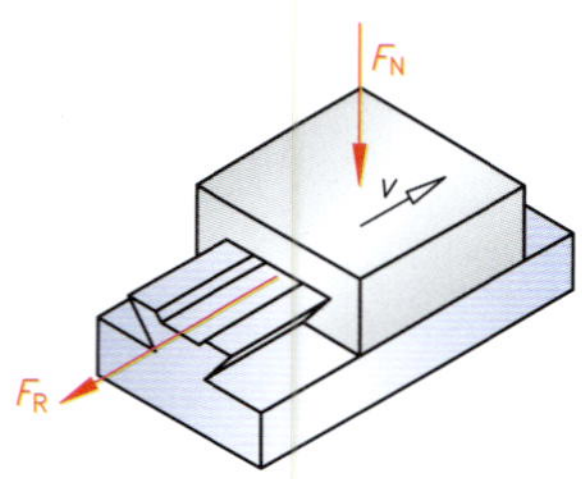

Gleiten die Körper aufeinander und wird die Reibung zwischen den Flächen geringer, so spricht man von Gleitreibung. Die Gleitreibungskraft ist unter gleichen Bedingungen kleiner als die Haftreibungskraft.

$$F_R = \mu \cdot F_N$$

3. Rollreibung

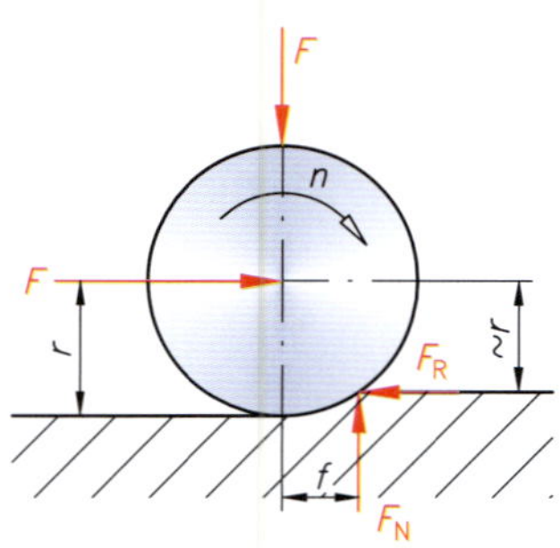

Der Rollkörper drückt etwas in die Rollbahn ein (elastische Verformung) und muss dauernd über die Kante *A* gekippt werden. Da der Kippabstand l und der Radius r fast gleich groß sind, wird $l = r$ gesetzt.

$$F_R = \frac{f \cdot F_N}{r}$$

Hinweis
Bei Wälzlagern und Wälzführungen (Rollreibung) liegt $\mu_r = f/r$ zwischen den Werten 0,001 und 0,003, er ist also sehr klein. Daher erfolgt die Berechnung wie bei der Gleitreibung.

Merke
Die Größe der Reibungskraft ist abhängig von der Normalkraft und der Reibungszahl. Die Reibungszahl ist abhängig von
- der Reibungsart (Haft-, Gleit- oder Rollreibung),
- der Schmierungsart (trocken oder geschmiert) und der dabei auftretenden Reibung (Trocken-, Misch- oder Flüssigkeitsreibung),
- der Oberflächenrauheit sowie der Werkstoffpaarung.

Die Größe der Reibungskraft ist unabhängig von der Größe der Berührungsfläche.

4. Zusammenfassung

Reibungskraft $F_R = \mu \cdot F_N$ daraus folgt:
Leistungsverlust $P_v = F_R \cdot v$

5. Beispiel

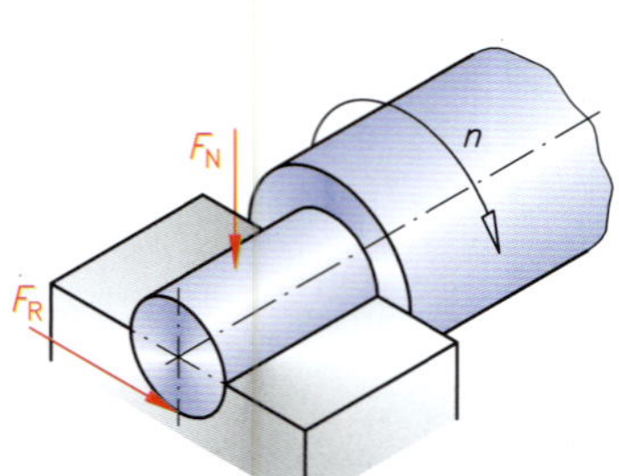

Die Zapfengeschwindigkeit eines Lagers von 18 kN Tragkraft beträgt 2,5 m/s. Berechnen Sie den Leistungsverlust in W, wenn die Reibungszahl $\mu = 0,4$ beträgt.

Gesucht P_v in W

Gegeben $F_N = 18\,000$ N; $\mu = 0,04$; $v = 2,5\ \frac{\text{m}}{\text{s}}$

Vorüberlegung
Allgem. Leistungsgleichung ist anzuwenden.

Lösung

$$P_v = F_R \cdot v = 720\ \text{N} \cdot 2,5\ \frac{\text{m}}{\text{s}} = \underline{\underline{1\,800\ \text{W}}}$$
$$F_R = F_N \cdot \mu = 18\,000\ \text{N} \cdot 0,04 = 720\ \text{N}$$

[1] Es wird von Gewichtskraft gesprochen, wenn eine Masse als Kraft wirksam wird.

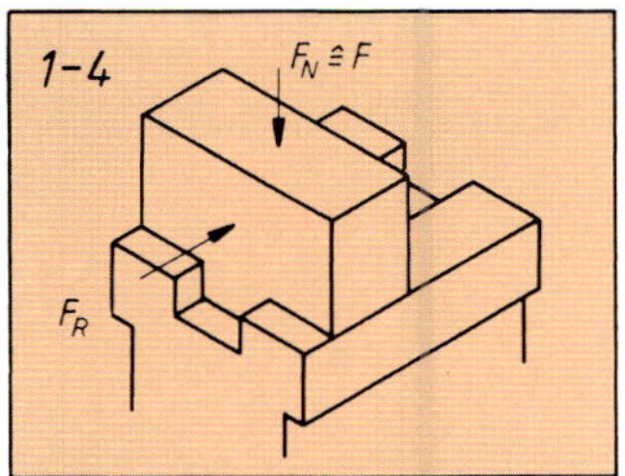

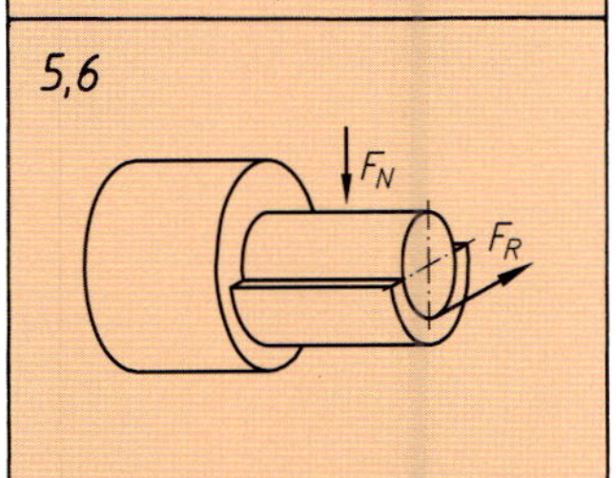

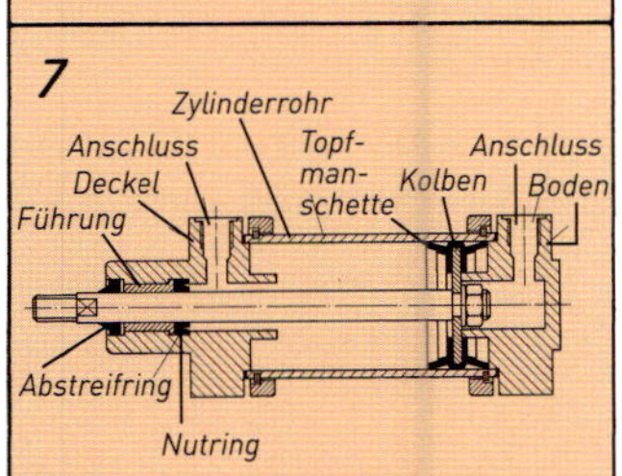

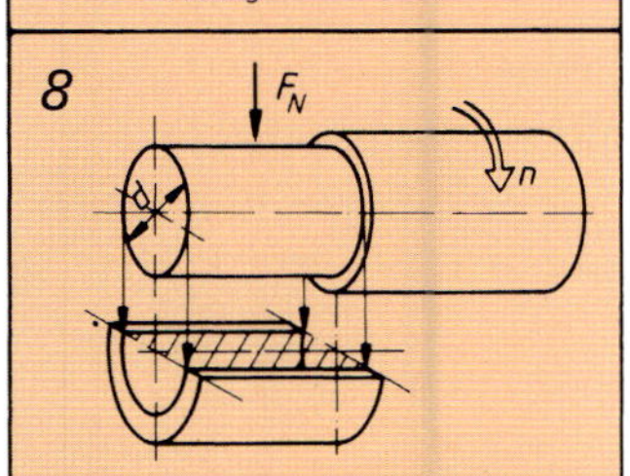

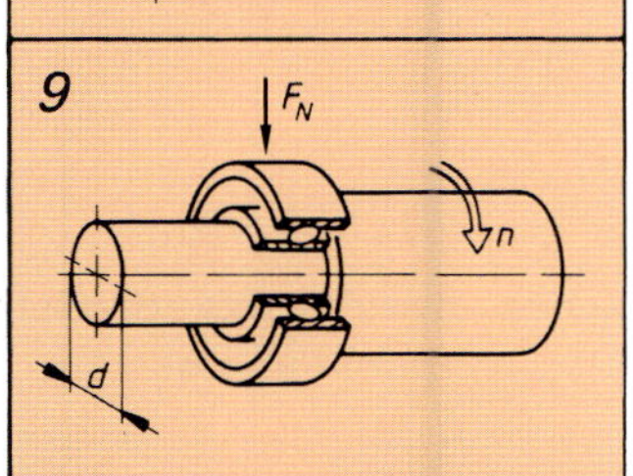

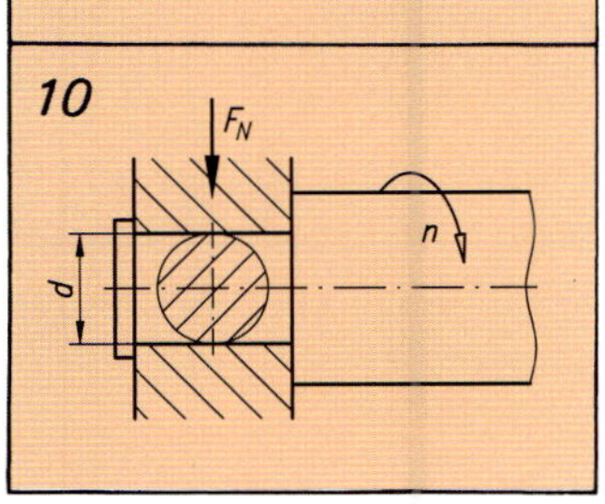

Berechnen Sie die fehlenden Versuchswerte:

1.

Aufgabe	a	b	c
Normalkraft in N	200	300	?
Reibungszahl	0,18	?	0,18
Reibungskraft in N	?	54	72

2.

Aufgabe	a	b
Reibungskraft in N	36	54
Geschwindigkeit in m/s	0,5	?
Leistungsverlust in W	?	27

3. Der Tisch einer Hobelmaschine wird mit 1800 N belastet. Berechnen Sie a) die Anschiebekraft mit $\mu = 0,15$ (Haftreibung), b) die Bewegungskraft mit $\mu = 0,08$.

4. Welche Zugkraft ist erforderlich, um bei einer Reibungszahl von 0,15 eine Masse von 240 kg zu verschieben?

5. Berechnen Sie die Gleitreibungskraft eines Lagers bei 5 000 N Belastung. a) für trockene Lagerreibung mit $\mu = 0,03$, b) für Flüssigkeitsreibung mit $\mu = 0,01$.

6. Die Lagerung einer Baggerschaufel wird mit 2 200 N belastet. Wie groß ist die Reibungskraft bei einer Reibungszahl von 0,05?

7. Ein Pneumatikzylinder mit einem Innendurchmesser von 63 mm und einem Kolbenstangendurchmesser von 25 mm wird mit einem Druck $p_e = 6$ bar beaufschlagt.
Berechnen Sie die Kraftentwicklung des aus- bzw. einfahrenden Kolbens bei einer Reibungszahl $\mu = 0,32$.

8. Für eine 60-mm-Stahlwelle mit einer Lagerung aus CuZn31Si1 wird die Reibungszahl mit 0,04 angesetzt. Die Normalkraft beträgt 1800 N, die Drehfrequenz 1440 1/min. Berechnen Sie den Leistungsverlust in W.

9. Wie hoch wird der Leistungsverlust (siehe vorherige Aufgabe), wenn ein Wälzlager mit der mittleren Reibungszahl von 0,002 verwendet wird?

10. Für einen Lagerzapfen $d = 85$ mm sind folgende Werke bekannt: Normalkraft 8000 N, Drehfrequenz 220 1/min, Leistungsverlust 81 W. Ermitteln Sie die Reibungszahl.

▶ Wissen – Erkennen – Werten

a) Erklären Sie die Begriffe Haft-, Gleit- und Rollreibung.
b) Welche Faktoren beeinflussen die Reibungskraft?
c) In welcher Beziehung steht die Reibungskraft zur Normalkraft?
d) Begründen Sie, warum die Fläche auf μ keinen Einfluss hat.
e) Welche Eigenschaften sind an einen Lagerwerkstoff zu stellen?
f) Erläutern Sie den Begriff hydrodynamische Schmierung.
g) Unterscheiden Sie Vor- und Nachteile für Gleit- und Wälzlager.
h) Worauf ist beim Ein- und Ausbau von Wälzlagern zu achten?

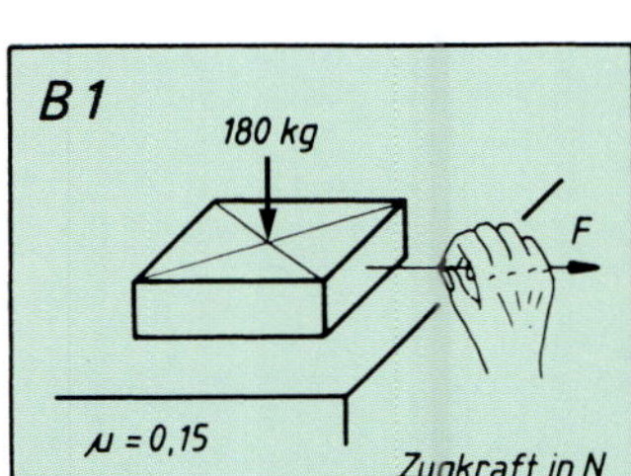

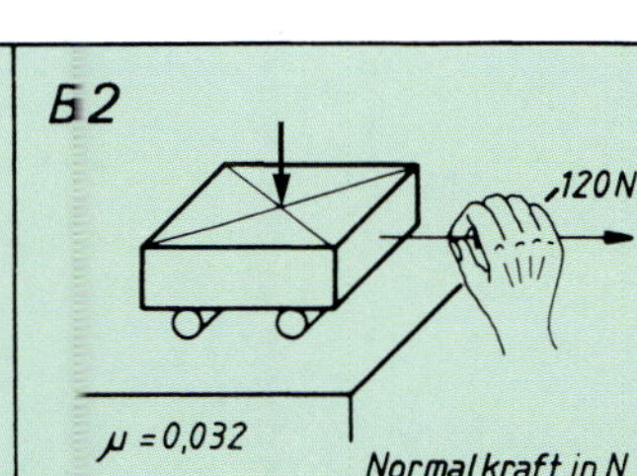

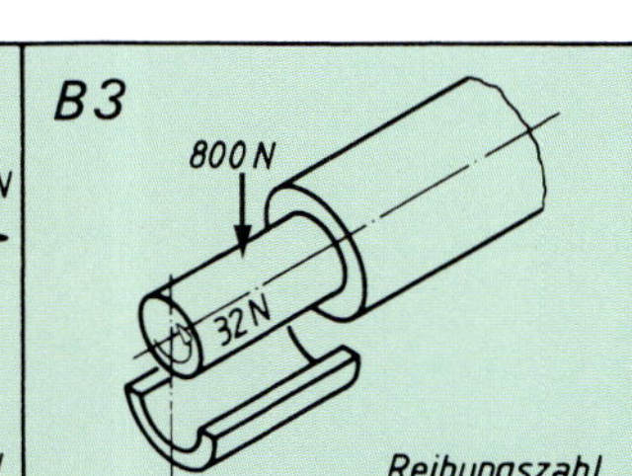

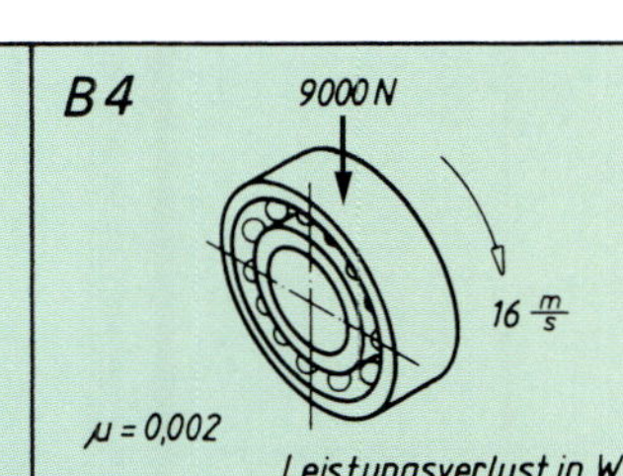

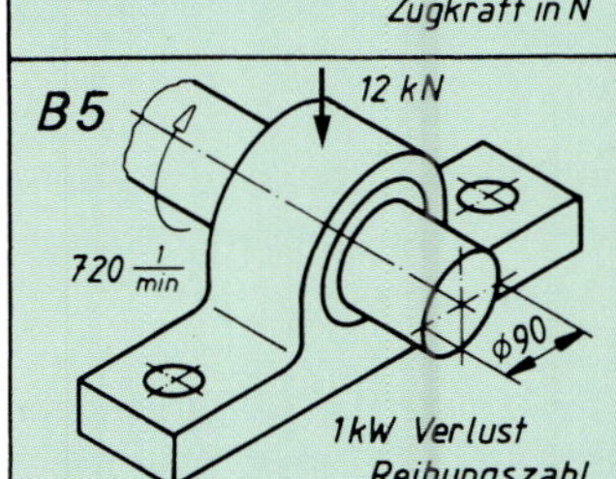

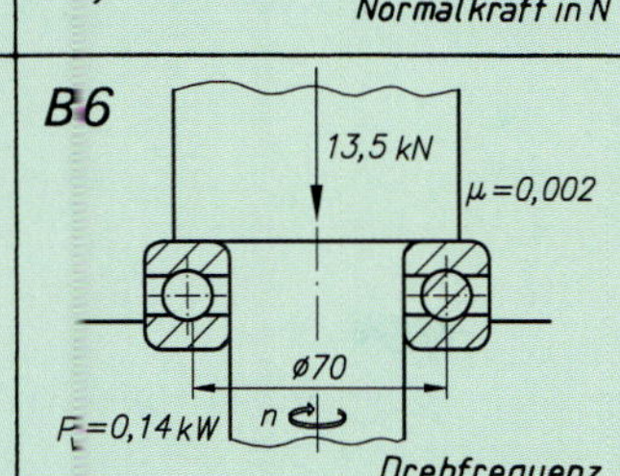

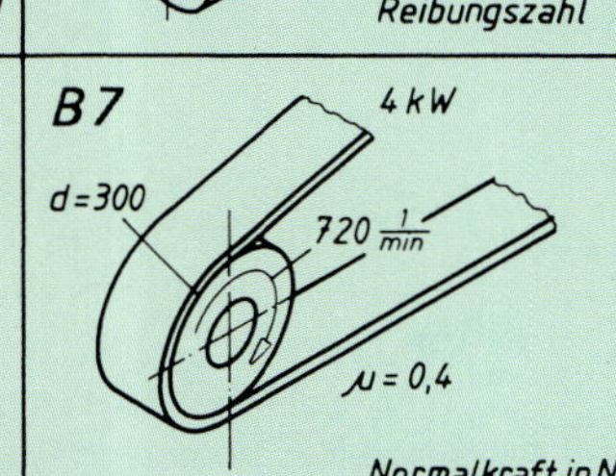

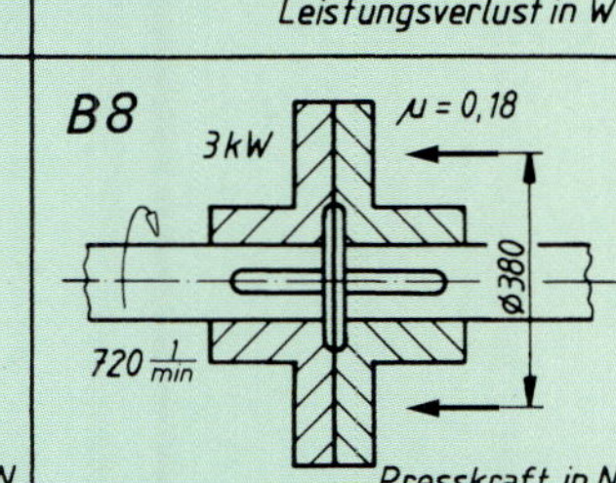

x	Koordinate auf der x-Achse	x_s	Schwerpunktsabstand von der y-Achse in mm
y	Koordinate auf der y-Achse	y_s	Schwerpunktsabstand von der x-Achse in mm
l	Länge in mm	S	Schwerpunkt
A	Fläche in mm²	Σ	Summe aller …

Teilbezeichnungen sind durch Indizes 1, 2, 3 … zu unterscheiden.

1. Linienschwerpunkt

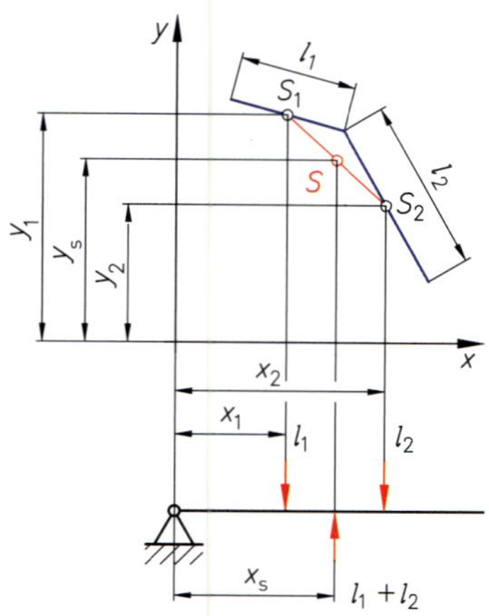

Die Linienzüge werden in Teillinien mit bekannten Schwerpunkten[1] zerlegt. Betrachtet man die Teillängen als Gewichtskräfte[2], so ergibt sich mithilfe der Momentengleichung:

Σ rechtsdrehender Momente = Σ linksdrehender Momente

$$l_1 \cdot x_1 + l_2 \cdot x_2 = (l_1 + l_2) \cdot x_s \Rightarrow x_s = \frac{l_1 \cdot x_1 + l_2 \cdot x_2}{l_1 + l_2} \Rightarrow x_s = \frac{\Sigma(l \cdot x)}{\Sigma l}$$

$$l_1 \cdot y_1 + l_2 \cdot y_2 = (l_1 + l_2) \cdot y_s \Rightarrow y_s = \frac{l_1 \cdot y_1 + l_2 \cdot y_2}{l_1 + l_2} \Rightarrow y_s = \frac{\Sigma(l \cdot y)}{\Sigma l}$$

Folgerung

Für geschlossene Linienzüge mit bekanntem Schwerpunkt (Kreis, Quadrat, Dreieck, Ellipse) kann die Berechnung des Linienschwerpunktes vorteilhaft über den Umfang der Schnittkanten erfolgen.

$$x_s = \frac{\Sigma(U \cdot x)}{\Sigma U} \qquad y_s = \frac{\Sigma(U \cdot y)}{\Sigma U}$$

Hinweis

Für Schneidwerkzeuge ist die Ermittlung des Linienschwerpunkts erforderlich. Die resultierende Schneidkraft ist im Linienschwerpunkt anzusetzen.

2. Flächenschwerpunkt

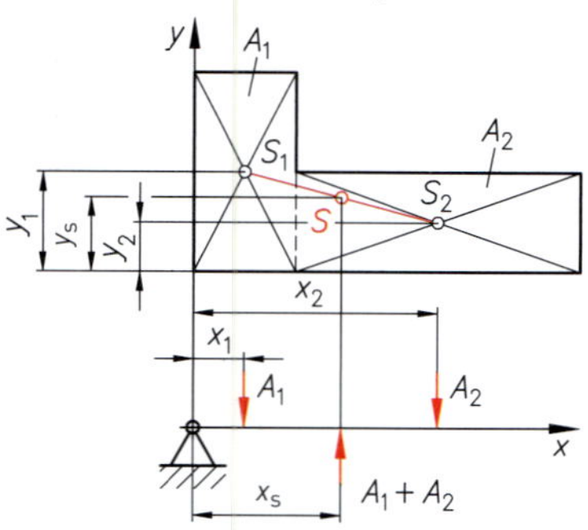

Die zusammengesetzte Fläche wird in Teilflächen mit bekannten Schwerpunkten zerlegt. Betrachtet man die Teilflächen als Gewichtskräfte, so ergibt sich mithilfe der Momentengleichung:

Σ rechtsdrehender Momente = Σ linksdrehender Momente

$$A_1 \cdot x_1 + A_2 \cdot x_2 = (A_1 + A_2) \cdot x_s \Rightarrow x_s = \frac{A_1 \cdot x_1 + A_2 \cdot x_2}{A_1 + A_2} \Rightarrow x_s = \frac{\Sigma(A \cdot x)}{\Sigma A}$$

$$A_1 \cdot y_1 + A_2 \cdot y_2 = (A_1 + A_2) \cdot y_s \Rightarrow y_s = \frac{A_1 \cdot y_1 + A_2 \cdot y_2}{A_1 + A_2} \Rightarrow y_s = \frac{\Sigma(A \cdot y)}{\Sigma A}$$

Hinweis

Für Umformwerkzeuge ist die Ermittlung des Flächenschwerpunkts erforderlich. Die resultierende Umformkraft ist im Flächenschwerpunkt anzusetzen.

3. Zusammenfassung

Die Ermittlung von Linien- und Flächenschwerpunkten erfolgt mithilfe der Momentengleichung:

Summe rechtsdrehender Momente = Summe linksdrehender Momente

4. Beispiel

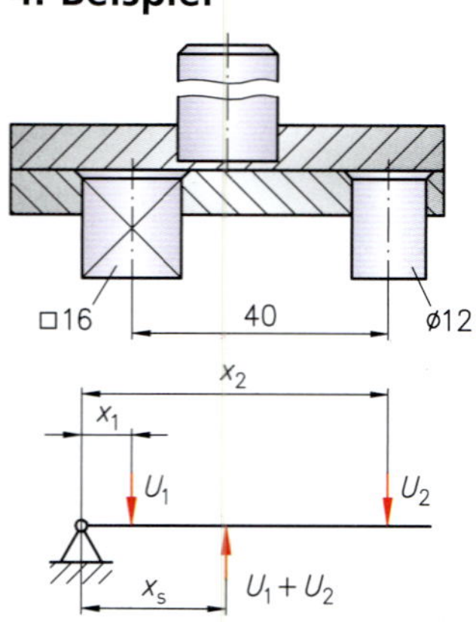

Mit einem Schneidwerkzeug nach skizzierter Form sollen Löcher ausgestanzt werden. Bestimmen Sie die Lage des Einspannzapfens.

Gesucht x_s in mm

Gegeben Werte nach Skizze

Vorüberlegung
Schnittbau ergibt Schneidlinien

Lösung

$$x_s = \frac{\Sigma(U \cdot x)}{\Sigma U}$$

$$x_s = \frac{U_1 \cdot x_1 + U_2 \cdot x_2}{U_1 + U_2}$$

$$x_s = \frac{4 \cdot 16\,\text{mm} \cdot 8\,\text{mm} + 12\,\text{mm} \cdot 3{,}14 \cdot 48\,\text{mm}}{4 \cdot 16\,\text{mm} + 12\,\text{mm} \cdot 3{,}14}$$

$$x_s = 22{,}83\,\text{mm}$$

Anmerkung

Die Lage des Koordinatenursprungspunktes kann beliebig gewählt werden. Es empfiehlt sich, den Ursprungspunkt unten links zu positionieren, da dann alle berechneten Werte sich im positiven Bereich befinden.

[1] Schwerpunkt ist der Gleichgewichtsunterstützungspunkt einer Linie, Fläche oder eines Volumens.

[2] Gewichtskräfte sind Längen und Flächen proportional: $F_G \sim l$, $F_G \sim A$

Aufgaben Ermitteln Sie die Schwerpunkte:

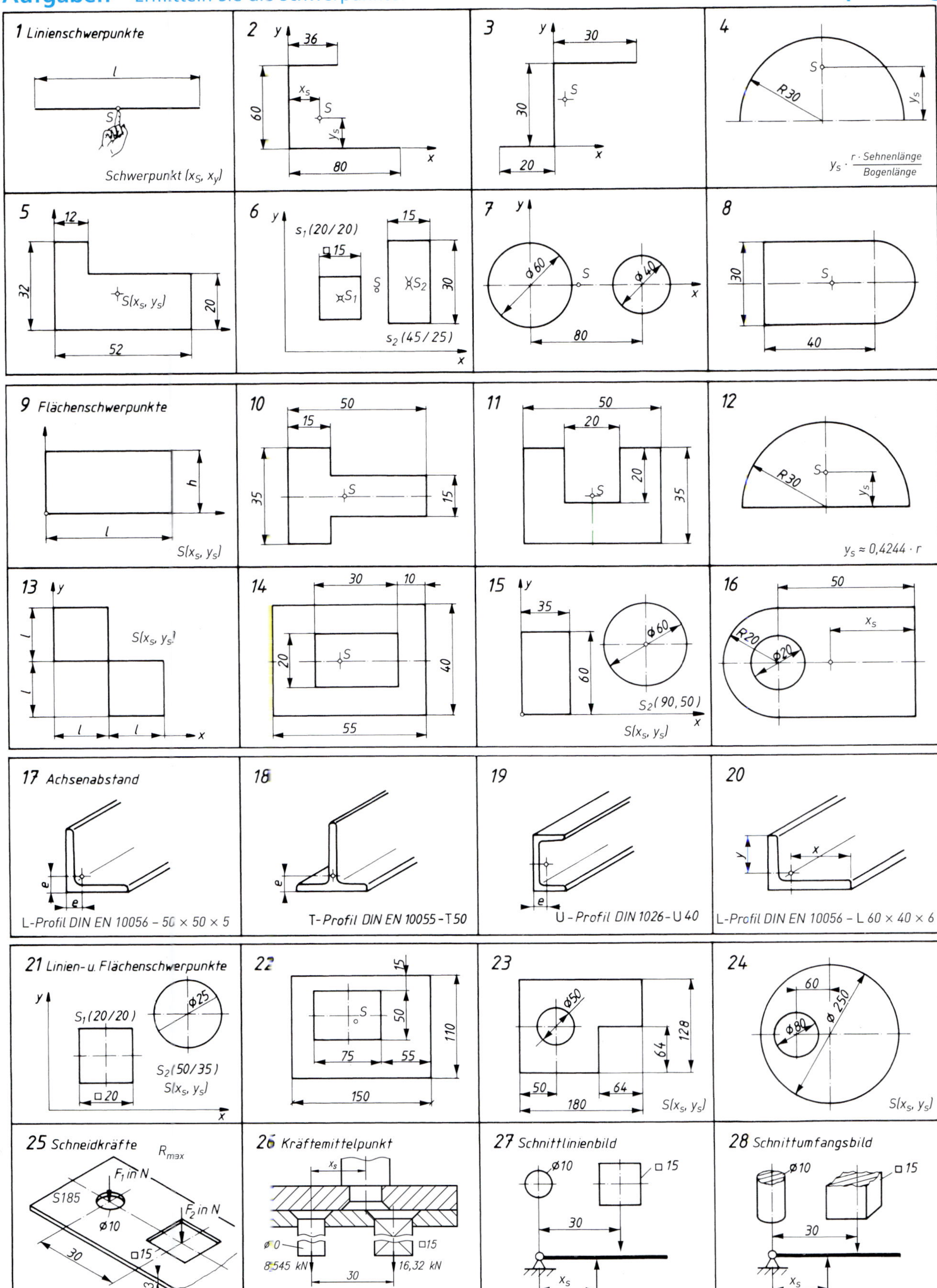

► **Wissen – Erkennen – Werten**

a) Erläutern Sie den Begriff Linienschwerpunkt.
b) Zeigen Sie Lagen von Linienschwerpunkten auf.
c) Definieren Sie die Bezeichnung Schneidwerkzeug.
d) Begründen Sie die Lage des Einspannzapfens (B 26).
e) Warum ist der Koordinatenpunkt frei verschiebbar?
f) Erläutern Sie die Anwendung des Momentensatzes.
g) Erläutern Sie den Begriff Flächenschwerpunkt.
h) Zeigen Sie Lagen von Flächenschwerpunkten auf.
i) Definieren Sie die Bezeichnung Umformwerkzeug.
j) Nennen Sie Möglichkeiten, x_S, y_S zu bestimmen (B 22).
k) Wo liegt bei symmetrischen Teilen der Schwerpunkt?
l) Wie wird in der Praxis der Schwerpunkt ermittelt?

F_1 Kraft in N
$F_2 = F_G$ Gewichtskraft in N
α Steigungs-, Neigungswinkel in ° (Grad)
$s_1 = l$ Kraftweg in Kraftrichtung in m, cm, mm
$s_2 = h$ Lastweg, Höhe der schiefen Ebene in m, cm, mm

1. Kraft parallel zur Schrägen

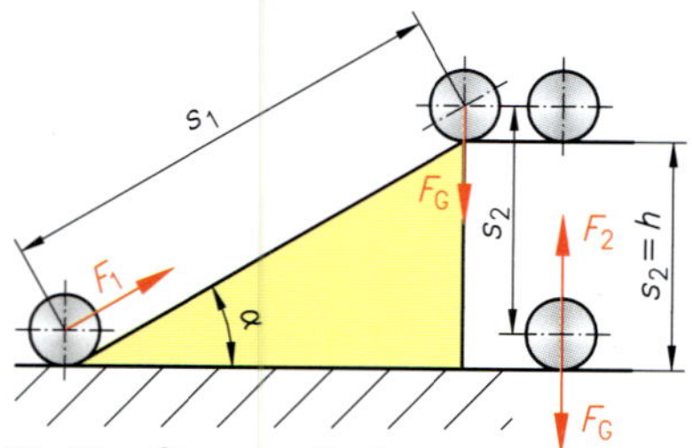

aufgewendete Arbeit = abgegebene Arbeit
Kraft × Kraftweg = „Last"[1] × Lastweg

$$F_1 \cdot s_1 = F_G \cdot h$$
$$F_1 = F_G \cdot \frac{h}{s_1}$$
$$F_1 = F_G \cdot \sin\alpha$$

Anwendung
z.B. Verladerampe

2. Kraft parallel zur Waagerechten

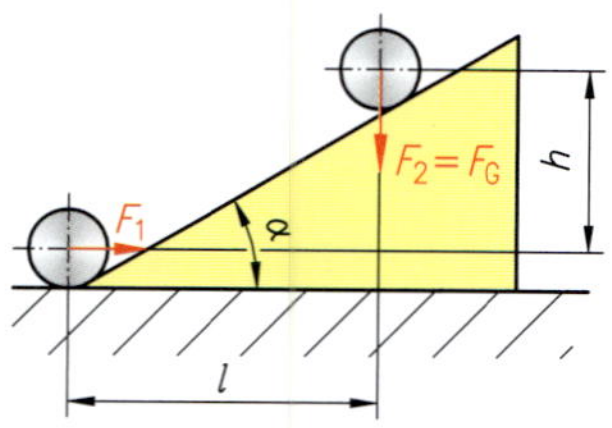

aufgewendete Arbeit = abgegebene Arbeit
Kraft × Kraftweg = „Last" × Lastweg

$$F_1 \cdot l = F_G \cdot h$$
$$F_1 = F_G \cdot \frac{h}{l}$$
$$F_1 = F_G \cdot \tan\alpha$$

Anwendung
z.B. Schraube

3. Keil

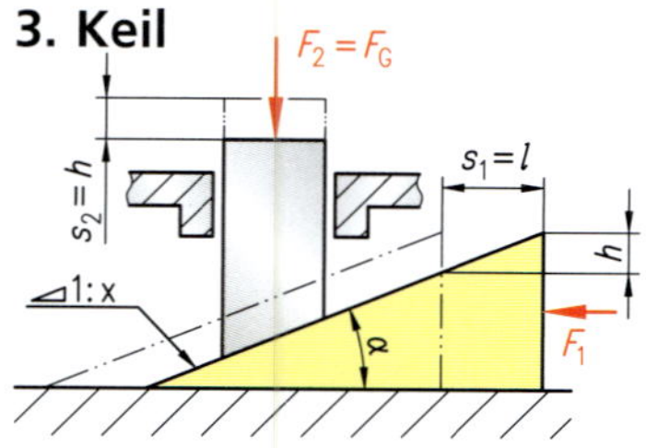

aufgewendete Arbeit = abgegebene Arbeit
Eintreibkraft × Eintreibweg = Hubkraft × Hubweg

$$F_1 \cdot s_1 = F_2 \cdot s_2$$
$$F_1 \cdot l = F_2 \cdot h$$
$$F_1 = F_2 \cdot \frac{h}{s_1} \Rightarrow F_1 = F_2 \cdot \tan\alpha$$

In der Technik wird bei Keilen oft die Neigung als Verhältnis 1 : x angegeben.

$$\frac{1}{x} = \frac{\text{Hubweg}}{\text{Eintreibweg}} \Rightarrow \frac{1}{x} = \frac{h}{l}$$

Anwendung: z.B. Spannkeil

4. Zusammenfassung

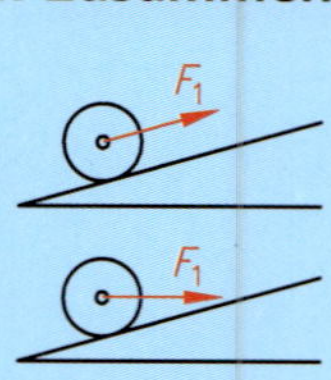

Eine Kraft wirkt längs eines Weges und verrichtet dabei Arbeit.
Kraft × Kraftweg = „Last" × Lastweg

Beachte
F_1 parallel zur Schrägen: $F_1 = F_G \cdot \sin\alpha$
F_1 parallel zur Waagerechten: $F_1 = F_G \cdot \tan\alpha$

5. Beispiel

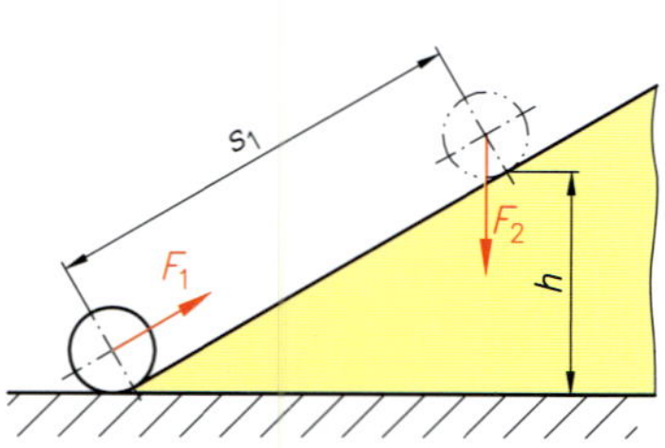

Eine Walze von 350 kg soll auf einer Schrägen unter einem Winkel von 30° hinaufgezogen werden. Bestimmen Sie die Zugkraft in N.

Gesucht F_1 in N

Gegeben $m = 350$ kg, $\alpha = 30°$

Vorüberlegung
Kraft × Kraftweg = „Last" × Lastweg

Lösung
$$F_1 \cdot s_1 = F_2 \cdot h$$
$$F_1 = \frac{F_2 \cdot h}{s_1} = F_2 \cdot \sin\alpha$$
$$F_1 = 350\ \text{kg} \cdot 10\ \frac{\text{m}}{s^2} \cdot 0{,}5$$
$$F_1 = \underline{1750\ \text{N}}$$

[1] Bei Vernachlässigung der Reibung ist die aufgewendete Arbeit gleich der abgegebenen Arbeit.

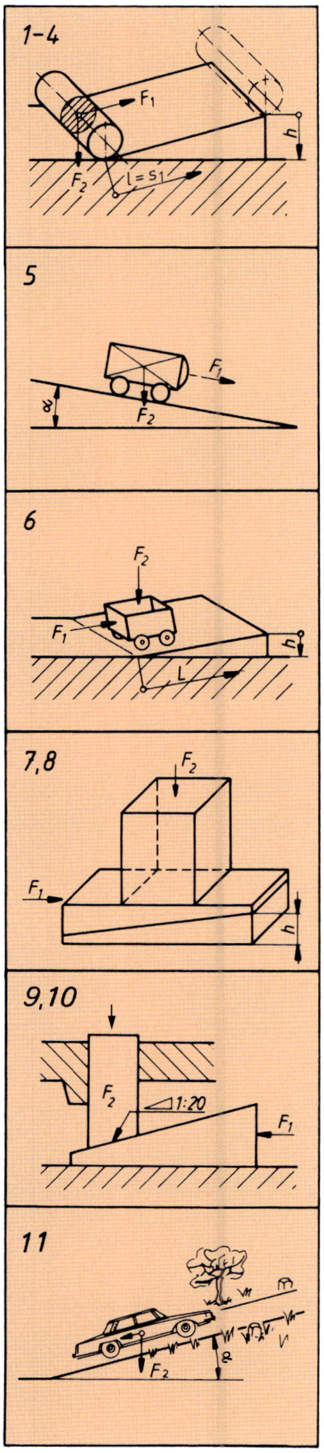

1. Auf einer 1,4 m langen Verladerampe soll eine Rolle mit der Masse von 212 kg einen Höhenunterschied von 0,8 m überwinden. Welche Kraft ist erforderlich?

2. Auf einer 3,4 m langen schiefen Ebene wird ein Ölfass mit 140 N Zugkraft um 1,2 m gehoben. Welche Masse in kg hat das Ölfass?

3. Um eine Last mit der Masse von 180 kg um 1,2 m zu heben, ist eine Kraft F_1 von 150 N erforderlich. Welche Länge hat die schiefe Ebene?

4. Auf einer 7,5 m langen Laderampe wird mit 200 N Kraft ein Block der Masse 240 kg hochgeschoben. Welche Höhe muss die Laderampe haben?

5. Für einen Rammbär der Masse 950 kg ist ein Schrägaufzug mit einem Steigungswinkel von 12° gebaut worden. Wie groß wird die Schlagkraft?

6. Eine Lore mit der Masse 350 kg überwindet mit 250 N Schiebekraft 0,8 m Steigung. In welchem Verhältnis stehen Last- und Kraftweg ($l_2 : l_1 = \ldots$)?

7. Mithilfe zweier Stellkeile von 120 × 12 mm soll ein Ständer der Masse 4 200 kg gehoben werden. Wie groß ist die erforderliche Treibkraft?

8. Eine Säule wird mit 450 N Presskraft hochgekeilt (Stellkeilmaße 150 × 25 mm). Welche Masse hat die Säule?

9. Ein Hebekeil mit der Neigung 1 : 20 wird waagerecht mit einer Kraft von 530 N eingetrieben. Wie groß ist die Hebekraft?

10. Ein Keil wird mit 260 N eingetrieben und hebt dabei eine Last von 520 kg. Welche Größe hat die Neigung?

11. Ein Personenwagen mit der Masse 1650 kg fährt auf einer Straße, die 15 % Steigung aufweist. Wie groß ist die Hangabtriebskraft?

▶ Wissen – Erkennen – Werten

a) Erläutern Sie die schiefe Ebene mithilfe der goldenen Regel.
b) Warum kann auf der schiefen Ebene keine Arbeit „gewonnen" werden?
c) Wann herrscht auf der schiefen Ebene Gleichgewicht?
d) Erklären Sie das Prinzip der Kraftübersetzung.
e) Zeigen Sie Anwendungsbereiche der schiefen Ebene auf.
f) Warum ist die Selbsthemmung für M 36 × 2 größer als für M 36?
g) Erläutern Sie die Eintragung: Kegelstift ISO 2339-A-10 × 60-St
h) Warum eignen sich Kegelstifte besonders als Befestigungsstifte?

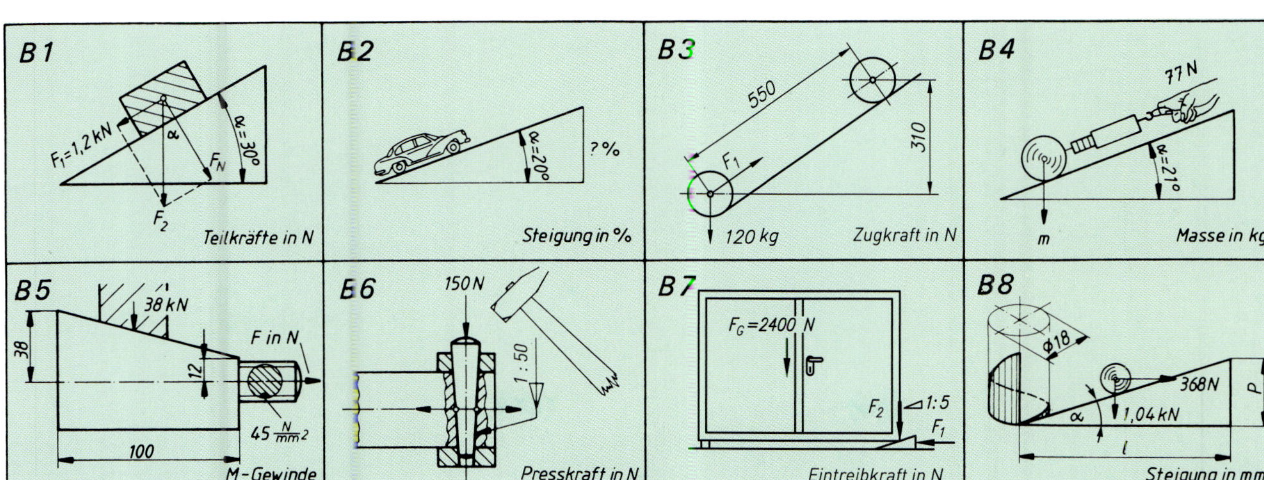

F Kraft in N
s Weg in m, mm
W Arbeit in Nm
m Masse in kg
P Gewindesteigung in mm
d_2 Flankendurchmesser in mm
η Wirkungsgrad
Index 1 Eingangsgröße
Index 2 Ausgangsgröße

1. Kraft am Flankenumfang

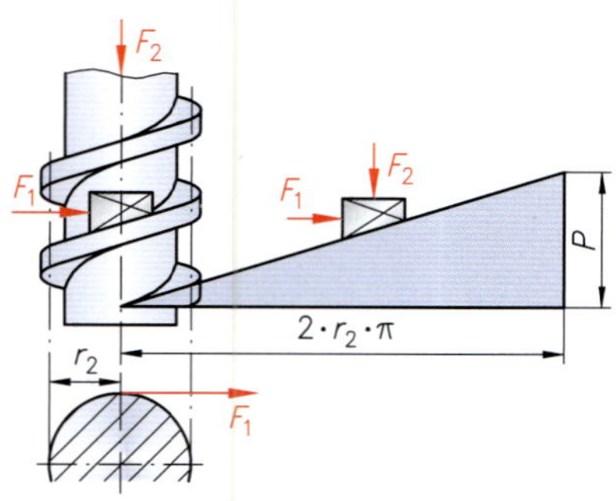

Ein abgewickelter Schraubengang ergibt eine schiefe Ebene. Hierbei wirkt die Umfangskraft F_1 am Flankenumfang parallel zur Grundebene.

Grundsatz
Kraft × Kraftweg = „Last"[1] × Lastweg

Somit wird
$$F_1 \cdot d_2 \cdot \pi = F_2 \cdot P$$

Hinweis
aufgewendete Arbeit W_1 = abgegebene Arbeit W_2

2. Kraft am Hebelumfang

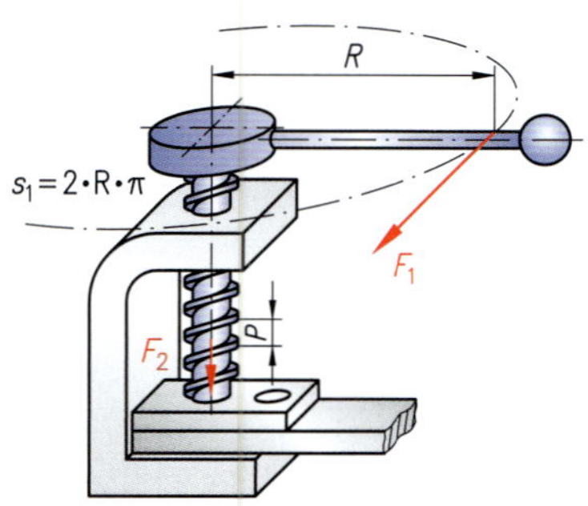

Beim Drehen einer Schraube wird die Umfangskraft infolge der Hebelwirkung noch vergrößert.

Folgerung
Wir erhalten als Kraftweg $s_1 = 2 \cdot R \cdot \pi$

Nach dem Grundsatz
Kraft × Kraftweg = „Last" × Lastweg

wird somit
$$F_1 \cdot 2 \cdot R \cdot \pi = F_2 \cdot P$$

Hinweis
aufgewendete Arbeit W_1 = abgegebene Arbeit W_2

3. Zusammenfassung

Ein Gewindegang ist eine schiefe Ebene. Die Kraft wirkt parallel zur Grundebene.

Grundsatz
Kraft × Kraftweg = „Last" × Lastweg
$$F_1 \cdot 2 \cdot R \cdot \pi = F_2 \cdot P$$

4. Beispiel

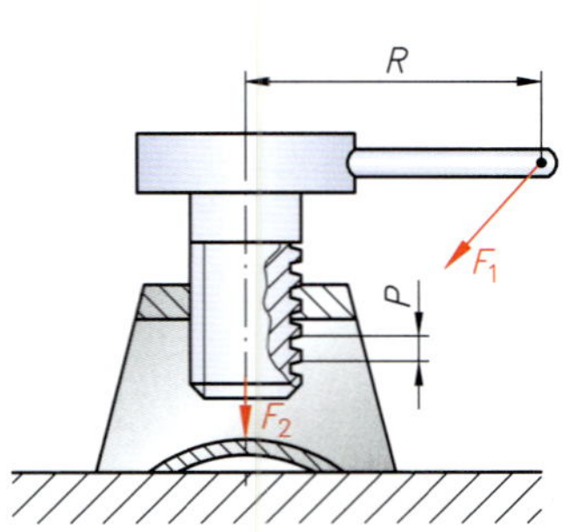

Mit 180 N Handkraft wird die Spindel Tr 52 × 8 einer Biegevorrichtung angezogen. Die Hebelarmlänge beträgt 350 mm. Berechnen Sie die Richtkraft in kN.

Gesucht F_2 in kN

Gegeben F_1 = 180 N; P = 8 mm; R = 350 mm

Vorüberlegung
Kraft × Kraftweg = „Last" × Lastweg

Lösung
$$F_1 \cdot 2 \cdot R \cdot \pi = F_2 \cdot P$$
$$F_2 = \frac{F_1 \cdot 2 \cdot R \cdot \pi}{P}$$
$$F_2 = \frac{180\ \text{N} \cdot 2 \cdot 350\ \text{mm} \cdot 3{,}14}{8\ \text{mm}}$$
$$F_2 = 49\,455\ \text{N} = \underline{49{,}455\ \text{kN}}$$

Beachte
Bei Berücksichtigung des Wirkungsgrades gilt: $F_1 \cdot 2 \cdot R \cdot \pi \cdot \eta = F_2 \cdot P$

[1] „Last" im Sinne von Gewichtskraft F_G

Aufgaben

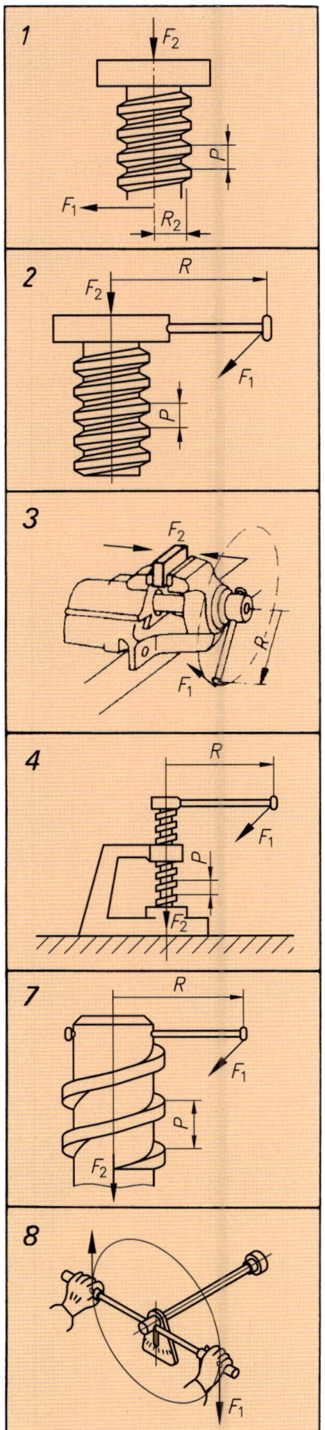

1. Eine Trapezspindel Tr 48 × 8 wird mit 15 000 N belastet. Berechnen Sie die Kraft am Flankendurchmesser.

2. Mit der gleichen Spindel Tr 52 × 8 (vgl. Nr. 1) sollen 1,5 t Last mit einem Hebel von 30 cm Länge gehoben werden. Berechnen Sie die erforderliche Handkraft.

3. Die Spindel eines Parallelschraubstocks hat 8 mm Steigung. Sie wird durch einen 30 cm langen Hebelarm mit 180 N Handkraft angezogen. Ermitteln Sie die Presskraft der Backen.

4. Die Backen einer Schraubenwinde halten ein Werkstück mit 22 kN Presskraft. Die Handkraft für den 25 cm langen Hebel beträgt dabei 84 N. Wie groß ist die Spindelsteigung?

5. Durch den Hebelarm einer Bockwinde können mit 160 N Handkraft 4 400 kg Masse gehoben werden. Wie lang ist der Hebelarm bei einer Spindelsteigung von 8 mm zu fertigen?

6. Mit dem 480 mm langen Hebelarm einer Schraubenwinde kann bei 200 N Handkraft eine Last von 2 500 kg gehoben werden. Der Wirkungsgrad beträgt 0,5. Ermitteln Sie die Gewindesteigung.

7. Der Hebelarm einer Prägepresse von 200 mm Länge wird mit 160 N Handkraft betätigt. Hierbei erzeugt die Spindelsteigung von 8 mm eine Presskraft von 12 kN. Mit welchem Wirkungsgrad arbeitet die Anlage?

8. Eine Schraube M 10 wird mit einem Drehmomentschlüssel angezogen. Wie groß ist die Zugkraft an der Schraube, wenn ein Kraftmoment von 3 Nm wirksam wird?

9. Welchen Durchmesser muss das Handrad einer Presse mit der Spindel Tr 48 × 8 aufweisen, damit es im Kräfteverhältnis 1 : 314 wirksam werden kann?

► Wissen – Erkennen – Werten

a) Wird mithilfe der Schraube die Hubarbeit leichter?
b) Zeigen Sie die Vorteile für Gewinde mit kleiner Steigung auf.
c) Erläutern Sie, wie Steigung und Anzugskraft zusammenhängen.
d) Unterscheiden Sie Gewindeformen von Bewegungsgewinden.
e) Warum eignen sich Trapezgewinde besonders als Bewegungsgewinde?
f) Welche Größen beeinflussen die Spannkraft eines Schraubstocks?
g) Nennen Sie die Folgen, wenn der Hebelarm der Kraft verlängert wird.
h) Erläutern Sie die Vorteile eines Drehmomentschlüssels.
i) Nennen Sie Unfallverhütungsvorschriften für Schraubenschlüssel.

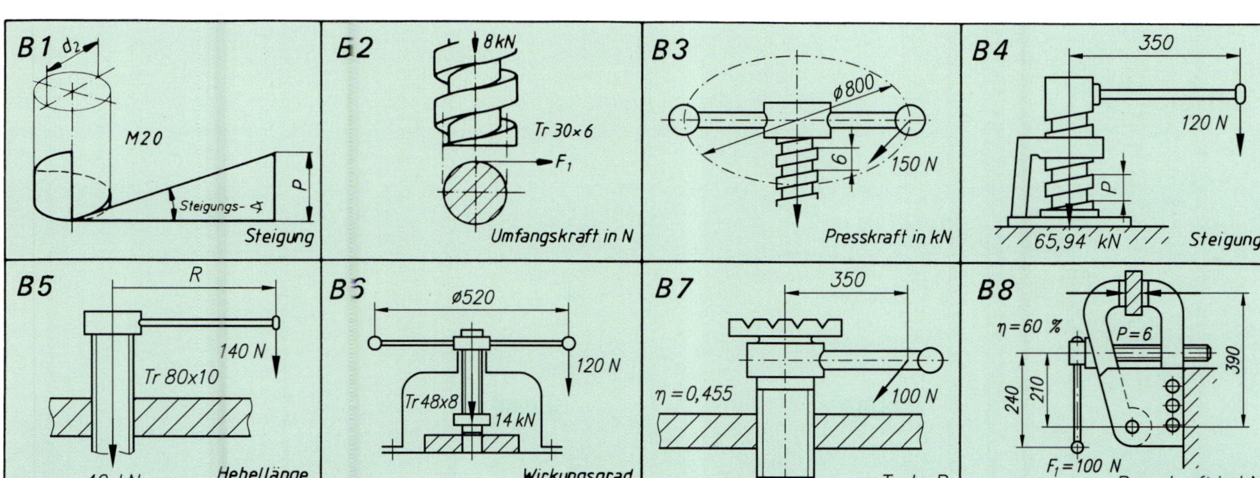

$M_{1,2,3}$ …	Drehmomente in Nm	$z_{1,2,3,4}$ …	Zähnezahl der Räder
$F_{1,2,3}$ …	Umfangskräfte in N	$n_{1,2,3,4}$ …	Drehfrequenzen der Zahnräder in 1/min
$d_{1,2,3}$ …	Teilkreisdurchmesser in mm	i, i_1, i_2 …	Übersetzungsverhältnisse

Index 1 Eingangsgröße, Anfangszustand (treibend)
Index 2 Ausgangsgröße, Endzustand (getrieben)

1. Getriebeübersetzung

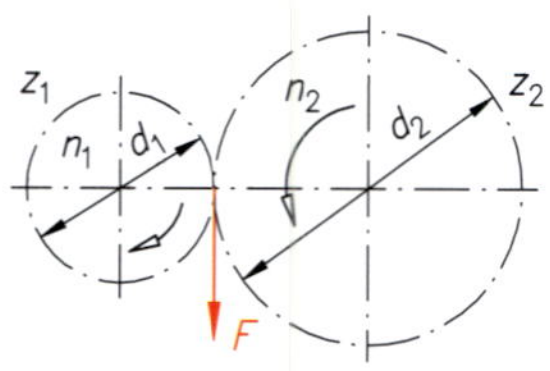

Ein einfacher Zahnradtrieb besteht aus einem Räderpaar. Die am Teilkreis wirkende Umfangskraft bewirkt eine Drehwirkung.

Drehmoment des Rades I: $M_1 = F \cdot r_1$
Drehmoment des Rades II: $M_2 = F \cdot r_2$

Hieraus ergibt sich die Zahnkraft

$$F = \frac{M_1}{r_1} = \frac{M_2}{r_2}, \text{ daraus folgt } i = \frac{r_2}{r_1} = \frac{M_2}{M_1}$$

Da sich die Durchmesser und Zähnezahlen umgekehrt zu den Drehfrequenzen verhalten, ergibt sich

$$i = \frac{n_1}{n_2} = \frac{d_2}{d_1} = \frac{z_2}{z_1}$$

2. Drehmomentwandlung

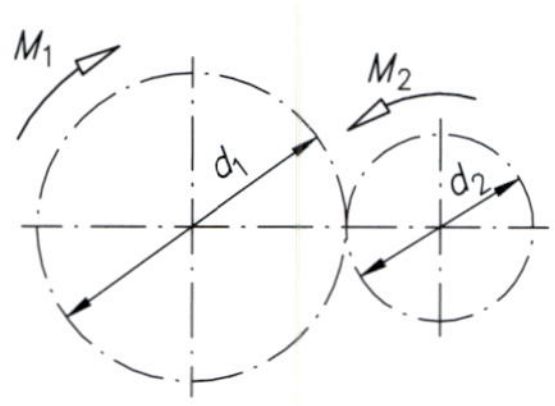

Aus dem Übersetzungsverhältnis der Bewegungen ergibt sich das Übersetzungsverhältnis der Drehmomente:

$$i = \frac{\text{Ausgangsdrehmoment}}{\text{Eingangsdrehmoment}} = \frac{M_2}{M_1}$$

somit wird

$$M_2 = M_1 \cdot i$$

Da in jedem Getriebe Verluste entstehen, z. B. durch Reibung, verringert sich das abgegebene Drehmoment.

Hinweis
Eine Übersetzung ins Langsame vergrößert das Ausgangsdrehmoment. Dies ist besonders beim Anfahren erwünscht.

3. Zusammenfassung

Jede Übersetzungsänderung bewirkt eine Drehmomentwandlung

$$M_2 = M_1 \cdot i$$

4. Beispiel

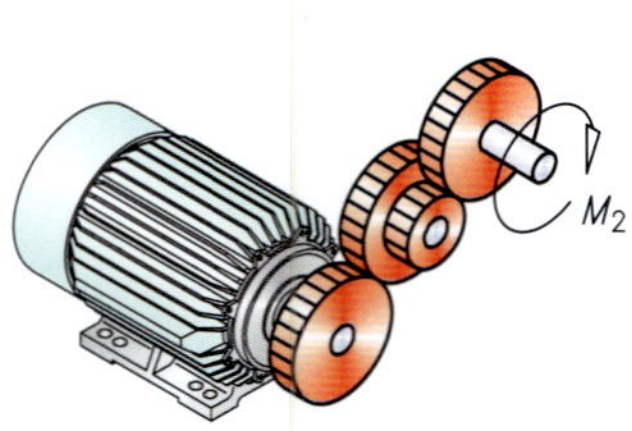

Das Übersetzungsverhältnis eines Getriebes beträgt 3,5 : 1. Wie groß ist das Ausgangsdrehmoment in Nm, wenn das Eingangsdrehmoment 6 Nm betragen soll?

Gesucht M_2 in Nm

Gegeben $M_1 = 6$ Nm
$i = 3{,}5 : 1$

Vorüberlegung
Übersetzung ins Langsame vergrößert M_2

Lösung
$M_2 = M_1 \cdot i$
$M_2 = 6 \text{ Nm} \cdot \frac{3{,}5}{1}$
$M_2 = \underline{21 \text{ Nm}}$

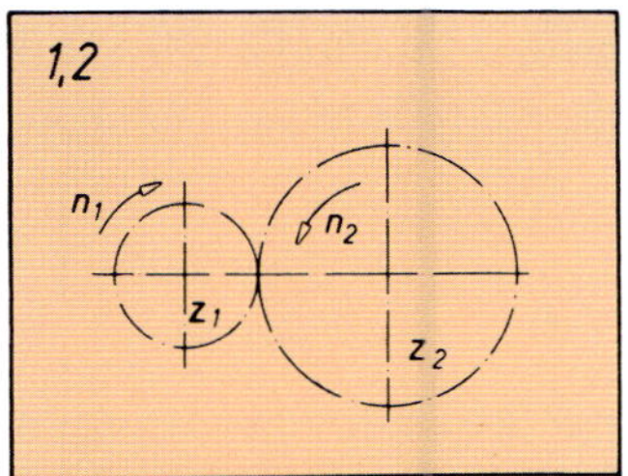

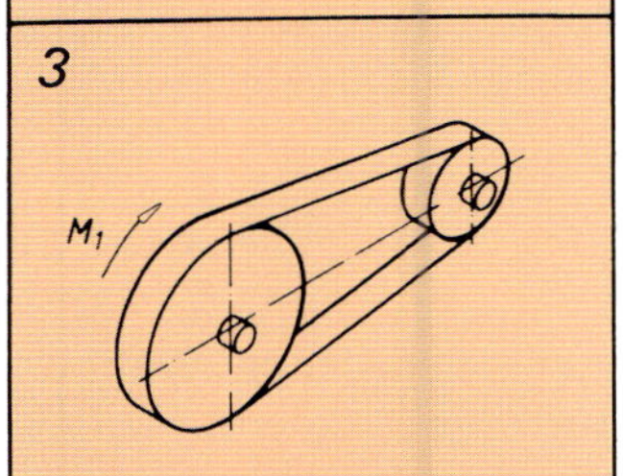

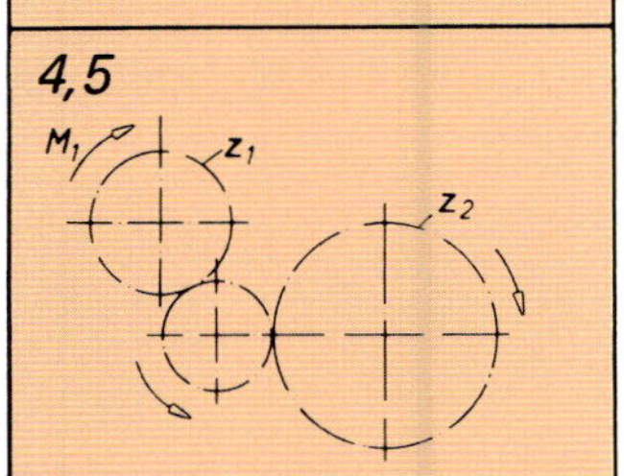

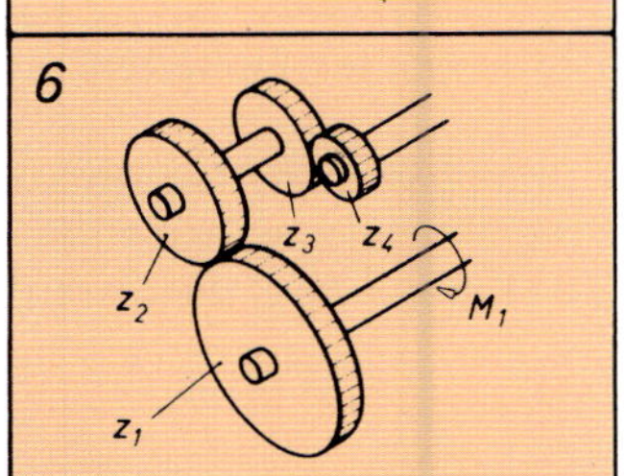

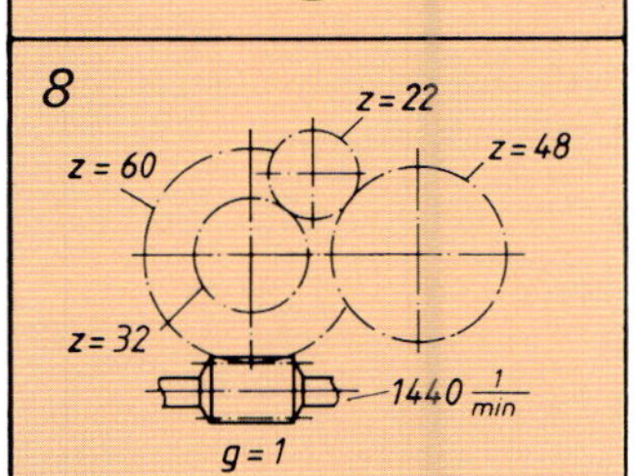

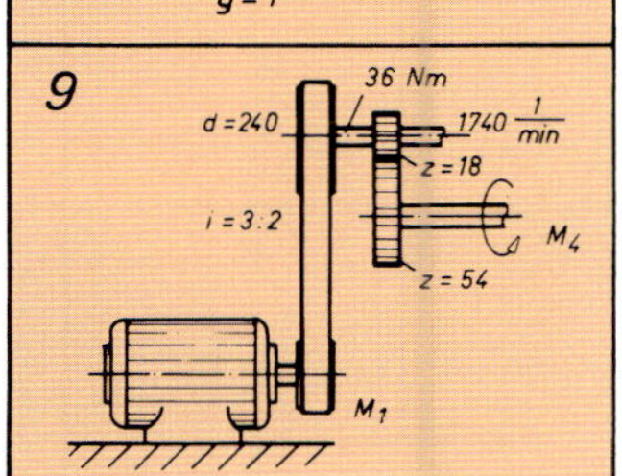

1. Das Übersetzungsverhältnis zweier Zahnräder beträgt 3 : 2. Berechnen Sie das Drehmoment der Abtriebswelle in Nm, wenn dem Antrieb 32 Nm zugeführt werden.

2. Das getriebene Rad mit 65 Zähnen gibt ein Drehmoment von 40 Nm ab. Wie groß ist das Drehmoment der Antriebswelle in Nm, wenn das treibende Rad 39 Zähne hat?

3. Ein Flachriemen wird mit 600 N Zugkraft beansprucht. Das Verhältnis der Scheiben $d_1 : d_2$ beträgt 3 : 2. Der Durchmesser der Antriebsscheibe beträgt 141 mm. Ermitteln Sie die Drehmomente in Nm.

4. Das Eingangsdrehmoment für einen Zahnradtrieb beträgt 65 Nm. Der Kraftfluss erfolgt über das Zahnrad 40, das Zwischenrad 24 und das Zahnrad 62. Berechnen Sie das Ausgangsdrehmoment in Nm.

5. Für ein Zwischenrad mit 30 Zähnen beträgt die Drehfrequenz 350 1/min. Das getriebene Zahnrad soll bei einer Drehfrequenz von 125 1/min ein Drehmoment von 10,5 Nm abgeben. Das treibende Zahnrad hat 40 Zähne. Bestimmen Sie das Eingangsdrehmoment in Nm.

6. Ein doppelter Zahnradtrieb mit der Eingangsdrehfrequenz von 185 1/min hat die Teilübersetzungen 2 : 3 und 3 : 5. Berechnen Sie das zugeführte Drehmoment in Nm, wenn das abgegebene Drehmoment 65 Nm beträgt.

7. Der Drehmomentenfluss eines Getriebes erfolgt über die Zahnräder 42, 81, 27 und 53. Das Eingangsdrehmoment beträgt 14 Nm. Welche Größe hat das Ausgangsdrehmoment?

8. Für ein Schnecken-Zahnradgetriebe (Werte nach Skizze) beträgt das Abgangsdrehmoment 150 Nm. Ermitteln Sie das Eingangsdrehmoment in Nm.

9. Für das Zahnriemengetriebe sind die Werte nach gegebener Skizze vorhanden. Ermitteln Sie das Eingangs- und Ausgangsdrehmoment in Nm.

▶ Wissen – Erkennen – Werten

a) Warum kann ein Zahnräderpaar als Doppelhebel aufgefasst werden?
b) Welche Größen haben auf die Getriebeübersetzung keinen Einfluss?
c) In welchem Zusammenhang stehen Drehmoment und Drehfrequenz?
d) Nennen Sie Möglichkeiten, das Anlauf-Drehmoment zu vergrößern.
e) In welcher Beziehung stehen Ausgangs- und Eingangsdrehmoment?
f) Unterscheiden Sie form- und kraftschlüssige Drehmomentwandler.
g) Warum eignen sich Zahnräder als Drehmomentwandler?
h) Vergleichen Sie Getriebe mit gestufter und stufenloser Übersetzung.
i) Nach welchen Kriterien erfolgt die Auswahl eines Drehmomentwandlers?

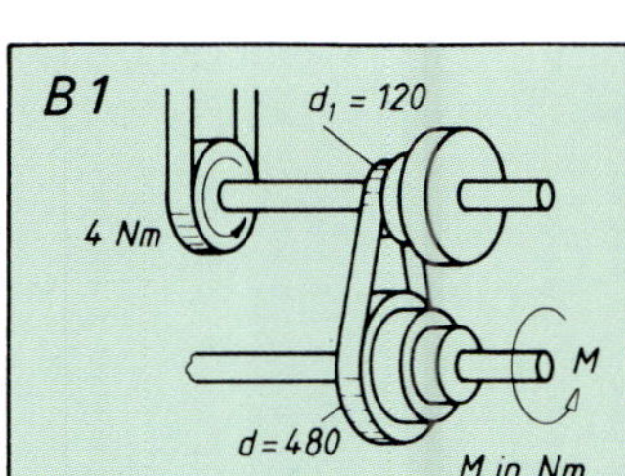

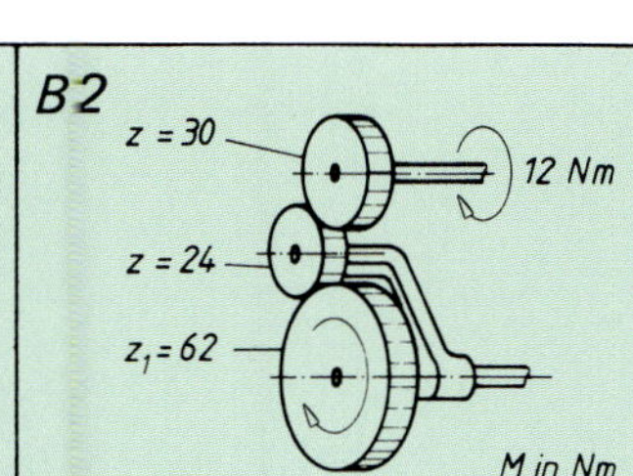

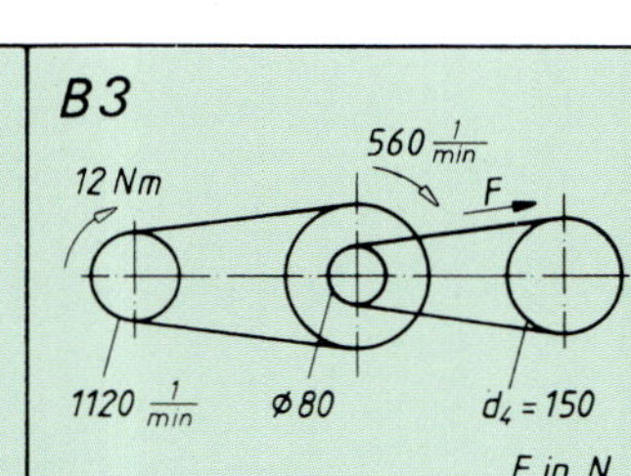

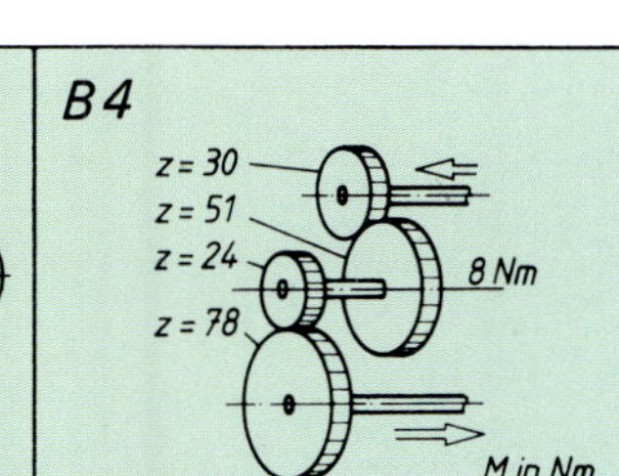

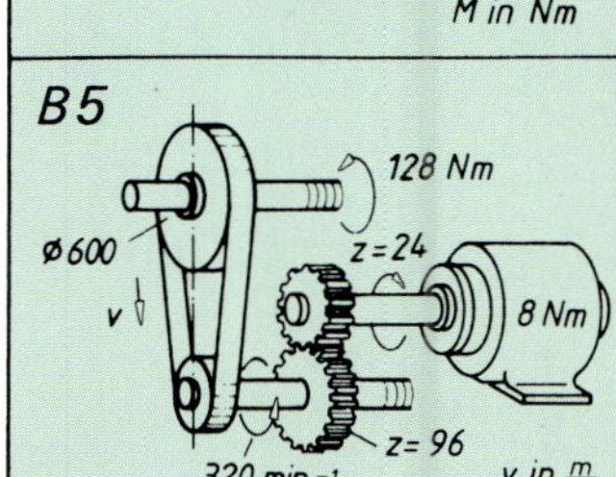

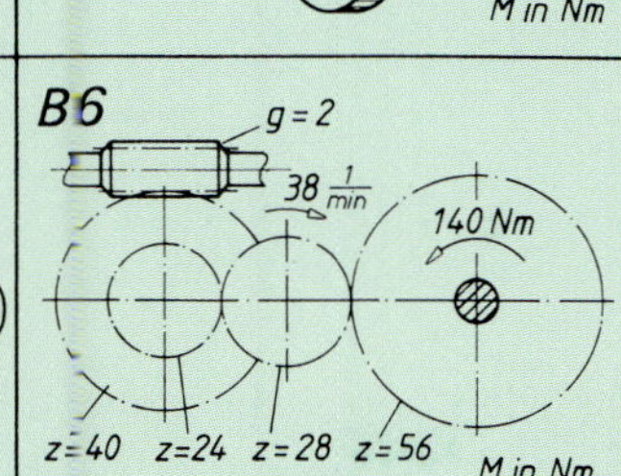

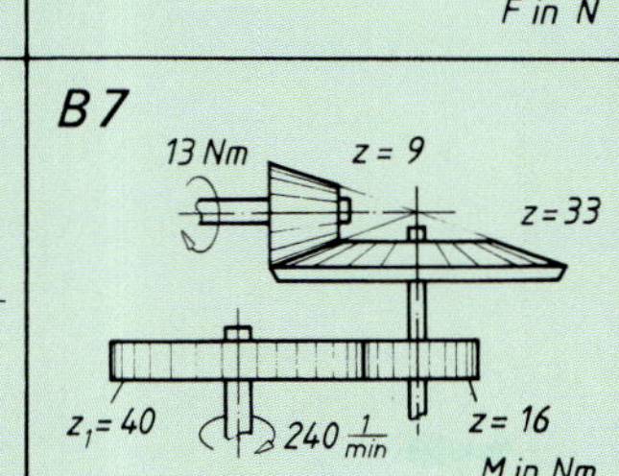

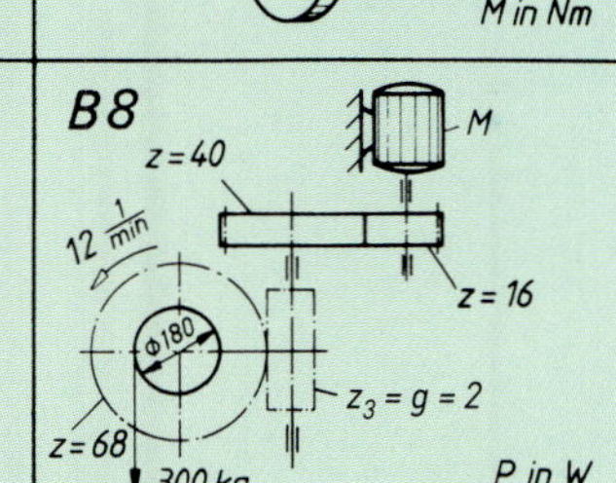

M	Drehmoment in Nm	v	Umfangsgeschwindigkeit in m/min, m/s
P	Leistung in Nm/s, W	d	Durchmesser in mm, m
F, F_G	Kraft in N	n	Drehfrequenz in 1/min, 1/s

1. Drehmoment

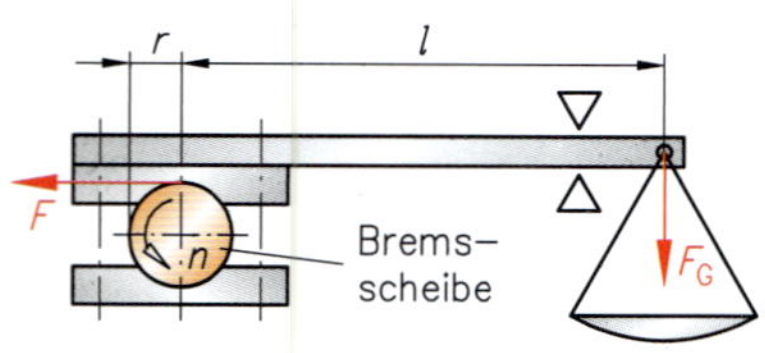

Die Messung des Drehmomentes kann mit einer Backenbremse erfolgen. Durch Abbremsen des Motors wird das vom Motor aufgebrachte Drehmoment durch das Kraftmoment der Bremse im Gleichgewicht gehalten.

$$M_{Motor} = M_{Bremse}$$
$$F \cdot r = F_G \cdot l$$

Hinweis
Kraftmoment ist das Produkt aus Kraft × wirksame Hebellänge. Wirkt an einem drehbaren Körper eine Kraft, so entsteht ein Drehmoment.

2. Größengleichung

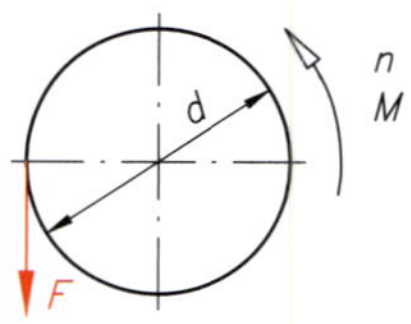

Durch Einsetzen des Drehmomentes und der Umfangsgeschwindigkeit in die Leistungsgleichung ergeben sich folgende Beziehungen:

$$P = F \cdot v \qquad \left(1\,\text{W} = 1\,\frac{\text{Nm}}{\text{s}}\right)$$

$$P = \frac{M}{r} \cdot 2 \cdot r \cdot \pi \cdot n = M \cdot 2 \cdot \pi \cdot n^{1)}$$

Hinweis
Eine Größengleichung gilt unabhängig von den verwendeten Einheiten.

3. Zahlenwertgleichung

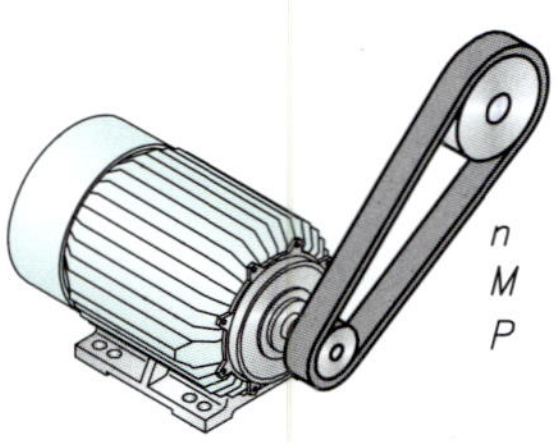

In der Technik sind häufig Gleichungen mit bestimmten Einheiten üblich. Um die Leistung P in kW zu erhalten, muss man die abgeleitete Größengleichung durch 1 000 (1 m = 1 000 mm) und durch 60 (1 min = 60 s) dividieren.

$$P = \frac{2 \cdot \pi}{60 \cdot 1\,000} \cdot M \cdot n$$

Durch Umstellen der Gleichung nach M und Zusammenfassen der Quotienten erhalten wir die in der Technik übliche Zahlenwertgleichung:

$$M = \frac{P}{n} \cdot \frac{60 \cdot 1\,000}{2 \cdot \pi}$$

$$M = \frac{P}{n} \cdot 9\,550$$

erforderliche Einheiten

M in	P in	n in
Nm	kW	$\frac{1}{\text{min}}$

Hinweis
Eine Zahlenwertgleichung ist abhängig von den angegebenen Einheiten.

4. Zusammenfassung

Zwischen Drehmoment, Leistung und Drehfrequenz besteht die Beziehung:

$$P = M \cdot 2 \cdot \pi \cdot n$$

5. Beispiel

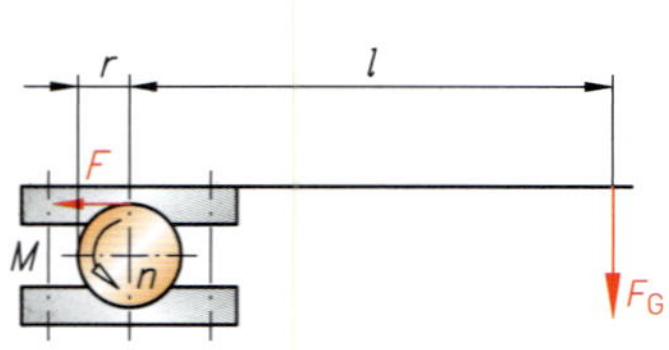

Die Leistung eines Motors wird mit einer Backenbremse bei n = 1 500 1/min verringert. Das Gleichgewicht stellte sich am 900 mm langen Hebel bei einer Gewichtskraft von 50 N ein. Berechnen Sie die Nutzleistung in kW.

Gesucht P in kW

Gegeben $M = 45$ Nm; $n = 1\,500\,\frac{1}{\text{min}}$

Vorüberlegung
Eine Größengleichung ist unabhängig.

Lösung

$$P = M \cdot 2 \cdot \pi \cdot n$$
$$P = 45\,\text{Nm} \cdot 2 \cdot \pi \cdot \frac{1\,500 \cdot 1\,\text{min}}{\text{min} \cdot 60\,\text{s}} \qquad \Rightarrow 1\,\frac{\text{N} \cdot \text{m}}{\text{s}} = 1\text{W}$$
$$P = 7\,068\,\text{W} = \underline{7{,}068\,\text{kW}}$$

Anmerkung
Nutzleistung = Effektivleistung = abgegebene Leistung.

1) Der Ausdruck $2 \cdot \pi \cdot n$ wird in der Physik als Winkelgeschwindigkeit bezeichnet.

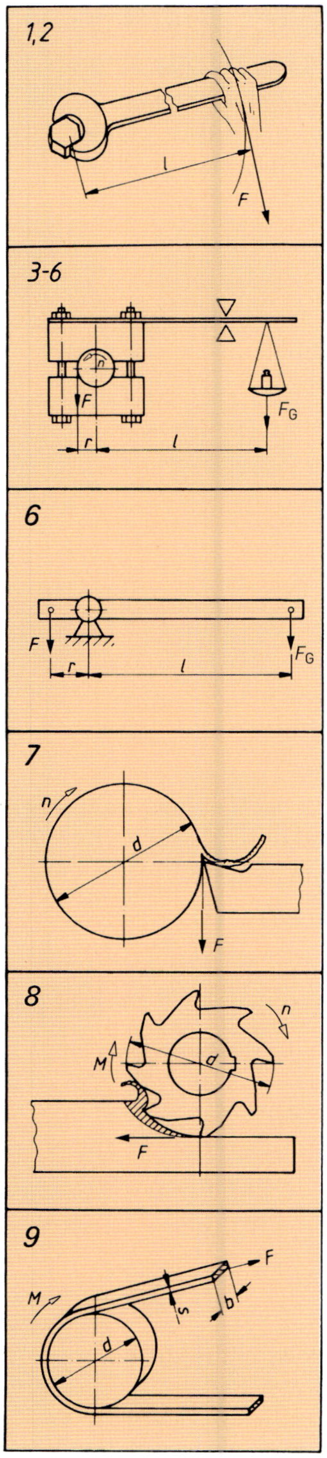

Aufgaben

Drehmoment und Leistung

1. Am Hebelarm eines 200 mm langen Schraubenschlüssels wirkt eine Anzugskraft von 120 N. Ermitteln Sie das Drehmoment in Nm.

2. Für eine Schraube beträgt das Anzugsmoment 36 Nm. Welche Hebellänge in mm ist bei 80 N Handkraft erforderlich?

3. Bei der Backenbremse wird die Hebellänge auf 0,955 m eingestellt. Welches Drehmoment in Nm ergibt sich bei einem Belastungsgewicht von 15,5 kg?

4. Wie groß ist die Nutzleistung in W eines Motors, der bei einer Drehfrequenz von 1 200 1/min ein Drehmoment von 45 Nm erzielt?

5. Eine Schleifscheibe überträgt bei einer Leistung von 1 500 W ein Drehmoment von 5,45 Nm. Ermitteln Sie die Drehfrequenz.

6. Der 455 mm lange Hebelarm einer Bremse wird mit 24 kg belastet. Wie groß ist die abgegebene Leistung in kW, wenn eine Drehfrequenz von 2400 1/min zugrunde gelegt wurde?

7. Eine Welle von 150 mm Durchmesser wird bei 160 1/min zerspant. Die gemessene Schnittkraft beträgt 1 800 N. Ermitteln Sie die Schnittleistung: a) mit der allgemeinen Leistungsgleichung, b) mit der Größengleichung, c) mit der Zahlenwertgleichung.

8. Für einen Fräser mit 80 mm Durchmesser wird bei einer Drehfrequenz von 100 1/min eine Antriebsleistung von 1600 Nm/s benötigt. Welche Schnittkraft in N ist erforderlich?

9. Ein Flachriemen 6 × 75 überträgt 88 W/mm Riemenbreite. Bei einer Drehfrequenz von 1 260 1/min beträgt die zul. Zugspannung 1,5 N/mm². Bestimmen Sie den Durchmesser der Riemenscheibe in mm.

10. Eine Bohrmaschine mit einer Leistung von 200 W läuft mit 680 Umdrehungen je min. Ermitteln Sie den Bohrungsdurchmesser in mm, wenn ein Schnittwiderstand von 936 N gemessen wurde.

► Wissen – Erkennen – Werten

a) Welche Größen bestimmen die Leistung einer Antriebsmaschine?
b) Welche Beziehung besteht bei konstanter Leistung zwischen Drehfrequenz *n* (Drehzahl) und Drehmoment *M*?
c) Bei welchem Getriebe erfolgt die Übertragung der Leistung durch Formschluss bzw. durch Kraftschluss?
d) Welche Vorteile hat ein minimaler Fräser-∅ bei maximaler Fräsdornbohrung?
e) Wie unterscheiden sich Wellen und Achsen in ihrer Beanspruchung?

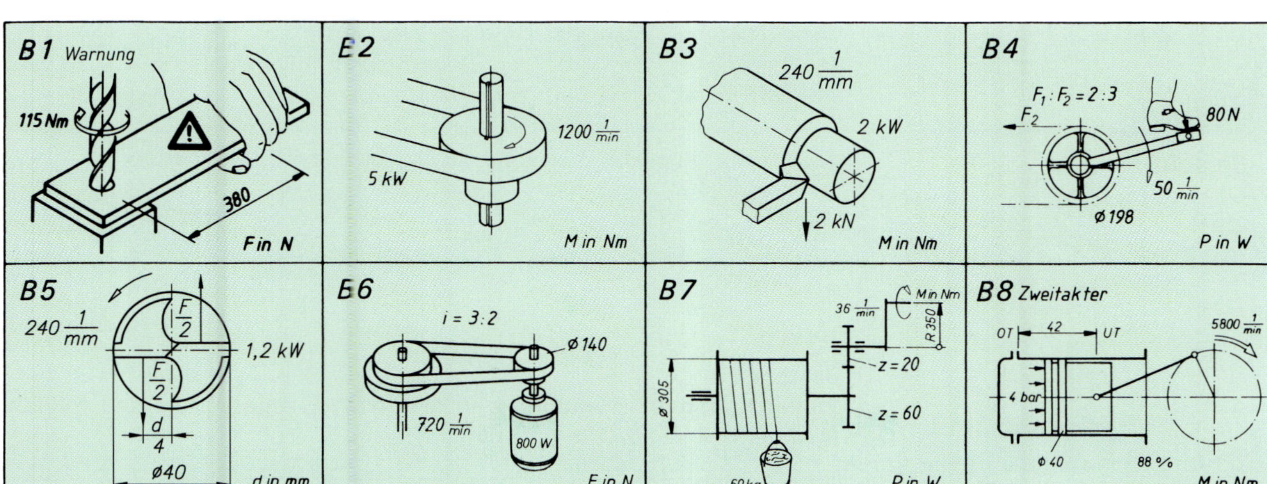

F_1	Kraft am Zugseil in N	F_2	Gewichtskraft[1] in N	n	Anzahl der Rollen
s_1	Kraftweg in m, mm	s_2	Lastweg, Hubhöhe in m, mm	d, D	Durchmesser in m, mm
				M	Kraftmoment in Nm

1. Feste Rolle

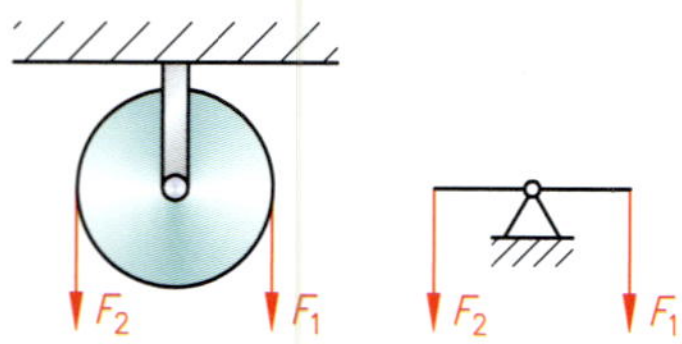

Kraftmoment von F_1 = Kraftmoment von F_2

$$F_1 \cdot r = F_2 \cdot r$$
$$F_1 = F_2$$

Beachte
Die feste Rolle lenkt nur die Kraft um (Umlenkrolle).

2. Lose Rolle

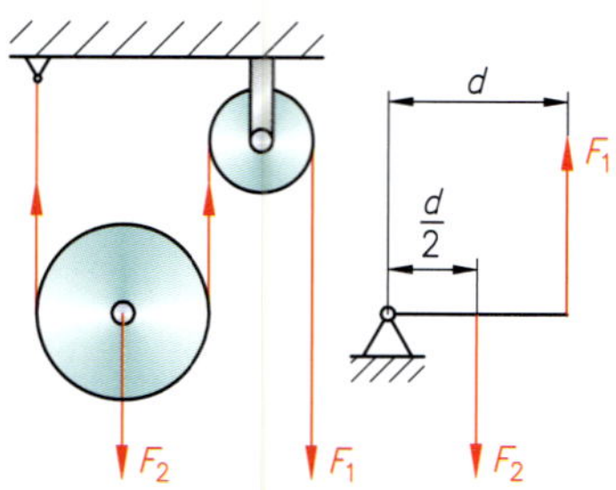

Kraftmoment von F_1 = Kraftmoment von F_2

$$F_1 \cdot d = F_2 \cdot \frac{d}{2}$$
$$F_1 = \frac{F_2}{2}$$

Beachte
Die lose Rolle bringt 50 % Kraftersparnis.
Was an Kraft gewonnen wird, geht an Weg verloren.

3. Flaschenzug

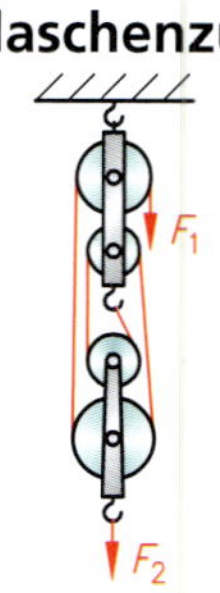

Eine Verbindung von festen und losen Rollen bezeichnet man als Flaschenzug. In jedem Seil wirkt ein Teil der Gewichtskraft.

Folgerung Kraft = $\frac{\text{Gewichtskraft}}{\text{Anzahl der tragenden Seile}}$

$$F_1 = \frac{F_2}{n}$$

Beachte
Was an Kraft gespart wird, muss an Weg mehr zugesetzt werden.

4. Differenzialflaschenzug

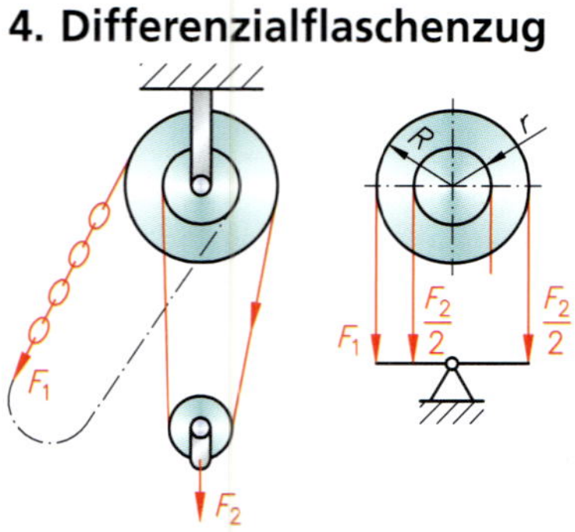

Die Kraftmomente halten sich hierbei das Gleichgewicht.

$$\Sigma \overset{\curvearrowleft}{M} = \Sigma \overset{\curvearrowright}{M}$$
$$F_1 \cdot R + \frac{F_2}{2} \cdot r = \frac{F_2}{2} \cdot R$$
$$F_1 = \frac{F_2}{2} \cdot \frac{(R - r)}{R}$$

Beachte
Eine kleine Durchmesserdifferenz ergibt eine große Kraftersparnis.

5. Zusammenfassung

Feste Rolle:	Zugkraft	=	Gewichtskraft	$F_1 = F_2$
Lose Rolle:	Zugkraft	=	Gewichtskraft/2	$F_1 = F_2/2$
Flaschenzug:	Zugkraft	=	Gewichtskraft/Rollenzahl	$F_1 = F_2/n$
Goldene Regel:	Zugarbeit	=	Hubarbeit	$W_1 = W_2$

6. Beispiel

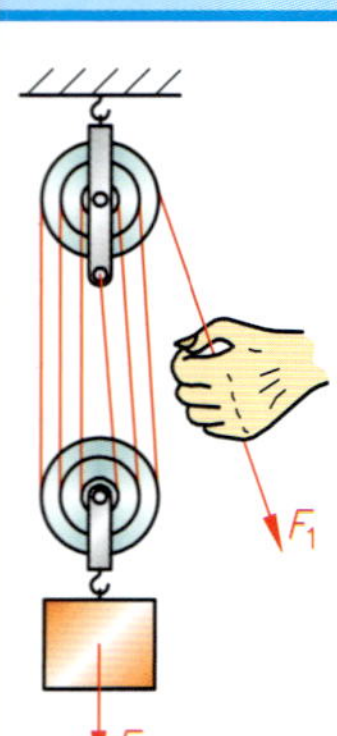

Mit welcher Kraft kann ein Flaschenzug mit 6 Rollen 108 kg um 2 m heben?

Gesucht F_1 in N

Gegeben $F_2 = F_G = 108\ \text{kg} \cdot \frac{10\ \text{m}}{s^2} = 1\,080\ \text{N}$

Vorüberlegung
Gewichtskraft = Masse × Fallbeschleunigung

Lösung $F_1 = \frac{F_2}{n} = \frac{1\,080\ \text{N}}{6} = 180\ \text{N}$

Beachte
Was an Kraft gespart wird, muss an Zeit und Weg zugesetzt werden, folglich wird der Lastweg 6 · 2 m = 12 m.

[1] Als internationales Formelzeichen für die Gewichtskraft ist auch G oder F_G möglich.

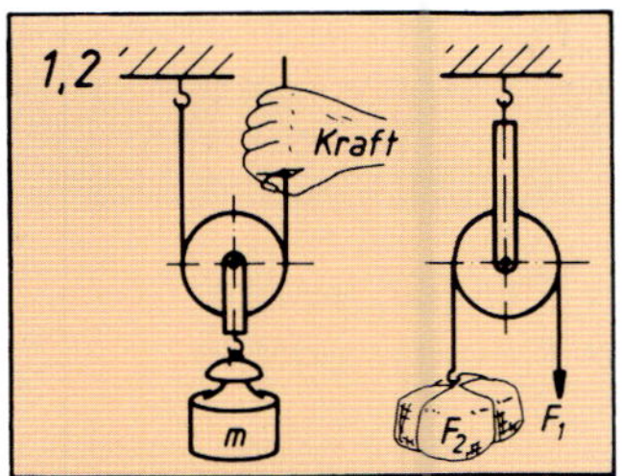

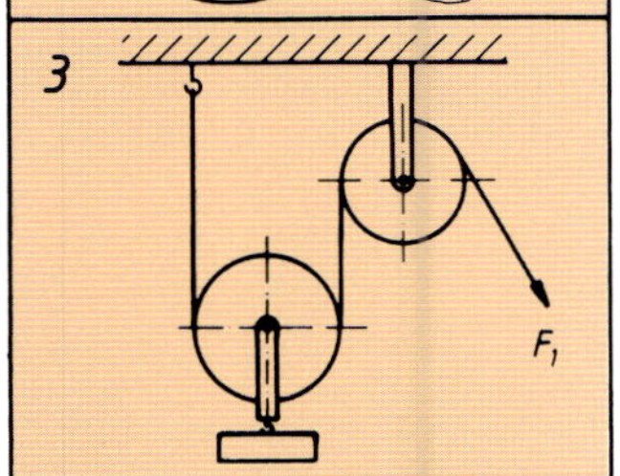

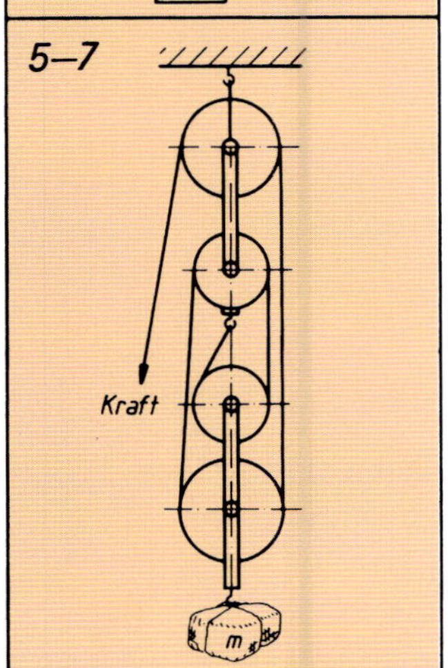

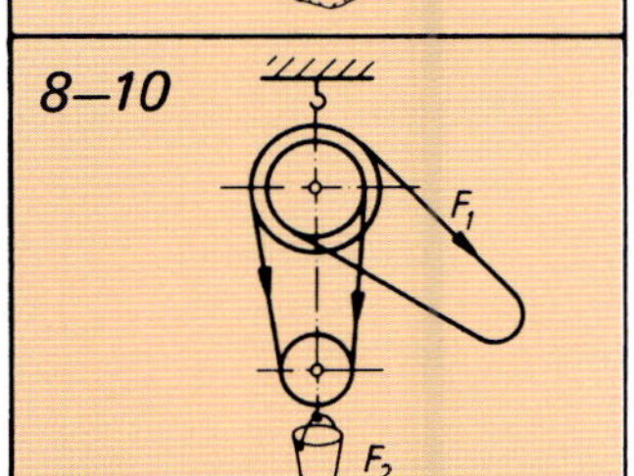

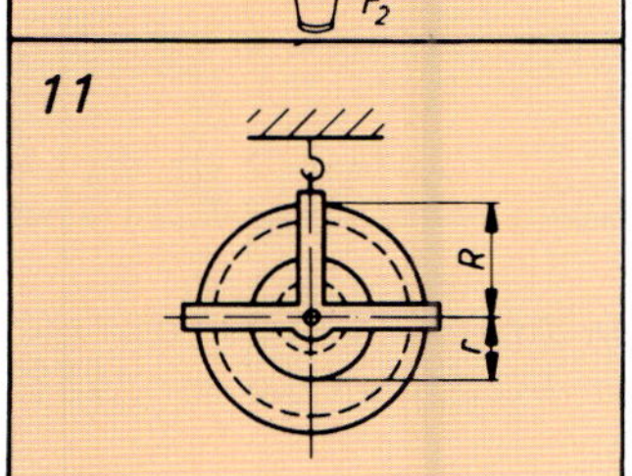

1. Mithilfe einer losen Rolle soll eine Masse von 70 kg gehoben werden. Die erforderliche Zugkraft ist an Hand einer Hebelskizze zu ermitteln.

2. Welche Kraft ist erforderlich, um eine Masse von 70 kg mithilfe einer festen Rolle zu heben?

3. Bestimmen Sie die erforderliche Zugkraft für eine gegebene Rollenanordnung, wenn eine Masse $m = 70$ kg angehoben werden soll (siehe Bild).

4. Wie viel Meter Seil sind jeweils einzuziehen, um 70 kg Last um 2 m zu heben bei: a) einer losen Rolle, b) festen Rolle, c) einer Rollenanordnung (siehe Bild 3)?

5. Welche Kraft ist erforderlich, um eine Masse von 172 kg mit einem 4-Rollen-Flaschenzug zu heben?

6. Eine Masse soll mit einem 4-Rollen-Flaschenzug um 1,2 m gehoben werden. Welcher Kraftweg ist erforderlich?

7. Wie viel Rollen muss ein Flaschenzug erhalten, um 72 kg Masse mit 180 N Kraft zu heben?

8. Mit einem Differenzialflaschenzug ist eine Masse von 600 kg zu heben. Der große Rollendurchmesser beträgt 180 mm, der kleine 170 mm. Berechnen Sie die Seilzugskraft.

9. Ein Differenzialflaschenzug kann bei 150 N Handkraft 960 kg Masse heben. Ermitteln Sie den kleinen Raddurchmesser, wenn der große 160 mm beträgt.

10. Die Doppelrolle eines Differenzialflaschenzugs hat die Durchmesser 170/165 mm. Welche Masse kann bei 120 N Zugkraft gehoben werden?

11. Kraft und Gewichtskraft eines Differenzialflaschenzugs verhalten sich wie 1 : 40. Wie groß muss der kleine Durchmesser sein, wenn der große um 10 mm größer ist?

► Wissen – Erkennen – Werten

a) Begründen Sie, warum bei der festen Rolle Kraft = Last ist.
b) Vergleichen Sie die lose Rolle mit einem einseitigen Hebel.
c) Wie verhalten sich Kraft und Last bei der losen Rolle?
d) Nennen Sie Einsatzbereiche von festen und losen Rollen.
e) Warum benutzt man zum Heben einer Last feste und lose Rollen?
f) Wie verteilen sich die Zugkräfte auf die tragenden Seile eines Flaschenzuges mit sechs Rollen?
g) Welche Größen beeinflussen beim Differenzialflaschenzug die Zugkraft?

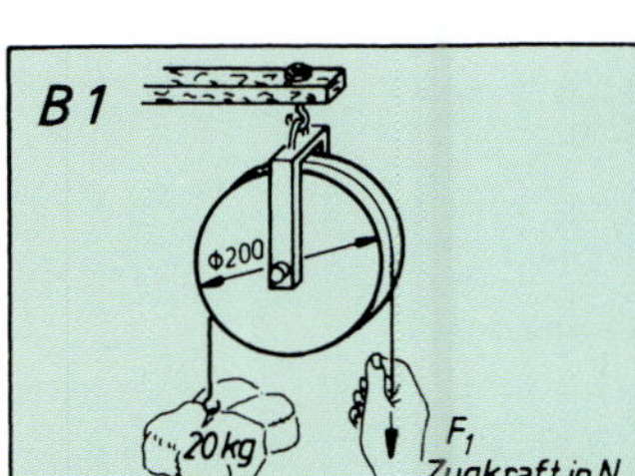

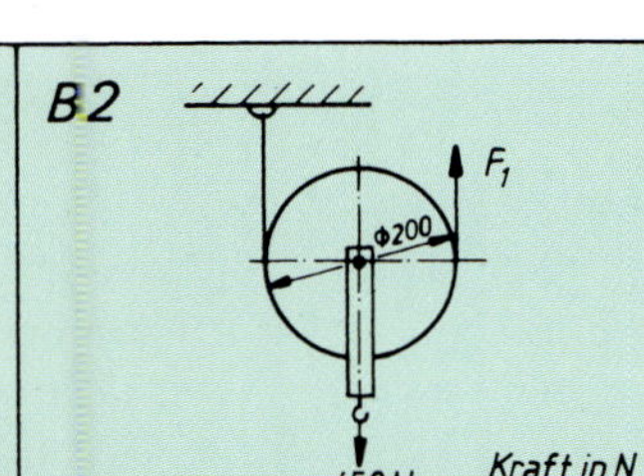

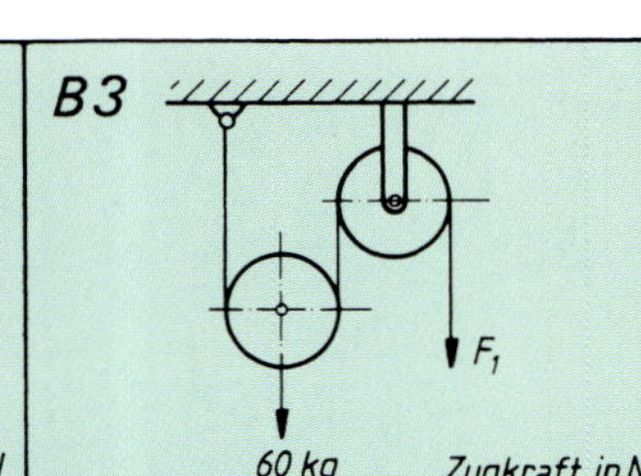

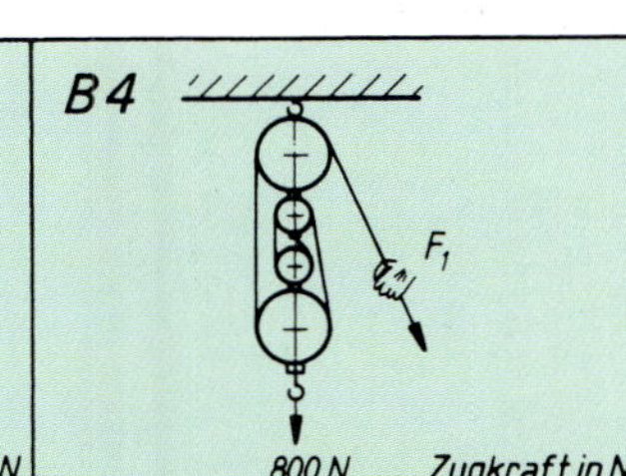

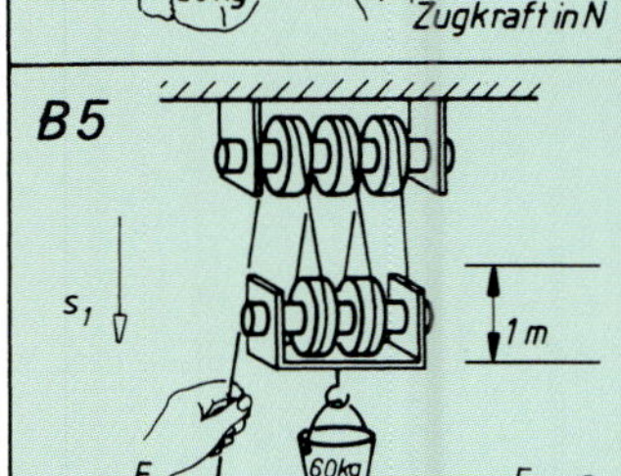

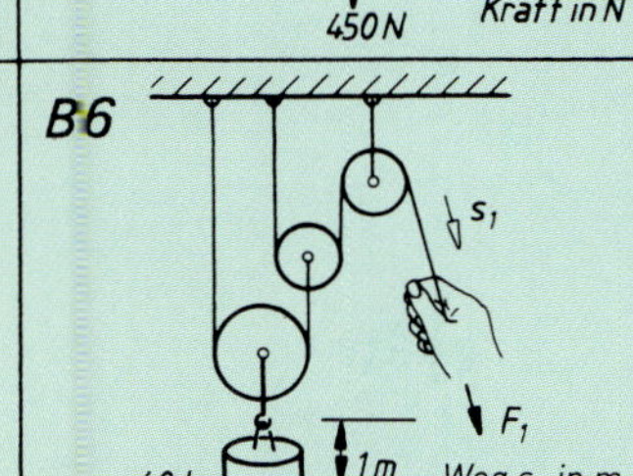

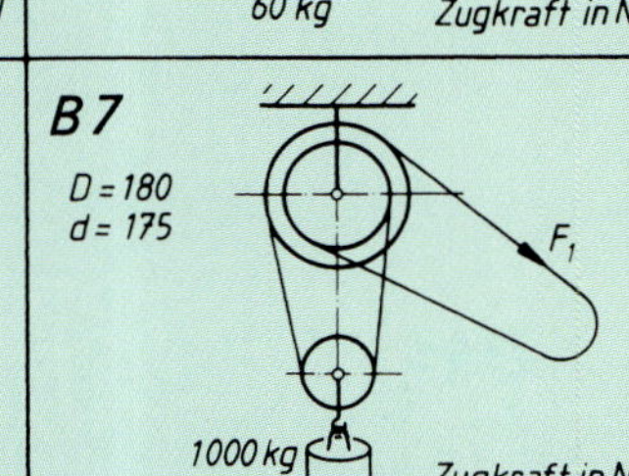

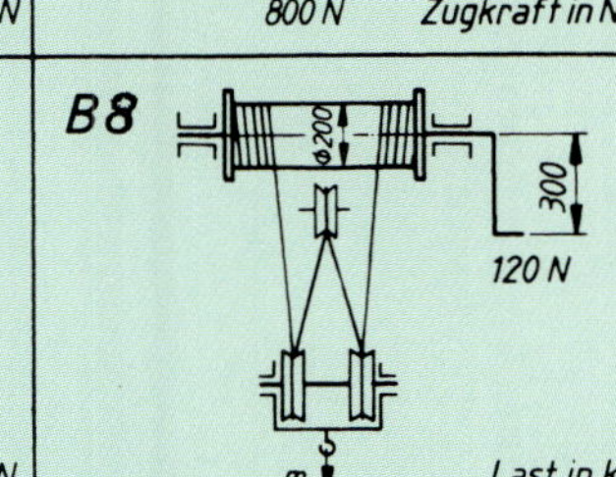

Hebelgesetz in Getrieben

F_1 Kraft in N
F_2 Kraft der Last in N
F_{z1}, F_{z2} Zwischenkraft in N
l_1 Kraftarm, Kukrbelradius in mm
l_2 Lastarm, Trommelradius in mm
M Drehmoment in Nm
W Arbeit in Nm
Index 1 Eingangsgröße
Index 2 Ausgangsgröße

1. Kraftübersetzung

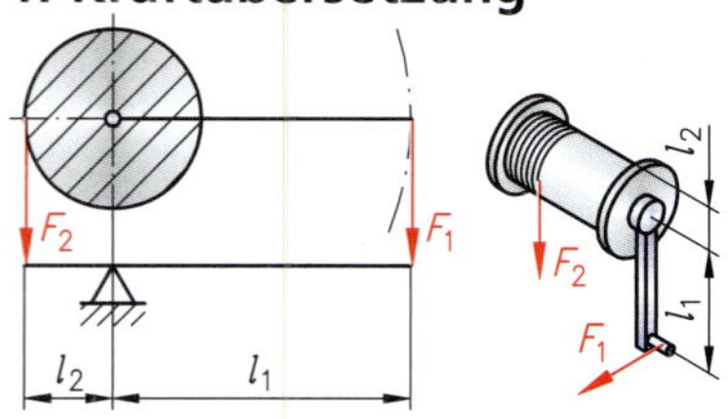

Kraft × Kraftarm = „Last" × Lastarm

$$F \cdot l_1 = F_2 \cdot l_2$$
$$M_1 = M_2$$

Hinweis
aufgewendete Arbeit = abgegebene Arbeit

$$W_1 = W_2$$

2. Einfache Übersetzung

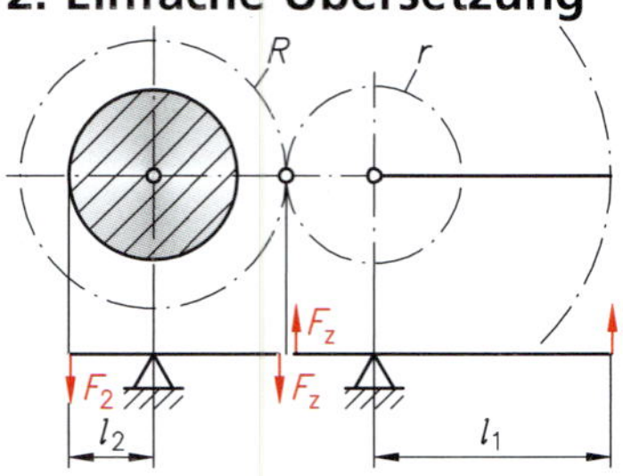

$$F_1 \cdot l_1 = F_z \cdot r$$
$$F_z \cdot R = F_2 \cdot l_2$$

Folgerung

$$F_1 \cdot l_1 \cdot i = F_2 \cdot l_2$$
$$M_1 \cdot i = M_2$$

Beachte
Durch eine Übersetzung wird das Eingangsdrehmoment vergrößert.

3. Doppelte Übersetzung

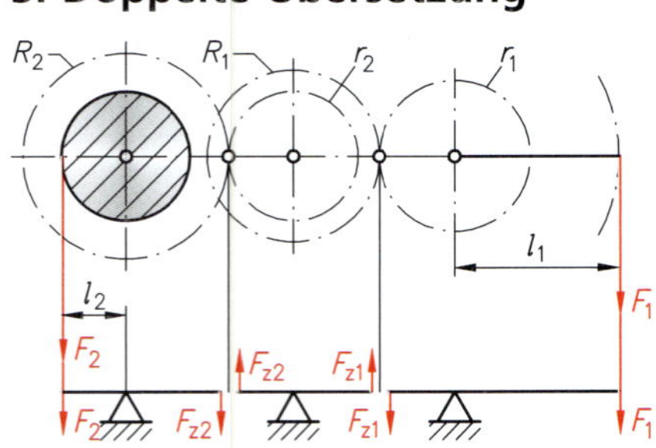

$$F_1 \cdot l_1 = F_{z1} \cdot r_1$$
$$F_{z1} \cdot R_1 = F_{z2} \cdot r_2$$
$$F_{z2} \cdot R_2 = F_2 \cdot l_2$$

Folglich erhalten wir durch Einsetzen wieder die Gleichung

$$F_1 \cdot l_1 \cdot i = F_2 \cdot l_2$$
$$M_1 \cdot i = M_2$$

Beachte
Die Gesamtübersetzung ($i = i_1 \cdot i_2$) ist hierbei stets größer als 1.

4. Zusammenfassung

Kraft × Kraftarm × Übersetzung = Last × Lastarm

$$F_1 \cdot l_1 \cdot i = F_2 \cdot l_2$$

5. Beispiel

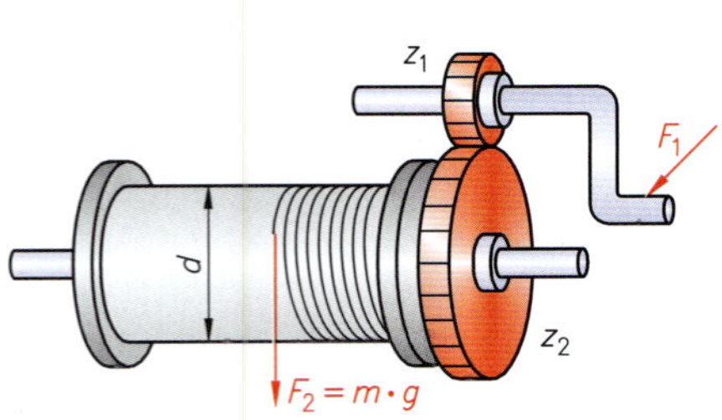

Eine Masse von 288 kg soll über einen Wellendurchmesser von 200 mm mit der Räderübersetzung 128/32 gehoben werden. Berechnen Sie für 180 N Handkraft die notwendige Kurbellänge in mm.

Gesucht l_1 in mm

Gegeben $F_G = F_2 = 288\ \text{kg} \cdot 10\ \frac{\text{m}}{\text{s}^2} = 2\,880\ \text{N}$

$i = \frac{128}{32} = \frac{4}{1}$

Lösung $F_1 = 180\ \text{N}$
$l_2 = 100\ \text{mm}$

Vorüberlegung
Kraftmoment = Kraft × Hebelarm

$$F_1 \cdot l_1 \cdot i = F_2 \cdot l_2$$
$$l_1 = \frac{F_2 \cdot l_2}{F_1 \cdot i}$$
$$l_1 = \frac{2\,880\ \text{N} \cdot 100\ \text{mm} \cdot 1}{180\ \text{N} \cdot 4}$$
$$l_1 = \underline{400\ \text{mm}}$$

Beachte
Durch eine Getriebeübersetzung wird das Kraftmoment M_1 vergrößert.

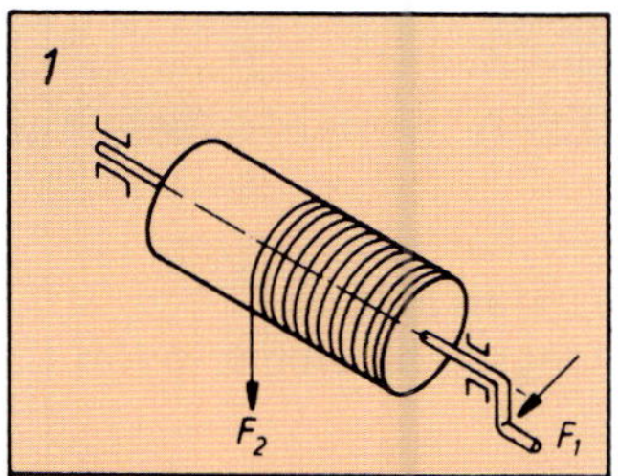

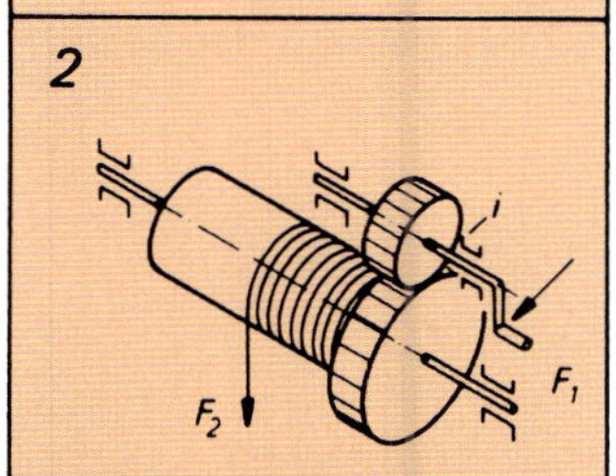

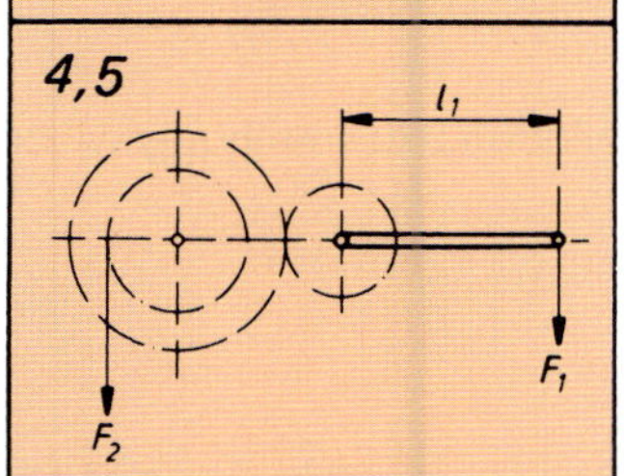

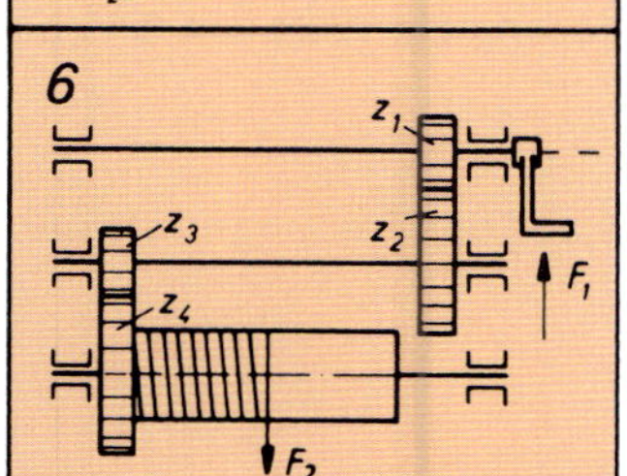

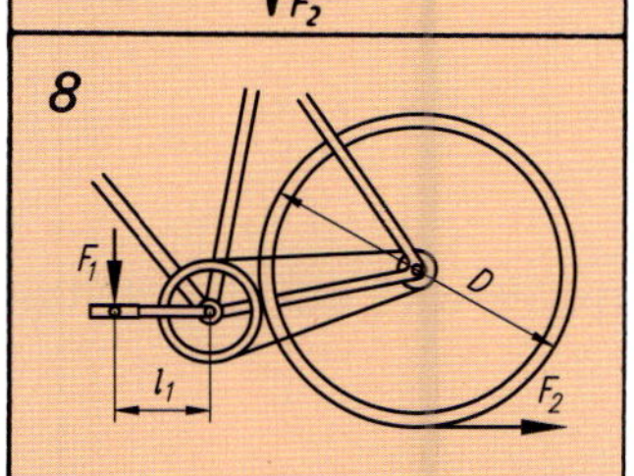

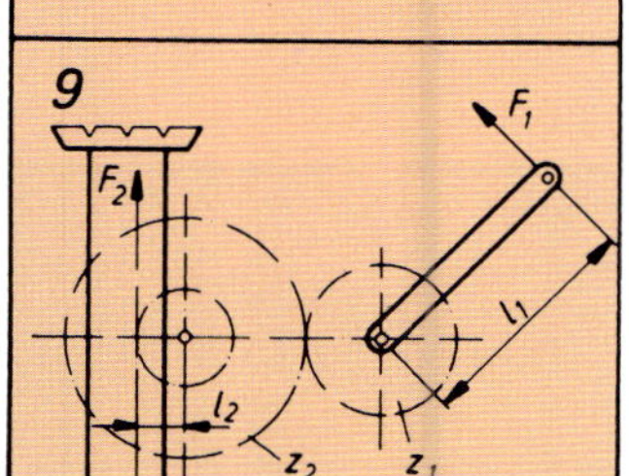

1. Mit einer einfachen Seilwinde, die einen Trommeldurchmesser von 120 mm hat, sollen durch einen 48 cm langen Kurbelarm 110 kg gehoben werden. Berechnen Sie die notwendige Handkraft.

2. Wie lang muss der Hebelarm einer Räderwinde mit einem Vorgelege von 6 : 1 und 120 mm Trommeldurchmesser sein, wenn für eine Masse von 550 kg eine Kraft von 150 N erforderlich ist?

3. Kraft- und Lastarm einer Seilwinde verhalten sich wie 6 : 1. Welche Last kann mit 180 N Handkraft gehoben werden?

4. Welche Räderübersetzung müsste eine Aufzugswinde erhalten, wenn am 500 mm langen Hebelarm 120 N wirken? Das Ritzelrad d = 120 mm wird mit 6 kN Gewichtskraft belastet.

5. Der 350 mm lange Kurbelarm einer Aufzugswinde wird mit 150 N Handkraft bedient. Wie groß ist die wirkende Gewichtskraft auf das 70-mm-Ritzel, wenn eine Räderübersetzung von 5 : 1 vorhanden ist?

6. Mittels einer Bockwinde sollen mit 180 N Handkraft 680 kg Last gehoben werden. Vorhanden sind die Zahnräder 18/36 und 21/63 sowie eine Seiltrommel mit einem Durchmesser von 80 mm. Bestimmen Sie die Kurbellänge.

7. Welche Radübersetzung ist erforderlich, um mittels einer Trommel, Durchmesser 240 mm, mit 180 N Handkraft an einem 45 cm langen Hebelarm 540 kg zu heben?

8. Ein Junge tritt mit 250 N Tretkraft in die Pedale. Der Kraftfluss geht von dem 18 cm langen Tretarm über die Zahnräder 48/17 auf das Hinterrad D = 620 mm. Welche Kraft wirkt am Radumfang?

9. Am 300 mm langen Hebelarm einer Zahnstangenwinde greifen 100 N an. Der Kraftfluss erfolgt über die Zahnräder mit 18/76 Zähnen zum Zahnstangen-Ritzel von 22 Zähnen, welches nach Modul 5 hergestellt ist. Berechnen Sie die Hebekraft der Zahnstange.

▶ Wissen – Erkennen – Werten

a) Welches Wirkungsprinzip gilt für Zahnradgetriebe?
b) Kann mit einem Getriebe die Arbeit beeinflusst werden?
c) Nennen Sie den Zusammenhang zwischen Ein- und Ausgangsdrehmoment.
d) Nennen Sie Maschinenelemente, die zur Kraftübersetzung dienen.
e) Welche Möglichkeiten gibt es, die Kraftübersetzung zu vergrößern?
f) Nennen Sie die Vor- und Nachteile eines Zahnradgetriebes.
g) Welche Größen haben Einfluss auf die Zahnstangengeschwindigkeit (B 7)?
h) Nennen Sie Kriterien, die den Wirkungsgrad in B 8 beeinflussen.

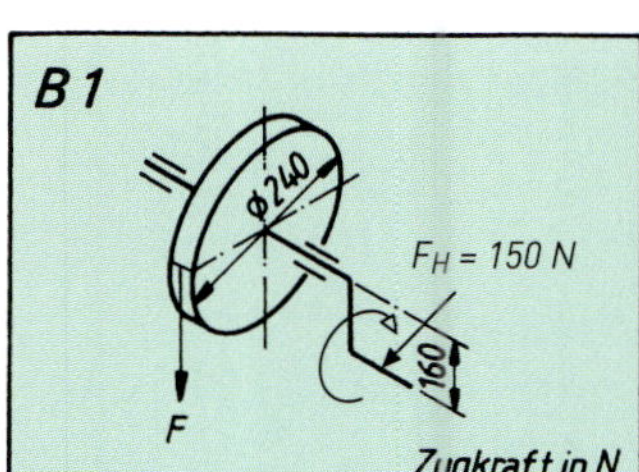

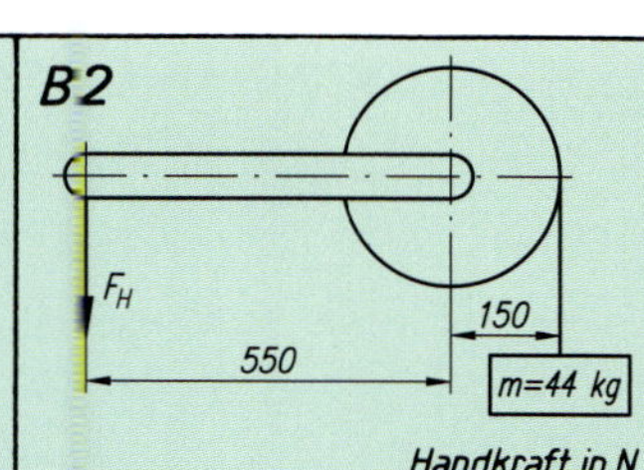

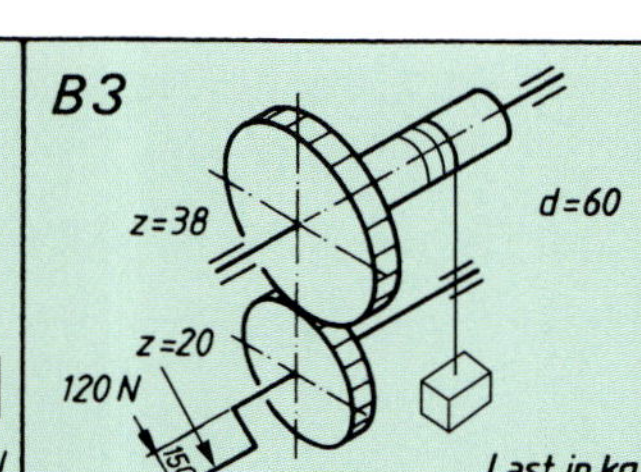

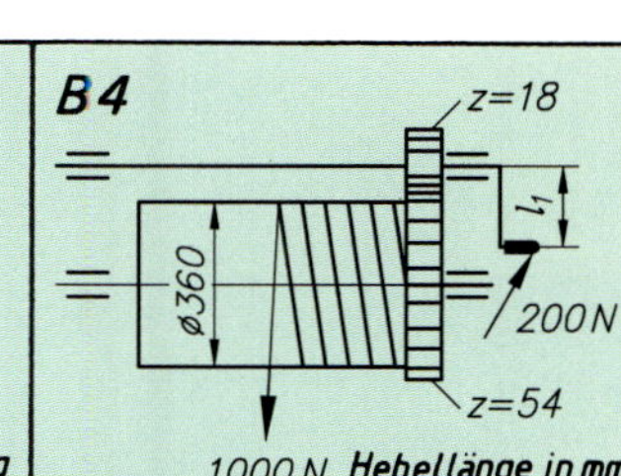

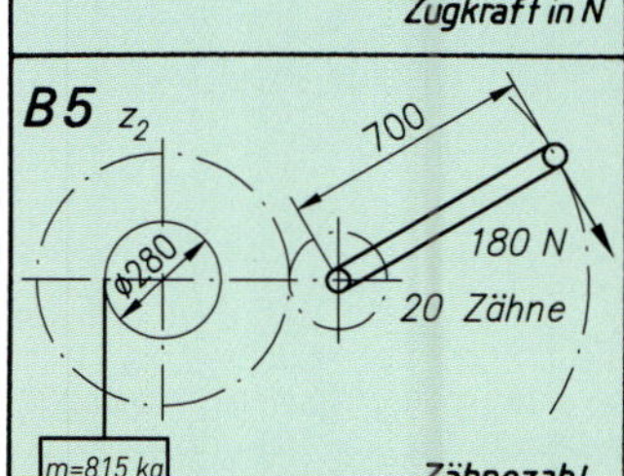

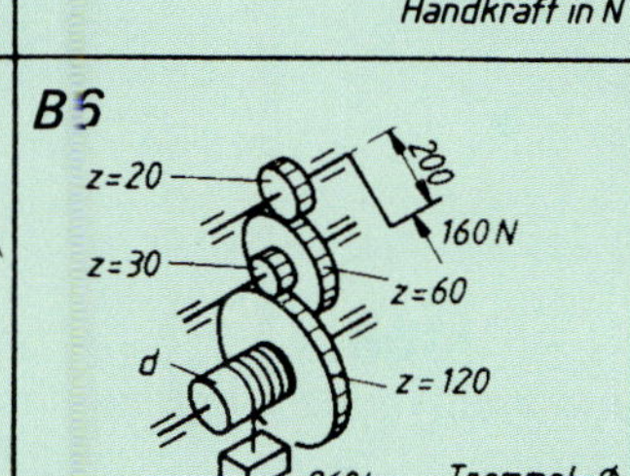

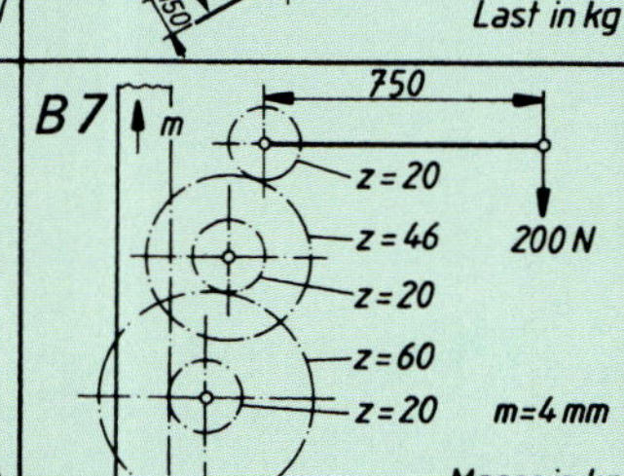

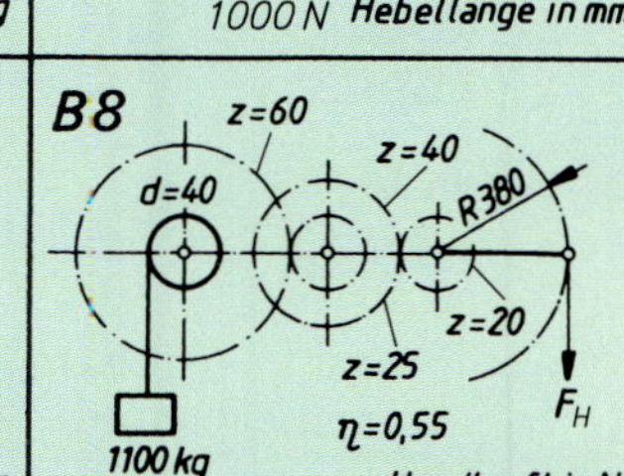

D Außendurchmesser in mm
d Innendurchmesser in mm
A Fläche einer Belagseite in mm²
z Anzahl der Reibflächen
p Flächenpressung in N/mm²
μ Haftreibungszahl
r_m mittlerer Reibradius in mm
F_N Anpresskraft in N
M_K Kupplungsdrehmoment in Nm

1. Anpresskraft

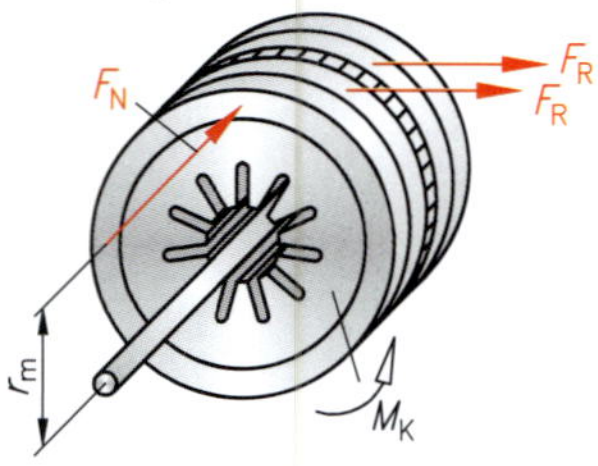

Die Anpresskraft wirkt als Normalkraft. Sie errechnet sich aus der Belagfläche und der zul. Flächenpressung.

$$F_N = A \cdot p \qquad A = (D^2 - d^2)\frac{\pi}{4}$$

Hinweis
Die Belagfläche ergibt sich aus der Differenz zweier Kreisflächen.

2. Reibungskraft

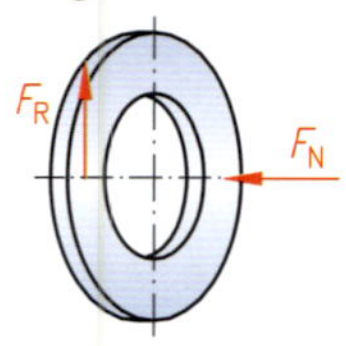

Die Reibungskraft ist die Kraft, die zur Überwindung des Reibungswiderstandes aufgewandt werden muss.

$$F_R = F_N \cdot \mu^{1)}$$

Hinweis
Für die Haftreibungszahl ist je nach der Belagpaarung ein Wert von 0,15 bis 0,35 anzusetzen.

3. Drehmoment

Das übertragbare Drehmoment ist das Produkt aus der Reibungskraft und dem Drehkrafthalbmesser:

$$M_K = F_R \cdot r_m$$

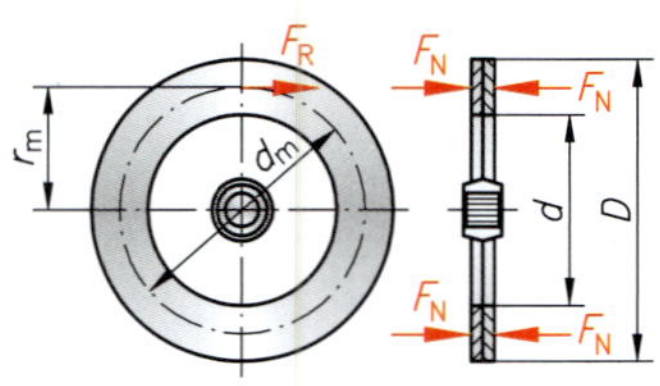

Für eine Anzahl von i Reibflächen ergibt sich

$$M_K = F_R \cdot r_m \cdot z \qquad M_K = F_N \cdot \mu \cdot z \cdot r_m$$

Hinweis
Der Wirkabstand für die angreifende Reibungskraft wird aus dem Mittelwert der beiden Radien des Belages ermittelt:

$$r_m = \frac{R + r}{2} = \frac{D + d}{4}$$

4. Zusammenfassung

Anpressfläche	A	=	$A_1 - A_2$
Anpresskraft	F_N	=	$A \cdot p$
Reibungskraft	F_R	=	$F_N \cdot \mu$
Kupplungsdrehmoment	M_K	=	$F_R \cdot r_m \cdot z$

5. Beispiel

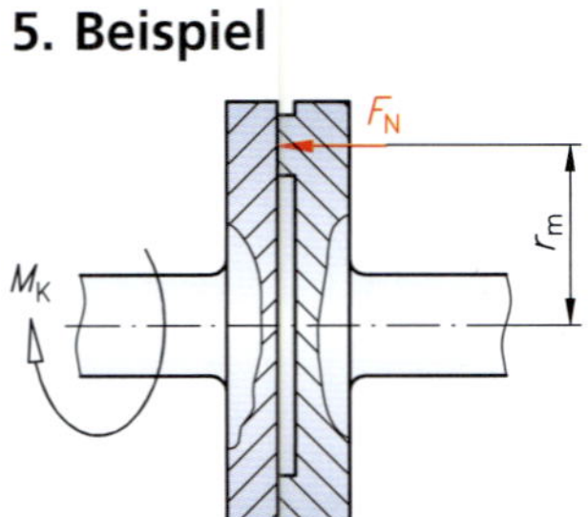

Von einer einfachen stirnseitigen Reibungskupplung sind folgende Werte bekannt: Haftreibungszahl 0,2, Anpresskraft 240 N, mittlerer Radius des Belages 82,5 mm. Wie groß ist das übertragbare Drehmoment in Nm?

Gesucht M_K in Nm

Gegeben $\mu = 0{,}2$; $F_N = 240\ \text{N}$; $r_m = 82{,}5\ \text{mm}$

Vorüberlegung
Drehmoment = Kraft × Hebelarm

Lösung

$$M_K = F_R \cdot r_m \cdot z = 48\ \text{N} \cdot 0{,}0825\ \text{m} \cdot 1$$
$$M_K = \underline{3{,}96\ \text{Nm}}$$

$$F_R = F_N \cdot \mu$$
$$F_R = 240\ \text{N} \cdot 0{,}2$$
$$F_R = \underline{48\ \text{N}}$$

Anmerkung
Übertragbares Drehmoment = Reibungsmoment = Kupplungsdrehmoment

[1] Die Ableitung der Gleichung erfolgt in der Unterrichtseinheit Reibungskraft.

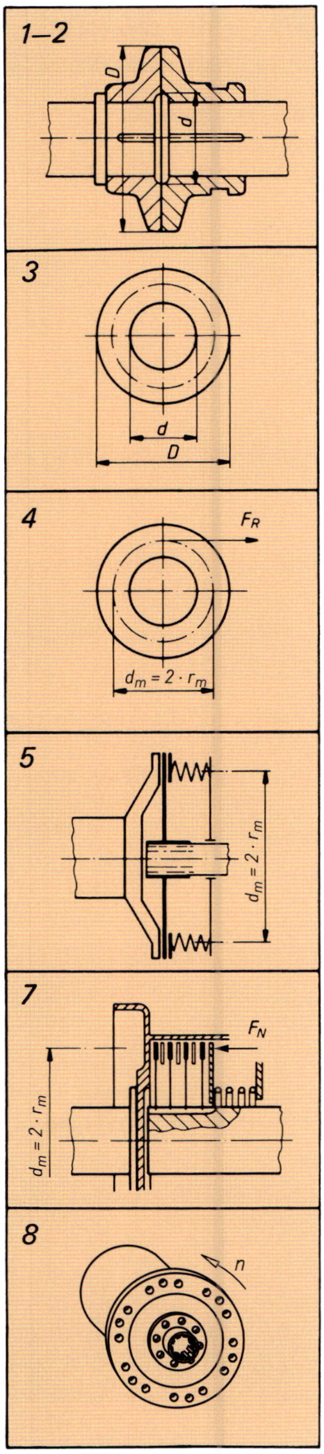

1. Die Beläge einer Kupplungsscheibe haben einen Außendurchmesser von 225 mm und einen Innendurchmesser von 150 mm. Ermitteln Sie die Reibfläche einer Belagseite in cm^2.

2. Der äußere und innere Durchmesser eines Kupplungsbelags betragen 160 mm und 110 mm. Berechnen Sie für eine Flächenpressung von 5 N/cm^2 die erforderliche Anpresskraft in N.

3. Wie groß ist der mittlere Reibradius in cm einer Kupplungsscheibe, wenn die Durchmesser der Beläge 350 mm und 195 mm betragen?

4. Das Drehmoment einer Motorkupplung beträgt 75 Nm. Wie groß ist für die Belagdurchmesser 250 mm und 155 mm die übertragbare Reibungskraft in N?

5. Für eine Einscheibenkupplung betragen die Belagdurchmesser 120 mm und 350 mm, die Haftreibungszahl 0,32 und die Anpresskraft 4,1 kN. Berechnen Sie: a) die Reibungskraft in N, b) das Reibungsmoment in Nm.

6. Von einer Zweischeiben-Kupplung sind folgende Werte bekannt: Belagdurchmesser 200 mm und 130 mm, Flächenpressung 15 N/cm^2, Haftreibungszahl 0,2. Ermitteln Sie das Kupplungsdrehmoment in Nm.

7. Das übertragbare Drehmoment einer Lamellenkupplung mit 8 Reibflächen beträgt 6552 Ncm. Die wirksamen Lamellen haben die Durchmesser 340 mm und 180 mm. Wie groß ist bei einer Anpresskraft von 2100 N die Größe der Haftreibungszahl?

8. Der Belag einer einfachen stirnseitigen Reibungskupplung hat einen äußeren Durchmesser von 180 mm und einen inneren Durchmesser von 125 mm. Die Flächenpressung wird mit 12 N/cm^2 und die Haftreibungszahl mit 0,25 angegeben. Berechnen Sie bei einer Drehfrequenz von 3600 1/min die übertragbare Leistung in kW.

► Wissen – Erkennen – Werten

a) Zeigen Sie die Aufgaben auf, die Kupplungen erfüllen müssen.
b) Erläutern Sie den Zusammenhang von Drehmoment und Kupplungsdurchmesser.
c) Unterscheiden Sie form- und kraftschlüssige Kupplungen.
d) Nennen Sie die Vor- und Nachteile einer starren Kupplung.
e) Nennen Sie die Vorteile von beweglichen Kupplungen.
f) Geben Sie Beispiele für den Einsatz von beweglichen Kupplungen.
g) Erläutern Sie die Vorteile einer elastischen Kupplung.
h) Erklären Sie das Wirkprinzip einer Kegelkupplung.
i) Beschreiben Sie die Funktion einer mech. Lamellenkupplung.

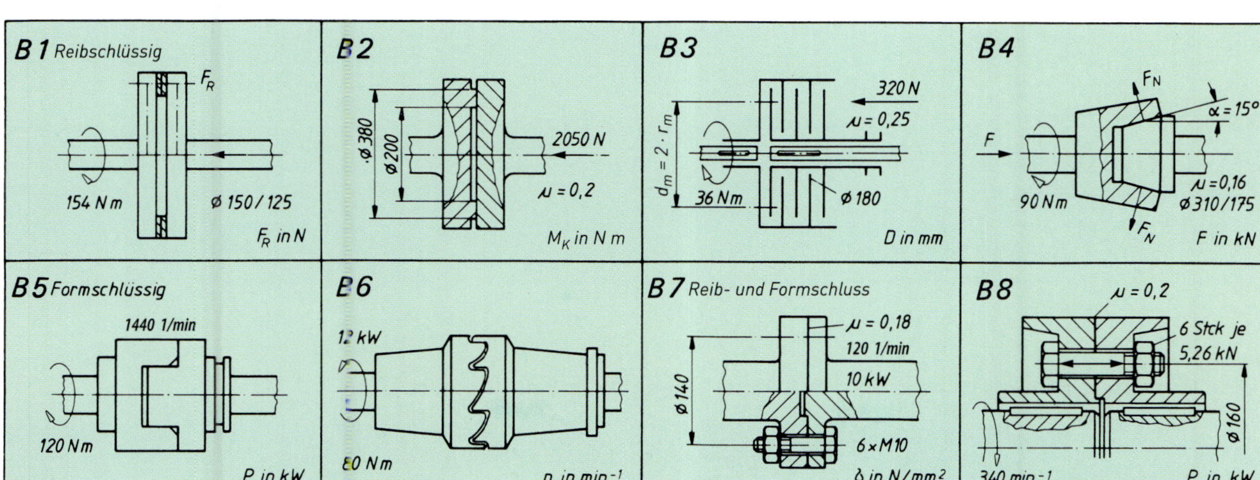

F	Kraft in N	p	Fächenpressung in N/mm²	P	Gewindesteigung in mm
S	Spannungsquerschnitt in mm²	σ_z	Zugspannung in N/mm²	H_1	Gewindetiefe in mm
i	Anzahl der Gänge	τ_a	Scherspannung in N/mm²	m	Mutterhöhe in mm ($m \approx 0{,}8 \cdot d$)

1. Befestigungsschraube

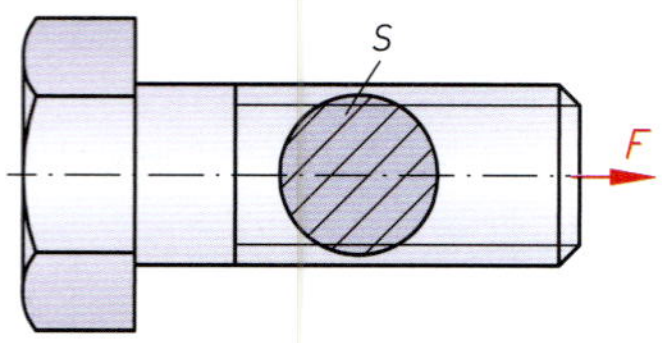

Beanspruchung auf Zug:
Kraft = Spannungsquerschnitt × zul. Zugspannung

$$F = S \cdot \sigma_{z\,zul}$$

Hinweis
Bei Bewegungsgewinden (z. B. Trapezgewinde) wirkt die Zugspannung im Kernquerschnitt.

2. Bewegungsschraube

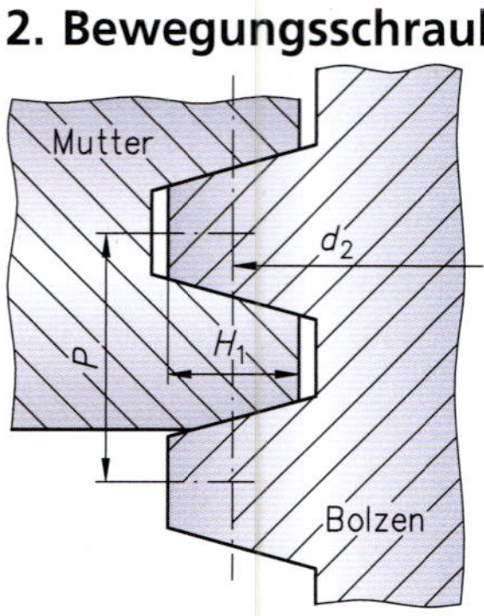

Beanspruchung auf Flächenpressung:
Kraft = projiz. Berührungsfläche × Anzahl der Gänge × Flächenpressung

$$F = d_2 \cdot \pi \cdot H_1 \cdot i \cdot p_{zul}$$

Hinweis
Die projizierte Berührungsfläche ist eine Kreisringfläche, die mithilfe der Guldin'schen Regel ermittelt werden kann.
Die Anzahl der tragenden Gewindegänge i ergibt sich aus dem Quotienten Mutterhöhe durch Gewindesteigung ($i = m/P$).

3. Abscherschraube

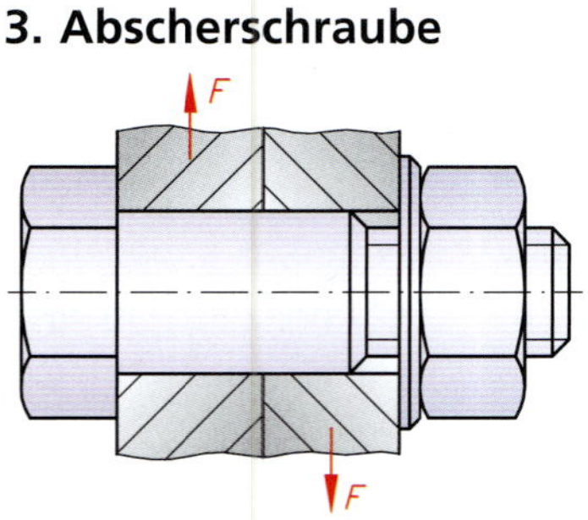

Beanspruchung auf Abscherung:
Kraft = Schaftquerschnitt × zul. Scherspannung

$$F = S \cdot \tau_{a\,zul}$$

Hinweis
Eine Schraube soll in den Gewindegängen nicht auf Abscherung beansprucht werden. Für große Scherkräfte finden Passschrauben Verwendung.

4. Zusammenfassung

Kraft = Querschnitt × Spannungsart

Folgerung

Zugkraft	= Spannungsquerschnitt	× Zugspannung	$F = S \cdot \sigma_z$
Druckkraft	= proj. Berührungsfl. · i	× Flächenpressung	$F = d_2 \cdot \pi \cdot H_1 \cdot i \cdot p$
Scherkraft	= Schaftquerschnitt	× Scherspannung	$F = S \cdot \tau_a$

5. Beispiel

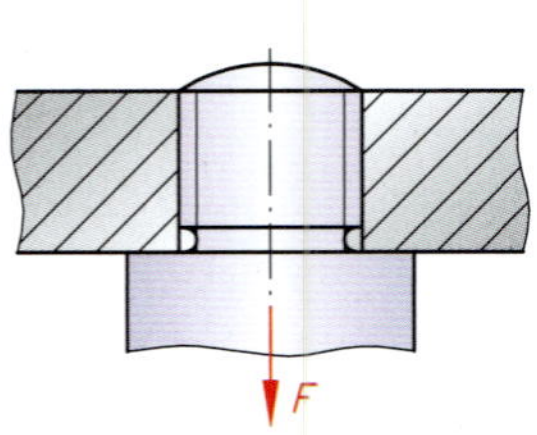

Berechnen Sie für eine Schraube M20 die zulässige Zugkraft F in kN, wenn die Streckgrenze R_e mit 480 N/mm² angegeben wird und die zulässige Spannung 260 N/mm² beträgt.

Gesucht F in kN

Gegeben $\sigma_{z\,zul} = 260\,\frac{N}{mm^2}$; $S = 245\,mm^2$

Vorüberlegung
Kraft = Querschnitt × Spannung

Lösung
$F = S \cdot \sigma_{z\,zul}$
$F = 245\,mm^2 \cdot 260\,\frac{N}{mm^2}$
$F = 63\,700\,N = \underline{63{,}7\,kN}$

Beachte
Die zul. Spannung richtet sich nach der Festigkeitsklasse und der Belastungsart.

[1] Spannungsquerschnitt wird mit der Gleichung $S = \frac{\pi}{4}\left(\frac{d_2 + d_3}{2}\right)^2$ berechnet (Berechnung des Durchmessers siehe Unterrichtseinheit Gewindeabmessungen).

Aufgaben

Schraubverbindungen

1
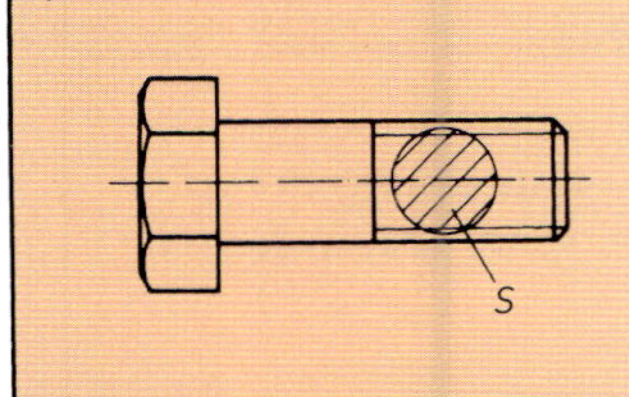

2–4
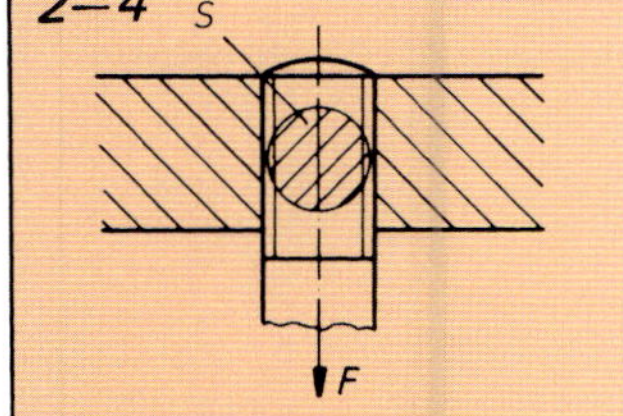

6
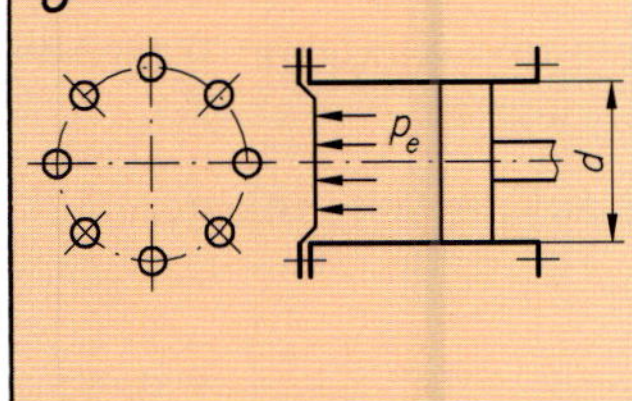

7,8
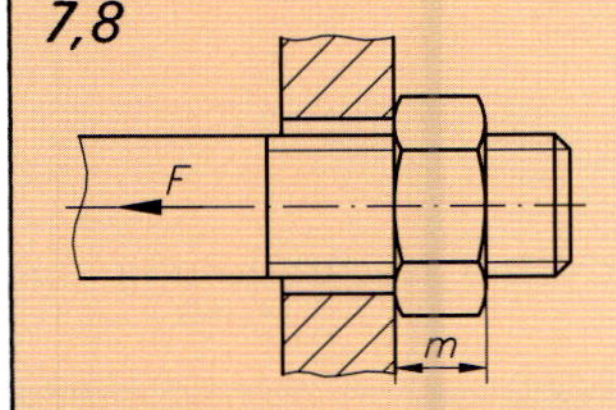

9
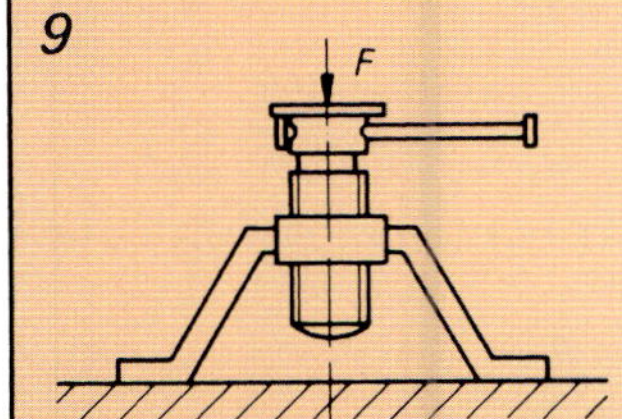

10,11
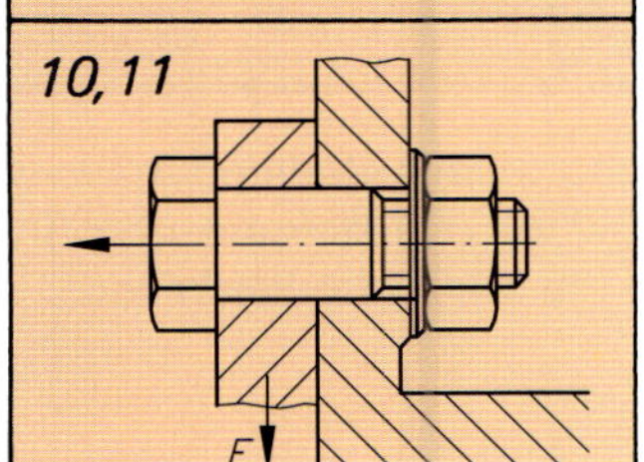

1. Ermitteln Sie mithilfe der Gewindetabelle den Spannungsquerschnitt in mm² für: a) M 8, b) M 10, c) M 12, d) M 16, e) M 20

2. Welche Zugkraft kann eine Schraube M 12 mit der Festigkeitsklasse 6.8 aufnehmen?

3. Wie hoch darf eine Schraube M 12 mit der Festigkeitsklasse 8.8 bei 2,5-facher Sicherheit belastet werden?

4. Berechnen Sie für eine Schraube M 20, Festigkeitsklasse 5.8, bei 40 kN Zugkraft die vorhandene Sicherheit.

5. Bei einem Lasthaken für 10 t ist die zul. Spannung mit 51 N/mm² angegeben. Welches metrische Gewinde ist erforderlich?

6. In einem Druckbehälter von 380 mm Durchmesser herrscht ein Überdruck von 8 bar. Wie viele Schrauben der Größe M 16 sind notwendig, wenn die Zugspannung nicht größer als 81 N/mm² sein darf?

7. Welche Gewichtskraft wirkt auf eine Spindel M 30 mit Mutter ($m = 0{,}8 \cdot d$), wenn die zul. Flächenpressung im Gewindegang 18 N/mm² betragen darf?

8. Eine Spindel M 42 mit Mutter ($m = 0{,}8 \cdot d$) nimmt 4 000 kg Last auf. Welche Flächenpressung tritt in den Gewindegängen auf?

9. Ermitteln Sie für eine Hebevorrichtung Tr 60 × 9 die Mutterhöhe. Die Tragkraft beträgt 100 kN, die zul. Flächenpressung 20 N/mm².

10. Zwei Schrauben M 12 einer Laschenverbindung sollen 11 kN Scherkraft aufnehmen. Überprüfen Sie, ob die zul. Scherspannung von 50 N/mm² überschritten wird.

11. Ermitteln Sie für eine Sechskantschraube ISO 4014-M 20 × 80 die Zugspannung, für eine Passschraube DIN 609-M 20 × 80 die Abscherspannung und für eine Mutter ISO 4032-M 20 die Flächenpressung, wenn alle drei mit der gleichen Kraft von 13 200 N belastet werden.

▶ Wissen – Erkennen – Werten

a) Wie unterscheiden sich Befestigungs- und Bewegungsgewinde?
b) Erläutern Sie den Begriff Spannungsquerschnitt.
c) Wann wirkt eine Schraubenverbindung form-, wann kraftschlüssig?
d) In welcher Beziehung stehen Anziehdrehmoment und Vorspannkraft?
e) Erläutern Sie: Sechskantschraube DIN EN ISO 4014 – M 12 × 80 – 8.8
f) Welchen Vorteil haben Schrauben mit höherer Festigkeitsklasse?
g) Wie können bei Schraubenverbindungen Scherkräfte vermieden werden?
h) Welche Schraubensicherungen wirken form-, welche kraftschlüssig?

B 1
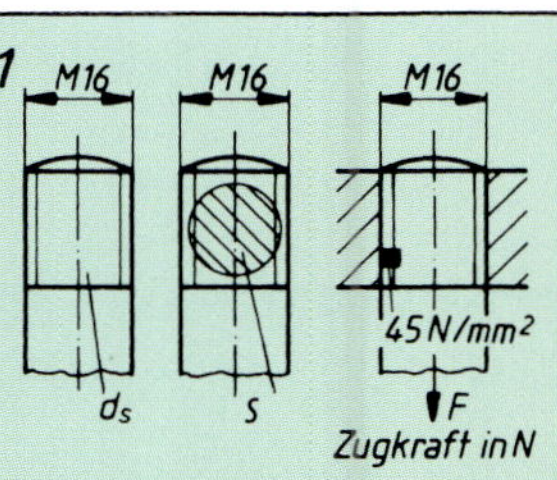

B 2
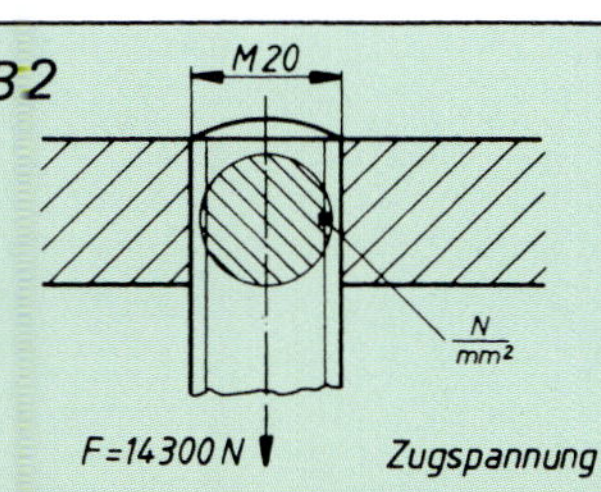

B 3
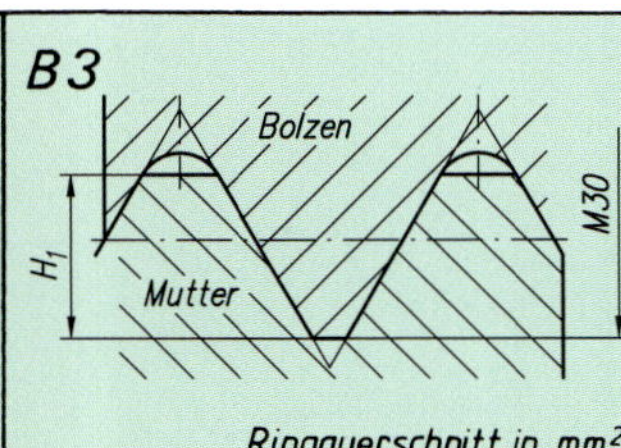

B 4
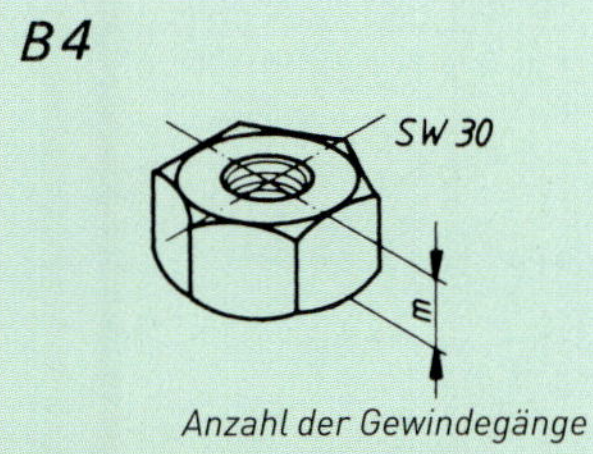

B 5
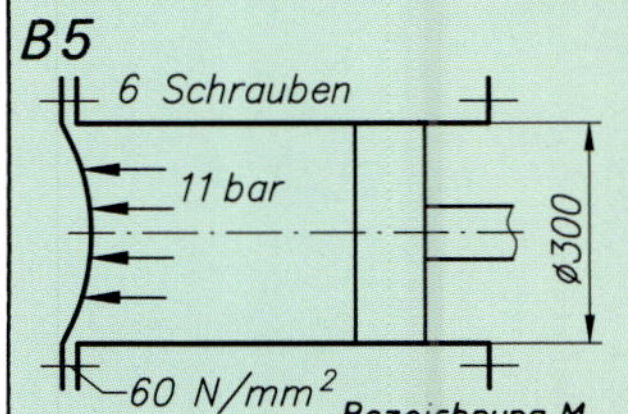

B 6
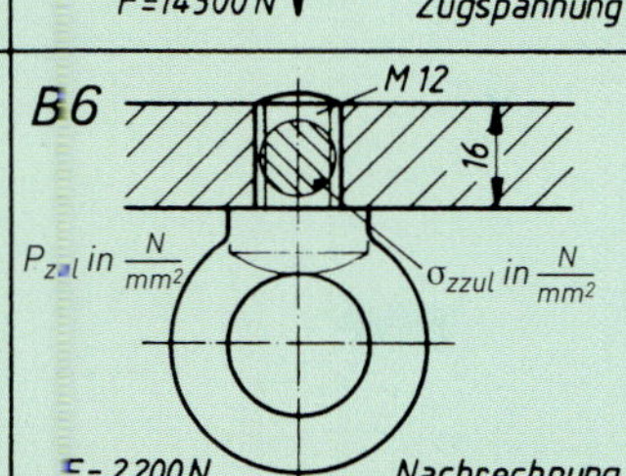

B 7
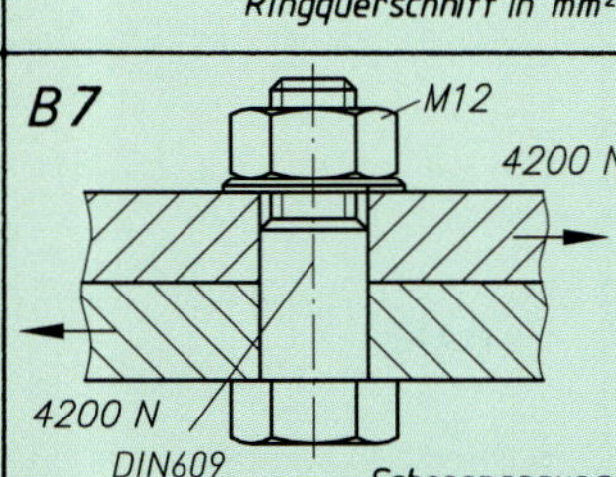

B 8
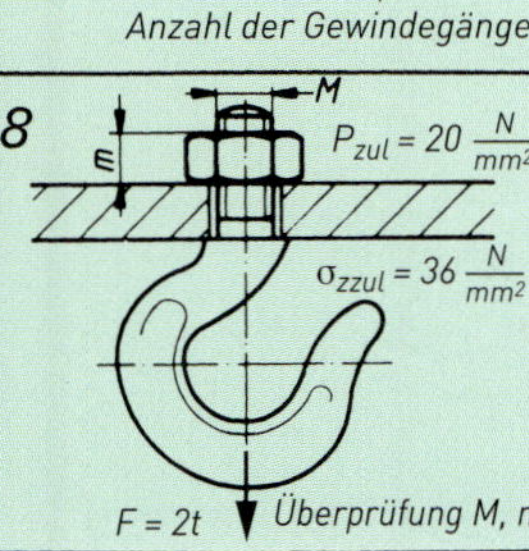

Keil- und Passfederverbindungen

F_1	Umfangskraft in N	F	Presskraft bzw. Scherkraft in N	l	Länge in mm
R	Hebellänge in mm, m	r	Radius der Welle in mm	p	Flächenpressung in N/mm²
M	Kraftmoment in Nm	t	Höhe des Mitnehmers in mm	τ_a	Scherspannung in N/mm²

Hinweis
Kraftmoment = Kraft × wirksame Hebellänge

1. Flächenpressung

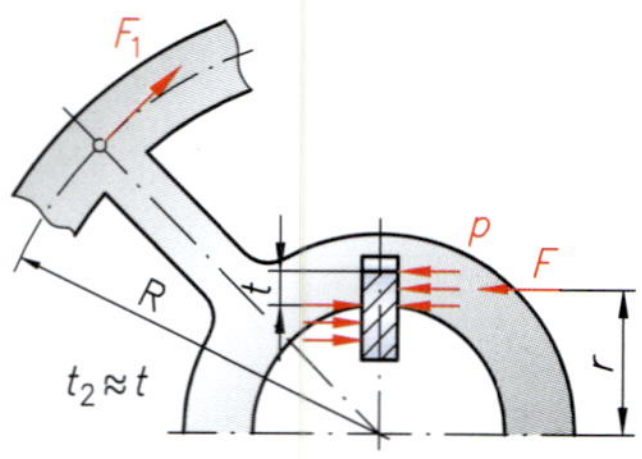

Die Berechnung einer Passfederverbindung erfolgt auf Flächenpressung.

$$F_1 \cdot R = F \cdot r$$
$$F = A \cdot p_{zul}$$
$$A = t \cdot l$$

Folgerung

$$F_1 \cdot R = A \cdot p_{zul} \cdot r$$

Hinweis
Unter Vernachlässigung von Δh zwischen Nuttiefe und wirklicher Traghöhe wird für den schwächeren Teil (Nabennut) $t_2 = t$ gesetzt.

2. Abscherung

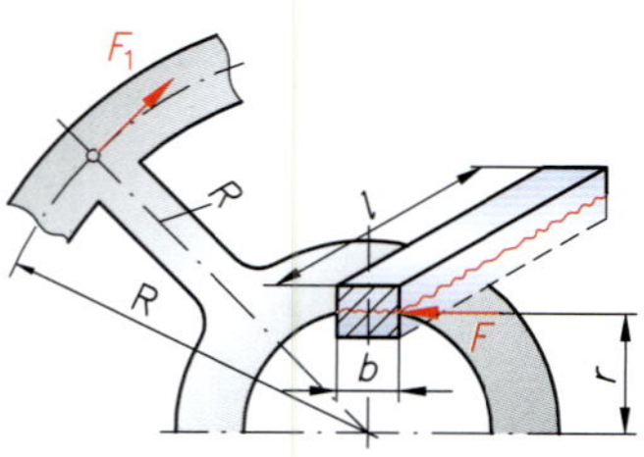

Die Kraftübertragung erfolgt durch Formschluss auf die Seitenflächen.

$$F_1 \cdot R = F \cdot r$$
$$F = S \cdot \tau_a$$
$$S = b \cdot l$$

Folgerung

$$F_1 \cdot R = S \cdot \tau_a \cdot r$$

Hinweis
Bei Passfedern und Keilen ist im Allgemeinen eine Nachrechnung auf Abscherung nicht erforderlich.

3. Zusammenfassung

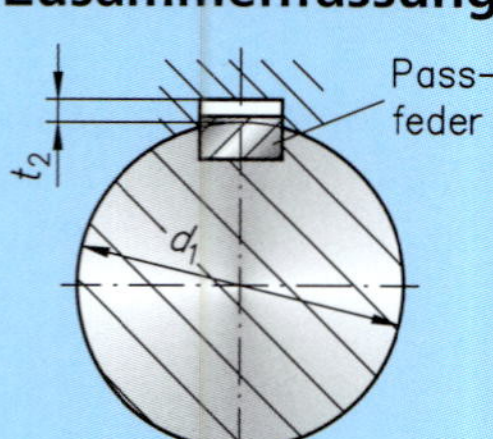

rechtsdrehendes Moment = linksdrehendes Moment

Kraft = Querschnitt (Fläche) × Spannungsart

Beachte
Jedem Wellendurchmesser ist nach Tabelle ein bestimmter Keil- bzw. Federquerschnitt zugeordnet.

Bezeichnung: Passfeder DIN 6885-A-12 × 8 × 50
Es gibt Passfedern der Formen A–J.

4. Beispiel

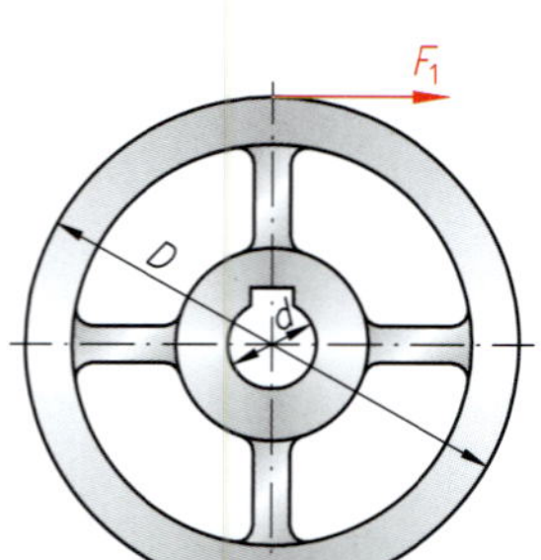

Ein Handrad mit 400 mm Außendurchmesser und 25 mm Wellendurchmesser wird mit 400 N Umfangskraft angezogen. Die zul. Flächenpressung für die Passfeder beträgt 40 N/mm². Bestimmen Sie die Maße der Passfeder.

Gesucht Normmaße

Gegeben

$F_1 = 400$ N
$R = 200$ mm
$r = 12{,}5$ mm
$p_{zul} = 40 \frac{N}{mm^2}$

Vorüberlegung
Drehmoment von $F_1 \cdot R$ =
Drehmoment von $F \cdot r$
$t = t_2$ aus Tabelle

Lösung

Nach der Tabelle wird mit $d = 25$ mm
$b \cdot h \cdot l = 8 \cdot 7 \cdot l$ (l muss errechnet werden)

$$F_1 \cdot R = F \cdot r$$
$$F = \frac{F_1 \cdot R}{r} = \frac{400\ \text{N} \cdot 200\ \text{mm}}{12{,}5\ \text{mm}} = 6400\ \text{N}$$
$$F = A \cdot p_{zul} \Rightarrow A = \frac{F}{p_{zul}} = \frac{6400\ \text{N}}{40\ \frac{\text{N}}{\text{mm}^2}} = 160\ \text{mm}^2$$
$$A = t_2 \cdot l \Rightarrow l = \frac{A}{t_2} = \frac{160\ \text{mm}^2}{3{,}3\ \text{mm}} \approx \underline{50\ \text{mm}}$$

Beachte
Das Erfassen der Aufgabe wird durch Teilschritte erleichtert.

2
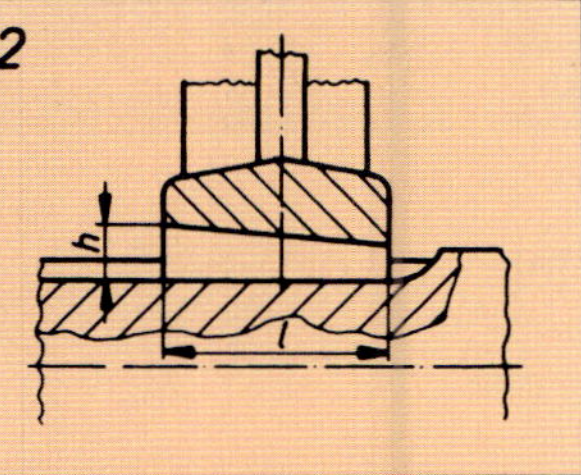

3
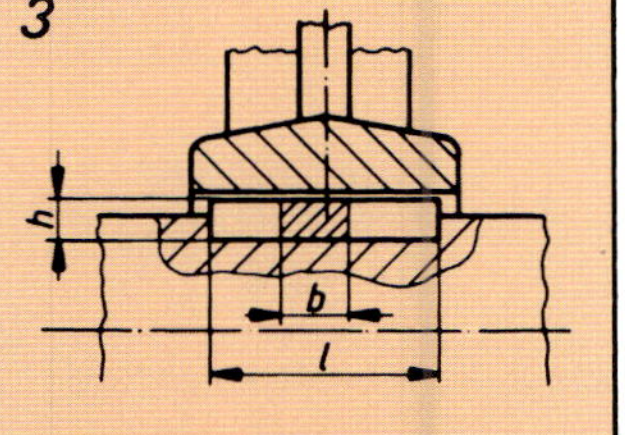

4
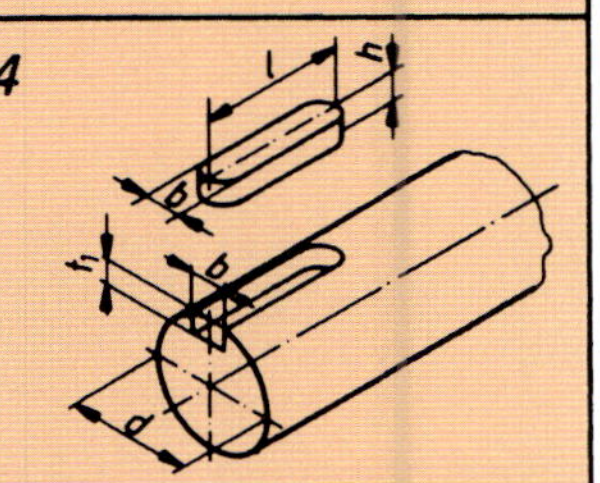

6
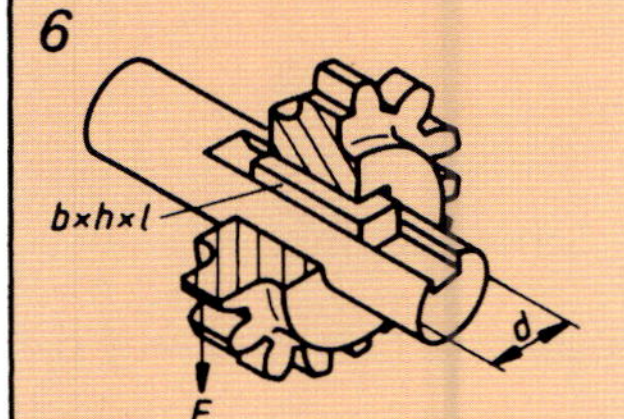

7
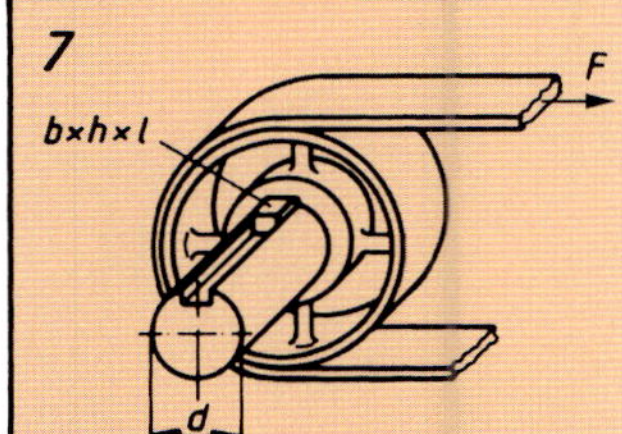

8
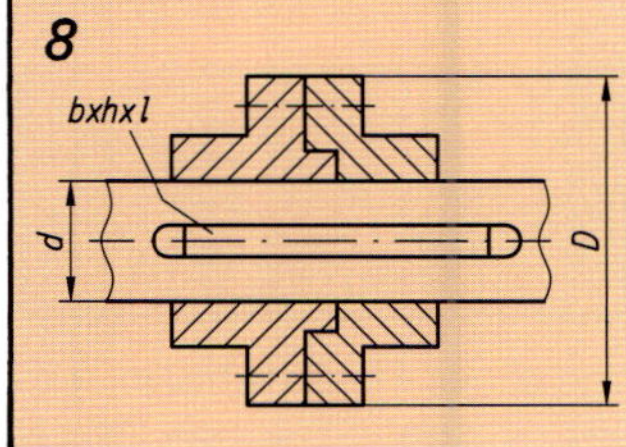

1. Berechnen Sie die Keillänge für einen Treibkeil mit der Neigung 1 : 100 und 1,2 mm Anzugshöhe.

2. Zur Kraftübertragung zwischen Welle und Riemenscheibe ist ein Treibkeil von 10 × 8 × 80 mm Querschnitt vorgesehen. Wie groß ist die Pressungsfläche?

3. Eine Passfeder mit den Maßen 10 × 8 × 80 überträgt mit einer Welle ∅ 35 ein Kraftmoment. Berechnen Sie die Pressungsfläche in der Nabennut.

4. Ermitteln Sie nach Tabelle für eine Passfeder von 18 × 11 × 80 mm den dazu gehörigen Wellendurchmesser und die Wellennuttiefe.

5. Eine Passfeder von 4 × 4 × 10 mm wurde bei 19 kN abgeschert. Berechnen Sie die Abscherspannung und bestimmen Sie den Werkstoff.

6. An einem Zahnrad mit einem Teilkreisdurchmesser von 360 mm wirkt eine Umfangskraft von 5 kN. Die Befestigung auf einer 50 mm Welle erfolgt durch eine Passfeder von 14 × 9 × 100 mm. Welche Größe hat die Flächenpressung?

7. An einem Raddurchmesser von 200 mm wirkt eine Zugkraft von 1,2 kN. Dafür wurde eine 35-mm-Welle mit einer Passfeder von 10 × 8 mm vorgesehen. Die zul. Flächenpressung beträgt 32 N/mm². Berechnen Sie die Federlänge.

8. Eine Scheibenkupplung mit 360 mm Außendurchmesser sitzt auf einer Welle ∅ 35. Für die Drehmomentübertragung ist eine Passfeder mit den Maßen 10 × 8 × 70 vorgesehen. Die Umfangskraft beträgt 1,6 kN. Ermitteln Sie die Flächenpressung und Scherspannung in N/mm².

▶ Wissen – Erkennen – Werten

a) Nennen Sie Unterscheidungsmerkmale zwischen Keil und Feder.
b) Erklären Sie, weshalb Keilverbindungen kraftschlüssig sind.
c) Beschreiben Sie die Keilarten nach ihrer Beanspruchung.
d) Erklären Sie, weshalb Federverbindungen formschlüssig sind.
e) Nennen Sie den Unterschied zwischen Pass- und Gleitfeder.
f) Erläutern Sie die Eintragung: Passfeder DIN 6885-A-10 × 8 × 60.
g) Wonach richtet sich die Wahl der Passung für Nut und Feder?
h) Worauf ist beim Einbau von Keil oder Feder zu achten?
i) Warum werden Zahnräder nicht mit Keilen auf Wellen befestigt?
j) Begründen Sie die Vor- und Nachteile einer Scheibenfeder.
k) Nennen Sie Unfallverhütungsvorschriften für Welle-Nabe-Verbindungen.
l) Begründen Sie den Einsatz von drallgenuteten Reibahlen.

B 1 Nasenkeil
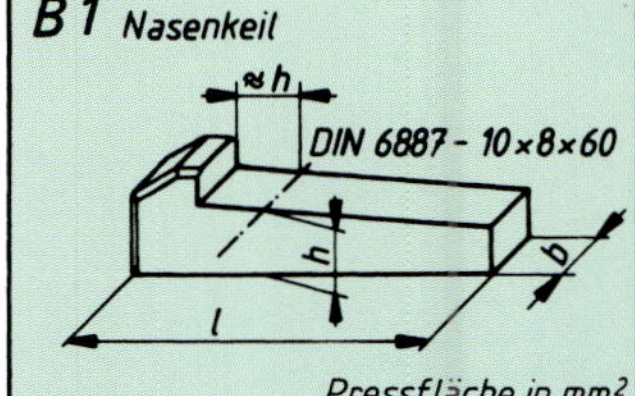

B 2 Wellennut - DIN 6885
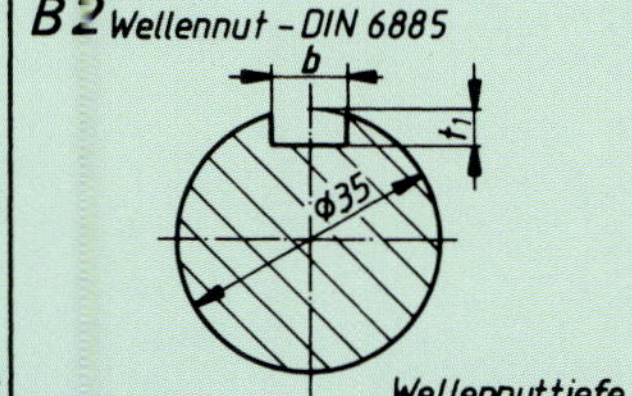

B 3 Passfeder
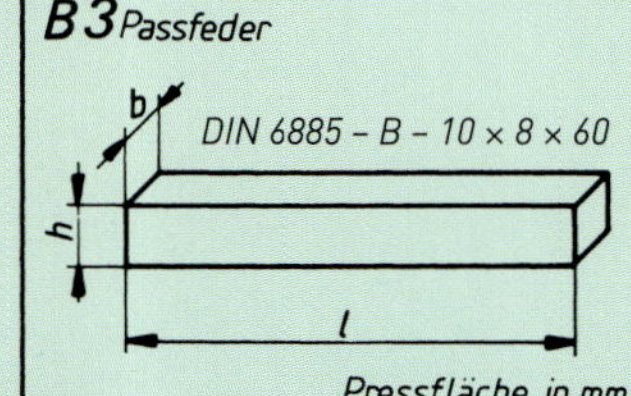

B 4 Nabennut DIN 6885 - 1
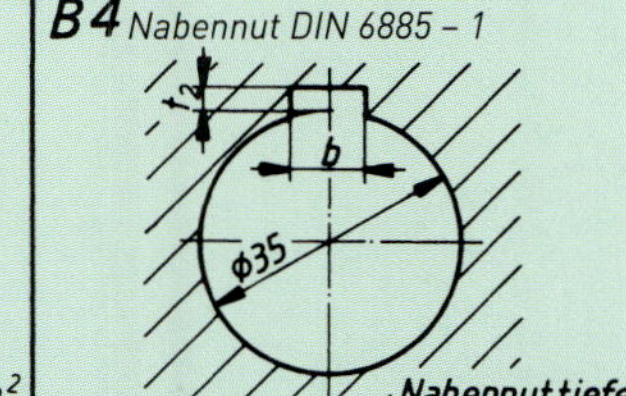

B 5
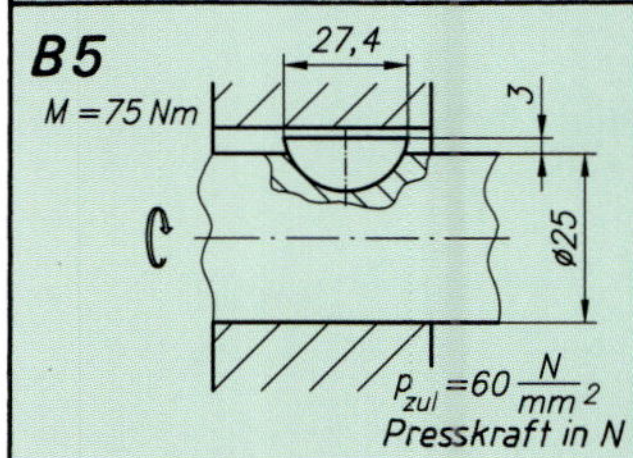

B 6 Nabennut - DIN 6887
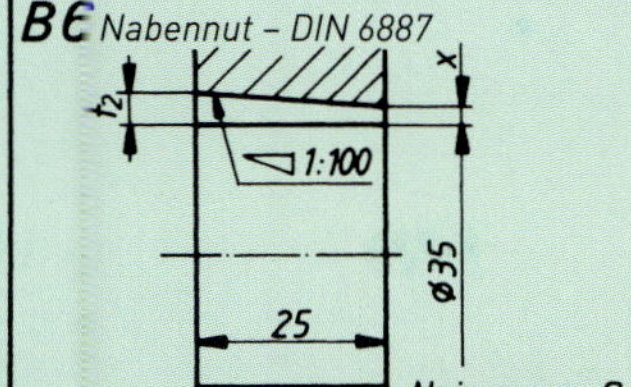

B 7
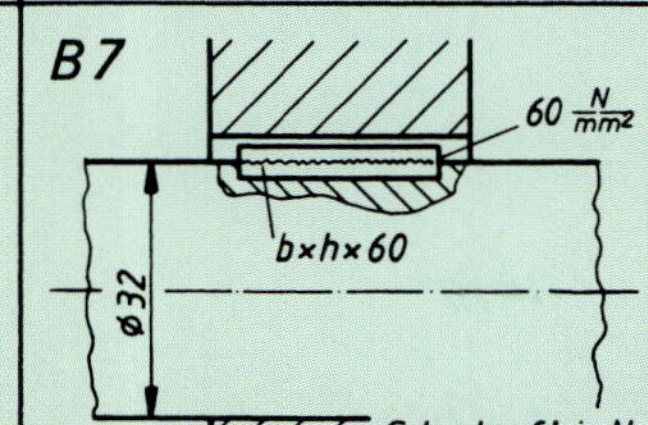

B 8
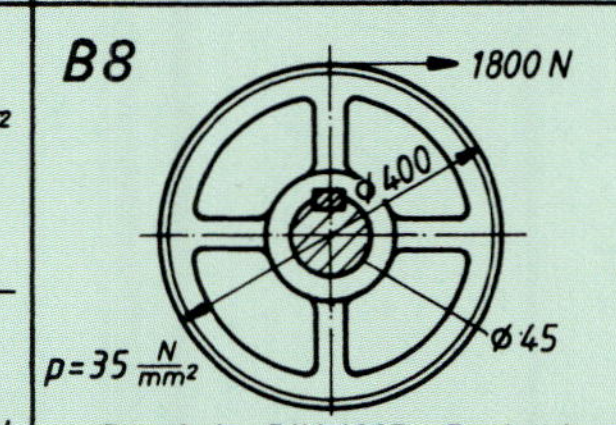

Schweißverbindungen

a	Schweißnahtdicke in mm	F	Kraft in N
l	rechnerische Schweißnahtlänge in mm	σ_{schw}	Schweißspannung in N/mm²
L	gesamte Schweißnahtlänge in mm	b	Schenkelbreite in mm
A_W	rechnerische Schweißnahtfläche in mm²	e	Schwerpunktabstand in mm

1. Schweißspannungen

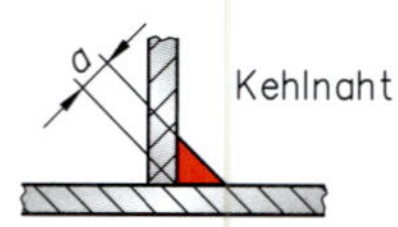

In einer Schweißnahtfläche wird die zulässige Spannung um einen Erfahrungswert, z. B. bei der Beanspruchung in Kehlnähten, um den Faktor 0,65 verringert.

Kehlnaht $\sigma_{schw} = 0{,}65 \cdot \sigma_{z\,zul}$

2. Schweißlänge

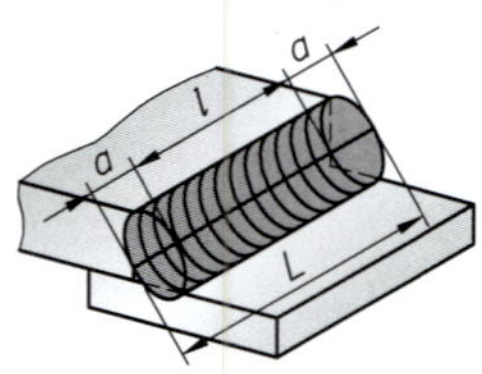

Anfangskrater ≙ Endkrater ≙ a
Für die tragende Schweißlänge sind die Kraterabzüge zu berücksichtigen.

$l = L - 2 \cdot a$

3. Symmetrisches Anschlussteil

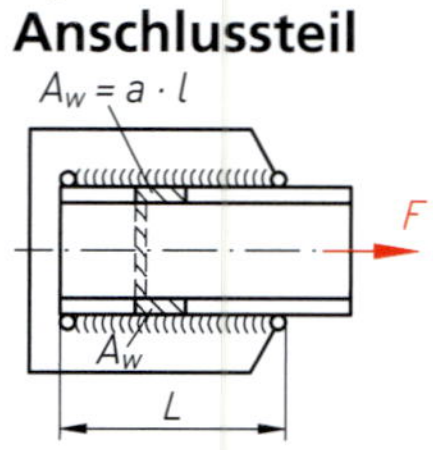

Kraft = Schweißnahtfläche × Schweißspannung

$$F = A_W \cdot \sigma_{schw}$$
$$A_W = \Sigma(a \cdot l)$$

Hinweis
Das Summenzeichen Σ entspricht der Anzahl der Schweißnähte.

4. Unsymmetrisches Anschlussteil

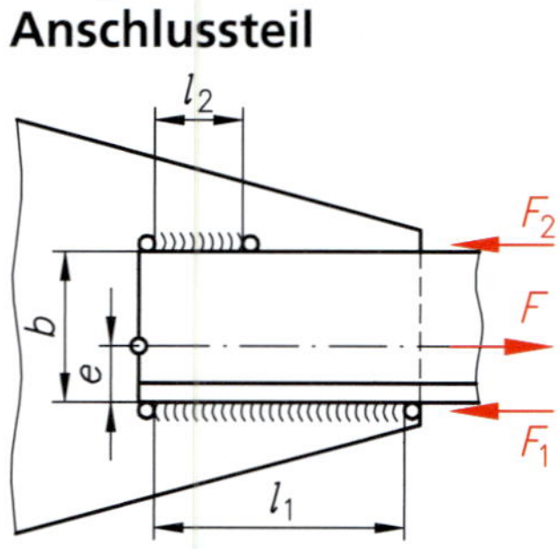

Die im Schwerpunkt angreifende Kraft ist nach dem Hebelgesetz auf die Schweißnähte umzurechnen.

Kraftaufteilung $\overset{\curvearrowright}{M} = \overset{\curvearrowleft}{M}$

$F_1 \cdot b = F \cdot (b - e)$ $\qquad F_2 \cdot b = F \cdot e$

$F_1 = \dfrac{F \cdot (b - e)}{b}$ $\qquad F_2 = \dfrac{F \cdot e}{b}$

5. Zusammenfassung

Kraft = Schweißnahtfläche × Schweißspannung

$$F = A_W \cdot \sigma_{schw}$$
$$A_W = \Sigma(a \cdot l)$$

6. Beispiel

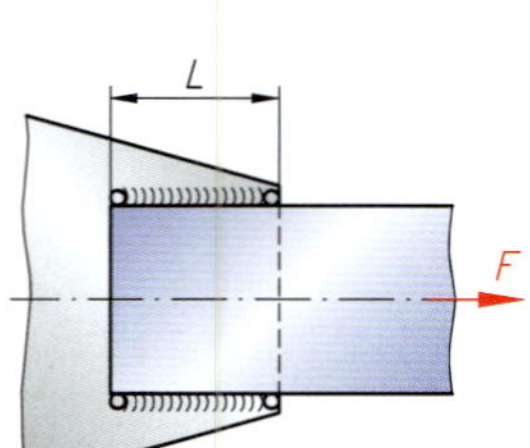

Berechnen Sie die erforderliche Schweißnahtlänge eines Flachstahls in mm, der mit einer Kehlnaht $a = 5$ mm aufgeschweißt wurde. Es sollen 50 kN übertragen werden bei einer zulässigen Schweißspannung von 91 N/mm².

Gesucht L in mm

Gegeben
$a = 5$ mm
$F = 50\,000$ N
$\sigma_{schw} = 91\,\dfrac{N}{mm^2}$

Vorüberlegung
Kraft = Schweißnahtfläche × Schweißspannung

Lösung
$F = A_W \cdot \sigma_{schw}$
$A_W = \dfrac{F}{\sigma_{schw}} = \dfrac{50\,000\ Nmm^2}{91\ N} = 550\ mm^2$
$A_W = \Sigma \cdot (a \cdot l)$
$l = \dfrac{A_W}{\Sigma \cdot a} = \dfrac{550\ mm^2}{2 \cdot 5\ mm} = 55\ mm$
$l = 55$ mm (rechnerische Schweißnahtlänge)
$L = l + 2 \cdot a = 55\ mm + 2 \cdot 5\ mm = \underline{65\ mm}$

Beachte
Setzt man die Schweißnahtfläche gleich der Kraft/Schweißspannung, so ist dies die Summe aller Schweißnahtlängen.

Aufgaben

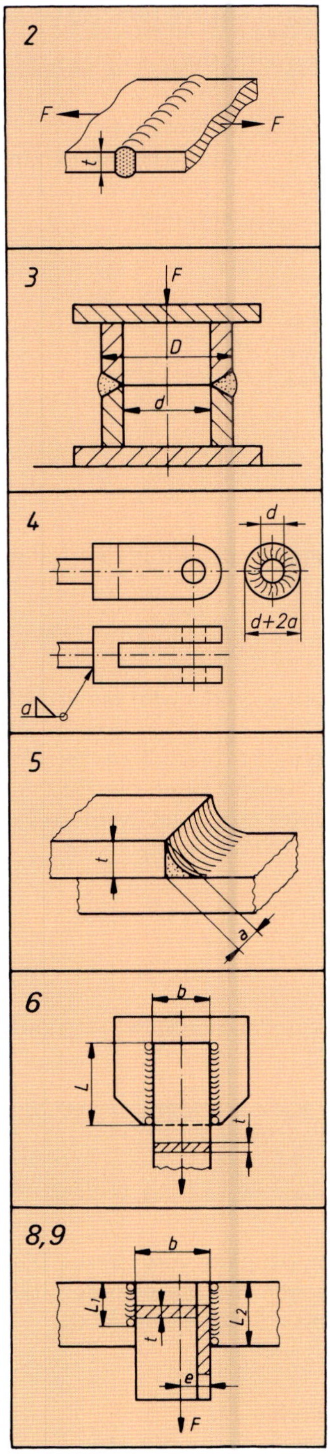

1. Wie groß ist die zul. Schweißspannung, wenn für a) Zug 75 %, b) Druck 85 %, c) Abscherung 80 % von der zul. Spannung von 140 N/mm² in Rechnung gesetzt werden?

2. Mit welcher Zugkraft können zwei stumpfverschweißte Flachstähle von 60 × 10 mm belastet werden, wenn die zul. Spannung mit 160 N/mm² anzusetzen ist?

3. Eine geschweißte Drucksäule hat die Durchmesser 100/150 mm. Die Belastung beträgt 740 kN, die zul. Druckspannung 100 N/mm². Überprüfen Sie die vorhandene Schweißspannung.

4. Berechnen Sie für einen geschweißten Gabelkopf von 60 mm Wellendurchmesser, 6 mm Nahtdicke und 65 N/mm² zul. Schweißspannung die zul. Belastung.

5. Die zul. Spannung für S235 ist mit 140 N/mm² angegeben. Berechnen Sie die Kehlnahtspannung, wenn nur 65 % $\sigma_{z\,zul}$ wirksam werden dürfen.

6. Ein Flachstahl 70 × 12 ist mit 6 mm Nahtdicke auf ein Knotenblech geschweißt. Die Zugkraft beträgt 100 kN, die zul. Schweißspannung 91 N/mm². Berechnen Sie die Länge der Kehlnaht.

7. Ein U-Zugstab ist für 150 kN Belastung auszuführen bei einer zul. Spannung von 140 N/mm² und einer tragenden Schweißlänge von 12 cm. Bestimmen Sie das U-Profil und die erforderliche Schweißnahtdicke.

8. Ein gleichschenkliger Winkelstahl mit den Maßen 80 × 80 × 10 ist mit 260 kN Zugkraft belastet. Welche Kräfte werden in den Schweißnähten wirksam?

9. Ein gleichschenkliger Winkelstab ist für 210 kN anzuschließen. Errechnen Sie das Profil und die Länge der Schweißnähte, wenn $\sigma_{z\,zul} = 140$ N/mm², $\sigma_{schw} = 90$ N/mm² betragen und für die Schweißnahtdicken $a_1 = a_2 = 0{,}7 \times t$ zu setzen ist.

▶ Wissen – Erkennen – Werten

a) Welchen Einfluss haben Krater auf die tragende Schweißlänge?
b) Welche Einflüsse mindern die Festigkeit einer Schweißverbindung?
c) Warum sind geschweißte Teile häufig mit Eigenspannungen belastet?
d) Erläutern Sie die Folgen von breiten Fugen und überhöhten Nähten.
e) In welchen Wechselbeziehungen stehen Spannungen und Verwerfungen?
f) Wie kann ein Verzug von Schweißteilen begrenzt werden?
g) Warum zerreißt eine Schweißprobe meistens im Grundwerkstoff?
h) Beurteilen Sie die dargestellte Schweißkonstruktion in B 6.
i) Beurteilen Sie die dargestellte Winkelstahlschweißung in B 8.
j) Welche Angaben sind für eine Schweißteilzeichnung nötig?

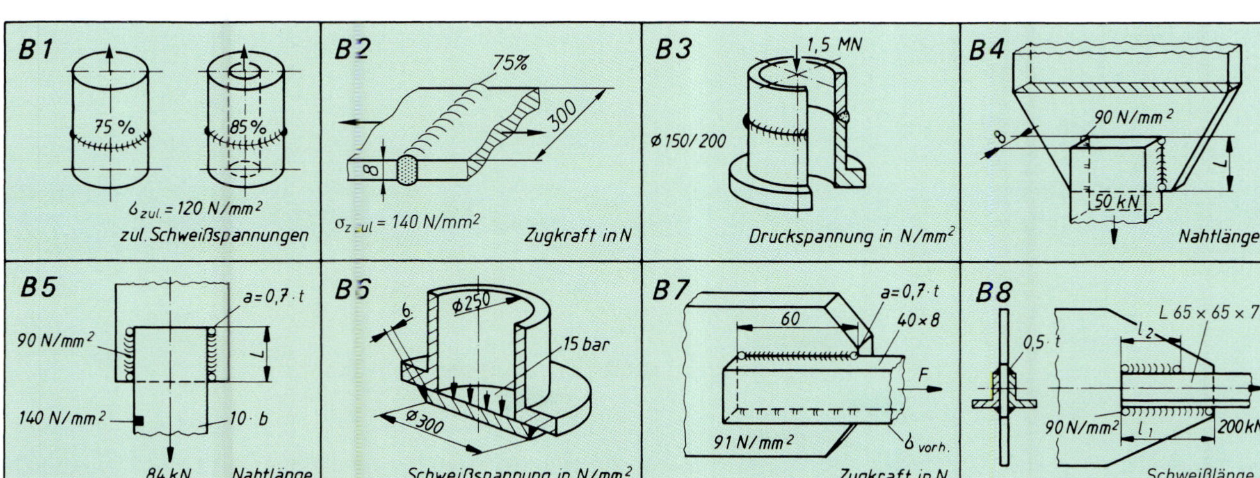

F Kraft in N
d_1 Nietnenndurchmesser in mm
S geschlagener Nietquerschnitt in mm²
n erforderliche Anzahl der Niete
m Schnittigkeit der Nietverbindung (Scherflächen)
l Blechdicke (kleinste Blechdicke einer Kraftrichtung) in mm
$\tau_{a\,zul}$ zulässige Scherspannung in N/mm²
σ_L Lochleibungsspannung ($\sigma_L = 2 \cdot \tau_{a\,zul}$) in N/mm²

1. Abscherung

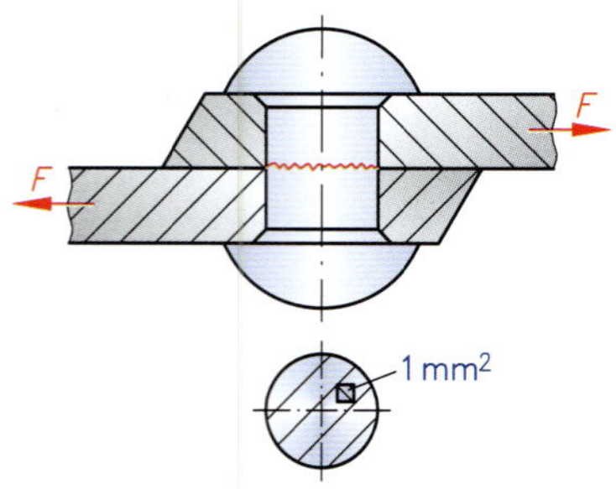

F bei 1 mm² Nietquerschnitt belastbar mit $\tau_{a\,zul}$
F bei S mm² Nietquerschnitt belastbar mit $S \cdot \tau_{a\,zul}$
F bei n Niete belastbar mit $S \cdot \tau_{a\,zul} \cdot n$
F bei m Scherflächen belastbar mit $S \cdot \tau_{a\,zul} \cdot n \cdot m$

Folgerung $F = S \cdot \tau_{a\,zul} \cdot n \cdot m \qquad \tau_{a\,zul} = \frac{F}{S}$

Hinweis
Der gebohrte und geschlagene Nietlochdurchmesser d_4 beträgt ab Nenndurchmesser 12 mm $d_4 = d_1 + 1$ mm.

2. Lochleibung

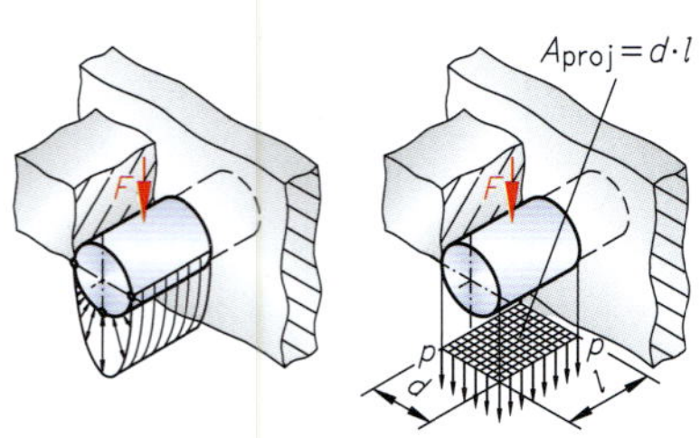

theoretische Druckverteilung im Nietloch

Mittelwert der Flächenpressung

Zur Vereinfachung der Berechnung des Lochleibungsdrucks wird die Projektionsfläche $A_{proj} = d \cdot l$ genommen.
Bei unterschiedlich dicken Blechen wird die dünnste Blechdicke bei einschnittigen Verbindungen, bei mehrschnittigen Verbindungen die kleinste Summe der Blechdicken, die in die gleiche Richtung belastet werden, zu Berechnung des Lochleibungsdrucks ermittelt.

Folgerung $F = d \cdot l \cdot \sigma_L \cdot n \qquad \sigma_L = \frac{F}{d \cdot l \cdot n}$

Hinweis
Bei mehrschnittigen Nietverbindungen überwiegt die Beanspruchung auf Lochleibungsdruck (Flächenpressung).

3. Zusammenfassung

Abscherung: $F = S \cdot \tau_{a\,zul} \cdot n \cdot m$
Lochleibung: $F = A \cdot \sigma_L \cdot n = d \cdot l \cdot \sigma_L \cdot n$

4. Beispiel

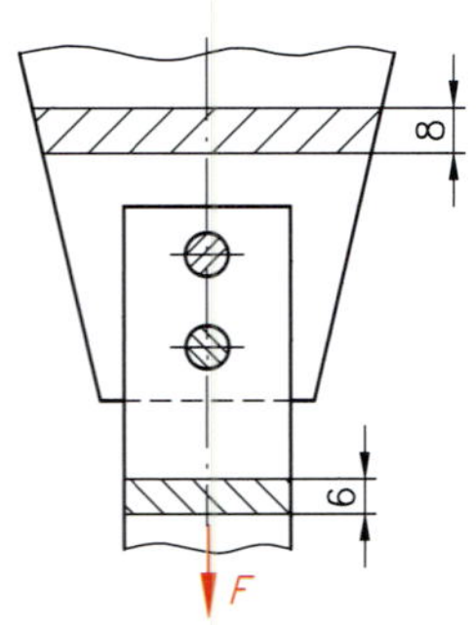

Für eine Flachstahlnietung sind zwei 12 mm Stahlbauniete vorgesehen. Die zul. Scherspannung beträgt 120 N/mm². Berechnen Sie die erforderliche Nietschaftlänge L in mm (Zugabe $1{,}5 \cdot d_1$) und die zul. Scherkraft in kN.

Gesucht L in mm, F in kN

Gegeben
$d = 12\text{ mm} + 1\text{ mm}$
$l = 6\text{ mm} + 8\text{ mm}$
$\tau_{a\,zul} = 120 \frac{\text{N}}{\text{mm}^2}$

Vorüberlegung
Kraft = Querschnitt × Spannung

Lösung
$L = l + z$
$= 14\text{ mm} + 1{,}5 \cdot 12\text{ mm}$
$L = \underline{32\text{ mm}}$
$F = S \cdot \tau_{a\,zul} \cdot n$
$F = 133\text{ mm}^2 \cdot 120 \frac{\text{N}}{\text{mm}^2} \cdot 2$
$F = 31\,920\text{ N} = \underline{31{,}92\text{ kN}}$

Beachte
Die Nietzugabe richtet sich nach der Schließkopfform.

Anmerkung
Bohrerdurchmesser für Nietlöcher ab Nenndurchmesser 12 mm = Nietdurchmesser + 1 mm

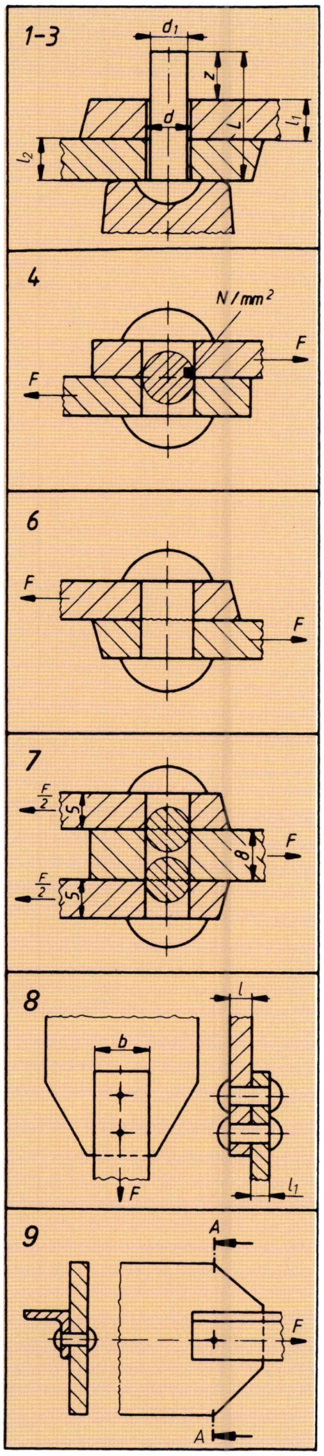

Aufgaben

Nietverbindungen

1. Zwei Flachstähle, die je 8 mm dick sind, werden mit Niete d_1 = 16 mm überlappt verbunden. Berechnen Sie die Schaftlänge.

2. Für eine Stahlkonstruktion werden Rohniete d_1 = 14 mm verwendet. Wie groß ist der geschlagene Nietquerschnitt in mm²?

3. Der geschlagene Querschnitt einer Nietverbindung beträgt 283,53 mm². Wie groß ist der Rohnietdurchmesser?

4. Für die Verbindung einer einfachen Überlappungsnietung mit einem Durchmesser von 16 mm beträgt die zul. Scherspannung 110 N/mm². Welche Scherkraft in kN ist zulässig?

5. Eine Verbindung mit 4 Nieten (16 mm Durchmesser) wird mit 55 kN beansprucht. Wie groß ist die vorhandene Scherspannung?

6. Eine Überlappungsnietung mit zwei Niete soll 22,56 kN Scherkraft aufnehmen. Die zul. Scherspannung beträgt 85 N/mm². Welchen Durchmesser müssen die Niete erhalten?

7. Drei Flachstähle nach Skizze sollen durch 12-mm-Niete 48 kN Zugkraft übertragen. Die zul. Scherspannung beträgt 95 N/mm². Wie viele Niete sind erforderlich?

8. An ein Knotenblech von 8 mm wird ein 6 mm dicker Flachstahl angenietet. Die zul. Zugspannung für den Flachstahl beträgt 140 N/mm², die zul. Scherspannung für den Niet 120 N/mm². a) Wie viele Niete sind bei 35 kN Zugkraft erforderlich? b) Welche Flachstahlbreite ist zu wählen?

9. Ein gleichschenkliger Winkelstahl soll mit 45 kN Zugkraft an ein 8 mm dickes Knotenblech angeschlossen werden. Errechnen Sie die Nietzahl, wenn $\sigma_{z\,zul}$ = 110 N/mm² und $\tau_{a\,zul}$ = 90 N/mm² betragen sollen.

▶ Wissen – Erkennen – Werten

a) Weshalb sind im Allgemeinen Halbrundniete den Senknieten vorzuziehen?
b) Wonach richtet sich die Niet-Längenzugabe für den Schließkopf?
c) Unterscheiden Sie form- und kraftschlüssige Nietverbindungen.
d) Worauf ist bei der Gestaltung einer Nietverbindung zu achten?
e) Nach welchen Gesichtspunkten sind Nietwerkstoffe auszuwählen?
f) Zeigen Sie auf, wie Nietverbindungen beansprucht werden können.
g) Erläutern Sie die Angabe des Anreißmaß bei Stahlprofilen.
h) Zeigen Sie auf, wozu in der Praxis Knotenbleche verwendet werden.

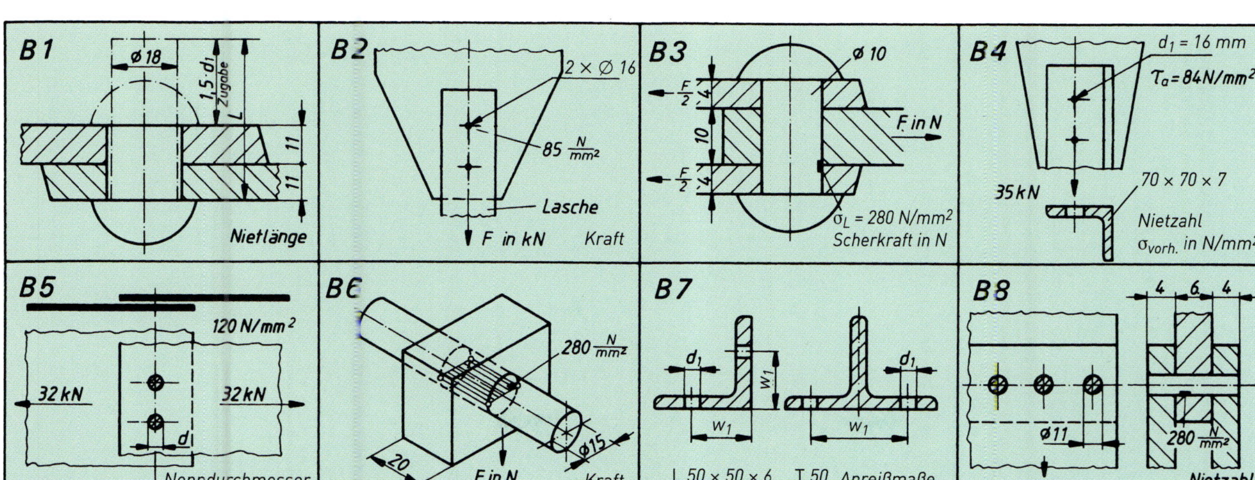

U Spannung, gemessen in V (Volt)
R Widerstand, gemessen in Ω (Ohm)
I Stromstärke, gemessen in A (Ampere)

Einheit $1\,\Omega = \frac{1\,\text{V}}{1\,\text{A}}$

1. Grundgrößen

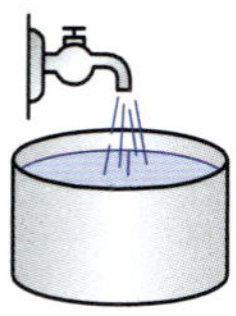

Zur Verdeutlichung der elektr. Grundgrößen betrachten wir einen unter Druck stehenden Wasserhahn:

Wasserdruck	≙	Elektronendruck	≙	Spannung
Wassermenge	≙	Elektronenfluss	≙	Stromstärke
Drosselung	≙	Elektronenbehinderung	≙	Widerstand

2. Beziehungen

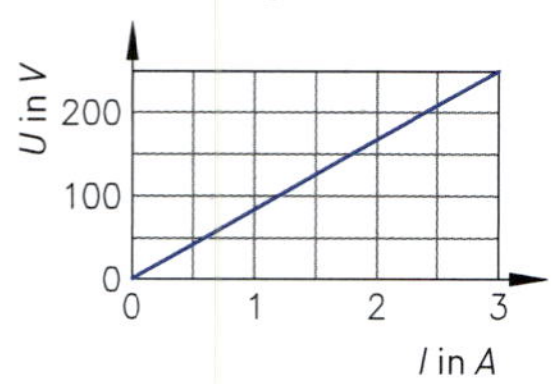

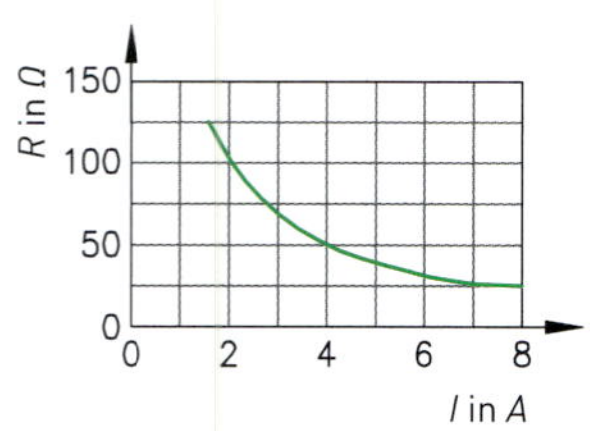

Gleich bleibender Widerstand bewirkt bei Spannungserhöhung gleichzeitige Stromerhöhung.

Versuchsreihe: $R = 100\,\Omega$ (konstant)

Spannung in V	100	200	300
Stromstärke in A	1	2	3

Gleich bleibende Spannung bewirkt bei Widerstandserhöhung gleichzeitige Stromverringerung.

Versuchsreihe: $U = 200$ V (konstant)

Widerstand in Ω	25	50	100
Stromstärke in A	8	4	2

3. Ohm'sches Gesetz

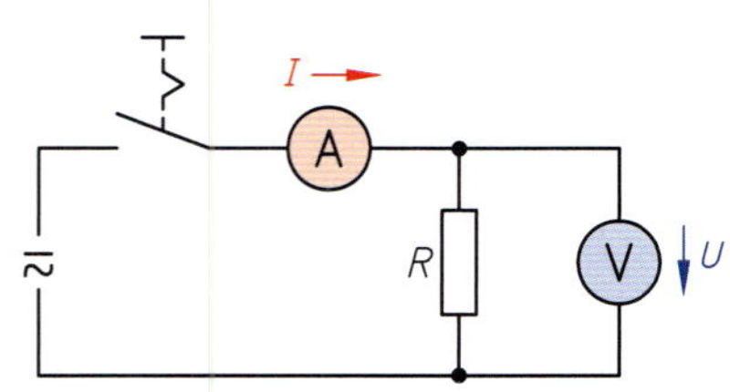

Aus diesen beiden Beziehungen $I \sim U$ und $I \sim 1/R$ erhalten wir das Ohm'sche Gesetz:

$$I = \frac{U}{R}$$

(Zweckmäßig $U = R \cdot I$ geschrieben)

Merke
Das Ohm'sche Gesetz beschreibt die Wechselbeziehung zwischen U, R und I.

4. Zusammenfassung

Das Ohm'sche Gesetz *gilt für Gleichstrom*, für Wechselstrom nur bei ohmscher Belastung.

$$U = R \cdot I$$

5. Beispiel

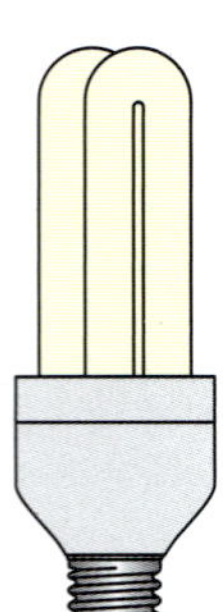

Eine Energiesparlampe nimmt bei einer Spannung von 230 Volt einen Strom von 0,11 Ampere auf. Welchen Widerstand besitzt die Lampe?

Gesucht R

Gegeben $U = 230$ V; $I = 0{,}11$ A

Vorüberlegung $U = R \cdot I$

Lösung

$$U = R \cdot I$$
$$R = \frac{U}{I}$$
$$R = \frac{230\,\text{V}}{0{,}11\,\text{A}}$$
$$R = 2\,090{,}9\,\Omega$$

von Volta italienischer, Ampère französischer, Ohm deutscher Physiker.

1

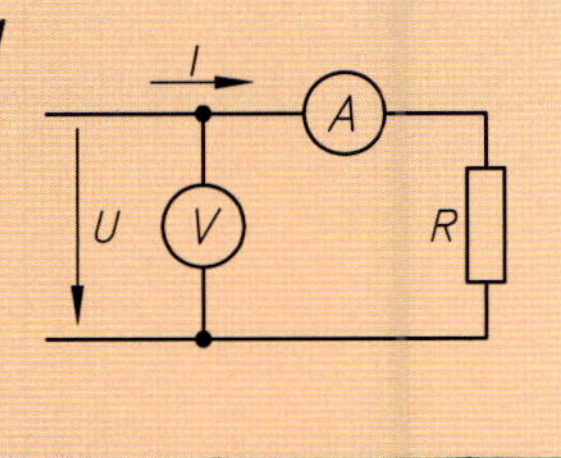

4

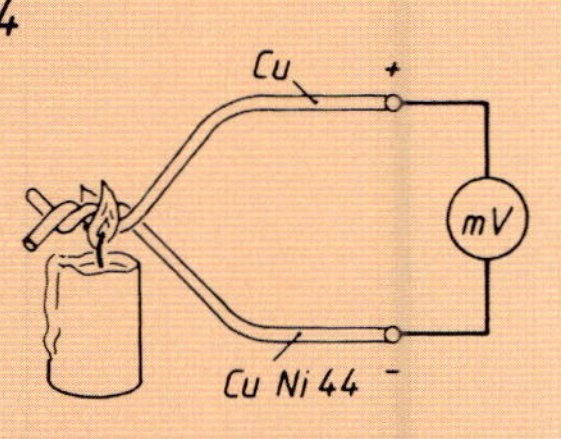

6

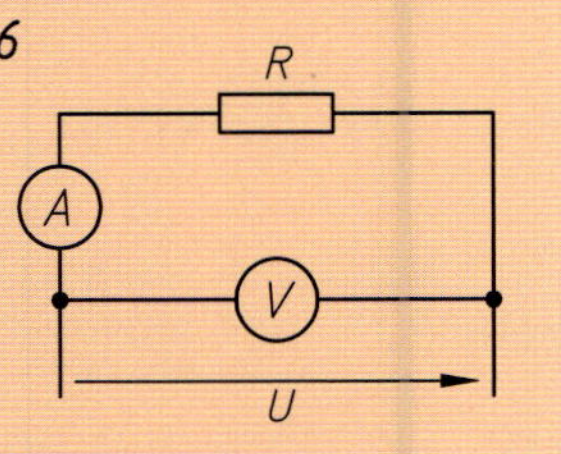

7

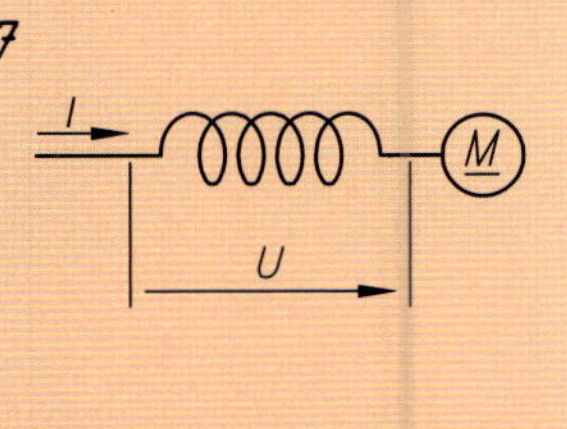

9

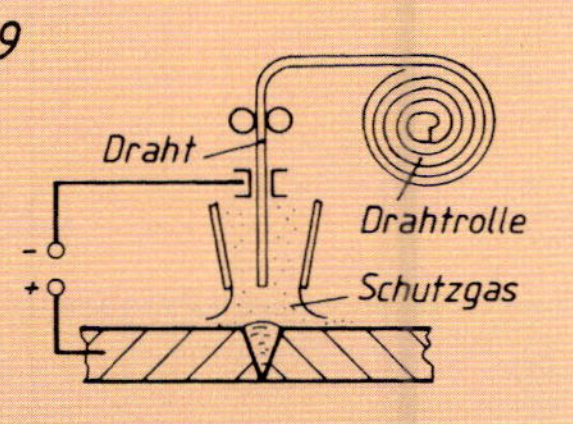

WEW

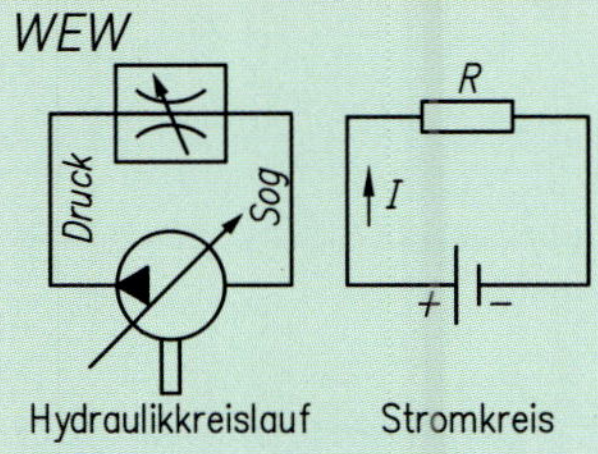

Aufgaben

Ohm'sches Gesetz

Berechnen Sie die fehlenden Werte einer Versuchsreihe:

1.

Aufgabe	a	b	c
Stromstärke in A	2	4	?
Widerstand in Ω	25	?	25
Spannung in V	?	100	200

2.

Aufgabe	a	b	c
I	10 mA	0,5 A	? mA
R	5000Ω	? kΩ	20 kΩ
U	? V	50 V	50 V

3. Zeichnen Sie das Spannungs-Strom-Schaubild der Aufg. 1 mit den Maßstäben: 1 cm ≙ 25 V, 1 cm ≙ 2 A. Erklären Sie die Bedeutung der Widerstandsgeraden.

4. Verwandeln Sie in die jeweilige Grundgröße: a) 35 mV b) 1,5 kV c) 0,3 MV d) 2,5 mA e) 250 µA f) 30 kΩ g) 30 mΩ h) 250 MΩ

5. Die Spule eines Elektromagneten nimmt bei einem Widerstand von 52 Ω einen Strom von 4,42 A auf. Wie hoch ist die Spannung an der Spule?

6. Zur Messung eines Widerstandes wird eine Spannung von 24 V angelegt. Wie groß ist der Widerstand, wenn ein Strom von 25 mA gemessen wurde?

7. Berechnen Sie die Stromaufnahme einer Heizwicklung, die mit einem Widerstand von 25 Ω an eine Spannung von 230 V angeschlossen ist.

8. Ermitteln Sie den Spannungsabfall in einer Zuleitung, die mit 25 A belastet wird und einen Widerstand von 0,12 Ω besitzt.

9. Für eine Schutzgasschweißung beträgt die Arbeitsspannung 18 V und der Schweißstrom 125 A. Wie groß ist der Widerstand im Schweißstromkreis?

10. Ein Lötkolben mit einem Widerstand von 116 Ω liegt an einer Spannung von 230 V. Welcher Strom fließt durch den Lötkolben?

11. An welcher Spannung liegt eine Steuerspule, die bei einem Widerstand von 7,4 kΩ eine Stromaufnahme von 54 mA aufweist?

12. Ein Spannungsmesser mit einem Endausschlag von 500 V hat einen Innenwiderstand von 3 kΩ. Wie viel mA nimmt er bei vollem Zeigerausschlag auf?

13. Durch einen Strommesser mit 30 mΩ Eigenwiderstand fließt ein Strom von 1,6 A. Wie groß ist der Spannungsabfall in mV?

▶ Wissen – Erkennen – Werten

a) Erläutern Sie die Begriffe Spannung, Strom und Widerstand.
b) Erklären Sie den Zusammenhang zwischen Spannung, Strom und Widerstand.
c) Benennen Sie anhand eines Tabellenbuchs die wichtigsten Schaltzeichen.
d) Begründen Sie die Anordnung von Strom- und Spannungsmesser.
e) Nennen Sie Anwendungsbereiche für das Ohm'sche Gesetz.
f) Erläutern Sie die Begriffe Kurzschluss und Schutzmaßnahmen.

B 1 Stromkreis

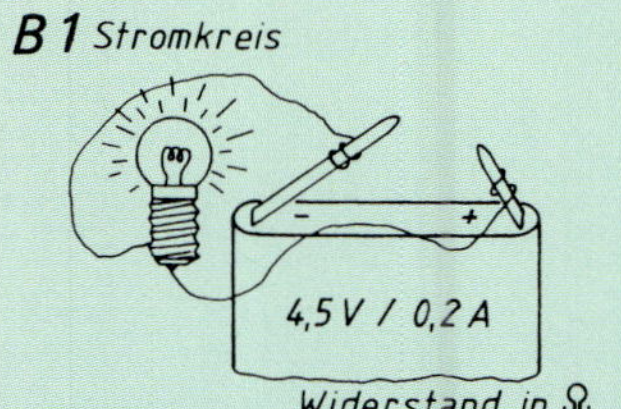

B 2 Schaltplan

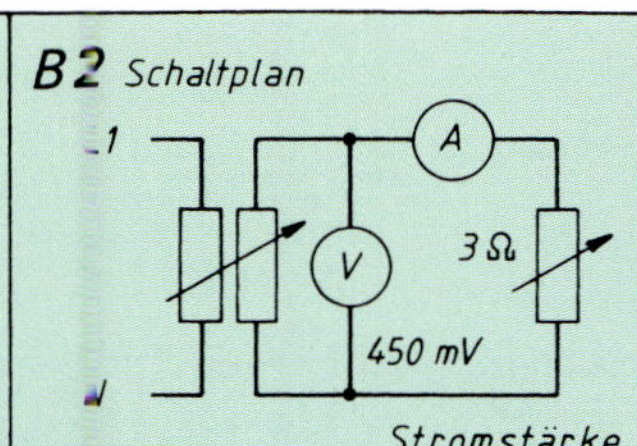

B 3 Messreihe I

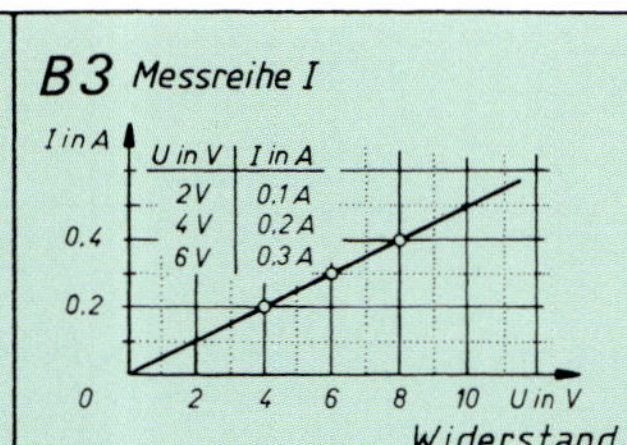

B 4 Messreihe II

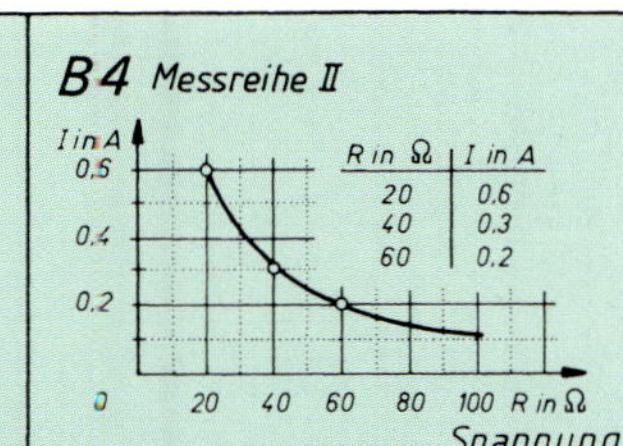

B 5 E-Schweißung

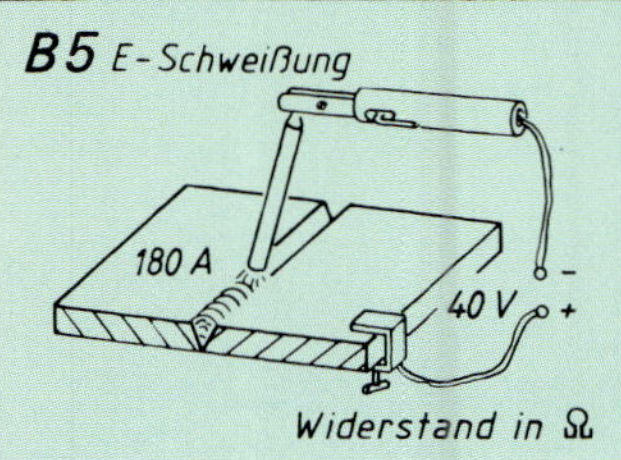

B 5 Metall-Schutzgasschweißung

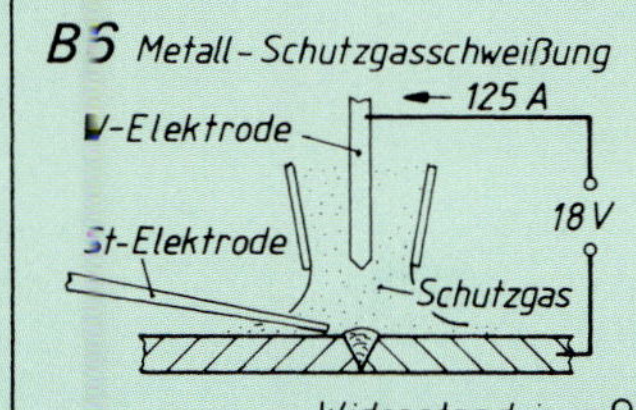

B 7 Gefahr durch Fehlerstrom

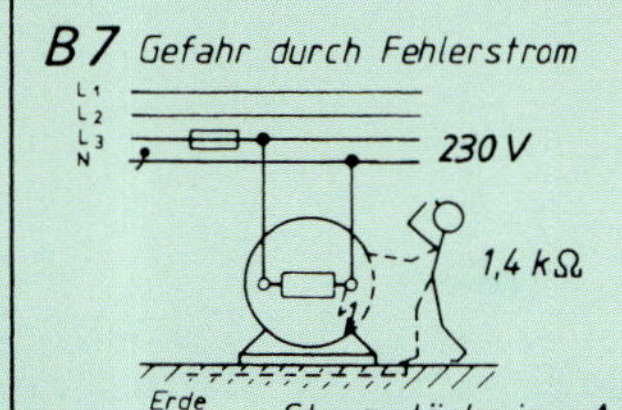

B 8 Schutz durch Schutzleiter

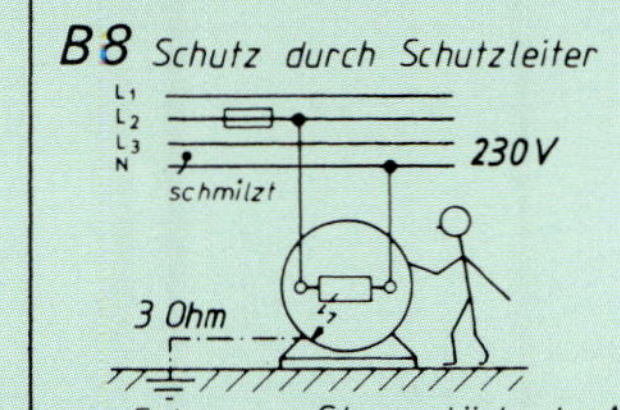

$U_{1,2,3}$ … Spannung in V
$R_{1,2,3}$ … Widerstand in Ω
$I_{1,2,3}$ … Stromstärke in A

1. Reihenschaltung

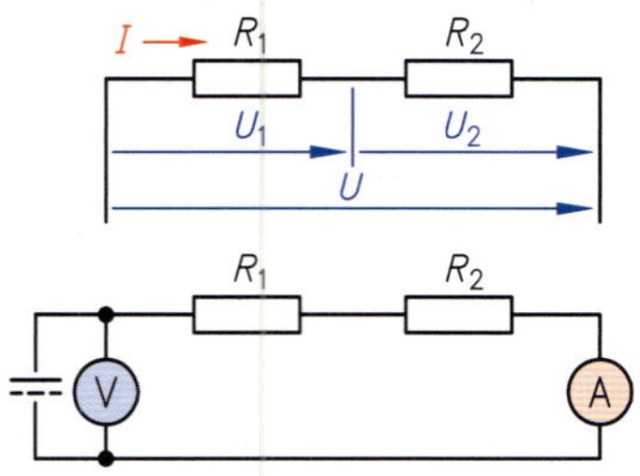

Der Strom I fließt durch alle „Reihenverbraucher".

Folgerung $I = I_1 = I_2 = \text{konstant}$

Jeder „Reihenverbraucher" benötigt eine Teilspannung.

Folgerung $U = U_1 + U_2 + \ldots$

Der Gesamtwiderstand einer Reihenschaltung ist gleich der Summe aller Teilwiderstände.

Folgerung $R = R_1 + R_2 + \ldots$

2. Parallelschaltung

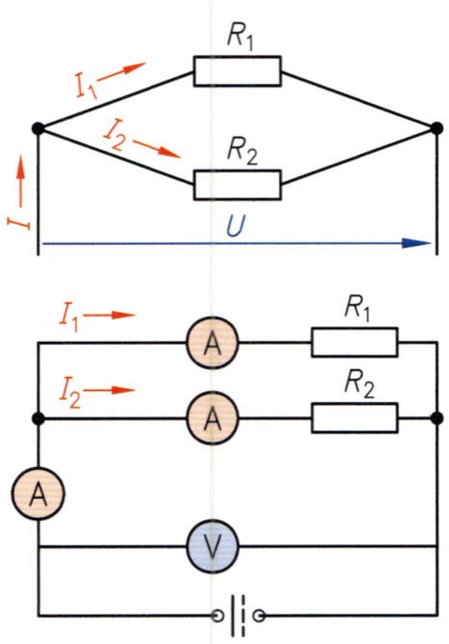

Die Spannung U liegt an allen „Parallelverbrauchern".

Folgerung $U = U_1 = U_2 = \text{konstant}$

Jeder „Parallelverbraucher" benötigt einen Teilstrom.

Folgerung $I = I_1 + I_2 + \ldots$

Der Gesamtwiderstand einer Parallelschaltung wird stets kleiner als der kleinste Einzelwiderstand.

$$\frac{U}{R} = \frac{U}{R_1} + \frac{U}{R_2} + \ldots$$

Folgerung $\frac{1}{R} = \frac{1}{R_1} + \frac{1}{R_2} + \ldots$

3. Zusammenfassung

Reihenschaltung	*Parallelschaltung*
$I = \text{konstant}$	$U = \text{konstant}$
$U = U_1 + U_2 + \ldots$	$I = I_1 + I_2 + \ldots$
$R = R_1 + R_2 + \ldots$	$\frac{1}{R} = \frac{1}{R_1} + \frac{1}{R_2} + \ldots$

4. Beispiel

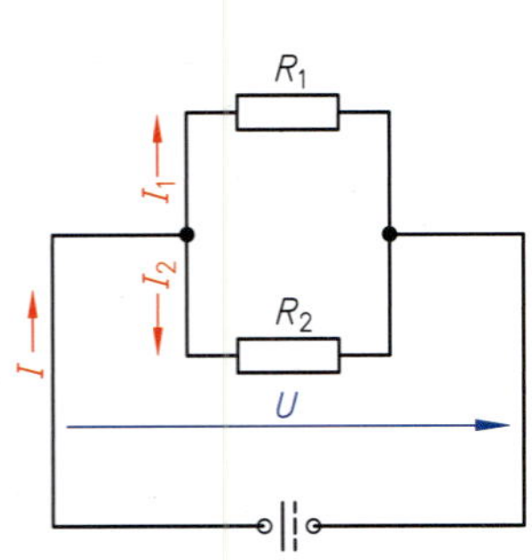

Berechnen Sie den Gesamtwiderstand einer Parallelschaltung mit zwei Widerständen von 4 und 6 Ω.

Gesucht R

Gegeben $R_1 = 4\,\Omega$, $R_2 = 6\,\Omega$

Vorüberlegung
R wird kleiner als R_{min}

Lösung

$$\frac{1}{R} = \frac{1}{R_1} + \frac{1}{R_2} + \ldots$$

$$\frac{1}{R} = \frac{1}{4} + \frac{1}{6} = \frac{6}{24} + \frac{4}{24}$$

$$\frac{1}{R} = \frac{10}{24}$$ (dies ist noch der Kehrwert.)

$$R = \underline{2{,}4\,\Omega}$$

Beachte
Für zwei parallelgeschaltete Widerstände gilt $R = \frac{R_1 \cdot R_2}{R_1 + R_2}$

1. Berechnen Sie den Gesamtwiderstand dreier hintereinander geschalteter Widerstände von 12, 22 und 24 Ω.

2. Zwei Widerstände von 15 und 25 Ω sind in Reihe geschaltet und an 230 V angeschlossen. Errechnen Sie die Teilspannungen.

3. Zwei Widerstände liegen in Reihe an einer Netzspannung von 230 V. Berechnen Sie den ersten Widerstand, wenn am zweiten von 40 Ω eine Spannung von 100 V liegt.

4. Die Klemmenspannung zweier in Reihe geschalteter Widerstände beträgt 80 V, die Stromstärke 2 Ampere, der erste Widerstand 30 Ω. Errechnen Sie den zweiten.

5. Eine Skalenlampe trägt die Aufschrift 3,5 V/0,2 A. Wie viel Ω müssen beim Anschluss an 60 V vorgeschaltet werden?

6. Zwei Glühlampen von je 484 Ω werden in Reihe an eine Netzspannung von 230 V geschaltet. Errechnen Sie den Gesamtwiderstand und die Teilspannungen.

7. Die Betriebsspannung von 230 V soll über einen Vorwiderstand auf 40 V vermindert werden. Errechnen Sie den Vorwiderstand, wenn der gesamte Lampenwiderstand 20 Ω beträgt.

8. Ein Spannungsmesser mit 10 kΩ Eigenwiderstand und 80 V Messbereich soll auf 230 V erweitert werden. Bestimmen Sie die Größe des Vorwiderstandes in kΩ.

9. Zwei Widerstände von $R_1 = 40\ \Omega$ und $R_2 = 60\ \Omega$ sind in Parallelschaltung an 230 V angeschlossen. Errechnen Sie die Größe des Gesamtstroms und die Teilströme.

10. Ein Strommesser hat einen inneren Widerstand von 0,01 Ω und benötigt zum vollen Zeigerausschlag eine Spannung von 300 mV. Wie groß muss der Nebenwiderstand sein, wenn der Messbereich auf 120 A erweitert werden soll?

▶ **Wissen – Erkennen – Werten**

a) Nennen Sie die Unterschiede zwischen Reihen- und Parallelschaltung.
b) Zeigen Sie die Nachteile einer Reihenschaltung auf.
c) Begründen Sie, warum Verbraucher in der Regel parallel geschaltet werden.
d) Begründen Sie, warum Strommesser einen kleinen Widerstand haben.
e) Begründen Sie, warum Spannungsmesser einen hohen Widerstand haben.
f) Erläutern Sie mögliche Schutzmaßnahmen.

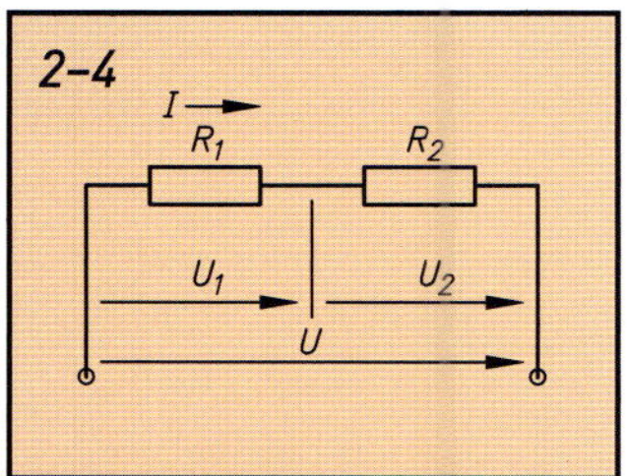

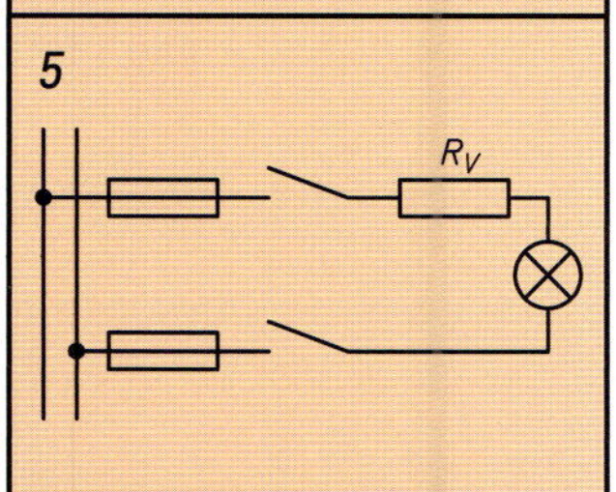

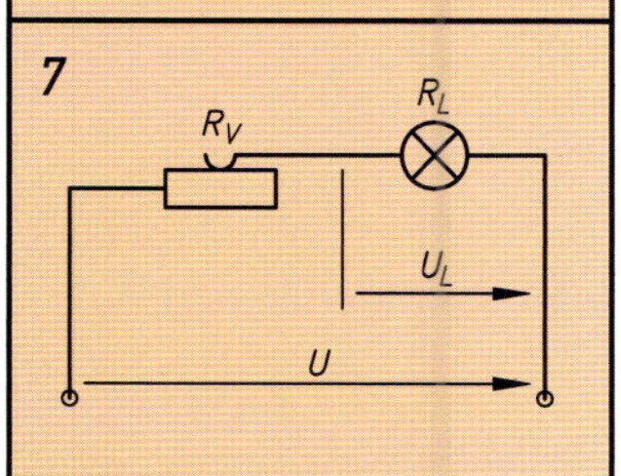

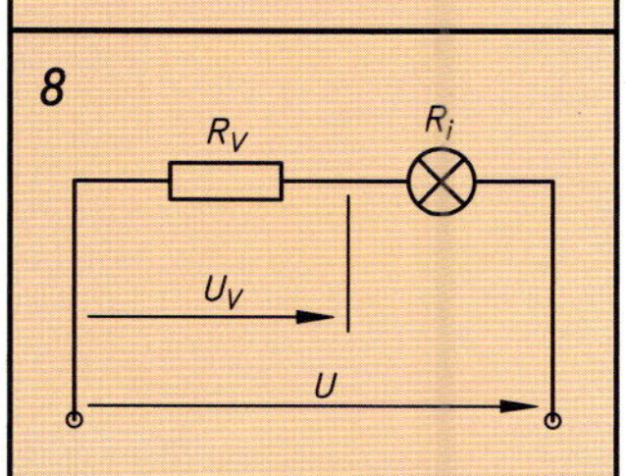

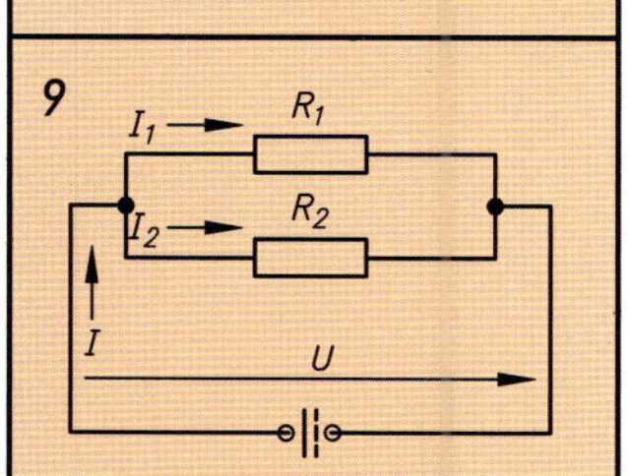

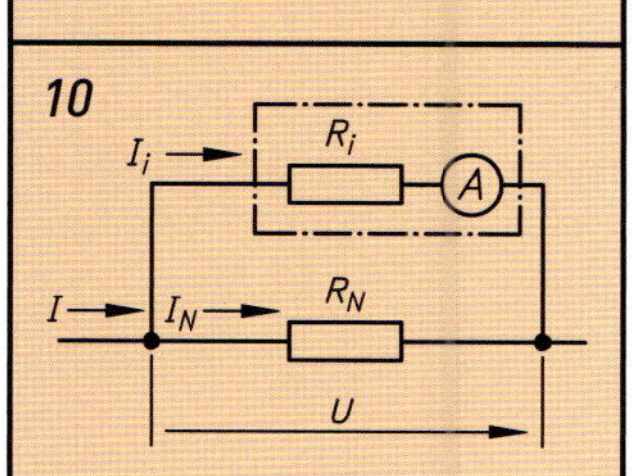

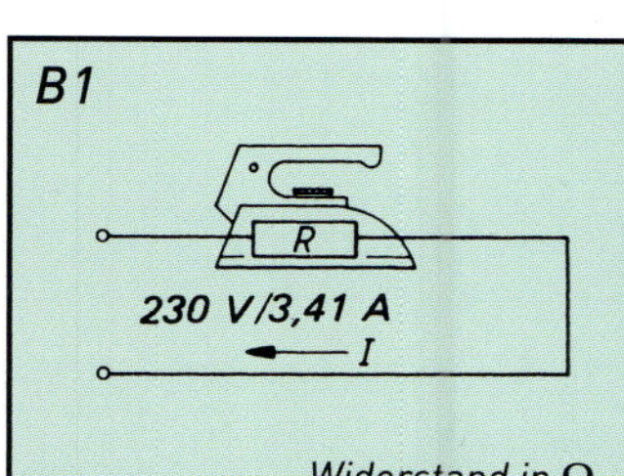

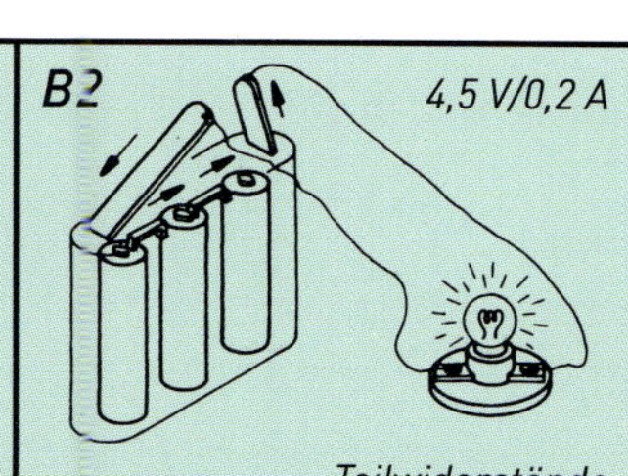

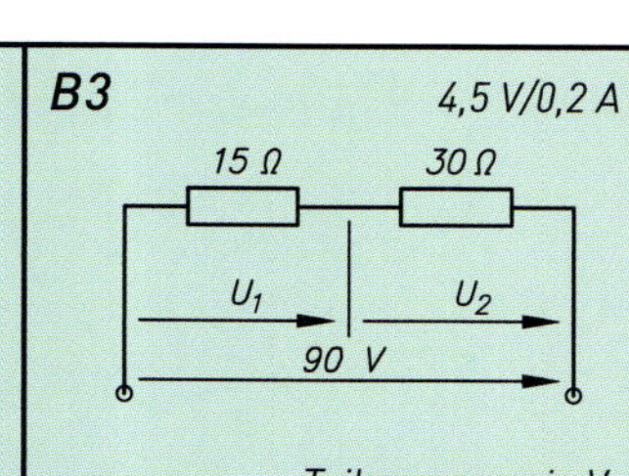

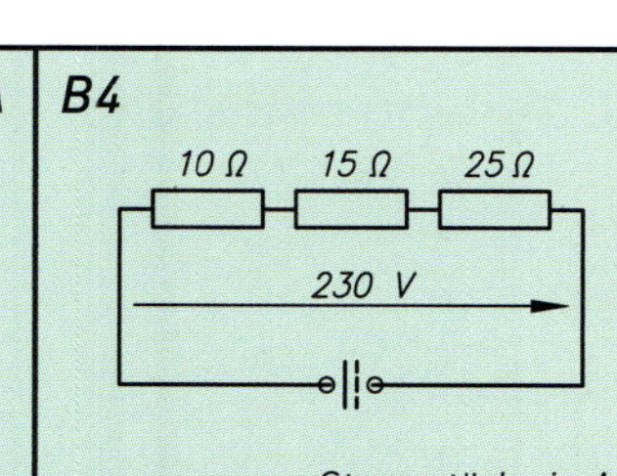

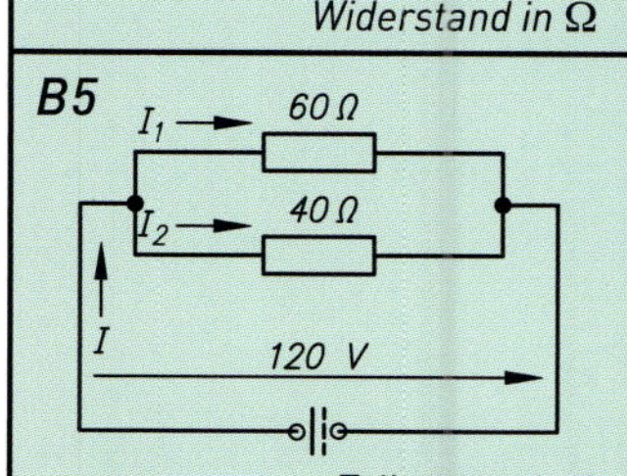

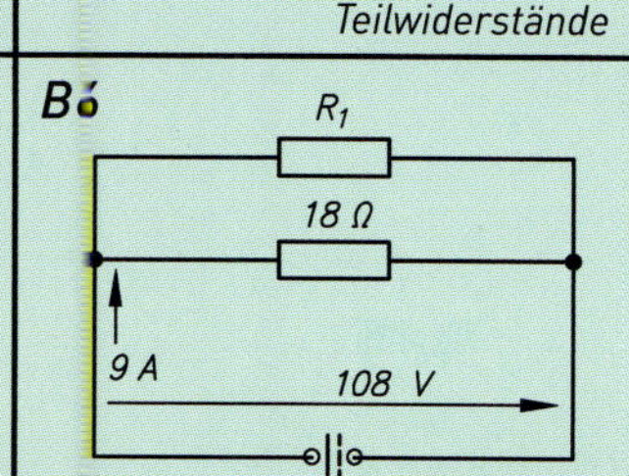

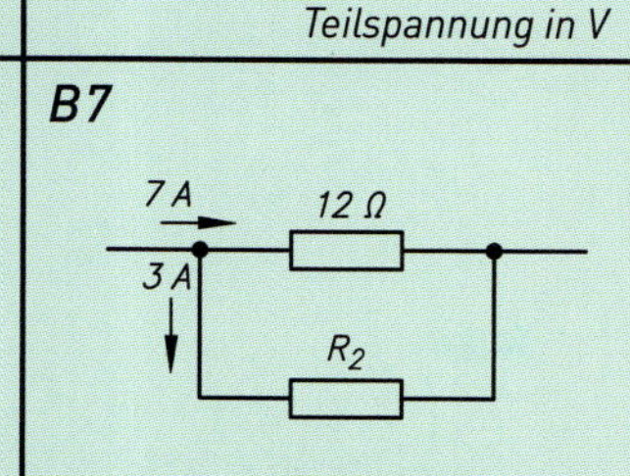

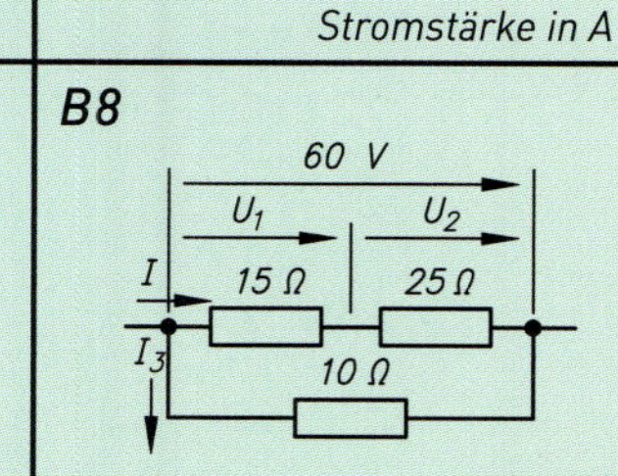

R Widerstand in Ω
A Leiterquerschnitt in mm^2
l Leiterlänge in m

ϱ spez. elektr. Widerstand in $\frac{\Omega \cdot mm^2}{m}$ gebräuchlich auch $\Omega \cdot m$ $\varrho \Rightarrow$ Rho

γ elektrische Leitfähigkeit in $\frac{m}{\Omega \cdot mm^2}$ auch $\frac{S}{m}\left(\frac{\text{Siemens}}{\text{Meter}}\right)$ $\gamma \Rightarrow$ Gamma

Leiterwiderstand

Der Widerstand eines elektrischen Drahts ist abhängig von der Länge, dem Querschnitt, dem Werkstoff und der Temperatur.

1. Leiterlänge

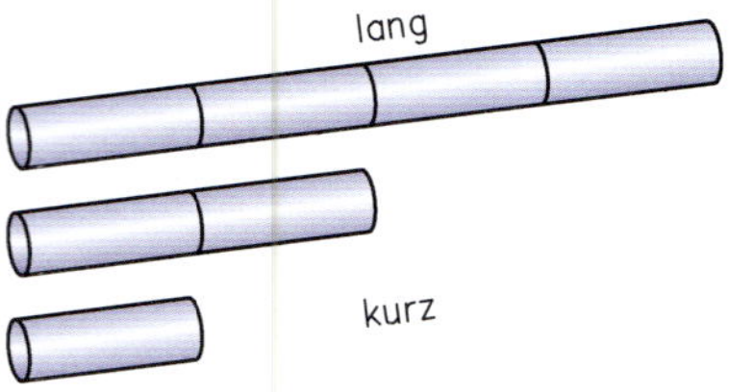

Elektronen werden auf ihrer Wanderung durch das Gittergefüge des Werkstoffs eines Leiters gebremst.
Sie stoßen häufig mit den Atomrümpfen zusammen und erwärmen die Werkstoffe.

Merke
Je kürzer der Leiter ist, umso kleiner der Widerstand.
Je länger der Leiter ist, umso größer der Widerstand.

2. Querschnitt

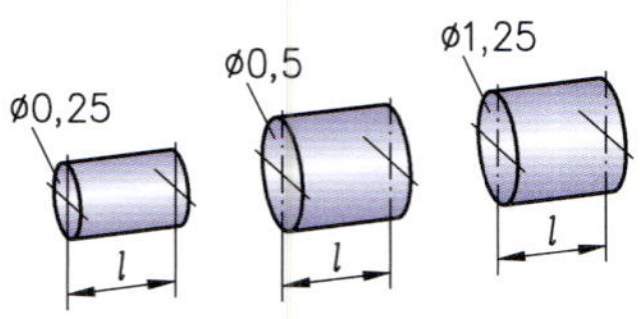

Bei gleicher Spannung und gleicher Länge können durch einen großen Querschnitt mehr Elektronen fließen als durch einen kleinen Querschnitt.

Merke
Je kleiner der Querschnitt, desto größer der Widerstand.
Je größer der Querschnitt, desto kleiner der Widerstand.
Der Widerstand ist dem Querschnitt umgekehrt proportional.

3. Werkstoff

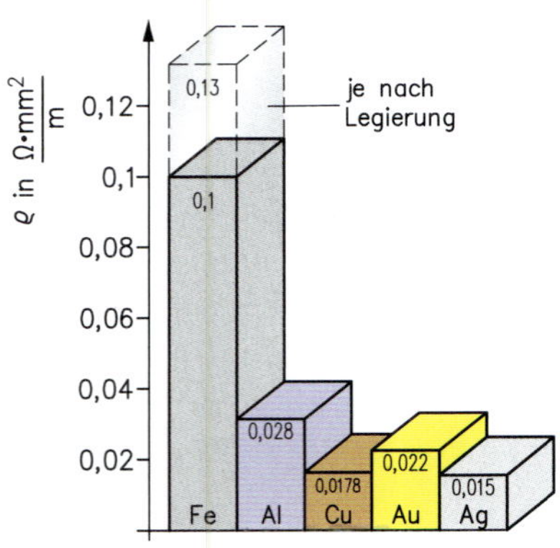

Metalle leiten den elektrischen Strom unterschiedlich gut.
Gute Leiter besitzen viele freie Elektronen, z. B. Kupfer.
Schlechte Leiter besitzen wenige freie Elektronen, z. B. Heizdrähte.

Merke
Je kleiner der spez. elektr. Widerstand, desto kleiner und je größer der spez. elektr. Widerstand, desto größer der Widerstand des Leiters.
Kupfer hat einen spez. elektr. Widerstand γ von 0,0178 Ω.
Der Kehrwert von spez. Widerstand $1/\varrho$ wird elektrische Leitfähigkeit γ genannt.

$$\varrho_{Cu} = 0{,}0178\,\frac{\Omega \cdot mm^2}{m} \qquad \gamma_{Cu} = 56\,\frac{m}{\Omega \cdot mm^2} \qquad \varrho \cdot \gamma = 1$$

4. Temperatur

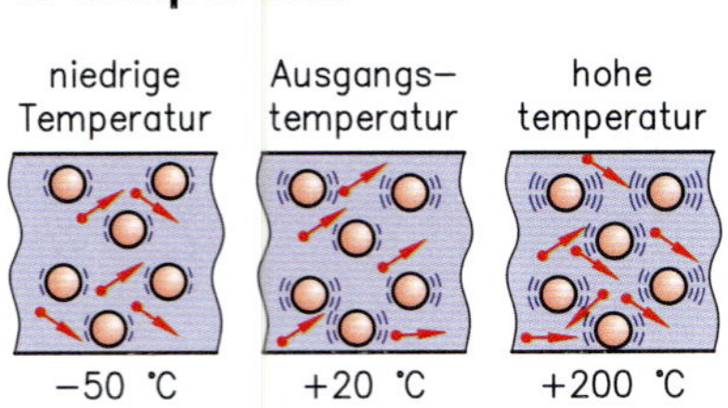

Der Widerstand bei Metallen nimmt bei Temperaturerhöhung zu. Durch die Erwärmung schwingen die Atome umso mehr an ihren Kristallgitterplätzen und behindern so die Fortbewegung der freien Elektronen. Der Widerstand wird größer.

Merke
Bei niedrigen Temperaturen hat der Leiter einen kleinen Widerstand.
Bei hohen Temperaturen hat der Leiter einen großen Widerstand.

5. Zusammenfassung

Aus diesen Beziehungen ergibt sich der Leiterwiderstand.

$$R = \frac{\varrho \cdot l}{A} \text{ bzw. } \frac{l}{\gamma \cdot A} \qquad \gamma = \frac{1}{\varrho} \qquad \gamma \cdot \varrho = 1$$

6. Beispiel

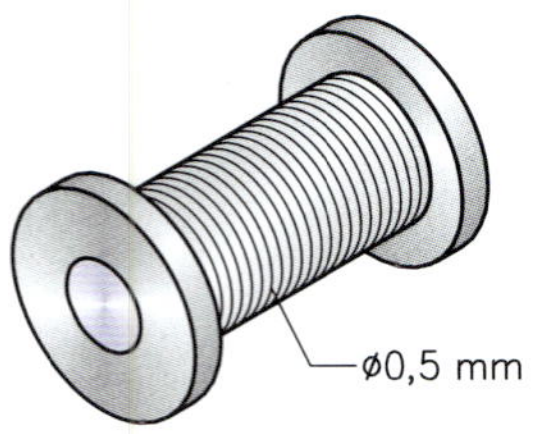

Aus einem Kupferdraht $d = 0{,}5$ mm soll eine Magnetspule mit 30 Ω Widerstand gewickelt werden. Berechnen Sie die notwendige Drahtlänge in m.

Gesucht l in mm

Gegeben $d = 0{,}5\text{ mm} \Rightarrow A = 0{,}196\text{ mm}^2,\ \varrho = 0{,}0179\,\frac{\Omega \cdot mm^2}{m}$
$R = 30\,\Omega$

Lösung $R = \frac{\varrho \cdot l}{A} \Rightarrow l = \frac{R \cdot A}{\varrho} = \frac{30\,\Omega \cdot 0{,}196\text{ mm}^2 \cdot m}{0{,}0179\,\Omega \cdot mm^2} \approx \underline{329\text{ m}}$

Der Widerstand eines Leiters von 1 m Länge, 1 mm^2 Querschnitt und bei einer Temperatur von 20 °C wird als Einheitswiderstand bezeichnet.

2
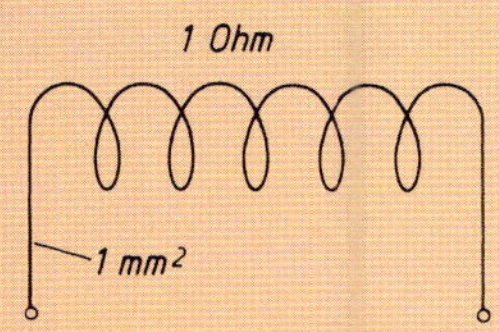

5
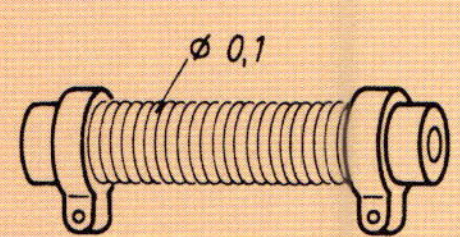

8
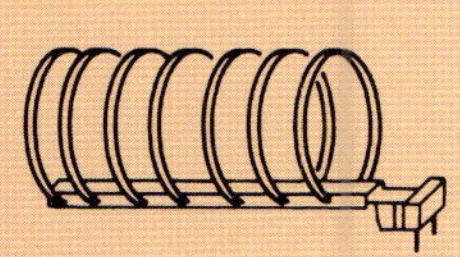

7
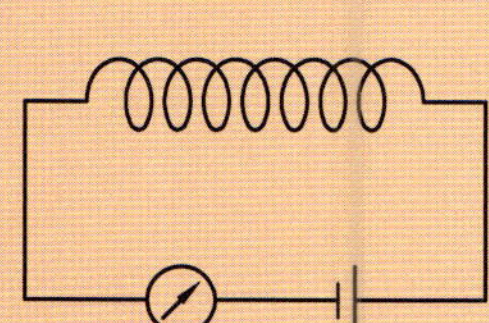

9
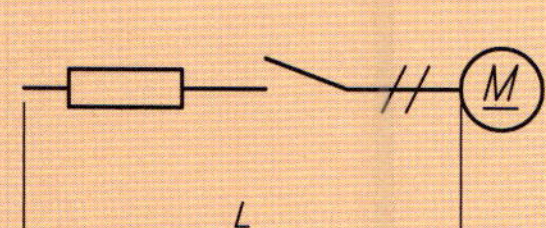

10
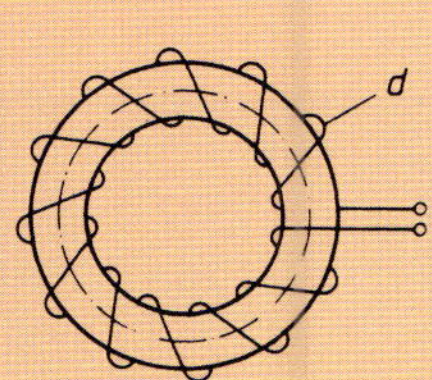

Berechnen Sie die fehlenden Werte einer Versuchsreihe:

1. Aufgabe	a	b	c
Leiterlänge in m	56	?	2
Leiterquerschnitt in mm²	1	1	1
Spez. Widerstand in $\frac{\Omega \cdot mm^2}{m}$	Cu	Al	?
Widerstand in Ω	?	1	1

2. Aufgabe	a	b	c
l in m	?	100	?
A in mm²	1	1	1
ϱ in $\frac{\Omega \cdot mm^2}{m}$	Cu	Al	0,5
R in Ω	1,79	?	50

3. Um wie viel Prozent ist die Leitfähigkeit von Cu besser als die von Al?

4. Welchen Widerstand hat ein 100 m langer Kupferdraht von 2 mm² Querschnitt bei 20 °C?

5. Wie groß ist der Widerstand einer Kupferspule, wenn der Drahtdurchmesser 0,1 mm und die Länge 15 m betragen?

6. Wie viel Meter Heizleiterwerkstoff $\varrho = 1{,}13\ \Omega \cdot mm^2/m$ von 0,4 mm Durchmesser sind zur Herstellung einer Heizspirale $R = 60\ \Omega$ erforderlich?

7. Für 38 Meter Draht von 0,2 mm Durchmesser wurde der Messwiderstand 21,6 Ohm ermittelt. Welches Material wurde verwendet?

8. Für eine Spule aus CuNi (Draht $d = 0{,}2$ mm) mit 7 Windungen und 5 cm mittlerem Durchmesser ist der Widerstand zu ermitteln $\varrho = 0{,}5\ \Omega \cdot mm^2/m$.

9. Zu einem 12 m entfernten Gleichstrommotor soll ein Kupferkabel gelegt werden. Welchen Querschnitt muss die Leitung mindestens erhalten, wenn der Widerstand nicht höher als 0,3 Ohm betragen darf?

10. Wie viele Windungen von 40 mm Länge muss eine Spule aus 0,8 mm ($\varrho = 1{,}13\ \Omega \cdot mm^2/m$) erhalten, damit ein Widerstand von 20 Ω erreicht wird?

11. Eine Kupferleitung von 1,8 mm Durchmesser und 6 km Länge soll bei gleichem Widerstand durch eine Aluminiumleitung ersetzt werden. Wie groß wird der neue Durchmesser?

▶ Wissen – Erkennen – Werten

a) Nennen Sie Einflussgrößen für den Widerstand eines elektrischen Leiters.
b) Zeigen Sie die Beziehungen der Größen zum Leiterwiderstand auf.
c) Begründen Sie die Regel: Leitungsdrähte möglichst kurz und dick.
d) Begründen Sie die Regel: Widerstandsdrähte möglichst lang und dünn.
e) Wie verändert sich der Widerstand, wenn ein Cu-Draht bei konstanter Länge durch einen Cu-Draht mit doppeltem Leiterdurchmesser ersetzt wird?
f) Erläutern Sie am Beispiel eines Kupferdrahtes von 1 mm² Querschnitt den Zusammenhang zwischen spez. elektr. Widerstand und elektr. Leitfähigkeit.

B1
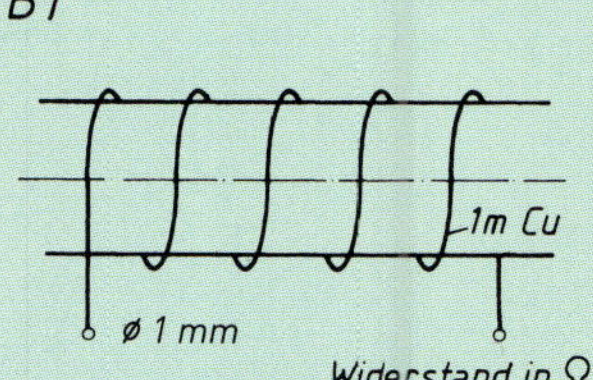

E2
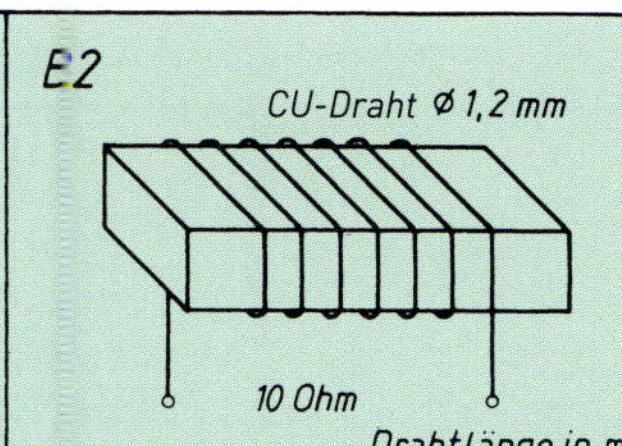

B3
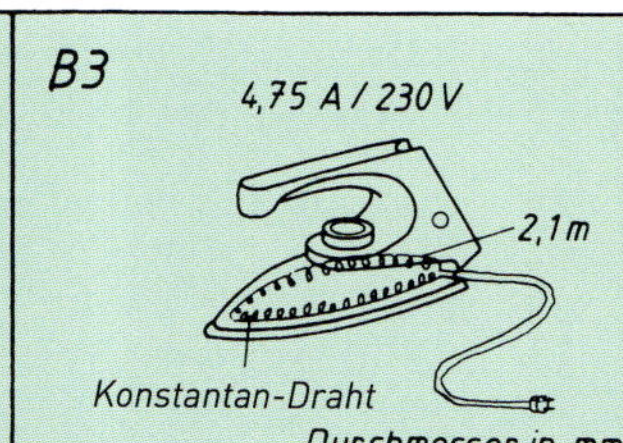

B4
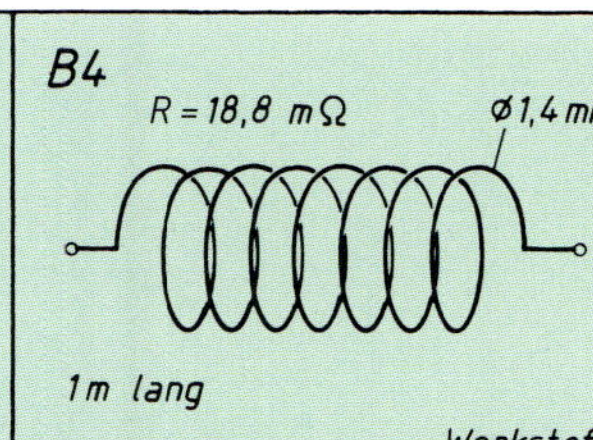

B5
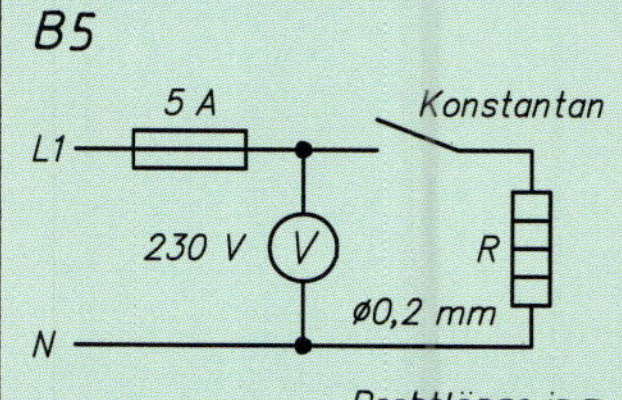

E6
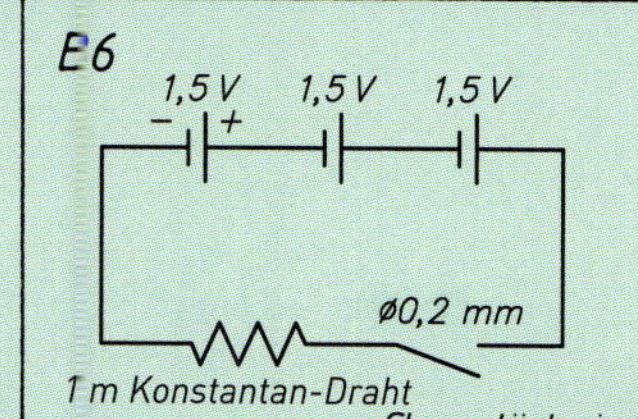

B7
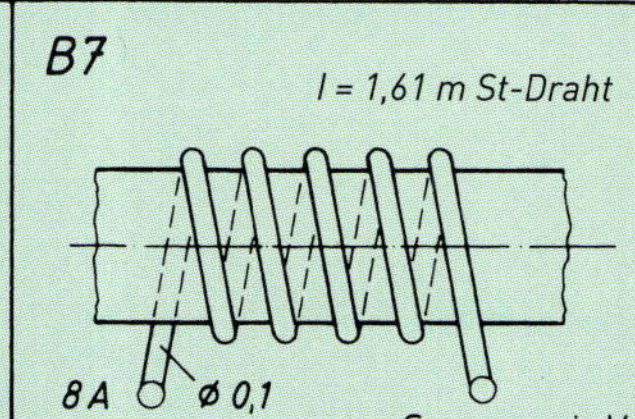

B8
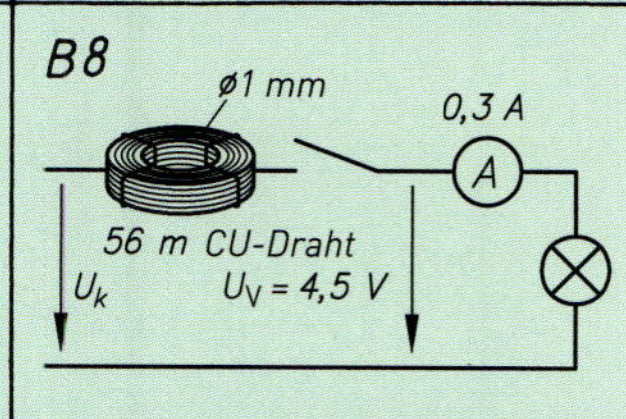

Elektrische Leistung und Arbeit

U Spannung in V
R Widerstand in Ω
I Stromstärke in A
t Zeit, Einschaltdauer in h
P elektr. Leistung in W
W elektr. Arbeit in Wh, kWh

1 W = 1 V · 1 A

1. Elektrische Leistung

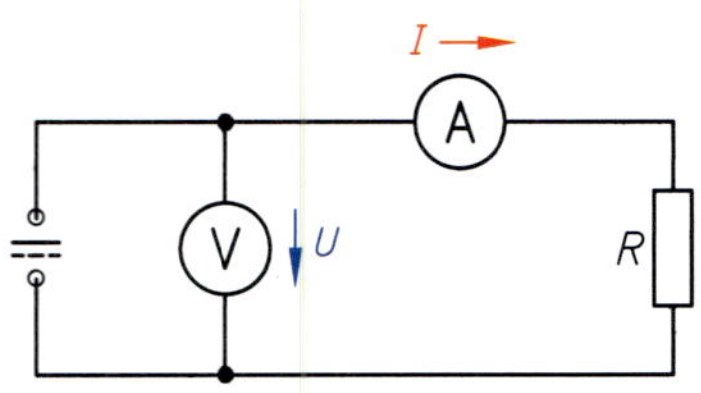

Erhöhen wir bei gleich bleibender Spannung die Stromstärke, so erhöht sich die Helligkeit – Leistung[1] – der Glühlampe.

Folgerung

Leistung = Spannung × Stromstärke

$$P = U \cdot I$$

Merke

Die Einheit der elektrischen Leistung ist W (Watt). Ein Watt ist die abgeleitete Einheit der mechanischen Leistung.

1 Nm/s = 1 J/s = 1 W

2. Elektrische Arbeit

Ebenso wie in der Mechanik gilt auch hier:

Leistung = Arbeit/Zeit $P = \frac{W}{t}$

somit wird

Arbeit = Leistung × Zeit

$$W = P \cdot t$$

Merke

Die Einheit der elektrischen Arbeit ist Ws (Wattsekunde). Eine Wattsekunde ist die abgeleitete Einheit der mechanischen Arbeit.

1 Nm = 1 J = 1 Ws

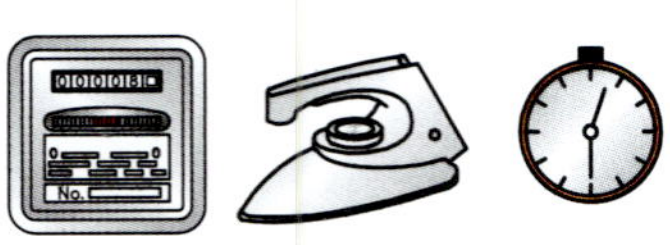

Hinweis

Ein Bügeleisen mit einer Leistung von 1 Kilowatt verbraucht in 1 Stunde 1 Kilowattstunde.

3. Zusammenfassung

Leistung = Spannung × Stromstärke

$P = U \cdot I$

Arbeit = Leistung × Zeit

$W = P \cdot t$

4. Beispiel

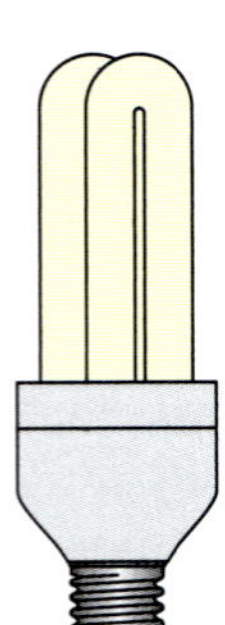

Eine Energiesparlampe nimmt bei 230 V Netzspannung 145 mA auf. Berechnen Sie bei 12 Stunden Leuchtzeit die abgegebene Arbeit in Wh.

Gesucht W in Wh

Gegeben
U = 230 V
I = 0,145 A
t = 12 h

Vorüberlegung
Arbeit = Leistung × Zeit in kWh

Lösung
$W = P \cdot t$
$P = U \cdot I$ = 230 V · 0,145 A = 33,35 W
W = 33,35 W · 12 h = <u>400,2 Wh</u>

Beachte

Die Energiekosten EUR/kWh richten sich nach dem gültigen Tarifpreis.

[1] Leistung im Gleichstromkreis oder induktionsfreien Wechselstromkreis

2

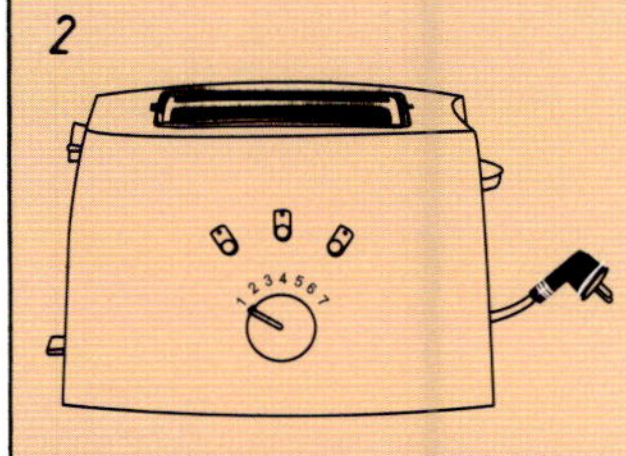

3

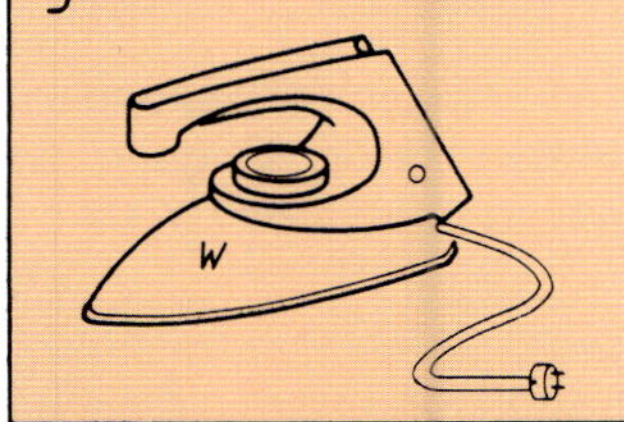

5

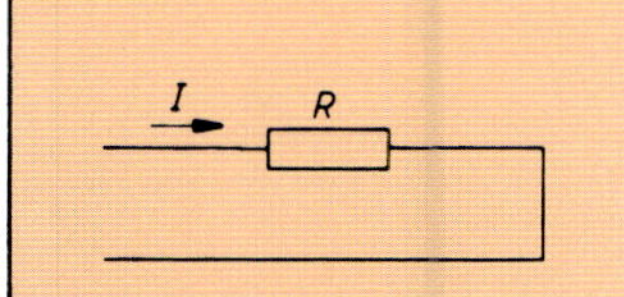

8

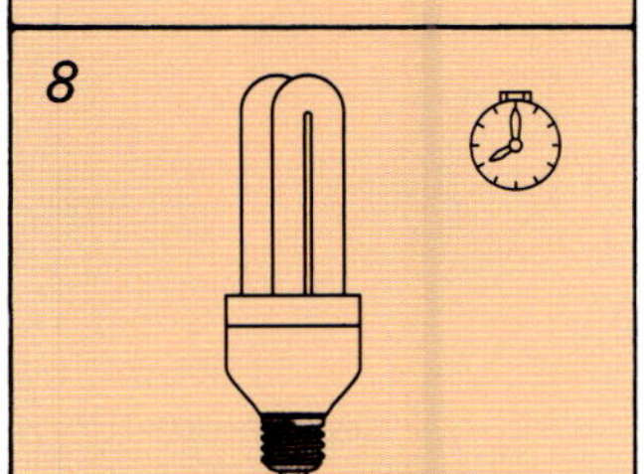

9

11, 12

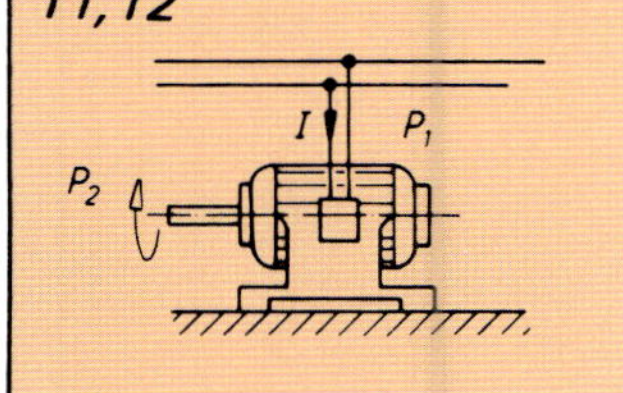

Aufgaben

1. Berechnen Sie die Leistung eines Heizkörpers bei 230 V Spannung und 1,3 A Stromaufnahme.

2. Für welche Spannung ist ein Toaster von 500 W vorgesehen, der 2,17 A aufnimmt?

3. Das Leistungsschild eines Bügeleisens enthält die Angabe 750 W/230 V. Berechnen Sie die Stromaufnahme.

4. Ein Vorwiderstand hat die Angabe 575 W/23 Ω. Berechnen Sie die Stromaufnahme.

5. An welche Spannung ist ein Vorwiderstand von 8 Ω angeschlossen, wenn er 1,8 kW aufnimmt?

6. Ein Gleichstrommotor verbraucht bei Vollbeanspruchung eine Leistung von 6 kW. Berechnen Sie die Stromaufnahme bei 230 V Spannung.

7. Ein Heizkörper enthält die Angabe 230 V/2 kW. Welche Größe muss der Vorwiderstand haben, wenn das Heizgerät an 400 V angeschlossen werden soll?

8. Wie groß ist die verbrauchte elektr. Arbeit einer Lampe 17 W, die 1 Stunde lang eingeschaltet ist?

9. Welche Leistung hat eine Kochplatte, die in 3/4 h 1,5 kWh verbraucht?

10. Ein Heißwasserbereiter war 45 Minuten in Betrieb. Der Zählerstand stieg dabei von 6755,3 kWh auf 6759,8 kWh. Errechnen Sie die Anschlussleistung in kW.

11. Die Leistungsaufnahme eines Elektromotors beträgt 6,2 kW, die Arbeitszeit 8 h. Wie hoch sind die Stromkosten, wenn 1 kWh 0,21 EUR kostet?

12. Der Antriebsmotor einer Bohrmaschine nimmt bei 230 V Spannung einen Strom von 5,22 A auf. In welcher Zeit wird 1 kWh verbraucht?

▶ Wissen – Erkennen – Werten

a) Erklären Sie die Begriffe elektrische Leistung und Arbeit.
b) Welches sind die Einheiten für elektrische Leistung und Arbeit?
c) Wie beeinflussen Spannung und Stromstärke die elektrische Leistung?
d) Wie verändert sich die Leistungsaufnahme, wenn ein Widerstand bei konstanter Spannung verdoppelt wird?
e) Aus welchen Größen ergibt sich die elektrische Arbeit?
f) Welchen Einfluss haben Leistung und Zeit auf die elektrische Arbeit?
g) Warum ist es nicht richtig, von „Verbrauchern" zu sprechen?

B1

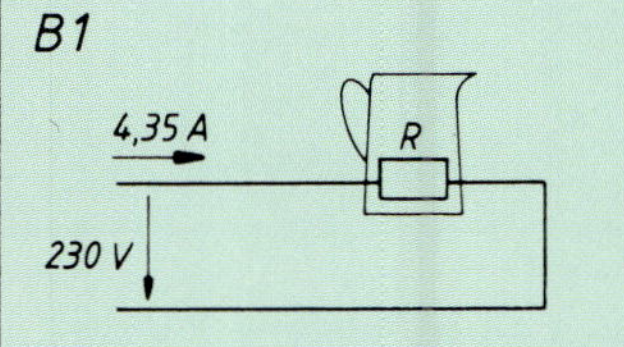

Leistung in W

B2

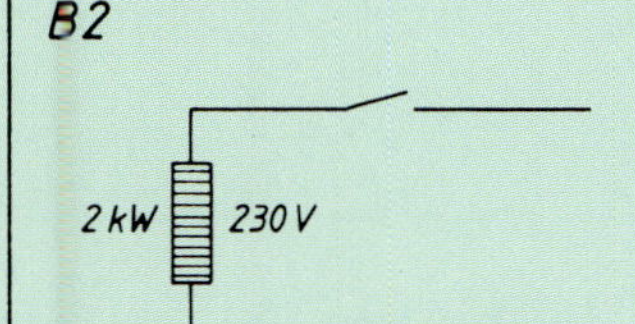

Stromaufnahme in A

B3

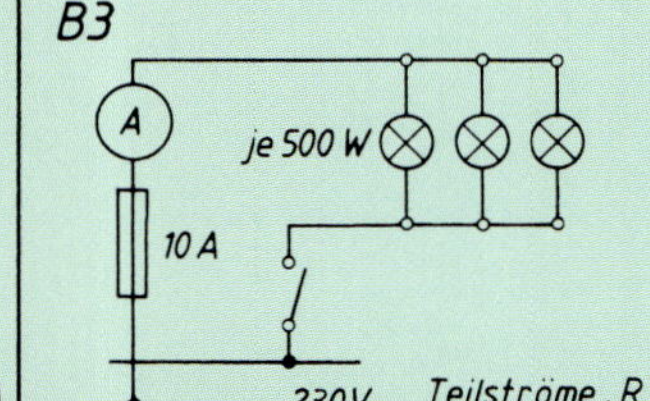

Teilströme, R

B4

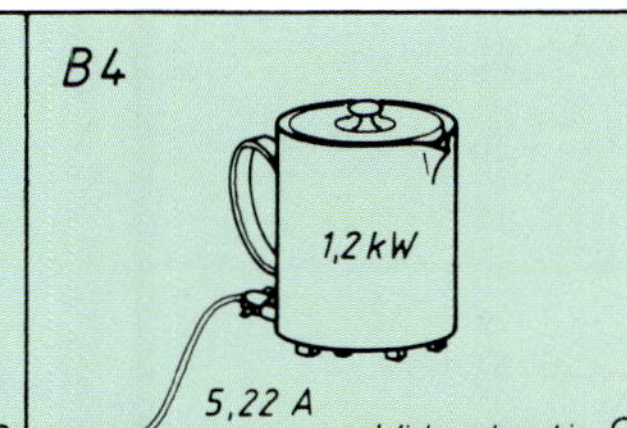

Widerstand in Ω

B5

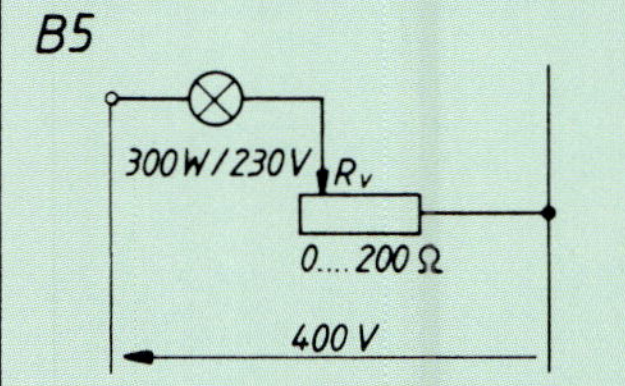

Vorwiderstand in Ω

B6

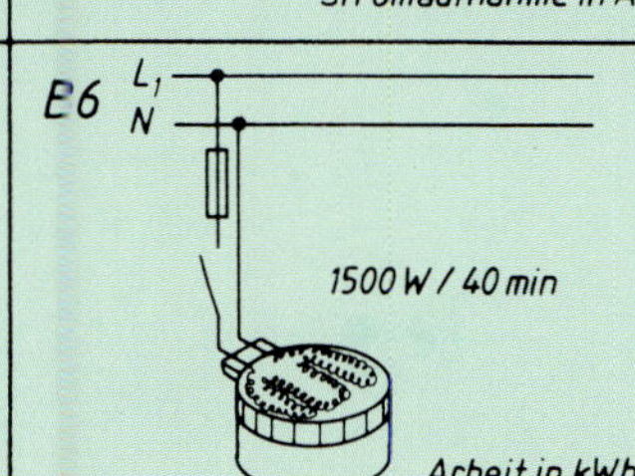

Arbeit in kWh

B7

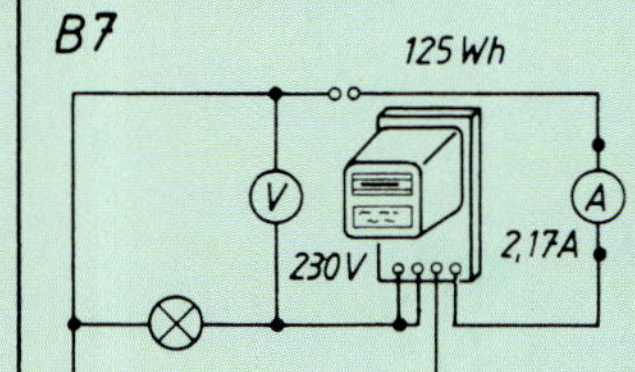

Zeit in min

B8

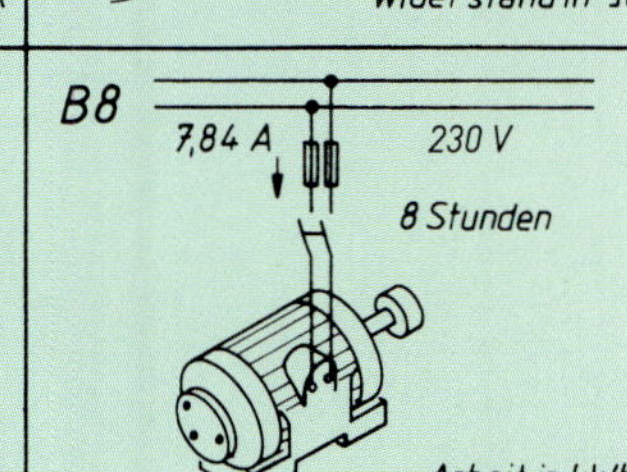

Arbeit in kWh

Wechsel- und Drehstrom (induktive Belastung), Transformator

f	Frequenz in Hz (Hertz), 1/s	U	Spannung in V	N	Windungszahl
T	Periodendauer in s	I	Stromstärke in A	$ü$	Übersetzungsverhältnis
$\cos\varphi$	Leistungsfaktor	P	Wirkleistung in A · V = W	η	Wirkungsgrad

Die Eingangsseite erhält den Index 1, die Ausgangsseite erhält den Index 2.

1. Wechselstrom

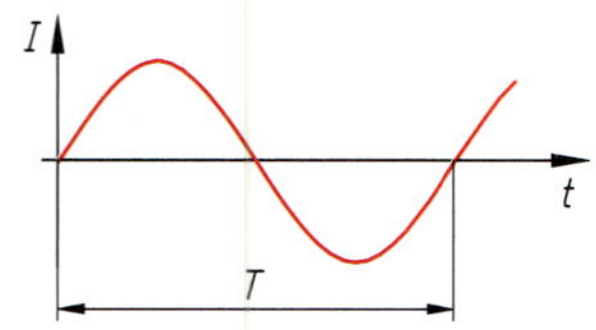

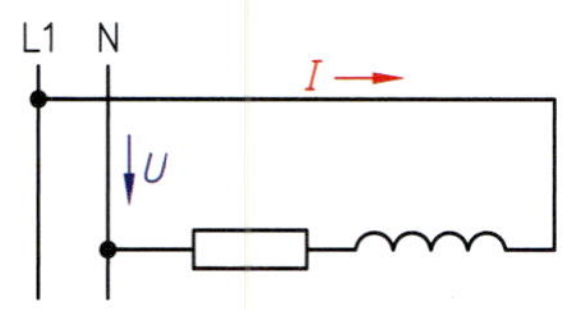

Ein Strom, der dauernd seine Richtung und Größe ändert, heißt Wechselstrom.

Kenndaten Frequenz f – Anzahl der Schwingungen pro Sekunde
Periodendauer T – Zeit für eine vollständige Schwingung, sie beträgt 1/50 Sekunde, folglich: $T = 1/f$

Wechselstrom-Wirkleistung

Für Wechselstrom mit induktivem Lastanteil (z. B. Spulen) werden die entstehenden Leistungsverluste durch einen Leistungsfaktor $\cos\varphi$ berücksichtigt:

Leistung = Spannung × Stromstärke × Leistungsfaktor

$$P = U \cdot I \cdot \cos\varphi$$

Der Leistungsfaktor $\cos\varphi$ ist das Verhältnis von Wirk- zur Scheinleistung.

2. Drehstrom

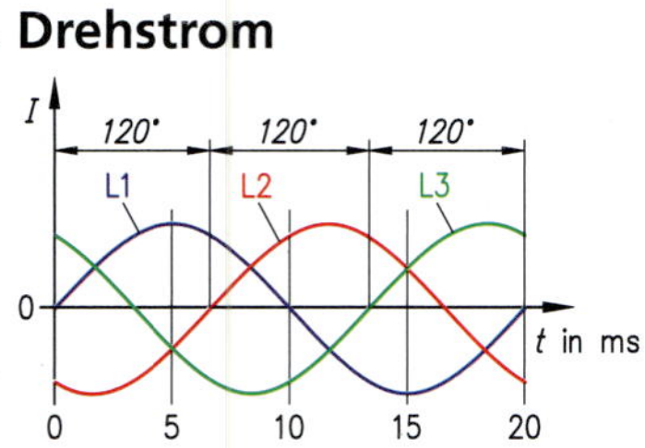

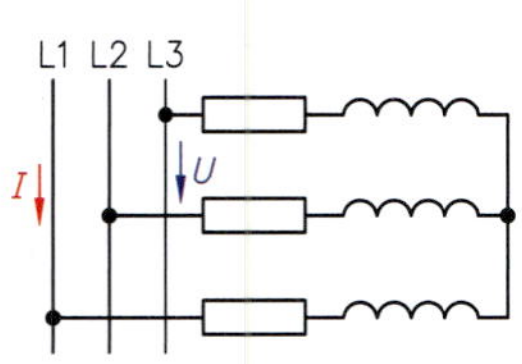

Der Drehstrom ist ein dreiphasen Wechselstrom. Die drei Ströme sind um 120° gegeneinander verschoben und miteinander verkettet.

Spannungen Zwischen Außenleiter und Neutralleiter jeweils 230 V.
Zwischen zwei Außenleitern jeweils 400 V.

$$\text{Verkettungsfaktor} = \frac{\text{Leiterspannung}}{\text{Strangspannung}} = \frac{400\ \text{V}}{230\ \text{V}} = 1{,}73 = \sqrt{3}$$

Drehstrom-Wirkleistung

In jedem Leiter des Dreiphasenwechselstroms wird eine Wechselstromleistung erzeugt, folglich muss die Wechselstromleistung mit dem Verkettungsfaktor multipliziert werden:

Leistung = Verkettungsfaktor × Wechselstromleistung

$$P = \sqrt{3} \cdot U \cdot I \cdot \cos\varphi$$

Hinweis
Auf den Leistungsschildern steht die abgegebene Leistung (Nennleistung).

3. Transformator

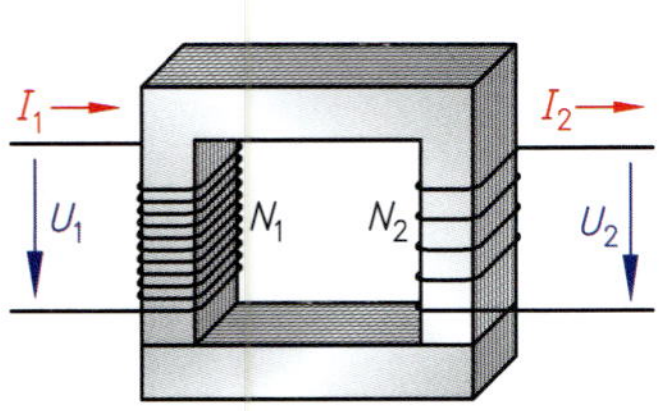

Werden beim Transformator die unvermeidbaren, geringen Verluste vernachlässigt, so kann als Nennleistung eine Scheinleistung angesetzt werden:

Eingangsleistung = Ausgangsleistung (bei $\cos\varphi = 1$)

$$U_1 \cdot I_1 = U_2 \cdot I_2$$

Bei konstanter magnetischer Flussänderung in beiden Spulen ergibt sich:

$$U_1 : U_2 = I_2 : I_1 \Rightarrow U \sim \frac{1}{I}$$

$$U_1 : U_2 = N_1 : N_2 \Rightarrow U \sim N$$

$$I_2 : I_1 = N_1 : N_2 \Rightarrow I \sim \frac{1}{N}$$

Diese Beziehung wird als Übersetzungsverhältnis $ü$ bezeichnet.

4. Zusammenfassung

Wechselstromleistung	Drehstromleistung	Transformator
$P = U \cdot I \cdot \cos\varphi$	$P = \sqrt{3} \cdot U \cdot I \cdot \cos\varphi$	$ü = \frac{U_1}{U_2} = \frac{N_1}{N_2} = \frac{I_2}{I_1}$

5. Beispiel

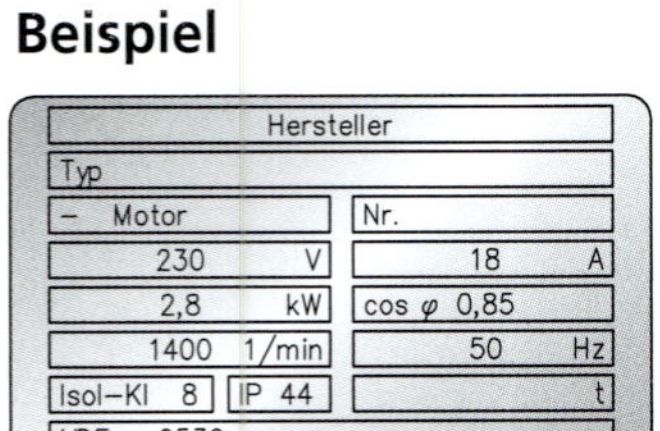

Berechnen Sie für den Elektromotor anhand des Leistungsschildes (siehe Skizze) die Wirkleistungsaufnahme in kW und den Motorwirkungsgrad η.

Gesucht P in kW, η

Gegeben $U = 230\ \text{V}$; $I = 18\ \text{A}$; $\cos\varphi = 0{,}85$

Vorüberlegung
zugeführte Leistung = Wirkleistung

Lösung

$$P = U \cdot I \cdot \cos\varphi$$

$$P = 230\ \text{V} \cdot 18\ \text{A} \cdot 0{,}85$$

$$P = 3\,520\ \text{W} = \underline{3{,}52\ \text{kW}}$$

$$\eta = \frac{P_2}{P_1} = \frac{2{,}8\ \text{kW}}{3{,}52\ \text{kW}} \approx \underline{0{,}8}$$

Die fehlenden Werte sind zu berechnen:

1. Wechselstrommotor	a	b	c
Spannung in V	230	230	?
Stromstärke in A	6,2	?	0,26
Leistungsfaktor	0,7	0,9	0,92
Wirkleistung in W	?	850	55

2. Drehstrommotor	a	b	c
U in V	230	400	400
I in A	12	15	?
$\cos\varphi$	0,85	?	0,81
P in kW	?	9	5,5

3. Berechnen Sie die Periodendauer der Frequenz für:

   a) $16\frac{2}{3}$ Hz, b) 50 Hz, c) 20 kHz, d) 5 MHz, e) 60 Hz. Wo finden diese Wechselstromfrequenzen technische Anwendung?

4. Zum Induktionshärten wird eine Spule von Wechselstrom mit einer Periodendauer von $4 \cdot 10^{-5}$ s durchflossen. Mit welcher Frequenz in kHz wird gearbeitet?

5. Ein Wechselstrommotor für 230 V hat einen Leistungsfaktor $\cos\varphi = 0{,}86$. Welche Leistung nimmt der Motor bei einem Strom von 7,1 A auf?

6. Eine Pumpe mit einem Wechselstrommotor für 230 V und $\cos\varphi = 0{,}94$ nimmt eine Leistung von 85 W auf. Ermitteln Sie die Stromaufnahme.

7. Das Leistungsschild eines Einphasenmotors enthält die Angaben: 230 V/3,8 A, $\cos\varphi = 0{,}86$ und 650 W. Welchen Wirkungsgrad besitzt der Motor?

8. Eine mit einem Drehstrommotor ausgerüstete Bohrmaschine hat den $\cos\varphi = 0{,}84$ und nimmt 400 V/12,4 A auf. Wie groß ist die Wirkleistung?

9. Ein Fräsmaschinenmotor mit 400 V hat die Katalogangaben: 5,4 kW, $\cos\varphi = 0{,}84$, $\eta = 0{,}81$. Ermitteln Sie: a) zugeführte Leistung in kW, b) Stromaufnahme in A.

10. Für den Drehstrommotor eines Schweißgerätes sind folgende Angaben bekannt: 400 V/38 A, $\cos\varphi = 0{,}8$, Nennleistung 18 kW. Bestimmen Sie den Wirkungsgrad.

11. Die Primärspule eines Schweißtransformators 230 V/15 A hat 345 Windungen. Ermitteln Sie für die Sekundärspule die Windungszahl und den Strom bei 18 V.

12. Eine Energiesparlampe 12 V/30 W soll über einen Trafo an 230 V angeschlossen werden. Die Sekundärspule hat 90 Windungen. Ermitteln Sie für die Primärspule N und I.

▶ Wissen – Erkennen – Werten

a) Erläutern Sie das allgemeine Funktionsprinzip der Elektromotoren.
b) Unterscheiden Sie am Elektromotor: Wandeln, Leiten, Koppeln, Verkleinern.
c) Welche Angaben können auf dem Leistungsschild (B 3) direkt abgelesen werden?
d) Begründen Sie, warum die richtige Wahl von Elektromotoren so wichtig ist.
e) Warum sind Eisenkerne aus geschichteten Weicheisenblechen aufgebaut?
f) Warum werden Transformatoren nicht an Gleichspannung angeschlossen?
g) Je geringer die Windungszahl, desto ... U und desto ... die Stromaufnahme.
h) Nennen Sie die Vorschriften für den Umgang mit Elektrogeräten.

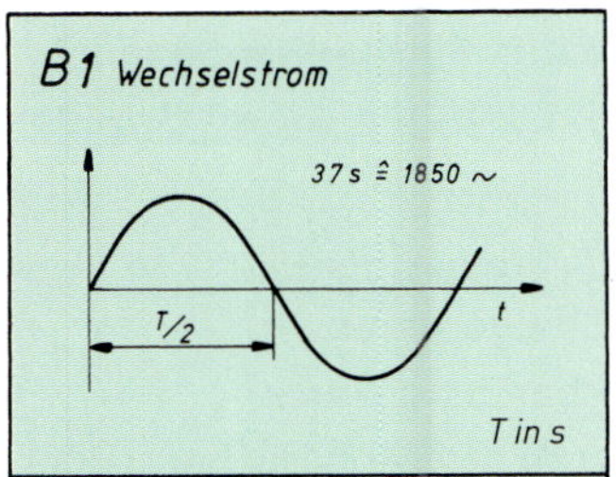

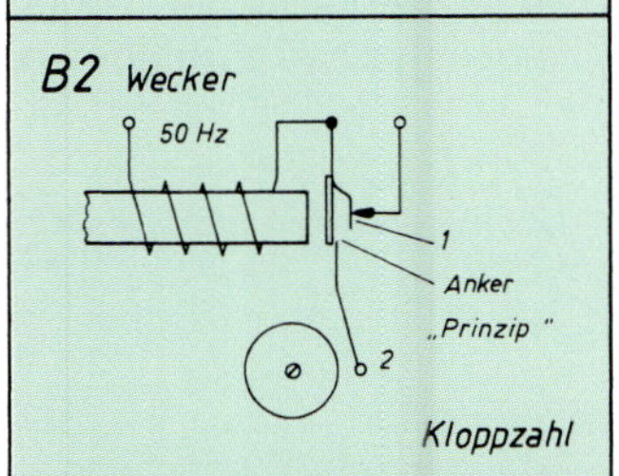

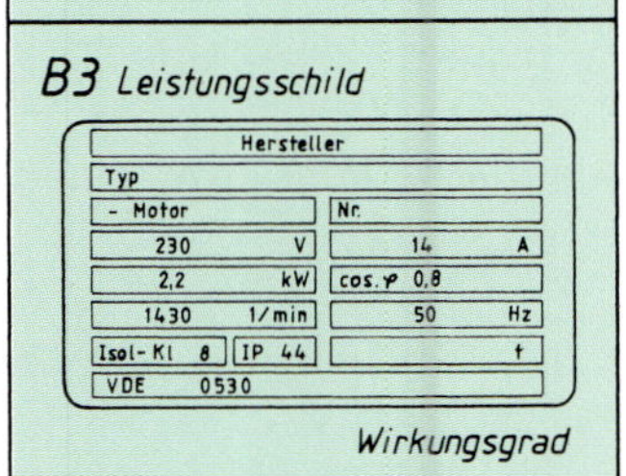

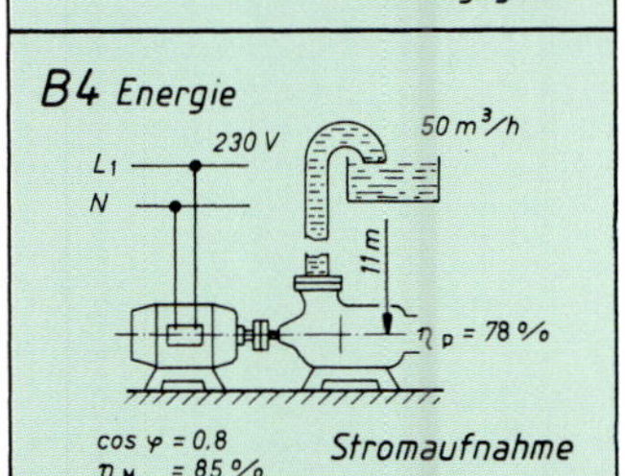

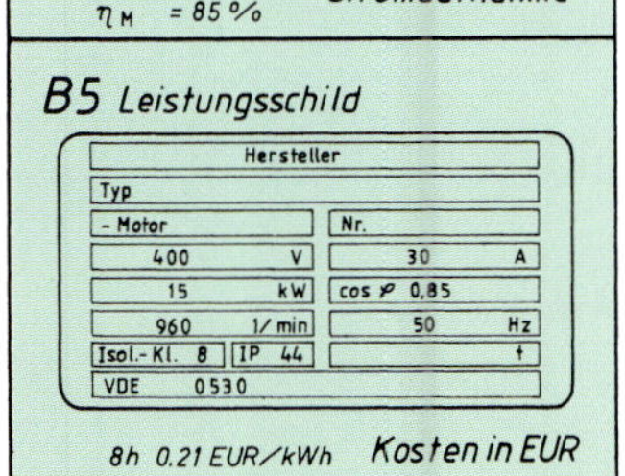

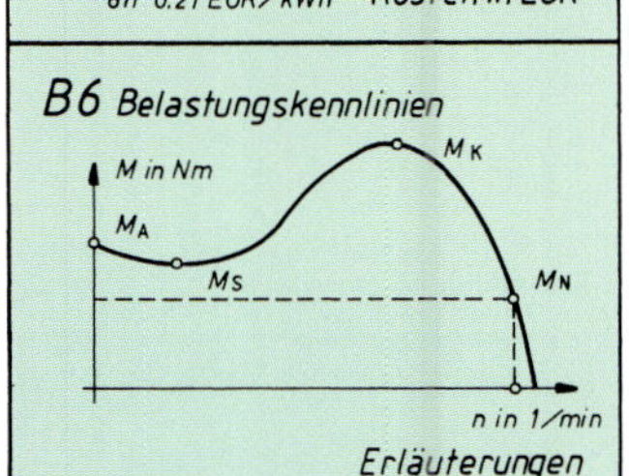

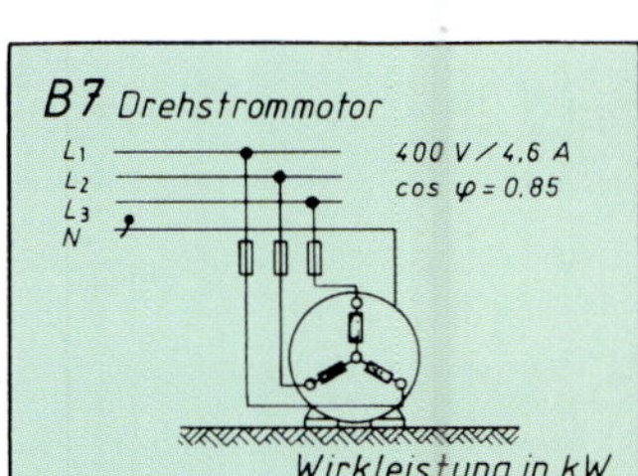

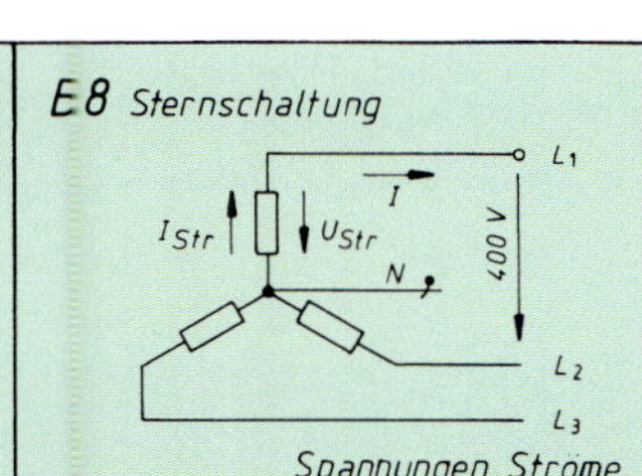

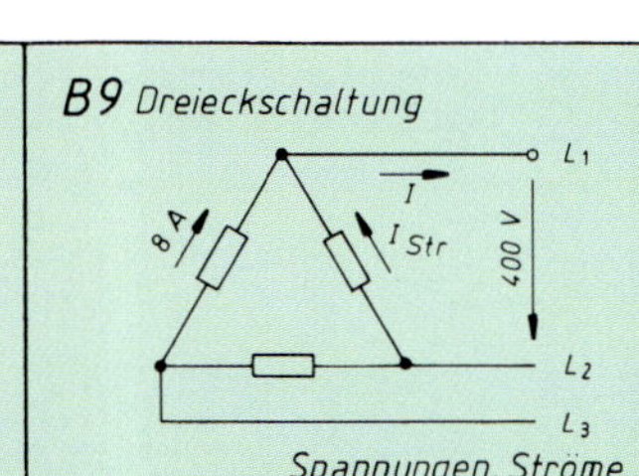

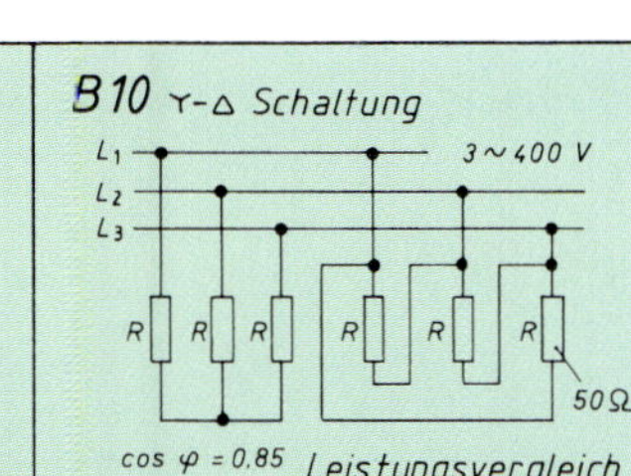

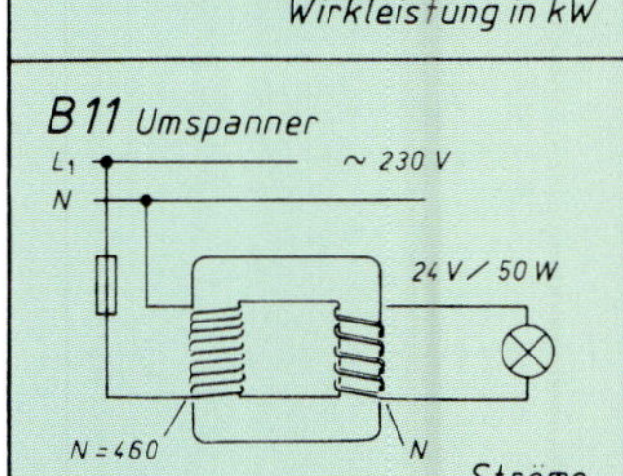

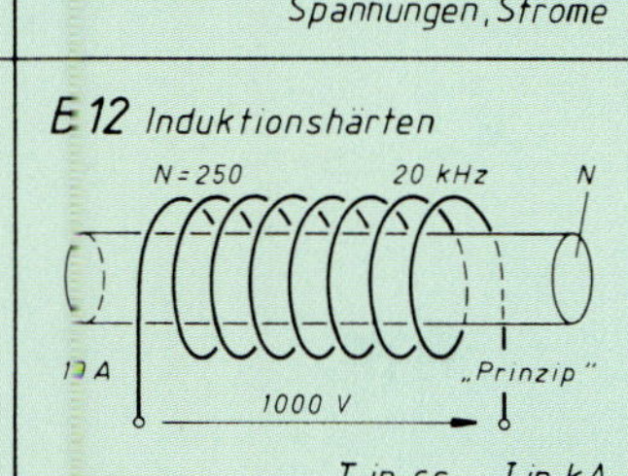

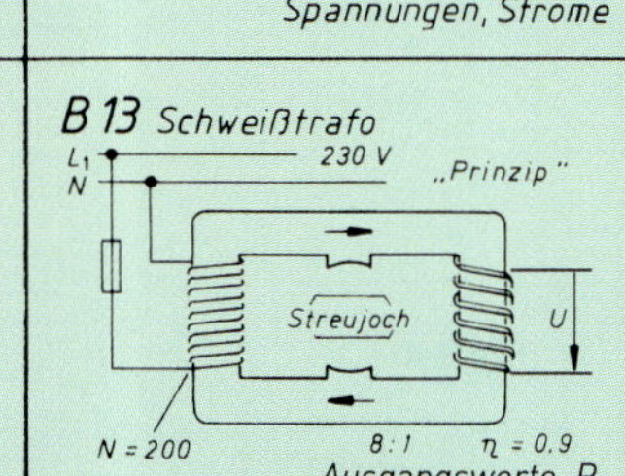

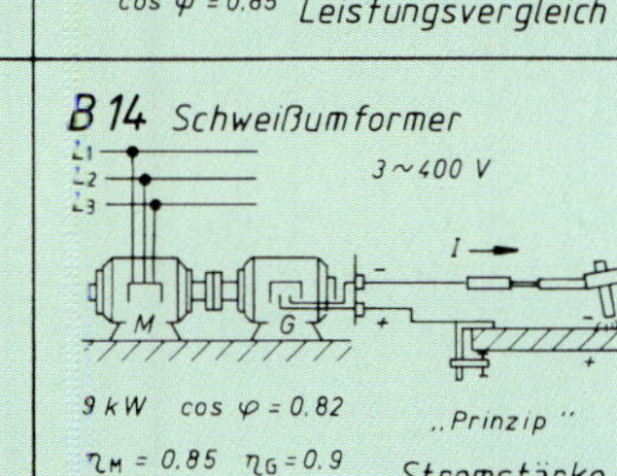

p_{amb} **atmosphärischer Druck** (Luftdruck) in Pa oder bar: Er wird durch das Gewicht der Lufthülle der Erde erzeugt und übt auf die Erde in Höhe des Meeresspiegels gemessen einen statischen Druck von ungefähr 1,013 bar aus. Der Luftdruck ist abhängig von der Wetterlage und wird in zunehmender Höhe geringer.

p_{abs} **absoluter Druck** in Pa oder bar: Er ist der gegenüber dem Vakuum tatsächlich vorhandene Druck.

p_e **Überdruck** in Pa oder bar: Er ist der in der Technik interessierende Unterschied zum atmosphärischen Druck. Ein positiver Zahlenwert bedeutet Überdruck (Druck übersteigt den Luftdruck), ein negativer Zahlenwert bedeutet Unterdruck (Druck geringer als der Luftdruck).

1. Druckbegriff

Druck ist der Quotient aus Kraft und Fläche.

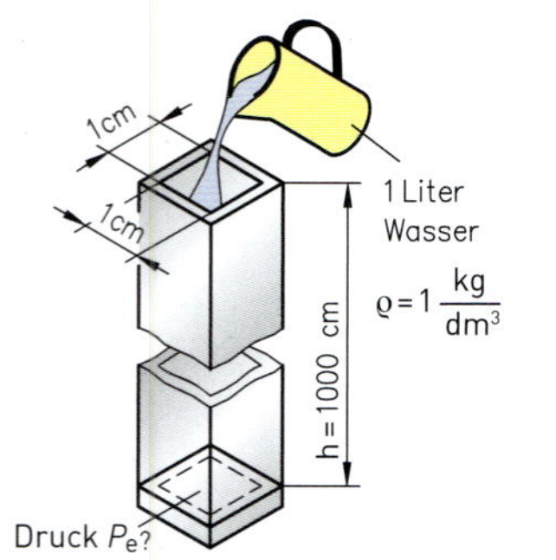

$p = \frac{F}{A}$ Einheiten $1 \frac{N}{m^2} = 1$ Pa

p Druck in N/m²
F Kraft in N
A Fläche in m²

Eine 10 m hohe Wassersäule übt auf seine Grundfläche von 1 cm² einen Überdruck von 1 bar aus.

$p_e = h \cdot \varrho \cdot g$

$p_e = 10 \text{ m} \cdot \frac{1\,000 \text{ kg}}{\text{m}^3} \cdot 9{,}80665 \frac{\text{m}}{\text{s}^2}$

$p_e = 98\,066{,}5 \frac{\text{kgm}}{\text{s}^2} \cdot \frac{1}{\text{m}^2} = 98\,066{,}5 \frac{\text{N}}{\text{m}^2} = 98\,066{,}5 \text{ Pa}$

$p_e \approx 1$ bar

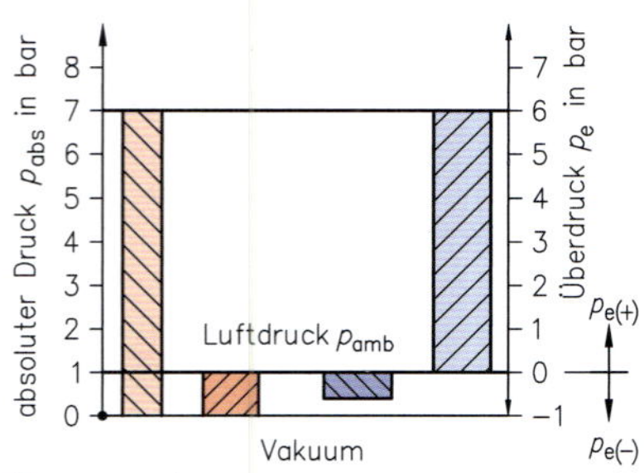

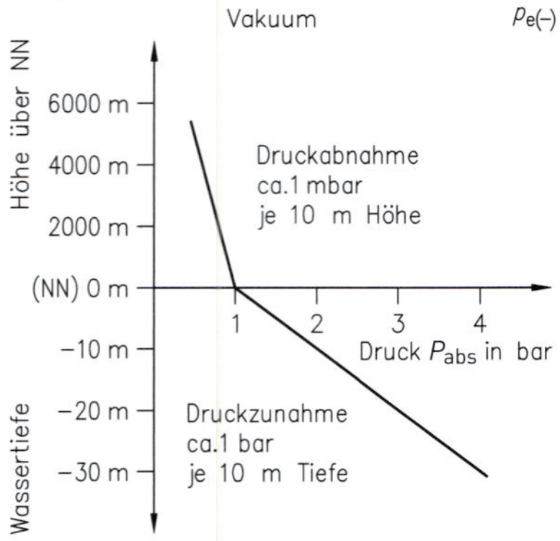

absoluter Druck	=	Luftdruck	+	positiver Überdruck
p_{abs}	=	p_{amb}	+	p_e
absoluter Druck	=	Luftdruck	+	negativer Überdruck
p_{abs}	=	p_{amb}	+	$(-p_e)$

Merke

$0{,}1 \text{ MPa} = 100\,000 \text{ Pa} = 10^5 \text{ Pa} = 10^5 \frac{\text{N}}{\text{m}^2} = 10 \frac{\text{N}}{\text{cm}^2} = 1 \text{ bar}$

1 bar = 1 000 mbar = 1 000 hPa

2. Zusammenfassung

Überdruck	=	absoluter Druck	−	Luftdruck
p_e	=	p_{abs}	−	p_{amb}

Hinweis
Der Überdruck ist positiv, wenn p_{abs} größer als p_{amb} ist.
Der Überdruck ist negativ, wenn p_{abs} kleiner als p_{amb} ist.

3. Beispiel

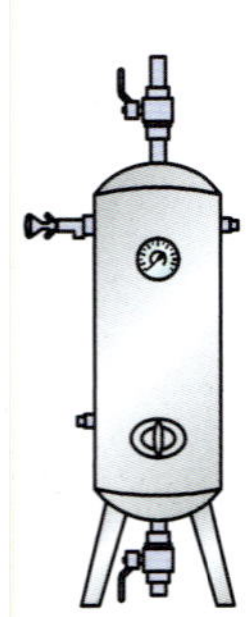

An einem Druckbehälter zeigt ein angeschlossenes Manometer einen Überdruck von 614 mbar an. Der äußere Luftdruck beträgt 1 015 hPa. Berechnen Sie den absoluten Druck in mbar, hPa, Pa und MPa.

Gesucht p_{abs}

Gegeben p_e = 615 mbar; p_{amb} = 1 015 hPa

Vorüberlegung Normdruck 1 015 hPa

Lösung
$p_{abs} = p_{amb} + p_e$
p_{abs} = 1 015 mbar + 615 mbar
p_{abs} = 1 630 mbar = 1 630 hPa = 163 000 Pa = 0,163 MPa

Hinweis
Außerhalb der SI-Einheiten darf in der Technik die Einheit bar benutzt werden.

3
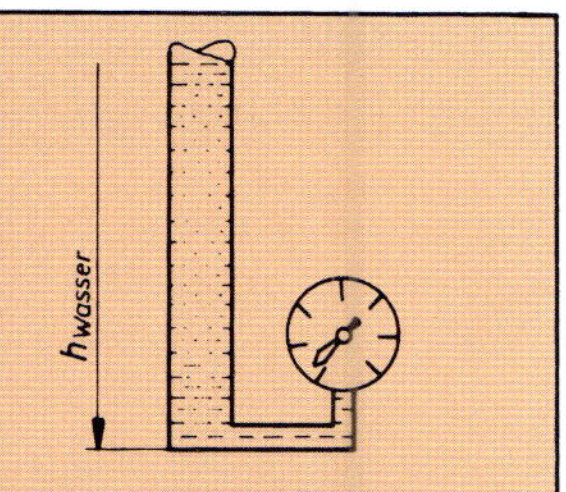

4
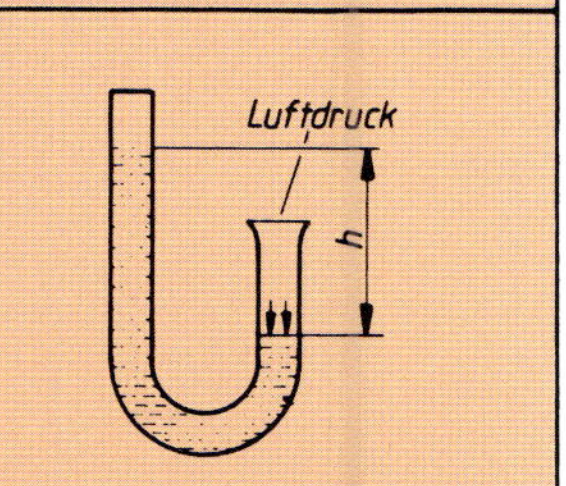

5
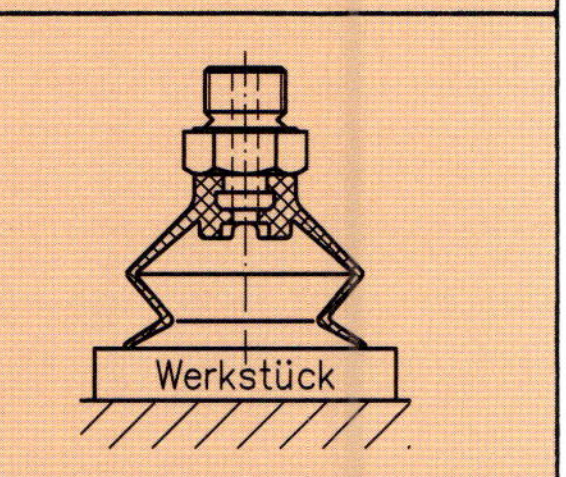

6
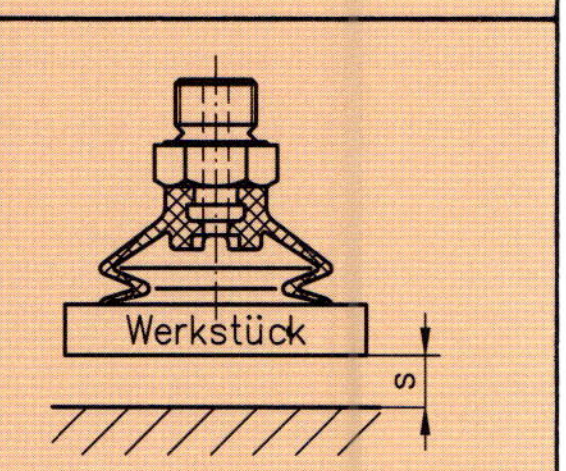

7
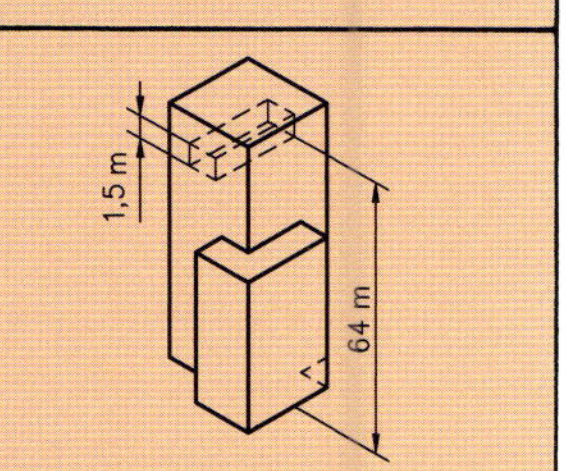

8
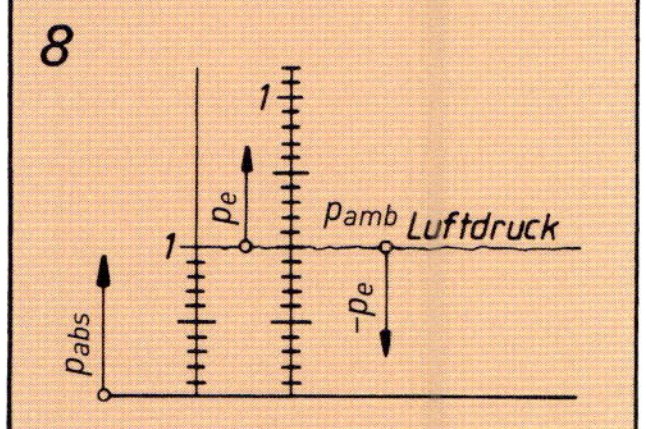

Aufgaben

1. Verwandeln Sie folgende Druckeinheiten:
   a) 1 bar in daN/cm², N/cm², mbar,
   b) 2 · 10⁵ Pa in N/m², N/cm², mbar,
   c) 10^{-5} bar in hPa, N/m², mbar
   d) 25 mbar in hPa, kPa, N/m²
   e) 120 Pa in mbar, hPa, MPa
   f) $2 \cdot 10^{-2}$ hPa in Pa, bar, N/cm²

2. Berechnen Sie die fehlenden Werte:

Aufgabe	a	b	c	d	e	f
p_{amb}	1 bar	1000 mbar	? hPa	1 bar	1000 mbar	? hPa
p_e	2 bar	? mbar	1600 mbar	−0,6 bar	? mbar	−300 mbar
p_{abs}	? bar	1500 mbar	2,613 bar	? bar	800 mbar	0,715 bar

3. Welche Höhe in m hat eine Wassersäule bei einem Luftdruck von 1 000 hPa?

4. Rechnen Sie den Luftdruck von 1000 hPa in die angegebenen Einheiten um:
   a) N/cm², b) N/m², c) Pa.

5. In einem Herstellerkatalog wird ein Vakuumsaugkopf beschrieben. Dort steht: „... es wird ein 60%iges Vakuum erzeugt". Welcher Druck herrscht während des Betriebs im Inneren des Vakuumsaugers?

6. Der absolute Druck in einer Montagehalle beträgt $p_{amb} = 1{,}000$ bar. In ihr arbeitet ein Industrieroboter mit einem Sauggreifer, der mit einem 85%igem Vakuum betrieben wird. Wie groß ist der absolute Druck im Saugnapf?
   a) $p_e = 0{,}85$ bar, b) $p_{abs} = 0{,}85$ bar, c) $p_{abs} = -0{,}85$ bar, d) $p_e = -0{,}85$ bar,
   e) $p_e = 0{,}15$ bar

7. In einem Hochhaus befindet sich 64 m über dem Erdboden ein 1,5 m tiefes Schwimmbecken. Welcher Wasserdruck ist erforderlich, um das Becken ganz zu füllen?

8. Wie groß sind die Überdrücke, wenn bei einem Luftdruck von 1 bar die absoluten Drücke a) 2,3 bar und b) 0,8 bar betragen?

9. Welcher Enddruck ergibt sich bei einem Anfangsdruck $p_e = 96\,000$ Pa und einem Druckabfall von 0,08 bar?

► Wissen – Erkennen – Werten

a) Wie breitet sich der Druck in Gasen aus?
b) Erklären Sie die physikalische Größe Druck.
c) Welche Kraft übt die Luft auf eine Fensterscheibe in 1 m² aus?
d) In welchen Einheiten werden Gasdrücke angegeben?
e) Unterscheiden Sie atmosphärischen Druck vom absoluten Druck.
f) Welche Größen beeinflussen den absoluten Druck?
g) Erklären Sie die Begriffe Überdruck und negativer Überdruck.
h) Unterscheiden Sie die Druckmessgeräte Manometer und Barometer.

B1
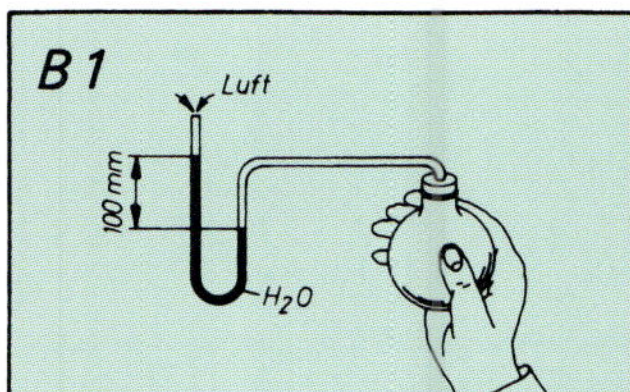

p_{abs} in mbar

E2
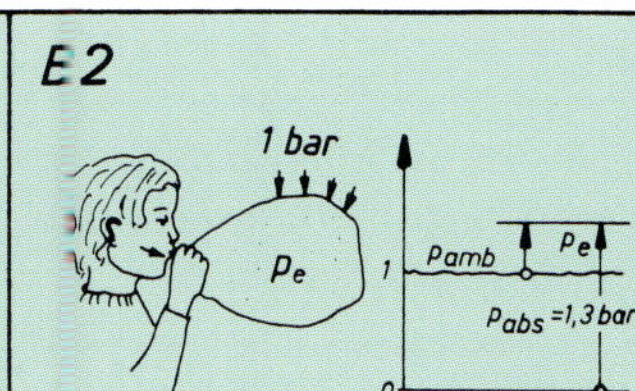

Druck in bar

B3
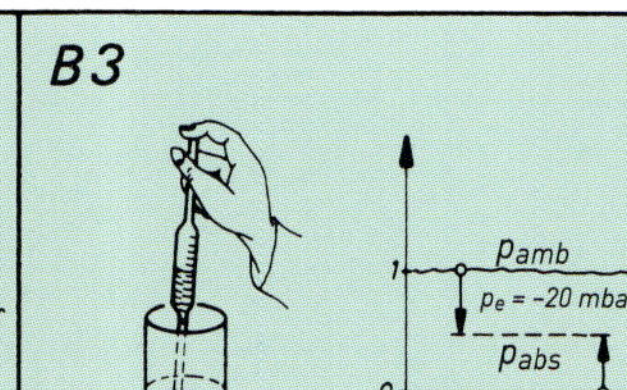

Druck in mbar

B4
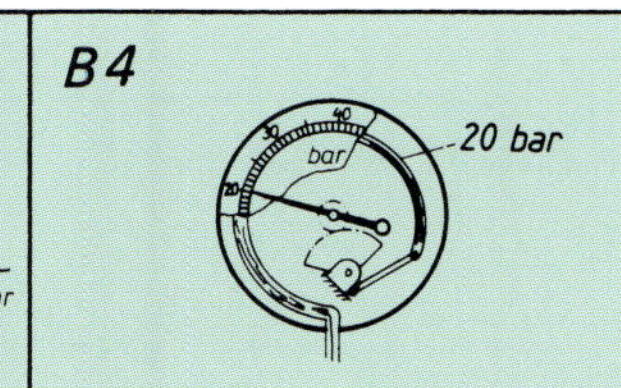

Druck in N/cm², Pa

B5
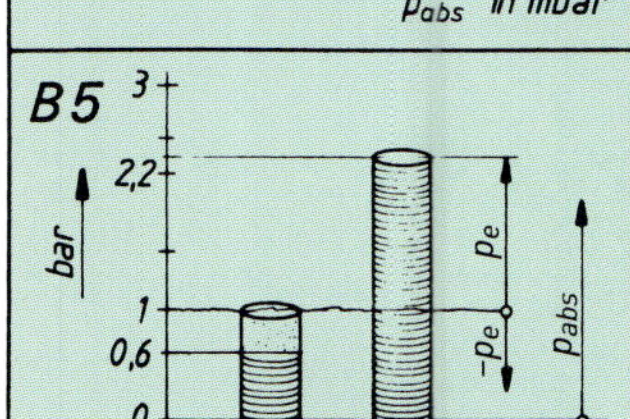

Überdrücke in bar

E6
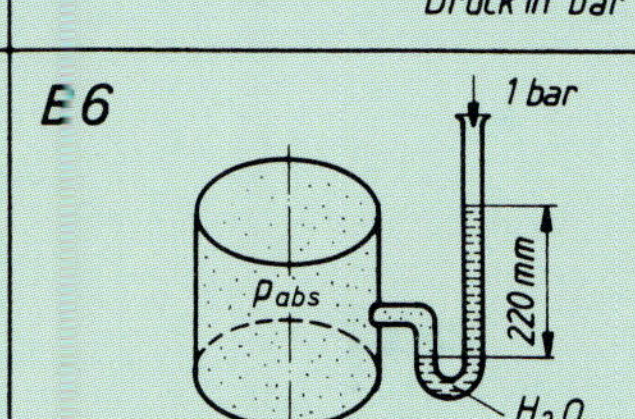

Absoluter Druck in N/cm²

B7
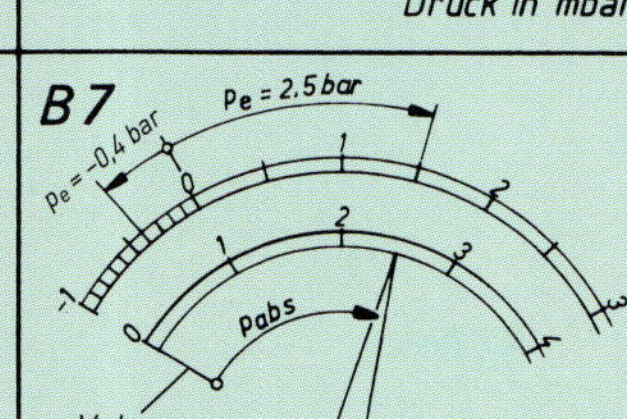

Absolute Drücke in bar

B8
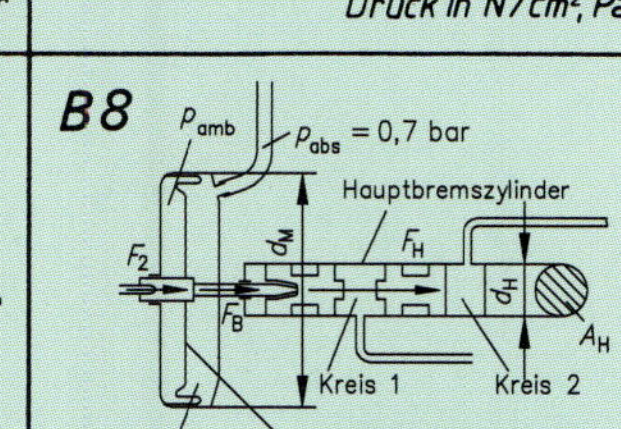

Nutzbare Druckdifferenz in bar

p_{amb}	Luftdruck in Pa, bar	V	Volumen in m^3	Index 1	Eingang, im Zustand 1
p_e	Überdruck in Pa, bar	T	Temperatur in K	Index 2	Ausgang, im Zustand 2
p_{abs}	absoluter Druck in Pa, bar	t	Temperatur in °C		

1. Thermodynamische Temperatur

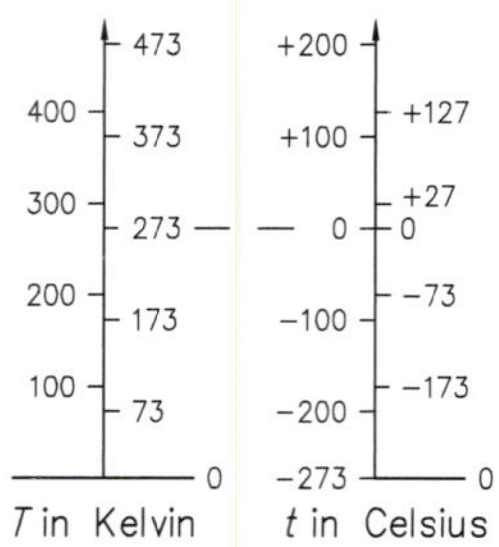

Die tiefste erreichbare Temperatur ist −273 °C. Von hier aus misst man die thermodynamische Temperatur in Kelvin SI-Einheit K.

$$-273\,°C = 0\,K$$

$$1\,°C = 1\,K \qquad t = T - T_0 \qquad T_0 = 273\,K$$

$$\text{Temperatur in K} = 273\,K + \text{Temperatur in °C}$$

Anmerkung

Das Kelvin, die Einheit der thermodynamischen Temperatur, ist der 273,16. Teil der thermodynamischen Temperatur des Tripelpunktes des Wassers.

2. Gesetz von Boyle-Mariotte

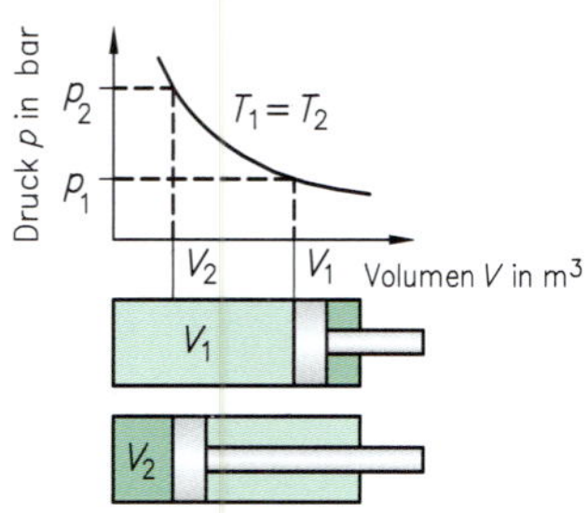

Der englische Physiker Boyle und der Franzose Mariotte erforschten unabhängig voneinander, dass sich eine eingeschlossene unter Druck gesetzte Gasmenge bei gleichbleibender Temperatur im Volumen verringert.

T = konstant, $p \cdot V$ = konstant

Gesetz

Bei gleichbleibender Temperatur ist das Produkt aus Druck und Volumen eines Gases immer gleich.

$$p_{abs1} \cdot V_1 = p_{abs2} \cdot V_2$$

3. Gesetz von Gay-Lussac

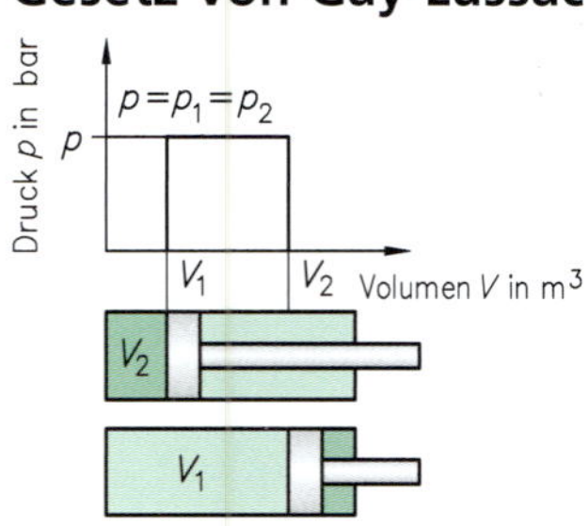

Durch Versuche hat der französische Physiker ermittelt, dass bei Gasen bei gleichbleibendem Druck durch Erwärmung eine Volumenänderung erfolgt.

p = konstant, $\frac{V}{T}$ = konstant

Gesetz

Bei gleichbleibendem Druck verhalten sich die Volumen eines Gases zueinander wie die thermodynamischen Temperaturen.

$$\frac{V_1}{V_2} = \frac{T_1}{T_2}$$

4. Allgemeine Gasgleichung

Aus der Vereinigung der Gesetze von Boyle-Mariotte und Gay-Lussac ergibt sich die allgemeine Gasgleichung.

Zustand 1

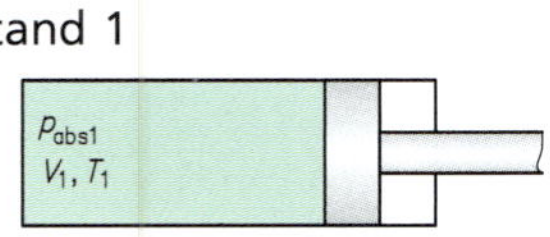

vor einer Erwärmung und Verdichtung

Zustand 2

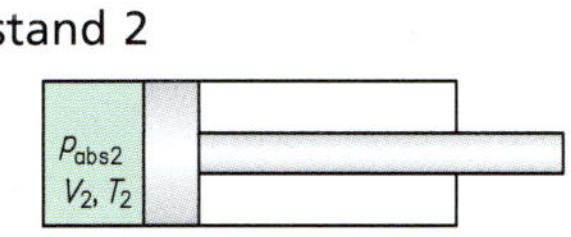

nach einer Erwärmung und Verdichtung

$$\frac{p_{abs1} \cdot V_1}{T_1} = \frac{p_{abs2} \cdot V_2}{T_2}$$

5. Zusammenfassung

Die allgemeine Gasgleichung gilt für alle vorkommenden Fälle. Konstante Größen können aus der Gleichung gekürzt werden.

$$\frac{p_{abs1} \cdot V_1}{T_1} = \frac{p_{abs2} \cdot V_2}{T_2}$$

6. Beispiel

Eine Gasflache mit 150 bar Fülldruck erwärmt sich infolge der Sonnenbestrahlung von 20 °C auf 60 °C. Ermitteln Sie den absoluten Flaschendruck in bar.

Gesucht p_{abs2} in bar

Gegeben

p_{abs1} = 150 bar + 1 bar = 151 bar

t_1 = 20 °C ⇒ T_1 = 273 + 20 = 293 K

t_2 = 60 °C ⇒ T_2 = 273 + 60 = 333 K

Vorüberlegung

V bleibt konstant.

Lösung

$$\frac{p_{abs1}}{T_1} = \frac{p_{abs2}}{T_2} \Rightarrow p_{abs2} = \frac{p_{abs1} \cdot T_2}{T_1} = \frac{151\,bar \cdot 333\,K}{293\,K} \approx \underline{172\,bar}$$

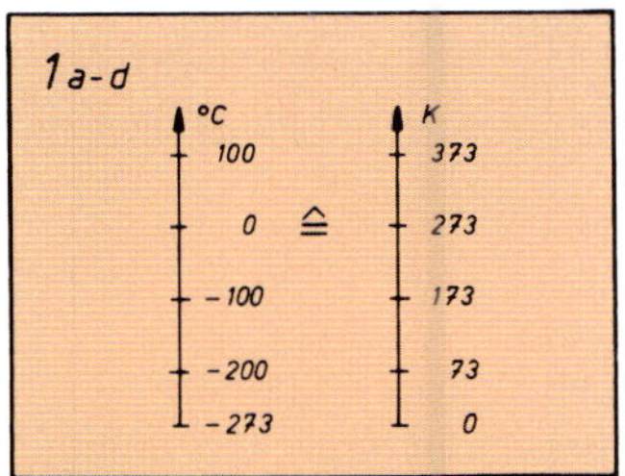

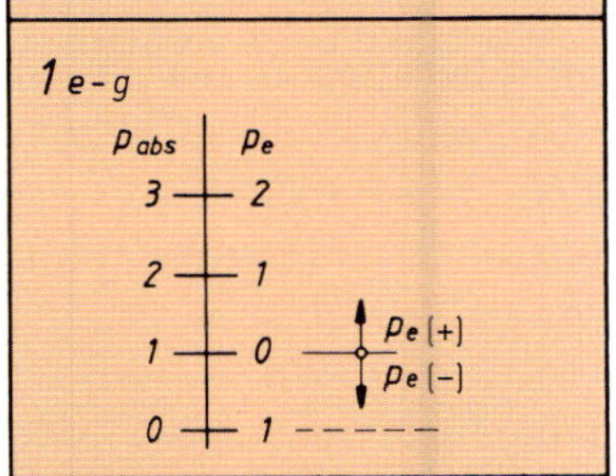

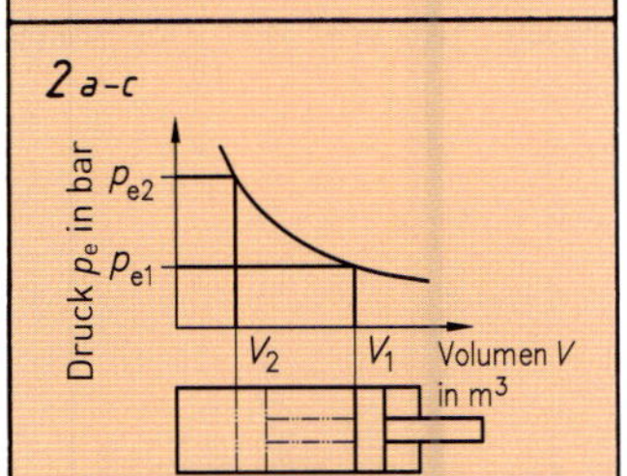

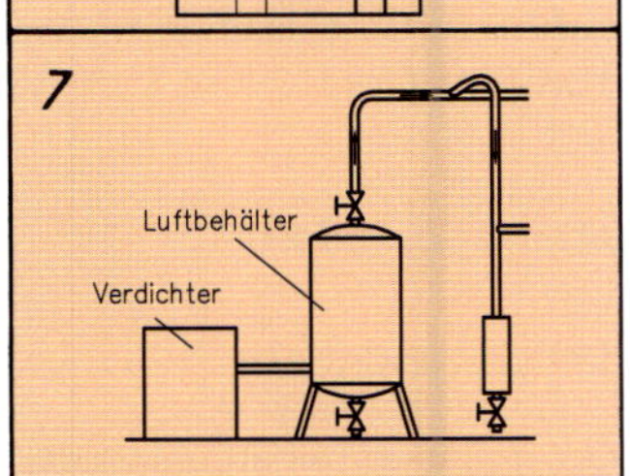

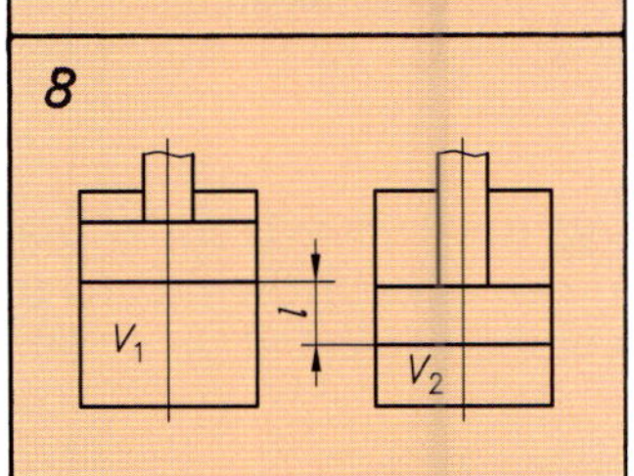

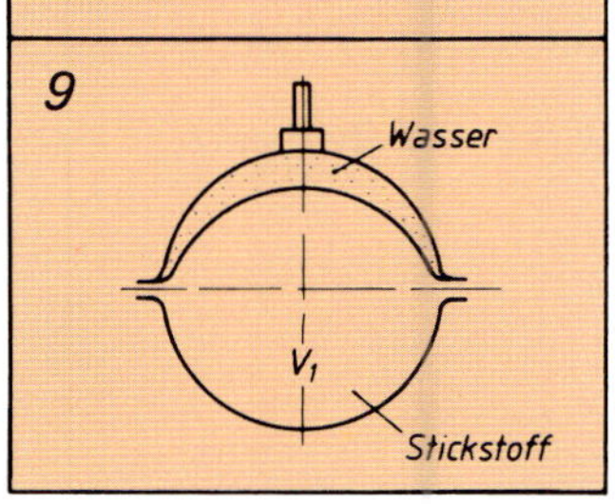

1. Berechnen Sie die fehlenden Werte:

Aufgabe	a	b	c	d
Temperatur in °C	0	?	−6	?
Temperatur in K	?	283	?	261

Aufgabe	e	f	g
Überdruck in bar	0,8	?	−0,2
Absolutdruck (bar)	?	2,2	?

2. Ermitteln Sie die fehlenden Versuchswerte:

Aufgabe	a	b	c
p_e im Zustand 1 in bar	1,2	0,8	−0,2
p_e im Zustand 2 in bar	1,5	?	0,6
V im Zustand 1 in m³	6	3,9	?
V im Zustand 2 in m³	?	2	3

Aufgabe	d	e	f	g
t_1 in °C	10	?	30	−10
t_2 in °C	40	80	90	?
V_1 in m³	3,2	10	?	20
V_2 in m³	?	12	1,8	35

3. Das Manometer einer 40-l-Sauerstoffflasche zeigt einen Druck von 35 bar an. Wie viel Liter Sauerstoff sind bei einem Druck p_{abs} = 1 bar gespeichert?

4. Während der Schweißarbeit fiel das Manometer einer 40-l-Sauerstoffflasche von 115 bar auf 65 bar. Wie viel Liter Sauerstoff wurden verbraucht?

5. Das Manometer einer Sauerstoffflasche zeigt bei 16 °C einen Druck von 150 bar an. Durch Sonneneinstrahlung steigt der Druck auf 170 bar. Bestimmen Sie die Temperatur nach der Erwärmung.

6. In einem Zylinder mit ∅ 150 mm und 350 mm Höhe wird die Luft bei konst. Druck von 10 °C auf 60 °C erwärmt. Wie viel Liter Luft müssen entweichen?

7. Ein Verdichter saugt aus der Umgebung Luft mit p_{abs} = 1 bar und 18 °C an. Er verdichtet sie auf p_e = 5,4 bar und drückt sie in einen Luftbehälter mit 4 m³ Rauminhalt. Während des Vorgangs ist die Drucklufttemperatur auf 100 °C gestiegen. Wie viel m³ Luft wurden angesaugt?

8. Ein Zylinder mit ∅ 100 mm ist mit 6 l Luft von 20 °C gefüllt, die sich bei konst. Druck auf 12 °C abkühlt. Um wie viel mm verschiebt sich der Kolben?

9. Ein 50-l-Druckausdehnungsgefäß ist bei 0,5 bar mit Stickstoff von 15 °C gefüllt. Im Betriebszustand wird das N-Polster um 20 l zusammengedrückt, wobei die Temperatur sich auf 25 °C erhöht. Wie groß ist der Druck im Gefäß?

► Wissen – Erkennen – Werten

a) Erläutern Sie die physikalische Größe thermodynamische Temperatur.
b) Welche Beziehung besteht zwischen der Temperatureinheit K und °C?
c) Welche Beziehung besteht zwischen p_{amb}, p_{abs} und p_e?
d) Erläutern Sie das Gesetz von Boyle und Mariotte.
e) Unter welchen Voraussetzungen gilt die allgemeine Gasgleichung?
f) Wie verändert sich das Volumen, wenn der Druck verdoppelt wird?
g) Begründen Sie, warum Druckgefäße gewölbte Böden haben.
h) Nennen Sie Unfallverhütungsvorschriften beim Umgang mit Gasflaschen.

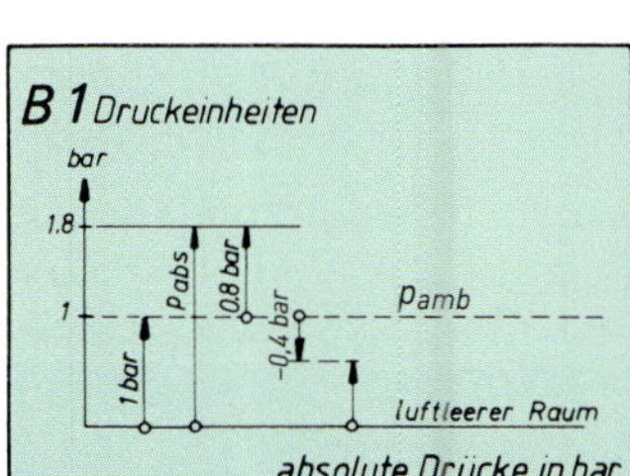

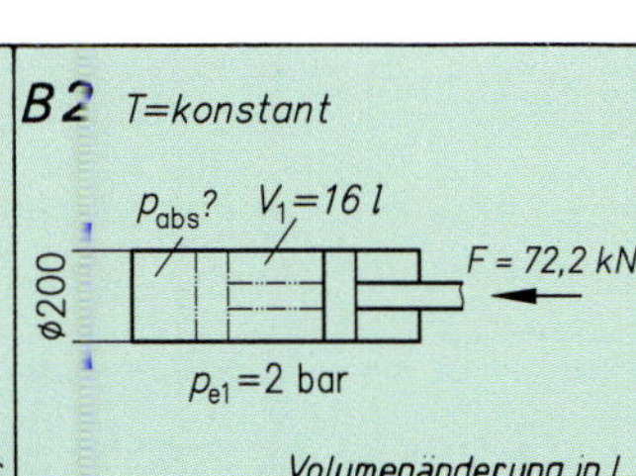

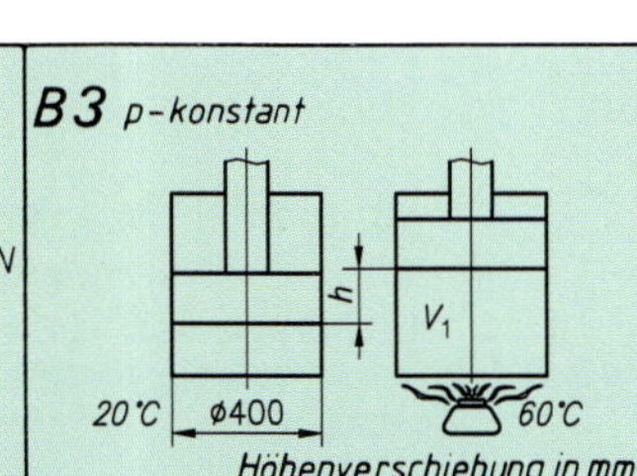

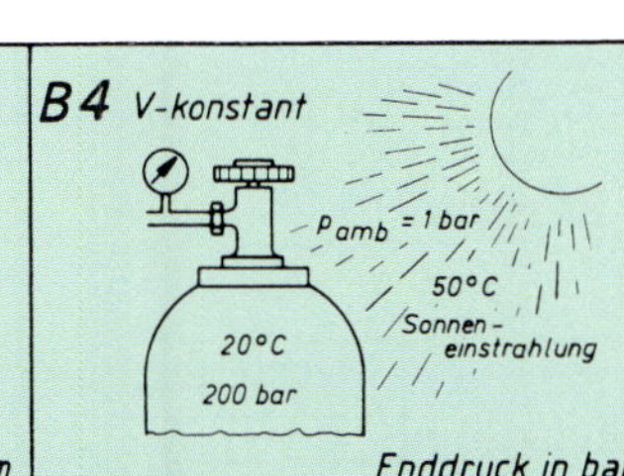

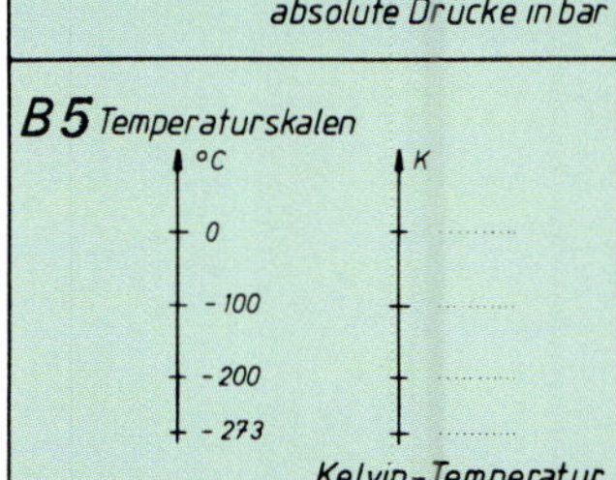

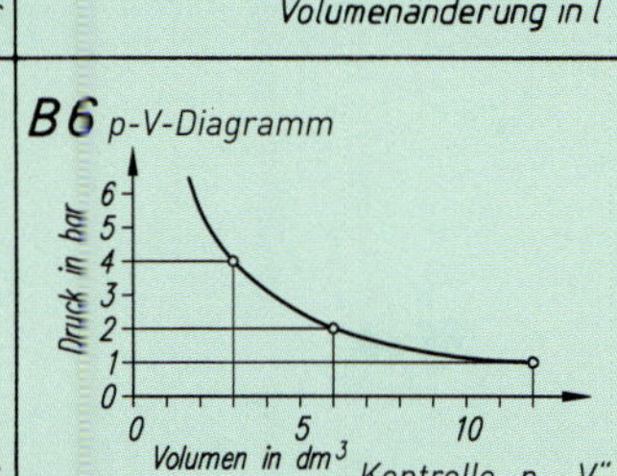

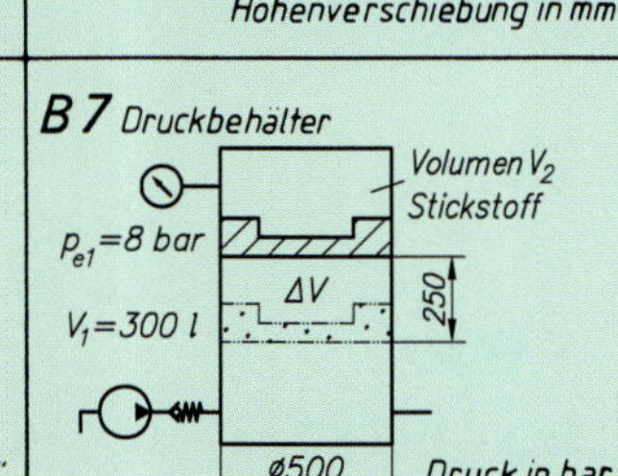

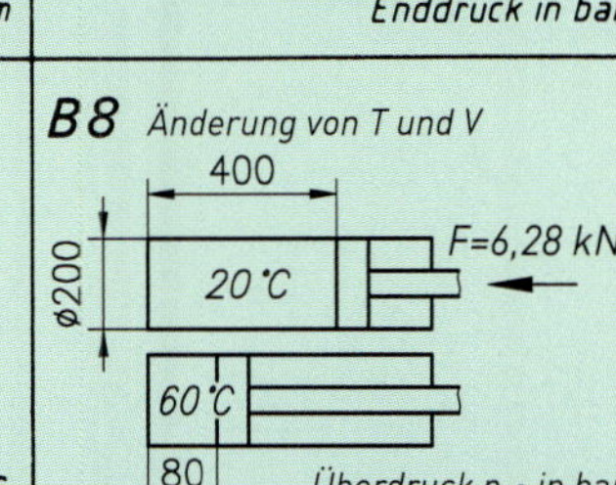

F_1, F_2	wirksame Kolbenkräfte in N	v_1, v_2	Kolbengeschwindigkeiten in m/min, m/s
A_1, A_2	wirksame Kolbenflächen in mm^2, cm^2	s	Kolbenhub in cm, dm
d_1, d_2	Kolben(stangen)durchmesser in mm, cm	n	Doppelhubzahl 1/min
p_e	Überdruck in bar	q	spezifischer Luftverbrauch in l/cm Kolbenhub
p_{amb}	Luftdruck in bar	$\dot{V}$	Volumenstrom, Luftverbrauch in l/min, dm^3/min

1. Kolbenkraft

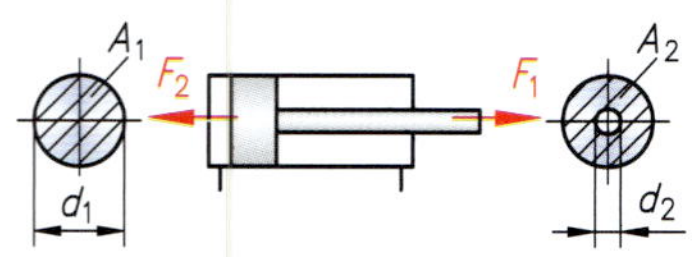

doppelt wirkender Zylinder

Die Kolbenkraft F eines Zylinders ist abhängig vom Überdruck p_e der gespeicherten Druckluft und von der Größe der beaufschlagten Kolbenfläche A, evtl. von der Rückstellfeder und vom Wirkungsgrad des Zylinders.

Kolbenkraft = wirksame Kolbenfläche × Überdruck × Wirkungsgrad

$$F = A \cdot p_e \cdot \eta$$

2. Kolbengeschwindigkeit

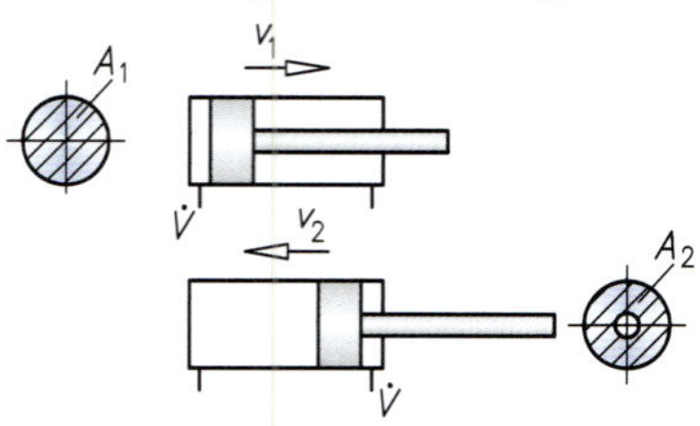

Die Kolbengeschwindigkeit ist abhängig von dem Durchflussvolumen der Druckluft durch das Stellelement und dem Innendurchmesser des Zylinders. Sie beträgt etwa 0,1–1,5 m/s (6–90 m/min).

$$\text{Kolbengeschwindigkeit} = \frac{\text{Volumenstrom}}{\text{Kolbenfläche}}$$

$$v = \frac{\dot{V}}{A}$$

3. Luftverbrauch

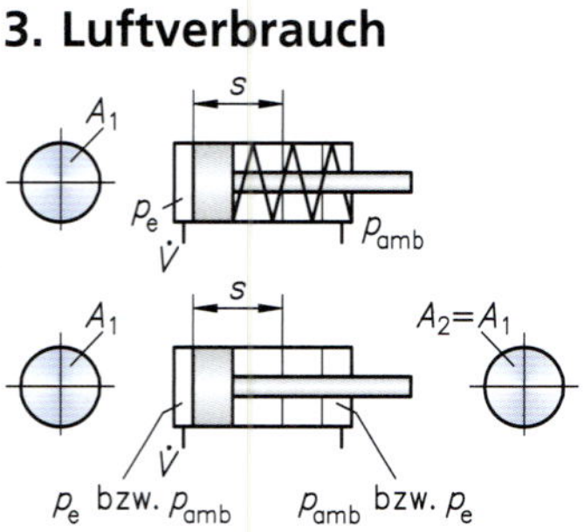

Durch Umschalten des Stellelements eines Zylinders fährt dieser ein bzw. aus. Dabei entweicht Druckluft durch die Entlüftung ins Freie. Diese Luft ist verbraucht und muss ersetzt werden.

$$\dot{V} = A \cdot s \cdot n \cdot \frac{p_e + p_{amb}}{p_{amb}}$$ bei einfach wirkenden Zylindern

$$\dot{V} = 2 \cdot A \cdot s \cdot n \cdot \frac{p_e + p_{amb}}{p_{amb}}$$ bei doppelt wirkenden Zylindern

Beim Vor- und Rückhub ändern sich die Drücke in den Zylinderräumen. Auch der Rückhub verbraucht Druckluft. Unterschiedliche Volumen bei Vor- und Rückhub werden nicht berücksichtigt.

4. Luftverbrauch-Diagramm

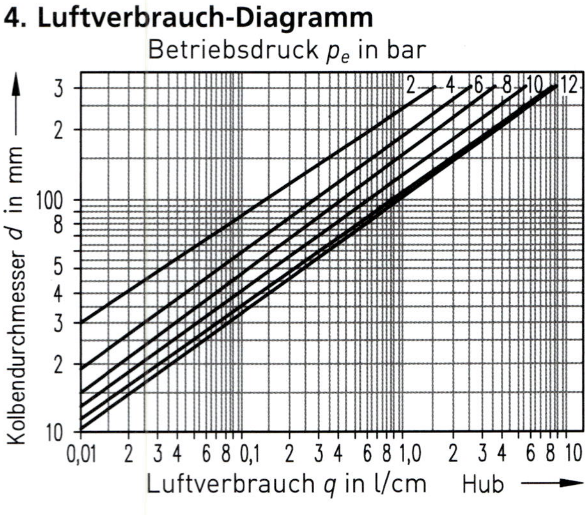

Häufig werden zur Ermittlung des Luftverbrauchs Diagramme benutzt. Man liest den spezifischen Luftverbrauch q in l/cm Kolbenhub ab und berechnet dann den Luftverbrauch.

$$\dot{V} = q \cdot s \cdot n$$ bei einfach wirkenden Zylindern

$$\dot{V} = 2 \cdot q \cdot s \cdot n$$ bei doppelt wirkenden Zylindern

6. Beispiel

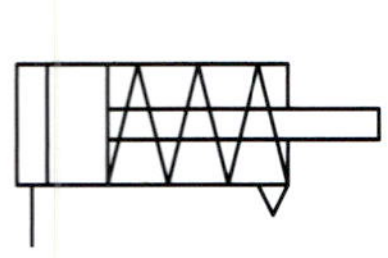

Ein einfach wirkender Zylinder mit einem Kolbendurchmesser von 100 mm soll bei einem Betriebsdruck von $p_e = 6$ bar 40 Arbeitshübe 1/min bei einer Hublänge von 120 mm erbringen. Wie groß ist der Luftverbrauch $\dot{V}$ in l/min?

Gesucht $\dot{V}$ in l/min

Gegeben $d = 100$ mm, $A = 0{,}785\ dm^2$
$s = 120$ mm, $n = 40$ 1/min, $p_e = 6$ bar

Lösung durch Rechnung

$$\dot{V} = A \cdot s \cdot n \cdot \frac{p_e + p_{amb}}{p_{amb}} = 0{,}785\ dm^2 \cdot 1{,}2\ dm \cdot 40\ \frac{1}{min} \cdot \frac{6\ bar + 1\ bar}{1\ bar}$$

$\dot{V}$ = <u>264 l/min</u>

Lösung durch Ablesen

$$\dot{V} = q \cdot s \cdot n = 0{,}55\ \frac{l}{cm} \cdot 12\ cm \cdot 40\ \frac{1}{min}$$

$\dot{V}$ = <u>264 l/min</u>

Zum gesamten Luftverbrauch eines Zylinders zählt auch das Füllen der „Toträume" (z. B. Leitungen, Wegeventil, nicht für den Hub genutzte Räume des Zylinders) mit Druckluft. Der wirkliche Luftverbrauch liegt 20–25 % höher als der Luftverbrauch der Zylinder.

1a–c

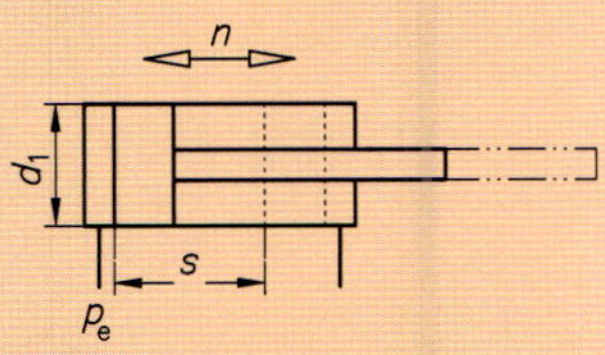

3,4

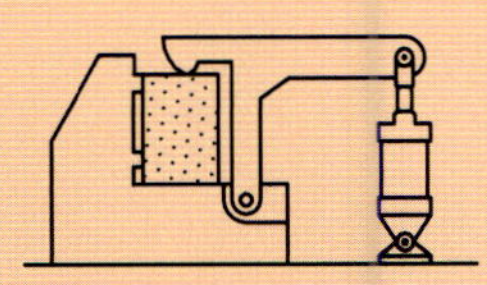

5

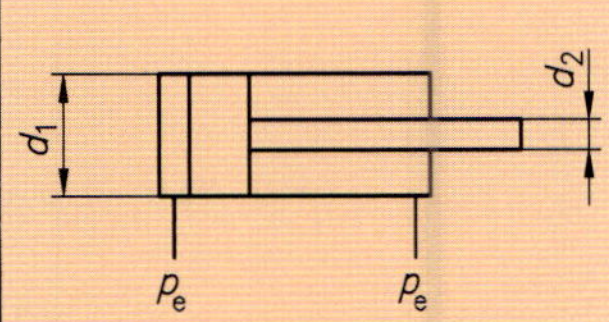

6

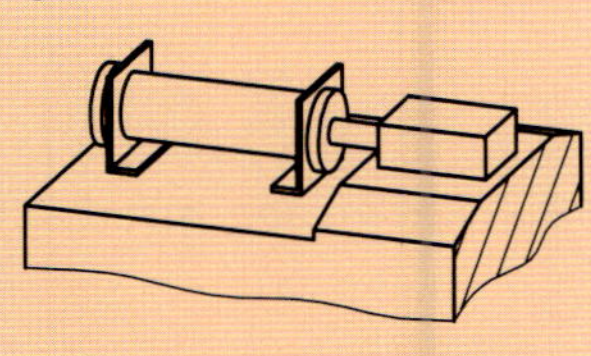

7,8

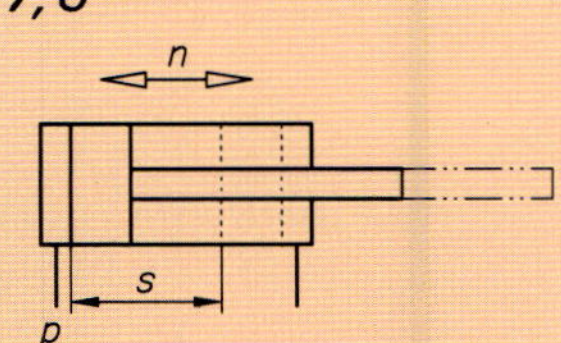

9

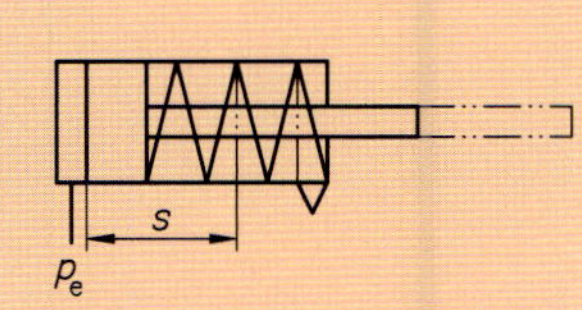

1. Berechnen Sie die fehlenden Werte für einen doppelt wirkenden Zylinder:

Aufgabe	a	b	c
Kolbenweg in mm	60	70	90
Doppelhubzahl in 1/min	50	60	?
Betriebsdruck in bar	4	?	8
Kolbendurchmesser in mm	32	40	50
Luftverbrauch in l/min	?	74	127

Aufgabe	d	e	f
s in mm	60	70	?
n in 1/min	50	?	80
p_e in bar	4	6	8
d in mm	32	40	50
q in l/cm (Tab.)	?	?	?
$\dot{V}$ in l/min	?	37	260

2. Ein einfach wirkender Zylinder mit einem Kolbendurchmesser von 50 mm wird mit 6 bar beaufschlagt. Die Größe der Rückstellfederkraft beträgt 140 N. Bestimmen Sie die wirksame Kolbenkraft, wenn der Zylinder einen Wirkungsgrad von 90 % besitzt.

3. Ein Spannzylinder mit 50 mm Kolbendurchmesser benötigt zum Spannen eine Kraft von 800 N, dabei wird eine Reibungskraft von 120 N erzeugt. Ermitteln Sie den notwendigen Betriebsdruck in bar.

4. Mit welchem Wirkungsgrad arbeitet ein einfach wirkender Spannzylinder mit folgenden Angaben: wirksame Kolbenkraft 1 610 N, Rückstellfederkraft 120 N, Kolbendurchmesser 63 mm, Betriebsdruck 5 bar?

5. Von einem doppelt wirkenden Zylinder sind folgende Angaben bekannt: wirksame Kolbenkraft 700 N, Wirkungsgrad 85 %, Kolbendurchmesser 50 mm, Kolbenstangendurchmesser 20 mm. Mit welchem Betriebsdruck arbeitet der Zylinder?

6. Ein Verschiebezylinder ∅ 63/25 × 800 verbraucht 15 dm³/s Druckluft. Mit welcher Geschwindigkeit fährt der Kolben in m/min aus?

7. Ein doppelt wirkender Pneumatikzylinder mit einem Kolbendurchmesser von 100 mm wird mit 8 bar betrieben. Wie groß ist der Luftverbrauch in Liter je cm Hublänge?

8. Wie groß ist der Luftverbrauch eines doppelt wirkenden Zylinders in l/min? Folgende Angaben sind bekannt: $p_e = 6$ bar, $d_1 = 100$ mm, $s = 150$ mm, $n = 40$ 1/min

9. Ein einfach wirkender Zylinder mit einem Durchmesser von 80 mm verbraucht in einer Minute 350 l Luft. Wie groß ist seine Hublänge, wenn er in der Minute 100 Doppelhübe bei 6 bar Betriebsdruck durchführen soll?

► Wissen – Erkennen – Werten

a) Aus welchen Bauteilen besteht eine pneumatische Anlage?
b) Nennen Sie Bauteile zur Steuerung der pneumatischen Energie.
c) Zeigen Sie Vor- und Nachteile pneumatischer Anlagen auf.
d) Vergleichen Sie die Anwendungsgebiete Pneumatik und Hydraulik.
e) Unterscheiden Sie: Weg-, Strom-, Sperr- und Druckventile.
f) Begründen Sie den Einsatz eines Drosselrückschlagventils.
g) Wie erfolgt die Geschwindigkeitsbeeinflussung bei Pneumatikzylindern?
h) Erläutern Sie den Begriff hydro-pneumatische Vorschubeinheit.

B 1 Zylinder

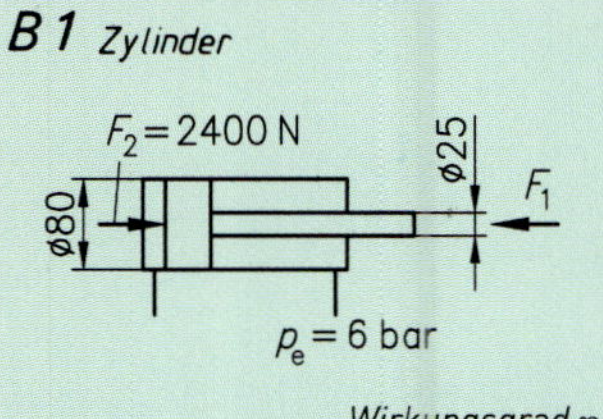

B 2 Einfach wirkender Zylinder

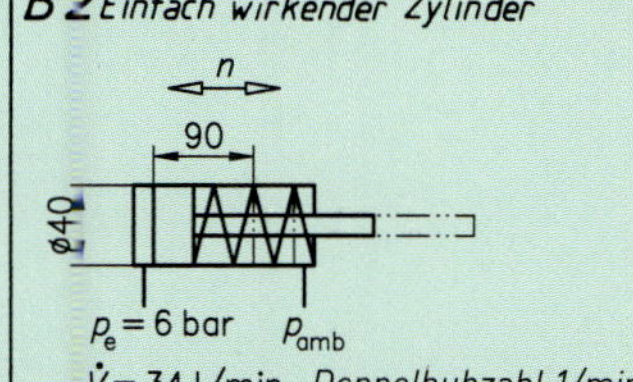

B 3 Doppelt wirkender Zylinder

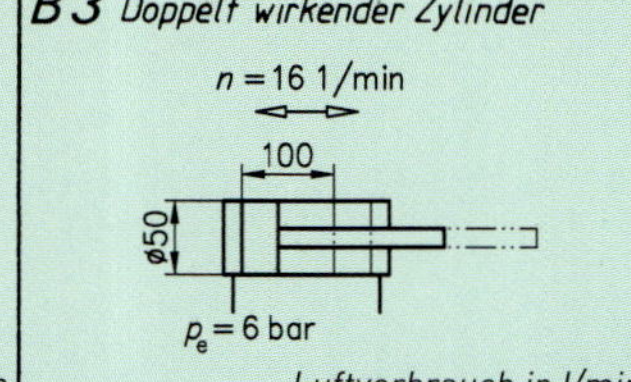

B 4 Verschiebezylinder

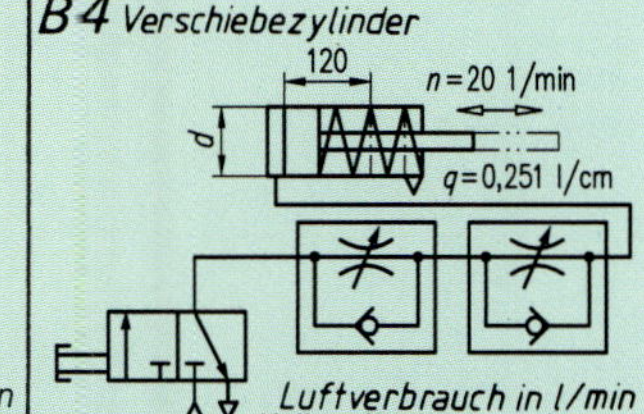

B 5 Schiebetor

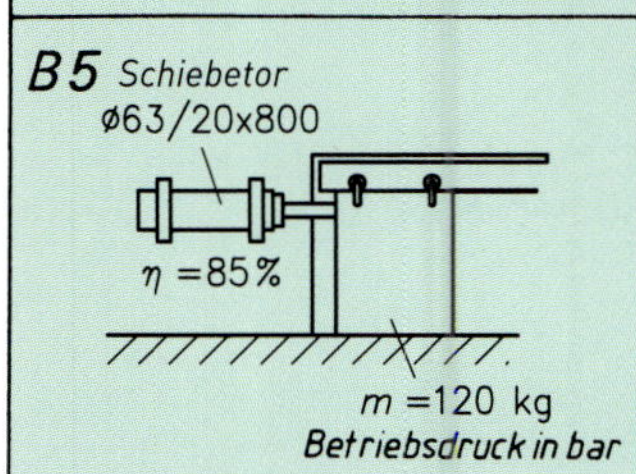

B 6 Hebebühne

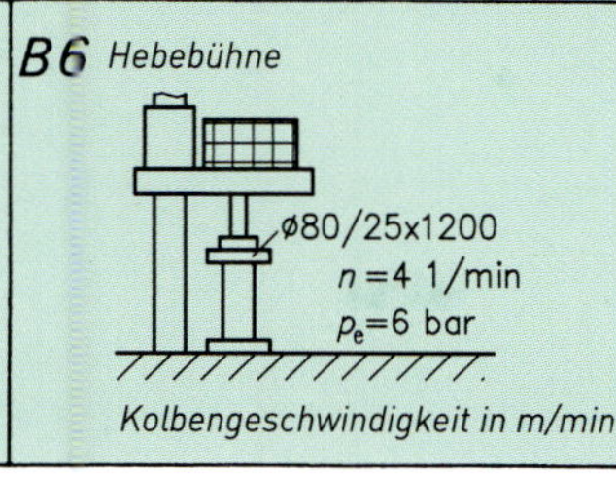

B 7 Spannvorrichtung

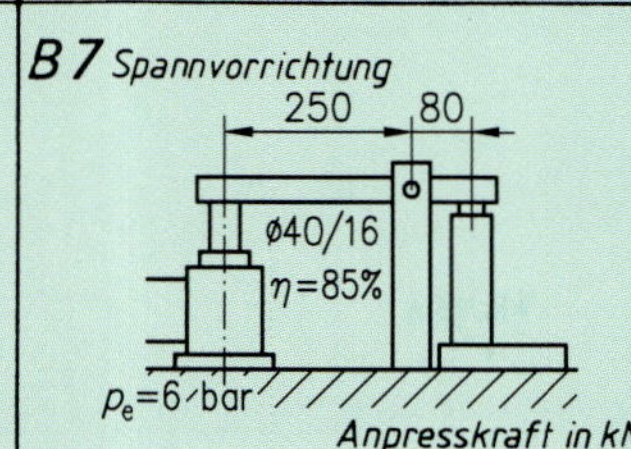

B 8 Prüfvorrichtung

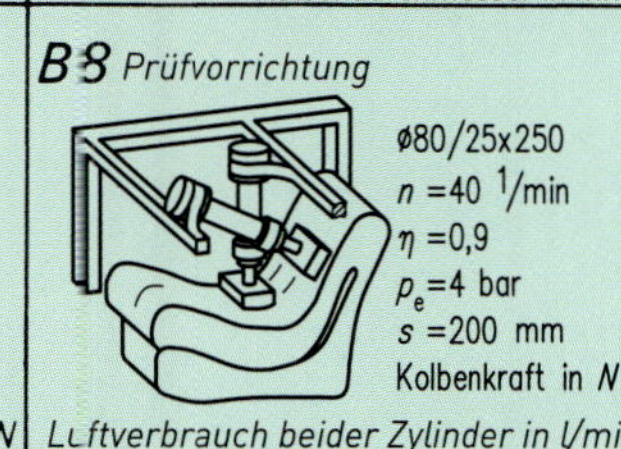

h	Höhe, Tiefe in m	V	Füllvolumen in m³	t	Zeit in s, min, h
A	Fläche in m²	v	Geschwindigkeit in m/s	g	Fallbeschleunigung in m/s² [1)]
ϱ	Dichte in g/cm³, kg/dm³	$\dot{V}$	Volumenstrom in m³/h	p_e	Druck Pa, bar

1. Hydrostatischer Druck Flüssigkeitsdruck

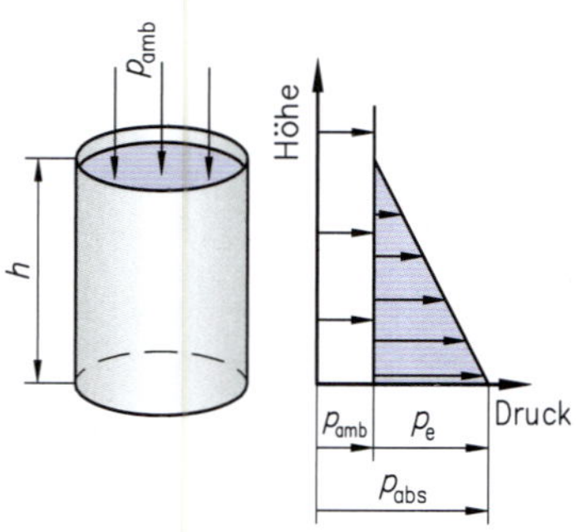

Auf dem Boden eines offenen Behälters wirkt die Gewichtskraft F_G der Flüssigkeit.

$$F_G = m \cdot g = V \cdot \varrho \cdot g = A \cdot h \cdot \varrho \cdot g$$

Da Druck gleich Kraft durch Fläche ist, wird somit

$$p_e = \frac{F}{A} = \frac{A \cdot h \cdot \varrho \cdot g}{A}$$

Folgerung $p_e = h \cdot \varrho \cdot g$

$p_{abs} = h \cdot \varrho \cdot g + p_e$

Mit zunehmender Tiefe erhöht sich der hydrostatische Druck.

2. Füllvolumen Ausflussvolumen

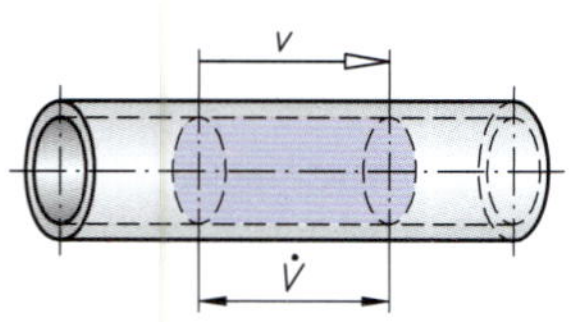

Der Förderstrom ist die Volumenmenge, die in einer bestimmten Zeit einen Rohrquerschnitt durchströmt.

Volumenstrom	= Querschnitt	× Geschwindigkeit
$\dot{V}$	= A	$\cdot\ v$

Folgerung
Die Füllgeschwindigkeit bzw. die Füllzeit eines Behälters kann errechnet werden:

Füllvolumen	= Volumenstrom	× Zeit
V	= $A \cdot v$	$\cdot\ t$
V	= $\dot{V}$	$\cdot\ t$

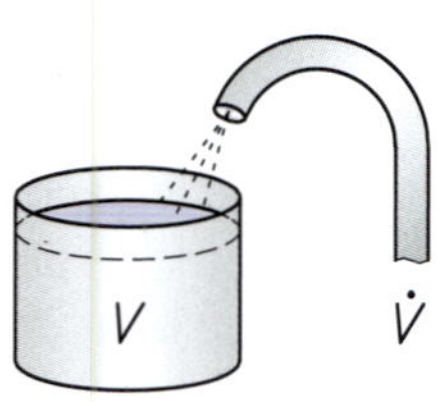

Hinweis
Die Fließgeschwindigkeit in einer Rohrleitung ist überwiegend vom Druck abhängig (v in m/s $= 1{,}6 \cdot \sqrt{p_e}$ in bar)

3. Zusammenfassung

Hydrostatischer Druck	= Höhe	× Dichte	× Fallbeschleunigung
p_e	= h	$\cdot\ \varrho$	$\cdot\ g$
Füllvolumen	= Volumenstrom		× Zeit
V	= A	$\cdot\ v$	$\cdot\ t$

4. Beispiel

Ein Wasserbehälter mit einem Durchmesser von 1,2 m und einer Höhe von 1,6 m wird in 1 3/4 Stunden gefüllt. Berechnen Sie die Fließgeschwindigkeit in m/s, wenn die Zuflussleitung einen Durchmesser von 15 mm hat.

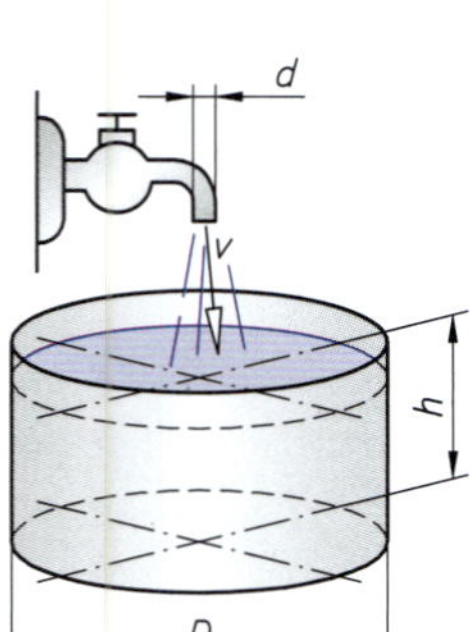

Gesucht v in m/s

Vorüberlegung
Füllvolumen = Volumenstrom × Zeit

Gegeben
$D = 1{,}2$ m, h = 1,6 m
$d = 15$ mm $= 0{,}015$ m
$t = 1\ 3/4$ h $= 105$ min $= 6\ 300$ s

Lösung

$$D^2 \cdot \frac{\pi}{4} \cdot h = d^2 \cdot \frac{\pi}{4} \cdot v \cdot t$$

$$v = \frac{D^2 \cdot h}{d^2 \cdot t} = \frac{1{,}2^2\ \text{m}^2 \cdot 1{,}6\ \text{m}}{0{,}015^2\ \text{m}^2 \cdot 6\ 300\ \text{s}}$$

$$v = 1{,}63\ \frac{\text{m}}{\text{s}}$$

[1)] g = örtliche Erdbeschleunigung oder Fallbeschleunigung = 9,80665 m/s²

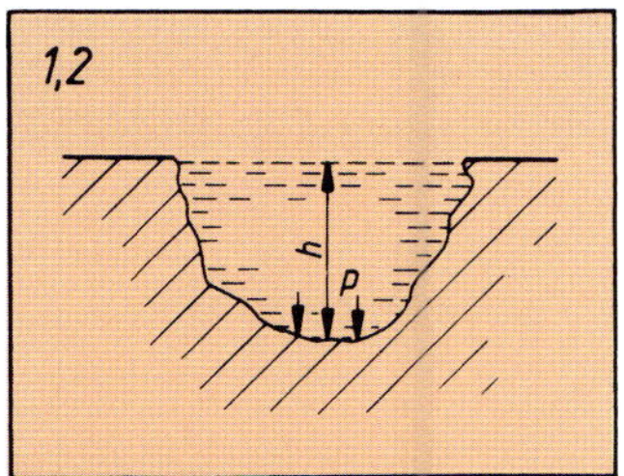

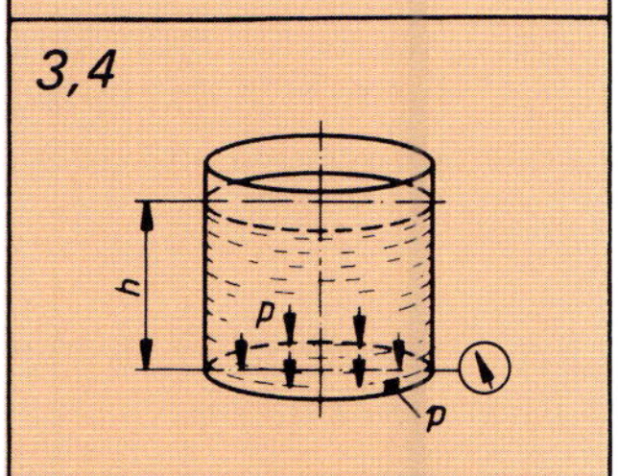

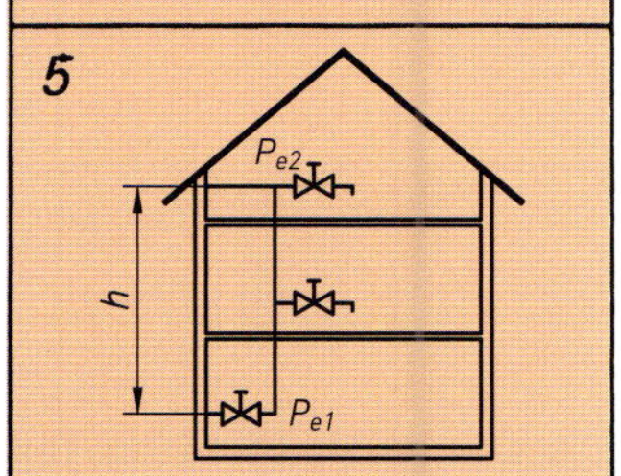

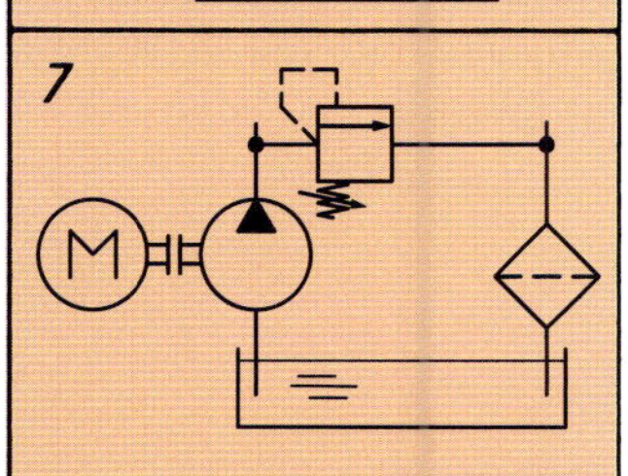

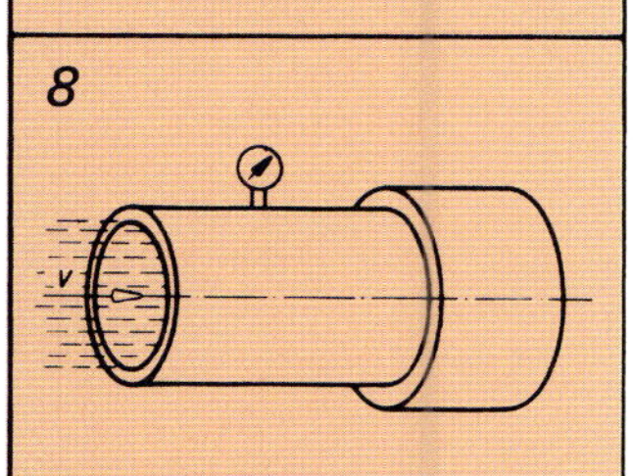

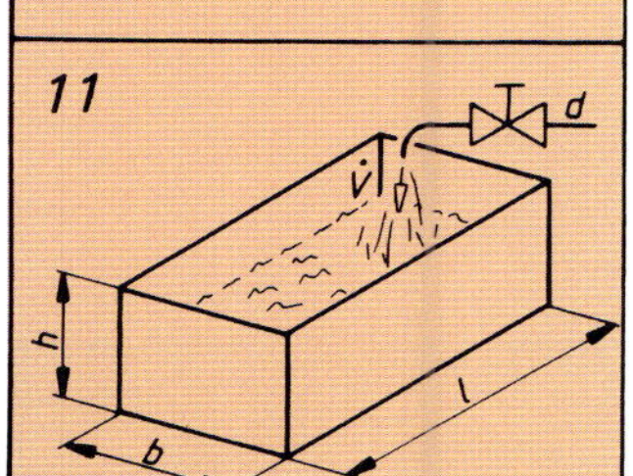

1. Errechnen Sie den Druck in bar: bei a) 5 m, b) 10 m, c) 50 m, d) 80 m Wassertiefe.

2. Welcher Wasserhöhe in m entspricht ein Druck von a) 0,5 bar, b) 1,2 MPa, c) 5 800 mbar, d) 75 N/cm², e) $2 \cdot 10^4$ Pa?

3. Wie groß ist der Bodendruck in N/cm² von einem 1,5 m hohen Ölbehälter (Dichte von Öl 0,85 kg/dm³)?

4. Das Manometer eines Öltanks zeigt einen Bodendruck von a) 0,15 bar, b) 0,085 bar, c) 1,2 bar, d) 0,225 bar an. Berechnen Sie die Höhe des Ölstands in m (Dichte Öl $\varrho = 0{,}92$ kg/dm³).

5. Im Keller eines Hauses herrscht ein Wasserdruck in der Rohrleitung von 5,5 bar. Errechnen Sie den Druck am 8 m höher liegenden Auslaufventil.

6. In einem Wasserschlauch mit der Nennweite DN 15 beträgt die Fließgeschwindigkeit 1,6 m/s. Die Spritzdüse hat einen Durchmesser von 3 mm. Wie groß ist die Austrittsgeschwindigkeit in m/s?

7. Ein Filter hat an der Ein- und Ausgangsseite DN 60 Anschlüsse. Wie groß ist der Volumenstrom in l/h bei einer Strömungsgeschwindigkeit des Hydrauliköls von 1,8 m/s?

8. In einem Zuflussrohr mit einem Durchmesser von 70 mm beträgt die Wassergeschwindigkeit 2 m/s. Wie viel Kubikmeter Wasser werden in einer Stunde gefördert?

9. Mit welcher Strömungsgeschwindigkeit ist ein 2,5 m × 3,5 m × 2 m großer Wassertank zu füllen, wenn die Füllzeit mit einem Rohr (Innendurchmesser 20 mm) 4 1/2 Stunden beträgt?

10. Ein runder Wasserbehälter Durchmesser $d = 0{,}8$ m und einer Höhe $h = 1{,}5$ m wird mit einem Rohr DN 15 bei $p_e = 3$ bar Wasserdruck und $v = 2{,}5$ m/s gefüllt. Nach welcher Zeit in min ist der Behälter gefüllt?

11. Ein 8 m³ großer Wasserbehälter soll in 30 Minuten mit einer Wassergeschwindigkeit von 3,5 m/s gefüllt werden. Errechnen Sie den Durchmesser der Zuflussleitung in mm.

▶ Wissen – Erkennen – Werten

a) Erläutern Sie die Druckfortpflanzung in einer Flüssigkeit.
b) Nennen Sie Anwendungsbereiche für die Druckausbreitung.
c) In welchen Einheiten werden Flüssigkeitsdrücke angegeben?
d) Welche Größen beeinflussen den hydrostatischen Druck?
e) Unterscheiden Sie die Druckmessgeräte Hydrometer und Manometer.
f) Begründen Sie die begrenzte Saughöhe einer Wasserpumpe (B 8).
g) Erläutern Sie den Unterschied zwischen DN 25 und PN 25.
h) Warum sollen Rohrquerschnitte nicht plötzlich verändert werden?

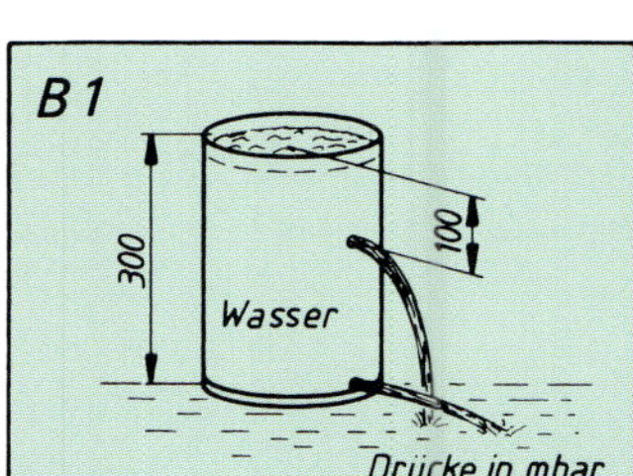

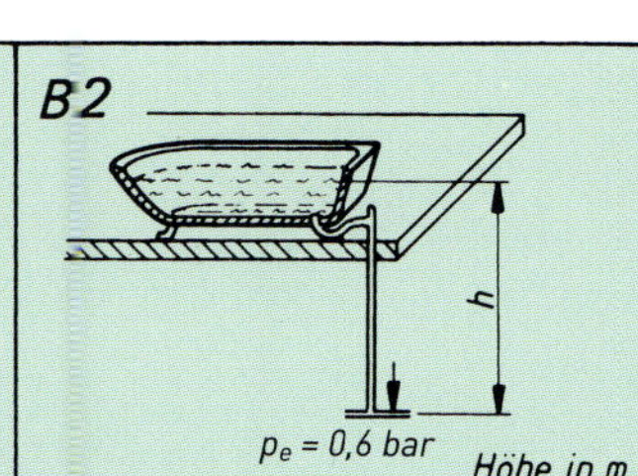

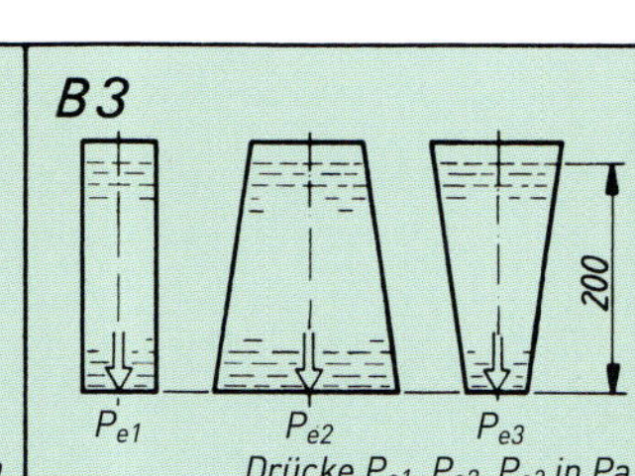

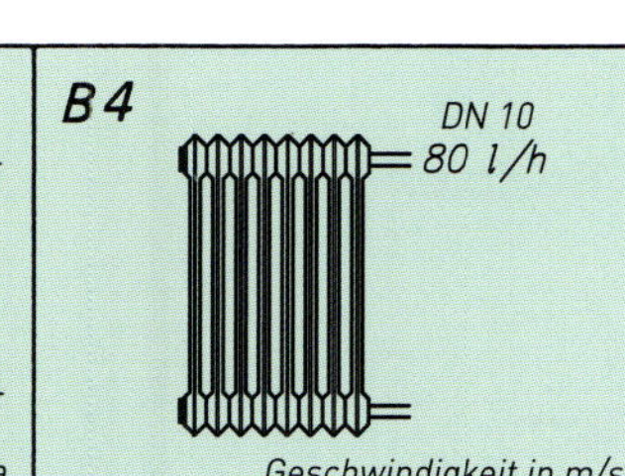

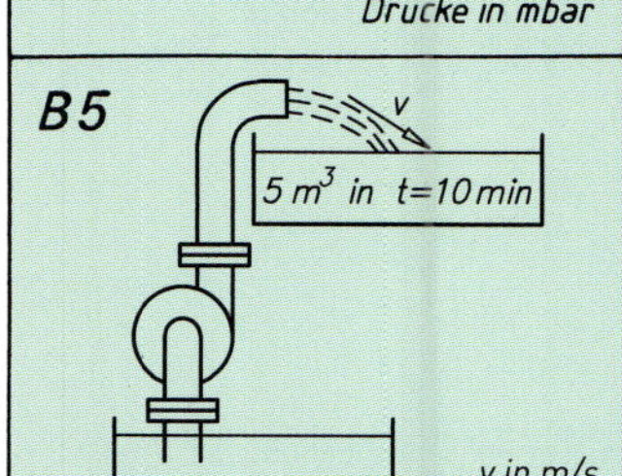

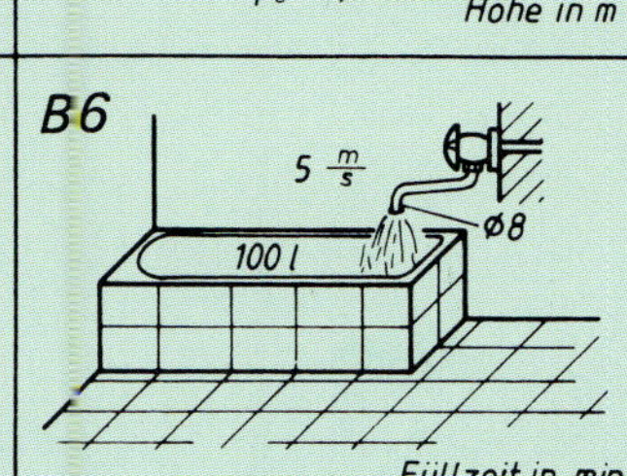

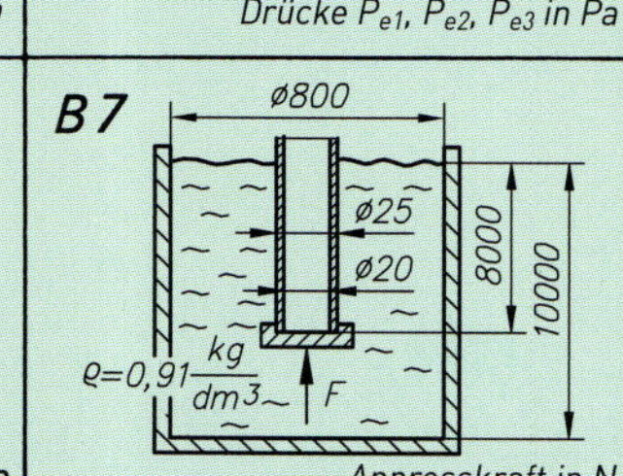

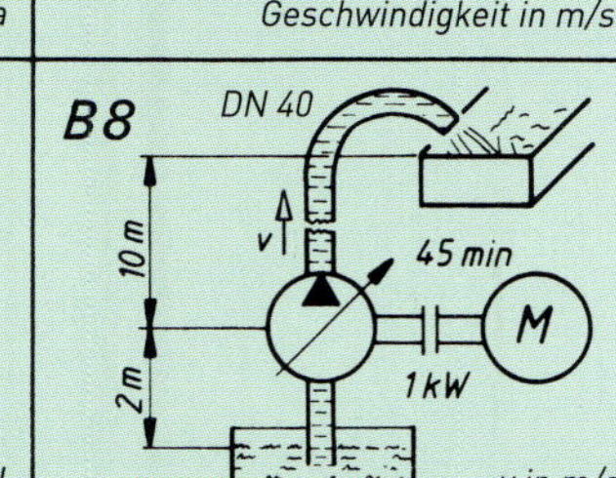

F Kraft in N
A Kolbenfläche in mm², cm²
p_e Druck in Pa, bar
s Kolbenweg in mm, cm
η Wirkungsgrad
i hydraulisches Übersetzungsverhältnis
Index 1 Eingang, Anfangszustand
Index 2 Ausgang, Endzustand

1. Druckausbreitung

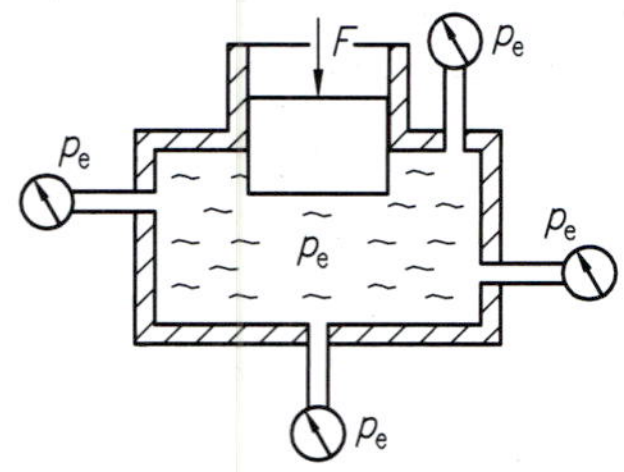

Früher verstand man unter Hydraulik alle Gesetzmäßigkeiten ruhender und strömender Flüssigkeiten. Heute versteht man darunter die Übertragung und die Steuerung von Kräften und Bewegungen mithilfe von Flüssigkeiten.

Merke
Der ausgeübte Druck auf eine Flüssigkeit pflanzt sich nach allen Seiten gleichmäßig fort. Eine Flüssigkeit lässt sich nicht zusammendrücken.

2. Kolbenkraft

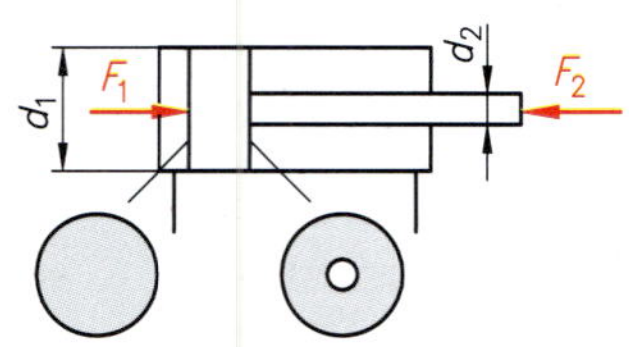

Kreisfläche $A_1 = \frac{d_1^2 \cdot \pi}{4}$

Kreisringfläche $A_2 = (d_1^2 - d_2^2) \cdot \frac{\pi}{4}$

Kolbenkraft = Kolbenfläche × Flüssigkeitsüberdruck

$$F_{theo} = A \cdot p_e$$

Wirkungsgrad
Die berechnete theoretische Kolbenkraft wird in der Praxis nur zum Teil nutzbar. Infolge von Reibung in den Dichtungen wird ein Teil in Wärme umgewandelt. Dieses wird erfasst mit dem Wirkungsgrad.

$$F = A \cdot p_e \cdot \eta$$

3. Hydraulische Presse

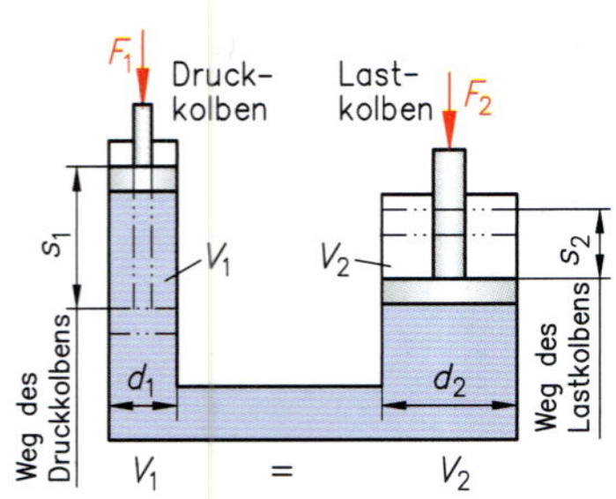

Die hydraulische Presse wirkt als Kraftübersetzer.
Druck des Druckkolbens p_{e1} = Druck des Lastkolbens p_{e2}

$$\frac{F_1}{A_1} = \frac{F_2}{A_2} \qquad i = \frac{F_1}{F_2} = \frac{A_1}{A_2}$$

Volumen des Druckkolbens = Volumen des Lastkolbens

$$V_1 = V_2$$

$$A_1 \cdot s_1 = A_2 \cdot s_2 \qquad i = \frac{s_2}{s_1} = \frac{A_1}{A_2}$$

Regel der Mechanik: Kraft × Kraftweg = Last × Lastweg

$$F_1 \cdot s_1 = F_2 \cdot s_2$$

4. Zusammenfassung

Wirksame Kolbenkraft $F = A \cdot p_e \cdot \eta$

Hydraulisches Übersetzungsverhältnis $i = \frac{s_2}{s_1} = \frac{A_1}{A_2} = \frac{F_1}{F_2}$

5. Beispiel

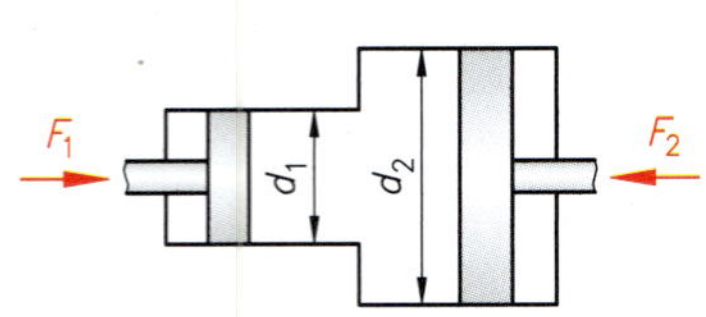

Ein hydraulischer Kraftübersetzer hat einen Druckkolben von 16 mm und einen Arbeitskolben von 80 mm Durchmesser. Welche Kraft in N wirkt bei einer Arbeitskraft von 180 N auf den Druckkolben?

Gesucht F_2 in N

Gegeben d_1 = 16 mm ⇒ A_1 = 2 cm²
F_1 = 180 N
d_2 = 80 mm ⇒ A_2 = 50 cm²

Vorüberlegung
Kolbenkraft proportional der Kolbenfläche

Lösung $\frac{F_1}{F_2} = \frac{A_1}{A_2} \Rightarrow F_2 = \frac{F_1 \cdot A_2}{A_1} = \frac{180\ \text{N} \cdot 50\ \text{cm}^2}{2\ \text{cm}^2} = \underline{4500\ \text{N}}$

Anmerkung
Das hydraulische Übersetzungsverhältnis $i = \frac{F_1}{F_2} = \frac{180\ \text{N}}{4500\ \text{N}} = \frac{1}{25} = 1:25$

Aufgaben

Hydraulik I – Druck durch äußere Kräfte

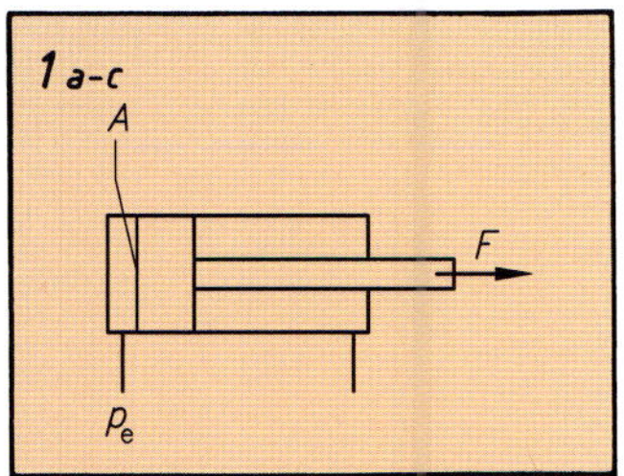

1. Berechnen Sie die fehlenden Werte:

Aufgabe	a	b	c
Kolben-∅ in mm	25	35	?
Druck in bar	30	?	50
Wirkungsgrad	0,8	0,9	0,85
Kraft in kN	?	3,46	5,34

Aufgabe	d	e	f
Druckkolben A_1 in cm^2	3,14	4,9	20
Arbeitskolben d_2 in mm	50	70	?
Kolbenweg s_1 in mm	15	?	60
Kolbenweg s_2 in mm	?	10	4

2. Auf den Kolben einer Presse wirken 8 bar, die bei einem Wirkungsgrad von 0,9 eine Kraft von 1,4 kN erzeugen. Welchen Durchmesser hat der Kolben?

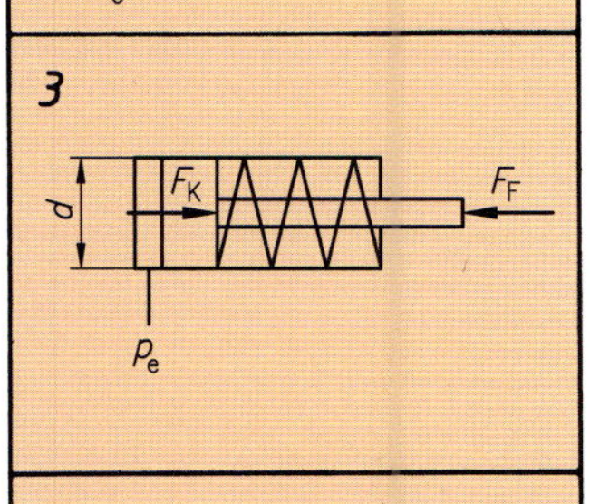

3. Mithilfe eines einfach wirkenden Zylinders $d = 80$ mm und einem Wirkungsgrad von 80 % soll eine Kraft von 11,8 kN erzeugt werden. Die Federkraft beträgt 200 N. Welcher Druck in bar ist erforderlich?

4. Eine Abziehpresse arbeitet bei 40 bar mit einer theoretischen Presskraft von 20 kN. Die Reibungsverluste betragen 10 %. Bestimmen Sie den Kolbendurchmesser.

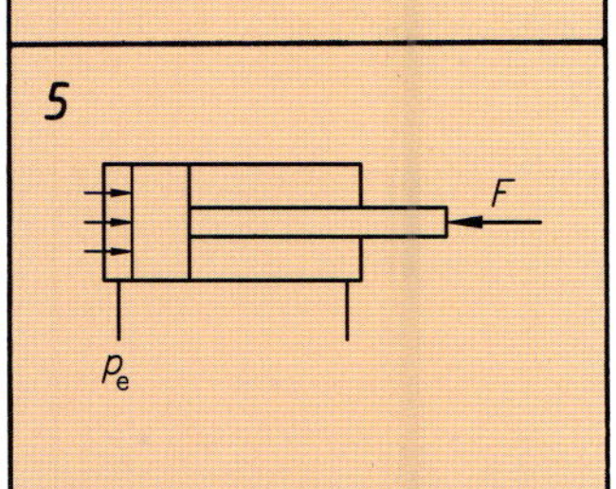

5. Ein doppelt wirkender Zylinder hat folgende Abmessungen: Kolbendurchmesser 100 mm, Kolbenstangendurchmesser 60 mm, Druck p_e = 30 bar, Wirkungsgrad 0,84. Ermitteln Sie die Ein- und Ausfahrkräfte in kN.

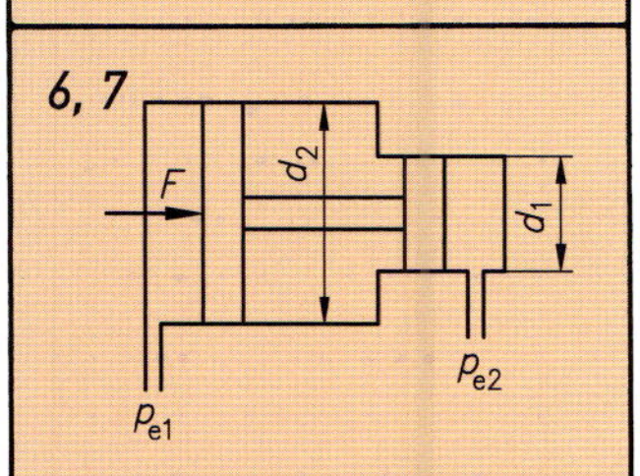

6. Auf den 80 mm Kolbendurchmesser eines Druckübersetzers wirkt ein Druck p_e = 6 bar. Berechnen Sie den Druck an dem Kolbendurchmesser d = 25 mm.

7. Mithilfe eines Druckübersetzers soll der pneumatische Druck von p_{e1} = 6 bar und einer Kolbenfläche von 314 cm^2 in einen hydraulischen Druck p_{e2} umgewandelt werden, wenn dessen Kolbendurchmesser 10 mm beträgt. Wie groß wird der Öldruck p_{e2}?

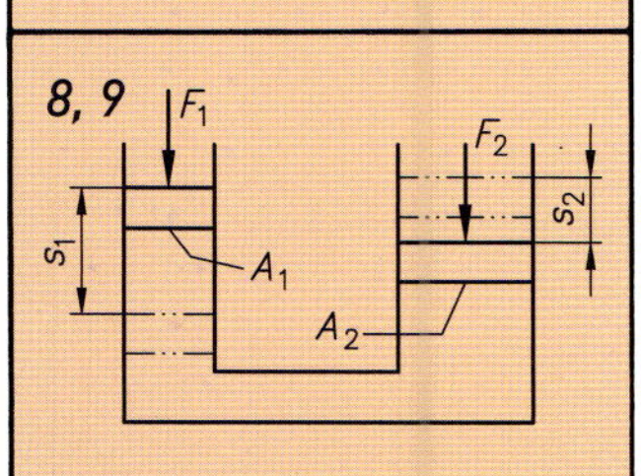

8. Der Druckkolben d_1 = 25 mm einer hydraulischen Presse wird mit einer Kraft von 1,5 kN beaufschlagt. Welche Kraft wird am Arbeitskolben d_2 = 200 mm wirksam?

9. Das hydraulische Übersetzungsverhältnis i beträgt 1 : 5. Wie groß ist der Weg des Druckkolbens, wenn der Lastkolben um 18 mm angehoben wird?

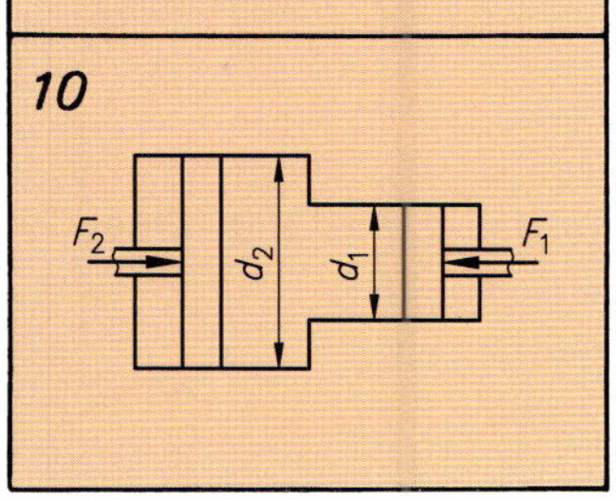

10. Die hydraulische Übersetzung einer Presse beträgt 1 : 25. Der Lastkolben hat einen Durchmesser von 160 mm. Die Kraft am Druckkolben beträgt 2 kN. Bestimmen Sie den Überdruck in bar und den Durchmesser des Lastkolbens.

▶ Wissen – Erkennen – Werten

a) Welche Bauelemente gehören zu einer einfachen Hydraulikanlage?
b) Nennen Sie Bauelemente zur Steuerung der hydraulischen Energie.
c) Welche Unterschiede bestehen zwischen einfach und doppelt wirkenden Zylindern?
d) Wie verhalten sich Kraft und Weg bei einer hydraulischen Presse?
e) Welcher Unterschied besteht zwischen Druckmittelwandler und Druckübersetzer?
f) Welche Anforderungen müssen Hydraulikflüssigkeiten erfüllen?
g) Welche Vor- und Nachteile haben hydraulische Anlagen?

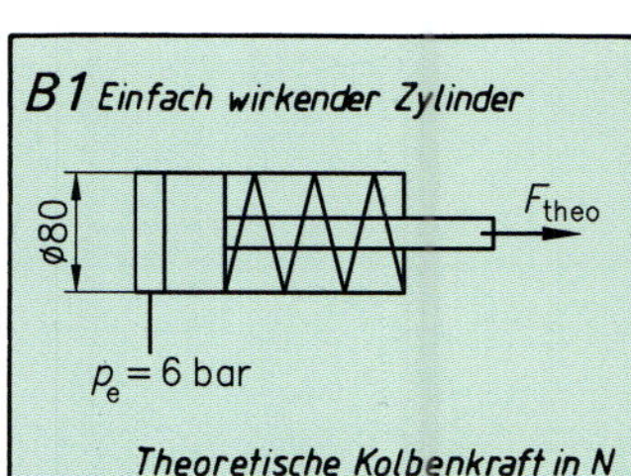

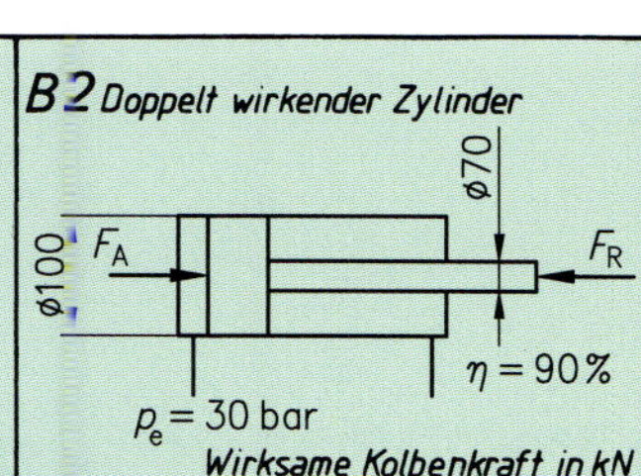

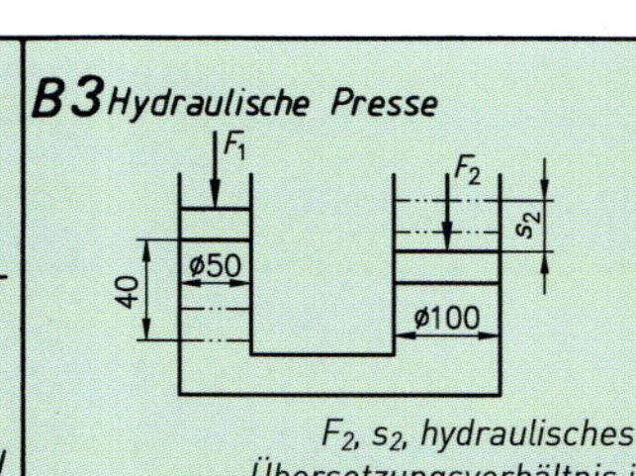

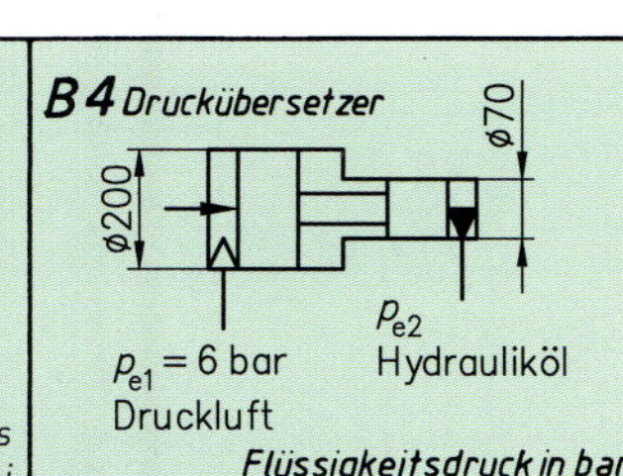

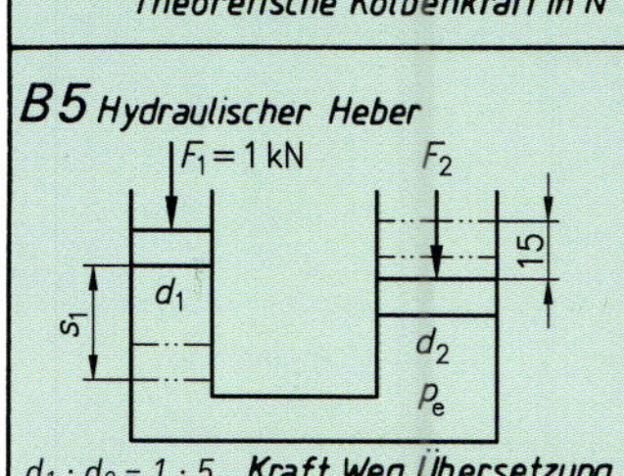

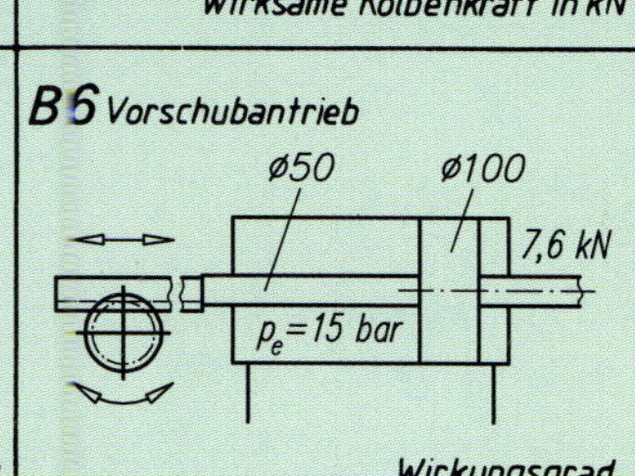

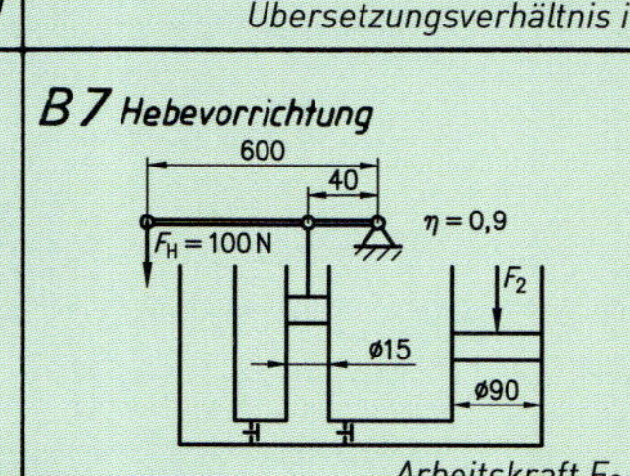

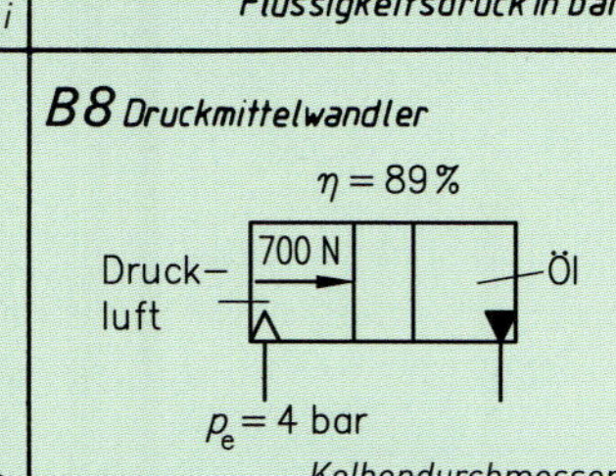

p_e Überdruck in Pa, bar
P Leistung in W, kW
A Fläche in mm², cm², m²
v Geschwindigkeit in m/min
$\dot{V}$ Volumenstrom, Förderstrom in l/min
Index 1 Eingang, Anfangszustand
Index 2 Ausgang, Endzustand

1. Volumenstrom

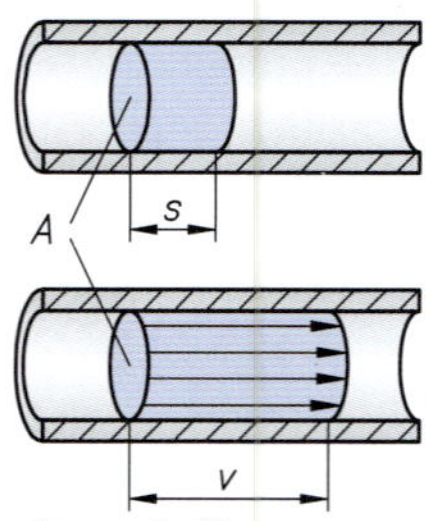

Der Volumenstrom $\dot{V}$ errechnet sich aus dem Produkt vom durchströmten Querschnitt A und der Strömungsgeschwindigkeit v.
Er ist das Volumen pro Zeit.

$$\dot{V} = A \cdot v$$

Hinweis
Geschwindigkeit ist der Quotient Weg durch Zeit.

$$\dot{V} = A \cdot \frac{s}{t}$$

2. Durchflussgesetz

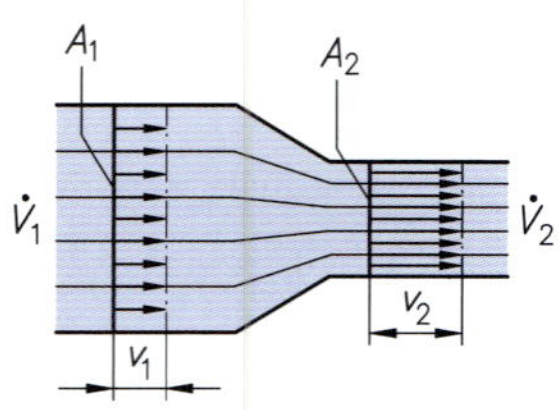

Der Volumenstrom in einem geschlossenen Rohrleitungssystem ist konstant.

Zugeführter Volumenstrom = verdrängter Volumenstrom

$$\dot{V}_1 = \dot{V}_2$$
$$A_1 \cdot v_1 = A_2 \cdot v_2$$

Erkenntnis
Je kleiner der Rohrquerschnitt, umso größer wird die Strömungsgeschwindigkeit.

3. Pumpenleistung

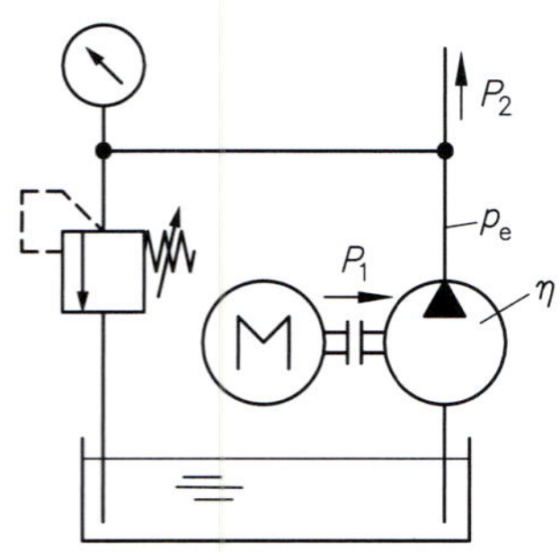

Die abgegebene hydraulische Pumpenleistung ist eine Funktion des Volumenstroms und des Betriebsdrucks.

Leistung = Volumenstrom × Druck

$$P = \dot{V} \cdot p_e$$

Einheiten: Gegeben: $\dot{V}$ = 1 l/min und p_e = 1 bar
Gesucht: P in kW

$$\dot{V} = 1\,\frac{\text{l}}{\text{min}} = \frac{1\,\text{dm}^3 \cdot \cancel{\text{min}}}{\cancel{\text{min}} \cdot 60\,\text{s}} = \frac{1\,\cancel{\text{dm}^3}\,\text{m}^3}{1\,000\,\cancel{\text{dm}^3} \cdot 60\,\text{s}} = \frac{1\,\text{m}^3}{1\,000 \cdot 60\,\text{s}}$$

$$p_e = 1\,\text{bar} = 100\,000\,\frac{\text{N}}{\text{m}^2}$$

$$P = \dot{V} \cdot p_e = \frac{1\,\text{m}^3 \cdot 10\cancel{0\,000}\,\text{N}}{1\,\cancel{000} \cdot 6\cancel{0}\,\text{s} \cdot \text{m}^2} = \frac{10\,\text{Nm}}{6\,\text{s}} = \frac{1}{0{,}6}\,\text{W} = \frac{1\,\text{W} \cdot \text{kW}}{0{,}6 \cdot 1\,000\,\text{W}} = \frac{1}{600}\,\text{kW}$$

Hinweis
In der Praxis wird die Pumpenleistung meist in kW, der Förderstrom in l/min und der erzeugte Druck in bar angegeben. Daher wird mit folgender Zahlenwertgleichung gerechnet:

$$P = \frac{\dot{V} \cdot p_e}{600}$$

erforderliche Einheiten

P in	$\dot{V}$ in	p_e in
kW	l/min	bar

4. Zusammenfassung

Volumenstrom $\dot{V} = A \cdot v$

Leistung $P = \frac{\dot{V} \cdot p_e}{600}$ (P in kW, $\dot{V}$ in l/min, p_e in bar)

5. Beispiel

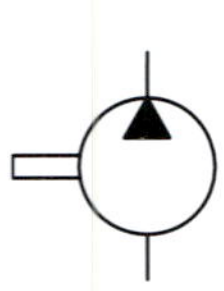

Eine Hydraulikpumpe soll bei einem Volumenstrom 15 l/min einen Druck von 30 bar erzeugen. Ermitteln Sie die abgegebene Pumpenleistung in kW.

Gesucht P_2 in kW

Gegeben $\dot{V} = 15\,\frac{\text{l}}{\text{min}}$
p_e = 30 bar

Vorüberlegung
Zahlenwertgleichung ⇒ vorgegebene Einheiten

Lösung $P_2 = \frac{\dot{V} \cdot p_e}{600} = \frac{15 \cdot 30}{600} = \underline{\underline{0{,}75\,\text{kW}}}$

Anmerkung
Je nach Aufgabenstellung ist der Wirkungsgrad zu berücksichtigen.

Aufgaben

1a-c
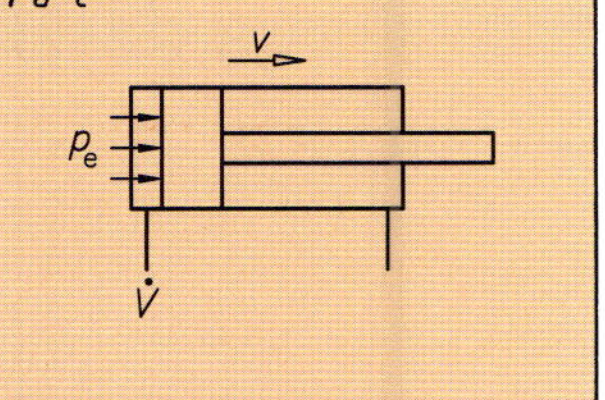

1d-g
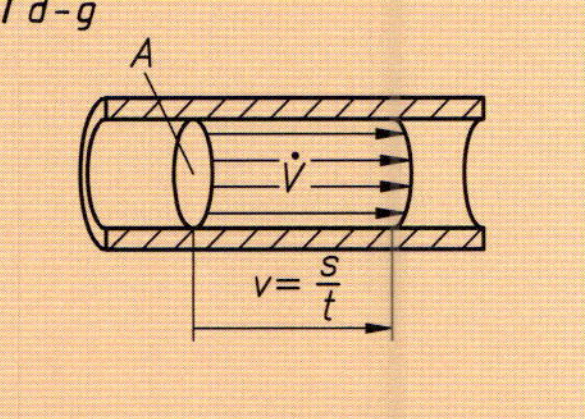

3
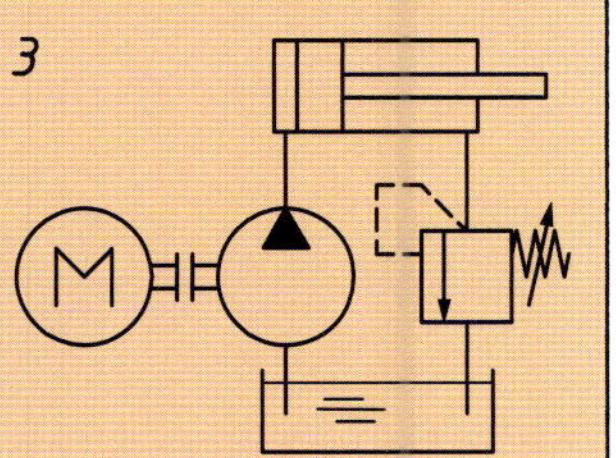

5
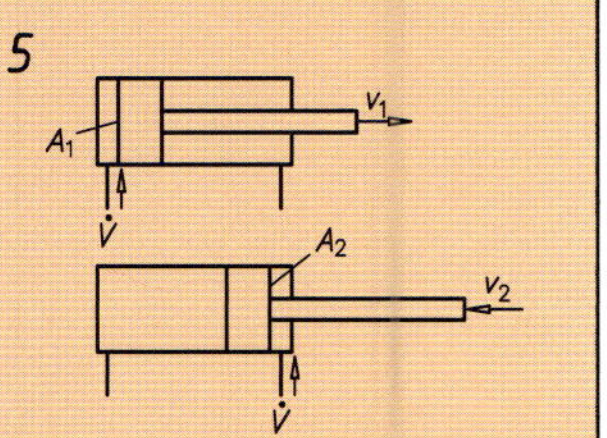

6
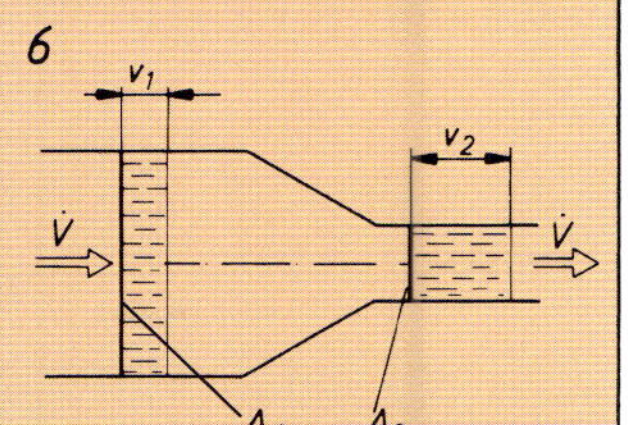

8-9
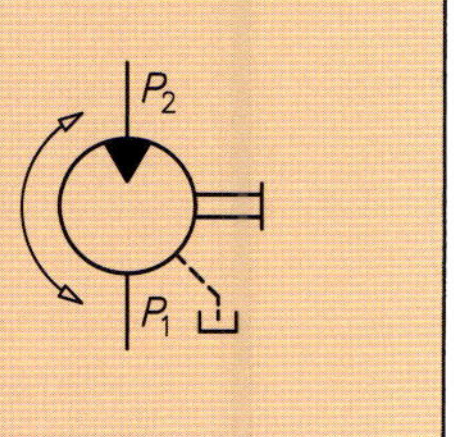

1. Berechnen Sie die fehlenden Werte:

Aufgabe	a	b	c
Kolben-∅ in mm	40	50	?
Geschwindigkeit in m/min	4	?	4,82
Volumenstrom in l/min	?	12	16

Aufgabe	d	e	f	g
p_e in bar	60	80	?	15
P in kW	?	4	8	?
$\dot{V}$ in l/min	20	?	400	50

2. Der Kolben eines einfach wirksamen Hydraulikzylinders von 50 mm Durchmesser verschiebt sich in 2 s um 132 mm. Bestimmen Sie den Volumenstrom in l/min.

3. Eine Zahnradpumpe fördert in der Minute 5 l Öl. Wie groß ist die Hubgeschwindigkeit des Kolbens in mm/s, wenn der Kolbendurchmesser 40 mm beträgt?

4. Der Volumenstrom eines Hydraulikzylinders beträgt 30 l/min, die Kolbengeschwindigkeit 6 m/min. Berechnen Sie den erforderlichen Kolbendurchmesser in mm.

5. Ein doppelt wirkender Hydraulikzylinder wird mit einem Volumenstrom von 15 l/min beaufschlagt. Der Zylinderdurchmesser beträgt 70 mm, der Kolbenstangendurchmesser 25 mm. Ermitteln Sie für das Aus- und Einfahren die Kolbengeschwindigkeiten in m/min.

6. Durch eine Rohrverkleinerung von DN 100 auf DN 40 fließt ein Volumenstrom von 1,5 l/min. Bestimmen Sie die Strömungsgeschwindigkeiten und vergleichen Sie die Verhältnisse mit den Durchflussquerschnitten.

7. Der Hydraulikzylinder einer Ladevorrichtung gibt bei einem Volumenstrom von 50 l/min eine Leistung von 5,6 kW ab. Wie groß ist der wirksame Druck in bar, wenn der Wirkungsgrad 84 % beträgt?

8. Ein Hydromotor mit einem Volumenstrom von 60 l/min erzeugt einen Druck von 18 bar. Der Wirkungsgrad beträgt 90 %. Berechnen Sie die Leistungsabgabe in kW.

9. Das Schluckvermögen eines Hydromotors beträgt 10 cm^3, der volumetrische Wirkungsgrad 0,96, die Drehfrequenz 1 440 1/min. Ermitteln Sie den Volumenstrom in l/min.

▶ Wissen – Erkennen – Werten

a) Begründen Sie den Einsatz eines Druckbegrenzungsventils.
b) Unterscheiden Sie das Druckbegrenzungsventil vom Druckregelventil.
c) Wie erfolgt eine Geschwindigkeitsregelung bei Hydraulikanlagen?
d) Erläutern Sie den Vorteil hydraulischer Spannelemente.
e) Vergleichen Sie den offenen und geschlossenen Ölkreislauf.
f) Welche Größen beeinflussen die Leistung eines Hydrauliksystems?
g) Begründen Sie, warum eine Zahnradpumpe eine Konstantpumpe ist.
h) Nennen Sie die Vorteile der Hydraulik gegenüber der Pneumatik.

B1 Vorschubzylinder
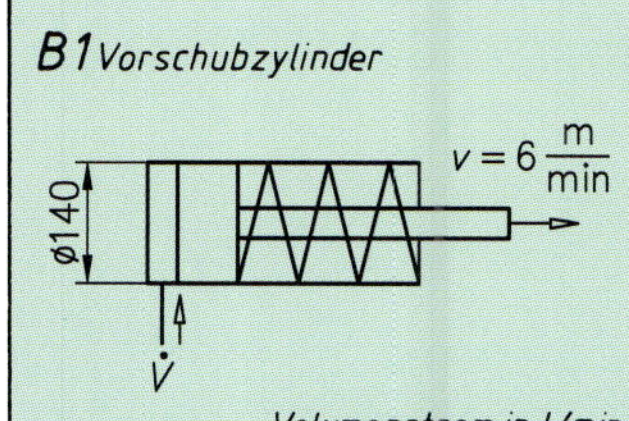

B2 Offener Ölkreislauf
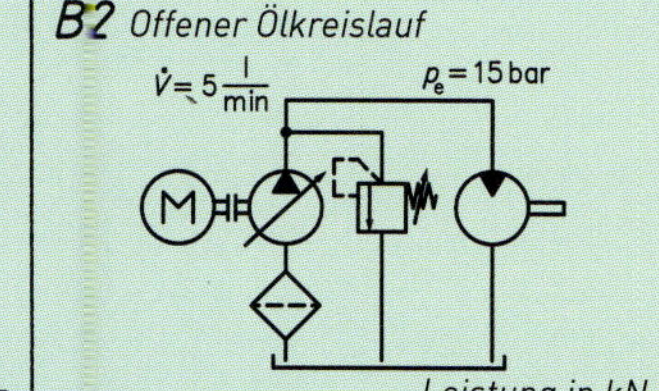

B3 Doppelt wirkender Zylinder
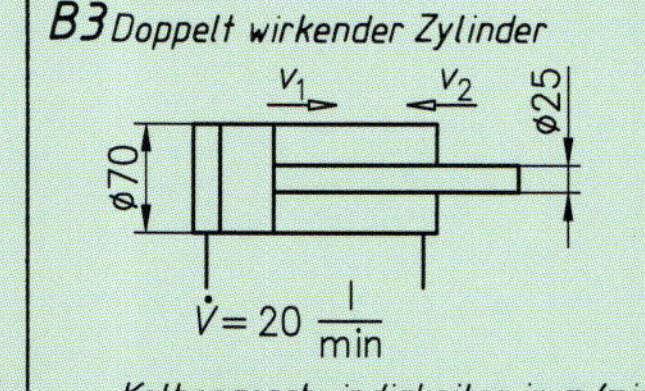

B4 Geschlossener Ölkreis
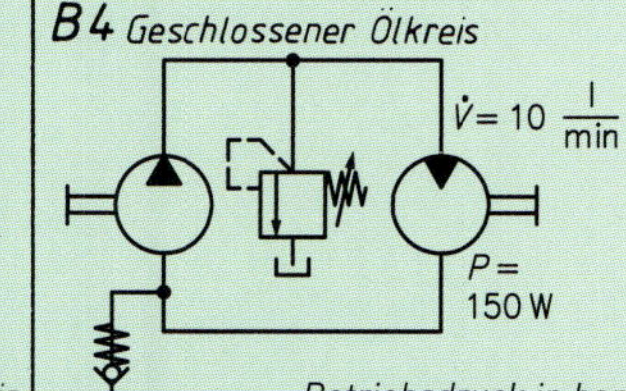

B5 Querschnittsänderung
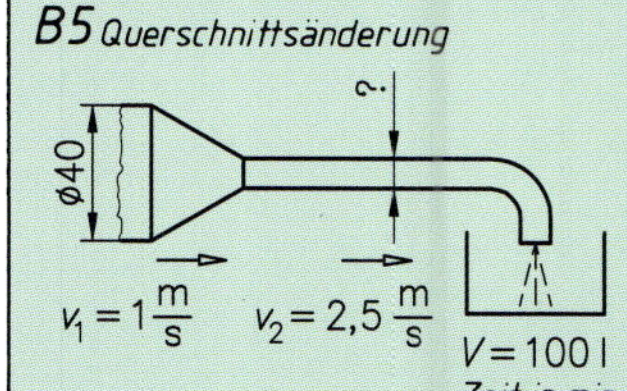

B6 Vorschubsteuerung
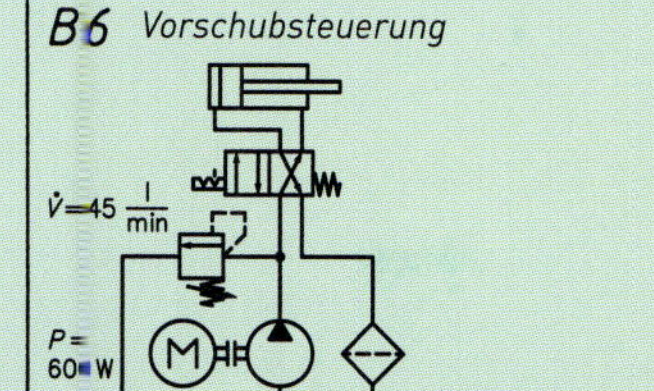

B7 Spannzylinder
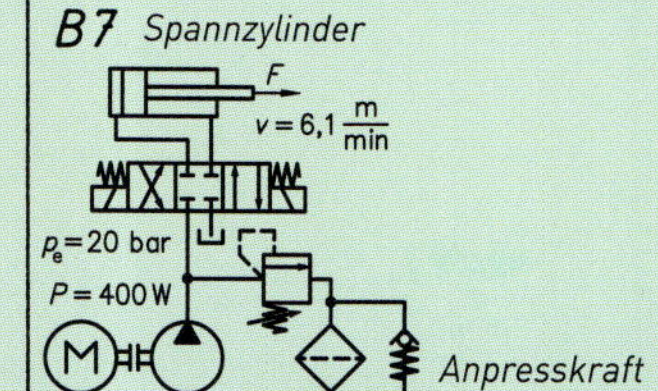

B8 Vorschubzylinder
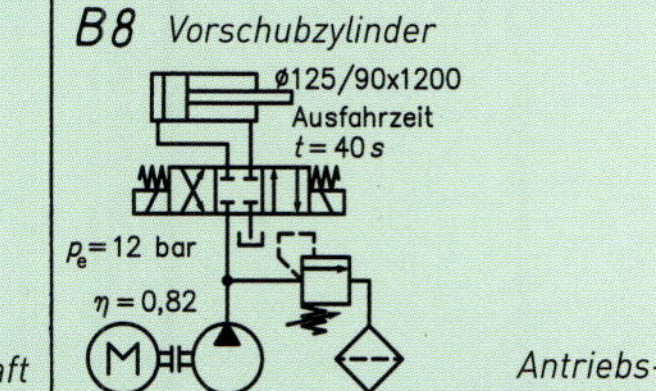

- c spezifische Wärmekapazität in J/(kg · K)
- ΔT Temperaturdifferenz in K
- m Masse des zu erwärmenden Materials in kg
- Q Wärmemenge, Verbrennungswärme in J, kJ
- m_1 Masse des Brennstoffs (fest, flüssig) in kg
- V Brenngasvolumen in m^3
- H_u spezifischer Heizwert des Brennstoffs fest bzw. flüssig in MJ/kg, kWh/kg, gasförmig in kWh/m^3

1. Wärmemenge

Die spezifische Wärmekapazität c gibt an, wie viel Wärme zugeführt werden muss, um 1 kg eines Stoffs um die Temperatur von 1 K bzw. 1 °C zu erwärmen.

$$Q = m \cdot c \cdot \Delta T$$

2. Brennstoffbedarf

Die bei einer Verbrennung frei werdende Wämtemenge ist vom Verbrennungsgut abhängig. Durch Versuche wurde für 1 kg bzw. 1 m^3 Brennstoff der spezifische Heizwert H_u ermittelt.

fester, flüssiger Brennstoff

$$Q = H_u \cdot m_1$$

gasförmiger Brennstoff

$$Q = H_u \cdot V$$

Einheiten

$$1\ \text{W} = 1\frac{\text{Nm}}{\text{s}}$$

$$1\ \text{J} = 1\ \text{Nm} = 1\frac{\text{kgm}}{\text{s}^2}\cdot \text{m} = 1\ \text{Ws}$$

$$1\ \text{kWh} = 1\,000\ \text{Wh} = 1\,000 \cdot 3\,600\ \text{Ws} = 3\,600\,000\ \text{Ws} = 3\,600\ \text{kJ} = 3{,}6\ \text{MJ}$$

$$1\ \text{kWh} = 3{,}6\ \text{MJ}$$

$$1\ \text{MJ} = \frac{1}{3{,}6}\ \text{kWh}$$

3. Zusammenfassung

Wärmemenge = Masse × spez. Wärmekapazität × Temperaturdifferenz

$$Q = m \cdot c \cdot \Delta T$$

Wärmemenge = spezifischer Heizwert × Brennstoffmasse

$$Q = H_u \cdot m_1$$

4. Beispiel

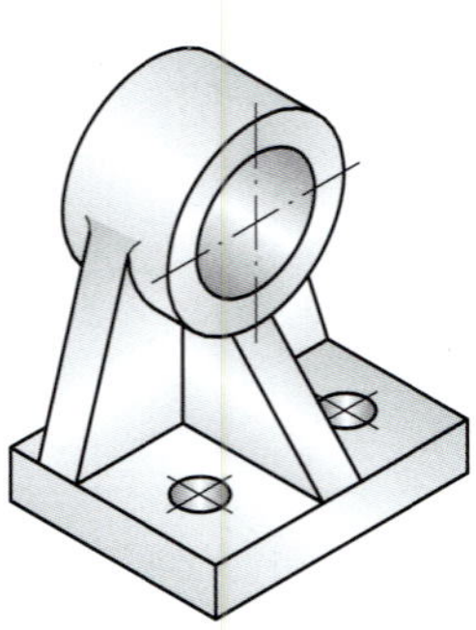

Ein 240 kg schwerer, aus unlegiertem Stahl zusammengeschweißter Lagerbock soll zum Spannungsarmglühen von 20 °C auf 580 °C erwärmt werden. Wie hoch ist der Brennstoffbedarf an Erdgas in m^3?

Gesucht V in m^3

Vorüberlegung
Wärmezufuhr = Brennstoffbedarf

Gegeben
$m = 240$ kg
$c = 460$ J/(kg · K)
$\Delta T = 580\,°C - 20\,°C = 560$ K
$H_u = 35\ \text{MJ/m}^3 = 35\,000\ \text{kJ/m}^3$

Lösung
$$Q = m \cdot c \cdot \Delta T$$
$$Q = 240\ \text{kg} \cdot 0{,}46\frac{\text{kJ}}{\text{kg}\cdot\text{K}} \cdot 560\ \text{K}$$
$$Q = 61\,824\ \text{kJ}$$
$$Q = H_u \cdot V$$
$$V = \frac{Q}{H_u} = \frac{61\,824\ \text{kJ}\cdot\text{m}^3}{35\,000\ \text{kJ}} = \underline{1{,}77\ \text{m}^3}$$

Hinweis
Bei Berücksichtigung des Wirkungsgrads gilt: $m \cdot c \cdot \Delta T = m_1 \cdot H_u \cdot \eta$

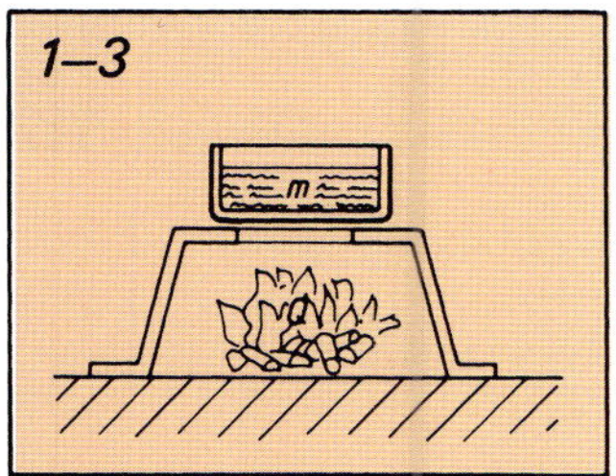

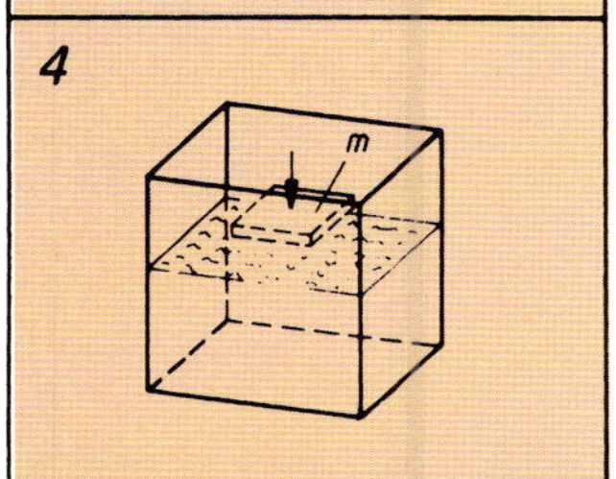

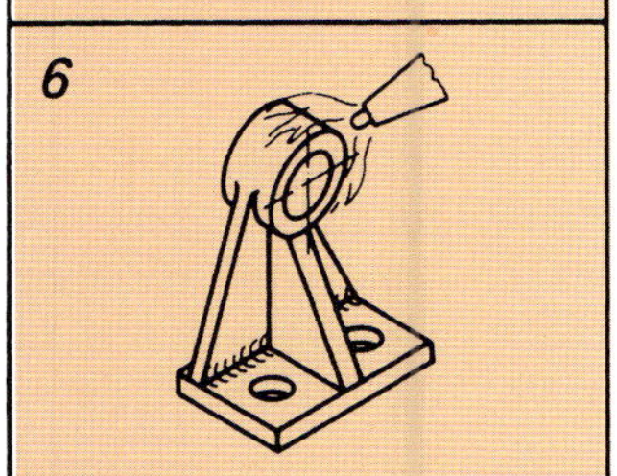

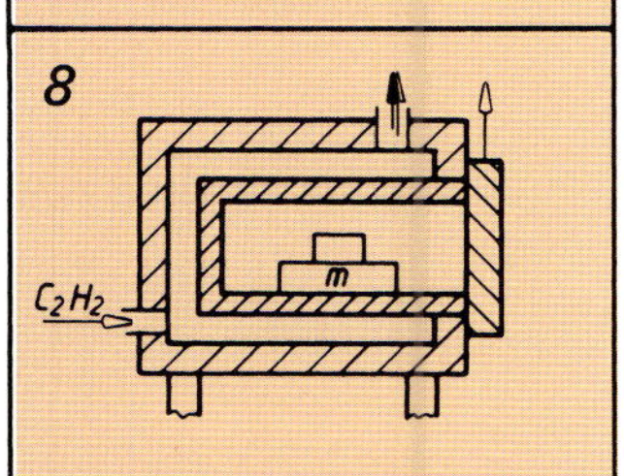

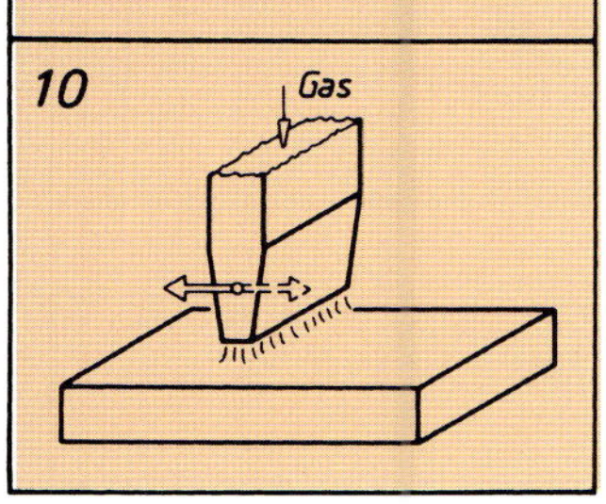

1. Welche Wärmemenge ist erforderlich, um ein Werkstück aus legiertem Stahl mit der Masse von 12 kg von 18 °C auf 160 °C zu erwärmen?

2. Wie viel kg Kupfer lassen sich mit einer Wärmemenge von 4190 kJ von 15 °C auf 1000 °C aufheizen?

3. Welche Wärmemenge ist erforderlich, um a) 10 kg Stahl, b) 10 kg Kupfer, c) 10 kg Aluminium von 20 °C Ausgangstemperatur auf 500 °C Endtemperatur zu bringen?

4. Welche Wärmemenge wird frei, wenn ein Kupferblech mit der Masse von 36 kg von 860 °C auf 20 °C abgekühlt wird?

5. Für die Erwärmung eines Kupferrohrs mit der Masse m = 2 kg auf 600 °C wurden 460 kJ benötigt. Berechnen Sie die Ausgangstemperatur.

6. Ein zusammengeschweißtes Werkstück aus Stahl wiegt 725 kg. Es soll zum Spannungsarmglühen von 20 °C auf 560 °C erwärmt werden. Der Wärmewirkungsgrad beträgt 0,45. Berechnen Sie den erforderlichen Wärmebedarf in MJ.

7. Welche Wärmemenge in MJ und kWh wird bei der Verbrennung von 25 kg Heizöl freigesetzt?

8. In einem Brennofen wird ein 250 kg schweres Werkstück aus legiertem Stahl von 21 °C auf 560 °C mit einer Acetylenflamme erwärmt. Wie viel Acetylengas in m³ ist erforderlich?

9. Welche Wassermenge kann von 12 °C auf 100 °C mit 10 kg Steinkohle (H_u = 31 400 kJ/kg) bei einem Wärmeverlust von 35 % erhitzt werden?

10. Ein Flachstahlprofil (ϱ = 7,85 kg/dm³) mit der Normbezeichnung: Flachstab EN 10058 - 200 × 20 × 12000 - S235JR soll mit einem Erdgasbrenner (H_u = 35 MJ/kg) von 15 °C auf 580 °C erwärmt werden. Die Wärmeausnutzung beträgt 70 %. Wie groß ist die erforderliche Gasmasse in kg?

11. Wieviel m³ Erdgas sind erforderlich, um 120 l Wasser von 8 °C auf 60 °C zu erhitzen (Wasser c = 4,18 kJ/(kg · K), Erdgas H_u = 34000 kJ/m³)

▶ Wissen – Erkennen – Werten

a) Unterscheiden Sie Wärmemenge und spezifische Wärmekapazität.
b) Erläutern Sie folgende Angabe: c = 0,46 kJ/(kg · K).
c) Wovon ist die für die Erwärmung benötigte Wärmemenge abhängig?
d) Wie ändert sich die Wärmemenge mit den Größen m, c und Δt?
e) Erläutern Sie den spezifischen Heizwert eines Brennstoffs.
f) Welche Beziehung besteht zwischen Wärmezufuhr und Brennstoffbedarf?
g) Nennen Sie Beispiele, wo das Härten in Randzonen angewandt wird (B 8).

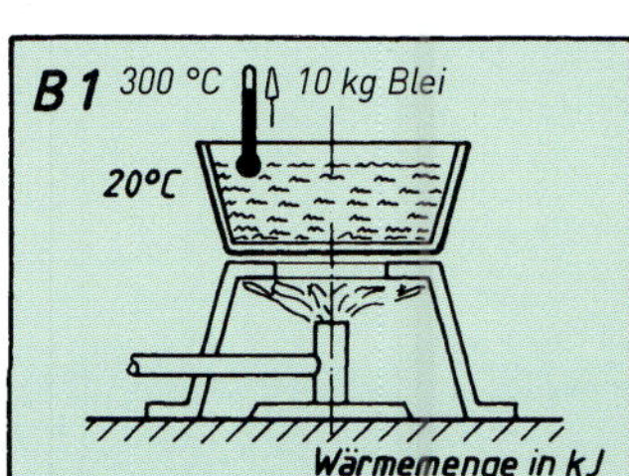

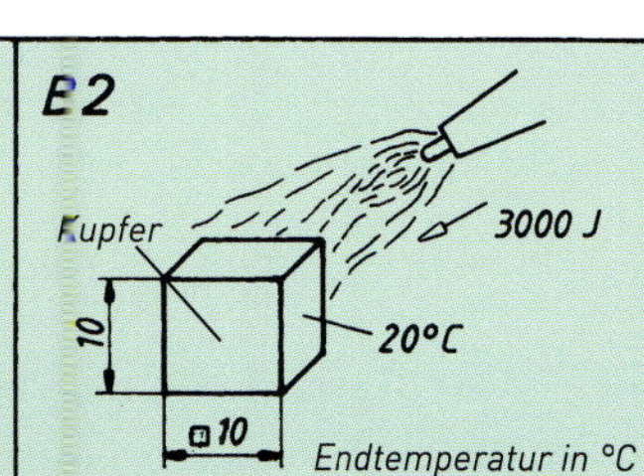

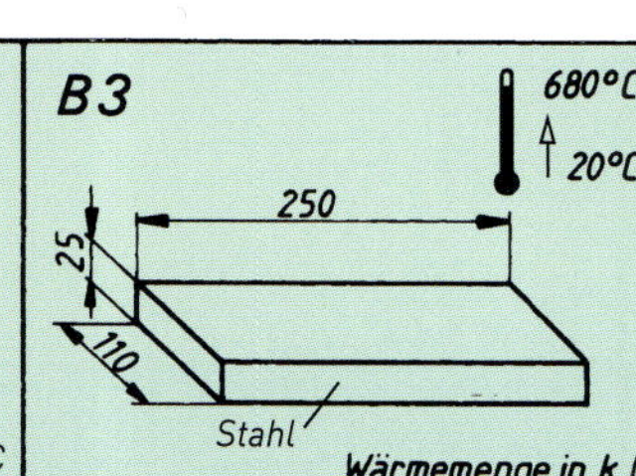

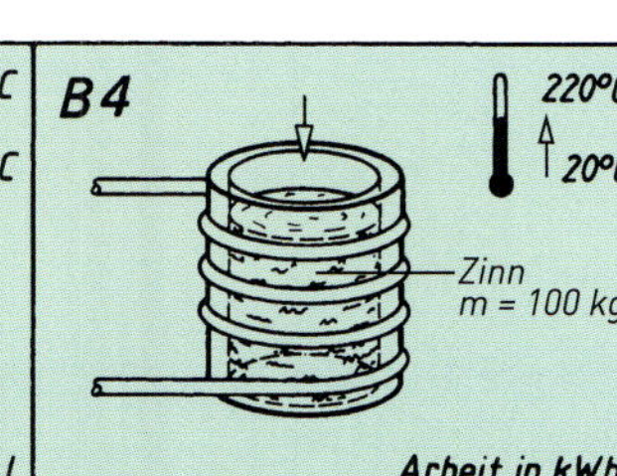

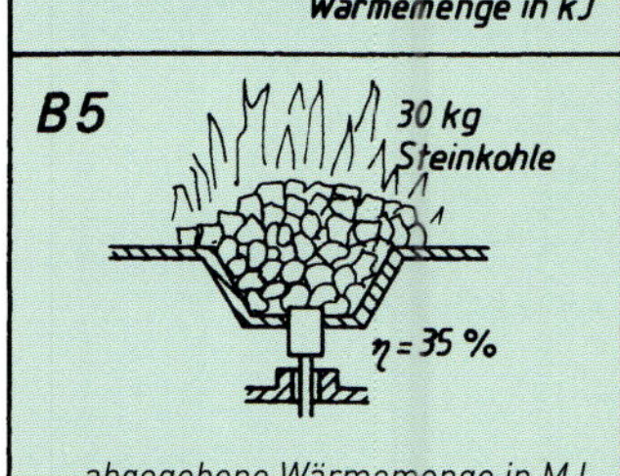

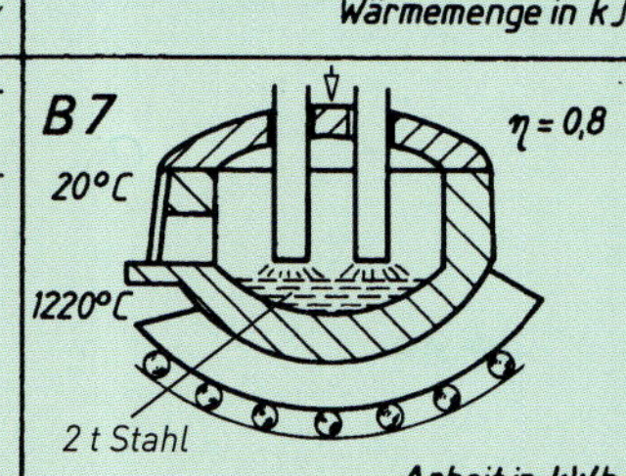

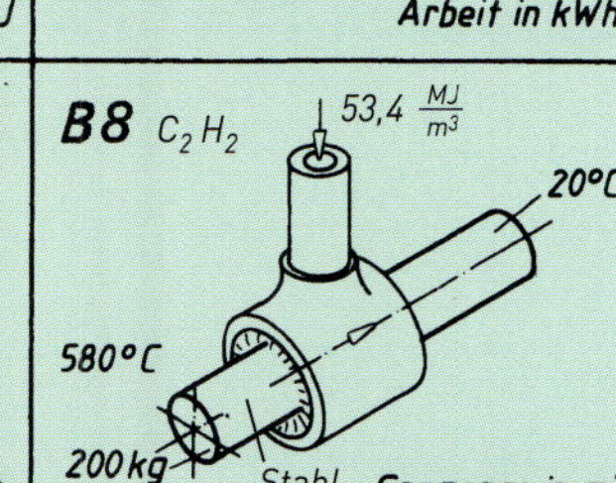

Wärmemischung

m_1, m_2	Teilmassen in kg	c_1, c_2	spezifische Wärmekapazität in kJ/(kg · K)
T_1, T_2	Temperatur der Teilmassen in °C, K	Q	Wärmemenge in kJ (Joule)
T_m	Temperatur der Mischung in °C, K	Q_m	Wärmemenge der Mischung in kJ
ΔT	Temperaturdifferenz in K		

1. Wärmemenge

Die Wärmemenge Q gibt an, wie viel Arbeit in J notwendig ist, um eine Masse um eine bestimmte Temperatur zu erhöhen. Die gleiche Wärmemenge wird beim Abkühlen wieder frei.

$$Q = m \cdot c \cdot \Delta T$$

$$1\ \text{J} = 1\ \text{Nm} = 1\ \text{Ws} = 1\ \frac{\text{kg} \cdot \text{m}}{\text{s}^2} \cdot \text{m}$$

2. Spez. Wärmekapazität

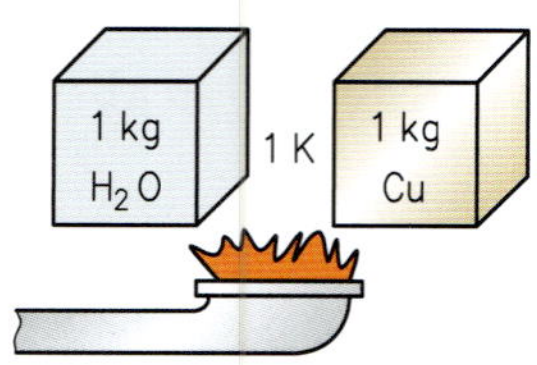

Die spezifische Wärmekapazität c gibt an, wie viel Wärme einem Stoff von 1 kg Masse zugeführt werden muss, um seine Temperatur um 1 °C bzw. 1 K zu erhöhen. Versuche mit verschiedenen Materialien ermittelten die spez. Wärmekapazitäten der einzelnen Stoffe. Um z.B. 1 kg Wasser um 1 K zu erwärmen ist eine Wärmemenge von 4 186 J ~ 4,2 kJ erforderlich.

3. Mischungstemperatur

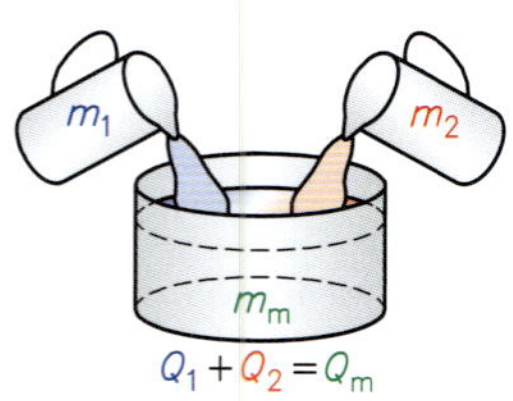

Die vom wärmeren Stoff abgegebene Wärmemenge ist genauso groß wie die vom kälteren Stoff aufgenommene Wärmemenge.

abgegebene Wärmemenge = aufgenommene Wärmemenge

$$m_1 \cdot c_1 \cdot T_1 + m_2 \cdot c_2 \cdot T_2 = (m_1 \cdot c_1 + m_2 \cdot c_2)\, T_m$$

$$T_m = \frac{m_1 \cdot c_1 \cdot T_1 + m_2 \cdot c_2 \cdot T_2}{m_1 \cdot c_1 + m_2 \cdot c_2}$$

Beim Mischen gleicher Stoffe ist $c_1 = c_2 = \ldots =$ konstant.

$$T_m = \frac{m_1 \cdot T_1 + m_2 \cdot T_2}{m_1 + m_2}$$

4. Zusammenfassung

Summe der Teilwärmemengen = Mischungswärmemenge

$$Q_1 + Q_2 = Q_m$$

$$m_1 \cdot c_1 \cdot T_1 + m_2 \cdot c_2 \cdot T_2 = (m_1 \cdot c_1 + m_2 \cdot c_2) \cdot T_m$$

5. Beispiel

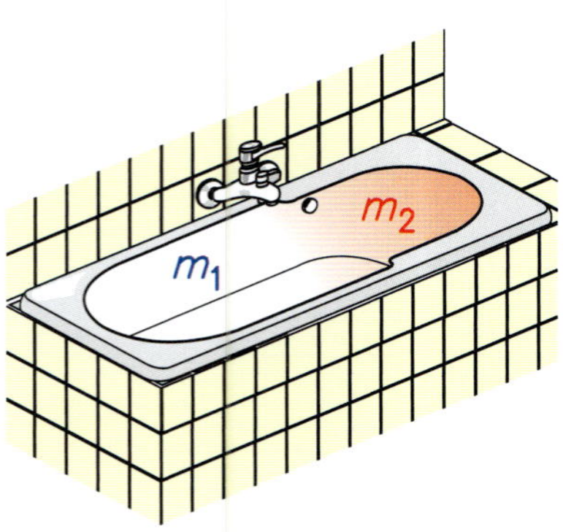

In einer Badewanne befinden sich 40 l Wasser von 15 °C. Hinzugefügt werden 80 l Wasser von 60 °C. Welche Mischungstemperatur stellt sich ein?

Gesucht T_m in °C

Gegeben

$m_1 = 40$ l
$m_2 = 80$ l
$T_1 = 15$ °C
$T_2 = 60$ °C
$c = 4{,}2$ kJ/(kg · K)

Vorüberlegung
Summe der Teilwärmemengen = Mischungswärmemenge

Lösung

$$Q_1 = m_1 \cdot c_1 \cdot T_1 = 40\ \text{kg} \cdot 4{,}2\ \frac{\text{kJ}}{\text{kg} \cdot \text{K}} \cdot 15\ \text{K} = 2\,520\ \text{kJ}$$

$$Q_2 = m_2 \cdot c_2 \cdot T_2 = 80\ \text{kg} \cdot 4{,}2\ \frac{\text{kJ}}{\text{kg} \cdot \text{K}} \cdot 60\ \text{K} = 20\,160\ \text{kJ}$$

$$Q_m = Q_1 + Q_2 = 2\,520\ \text{kJ} + 20\,160\ \text{kJ} = 22\,680\ \text{kJ}$$

$$Q_m = (m_1 \cdot c_1 + m_2 \cdot c_2) \cdot T_m$$

$$T_m \quad \frac{Q_m}{m_1 \cdot c_1 + m_2 \cdot c_2} = \frac{22\,680\ \text{kJ} \cdot \text{kg} \cdot \text{K}}{(40\ \text{kg} + 80\ \text{kg}) \cdot 4{,}2\ \text{kJ}} = \underline{45\ °\text{C}}$$

Anmerkung
Wärmeverlust des wärmeren Stoffs = Wärmegewinn des kälteren Stoffs

Aufgaben

1. Welche Wärmemenge in kJ ist erforderlich, um 120 l Wasser von 20 °C auf 85 °C zu erwärmen?

2. Welche Mischtemperatur ergibt sich, wenn 80 l Wasser von 10 °C und 40 l Wasser von 70 °C gemischt werden?

3. In einem Gefäß sind 25 l Wasser von 12 °C. Wie viel l Warmwasser von 70 °C müssen hinzugefügt werden, damit die Temperatur auf 33,75 °C erhöht wird?

4. 90 l Kaltwasser werden mit 60 l Warmwasser von 80 °C gemischt, damit Badewasser von 38 °C entsteht. Welche Temperatur hat das Kaltwasser?

5. 40 l Kaltwasser von 12 °C werden mit 120 l Warmwasser von 45 °C gemischt. Berechnen Sie die Wassertemperatur.

6. In einer Wanne befinden sich 90 l Wasser von 10 °C. Wie viel Wasser von 80 °C muss beigemischt werden, damit sich eine Temperatur von 40 °C einstellt?

7. 50 kg Stahl von 600 °C werden in 100 kg Wasser von 12 °C abgeschreckt. Wie hoch steigt die Wassertemperatur?

8. Eine Platte aus Stahl mit der Masse von 150 kg wird in 250 l Wasser von 15 °C abgekühlt. Die Wassertemperatur stieg auf 70 °C. Errechnen Sie die Temperatur der Stahlplatte.

9. Beim Abschrecken eines Kupferrohrs von 620 °C in 150 l Wasser von 16 °C stieg die Wassertemperatur auf 60 °C. Berechnen Sie die Masse des Kupferrohrs.

10. Die Achse eines Anhängers mit der Masse $m = 30$ kg wurde bei 160 °C in 200 Liter Maschinenöl (Dichte $\varrho = 0{,}91$ kg/dm^3) abgeschreckt. Welche Temperatur hatte das Öl vorher, wenn sich eine Ausgleichstemperatur von 60 °C einstellt?

► Wissen – Erkennen – Werten

a) Welcher Unterschied besteht zwischen Temperatur und Wärme?
b) Erläutern Sie die spez. Wärmekapazität am Beispiel des Wassers.
c) Begründen Sie, warum Wasser sich gut als Wärmeträger eignet.
d) Was geschieht beim Mischen von heißem mit kälterem Wasser?
e) Warum muss die Mischtemperatur zwischen T_{warm} und T_{kalt} liegen?
f) Begründen Sie, warum beim Mischen gleicher Stoffe c entfällt.
g) Warum kann bei Wassermischungen für l auch kg gesetzt werden?
h) Warum zirkuliert warmes Wasser in einem Rohrsystem (B 2)?

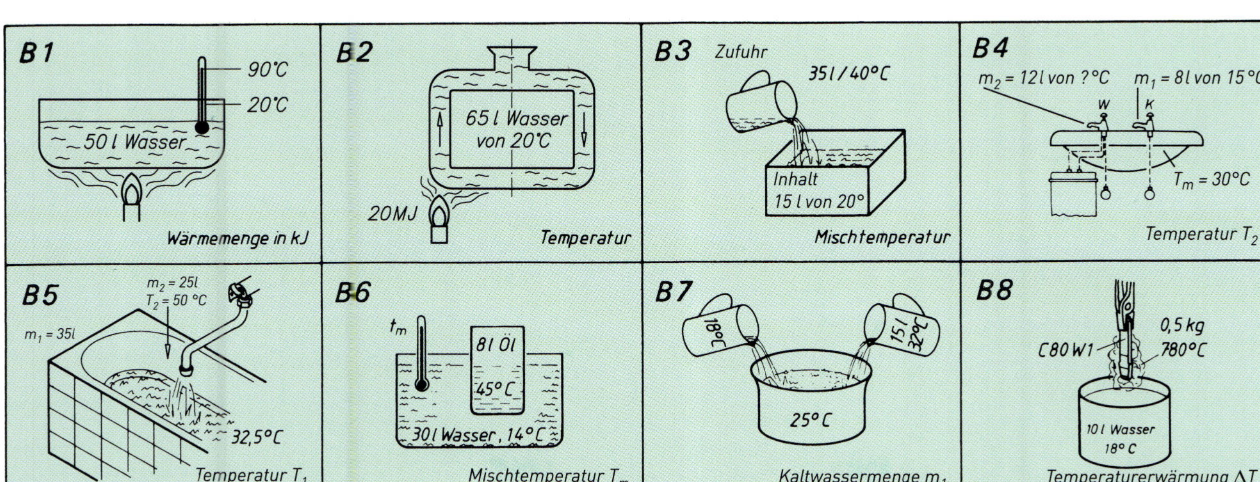

Φ	Wärmestrom in W (Φ = Phi)	U	Wärmedurchgangskoeffizient in W/(m² · K)
Q	Wärmemenge (Wärmeenergie) in kJ	R, R_T	Wärmedurchgangswiderstand in (m² · K)/W
λ	Wärmeleitfähigkeit in W/(m · K) (λ = Lambda)	$\lambda_1, \lambda_2, \lambda_3$	Wärmeleitfähigkeiten in W/(m · K)
ΔT	Temperaturdifferenz in °C, K	$R_{\lambda 1}, R_{\lambda 2}, R_{\lambda 3}$	Wärmedurchlasswiderstände in (m² · K)/W
A	Durchströmte Fläche des Bauteils in m²	h_i, h_e	Wärmeübergangskoeffizienten in W/(m² · K)
d	Bauteildicke in m	R_{si}, R_{se}	innerer und äußerer Wärmeübergangswiderstand in (m² · K)/W
t	Zeit in h		

1. Wärmestrom

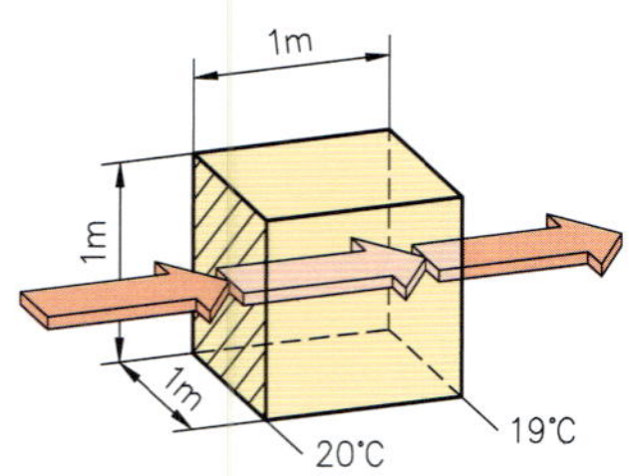

Der Wärmestrom Φ ist abgeleitet von der Wärmemenge Q, die in einer bestimmten Zeit übertragen wird. Er ist eine Leistung und wird in Watt gemessen.

$$Q = \Phi \cdot t$$

Die Fließrichtung des Wärmestroms Φ erfolgt immer von der höheren zur niedrigeren Temperatur.

$$\Phi = \frac{\lambda \cdot A \cdot \Delta T}{d}$$

Die Wärmeleitfähigkeit λ gibt den Wärmestrom an, der durch einen Querschnitt von 1 m² eines 1 m langen Körpers strömt, wenn der Temperaturunterschied 1 °C beträgt.

Der Wärmedurchgangskoeffizient U berücksichtigt neben der Wärmeleitfähigkeit des Bauteils die Wärmeübergangswiderstände an den Grenzflächen des Bauteils.

$$\Phi = U \cdot A \cdot \Delta T \qquad U = \frac{\lambda}{d}$$

2. Wärmedurchgang

Als Wärmedurchgang wird die Wärmeübertragung von einem Medium durch eine Wand zum anderen Medium verstanden.

Wärmedurchlasswiderstand

Der Wärmedurchlasswiderstand R_λ ist das Verhältnis der Dicke d zur Wärmeleitfähigkeit λ eines Bauteils und ist der Kehrwert des Wärmedurchgangskoeffizienten U.

$$R = \frac{d}{\lambda} \qquad U = \frac{1}{R_T}$$

Bei mehreren gleichen Schichten addieren sich die Wärmedurchlasswiderstände R_λ.

$$R_T = \frac{d_1}{\lambda_1} + \frac{d_2}{\lambda_2} + \frac{d_3}{\lambda_3} \qquad R = R_{\lambda 1} + R_{\lambda 2} + R_{\lambda 3}$$

Hinweis

Je höher der Wärmedurchlasswiderstand, desto besser sind die Wärmedämmeigenschaften des Bauteils.

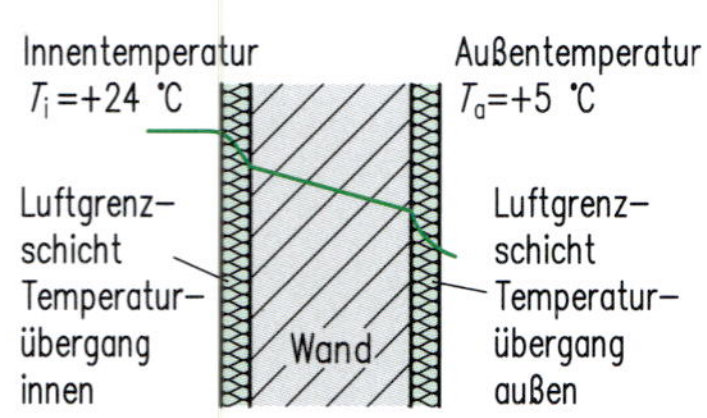

Wärmeübergangswiderstand

Der Wärmeübergangswiderstand beschreibt den thermischen Vorgang zwischen der Innen- bzw. Außentemperatur und einer festen Wand.

$R_{si} = \frac{1}{h_i}$ Wärmeübergangswiderstand innen

$R_{se} = \frac{1}{h_e}$ Wärmeübergangswiderstand außen

3. Zusammenfassung

Wärmedurchgangswiderstand	=	Wärmeübergangswiderstand innen	+	Wärmedurchlasswiderstände	+	Wärmeübergangswiderstand außen
R_T	=	R_{si}	+	ΣR_λ	+	R_{se}

4. Beispiel

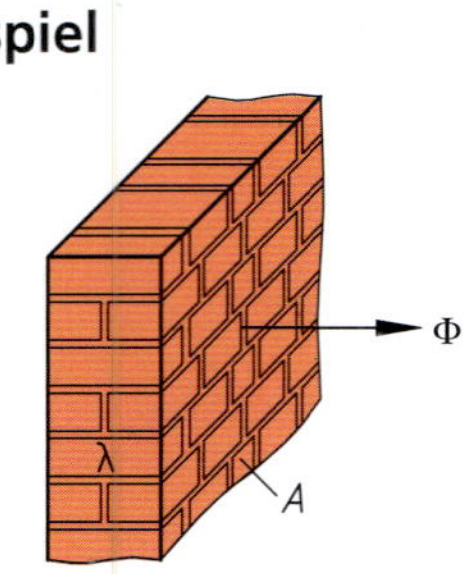

Wie groß ist der Wärmestrom durch eine 30 cm dicke Kalksandsteinwand von 6 m² Größe bei einer Temperaturdifferenz von 20 K?

Gesucht Φ in W

Gegeben $A = 6$ m², $\Delta T = 20$ K; $\lambda = 0{,}56$ W/(m · K)

Vorüberlegung R_{si}, R_{se} Werte aus Tabelle

Lösung

$R_T = R_{si} + R_\lambda + R_{se} = (0{,}13 + 0{,}3/0{,}56 + 0{,}04)$ m² · K/W $= 0{,}71$ m² · K/W

$U = 1/R_T = 1/0{,}71$ (m² · K)/W $= 1{,}41$ W/(m² · K)

$\Phi = U \cdot A \cdot \Delta T = 1{,}41$ W/(m² · K) · 6 m² · 20 K $= \underline{169 \text{ W}}$

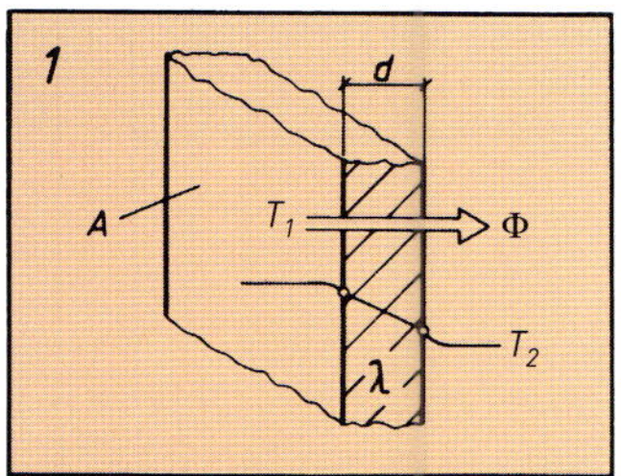

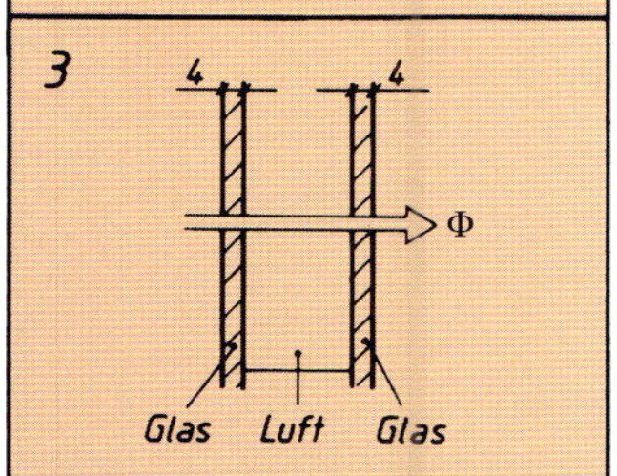

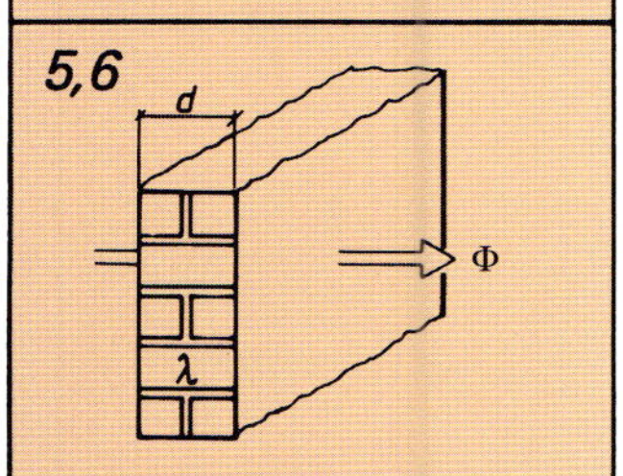

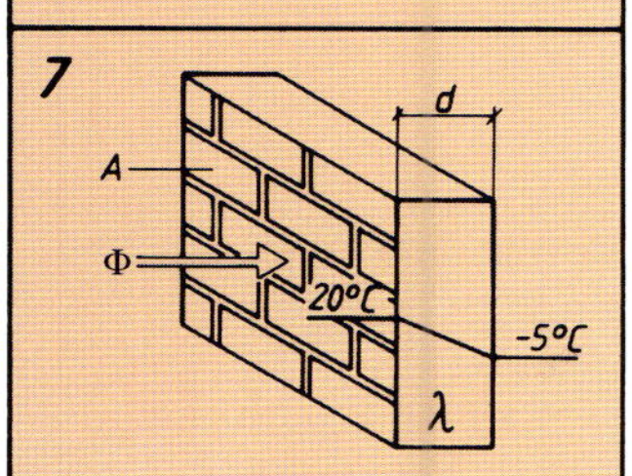

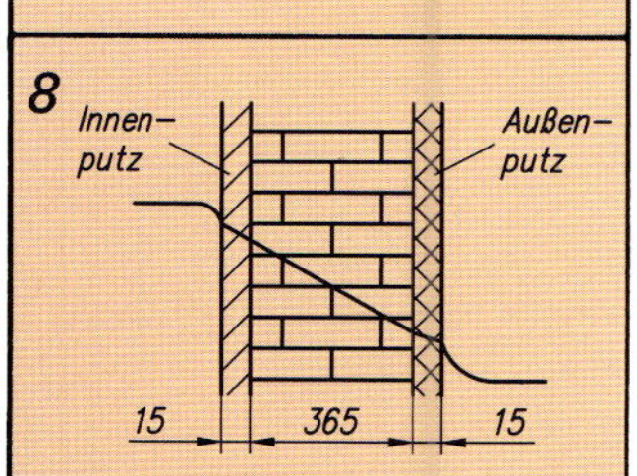

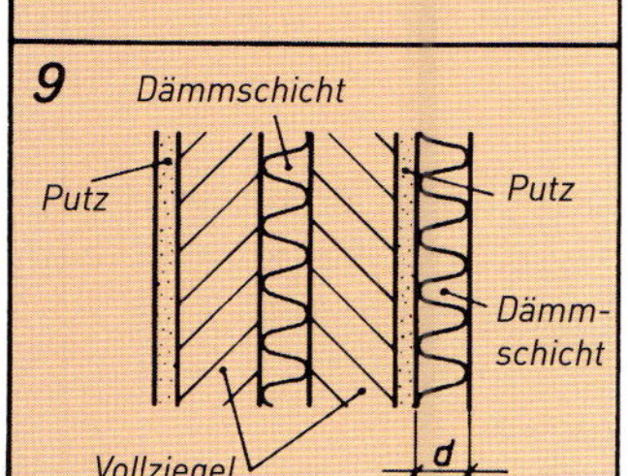

1. Die fehlenden Werte sind zu berechnen:

Aufgabe	a	b	c	d
d in m	0,15	0,24	?	0,30
λ in W/(m · K)	0,56	?	0,34	?
R in m² · K/W	?	?	0,88	?
U in W/(m² · K)	?	2,08	?	2,94

Aufgabe	e	f	g
A in m²	1,5	2,5	0,6
ΔT in K	10	20	?
U in W/(m² · K)	3,3	?	5,5
Φ in W	?	125	132

2. Berechnen Sie für ein Einfachfenster mit 4 mm dicker Glasscheibe: Wärmedurchgangswiderstand R_T und Wärmedurchgangskoeffizienten U, wenn $\lambda = 0{,}8$ W/m · K beträgt.

3. Für ein Isolierglasfenster ist der Wärmedurchgangskoeffizient nach Skizze zu berechnen. Wärmeduchlasswiderstand R der Luftschicht 0,14 m² · K/W.

4. Wie groß ist der Wärmedurchgang durch ein 2 m² großes Fenster bei 20 K Temp.-Gefälle a) Einfachglas $U = 5{,}7$ W/(m² · K) b) Isolierglas $U = 3{,}2$ W/(m² · K)?

5. In welchem Verhältnis zueinander steht der Wärmedurchgang bei einem Einfach- und Isolierglasfenster mit gleicher Fläche und gleicher ΔT-Differenz?

6. Berechnen Sie den Wärmedurchgangskoeffizienten einer unverputzten 24 cm dicken Außenwand aus Kalksandstein mit $\lambda = 0{,}79$ W/(m · K).

7. Wie groß ist der Wärmeverlust in kJ/h durch eine 24 cm dicke Vollziegelwand ($\lambda = 0{,}68$ W/m · K) von 20 m² Fläche bei 20 °C Innen- und −5 °C Außentemperatur?

8. Wie groß sind Wärmedurchgangswiderstand und Wärmedurchgangskoeffizient einer 365-mm-Außenwand aus Vollziegel ($\lambda = 0{,}68$ W/m · K) mit 15 mm Innenputz und 20 mm Außenputz aus Kalkmörtel ($\lambda = 0{,}87$ W/m · K)?

9. Eine Hauswand hat einen Wärmedurchgangskoeffizienten von 0,52 W/(m² · K). Nachträglich erhält sie eine 2 cm dicke Dämmschicht mit $\lambda = 0{,}035$ W/(m · K). Welcher Wärmedurchgangskoeffizient ergibt sich?

► Wissen – Erkennen – Werten

a) Unterscheiden Sie die drei Möglichkeiten einer Wärmeübertragung.
b) Nennen Sie Anwendungsbeispiele für Wärmeübertragungen.
c) Warum werden Wände und Decken über Heizkörpern schnell schmutzig?
d) Zeigen Sie auf, von welchen Größen der Wärmedurchgang abhängig ist.
e) Welche technische Bedeutung hat die Wärmeleitfähigkeit?
f) Begründen Sie, weshalb elektrische Heizstrahler Reflektoren besitzen.
g) Begründen Sie, warum Luft als Wärmeisolator verwendet wird.
h) Warum kühlen Emulsionen besser als reine Schneidöle?

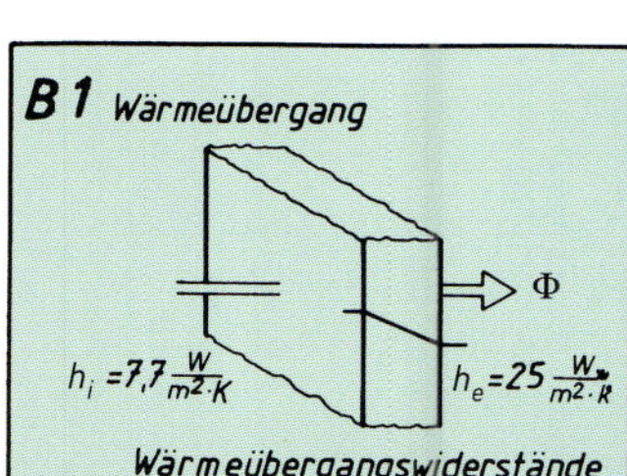

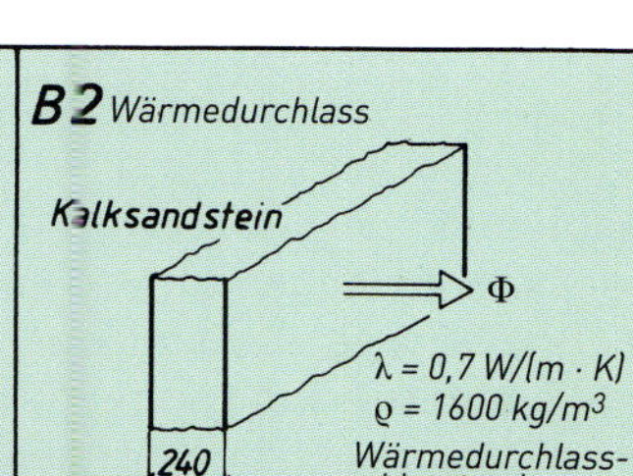

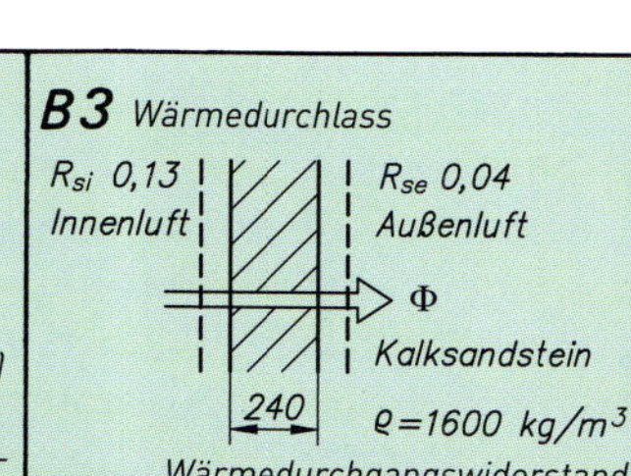

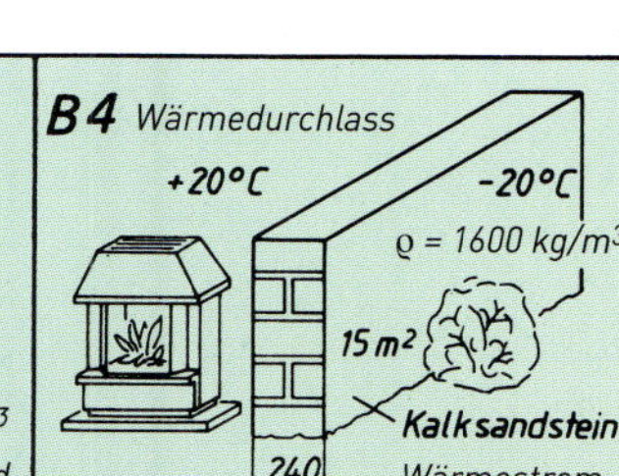

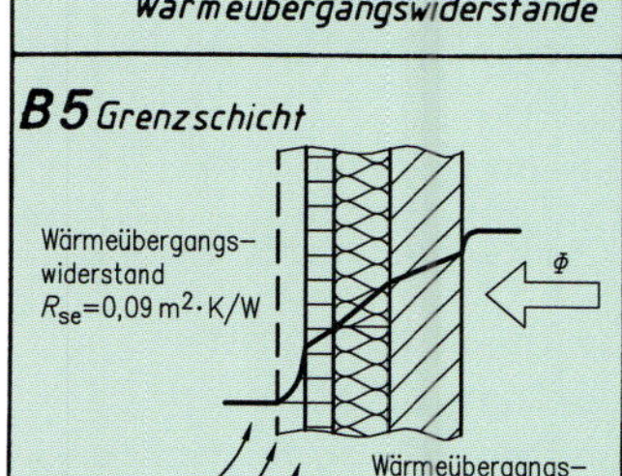

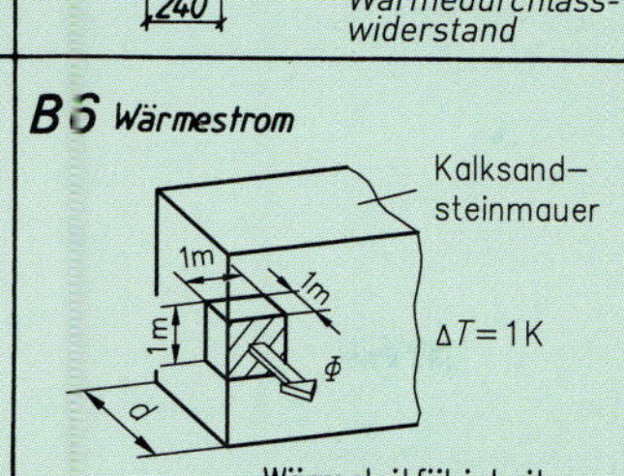

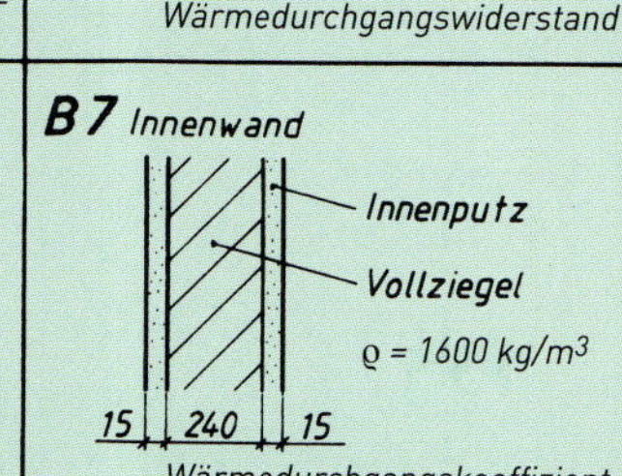

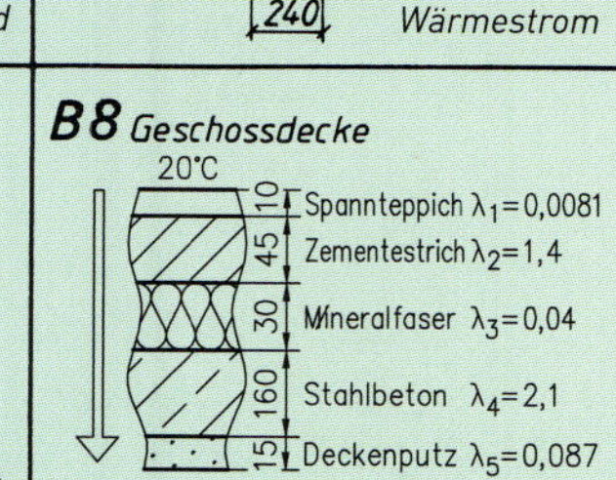

Fertigungs- und Prüftechnik: Bauelement für Becherwerk

Schwerpunkte
- Prüftechnik (Prüfbegriffe, -geräte)
- Technische Kommunikation (Techn. Zeichnung, Abwicklung)
- Werkstofftechnik (Kurzname, Bestelldaten)
- Berechnungen (Längen, Flächen, Volumen, Masse)
- Fertigungstechnik (Biegen, Schweißen, Verzinken)
- Kostenermittlung (Fertigungskosten, MwSt.)

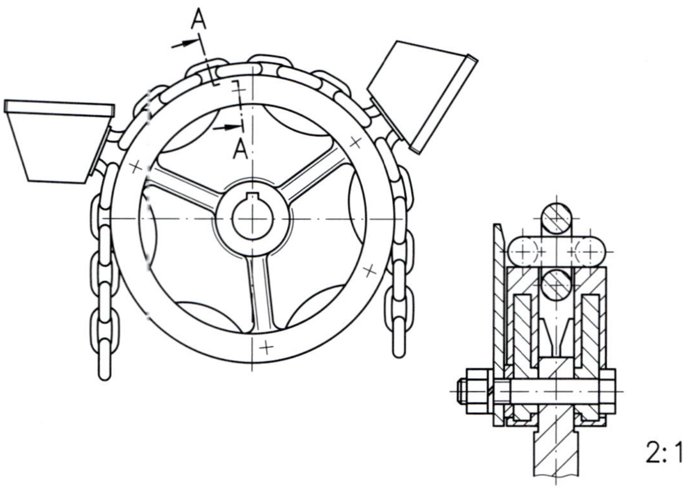

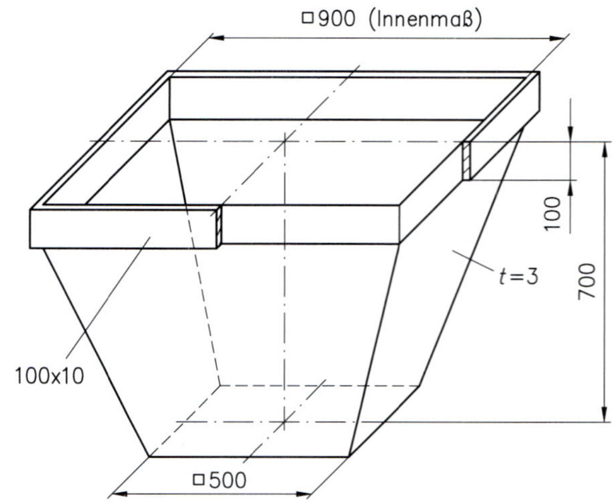

Lernbereichsübergreifende Arbeitsaufträge

P1 Prüftechnik

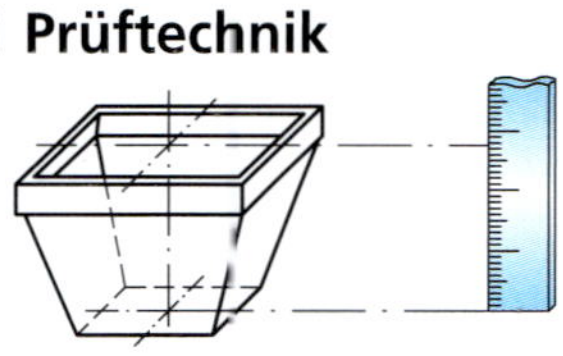

1. Erläutern Sie anhand des Bechers die Begriffe: Prüfen, Messen und Lehren.
2. Listen Sie die erforderlichen Prüf-, Mess- und Lehrgeräte auf.
3. Nennen Sie Möglichkeiten für den Prüfeinsatz einer Schmiege.
4. Welche Maßabweichungen sind für den Becher nach DIN ISO 2768-c zulässig?
5. Ermitteln Sie für die Becherhöhe 700 mm das Höchst- und Mindestmaß.
6. Welche Möglichkeiten bestehen, die Walzrichtung einer Blechtafel festzustellen?

P2 Kommunikation

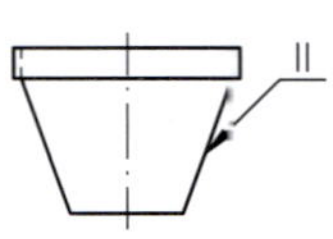

1. Erstellen Sie nach DIN 406 die technische Zeichnung.
2. Erklären Sie anhand eines Tabellenbuchs die eingetragenen Symbole.
3. Zeichnen Sie für den Becher die Abwicklung mit fertigungsgerechter Bemaßung.
4. Schneiden Sie die Abwicklung aus Papier aus, falten und kleben Sie sie.
5. Ist es wirtschaftlicher, den Becher aus Einzelteilen zu fertigen?
6. Erläutern Sie die Bezeichnung für die Bestellung: Blech EN 10051-3×1000×2000 Stahl EN 10130-DC 04 Am.

P3 Fertigungstechnik

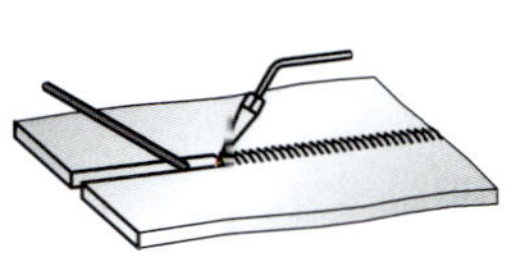

1. Welche technologischen Eigenschaften sind für die Umformbarkeit erforderlich?
2. Erläutern Sie anhand des Versteifungsrahmens die Vorgänge beim Biegeumformen.
3. Welche Größen haben Einfluss auf den kleinstzulässigen Biegehalbmesser?
4. Welche Vorschriften sind beim Anreißen von Biegelinien zu beachten?
5. Nennen und ordnen Sie die erforderlichen Umformwerkzeuge.
6. Entscheiden Sie sich beim Gasschweißen für eine Arbeitstechnik, begründen Sie diese.
7. Erstellen Sie einen Arbeitsplan für eine werkstattgerechte Becherfertigung.

P4 Längen

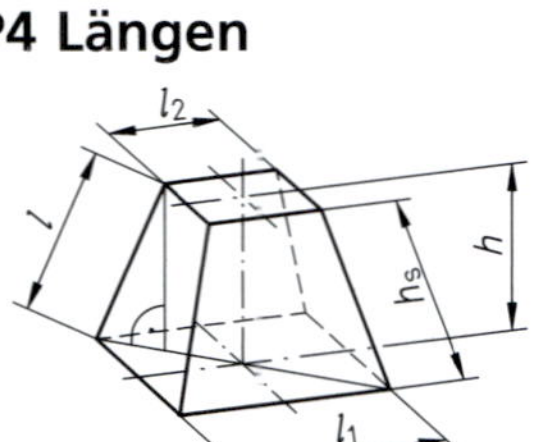

1. Ermitteln Sie für die Seiten-Trapezfläche die Mantelhöhe hs in mm.
2. Berechnen Sie die Kantenlänge und überprüfen Sie die wahre Länge zeichnerisch.
3. Bringen Sie die Ermittlung der Kantenlänge auf eine einfache Gleichung. (Anleitung: Gedankliches Vierkantprisma, Kantenlänge = Länge der Diagonalen)
4. Ermitteln Sie die Zuschnittslänge (gestreckte Länge) des Rahmens.
5. Geben Sie für die Bestellung des Rahmens die normgerechte Bezeichnung an.
6. Welche Vorbereitungen sind für die Ausführung der Schweißnaht erforderlich?

P5 Fläche

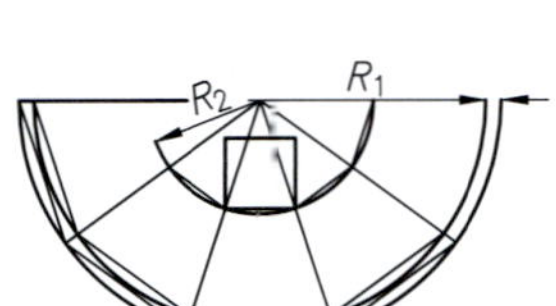

1. Bestimmen Sie für den Fertigungsauftrag des Bechers die Fertigfläche in m².
2. Welche Normmaße (Länge × Breite) sind für die Bestellung der Blechtafel erforderlich?
3. Ermitteln Sie aus der Brutto- und Nettofläche den prozentualen Verschnitt.
4. Bestimmen Sie die Restfläche durch günstiges Anreihen der Einzelflächen.
5. Vergleichen Sie nach fertigungstechnischen Gesichtspunkten die zugeschnittenen Einzelteile mit den zusammenhängenden Teilen der Abwicklung (P2.4).

P6 Volumen

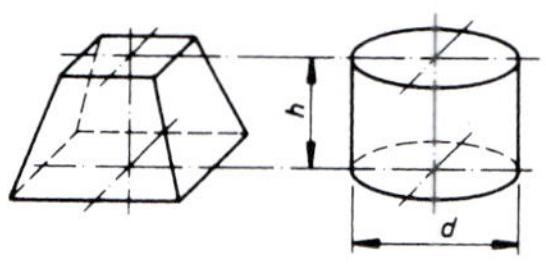

1. Der Becher soll bis 100 mm unter der Oberkante mit Wasser gefüllt werden. Bestimmen Sie annäherungsweise das Fassungsvermögen in Liter.
2. Um wie viel % weicht das annäherungsweise bestimmte Fassungsvolumen von der genauen Volumenbestimmung ab?
3. Der Becher soll bei gleicher Höhe und gleichem Volumen durch einen zylindrische Becher ersetzt werden. Wie groß wird der Durchmesser?

P7 Masse

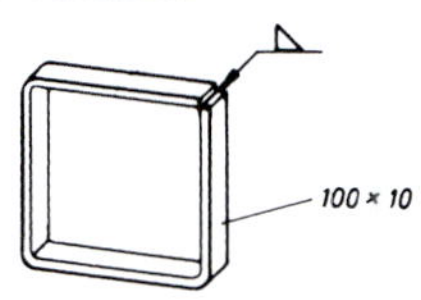

1. Berechnen Sie für die Fertigfläche der Bleche die Gesamtmasse in kg. (P5.1)
2. Ermitteln Sie mithilfe der flächenbezogenen Masse das Blechgewicht in kg.
3. Bestimmen Sie mithilfe der längenbezogenen Masse die Masse des Rahmens in kg.
4. Wie groß ist die Gesamtmasse des zu 85 % gefüllten Wasserbehälters? (P6.1)
5. Wie viel Prozent wäre ein Al-Becher leichter als ein Stahl-Becher?
6. Wie viel g Zink sind für das Verzinken des Behälters (50 μm) erforderlich?

P8 Kalkulation

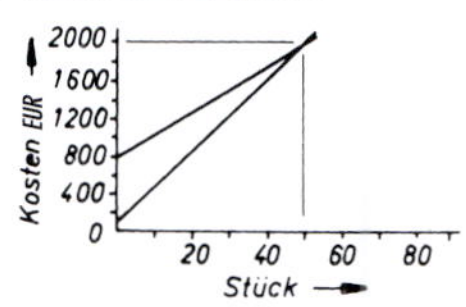

1. Berechnen Sie die Fertigungskosten für einen Becher: Stundenlohn 25 EUR, Fertigungszeit pro Stück 96 min, Kostenzuschläge (Gemeinkosten + Gewinn) 185 %.
2. Wie hoch ist der Bruttoverkaufspreis bei 19 % Mehrwertsteuer?
3. Um welchen Betrag steigen die Fertigungskosten, wenn sich der Stundenlohn durch eine Lohnerhöhung um 3,5 % erhöht?

P9 Auswertung

1. Beurteilen Sie die Becherkonstruktion hinsichtlich ihrer Funktionssicherheit.
2. Nennen Sie Verbesserungsvorschläge für die Fertigung und den Unfallschutz.
3. Zeigen Sie auf, wie Material- und Fertigungskosten gesenkt werden können.

Kontext-Arbeitsaufträge

P10 Der Becher soll mit Formstahl verstärkt werden ...
1 L-Profil DIN EN 10056
2 längenbezogene Masse,
3 Längenmaß des Zuschnittes,
4 Bezeichnung der Bestellung,
5 fertigungsgerechte Ausklinkung,
6 Abstände der Schwerpunktsachsen,
7 Anreißmaße *d* und *w* für das Nieten,
8 Vergleich Flach- und Formstahl.

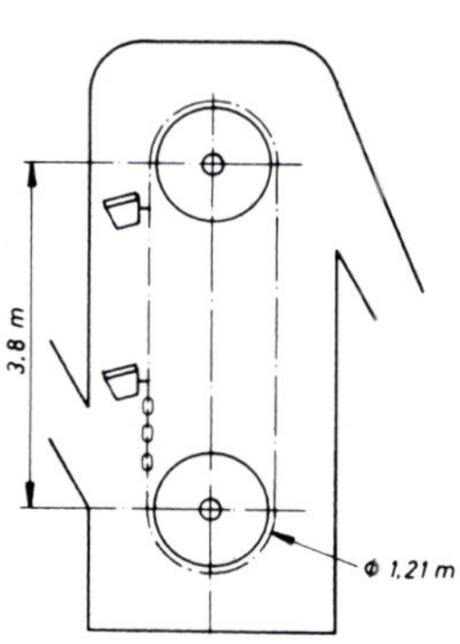

P11 Der Becher soll mit dem Rahmen verschweißt werden ...
1 schweißgerechtes Gestalten,
2 Nahtart begründen,
3 zeichnerische Darstellung,
4 DIN EN ISO 13920, Allgemeintoleranzen für Schweißkonstruktionen
5 Richtwerte beschaffen,
6 Elektrodenverbrauch,
7 Abschmelzzeit in min,
8 Schweißzusatz in g/m.

P12 Der geschweißte Becher soll mit Wasser zu 85 % gefüllt werden ...
1 Gewichtskraft in kN,
2 Lageenergie (Abstand 3,8 m),
3 Bewegungsenergie (v = 2,5 m/s),
4 mechanische Leistung je Hub,
5 Wirkungsgrad für Schneckentrieb,
6 Motorleistung in kW,
7 Bodendruck (1 bar ≈ 10 m WS),
8 Unfallverhütungsvorschriften.

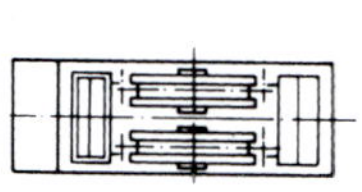

P13 Die gefüllten Becher sollen auf eine bestimmte Höhe gehoben werden ...
1 Hubmasse im Förderstrang,
2 Gewichtskraft im Förderstrang,
3 Kettenquerschnitte für d = 10 mm,
4 vorhandene Zugspannung,
5 Belastungsfall,
6 zul. Zugspannung für E295,
7 Streckgrenze für E295,
8 Sicherheitszahl.

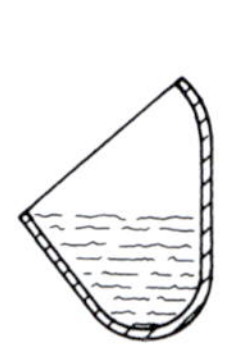

P14 Für das Fliehkraft-Becherwerk sollen Betriebswerte ermittelt werden ...
1 Kettenlänge,
2 Becherzahl (Abstand 1,9 m),
3 Umdrehungsfrequenz (v = 2,5 m/s)
4 Umlaufzeit der Becher,
5 Fördervolumen/Umlauf in l,
6 Fördervolumen/Zeit in l/s, m^3/h
7 Drehmoment in Nm,
8 Verbesserungsvorschläge.

Schwerpunkte

- Technische Kommunikation (Skizzieren, Bemaßung)
- Werkstofftechnik (Halbzeuge, Kurzname)
- Prüftechnik (Gewindegrößen, Maßtoleranzen)
- Berechnungen (Masse, Druck, Hebelgesetz)
- Fertigungstechnik (Spanen, Fügen, Richtwerte)
- Technische Unterlagen (CNC-, v_c-d-Diagramm)

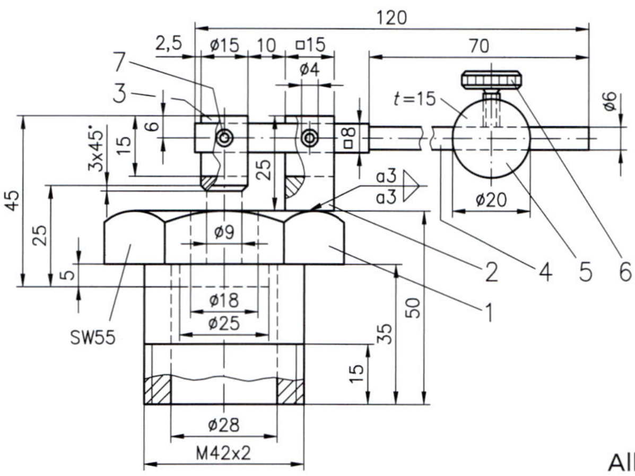

Allgemeintoleranzen ISO 2768-m

Stück	Benennung	Normblatt	Werkstoff	Lfd.-Nr.	Halbzeug
2	Spannstift 4 × 15	DIN EN ISO 8752	55 Si 7	7	
1	Rändelschraube M5 × 10	DIN 653	5.8	6	
1	Gegengewicht		S235JR	5	Rundstab DIN EN 10278 – 20 × 18
1	Hebelstange		S235JR	4	Flachstab DIN EN 10278 – 10 × 8 × 125
1	Ventilkörper		S235JR	3	Rundstab DIN EN 10278 – 25 × 50
1	Lagerbock		S235JR	2	Flachstab DIN EN 10278 – 15 × 30
1	Ventilgehäuse		S235JR	1	Sechskantstab DIN EN 10278 – 55 × 60

Lernbereichsübergreifende Arbeitsaufträge

P1 Kommunikation

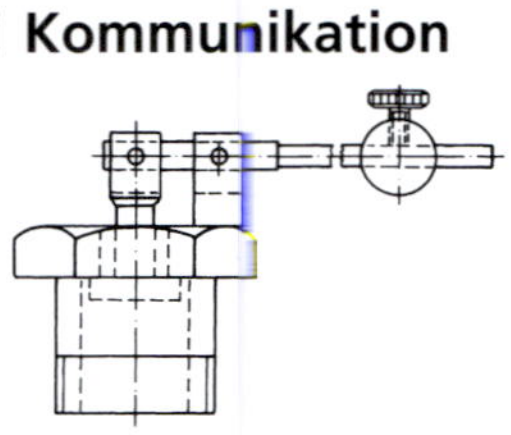

1. Lesen Sie die Gesamtzeichnung, erläutern Sie die Funktion der Einzelteile.
2. Zeigen Sie auf, bei welchen Teilen Kraft-, Form- oder Stoffschluss auftreten.
3. Welche Beanspruchungsarten werden bei Belastung des Ventils wirksam?
4. Warum eignet sich das Gewinde M 42 × 2 besonders als Befestigungsgewinde?
5. Welchen Einfluss hat die Steigung des Gewindes auf die Anpresskraft?
6. Nennen Sie besondere Anforderungen an die Funktionssicherheit des Ventils.

P2 Werkstofftechnik

1. Erläutern Sie die in der Stücklistenspalte aufgeführten Halbzeuge.
2. Ermitteln Sie für die erforderlichen Halbzeuge die längenbezogene Masse.
3. Was bedeutet in der Stückliste der Spalte Werkstoff die Angabe S235JR?
4. Erläutern Sie den Unterschied zwischen Zugfestigkeit und Streckgrenze.
5. Erklären Sie für den Spannstift (Pos. 7) die Werkstoffangabe 55 Si 7.
6. Entschlüsseln Sie die Bezeichnung: Rändelschraube DIN 653-M5 × 10 – 5.8

P3 Prüftechnik

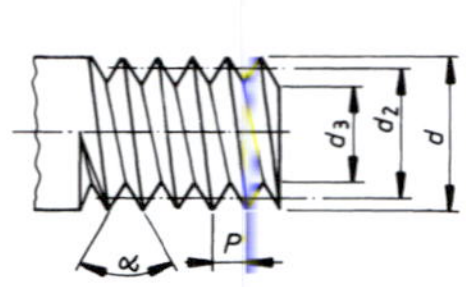

1. Nennen Sie die Kenngrößen, die zur Überprüfung des Gewindes dienen.
2. Welche Gewindegrößen können mit dem Messschieber ermittelt werden?
3. Zeigen Sie Möglichkeiten auf, das fertige Gewinde M 42 × 2 zu prüfen.
4. Ermitteln Sie für das Befestigungsgewinde M 42 × 2 den Flankendurchmesser.
5. Nennen Sie mögliche Prüffehler bei der Fertigungs- und Funktionskontrolle.
6. Erstellen Sie für die Fertigung eine Liste mit den erforderlichen Prüfgeräten.

P4 Fertigungstechnik

1. Zeigen Sie auf, welche Fragen bei der Fertigung im Mittelpunkt stehen.
2. Nach welchen Gesichtspunkten ist die Werkstoffauswahl zu treffen?
3. Begründen Sie die anwendungsbezogenen Fertigungsverfahren.
4. Erläutern Sie grundlegende Vorgänge und Einflüsse beim Spanen.
5. Nennen Sie wichtige Unfallverhütungsvorschriften für die Fertigung der Teile.
6. Welche Maschinen und Werkzeuge sind für die Fertigung bereitzustellen?

P5 Hebelstange

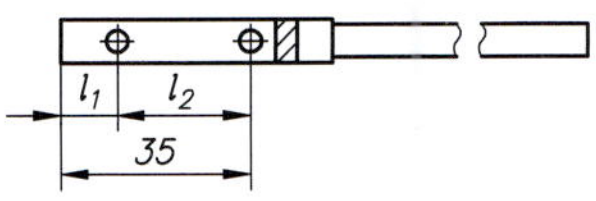

1. Skizzieren Sie die Hebelstange mit fertigungsgerechter Bemaßung.
2. Welche Zeichnungsvereinfachungen sind nach DIN 406-11 anwendbar?
3. Die Bohrungen der Hebelstange sollen im Abstandsverhältnis 2 : 5 gefertigt werden. Welche Teilungslängen ergeben sich?
4. Ermitteln Sie für den Bohrungsabstand das Höchst- und Mindestmaß.
5. Der Mittenabstand der Bohrungen darf zwischen 24,8 mm und 25,2 mm liegen. Welches toleriertes Maß ist einzutragen?

P5.1. Elemente

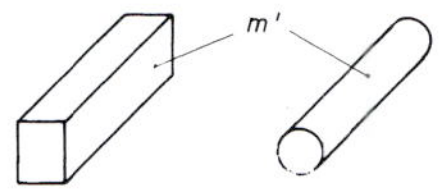

1. Aus welchen Formelementen setzt sich die fertige Hebelstange zusammen?
2. Bestimmen Sie für die Hebelstange das Zerspanungsvolumen in Prozent.
3. Ermitteln Sie für die Körperformen die längenbezogene Masse in kg/m.
4. Berechnen Sie die Masse mit möglichst vorteilhafter Einheit.

P5.2. Fertigung

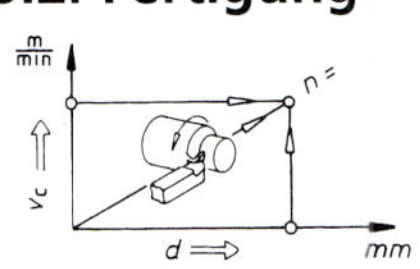

1. Welcher v_c-Richtwert ist für den Werkstoff der Hebelstange zulässig?
2. Erläutern Sie die Möglichkeiten zur Bestimmung der Drehfrequenz.
3. Mit welchen Drehfrequenzen ist die Hebelstange zu fertigen?
4. Erstellen Sie für die Hebelstange einen Arbeitsplan.

P5.3. Belastungen

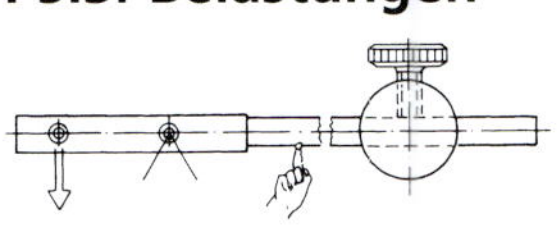

1. In welchem Punkt kann man sich die Masse der Hebelstange vereinigt denken?
2. Bestimmen Sie für den Gleichgewichtszustand den Unterstützungspunkt (P5.1.3).
3. Welche Gewichtskraft wird durch das Gegengewicht und die Schraube wirksam?
4. Welche Handkraft ist zum Anlüften (ohne Eigengewicht) erforderlich? (P7.5)
5. In welchem Verhältnis stehen Kraft und Hebellängen zueinander?
6. Wie groß ist beim Anlüften die Auflagerkraft im Lagerbock?

P6 Ventilgehäuse

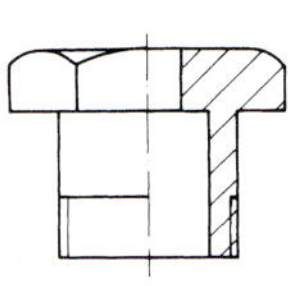

1. Skizzieren Sie das Ventilgehäuse mit fertigungsgerechter Bemaßung.
2. Geben Sie die Konstruktionsmaße für die Schraubendarstellung an.
3. Legen Sie die Fertigungsstufen für das Schneiden des Außengewindes fest.
4. Wie viel Gewindegänge sind auf 15 mm Gewindelänge enthalten?
5. Legen Sie für die Fertigung des Ventilgehäuses die technologischen Werte fest.
6. Schreiben Sie zur Berechnung der Drehfrequenz ein Programm.

P7 Ventilkörper

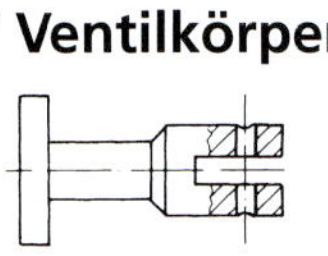

1. Skizzieren Sie den Ventilkörper mit fertigungsgerechter Bemaßung.
2. Aus welchen Element-Grundformen setzt sich der Ventilkörper zusammen?
3. Welche Schneidkantenlänge ergibt sich für die Übergangsphase 3 × 45°?
4. Bestimmen Sie das Roh- und Fertiggewicht sowie den Gewichtsverlust in %.
5. Welche Kraft wirkt bei einem Behälterdruck von 6 bar auf dem Ventilboden?
6. Schreiben Sie für die Fertigung des Ventilkörpers ein CNC-Programm.

P8 Spannstift

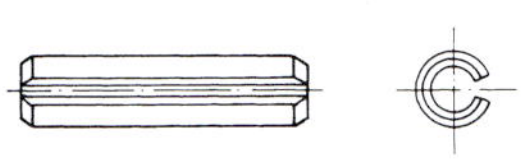

1. Nennen Sie Kriterien, die für den Einbau der Spannstifte sprechen.
2. Welche Beziehung besteht zwischen dem Nenn-∅ des Spannstiftes und der Bohrung?
3. Welche Maßtoleranz weist der Spannstift DIN EN ISO 8752 vor dem Einbau auf?
4. Bestimmen Sie die Länge des Spannstiftes, wenn $d : l = 1 : 3{,}75$ betragen soll.
5. Mit welcher Scherkraft wird der Spannstift beim Anlüften beansprucht?
6. Welche Flächenpressung wird beim Anlüften auf dem Spannstift wirksam?

P9 Druckprüfventil

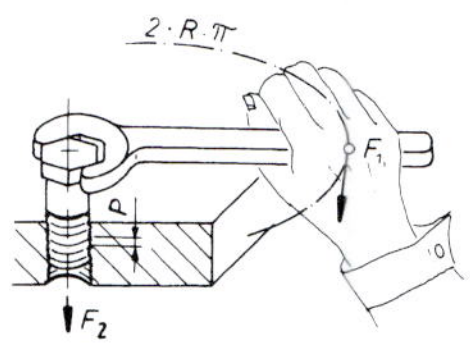

1. Zeigen Sie auf, wo am Ventil Flächenpressung und Druckspannung wirken.
2. Wie groß ist die auftretende Flächenpressung an der Dichtungsfläche? (P7.5)
3. Das Ventilgehäuse wird bei 460 mm wirksamer Schlüssellänge mit 100 N Handkraft eingeschraubt. Welche theoretische Anpresskraft in kN wird wirksam?
4. Wie hoch wird bei einem Wirkungsgrad von 0,12 die wirkliche Anpresskraft?
5. Bei welcher Handkraft wird die Rändelschraube M 5 × 10 zerstört? ($\eta = 0{,}12$)

P10 Auswertung

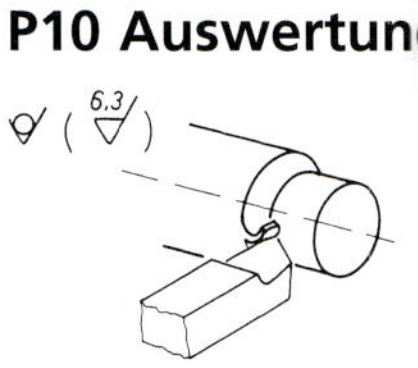

1. Beurteilen Sie die Konstruktion nach ihren Teilformen und Teilfunktionen.
2. Mit welcher Fügetechnik wäre die Verbindung von Teil 1 mit 2 vorteilhafter?
3. Ist es erforderlich, den Ventilkörper in der Mitte auf ∅ 9 abzusetzen?
4. Sind die Anforderungen an die verlangten Oberflächenqualitäten zweckmäßig?
5. Zeigen Sie auf, wie die Kosten der Fertigungsteile gesenkt werden können.
6. Entwerfen Sie einen Verbesserungsvorschlag mit gleichwertiger Funktion.

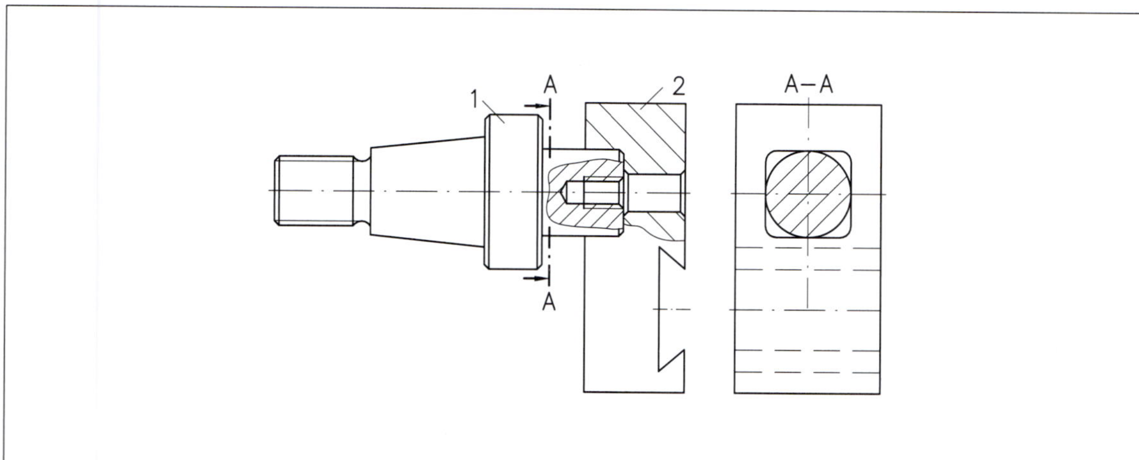

Stück	Benennnung	Normblatt	Werkstoff	Pos.–Nr.	Halbzeug
1	Verschiebestück		S235JR+C	2	Fl 50x35x100 EN 10278
1	Kegelwelle		11SMn30+C	1	Rd 55x120 EN 10278

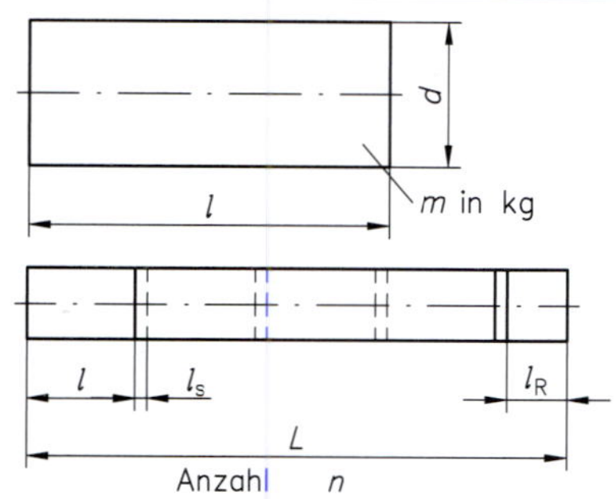

1. Berechnen Sie für das Drehteil (Kegelwelle) die Masse m des Rohlings in kg.

2. a) Aus einer Stange von 980 mm Länge sollen für die Kegelwelle Rohlinge gesägt werden. Die Sägeschnittbreite l_s beträgt 4 mm. Wie viele Rohlinge können aus der Stange hergestellt werden?
   b) Die ursprüngliche Stange hatte eine Länge von 980 mm. Wie viel Prozent der Stange konnte als Rohlinge genutzt werden?

3. Um das Gewicht der Kegelwelle zu verkleinern, soll sie aus Aluminium hergestellt werden. Wie groß ist die Gewichtseinsparung in %?

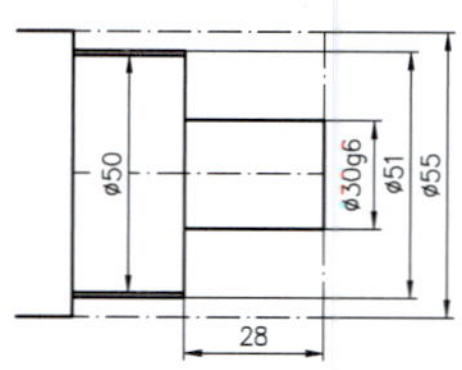

4. a) Der Zapfen ∅ 30g6 × 28 an der rechten Seite der Kegelwelle soll mit einem beschichteten Hartmetalldrehmeißel geschruppt werden. Bestimmen Sie mithilfe des Tabellenbuchs die Schnittgeschwindigkeit v_c in m/min, wenn die Schnitttiefe $a_p = 2{,}5$ mm und der Vorschub $f = 0{,}4$ mm betragen sowie mit Kühlschmierstoff gearbeitet wird. Das Schlichtaufmaß beträgt auf allen zu bearbeitetenden Flächen 0,5 mm.

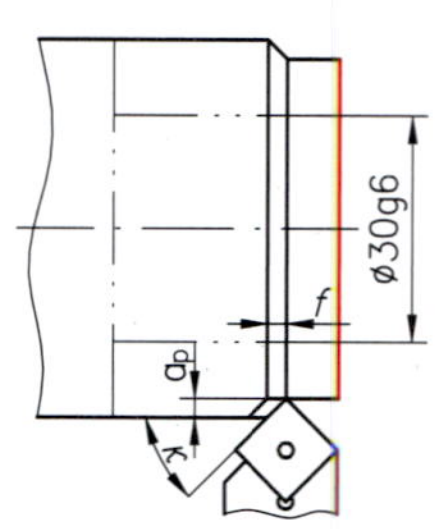

   b) Berechnen Sie für das Schruppen des 1. Schnitts die erforderliche Drehfrequenz n in 1/min. Die Drehmaschine besitzt ein stufenlos verstellbares Getriebe.
   c) Welche Drehfrequenz n ist beim letzten Schruppschnitt einzustellen? Die Schnittgeschwindigkeit soll konstant bleiben.

5. Die Schnittgeschwindigkeit für das Schlichten soll um das eineinhalbfache größer sein als die für das Schruppen. Wie groß ist v_c in m/min zu wählen?

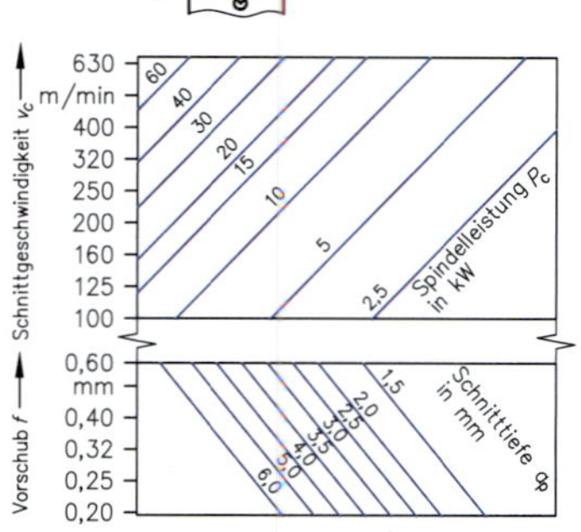

6. a) Der Wellenzapfen ∅ 30g6 soll geschruppt werden. Folgende Schnittdaten sind bekannt: v_c = 200 1/min, f = 0,4 mm, a_p = 3 mm und $\kappa = 45°$.
   Bestimmen Sie die spezifische Schnittkraft k_c in N/mm², die Schnittkraft F_c in N und die Schnittleistung in kW.
   b) Überprüfen Sie Ihre Rechnung mithilfe des nebenstehenden Diagramms.

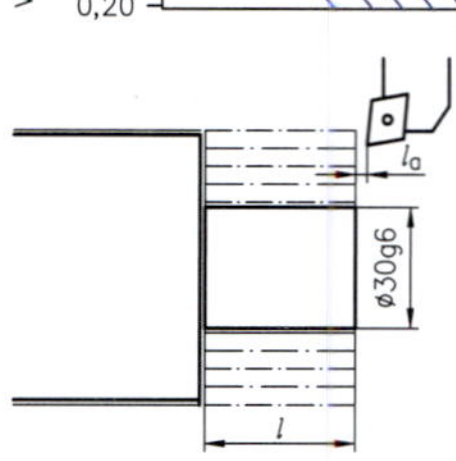

7. Der Zapfen ∅ 30g6 soll geschruppt werden. Dazu sind 4 Schnitte notwendig. Der Anlaufweg beträgt 2 mm und der Vorschub 0,4 mm, die Zustellung ist 2,5 mm groß und die Schnittgeschwindigkeit beträgt 200 m/min. Der Einstellwinkel beträgt 90° (Schlichtaufmaß für alle Flächen 0,5 mm).
   Die Umdrehungsfrequenz soll während des Zerspanens konstant bleiben. Folgende Lastdrehzahlen sind einstellbar:
   … 900, 1 120, 1 400, 1 800, 2 240 … 1/min.
   Berechnen Sie die Hauptnutzungszeit t_h in min.

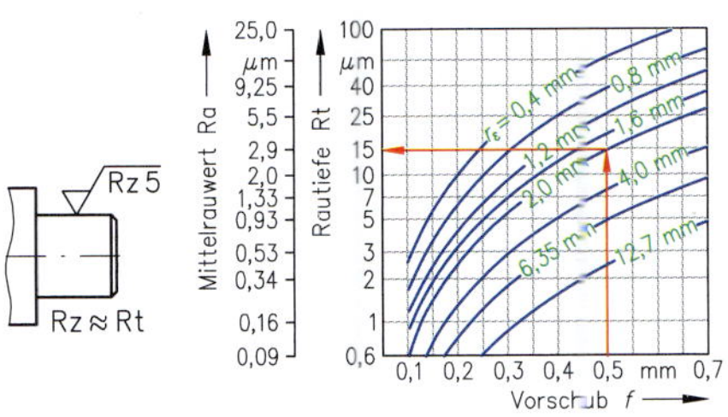

8. Die Rautiefe R_t des Zapfens soll nach dem Schlichten 5 μm betragen. Der Schlichtdrehmeißel hat einen Radius r von 0,8 mm. Welcher Vorschub f muss eingestellt werden? Überprüfen Sie Ihre Rechnung mithilfe des nebenstehenden Diagramms.

9. Das Gewinde M12 soll mit einem Maschinengewindebohrer gefertigt werden. Welchen Durchmesser muss der Bohrer für das Fertigen des Gewindekernlochs besitzen?

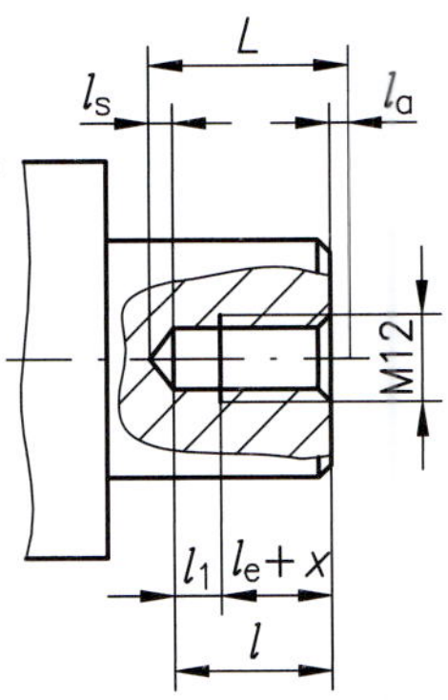

10. In das Grundloch M12 soll eine Sechskantschraube der Festigkeitsklasse 6.8 geschraubt werden.
   a) Was gibt die Festigkeitsklasse an?
   b) Wie lang muss die Mindesteinschraubtiefe l_e sein?
   c) Wie tief muss mindestens gebohrt werden (Länge l)?
   d) Wie lang ist der Verfahrweg L des Kernlochbohrers, wenn der Anlauf $l_a = 2$ mm beträgt?
   e) Der Kernlochbohrer besteht aus Schnellarbeitsstahl. Welche Schnittgeschwindigkeit v_c und welcher Vorschub f ist auszuwählen?
   f) Wie groß ist die Hauptnutzungszeit t_h in min für das Bohren des Kernlochs?

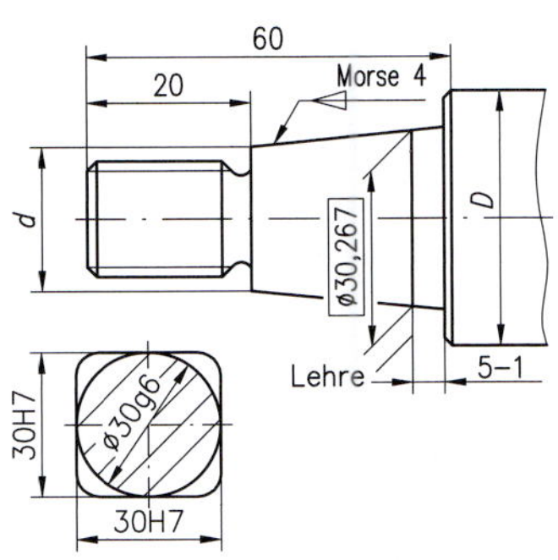

11. Berechnen Sie mithilfe des gegebenen theoretisch genauen Maßes (rechteckiger Rahmen)
   a) den kleinen Durchmesser d und
   b) den großen Durchmesser D des Kegels.
   c) Überprüfen Sie mithilfe der errechneten Durchmesserwerte den Einstellwinkel $\alpha/2$

12. Ermitteln Sie für den Zapfen und die quadratische Tasche die Höchst- und Mindestmaße sowie das Höchst- und Mindestspiel.

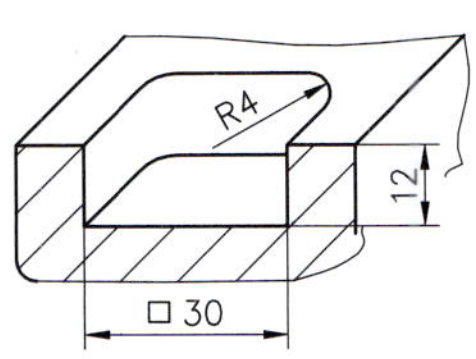

13. Berechnen Sie das Volumen in cm^3, welches beim Fräsen der quadratischen Tasche zerspant werden muss.

14. Wie groß ist das zu zerspanende Volumen in cm^3 bei der Fertigung der Schwalbenschwanznut?

15. Ermitteln Sie zur Kontrolle der Schwalbenschwanznut das Prüfmaß l zwischen den beiden hineingelegten Zylinderstiften ∅ 6 mm.

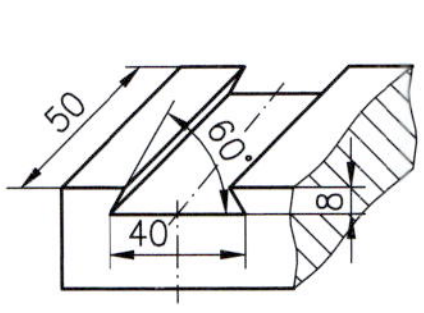

16. In dem Verschiebestück (Pos. 2) wird die Schwalbenschwanznut mit einem Schaftfräser ∅ 28 mm vorgefräst ($f_z = 0{,}1$ mm, $v_c = 22$ m/min, $z = 6$). Der An- und Überlaufweg beträgt jeweils 2 mm. Der Schaftfräser soll nach Beendigung des Spanens das Werkstück ganz verlassen. Berechnen Sie die Hauptnutzungszeit t_h in min.

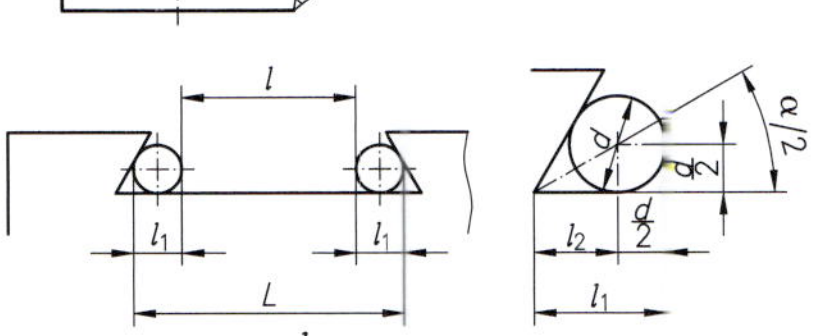

17. Die Kegelwelle soll mit dem Verschiebestück durch eine Sechskantschraube M12 verschraubt werden. Welchen Durchmesser soll laut Norm das Durchgangsloch besitzen, wenn mit der Toleranzklasse H12 (fein) gefertigt wird?

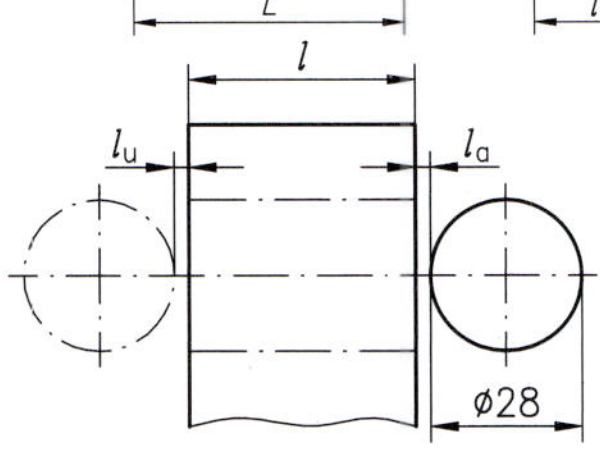

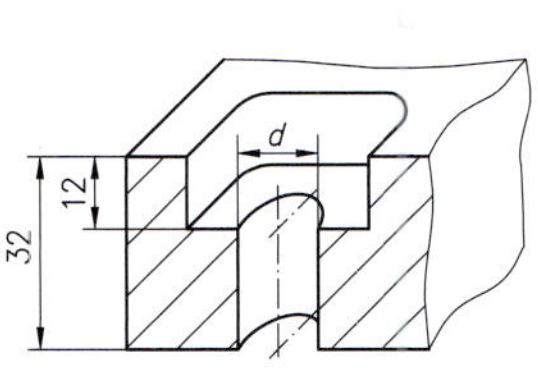

18. a) Bestimmen Sie die Schnittgeschwindigkeit v_c und den Vorschub f mithilfe des Tabellenbuchs, wenn das Durchgangsloch unter Verwendung von Kühlschmiermittel mit einem Hartmetallbohrer gefertigt wird.
   b) Berechnen Sie die Drehfrequenz n in 1/min.
   c) Ermitteln Sie die spezifische Schnittkraft k_c in N/mm^2.
   d) Berechnen Sie die Schnittkraft F_c in N.
   e) Berechnen Sie das Schnittmoment M_c in Nm.
   f) Wie groß ist das Zeitspanungsvolumen Q in cm^3/min?

Maschinen- und Gerätetechnik: Kegelstirnradgetriebe

Fertigungs- und Prüftechnik – Fertigungsteile, Ein- und Ausgangsgrößen ermitteln, Toleranzen, Passungen, Wärmedehnung.

Werkstofftechnik – Normbezeichnung entschlüsseln, Werkstoffauswahl begründen, Beanspruchung von Bauteilen.

Maschinen- und Gerätetechnik – Funktionseinheiten: Stützen, Tragen, Übertragen, Kenngrößen und Funktionsgruppen analysieren.

Technische Kommunikation – Umgang mit dem Tabellenbuch, Umsetzung technischer Daten, Auswahl genormter Teile nach ihrer Funktion.

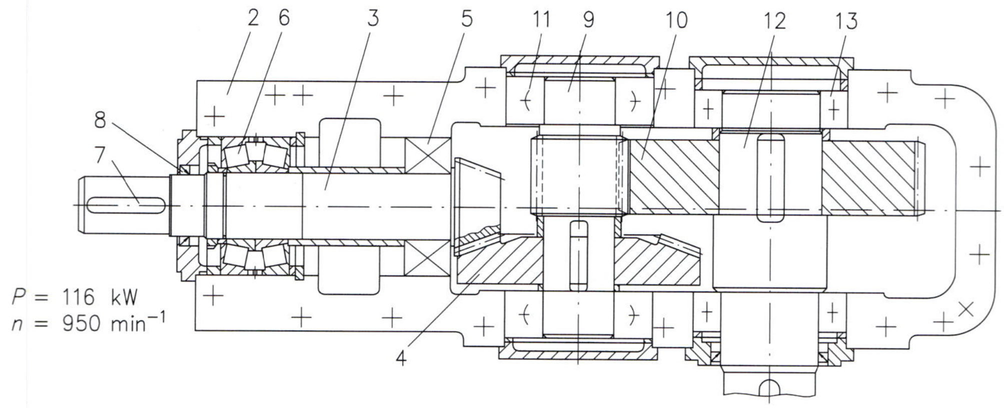

Pos.	Menge	Einheit	Benennung	Sach-Nr. / Norm-Kurzbezeichnung	Werkstoff
13	2	Stck	Wälzlager	DIN 5412	
12	1	Stck	Abtriebswelle ⌀95 × 140		C 60 N
11	2	Stck	Wälzlager	DIN 635	
10	1	Stck	Stirnrad z = 60, m = 4 mm	DIN	17CrNiMo 6
9	1	Stck	Ritzelwelle z = 20, m = 4 mm	DIN	17 CrNiMo 6
8	1	Stck	Wellendichtring A 52 × 72 × 8	DIN 3760	
7	1	Stck	Passfeder A	DIN 6885	C45+C
6	2	Stck	Wälzlager	DIN 720	
5	1	Stck	Wälzlager	DIN 635	
4	1	Stck	Kegelrad z = 54, m = 4 mm		17CrNiMo 6
3	1	Stck	Kegelritzelwelle z = 18, m = 4 mm	DIN	17CrNiMo 6
2	1	Stck	Gehäuseunterteil		EN-GJL-250
1	1	Stck	Gehäuseoberteil		EN-GJL-250
(Verwendungsbereich)			(zul. Abw.)	(Oberfläche) Maßstab	(Gewicht)

Lernbereichsübergreifende Arbeitsaufträge

P1 Getriebe

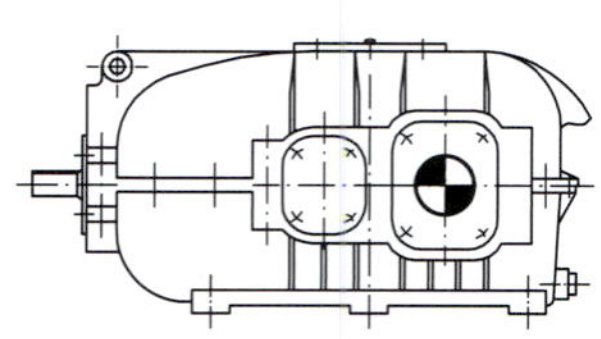

Beschaffen Sie sich **Informationen** ...
1. durch Lesen der Gesamtzeichnung,
2. über Baugruppen und Einzelteile,
3. über die Grundfunktionen der Elemente,
4. über benötigte Stoff-, Maß- und Prüfnormen,
5. über anzuwendende Fertigungsverfahren.

Funktionsgruppen, erläutern Sie ...
6. das Grundkonzept des Getriebes,
7. Checkliste gewünschter Eigenschaften,
8. die Verknüpfung der Einflussgrößen,
9. Entscheidungskriterien der Lebensdauer,
10. erforderliche Entsorgungsvorschriften.

Kenngrößen, ermitteln Sie ...
11. Teilübersetzungen, Gesamtübersetzung,
12. die Drehfrequenzen der Zahnräder,
13. die Teilkreisdurchmesser,
14. die Geschwindigkeit des Ritzelrades,
15. die Umfangskräfte an den Zahnrädern.

Belastungen, bestimmen Sie ...
16. die Hubleistung, um das mittlere Getriebegewicht von 250 kg in 8 s um 2 m zu heben,
17. die Hubleistung bei doppelter Geschwindigkeit,
18. Zugkraft und Spannung der Lastkette, Werte: Werkstoff E295, Ketten-∅ 10 mm, Spreiz-∢ 60°.

P2 Werkstoff

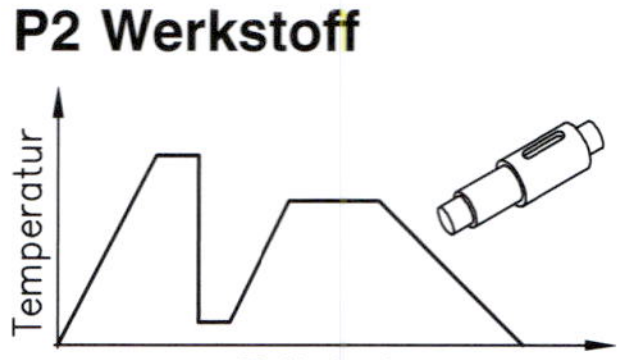

Anwendungsbereiche, beschreiben Sie ...
1. die Werkstoff-Kurznamen der Stückliste,
2. das zu erwartende Werkstoffverhalten,
3. anzusetzende Stoffeigenschaftsänderungen,
4. das Vergüten der Abtriebswelle (Pos. 12),
5. das Randschichthärten des Stirnrades.

Ökonomisches Prinzip, nennen Sie ...
6. Entscheidungskriterien der Werkstoffwahl,
7. Möglichkeiten der Materialausnutzung,
8. vergleichbare Werkstoffe der Stückliste,
9. wirtschaftlichen Materialeinsatz,
10. Einflussfaktoren der Fertigung.

P3 Welle

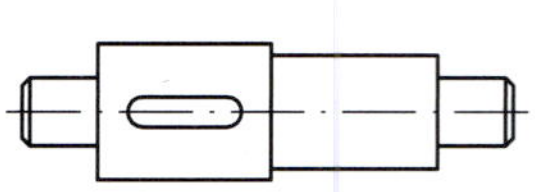

Funktionselement, welche Faktoren beeinflussen ...
1. das zu übertragende Drehmoment,
2. das Festigkeitsverhalten der Wellen,
3. die Ausführung von abgesetzten Wellen,
4. die Erwärmung von Getriebewellen,
5. eine fehlerhafte Wellenmontage?

Beanspruchungen, ermitteln Sie ...
6. das Eingangs- und Ausgangsdrehmoment,
7. das Widerstandsmoment der Ritzelwelle,
8. den Durchmesser der Antriebswelle,
9. die Längenänderung der Welle (Lagerabstand 180 mm, Temperaturdifferenz 60 K).

[1] Die Zeichnung stellte freundlicherweise die Firma TGW Thyssen zur Verfügung.

P4 Passfeder

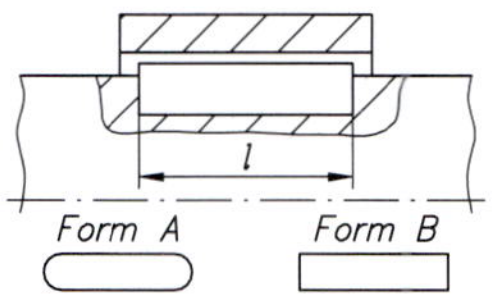

Funktionseinheit, erläutern Sie …
1. die auftretenden Beanspruchungsarten,
2. das erforderliche obere Passungsspiel,
3. die Folgen bei seitlichem Flankenspiel,
4. die Bevorzugung rundstirniger Passfedern,
5. Passfeder DIN 6885-A-22 × 14 × 140-E295C.

Auslegungswerte, bestimmen Sie für Pos. 7 …
6. die Breite und Höhe der Passfeder,
7. die erforderliche Nabennuttiefe,
8. die Passfederlänge (Form A), $p_{zul} = 220$ N/mm^2,
9. die vorhandene Flächenpressung,
10. die einzutragende Passfederbezeichnung.

P5 Zahnräder

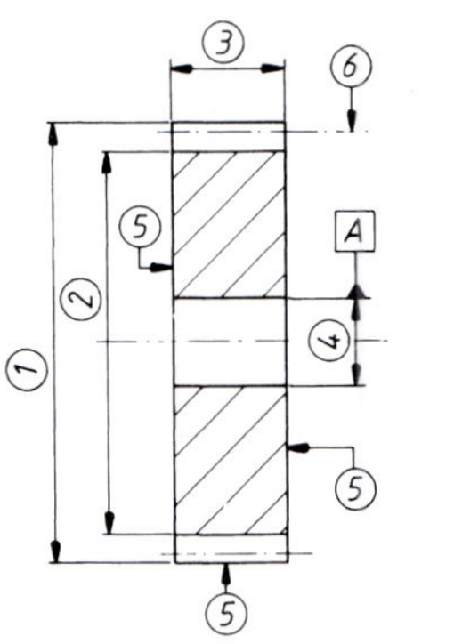

Fertigungsteil, nennen Sie …
1. Maße und Kennzeichen für Stirnräder,
2. Bestimmungsgrößen für das Zahnrad z_4,
3. mögliche Herstellungsverfahren,
4. Fehlermöglichkeiten der Verzahnung,
5. Prüfmaße der Verzahnung.

Zeichnungsangaben, geben Sie an …
6. Zahnflanken nitriert auf 700 +50 HV30,
7. Einhärtungstiefe 0,8 bis 1,2 mm,
8. Zahnrad geschliffen, Mittenrauwert 0,4 µm,
9. Rundlauftoleranz, Bohrung zur Achse 0,02 mm,
10. Planlauftoleranz zur Achse 0,015 mm.

Funktionszusammenhänge, erläutern Sie …
11. das Richtungsändern des Zahnrades z_4,
12. den Zusammenhang zwischen v_{z_3} und v_{z_4},
13. die Verknüpfung von v und n,
14. Ein- und Ausgangsgröße der Leistung,
15. Abhängigkeit von Zahnform und Zähnezahl.

Kenngrößen der Abtriebswelle, bestimmen Sie …
16. Auflagerkräfte, $l = 120$ mm, $l_1 : l_2 = 1 : 2$, (P1.15),
17. Biegemoment, Wellen-∅, $\sigma_{b\,zul} = 85$ N/mm^2,
18. Reibungskraft an den Wälzkörpern,
19. Umfangsgeschwindigkeit am Wälz-∅ 115 mm,
20. auftretende Verlustleistung.

P6 Lagerung

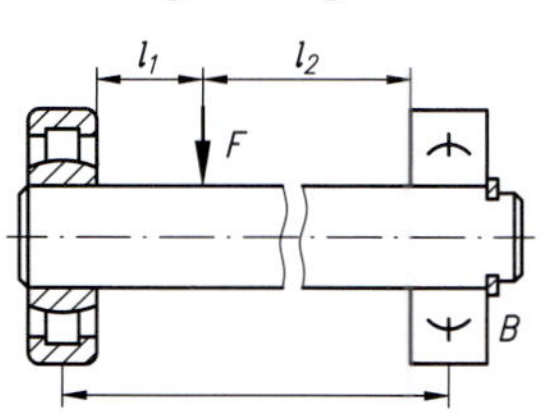

Bauelement, erläutern Sie …
1. die Anordnung von Fest- und Loslager,
2. die Bestimmung der Belastungsart,
3. Kriterien für die Lagerauswahl,
4. die X-Anordnung der Wälzlager (Pos. 6),
5. mögliche Lagerwahl für die Pos. 5, 11, 13.

Baugruppenmontage, erläutern Sie …
6. die Wälzlagerbezeichnung 22312 (Pos. 11),
7. eine Minustoleranz am Lageraußen-∅,
8. den Ein- und Ausbau von Wälzlagern,
9. das Einstellen und Prüfen der Lagerluft,
10. Lagergeräusche und Lagerschäden.

Passung I, ermitteln Sie für das Lager (Pos. 5) …
11. die Grenzmaße der Passung, Ritzelwelle 60 m6, Lagerbohrung $60_{-15}^{\ 0}$ (Herstellerangabe),
12. die Art der Passung,
13. das erforderliche Fügespiel,
14. die Anwärmtemperatur, Innenring 20 °C.

Passung II, ermitteln Sie für das Lager (Pos. 5) …
15. die Art der Passung, Gehäusebohrung 130H7, Lageraußenring $130_{-18}^{\ 0}$ (Herstellerangabe),
16. die Belastungsart für Innen- und Außenring,
17. die Abziehkraft (Presskraft 30 kN, Hebellänge 180 mm, Spindel M16, Wirkungsgrad 0,56).

P7 Wellendichtung/ Schmierung

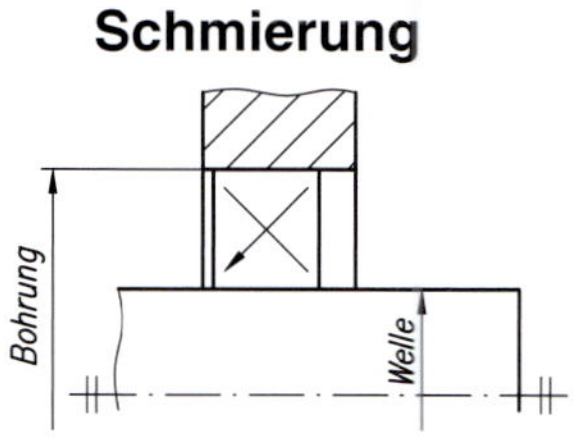

Fügen von Teilen, erläutern Sie …
1. die Notwendigkeit einer Wellenabdichtung,
2. Voraussetzungen für eine gute Dichtwirkung,
3. die vorgesehenen Einbautoleranzen H8/h11,
4. Einbauvorschriften für Radial-Wellendichtringe,
5. die Eintragung Radial-Wellendichtring DIN RWDR-3760-A 52 × 72 × 8-NBR.

Betriebsverhalten, erläutern Sie …
6. die Anforderungen an das Schmiermittel,
7. die Einflussgrößen der Schmierung,
8. die angewandte Art der Schmierung,
9. den Nachteil einer Überschmierung,
10. den Einfluss der Schmierung auf η.

P8 Normangaben

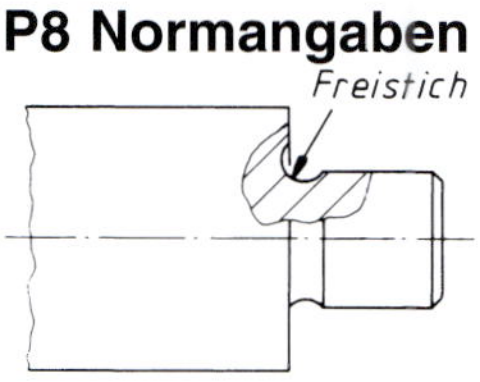

Arbeitsinformationen, erklären Sie …
1 Schmieröl DIN 51517-CL 100,
2 Zentrierbohrung DIN 332-A 5 × 10,6,
3 Freistich DIN 509-E 1,6 × 0,3,
4 vergütet 350 + 50 HB 2,5/187,5,
5 Nutmutter DIN 981 – KM 12.

Überwachung, ermitteln Sie …
6. die abgegebene Leistung, Wirkungsgrad,
7. die abzuführende Wärmemenge für 12 l Maschinenöl bei einer Temperaturdifferenz von 90 K,
8. die Wärmespannung, wenn bei einem Δt von 60 K das Axialspiel Null wird.

P9 Arbeitsplanung

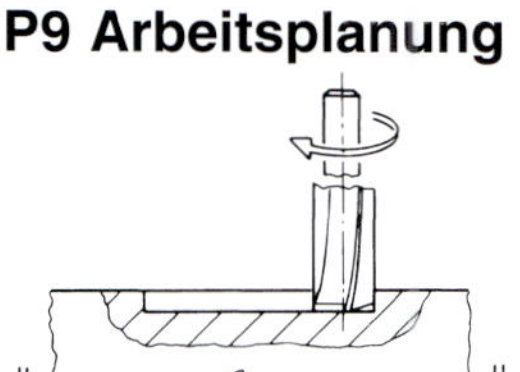

Konstruktionselemente, skizzieren Sie …
1 die Toleranzfeldangabe für den ∅ 95H7/s6,
2 das Lager 6212 mit den Grundabmessungen,
3 das Zahnrad (Pos. 10) mit Bemaßung,
4 die Passfedernut (Pos. 7) mit Bemaßung,
5 einen Fertigungsplan „Nutfräsen".

Fertigungsvorschlag, ermitteln Sie …
6. die Grenzmaße der Fügepassung ∅ 95H7/s6,
7. das tolerierte Maß der Passflächen,
8. das erforderliche Aufziehspiel,
9. die Anwärmtemperatur ($t_1 = 20$ °C),
10. die Grenzflächenpressung, $b = 65$ mm, (P1.15).

P10 Auswertung

Produktvergleich, begründen Sie …
1. Gehäuse, gegossen oder geschweißt,
2. Stirnräder, spanlos oder spanend,
3. Stirnräder, gerad- oder schrägverzahnt,
4. Passfeder, Füge- oder Presssitz,
5. Wellendichtring oder Runddichtung.

Produktanalyse, diskutieren Sie …
6. Grund-, Teil- und Gesamtfunktionen,
7. Eigen- oder Fremdfertigung der Teile,
8. Tätigkeiten der Baugruppenmontage,
9. Kostenoptimierung des Montageablaufs,
10. alternative Lösungsvarianten.

1. Fertigungs- u. Prüftechnik

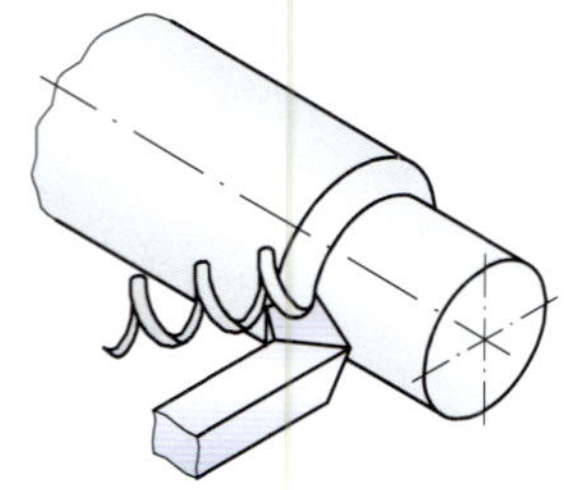

1. Für die Fertigung eines Sechskants mit 60 mm Schlüsselweite ist der erforderliche Fertigungsdurchmesser zu ermitteln.
2. Eine 10 mm dicke Bohrplatte aus S235JR soll 6 Bohrungen erhalten. Bestimmen Sie für den Bohrer DIN 338-16N-HSS die Arbeitswerte f, n und t_h.
3. Eine Welle mit ∅ 120 × 380 mm aus C35 ist mit einem Hartmetall-Drehmeißel auf ∅ 118,4 mm zu schlichten. Ermitteln Sie: a) Vorschub und Drehfrequenz, b) Hauptnutzungszeit, c) Schnittleistung an der Schneide.
4. Wie verändert sich die Schnittgeschwindigkeit, wenn mit n = konst. eine Achse von 60 mm auf 20 mm Durchmesser querplangedreht wird?
5. Ein offener Behälter mit den Maßen 900 × 560 × 420 mm soll aus 5 mm dicken Einzelblechen geschweißt werden. Berechnen Sie: a) den Gasverbrauch (Mischungsverhältnis 1 : 1), b) die Schweißzeit.
6. Für die Grenzrachenlehre 45g6 ist der Messflächenabstand der Gut- und Ausschussseite zu ermitteln.
7. Welches tolerierte ISO-Bohrungsmaß gehört zum Istmaß 24,951 mm?

2. Werkstofftechnik

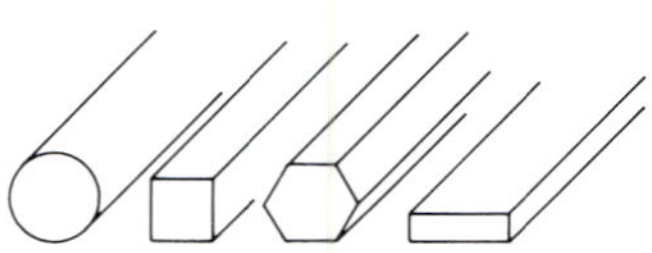

1. Für 125 kg GD-MgAl9Zn1 sind die Legierungsanteile zu ermitteln.
2. Um welchen Werkstoff handelt es sich, wenn die Modelllänge 457,32 mm beim Erstarren und Abkühlen um 7,32 mm schwindet?
3. Welche Gewichtskraft hat ein Flachstahl DIN EN 10278-40 × 5 von 3,5 m Länge?
4. Um wie viel Millimeter verlängert sich eine Zugprobe aus S235JR bis zum Bruch, wenn die Anfangslänge 145 mm beträgt?
5. Welche Nennzugfestigkeit und Streckgrenze gelten nach DIN EN ISO 898 für die Sechskantschraube DIN EN ISO 4014-M12 × 60-8.8?

3. Maschinen- und Gerätetechnik

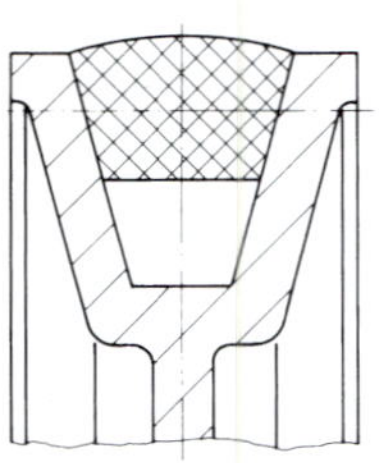

1. Für eine Keilriemenscheibe mit 132 mm Außendurchmesser und dem Riemenprofil SPB (ISO-Kurzzeichen) ist der Wirkdurchmesser zu bestimmen.
2. Welchen Einfluss hat die Veränderung des Moduls auf die Zahnteilung?
3. Welcher Durchgangsloch-∅ ist nach DIN EN 20273-m für eine Verschraubung mit der Sechskantschraube DIN EN ISO 4014-M16 vorzusehen?
4. Wie viel Gewindegänge enthält eine Sechskantmutter DIN EN ISO 8673-M30-8?
5. Ist eine 18-mm-Bohrung im L-Profil DIN EN 10056-1-S235JR-L 90 × 60 × 6 zulässig?
6. Bestimmen Sie für die Passfeder DIN 6885-A-20 × 12 × 80 den Wellendurchmesser und die Wellennuttiefe.

4. Wärmetechnik

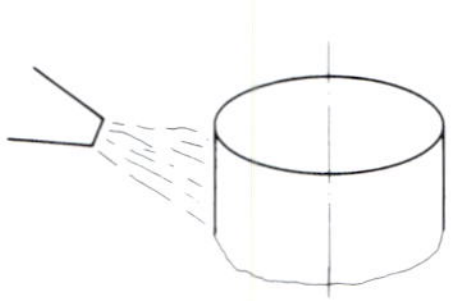

1. Welche Temperaturdifferenz ist erforderlich, um einen 60-mm-Ring aus CuZn40 mit einem 60,5-mm-Zapfen zu fügen?
2. Um wie viel Prozent dehnt sich (l und t = konst.) ein Kupfer-Rohr mehr als ein Stahl-Rohr aus?
3. Welche Einheitengleichung gilt für die spez. Wärmekapazität des Wassers?
4. Welche Wärmemenge kann eine volle Acetylenflasche theoretisch liefern?

5. Elektrotechnik

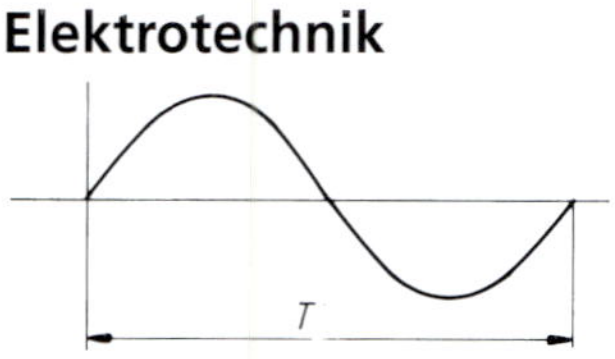

1. Die gegebenen Einheiten der Größenwerte sind umzuwandeln:
   a) 420 mA in A, b) 3 000 V in kV, c) 5 MΩ in kΩ, d) 4,5 kW in W, e) 60 000 Ws in kWh.
2. Um wie viel % ist die elektr. Leitfähigkeit von Ag besser als die von Cu?
3. Welche Periodendauer in ms hat die Wechselspannungsfrequenz von 50 Hz?

6. Steuerungstechnik

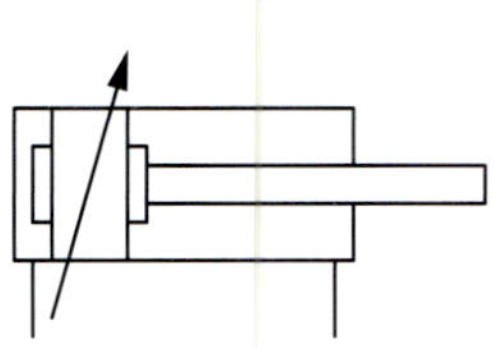

1. Wie verändert sich bei Verdoppelung des Kolben-∅ die Zylinderkraft?
2. Für die hydraulische Pumpenleistung ist in der praxisüblichen Zahlenwertgleichung der Divisor 600 abzuleiten.
3. Ein doppelt wirkener Zylinder wird von beiden Seiten mit p_e = konst. beaufschlagt. Begründen Sie die Stellung der Kolbenstange.
4. Welchen spezifischen Luftverbrauch in l/cm hat ein einfach wirkender Zylinder von d = 70 mm bei einem Betriebsdruck von 6 bar?

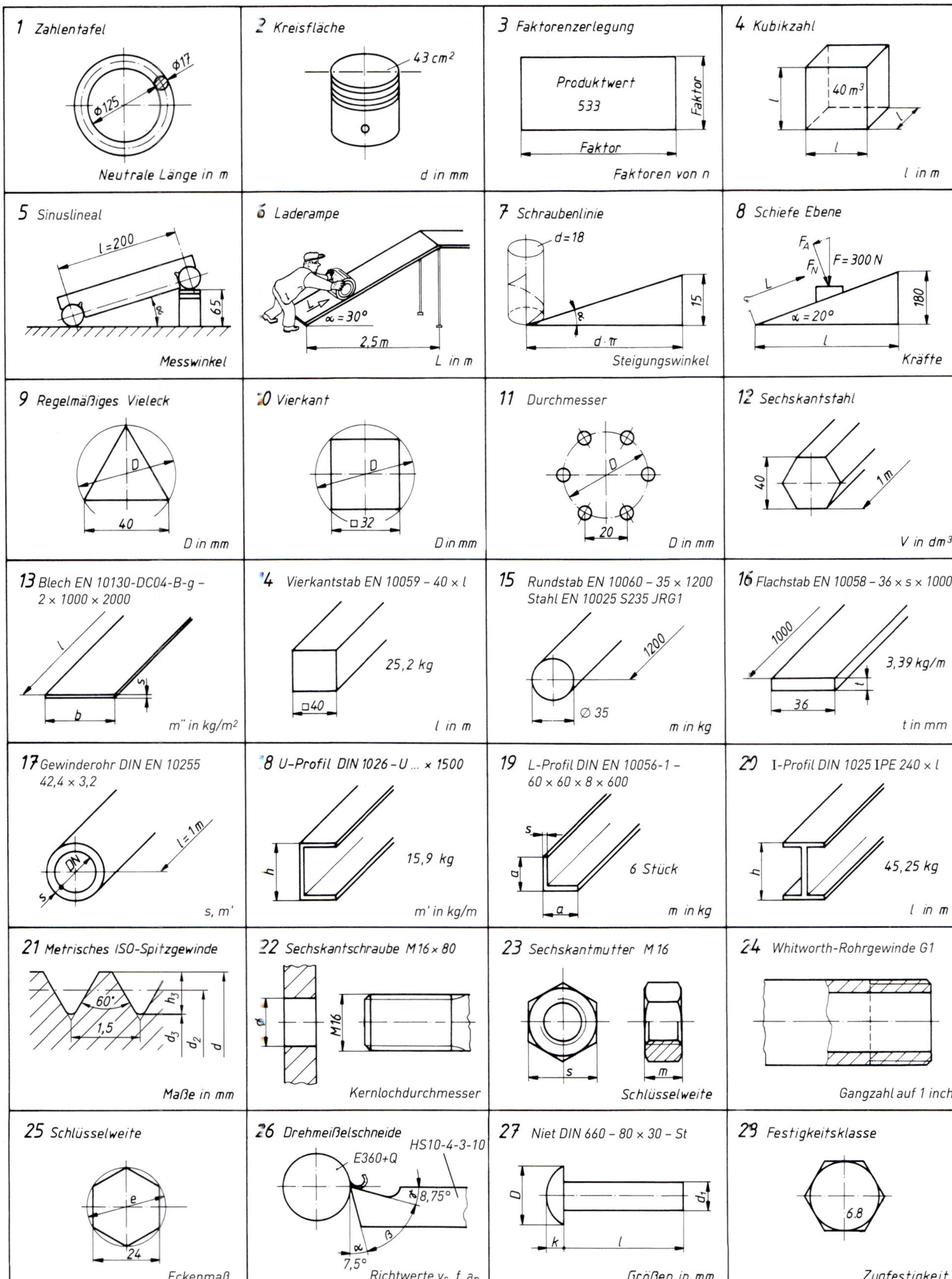

▶ Wissen – Erkennen – Werten

Erläutern Sie die Bezeichnungen:

a) Blech EN 10130–DC04–B–g–2 × 1000 × 2000
b) Rohr EN 10220–88,6 × 6,3 × 600–P235TR1
c) Rohr DIN EN 10305-1–50 × ID 44 × 410-E355 + N
d) U-Profil DIN 1026–U 100 × 450–S235JR
e) Sechskantschrauben DIN EN ISO 4014–M 20 × 60–8.8
f) Sechskantmutter DIN EN ISO 4032 M 20-8
g) Maßeintragung nach DIN 406 SW 30
h) Scheibe ISO 7090-20-200 HV
i) m′ = 2,47 kg/m für 20 mm Rundstab nach DIN EN 10061
j) Nennen Sie für das Gewinde M 20 den Durchmesser des Kernlochbohrers.

Lohnsteuertabelle (Auszug)

Abzüge an Lohnsteuer, Solidaritätszuschlag und Kirchensteuer **Monat bis 2339,99 €**

Sozial-Vers. Gruppe RV Gruppe AV Gruppe PV* neue BL	alte BL	Lohn/ Gehalt bis	Steuerklasse	Lohn- steuer	ohne Kinderfreibetrag SolZ	Kirchensteuer 8 %	9 %	mit Zahl der Kinderfreibeträge/Freibeträge für Betreuungs-, Erziehungs- und Ausbildungsbedarf 0,5 SolZ	0,5 Kirchensteuer 8 %	9 %	1,0 SolZ	1,0 Kirchensteuer 8 %	9 %	1,5 SolZ	1,5 Kirchensteuer 8 %	9 %	2,0 SolZ	2,0 Kirchensteuer 8 %	9 %	2,5 SolZ	2,5 Kirchensteuer 8 %	9 %	3,0 SolZ	3,0 Kirchensteuer 8 %	9 %
228,65	228,65		I	337,33	18,55	26,98	30,35	14,74	21,45	24,13	11,12	16,18	18,20	7,67	11,16	12,56	–	6,40	7,20	–	2,30	2,58	–	–	–
			II	305,75	16,81	24,46	27,51	13,09	19,04	21,42	9,55	13,89	15,62	6,18	8,99	10,11	–	4,43	4,98	–	0,78	0,87	–	–	–
37,92	37,92	2297,99	III	93,33	–	7,46	8,39	–	3,73	4,19	–	0,49	0,55	–	–	–	–	–	–	–	–	–	–	–	–
			IV	337,33	18,55	26,98	30,35	16,62	24,18	27,20	14,74	21,45	24,13	12,91	18,78	21,13	11,12	16,18	18,20	9,37	13,64	15,34	7,67	11,16	12,56
19,53	19,53		V	673,66	37,05	53,89	60,62																		
25,28	25,28		VI	705,83	38,82	56,46	63,52																		
228,95	228,95		I	338,16	18,59	27,05	30,43	14,79	21,52	24,21	11,16	16,24	18,27	7,71	11,22	12,62	–	6,46	7,26	–	2,34	2,63	–	–	–
			II	306,58	16,86	24,52	27,59	13,14	19,11	21,50	9,59	13,95	15,69	6,21	9,04	10,17	–	4,48	5,04	–	0,81	0,91	–	–	–
37,97	37,97	2300,99	III	93,83	–	7,50	8,44	–	3,77	4,24	–	0,53	0,59	–	–	–	–	–	–	–	–	–	–	–	–
			IV	338,16	18,59	27,05	30,43	16,67	24,25	27,28	14,79	21,52	24,21	12,95	18,84	21,20	11,16	16,24	18,27	9,41	13,70	15,41	7,71	11,22	12,62
19,56	19,56		V	674,91	37,12	53,99	60,74																		
25,31	25,31		VI	707,08	38,88	56,56	63,63																		
229,25	229,25		I	339,00	18,64	27,12	30,51	14,84	21,58	24,28	11,21	16,30	18,34	7,75	11,28	12,69	0,10	6,52	7,33	–	2,38	2,68	–	–	–
			II	307,41	16,90	24,59	27,66	13,18	19,17	21,56	9,63	14,01	15,76	6,26	9,10	10,24	–	4,53	5,09	–	0,85	0,95	–	–	–
38,02	38,02	2303,99	III	94,50	–	7,56	8,50	–	3,81	4,28	–	0,57	0,64	–	–	–	–	–	–	–	–	–	–	–	–
			IV	339,00	18,64	27,12	30,51	16,72	24,32	27,36	14,84	21,58	24,28	13,00	18,91	21,27	11,21	16,30	18,34	9,46	13,76	15,48	7,75	11,28	12,69
19,58	19,58		V	676,16	37,18	54,09	60,85																		
25,34	25,34		VI	708,33	38,95	56,66	63,74																		
229,55	229,55		I	339,91	18,69	27,19	30,59	14,88	21,65	24,35	11,25	16,36	18,41	7,79	11,34	12,75	0,23	6,57	7,39	–	2,43	2,73	–	–	–
			II	308,33	16,95	24,66	27,74	13,22	19,24	21,64	9,67	14,07	15,83	6,29	9,16	10,30	–	4,58	5,15	–	0,89	1,00	–	–	–
38,07	38,07	2306,99	III	95,16	–	7,61	8,56	–	3,85	4,33	–	0,60	0,67	–	–	–	–	–	–	–	–	–	–	–	–
			IV	339,91	18,69	27,19	30,59	16,76	24,38	27,43	14,88	21,65	24,35	13,04	18,98	21,35	11,25	16,36	18,41	9,50	13,82	15,54	7,79	11,34	12,75
19,61	19,61		V	677,41	37,25	54,19	60,96																		
25,38	25,38		VI	709,58	39,02	56,76	63,86																		
229,84	229,84		I	340,75	18,74	27,26	30,66	14,92	21,71	24,42	11,29	16,42	18,47	7,83	11,40	12,82	0,36	6,62	7,45	–	2,48	2,79	–	–	–
			II	309,16	17,00	24,73	27,82	13,26	19,30	21,71	9,71	14,13	15,89	6,33	9,22	10,37	–	4,63	5,21	–	0,93	1,04	–	–	–
38,11	38,11	2309,99	III	95,66	–	7,65	8,60	–	3,90	4,39	–	0,64	0,72	–	–	–	–	–	–	–	–	–	–	–	–
			IV	340,75	18,74	27,26	30,66	16,81	24,45	27,50	14,92	21,71	24,42	13,09	19,04	21,42	11,29	16,42	18,47	9,54	13,88	15,62	7,83	11,40	12,82
19,63	19,63		V	678,66	37,32	54,29	61,07																		
25,41	25,41		VI	710,83	39,09	56,86	63,97																		
230,14	230,14		I	341,58	18,78	27,32	30,74	14,97	21,78	24,50	11,33	16,49	18,55	7,87	11,46	12,89	0,51	6,68	7,52	–	2,52	2,83	–	–	–
			II	310,00	17,05	24,80	27,90	13,31	19,36	21,78	9,75	14,19	15,96	6,38	9,28	10,44	–	4,68	5,27	–	0,96	1,08	–	–	–
38,16	38,16	2312,99	III	96,33	–	7,70	8,66	–	3,94	4,43	–	0,68	0,76	–	–	–	–	–	–	–	–	–	–	–	–
			IV	341,58	18,78	27,32	30,74	16,85	24,52	27,58	14,97	21,78	24,50	13,13	19,10	21,49	11,33	16,49	18,55	9,58	13,94	15,68	7,87	11,46	12,89
19,66	19,66		V	679,91	37,39	54,39	61,19																		
25,44	25,44		VI	712,16	39,16	56,97	64,09																		
230,44	230,44		I	342,41	18,83	27,39	30,81	15,01	21,84	24,57	11,38	16,55	18,62	7,92	11,52	12,96	0,65	6,74	7,58	–	2,56	2,88	–	–	–
			II	310,83	17,09	24,86	27,97	13,36	19,43	21,86	9,79	14,25	16,03	6,41	9,33	10,49	–	4,74	5,33	–	1,00	1,13	–	–	–
38,21	38,21	2315,99	III	97,00	–	7,76	8,73	–	3,98	4,48	–	0,72	0,81	–	–	–	–	–	–	–	–	–	–	–	–
			IV	342,41	18,83	27,39	30,81	16,90	24,58	27,65	15,01	21,84	24,57	13,17	19,16	21,56	11,38	16,55	18,62	9,62	14,00	15,75	7,92	11,52	12,96
19,69	19,69		V	681,16	37,46	54,49	61,30																		
25,48	25,48		VI	713,41	39,23	57,07	64,20																		
230,74	230,74		I	343,25	18,87	27,46	30,89	15,06	21,90	24,64	11,42	16,61	18,68	7,96	11,58	13,02	0,78	6,79	7,64	–	2,60	2,93	–	–	–
			II	311,58	17,13	24,92	28,04	13,40	19,49	21,92	9,84	14,31	16,10	6,45	9,39	10,56	–	4,78	5,38	–	1,04	1,17	–	–	–
38,26	38,26	2318,99	III	97,50	–	7,80	8,77	–	4,02	4,52	–	0,74	0,83	–	–	–	–	–	–	–	–	–	–	–	–
			IV	343,25	18,87	27,46	30,89	16,94	24,65	27,73	15,06	21,90	24,64	13,22	19,23	21,63	11,42	16,61	18,68	9,67	14,06	15,82	7,96	11,58	13,02
19,71	19,71		V	682,41	37,53	54,59	61,41																		
25,51	25,51		VI	714,66	39,30	57,17	64,31																		
231,04	231,04		I	344,16	18,92	27,53	30,97	15,10	21,97	24,71	11,46	16,68	18,76	7,99	11,63	13,08	0,93	6,85	7,70	–	2,65	2,98	–	–	–
			II	312,41	17,18	24,99	28,11	13,44	19,56	22,00	9,88	14,37	16,16	6,49	9,44	10,62	–	4,84	5,44	–	1,08	1,22	–	–	–
38,31	38,31	2321,99	III	98,16	–	7,85	8,83	–	4,06	4,57	–	0,78	0,88	–	–	–	–	–	–	–	–	–	–	–	–
			IV	344,16	18,92	27,53	30,97	16,99	24,72	27,81	15,10	21,97	24,71	13,26	19,29	21,70	11,46	16,68	18,76	9,71	14,12	15,89	7,99	11,63	13,08
19,74	19,74		V	683,75	37,60	54,70	61,53																		
25,54	25,54		VI	715,91	39,37	57,27	64,43																		
231,34	231,34		I	345,00	18,97	27,60	31,05	15,15	22,04	24,79	11,50	16,74	18,83	8,03	11,69	13,15	1,06	6,90	7,76	–	2,70	3,03	–	–	–
			II	313,33	17,23	25,06	28,19	13,48	19,62	22,07	9,92	14,43	16,23	6,53	9,50	10,69	–	4,88	5,49	–	1,12	1,26	–	–	–
38,36	38,36	2324,99	III	98,83	–	7,90	8,89	–	4,12	4,63	–	0,82	0,92	–	–	–	–	–	–	–	–	–	–	–	–
			IV	345,00	18,97	27,60	31,05	17,04	24,78	27,88	15,15	22,04	24,79	13,31	19,36	21,78	11,50	16,74	18,83	9,75	14,18	15,95	8,03	11,69	13,15
19,76	19,76		V	685,00	37,67	54,80	61,65																		
25,57	25,57		VI	717,16	39,44	57,37	64,54																		
231,64	231,64		I	345,83	19,02	27,66	31,12	15,19	22,10	24,86	11,55	16,80	18,90	8,08	11,75	13,22	1,21	6,96	7,83	–	2,74	3,08	–	–	–
			II	314,16	17,27	25,13	28,27	13,53	19,68	22,14	9,96	14,50	16,31	6,57	9,56	10,76	–	4,94	5,55	–	1,16	1,31	–	–	–
38,41	38,41	2327,99	III	99,33	–	7,94	8,93	–	4,16	4,68	–	0,86	0,97	–	–	–	–	–	–	–	–	–	–	–	–
			IV	345,83	19,02	27,66	31,12	17,08	24,85	27,95	15,19	22,10	24,86	13,35	19,42	21,84	11,55	16,80	18,90	9,79	14,24	16,02	8,08	11,75	13,22
19,79	19,79		V	686,25	37,74	54,90	61,76																		
25,61	25,61		VI	718,41	39,51	57,47	64,65																		
231,93	231,93		I	346,66	19,06	27,73	31,19	15,24	22,17	24,94	11,59	16,86	18,97	8,12	11,81	13,28	1,35	7,02	7,89	–	2,78	3,13	–	–	–
			II	315,00	17,32	25,20	28,35	13,57	19,74	22,21	10,01	14,56	16,38	6,61	9,62	10,82	–	4,99	5,61	–	1,20	1,35	–	–	–
38,46	38,46	2330,99	III	100,00	–	8,00	9,00	–	4,20	4,72	–	0,89	1,00	–	–	–	–	–	–	–	–	–	–	–	–
			IV	346,66	19,06	27,73	31,19	17,13	24,92	28,03	15,24	22,17	24,94	13,39	19,48	21,92	11,59	16,86	18,97	9,83	14,30	16,09	8,12	11,81	13,28
19,81	19,81		V	687,50	37,81	55,00	61,87																		
25,64	25,64		VI	719,66	39,58	57,57	64,76																		
232,23	232,23		I	347,58	19,11	27,80	31,28	15,29	22,24	25,02	11,63	16,92	19,04	8,16	11,87	13,35	1,50	7,08	7,96	–	2,83	3,18	–	–	–
			II	315,83	17,37	25,26	28,42	13,62	19,81	22,28	10,05	14,62	16,44	6,65	9,68	10,89	–	5,04	5,67	–	1,24	1,40	–	–	–
38,51	38,51	2333,99	III	100,66	–	8,05	9,05	–	4,24	4,77	–	0,93	1,04	–	–	–	–	–	–	–	–	–	–	–	–
			IV	347,58	19,11	27,80	31,28	17,17	24,98	28,10	15,29	22,24	25,02	13,43	19,54	21,98	11,63	16,92	19,04	9,87	14,36	16,16	8,16	11,87	13,35
19,84	19,84		V	688,75	37,88	55,10	61,98																		
25,67	25,67		VI	720,91	39,65	57,67	64,88																		
232,53	232,53		I	348,41	19,16	27,87	31,35	15,33	22,30	25,08	11,67	16,98	19,10	8,20	11,93	13,42	1,63	7,13	8,02	–	2,88	3,24	–	–	–
			II	316,66	17,41	25,33	28,49	13,66	19,88	22,36	10,09	14,68	16,51	6,69	9,74	10,95	–	5,09	5,72	–	1,28	1,44	–	–	–
38,56	38,56	2336,99	III	101,16	–	8,09	9,10	–	4,29	4,82	–	0,97	1,09	–	–	–	–	–	–	–	–	–	–	–	–
			IV	348,41	19,16	27,87	31,35	17,22	25,05	28,18	15,33	22,30	25,08	13,48	19,61	22,06	11,67	16,98	19,10	9,91	14,42	16,22	8,20	11,93	13,42
19,86	19,86		V	690,00	37,95	55,20	62,10																		
25,71	25,71		VI	722,25	39,72	57,78	65,00																		
232,83	232,83		I	349,25	19,20	27,94	31,43	15,37	22,36	25,16	11,71	17,04	19,17	8,24	11,99	13,49	1,76	7,18	8,08	–	2,92	3,28	–	–	–
			II	317,50	17,46	25,40	28,57	13,70	19,94	22,43	10,13	14,74	16,58	6,73	9,79	11,01	–	5,14	5,78	–	1,32	1,48	–	–	–
38,61	38,61	2339,99	III	101,83	–	8,14	9,16	–	4,33	4,87	–	1,01	1,13	–	–	–	–	–	–	–	–	–	–	–	–
			IV	349,25	19,20	27,94	31,43	17,27	25,12	28,26	15,37	22,36	25,16	13,52	19,67	22,13	11,71	17,04	19,17	9,95	14,48	16,29	8,24	11,99	13,49
19,89	19,89		V	691,25	38,01	55,30	62,21																		
25,74	25,74		VI	723,50	39,79	57,88	65,11																		

* Für kinderlose Mitglieder – ab Vollendung des 23. Lebensjahres und Geburtstermins nach dem 1.1.1940 – erhöht sich der Beitragssatz um 0,25 % der beitragspflichtigen Einnahmen – ohne Arbeitgeberanteil.

GAT-105

(Quelle: Stollfuß Verlag, Bonn)

Wahrscheinlichkeitsnetz

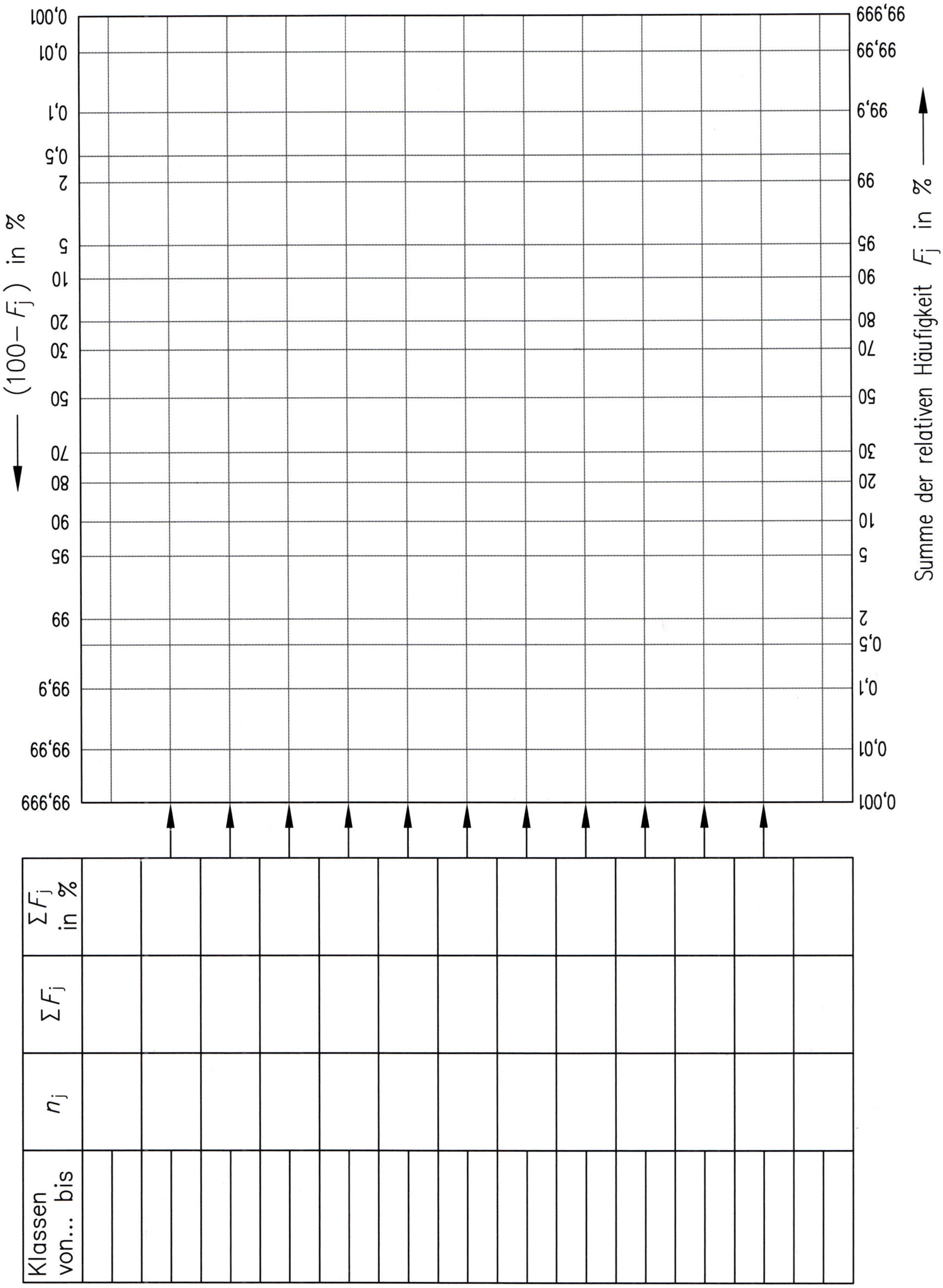

Sachwortverzeichnis